Biology and Technology of Economic Seaweeds

有用海藻誌

海藻の資源開発と利用に向けて

大野 正夫 編著

内田老鶴圃

本書の全部あるいは一部を断わりなく転載または
複写(コピー)することは,著作権および出版権の
侵害となる場合がありますのでご注意下さい.

執筆者紹介および担当章
(執筆担当章順)

大野　正夫（おおの　まさお）　　　1, 15, 16, 22 章
　　高知大学海洋生物教育研究センター　教授, 農学博士
　　(有用海藻の生理生態学, 藻場造成)

平岡　雅規（ひらおか　まさのり）　　　2 章
　　高知県海洋深層水研究所　NEDO フェロー, 学術博士
　　(アオサ類の生殖生理と有用海藻養殖)

嶌田　智（しまだ　さとし）　　　2 章
　　北海道大学先端科学技術共同研究センター　助手, 理学博士
　　(海藻類の系統進化学, 分子系統学)

團　昭紀（だん　あきのり）　　　3 章
　　徳島県立農林水産総合技術センター　水産研究所　専門研究員兼科長,
　　水産学博士
　　(有用海藻の増養殖および藻場造成)

石川　依久子（いしかわ　いくこ）　　　4 章
　　元東京学芸大学　教授, 理学博士
　　(海藻および微細藻類の細胞生物学)

小河　久朗（おがわ　ひさお）　　　5 章
　　北里大学水産学部　教授, 農学博士
　　(大型海洋植物の繁殖生態と応用開発)

川嶋　昭二（かわしま　しょうじ）　　　6 章
　　元北海道立函館水産試験場　場長, 理学博士
　　(コンブ類の分類, 生態および増養殖, 藻場造成技術)

四井　敏雄（よつい　としお）　　　7 章
　　元長崎県総合水産試験場　場長, 農学博士
　　(有用海藻類の増養殖)

ii　執筆者紹介および担当章

吉田　忠生（よしだ　ただお）　　8 章
　　元北海道大学大学院 理学研究科 教授，農学博士・理学博士
　　（藻類学，植物分類学）

寺脇　利信（てらわき　としのぶ）　　9 章
　　独立行政法人水産総合研究センター　瀬戸内海区水産研究所藻場・干潟環境研究室長，博士（環境科学）
　　（藻場海藻の生態と保全）

新井　章吾（あらい　しょうご）　　9 章
　　株式会社海藻研究所 所長，株式会社海中景観研究所 所長，水産学修士
　　（海藻と淡水藻の分類と生態）

能登谷　正浩（のとや　まさひろ）　　10 章
　　東京海洋大学海洋科学部 海洋生物資源学科 教授，水産学博士
　　（応用藻類学，特にアマノリ類の生物学，海藻群落生態学，有用海藻類のバイオテクノロジー）

藤田　大介（ふじた　だいすけ）　　11 章
　　東京海洋大学海洋科学部 海洋生物資源学科 助教授，水産学博士
　　（藻場・磯焼け・有用海藻・磯根資源の生態学）

山本　弘敏（やまもと　ひろとし）　　12 章
　　元北海道大学大学院 水産科学研究科 教授，水産学博士
　　（紅藻オゴノリ属の分類と培養）

寺田　竜太（てらだ　りゅうた）　　12 章
　　鹿児島大学水産学部 助教授，水産学博士
　　（熱帯性有用海藻，特にオゴノリ目の分類）

宮田　昌彦（みやた　まさひこ）　　13，26 章
　　千葉県立中央博物館 植物学研究科 科長，水産学博士
　　（サンゴモ科，テングサ科の系統分類学，藻類の民族植物学）

馬場　将輔（ばば　まさすけ）　　14 章
　　財団法人海洋生物環境研究所 実証試験場 主任研究員，水産学博士
　　（海藻の分類学，特にサンゴモ類，生理生態学）

河村　敏弘（かわむら　としひろ）　　17章
　　株式会社山形屋海苔店　研究室　室長
　　（海苔など海藻の利用）

旭堂　小南陵（きょくどう　こなんりょう）（本名：西野　康雄）　　18章
　　日本芸能実演家団体協議会理事，講談師，農学修士
　　（コンブなどの文化史の研究）

喜多條　清光（きたじょう　きよみつ）　　18章
　　株式会社天満大阪昆布　代表取締役
　　（コンブ産業の普及，平成こんぶ塾事務局長）

佐藤　純一（さとう　じゅんいち）　　19章
　　理研食品株式会社　開発室リーダー
　　（ワカメを中心とした海藻類の加工と利用）

山城　繁樹（やましろ　しげき）　　20章
　　株式会社山忠　代表取締役
　　（ひじきを主とした海藻類の加工と利用）

戸高　義敦（とだか　よしのぶ）　　20章
　　株式会社山忠　商品開発課，農学修士
　　（ひじきを主とした海藻類の加工と利用）

南　元洋（みなみ　もとひろ）　　20章
　　株式会社山忠　商品開発課
　　（ひじきを主とした海藻類の加工と利用）

当真　武（とうま　たけし）　　21章
　　前沖縄県海洋深層水研究所　所長，農学博士
　　（海藻・海草の生態解明と増養殖技術開発）

宮下　博紀（みやした　ひろき）　　23章
　　伊那食品工業株式会社　研究開発部開発３Ｇ　課長補佐
　　（寒天および増粘多糖類の研究）

岩元　勝昭（いわもと　かつあき）　　24章
　　マリン・サイエンス株式会社　代表取締役
　　（カラギナンの原藻と製造法の開発）

iv　執筆者紹介および担当章

笠原　文善（かさはら　ふみよし）　　25 章
　　株式会社キミカ 代表取締役，工学修士
　　（アルギン酸の製法とその利用）

宮島　千尋（みやじま　ちひろ）　　25 章
　　株式会社キミカ 技術部マネジャー，農学修士
　　（アルギン酸の製法とその利用）

富塚　朋子（とみづか　ともこ）　　26 章
　　財団法人千葉県史料研究財団
　　（藻類の民族植物学，色彩学）

加藤　郁之進（かとう　いくのしん）　　27 章
　　タカラバイオ株式会社 代表取締役 バイオ研究所長，理学博士
　　（バイオテクノロジー）

酒井　武（さかい　たけし）　　27 章
　　タカラバイオ株式会社 バイオ研究所 主幹研究員
　　（酵素学，微生物学）

佐川　裕章（さがわ　ひろあき）　　27 章
　　タカラバイオ株式会社 バイオ研究所 主幹研究員，農学博士
　　（分子生物学）

天野　秀臣（あまの　ひでおみ）　　28 章
　　三重大学生物資源学部 教授，農学博士
　　（海藻の生化学，機能性物質，生活習慣病予防）

楠見　武徳（くすみ　たけのり）　　29 章
　　徳島大学薬学部 医薬資源教育研究センター 教授，理学博士
　　（藻類の化学成分研究，天然物化学）

山田　信夫（やまだ　のぶお）　　30, 31 章
　　元東海大学海洋学部 教授，水産学博士
　　（有用海藻類の利用）

まえがき

　全世界で利用されている海藻は200種以上に達し，1994-95年の1年間に採取や養殖された海藻は乾燥重量で200万トンであった．全世界の海藻資源の総生産額は，約6,500億円と推察されている．世界の海藻生産量は1984年からの10年間で，およそ，2倍に増大した．その増加量の多くは，中国の養殖コンブ生産と熱帯海域のカラギナン原藻（キリンサイ）生産による．発展途上国では，海藻増養殖は経費のかからない水産業として関心が持たれて開発が進み，世界の海藻生産量は増大を続けており，海藻の用途も多方面に拡大している．日本，韓国，中国では，長い間，ノリ，コンブ，ワカメ，アオノリ，モズクなどの食用海藻の養殖，コンブ，テングサ類の増殖に関する研究が応用海藻学の分野であった．それとともに，これらの加工と成分の研究が幅広く行われてきた．欧米では，海藻粘質多糖類（アルギン酸，カラギナン）を抽出する海藻に関する生物学と利用に関する研究が行われてきた．最近では，日本，米国，フランス，イギリスなどで，機能性食品，化粧品や医薬品の素材として海藻が注目され，この分野の研究成果が数多く出ている．

　近年，日本の沿岸域は，埋め立て，防波堤，離岸堤や漁港の整備が進み，浅海域の環境が激変した．1900年代に入って地球温暖化の影響で，大型海藻が繁茂する藻場の衰退と磯焼けが大きな問題となり，沿岸海域環境と藻場の修復研究が行われている．"新たな海の森の創生"が，21世紀の大きな課題である．1950-60年代，海藻養殖研究に多くの海藻研究者が関わったように，藻場の研究に若手の海藻研究者が参画して，応用海藻学の研究に活気を取り戻しつつある．彼らは，藻場造成に関係する種組成や種の分布に関する情報を求めている．

　このように，海藻を取り巻く事情は，大きな変革の時代に入っており，有用海藻に関する詳しい解説書は，広い分野から要望されていると思われる．編者は，以前，水産学分野の教科書「海藻資源養殖学」（徳田廣，大野正夫，小河久朗著）の著者の一人として執筆をしていくなかで，海藻研究は情報量が非常に多く，「調べなければならない資料を読み尽くしているか？」と，専門外の分野を書くことに不安がわいたことを覚えている．そのときから，それぞれの分野で，長く研究に関わってきた者が，情報を整理して充分に書き尽くした本の必要性を思い続けていた．
　この本のモデルとなったのは，明治43年に出版された遠藤吉三郎著「海産植物学」と昭和38年出版の殖田三郎，岩本康三，三浦昭雄らの著書「水産植物学」である．この二つの本は，海藻の生物学的記載とその応用について，興味深く書かれており，応用海藻学の研究に関わった者に読み継がれてきた．いま，読み返しても，新鮮な驚きがあり，海藻研究の進歩の過程を知る手がかりとなる．

　海藻の生物学に関する著書はかなりあるが，多くの有用海藻について，生物学とその応用に関して詳しく書かれた本は見当たらない．今回，海藻の生物学とその利用を合わせた本書の組み立てを考えたとき，「生物学編」は，大学を中心とした研究者に，そして「利用編」の多くは，海藻産業界の技術開発スタッフに執筆をお願いした．食用海藻産業とともに，寒天，カラギナン，

アルギン酸など海藻粘質多糖類の技術開発は，おもに，日本企業の技術スタッフが推進した．これらの分野の技術史を記録する必要がある．また，これから興る新しい海藻産業は，海藻機能性成分の利用分野であり，「機能性成分編」を一つの大きな柱にし，最先端の研究を行っている方々に執筆をお願いした．とくに，本書では健康食品，医薬品，化粧品，肥料など関わる情報が盛り込まれている．海藻からの機能性成分が，多くの海藻から発見されてきているが，毒性試験などの高いハードルを越えやすいのは，食用にされている有用海藻である．今後，ノリ，コンブ，ワカメなどの伝統的な食用海藻から医薬品や化粧品などが製造されることであろう．そのためにも，有用海藻の知識が必要になってくる．

　もう一つ，本書の目標は，有用海藻の基本図書として，長く読み継がれなければならないということであった．このような理想を掲げたため，原稿の完成には思いのほか時間がかかり，企画の立案から5年の歳月がたった．大変な労力を掛けて執筆して下さった執筆者各位には，深く感謝申し上げる．

　この本の構成は，「生物学編」，「利用編」，「機能性成分編」に分けたが，どの項目も独立していて，必要なところから読むことができる．生物学編は，利用分野ごとに分けて，種名の査定に必要な形態，生活史，分布生態を記述した．これらの水産，食用などへの利用や産業的背景，利用の歴史についても詳しく記述されている．利用編は，海藻産業の歴史的背景，加工技術から化学構造，品質などにふれており，将来への展望についても書かれている．機能性成分編では，あまり知られていない海藻の成分とその利用範囲までが幅広く記述されている．索引は，和名，学名，事項に分けて作成した．読者によっては，索引から入り，本書を百科事典のように読むこともできる．種名などは，吉田忠生著「新日本海藻誌」に基づいて記述されている．本書の多くの生活史や分類学的な記述は，堀輝三編「藻類の生活史集成」や千原光雄編著「藻類多様性の生物学」を引用し，参考にしている．読者は，これらの本とともに本書を読まれることを勧めたい．本書が，海藻に関わる方々，大学，研究機関，海藻産業界ばかりでなく，多くの方々にも読まれて，海藻に興味を覚えるきっかけになれば，執筆者らの喜びである．

　本書の出版企画を内田老鶴圃社長の内田悟氏にご相談してから，長い歳月がたってしまった．編集・企画には内田悟氏，内田学氏，原稿の編集に際しては笠井千代樹氏にお世話になった．また，本書の中扉の3枚の海藻画は，川嶋昭二氏によるものであり，見事に特徴をとらえている．索引作成などには，高知在住の石川徹，岡直宏，朱文栄，田井野清也，平岡雅規，中田有樹，山本ルリ子の諸氏にお世話になった．これらの方々に，深く感謝申し上げる．

　　　2004年1月

　　　　　　　　　　　　　　　　　　　　　　　　　　　　　　　　　　大　野　正　夫

目 次

まえがき ……………………………………………………………………………………… i

有用海藻の生物学 …………………………………………………………………… 1

緑 藻

1 ヒトエグサ　　　　　　　　　　　　　　　　　　　　　　　　　　4
大野　正夫

1.1　ヒトエグサの仲間 ……………………………………………………………… 4
1.2　主要な種類 ……………………………………………………………………… 5
1.3　生 活 史 ………………………………………………………………………… 8
1.4　生　　　態 ……………………………………………………………………… 9
1.5　ヒトエグサの養殖 ……………………………………………………………… 9
1.6　ヒトエグサの生産と将来の展望 ……………………………………………… 12
引用文献 ……………………………………………………………………………… 12

2 アオサ類　　　　　　　　　　　　　　　　　　　　　　　　　　　14
平岡　雅規・嶋田　智

2.1　主要な種類 ……………………………………………………………………… 14
2.2　生 活 史 ………………………………………………………………………… 18
2.3　生　　　態 ……………………………………………………………………… 20
2.4　アオサの利用 …………………………………………………………………… 21
引用文献 ……………………………………………………………………………… 22

3 アオノリ類　　　　　　　　　　　　　　　　　　　　　　　　　　24
團　昭紀

3.1　主要な種類 ……………………………………………………………………… 24
3.2　生 活 史 ………………………………………………………………………… 25
3.3　生　　　態 ……………………………………………………………………… 26
3.4　アオノリの養殖 ………………………………………………………………… 28
引用文献 ……………………………………………………………………………… 30

4 イワズタと暖海産緑藻　　31

石川　依久子

4.1　イワズタ ………………………………………………………… 31
4.2　その他の暖海産緑藻 …………………………………………… 34
引用文献 ……………………………………………………………… 39

褐藻

5 ワ カ メ　　42

小河　久朗

5.1　ワカメの仲間 …………………………………………………… 42
5.2　生育分布 ………………………………………………………… 44
5.3　生活史 …………………………………………………………… 45
5.4　ワカメの生育と環境条件 ……………………………………… 46
5.5　養殖方法 ………………………………………………………… 47
5.6　ワカメの病害 …………………………………………………… 52
5.7　養殖品種 ………………………………………………………… 55
引用文献 ……………………………………………………………… 56

6 コ ン ブ　　59

川嶋　昭二

6.1　有用種の特徴と分布 …………………………………………… 60
6.2　生活様式 ………………………………………………………… 67
6.3　増殖技術 ………………………………………………………… 74
6.4　養殖技術 ………………………………………………………… 79
引用文献 ……………………………………………………………… 83

7 モズク類とマツモ　　86

四井　敏雄

7.1　主要な種について ……………………………………………… 87
7.2　モズク類の増養殖 ……………………………………………… 101
引用文献 ……………………………………………………………… 108

8 ヒバマタ目類　　111

吉田　忠生

8.1　ヒバマタ目の仲間 ……………………………………………… 111
8.2　ホンダワラ科植物の形態 ……………………………………… 117
8.3　ホンダワラ属の分類 …………………………………………… 120

8.4　日本沿岸のホンダワラ属 ·· 121
　　8.5　ホンダワラ属の生態 ·· 123
　　8.6　ホンダワラ属の日本周辺に主要な種 ····························· 123
　　引用文献 ··· 132

9　アラメ・カジメ類　　　　　　　　　　　　　　　　133
　　　　　　　　　　　　　　　　　　　　　　　　寺脇 利信・新井 章吾
　　9.1　分類と形態 ··· 133
　　9.2　地理的分布 ··· 134
　　9.3　生活史 ··· 135
　　9.4　生育様式と季節的消長 ·· 140
　　9.5　海中林 ··· 154
　　引用文献 ··· 155

紅藻
10　アマノリ類　　　　　　　　　　　　　　　　　　160
　　　　　　　　　　　　　　　　　　　　　　　　　　　能登谷 正浩
　　10.1　分類学上の位置 ··· 160
　　10.2　体構造と外形 ··· 161
　　10.3　生活史の研究史 ·· 164
　　10.4　多様な繁殖様式と生殖細胞に関する述語 ····················· 167
　　10.5　生活史の基本型 ·· 170
　　10.6　分布と生態 ·· 174
　　10.7　養殖技術の変遷 ·· 180
　　10.8　日本産アマノリ類 ·· 190
　　引用文献 ··· 198

11　テングサ類　　　　　　　　　　　　　　　　　　201
　　　　　　　　　　　　　　　　　　　　　　　　　　　藤田 大介
　　11.1　テングサ科の分類 ·· 202
　　11.2　テングサ属の体構造 ··· 202
　　11.3　テングサ属の生活史 ··· 205
　　11.4　そのほかのテングサ科各属の体構造と生活史 ··············· 207
　　11.5　日本産のテングサ科の種類 ·· 208
　　11.6　世界の有用テングサ類 ·· 212
　　11.7　マクサの分類と学名 ··· 212
　　11.8　マクサとその漁場の分布 ··· 213
　　11.9　マクサの一生 ··· 214

11.10　マクサ群落の構造と生物相 …………………………………215
11.11　マクサと他の藻類との関係 …………………………………216
11.12　マクサと植食動物，特にサザエとの関係 …………………217
11.13　テングサの漁業と漁獲量 …………………………………218
11.14　テングサの増殖・資源管理 ………………………………219
11.15　テングサ場の磯焼け ………………………………………221
11.16　おわりに ……………………………………………………222
引用文献 ……………………………………………………………222

12　オゴノリ類　　226

山本　弘敏・寺田　竜太

12.1　オゴノリ属の分類 ……………………………………………226
12.2　オゴノリ属の生殖器官 ………………………………………228
12.3　日本産オゴノリ属 ……………………………………………233
12.4　生　活　史 ……………………………………………………246
12.5　生態と分布 ……………………………………………………247
12.6　室　内　培　養 ………………………………………………249
12.7　採取と利用の現状 ……………………………………………251
引用文献 ……………………………………………………………251

13　ツノマタ類　　255

宮田　昌彦

13.1　ツノマタ属の分類と生活史 …………………………………255
13.2　主要な種について ……………………………………………257
13.3　アカバギンナンソウ属 ………………………………………262
13.4　ツノマタ類の利用 ……………………………………………263
引用文献 ……………………………………………………………264

14　サンゴモ類　　265

馬場　将輔

14.1　体　構　造 ……………………………………………………265
14.2　生　殖　器　官 ………………………………………………267
14.3　サンゴモ類の分類と形態 ……………………………………271
14.4　生　活　史 ……………………………………………………272
14.5　日本産主要種の形態と生育分布 ……………………………272
引用文献 ……………………………………………………………281

15　地方特産の食用海藻　　283

大野　正夫

- 15.1　褐藻類の仲間 ······················ 283
- 15.2　紅藻類の仲間 ······················ 288
- 引用文献 ······························ 296

16　世界の海藻資源の概観　　297

大野　正夫

- 16.1　世界で利用されている海藻 ············ 297
- 16.2　海藻の生産量 ······················ 297
- 16.3　海藻資源の経済的価値 ················ 303
- 16.4　海藻の生産量の増大 ·················· 306
- 16.5　主要な外国産の有用海藻 ·············· 307
- 引用文献 ······························ 329

海藻の利用　　331

17　海苔産業の歴史とその推移　　333

河村　敏弘

- 17.1　江戸時代以前の海苔事情 ·············· 333
- 17.2　江戸時代の海苔の養殖と産業 ············ 335
- 17.3　明治以降から現在の海苔産業 ············ 339
- 17.4　今後の海苔産業について ·············· 344
- 引用文献 ······························ 345

18　昆布産業の歴史・現況と展望　　346

旭堂　小南陵・喜多條　清光

- 18.1　昆布の名称 ·························· 346
- 18.2　昆布の利用の歴史 ···················· 346
- 18.3　昆布産業の現況 ······················ 350
- 18.4　昆布業界の流通機構 ·················· 353
- 18.5　昆布産業の展望 ······················ 353
- 18.6　昆布製品の展望 ······················ 354
- 引用文献 ······························ 355

19　ワカメ産業の現状と展望　　356
佐藤　純一
- 19.1　ワカメ産業発展の歴史とワカメ加工品 ……………………… *356*
- 19.2　輸入ワカメ ……………………………………………………… *361*
- 19.3　ワカメの市場と消費の動向 …………………………………… *364*
- 19.4　今後の展望 ……………………………………………………… *368*
- 引用文献 ……………………………………………………………… *369*

20　ひじきと海藻サラダ産業の現状の展望　　370
山城　繁樹・戸高　義敦・南　元洋
- 20.1　ひじきの利用と国内生産について …………………………… *370*
- 20.2　ひじきの利用拡大と輸入の現状 ……………………………… *371*
- 20.3　ヒジキの加工方法 ……………………………………………… *372*
- 20.4　ヒジキの二次加工 ……………………………………………… *374*
- 20.5　国内産ヒジキ生産の拡大構想 ………………………………… *375*
- 20.6　ひじき産業の展開 ……………………………………………… *376*
- 20.7　海藻サラダの利用の歴史 ……………………………………… *377*
- 20.8　海藻サラダに利用されている海藻の仲間 …………………… *378*
- 20.9　海藻サラダ産業の展望 ………………………………………… *379*
- 引用文献 ……………………………………………………………… *379*

21　沖縄のモズク類養殖の発展史―生態解明と養殖技術―　　380
当真　武
- 21.1　オキナワモズク …………………………………………………… *380*
- 21.2　モズク（地方名：イトモズク） ………………………………… *400*
- 引用文献 ……………………………………………………………… *408*

22　青海苔産業の歴史と現状　　411
大野　正夫
- 22.1　青海苔利用の歴史的推移 ……………………………………… *411*
- 22.2　青海苔の食材としての特性 …………………………………… *412*
- 22.3　ヒトエグサの利用 ……………………………………………… *413*
- 22.4　アオノリの利用 ………………………………………………… *414*
- 22.5　アオサの利用 …………………………………………………… *417*
- 22.6　青海苔産業の展望 ……………………………………………… *418*
- 引用文献 ……………………………………………………………… *419*

23　伝統的な寒天産業　　420

宮下　博紀

- 23.1　寒天の歴史 ………………………………………420
- 23.2　寒天製造 …………………………………………421
- 23.3　寒天の物性 ………………………………………424
- 23.4　寒天の生理的特性 ………………………………427
- 23.5　新種の寒天と今後の展望 ………………………428
- 引用文献 ………………………………………………432

24　カラギナン―その産業と利用―　　433

岩元　勝昭

- 24.1　カラギナンの原藻 ………………………………433
- 24.2　カラギナンの性質と用途 ………………………436
- 24.3　カラギナンの利用分野と製造業界の変遷 ……437
- 24.4　将来への展望 ……………………………………438
- 引用文献 ………………………………………………439

25　アルギン酸―その特性と産業への展開―　　440

笠原　文善・宮島　千尋

- 25.1　アルギン酸の原料海藻 …………………………440
- 25.2　アルギン酸の製法 ………………………………441
- 25.3　アルギン酸の化学構造 …………………………441
- 25.4　アルギン酸塩の性質 ……………………………444
- 25.5　アルギン酸の安全性 ……………………………445
- 25.6　アルギン酸の食品工業への応用 ………………446
- 25.7　アルギン酸の工業用途への利用 ………………448
- 25.8　M/G 比 ……………………………………………449
- 25.9　PGA ………………………………………………450
- 25.10　アルギン酸工業の歴史 …………………………450
- 25.11　おわりに …………………………………………453
- 引用文献 ………………………………………………454

26　藻の文化　　455

宮田　昌彦・富塚　朋子

- 26.1　中国の文献にみる人と藻のかかわり …………455
- 26.2　日本の文献にみる人と藻のかかわり …………457
- 26.3　現代における人と藻のかかわり ………………460
- 26.4　藻の文化 …………………………………………469

引用文献·················470

海藻の機能性成分···················475

27 海藻の抗がん作用　　477
　　　　　　　　　　　　　　　　加藤　郁之進・酒井　武・佐川　裕章

　27.1　抗がん作用と細胞性免疫の活性化·················478
　27.2　褐藻類の抗がん活性·················479
　27.3　紅藻類の抗がん活性·················483
　27.4　まとめ·················488
　引用文献·················489

28 海藻と健康―老化防止効果―　　491
　　　　　　　　　　　　　　　　天野　秀臣

　28.1　海藻粉末による動脈硬化防止効果·················492
　28.2　海藻の血圧低下作用·················496
　28.3　糖尿病合併症予防効果·················497
　28.4　血液凝固抑制効果·················500
　28.5　海藻による血液流動性の向上効果·················502
　28.6　まとめ·················505
　引用文献·················505

29 海藻の化学成分と医薬品応用への可能性　　508
　　　　　　　　　　　　　　　　楠見　武徳

　29.1　海藻の脂質成分概要·················508
　29.2　海藻の生理活性化学成分·················509
　29.3　アミジグサ科海藻―生理活性物質の宝庫―·················513
　29.4　オキナワモズクからの殺赤潮プランクトン物質·················515
　引用文献·················516

30 海藻と肥料　　519
　　　　　　　　　　　　　　　　山田　信夫

　30.1　肥料として利用される海藻·················519
　30.2　海藻肥料の分類·················521
　30.3　海藻肥料の製造方法·················521
　30.4　海藻肥料の化学成分·················522
　30.5　海藻肥料の効果·················522
　30.6　海藻肥料の効果のメカニズム·················525

30.7　海藻肥料の使用量 ……………………………………………………525
　　引用文献 ……………………………………………………………………526

31　海藻と化粧品　　528
　　　　　　　　　　　　　　　　　　　　　　　　　　　　　山田　信夫
　　31.1　化粧品とは ………………………………………………………528
　　31.2　海藻成分が含まれた化粧品 ……………………………………529
　　31.3　身近な海藻成分入り化粧品 ……………………………………530
　　31.4　研究開発された海藻の美容効果 ………………………………530
　　31.5　アルゴテラピー …………………………………………………539
　　引用文献 ……………………………………………………………………540

和名索引 …………………………………………………………………………541
学名索引 …………………………………………………………………………551
事項索引 …………………………………………………………………………561
欧文事項索引 ……………………………………………………………………573

有用海藻の生物学

緑　藻

アナアオサ　*Ulva pertusa* Kjellman

有用海藻の生物学

1 ヒトエグサ

大野 正夫

　青海苔は，和菓子の色粉として，昔から広く使われてきた．海藻学の啓蒙書として明治時代に出版された岡村金太郎の名著である「趣味からみた海藻と人生」のなかに，「あるとき，青海苔を炒り豆に付け足る菓子を太閤の御前へ出したれば，——」という話から，豊臣の太閤も，青海苔のついた炒り豆を愛好していたと思われると書かれている．このことから，青海苔は，古くから菓子に使われていたことが伺えるが，この青海苔は，アオノリ属の仲間である．同じ本に，「ごく薄い柔らかい草で，手にとればペタリと指につくほど薄いもので，多くは，外海に近い，淡水の入るところ，ことに海水の温かいところに生える．東京で海苔の佃煮と言って小さい瓶に入れて売るものもあるが，この原料は浅草海苔でなく，この仲間の青海苔である」と書かれている．この仲間とは，ヒトエグサであり，明治の時代に，すでに，ヒトエグサを原料として瓶詰めの海苔の佃煮が売られていたことが分かる．
　また，別のところで，「アオサは，大森辺にあるものは，一尺以上，二，三尺くらいになって，幅も一尺以上に広がり，根を持って石や貝殻や棒その他，あらゆるものについて生える．海苔屋は，"阪東青（ばんどうあお）"とか言うて，てんで相手にせぬ」と書いている．これらの3種類が，海藻業界では"青海苔"として扱われている．海苔の佃煮に使われていて，短冊状の細胞が一層に並んでいる薄い葉体のヒトエグサ属 *Monostroma*，掛青海苔，粉末青海苔となるアオノリ属 *Enteromorpha*，二層の細胞からなるアオノリの代用品アオサ属 *Ulva* がある．ここでは，ヒトエグサの仲間の特性，生態から利用について述べる．

1.1　ヒトエグサの仲間

　ヒトエグサは薄い葉体で，海苔のように板状にすることができ，古来，浅草海苔のように細かく刻んで薄く抄いて10枚を1帖（じょう）として売り出していた．ノリと同じように，焼海苔や寿司巻きとして使われていた．岡村金太郎の著書にも，「浅草海苔の青いものと思っているようである．それゆえ，青海苔と言う名で通っていた」と書かれている（岡村 1922）．いまでも，浜名湖周辺では，ヒトエグサを薄く抄いて海苔のようにしたものが製造されている．
　東京では，明治の頃から，ヒトエグサの佃煮がつくられていたようで，岡村金太郎は，山口県，広島県，その他の県から東京にくる量は少量ではないと書いている．このことから，ヒトエグサの佃煮は，東京あるいは，江戸の特産品であったように想像できる．
　ヒトエグサ類は，温暖な海域の岩礁帯に広く生育しており，沖縄では採取され乾燥させて，「アーサ」と呼ばれて販売されている．鹿児島，高知などでも，天然に繁茂しているものを採取して吸い物に入れて食されているが，大阪や各地に広まりつつある．
　佃煮の原料として市場に出るヒトエグサ類は，ノリ網による養殖によって生産されている．ヒトエグサ養殖が始められたのは，昭和の初めの頃からであり，三重，愛知，愛媛など各県のノリ養殖場で，ノリの生育の悪いところにヒトエグサの網を張った．その後，四国，九州，沖縄にヒトエグサ養殖が広まった．

1.2　主要な種類

　ヒトエグサ属 *Monostroma* は一層の細胞から形成されている薄い膜状の緑色をした海藻であるために，この和名がつけられた．属名は一層というラテン語 mostroma からつけられている．この種は，寒海から熱帯海域まで世界中に広く分布している．日本沿岸に生育するものは，新日本海藻誌（吉田 1998）には，シンカイヒトエグサ *M. alittoralis* Tanaka et K. Nozawa，エゾヒトエグサ *M. angicava* Kjellman，キタヒトエグサ *M. arcticum* Wittrock，アツカワヒトエ *M. crassidermum* Tokida，アツバヒトエ *M. crassissimum* Iwamoto，ウスヒトエグサ *M. grevillei* (Thuret) Wittrock（図1.1），ヒロハノヒトエグサ *M. latissimum* Wittrock，ヒトエグサ *M. nitidum* Wittrock，マキヒトエ *M. oxyspermum* (Kützing) Doty，ラッパヒトエ *M. tubiforme* Iwamoto の10種が記載されている．多くの種は北日本の限られた区域に産する．ヒトエグサ属の種の同定は，葉体の形態だけで行うことが困難であり，その生活史と葉状体の初期形態を調べる必要がある（図1.2, 1.3, Tokuda & Arasaki 1967, Tatewaki 1969, 舘脇 1994）．日本沿岸で広く産する種は2種であり，葉体は最初から一層細胞が膜状になるヒトエグサ *M. nitidum* Wittrock と，発芽期は一層細胞からなる囊状で後に裂けて広がって一層細胞の葉体となるエゾヒトエグサ *M. angicava* Kjellman が広く見られる．エゾヒトエグサは，和名から推測されるように北海道を中心として北方海域に多く見られる．ヒトエグサは，本州から九州，沖縄までの温暖海の潮間帯に広く見られる．

　ヒトエグサの体は，薄くて柔らかく卵形から円形で，生長するにつれて縁辺部が不規則に変化し縁辺部は皺ができる．老成すると小さい孔があくものもある．葉長は10～30 cm までになる．表面からの細胞は角張って不規則に並んでおり，体の厚さは薄く20～60 μm である．乾燥するとよく紙につく．ヒトエグサ養殖に利用されている種は，ヒロハノヒトエグサ *M. latissimum* Wittrock とヒトエグサ *M. nitidum* の2種であるとされてきた（新崎 1946, 1949, 喜田 1966）．

図1.1　ヒトエグサの形態．

6　有用海藻の生物学

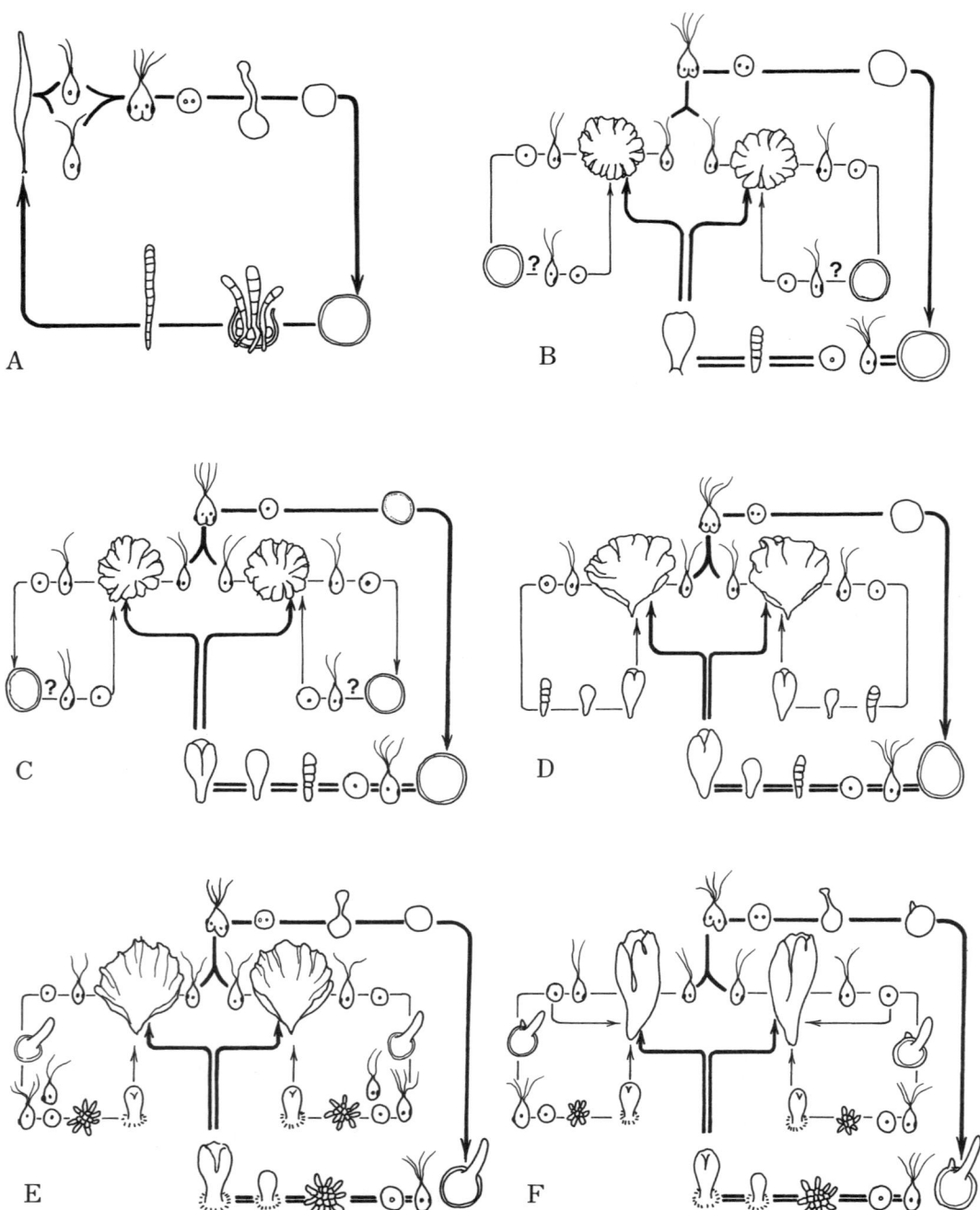

図1.2　ヒトエグサ属の各種生活史と発生形態.
A：*M. groenlandicum*　　　　B：ヒロハノヒトエグサ *M. latissimum*
C：ヒトエグサ *M. nitidum*　　D：マキヒトエ *M. oxyspermum*
E：エゾヒトエグサ *M. angicava*　F：ウスヒトエグサ *M. grevillei*（Tatewaki 1969，改変）

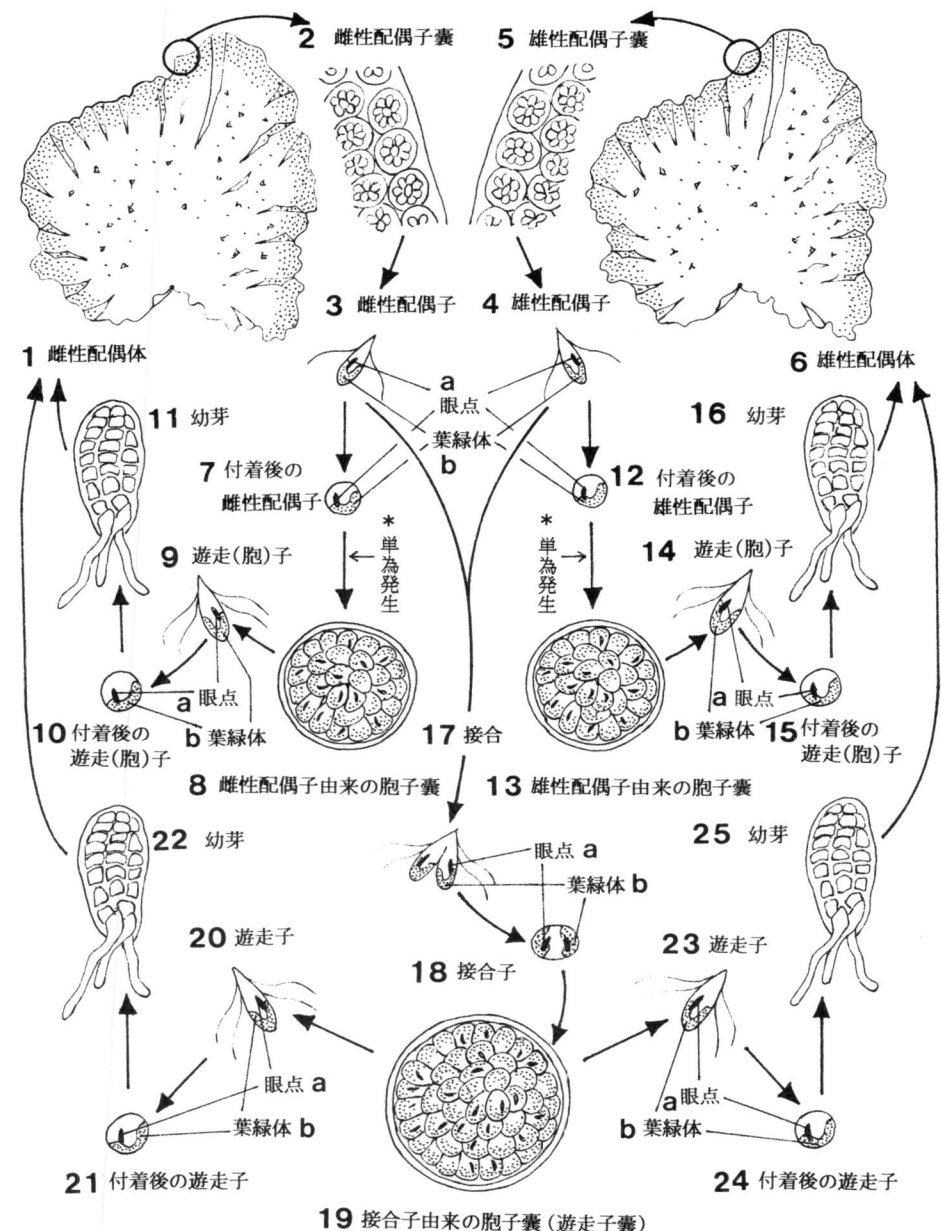

図1.3 ヒトエグサの生活史(喜田 1994).

ヒロハノヒトエグサは,三河湾の内湾や河口域に広く分布してヒトエグサ養殖場にも多く見られる.三重県で養殖されているヒトエグサの養殖種とされてきた.体は卵形の藻体で縁辺は皺がより,成体になると葉長が20〜50 cmくらいになり,大小の多数の孔があく,ヒトエグサは外海に面したところに産してヒロハノヒトエグサと比べると藻体はいくぶん小型であり,縁辺の皺が著しく葉面に小孔が生じないのが特徴とされていた.

しかし，喜田（1994）は，ヒロハノヒトエグサとヒトエグサは，発生の初期形態が同じであり，成葉体でははっきりと区別がつかず，ヒトエグサは外海型，ヒロハノヒトエグサは内海型と一つの種とすることを提案した．このことから，この2種を同じものとして，養殖種の混乱が解決された．

1.3 生活史

ヒトエグサ属の生活史は，1年周期で葉体になる配偶体期と微視的な大きさの胞子体期からなる．種によって胞子体期の形状が，球状になったり盤状になるものがある．また，発生初期の形態が袋状になった後に破れて一層になるものと一層のまま生長するものがある．これらの胞子体期形態の違いと配偶体初期形態から種が分けられている．養殖種であるヒトエグサは，葉体になる世代と微細な卵球状個体になる世代がある異型世代交代をする生活史である．なかには雌雄配偶子が単為発生して球状の胞子嚢になることも知られている（喜田 1989）．葉状体になる配偶体期は冬から春にかけて生長し，葉体が10 cm以上に大きくなると縁辺が黄緑色になって成熟する．天然岩礁に生育する葉体の成熟には，かなりはっきりとした月齢リズムがあり，約14日周期（大潮時）で成熟して栄養細胞が，そのまま，雄性配偶子嚢，雌性配偶子嚢を形成する．2本の等長の鞭毛を持つ雄性配偶子と雌性配偶子を放出する（図1.4，Ohno 1971）．雌性配偶子，雄性配偶子（約7.8×2.0 µm）は，あまり形態に差違がなく，眼点を持ち強い正の走光性を示し，接合して接合子になると負の走光性になり沈下し球状になって付着する．これらの接合子は潮下帯の光量のあまり強くない岩面に付着していると思われる．接合体は，夏期の間に少しずつ球状の胞子嚢（遊走子嚢）に肥大していく．なかには，接合せずに球状になり生長するものもあり，単為発生と呼ばれている．雌・雄性配偶体由来の単為胞子嚢と接合子由来の胞子嚢は，しだいに肥大してゆき，9月中旬彼岸の頃60～80 µmほどの球状になり成熟し遊走子を形成する．遊走子（約9.4×3.0 µm）は，等長の4本の鞭毛と眼点を持ち正の走光性を示すが，配偶子ほど強くなく，まもなく沈下して基盤に付着する．付着すると発芽して，嚢状（エゾヒトエグサ）にならず，直接1層細胞からなる平面的葉状体に生長する．

葉状体は，多くの海域で12月頃から岩礁に見えるようになる．成熟すると葉縁部位から胞子を放出するので，藻体はだんだんと小さくなり，5月下旬には潮間帯上部から消える．

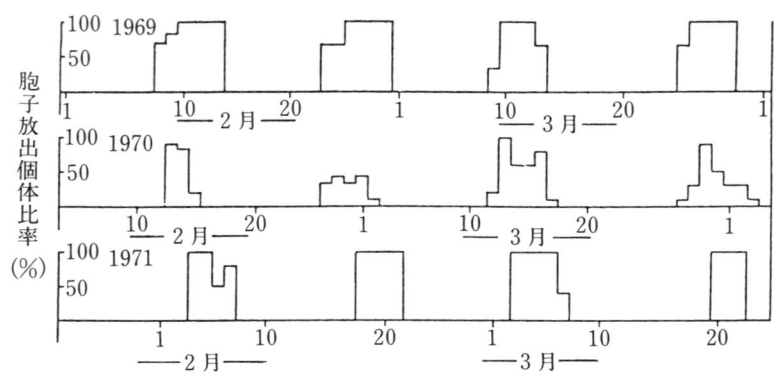

図1.4 ヒトエグサの胞子放出の月齢リズム（Ohno 1971）．

1.4 生　　態

　ヒトエグサの仲間は，アマノリ属やフノリ属の藻体とともに潮間帯の最上部に生育している．広く養殖されているヒトエグサは，著しい耐乾性があるので，養殖網の高さを高くすることにより，ほかの海藻を網に着生させずに単一の藻体で育てることができる．養殖に使われるヒトエグサの生育分布は，太平洋沿岸中部から九州，南西諸島，朝鮮半島の温暖海域に広く見られるが，養殖海域は，三河湾，高知県四万十川河口域，瀬戸内海沿岸，鹿児島県と沖縄県などに限られている．養殖品種のヒトエグサは，日本の中南部以西に自生している種が使われている．

　ヒトエグサは塩分に対する適応範囲が広く，外海域の高塩分域から汽水域まで生育するが，塩分の高いところや波浪の著しい外海域では小型の藻体になり，厚い膜状になり縁辺が皺になる．塩分の低い河口域や内湾ほど大型になり薄い膜状になる傾向があるので，ヒトエグサ養殖場は，比較的塩分の低いところが適地となっている．しかし，潮汐の流れのあるところや河口域ほど生長がよい．天然岩礁域では，12月上旬に藻体が見え始めて1月上旬頃に葉長は5〜10 cmに生長する．ヒトエグサの生長速度はきわめて速く，2〜3週間で岩場を被うほどに密生して単一群落を形成する特性がある．外海域ではアマノリ属の藻体（岩海苔）と混在せずに，まだらな繁茂区に分かれる傾向が見られる．成熟は2月頃から見られて，水温が上昇するとともに葉縁が成熟して流出し葉体は短くなる．水温が低く推移する年ほどヒトエグサの繁茂期が長くなるが，4月上旬には消える．一般にヒトエグサは，アマノリ属（岩海苔）より早く岩礁から消える．

　なお，北海道から東北北部に見られるエゾヒトエグサは，潮間帯の上部に12月頃から見え始めて，3〜5月によく生長して6月末に岩礁から消失するが，生長の過程など生態的な特性はヒトエグサとほぼ同じである．

1.5　ヒトエグサの養殖

　ヒトエグサの養殖技術は，ノリの養殖方法を参考にしてヒトエグサの生態的特性や生活史の違いに合わせて，工夫がこらされて完成された．ヒトエグサ養殖は，三河湾が発祥地で1950年頃より盛んになった．ヒトエグサが，ノリよりも暖海域で育つことなどが分かり，四国の各地から，1955年頃より三河湾にヒトエグサ養殖を学びに行った．その後，日本南西海域の各地でヒトエグサ養殖が試みられて，ヒトエグサ養殖は三重，愛知両県から徳島，高知，鹿児島，沖縄へと拡大していった．初期のヒトエグサ養殖場は，海苔養殖場に隣接して，少し塩分の低いところに養殖網が張られることが多かったが，しだいにノリ養殖場とは離れた湾奥部から河口域にヒトエグサ養殖場が設置されるようになった．

　ヒトエグサ養殖は，以前は種場（平坦で泥などの少ない小石まじりの浅瀬があり，毎年遊走子の発生が多い所）に秋の彼岸の頃5〜10枚重ねの網を張り，胞子（遊走子）の着生（種付け）を待つ天然採苗法がほとんどであった．1970年代から，人工採苗法が確立して，広く行われるようになった（Kida 1990）．その方法は，春に成熟葉体より配偶子を放出させ，プラスチック板上で接合させた接合子を水槽で，夏期の期間培養して，秋に人為的に胞子を出させて，養殖網に種付けさせる方法である．

（1） 人工採苗法と接合子の管理

　3月中〜下旬から4月末までの大潮から小潮にかけて縁辺が黄緑色になった葉体を採取し水で洗い，一晩生乾燥の状態で暗処理をした藻体は，30〜50 Lの透明容器（アクリル製など）に入れ，濾過した海水を注ぐ．胞子放出を早めるために，温淡水を加えることにより水温を2〜3℃高くして，蛍光灯で10 μmol m^{-2}s^{-1}程度の強い光を当てると，30分〜1時間後に多量の雌，雄性配偶子が出て緑色の胞子液となる（図1.5）．藻体を取り除いた胞子液を，接合子板を吊した水槽に入れて黒ビニールシートで暗くして接合子を付着させる．接合子板は厚さ1 mmの透明塩ビ板を短冊形（10×22.5 cm）に切り，接合子が均一につくように両面をワイヤーブラシなどで擦り，すりガラス状にしたものを使う．付着に必要な時間は30分くらいで，付着した量を顕微鏡で調べた後に，接合子板を大型水槽（0.5〜1トン）に移して，室内培養に入る．接合子付着密度については，顕微鏡で600倍の視野で5〜10個程度が望ましい．接合子板の夏期の室内培養管理は，室温が高くなると照度を下げるような工夫をし，わずかであるが通気をして，換水は1〜2ヵ月に一度行い栄養剤（海苔の糸状体培養用のもの）を添加する．8月下旬に，接合体の直径が60〜80 μmにまで生長したら，暗室にタンクを移動させて暗処理を行う．暗処理を2〜3週間行うと成熟が促進され，遊走子形成の同調効果がある．夏期の管理で一番難しいことは雑藻の混入であり，農業用の除草剤を用いたりして雑藻を取り除いたりしているが，人工採苗や換水には，濾過海水を用いるなどして，できるかぎり雑藻の混入を少なくする必要がある．

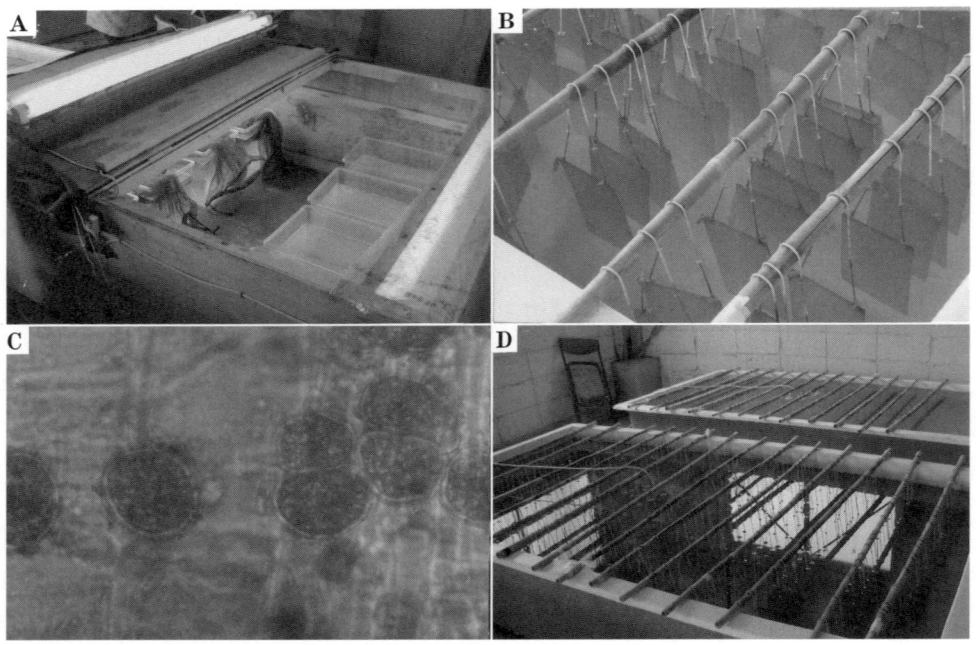

図1.5　ヒトエグサの種苗生産技術．
A：胞子放出箱で葉体より胞子放出，B：接合体板，
C：接合板で生長する胞子嚢（胞子形成），
D：接合板の室内タンク培養．

暗処理を行った接合子板は，9月中旬，水温が 23〜25℃に下がってきた頃，遊走子によるノリ網への胞子付けが行われる．遊走子による養殖網への採苗は，接合子付けのときに用いたものと同じ機材を用い，採苗法は春の葉体からの作業とほとんど同じである．接合子板を透明水槽に入れ濾過海水に少し湯を入れ，水温を高く（24〜27℃），塩分は少し低くして，照明をして明るい状態にしておくと 30分〜1時間ほどで遊走子が放出されて海水は緑色になる（Ohno 1995）．

大型タンクに 5〜10 枚重ねの網を入れ海水を入れて準備しておき，胞子液を大型タンクに移して網へ遊走子の着生を行う．この採苗過程では，胞子液の濃度と網への胞子の付着密度との関係を知るのに，かなりの経験がいる．大体 1 枚の接合子板で 5〜10 枚の網への種付けが可能といわれている．

(2) 網の展開と本養殖

網へ着生した遊走子は，1〜2日で細胞膜が形成され仮根が出て，しっかりと付着するので，その後，5〜10 枚重ね支柱張り（仮沖出し）をする（図 1.6）．人工採苗した網の仮沖出しの場所は，天然採苗の種場になっていたところのように潮通しのよい浮泥の少ない栄養塩の多い場所を選ぶ必要がある．

人工採苗された網は，普通 1 ヵ月ほどで数 mm の葉体になり，肉眼でも見えるようになる．芽付きの状態をみて網を 1 枚ずつ展開して，本張りへと移植する．網の高さは干出が 4 時間くらいになるように調節するが，場所により生長の状態によって時々高さを変える工夫もなされている．一般に幼芽期は雑藻がつかないように高めに張り，繁茂期には低く張り直す．葉体の生長は，年により，地域によってかなり変動があるが，1 月中旬には 10 cm ほどの藻体になり，摘採

図 1.6　ヒトエグサの養殖．
A：養殖網の育苗期（5〜10 枚重），B：繁茂期のヒトエグサの葉体，
C：ヒトエグサの手摘み採取，　　D：ヒトエグサの天日バラ干し．

が行われる．2月から水温が上昇し始めると生長が著しくなり，4月上旬まで摘採が行われる．水温が20℃を超え，昼間の干出時間が長くなってくると，急に成熟葉体が多くなり養殖シーズンも終わりに近づき，4月下旬，翌年への人工採苗への胞子付けが行われる．

　ヒトエグサの摘採は1月に入ってから，漁期の終わりまで3〜4回ほど行われる．採取法として，ノリ養殖に用いられている機械摘みも行われているが，手摘みの場合が多い．これは，ヒトエグサは，ノリと違って二次芽がないので，機械摘みで仮根部から摘み取られると，その後の摘み取りのときに収量が激減するためである．摘採された藻体は淡水で洗い，脱水機で水分を取り除き，枠のついた金網にのせて天日乾しを行う．これをバラ乾しという．ヒトエグサの品質は色の濃いものほど価格が高いので，収穫時期の藻体の伸びと色合いをみて摘み取りが行われる．

1.6　ヒトエグサの生産と将来の展望

　ヒトエグサの生産は，1970年代後半まで年々生産が増大していった．しかし，その後，ヒトエグサ佃煮の需要が伸びず，全国のヒトエグサ生産量は年間約3000トン（乾重量）である．ヒトエグサの生産は過剰気味で，現在まで，ほぼこの生産量で推移している．養殖ヒトエグサの網当たりの生産量は，乾重量として1枚当たり4〜8kgであるが，ノリ養殖ほど年による生産の大きな変動がないのが特徴である．ヒトエグサの生産量は，温暖な冬で雨量の多い年は多く，寒い冬は生産が落ちるといわれている．ヒトエグサはノリと比較すると環境への適応範囲も広く病害も少ない．病害として珪藻が葉面に異常繁殖したドタ腐れや仮根部が細菌などにおかされ芽落ちがあるといわれているが，漁場全体がこのような病気になることはない．このようにヒトエグサ葉体が丈夫であるために，今まで，環境要因と生産量に関する研究はノリほど進んでいない．

　人工採苗法が確立して生産量もほぼ安定しているために，新しい養殖技術が開拓されていない．しかもヒトエグサの生産は小規模なところが多く，ほとんど機械化がされていない．将来，佃煮以外のヒトエグサの新しい用途が開拓されることにより，需要が伸び，ノリ養殖のような機械化が進むと思われる．

引用文献

新崎盛敏　1946．アオサ科及びヒトエグサ科植物の胞子の発芽に就いて．生物 **1**：281-287．
新崎盛敏　1949．伊勢・三河湾産のヒトエグサに就いて．日本水産学会誌 **15**：137-143．
喜田和四郎　1966．伊勢湾及び近傍産ヒトエグサ属の形態並びに生態に関する研究．三重県立大学水産学部紀要 **7**：81-164．
喜田和四郎　1989．ヒロハノヒトエグサ配偶子の単為発生と生活環．水産増殖 **37**：83-86．
Kida, W. 1990. Culture of seaweeds *Monostroma*. Mar. Behav. Physiol. **16**：109-131.
喜田和四郎　1994．*Monostroma latissimum*（Kützing）Wittrock ヒロハノヒトエグサ．堀　輝三編，藻類の生活史集成 第1巻．p. 172-173．内田老鶴圃．
Ohno, M. 1971. The periodisity of gamete liberation on *Monostroma*. Proc. Int. Seaweed Symposium **7**：405-409.
Ohno, M. 1995. Cultivation of *Monostroma nitidum*（Chlorophyta）in a river estuary, southern Japan. J. Applied Phycol. **7**：207-213.
岡村金太郎　1922．趣味からみた海藻と人生．290 pp. 内田老鶴圃．

Tatewaki, M. 1969. Culture studies on the life history of some species of the genus *Monostroma*. Sci. Pap. Inst. Alg. Res. Fac. Sci. Hokkaido Univ. **6**: 1-55.

舘脇正和 1994. エゾヒトエグサ. 堀　輝三編, 藻類の生活史集成 第1巻. p. 170-172. 内田老鶴圃.

Tokuda, H. and Arasaki, S. 1967. Studies on the life history of *Monostroma* from the coast of Hommoku, Yokohama, with special reference to the *Codiolum*-phase. Rec. Oceanogr. Wks. in Japan **9**: 139-160.

吉田忠生 1998. 新日本海藻誌 日本産海藻類総覧. p. 22-30. 内田老鶴圃.

有用海藻の生物学

2 アオサ類

平岡 雅規・嶌田　智

　アオサは日本沿岸どこでも見られる海藻だが，種類についての研究，すなわち分類学はほとんど進んでいない．その理由は図2.1に示したように，アオサの体のつくりがあまりにも単純であること（比較できる形質が少ない），同じ種なのに個体によって形が大きく異なる（種内変異が大きい）ことが原因である．形から見て同じ種と考えられるのに，実は別々の種であったり，異なる種と考えられるものが同じ種であったりということがよく起こる．ありふれた海藻であるため，多くの藻類学者が研究対象に選ぶが，捉えどころがなく，研究から手を引いてしまうことが多かった．ここでは変化しやすい成体の形態とともに，交雑実験や培養，そしてDNA分析の手法を取り入れ，10年以上にわたる研究から得られた筆者らの知見に基づいてアオサの種類を考察する．

2.1　主要な種類

　新日本海藻誌（吉田 1998）によると，日本沿岸に生育するアオサ属は11種とされている．そのなかで最もよく見られるアオサ属は6種であり，アナアオサ *Ulva pertusa* Kjellman，リボンアオサ *U. fasciata* Delile，アミアオサ *U. reticulata* Forsskål，ナガアオサ *U. arasakii* Chihara，ヤブレグサ *U. japonica* (Holmes) Papenfuss，ウシュクアオサ *U. amamiensis* Tanaka である．残り5種，チシマアナアオサ *U. fenestrata* Postels et Ruprecht，オオアオサ *U. sublittoralis*

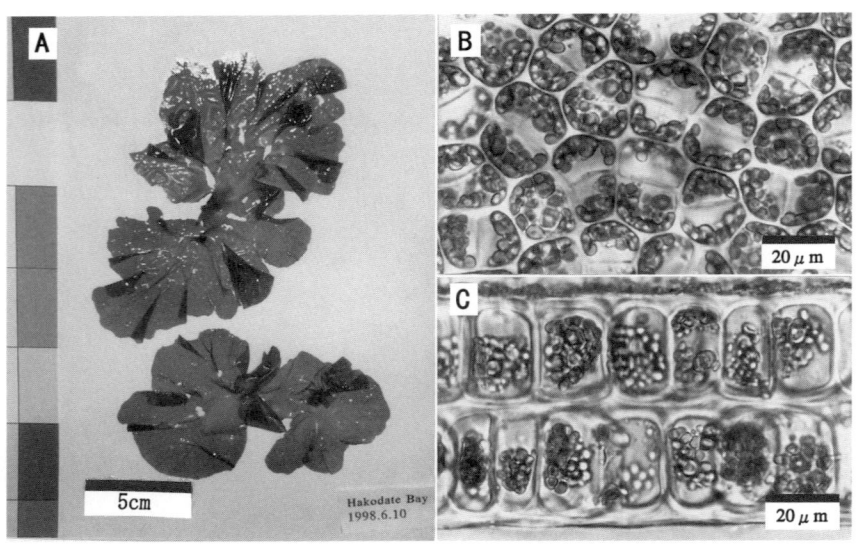

図2.1　アナアオサ(A)は，日本沿岸で最もふつうに見られるアオサである．光学顕微鏡で見ると同じような細胞がたくさん並んでおり（B：表面観），藻体は2層の細胞でできている（C：断面観）．きわめて単純な体のつくりになっている．

Segawa，コツブアオサ *U. spinulosa* Okamura et Segawa，オオバアオサ *U. lactuca* Linnaeus，ボタンアオサ *U. conglobata* Kjellman のうち，チシマアナアオサとオオアオサの 2 種はほとんど記録がなく詳細が不明である．コツブアオサも伊豆諸島で採集されてからほとんど記録がなく不明な種とされているが，筆者らは高知県で生育を確認している（Hiraoka *et al.* 2003 a）．オオバアオサは北海道東部に生育するとされているが，充分な調査が行われていない．アオサ類が浮遊した状態で大量に増殖する現象「グリーンタイド」（図 2.2）が九州，四国，瀬戸内海，本州太平洋岸中部（三河湾や関東地方）のおもに富栄養化した波静かな内湾で発生しているが，これらを引き起こしているアオサの浮遊断片がオオバアオサとされている場合がある．しかし，本来，オオバアオサは北方系の種であり（Bliding 1968，Papenfuss 1960），九州や四国の温暖な海域で大量繁殖するとは考えにくく，別の種類と考えるのが妥当であろう．西日本でグリーンタ

図 2.2 横浜市ではグリーンタイドを引き起こしているアオサを集めて処分している．この費用に年間数千万円かかるといわれている．

図 2.3 ミナミアオサ *Ulva ohnoi*（タイプ標本 SAP 095155）．

イドを引き起こしているオオバアオサに類似する種は，これまで報告されてきたどのアオサ種にも当てはまらないので，筆者らは新種ミナミアオサ *U. ohnoi* Hiraoka et Shimada として発表した（図2.3, Hiraoka *et al*. 2004）．残りの1種，ボタンアオサは他のアオサ種（たとえばアナアオサやリボンアオサ）が波の激しい岩礁で生育し，形態がボタンの花のように著しく変異したものと考えられる．その理由はリボンアオサが環境によりいろいろな形態に生長することを示した報告（Mshigeni & Kajumulo 1979）の中で，波の激しい岩礁域ではボタンアオサに非常によく似た形態になることが示されているからである．また，実際に何度か形態的にボタンアオサと同定できるアオサを採集したが，それらはアナアオサと交雑が起こった．韓国ではボタンアオサとアナアオサのDNA比較が行われ，比較された配列にはほとんど違いがなかった（Kang & Lee 2002）．これらの情報を総合するとボタンアオサは独立した種ではなく，他の種の形態変異したもの（形態種）と考えられる．以上のように，新日本海藻誌で記されている11種から，詳細が不明なチシマアナアオサ，オオアオサ，オオバアオサと実体がないボタンアオサの計4種を除いた7種に，新種ミナミアオサを加えた計8種のアオサの同定方法について詳述する．

図2.4にそれら8種のITS領域と呼ばれる塩基配列（核にコードされているDNA配列）を比較して作製した系統樹を示す．他の遺伝子，たとえば葉緑体にコードされている *rbc*L 遺伝子の塩基配列比較でもこの系統樹を支持する結果が得られている（Shimada *et al*. 2003）．8種を

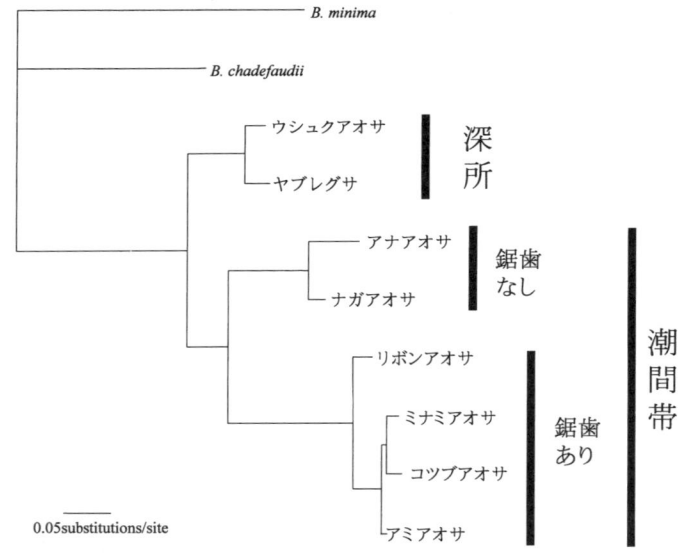

図2.4 核にコードされたITS領域のDNA塩基配列に基づく最尤系統樹．生育場所や顕微鏡的な鋸歯（図2.6参照）の有無も合わせて示した．現在の地球上に見られる生物種の多様性は生命の誕生以来，親から子へと受け継がれてきた遺伝子（DNA）の多様化（変異）によってもたらされた．つまり，現存する生物の遺伝子には突然変異と淘汰を通して代々受け継がれた進化の歴史がDNAの変異として刻み込まれている．したがって，遺伝情報の根元であるDNA塩基配列を解読し生物種間で比較解析することは系統進化の道筋を辿る有力なアプローチである．これまでの形態のみに注目した分類学的研究では形質の相同性や環境による変異が問題となり図らずとも研究者の主観が入り込んでしまう可能性を秘めていたが，この分子系統学的解析は全生物に共通なDNA塩基配列を用いることでこれらの問題をクリアしている．アオサ類を含めた有用海藻類の種や有用品種を認識するのに最も容易で有効な手法である．

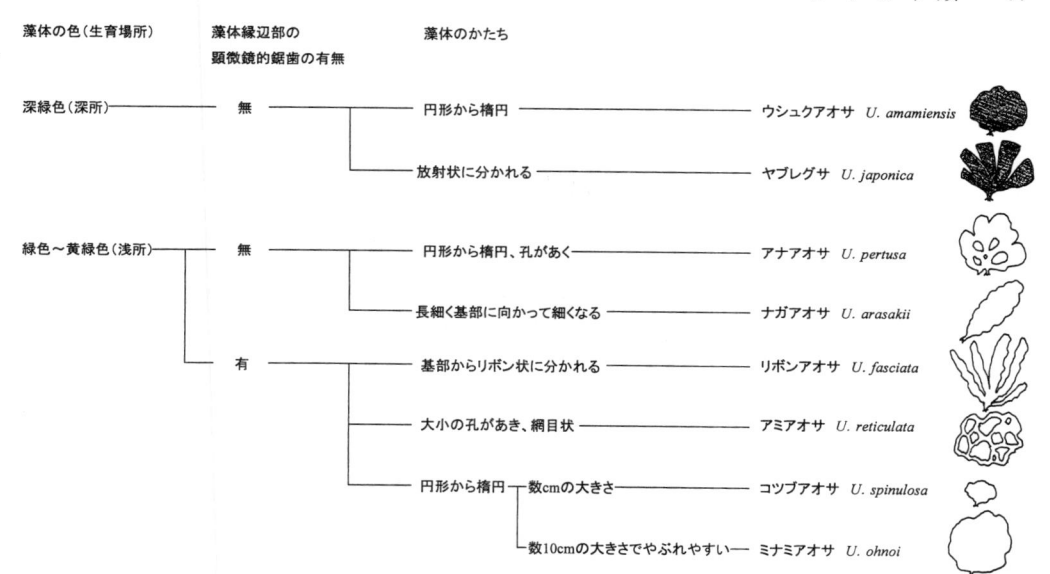

```
藻体の色（生育場所）   藻体縁辺部の        藻体のかたち
                    顕微鏡的鋸歯の有無

深緑色（深所）────── 無 ──┬── 円形から楕円 ─────────────────── ウシュクアオサ  U. amamiensis
                         └── 放射状に分かれる ─────────────── ヤブレグサ     U. japonica

緑色〜黄緑色（浅所）─┬ 無 ──┬── 円形から楕円、孔がある ──────── アナアオサ    U. pertusa
                   │      └── 長細く基部に向かって細くなる ──── ナガアオサ    U. arasakii
                   │
                   └ 有 ──┬── 基部からリボン状に分かれる ────── リボンアオサ   U. fasciata
                          ├── 大小の孔があき、網目状 ────────── アミアオサ    U. reticulata
                          └── 円形から楕円 ─┬─ 数cmの大きさ ── コツブアオサ   U. spinulosa
                                           └─ 数10cmの大きさでやぶれやすい ── ミナミアオサ  U. ohnoi
```

図 2.5 アオサ属の種の検索表．

区別する形態的特徴を図 2.5 に示した．まず，藻体の色の違いで二つのグループに分かれる．ヤブレグサとウシュクアオサは黒っぽい深緑色なのに対し，ほかの 6 種のアオサ類は絵の具でいうとビリジアンから黄緑色で，はっきり区別できる．この色の違いは含んでいる色素の違いや生育場所とも関係してくる（2.3 節参照）．この 2 種は，ヤブレグサが比較的厚く，固い手触りで放射状に藻体が分かれるのに対し，ウシュクアオサの藻体は柔らかい手触りで，形が楕円状であることで区別される．また，この 2 種は新属へ移す意見が提出されている（Bae & Lee 2001）．つぎに残りの 6 種は縁辺部分を顕微鏡で観察して確認できる鋸歯の有無（図 2.6）で 2 グループに大別される．顕微鏡的な鋸歯がないグループはアナアオサとナガアオサの 2 種である．この 2 種は以下の点で区別される．アナアオサの藻体は円形から楕円形でところどころ孔があき，裂ける場合もある．ナガアオサは孔があくことはあまりなく，長細く，基部付近は細くなって付着器を持つ．顕微鏡的な鋸歯を持つグループは藻体の形態で三つに分かれる．大小の孔があき網目状になるアミアオサ，基部から幾本もリボン状の葉が分かれるリボンアオサ，円形から楕円形のミナミアオサとコツブアオサに区別される．ミナミアオサは薄くて破れやすく，岩などに付着している藻体を見つけるのは難しい．一方，コツブアオサは波の激しい岩礁に生育し，大きさが数 cm で非常に小さい．ミナミアオサとコツブアオサを分ける基準は大きさという非常に曖昧なものであるが，形態的には大きさ以外に際だった違いは見いだせない．DNA 比較でも両者は近縁である．培養実験では，ミナミアオサは 5 cm 以上の大きさに生長してもほとんど生殖細胞をつくらないのに対し，コツブアオサは 2 cm 前後の大きさになるとどんどん生殖細胞をつくる．藻体縁辺の生殖細胞をつくった部分は脱落するので，生長と脱落が繰り返されてコツブアオサは大きく生長しない．ミナミアオサとコツブアオサはそのように生理的に異なっており，それが大きさの差異につながっている．ここまで，8 種のアオサの同定方法を概説してきたが，実際にアオサを同定するとなると簡単ではない．冒頭で述べたが，アオサは形態的な変異が大きいからである．アオサ属の同定を形態のみに頼るのは限界がある．種の特定には，交雑試験や DNA 分析が欠か

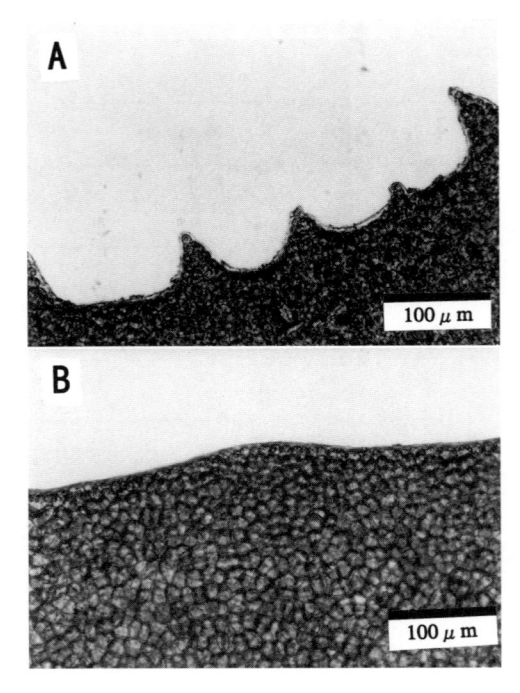

図 2.6 藻体縁辺部分に観察される顕微鏡的な鋸歯（A：ミナミアオサ）．鋸歯のない種類もある（B：アナアオサ）．

せない．

　最後に日本のアオサと外国のアオサの関係について述べる．これまで日本のアオサと外国産アオサについて比較研究された例はほとんどない．同じ種に対して日本と外国では違う学名で呼ばれている可能性がある（大野・平岡 2001）．そのような例を一つ挙げる．日本で最も広く分布しているアナアオサ U. pertusa は韓国や中国で分布が確認されているものの，ほかの地域からの報告はほとんどない．ほかの地域ではアナアオサと形態的によく似た U. rigida がよく報告されている．U. rigida は世界中至るところで見られる広汎種とされている（Phillips 1988）．にもかかわらず日本に U. rigida が分布していないのはどうしてか？　そのような疑問をもって，オランダから U. rigida を採集し，日本のアナアオサ U. pertusa と交雑実験を行ったところ交雑が起こった．さらに交雑で形成された接合子は正常に生長し，次世代の生殖細胞（遊走子）も形成した．また，DNA 分析では両種はほとんど同じ塩基配列を持つことも分かった．これらの実験結果はオランダの U. rigida と日本のアナアオサ U. pertusa が同じ種であることを示している．外国のアオサと日本産アオサとの比較研究は始まったばかりであるが，研究が進めば日本のアオサの学名が書き換えられることが期待される．

2.2　生　活　史

　多くのアオサの生活史は同型世代交代である（図 2.7）．雌性配偶体，雄性配偶体と胞子体は同型で，これら三つの膜状の栄養藻体は，肉眼的にも顕微鏡観察でも見分けがつかない．一方，成熟すると藻体縁辺部の細胞がそれぞれ雌性配偶子嚢，雄性配偶子嚢，胞子嚢に変わり，そのと

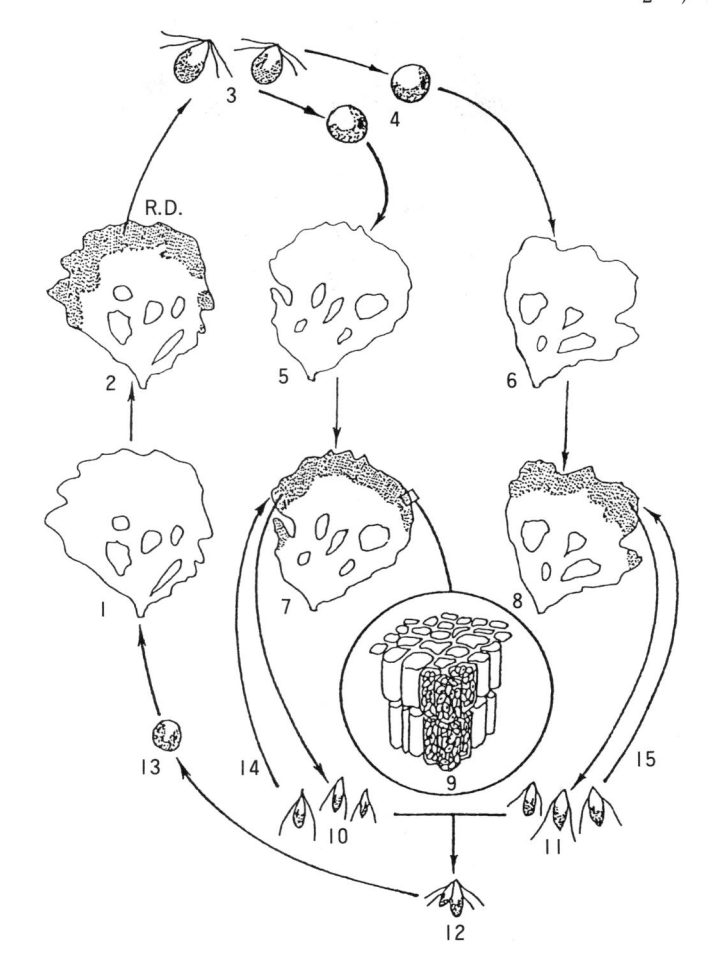

図2.7 アナアオサの生活史．1：胞子体，2：成熟胞子体，3：遊走子，4：基物に付着し球形化した遊走子，5：雄性配偶体，6：雌性配偶体，7：成熟雄性配偶体，8：成熟雌性配偶体，9：成熟藻体拡大模式図（藻体は二層の細胞からなり，栄養体細胞はそのままの形で成熟し，内部に生殖細胞をたくさんつくる），10：雄性配偶子，11：雌性配偶子，12：接合子，13：基物に付着し球形化した接合子，14：雄性配偶子の単為発生，15：雌性配偶子の単為発生，R.D.減数分裂．

き雌性配偶体は黄緑色，雄性配偶体は黄色，胞子体は緑色が濃い黄緑色を呈するので区別できる（Hiraoka et al. 1998）．ほとんどの種類では藻体縁辺部が成熟するが，アミアオサは縁辺ではなく内側が成熟し，その部分が脱落するので孔がたくさんあいた網目状の形態になる（右田・藤田 1984）．雌雄配偶体でつくられる雌雄配偶子は長洋梨形で長さ5〜10 μm，幅1〜5 μm，頭頂部に等長2本鞭毛，後部に葉緑体，ピレノイド，赤色の眼点を持つ．雌雄配偶子は接合して，接合子となり，岩など基物に付着して球形化し，発芽する．発芽体は膜状葉の胞子体に生長する．胞子体は減数分裂を経て遊走子をつくる．遊走子は長洋梨形で長さ8〜13 μm，幅4〜7 μm，頭頂部に等長4本鞭毛，後部に配偶子と同様の葉緑体，ピレノイド，眼点を持つ．遊走子の発生，生長過程は接合子と同様で膜状葉の雄性配偶体または雌性配偶体に生長する．雌雄配偶子は単為発生をすることができ，接合しなくとも藻体に生長できる．以上が有性生殖過程を含む生活史の

基本型である．有性生殖型生活史のほかに，雌雄配偶体の世代がない無性生殖型生活史を持つアオサ類も存在する．たとえば，コツブアオサは4本鞭毛を持つ生殖細胞を放出し，それらが新しい藻体に生長するという単純なサイクルを繰り返す（Hiraoka et al. 2003 a）．また，リボンアオサの中には2本鞭毛を持つ生殖細胞を放出し，それらが新しい藻体に生長する生活史を持つものもある（Hiraoka et al. 2003 b）．これらの無性生殖型生活史は，複雑な有性生殖型生活史から派生してきたと考えられている（Hiraoka et al. 2003 c）．

2.3 生　　　態

　ヤブレグサとウシュクアオサは他のアオサと比べて黒っぽく暗い緑色をしている．これはこの2種がほかのアオサが持たないシフォナキサンチンという色素を持つからである（横浜 1983）．シフォナキサンチン色素を持つことで緑色の光を吸収し，光合成のエネルギーに利用できる．おかげでこの2種だけは緑色光であふれる水深10メートルくらいの深所に生育できる（図2.4）．浅いところに生育しているほかのアオサはシフォナキサンチンを欠き，その代わりにルテインを保持していて鮮やかな緑色をしている．ルテインは陸上植物にも見られ，強い光による酸化を防ぐことから浅瀬での生育が可能となる（嶌田 2003）．

　深所に生育する2種以外のアオサは，潮の満ち引きの影響を強く受ける潮間帯に生育している．干潮時には海水面から姿を現し，数時間は乾燥に耐えることができる．岩礁に付着根で固着しているアオサの繁殖は，生殖細胞をばらまいて行う．およそ2週間ごとの大潮の頃にアオサ群落から一斉に生殖細胞が放出される．そして，鞭毛で平泳ぎのごとくビートを打って，光に反応して泳ぐ．生殖細胞のうち，雌と雄の配偶子は光に向かって泳ぎ海水面付近に集まる（正の走光性）．そうすることで海中にただ漂うよりも雄と雌が出会う確率を高めていると考えられている（Togashi et al. 1999）．雌雄配偶子が接合して接合子になると走光性が逆転し，光と逆の方向に泳ぐ（負の走光性）．そして海底の岩などに着生する．胞子体につくられる遊走子や無性生殖型生活史の生殖細胞などが放出されて単独で発芽するタイプの生殖細胞は，光と逆の方向に泳ぐ負の走光性を持ち，岩などに着生する．そうしてばらまかれた生殖細胞が発芽し，新しい藻体に生長する．アオサ群落は種類にもよるが，たいてい冬から春，初夏にかけて繁茂する．夏の終わりから秋には衰退するか消失してしまう場合が多い．西日本でグリーンタイドを引き起こしている種類のミナミアオサは例外的に夏から秋にかけてもっとも繁茂する（大野 1988）．

　岩に固着しなくともアオサは浮遊した状態で大規模に増殖することもある．上述したグリーンタイドはそのようなアオサの浮遊断片によって引き起こされる．それらアオサの浮遊断片は大きなものでは長さ3m以上にもなる．固着型のアオサは生長すると生殖細胞をつくって放出し，藻体の一部が消失するのでそれほど大きくならない．グリーンタイドを引き起こしているアオサは生長が速いことに加えて，生殖細胞形成が起こりにくくなっているという性質も合わせ持つ（平岡ら 1998）．したがって，生殖細胞による繁殖はほとんど行わず，もっぱら栄養繁殖を繰り返していると考えられる．グリーンタイドを引き起こしているアオサの種類はそれぞれの発生地域で異なっている．ただ1種類のアオサ種により引き起こされる場合もあるが，複数の種による場合もある．たとえば，広島県宮島周辺のグリーンタイドには少なくとも3種以上の浮遊藻体が確認されている（Shimada et al. 2003）．博多湾ではアナアオサとミナミアオサの2種が確認され，その割合が季節的に変化している（上ノ薗 2000）．一方，高知県浦ノ内湾ではミナミアオサ

のみでグリーンタイドが引き起こされているようである．日本各地のグリーンタイドを概観すると，四国と九州の比較的温暖な海域ではミナミアオサ，東日本や瀬戸内海などやや冷たい海域ではアナアオサが主要構成種になっている．しかし，グリーンタイドは浮遊したアオサ断片によって引き起こされているので，容易に他のアオサ種の侵入を許すだろうし，海流や温度の変化により，別の種類のアオサに置き換わることもありえる．

水質浄化や飼料に水産利用されている浮遊型アオサは，「不稔性アオサ（アナアオサ）」と呼ばれている．この呼び名は，長崎県大村湾産の生殖細胞形成をせずにもっぱら栄養繁殖するアオサが，アナアオサの不稔性突然変異株（生殖細胞をつくらなくなった株）と発表されたことに由来する（右田 1985）．しかし，それらのアオサは九州地方で採取され，薄くて破れやすいという性質を持つのでアナアオサの変異株ではなく，アナアオサとは別の種類のアオサ（ミナミアオサやアミアオサの近縁種）だと考えられる．最近では，世界中のアオサから ITS 領域の塩基配列が決定されデータも蓄積されてきており，グリーンタイドを引き起こすアオサ種の DNA 鑑定もできるようになってきている（Shimada *et al.* 2003）．

2.4 アオサの利用

アオサは水質浄化，飼料，食材，機能性成分原料などに利用されている．利用されるアオサは岩に付着しているものではなく，たいていグリーンタイド種である．上述したように付着しているアオサは生殖細胞形成が起こりやすく，なかなか大きく生長しないので利用しにくい．一方，グリーンタイド種は生長が速く，生殖細胞形成も起こりにくい．実際に利用されているグリーンタイド種はミナミアオサやアナアオサの浮遊藻体である．

水質浄化は，浄化したい海水中でアオサを増殖させて行う．アオサが生長することでアンモニア態窒素をはじめとする栄養塩を吸収してくれる．飼料としての利用は，トコブシなど貝類，養殖魚，鶏などの家畜の餌である．魚介類の養殖池でアオサも同時に養殖して餌にすれば，水質浄化と餌供給を同時に満たせる．このように環境に配慮し，アオサと養殖魚を同じ漁場で養殖するポリカルチャー方式が提案されている（Hirata *et al.* 1993）．また，アオサを飼料として与えれば，養殖魚の肉質が向上し，鶏卵の色素含有量が増加するといった効果も報告されている．さらに，機能性成分に注目した血液凝固抑制剤，オキシリピン生成阻害剤，レフサム病治療などの医薬品としての利用も行われている（能登谷 1999）．

日本各地で「アオサ」と名のつく海藻食品は多々あるが，それらのほとんどはヒトエグサが原料である．沖縄でみそ汁に入れる「アーサ」や高知県の「アオサノリ」などもみなヒトエグサである．アオサが佃煮に使われることはまずない．ためしにアオサで佃煮をつくってみるとヒトエグサに比べて藻体が厚いので歯触りがあまりよくない．ふつうアオサはアオノリの代用品であり，焼きそばやお好み焼きのふりかけに使われる．アオサはアオノリと比較して香りや色が落ちることから非常に安い．粉末アオサで 1 kg が 500～1000 円で取引されており，主な産地は愛知県三河湾である．人為的に養殖が行われることはなく，自然に繁茂しているアオサを採取している．大野（1999）による三河湾のアオサ工場の取材によると，グリーンタイドを引き起こしている大量の浮遊アオサを採取，洗浄，乾燥させてアオサの粉を生産している．三河湾地域での年間生産量は 700 トンあまりと推定されている．それらのアオサ粉は大阪や岡山などの海藻問屋では，大阪より東で生産されるため「阪東粉（ばんどうこ）」と呼ばれて流通している．

引用文献

Bae, E. H. and Lee, I. K. 2001. *Umbraulva*, a new genus on *Ulva japonica* (Holmes) Papenfuss (Ulvaceae, Chlorophyta). Algae **16**: 217-231.

Bliding, C. 1968. A critical survey of European taxa in Ulvales. II. *Ulva, Ulvaria, Monostroma, Kornmannia*. Bot. Not. **121**: 535-629.

Hiraoka, M., Obata, S. and Ohno, M. 1998. Pigment content of the reproductive cells of *Ulva pertusa* (Ulvales, Ulvophyceae): evidence of anisogamy. Phycologia **37**: 222-226.

平岡雅規・大野正夫・川口栄男 1998. 博多湾に生育するアオサ2型の生殖的隔離について. 藻類 **46**: 161-165.

平岡雅規 1999. 成熟と繁殖. 能登谷正浩編, アオサの利用と環境修復. p. 25-32. 成山堂書店.

Hiraoka, M., Shimada, S., Ohno, M. and Serisawa, Y. 2003 a. Asexual life history by quadriflagellate swarmers in *Ulva spinulosa* (Ulvales, Ulvophyceae). Phycol. Res. **51**: 29-34.

Hiraoka, M., Shimada, S., Serisawa, Y., Ohno, M. and Ebata, H. 2003 b. Two different genetic strains of stalked-*Ulva* (Ulvales, Chlorophyta) grow on the intertidal rocky shore in Ebisujima, central Japan. Phycol. Res. **51**: 161-167.

Hiraoka, M., Dan, A., Shimada, S., Hagihira, M., Migita, M. and Ohno, M. 2003 c. Different life histories of *Enteromorpha prolifera* (Ulvales, Chlorophyta) from four rivers on Shikoku Island, Japan. Phycologia **42**: 275-284.

Hiraoka, M., Shimada, S., Uenosono, M. and Masuda, M. 2004. A new green-tide-forming alga, *Ulva ohnoi* Hiraoka et Shimada sp. nov. (Ulvales, Ulvophyceae) from Japan. Phycol. Res. **52** (in press).

Hirata, H., Kohirata, E., Guo, F., Xu, B. T. and Danakusumah, E. 1993. Culture of the sterile *Ulva* sp. (Chlorophyceae) in a mariculture farm. Suisanzoshoku **41**: 541-545.

Kang, S. H. and Lee, K. W. 2002. Phylogenetic relationships between *Ulva conglobata* and *U. pertusa* from Jeju Island inferred from nrDNA ITS 2 sequences. Algae **17**: 75-81.

右田清治 1985. 大村産アナアオサの不稔性変異種. 長崎大学水産学部研究報告 **57**: 33-37.

右田清治・藤田雄二 1984. アミアオサの形態形成. 長崎大学水産学部研究報告 **56**: 1-6.

Mshigeni, K. E. and Kajumulo, A. A. 1979. Effects of the environment on polymorphism in *Ulva fasciata* Delile (Chlorophyta, Ulvaceae). Bot. Mar. **22**: 145-148.

能登谷正浩 1999. アオサの利用と環境修復. 171 pp. 成山堂書店.

大野正夫 1988. 緑藻アオサ場の季節的消長. 付着生物研究 **7**: 13-17.

大野正夫 1999. 新しい食材になるアオサ. 能登谷正浩編, アオサの利用と環境修復. p. 137-143. 成山堂書店.

大野正夫・平岡雅規 2001. ヨーロッパのアオサについて. 藻類 **49**: 17-20.

Papenfuss, G. F. 1960. On the genera of the Ulvales and the status of the order. J. Linn. Soc. Lond. (Bot.) **56**: 303-318, pls. 1-6.

Phillips, J. A. 1988. Field, anatomical and developmental studies on southern Australian species of *Ulva* (Ulvaceae, Chlorophyta). Aust. Syst. Bot. **1**: 411-456.

嶌田 智 2003. アオサ類の分子情報による集団生態学的解析と応用. 能登谷正浩編, 海藻利用への基礎研究. p. 70-87. 成山堂書店.

Shimada, S., Hiraoka, M., Nabata, S., Iima, M. and Masuda, M. 2003. Molecular phylogenetic analyses of the Japanese *Ulva* and *Enteromorpha* (Ulvales, Ulvophyceae), with special reference to the free-floating *Ulva*. Phycol. Res. **51**: 99-108.

Togashi, T., Motomura, T., Ichimura, T. and Cox, P. A. 1999. Gametic behavior in a marine green alga, *Monostroma angicava*: an effect of phototaxis on mating efficiency. Sex. Plant Reprod. **12**: 158-63.

上ノ薗雅子 2000. 博多湾奥部浮遊アオサにみられる2型について. 九州大学農学部水産学科修士論文.

横浜康継 1983. カロチノイドからみた緑藻類の生育と進化. 遺伝 **37**(5): 24-30.

吉田忠生 1998. 新日本海藻誌 日本産海藻類総覧. 1222 pp. 内田老鶴圃.

有用海藻の生物学

3 アオノリ類

團　昭紀

　緑藻のなかでは，アオノリはヒトエグサと並んで有用な食用海藻である．アオノリの用途は，かけ青海苔，もみ青海苔，粉末青海苔としてお好み焼きや菓子類などに利用されているが，従来からの利用法に加え，近年ではインスタント食品の普及によりアオノリの需要は高まっている．アオノリの主産地は徳島，高知，山口，岡山，和歌山などの西日本に多いが，千葉でも独特の板状に加工したアオノリが生産されており，正月に雑煮に入れて食べる習慣がある．アオノリの年間生産量は正確な統計はないが，流通業者からの聞き取りを基に推計すると300トン（乾燥重量）程度ある（團 1994）．このうち，スジアオノリは150トン，残りはウスバアオノリやヒラアオノリなどである．愛媛県では，アマノリ類の養殖が終わった後，ウスバアオノリ，ヒラアオノリなどを同じ養殖場で引き続いて養殖しており，年間生産量は140トン（乾燥重量）程度ある．スジアオノリの生産は天然採取によるものが多いが，近年養殖による生産が増えてきている．スジアオノリ養殖を行っている産地としては，徳島，岡山，山口，千葉などであり，今後は人工採苗技術を利用した新たな養殖産地づくりを始める地域も出てくることが予想される．

3.1　主要な種類

　アオノリ属 *Enteromorpha* は一層細胞からなる管状構造をしており，属名は腸（*enteron*）の形（*morph*）からきている．この属は体制が簡単で分類形質が少なく，種の同定は非常に難しい．日本産の種類についての最近の詳しい研究はないが，ヨーロッパ産の種類では16種報告されている（Koeman & Hoek 1982 a, 1982 b, 1984）．新日本海藻誌（吉田 1998）によると日本沿岸に見られるアオノリ属は，タレツアオノリ *E. clathrata* (Roth) Greville，ヒラアオノリ *E. compressa* (Linnaeus) Nees，ホソエダアオノリ *E. crinita* (Roth) Nees，*E. flexuosa* (Wulfen) J. Agardh，ボウアオノリ *E. intestinalis* (Linnaeus) Nees，ウスバアオノリ *E. linza* (Linnaeus) J. Agardh，スジアオノリ *E. prolifera* (Müller) J. Agardh の7種となっている（図3.1）．また，アオノリ属と形態が似ており，生育場所も近いものとしてヒメアオノリ属 *Blidingia* がある．ヒメアオノリ属は潮間帯最上部に生育していることと，アオノリ属に比べ細胞の大きさが10μm以下と小さいため容易に区別することができる．アオノリ属の分類は，外部形態，細胞の大きさと配列，ピレノイドの数，葉緑体の位置によって行うことができる．まず，ピレノイドの数により大きく分類することができる．ピレノイドが1個（稀に2〜3個）であればヒラアオノリ，ボウアオノリ，スジアオノリ，ウスバアオノリであり，5個以上であるとホソエダアオノリ，タレツアオノリとなる．つぎに，葉緑体の位置により分けることができる．葉緑体が細胞内で一方向に偏在する場合は，ヒラアオノリ，ボウアオノリであり，散在している場合はスジアオノリ，ウスバアオノリとなる．最後に，細胞配列を考慮しつつ形態で判断する（図3.2）．スジアオノリは若い藻体であると細胞は縦に並ぶ傾向がある．また，体の太さは基部から先端まで変わらず，分枝することが多い．分枝が非常に少なく，ヒラアオノリと間違いやすいスジアオノリがあるので注意をする必要がある．ウスバアオノリは，体が扁平であり基部と縁

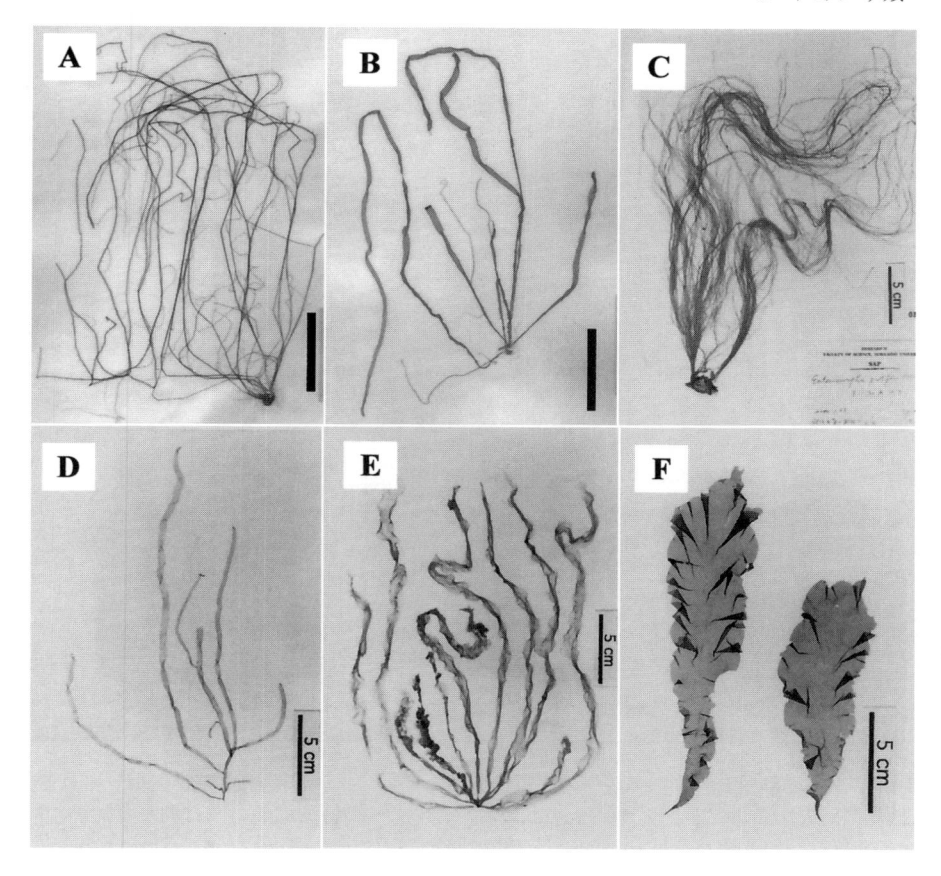

図3.1 日本沿岸で見られる主なアオノリ属.
A：徳島県吉野川で最もふつうに見られるスジアオノリ，B：吉野川のスジアオノリであるが分枝が少ない．C：熊本県天草のスジアオノリで分枝の数が非常に多い（SAP 088306）．D：北海道桃内のヒラアオノリ（SAP 062499）．E：北海道忍路のボウアオノリ（SAP 061283）．F：北海道有珠のウスバアオノリ（SAP 050310）．CからFまでの写真は，北海道大学先端科学技術共同研究センターの嶋田智博士から提供．各スケールバー：5 cm．

辺部にのみ中空の部分があり，他は接着しており，形態的に最も分かりやすい．ヒラアオノリとボウアオノリは，ともに体は基部から上部に太くなる．両者の区別として，ボウアオノリは分枝を持たないが，ヒラアオノリは基部付近に分枝を持つことである．ホソエダアオノリは，形態的にはスジアオノリとよく似ているが，よく観察すると長い枝に混じり短い棘状の小枝があり，またピレノイドの数が多い．アオノリ属で有用種として採取されているものはスジアオノリ，ヒラアオノリ，ボウアオノリで，養殖されている種は主にスジアオノリとヒラアオノリである．

3.2 生 活 史

アオノリ属の生活史は，同型世代交代を行う有性の生活史を持つものと世代交代のない無性の生活史がある．スジアオノリでは，有性および無性の両方の生活史が見られる．四国内の四河川（高知県四万十川，仁淀川，徳島県吉野川，日和佐川）のスジアオノリについて3種類の異なる

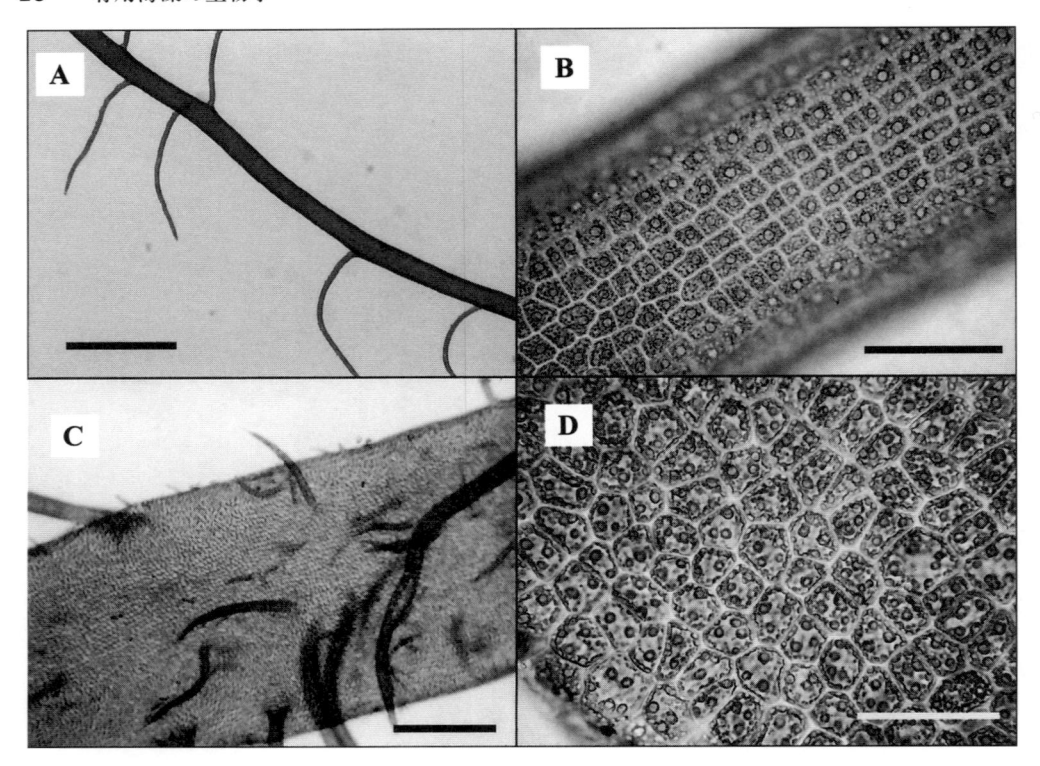

図 3.2 A, B：徳島県吉野川のスジアオノリ．1個のピレノイドと葉緑体の散在が見られる．C, D：徳島県吉野川のホソエダアオノリ．ホソエダアオノリの特徴は長い枝に混じり短い棘状の小枝があり（C），5個以上のピレノイドを持つ（D）．スケールバーは，A：5 mm，B：50 μm，C：0.5 mm，D：50 μm．

生活史が確認された（Hiraoka *et al.* 2003）．すなわち，日和佐川と四万十川のスジアオノリで見られた4本鞭毛の遊走子と2本鞭毛の配偶子を放出し，配偶体と胞子体が世代交代する型，吉野川，日和佐川，仁淀川のスジアオノリで見られた2本鞭毛の遊走細胞を放出し，無性生殖のみの生活環を持つ型，吉野川と仁淀川で見つかっている4本鞭毛の遊走細胞を放出し，無性生殖のみの生活環を持つ型に分けられる（図3.3）．また，無性生殖の2本鞭毛の遊走細胞は配偶子と比べて三つの異なる固有の性質を持っていることが分かった．すなわち，1）配偶子は一般に単相体であるのに対し，それらは複相体である．2）それらは有性生殖の株の配偶子と4本鞭毛の遊走子の中間の大きさである．3）配偶子は一般に正の走行性であるのに対し，それらは負の走光性であった．負の走光性はおそらく水中での着底の機会を増大させるので，これらの無性の遊走細胞は着底に特化したものであると考えられた．

3.3 生　　態

アオノリ属の特徴は広塩性があり，干潮時には淡水になる場所から外洋性の場所まで分布している．高知県四万十川でのスジアオノリは塩分0.3 psuという非常低い場所から33.1 psuという海水に近い場所まで繁茂している（大野・高橋 1988）．汽水域に生育しているスジアオノリを

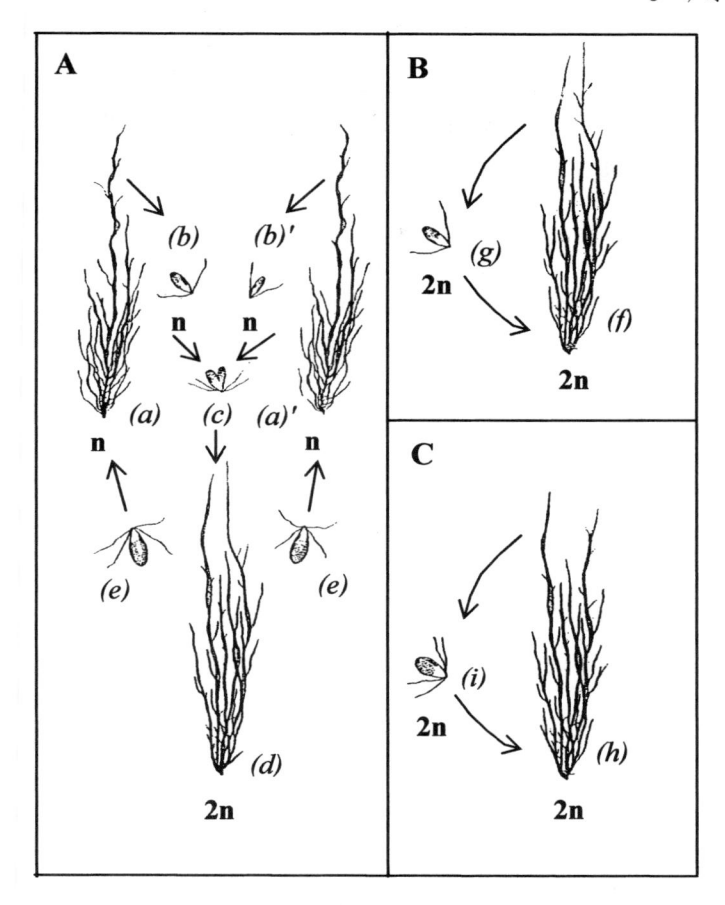

図3.3 スジアオノリの生活史．A：有性生殖の生活史を持つ型．(a, a') 雌雄の配偶体．(b, b') 雌雄の配偶子．(c) 接合子．(d) 胞子体．(e) 4本鞭毛の遊走子．B：常に無性生殖の生活史を行い，2本鞭毛の遊走細胞を持つ型．(f) 無性の藻体．(g) 2本鞭毛の遊走細胞．C：常に無性生殖の生活史を行い，4本鞭毛の遊走細胞を持つ型．(h) 無性の藻体．(i) 4本鞭毛の遊走細胞．

海に持ってゆき養殖を行っても，河川内と同じ形態に生長させることができる．岡山県ではスジアオノリを人工採苗し，吉井川河口付近の海面で養殖を成功させている．また，高知県の海洋深層水研究所では，年間一定の水温である深層水を利用したスジアオノリのタンク養殖に成功している．スジアオノリの生長は，室内実験での結果，好適な水温は15℃であり，20℃以上の水温では成熟により藻体の生長が見られなくなる．このため，河川内での繁茂時期は冬から春にかけてであり，水温の影響を大きく受けている．また，春から夏までの降雨が少ないと，河川内の塩分の低下が少ないため繁茂期間が春から夏まで延長される．このように，スジアオノリの繁茂期間の長短は塩分に影響を受ける．スジアオノリの成熟は月齢，水温，塩分などに支配されているが，とくに水温による制限が大きい．20～25℃の範囲の水温帯が最も成熟しやすく，30℃以上および15℃以下であると生殖細胞の放出量は低下する（團ら 1998）．スジアオノリの乾燥耐性は従来からいわれているほど低くはない．付着基質，気温などにもよるが9～10月に河川内の砂州上に養殖網を設置し，4日間干出実験を行った結果では，1回の干出が3時間までであると，そ

の後生長に影響を与えないことが分かっている．しかし，ヒトエグサより乾燥耐性は弱く，生育層はヒトエグサの下方にみられる．

3.4 アオノリの養殖

　アオノリの養殖が行われている地域は，かつて天然アオノリの採取が行われていた場所が多い．濁りなどの河川環境の悪化により天然による採取ができなくなったため，養殖に切り替え，生産を行っている．徳島県吉野川では，過去にアマノリ類，ヒトエグサ類が養殖されていた．この時期には，スジアオノリはこれら養殖にとって害藻という位置づけであった．しかし，1970年頃から少数の養殖業者によりスジアオノリの養殖が開始され，1988年にはヒトエグサ養殖は完全にスジアオノリ養殖に切り替わり，約70トン（乾燥重量）の生産を上げている．このように，アオノリ養殖は比較的新しい養殖種であるため，養殖技術の研究報告は少ない．アオノリの人工採苗については，母藻と養殖網を1週間ほどタンクに入れておくことにより採苗に成功している（Pandey & Ohno 1985）．さらに，スジアオノリの人工採苗について，藻体を細断することにより任意に成熟誘導する技術が開発され，より確実に計画的に採苗が行えるようになった（團ら 1997）．つぎに，徳島県で行われているスジアオノリ養殖について述べる．

天然採苗と人工採苗

　秋になり水温が25℃付近に降下してくると，河床の小石表面に生育している微小な大きさの

図3.4　徳島県吉野川でのスジアオノリ養殖．A：人工採苗，B：浮き流し式養殖漁場，C：天然採苗場，D：収穫風景．

3 アオノリ類　29

天然藻体から生殖細胞が放出される．これを，河床付近に張り込んだ養殖網につけ育苗すると，長さ数mmの藻体の生育した種網ができあがる．天然採苗の場合は，養殖漁場の低塩分化や低水温により，充分な生殖細胞が供給されない場合がある．また，目的のアオノリ以外の海藻が付着し，品質の低下を招く恐れがある．しかし，人工採苗であれば確実に目的の海藻だけが採苗でき，任意に成熟を誘導できるので計画的に採苗することができる．さらに，将来，優良品種ができあがった場合には人工採苗により採苗することができる．

人工採苗

冬漁期に向けての人工採苗は9月の中旬から10月下旬まで行われる．母藻は，自生の藻体か冷蔵庫で保存しておいたものを使用する．この時期自生のものは，なかなか見つからないことが多いため，春に藻体を採取しておき，充分洗浄したのち表面の水分をふき取りビニール袋などに密封して冷蔵庫に入れておく．こうすると，用いる藻体の状態にもよるが，半年程度は生きている．人工採苗の手順は非常に簡単であり，養殖業者が利用しやすいものとなっている．まず，母藻50g（湿重量）を家庭用ミキサーで充分に細断する．細かく砕くほど良好な成熟が得られる．そして，細断した藻体片を20μm程度の細かい網で受け，海水で充分洗浄してやる．アオノリの藻体内には成熟を阻害する物質が含まれているため，これを除去してやる必要がある．さらに，この藻体片を100L程度の透明水槽に入れ，水温20〜25℃，塩分20〜30psu，光量16μmol m^{-2}s^{-1}以上で2〜3日間通気培養しながら成熟促進を行う．通常，3日目の朝には生殖細胞の大量放出が見られるが，藻体片を顕微鏡で観察し生殖細胞囊からの生殖細胞の放出が確認されたら採苗作業にとりかかる．採苗のための水槽は1トン水槽で行う．採苗水槽は屋外の直射日光の当たる場所に設置しておき，塩分20〜30psuの海水を1トン水槽に満たしておく．そこへ，100Lの培養水をそのまま入れることにより，一度に大量の生殖細胞の放出が起こる．10分間ほどで放出は完了するので，そこへ養殖網10〜15枚を入れ通気しておく．そのときの外気温にもよるが，4〜6時間で採苗は完了する．そして，翌日には育苗場または養殖漁場へ張り込む．スジアオノリの場合，網糸への付着密度はあまり気にしなくてもよい．1cm当たり200本を越えると微小な藻体が増えるだけで，収量への影響はない．

養殖

スジアオノリは，他の海藻に比べ驚くべき速さで生長する植物である．人工採苗された網を養殖漁場に張り込み，漁場環境がスジアオノリの生育にとり好適な水温15〜20℃，塩分25〜30psuであれば，約1ヵ月で藻体長20〜30cmの収穫できる大きさとなる．しかし，水温が高め（20〜25℃）で推移する場合や，降雨による急激な低塩分化により成熟が起こり，短期間のうちに藻体が消失してしまうことがある．また，漁場環境条件が整うと急激に生長するため，収穫が間に合わなくなることがある．このため，伸びなくなった網をどの時点で撤去し，新しい種網に張り替えるのか，また，どのタイミングで摘採すればよいのか，管理が難しい養殖種である．養殖法は支柱張りと浮き流しによる二つの方法がある．河床が高い場所は支柱張りで，深い場所は浮き流しで養殖が行われている．

摘採・加工

スジアオノリの摘採は，冬漁期は11〜12月の2ヵ月間，春漁期は4月下旬〜5月下旬までの

約1ヵ月間行われる．摘採方法はノリ養殖に用いられる機械摘みが主体である．摘み取った後，残った芽が生長し数回摘採することができるが，新しい種網に張り替えられることが多い．摘採された藻体は淡水で洗い，脱水機で充分水分を取り除き，ほぐし機にかけた後，セイロに並べて乾燥機に入れる．乾燥方法は温風乾燥と冷風乾燥があり，冷風乾燥は香りがよく残るので温風乾燥と区別されて取引される．また機械乾燥とは別に，少ないながらも天日干しがあり最も高価である．しかし，天日乾燥による生産は天候に左右されることが多く，収穫期の短いスジアオノリ養殖にとって生産量を増大させるためには機械乾燥を導入する必要があったといえよう．

引用文献

團　昭紀 1994．吉野川におけるスジアオノリ養殖の現状と課題について．平成4年度徳島水試事報 73-78．

團　昭紀・大野正夫・松岡正義 1997．スジアオノリの母藻細断法による人工採苗．水産増殖 **45**(1)：5-8．

團　昭紀・平岡雅規・大野正夫 1998．スジアオノリの成熟促進に及ぼす細断片のサイズ，温度の関係．水産増殖 **46**(4)：503-508．

Hiraoka, M., Dan, A., Shimada, S., Hagihira, M., Migita, M. and Ohno, M. 2003. Different life histories of *Enteromorpha prolifera* (Ulvales, Chlorophyta) from four rivers on Shikoku Island, Japan. Phycologia **42**(3): 275-284.

Koeman, R. P. T. and van den Hoek, C. 1982 a. The taxonomy of *Enteromorpha* Link, 1820, (Chlorophyceae) in the Netherlands. The section *Enteromorpha*. Arch. Hydrobiol. Suppl. **63**(3): 279-330.

Koeman, R. P. T. and van den Hoek, C. 1982 b. The taxonomy of *Enteromorpha* Link, 1820, (Chlorophyceae) in the Netherlands. The section Proliferae. Cryptogamie: algoiogie. **3**(1): 37-70.

Koeman, R. P. T. and van den Hoek, C. 1984. The taxonomy of *Enteromorpha* Link, 1820, (Chlorophyceae) in the Netherlands. The section Flexuosae and Clathratae and an addition to section Proliferae. Cryptogamie: algoiogie. **5**(1): 21-61.

大野正夫・高橋勇夫 1988．高知県下・四万十川に生育するスジアオノリの分布域について．高知大学海洋生物教育研究センター研報 **10**：45-54．

Pandey, R. S. and Ohno, M. 1985. An ecological study of cultivated *Enteromorpha*, Rep. Usa mar. biol. Inst. Kochi Univ. **7**: 21-31.

吉田忠生 1998．新日本海藻誌 日本産海藻類総覧．1222 pp．内田老鶴圃．

有用海藻の生物学

4 イワズタと暖海産緑藻

石川依久子

　暖海産緑藻（イワズタ目 Caulerpales, ミドリゲ目 Siphonocladales, ミル目 Codiales, カサノリ目 Dasycladales, ハネモ目 Bryopsidales）は，いずれも多核細胞性 coenocyte で，藻体は管形または球形の囊状体で構成されている．イワズタ目，カサノリ目，ハネモ目は単独の管状胞囊，ミドリゲ目は単独または集合した球状胞囊，ミル目は集合した細い糸状胞囊の集合，によって藻体が形成されている．これらの緑藻は，巨大な単細胞体として基礎生物学の研究に多大な役割をなしてきたが，食品として有用とされるものは，イワズタ目とごく一部のミル目にすぎない．

4.1 イワズタ

　イワズタは，イワズタ目 Caulerpales, イワズタ科 Caulerpaceae, イワズタ属 Caulerpa である．

　和名イワズタという海藻はない．通称イワズタ（カウレルパまたはコウレルパ）と呼ぶのはイワズタ属をさし，フサイワズタ，ヘライワズタ，クビレズタ，クロキズタ，センナリズタ，タカツキズタなど 25 種が日本産種として記載されている（吉田 1998）．概して本州太平洋岸中部以南に分布し南西諸島に多い．いずれも砂上や岩上を這う匍匐茎とこれから一定間隔を保って垂直に伸びる多数の直立枝からなる．匍匐茎は随所に仮根を分岐し，岩に付着したり，砂地に仮根を差し込んだりして定着している．本来は陸上植物の蔦（つた）をイメージして名づけられたものと思われるがイワヅタとは書かずにイワズタと書く場合が多い．直立枝の形態は，種特異的で，葉状のクロキズタ（図 4.1 a），ヘライワズタ（図 4.1 b）などと細かい小枝を分岐するフサイワズタ（図 4.1 c），スリコギズタ（図 4.1 d），クビレズタ（図 4.2）などがある．藻体は多核細胞性で，細胞膜を裏打ちするような膜状の細胞質があり，多数の核がここに分布している．細胞膜と細胞質は匍匐茎から直立枝の先端に至るまでひとつづきであるので，藻体の大きさにかかわらず一細胞をなしている．細胞質は，多条型の原形質流動をしており，円盤状の葉緑体がひしめきあって動いている．この巨大細胞の内部は液胞液で満たされ，藻体全域にわたってひとつづきの液胞である．細胞膜下に広がる細胞質は液胞の中に突起状に分岐して絡み合っている．

生　活　史

　イワズタ類の生活史については榎本らによる詳細な報告がある（榎本・石原 1994，榎本・大葉 1994，大葉・榎本 1994）．イワズタに共通する生活環は，藻体の全細胞質が同調的に配偶子に変換すること，そして，一個体に生じた雌雄の配偶子の接合によって次世代の藻体がつくられることである．

　配偶子形成に先立ち，藻体のすべての核は一斉に減数分裂を行い，減数分裂の進行に伴って全細胞質は網目状に凝集する．分裂の結果生じた娘核を周辺の細胞質が 1 個ずつ包み込むようにして配偶子が形成される．したがって配偶子は，減数分裂によって生じた核の数だけ形成されるこ

図4.1 イワズタ．a：クロキズタ×0.4，b：ヘライワズタ×0.26，c：フサイワズタ×0.4，d：スリコギズタ×0.4（a，b，cは大葉英雄氏提供）．

とになる．雌・雄配偶子は，細胞壁に突起状に形成された放出管を通って粘液性物質とともに藻体外に放出される．雌雄配偶子は細胞外で接合し，分裂することなく発芽し，仮根と匍匐茎を形成する．細胞質の網目は直立枝の末端部，すなわち小枝の上部では黄緑色をなし，この部分からは雌性配偶子が形成される．一方，匍匐茎内部を含む他の網目状細胞質は濃緑色で，雄性配偶子が形成される．配偶子は異型である．多くの場合，雌雄同株である．匍匐茎から一定の間隔を置いて直立枝が分岐し，直立枝はさらに小枝を分岐する．

生　態

イワズタの仲間は，世界中に広く分布しているが，概して熱帯・亜熱帯域に多い．サンゴ礁の礁湖など，潮の干満にかかわらない波の静かな明るい砂地に匍匐して生育している場合が多いが，一方，水深30m以下に生育するものがあると報告されている．シフォナキサンチンを多く持つことから，本来は深所性の緑藻であるといわれている．

食用イワズタ

イワズタ科の多くの種は，フィリピン，ポリネシア，グアムなどの熱帯に分布し，食用にされている種類も少なくない．これらは主に生でサラダ風に食べられている（山田 2000）．沖縄県で

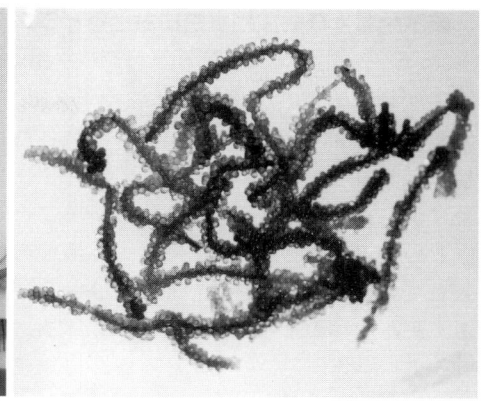

図4.2 海ぶどう(左), クビレズタ(右). ×0.36.

は従来, クビレズタ, コハギズタが一部の地域で食用にされていたが, 近年, クビレズタが, "グリーンキャビア"または"海ぶどう"という名で沖縄名産品として全国的に知れ渡るようになった. クビレズタの球形の小枝が噛むとプチッとつぶれる触感が喜ばれ, また透明感のある緑色の藻体がフレッシュな感覚をもたらしている(図4.2).

フィリピンでは以前から, 海水を引き込んだ養殖池でイワズタの栽培が行われており, 塩蔵して日本に輸出されていた. フィリピンでの栽培方法はきわめて単純で, クビレズタの藻体断片を池に放り込んでおくだけで充分繁殖し収穫が得られるという. 荒れた湿地に畦を盛ってつくられた養殖池には働く人影もなく, 日本の海藻栽培に比べて違和感を覚える. たしかにイワズタの仲間は無性的に匍匐枝がどこまでも伸長するので量産には適した種である. 下田の臨界実験センターで, 屋外開放型の水槽にスリコギズタが異常増殖したこともあり, また稀少種のクロキズタが屋外流水水槽に繁殖した例もあり, イワズタは条件しだいでかなりの繁殖力を持つことが分かる.

クビレズタの栽培

沖縄では1975年ころから, 当真らによってクビレズタの本格的栽培技術の開発が行われてきた(当真 2001, 1992). クビレズタは八重山諸島から沖縄諸島にわたる広い範囲に分布し, ことに宮古諸島, 久米島に高密度に生育する(当真 2001). クビレズタは高照度下では, 匍匐茎の伸長が阻害され, 短い直立枝が密生する傾向があるため, 栽培には5,000〜20,000 luxの照度が選ばれる. また, 塩分濃度は25％以上, 水温は20〜30℃が至適条件である. さらに, ある程度の富栄養化が繁殖を効果的にするため, 栽培にはケイフン浸漬液肥の添加が行われる. 天然でのアンドンかご垂下方法, サランネット敷設方法, 泥地帯への藻類差込み方法が研究開発された. 前二者は, かごやネットに藻体片を結着して栄養生長を促す方法である. 丸かご(5段＝1 m²)に約20 gの藻体片を結着して筏から垂下し, 約60日で1.5〜2.3 kgの生長藻体を得たと報告されている.

現在, 養殖法はさらに発展し, ビニールハウス内に設置された水槽で, 大量に養殖されている. 食用に販売されているものは直立した球状粒が付いた部位であり, 匍匐茎は除かれている(図4.2).

展示用および観賞用水槽におけるイワズタ

1994年，モナコ水族館の配水管から海に流れ出たイチイヅタ Caulerpa taxifolia が，たちまち地中海に広がり，1998年にはフランス，イタリア，クロアチアなど5ヵ国の沿岸を覆い，その広がりは，5000ヘクタールに及んだ（内村 1999）．その結果，沿岸の藻場が破壊され，魚介類に大きな被害がもたらされた．このイチイヅタの繁殖は，有性生殖が見られず，もっぱら栄養生長による藻体の伸長と観察されていることから地中海を風靡したイチイヅタ藻体は超巨大な一細胞といえるかもしれない．モナコ水族館のみならず，多くの水族館がイワズタを海水魚の水槽に入れている（大葉 1990）．形態のおもしろさと水槽内での維持管理が楽であるため多く使われる．また前述のように，イワズタは本来，深所性であるため，館内の弱光に耐えられるのであろう．

イワズタは，趣味やインテリアとして室内に置かれる海水魚水槽にもしばしば使われ，サボテングサやバロニアとともに水槽を飾る．これらの海藻は，本邦の暖海域や亜熱帯海域に生育するにもかかわらず現在はほとんど輸入品に頼っている．なぜ輸入品かという問いかけに対し，業者は日本人の意識が海外と違うからだという．海外の家庭や施設では室内に鑑賞魚水槽を置くのはきわめてふつうで，海水魚も趣味として日本の何十倍もの需要があるという．したがって，海外の業者は装飾品としての海藻を安価に大量に供給することができるが，日本では国内需要が少ないので販売しても採算が合わないという．日本でも，近年，海水魚飼育がいくらかは行われているが，経済的余裕，日常生活のゆとり，そして何よりも日本の住宅の手狭さが観賞魚水槽の普及を阻み，観賞用海藻は普及していない．

4.2 その他の暖海産緑藻

単独の管状または球状胞嚢からなる巨大細胞性緑藻と，細い管状胞嚢の集合によって形成される緑藻がある．胞嚢は，細胞壁と壁下の細胞膜を裏打ちして広がる細胞質と，内部の巨大中心液胞からなる．細胞質は，カサノリのような例外を除いて生活環を通して多核であり，小型の葉緑体を密に持っている．管状胞嚢の種には全藻体を一貫する原形質流動が見られる．

（1） サボテングサ

サボテングサは，イワズタ目 Caulerpales，ハゴロモ科 Udoteaceae，サボテングサ属 *Halimeda* である．

熱帯・亜熱帯のサンゴ礁域に多く分布し，本邦では南西諸島，八重山諸島に見られる．サボテングサ属 *Halimeda* の種と分布については Tsuda・香村の総説（1991）がある．藻体内部は絡み合った多数の管状の随糸からなり，表層部では随糸から分岐した袋状の胞嚢がひしめき合うように配列し，胞嚢の先端が付着し合って藻体表面を形成する．藻体は石灰化して堅く，白色化し，胞嚢内のクロロフィルの色調と相俟って白緑色をしている．石灰化した葉片部と石灰化しない結合部位が交互に形成され，陸上のサボテンと似たセグメントをなす葉状体となるが，この形態がどのようにして形成されるのか詳細な報告はない．

生 活 史

雌雄異株の藻体に形成される雌雄異型配偶子の接合によって無性の糸状体が形成される．この

糸状体は叢生するが，仮根の一部が伸び，その仮根から雄または雌の藻体が立ち上がる（香村 1994）．また，藻体基部から匍匐仮根 runner が伸びて随所に新しい藻体が立ち上がる．砂上に広がる匍匐仮根により栄養生殖が行われる．サボテン状藻体は成熟すると縁辺部に多数の小枝を突き出し，その先端部にぶどう状の配偶子囊を形成する．藻体の胞囊内の細胞質（葉緑体を含む）は配偶子囊に移動し，この中に生じる無数の配偶子に分配される．

石灰化の利用

サボテングサの石灰化は著しく，この堆積がサンゴ礁の形成に大きく貢献しているという報告がある．Funafuti 環礁では，石灰化されたサボテングサのセグメントが 20 m の深さにわたって蓄積されていたという記載がある（Bold & Wynne 1978）．このような石灰化は二酸化炭素固定化の重要な要素であり，地球温暖化防止対策に大きく貢献する力を秘めている．また，産業用石灰の採掘に，地球の歴史が刻み込まれた貴重な地層がつぎつぎに破壊され貴重な化石とともに粉砕されている現状を見るに，サボテングサのような石灰化藻類を大規模栽培して石灰の生産を図ってもいいのではないかと思っている．

（2） カサノリ

カサノリは，カサノリ目 Dasycladales，カサノリ科 Polyphyceae，カサノリ属 *Acetabularia* である．

和名カサノリは *Acetabularia ryukyuensis*（図 4.3 a）で，この種は奄美諸島，沖縄諸島，八重山諸島だけにしか見られない日本特産種である．教科書などに出てくる「カサノリ」は，地中海産の *Acetabularia acetabulum*（図 4.3 b）で，形態はかなり異なる．カサノリは，茎部の石灰化は顕著であるが，"かさ"（胞子囊）表層の石灰化が少ないため，"かさ"の色が鮮やかな緑色で，内部の配偶子囊がレースのように美しく見えるが，地中海産の種は厚い石灰化のため，"かさ"は白色に近く単なる円盤状である．カサノリ属は，巨大細胞体で，仮根，主軸，輪生枝はひとつづきの細胞質でなっている．大型の種では，主軸が 10 センチに及ぶものもある．栄養生長期には，単核で，仮根に巨大核を持つが，かさが形成されると減数分裂を起こして多核となる．

生 活 史

カサノリよりやや小型のホソエガサ（図 4.3 c）では配偶子囊は一核を持つ胞子として形成された後，ただちに核分裂を繰り返して数千個の核となり，それぞれ一核を持つ雌雄の配偶子が形成される．配偶子は接合し，貝殻やサンゴ片などに付着し，その内部に穿入し，発芽期を待つ．発芽にあたっては核分裂することなく細胞が管状に伸びて主軸と仮根を形成する．栄養摂取のための輪生枝を分岐しながら主軸は伸長し，充分に生長した段階で生長を止め，輪生枝が変形した生殖枝（かさ）を主軸頂端に形成する．仮根内の一核は数千の核に分裂しながら主軸を上昇し，全核が生殖枝に入って，胞子（配偶子囊）を形成する．胞子内部で核分裂が繰り返されて一胞子当たり数千の配偶子となる（石川 1994）．カサノリでは，核分裂が 3 回繰り返された段階で停止し休眠に入ってしまう．*A. acetabulum* のシストでは 13 年間休眠した後に配偶子形成を行ったことを確認しているので，カサノリのシストも長期休眠を必要とするのかもしれない．

カサノリ目は，先カンブリア紀に地球上の広い海域で繁殖していたことが，化石によって明らかにされている．カサノリ目の体構造は，化石種とほとんど変わっていないことから，"生きて

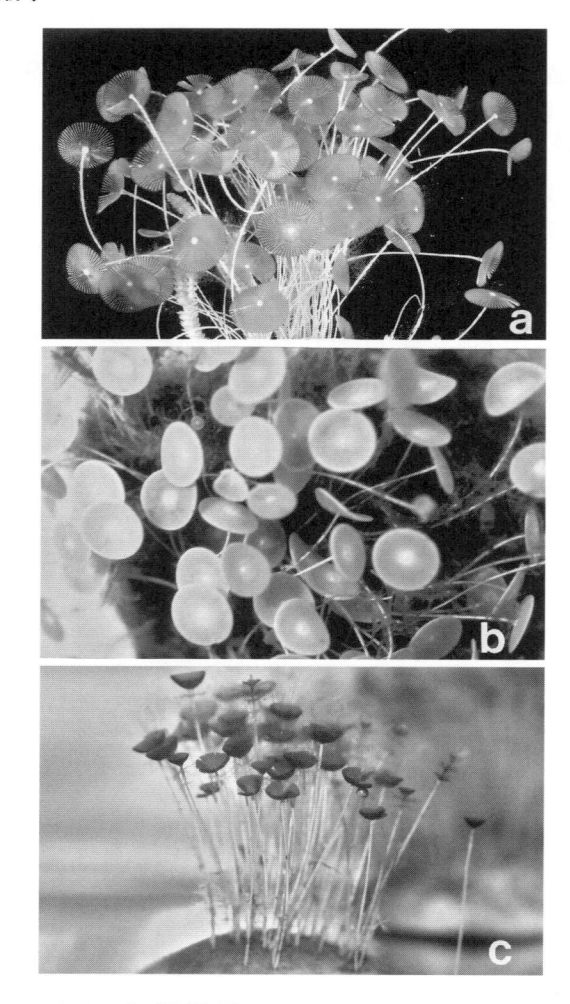

図4.3 カサノリ．a：カサノリ（沖縄産）×0.48，b：*Acetabularia acetabulum*（ナポリ沖産）×0.48，c：ホソエガサ（能登島）×0.64．

いる化石"である．現在では，カサノリ目の分布域は，亜熱帯性のサンゴ礁池や静かな内湾に限られ，稀少種である（石川 1996, 1997）．

利用可能性

1) カサノリは外見の優美さから珍重されていて，室内装飾などに使えないかという意向も多いが，現在では人工栽培ができないので，需要に応えられない．人工栽培を可能にするネックは，休眠解除の方法をあみだすことで，これが可能になれば，大量生産は可能で，沖縄特産品として人気商品になる可能性も充分ある．

2) 教育的観点から，'カサノリ'を理科教材として開発する試みは今までもなされているが，市販するまでには至っていない．'カサノリ'は教科書や受験参考書などに，「細胞における核の支配」を理解させる教材として接木実験が図示されている．カサノリの仲間は巨大な単細胞体

で，生長期には単核であり，この核は，仮根の中にある．かさの形が違う2種のカサノリを用意し，まだかさができないそれぞれの若い茎から核の入った仮根を切り取って交換してやると，やがて茎の先端にできたかさは，その形から核の支配を示す．すなわち，核の中にある遺伝子が細胞の形を決めたことを可視的に理解させ，遺伝子の情報発現を分かりやすく説明する実験である．この実験を今の学校現場で行うのは，カリキュラム編成などから不可能かと思われるが，説明にあたってカサノリを見ることは必要であり，カサノリを栽培して教育現場に資する必要がある．

3) ホソエガサでは栄養生長期の一核が，カサ形成期になると分裂して数千個の核となり，それぞれの核を一個ずつ含む数千個の胞子を形成する．それぞれの胞子は核分裂を繰り返して数日後に約3000個の配偶子を形成する．したがって，一核は数日の間に1500万個に分裂する．これをカサノリに当てはめると，一個の核は2億個になると考えられ，連続的にDNAが複製された結果，数日の間にDNAは2億倍になる．これをもたらすDNA素材（ヌクレオチド）がどのように供給されるのか全く分かっていない．この解明がなされれば，核分裂やDNA合成の促進にかかわる酵素や化学物質の開発につながり，広く応用面の需要が期待される．

（3） ミ ル

ミルは，ミル目 Codiales，ミル科 Codiaceae，ミル属 *Codium* である．

ミル属には，ヒラミルなどの扁平なもの，タマミルなどの球状のもの，ミル（図4.4）などの円柱状のものなど，外形は多様であるが，いずれも隔壁のない糸状体が絡み合って藻体を形づくっている．糸状体は多核である．藻体表層部では，髄部を形成する糸状体の先端が根棒状に膨らんで胞囊を形成し，胞囊が一層に配列して藻体表面を形成する（Bold & Wynne 1978）．

図4.4 ミル×0.45（田中次郎氏提供）．

生 活 史

配偶子囊は，表層を形成する胞囊の肩に囊状突起として形成される．雌雄異株とされているが

同株のものもある．配偶子は雌雄異型で，胞嚢が濃緑色になるのは雌配偶子形成，黄色になるのは雄の配偶子形成である．雌雄配偶子は接合し，接合子は発芽して糸状体を形成する．糸状体は叢生して直立部を形成し，藻体がつくられる（榎本・李・平岡 1994）．

ミル属は世界中に広く分布するが，概して暖海に産し，本州太平洋岸の中南部から南西諸島に多く生育している．

食用ミル

現代の日本では，ごく一部の地域を除いてはほとんど食べられていない．しかし，奈良・平安朝の時代には，高貴な人びとの食品であったことが知られており，また現在でも，フィリピンなどでは，サラダ風にして食べられていることから，海藻サラダにミルが加えられてもおかしくはない．ミルは石灰化しないので，そのまま食べられ，健康をイメージする緑色が売りになってもよい．日本では，大宝律令（701年）に租税として収める海産物が決められており，アマノリ，アラメ，テングサなど8種の海藻の中にミルが記載されている（新崎・新崎 1978）．庶民はこれらの海藻を採集して年貢を納め，貴族や神社・寺などが食用としていたようである．万葉集には食用とされた海藻や海藻採りの様子が多く詠まれており，ミルは「海松」と書かれていた．現在でも海松色（ミル色）という濃緑色の色調がある．深所産の海藻に含まれる色素，シフォナキサンチンやシフォネインによる色調である（横浜 1985）．

ミルの栽培

食用ミルの需要は現在ではきわめて少ないが，栽培法は，四井・右田によって研究されている（1989）．天然産ミルを採取し，藻体表面をピンセットで摘み取り，胞嚢をばらして培養し，胞嚢基部からの糸状体の発達を促す．伸長した糸状体を切断して培養すると分枝し，もつれ合った随糸からなる体が形成される．随糸をふたたび切断して基質に着生させ，海に入れて培養を続けると7ヵ月後には20センチ以上の藻体が得られたと報告されている．

ミルレクチン

細胞の表面には糖鎖が露出しており，この糖鎖はきわめて厳密に個体特異性を持っている．レクチンは糖結合性タンパク質で，細胞表面の糖鎖を特異的に識別してこれと反応する．したがって，同一種の細胞が多数浮遊している場合，これらの細胞はレクチンを介して凝集を起こす．このようなレクチンの生物活性を利用して特定細胞を識別する研究が進められている．ことに，がん細胞表面が正常細胞と異なる糖鎖を持つことからレクチンによってがん細胞を認識し，またこれを医学に応用する方法などが研究されている．また，リンパ球の表面糖鎖を認識して活性化を誘導したり分裂を促進させたりすることも見いだされ，近年，レクチンは医学上重要な物質として研究されている．

レクチンの発見は赤血球凝集素としてヒマの種子から見いだされ，その後マメ科の種子に多く含まれることが分かった．海藻は陸上植物の祖先型生物として，当然レクチンを持つことが予想され，海藻レクチンの研究が進められた．現在までに赤血球凝集活性を持つ海藻は200種以上見つかっている（堀 1996）．海藻レクチンは腫瘍細胞を含む種々の細胞の凝集，リンパ球活性化，腫瘍細胞の増殖抑制，血小板凝集阻害などの作用があることから，生化学試薬，がん研究試薬，がん治療薬などとして利用が期待されている（堀 1996，山田 2000）．

ミル属は N-acetyl-D-galactosamin に強い活性を示すものが多く，ミルレクチンとしてすでに発売されている（山田 2000）．

引用文献

新崎盛敏・新崎輝子 1978. 海藻のはなし. 東海大学出版会.
Bold, C. B. and Wynne, M. J. 1978. Introduction to the algae, Structure and Reproduction. Prentice-Hall, Inc., Englewood Cliffs, N. J.
榎本幸人・石原純子 1994. フサイワヅタ. 堀 輝三編, 藻類の生活史集成 第1巻. p. 270-271. 内田老鶴圃.
榎本幸人・大葉英雄 1994. スリコギヅタ. p. 274-275. 同上.
榎本幸人・大葉英雄・奈島弘明 1994. タカツキヅタ. p. 276-277. 同上.
榎本幸人・李 義真・平岡雅規 1994. ミル. p. 278-279. 同上.
堀 貫治 1996. 海藻から抽出されるレクチン. 大野正夫編, 21世紀の海藻資源. p. 187-205. 緑書房.
石川依久子 1994. ホソエガサ. p. 282-283. 同上.
石川依久子 1996. ホソエガサ. 日本の希少な野生水生生物に関する基礎資料(III). p. 377-381. 水産庁.
石川依久子 1997. カサノリ. 日本の希少な野生水生生物に関する基礎資料(IV). p. 468-472. 水産庁.
香村真徳 1994. ミツデサボテングサ. 堀 輝三編, 藻類の生活史集成 第1巻. p. 280-281. 内田老鶴圃.
大葉英雄・榎本幸人 1994. センナリヅタ p. 272-273. 同上.
大葉英雄 1990. 日本の水族館におけるイワヅタの展示. 藻類 38: 391-394.
当真 武 1992. クビレヅタ. 三浦昭雄編, 食用藻類の栽培. p. 69-80. 恒星社厚生閣.
当真 武 2001. 緑藻クビレヅタの生育環境と養殖. 沖縄海洋深層水研究所特別報告 1: 57-86.
Tsuda, R. T.・香村真徳 1991. 琉球列島における緑藻サボテングサ属の種類相と地理的分布. 藻類 39: 57-76.
内村真之 1999. 地中海のイチイヅタ. 藻類 47: 187-203.
山田信夫 2000. 海藻利用の科学. 成山堂書店.
横浜康継 1985. 海の中の森の生態. 講談社.
吉田忠生 1998. 新日本海藻誌 日本産海藻類総覧. 内田老鶴圃.
四井敏雄・右田清治 1989. 緑藻ミルの再生随糸による養殖. 日本水産学会誌 55: 41-44.

褐　藻

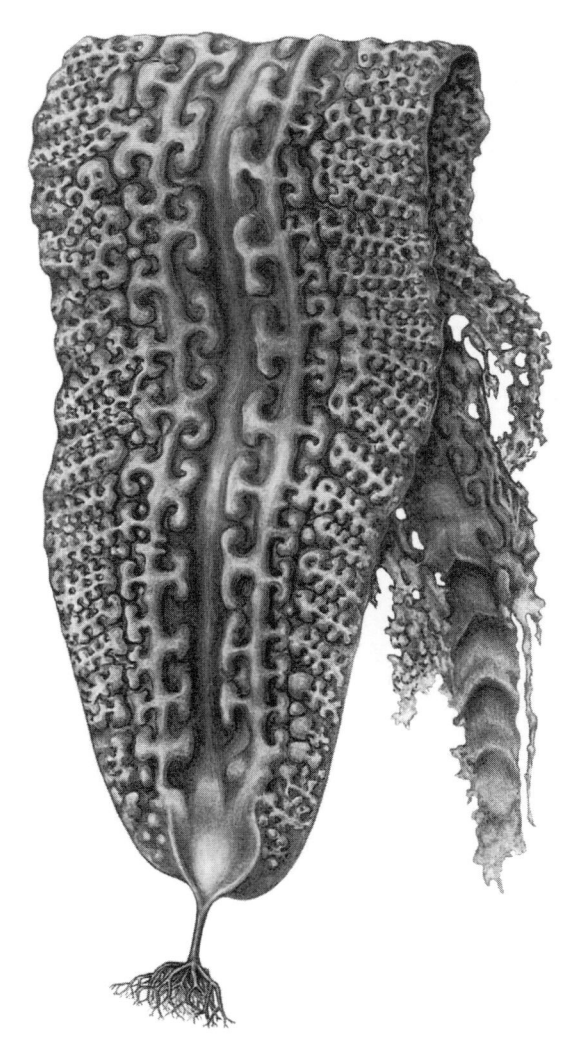

ガゴメ　*Kjellmaniella crassifolia* (Kjellman) Miyabe

有用海藻の生物学

5 ワ カ メ

小河 久朗

　日本人にとってワカメは先史時代から，すでに，食用とされている最も馴染みの深い海藻の一つであり，食用以外にもワカメは，住吉神社（山口県），日御碕神社（島根県）のように和布刈神事としてワカメを神事の対象としている神社があるように，神事に欠くことのできない神饌として重要な海藻である（宮下 1974，新崎・新崎 1978）．1950年代までは収穫したワカメのほとんどが天然産だったことから，収穫高は年間5～6万トンの状態が続いていた．このような状態を解決するために，明治33年には，すでに東京湾でワカメの増殖を目的とした投石，母藻投入，移植，磯掃除などが行われている．その努力は第二次世界大戦中でも続けられたが，成功するまでにはいたらなかった（木下 1947）．1955年頃から宮城，岩手，愛知，兵庫，徳島の各県水産試験場，国立水産研究所，大学などを中心としたワカメ養殖の事業化試験が本格化し，生活史・生態条件の解明とともに，配偶体，種苗の生産管理技術が確立した（黒木・秋山 1957，斎藤 1962）．1960年代後半になると日本各地で人工採苗による本格的なワカメ養殖が始まり，数年もすると養殖ワカメの割合が天然ワカメを上回って，1974年には15万トンに達した．これは全国のワカメ生産量の88％に相当する．

　一方，ワカメの加工形態についてみると，伝統的な素干・灰干から湯通し，湯通し塩蔵，そして乾燥カット法が開発され，また消費形態も酢の物といった伝統的なもの以外に，海藻サラダやカップ麺の具材としての利用が広まった．このような加工と消費形態の多様化がワカメの消費を急速に拡大し，現在，国内で消費されるワカメの量は年間30～40万トンに達している．しかし，その内訳をみると，韓国や中国からの輸入量が約30万トンであるのに対して，国内産の割合はわずかに6万トン程度，全体の20％を下回るまでに減少している．

5.1 ワカメの仲間

　ワカメ *Undaria pinnatifida* (Havey) Suringa は，褐藻類に属するコンブ科の海藻で，この仲間には，ほかにヒロメ *U. undarioides* (Yendo) Okamura（図5.1）とアオワカメ *U. peterseniana* (Kjellman) Okamura（図5.2）の2種が報告されている（吉田 1998）．

　これら3種の形態についてみると，ワカメは1～3mの大きさで，茎は扁円で葉は中軸より左右に羽状の裂片を持ち，成熟すると厚い襞を持つ発達した胞子葉（成実葉，メカブともいう）が葉状部の下の茎に形成される．しかし，ワカメは生育地により形態が異なり，いくつかの変種・品種が記載されている．その中でも代表的なものが，本州沿岸の太平洋中南部から瀬戸内海，日本海の海岸に生育するワカメ *U. pinnatifida* f. *typica*（南方系ワカメ）である．一般に藻体は小型で短い茎を有し，丈に比べて幅が広く，葉の切れ込みは浅い．とくに徳島県鳴門海域のものを，ナルトワカメとして区別している．ナルトワカメは，茎は短く，葉の切れ込みは深く，裂葉は下方のものほど長く，藻体全体の形状は笠状を呈する（図5.3）．胞子葉が上部に位置する栄養葉と連続しているのが特徴である．これに対して，犬吠埼以北の太平洋に面した東日本の海

図5.1 ヒロメ．

図5.2 アオワカメ．

図5.3 ナルトワカメ．

図5.4 ナンブワカメ．

岸，とくに，三陸沿岸および北海道沿岸に多く見られるのがナンブワカメ *U. pinnatifida* f. *distans*（北方系ワカメ）である（図5.4）。藻体は大型で，長い茎を有し，葉の切れ込みは深い。裂葉の数は藻体長に比して少なく，胞子葉の襞の数が多い。ナンブワカメはワカメの養殖が盛んになるに伴って，その地先に生育するワカメ以外の優良な養殖品種が種苗として各地で広く導入された結果，近年，これらの中間型と見られる形態を示す藻体が岩手，宮城，徳島の各県で報告されている。

アオワカメは1～3 mの大きさで，葉部は幅広の長楕円から笹の葉状，縁辺は襞または翼状片が見られ，中帯が発達している。胞子嚢斑が中帯部の両面に下部から上方向にかけて形成され，葉の基部の翼状片に形成されることもある。

ヒロメは70 cm～1 mと小型で，葉部は切れ込みがなく全縁で，幅広で扁平な中帯が見られる。胞子葉は未発達で，胞子嚢斑が葉の両面に下部から上方向にかけて中帯の周辺に形成されるが，葉の基部の翼状片に形成されることもある。アオワカメの藻体は，ワカメよりも葉が厚いために食用としての品質が劣るため価値は低い。しかし，ヒロメは柔らかいので紀州では養殖が行われており（木村・能登谷 1995），また藻場造成種としての繁殖が徳島県で試みられている（團 2001）。鹿児島県ではヒロメとワカメを交雑して，交配種（ヒロワカメ）が養殖されている（新村 1982）。

5.2 生育分布

ワカメは日本では北海道東北部，四国・九州の南端などの一部を除いた各地の内湾から外海に面した海岸の，低潮線から水深十数メートルの亜潮間帯にかけて生育している。日本以外では韓国，中国の東シナ海に面した海岸などの東アジア，ロシアの沿海州の一部の海岸にも生育する特産種である。ワカメ藻体は秋から冬にかけて現れ，冬から春にかけて急速に生長して1～2,3 mに達する。生長した藻体の基部には遊走子を形成する胞子葉（成実葉）が発達し，成熟した胞子葉は遊走子を放出して，その後，藻体は枯れて流失してしまう。この10年くらいの間に，アルゼンチン，オーストラリア，ニュージーランド，チリ，フランス，イギリスからワカメの生育が報告されている。このようなワカメの分布拡大の原因は，日本から輸出された種カキにワカメの配偶体が着生していたことや貨物船のバランスをとるための船底水に配偶体が混入していたとも推察されている。また，これらの国の海水温度がワカメの海藻の生育に適していたからだと考えられている（Critchley & Ohno 1998）。

ワカメが人為的要因と生態的特徴により生育範囲を拡大しているのに対して，アオワカメとヒロメでは，このようなことは報告されていない。アオワカメは本州中部から九州にかけての太平洋沿岸，九州西北と韓国の済州島から本州日本海沿岸にかけて生育し，両種ともワカメと同様に1年生である。ヒロメは銚子以南の本州太平洋沿岸，九州西・北部の沿岸にかけての海岸の亜潮間帯の岩の上に生育している。アオワカメの生育温度条件は，分布がワカメとほとんど同じことからしてワカメとそれほど変わりはなく，ヒロメではより温暖な海域に分布が限られていることから，生育温度条件はワカメよりも高温側にあると考えられる。

5.3 生活史

ワカメはコンブ科の一種なので,生活史はコンブの仲間と同じ異型世代交代型である.これは有性世代(配偶体期)と無性世代(胞子体期)の形態が異なる二つの世代を繰り返す世代交代のことで,ワカメの場合,前者は微視的な糸状藻体であるのに対して,後者は巨視的ないわゆるワカメ藻体である(図5.5).

春から夏にかけて成熟したワカメ藻体は,胞子葉から遊走子を放出して夏季には枯れてしま

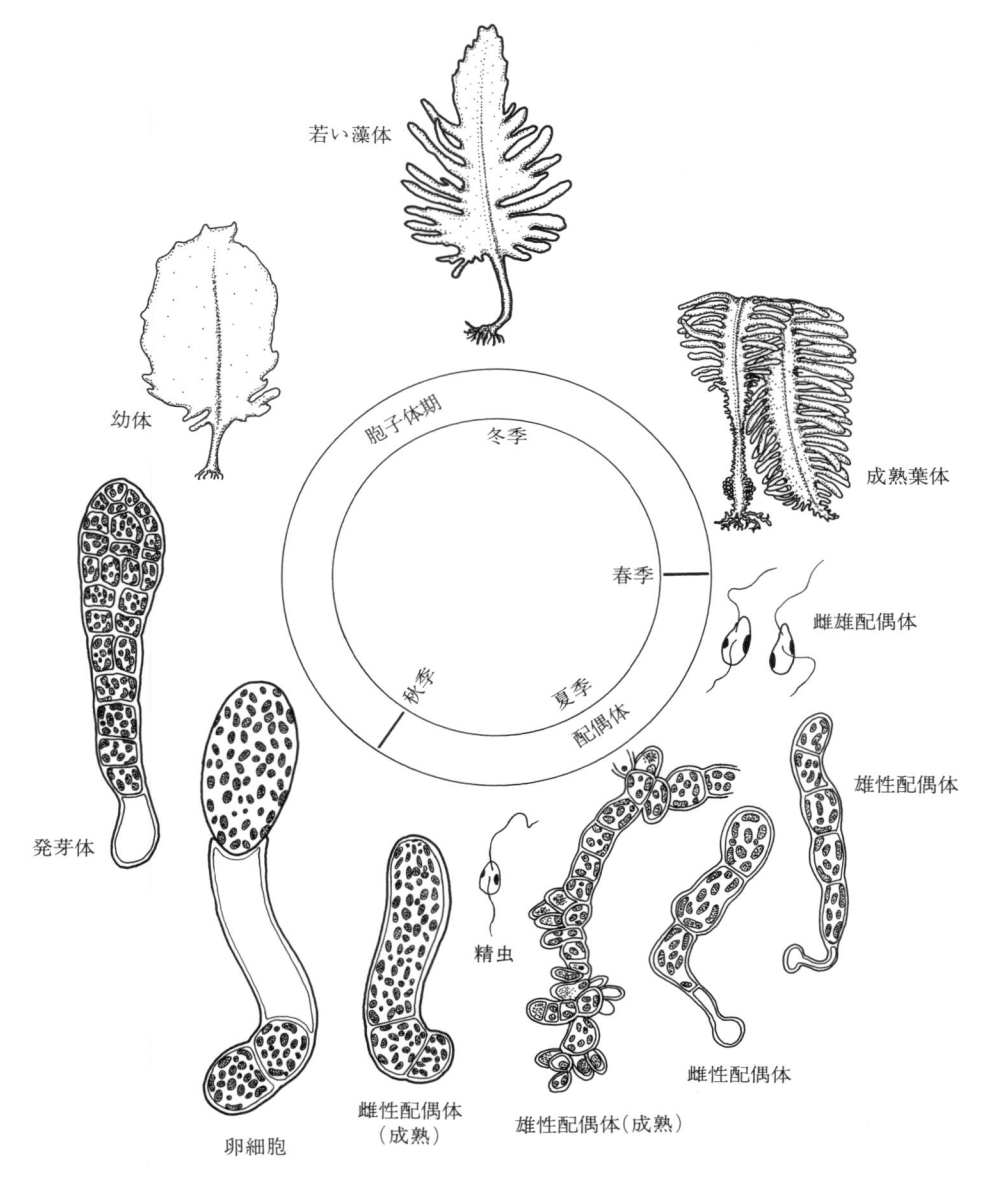

図5.5 ワカメの生活史(徳田ら 1987).

う. 遊走子は数 μm の大きさの西洋梨形で側部に 2 本の不等長の鞭毛があり，これで遊泳する. 遊泳力は小さく短時間で基質に付着し，直ちに発芽して微小な顕微鏡的大きさの糸状の雌性，雄性配偶体になり，夏季の高水温期を休眠状態ですごす. 配偶体は数 100 μm の大きさで雌性，雄性配偶体とでは細胞の大きさ，形が異なる. 前者は細胞が大きく短くて濃い褐色なのに比べて，後者は細胞が小さく長くて色も淡い色を呈することが多い. 高水温期を過ごした雌，雄配偶体は秋になると生卵器，造精器が形成され，成熟した造精器から精虫が放出されて受精が行われる. この受精卵が発芽したものを芽胞体という. 芽胞体から葉状の幼芽への生長は速く，1 ヵ月くらいで肉眼視できるまでになり，2〜3 ヵ月もすると胞子葉を持つ成体となる.

5.4 ワカメの生育と環境条件

ワカメは，三陸沿岸から鹿児島湾まで養殖されている. これはワカメには幅広い適応性のあることを示唆している. ワカメの養殖技術開発のためには，ワカメの生育と環境条件に関する研究が必須であり，これまでに詳しく調べられている. ここでは温度，光，塩分の環境要因とワカメの生育との関係について述べる.

温　度

ワカメは秋の幼芽の芽生えに始まって翌年の夏に成熟・枯死する 1 年生の海藻なので，その生長・成熟は生育温度条件に左右され，温度が最も重要な条件である（斎藤 1962, 秋山 1965, 須藤 1965）. 芽胞体の形成は 25°C 以下の 15〜20°C が好適条件で，5°C でも形成は可能である. 芽胞体が生長した胞子体は海水温度が冬期 1〜2°C, 夏季 22〜23°C でも生存できるが，一般には平均海水温度が冬期 5°C 以上，夏季 20°C 以下の条件のところに生育可能であるとされている（新崎 1958）. 胞子体は 12〜13°C 以下で良好な生長を示し成実葉を形成するが，温度が高くなると藻体は先端部が枯れ始める，いわゆるワカメの先枯れが起こる. これは藻体の先端部位の生理活性，とくに，光合成能の低下によるのではないかとされている（松山 1983 a, 1983 b, 斎藤 1958, 斎藤 1991）. したがって，春季に海水の温度上昇が遅れるとワカメは生長を続けるが先枯れが抑制されるため，品質のよいワカメを収穫することができる. 14°C 以上になると成実葉は成熟して，14〜23°C で遊走子が放出される. 遊走子の着生は 20°C 以下がよく，25°C を越えると悪くなる. 遊走子が発芽してできた配偶体は 27〜28°C 以上の高温条件では枯死するものの，20°C 以下の温度条件ではこのようなことはない. 15〜20°C では生長はよく，温度が低くなると生長は悪くなるが 0°C 以下でも生存できる. この性質は配偶体の凍結保存の可能性を示唆している. 一般に，水温はワカメの豊凶と大きくかかわっている. 北限の北海道では冬から春の生育期の低温が，南限の九州南部では冬期の高温が凶作をもたらしている一方で，収穫期に低温が続くと生長が続いて豊作になるといわれている.

光条件

配偶体および芽胞体は，照度が 500 lux（10 μE/m²/s）以下になると生長は悪くなるが，5000 lux（100 μE/m²/s）程度までは明るい方がよく，長日条件で生長がよい. 短日条件にすると配偶体の成熟，芽胞体の形成が促進されることがある. 生育場所の海水の透明度が高いところでは胞子体は水深 15 m 付近でも生育しているが，濁度の高いところは数 m までの浅いのところも

ある．ワカメの生育の下限は，透明度に左右されることが分かる．したがって，室内培養で配偶体を培養するときには温度と光の管理に注意を払う必要があり，夏期に水温が上昇すると照度を2000 lux（40 μE/m²/s）程度まで下げることをしている（徳田ら 1987）．

塩　　分

塩分についてみると，塩分 27 psu 以下だと配偶体，胞子体ともに生長が低下し，とくに，高温・高照度条件下では生長は悪い．乾燥はワカメにとって大敵であり，乾燥すると遊走子，配偶体，胞子体は短時間で枯死するが，高湿度（飽和水蒸気）条件では配偶体は長時間生存が可能である．このような条件下（冷暗所）に置かれた成実葉は 1～2 日は生存しており，これを海水に漬けると短時間のうちに遊走子を放出する．適当な乾燥は胞子葉（成実葉）からの遊走子放出を抑制する効果がある．一方，生育条件の中でも配偶体，胞子体の生長と海水の流動との関係は，まだ，よく分かっていない．しかし，天然にワカメが生育している場所の環境についてみると，外海に面した波当たりが強いところや潮の流れが速いところにはワカメの生育は少ないが，このような区域であっても，比較的波当たりが弱く潮の流れがゆるやかな限られた狭い範囲には繁茂している．これは，遊走子は放出後，直ちに基質に着生するのではなくて，しばらく遊泳してから着生することによる．このため，遊泳力が弱い遊走子は流動の影響が大きいところでは着生が困難で，着生するまでに流されてしまうことなどが原因だと考えられる．

5.5　養殖方法

ワカメの増殖試験が明治 33 年に東京湾で行われたのを嚆矢として，日本国内（北海道が中心）だけでなく当時の朝鮮，関東州遼東半島で行われた．その方法は，ワカメ増殖を目的とした投石，磯掃除，母藻（成熟藻体）の投入や移植が主なものであったが，後に養殖を目的としたものに移り，成実葉を挟み込んだロープの海中垂下による遊走子採取と胞子体の生育，また筏式養殖法が第二次世界大戦前に開発された．大連でコンブ養殖試験をしていた大槻洋四郎氏が，女川湾で 1953 年（昭和 28）4 月に，現在の形の配偶体採苗からのワカメ養殖事業を始めたといわれている．ワカメ配偶体の人工採苗と培養技術が確立したのを受けて，1960 年代後半からワカメの人工採苗による養殖が北日本を中心に全国に広まった（木下 1947，秋山 1992）．現在，わが国で行われているワカメ養殖法は，これらの成果をもとにしており，養殖作業の工程は採苗（図 5.6），種苗養生（仮沖出し），本養殖の三つに分けられる．

採　　苗

採苗は遊走子，または配偶体を採苗器につけて，それを幼芽にまで育てる工程である．これには種糸を枠に巻きつけた採苗器に遊走子を直接つける方法と，培養装置で配偶体をフラスコなどに前もって培養してつくった配偶体を採苗器につける方法の二通りがある．遊走子を直接つける採苗は 5～6 月に，採苗用に刈らずに残して成熟させた成実葉を採取することから始まる．成熟した成実葉の乾燥を適当な条件で管理すると 2, 3 日は遊走子放出に使用可能なこともあって，地先以外の浜から成実葉を購入して自分たちの採苗に用いることがこの方法で可能になった．しかし，このことは後で述べるように，一つの漁場にこれまでに生育していなかった形質のワカメを導入することになり，種保存などの遺伝的な問題を引き起こす原因となっている．

図5.6　ワカメの種苗生産．左上：成実葉の洗浄と胞子液の作成，右上：胞子液の濾過，左下：配偶体のタンク培養，右下：フリー状態での配偶体の培養（松岡正義氏提供）．

　刈り取った成実葉はネットに入れて水深20〜30mのところに垂下して，遊走子付けを行う7月中，下旬までこの状態で管理する（図5.6）．遊走子付けの前日に成実葉を取り上げて，一晩，半乾燥状態に保った後，きれいな海水を張った小型水槽に入れて遊走子を放出させる．遊走子が放出されると海水は淡褐色になるので（胞子液），これにより遊走子が放出したかどうか分かる．採苗器は西日本では塩化ビニールパイプ（40×40 cm）枠に細いクレモナ糸（1〜2 mm径）を巻きつけたものが使われているが，北日本では太さ2 mmほどの天然繊維からできた撚糸を縦横1.2〜1.5 mの簾状に編んだ暖簾と呼ばれるものを用いる．採苗器を胞子液に30分ほど漬けておくと，遊走子はこれに着生する．遊走子が着生した採苗器の管理には，これを直ちに海中に垂下する方法と屋内水槽中で温度を調節しながら培養する方法がある．海中に垂下する方法は，夏季の水温が20°C以下と比較的低くて，しかも海水の汚れが少ない海域に限定されるために一般的でなく，岩手県と宮城県の漁場で行われているにすぎない．これに対して屋内水槽での温度管理法は，このような条件を必要としないために全国各地で最も一般的に行われている．

　遊走子付けした採苗器の水槽中での管理は，初期は配偶体の生長に，後期は成熟に重点を置く．配偶体の生長と成熟は培養環境により大きな影響を受けるので，採苗器の上下置換，換水，温度，光条件と水質の管理が重要である．とくに，夏季の高水温期は海水中の栄養塩が不足するのでチッソ，リンなどの添加が必要であるが，このとき珪藻類など配偶体の生育を阻害する藻類の繁殖に注意しなければならない．配偶体は生長させるために最初の2〜3週間は弱光条件下で培養するが，水温が25°C以上になると休眠に入る．温度が低下し始めると配偶体は休眠から醒め，成熟期に入る．これを促進させるために採苗器を明光条件下で置き，20°C前後に水温が低下

する秋口まで管理すると採苗器の上にワカメの幼芽が出現してくる．このような状態になった採苗器は沖出しして，しばらく筏などの海中施設に垂下して幼芽の生育を観察した後，ワカメ養殖漁場に移す．

一方，前もって培養してつくった配偶体を採苗器につける方法の場合は，成熟成実葉をよく洗って付着生物を取り除いてから清浄な海水を入れたビーカーなどの容器（0.5～1 L）に入れる．しばらくすると遊走子が放出されるので遊走子の放出を顕微鏡下で確認した後，これを適当量取ってフラスコに注ぎ，さらに滅菌海水で10～100倍に希釈する．これを15～20℃，3000 luxほどの条件で培養すると，配偶体が生長して2～3週間でフラスコの内面が褐色になってくる．フラスコ中の液を強く撹拌すると，配偶体は器壁から剥離して浮遊する．これを20～25℃，1000～3000 lux，12時間照明の条件で培養を続けると，配偶体は生長して懸濁または綿状の塊となる（徳田ら 1987）．このようにしてつくった配偶体を無基質配偶体（フリーリビング配偶体，フリーリビング糸状体）と呼び，これを9～10月頃にワーリングブレンダーで細断して採苗器に付着させる．採苗器の形状は上に説明したものと基本的に同じである．この方法は，夏期の水槽管理が不要で作業がしやすいために，無基質配偶体を用いた採苗が主流になりつつある．また育種という観点からすると，この方法は基本的には一種のクローン培養とも考えられ，優良形質を持つワカメ種苗の保存と大量生産に応用が可能である．

種苗養生

種糸上にワカメの幼芽が肉眼でも確認できるようになると，採苗器を海中施設に垂下して胞子体が約1～2 cmの大きさに生長するまで管理する．これを仮養殖（仮沖出し）ともいい，このときの種苗の生育状態や選別の良否が，その後の本養殖での生産に大きくかかわってくる．この

図5.7 ワカメ幼体を親縄に挿入作業（松岡正義氏提供）．

ような大きさにまで生育すると，採苗器から種糸をはずして，本養殖用のさらに太いロープ（幹縄）に巻きつけたり，あるいは4cmほどに切ったものを15〜20cm間隔で幹縄に取り付けて養殖に入る（図5.7）．このとき，ワカメ幼芽の生長管理で最も注意しなければならないのが芽落ちで，ワカメ幼芽が褪色して白くなり腐って脱落する場合と，端脚類のニホンコツブムシ *Cymodoce japonica* の食害によるものとがある．

本 養 殖

本養殖の方法は，親縄の張り方で垂下式，筏式，はえ縄式などがある．垂下式，筏式は波浪の影響が少ない内湾や内海の漁場に適しており，はえ縄式は波浪の影響が大きい外洋の漁場に適している．養殖ロープは水深1〜2mに張っているが，生長段階によりその深さを調節している（図5.8）．

ワカメの生長は水温，光，栄養塩濃度などの気象・漁場環境に大きな影響を受けるが，養殖開

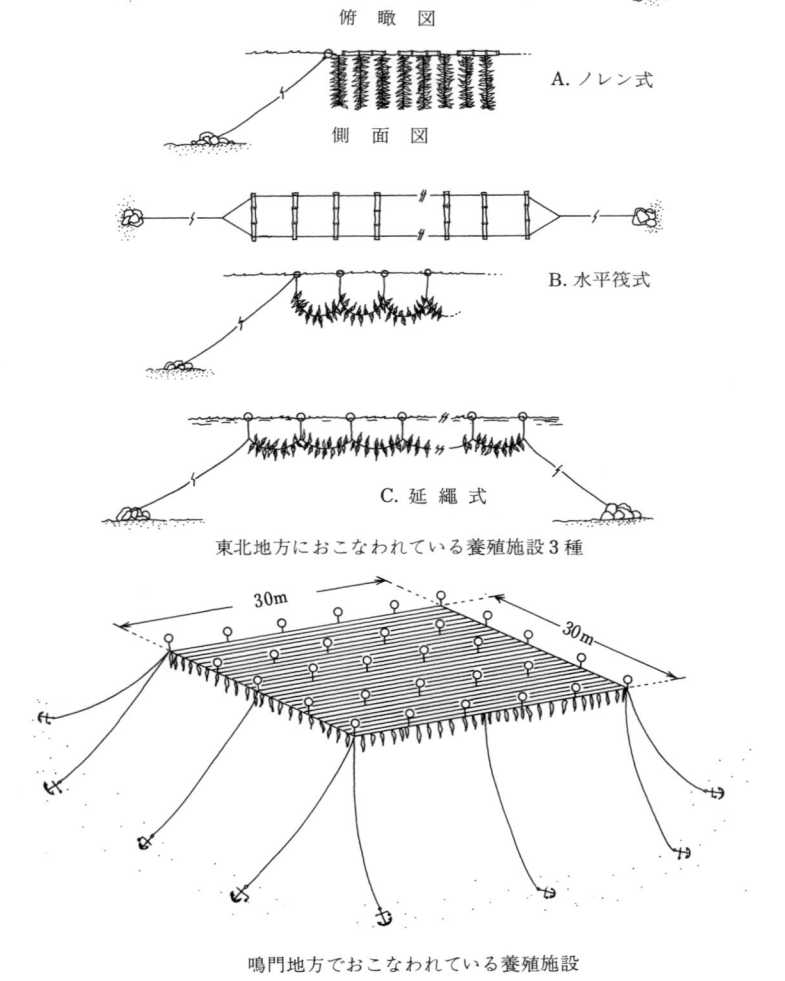

図5.8 種々のワカメ養殖法（徳田ら 1987）．

始時期の相違も大きな要因であることが指摘されている（Akiyama & Kurogi 1982）．沖出し時期が早いほどワカメの生長は速く，先枯れの影響も少ないために藻体は最大となり，収量が増える．そこで生産量を上げるために，養殖漁場水温の変化の特徴に応じた本養殖の時期が考えられている．このことは，また水温の変動に注意することにより，本来ワカメが生育していなかった場所，時期にワカメの養殖が可能であることを示唆している．しかし，一方で，高水温時にワカメの種苗生産，養殖を始めることになるため，いくつかの危険を背負うことにもなる．

　9月～10月の間は，ワカメ漁場の環境は台風の影響を受けてしばしば高水温，栄養塩不足，低塩分の状態が発生しやすく，このとき種苗の管理に注意しないと幼芽の褪色脱落が発生する．管理法としては，種苗を水深10～20 mまで下げる方法が一般的だが，漁場の水深が浅い場合はこのような管理は難しいので，栄養塩を補うために施肥が必要となる．ワカメに栄養塩を取り込ませるためには，取り込みエネルギー源としての充分な光，ある程度の海水流動と窒素源としての硝酸塩の存在などが必要条件とされている（飯泉 1991）．コンブの場合は，漁場の栄養塩濃度が低下したときに窒素，リンを施肥により供給するとコンブが大型化して収量に改善が見られている（赤池ら 1998）．

　海域での施肥は陸上の圃場と異なり，施肥した肥料がそこに常在するわけではなく，波風，潮によって目的とした場所の外に短時間で拡散してしまう．また，施肥する量が多すぎると水質環境への影響が懸念される．このような問題を解決するためにプラスチックで被覆した肥料をワカメ養殖に使用したところ，17～40％の増収が見られ上記の問題が改善された（小河 1991，Ogawa & Fujita 1997）．

収穫から出荷

　本養殖を始めると，2～3ヵ月後にワカメを収穫することができる．収穫時期の目安は三陸沿岸の漁場の場合，ワカメが2～3 mの長さに生長して養殖ロープ1 m当たり20～30 kgに生育した頃で，例年3月下旬～4月中旬である．この間に漁師はワカメの生育状態によって間引きや養殖ロープの深さの調節を毎日のように行っている．

　ワカメの収穫は，藻体の基部から下の部分を残して上を刈り取る（図5.9）．この作業は船の上で行われる．刈り取ったものは港に運ばれて，大きな釜で数分茹でた後に塩をまぶして一晩漬け込む（湯通し塩蔵）（図5.10）．これを翌日，脱水してから冷蔵し，出荷まで保存するのが一般的である．これに対して徳島県では，灰乾しワカメのような昔からの伝統的なワカメ加工が現

図5.9　ワカメの採取．　　　　　　　　　図5.10　浜での湯通し作業．

在でも行われている．灰乾しにすると，灰が空気中の湿気を吸収するためにワカメそのものが湿ることはなく，また灰のアルカリ成分がワカメの葉緑素の分解を抑える効果もあって，加工したときと同じ状態を長く保つことができる利点がある．先人の知恵である．現在は，木灰から流出する成分が問題になり，活性炭を使った方法が行われている．このほかに，ワカメをそのまま，日干しにして出荷しているものもある．

ワカメ以外のワカメ属の海藻ではヒロメが養殖されていて，ワカメと同じ食べ方のほかに，葉幅が広いことを利用した海苔の代用として巻き寿司に用いている．和歌山県田辺湾で1986年から養殖が始まり，その生産量は年間20～30トンに達している（木村・能登谷 1995）．

5.6　ワカメの病害

ワカメの養殖が盛んになるに伴って，細菌，菌類，藻類，付着動物などによる病害（被害）が，各地の漁場で多発するようになった．もともと，養殖とは同じ場所に一種類だけを高密度で毎年，同じ時期に栽培するとことであり，病害が発生しやすい環境が人為的に形成されているとみることもでき，ワカメだけでなく養殖という形態をとっている限り必然的に発生する問題である．

細菌による病害

細菌による病気としては「あなあき症」が最も深刻で，「あなあき症」には「あなあき症」，「軟腐性あなあき症」，「灰色斑点性あなあき症」がある．「あなあき症」は，宮城県気仙沼湾を中心とした海域に養殖されているワカメで見つかったもので，この病気に罹ったワカメの葉には組織が崩壊してできたあなが散在して，症状がひどくなると裂葉部は流失してしまう．「あなあき症」を発現する細菌は *Flavobacterium* 属，*Moraxella* 属，*Pseudomonas* 属，*Vibrio* 属，その他の細菌など多菌属にわたっており，特定の菌種はまだ見つかっていない．この症状発現の原因としては環境が悪化することによってワカメに生理低下が生じ，その結果，環境水中に常在する多菌属にまたがるこれらグラム陰性菌が感染して，あなあき症状を呈するのではないかと考えられている（木村ら 1976）．「軟腐性あなあき症」の症状は，藻体の中肋の周囲に数mmから数cmの大きさの白色ないし緑白色上の不定形の斑点が数個現れ，罹病部の周囲は黄色ないし橙黄色を呈している．数日するとこの斑点部分の組織が崩壊してあながあき，症状が進むと中肋にも及ぶ．しかし，原因細菌についてはまだ充分解明されていない．「灰色斑点性あなあき症」の症状は，藻体上に灰色の斑点が現れ，罹患部の中央にあながあいて内部から組織が崩壊していく．このとき，藻体の表層組織には異常は認められないのが特徴である．この他に細菌の感染によると考えられている症状として，「先腐れ症，斑点性先腐れ症」がある．この症状は，ワカメの藻体の先端部に径1～2mmの小さなあなが多数発生し，徐々に藻体の中部から基部に向かってこの状態が進行する．そして，裂葉の基部にもあなが見られるような症状になると，藻体の先端部の組織は崩壊して腐れ落ちてしまい，最後に中肋だけが残った状態になる（石川 1989，岩手県水産技術センター 1994）（図5.11）．

菌類による病害

菌類の感染による病気としては，壺状菌 *Olpidiopsis* sp. によるワカメ幼芽の芽落ちが報告され

ている (秋山 1977 b). これは壺状菌がワカメ幼芽の細胞内で繁殖して, つぎつぎと細胞を破壊してついには幼芽を枯死させてしまう症状で, 結果的にワカメの生育個体数の減少, 芽落ち現象が生じる. この病気は岩手県, 宮城県のワカメ養殖漁場で発見され, 水温が 16°C 以下の時期に見られる. 藻類による病害としては褐藻類のワカメヤドリミドロ *Streblonema aecidioides* の寄生が報告されている. 本種がワカメ藻体に着生すると, 葉部のところどころに数 mm から 2 cm の大きさの暗褐色の斑点ができ, これがさらに進むと斑点部の組織が崩れてあながあく. 一見 "あなあき症"に似ている (秋山 1977 a, Yoshida & Akiyama 1979). ワカメヤドリミドロの繁殖力は大きくないので, これによる被害が漁場に蔓延することはないが, 本種による被害は岩手県, 宮城県, 福島県以外にも, その後, 北海道, 山口県, 長崎県産でも見つかっており (吉田 1979), ワカメヤドリミドロは全国的に分布しているものと思われる.

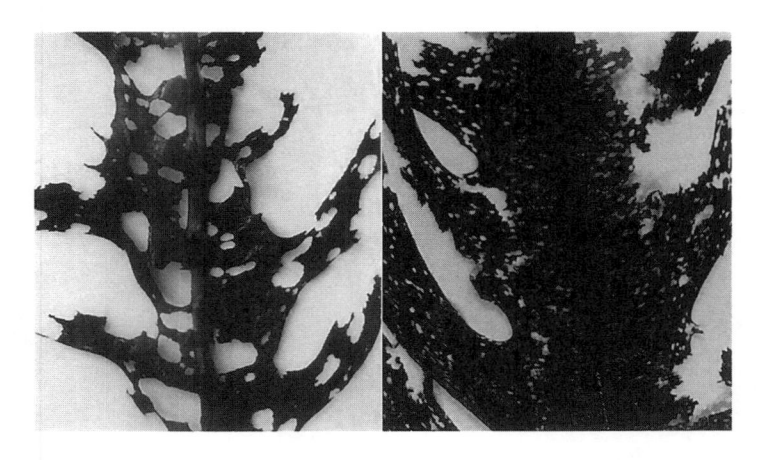

図 5.11 左：軟腐性あなあき症, 右：斑点性先腐れ症 (岩手県水産技術センター 1994).

動物による病害

動物の着生, 寄生によるワカメへの被害が報告されている. 橈脚類のタレストリス属の一種 *Thalestris* sp. がワカメの葉部に穿孔, 寄生することによるあなあき状被害のことで, 孵化したノープリウス幼生がワカメの藻体の裂葉または中肋内に穿孔して内部組織を餌としながら脱皮・変体を繰り返すことにより, その食べ跡が空洞になって藻体が腐れ落ちてしまう. このタレストリスの幼生は寄生後, 約 30 日で成体になり, 巣の部分は組織が盛り上がって瘤状になる (鳥居・山本 1975, 白石 1991) (図 5.12). このような藻体内部への寄生によりワカメに被害を与える動物はタレストリス以外に, 端脚類のコンブのネクイム *Ceinia japonica* やガラモノネクイムシ *Biancolina* sp., カイアシ類の *Amenophia orientalis* などが報告されている (白石 1991, 岩手県水産技術センター 1994, 小河ら 1999, 岩崎 2003, 青木 2003) (図 5.13, 図 5.14).

着生による被害は, 原生動物, 吸管虫目のツリガネムシ *Actineta collni*, ハリヤマスイクダムシ *Ephelota buetschliana*, スイクダムシ *E. gigantia*, *E. gemmipara* などが原因であることが報告されている. スイクダムシの仲間はワカメ藻体の表面に着生すると, 白いカビ状を呈し短時間に繁殖するだけでなく, 陸に揚げると異臭を放ち, 加工後も脱落しないので製品は光沢を失う. *Actineta collni* はスイクダムシの仲間と同様な被害を与えるが, 加工後は脱落するので心配はな

54　有用海藻の生物学

　　　　　　　　　　　← 第1触手
　　　　　　　　　　　ノウプリウス眼

※癒合した第6,7体節 ←

末刺

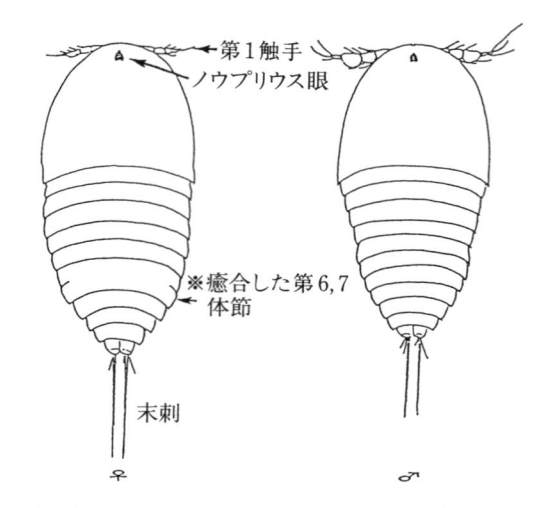

♀　　　　　　　　♂

体長 1.2～1.4mm　　体長 0.9～1.0mm

図5.12　タレストリスの背面図（白石 1991）．

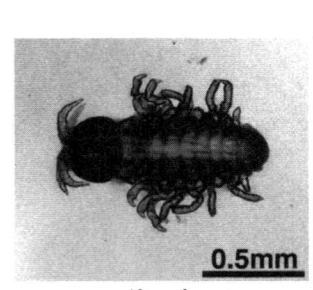

幼　生　　　　　　　　成　体

図5.13　コンブノネクイムシ．

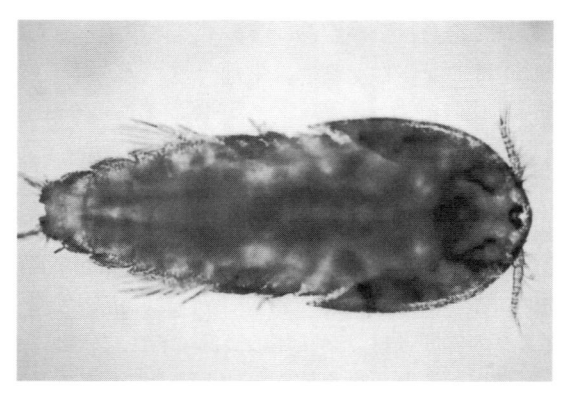

図5.14　アメノフィア・オリエンタリスの成虫（岩手県水産技術センター 1994）．

い．このほかにも軟体動物の *Turtonia minuta* が葉部に群棲してワカメの品質を低下させるとする報告（時田・山 1960），ニホンコツブムシ *Cymodoce japonica* によるワカメ幼芽への食害などが報告されている（岩手県水産技術センター 1994）．

5.7 養殖品種

ワカメの利用，消費形態や養殖環境の変化に伴って，ワカメ藻体そのものをこのような変化に対応できるものにするためにワカメ新品種を開発することは当然であろう．そのためには，まずワカメ自体の遺伝的特質を把握することが重要となる．細胞発生学的視点からワカメの染色体の研究が行われ，遊走子の染色体数は約 30 であることが報告されている（Ohmori 1967）．ワカメの形態の特徴を地域品種と捉えて，それを遺伝学的視点から見たところ，藻体の体形，裂葉の長さ，中肋幅，茎長などは母藻の形質に似た傾向を示す（加藤・中久 1962，玉河・柿田 1967，谷口ら 1981，鬼頭ら 1981，Akiyama & Kurogi 1982）．石川（1991）はワカメの欠刻と葉幅について養殖 4 世代まで選択試験を行ったところ，この形質はで大きい方への実現遺伝率は 0.54，小さい方へのそれは 0.21 であるので選択効果が見られたとしている．このようにワカメのいくつかの形態的形質は，個体として安定しているだけでなく，遺伝的要素に大きく支配されている．

このような研究，試験結果をもとに，ワカメの選抜試験が行われており，ワカメ，ヒロメ，アオワカメの 3 種を交雑すると，雑種 F_1 の形態は交雑した種の中間的な特徴を示し，その正逆の交雑も可能である（斎藤 1966，Saito 1972，右田 1967）．右田（1985）はワカメとアオワカメを交雑して F_4 まで継続養殖することに成功している．新村（1985）はワカメ，ヒロメ，アオワカメの交雑したものを継代養殖してその生産性を検討して，各々の雑種 F_1 から得られた F_2 はいずれも F_1 より生産性は劣っており，ワカメ類の場合，生産量を増加させるためには一代雑種を用いるのが有効であるとしている．同様の結果が徳島県水産試験所から報告されている（廣澤・團 2001）．

今後のワカメ研究の課題

ワカメの新しい加工が開発された結果，さまざまな食品分野に使われるようになり，ワカメに対するイメージが古臭い食材から，魅力あるものへと変えた．これがきっかけとなって，日本，韓国などの東アジアの人びとだけでなく，欧米人にもワカメを使った食品が食べられるようになった．このような消費形態の変化と消費拡大は，ワカメ養殖が日本だけでなく韓国，中国へと発展して，最近では中国の山東省青島や遼東半島の大連を中心にワカメ養殖が盛んになり，加工品が日本に輸出されるまでになっている．また，カナダ，フランスでもワカメ養殖が始まっている（Lindstrom 1998，Kass 1998）．これらのことが意味することは，現在以上に将来，ワカメが国際的食材に発展する可能性を秘めていることであり，同時に外国産のワカメがこれまで以上に日本に入ってくることである．これに立ち向かうためには，ワカメ養殖にかかる経費をどれだけ削減することができるか，消費者・加工業者が要求する形質のワカメをどのように生産するか，生長が速くて病害に罹りにくい多収性のワカメをどのように開発するか，などの養殖技術の改良・向上と新しい養殖品種の開発が必須である．

このような問題に対処するためには，まず，各浜に生育するワカメを遺伝子資源として保存化を図り，これを基とした新品種開発を積極的に行うこと，漁場環境の保全を進めて安全な環境でワカメ生産を行うこと，養殖・浜での加工作業を省力化すること，などが考えられる．このようなことは到底，個人では無理で，関係機関がそれぞれの特徴を生かしながら協力して当たらなければならないだろう．

一例として施肥があるだろう．施肥は効果があるものの，せっかく撒いた肥料が拡散して自分の所のワカメではなくて他人の所のワカメの生長に役立つとすると，施肥に二の足を踏む漁業者が出ても不思議ではない．しかし，これを漁場全体，あるいはもっと大きな範囲で行うならば，理解は得られやすいだろう．

古くて新しい食材，ワカメ．これを海からの贈り物として大切に育てていくには，われわれ皆の今後の努力にかかっている．

引用文献

青木優和 2003. 大型褐藻類に穿孔造巣する端脚類の生態. 大槌臨海研究センター研報 **28**: 12.

赤池章一・菊地和夫・門間春博・野澤 靖 1998. 1年目リシリコンブ胞子体の生長に及ぼす窒素，リン施肥の影響. 水産増殖 **46**: 57-65.

秋山和夫 1965. ワカメの生態及び養殖に関する研究，第2報 配偶体の生長・成熟条件. 東北水研研報 **25**: 143-170.

秋山和夫 1977 a. ワカメの「やどりみどろ症」（予報）. 東北水研研報 **37**: 39-40.

秋山和夫 1977 b. ワカメの壺状菌病―特に芽落ちとの関連について. 東北水研研報 **37**: 43-44.

Akiyama, K. and Kurogi, M. 1982. Cultivation of *Undaria pinnatifida* (Harvey) Suringar, the decrease in crops from natural plants following crop increase from cultivation. Bull. Tohoku Reg. Fish. Res. Lab. **44**: 91-100.

秋山和夫 1992. ワカメ. 三浦昭雄編, 食用藻類の栽培. p. 35-42. 恒星社厚生閣.

新崎盛敏 1958. 海藻類の生育と温度 I-II. 水産増殖 **5**: 60-64, **6**: 27-33.

新崎盛敏・新崎輝子 1978. 海藻のはなし. 228 pp. 東海大学出版会.

Critchley, A. T. and Ohno, M. 1998. Seaweed resources of the world. 431 pp. Japan International Cooperation Agency, Tokyo.

團 昭紀 2001. 藻場造成用種苗生産技術開発. 徳島県水試事業報告, 平11年度: 10-11.

廣澤 晃・團 昭紀 2001. ワカメ選抜育種試験. 徳島県水試事業報告, 平11年度: 103-106.

飯泉 仁 1991. 海藻の栄養塩摂取. ワカメシンポジウム '91 三陸ワカメ生産の現状と問題点. p. 13-19. 北里大学水産学部基礎生産学講座.

石川 豊 1989. 有用海藻の現状と展望. 月刊海洋 **21**: 340-345.

石川 豊 1991. ワカメの葉形（最大欠刻幅/最大葉幅）に対する選択効果. 水産育種 **16**: 25-28.

岩崎 望 2003. 甲殻類の生態学―課題と展望, ワカメに生息する葉上性カイアシ類の生態. 大槌臨海研究センター研報 **28**: 11-16.

岩手県水産技術センター 1994. 養殖ワカメ病虫害写真集. 12 pp.

Kaas, R. 1998. The seaweed resources of France. Seaweed resources of the world (edited by A. T. Critchley and M. Ohno), p. 233-244. Japan International Cooperation Agency, Tokyo.

加藤 孝・中久善昭 1962. 同一漁場に育った宮城産ワカメと鳴門産ワカメの形態の比較. 日水誌 **28**: 998-1004.

木下虎一郎 1947. コンブとワカメの増殖に関する研究. p. 58-79. 北方出版社.
木村喬久・絵面良男・田島研一 1976. 気仙沼湾におけるワカメあなあき症ならびにワカメ養殖環の微生物学的検討. 東北水研研報 **36**: 57-65.
木村 創・能登谷正浩 1995. 和歌山県田辺湾におけるヒロメ養殖. 月刊海洋 **27**: 40-46.
鬼頭 均・谷口和也・秋山和夫 1981. ワカメの形態変異について Ⅱ. 松島湾産2型を母藻とする養殖個体の形態比較. 東北水研研報 **42**: 11-18.
黒木宗尚・秋山和夫 1957. ワカメの生態及び養殖に関する研究. 東北水研研報 **10**: 95-117.
Lindstrom, S. 1998. The seaweed resources of Britsch Columbia, Canada. Seaweed resources of the world (edited by A. T. Critchley and M. Ohno), p. 266-272. Japan International Cooperation Agency, Tokyo.
松山恵二 1983 a. 忍路湾産褐藻ナンブワカメ (*Undaria pinnatifida* Suringar f. *distans* Miyabe et Okamura) の光合成 Ⅰ. 光合成速度と呼吸速度の季節変化. 北水試報 **25**: 187-193.
松山恵二 1983 b. 忍路湾産褐藻ナンブワカメ (*Undaria pinnatifida* Suringar f. *distans* Miyabe et Okamura) の光合成 Ⅱ. 体の各部位に於ける光合成速度. 北水試報 **25**: 195-200.
右田清治 1967. アオワカメとワカメの雑種について. 長崎大水産研報 **24**: 9-20.
右田清治 1985. コンブ科海藻の交雑. 月刊海洋科学 **17**: 713-718.
宮下 章 1974. 海藻―ものと人間の文化史. 315 pp. 法政大学出版局.
小河久朗 1991. ワカメ生産性への取り組み―栄養塩不足対策. ワカメシンポジウム '91 三陸ワカメ生産の現状と問題点. p. 20-25. 北里大学水産学部基礎生産学講座.
Ogawa, H. and Fujita, M. 1997. The effect of fertilizer application on farming of the seaweed *Undaria pinnatifida* (Laminariales, Phaeophyta). Phycol. Res. **45**: 113-116.
小河久朗・加戸隆介・難波信由 1999. 越喜来湾におけるコンブノネクイムシの棲息状態の季節変動. 平 11 年度日本水産学会春季大会講演要旨集. p. 141.
Ohmori, T. 1967. Morphogenetical studies on Laminariales. Biol. J. Okayama Univ. **13**: 23-84.
斎藤宗勝 1991. 岩手県三陸沿岸で養殖されたワカメにおける光合成―温度特性について. ワカメシンポジウム '91 三陸ワカメ生産の現状と問題点. p. 1-8. 北里大学水産学部基礎生産学講座.
斎藤雄之助 1958. ワカメの生態に関する研究-Ⅲ. 光合成量に及ぼす光と温度の影響について (その1). 日水誌 **24**: 484-486.
斎藤雄之助 1962. ワカメの増殖に関する基礎的研究. 東大水産実験所業績 **3**: 1-101.
斎藤雄之助 1966. 交雑種の育成―藻類. 水産増殖 **13**: 149-155.
Saito, Y. 1972. On the effects of environmental factors on morphological characteristics of *Undaria pinnatifida* and the breeding of hybrids in the same genus *Undaria*. *In* Abbott, I. A. and Kurogi, M. (eds), Contributions to the systematics of benthic marine algae of the North Pacific. p. 117-132. Jpn. Soc. Phycol., Kobe, Japan.
新村 巖 1982. ワカメの多収性品種実用化試験 Ⅲ. 鹿児島県水試事業報告 p. 25-32.
新村 巖 1985. ワカメ属の種間交雑による形態と生産性. 水産育種 **10**: 27-35.
白石一成 1991. ワカメ病虫害―甲殻類被害を中心に. ワカメシンポジウム '91 三陸ワカメ生産の現状と問題点. p. 26-30. 北里大学水産学部基礎生産学講座.
須藤俊造 1965. 温水とワカメ. 農電普及草書, 第 4 集「水温と海の生物」. p. 74-80. 農電研究所.
玉河道徳・柿田研造 1967. 同一漁場で養殖した産地別ワカメの形態, 生長度及び生産量. 長崎県水試報告 **280**: 1-52.
谷口和也・鬼頭 均・秋山和夫 1981. ワカメの形態変異について Ⅰ. 宮城県松島湾産ワカメ2型の生長と形態. 東北水研研報 **42**: 1-9.
時田 郇・山 俊一 1960. コンブ類に着生する動物について (Ⅰ). 藻類 **8**: 15-21.

徳田　廣・大野正夫・小河久朗 1987. ワカメ類. 海藻資源養殖学. p. 133-144. 緑書房.
鳥居茂樹・山本弘敏 1975. ワカメに寄生したタレストリス属の1種（*Thalestris* sp.）について. 北水試報 **32**: 29-31.
Yoshida, T. and Akiyama, K. 1979. *Streblonema* (Phaeophyceae) infection in the frond of cultivated *Undaria* (Phaeophyceae). Procs. Intl. Seaweed Symp. **9**: 219-223.
吉田忠生 1979. ワカメヤドリミドリ（新称）の分布と宿主. 藻類 **27**: 182.
吉田忠生 1998. 新日本海藻誌 日本産海藻類総覧. 1222 pp. 内田老鶴圃.

有用海藻の生物学

6 コ ン ブ

川嶋 昭二

　コンブ類とは植物分類学上は褐藻類のコンブ目 Laminariales に属する海藻の総称で，わが国沿岸からはニセツルモ科 Psudochordaceae の1属2種，ツルモ科 Chordaceae の1属1種，コンブ科 Laminariaceae の10属27種，およびアイヌワカメ科 Alariaceae の2属9種の合計4科14属39種が記録されている（吉田 1998）．

　しかし，このような高次な分類系としてのコンブ類の中には，これを有用海藻として利用する立場の人びとが考える外観や品質とは大きく異なるいろいろな種が含まれるために，そのような人びとにとっては有用な種に限った分類系の方が違和感なく便利なことがある．このようなこともあって，ここではコンブ類をもっと狭義な「有用コンブ類」に限定する．すなわち，有用コンブ類とは，コンブ漁業で採取対象とされ，乾燥や加工などの処理を経て食品として利用し，また含まれる成分を薬品などの化学製品原料とするなど，海藻資源として各産業分野や人びとの生活に役立てることができる種類である．

　現在，わが国において有用コンブ類として利用されている全種類を，利用の多寡に関係なく抜き出して整理すると，表6.1に示したようにコンブ科 Laminariaceae 中のコンブ属 Laminaria に属する10種を主として，これに近縁のトロロコンブ属 Kjellmaniella の2種，ミスジコンブ属 Cymathaere の1種，およびネコアシコンブ属 Arthrothamnus の1

表6.1　コンブ類4属（コンブ属，トロロコンブ属，ミスジコンブ属，ネコアシコンブ属）の有用種と有用度．

有用コンブ類の属・グループ・種	有用度
コンブ属 Laminaria	
（1）　マコンブグループ	
1. マコンブ L. japonica Areschoug	A
2. ホソメコンブ L. religiosa Miyabe	A
3. リシリコンブ L. ochotensis Miyabe	A
4. オニコンブ L. diabolica Miyabe	A
5. エナガコンブ L. longipedalis Okamura	C
（2）　ミツイシコンブグループ	
6. ミツイシコンブ L. angustata Kjellman	A
7. ナガコンブ L. longissima Miyabe	A
（3）　チヂミコンブグループ	
8. チヂミコンブ L. cichorioides Miyabe	B
9. カラフトトロロコンブ L. sachalinensis Miyabe	B
10. ガッガラコンブ L. coriacea Miyabe	A
トロロコンブ属 Kjellmaniella	
11. トロロコンブ K. gyrata (Kjellman) Miyabe	B
12. ガゴメ K. crassifolia Miyabe	A
ミスジコンブ属 Cymathaere	
13. アツバスジコンブ C. japonica Miyabe et Nagai	B
ネコアシコンブ属 Arthrothamnus	
14. ネコアシコンブ A. bifidus (Gmelin) J. Agardh	B

A：重要種，B：補助的な種，C：地域的な利用種

60　有用海藻の生物学

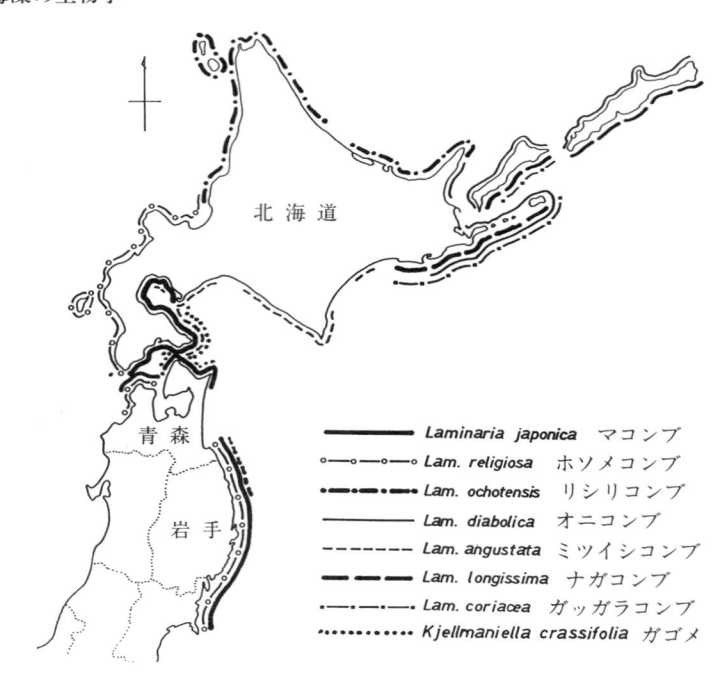

図 6.1　北海道，青森，岩手県の主要な有用コンブ類 8 種の分布．

　種を加えた合計 4 属 14 種となる．しかし，その中でとくに水産物としての価値が高く，一般にもよく知られる種類は，表の有用性の欄にランク A と表示したコンブ属中の 7 種とトロロコンブ属の 1 種の合計 8 種である．また，これらの有用コンブ類は種によって形態や成分，品質に特徴があり，また生産量や利用，流通の形態に応じて価格には複雑な格差があり，その知名度は全国的なものから生産地域に限定されたものまで大きな差がある（図 6.1）．

6.1　有用種の特徴と分布

　コンブ目の分類全般については吉田（1998）や川嶋（1993）による詳細な解説と記載がある．ここでは表 6.1 に掲げた属と種の特徴を記述する．また，とくに必要ない限り有用コンブを単にコンブ，同様に有用種を種と呼ぶ．

（1）　コンブ属

　わが国産のコンブ属の種は外部形態や内部構造，あるいは分布域などから互いに近縁と考えられるものを集めてグループ分けすることができる．ここでは 10 種類の有用コンブをマコンブグループ（5 種），ミツイシコンブグループ（2 種），およびチヂミコンブグループ（3 種）の 3 グループに分ける．

コンブ属中の3グループの検索表

1. 葉は披針状，笹の葉状，または線状披針状 ……………………………………………2
1. 葉は細長い帯状…………………………………………………[2]ミツイシコンブグループ
    2. 中帯部は葉幅の1/3〜1/2広く，幼時に2列に形成される
       円形の凸凹紋はやがて消失する…………………………………[1]マコンブグループ
    2. 中帯部は葉幅の1/5で，幼時に2列に形成される
       円形の凸凹紋は終生消えずに残る………………………………[3]チヂミコンブグループ

[1] マコンブグループ

マコンブ *Laminaria japonica* Areschoug, ホソメコンブ *L. religiosa* Miyabe, リシリコンブ *L. ochotensis* Miyabe, オニコンブ *L. diabolica* Miyabe, およびエナガコンブ *L. longipedalis* Okamura のきわめて近縁な5種からなるグループである．葉体の形態はいずれも披針状，笹の葉状，中帯部は葉幅の1/3〜1/2と広く，また粘液腔道は茎，葉ともによく形成されるなどの基本的特徴がある．

<種の特徴・分布>

マコンブ：一般に葉の長さ1.5〜2.5m，幅15〜25cmで，笹の葉状，基部は整った円形を呈するが，深所ではときに長さ5〜10m，幅40cmの大型になるものがある．厚さは中帯部で4〜5mmあるが，縁辺部では1〜2mmで，大きく波うつ．茎は比較的短く，長さ5〜7cm．根は茎から縦列して出て，太くて盛んに分岐し，大きな付着器をつくる（図6.2 A, B）．
（分布）北海道—室蘭以南，津軽海峡福島まで．本州北部，青森県より茨城県北部まで．

ホソメコンブ：隣接して分布するマコンブ，リシリコンブよりもはるかに小型で，長さ40〜150cm，幅5〜12cmほどにしかならない．これはこの種が北海道では日本海南部沿岸に生活域を持ち，コンブ類の生活限界に近い対馬暖流の高水温と低栄養の環境に適応するように形質を変化させた結果と考えられている．また，品質も劣るために有用種としての価値はやや低い（図6.2 C）．
（分布）北海道—日本海中部，南部沿岸．本州—三陸沿岸，茨城県北部まで．

リシリコンブ：マコンブよりもやや小さくて，長さ1.5〜2.5m，ときに3mを超えるが，幅は13〜20cmでやや狭い．葉の基部は多くは広いくさび状であるが，よく生長した葉では円形となる．また，縁辺部まで厚くなり，かつ葉質が硬く色も濃い黒褐色を呈する（図6.2 D）．
（分布）北海道—日本海北部，オホーツク海沿岸．

オニコンブ：マコンブによく似た種であるが，中帯部の厚さに比べて縁辺部が薄く，著しく波縮するものが多い．また，生育する海域によって茎が15cmほどまで長くなるものがあり，「くきなが」と呼ばれる．静穏な場所によく生育する傾向があるが，一般にはオニコンブのほうがマコンブよりもやや大型である（図6.2 E）．
（分布）北海道—厚岸以東太平洋沿岸．根室海峡，羅臼地方．

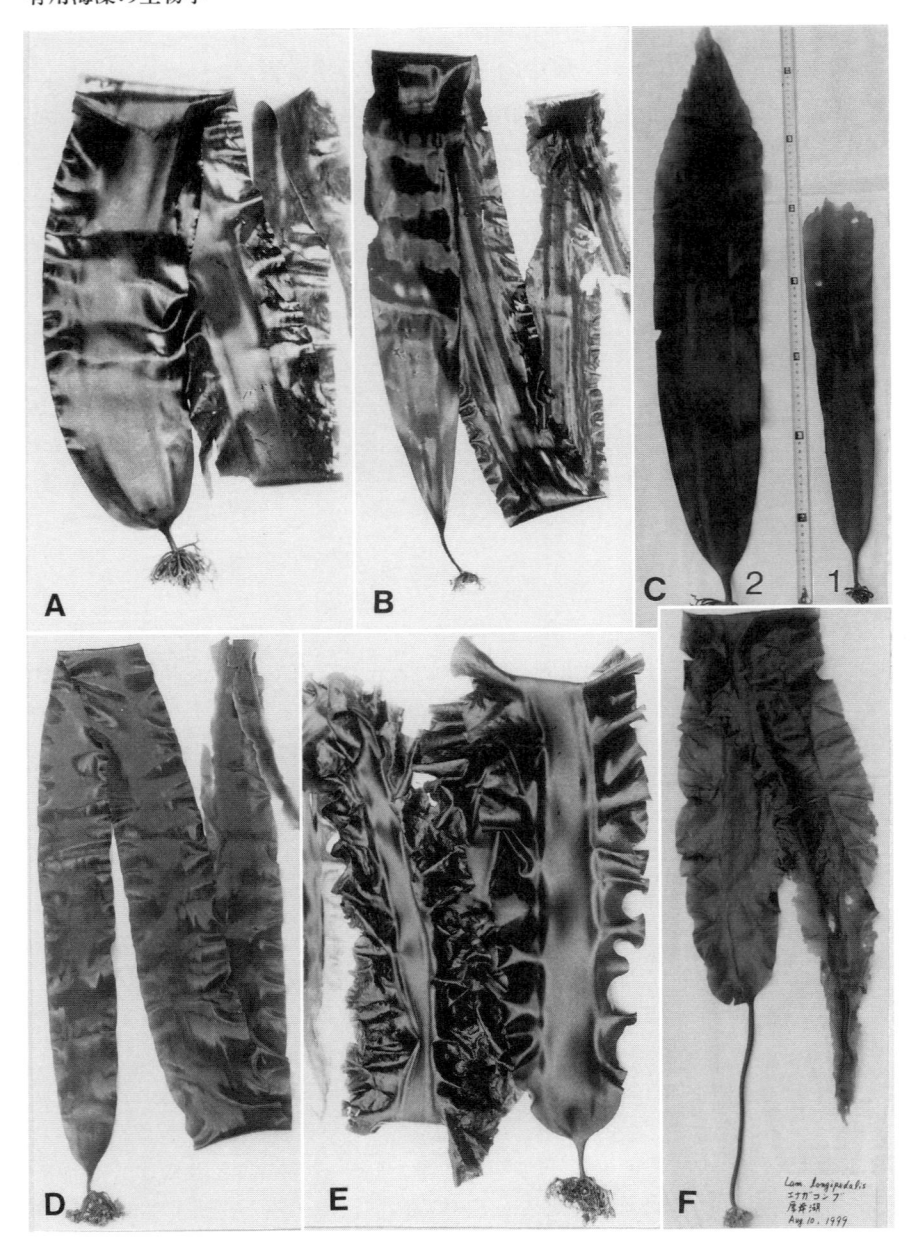

図6.2　有用コンブの種類(1),マコンブグループ.
　A:マコンブ *Laminaria japonica* (2年目),戸井町,1990年7月,B:マコンブ (1年目),戸井町,1990年7月,C:ホソメコンブ *L. religiosa* (1.1年目,2.2年目),岩内港外,1998年9月,D:リシリコンブ *L. ochotensis*,利尻町久連,1993年6月,E:オニコンブ *L. diabolica*,浜中町霧多布,1990年6月,F:エナガコンブ *L. longipedalis*,厚岸湖,1999年8月.

エナガコンブ：本種の特徴は付着器が繊細な繊維状根で，茎が 30 cm からときには 100 cm に達するほど長く，また太さが 15〜25 mm もあることである．葉は線状披針形，広い披針形で中帯部は不明瞭，1 年目は薄い膜質で破れやすいが 2 年目には長さ 1.5〜2.5 m，幅 40〜60 cm になり，厚い革質に変わる（図 6.2 F）．
（分布）　北海道―厚岸湖特産，釧路港内（川嶋 1997）．

[2]　ミツイシコンブグループ

ミツイシコンブ *L. angustata* Kjellman とナガコンブ *L. longissima* Miyabe の 2 種からなる．このグループの特徴は，葉が細長い帯状で，中帯部は狭く浅い溝状をなすことである．茎は 3〜6 cm と比較的短く，付着器もあまり大きくない．このように 2 種のコンブはよく似ているが，葉体の大きさと，子嚢斑，粘液腔道の形成法が異なる．

＜種の特徴・分布＞

ミツイシコンブ：葉の長さ 3〜8 m，幅 7〜15 cm ほどあり，中帯部は葉幅の 1/6 くらいで狭い．子嚢斑は葉の裏面から先に形成され始め，表面は 1〜3 ヵ月遅れて形成される．また，その斑紋は両面のそれぞれ異なる位置にでき，互いに重なり合わない．粘液腔道は茎，葉ともに形成されるが，茎では形成が遅れたり，葉では部分的に網目状の腔道が破れ，または全く形成されない部分があるなど，発達は不充分である．品質はだし分と柔らかさを兼ねる（図 6.3 G）．
（分布）　北海道―日高地方を中心に，白糠から函館地方までの各地．本州―岩手県北部．

ナガコンブ：葉の長さ 4〜12 m，ときに 15 m 以上，幅 6〜18 cm で，ミツイシコンブより大きい．中帯部の幅は葉幅の 1/4〜1/5 ほどである．子嚢斑の形成は葉の裏面で表面よりわずかに早く始まるが，ほとんど両面同時といえる．また，斑紋も両面の同位置に形成される．粘液腔道は葉には形成されるが茎には形成されない．品質はだし分は劣るが柔らかい．6 月頃の葉質が充分に充実する前の 2 年目葉体はとくに柔らかく，棹前昆布と呼ばれる（図 6.3 H）．
（分布）　北海道―釧路以東太平洋沿岸．

[3]　チヂミコンブグループ

チヂミコンブ *L. cichorioides* Miyabe，カラフトトロロコンブ（*L. sachalinensis* Miyabe），およびガッガラコンブ（*L. coriacea* Miyabe）の 3 種がこのグループに含まれる有用種である．ただし，このほかに未利用種としてエンドウコンブ *L. yendoana* Miyabe，シコタントロロコンブ *L. sikotanensis* Miyabe et Nagai が知られている．このグループの特徴は 1 年目の若い時期に葉面に形成される 2 列の円い凹凸紋が生涯を通じて失われずに残る点にある．ただし，この凹凸紋はチヂミコンブでは葉体によって形成されないものもあり，また一般に老成体では不鮮明になることがある．そのほかの共通点として，質が硬くて折れやすいが粘質に富み，色が黒いなどがあげられる．ただ，これら 3 種のうちでガッガラコンブはこのグループから抜け出して上述した特徴を失い，代わりに独自の形質を持つ種へと積極的に種分化しつつあるように見える．このようにこのグループの種は基本的特徴としての凹凸紋を持ちながらも，それぞれの種が個性的な形質の獲得を目指していると考えることができる．

図6.3 有用コンブの種類(2)，ミツイシコンブグループ，チヂミコンブグループ．
G：ミツイシコンブ Laminaria angustata，えりも町えりも岬，1999年8月，H：ナガコンブ L. longissima，厚岸町小島，1987年，I：チヂミコンブ L. cichorioides，羽幌町焼尻，2000年8月，J：カラフトトロロコンブ L. sachalinensis，根室市バラ島，1986年9月，K：ガッガラコンブ L. coriaceae，根室市歯舞婦羅里，2000年9月，L：ガッガラコンブ，厚岸町小島，1987年8月．

<種の特徴・分布>

チヂミコンブ：葉の長さ 70～120 cm，稀に 200 cm，幅 10～16 cm くらいで，披針形または倒披針形，基部は円形，または心形であるが，もっとも大きな特徴は縁辺が細かく縮れ，とくにその基部の方では鋸歯状に強く巻き込むものがあることである．ただし，同じ群落中でも葉体によってこの縁辺の縮れの程度に差があり，それが全くないものもあって，種内の個体変異が大きい．中帯部は幅が 2～3 cm と狭く，その両側には円形の凹凸紋が縦列するが，老成するとやや不鮮明になる．根は茎から車輪状に出て，細い．粘液腔道は茎，葉にある（図 6.3 I）．

（分布） 北海道—日本海北部，オホーツク海．

カラフトトロロコンブ：葉の大きさや形はチヂミコンブとほぼ同じであるが，生育場所によって葉幅が 20 cm を超えるほど幅広くなり，また縁辺部が薄くて大きく波縮する葉体がある．しかし，本種は葉の縁辺が決して鋸歯状に強く縮れないことや，葉面の 2 列の凹凸紋が大きくて，成体になっても比較的よく残っている点がチヂミコンブと違う特徴である．根は細い．粘液腔道は葉，茎にある（図 6.3 J）．

（分布） 北海道—オホーツク海中南部，根室海峡各地．

ガッガラコンブ：前述の 2 種とは形態の特徴がかなり異なる．いままでに知られている本種の特徴はつぎのとおりである．すなわち葉は形が長い披針形から帯状で，長さ 2～5 m，ときには 7 m，幅 10～20 cm とやや大型である．中帯部は葉幅の 1/2 以上も広い．成体になると中帯部だけでなく縁辺部も厚く，葉面はほとんど平坦，葉縁は全縁で強く縮れることはない（図 6.3 L）．質が硬くて粘質もチヂミコンブほど多くない．根は輪生し，やや太い．粘液腔道は葉にあるが，茎にはない．

このようにガッガラコンブは，一般にはチヂミコンブグループの特徴である葉面上の 2 列の凹凸紋は形成されないとされている．しかし，根室市歯舞地方では古くからこのような凹凸紋を持った 2 年目葉体が水深 5 m 以深の特定の場所から知られ，採取されている．これらの葉体は長さ 3～5 m，幅 20 cm くらいと比較的大きく，縁辺がやや薄くて大きく波うっている（図 6.3 K）．また，1990 年代になって厚岸地方のガッガラコンブ群落の中にもこのような凹凸紋がある 1 年目や 2 年目の葉体が混成していることが発見されている．

本種の分布する釧路，根室太平洋沿岸全域における凹凸紋を持つ葉体の詳しい実態や，その存在の意味についてはまだ明らかでない．しかし，Yotsukura *et al.* (1999) が分子系統解析の手法により本種がチヂミコンブやエンドウコンブときわめて近縁であることを示唆したことは非常に重要である．したがって，ここでも本種には終生にわたって凹凸紋を持つ葉体があることを理由として，これをチヂミコンブグループとして扱うこととした．

（分布） 北海道—釧路以東太平洋沿岸．

（2） トロロコンブ属

トロロコンブ属は，根，茎，葉の基本的な形態はコンブ属のそれと同じである．もっとも大きな特徴は，葉のほぼ全面に規則的に形成される雲紋状の凹凸であり，原則として生涯にわたり消えない．きわめて粘質に富む．トロロコンブ *Kjellmaniella gyrata* (Kjellman) Miyabe とガゴメ *K. crassifolia* Miyabe の 2 種類を含む．

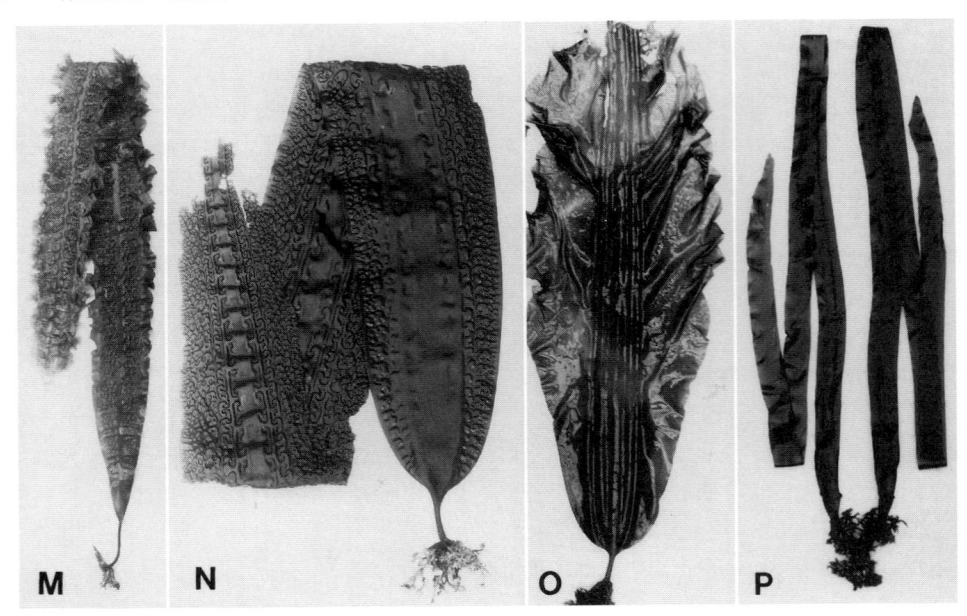

図6.4 有用コンブの種類(3).
M：トロロコンブ *Kjellmaniella gyrata*，厚岸町小島，1987年8月，N：ガゴメ *K. crassifolia*，戸井町泊，1991年6月，O：アツバスジコンブ *Cymathaere japonica*，羅臼町知床岬，1985年7月，P：ネコアシコンブ *Arthrothamnus bifidus*，厚岸町小島，1987年8月．

＜種の特徴・分布＞

トロロコンブ：産地により葉が長さ2〜4m，幅7〜15cmの細長いものから，長さ1〜1.5m，幅20〜30cmほどの幅広いものまで変化する．いずれも中帯部は1〜3cmと狭く，平坦である．これに対して縁辺部は幅広く，その両縁のごく狭い部分を除く全面には正しく横に並んだ細かい雲紋状の凹凸紋が形成されている．この凹凸紋は葉が老成してもほとんど消えない．茎は短く，径3〜4mm，根は細い繊維状である．色は若いうちは黄色みを帯びた淡褐色で，老成すると濃い褐色となる．質は柔らかい革質で粘質が多い（図6.4 M）（高知のトロロとは違う）．

（分布）北海道—釧路以東太平洋沿岸．

ガゴメ：幅の狭い葉体と広い葉体があり，長さは1.5〜2m，幅はほぼ15〜30cm，ときに40cm以上になる．中帯部は葉幅の約1/3〜1/4と広い．雲紋状の凹凸紋は若い葉体では全面に形成されるが，老成するにつれて中帯部のそれは不明瞭になるものと，葉の基部のほうでは中帯部には初めから形成されず，縁辺部にだけ形成されるものがある．凹凸紋は中帯部では大きなT文字を横に並べたように，縁辺部ではトロロコンブに似ているが，大きくて内側から両縁に向かって斜降するように並んで形成される．茎は6〜10cm，径8〜12mmあり，硬い．根は太い繊維状根．色は褐色，または黒褐色，質は革質で粘質に富む（図6.4 N）．

（分布）北海道—室蘭から函館までの太平洋，津軽海峡沿岸，松前小島．本州—青森県下北，津軽半島沿岸．岩手県宮古市重茂（現在知られている南限）．

(3) ミスジコンブ属

　ミスジコンブ属は3種類からなる小さな属であるが，いずれも形態がコンブ属によく似ている．ミスジコンブ属の大きな特徴は中帯部を縦走する数条の溝（または襞）があることである．わが国にはアツバスジコンブ *Cymathaere japonica* Miyabe et Nagai の1種類を産する．

＜種の特徴・分布＞

　アツバスジコンブ：葉は披針形，倒卵形，長楕円形で，長さ1.5～2 m，幅30～40 cm あり，中帯部は葉幅の1/3～1/4で厚く，表面では4本の隆起した条(すじ)と，その間に3本の溝が通っている（これらは裏面では反対に4本の溝と3本の条となって見える）．縁辺部は薄くて大きく波縮する．粘液腔道は太い網の目状．茎は10 cm，径8～10 mm あり，硬い．根は太く，大きい付着器をつくる．色は黄褐色，質はややもろく，粘質に富む（図6.4 O）．

　（分布）　北海道―知床東岸，色丹島，国後島．

(4) ネコアシコンブ属

　ネコアシコンブ属は2種類を含むが，わが国ではネコアシコンブ *Arthrothamnus bifidus* (Gmelin) J. Agardh を産する．初生の葉体は単葉であるが，やがて葉の基部の両側から新葉を1枚ずつ生じ，旧葉が脱落すると2枚の新葉が伸長して2年目の葉体となる．多年生で，この方法で毎年葉の数が倍増し，同時に茎も叉状に分岐を繰り返す．

＜種の特徴・分布＞

　ネコアシコンブ：1年目の葉体は単条で，葉は50～100 cm，幅3～5 cm くらい．茎は短く，扁平で叉状に広がり，下端から出る太く短い分岐根で基質に付着する．生長した葉はその基部の両縁に形成された耳たぶ状の突起（耳形体）から1枚ずつの葉片を切り出し，これらが伸び始めると1年目の葉（旧葉）はその基部から脱落し，結果として2枚の新葉からなる2年目葉体となる．2年目の葉の長さ1.5～2 m，幅5～8 cm，中帯部はほとんど平滑で不明瞭，縁辺は全縁である（図6.4 P）．3年目以後も同じようにして毎年新葉を倍増し，茎もそれにつれて分岐するので葉体は大きな団塊状に生長する．多年生で，寿命は5年目までは確認されているが，それ以上は不明．

　（分布）　北海道―釧路以東太平洋沿岸．

6.2　生 活 様 式

生 活 史

　コンブ類は1910年頃までは葉体から放出された遊走子が海底の基質に付着すると，発芽して直ちに元の葉体に還るものと考えられていた（岡村 1891，遠藤 1911）．

　しかしその後，コンブ類には肉眼的大きさの胞子体世代（無性世代）と顕微鏡的な大きさの配偶体世代（有性世代）の2世代があり，これら二つの異形世代間で規則正しい世代交代を行うことが発見された（図6.5，Sauvageau 1915，Kylin 1916，井狩 1921，Kanda 1936-1944）．また，世代交代に伴って核相交代が行われる．すなわち，胞子体（一般にいうコンブの葉体）は複

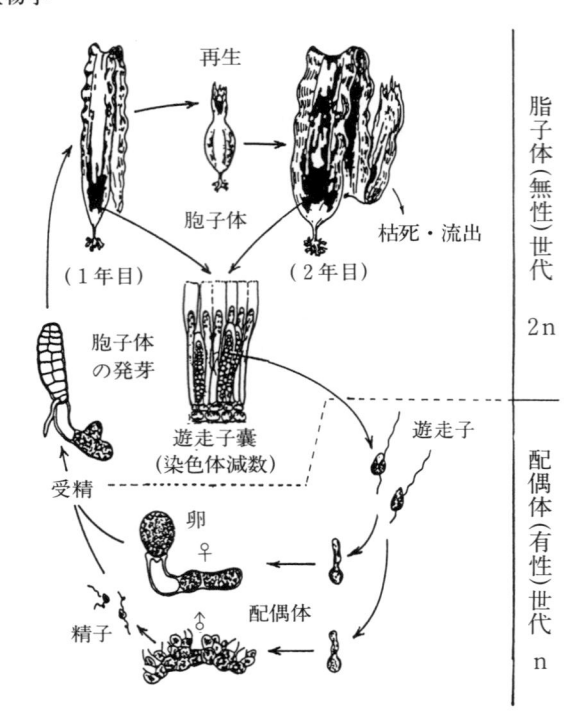

図6.5 コンブ類の生活史(川嶋 1993).

相（2n）で，葉面にできる遊走子嚢中では遊走子母細胞染色体の減数分裂によって遊走子（n）が形成される．やがて遊走子の放出，発芽によって生じた雄性または雌性の配偶体は単相（n）で，それぞれに形成される精子（n）と卵（n）の受精によって再び複相の胞子体に還るのである（図6.5）．また，このような世代の循環，すなわち「コンブ型」の世代交代をする種類をもってコンブ目 Laminariales が創設された（Kylin 1917）．しかし，実際の海中における配偶体と胞子体の両世代の生活は決して単純なものではない．つぎにこれら両世代の海中における生活の実態について述べる．

(1) 配偶体の生活

　配偶体は1細胞のものから10数個ほどの細胞が連なった顕微鏡的大きさの糸状体であり，その生長や成熟の経過を天然で追うことは難しい．たとえば，阪井・船野（1964），船野（1969）はホソメコンブを，また金子（1973）はリシリコンブの配偶体を天然から採取し観察しているが，それらはすでに発芽した初期胞子体を持った雌性体だけで，多くは単細胞，もしくは4個細胞以下の塊状のものであった．雄性配偶体は観察していない．これに対して Yabu（1964）はホソメコンブについて多細胞盤状体や多数の直立枝を出すものなど，異常とも思われるようなものを観察している．しかし，天然ではそのようなものが常に存在するかどうかの判断はつけられない．

　このようにこれまでは天然における配偶体の観察は少なく，室内における培養研究により詳細に観察されてきた．ただし，それもまた必ずしも実際の海中での生活を正しく反映するとは限らない．

かなり簡便な方法であるが，母藻からの遊走子放出期に海中に基質を設置し，その上に出現してくる発芽葉体から配偶体の生活期間を間接的に推測することができる．たとえば，北海道根室市歯舞のナガコンブ地帯で遊走子の放出盛期を迎える9月中旬に平坦なコンブ漁場内に基質を設置し，3ヵ月後の12月27日にその上から多数の体長1〜50 mmの発芽葉体を発見した例があり（川嶋 未発表），葉体の発芽直後の生長速度を考慮すると，天然の海中における配偶体の生活期間は1.5〜2ヵ月くらいであろうと考えられた．ただ培養実験で明らかなように，実際には漁場内の水深，海底の起伏，海藻の繁茂など，とくに光条件を左右しやすい要因は顕微鏡的な配偶体の生活に大きく影響することを考えると，さらに長期にわたって生存する配偶体も多数存在する可能性が指摘されている（佐々木 1977）．たとえば，この地方では冬期間に接岸した流氷によって海底の岩盤が掃除されても，4月の流氷明け直後には成熟した子嚢斑を持つナガコンブが海中に全く生育していないにかかわらず，多量の発芽体が新たに出現して翌年の豊作をもたらすことも証明されている．

ナガコンブ以外のコンブについてもこれまでの天然における子嚢斑の成熟状態や発芽葉体の出現状況から，正常な配偶体の生活期間はナガコンブとほぼ同じ1〜2ヵ月くらいであると推測されている．また，種類によってはさらに長期にわたって生存する配偶体もあると考えられている．これらについてはつぎの胞子体の生活で詳述する．

(2) 胞子体の生活

1) 生長・成熟と年齢

生長；コンブの葉体は発芽すると正常な環境の下では直ちに生長を始める．もっとも生長速度の速いのは冬から春に向かう季節で，1日当たりの見かけ上の生長は種により多少違うが，おおよそ1〜5 cm，稀には10 cmを超えるといわれる．また，葉長が最長に達する時期は種やその時点における葉体の大小を問わず5月中旬を中心に4〜6月の間であり，その後はしだいに短くなる．しかし，葉幅や葉重の増加はその後も夏まで続く．このように葉の伸長生長が活発な時期は水温の上昇期に当たるとともに日照量や日長時間の増大する時期とよく一致する．

コンブ類の伸長生長は，葉の基部の生長帯組織の細胞が活発に分裂して新しい組織を葉の先端の方に突き上げる，いわゆる介在生長によって起こるものであるが，同時に茎もまた葉の伸長方向とは逆に，生長帯から下に向かって突き出されるように伸長し，その下端に形成されている古い根の上から新しい根をつぎつぎと発出する．このように葉体の組織は生長帯がもっとも新しく，そこから上下に遠ざかるにつれて古くなり，もっとも離れた葉の先端と茎の下端からは老化した組織が常に流失している．

末枯れと再生；末枯れは上述したように葉の先端組織だけでなく茎の末端組織でも起こる現象であるが，ふつうは葉先での末枯れが著しく，茎のそれはほとんど肉眼では目立たない．

一般に葉の先端部の老化現象は葉体が大きくなってから始まるものと誤解されやすい．しかし，実際には末枯れは発芽間もない数mmないし10数mmの大きさの幼体期からすでに始まり，生涯にわたって休むことなく続くものである．ただし，葉基部の生長帯の伸長が末枯れを上回る5月頃までは見かけ上の葉長が増加して末枯れは目立たず，その後葉基部の伸長生長が峠を越えて葉長が減少するにつれて末枯れが急に始まったように見えるのである．このために秋の生長休止期を末枯れ期と呼ぶこともある．単年生の種は葉基部の生長帯まで末枯れが進むために葉体は枯死するが，多年生の種類は旧葉の大部分は枯れるが生長帯部が残り，一定期間の生活の休

止の後に新葉が伸長し始める．この現象が再生である．

　新葉が再生し始める直前の旧葉の生活を詳しく観察すると，同じ種であっても生長が一定期間完全に停止した後に再生が始まる葉体と，生長がゆるやかになるが停止しないまま再生が始まる葉体がある．前者の場合は新旧両葉の間は強くくびれるが，後者の場合はくびれが浅いか，あるいはきわめて不明瞭で両葉の境界を決めにくいこともある．また，種によっても新葉の再生形態には特徴があり，一般にチヂミコンブグループの種類はくびれが強く，幅広い明瞭な新葉を形成するが，マコンブグループやミツイシコンブグループはくびれがやや弱く，不明瞭なものが多い．

　再生途中の葉体は伸長してくる新葉の先端に末枯れ中の旧葉が残っていて，それが全く流失した時点で再生期が終了する．このように生長の各期は連続的に重複して移行する．たとえば再生期は旧葉にとっては末枯れの末期にあたるが新葉には生長期となり，その期間はマコンブやナガコンブでは約 6 ヵ月（10 月〜翌年 3 月），ときには 8 ヵ月以上になるものがある．

　成熟；葉体が成熟期に達すると葉面上に遊走子嚢とこれを保護する側糸の集まりである子嚢斑を形成する．子嚢斑は一般に葉の裏面から先に現れ，一定の期間を置いて表面にも形成されることや，両面ともその凹部から斑紋ができ始めるなど，いくつかの規則性が認められる．ただし，このような子嚢斑形成に対する生態生理学的意義はほとんど分かっていない．

　子嚢斑の形成時期は若年齢ほど晩く，高年齢ほど早くなる傾向があり，おおよそ 1 年目葉体では 9 月から翌年の 3 月まで，2 年目葉体で 7 月から翌年 2 月まで，3 年目葉体では 6 月から 11 月までである．しかし実際の遊走子放出は各年齢の子嚢斑の成熟が進んだものから順次に始まり，全体として見れば 10〜12 月の日長時間がもっとも短い頃を最盛期として，おおよそ 8 月下旬から翌年 2 月までの長期間にわたりいずれかの葉体から遊走子が放出されている．

　年齢；コンブ類の年齢は，上述のように葉体の発芽から 1 度目の生長期，成熟期，生長休止期を経て再生が始まるまでの生活を 1 年目（齢）とし，再生後に 2 度目の生活をもう一度繰り返すものを 2 年目と呼ぶ．その後も再生を経るごとに 3 年目，4 年目と数える．すなわち，コンブの年齢は葉体の再生を区切りとして数える．

2）　生活様式と寿命の多様性

　コンブの研究がまだ充分ではなかった 1950 年頃までは，その生態や生活についての知識は今日よりはるかに乏しいものであった．たとえば寿命についてホソメコンブだけが暖流海域に適応して 1 年生になったが，そのほかの種類はみな 2 年生であると単純に考えられていた．ただそのようななかで比較的早い年代に倉上（1925），大野（1932）がホソメコンブにも特定の場所には 2 年生の葉体があるとし，後に長谷川（1958）がこれを実証したことはその後のコンブ研究に新しい道を開く一つの手掛かりになったということができる．

　このようにして 20 世紀後半に入って，まず Hasegawa（1962）がミツイシコンブの生活を個体標識法によって約 3 年間追跡した結果，それまで 2 年生と見られてきた本種には 3 年生（正確には 4 年目に再生後枯れる）葉体もあることを明らかにしたのに始まり，その後はナガコンブ（佐々木 1969，1973，Kawashima 1972），ガッガラコンブ（佐々木ら 1966），リシリコンブ（阪井ら 1967，柳田ら 1971），オニコンブ（佐々木ら 1985，川嶋ら 1985），ホソメコンブ（船野 1983，船野ら 1967），マコンブ（佐々木ら 1992），ガゴメ（山本 1986，佐々木ら 1992，川嶋 1993）の生活や生態についての新知見の発表が相継ぎ，これらの報告によってコンブ類の生活はそれまで考えられていたよりもはるかに複雑，かつ多様なものであることが分かってきた．

ここでは，このような生活様式と寿命の多様性をコンブ類全体の立場から整理し，ついでこれまで明らかになった各種類ごとの具体的な生活様式について概説する．

3) 冬季発芽群と夏季発芽群の生活と寿命

コンブは種（または類縁の近い種群）ごとに決まった生活様式を持ち，それに応じた年齢に達して寿命を終える．しかし，その葉体の生涯にわたる生活様式や寿命は正にその出発点ともいうべき発芽時期と1年目の生活環境によって定まるものであって，そのために同じ群落内の同じ種でも複数の異なる生活様式を持ち，異なる年齢に達する葉体が存在するのはむしろあたりまえのことである．ここではそのような生涯の生活様式の決定に重要な役割を持つ発芽群の存在とそれらの1年目の生活について述べる．

冬季発芽群；コンブはどの種類でもほぼ12月～3月の時期がもっとも盛んな発芽期にあたり，その季節に大量に発芽する葉体群は「冬季発芽群」と呼ばれる．この発芽群の元は前年秋に前世代の成熟葉体から放出された遊走子に由来し，順調に生長，成熟してきた配偶体から生じた胞子体である．発芽した多数の葉体は1年目の春までに大半が自然減耗で失われるが，生き残った葉体も海底の生育環境のわずかな違いによって順調に生長を始める「生長良好群」と，それらの下草となって生長を抑えられる「生長抑制群」の2群に分かれる．

生長良好群に属する葉体はこのように1年目時代から順調に生長して群落を代表する主群となり，秋に成熟した後に再生して2年目の生活に入り，翌年の秋に2度目の成熟の後に発芽以来ほぼ20～24ヵ月で寿命を終える．すなわちこれが典型的な2年生コンブである．

ただし最近になって，生長良好群のすべてが2年生コンブになるとは限らないことを示唆する事例が知られるようになった．すなわち，この群の中でも他に先駆けて早期に発芽したり，またはとくに充分な照度条件下で急速に生長した1年目の葉体には，2年目への再生率がかえって低くなり，1年目の生活だけで寿命を終えるものが多くなるというものである．この事例は現在では後述するようにマコンブグループでしか確かめられていないが，すなわちこれが1年生コンブが存在する原因であると考えることができる．

生長抑制群は生長良好群が存在するかぎりそれらの下草生活を長く強いられるので1年目の生長はきわめて悪く，生活力の弱い種はやがて枯死し，結果としてこの群は群落の中からほとんど消滅する．しかし，このような悪環境の中でも生き残るような種は大きさが100 cmを越えず，また成熟もせずに秋には活発に再生し，その後は順調に生長して2年目の秋になって初めて成熟する．ただし，その生長度は生長良好群の2年目葉体には及ばず，さらに2度目の再生により3年生葉体としての生活に入り，初めて正常な大きさと質の葉体になり，ほぼ35ヵ月の生涯を終える．すなわちこのように，3年生コンブには1年目時代を生長良好群の下草として著しく抑制されて育ったという意外な過去がある．

夏季発芽群；夏季発芽群は冬季発芽群に続いてさらに4月から8月頃まで発芽してくる群であるが，この時期にはその元となる成熟した母藻は海中には生育していない．実はこの発芽群の元は前年秋以来海底の光不足などの悪環境の中で長期間にわたり生活を抑制されたままですごしてきた配偶体や初期胞子体であると考えられており，春になって荒天や流氷接岸によりコンブなどの大型海藻が流失すると直ちに大量の肉眼的葉体となって出現し，生長を始めるものである．このようにこの発芽群は強い生命力を持ったコンブに限って見られるものであって，どの種にもあるというものではない．また，これらの葉体は通常の発芽期よりかなり遅れて発芽するために，

1年目の生長期間が短く,葉長は5〜20 cm,最大でも50 cm未満の矮小な葉体のままで末枯れ期に入る.しかし,活発に再生して2年目となり,その後は冬季発芽群の生長仰制群と同じように順調に生長し,2回の再生を経て3年目コンブとして寿命を終える.すなわち,夏季発芽群は冬季発芽群の生長仰制群とともに3年生コンブとして生活するが,両者の区別が可能なのは大きさが違う1年目時代に限られ,2年目以後はほとんど区別できない.

このようにコンブ類の生活を総括的にみると,すでに発芽期とその直後の1年目の段階で生活様式の異なる3群に分かれ,またそれに応じて寿命も定まるなど,群落を構成する葉体群の多様化が生じることが分かる.

(3) 種別の生活と寿命の特徴

マコンブグループ;マコンブグループのマコンブ,ホソメコンブ,リシリコンブ,オニコンブの発芽群には共通した二つの特徴がある.すなわち,(1)これらのコンブの発芽群はほぼ12月〜3月に出現する冬季発芽群だけで,その後に出現する夏季発芽群がない,および(2)冬季発芽群の中でも生長良好群の下草としての生活を強いられる生長仰制群はやがて途中でほとんど枯死,消滅する,ことである.このためにこれらのコンブの群落は一般に大きさや品質が揃った生長良好群だけの単純な構造となる.このことについて山本(1986)もまたマコンブ漁場が大型の藻体だけで占められているとし,その理由として胞子がほぼ一斉に発芽し,藻体も同じような速さで生長することによるものであろうと述べているが,それとともに下草となった生長仰制群の途中消滅という生活力の弱さもマコンブ群落を特徴づける一因であろう.

上述したような理由で,マコンブ,リシリコンブ,オニコンブの寿命は典型的な2年生であると考えられている.しかし最近になってこれらのコンブの中にも1年生葉体があるという指摘がオニコンブやリシリコンブ養殖業者からあり,実際にその事実が養殖過程のなかで確認されている(図6.6,川嶋ら1985,北海道水産部1986).

一方において,ホソメコンブは一般にわが国唯一の1年生コンブといわれてきたが,実際には2年生葉体の存在も知られていて,その理由については2年生コンブの生育場所が特定の河川の河口域などに限定されるところから,流入する河川水による低水温化あるいは栄養塩類の供給を

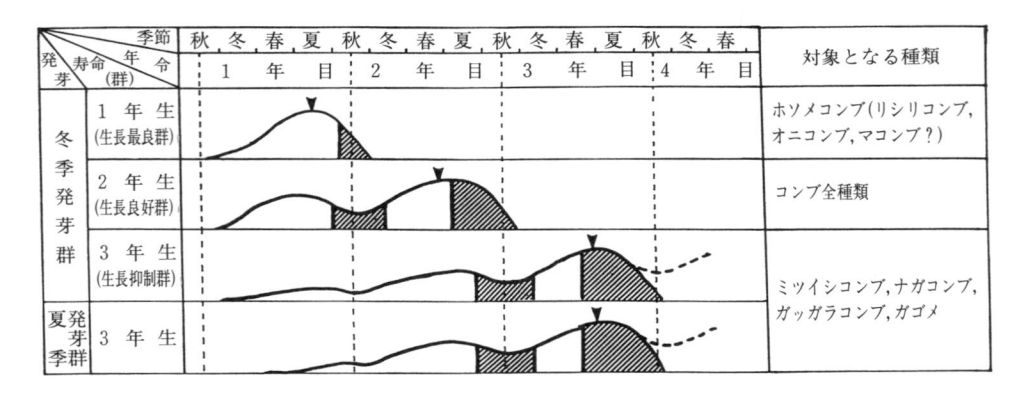

発芽(群)	寿命 年令	秋冬春夏 1年目	秋冬春夏 2年目	秋冬春夏 3年目	秋冬春 4年目	対象となる種類
冬季発芽群	1年生(生長最良群)					ホソメコンブ(リシリコンブ,オニコンブ,マコンブ?)
	2年生(生長良好群)					コンブ全種類
	3年生(生長抑制群)					ミツイシコンブ,ナガコンブ,ガッガラコンブ,ガゴメ
夏季発芽群	3年生					

図6.6 コンブの胞子体期の生活と寿命の多様性.
　コンブの胞子体の寿命は通常は2年生であるが,発芽期と1年目の生活状態によって1年生,または3(4)年生に変化することを模式的に示す.山形の曲線はコンブの生長の変化を,斜線部は成熟期,矢印は収穫の始期を表す.

原因とするなどの環境要因説が主であった．ただし，それらについての確実な証拠はまだない．

　船野（1983）はホソメコンブの発芽期を12月から3月までとし，その月別発芽群の生長と再生の関係について注目すべき結果を得ている．それによると，もっとも早い12月発芽群は生長が速く，5月上旬に約170 cmの最大長となるが，10月下旬における2年目への再生率（全葉体に対する再生葉体の割合）はわずか1％と非常に低く，大部分の葉体は1年目で寿命を終える．これに対して発芽月が晩くなるにつれて生長度は下がるのに再生率が向上する傾向が明らかで，特に発芽期最後の3月群は5月上旬における大きさが20 cmであったのに10月下旬の再生率は21％に達して，2年目に移行するものの大半は3月に発芽する一見貧弱な群であることを明らかにした．

　船野（1983）の示した結果はホソメコンブに1年生と2年生の葉体があることの本質的な証明であるだけでなく，同時に通常は2年生のリシリコンブやオニコンブにも早期に発芽して1年目に際立ってよく生長した葉体は再生期を迎えても再生せず，1年で寿命を終えるものがあるというコンブ養殖業者の指摘の意味を説明している．

　マコンブグループには冬季発芽群中の生長良好群だけが含まれ，その年齢はホソメコンブが1年生か，ときに2年生，そのほかのマコンブ，リシリコンブ，オニコンブが2年生か，稀に1年生であるということができる．

　ミツイシコンブグループ；ミツイシコンブグループのミツイシコンブとナガコンブは生活様式や年齢がほとんど同じであり，とくに大型コンブの下草となった葉体の強靱な生活力はこの発芽群の最大の特徴といえる．

　Hasegawa（1962）はミツイシコンブに冬芽（2～3月群）と春芽（4月群）を区別し，とくに冬芽が3年生葉体の起源となることを明らかにした．しかし，2年生葉体の存在は認めたものの，その起源については明確にせず，また春芽の役割についても調べていない．しかし，冬芽とはここでいう冬季発芽群であり，春芽とは夏季発芽群を指すことはまちがいない．

　佐々木（1973）はナガコンブにおいてさらに詳細な研究の結果，冬季発芽群の生長良好群と生長仰制群，および夏季発芽群の3群を初めて認め，冬季発芽群のうちの生長良好群は順調に2年生の生活を送り，その下草となった生長仰制群および夏季発芽群はいずれも3年生葉体になることを明らかにした．

　なお，両種には1年生葉体は知られていない．また，さらに4年目に再生する葉体があるが，子嚢斑を形成する前に老化し寿命を終えるためにこのような場合は4年生とはしない．

　ガッガラコンブ；ガッガラコンブはナガコンブと同じ北海道東部太平洋の寒流域に分布するが，両種の形態的特徴はかなり異なり，生育水深にも本種は深くてやや静穏な場所を好むという違いが見られる．しかし，生活様式には共通点が多い．

　佐々木ら（1966）によれば，ガッガラコンブの発芽群は12～2月を主とする冬季発芽群と，6～7月の夏季発芽群があって，前者の生長良好群は2年生になり，同じく生長仰制群と夏季発芽群は3年生になる点ではナガコンブと同様である．

　ガゴメ；ガゴメはマコンブとほぼ同じ北海道南西部太平洋沿岸を主な分布域とするが，一般に生育水深がやや深いためにマコンブとは互いに住み分けている．しかし，実際には両種が同じ水深帯に混生し，最近では侵入したガゴメがマコンブをほとんど駆逐して，マコンブ減産の原因となることがある．これはガゴメがマコンブよりもはるかに強靱な生活力を持ち，寿命も長くて着生場所を長期にわたって占有するためである．また，ガゴメ単一種の群落の中でも生長仰制群は

74　有用海藻の生物学

長期にわたって生存し続け，やがて周囲の環境が改善されるとつぎつぎと活発に生長してくることが知られている．山本（1986）によると，天然の岩場に設けた6×6mの試験区の中から1年間にわたり毎月1回ずつ25cm以上に生長した葉体を刈り取った結果，9～10月の生長休止期を除きほとんど周年にわたり25cm以上の新しい葉体が出現し，刈り取った総数は4933本（137本/1m²）に達し，なお多数の葉体が残っていたという．

　本種の発芽期はおおよそ2月から5月まで知られていて（佐々木ら 1992），その発芽群に冬季発芽群（生長良好群と生長仰制群）や夏季発芽群に相当する葉体があると考えられる．少なくとも1年目に生長良好群としてすごした葉体は成熟後に再生して2年目になり2度目の成熟をする．しかし，これらがさらに3年目になるかどうか不明である．また，1年目に生長仰制群としてすごした葉体は，実際の生活期間は不明であるが，天蓋が除かれるまで未熟のままですごした後に再生して2年目になり，初めて成熟し，その後も少なくとも3年生までは生活を続ける．また，さらに4年目に再生する葉体もあるが，それらは成熟前に枯れる（川嶋 1993）．すなわち，ガゴメも基本的には2年生と3年生の葉体があるが，発芽群の生活が複雑であるために実際の動向は未だ完全に解明されたとはいえない．

6.3　増殖技術

（1）コンブ生産事業の推移

　コンブは北海道や東北地方太平洋沿岸で生産される，わが国のもっとも重要な海藻資源の一つであり，その生産や製品の流通，利用の歴史はほぼ700年前の鎌倉時代中期からその兆しが始まるといわれている．しかし，国策としてのコンブ産業が本格的に発展したのは1868年に始まる明治時代からのことであり，それとともに生産の安定と増大に欠くことのできないコンブ漁場の維持や改良，あるいは新漁場の造成などのいわゆるコンブ増殖事業は国の沿岸漁業振興策の一つとして100年以上にわたって取り組まれてきた．このような努力もあってコンブ漁業は時代とともに発展し，生産も天然環境の変動や戦争などの社会的要因による豊凶はあったもののおおむね安定，増大の傾向を見せていた．しかしながらここ30年ほどの生産は不安定で減産の傾向さえ認められるようになっている．たとえば農林水産統計によれば1960年から1999年まで10年ごとの全国の天然コンブ年平均生産量（以下同じ）は，1960年代の151,173トン（生重量，以下同じ）から1970年代の135,845トン，1980年代の130,074トンへとしだいに減少し，1990年代には117,521トンと1960年代の78%にまで減少している．このような減産の原因についてはコンブ漁場水域の水質汚染や底質の悪化，あるいは水温の温暖化現象など海洋環境の悪化や異常が指摘されているが，その解明と対策には地球規模的な取り組みが必要であるし，それとともにさらに効率的な増産の対策が望まれる．

　コンブの増殖事業は天然漁場を維持し，また新漁場を造成してコンブの着生面を拡大することを目的とするもので，陸上での荒れ地の開墾や田畑の造成に似ているが，それに続く種蒔きや作物の育成管理については海中のコンブの場合はほとんど自然の成り行きに任せるほかはなく，わずかに補助的な種蒔き手段としてのスポアバッグの設置や雑藻駆除が行われるにすぎない．今日のように増殖手段が多様化し，技術が進歩しても天然コンブの豊凶は「天候次第」や「天然任せ」といっても過言ではない．

　このような不安定な天然コンブ生産に対して，1960年代に入るとコンブを種苗生産から育成

管理まで完全に人工管理し，より安定した生産が可能な養殖に対する期待が急速に高まり，北海道を中心としてその栽培技術の開発研究が行われた．このようにして1970年からは天然の2年生コンブの生活に準じて管理する「2年養殖」方式と，その生活期間をほぼ半分に縮める画期的な「促成養殖」方式による本格的な養殖生産が始まり，年を追ってその技術は東北各県のみならず，東京湾，瀬戸内海，あるいは有明海にも普及している．

このようにして1970年から生産の始まった養殖生産量（年平均）は，70年代で13,447トンで天然生産量を含む全生産量の9%に達し，その後も同様に80年代で51,426トン（28%），90年代は56,219トン（32%）に増加し，天然コンブの生産の減少にかかわらず，全生産量はむしろ増加の傾向を示している．

1990年代における道県別の養殖生産（年平均）と割合は北海道が34,395トン（61%），岩手が17,659トン（31%）で両者で全国生産量の92%を占め，残りは宮城，青森，その他で生産されている．また，同年代における北海道内の養殖生産（年平均）は，促成養殖が盛んな渡島支庁管内が31,386トン（91%）と大部分を占め，2年養殖が行われる宗谷支庁管内は2,236トン（7%），根室支庁管内は724トン（2%）にすぎない．

(2) 増　　殖

コンブの増殖事業には大別すると「漁場造成」と「漁場改良」がある．漁場造成とは本来何らかの原因でコンブが生育していない海底に新たにコンブが生育できる条件を備えた漁場をつくるもので，その代表的な手段に自然石やコンクリートブロック（以下，単にブロックと称する）などの着生基質を沈設する「投石」がある．また，海底の一定面積の周囲をブロックで囲って，その中に自然石を敷き詰めた「囲い礁」も広義の投石といえる（図6.7）．

漁場改良とはもともと存在していたコンブ漁場が何らかの原因で生産減少に陥ったり，漁場の一部にコンブの生育を妨げる原因が存在する場合に，人為的にそれらの悪条件を取り除いて生産力を復活し，またはさらに高めようとする手段である．たとえばコンブ以外の海藻（一般に雑

図6.7　囲い礁へのコンブ生育状況．
　　礁の周囲のコンクリートブロック（手前と右端部分）とその中に投石された自然石（中央から左側部分）へのコンブ着生状態には，ほとんど違いがない．利尻島沓形地先（1958）．

(海)藻と呼ばれる)やスガモ（種子植物）の繁茂に対して行われる「雑藻(草)駆除」や付着岩盤の改良のための「岩礁爆破」はその例である．

しかし，実際のコンブの生育状態は非常に複雑であって必ずしもこれら二つの手段を厳密に区別できないことが多く，対象とする漁場の環境条件を総合的に判断して効果的な増殖手段を採ることが大事である．ここでは漁場造成と漁場改良のうちでもっとも基本的な着生基質（自然石とコンクリートブロック）の投入と雑藻(草)駆除の2事業について概説する．

（3） 着生基質の投入

海底にコンブが着生できるような岩盤や岩礁がなかったり，あっても生育に不適当な地形や水深であった場合に，着生基盤を新たに造成したり改良する方法として自然石やコンクリートブロックなどを投入する手段がある．中でも自然石の投入はもっとも古くから行われてきた事業で，北海道では文久3年（1863）から明治元年（1868）までの6年間に現在の日高門別の場所請負人，山田文右衛門が海に合計31万7千個の石を投入した結果，それまではわずか50石（7.5トン）にすぎなかったコンブ生産が年々増えて最終年には700石（105トン）に達した記録があり（遠藤 1910），投石は明治以後今日に至るまでコンブ漁場造成のもっとも有力な手段として行われてきた．

投石に使用される石材は明治期から昭和30年代までは小型の漁船や人力で運搬，投入できる20～50 kg程度の小割り石が利用されていたが，近年はしだいに大型化し機械力を利用するようになり数百 kgから1トンくらいの中割り，または大割り石が用いられるようになった．しかし，そのような大きな石材にはコンブの着生数は多いがそのために密植になって良質なコンブの割合が低くなるなど生産効果は必ずしも高いとはいえないし，基盤となる海底地形によっては着生したコンブが石の側面にたたきつけられたり，巻きついて損傷する場合が見られる．大割り石が有効なのは海底のくぼみに投入して起伏を小さくするようなときや，石が埋没しない程度の砂地にコンブ漁場を造成するときなど特別な場合に限られる．

北海道ではブロック投入も昭和36年（1961）から昭和55年（1980）まで20年間行われ，その間に自然石の投入はブロック投入実施前の15%にまで減少した時期がある．このときに使用されたブロックはほぼすべてが円筒型（高さおよび直径60 cm，厚さ12 cm，側面3箇所に窓がある）のものであったが，予期したほどの効果を上げないまま昭和56年（1981）から再び自然石の投入に戻ってしまった．その理由は地方によって多少異なるが，中でも「ブロックは投入後2～3年はコンブがよくつくが，その後は雑藻の着生が多くなり，コンブ礁としての寿命が短い」，「着生量が多すぎて生長や実入りが悪い」，あるいは「ブロック着生コンブは傷物が多くて製品にならない」などの共通した意見が多かった．実はこれらの意見は先に述べた大割り石へのコンブの着生状況と共通する点が多く，本質的にブロックが自然石より着生基質として劣っているとはいえない．

たとえば，釧路，根室地方のナガコンブ地帯では，高さ50～60 cmもあるブロックや大割り石を投入すると大部分のコンブはその上縁部に着生し，生長した長い葉体は波の動きにつれて激しく揺れ動き，むき出しになった石やブロックの側面に絡まりついて傷ついたり切断されるなどの被害を受けやすい．このために1個のブロックに着生している2年目コンブが50～70本ほどでも実際に採取して良質の製品になるものは全着生数の20パーセント以下か，ときにはほとんど利用できないような大きな被害を受けることもある．これに対して，同じ地帯に投入された小

割り石にはコンブはわずか数本程度しか着生しないが，それらのほとんどすべてが非常によく生長した良質の葉体になる．このような事実は着生効果の点だけから見ると，たとえば1トンの自然石1個よりも，50 kgの自然石20個を適度に分散して投入したほうがより多くの良質コンブを生産できるであろうことを示唆している．

　自然石の投入は，元来岩礁や岩盤地帯を対象にするもので，古くから人力で運搬，投入できる程度の小さな石は埋没のおそれのある砂地に投入することは禁じられてきた．このことは，また，砂地はコンブ漁場の造成には不適であることを意味するものであった．これに対して北海道で用いられたブロックは最初から砂の移動が少ない砂かぶり岩盤地帯への投入を目的に開発されたもので，下部の約3分の2を砂地に埋没させて安定を保ち，しかも着生したコンブがブロックに接触しても損傷を受けにくい．また，ブロックが一時的に埋没しても，それによってむしろコンブの着生を妨げる雑物が除去されるために漁場の維持のうえでも有利となる．

　道南太平洋のマコンブ地帯や磯焼けが激しい日本海沿岸のホソメコンブ地帯には砂かぶり岩盤に設置された異形のブロックが10〜16年以上も設置当時とほとんど変わらない状態でコンブ着生の機能を維持している漁場がある．磯焼けのもっとも大きな持続原因はアワビやウニによる食害とされているが，砂地に造成されたコンブ漁場へこれらの藻食動物の侵入がほとんど認められないことは注目すべき現象である．

　上述したように今日では着生基質の投入によるコンブ漁場造成にはコンクリートブロックに対する評価は低く，自然石が有効であるという考えが一般的である．しかしながら自然石であってもその使い方しだいでは成果は大きく異なるし，またそれと同じようにブロックに対する批判はその利用方法を間違えた結果の現れであって，正しい使い方によって的確な成果をあげることは決して不可能ではない．そのいずれであろうと，コンブの着生量の違いはその材質よりも全体の形状とその大きさ，表面の凹凸や稜角の違いと，さらにそれらが置かれた周辺の海底地形や底質との相互関係が大きく影響することを理解することが大切である．

(4) 雑藻駆除

　雑藻駆除は投石について古くから奨励されたコンブ増殖手段で，すでに明治13年（1880）に北海道開拓使が尾札部村（現南茅部町尾札部）に布達したコンブ漁場内のスガモの駆除を強く促す指導文書がある（伊藤 1980）．しかし，このような明治期の雑藻駆除事業は漁業者自身の意識がまだ低く，また人力による方法しかない時代であったから充分な成果をあげることはできなかった．遠藤（1910）は日高地方のコンブ漁場を調査してスガモ繁殖の著しい状態を報告し，その駆除の必要性を指摘している．

　その後，昭和初期頃に岩面掻破機が利用された．この器具は漁船のエンジンを動力として駆動し海底の海藻，とくに無節サンゴモ類を削り取るもので，昭和25（1950）〜27（1952）年の雑藻駆除事業（補助事業）にも用いられたが効率が悪くて，それ以後の使用は打ち切られた．

　雑藻駆除の方法には人力により行うものから，爆薬の利用，または各種の駆除器具や土木機械を用いるものまでいろいろな手段がある．以下にはそれらの中から代表的な方法について述べる．

1) 簡単な道具を使った人力による磯掃除

　大正期以後昭和20年頃までに各地で行われた雑藻駆除は規模が小さく，また駆除の手段も漁

業者が漁船上から柴ねじりや金べら，あるいは鎌などの簡単な道具を使って行う，いわゆる人力による磯掃除であったためにあまり大きな成果は期待できず，国や道の補助対象にもならなかった．

それにもかかわらず雑藻駆除は実施する時期や方法さえ的確であれば，確実にその効果が期待できる手段であることもしだいに理解されるようになり，このような原始的ともいえる人力による磯掃除は今日では各地の漁業協同組合の単独事業としてコンブに限らず岩ノリやフノリ増殖の手段としても自主的に行われるようになった．

2） 爆薬によるあて発破

北海道ではダイナマイトやカーリットなどの爆薬を用いる岩礁爆破は昭和14年（1939）年頃から5年間ほど行われた記録があるが，昭和24年（1949）から補助事業として実施されるようになり昭和30年代から40年代にかけてもっとも盛んに行われた．

本来，岩礁爆破は漁場内の岩礁を爆薬によって破砕し，コンブの適正な着生水位まで切り下げて新しい漁場を造成する事業であるが，実際は爆薬を用いた雑藻駆除事業との区別が明確でなかったと思われる．すなわちその方法は雑藻の繁茂する海底で，小砂利を詰めた土俵の下に設置した火薬を爆発させ，飛び散った小砂利で雑藻を吹き払う「あて発破」事業である．しかし，長谷川ら（1969）や佐々木ら（1971）はこの方法による爆破試験を行い，水深1メートルの海底ではダイナマイト150g当たりの磯掃除面積は約 $1.5 m^2$ にすぎず，またダイナマイト量を増やしても掃除できる面積はそれに比例しないこと，あるいは土俵の有無にかかわらず掃除できる面積には大きな差がないなど，いくつかの問題点を指摘している．また，爆薬を使用する危険な工法であるために事業は専門業者が実施し，事故の防止には細心の注意が必要である．

今日では爆薬による事業はこれらの専門業者によって技術的な改良が進み比較的漁場面積が狭い道南のマコンブ地帯で行われることが多い．

3） チェーン振り施設による除藻

この施設は利尻島の漁業者により考案されたもので，その概略は水面に浮かせたFRP製の浮力材（長さ3.2m，径35cm）の両端にそれぞれ鉄製チェーンを固定し，その一方を水深の約3倍の長さとして垂下し，他方の端をアンカー（40kg）で海底に固定したものである．施設は荒天時の波力によってアンカーを支点にして自由に回転し，それにつれて他方の垂下したチェーンも激しく動き回って海底をこすり，付着した雑藻を削り取る．名畑ら（1983）によれば事業はコンブの遊走子付着期の11月から翌年2月までの冬期4ヵ月間に行うのが駆除効果が高く，1箇所の駆除期間平均13日間で実施前の海藻被度100%の海底 $17 m^2$ をほぼ完全に掃除できる．さらに，駆除の終わった施設はほかの場所に容易に移動でき，その回数は駆除適期の4ヵ月間に1台当たり3.5～15.6回であったという．

一般に雑藻駆除作業は波の穏やかなときに実施するものであるが，チェーン振り施設は日本海の冬期間の北西風によって起こる短波長の強い波のエネルギーを積極的に利用する点でほかの駆除手段と大きく異なる．ただし，道東太平洋沿岸では冬期間はむしろなぎの日が比較的多く，かつ長波長の波のために施設の動きが弱く，駆除の能力を十分に発揮できないことがあるので，実施にあたっては気象条件や設置場所に留意する必要がある．

4) 大型の駆除器具による除藻

道東太平洋沿岸の広大なナガコンブ漁場には毎年3月末頃に流氷が接岸し，天然の大規模な磯掃除によって豊富な資源が保たれてきた．しかし，最近は流氷接岸がほとんどないために雑海藻が繁茂してコンブ減産の原因となっている．このために各漁業協同組合では効率よく雑藻駆除ができる大型駆除器具の開発のために試験事業に取り組み，積極的に駆除を行っている．現在各漁業協同組合で利用されている器具の構造は多少異なっているが，長いワイヤーの先につけた駆除器具を船で引き回したり，あるいはクレーン船を固定して駆除器具をできるだけ離れた位置に落としてから船までゆっくりと引き寄せ，その間に海底の雑海藻を削り取る方式が取られている．駆除器具には突起を持った鉄製プレートをチェーンで連結し，さらに網状に連ねたものや，多数の鉄製チェーンを束状に鉄枠に固定したものなどがあり，その重量は数トン，しかもフレキシブルなために凹凸のある海底面に沿って移動することができるため，無節サンゴモ類やウガノモクなどの硬い付着器の剝離にも威力を発揮する．このために駆除作業後の海底はかなりきれいに岩盤が露出し，翌年はほとんどナガコンブの純群落に変わることが確認されている．

5) その他の雑海藻の駆除法

以上のほかにこれまで試みられた雑藻の駆除手段には高圧水の噴射によるものや水中ブルドーザーあるいはバックホーなどの土木機械の利用などがある．

一般に，コンブ養殖のための漁場造成や漁場改良の適期はコンブ遊走子放出盛期に合わせて10月頃から翌年3月頃と考えられている．しかし，雑藻駆除事業の場合はそれよりもむしろ駆除の対象となる海藻の生殖器官の成熟以前に行うのがよく，そのためには少なくともそれぞれの地域における海藻の成熟期について事前の基礎調査を行い，事業の適期を把握しておく必要がある．

6.4 養殖技術

北海道でコンブ養殖の可能性を初めて実証したのは北海道水産試験場の木下虎一郎らである（木下ら 1950）．彼らは昭和24年（1949）11月に実験室内で噴火湾内有珠産のマコンブを用いてカラマツの丸太に人工的に採苗し，これを日本海沿岸の余市の前浜で養殖して翌年7月に葉長85〜100 cmほどの葉体にすることに成功した．その後，昭和31年（1956）から翌年にかけて同水試の川合豊太郎らも有珠湾で天然採苗したマコンブを南茅部町や小樽市に移植し，今日の養殖施設の原形ともいえる養殖施設を考案して養成試験を行い，多くの貴重なデータを得ている（川合ら 1958）．

昭和30年代に入ってマコンブなどの高級コンブの天然生産がしだいに不安定になるにつれて昆布業界から積極的な養殖への要望が高まった．このために昭和35年（1960）頃から試験研究機関や水産技術普及所が各地で本格的な養殖技術の開発と企業化試験を行った結果，10年の歳月を経た昭和45年（1970）からようやく養殖生産が開始された．

（1）促成養殖と2年養殖

北海道のコンブ生産は沿岸各地方にわたり，その種類は10種を越えるが，養殖の対象となるものは高品質で昆布業界からの需要が多いばかりでなく，生産者にとっても経済性に優れた高価

格の種類に限られ，現在はマコン系コンブ類がその大部分を占めている．すなわち道南のマコンブと道北の利尻，礼文地方のリシリコンブおよび道東の羅臼地方のオニコンブである．これらの3種類はいずれも2年生コンブであるが，大部分のマコンブはその2年間の生活をほぼ半分の10ヵ月に圧縮した促成養殖の対象であり，これに対してリシリコンブとオニコンブ，およびマコンブの一部は天然に生育するコンブの生活と同じ期間をかけて育成する2年養殖が行われている（なお，このほかに道南の一部ではマコンブと共にミツイシコンブの促成養殖も行われている）．

促成養殖の技術は昭和41年から44年（1966～1969）にかけて水産庁北海道区水産研究所により研究開発された技術であるが（Hasegawa 1971），養殖されるマコンブは養殖期間が1年に満たないために1年目コンブだと誤解する人が多い．しかし，養殖中の葉体の生活過程を詳細に観察すると，10月中旬ころに発芽してよく生長した葉体は翌年3月頃に子嚢斑を形成し，またそれと同じころに葉体の生長速度が一時的に穏やかになるものがある．さらにその後葉体は再び活発な生長に戻り7月に収穫されるが，収穫せずに置いた葉体は9月以降に再び子嚢斑を形成する．このような促成マコンブの生活をみると，1度目の子嚢斑形成と一時的な生長の停滞は天然コンブの1年目の成熟期と生長休止期に当たり，その後の活発な生長と2度目の子嚢斑形成は2年目の生長期と成熟期に当たると考えることができる．すなわち，促成マコンブの生活は養殖期間の長さだけで考えるとあたかも1年生コンブのように見えるが，実際は約20ヵ月にわたる2年生コンブとしての生活が10ヵ月に圧縮されて営まれているというのが真相である．

これに対して，リシリコンブやオニコンブの2年養殖はコンブ養殖の基本となる技術であって，適切な管理によって天然における生活を忠実に再現することができれば促成物よりも品質の優れたコンブに育てることは十分可能であり，また比較的簡易な採苗施設があればだれにでも手掛けやすい利点がある．ただし，養殖期間が促成養殖より2倍も長期になるために採算性の確保など経営上に問題が生じやすい．

（2）促成養殖の技術

促成養殖の工程は種苗生産期，本養成第1期および本養成第2期の3期に分かれ，各期ごとに良質コンブを育成するための管理技術がほぼ確立されている（川嶋 1991）．

（1）種苗生産

種苗生産は種苗生産施設における人工採苗と培養管理，および外海における種苗の仮植よりなる．また，種苗生産の重要な目標として「できるだけ速く，健苗を育成する」ことがあげられる．採苗は9月上旬～中旬に成熟した子嚢斑を持った天然産2年目コンブを用いて行い，遊走子の付着した種苗糸は培養水槽に満たした滅菌海水（栄養塩としてESI培養液添加）中に静置し，水温9～15℃，照度3000～6000 lux，日長（明期）12時間などの管理条件下で培養すると，ほぼ45日で大きさ2～3 mmの多数の胞子体が生産される．

室内培養された種苗糸は本養成までの約10日間海中に設置した筏に垂下して仮植をする．垂下水深は最初7～9 mとし，状態を見ながら徐々に3 mまで引上げる．この間に生活力の弱い種苗は脱落させ，残ったものだけを健苗に育て上げて本養成に利用する．

（2）本養成第1期

本養成用の施設には養殖綱を垂直に下げる垂直（ノレン）式筏と水平に張る水平（延縄）式筏

の二つがあり，その一般的な構造を図6.8に示した．これらの筏を単独で設置した初期の頃はしばしば時化による被害を受けたが，数10台をセットにした大規模養殖施設が採用されて破損や流失事故が減少し，生産の向上に大きな役割を果すようになった．本養成にはノレン式筏では種苗糸を長さ5cmに切り，養殖綱に30cm間隔に挟み込んで幹綱に取りつけ，幹綱の水深を2mに調節する．また，延縄式の場合もこれに準じて行う．

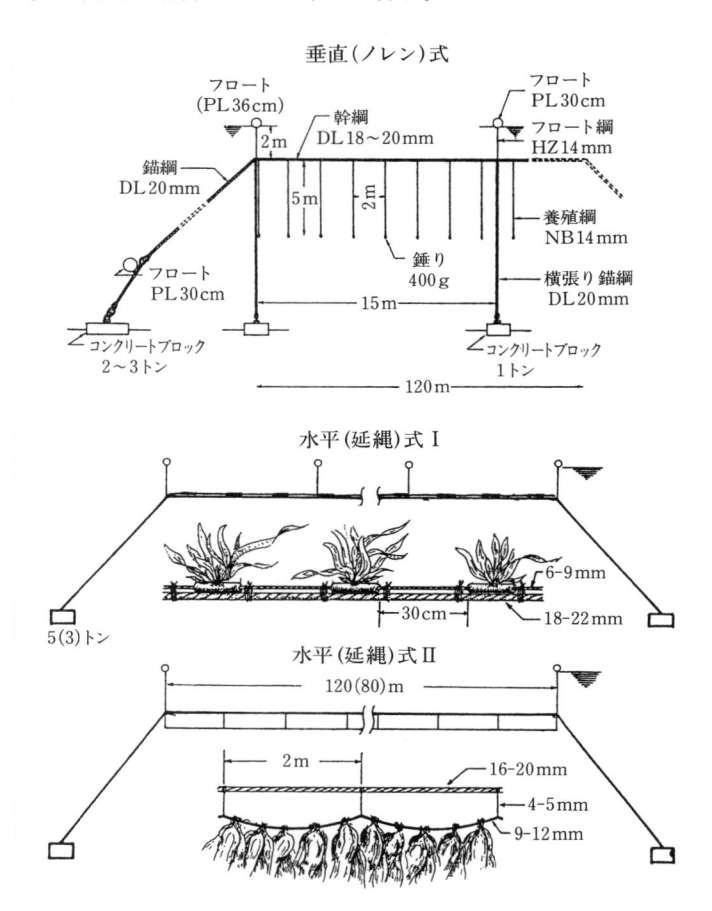

図6.8 促成養殖用施設3例．
　　　垂直(ノレン)式筏と水平(延縄)式筏IおよびII（川嶋 1991による）．

　本養成は水温が18°C以下になる10月下旬頃からできるだけ早く開始し，翌年3月上旬までの約4ヵ月を第1期とする．また，この期間の養成管理の目標は「葉体の生長促進と流失予防」に置く．この期間は水温がしだいに降下し3月上旬には3〜5°Cの最低水温に達するが，一方で海水中の窒素や燐などの栄養塩類は年間でもっとも豊富になるので，コンブにこれらの栄養を十分に与えて可能な限り伸長を促すために，期間内に少なくとも2回に分けて余分な葉体を切り落とし，最終的には1株に4〜5本の葉体を残すまで徹底した間引きを行う．それとともに養殖綱に絡みついている付着器のゆるみを点検し，必要に応じて化繊テープなどで根縛りを行う．気象や海況条件がもっとも厳しいこの季節にこれらの作業を確実に実行するかどうかが夏の生産に大きく影響する．

図 6.9 促成養殖コンブの収穫.

(3) 本養成第 2 期

3 月中旬から 7 月の収穫までを本養成第 2 期とする．この時期は収穫期を控えて「葉体の実入り促進と末枯れの防止」を養成管理の目標とする．

3 月をすぎると日長が長くなり，水温の上昇につれてコンブは急速に生長し，厚みも増してくるが，一方では初夏になると末枯れも進んで葉長の増加が鈍る．また，ノレン式筏では養殖綱の上下で葉長や葉重量に差ができるので，これをできるだけ防止する必要がある．たとえば，それまで幹綱水深 2 m で養殖してきた筏を 3 月中旬〜4 月下旬に徐々に引上げて水深を 1 m とし，さらに 5 月に入ったら幹綱を水深 50 cm か，ほとんど水面すれすれまで浮上させる．また，垂下した養殖綱の下端を引上げて隣接する幹綱に固定し，水平張りに直すなどの調節を行う．しかし，このような水深調節は他方では末枯れを早めてコンブを短くするおそれを伴うために，その年の水温や天気の状態を判断して慎重に行わなければならない．

この時期はまた，コケムシやヒドロ虫類などが発生しやすく，とくに高水温の年にはコンブの表面に多数付着して著しく商品価値を失うことがある．また，強いアルギン酸分解能力を持つプシュードアルテロモナス菌 *Psudoalteromonas elyakovii* による葉の孔あき症の被害も起きている．現在はこれらの害敵生物の発生を予知したり予防することは困難であり，その兆候があるときはできるだけ早めに採取して被害を最小限に留める以外に対策がない．

(3) 2 年養殖の技術

利尻，礼文両島のリシリコンブと，羅臼地方のオニコンブの 2 年養殖の試験事業はいずれも昭和 43 年（1968）から本格的に始まり，それぞれ稚内水産試験場の指導協力と，釧路水産試験場を中心とする試験事業（川嶋ら 1985）によって独自の養殖技術が開発された．

2 年養殖は採苗から収穫まで約 20 ヵ月を要し，しかもその間に 2 度も越冬するために，その全期間にわたってこまめにコンブを育成管理し，施設を保全することは企業的にはかなり効率の悪い養殖事業となる．このために，良質コンブの育成と作業の省力化という相反する課題の解決が必要となった．とくに羅臼地方は流氷接岸による被害防止のために 12 月下旬〜4 月下旬の 4 ヵ月は全養殖施設を水深 15 m 以深の海底に沈設する特別な対応が必要で，冬季における管理作

業は全面的に停止を余儀なくされる．このような冬季間の管理が困難，または不可能なことがリシリコンブとオニコンブに促成養殖技術が適応できない最大の理由となった．しかし，実際に企業化されたこれらのコンブの養殖方法は海洋，気象条件やコンブの特性の違いに応じた一部の対応を除き，基本的な2年養殖の概念や管理方法には共通する点が多い．つぎにこれらの養殖方法の概要を示す．

1) リシリコンブの養殖

現在実施されているリシリコンブの2年養殖は，利尻島で春先に浜辺に流れつく天然の若い再生コンブを拾い，ロープにはさんで養成すると夏までに実入りのよい2年目葉体になるという漁業者の素朴な経験から生み出された．まず，11月下旬〜12月上旬に採苗施設で人工採苗した種苗を直ちに海中（水深5〜6m）に仮植する．初年度はいわゆる種コンブ（1年目コンブ）の育成期間として少数の筏で集中管理し，作業も夏の水温上昇期にやや深く調節する程度に留めて省力化を計り，11月にそれらの中から2年目に再生した葉体を選んで新たに設置した筏の養殖綱に1株当たり5本，株間隔20〜30cmとして移植し，これにより次年度7月の収穫まで，8ヵ月間の本格的な本養成期に入る．また養殖綱の垂下水深は越冬中は3〜5mとし，4月以後は徐々に引上げて実入りの促進を図る．

2) オニコンブの養殖

オニコンブの2年養殖も基本的にはリシリコンブの場合と同じであるが，前述のとおり養殖筏の流氷下での2回の越冬は他に例のない重要な作業である．

採苗は葉体の生長を速めるためにリシリコンブより早い9月下旬から10月下旬の間に行い，2週間の室内培養を経て海中仮植し，12月下旬までに第1回目の筏の流氷下越冬の作業を終える．翌年4月下旬（年により5月上旬）に筏を水深4〜5mに引上げて流氷下で発芽した多数の葉体を種コンブとし，5月下旬にその中の生長のよい葉体を養殖筏に移植して水深6mで本養成を開始する．この年は9月頃に間引き作業を行うだけで12月下旬から第2回目の流氷下越冬に入る．越冬終了後の5月からは着生した雑藻の駆除と2年目に再生したコンブの実入り促進のための水深調節を行い，収穫までに養殖綱を水深4〜5mから1〜1.5mまでしだいに引上げる．収穫期は7月下旬〜8月下旬である．

引用文献

赤池章一・津田藤典・桑原久実 2002．北海道岩内沿岸における天然コンブ群落の形成と維持．北水試研報 **63**：41-54．

船野 隆 1969．ホソメコンブの雌性配偶体と胞子体．北水試報 **10**：43-50．

船野 隆 1983．ホソメコンブの生態，第2報，小樽市忍路湾の年令と着生地の異なる固体群の生態，および総合考察．北水試報告 **25**：111-186．

船野 隆・阪井与志雄 1967．忍路湾における二年目ホソメコンブの生態．北水試報告 **8**：1-37．

長谷川由雄 1958．コンブに関する二，三の知見（I）．北水試月報 **15**（5）：35-38．

Hasegawa, Y. 1962. An ecological study of *Laminaria angustata* Kjellman on the coast of Hidaka Prov., Hokkaido. Bull. Hokkaido Fish. Res. Lab. **24**：116-138.

Hasegawa, Y. 1971. Forced cultivation of *Laminaria*. Bull. Hokkaido Fish. Res. Lab. **37**: 49-52.
長谷川由雄・船野　隆 1969. 岩礁爆破による磯掃除の効果, 北水試月報 **26**(9): 20-26.
北海道水産部（編）1986. リシリコンブの養殖技術指導. 水産業改良普及事業普及活動事例集: 228-236.
井狩二郎 1921. ほそめこんぶノ発生ニ就テ. 植物学雑誌 **35**(417): 207-218.
伊藤　繁 1980. 北海道水産増殖誌.
Kanda, T. 1936-1944. On the gametophytes of some Japanese species of Laminariales I-V. Sci. Pap. Inst. Alg. Res., Fac Sci., Hokkaido Imp. Univ. I (2)-III (1).
金子　孝 1973. リシリコンブの天然における雌性配偶体および幼体の形態. 北水試報 **15**: 1-8.
河合豊太郎・橋場末治 1958. 砂礫地帯のコンブ養殖試験（第1報）, 北水試月報 **15**(1): 14-21.
Kawashima, S. 1972. A study of life history of *Laminaria angustata* Kjellm. var. *longissima* Miyabe by means of concrete block. Contrib. system. benthic mar. alg. North pacific.: 93-108.
川嶋昭二・坂本富蔵・佐藤　潔・浜林啓治 1985. 羅臼コンブ（オニコンブ）の養殖. 羅臼海域のコンブに関する総合調査報告書: 155-236. 羅臼漁業協同組合.
川嶋昭二 1989. 日本産コンブ類図鑑. 215 pp. 北日本海洋センター.
川嶋昭二 1991. 北海道のコンブ促成養殖技術. 水産「技術と経営」**317**: 33-49.
川嶋昭二 1993. *Kjellmaniella crassifolia* Miyabe（ガゴメ）. 堀　輝三（編）, 藻類の生活史集成 第2巻. p. 122-123. 内田老鶴圃.
川嶋昭二 1997. 船舶の交通が原因と思われるコンブ類の新生育地の形成について（総括）. 藻類 **45**(1): 72.
木下虎一郎・渋谷三五郎 1950. 後志昆布は改良出来る. 昆布の人工胞子付け可能. 北水試月報 **7**(8): 40-43.
倉上政幹 1925. ほそめこんぶ調査複命書. 北海道水産試験場（謄写刷り）.
Kylin, H. 1916. Über den Generationswechsel bei *Laminaria digitata*. Svensk Botanisk Tidskrift. **10**(3): 551-561.
Kylin, H. 1917. Über die Entwicklungsgeschichte und die systematische Stellung der Tilopterideen. Ber. deut. bot. Ges. **35**: 298-310.
名畑進一・松田　洋 1983. 利尻島コンブ漁場の「チェーン振り」による磯掃除. 北水試月報 **40**(11): 249-269.
岡村金太郎 1891. こんぶの藩殖に就いて. 植物学雑誌 **5**: 193-197.
大野磯吉 1932. 北海道に於ける浅海利用水産増殖講話. 124 pp. 北海道水産会.
阪井与志雄・石川政雄・蒲原八郎・金子　孝・渋谷賢仁・中津俊行 1967. リシリコンブの生態. 北水試月報 **23**(11): 2-15.
阪井与志雄・船野　隆 1964. 忍路湾におけるホソメコンブの雌性配偶体と胞子体. 北水試報 **2**: 1-6.
佐々木茂 1969. 釧路地方におけるナガコンブ *Laminaria angustata* var. *longissima*（Miyabe）Miyabe の生態学的研究, 1冬季発芽群の生活様式. 北水試報告 **10**: 1-42.
佐々木茂 1973. ナガコンブ *Laminaria angustata* var. *longissima*（M.）Miyabe の生活様式に関する研究. 141 pp. 北海道立釧路水産試験場.
佐々木茂 1977. ナガコンブの生活様式と漁獲. 北海道周辺のコンブ類と最近の増・養殖学的研究. 日本藻類学会: 39-59.
佐々木茂・川嶋昭二・黒滝　茂・上田　稔 1966. 浜中町のコンブについて. 北水試月報 **23**(10): 26-37.
佐々木茂・川嶋昭二・黒滝　茂・工藤善四郎・志村征一・林　史紀 1971. 爆薬による岩礁爆破について. 北水試月報 **1**(28): 20-35.
佐々木茂・田中誠一 1985. 羅臼コンブ（オニコンブ）の生活様式. 羅臼海域のコンブに関する総合調査報告書. p. 83-154. 羅臼漁業協同組合.

佐々木茂・川嶋昭二・門間春博・近江谷滋 1992. 戸井海域のコンブの生活と海洋環境調査報告書. 89 pp. 戸井町.

Sauvageau, M. C. 1915. Sur la sexualit hété rogamique d'une laminaire (*Saccorhiza bulbosa*). Des Comptes Rendus de l' Acad mie des Sciences, tome 161: 5-8.

Yabu, H. 1964. Eary development of several species of Laminariales in Hokkaido. Memoirs Fac. Fish., Hokkaido Univ. **12**(1): 1-72.

山本弘敏 1986. ガゴメ (*Kjellmaniella crassifolia*) の出現数と生長量の月別変動. 北大水産彙報 **37**: 165-170.

柳田克彦・垣内政宏・辻 寧昭 1971. オホーツク海沿岸紋別付近におけるリシリコンブ *Laminaria japonica* var. *ochotensis* (Miyabe) Okam. の生態学的研究. 北水試報告 **13**: 1-18.

遠藤吉三郎 1910. 水産調査報文, 第四, 浦河支庁管内ニ於ケル有用海藻: 1-50, 北海道庁.

遠藤吉三郎 1911. 海産植物学. 博文館.

吉田忠生 1998. 新日本海藻誌 日本産海藻類総覧. 1222 pp. 内田老鶴圃.

Yotsukura, N., Denboh, T., Motomura, T., Horiguchi, T., Coleman, A. W. and Ichimura, T. 1999. Little divergence in ribosomal DNA internal transcribed spacer-1 and -2 sequences among non-digitate species of *Laminaria* (Phaeophyceae) from Hokkaido, Japan. Phycol. Res. **47**: 71-80.

有用海藻の生物学

7　モズク類とマツモ

四井　敏雄

　モズク類は枝分かれした細い糸状で粘液質に富んだ体を持ち，古くから刺身のつまや汁の実として好まれてきた．食用とされてきた主なものは，オキナワモズク *Cladosiphon okamuranus* Tokida，キシュウモズク *Cladosiphon umezakii* Ajisaka，イシモズク *Sphaerotrichia divaricata* (C. Agardh) Kylin，フトモズク *Tinocladia crassa* (Suringar) Kylin，モズク *Nemacystus decipiens* (Suringar) Kuckuck とマツモ *Analipus japonicus* (Harvey) Wynne などである．分類学的に見るとマツモはイソガワラ目 Ralfsiales であるが，ほかはすべてナガマツモ目 Chordariales に属している．マツモはかってはナガマツモ目に含まれていたが，配偶体と胞子体が同じ大きさを持つ同型世代交代をすること，初期に盤状発芽をすることなどからイソガワラ目に移された経過がある（Nakamura 1972）．マツモを除く五つの種は一見したところ形はよく似ているが，大雑把にいえば表7.1に示すような特徴によって識別することができる．フトモズクは内皮層がよく発達している点，イシモズクは同化糸の先端細胞が大きい点，モズクは3種類のホンダワラ類海藻上にのみ着生している点などが特徴的である．ナガマツモ目に属している海藻の一生，すなわち生活史は，一般的にいえば小さい配偶体と大きい胞子体とによる異型世代交代をする．しかし，個別に種ごとに見ていくと，体の構造が簡単だから逆にというか，体の構造が簡単だからというか，大変に複雑な様相を示すものが多い．たとえば，*Chordaria flagelliformis* (Kornmann 1962)，*Elachista fucicola* (Blackler & Katpitia 1963)，*E. stellaris* Areshoug (Wanders *et al.* 1972)，コゴメネバリモ *Leathesia japonica* Inagaki (Ajisaka 1984)，キタニセモズク *Acrothrix gracilis* Kylin (鯵坂・川井 1986) などでは配偶子が接合せずに単為発生し，その栄養細胞内で染色体の倍数化が起こって胞子体になる．また，フトモズクの個体群には複相体のみで単相世代がないものもある（Yotsui 1982）．さらに，イシモズクでは，基本的には有性生殖を行うが，場所によっては有性生殖を行わない系群も知られている（Peters *et al.* 1987）．ここでは有用種について生活史，生態，増養殖について述べる．

表7.1　モズク類有用種の特徴．

目	科	種と特徴
ナガマツモ	ナガマツモ 体は多軸構造	オキナワモズク 内皮層が発達せず，髄と皮層が密に接する
		キシュウモズク 同化糸細胞が非常に長い
		フトモズク 内皮層がよく発達し，髄と同化糸からなる皮層の間が離れる
		イシモズク 体表に長い毛がなく，同化糸の末端細胞が大きい
	モズク 体は単軸構造	モズク ヤツマタモク，マメタワラ，エンドウモクの体上に着生する

（吉田 1998を参考にして作成）

7.1 主要な種について

(1) オキナワモズク *Cladosiphon okamuranus* Tokida

形　　態

オキナワモズクは図7.1に示すような形態で，細い円柱状で枝分かれする．直径は1.5〜3.5 mm（平均2.5 mm）で，体の長さはふつう20〜30 cmであるが40 cm以上になることもある（新村 1977 a）．フトモズクに比べるとやや細く，モズクやイシモズクに比べるとやや太い．

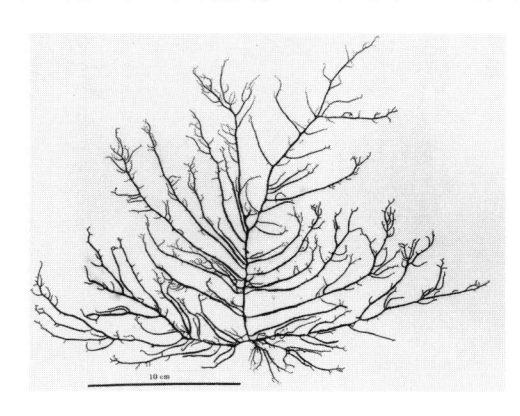

図7.1　オキナワモズク（新村　巌氏提供）．

生　活　史

生殖器官として藻体に単子嚢と中性複子嚢が形成される．単子嚢は3月下旬から消失期にかけて形成され，若い体よりも老成体に多い傾向がある．一方，中性複子嚢は同化糸の先端細胞につくられ，周年にわたって幼体から老成体まで形成される．したがって，生育初期には中性複子嚢のみが形成されるが，生育後期になると老成体を中心に単子嚢と中性複子嚢の両生殖器官が同一体に形成される（新村 1974 c，1975，1977 a）．

単子嚢の遊走子の発生；遊走子は5〜8×9〜10 μmの長卵形で，1個の眼点と長短2本の鞭毛を体の側面に生じる．遊走子は基質に触れると丸くなり，その後押しつぶされるようにアメーバ状に広がり着生する．遊走子が基質に触れて丸くなったときの長径は5.1〜6.3 μm，着生してアメーバ状になったものは長径で8〜12 μmである．着生した遊走子は分裂を繰り返して盤状の配偶体になる．この盤状体には直立する細胞枝が生じ，高さが150 μm程度になる．これらの直立する細胞枝は配偶子複子嚢となり，これから放出された配偶子は接合する．接合は，静止状態になった雌性の配偶子に運動性のある雄性の配偶子が接触して瞬間的に行われる．なお，接合しなかった配偶子は単為発生し再び配偶体になり同様の発生を繰り返す．

接合子の発生；接合子は盤状体になった後直立同化糸を形成し，オキナワモズク体に生育する．また，この間に，同化糸の一部に中性複子嚢が形成され，中性遊走子を放出する．この中性遊走子の発生は藻体に形成されるものと同様である．

中性複子嚢の遊走子の発生；藻体の中性複子嚢から放出される中性遊走子は6〜8×10〜12 μmの長卵形で，1眼点と長短2本の鞭毛を体の側面に生じる．中性遊走子は基質に触れると丸くなり，その後，押しつぶされるようにアメーバ状に広がり着生する．着生した中性遊走子は盤状体

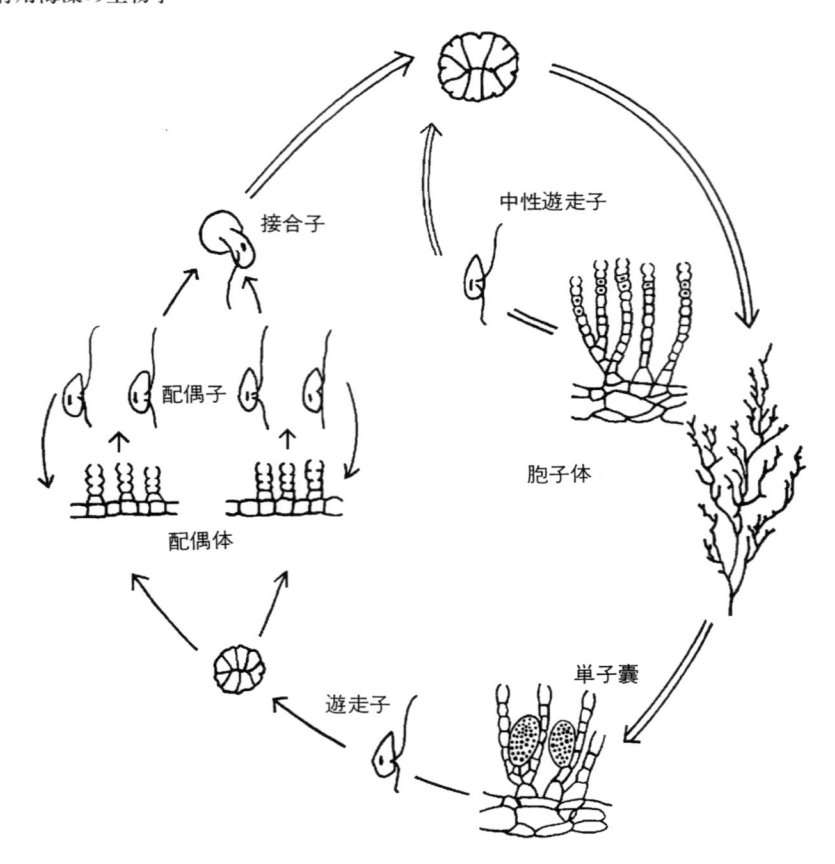

図7.2 オキナワモズクの生活史(新村 1977aから作成).

に発生し,7日後には直立同化糸を形成しオキナワモズク体に生育する.直立同化糸の形成は30°C以下で起こり,生長は25°Cで最も速く,ついで20°C,15°C,30°Cの順である.また,この間,体上には複子嚢をつくり再び遊走子を放出する.この遊走子は直接にオキナワモズク体になることから中性遊走子で,複子嚢は中性複子嚢である.高温下では,中性遊走子は糸状または塊状の発芽体となり,盛んに中性遊走子を放出する.

これらをまとめるとオキナワモズクの生活史は図7.2に示すようになる.藻体上に形成される単子嚢から遊走子が放出される.遊走子は配偶体になり,これから放出される配偶子は接合して大型の胞子体に生育する.接合しなかった配偶子は単為発生し,再び配偶体となる.一方,藻体には幼体から老成体まで,中性複子嚢が形成される.これから放出される中性遊走子は低温下では直接大型の藻体になるが,高温下では小型あるいは微小な体に止まり,中性遊走子を放出して再び匍匐糸状体となる発生を繰り返す.このように,本種は大型の胞子体と微小な配偶体とによる世代交代を行うとともに,胞子体と配偶体世代にそれぞれサブサイクルを持つという複雑な生活史を示す.周年の生活は,低温期の胞子体と高温期の配偶体の世代交代による循環とともに,胞子体も高温期には微小体で生活できることから,大型の胞子体と小型の胞子体とによる周年の循環も存在すると考えられる(新村 1977a,1977b,1993).

生　態

　分布は奄美，沖縄，宮古，八重山の4諸島にのみ認められる．生育深度は，奄美大島では6m以浅，中心は1〜3m，沖縄では0〜13m，中心は0〜8mである（新村1977a，当真1986）．着生している基質は，奄美大島における調査では，イシサンゴ死片やカサノリ，サボテングサ，イワズタなどの水生植物に多く，小石にも認められるが，量的に見るとイシサンゴ死片に最も多い（新村1977a）．

　季節的変動は，2月頃から肉眼視され，6月頃まで繁茂し，7月には消失する．ただし，採苗器を入れた調査では，胞子体は周年着生し，低温下では肉眼的大きさの藻体になるが，高温下では2cm以上には生長せず最終的には消失する．培養では25℃以下で大型の藻体になるので，天然でもこの程度の水温を境界にして，肉眼的な藻体になったり，消失したりしているものと思われる（新村1977a）．

（2）キシュウモズク *Cladosiphon umezakii* Ajisaka

形　態

　キシュウモズクはオキナワモズクの近縁種で，図7.3に示すような形態を持ち，体は円柱状で枝分かれする．径は1.5〜2.0mm，高さは10〜30cmになる．非常に粘質に富んでいる．同化糸が非常に長いのが特徴で，体下部で細胞数が65〜90細胞，長さが690〜840μmになり，オキナワモズクの10〜15細胞，200〜250μmに比べてかなり長い（Ajisaka 1985）．

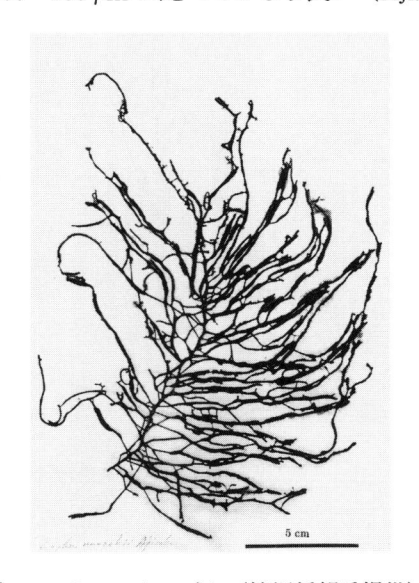

図7.3　キシュウモズク（鰺坂哲朗氏提供）．

生活史

　生殖器官として和歌山県産の藻体では単子嚢のみ，若狭湾の冠島産の藻体では単子嚢と複子嚢が形成される（Ajisaka 1985）．和歌山県産では単子嚢の遊走子は微小体になり，この体に複子嚢を形成する．稀に，接合する遊走子も見られるもののその後の発生は接合しなかったものと区別できないが，微小体に直立同化糸が形成され直立体になるものもある．微小体の複子嚢の遊走細胞は接合せずに着生，発芽後無性的に複相化し大型の藻体へ生育する．一方，冠島産では単子

嚢の遊走子は着生，発芽後無性的に複相化し，直接大型体へ生育し，天然の藻体に形成される複子嚢の遊走細胞も直接大型体に生育する（Ajisaka 1985）.

生　態

分布は和歌山県や京都府若狭湾の冠島で認められていたが（Ajisaka 1985），その後，太平洋側では徳島県から淡路島，日本海側では兵庫県，京都府，福井県に，また九州では長崎県でも生育することが分かっている．低潮線下 1～2 m の石や岩に着生する．季節的変動は，フトモズクと同様に，2～3 月から 6 月頃までの間生育する．

（3）イシモズク *Sphaerotrichia divaricata* (C. Agardh) Kylin

形　態

イシモズクは図 7.4 に示すような形態で，細い円柱状で枝分かれする．主軸は細く直径 0.5～1.0 mm で，長さは 30 cm 程度になる．この種は，同化糸が 4～6 細胞と短く，同化糸の先端細胞が大きいのが特徴で，顕微鏡を用いると容易に同定ができる．

図7.4　イシモズク（右田清治氏提供）.

生 活 史

生殖器官として単子嚢のみが形成される．単子嚢の成熟は九州では 5～6 月，東北，北海道では 7～8 月である．

単子嚢の遊走子の発生；遊走子は 2.8～3.8×4.7～6.6 μm の長卵形で 1 眼点を持ち，長短 2 本の鞭毛を体の側面に生じる．着生直後の遊走子は径 2.8～4.7 μm（平均 4.0 μm）の円形となる．発芽管を出して発芽し，匍匐糸状体となり，2～3 週間後には配偶子複子嚢を形成して配偶

子を放出する．配偶体は雌雄異株である．配偶子は 3.3〜5.2×4.7〜6.2 μm で，遊走子と同様の大きさである．低温下で放出された配偶子は接合する．水温 10°C では接合率 70〜80% であるが，水温 20°C では稀である（Ajisaka & Umezaki 1978）．なお，イシモズク配偶子の性的能力は水温とともに長日条件が必要とされるが，配偶子が形成されているときではなく，それ以前の前駆的条件として重要なことが分かっている（Peters et al. 1987）．接合しなかった配偶子は単為発生する．配偶子の接合は，まず雌性の配偶子が基質に触れ鞭毛がなくなって丸くなり，これに雄の配偶子が鞭毛の先端を接触し瞬間的に融合する．雌，雄の配偶子は形態的には等しいものの，生理的には相違する．たとえば，上述の雌雄配偶子の状態を逆にし，静止した雄性配偶子に運動性のある雌性配偶子を入れても接合しないとか，雌性の配偶体は雄性の配偶体には見られない芳香物質を出すなどのことが知られている（Peters et al. 1987, Peters 1987）．このような例は，同じ著者によってフトモズクやモズクについても報告されている（Peters & Müller 1986）．

接合子の発生；接合子は匍匐糸状体になった後，約 2 週間後には直立同化糸を形成してイシモズク体になる．なお，高温下では接合子発芽体は直立同化糸を形成せず，匍匐糸状体のままで生長を続ける．

これらをまとめると，イシモズクの生活史は図 7.5 に示すようになる．藻体上に形成される単

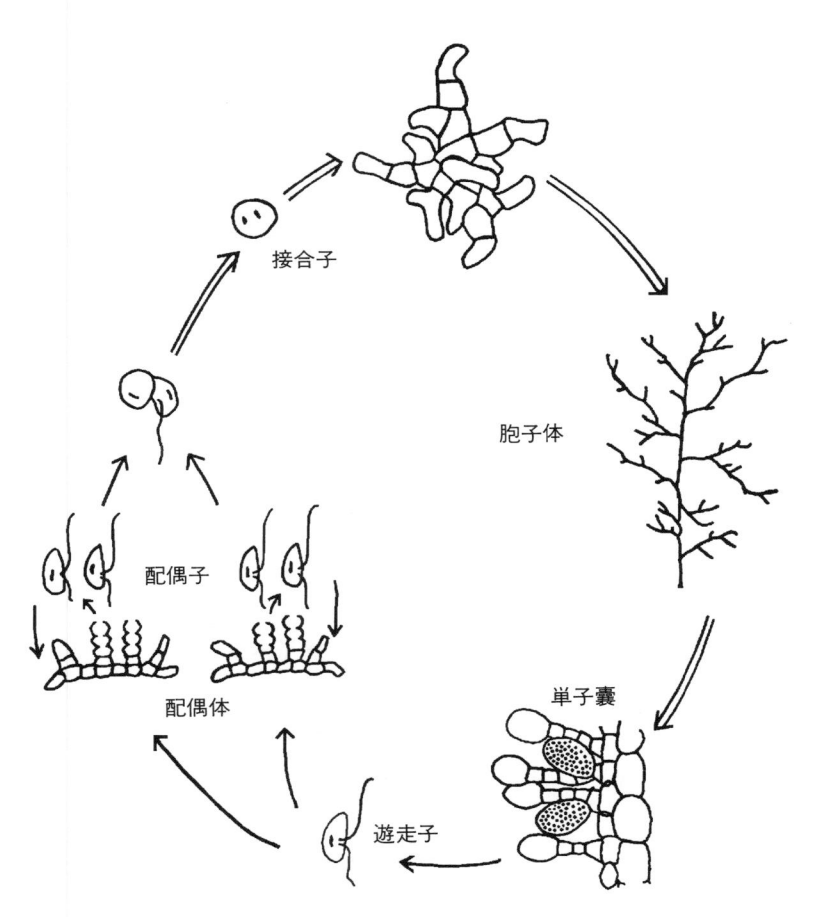

図 7.5 イシモズクの生活史（Ajisaka & Umezaki 1978, Peters & Müller 1986 から作成）．

子嚢は遊走子を放出する．遊走子は配偶体になり，これから放出される配偶子は接合して大型の胞子体に生育する．接合しなかった配偶子は単為発生して再び配偶体になり，同様の循環を繰り返す．以上のような基本的な一つの循環以外に，異なった循環をとる系群が北海道の厚岸産，カナダのニューファウンドランド産やデンマーク産で認められており，これらでは単子嚢の遊走子が発生した微小体は無性の遊走細胞のみを形成する．このうち，デンマーク産では単子嚢の遊走子が発生した微小体は，すべて雌のみという例もあり，これらは，いずれも有性生殖ではなく栄養細胞の無性的な複相化などによって大型体に生育する (Peters et al. 1987). 有性生殖を伴う生活史は京都府若狭湾産，カナダのバンクーバー産，ノバスコシア産などで見られているもので，今後，わが国においても各地のものが調べられれば，このような無性的に大型体になる生活史を持つ系群が存在する可能性もある．

生　　態

分布は北海道から本州，四国，九州に広く認められる．着生基質は石や岩であるが，ホンダワラ類の海藻やアマモに着生することもある．季節的消長は2〜3月から6〜8月までで，北で晩い時期まで生育する．

(4) フトモズク *Tinocladia crassa* (Suringar) Kylin

形　　態

フトモズクは図7.6に示すような形態で，体は中実で粘質に富み，スライドグラスの間に挟んで押しつぶすと体はばらばらになるほど柔らかい．径は2〜3mmで太く，長さは20〜30cmになる．細くてやや枝分かれが多い群と太くて枝分かれが少ない群の二つの系統がある．これまでに調べた範囲では，細く枝分かれが多い群は配偶体世代を欠き胞子体世代のみを有し，太く枝分

図7.6　フトモズク（右田清治氏提供）．

かれが少ない群は配偶体世代と胞子体世代の世代交代という通常の生活史を持つようである（四井 1978, Yotsui 1982）。

生活史

生殖器官として藻体には単子嚢のみが形成される。単子嚢の形成は3月，成熟は4月以降である。ただし，培養では接合子の初期発芽体に短い間ではあるが中性複子嚢が形成される（四井 1978）。体が太く枝分かれが少ない群（採集地にちなんで野母崎型）と体が細く枝分かれがやや多い群（採集地にちなんで口之津型）では異なる生活史を示すので分けて記述する。

野母崎型における単子嚢の遊走子の発生；遊走子は3～4.5×6～7.5 μmの長卵形で1眼点を持ち，弱い負の走光性を示し，2本の鞭毛を体の側面に生じる。この遊走子は静止して径4～5.5 μm（平均4.8 μm）の円形となり，発芽管を伸ばして発芽する。初め，糸状に伸長するが，その後各細胞が分枝し，偽盤状の配偶体になる。約2週間後に配偶子複子嚢が形成され，配偶子を放出する。配偶子複子嚢は単列で，稀には分枝する。配偶体の縁辺部では，しばしば体細胞が直接に配偶子複子嚢に変わる。ナガマツモ目の海藻では配偶子の接合が起きにくく，また，接合現場の観察も難しいものが多い。四井は，つぎに述べる方法によってフトモズク配偶子の接合現場を多数観察することができた。接合現場の観察は5月上旬に室温で行った。クレモナ1号撚糸につけて培養した配偶体を用い，あらかじめよく換水し，培養液に通気して配偶子複子嚢の形成を促進させる。クレモナ1号撚糸はあらかじめ約5 cmに切り，前夜から暗所に置き，翌朝取り出してスライドグラス上に輪をつくるように丸めておき，輪の中に培養海水を満たし，カバーグラスをかけ，顕微鏡下で透過光をあてて観察する。配偶子は弱い負の走光性を有するので，放出された配偶子はカバーグラス面に集まり，そこでつぎつぎに接合し，多くの接合行動を観察することができる。それによると，放出された配偶子は同形であるが，雌性と思われる配偶子がまずカバーグラス面に達し，先端部を接して静止する。この周辺に，雄性と思われる配偶子が泳ぎより，鞭毛の先端を接して数秒以内の短時間で融合する。接合は水温と密接な関係があり22℃以下で起こる。容器にガラススライドを入れ，これに着生した接合子と配偶子の割合を見ると，接合子出現率（スライドグラスに着生した接合子と配偶子の内接合子の割合）は50～60％で（四井 1979 a），モズクやオキナワモズクに比べると高い。イシモズクでは配偶子の接合は水温とともに長日条件が必要（Peters et al. 1987, Peters 1987）とされているが，フトモズクでは水温の高低が大きく影響をしている。

接合子の発生；接合子は2眼点を持ち，径5.6～7.5 μm（平均6.5 μm）で，接合せずに着生した配偶子に比べると大きい。接合子は偽盤状体に発生し，約2週間後には直立同化糸を形成してフトモズク体に生育する。また，この接合子発芽体には初期に中性複子嚢が形成される。なお，中性複子嚢は直立同化糸が400 μm程度になるとすべてなくなるので，天然で肉眼視される大きさの藻体に形成されることはなく，そのため中性複子嚢の形成がこれまで確認されなかったものと思われる。

接合子発芽体の中性複子嚢から放出される中性遊走子は，径4～4.5×7～8 μmの長卵形で1眼点を持ち，不等長の2本の鞭毛を体の側面に生じ，弱い負の走光性を示す。中性遊走子は着生して径5.5～7 μm（平均6.3 μm）の円形となる。この大きさは，単子嚢の遊走子や配偶子に比べると大きく，接合子とほぼ同じ大きさである。中性遊走子の発生は，接合子と同様に，偽盤状体を経て約2週間後には直立同化糸を形成してフトモズク体に生育する。また，接合子発芽体と

94　有用海藻の生物学

同様に中性複子嚢を形成する．

　接合子発芽体，中性遊走子発芽体とも23℃以上の高温では直立同化糸を形成せず，偽盤状体のままで生長を続ける（四井 1979 b）．この間，継続して中性複子嚢を形成し，これから放出される中性遊走子は再び同様な発生を行う．これらは，22℃以下の水温に移すと再び直立同化糸を形成してフトモズク体に生育する．

　口之津型における単子嚢の遊走子の発生；遊走子は $3〜4 × 6.5〜8\ \mu m$ の長卵形で1眼点を持ち，弱い負の走光性を示し，長短2本の鞭毛を体の側面に生じる．この遊走子は着生して径 $4〜6\ \mu m$（平均 $4.9\ \mu m$）の円形となり，大きさは野母崎型の生活史を示す藻体から放出されたものと変わらない．発芽は発芽管を伸ばして行い，23℃以下の低水温下では偽盤状体を経て，2〜3週間後には直立同化糸を形成し，直接にフトモズク体に生育する．一方，室温下の高温で培養した場合は，この遊走子発芽体は直立同化糸を形成せず，偽盤状体のままで生長し，盛んに複子嚢を形成する．この複子嚢から放出される遊走子は，接合せず，径 $4.5〜6.5\ \mu m$（平均 $5.5\ \mu m$）で，単子嚢から放出される遊走子よりは大きいが，野母崎型の接合子発芽体に形成される中性遊走子よりはやや小さい．この遊走子は，単子嚢の遊走子と同様に，偽盤状体を経て低温下では約2週間後には直立同化糸を形成し直接フトモズク体になる．染色体数の観察から，口之津型では単子嚢の遊走子は2nで，単子嚢で減数分裂が起こっていないと思われた．また，単子嚢の遊走子発芽体に形成される複子嚢の遊走子も2nで，したがって，この複子嚢は中性複子嚢である．遊走子，中性遊走子とも高温下で培養すると，直立同化糸を形成せず，匍匐糸状のままで生長を続け体上に中性複子嚢を形成し，放出された中性遊走子は同様な発生を繰り返す（四井 1978，Yotsui 1982）．

　以上をまとめるとフトモズクの生活史は図7.7に示すようになる．まず，野母崎型では，藻体の単子嚢から放出される遊走子は顕微鏡的な配偶体になり，これから放出される配偶子が接合してフトモズク体になる．接合しなかった配偶子は単為発生して再び配偶体となり，同様の発生を

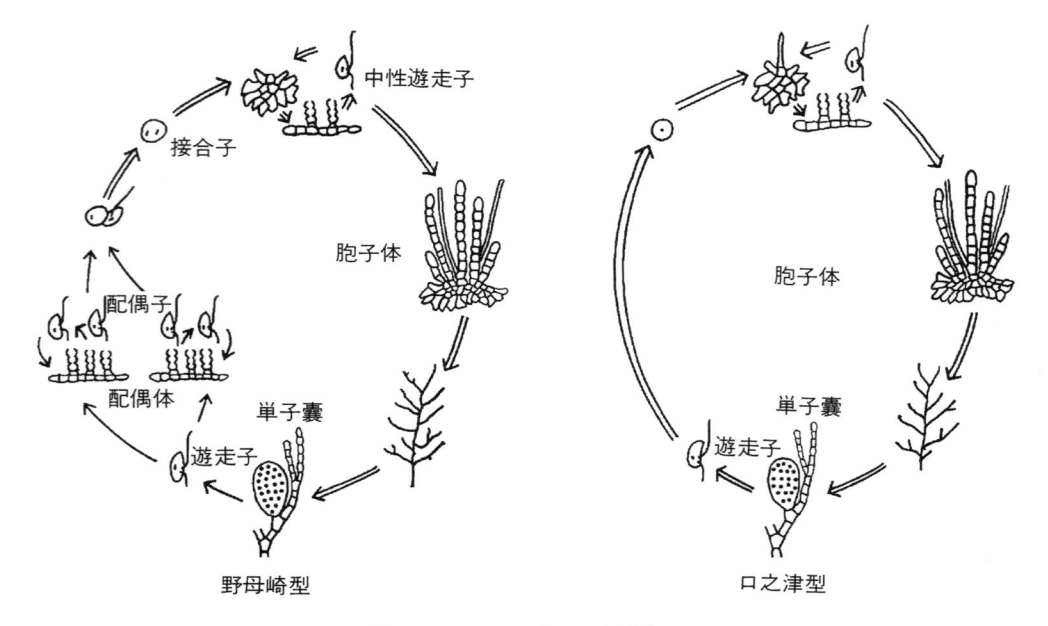

図7.7　フトモズクの生活史．

繰り返す．また，接合子発芽体は短期間ではあるが発生初期に中性複子嚢をつくる．これから放出される中性遊走子は直接フトモズク体になる．野母崎型の生活史では，小型の配偶体と大型の胞子体とによる世代交代を行い，配偶体世代には配偶子の単為発生による，胞子体世代の初期には中性遊走子による，二つのサブサイクルを持つ．一方，口之津型の生活史では，藻体の単子嚢で減数分裂が起こらず，単子嚢から放出された遊走子は直接フトモズク体になる．この間，発生初期には中性複子嚢を形成し，中性遊走子によるサブサイクルを持つ．口之津型の生活史では配偶体世代はなく，すべて，胞子体世代で，世代交代はない．これまで，4箇所の産地でフトモズクを採集したが，枝分かれが少なく体が太い系群と，枝分かれが多く体が細い系群があり（図7.8），体が細く枝分かれが多い長崎県佐世保，福岡県西浦産はいずれも口之津型の生活史を示した．体形と生活史に関係がある可能性がある（Yotsui 1982）．

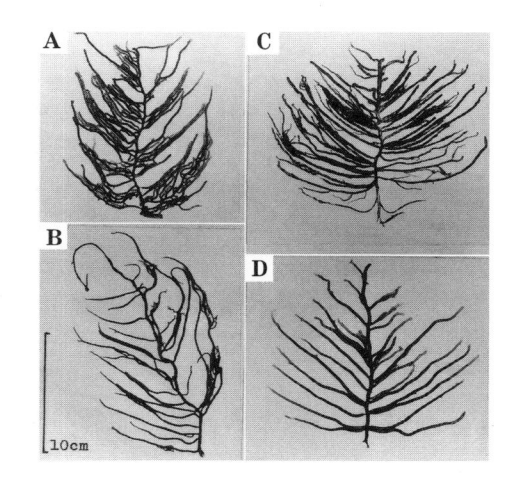

図7.8 産地によるフトモズクの形態の相違．
A：長崎県佐世保市，B：福岡県西ノ浦，C：長崎県口之津，D：長崎県野母崎．

生　　態

分布は表日本のほか，裏日本中南部から南西諸島にかけて広く認められる．着生基質は石や岩である．どちらかというと，砂地に石や岩が混じっているような場所に生育している．季節的消長は，九州西岸では3〜6月にかけて生育する．

(5) モズク *Nemacystus decipiens* (Suringar) Kuckuck

形　　態

モズクは図7.9に示すような形態で，体は中実で粘質に富み，径1mm内外の細い糸状で，分枝が多く，長さは20〜40cm，稀には1mになることもある．各地で藻体を採取すると基本的な特徴は一致するが，分枝の粗密や同化糸の長さ，同化糸の細胞数など相違する群がある．一例として，長崎県の大村湾産と野母崎産を比較すると，大村湾産では同じ長さの藻体でも側枝，小枝の数が約2倍と多く，同化糸の細胞数と長さも大村湾産では21〜30と310〜500μm，野母崎産では15〜19と220〜300μmで両地間で明らかな相違があった．この傾向は養殖した体でも同様で，ある程度固定された形質といえる（四井 1980）．

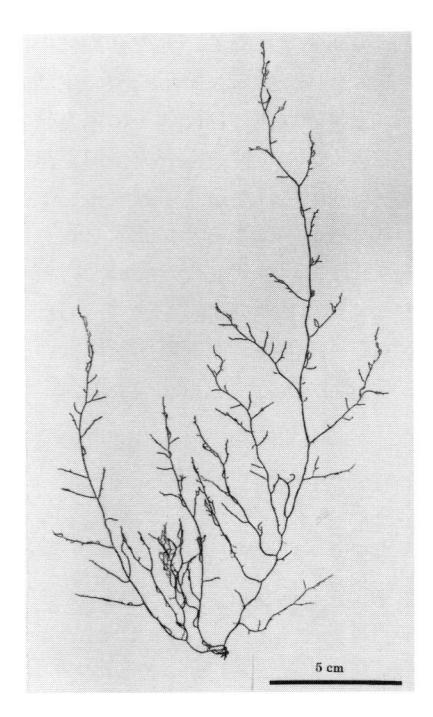

図 7.9 モズク．

生 活 史

　生殖器官として藻体に単子囊と中性複子囊が形成される．長崎県の大村湾と外海で調べたところ生育時期がかなり違い，生殖器官の形成状況もかなり相違するので，大村湾産と外海である野母崎産に分けて記述することにする．大村湾産では生育の初期から消失期まで中性複子囊が形成される．量的には初期に多いが，終期にも形成される．単子囊は 3 月に形成され，量的には終期の 5 月中旬以降に多い．一方，野母崎産では中性複子囊は生育初期の 3 月から 5 月上旬に形成され，生育初期の 3 月～4 月初めに多く，5 月中旬以降は形成されない．一方，単子囊は 4 月に形成され，量的には 5 月中旬以降に多い．このように，大村湾産は中性複子囊の形成時期が長く，消失期にもわずかながら形成されるという相違がある（四井 1976，1980）．

　単子囊の遊走子の発生；遊走子は 3～4×6～7 μm の長卵形で，1 眼点を持ち，正の走光性を示し，長短 2 本の鞭毛を体の側面に生じる．着生直後の遊走子は径 3.8～5.0 μm（平均 4.3 μm）の円形で，発芽管を伸ばして発芽し，匍匐糸状の配偶体となる．培養 2～3 週間で配偶子複子囊が形成され，配偶子を放出する．配偶子は 3～4×6～7 μm の長卵形で 1 眼点を持ち，長短 2 本の鞭毛を体の側面に生じる．5 月の室温培養では配偶子は接合しないが，低温で培養すると 5 月でも接合が起こる．配偶子の接合は水温と密接に関係し，20°C 以下で初めて見られ，17°C 以下で多くなる．接合子出現率はふつう 20% 前後で，オキナワモズク，イシモズク，フトモズクなどに比べると低い．イシモズクでは配偶子の接合に水温とともに長日条件が必要とされているが，モズクにおいてはフトモズクと同様に水温の影響が大きい（四井 1975 a，1979 a）．

　接合子の発生；接合子は匍匐糸状体を経て 22°C 以下の低温では約 2 週間後に直立同化糸を形成してモズク体に生育する．この発芽体にも中性複子囊が形成される．これから放出される中性

遊走子は，3.7〜5.0×6.3〜8.0 μm の長卵形で1眼点を持ち長短2本の鞭毛を体の側面に生じる．この遊走子は着生して径 4.8〜5.9 μm（平均 5.2 μm）の円形となり，藻体の中性複子囊の中性遊走子とほぼ同じ大きさで，発生も同様である．また，接合しなかった配偶子は単為発生して再び配偶体となり，同様の発生を繰り返す．なお，配偶子の単為発生体と接合子発芽体とでは細胞の大きさが異なり，形態からの区別も可能である（右田・四井 1972，四井 1980）．

中性複子囊の遊走子の発生；藻体の中性複子囊から放出される中性遊走子は 3.8〜5.5×6.0〜8.2 μm の長卵形で1眼点を持ち，長短2本の鞭毛を体の側面に生じる．着生直後は径 5.0〜6.2 μm（平均 5.3 μm）の円形となり，発芽管を出して発芽し，分枝する匍匐糸状体になる．22°C 以下では2〜3週間後には直立同化糸を形成してモズク体に生育する．この発芽体にも中性複子囊が形成され，中性遊走子を放出し，藻体の中性遊走子と全く同様の発生を示す．中性遊走子発芽体は 23°C 以上の高温下では直立同化糸を形成せず，匍匐糸状体のままで生長し，盛んに中性複子囊をつくり，中性遊走子を放出する（四井 1975 b）．

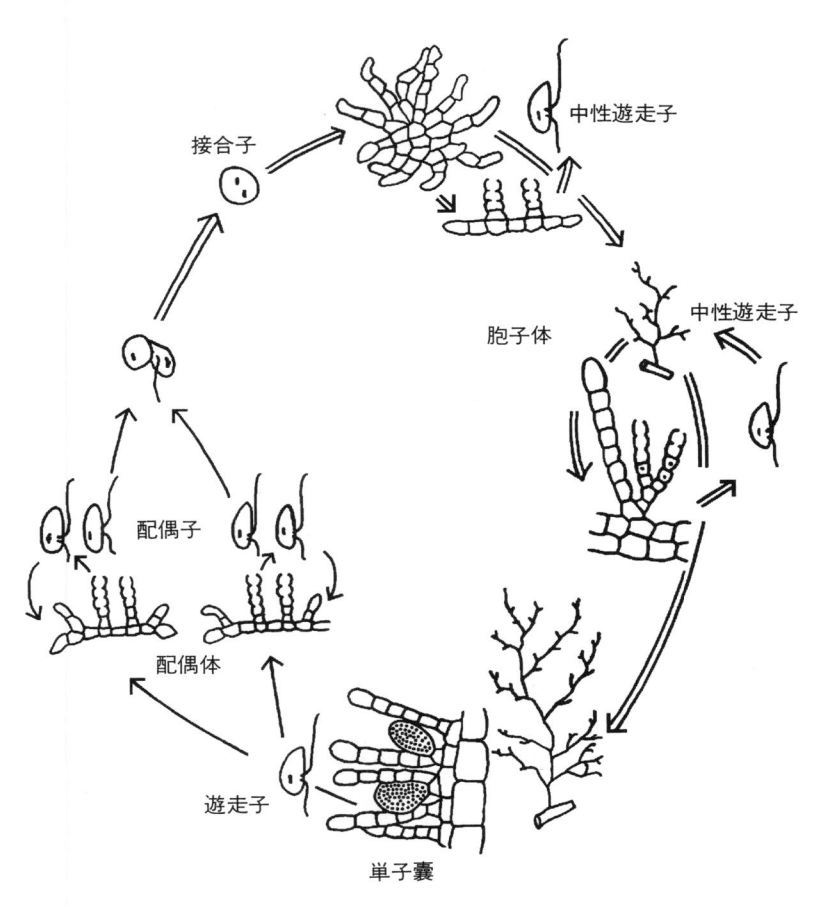

図 7.10 モズクの生活史．

以上をまとめるとモズクの生活史は図 7.10 に示すようになる．藻体の単子囊から放出される遊走子は配偶体となり，これに形成される配偶子が接合して大型の胞子体になる．胞子体には幼体から成体に至るまで，中性複子囊が形成され，これから放出される中性遊走子は直接モズク体

に生育するというサブサイクルを持つ．大村湾産のモズクは消失期にも中性複子嚢を形成し，中性遊走子は高温下では匍匐糸状体で生長することから胞子体による越夏も考えられ，胞子体と配偶体の世代交代による周年の循環とともに胞子体のみによる周年の循環が存在する可能性もある．一方，野母崎産では消失期には中性複子嚢がないので，こちらは胞子体と配偶体とによる周年の循環を行っているものと思われる（右田・四井 1972，四井 1980，1993）．

生　　態

分布は太平洋岸では千葉県，日本海岸では秋田県の南部から南西諸島に至る温帯性から亜寒帯性海域である．モズクはきわめて特徴的な着生生態を示す．石や岩に着生することはなく，ヤツマタモク，マメタワラ，エンドウモクなどのホンダワラ類の3種にのみ着生する．モズクが着生する3種とともに着生しない2種についても断面をつくって観察した．ヤツマタモク，マメタワラでは小枝に，エンドウモクでは葉面につくが，これら3種の小枝や葉面には突起があり，この部分にモズクの着生が見られた．一方，モズクが着生しない種ではこのような突起が認められなかった．すなわち，モズク着生の有無は基質となるホンダワラ類体上の突起の有無という物理的な構造が影響していると考えられる．つぎに，無機の基質から発生するかどうかという点では，カキ殻，傷をつけた写真用フィルム，合成繊維などからも発生する．これらのことから，モズクの着生は基質表面の粗面構造と密接に関係しており，上述した3種のホンダワラ類海藻は体表面の突起部を持つ形状が着生に好都合な性質を持っているものと思われる．また，ヤツマタモク上におけるモズクの着生位置，着生数の季節変化を調べた結果では，季節の進行に伴って，ヤツマタモク上でヤツマタモクの生長に伴って新たに伸長した主枝，小枝へと着生域を増加し，着生帯としては上に，また横に幅が広がり，着生数も飛躍的に増加していく（四井 1980）．

沖縄で通称"ホソモズク"といわれている海藻があり，これは死サンゴの破片などに着生している（当真 1996）．この"ホソモズク"はモズクと同定されているようであるが，着生基質が異なるためモズクとは違うのではないかという意見もあるようである（当真 1996）．ただし，上述したように，基質の表面が適当な粗面構造を持てば，モズクは無機の基質にも着生が可能である．ただ，九州〜本州の沿岸の状態では，その他の生物との着生面をめぐる競争で，石など無機の基質上では生育することができなくなるものと思われ，汚れが少ない沖縄の海で死サンゴから発生してもなんら不自然ではなく，着生基質の相違が種を分ける要素になるとは思えない．季節変動は，九州西岸ではふつう3〜6月にかけて生育する．長崎県大村湾では，12〜5月にかけて生育し，肉眼視される時期が早いという特徴がある．後述するように，大村湾では小型の胞子体で越夏している可能性があり，この越夏した胞子体に形成される中性遊走子を出発点とするため外海域に比べ出現期が早くなっている可能性が考えられる（四井 1980）．

（6）　マツモ *Analipus japonicus* (Harvey) Wynne

形　　態

マツモは図7.11に示すような形態で，座と直立体とからなり，一つの座から数本の直立体が叢生する．長さは15〜30 cmになる．藻体には雌性配偶体，雄性配偶体，胞子体の3者があり同形である．

図7.11 マツモ（西洞孝広氏提供）.

生 活 史

生殖器官として，胞子体には単子嚢が，雌性，雄性配偶体にはそれぞれ雌性，雄性配偶子複子嚢が形成される．

単子嚢の遊走子発生；遊走子は $8.8 \times 4.8\,\mu m$ で1眼点を持ち，2本の鞭毛を体の側面に生じ，負の走光性を示す．着生した遊走子は径 $6.0 \sim 7.0\,\mu m$ の円形となり，発芽管を出し，この中に細胞質が移動したのち隔壁によって新細胞を形成する．新細胞は分裂を繰り返して盤状の発芽体になる．その後直立体を生じ元の胞子体と同じ大きさの配偶体になる．

配偶子複子嚢の遊走子の発生；配偶体は雌雄異株で，放出される配偶子は1眼点を持ち，2本の鞭毛を体の側面に生じ，負の走光性を示す．雌雄の配偶子は大きさをやや異にする．雌性配偶子は $8.7 \times 4.5\,\mu m$，雄性配偶子は $7.0 \times 4.0\,\mu m$ である．配偶子は接合し，有性生殖を経て胞子体に発生する．接合子は径 $6.8 \sim 7.7\,\mu m$ の円形となり，発芽管を出して発芽後，盤状形になった後直立体を生じ大型の胞子体に生育する．一方，接合しなかった配偶子は単為発生する．雌性配偶子は着生して径 $5.4 \sim 6.4\,\mu m$，雄性配偶子は径 $4.7 \sim 5.4\,\mu m$ の円形となる．両者とも，遊走子または接合子と同様の発生を経て大型の藻体に生育する．生長の速度は雌性配偶子の単為発生体のほうが少し速い．雌性配偶子の単為発生体は複子嚢を形成し，なかには単子嚢を同時に形成するものもある．一方，雄性配偶子の単為発生体は，複子嚢のみを形成するものもあるが，多くは複子嚢とともに単子嚢を同一体に形成する．雌性配偶子と雄性配偶子の単為発生体上で複子嚢のみを形成した個体から，放出された遊走子間では接合が認められる．複子嚢と単子嚢を同一体に形成する場合，これらから放出される遊走細胞の性については明らかにされていない．ただ，シオミドロ *Ectocarpus siliculosus* (Dillwyn) Lyngbye では，単子嚢を持つ単相植物体は無

性で，単相の性的機能を持つ植物体は単子嚢を持たないとされており（Müller 1967），このことがマツモでもいえれば，配偶子の単為発生体に生じる単子嚢の遊走子は無性と考えられる．

このように非常に複雑な発生を示すため，全体像を図示することは難しいが，簡略化して基本的な部分を示すと，マツモの生活史は図7.12に示すようになる．大型の胞子体と大型の配偶体とによる同型の世代交代を行う．また，この間に接合しなかった配偶子が単為発生して元の配偶体になるというサブサイクルも存在する．この単為発生体には複子嚢のみを形成する体と同一体に複子嚢と単子嚢を形成する体が雌，雄配偶子の単為発生体ともに形成され，これらから放出される動胞子はあるものは接合して胞子体に，あるものは再び単為発生を繰り返して，元の配偶体になるというきわめて複雑で変化に富む生活史を示す（Nakahara 1984，中原 1993）．

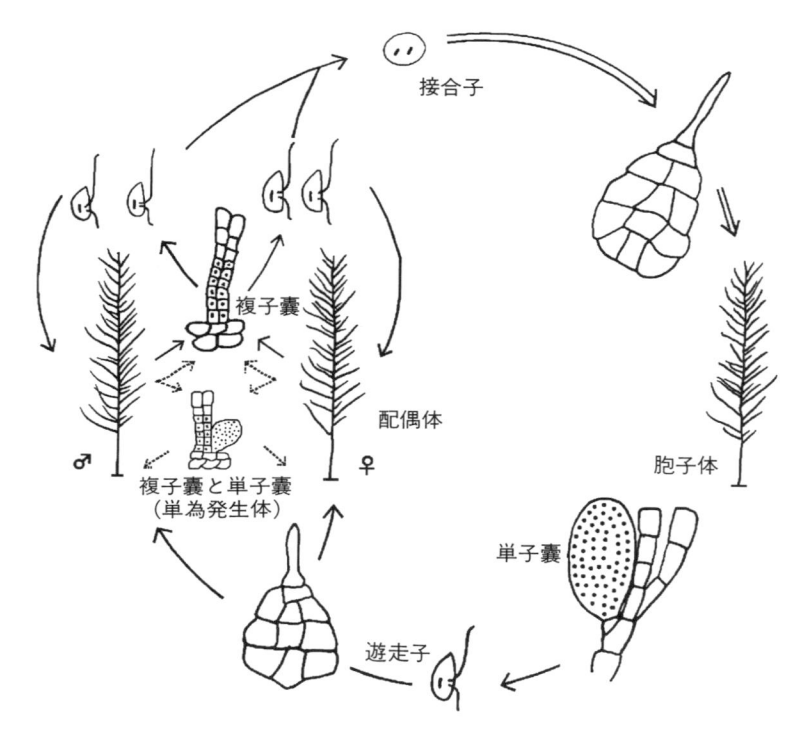

図7.12 マツモの生活史（Nakahara 1984から作成．点線で示した部分は単為発生体で加わる）．

図7.13 マツモの生育状況（西洞孝広氏提供）．

生　　態

　生育は潮間帯の石や岩である（図7.13）．分布は，千葉県の犬吠埼以北の太平洋沿岸と能登半島以北の日本海沿岸に認められる．生産量が多いのは三陸沿岸と北海道である．潮間帯に生育する海藻で，生育帯の上部には配偶体，下部に胞子体が多い傾向がある（堤　1980）．季節的消長は，秋に肉眼視され，冬から春にかけて繁茂し，初夏に流失する．根部の座が越年する根部多年生の海藻である．

7.2　モズク類の増養殖

（1）　オキナワモズク

　沖縄県を中心に天然産が採取され食用にされてきたが，昭和47年頃から，野外採苗法について研究が進み，養殖網の張り込み時期や張り込み方法などいくつかの点で技術開発が進められ，養殖が行われるようになった．一方，生活史や胞子体の培養生態が解明されるに伴い，人工採苗法が開発され，鹿児島県奄美大島や沖縄県でこの実用化が図られるとともに，養殖生産は安定し，この地方を代表する養殖漁業に成長するにいたった．オキナワモズクは胞子体期に中性遊走子のサブサイクルを持つこと，このサブサイクルは一年を通して見られることなど，きわめて旺盛な繁殖力を持っているため，多様な方法による種苗生産が可能である．

　人工採苗；人工採苗は藻体または越夏培養した胞子体から，放出される中性遊走子を利用する．海水が入った水槽に養殖網と早期に発生した天然の藻体か越夏培養した胞子体のどちらかを入れ，通気培養する．そうすると，放出された中性遊走子が網糸に付着し，人工採苗ができる．胞子体の越夏培養は，人工基質に中性遊走子をつけ，室内水槽で照度と換水を組み合わせた管理のみで行うことができる．この方法の一つとして，透明のポリカーボネイト製水槽の壁面を用いる方法も実用化されている．透明のポリカーボネイト水槽の壁面に，中性遊走子を着生させ，水槽内で中性遊走子によるサブサイクルを繰り返させながら増殖させ，秋にこの水槽の中に養殖網を入れ，中性遊走子を付着させる（当真　1986）．また，養殖可能期間から見て，採苗時期は10月下旬〜2月中旬の間であるが，12月中旬以降の採苗には越夏培養した胞子体ではなく，天然で早期に出現した藻体もしくは人工採苗して早期に養殖した藻体を用いる人工採苗が可能である．この方法はきわめて簡便であるが，雑藻が混入しやすいという欠点もある．

　養殖；養殖網の張り込みは2〜3月に行われる．網を4〜5枚重ねて海底に接触させて張ること

図7.14　オキナワモズクの収穫（当真　武氏提供）．

により発芽率が上昇することが分かっている．このように張り込むと，当然網同士が擦れることになるが，オキナワモズクは粘液質を多く持つため擦れても被害が少なく，擦れ合うことでかえって雑藻の付着を少なくし，結果として発芽がよくなるためと考えられる．モズク類では，フトモズクが砂地の中の石や岩についているのをよく観察するが，これも砂で擦れるような場所には，ほかの海藻は入植しにくい反面，フトモズクは粘液質を多く持つため擦れの被害が少なく，相対的に有利になるためで，おそらく，同様の理由によるものと考えられる．

養殖はノリ網を利用して行われており（図7.14），収穫は養殖網の張り込み後80～90日で，6月まで行われ，30 cmほどに生長した頃吸水ポンプを利用した採取装置で行う．生産量は養殖網（ノリ網）1枚当たり70～90 kg（生重量）である（新村 1977 a，当真 1986）．

（2） キシュウモズク

本種は長い同化糸を持つのが特徴であるが，同化糸の長さと関連すると思われる粘液質がきわめて多く，モズク類の中でもっとも美味な種である．生活史については，充分には明らかにされていないため，生活史を利用する人工採苗はできていないが，ウミゾウメン *Nemalion vermiculare* Suringar（四井 1989）やミル *Codium fragile* (Suringar) Hariot（四井・右田 1989）と同様の方法により，体細胞の栄養繁殖を利用すると人工採苗が可能である．また，養殖のさい，網糸上に侵入，着生する雑生物との競争においてモズクよりも強く，適地を選べばフトモズクとともに九州～本州でも養殖生産が可能と思われる．

人工採苗；生活史が明らかになればそれを利用する種苗生産が可能になると思われるが，ウミゾウメンやミルで開発された，体細胞を利用する方法によれば種苗生産と人工採苗を容易に行うことができる．また，この方法は成熟時期にかかわりなく培養を始めることができ，個体を選抜して種苗を得ることも容易なので，生殖細胞を利用するよりもむしろ有利である．方法は，まず，キシュウモズクの体から表面の一部をピンセットでつまみ取り，シャーレに入れて同化糸をほぐす．この際，藻体の表面を殺菌海水でよく洗い，雑生物の混入をできるだけ防ぐ．その後，同化糸をマイクロピペットで吸い取り，殺菌処理をした培養海水に入れ，止水で培養する．このようにすると，同化糸細胞が分裂を始め，個々の同化糸細胞に由来する細胞群が塊状になる．これらは夏の室温下でも枯死することなく増殖する．そこで，細断を繰り返して培養し増殖させる．このようにして，必要量を確保し，秋になってこれらの体をミキサーなどで細断して，養殖網と共に培養液を入れた水槽に入れ，通気して培養する．切断された細胞枝が網糸にかかり，着生し，偽盤状体に生育する．網糸に絡みついたものからは直立体が発生しないので，培養中に手でもみ洗いしてこれらを落とす．なお，脱落した細胞枝は再び細断して種苗として活用できる．採苗の密度は，海に張り込んでからの雑生物の付着対策上，網糸が褐色になり糸の表面が見えないほど濃密にしたほうがよい．養殖基質はノリ網に使用しているクレモナ5号網が使用できる．

養殖；長崎県で実験的に成功している．適地としては，付着雑生物が少ないことが最大の条件となる．現在まで実用化されていないのは販路に制約があったからで，この解決ができれば味覚は優れているのでモズク類の高級品として養殖の実用化が期待される．

（3） イシモズク

モズク類の中では粘液質が少ないほうになり，粘り気はないが歯切れがよく独特の味覚がある．広くわが国沿岸に分布するが，好んで食用にされ，価格が高いのは秋田県や北海道である．

漁獲統計がなく全国の生産量は明らかではない．本種については，中性遊走子のサブサイクルがないのでオキナワモズクのような簡単な方法では種苗生産と人工採苗はできない．一方，接合子もモズク類の中では最も接合しやすいとはいえ，接合子を種苗として大量に集めることはできず，生活史の一循環を利用する限り実用的な人工採苗は不可能である．ただし，前述したように接合子発芽体は高温下では直立体を形成せず，匍匐糸状のままで生長する．この性質を利用すると人工採苗が可能である．なお，同化糸細胞を栄養繁殖させる方法は，イシモズクでは同化糸の細胞数が少ないためか成功していない．同化糸が短い種については培養方法に工夫が必要である．

人工採苗；接合子は20℃以下の低温で培養すると直立同化糸を形成しイシモズク体に生育するが，24〜25℃の高温下では匍匐糸状体のままで生長する．高温で培養した接合子発芽体をスライドグラスから取り外し，カミソリで細断して高温下で培養すると，再び分枝する糸状体となる．この操作を繰り返してフラスコ内で増殖させる．秋になって，この分枝糸状体を細断して，培養液を満たした水槽に養殖網とともに入れ通気培養する．細断された糸状体は網糸に着生し，密着して再び分枝糸状体になる．採苗効率がよくないので採苗に要する期間は長いほうがよい．この方法は効率が悪く，実用性がないように思えるが，必要な容器数と採苗期間をみておけば失敗がなく，漁業者に普及するうえではかえって好都合である．

図7.15 ノリ網で養殖されたイシモズク．

養殖；養殖実験は長崎県の大村湾と秋田県で行われた．大村湾では12月の上旬に海に入れると約1週間で直立体を生じ，4ヵ月後の3月に，秋田県では1月上旬に入れると同じく4ヵ月後の5月上旬には大型のイシモズクになり収穫が可能になる（図7.15）．養殖網からの収量は1 m² 当たり1.3 kg程度であった（四井・山田 1990）．この量は通常のノリ網1枚に換算すると約35 kgで，オキナワモズクの半分以下である．この理由はイシモズクの藻体は粘液質が少なく軽いためである（四井・山田 1990）．

（4） フトモズク

本種はモズク類の他の種に比べて柔らかい体をしている．そのため，食したときに全く歯ごたえがなく，ちょうど，ところてんを食べているような食感がある．福岡では珍重されモズクよりも高値で売り場に並んでいる．本種の養殖については，すでに1980年ごろに長崎県において成功している（四井 1982）．モズク類を養殖する場合，網を海に入れてからの雑生物対策が課題と

なるが，フトモズクは径が太いためモズクに比べると格段に競争に強く，かなりの適地が存在する可能性がある．

人工採苗；養殖用の種苗は野母崎型の生活史をとる系群では，イシモズクと同じく接合子発芽体と初期の接合子発芽体に形成される中性遊走子が，口之津型の生活史をとるものでは単子嚢の遊走子が種苗として利用できる．これまでの観察では，フトモズクには体が細く枝分かれが多いものと体が太く枝分かれが少ないものがあり，養殖体も明らかに親の性質を引き継いでいる．外観的には，体が細く枝分かれが多いほうが好ましく，このような母藻を選べば，口之津型の生活史をとる可能性が高い．口之津型の生活史をとる個体からの採苗は，成熟した藻体を，海水につけ明るいところにおくと遊走子が放出される．弱い負の走光性があるので，それを利用して殺菌海水で数回洗浄した後暗黒下でスライドグラスに低密度で付着させる．これらを培養して匍匐糸状体にした後，雑藻のないことを確認してスライドグラスから外し，フリー状態としフラスコで培養する．フラスコ内で匍匐糸状体は生長するとともに中性遊走子を放出して個体数を増やす．フリー状態の匍匐糸状体はときどき細断して，必要量にまで増殖させる．一方，野母崎型をとるものでは，イシモズクと同様に接合子を活用して行うことになる．接合子は23°C以上の高温では匍匐糸状体のままで生長し，この過程で中性複子嚢を形成し中性遊走子を放出する．ある程度生長したところでこれら発芽体をスライドグラスから取り外し，カミソリで細断して培養する．細断された分枝が再び生長して大きくなるとともに中性遊走子によっても増殖する．少ないながら中性遊走子を形成するので，イシモズクに比べると効率がよい．さらに，生殖細胞を出発点とする種苗生産以外に，キシュウモズクの場合と同様に藻体の体細胞を栄養繁殖させて種苗を得る方法もある．この方法では，種苗の採取が成熟時期に左右されず，しかも，個体選抜が容易にでき，生殖細胞を利用する方法よりも優れた方法といえる．養殖網への採苗は増殖させた種苗をミキサーなどで細断して，培養液を入れた水槽中に養殖網とともに入れ，通気培養する．こうすると，細断された細胞枝が網糸に着生するとともに，これらから再び中性遊走子も放出され網糸に着生する．採苗密度は濃密なほど養殖の成績がよいので，採苗期間を1〜2ヵ月と長くとり，網糸が着色するまで濃密に採苗する．

図7.16　ノリ網で養殖されたフトモズク．

養殖；12月頃養殖網を張り込むと3〜4ヵ月で摘採できる（図7.16）．摘採回数は1回で，生産量はノリ網1枚当たり80〜100 kg程度である．イシモズクなどに比べて生産性が高いが，これはフトモズクが多量の粘液質を持ち重量があるためである．フトモズクはモズク類のなかで

は，最も径が太いため，養殖網を張り込んだ後の雑藻との競争にも比較的強いが，浮泥がつき端脚類が多い場所や波当たりがなく付着珪藻の多い場所，イトグサ類，セイヨウハバノリなどがつきやすい場所などは避けたほうがよい（四井 1982）．

（5）モ ズ ク

モズクはわが国沿岸に広く分布し，食品として古くから親しまれてきたが，その流通が特殊ものを扱う問屋を通じて主として行われること，生産量がまとまっていないことなどが重なり，きちんとした全国統計がない．長崎県では大村湾を中心に採取されているが，この水揚げを見ても大きい年変動を示す．モズクは主としてヤツマタモク，部分的にはマメタワラやエンドウモクに着生したものを採取しているが，モズクそのものの変動に加えて，着生基質であるホンダワラ類海藻の変動によっても生産が影響されることがある．たとえば，長崎県大村湾の西岸一帯では1993年はモズクの生産が不調であった．この年は藻体が黒くなり，気胞が少なく海底に倒伏するなど，ヤツマタモクに異常があり，これが原因でモズクが少なかったものである．倒伏したヤツマタモクを観察すると，前年の主枝が流出せずに残存し，これが翌年に再生したため，残存した主枝の部分が黒くなり，新たな枝の生長が遅れ，気胞の形成も少ないため浮力が不足して海底に倒伏したものであった．これは，前年の5月に北ないし北西の風が極端に少なく，そのために古い枝が流失しなかったことが原因となって起きた現象であった（四井・前迫 1994）．また，これも大村湾のモズク漁場で，頻繁なモズク採取によってヤツマタモクが減少し，混生していたヨレモクが優占してしまい，モズク漁場としての価値をなくしてしまった例もある．モズクでは人工採苗が可能となっており，人工基質からも発生することから，実験的には養殖が可能である．ただ，径が1mm程度と細いため雑藻との競争に弱く，どうしても養殖中に雑藻が混生してくる．そうすると，生育が圧迫されるのみでなく，摘採された生産物にこれらが混入し，選別ができないところから，商品価値をなくしてしまい，養殖の実用化を困難にしている．養殖の実用性は，キシュウモズクやフトモズクには劣るが，これまでに分かっている養殖の手法について触れ，将来，条件によっては可能性が生じると思われる増殖の方法についても簡単に述べる．

人工採苗；藻体の中性遊走子を培養し，越夏させたものを利用する（四井 1977）．また，モズクでもキシュウモズク，フトモズクと同様に藻体の同化糸細胞を栄養繁殖させて匍匐糸状体を得，それを培養で増殖し中性遊走子発芽体の替わりに使うこともできる．個体選抜が容易なことを考えると，藻体の同化糸の栄養繁殖を利用するほうが有利である．これらの発芽体をフリー状

図7.17 ノリ網で養殖されたモズク．

態で培養し，これまでに述べたものと同じ方法で養殖網に採苗する．

養殖；長崎県大村湾で養殖した結果では（図7.17），12月に海に入れると3月には藻体長が約20 cmになり，順調に行けばノリ網1枚当たり約60 kgが収穫でき，非常に汚れが少ない年には大村湾では養殖が成立する可能性がある（四井 1974）．ふつうの年にはイトグサやシオミドロが着生し，ヨコエビなどの付着も多い．このような汚れが混入すると選別ができないため商品としての価値をなくしてしまい，もっぱら汚れを防げないという理由で安定した養殖は見通しがない．

増殖；モズク漁場に天然では種苗の供給が行われていないか少ないと思われる早期に人工的に中性遊走子を漁場に補給することが可能である．また，前に述べたように，外海のモズクは胞子体と配偶体とによる世代交代で周年の循環をしていると思われるが，大村湾産はこれ以外に，中性遊走子のサブサイクルによる年間の循環を持つ可能性がある．そこで，増殖の方法として，一つは，ヤツマタモクの群落がある場所で，何らかの理由でモズクの生殖細胞の供給が遅いか，少ないためにモズクの生産量が少ないか，不安定であると考えられれば，塩化ビニールパイプでつくった枠に糸を巻き，これに培養した発芽体を濃密につけ，水温が高い時期に現場の海底に入れ，これから中性遊走子を放出させ，供給する．また，中性遊走子は日の出直後に朝日の入射に反応して放出されるので，前日の夕方に暗黒にし，翌朝光をあてて遊走子を放出させ，その遊走子を漁場のヤツマタモク群落に散布する方法も可能であろう．ほかの一つは，外海域におけるモズクは中性遊走子のサブサイクルによる周年の循環を持たないように思えるので，大村産のモズクを導入する方法である．手法は上述の場合と同様に行うことができる．これらの方法によって，生殖細胞の供給時期に左右されてきた出現期や生産量の年変動を調整することは可能と思われる．モズクの年変動そのものは供給される生殖細胞の量や時期の遅速とともに水温などによる生長への直接的な影響や着生基質であるヤツマタモクなどを介した間接的な影響も含め，きわめて複雑な要因に左右されると考えられるので，実施に当たってはこれらをよく考慮して判断をせねばならない（四井 1980）．

(6) マツモ

マツモは真水で塩抜きした後，板海苔のように抄いて乾燥させたものが流通している．モズクなどに比べると歯ごたえがあり，食感を異にする独特の味覚を有する．岩手県ではとくに珍重され，この増産を図るため，昭和40年頃からノリ網を漁場に張り込み，天然採苗による養殖が試みられて，昭和50年代前半にはブロックの設置によって基盤を造成する技術が開発され，岩手県下の各地で実施された．また，昭和50年代後半になると撚糸を基質とした天然採苗法が開発され，これを種苗とする養殖が行われるようになった．また，近年は人工採苗についても研究が行われている（西洞 1993）．

増殖；半円柱型のコンクリートブロックを潮間帯に設置することによりマツモの着生基盤を造成する方法が行われてきた．設置後2年以上になるとブロック上に雑海藻が増え，マツモが着生できなくなるので，このときにはブロックを掃除すると再び着生，生育が認められる．

養殖；採苗は野外天然採苗と室内人工採苗の二つの方法がある．まず，天然採苗は4～5月頃に撚糸を水位30 cmの潮間帯に設置する方法で行われる．このようにすると，7～8月には座が見え始め，11月頃（水温13～14℃）になると直立体が発生し，12月頃になると数cmに生長する．この時点で採苗を終了し，種苗糸をロープに巻き海面に張って養成を開始する．一方，人工

採苗は生殖細胞を発生させ座に発芽させた後，これを基質から取り外して培養し，細断を繰り返して培養で増殖させ，再び，細断して種苗糸につける方法が試みられている．この場合，種苗糸につけるのは7月頃，海への張り込みは10月頃に行われる（図7.18）．また，種苗糸を再利用する試みもなされている．養殖してマツモを摘採したあと，付着物を取り外し残った座を低温で保存し翌年の漁期に再利用する方法も試みられ良好な結果が得られている（西洞 1993）．養殖に当たって注意すべき点は，雑海藻や珪藻の付着が多いと生長が抑制されるので，潮流が速く，波当たりがよいところを選ぶことである．また，養殖縄が海面下に沈むと雑生物に覆われて生長が不良となる（堤 1980, 1982, 1984）．マツモと同様に潮間帯に生育する紅藻のウミゾウメンも養殖の際に網を海面に張っていないと汚れに覆われ，生長が妨げられる（四井 1989）．潮間帯に生育する海藻は耐乾性とともに紫外線に対しても強い耐性を持っているようで，ほかの海藻が生育できないような海表面の条件が競争種を減らす方向に働き，相対的にマツモやウミゾウメンの生育を有利にするものと考えられる．

図7.18　ロープで養殖されたマツモ（西洞孝広氏提供）．

マツモは天然で約20トン程度が収穫され，1991年には養殖生産が約7トン程度とされている（西洞 1993）．今後，人工採苗が安定すればさらに生産の伸びが期待される．マツモの人工採苗は座を利用し一応の成果は認められているが，養殖の種苗とするには配偶体になるものよりは胞子体になるものの方が有利である．このためには，接合子が発生した座を栄養繁殖させるか，胞子体の体細胞を栄養繁殖させる方法があり，人工採苗を活用するためにはこの点も今後検討する必要がある．

（7） モズク類増養殖についてのまとめ

モズク類については，すべての有用種において種苗生産と人工採苗が可能になっている．中性複子嚢を形成する種では中性遊走子を，中性複子嚢を持たない種でも，接合子が得られる種ではその発芽体を直立同化糸が形成されない条件下（たとえば高温下）で培養し，発芽体の細胞を栄養繁殖させることで種苗を得ることができる．中性遊走子を形成する個体でも，中性遊走子を直接利用するよりも，この発芽体をフリー状態で培養し，増殖させ，これを細断して種苗とすると，細断体のみならず再び形成される中性遊走子も種苗として利用でき，種苗生産と人工採苗を効率的に行うことができる．加えて，モズク類では，皮層を構成する同化糸を機械的にとって培養すると，同化糸細胞が無性的に発芽して匍匐糸状体や偽盤状体に発生する．これを栄養繁殖さ

せ細断した体を種苗として採苗する方法をとると，生殖細胞を経由することなく種苗を確保でき，同化糸が短いイシモズクではなお工夫が必要であるが，キシュウモズク，フトモズク，モズクでは有用性をすでに確認しており，オキナワモズクでも可能と思われる．加えて，この方法では，種苗培養の開始時期が成熟時期に関わりなく行えることや容易に個体選抜を行えるなどの長所がある．

つぎに，養殖については，現時点で実用化されているのはオキナワモズクのみである．沖縄や奄美の海では，養殖網を張り込んだ後付着雑生物が非常に少なく，このことがこの海域でオキナワモズク養殖を可能にした最大の理由である．モズク類はマツモを除きすべて糸状の細い体をした単年生藻で，ほかの海藻や動物と着生面の競争をさせれば一番弱い群に入る．モズク類の養殖とは，このような種間競争に最も弱い種の純群落を人為的に網糸上に造成することにほかならない．オキナワモズクを除くほかの種において，種苗生産や人工採苗法が確立されていながら養殖が実用化されていないのは，九州から北海道に至る沿岸海域において，沖縄や奄美大島のようなモズク類の生長を妨げる付着生物の量が少ない海域がなかったということである．ただ，キシュウモズクとフトモズクは藻体の径がやや太いこともあり，付着雑生物との競争にはモズクやイシモズクよりもやや強い．この2種については九州～本州にかけての沿岸域でも養殖が可能な水域もあると考えられる．ただ，これらの2種は天然の生産がきわめて少ないため，市場にほとんど流通しておらず，販路の開拓が隘路になる可能性がある．加えて，この両種の養殖生産性はノリ網一枚（4尺×10間）に換算して80 kg前後と思われるが，オキナワモズクにおけるようなkg当たり100円台の低価格ではとても養殖の収益は望めず，kg当たり数百円以上の価格が保証できるかどうかも養殖が成立するかどうかの分かれ目になる．

引用文献

Ajisaka, T. and Umezaki, I. 1978. The life history of *Sphaerotrichia divaricata* (Ag.) Kylin (Phaeophyta, Chordariales) in culture. Jpn. J. Phycol. **26**: 53-59.

Ajisaka T. 1984. The life history of *Leathesia japonica* Inagaki (Phaeophyta, Chordariales) in culture. Jpn. J. Phycol. **32**: 234-242.

Ajisaka, T. 1985. Study of the life histories of Chordariales (Ohaeophyceae) in culture. p. 96-102. 京都大学審査学位論文.

鰺坂哲朗・川井浩史 1986. 日本産キタニセモズク *Acrothrix gracilis* Kylin（褐藻類，ナガマツモ目）の生活史．藻類 **34**: 129-136.

鰺坂哲朗 1993. *Sphaerotrichia divaricata* (C. Agardh) Kylin（イシモズク）．堀 輝三（編），藻類の生活史集成 第2巻．p. 26-27. 内田老鶴圃.

Blackler, H. and Katpitia, A. 1963. Observations on the life history and cytology of *Elachista fucicola*. Trans. Bot. Soc. Edinb. **39**: 392-395.

Edelstein, T., Chen, L. and McLachlan, J. 1971. On the life histories of some brown algae from eastern Canada. Can. J. Bot. **49**: 1247-1251.

Kornmann, P. 1962. Die entwicklung von *Chordaria flagelliformis*. Helgoland. Wissen. Meeresunters. **8**: 276-279.

右田清治・四井敏雄 1972. モズク増殖に関する基礎的研究-1，モズクの生活環について．長崎大水研報 **34**: 51-62.

宮下　章 1980. ものと人間の文化史 11, 海藻. 314 pp. 法政大学出版局.

Nakamura, Y. 1972. A proposal on the classification of Phaeophyta. In Contributions to the systematics of benthic marine algae of North Pacific (I. A. Abott and M. Kurogi eds.). Jap. J. Phycol: 147-155.

Nakahara, H. 1984. Alternation of generations of some brown algae in unialgal and axenic cultures. Sci. Pap. Inst. Alg. Res., Hokkaido Univ. **7**: 81-92.

中原紘之 1993. *Analipus japonicus* (Harv.) Wynne (マツモ). 堀　輝三(編), 藻類の生活史集成 第2巻. p. 42-43. 内田老鶴圃.

Peters, A. F. and Müller, D. G. 1986. Critical re-examination of sexual reproduction in *Tinocladia crassa, Nemacystus decipiens*, and *Sphaerotrichia divaricata* (Phaeophyceae, Chordariales). Jpn. J. Phycol. **34**: 69-73.

Peters, A. F., Novaczek, I., Müller, D. G. and McLachlan, J. 1987. Cultural studies on reproduction of *Sphaerotrichia divaricata* (Chordariales, Phaeophyceae). Phycologia **26**(4): 457-466.

Peters, A. F. 1987. Reproduction and sexuality in the Chordariales (Phaeophyceae). A review of culture studies. In Progress in Phy. Research Vol. 5. (Round and Chapman eds.): 223-263.

西洞孝浩 1993. 褐藻マツモの人工種苗生産と種苗の再利用について. 平成5年度東北ブロック増養殖研究連絡会議報告書: 41-47.

新村　巌・山中邦洋 1974 a. オキナワモズクの養殖に関する基礎的研究-I, 採苗時期と成長. 日水誌 **40**(9): 859-902.

新村　巌・山中邦洋 1974 b. オキナワモズクの養殖に関する基礎的研究-II, のり網による養殖試験. 日水誌 **40**(11): 1133-1138.

新村　巌 1974 c. オキナワモズクの養殖に関する基礎的研究-III, 中性複子嚢の遊走子の発生. 日水誌 **40**(12): 1213-1222.

新村　巌 1975. オキナワモズクの養殖に関する基礎的研究-IV, 単子嚢の遊走子の発生. 日水誌 **41**(12): 1229-1235.

新村　巌 1976. オキナワモズクの養殖に関する基礎的研究-V, 配偶子の接合と接合子の発生. 日水誌 **42**(1): 21-28.

新村　巌 1977 a. オキナワモズクの養殖に関する基礎的研究. 鹿児島水試紀要 **11**: 1-64.

新村　巌 1977 b. 南日本産オキナワモズクの生活史. 藻類 **25**(増補): 333-340.

新村　巌 1993. *Cladosiphon okamuranus* Tokida (オキナワモズク). 堀　輝三 (編), 藻類の生活史集成 第2巻. p. 20-21. 内田老鶴圃.

堤　眞治 1980. 岩手県種市町沿岸におけるマツモ *Analipus japonicus* (Harvey) Wynne の生態学的観察. 水産増殖 **28**(2): 83-87.

堤　眞治 1982. 撚糸を用いたマツモの養殖試験. 水産増殖 **30**(2): 126-130.

堤　眞治 1984. 撚糸を用いたマツモの養殖試験-II. 水産増殖 **31**(4): 196-199.

当真　武 1986. オキナワモズク. (社)資源協会(編), 浅海養殖. p. 612-626. 大成出版社.

当真　武 1996. 亜熱帯における有用海藻類の生態と養殖に関する研究. p. 1-155. 九州大学審査学位論文.

Wanders, J. B., Hoek, C. van den and Schillen-van Nes, E. N. 1972. Observations on the life history of *Elachista stellaris* (Phaeophyceae) in culture. Neth. J. Sea Res. **5**: 458-491.

吉田忠生 1998. 新日本海藻誌 日本産海藻類総覧. 1222 pp. 内田老鶴圃.

四井敏雄・右田清治 1974. モズク養殖試験. 日水誌 **40**: 1223-1228.

四井敏雄 1975 a. モズク配偶体の培養における生態. 長崎水試研報 **1**: 1-6.

四井敏雄 1975 b. モズク中性遊走子発芽体の培養における生態. 長崎水試研報 **1**: 7-12.

四井敏雄 1976. モズク藻体における単子嚢と中性複子嚢の形成. 藻類 **24**: 130-136.

四井敏雄 1977. モズク中性遊走子発芽体の越夏培養と遊走子放出. 水産増殖 **24**(4): 128-133.

四井敏雄 1978. フトモズクの生活環. 日水誌 **44**: 861-867.

四井敏雄 1979 a. フトモズク配偶体の成熟と接合子の形成. 長崎水試研報 **5**: 33-38.

四井敏雄 1979 b. フトモズク胞子体の初期生長と中性複子嚢の形成. 長崎水試研報 **5**: 39-43.

四井敏雄 1980. モズクの生活環と増殖に関する研究. 長崎水試論文集第 7 集: 1-48.

Yotsui, T. 1982. The life cycle of *Tinocladia crassa* (Suringar) Kylin (Phaeophyta, Chordariales) without a haploid gametophyte from Kuchinotsu, Kyushu, Japan. Jpn. J. Phycol. **30**: 113-118.

四井敏雄 1982. フトモズクの養殖. 長崎水試研報 **8**: 101-106.

四井敏雄・右田清治 1989. 緑藻ミルの再生髄糸による養殖. 日水誌 **55**(1): 41-44.

四井敏雄 1989. 紅藻ウミゾウメンの四分胞子発芽体と体組織の再生による栽培. 日水誌 **55**(8): 1339-1342.

四井敏雄・山田潤一 1990. 褐藻イシモズクの接合子発芽体の再生糸状体を種苗とする栽培. 日水誌 **56**(11): 1735-1739.

四井敏雄 1993. *Tinocladia crassa* (Suringar) Kylin (フトモズク). 堀 輝三(編), 藻類の生活史集成 第 2 巻. p. 28-29. 内田老鶴圃.

四井敏雄 1993. *Nemacystus decipiens* (Suringar) Kuckuck (モズク). 堀 輝三(編), 藻類の生活史集成 第 2 巻. p. 36-37. 内田老鶴圃.

四井敏雄・前迫信彦 1994. 大村湾において 1993 年春にみられたヤツマタモク *Sargassum patens* の生育異常. 長崎水試研報 **20**: 67-71.

8 ヒバマタ目類

吉田 忠生

　ヒバマタ目 Fucales は褐藻類のなかでも中型から大型の種類を含む大きなグループである．潮間帯中部から漸深帯上部に群落をつくり，陸上の草原と同じくらいの高い生産力を示す藻場（ガラモ場）を形成するものもある．藻場は，また，魚類の産卵場所や稚仔の生育場所であり，多くの動物の住み処でもある．ホンダワラ類は生育基盤から離れた後，海面にただよって"流れ藻"となることがある．流れ藻は漂流期間中もサンマの産卵床となり，そのほかいろいろな動物の成育に役立つ．とくに，ブリの稚魚は体長 1 cm から 15 cm くらいのあいだモジャコと呼ばれ，体色も黄褐色で流れ藻に似ていて，流れ藻の近くで生活している．この時期の稚魚を漁獲して養殖するのも重要な産業になっている．

　ヒバマタ目の藻類は世界的に広く分布している．科や属のレベルでの多様性は南半球で著しい．ホンダワラ属は東南アジアで，とくに，多様に分化している．ヒバマタ目の藻類もコンブ目の種類と同様に細胞間物質としてアルギン酸やフコイダンを多量に含んでいる．また薬効作用のある物質を含んでいるものもあり，それらを抽出して利用している．食用としてはヒジキが最もよく知られている．

8.1 ヒバマタ目の仲間

　ヒバマタ目藻類の体は柔組織からなり，頂端のくぼみの底に位置する 1 個または数個の生長点細胞の働きで頂端生長をし，配偶子嚢は生殖器巣と呼ばれるくぼみの中に形成され，配偶子嚢のなかで減数分裂をして卵と精子をつくり，有性生殖は卵配偶である．独立した配偶体世代がないという生活史の点でもほかのグループからはっきりと区別される．

　ヒバマタ目にはつぎのような科と属がある．

　　ヒバマタ科 Fucaceae：*Ascophyllum*（図 8.2(6)），*Fucus*（図 8.1(1)，(2)），*Pelvetia*（図 8.1(3)），*Pelvetiopsis*（図 8.1(5)），*Silvetia*（図 8.1(4)），*Xiphophora*（図 8.2(7)）
　　ヒマンタリア科 Himanthaliaceae：*Himanthalia*（図 8.2(8)）
　　ホルモシラ科 Hormosiraceae：*Hormosira*（図 8.2(9)）
　　ホンダワラ科 Sargassaceae（ウガノモク科 Cystoseiraceae を含む）：*Acrocarpia*, *Acystis*, *Anthophycus*, *Bifurcaria*（図 8.3(10)），*Carpoglossum*, *Carpophyllum*（図 8.3(11)），*Caulocystis*, *Coccophora*（図 8.3(12)），*Cystophora*（図 8.3(13)，8.4(14)），*Cystoseira*（図 8.5(17)，(18)），*Halidrys*, *Hormophysa*, *Landsburgia*, *Myagropsis*（図 8.5(19)），*Myriodesma*（図 8.4(15)），*Oerstedtia*, *Platythalia*, *Scaberia*（図 8.4(16)），*Sargassum*, *Turbinaria*（図 8.5(20)）
　　セイロコックス科 Seirococcaceae：*Cystosphaera*, *Phyllospora*, *Scytothalia*, *Seirococcus*, *Marginariella*

　このうち，日本に分布するものはヒバマタ科のヒバマタ属 *Fucus*，エゾイシゲ属 *Silvetia*，ホンダワラ科（ウガノモク科を含む）のスギモク属 *Coccophora*，ウガノモク属 *Cystoseira*，ヤバ

図8.1　1：ヒバマタ *Fucus distichus* ssp. *evanescens*. SAP 086886. 北海道歯舞.
2：*Fucus serratus*. SAP 058859. Hirsholm, Denmark.
3：*Pelvetia canaliculata*. SAP 030405. Roscoff, France.
4：エゾイシゲ *Silvetia babingtonii*. SAP 057415. 北海道根室. 5：*Pelvetiopsis limitata*. SAP.

図 8.2　6：*Ascophyllum nodosum*. SAP 030621. Roscoff, France.
　7：*Xiphophora billardieri*. SAP 041822. Tasmania.
　8：*Himanthalia elongata*. SAP 039413.　9：*Hormosira banksii*. SAP 039675. New Zealand.

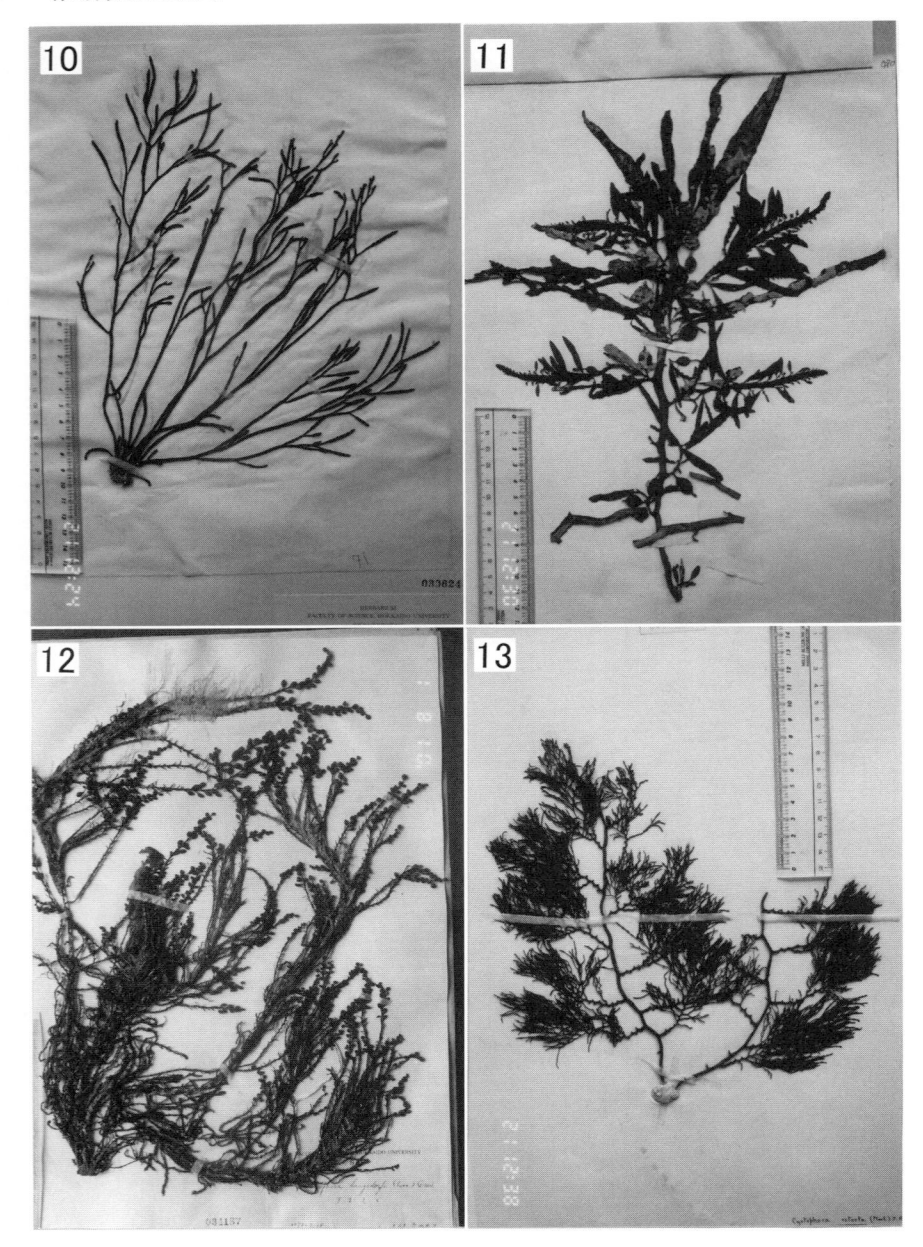

図 8.3　10：*Bifurcaria rotunda*. SAP 030624. Roscoff, France.
　　　　11：*Carpophyllum phyllanthum*. SAP 037675. New Zealand.
　　　　12：スギモク *Coccophora langsdorfii*. SAP 034187. 北海道宗谷.
　　　　13：*Cystophora retorta*. SAP 038451. South Australia.

図 8.4　14：*Cystophora uvifera*. SAP 038445. Tasmania.
　　　　15：*Myriodesma quercifolium*. SAP 040216. South Australia.
　　　　16：*Scaberia agardhii*. SAP 041156. Tasmania.

ネモク属 *Hormophysa*，ジョロモク属 *Myagropsis*，ホンダワラ属 *Sargassum*（ヒジキ属 *Hizikia* を含む），ラッパモク属 *Turbinaria* である.
　このほか大西洋の北部には *Ascophyllum*，*Fucus*，*Himanthalia*，*Pelvetia* が分布している. 残りの多数の属は南半球に限られる（Nizamuddin 1970）.
　科のレベルでの違いは体の分化の程度，生長点細胞の形や数，生殖器巣の形成場所，卵の形成過程などの形質の組み合わせで識別される. 要約するとつぎのようになる.
　ヒバマタ科：体は扁圧から扁平で叉状または側生的に分枝し，枝の一部が気胞になるものもある. 生長は断面で四角形の1個または数個の生長点細胞の働きによる. 生殖器床は枝の一部から変成し，生殖器巣が散在する. 生卵器は卵形で1, 2, 4または8個の卵をつくる. 造精器は分枝した側糸の上につくられ，64個の精子を生ずる. 胚は1本の第1次仮根をつくる.
　Australia に分布する *Xiphophora* を除いて，北半球に分布する属をふくむ.
　ヒマンタリア科：体の下部に円盤状の基部を持ち，その中央から紐状の分枝した部分を生ずる. 生殖器巣は紐状の部分に散在してつくられる.
　Himanthalia 1属だけが大西洋北部に分布する.
　ホルモシラ科：体は中空の節が数珠状に連なった枝からなり，枝は叉状的に分岐する. 生長は断面が三角形の成長点細胞4個の群の働きによる.
　生殖器巣は囊状の節の表面に散在し，生卵器は生殖器巣内面に無柄に生じて，4個の卵を形成する. 造精器は分枝した側糸の上につくられ，64個の精子を形成する.
　Hormosira 1属だけが Australia 周辺に分布する.

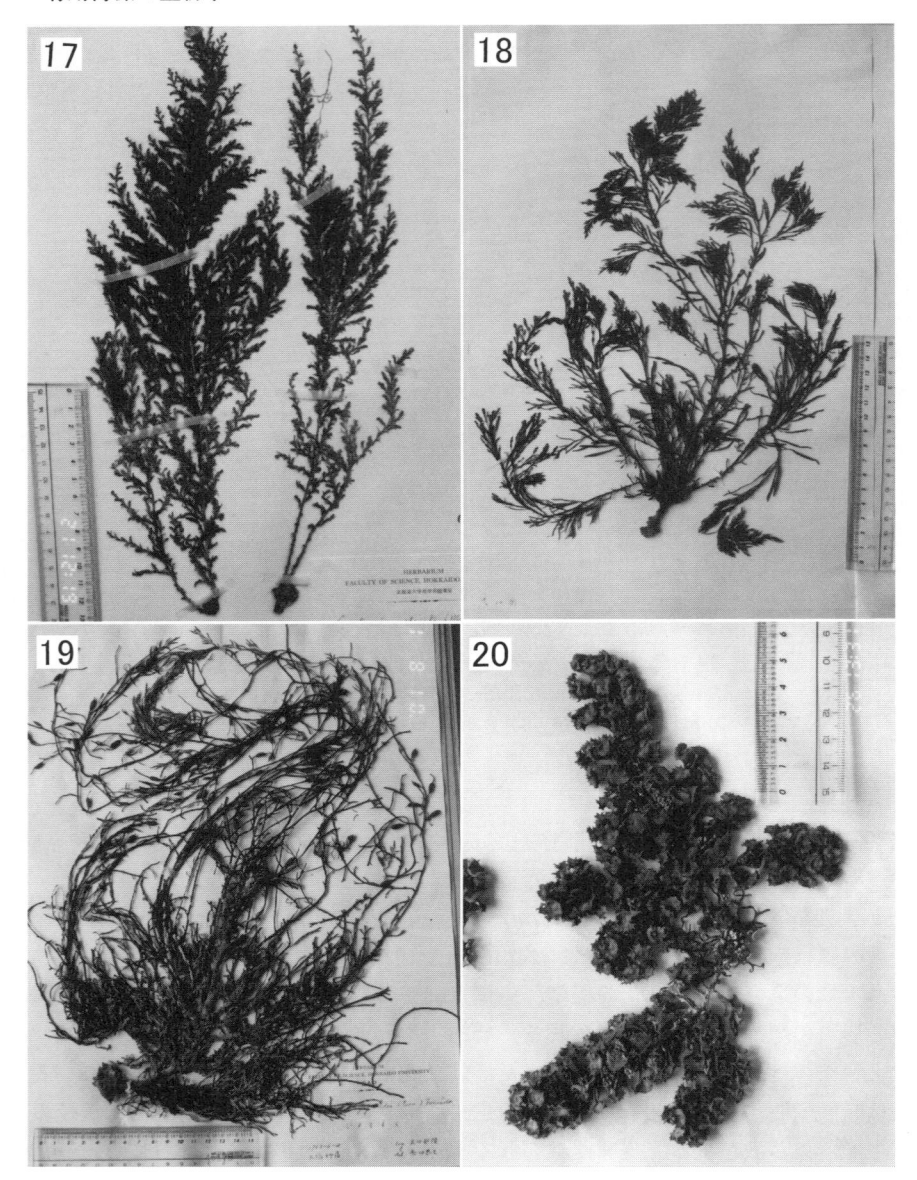

図 8.5　17：*Cystoseira stricta*. SAP 030505. St. Jean Cap Ferrat, France.
18：ウガノモク *Cystoseira hakodatensis*. SAP 053795. 北海道松前福島.
19：ジョロモク *Myagropsis myagroides*. SAP 045178. 千葉県御宿.
20：ラッパモク *Turbinaria ornata*. SAP 060786. 沖縄県瀬底島.

セイロコックス科：体は短い柄から生ずる扁平な枝からなり，枝は長い主枝と，それから2列互生する平たい小枝からなる．生長は頂端のくぼみにある断面が四角形の生長点細胞群の働きによる．

生殖器床は側枝の向軸側の縁辺につくられ，円柱状または扁圧している．生卵器は無柄で1個の卵を生ずる．造精器は無柄または分枝した側糸につくられる．

4属からなり，Australiaに分布する．

ホンダワラ科：体は外見上茎・枝・葉といった高等植物の器官に似た部分に分化し，葉の変形した気胞を持っている．生長は頂端のくぼみにある断面が三角形の1個の生長点細胞の働きによる．枝分かれが葉の腋から出るものと，そうでないものがある．

生殖器巣は枝の一部に局在して，その部分を生殖器床と呼ぶ．生卵器は無柄で，1個の卵を形成し，卵の成熟時に1核になるものと，8核の状態のものがある．造精器は無柄または分枝した側糸の上につくられる．

多数の属を含み，北半球にも南半球にも広く分布する．その多くは南半球に限られている．これまでは分枝が腋生かどうかという形質だけでホンダワラ科とウガノモク科を区別していた．わずか一つの形質で科を分けるのは不適当であるという意見があり，分子系統の研究（Horiguchi & Yoshida 1998）からも支持されないので，ここではまとめてホンダワラ科として扱う．

8.2 ホンダワラ科植物の形態

多数の属を含むホンダワラ科の植物は外部形態でも多様性に富み，体が円柱状で叉状に分岐する *Bifurcaria* 属から，維管束植物のように枝と葉が明らかに分化し，側枝は葉柄の基部から腋生するホンダワラ属のものまでを含んでいる．

初期発生の段階がよく調べられているホンダワラ属を中心に見ていく．卵は成熟して生殖器巣の外に出ても，粘質に包まれて生殖器床の表面にしばらくとどまる．ジョロモク属では生殖器巣の開口部に近いところに生ずる多数の長い側糸の間にとどまる．放出された卵はここで受精してすぐに発達を始める．卵が成熟した段階で1核になっているものと，8核あってそのうちの1核が受精後，残りの7核が退化するものがある．卵は楕円形または卵形で種類によって大きさが異なる．最初の細胞分裂で上下2細胞になり，下の細胞はレンズ状の小さい仮根細胞を切り出す．仮根細胞は数回の分裂で一定数の小細胞となる．小型の卵では8個，大型のものは16か32細胞となり，それぞれから仮根を伸ばす（図8.6(21)，上段）．仮根細胞の分裂と同時に卵本体も細胞分裂を繰り返す．この段階までを胚と呼んでいる．胚は生殖器床の表面から離れて基物に着生して発育を続ける．図8.6(21)に模式的に示すと，付着後，発芽体の頂端部は伸長して棍棒状になり，扁平になるものもある．この部分の生長は長くは続かず，下部から曲がって片側に偏ってくる．その屈曲部から反対側に突起を生じ，生長して葉状になる．その間にあらたに生長点細胞が分化する．この生長点細胞はその後も活動を続け，それによって形成される円柱状の構造を茎（主軸）と呼ぶことにしている．茎の上にはさらに数枚の葉状構造がつくられる．これは単葉の場合もあり，種によっては分岐したものもある．これを後に枝の上にできる通常の葉と区別するために茎葉（初期葉）と呼ぶことにする．茎葉が10枚あまりつくられると，多くの種では茎の頂部からつくられるのは長く伸びて葉を側生するものに交代する．これを主枝と呼ぶ．この段階からあとは茎には単純な葉はつくられなくなる（図8.6(22)右）．例外的なのはアカモク・シダ

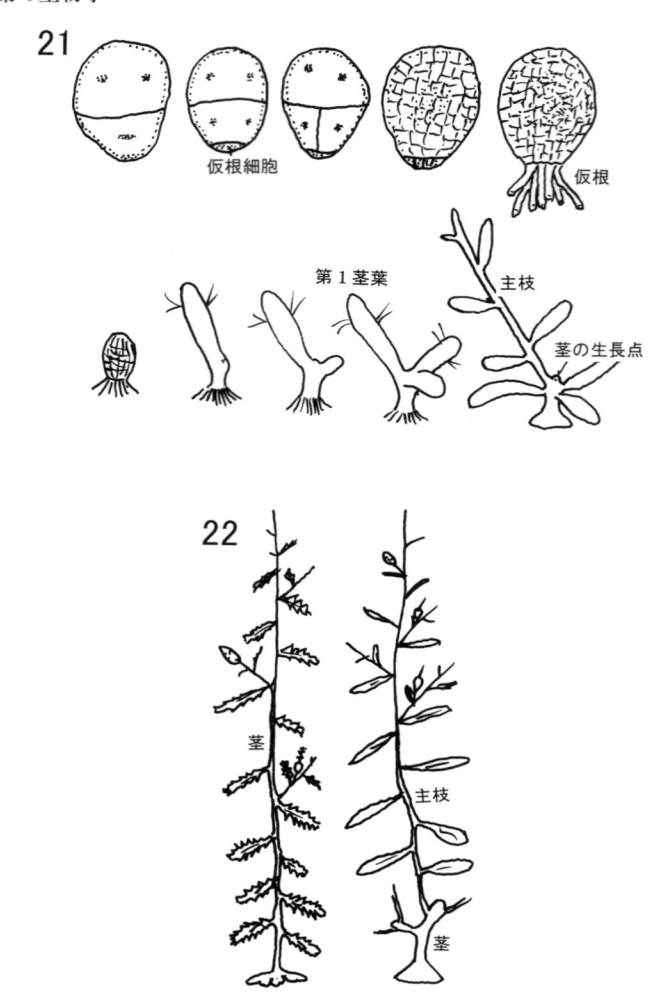

図 8.6 21：ホンダワラ類の初期発生の段階（模式）．上段：生殖器床表面．下段：基物付着後．
22：ホンダワラ類の体構成．左，茎が伸長して主枝のないもの．右，茎と主枝を持つ．

モクで，図 8.6(22) 左のように茎が伸びて他の種類のような主枝と呼べる構造はつくられない．
　ホンダワラ属の種類を亜属や種のレベルで識別するために，各部位の形態を認識しておく必要がある．
　付着器（図 8.7(23)）：幼体が第 1 次仮根で着生し，小さな盤状の付着器をつくる．その付着器の周りから繊維状の突起を多数放射状に出すもの（例：イソモク），より太い突起を出し，互いに癒着して放射状に溝をつくるもの（例：アカモク），平たい盤状（例：マメタワラ），円錐状になるもの（例：オオバモク）などがある．茎が匍匐してところどころから盤状の付着部をつくるもの（例：ナラサモ）があり，種の特徴として重要である．
　葉（図 8.7(24)）：種子植物の用語を流用して外見的によく似ているので葉という術語を用いる．図 8.7(24) に示すようにさまざまな形態の葉がある．形態を表現するのに種子植物の用語を用いて，披針形とか鋸歯縁というように記述している．葉のつき方に関して，枝と同じ面に展開

8 ヒバマタ目類　119

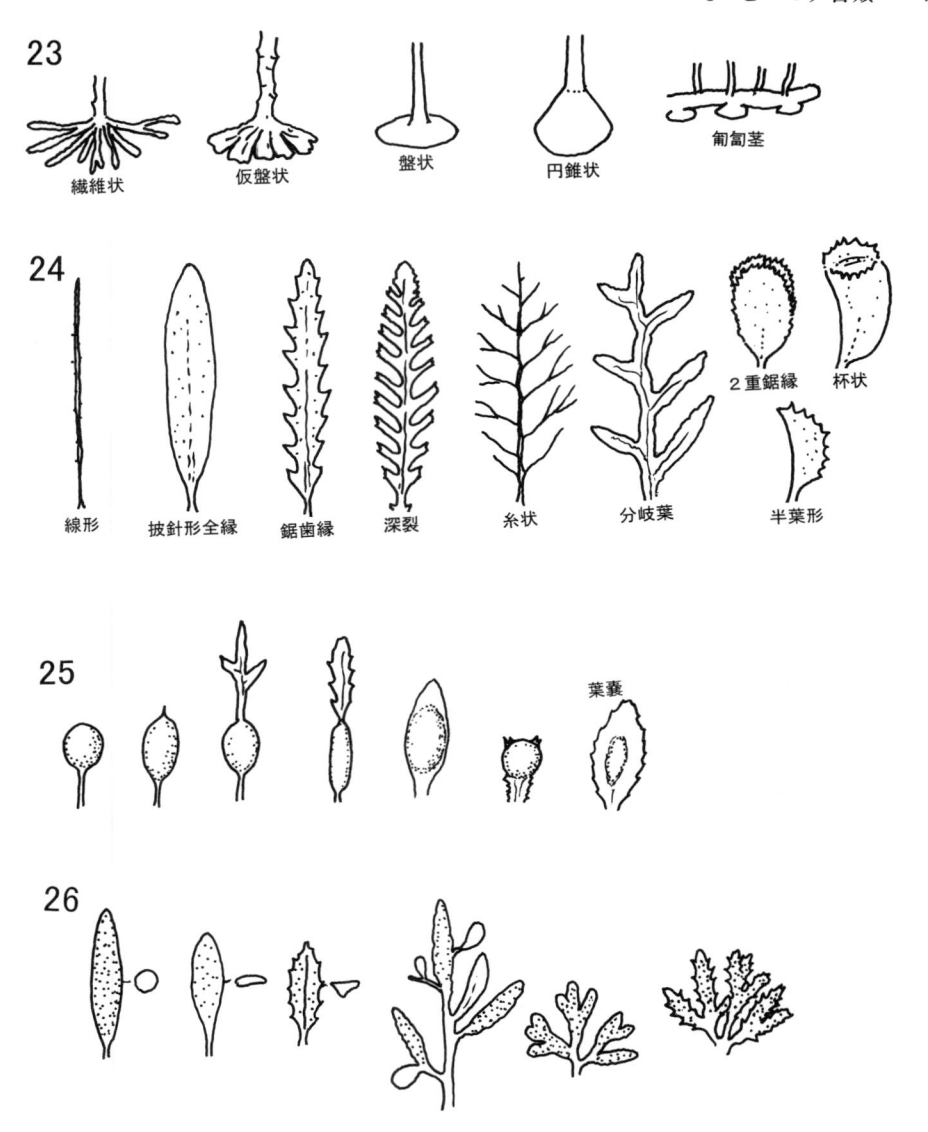

図8.7　23：付着器；繊維状．仮盤状．盤状．円錐状．匍匐茎．
24：葉；線状，披針形全縁，鋸歯縁，深裂，糸状，分岐葉，2重鋸歯縁，杯状，半葉形．
25：気胞；球形円頂，楕円形，楕円形冠葉つき，円柱形冠葉つき，楕円形翼つき，球形柄葉状，葉嚢 phyllocyst.
26：生殖器床；円柱形．扁平．三稜形，気胞や葉が混生．分岐無刺．分岐有刺．

する場合，葉が垂直につくといい，枝と直角な方向に広がっているのを水平につくと表現することにする．この場合，葉柄が下向きに出ているのを葉が反曲するといっている．

気胞（図8.7(25)）：ホンダワラ類に特徴的な気胞にもさまざまな形態があり，特徴として重要である．気胞は葉の一部が変形したもので，先端が膨らんでいると頂部は丸くなり，下部が膨らんでいると頂端に冠葉をつけることになる．柄の部分が円柱形のものから葉状に平たくなったものもある．葉の中央部だけが膨らんだものには葉嚢 phyllocyst という術語がある．

生殖器床（図8.7(26)）：生殖器床の形態を大きく二つに分けて，単純で分岐のないものと，分岐する複雑なものに区別する．単純な生殖器床は円柱形，扁平，三稜形に分けることができる．分岐するものの中で，気胞や葉が混在するものと，生殖器床だけが集合している状態とに分けることができ，表面に刺があるかないかも，識別の助けになる．

8.3 ホンダワラ属の分類

多数の種を含むホンダワラ属を細分して亜属や節のレベルでまとめる試みは Agardh 親子の時代からの提案がある．そのうち，J. Agardh（1889）の分類系が広く知られている．この分類系は主枝と葉の関係，気胞の形，生殖器床の形態などの形質の組み合わせでホンダワラ属をつぎのような5亜属に区別するものである．

Sargassum 属の J. Agardh による亜属の検索表

```
1. 葉は枝と同じ面に広がり，発達初期には枝との区別が明瞭ではない ……………………2
1. 葉は枝と明瞭に分化し，枝の面と異なった面に広がることもある ……………………3
  2. 気胞は円頂で冠葉を持たない ……………………………………………Phyllotrichia 亜属
  2. 気胞は冠葉を持つ ………………………………………………………Schizophycus 亜属
3. 主枝基部の葉は葉柄が反曲して主枝と垂直の面に展開する．葉は単葉である …………4
3. 主枝基部の葉も葉柄が反曲せず，主枝と同じ面に展開するか垂直に広がる
                                        ……………………………………………Sargassum 亜属
  4. 生殖器床は単純で分岐せず，円柱状か扁平，三稜形である ………Bactrophycus 亜属
  4. 生殖器床は分岐したり複雑で，刺を持つものもある ………………Arthrophycus 亜属
```

① *Phyllotrichia* 亜属：主枝は茎から生ずる羽状に分枝した構造から発達し，上部では中肋が枝となり，側生の部分が葉として区別されるようになり，平たい主枝と同じ平面に広がる．気胞は円頂．生殖器床は刺がなく，総状に配列する．オーストラリアに分布する．

② *Schizophycus* 亜属：体の形成は *Phyllotrichia* 亜属と同様で，気胞は葉の中部につくられるため，冠葉を持つ．日本から香港までのアジア温帯域に分布．

③ *Bactrophycus* 亜属：枝と葉は初めからはっきりと区別され，葉はふつう単一で水平に広がり，主枝の下部ではしばしば葉柄が反曲する．生殖器床は単一で，頂生のものを除き，葉の腋に生ずる．樺太からヴェトナム北部までのアジアに分布する．

④ *Arthrophycus* 亜属：体の構成は *Bactrophycus* 亜属と同様である．生殖器床が分岐して複雑である．オーストラリア周辺に分布．

⑤ *Sargassum*（＝*Eusargassum*）亜属：葉は扁圧した主枝と同じ平面に広がることが多く，

これを垂直につくと表現し，主枝の下部でも柄が反曲することはない．葉は単一または分岐する．生殖器床は分岐して房状になることが多い．刺を持つものもある．世界中の熱帯から亜熱帯に広く分布する．日本ではヤツマタモク群，マメタワラを除いて静岡県・長崎県以南に分布し，南の方ほど種類も量も多くなる．

この分類系について，これまで研究者の間でさまざまな論議がなされているけれども，Agardh の分類系に対して決定的な代替案はまだ提案されていない．

8.4 日本沿岸のホンダワラ属

日本周辺にはこのうち *Schizophycus*，*Bactrophycus*，*Sargassum* の3亜属の種が分布するとされている．最近の分子系統の研究から，*Schizophycus* は *Sargassum* 亜属から分離できないことが明らかになり（Stiger *et al.* 2002），*Bactrophycus* 亜属と *Sargassum* 亜属（*Schizophycus* 亜属を含む）についてさらに見ていきたい．

Bactrophycus 亜属

日本周辺を中心に分布する群で，30種あまりを含む．種の詳しい記載は吉田（1998）を参照されたい．この群を体構成，生殖器床の形態，付着器の状態によって，つぎの4節に区分した（Yoshida 1983）．Tseng（1985）がこの亜属のものとした *Phyllocystae* 節はその後の研究によって *Sargassum* 亜属に所属させるのがよいことが明らかになった（Stiger *et al.* 2000）．また，ヒジキ属の独立性について論議があった．分子系統の研究から，*Teretia* 節に近いことが示され，節のレベルで扱うことにした（Stiger *et al.* 2002）．

Bactrophycus 亜属の節への検索表

1. 茎は直立し，分岐するものも分岐しないものもある ……………………………………2
1. 茎は匍匐または斜上し，腹面から二次的な付着器を生ずる ………………*Repentia* 節
    2. 茎は長く伸長し，枝は葉の葉腋から生ずる ………………………*Spongocarpus* 節
    2. 茎は多少とも短縮し，主枝は葉腋からではなく茎の上部から直接生ずる …………3
3. 生殖器床は扁平，扁圧または三稜形である ………………………………*Halochloa* 節
3. 生殖器床は円柱状である ……………………………………………………………………4
    4. 葉は平たい．気胞は明らかに分化している ………………………………*Teretia* 節
    4. 葉は扁圧から円柱状で，気胞との形態の差が少ない ……………………*Hizikia* 節

① *Spongocarpus* 節：茎が直立伸長して，枝はすべて葉腋から生じ，主枝と呼べる構造を持たない（図8.6(22)左）．生殖器床は円柱状である（アカモク，シダモク）．

② *Teretia* 節：茎は直立し，主枝がよく発達して，茎は短い．気胞は葉と明らかに区別される．生殖器床が円柱形である（フシイトモク，フシスジモク，ウスイロモク，ホッカイモク，タマハハキモク，ウミトラノオ，ホンダワラ，スナビキモク，イソモク，タマナシモク，ミヤベモク）．

③ *Hizikia* 節：葉は扁圧から円柱状で，気胞が細い紡錘状で葉との区別があまり明らかではない．生殖器床は円柱状で多数集まる（ヒジキ）．

④ *Halochloa* 節：茎は直立し，主枝が長く伸長して茎よりもはるかに長い．生殖器床は扁平で，稀に三稜形になり細鋸歯状の刺を持つものもある（ナガシマモク，ヨレモクモドキ，ウスバモク，オオバモク，イトヨレモク，ネジモク，トゲモク，オオバノコギリモク，ノコギリモク，アキヨレモク，ヨレモク，ウスバノコギリモク）．

⑤ *Repentia* 節：茎が匍匐し，その下面から二次的に付着器を生じて岩面に広がる．主枝は匍匐する茎の背面から直立する．生殖器床は扁圧ないし扁平である（ヒラネジモク，ナラサモ，エゾノネジモク，アズマネジモク，エチゴネジモク，ヘラナラサモ）．

茎が直立するか匍匐するかは外見的に分かりやすい特徴であるから，これによって *Teretia* 節と区別した．しかし，分子系統の結果からは支持されていない．

Sargassum 亜属

ホンダワラ属の中で半数以上の種がこの亜属のものとされている．茎は短く，葉は初めからはっきりと分化している．葉柄が反曲することはない．生殖器床が分岐して房状になる．Agardh の分類系では，生殖器床の特徴で3節に分けられる．

Sargassum 亜属の節への検索表

1. 気胞は葉の中央部の膨らみ（葉嚢）である ……………………………………*Phyllocystae* 節
1. 気胞は葉と明らかに区別される ………………………………………………………………2
   2. 生殖器床の上に気胞や葉がつくられることがある ……………………*Zygocarpicae* 節
   2. 生殖器床は独立して形成される ………………………………………………………3
2. 生殖器床の表面に刺状突起はない ……………………………………………*Malacocarpicae* 節
3. 生殖器床に刺状突起がある ……………………………………………………*Acanthocarpicae* 節

① *Zygocarpicae* 節：生殖器床と葉や気胞が混在する（例，図8.7(26)右から3番目）．

② *Acanthocarpicae* 節：生殖器床は分岐して房状になり，表面に刺状突起を持つ（例，図8.7(26)右端）．

③ *Malacocarpicae* 節：生殖器床は分岐して房状．表面に刺はない（例，図8.7(26)右から2番目）．

この3節は生殖器床の形態で特徴づけられている．これらの節はさらに細かな特徴で細分されているけれども，一つの標本をそのどれかに当てることはきわめて困難である．日本の沿岸からは，キレバモク，ツクシモク，タマエダモク，マジリモク，アツバモク，コブクロモク，トサカモク，フタエモク，コナフキモク，フタエヒイラギモク，シマウラモク，ナガミモク，ヒメハモク，コバモク，タマキレバモク，フクレミモクが記録されている．このほかにもまだ数種類は未同定のまま残されていて，今後の研究が必要である．

葉嚢（図8.7(25)右端）を持つことで特徴づけられる *Phyllocystae* 節をこの亜属に移すと，生殖器床と気胞という別の部分の形質で特徴づけられる群が混在することになり，混乱を増している．

また，*Phyllotrichia* 亜属とされた日本産のマメタワラ，*Schizophycus* 亜属（ヤツマタモク，カラクサモク，トサモク，シロコモク，タツクリ）も ITS-2 による分子系統の研究（Stiger *et al.* 2002）からは *Sargassum* 亜属と分離できないので，これらをまとめるとさらに複雑になり，

統一的な分類系を提案するには至っていない．

8.5　ホンダワラ属の生態

　Bactrophycus 亜属の種は分布が東アジアに限られ，日本を中心として樺太南部からヴェトナム北部までの沿岸に生育している．それぞれの種はその中で一定の分布範囲を持っている．大まかに見ていくつかのグループに分けることができる．

　太平洋側と日本海側の両方に分布する種：アカモク，イソモク，ホンダワラ，ノコギリモク，ヨレモク，ウミトラノオ，ヤツマタモク，マメタワラなど．

　太平洋側に分布する種：ヒラネジモク，ヨレモクモドキ，タマナシモクなど．

　日本海側を中心に三陸沿岸や瀬戸内海にも分布する種：フシスジモク，エゾノネジモクなど．

　また，潮間帯に生育するヒジキやウミトラノオ，低潮線付近に見られるイソモクやナラサモがあり，漸深帯上部に大きな群落を作るアカモク，ヤツマタモク，オオバモクなどがあり，深いところにはノコギリモクなどが生育する．生育水深は海岸地形によっても違いがあり，波当たりの弱いところでは浅い部分に，強い波浪を受けるところでは深いところに生育する傾向がある（Yoshida *et al*. 1963）．

　ホンダワラ属の種には1年生で，成熟後に体全部が基物から脱落するもの（アカモク・シダモク・ホンダワラ）と，主枝が脱落して付着器と茎は残って数年の間生存するものがある．これらのうち，オオバモクやノコギリモクのように大きな円錐形の付着器を持つものでは，付着器も生長を続けて，断面で生長輪が認められるものがある．生長輪の数は年齢に相当するので，生育年限が判断できる（Yoshida 1960）．

　無性的な繁殖方法として，タマナシモクやミヤベモクなどでは付着器の縁辺から伸びる繊維状の匍匐根から新しい直立部を生ずるものやコバモクのように主枝のあるものが基物のほうに伸びてあらたな付着器をつくっていくものなどがある．

8.6　ホンダワラ属の日本周辺に主要な種

フシスジモク *Sargassum confusum* C. Agardh（図 8.12(37)）
　　Yoshida 1983. p. 128. fig. 14, 15.　吉田 1998. p. 380.

　付着器は平たい盤状で，茎は長さ 20 cm までになり，主枝は2列に平面的に出る．茎と主枝の下部には刺を多数生ずる．この刺は古くなると脱落する．主枝の下部の葉は楕円形から披針形で縁辺は全縁のことも，小鋸歯を持つこともある．枝の末端部の葉は細くなり，線形になる．気胞は球形から西洋梨形で，円頂である．

　雌雄異株で，生殖器床は円柱状である．春から初夏にかけて成熟する．

　多年生で，漸深帯上部に大きな群落をつくる．日本海沿岸，瀬戸内海と東シナ海に広く分布する．太平洋岸では北海道の南部と三陸沿岸に生育している．広い分布とともに形態的な変異も大きく，さらに検討が必要であろう．中国では「海蒿子」と呼ばれ，薬効があるとして利用されているという．

　フシスジモクに似た体制を持つものにウスイロモク，フシイトモク，ホッカイモクがある．ウスイロモクは本州日本海北部沿岸の水深数 m の平らな岩盤に生育し，主枝基部に大型の葉を持

ち，直径 10 mm になる気胞があり，藻体をフォルマリン処理すると緑色になる．フシイトモクは葉が細い糸状であり，ホッカイモクは茎が長く伸び，主枝基部の葉も細いことなどで識別される．ホッカイモクは北海道周辺から樺太の北緯50度までに分布していることが知られており，ホンダワラ属としては太平洋でもっとも北のほうに生育している種である．

ホンダワラ Sargassum fulvellum (Turner) C. Agardh （図 8.8(28)）
Yoshida 1983. p. 148. fig. 26, 27. 吉田 1998. p. 384.

体はふつう長さ1〜2mになり，ときに5mにまでなる．付着器は仮盤状で，アカモクよりも突起がやや細く，相互の癒着の程度が少ない．茎は直立し，高さ1cmまでになり，分岐しない．主枝は三稜形で太さ3〜4mmあり，表面は平滑でしばしばねじれている．側枝もよく発達する．主枝の下部に生ずる葉は基部が反曲していて，楕円形から披針形で，頂端は丸く，縁辺には浅い小鋸歯がある．中肋は基部近くでわずかな隆起として認められるだけである．主枝の中部の葉は披針形から線形と細くなり，縁辺の鋸歯もはっきりし，基部がくさび形で中肋は不明になる．枝の末端部では葉は細く小さくなる．気胞の大きいものは楕円体か西洋梨形で，頂端は丸いか小突起があり，稀に小さい冠葉を持つものもある．体の末端部にある気胞はだんだんと小型になり，細くなって紡錘状に近くなる．

雌雄異株で，生殖器床は円柱状で短い柄を持ち，雌雄で大きさに差がある．

本州から九州まで分布し，漸深帯上部に生育する．冬から春に成熟し，体は1年生である．関東地方で正月の飾りとして使われ，日本海沿岸ではアカモクと同様に食用にするところもある．

ヒジキ Sargassum fusiforme (Harvey) Setchell （図 8.10(33)，(34)）
= Hizikia fusiformis (Harvey) Okamura

吉田 1998. p. 367. fig. 2-31 A.

付着器は繊維状の付着根を出して基物の上に広がる．直立する茎は円柱状で短く，その頂部から数本の主枝を生ずる．主枝は長さ1mくらいまでになり，表面は平滑である．側枝は長さ5〜10cmになる．主枝の下部の葉は扁円から扁圧の多肉質で，基部は狭いくさび形であり上部は広くなり，縁辺に粗い鋸歯を持っている．茎の上部についている葉は円柱状に近く，両端に細くなり，上部が扁圧して縁辺に鋸歯を持つものもある．気胞は細長い紡錘形で，葉よりも短い．色は生時黄褐色で，乾燥すると黒くなり，紙にあまり付着しない．主枝は成熟後に脱落する．匍匐する繊維状根は残ってつぎの年の直立部を生ずる．

雌雄異株で，生殖器床は葉腋に数個つくられ，長楕円形から円柱状で頂端は丸い．

北海道南部から沖縄，香港まで分布し，潮間帯下部に顕著な群落をつくる．潮汐の少ない日本海沿岸には稀である．

古くから食用としてよく利用されている．本州中部以北では，円柱状の葉を持つ個体群（図8.10(34)）がふつうで，南部とくに沖縄や香港の個体群（図8.10(33)）は平たい葉を持つものが多く，このために以前から所属についての議論があった．Setchell（1931）は香港の海藻を研究して，ホンダワラ属に含めることを主張した．岡村（1932）は円柱状の葉を持つことなどからヒジキを独立の属とすべきとして Hizikia 属を記載した．その後，日本では Hizikia を一貫して使い，中国ではホンダワラ属として扱うという状態が続いた．Stiger et al. (2002) は ITS-2 を使った分子系統学的な研究からヒジキはホンダワラ属に含まれるとの結論に達した．

図 8.8　27：アカモク Sargassum horneri. SAP 057194. 愛媛県見舞﨑.
28：ホンダワラ Sargassum fulvellum. SAP 034611. 山口県立石.

イソモク *Sargassum hemiphyllum* (Turner) C. Agardh （図 8.13(43)）
　　　Yoshida 1983. p. 155. f. 30, 31. 吉田 1998. p. 386.
　小さな付着器と茎の下部から生ずる細い繊維状根が基物の上を匍匐する．主枝基部の数枚の葉を除いて葉は垂直に，すなわち枝と同じ面に広がっている．葉は左右不対称でなぎなた状または半葉状で中肋はない．気胞は楕円体から紡錘形で頂端に小突起を持つか，短い糸状の冠葉をつける．
　雌雄異株で，生殖器床は円柱状で先端は細くなる．春から夏にかけて成熟する．多年生で，匍匐根の先に新しい茎を生じて栄養的にも繁殖する．
　太平洋岸では関東地方以南，日本海沿岸では青森県以南九州まで分布し，朝鮮半島から中国南部まで分布している．やや波当たりの弱い岩礁の潮間帯下部から漸深帯にかけて生育している．
　日本海沿岸の個体群では葉が細く，太平洋岸のものは葉がより大型で幅広い．中国産の個体は葉がより大型で，*S. chinense* として記載された．しかし変異は連続的で，種内分類群として扱う．

アカモク *Sargassum horneri* (Turner) C. Agardh （図 8.8(27)，8.9(29)～(32)）
　　　Yoshida 1983. p. 116, fig. 6, 7. 吉田 1998. p. 386.
　付着器は仮盤状で，付着器から 1 本の茎が直立し，数 m の長さになる．茎は分枝することはなく，縦に溝が数本あり，短い刺を多数生ずることが多い．枝は茎につく葉の葉腋から出て伸び，茎と同様に葉をつける．古い部分では茎につく葉が脱落して枝が直接生じているように見える．葉は膜状で線形から披針形で，縁辺は鋸歯縁ないし中肋に達する切れ込みとなり，羽状になるものもある．中肋は先端まではっきりしており，葉柄はやや扁圧し，基部が托葉状に広がって

図8.9　29：アカモク雌個体 SAP 060018，香川県小豆島．30：アカモク雄個体 SAP，片山島．
31：アカモク太平洋型 SAP 060121，静岡県三保．32：アカモク瀬戸内海産 SAP 060298，愛媛県．

図 8.10　33：ヒジキ *Sargassum fusiforme*. SAP 050077. 沖縄県佐敷.
34：ヒジキ SAP 059512. 和歌山県.

いる．気胞は円柱状で短い柄を持ち，通常の葉に似た冠葉を持つ．

　雌雄異株．生殖器床は円柱状で先端に向かって細くなる．雌の生殖器床（図8.9(29)）は太く，長さ2〜3cm，直径3mmになる．雄の生殖器床（図8.9(30)）は細長く，長さ4〜7cm，直径2mmである．

　1年生で，ふつう秋から冬にかけて生長し，本州中部では冬から春に成熟し，日本北部では7月頃に成熟期を迎える．瀬戸内海などでは春に成熟する個体群と秋に成熟する個体群があるようである．葉の形態に地域差があり，関東地方から静岡県などでは葉の切れ込みが浅く（図8.9(31)），日本海から瀬戸内海に分布する個体群では葉の切れ込みが深く中肋に達する（図8.9(32)）という差がある．

　北海道東部を除く日本全国に分布し，漸深帯に生育する．日本のほか朝鮮半島から中国，ヴェトナム北部にまで分布する最もふつうな種類である．日本海沿岸で春の流れ藻の相当部分を構成する．新潟県などでは成熟初期のアカモクを食用として利用している．

　よく似た種類にシダモク *Sargassum filicinum* Harvey がある．気胞形成前の若い個体ではこの2種はほとんど区別がつかない．気胞が球形から楕円体であることでシダモクを見分けることができる．生殖器官はアカモクの雌性生殖器床によく似ているが，基部がくさび形であることで違いがあり，この部分に雄の生殖器巣があり，上部の大部分には雌の生殖器巣がある雌雄同株である．ただ，稀にアカモクにも雌雄同株個体が見られ，シダモクにも異株の個体があるので，雌雄性は絶対的ではない．

ノコギリモク *Sargassum macrocarpum* C. Agardh （図 8.12(39)）
　　　Yoshida 1983. p. 198. fig. 68, 69.　吉田 1998. p. 391.

　付着器は円錐状で，太い茎は多年生で分岐する．主枝の下部は扁圧した二稜形で中肋部は厚く，縁辺に先端の丸い突起が不規則な間隔で並ぶ．葉は線形ないし披針形で，中肋は先端まで明瞭であり，縁辺に粗い鋸歯がある．葉の質は厚く硬い．気胞は球形から楕円体で先端は尖っているか，小型の冠葉をつける．

　雌雄異株で，生殖器床は扁平で倒披針形から線形である．夏に成熟する．

　東北地方を除いて本州・九州・四国の沿岸に分布し，低潮線付近から 20 m くらいまでの範囲に生育する．とくに深処で大きい群落をつくる．

　類似したヨレモクは基部の葉と上部の葉の形の差が大きく，主枝の縁辺に尖った刺を持つことがある点に注意すれば，区別できる．

トゲモク *Sargassum micracanthum* (Kützing) Endlicher （図 8.13(41)）
　　　Yoshida 1983. p. 190.　吉田 1998. p. 392.

　付着器は円錐状で大きくなり，茎は短い間隔で数回分岐する．このため，大型の個体では茎の基部が付着器に埋まって，一つの付着器から数本の茎が出ているように見える．葉は主枝の下部のものも上部のものもよく似ていて，深く切れ込んだ鋸歯縁を持ち，切れ込みはしばしば中肋に達する．気胞は倒卵形から楕円体で鋸歯縁を持つ冠葉をつけ，ほかに短い刺状突起を持っていることがある．

　生殖器床はへら形で扁平で，片側にやや隆起している．縁辺や頂部に浅い鋸歯を持つことも多い．冬から初春に成熟する．

　本州・四国・九州の沿岸に広く分布する．

タマハハキモク *Sargassum muticum* (Yendo) Fensholt （図 8.13(42)）
　　　Yoshida 1983. p. 190. f. 62.　吉田 1998. p. 392.

　付着器は小型の盤状で，茎は短い．葉は中肋が不明瞭で，枝の上部のものほど小型になる．気胞は球形ないし倒卵形で円頂であり，ときにわずかな突起をつけることがある．

　生殖器床は円柱状で先が細くなっている．雌，雄の生殖器巣が混在している．

　低潮線付近から水深 1 m くらいまでの浅いところで，波の弱いやや静かな場所に生育している．本州中部から四国・九州，東シナ海にかけて分布している．

　日本を含む東アジアに生育している種であるが，1950 年代に北アメリカ西岸で発見された．1970 年代にはイギリスを始めヨーロッパ各地に分布を拡大した．日本から輸出されたカキの種苗に付着して運ばれたとされている．

ヤツマタモク *Sargassum patens* C. Agardh （図 8.11(35)，(36)）
　　　吉田 1998. p. 398.

　付着器は平たい盤状で，茎は短い．主枝は扁圧して両縁に薄くなる．発育初期の主枝は羽状分岐した葉状であり，葉と枝の区別が不明瞭である．葉は主枝と同じ平面に広がる．葉は分岐しないものも，線状で互生羽状に分岐するものもある．葉は隆起した中肋を持ち，縁辺は全縁か粗く浅い鋸歯を持つ．気胞は楕円体，倒卵形または球形に近く，ふつうの葉に似た冠葉を持つ．

図8.11　35：ヤツマタモク SAP．36：ヤツマタモク生殖器床．

　雌雄異株で，生殖器床は線状で扁円でしばしば分岐し，刺はなく，伸張した小枝の両縁に並んで総状につく．春から初夏に成熟する．
　本州・四国・九州の沿岸に広く分布し，朝鮮半島から中国沿岸にも分布する．日本海沿岸では，初夏に見られる流れ藻の主要な構成種である．主枝は成熟後脱落し，基部は多年生である．
　ヤツマタモクも形態的な変異が大きく，いくつかの変種が記載されている．また，カラクサモク *S. pinnatifidum*，シロコモク *S. kushimotense*，タツクリ *S. tosaense*，トサモク *S. kashiwajimanum* とともに *Schizophucus* 亜属とされてきた．これらの間の関係も不明な点が多く，今後さらに各地の標本を観察して調べる必要がある．今のところ，カラクサモクは南西諸島にだけ分布していると考えている．シロコモクは葉が幅広く，縁辺に鋭い鋸歯があり，生殖器床は縁辺に小さな鋸歯を持つことで識別される．タツクリは分岐の少ない長い葉を持つもので，*S. patens* var. *rodgersianum* との差が不明確であり，太平洋岸に多い．分子系統の研究から，ヤツマタモクとシロコモクは *Sargassum* 亜属のグループに含まれて，*Schizophycus* 亜属の独立性は支持されない（Stiger *et al.* 2002）．

マメタワラ *Sargassum piluliferum* (Turner) C. Agardh （図8.12(40)）
　　吉田　1998．p. 399．
　付着器は平たい盤状で，多年生の茎は高さ5 cmに達する．主枝は扁圧し，葉は単葉または複羽状に分岐し，中肋がある．気胞は球形で頂端は丸く，冠葉はない．
　生殖器床は円柱状で，頂端に細く，ときに分岐し，総状に最末の小枝に配列する．初夏に成熟する．
　本州（三陸沿岸を除く）・四国・九州の沿岸に広く分布し，朝鮮半島からも知られている．
　日本南部には葉の縁辺に浅い鋸歯を持つものがあり，キレバノマメタワラ var. *serratifolium* として区別される．葉が糸状のものからやや幅広く中肋が明瞭なものまで変異が大きく，これら

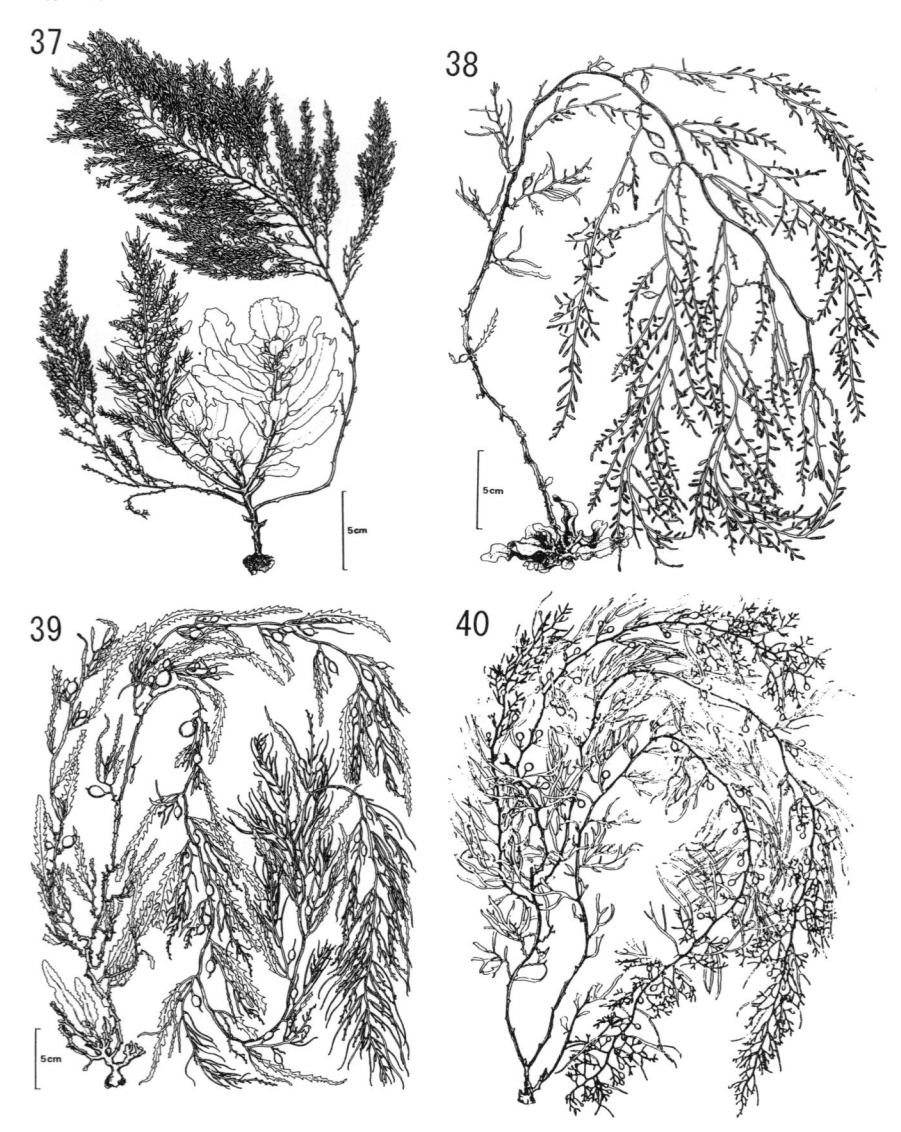

図 8.12　37：フシスジモク（Yoshida 1983）．38：ヨレモク（Yoshida 1983）．
39：ノコギリモク（Yoshida 1983）．40：マメタワラ．

の関係も検討を要する．マメタワラは *Phyllotrichia* 亜属で唯一北半球に分布する種とされてきた．しかし，葉が枝と同じ面には広がらず，疑問とされてきた．分子系統の研究からも，南半球の *Phyllotrichia* 亜属の種とは違って *Sargassum* 亜属の中に含まれる．

オオバモク *Sargassum ringgoldianum* Harvey（図 8.13(44),(45)）
　　Yoshida 1983. p. 178. f. 51, 52.　吉田 1998. p. 401.
　付着器は円錐形．葉が大型で線状披針形から披針形で，全縁であり，ほかの種との区別は容易である．

関東地方の個体は生殖器床がへら形で大きく（図8.13(44)），とくに，雄性生殖器床はふつうの葉と間違えるほどになる．それに対し，紀伊半島から西の沿岸の個体では葉も細く，生殖器床が扁平な糸状である．成熟時期も西の個体群でやや遅い．これらのことから西日本の個体群を亜種として区別し，ヤナギモク S. *ringgoldianum* subsp. *coreanum* （図8.13(45)）とした．

ヨレモク *Sargassum siliquastrum* (Mertens ex Roth) C. Agardh （図8.12(38)）
　　Yoshida 1983. p. 207. fig. 75-80.　吉田 1998. p. 405.
　付着器は円錐形で，茎は短い間隔で分岐する．主枝は下部が二稜形で上部は三稜形になり，主枝の稜は鋭く平滑で，細い尖った刺を持っている．主枝の基部に生ずる葉は基部が反曲してお

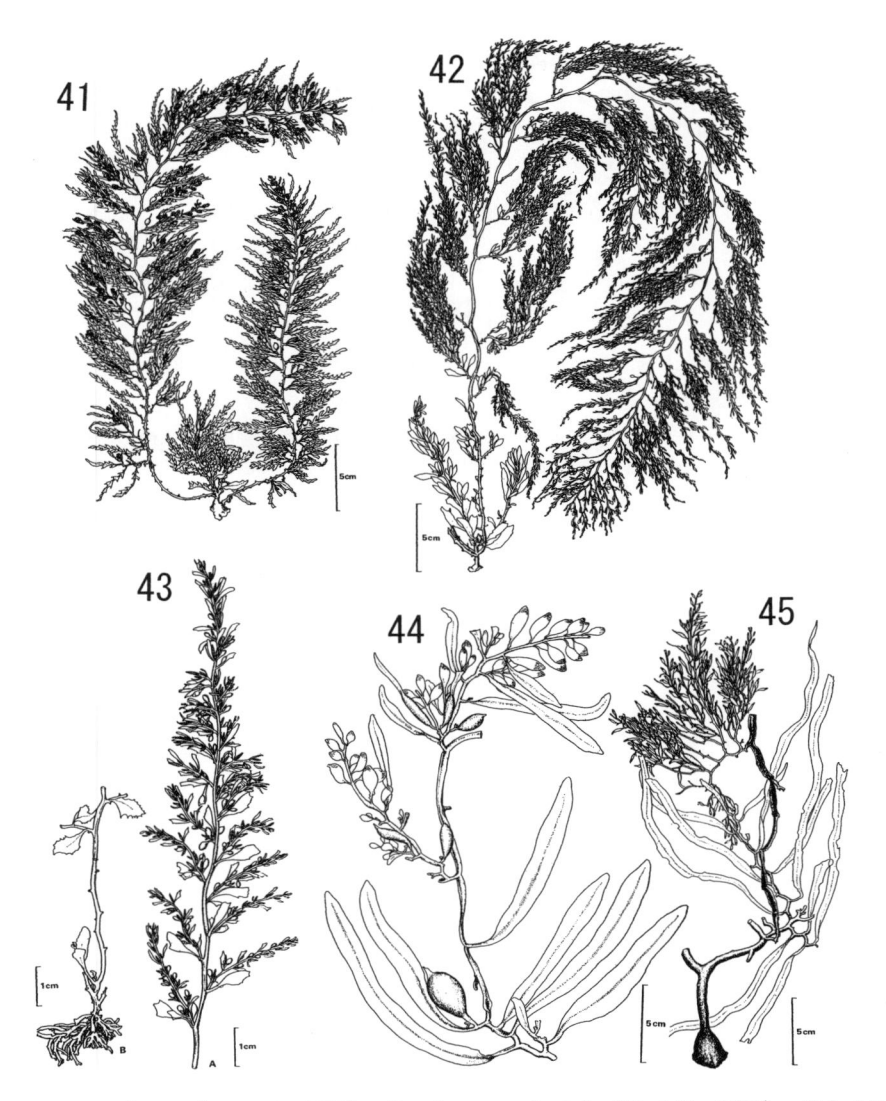

図8.13　41：トゲモク（Yoshida 1983）．42：タマハハキモク（Yoshida 1983）．43：イソモク（Yoshida 1983）．44：オオバモクの体上部（Yoshida 1983）．45：オオバモクの亜種ヤナギモク（Yoshida 1983）．

り，楕円形から卵形で，質はやや硬く，水中でしばしば青い蛍光色を示す．それより上部の葉は大型になり，縁辺に鋭い鋸歯を持つ．鋸歯の状態には変異が多く，切れ込みの深さもさまざまである．気胞は楕円体から倒卵形で冠歯をつける．

　雌雄異株で，生殖器床は扁平でへら形から倒披針形で，小枝の先端にできる生殖器床は三稜形になることもある．春から初夏にかけて成熟する．

　太平洋岸では関東地方から四国まで，日本海沿岸では北海道から九州まで広く分布する．また，朝鮮半島から中国香港まで分布している．

ウミトラノオ *Sargassum thunbergii* (Mertens ex Roth) O. Kuntze
　　　Yoshida 1983. p. 142. fig. 24.　吉田 1998. p. 408.

　付着器は平たい盤状で，茎は短く上部で1～2回分岐する．主枝は小さい葉や気胞に覆われる．成熟期に近くなると側枝も発達する．ことに静穏な場所では側枝がよく伸長する傾向がある．

　雌雄異株で，春から初夏にかけて成熟する．

　多年生で，潮間帯の中部から下部に帯状の群落をつくる．ヒジキの生育帯とほとんど同じかやや低い水位に多い．日本全沿岸から朝鮮半島，中国北部まで広く分布している．

引用文献

Agardh, J. G. 1889. Species Sargassorum Australiae descriptae et dispositae. Kgl. Sv. Vet.-Akad. Handl. **23**(3): 1-133, 31 pls.

Horiguchi, T. and Yoshida, T. 1998. The phylogenetic affinities of *Myagropsis myagroides* (Fucales, Phaeophyceae) as determined from 18 S rDNA sequences. Phycologia **37**: 2237-245.

Nizamuddin, M. 1970. Phytogeography of the Fucales and their seasonal growth. Botanica Marina **13**: 131-139.

岡村金太郎 1932．日本藻類図譜 **6**: 91-101, 87-96.

Setchell, W. A. 1931. Hong Kong seaweeds II. Hong Kong Naturalist **2**: 237-253.

Stiger, V., Horiguchi, T., Yoshida, T. and Masuda, M. 2000. Revision of the systematic position of some species of Sargassaceae (Fucales, Phaeophyceae) based on ITS-2 sequences comparisons. Jpn. J. Phycol. **48**: 84.

Stiger, V., Horiguchi, T., Yoshida, T., Coleman, A. W. and Masuda, M. 2000. Phylogenetic relationships of *Sargassum* (Sargassaceae, Phaeophyceae) with reference to a taxonomic revision of the section *Phyllocystae* based on ITS-2 nrDNAsequences. Phycological Research **48**: 251-260.

Stiger, V., Horiguchi, T., Yoshida, T., Coleman, A. W. and Masuda, M. 2003. Phylogenetic relationships within the genus *Sargassum* (Fucales, Phaeophyceae), inferred from ITS-2 rDNA, with an emphasis on the taxonomic subdivision of the genus. Phycological Research **51**: 1-10.

Yoshida, T. 1960. On the growth rings found in the root of *Sargassum ringgoldianum* Harvey (Fucales). Bull. Jpn. Soc. Sci. Fish. **26**: 673-678.

Yoshida, T. 1983. Japanese species of *Sargassum* subgenus *Bactrophycus* (Phaeophyceae, Fucales). J. Fac. Sci. Hokkaido Univ. ser. 5 (Botany) **13**: 99-246.

吉田忠生 1998．新日本海藻誌 日本産海藻類総覧．内田老鶴圃．

Yoshida, T., Sawada, T. and Higaki, M. 1963. *Sargassum* vegetation growing in the sea around Tsuyazaki, north Kyushu, Japan. Pacific Science **17**: 135-144.

有用海藻の生物学

9 アラメ・カジメ類

寺脇 利信・新井 章吾

　アラメ・カジメ類は，体長1mから数mになる多年生の大型海藻で，褐藻コンブ目コンブ科に属する．日本沿岸には，アラメ *Eisenia bicyclis*，サガラメ *E. arborea*，カジメ *Ecklonia cava*，クロメ *E. kurome*，そして，ツルアラメ *E. stolonifera* の5種が生育する．生活史は，コンブ型で，複相の胞子体と単相の配偶体との間で，世代交代が起こる．アラメ属のアラメは東北地方から南西日本に広く分布し，一方，サガラメは静岡県相良～紀伊水道を中心とした暖海域の狭い範囲にのみ分布する．カジメ属では，カジメが太平洋岸中部を中心に分布し，クロメが本州南西部・四国・九州に点在し，ツルアラメが九州～本州日本海岸を中心に分布する．アラメ・カジメ類は同種であっても，生育地の環境条件の違いで，生態や形態が少しずつ異なる．アラメ・カジメ類が優占する濃密な群落は，主に，太平洋中部沿岸などで多く，海中林と呼ばれ魚介類の産卵場や幼稚魚・ウニ類・貝類の餌料供給の場となっている．アラメ・カジメ類は，国内外で直接に食用ともされるほか，アイスクリーム，歯科セメント，フィルム，医薬品などの素材であるアルギン酸の原藻として利用されている．近年，藻食動物の過剰な採食などにより，いわゆる"磯焼けが発生している地先"でのアラメ・カジメ海中林の回復のための技術開発も進んでいる．

9.1 分類と形態

　大型褐藻アラメ属 *Eisenia* とカジメ属 *Ecklonia* は，褐藻コンブ目コンブ科に属する．アラメ・カジメ類の海藻は，体長1mから数mになり，主に日本中部の太平洋沿岸などで，濃密な群落をつくる．日本沿岸では，アラメ属のアラメ *Eisenia bicyclis*（Kjellman）Setchell とサガラメ *E. arborea* Areschoug の2種，カジメ属のカジメ *Ecklonia cava* Kjellman，クロメ *E. kurome* Okamura とツルアラメ *E. stolonifera* Okamura の3種が生育する（吉田 1998）．アラメ属でもカジメ属の種でも，分岐する数層の根で岩礁性の基質に付着し，円柱状の茎と葉状部を持つ．

表9.1　アラメ・カジメ類の5種の見分け方．

1. 付着器は茎の基部から輪生する叉状に分岐した根枝からなる	2
2. 茎の先端は末枯れした中央葉基部の両縁が再生肥厚して分叉枝となる	3
3. 第一次側葉は第二次側葉を持つ	アラメ
3. 第一次側葉の両縁に鋸歯状突起はあるが第二次側葉はない	サガラメ
4. 茎の先端は直接に葉部となる	5
5. 葉部は平滑で皺がない	カジメ
5. 葉部には多少とも皺がある	クロメ
6. 付着器は匍匐枝を出し，さらにそこから新しい直立茎を出す	ツルアラメ

　アラメ・カジメ類5種の見分け方を表9.1に，各部の形態の特徴を図9.1に示す．付着器は，茎の基部から輪生する叉状に分岐した根枝からなる．ツルアラメのみが付着器から匍匐枝を出し，さらにそこから新しい直立茎を出す．茎は，やや扁圧した円柱状で伸長し，多年生である．

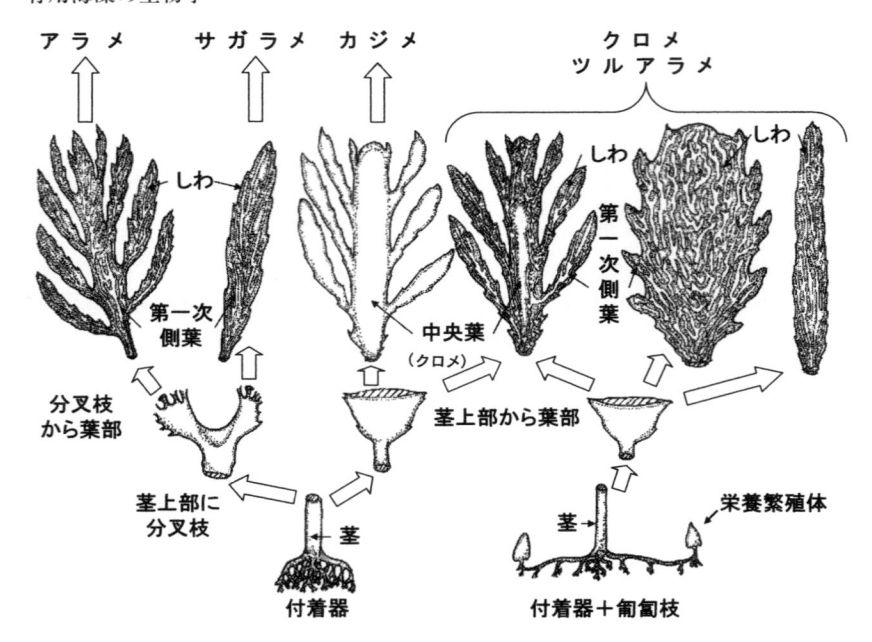

図 9.1 アラメ・カジメ類 5 種の形態の特徴．

アラメおよびサガラメでは，末枯れした中央葉の基部の両縁が再生し肥厚して分叉枝となる．一方，カジメ，クロメおよびツルアラメでは，茎の先端が直接に葉部となる．

アラメでは茎の先端の分叉枝からつくられる第一次側葉に第二次側葉がある．一方，サガラメでは第一次側葉の両縁に鋸歯状突起はあるが第二次側葉は見られない．カジメでは茎の先端で直接に平滑で皺がない葉部となるが，クロメでは葉部に皺がある．

アラメ・カジメ類では，形態がよく似ているため，地方名がやや混乱している．加えてアラメ・カジメ類では，種同定に迷いを感じる中間的な形態の藻体が生育する（松井ら 1984）．アラメ（谷口ら 1991）でも，クロメ（電力中央研究所 1990）でも，葉部の皺が，春から夏に強まり，逆に，秋から冬にほとんどなくなる時期がある．このため，葉部の特徴のみから種の同定を行うことは困難である．とくに，クロメとツルアラメの混生域では，葉部での両種の区別がつけにくいので，匍匐枝から直立する茎について，ていねいに観察しなければならない（新井ら 1997a）．

9.2 地理的分布

アラメ属 2 種（左）とカジメ属 3 種（右）の水平分布域を図 9.2 に示す．

アラメは，太平洋岸では岩手県以南の東北，関東，東海（静岡県相良付近まで），日本海岸では九州（長崎県以北）北西部および山陰地方の京都府丹後半島まで，広く分布する．しかし，アラメは，瀬戸内海（紀伊水道以北，豊後水道以北，そして，関門海峡以南）に，文献上では知られるが，近年の調査では確認されていない．

一方，サガラメは，静岡県相良付近から，紀伊半島，大阪湾および淡路島南部，鳴門，紀伊水道沿岸から室戸岬付近の狭い範囲にのみ分布する．日本沿岸では，アラメとサガラメの両種とも

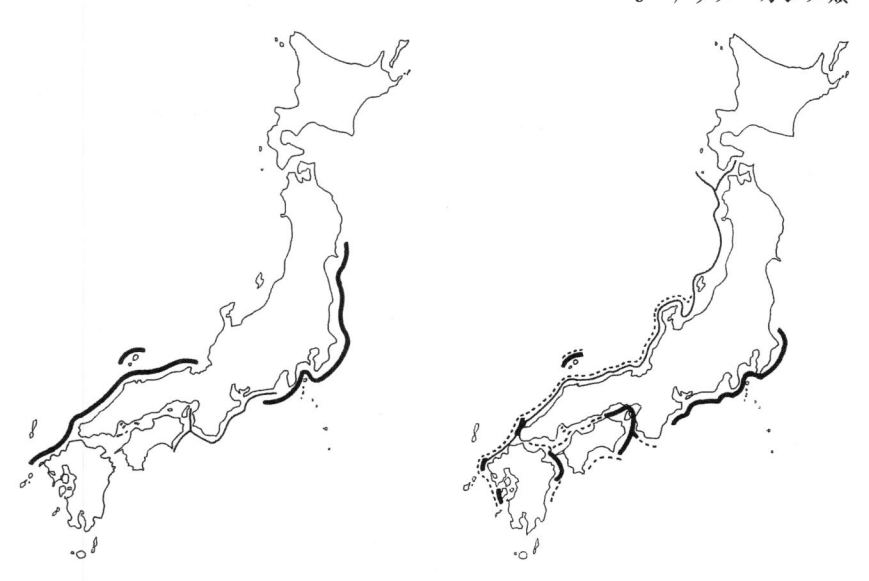

図9.2 アラメ属2種(左)とカジメ属3種(右)の水平分布域(寺脇・新井 2003).
(左) アラメ：━━━，サガラメ：━━━
(右) カジメ：━━━，ツルアラメ：━━━，クロメ：-----

分布する範囲は，きわめて限られている．加えて，サガラメのみが，太平洋を隔てて北米カリフォルニア〜南米ペルー沿岸と日本沿岸とに分布する（新崎 1953）ことを含め，学術上，きわめて興味深い種である（喜田 1997）．

カジメは，関東の房総半島以南で断続的に九州沿岸まで，瀬戸内海では淡路島，および鳴門から丸亀付近までの四国北岸に分布する．また，日本海沿岸では，隠岐から対馬まで断続的に分布する．クロメは，主に，紀伊半島潮岬以西の太平洋岸を宮崎県中部まで，瀬戸内海，また，九州西岸では天草諸島以北の東シナ海，日本海沿岸を新潟県南部まで，局所的で広い範囲に分布することが特徴である．ツルアラメは，津軽海峡から本州日本海岸から九州平戸島付近まで分布する．

アラメ・カジメ類の垂直分布域は，基本的には，アラメ類が浅所で，カジメ類が深所である．アラメ属は，アラメが水深0〜9 mに，一方，サガラメが水深0〜15 mに分布する．カジメ属は，カジメが太平洋岸中部の水深2〜30 mに，クロメが本州南西部・四国・九州の水深2〜13 mに，ツルアラメが九州〜本州日本海岸を中心に水深5〜25 mまで分布する．

アラメ・カジメ類の地理的および垂直分布域の正確な水深は，競合する動植物などが関与する環境条件に大きく影響される（林田 1995）．そのため，アラメ・カジメ類の地理的・垂直的な分布域は，局地的，年変動，および季節変化が加わって，海域および地点ごとに異なっている．

9.3 生活史

(1) アラメ

海中で見られるアラメ藻体は，核相が複相の多年生の胞子体(1)である（図9.3）．胞子体は

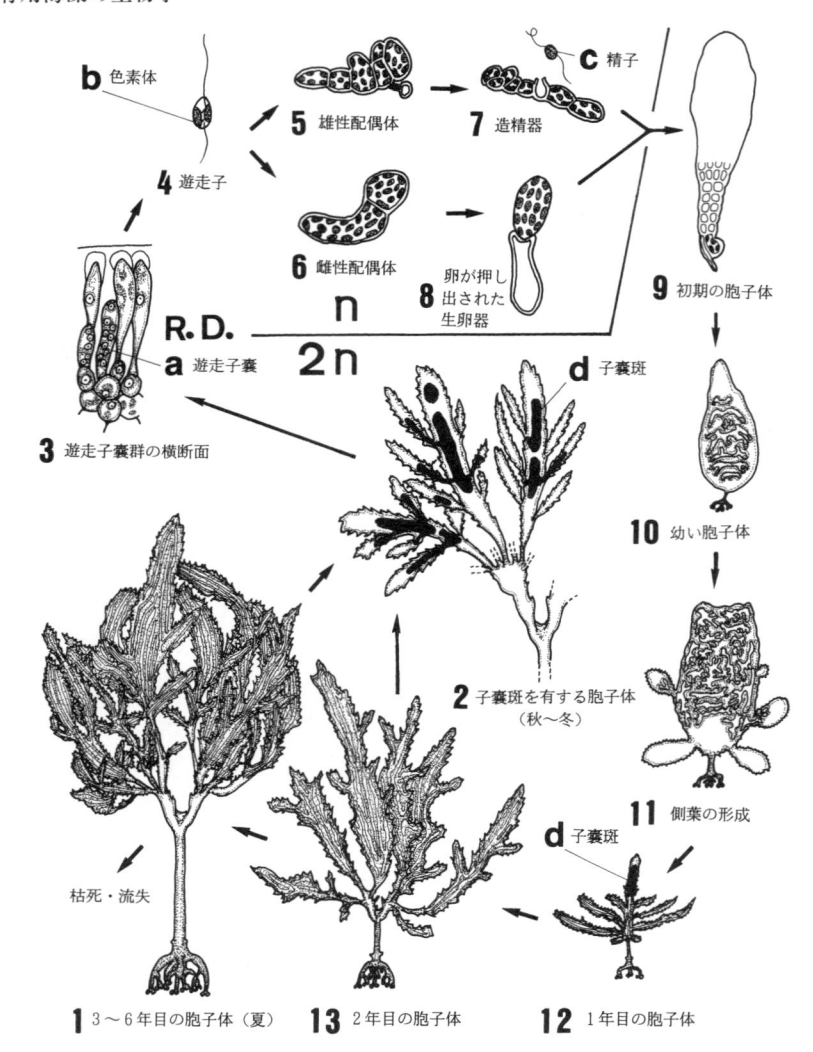

図9.3 アラメの生活史（寺脇 1993）．

　寿命が4〜6年あり，藻長1〜2mに達する．側葉は，皺の強さに季節的な強弱がある．主に秋から冬にかけて，皺のない〜弱い側葉(2)に子嚢斑(d)がつくられる．遊走子嚢内(a)での減数分裂により，核相が単相となった遊走子(4)（数μm）がつくられる．遊走子は放出されると岩などに付着して発芽し，雄性配偶体(5)，または雌性配偶体(6)となる．発達した雄性配偶体の造精器(7)から放出された精子(c)が雌性配偶体の生卵器から半分抜けかけた卵(8)に到達し，受精することで有性生殖を行う（神田 1936）．発芽した胞子体(9)がアラメの本体に生長する．胞子体は初期には笹の葉状で葉面が平滑であるが，しだいに皺が見られるようになり(10)，側葉を有する形態(11)へ発達し，この段階で葉面の皺が明瞭である．幼体が見られるようになってから1年程度で，成熟して中央葉に子嚢斑をつくる(12)．その後，中央葉が脱落することにより，茎の上端が二叉した枝状となって，成体の形態に達する（新崎 1953）．側葉が1年間に数十枚つくられては脱落することを繰り返し，その間，子嚢斑が側葉につくられ，茎が伸長し，新しい根

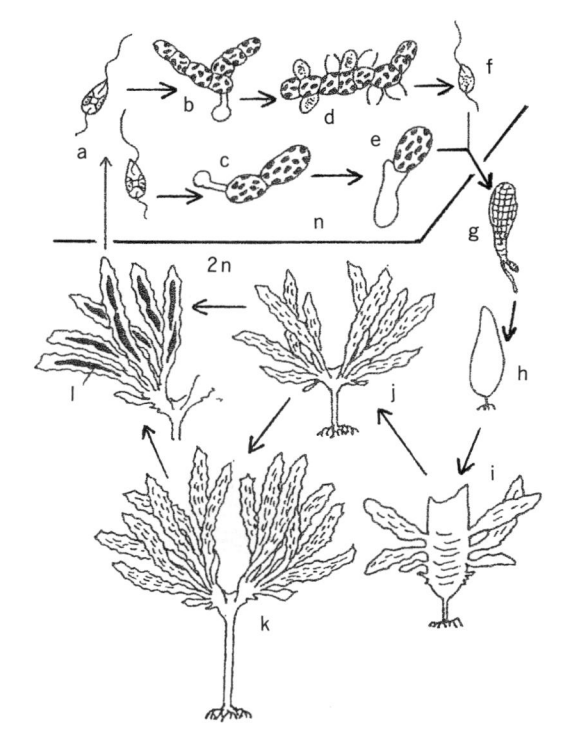

図9.4 サガラメの生活史（喜田 1997）.

が伸びて付着器が大きくなる(13)．とくに，茎上端の枝状部が，年齢とともに伸長し続ける（谷口 1990）．

（2） サガラメ

　海中で見られるサガラメ藻体は，核相が複相の多年生の胞子体(k)である（図9.4）．胞子体は，寿命が7～8年あり，藻長1～2mに達する（喜田 1997）．9～11月頃，側葉に子嚢斑(l)がつくられ，遊走子嚢内での減数分裂により，核相が単相となった遊走子(a)（数μm）がつくられる．遊走子は，放出されると岩などに付着して発芽し，雄性配偶体(b)または雌性配偶体(c)となる．発達した雄性配偶体の造精器(d)から放出された精子(f)が雌性配偶体の生卵器から半分抜けかかった卵(e)に到達し，受精することで有性生殖を行う．発芽した胞子体(g)がサガラメの本体に生長する．胞子体は，初期には笹の葉状で葉面が平滑である(h)が，しだいに皺が見られるようになり，側葉を有する形態(i)へ発達し，この段階で葉面の皺が明瞭である．2年目になって，中央葉が脱落することにより，茎の上端が二叉した枝状(j)となって，成体の形態に達する．側葉が1年間に数十枚つくられては脱落することを繰り返し，その間，子嚢斑が側葉につくられ，茎が伸長し，新しい根が伸びて付着器が大きくなる(k)．

（3） カ ジ メ

　海中で見られるカジメ藻体は，核相が複相の多年生の胞子体(1)である（図9.5）．胞子体は，寿命が3～4年あり，藻長2～3mに達する．主に夏から秋にかけて，側葉(2)に子嚢斑(d)が

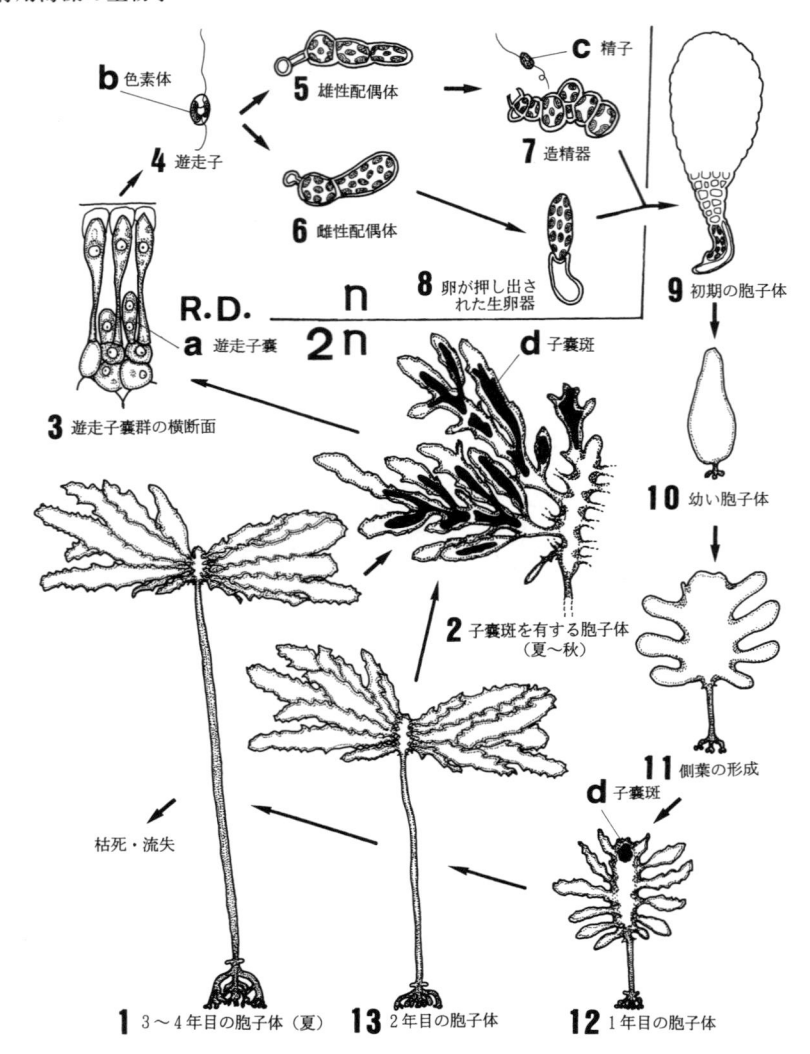

図9.5 カジメの生活史（寺脇 1993）．

つくられる．遊走子嚢内（3）での減数分裂により，核相が単相となった遊走子（4）（数 μm）がつくられる．遊走子は，放出されると岩などに付着して発芽し，雄性配偶体（5）または雌性配偶体（6）となる．発達した雄性配偶体の造精器（7）から放出された精子（c）が雌性配偶体の生卵器から半分抜けかけた卵（8）に到達し，受精することで有性生殖を行う（神田 1936）．発芽した胞子体（9）がカジメの本体に生長する．胞子体は，初期には笹の葉状（10）で，側葉を有する形態（11）へ発達する．この段階で，地域および個体によっては，葉面が多少強く波うち，やや，皺の見られる場合がある．幼体が見られるようになってから1年程度で，成熟して中央葉に子嚢斑をつくる（12）．その後，側葉が1年間に数十枚つくられては脱落することを繰り返し，その間，子嚢斑が側葉につくられ，茎が伸長し，新しい根が伸びて付着器が大きくなる（13）．また，茎内部に生長輪が確認できる海域もあり，年齢との関係も研究されている（林田 1984）．

(4) クロメ

　クロメは，カジメの近縁種であり，生活史はカジメに酷似している（図9.6）．7〜9月に複相の胞子体に子嚢斑(13)が見られる（筒井・大野 1992）．遊走子は遊走子嚢内に32個でき(1)，減数分裂は遊走子ができるときに起こる（Ohmori 1967）．遊走子(2)から発芽した単相の雌雄配偶体（3，4）は，秋に成熟して造精器（5，6），生卵器(7)をつくり，受精して発芽し，胞子体(8)が2〜3月に肉眼で確認できるようになる．クロメの約5〜10 cm の幼芽(9)は，カジメによく似ているが，比較的細長く，横ジワがはっきりできることがカジメと異なる．葉長が20 cm(10)になるころから，側葉が出現する．夏には子嚢斑ができるが，まず側葉の先端から出現し，最盛期には中央葉までできる(13)．子嚢斑ができるころから，葉体は，末枯れが見られて短くなり，冬になると葉体は再び伸長し，側葉の肥大が著しく，葉長は約70〜100 cm ほどになる

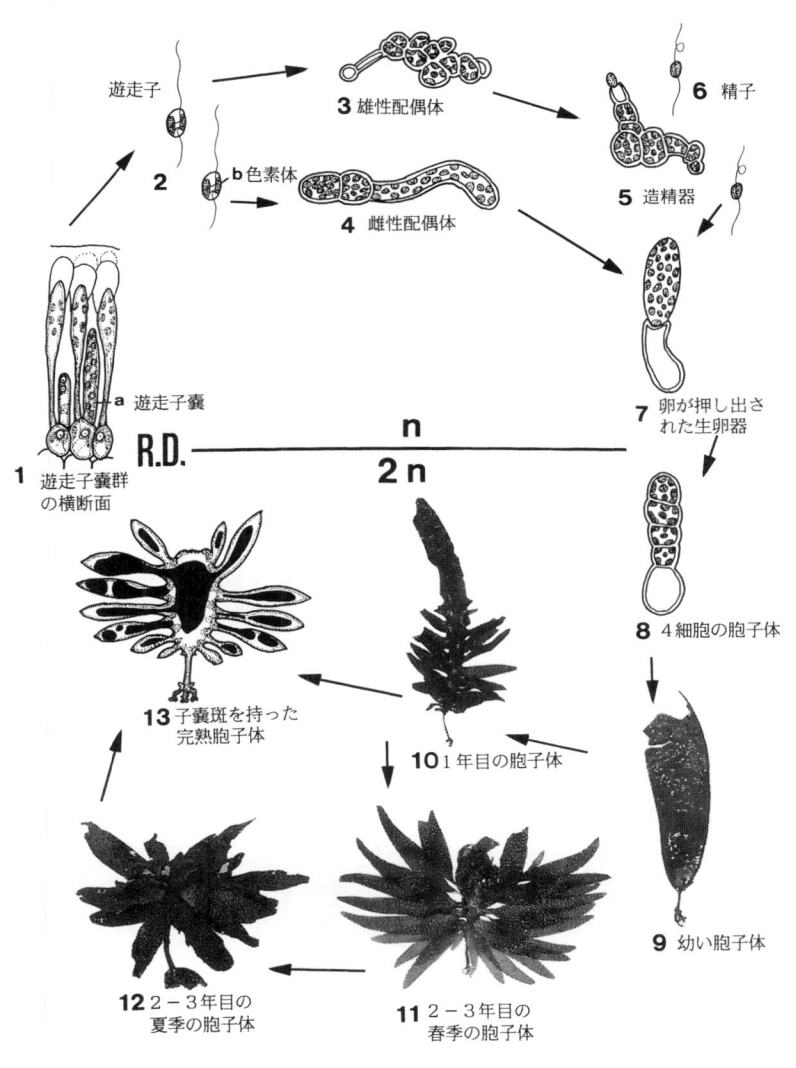

図9.6　クロメの生活史（大野 1993）．

(11)．クロメ成体の特徴は，中央葉は平面であるが，側葉には皺が顕著であり，葉縁は全縁あるいは鋸歯を有し，鋸歯は鋭頭および鈍頭・重鋸歯などさまざまな形態である．2年目以降の葉体(12)は，夏に濃褐色となり，カジメとの区別点ともなっている（吉田・寺脇 1990）．

（5） ツルアラメ

ツルアラメの生活史は，基本的には，ほかのアラメ・カジメ類の種と同様にコンブ型である（図9.7）．ただし，ツルアラメでは，仮根部から発出する匍匐根の先端などから新葉が栄養繁殖的に生じる点が，ほかのアラメ・カジメ類と大きく異なっている．葉状体は，栄養繁殖による増殖以外に，遊走子が発芽した配偶体による有性生殖によってつくられる．遊走子はほかのアラメ・カジメ類と同様に発芽して，雌雄異株の配偶体に発達する．

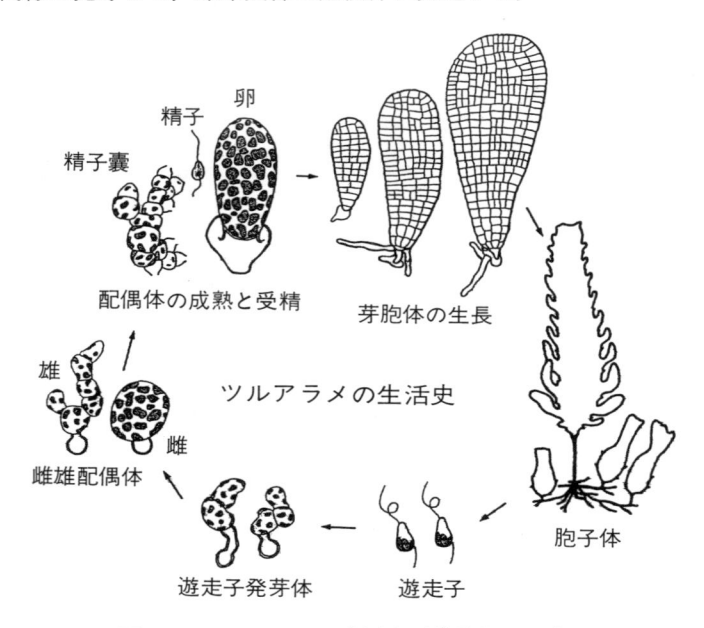

図9.7 ツルアラメの生活史（能登谷 2003）．

9.4 生育様式と季節的消長

（1） アラメ

アラメの生態については，分布北限に近い東北地方の沿岸での特徴が詳細に調べられている．関東の房総半島および三浦半島での様子も調べられているものの，日本列島を西へ向かうにつれて，アラメの生態については，分からないところが多い．

宮城県から茨城県では，茎が短く葉が長いため「ホソバアラメ」（新崎 1985）とも呼ばれる（図9.8左）．この仲間は潮間帯の縁辺部の谷，岩棚，溝など，複雑な地形で波が常にある場所に生育し（秋元・天神 1974），外海に面した波動の影響の強いところで下限水深が深い（吉田 1973）．キタムラサキウニの侵入頻度が低い漸深帯上部付近に，帯状に群落を形成する場合が多い．カジメの地理的分布の北限よりも北方であるため，アラメより深所にカジメが生育しないことも，ここでの特徴である．生育水深帯が浅いことから，茎の短い形態が，干潮時に葉状部が乾

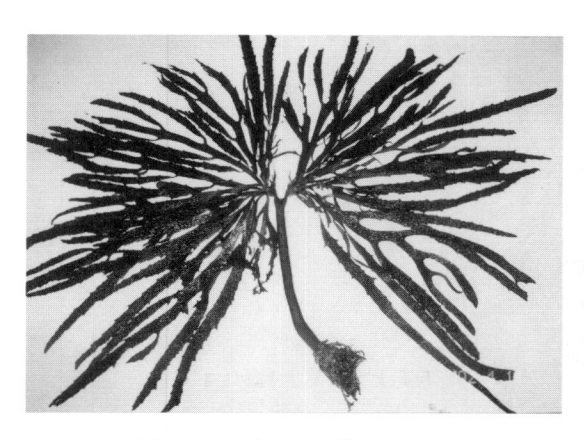

図9.8　宮城県から茨城県のアラメ（牡鹿半島地先産，村岡大祐氏提供）．
左：茎が短く葉が長い形態．
右：葉の先端部が基質に達しキタムラサキウニなどに採食される．

燥にさらされにくく，生育に有利となっているのではないだろうか．波が静穏な日には葉の先端部が基質に接触し，キタムラサキウニとエゾアワビに採食される（図9.8右）．浅所では波浪による海水流動によって，また，海水流動の小さい深所では砂の作用によって，キタムラサキウニの入植が妨げられ，アラメの生育が維持されている（図9.9）．深所の無節サンゴモの優占群落では，キタムラサキウニなどの藻食動物が著しく多く，孤立的に生長するアラメなどが集中的に採食される（谷口 1985）．また，冬季には仮根部を含めた脱落が多く，秋には仮根部を残して茎上部以上が消失した場合が多い（谷口 1985）．枝長を用いて年齢群が分解でき，寿命は満6年である（谷口・加藤 1984）．1～3年齢が生長過程で，4年齢以降が老化過程である（谷口 1997）．茎径が3年齢で3 cm，茎長が4年齢で70 cmに達して，生長を停止する（谷口ら 1991）．満2

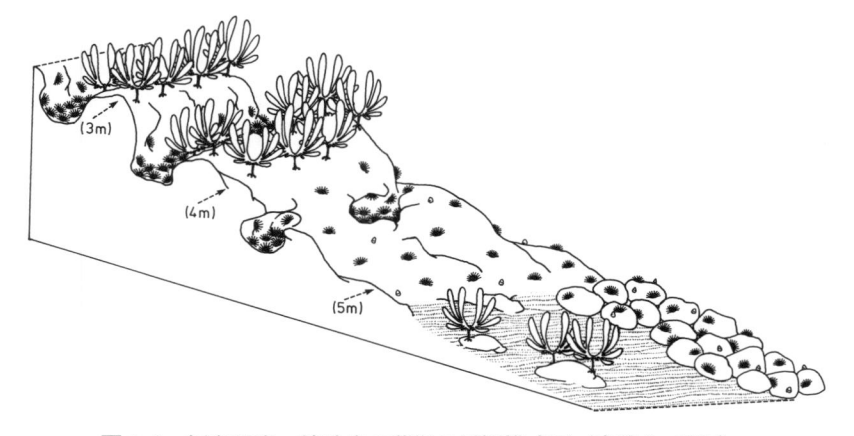

図9.9　福島県竜ヶ崎地先の藻場の景観模式図（寺脇ら 1995）．

年齢以上の大型個体の密度が5個体/m²以下に低下した場所で顕著に後継群を形成するというギャップ更新によって個体群を安定に維持している（谷口 1997）．葉状部が極小から極大に向かう1〜8月を生長期，子嚢斑が盛んにつくられる9〜12月を成熟期に区別できる（谷口 1997）．年間生産量は20 kg(w.w.)/m²で，純生産量が2〜3 kgC/m²/年（吉田 1970）に達する．

図 9.10 千葉県から静岡県のアラメ（秋季）．

千葉県から静岡県では，基質の安定な岩礁域において，潮間帯から水深の浅い順，また，同じ水深ならば湾奥部から湾口部へかけての環境傾度に伴って，海藻優占種が，ホンダワラ類，アラメ（図9.10）およびカジメへと交代し，湾口部での分布上限は，波浪が強まるにつれて深所に押し下げられる（今野 1985）．アラメは，潮間帯下部から水深5 mまでの岩礁上に密生する．とくに，海岸の傾斜がゆるやかで波浪・流動の影響が小さな環境を中心に，2〜5 mにカジメと混生し，アラメの垂直分布の下限は，カジメによって制限されている（図9.11）．アラメは砂地に点在する小さな基質上では，水深10 mまで生育している．個体密度が冬に最大で秋に最小となり，成体（2年以上）の全長が春に最大となり，子嚢斑を有する個体が年間通じて見られる．一方，成熟盛期が秋から冬で，新生幼体が冬から春にかけて伸長が緩慢である．藻体は，側葉長が春に最大で秋に最小となり，新しく生長する根が秋に出現し春に伸長を停止する．葉重量の最大時期が夏で，側葉数の最大時期が春である．カジメより，茎が太く短く軽いが，付着器が大きい．群落内に夏に設けた裸面では，まず，種の判別が困難なアラメ・カジメ幼体が冬に入植する．ホンダワラ類のオオバモクの優占に続いて1年後の夏からアラメが優占する．群落の生産量の大部分が側葉の更新によって占められ，年間生産量（生重量）24 kg(w.w.)/m²（電力中央研究所 1991）は，宮城県での20 kg(w.w.)/m²（吉田 1970）と類似する．根部の固着力は，藻体の生長に従って大きくなり，バネ秤で引っ張る水中計測では，成体では25 kg以上に達する．根部の固着力は，藻体サイズで異なるが，夏に最大で，秋に最小となる（電力中央研究所 1991）．アラメ・カジメ幼体は，主に冬に，群落から500 m以上離れた砂泥底域に実験的に設けられた

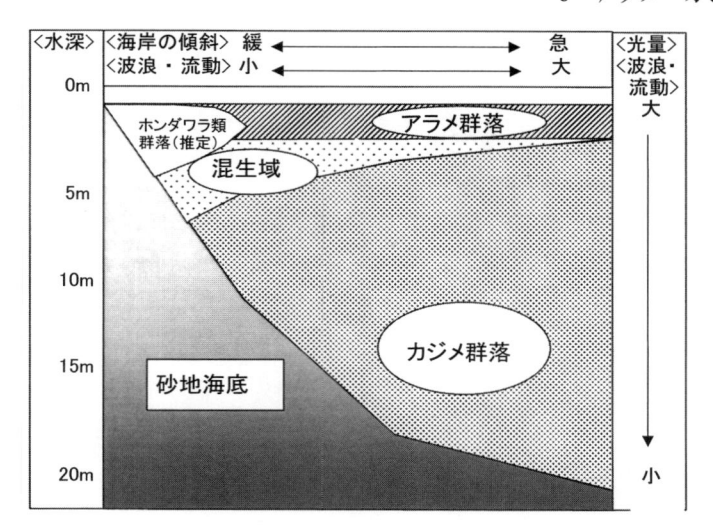

図 9.11 アラメ・カジメの水平・垂直分布様式（寺脇・新井 2003）．

基質にも出現し，群落から 100 m 以内の距離で出現密度が高い（電力中央研究所 1991）．

島根県から長崎県対馬では，アラメは二次側葉が比較的短く，九州西岸では大型になる．地理的分布の北限は，秋〜冬季の固着力の低下時期に，北西の強く連続的な季節風で海水流動が強まり引き剝がされやすくなることによって決まる．一方，南限は藻食魚の食害によって，決定されている可能性がある．福岡県福吉では，水深 3 m 以浅に河川水由来の懸濁物質層が見られ，それ以深域の光条件の差が葉体の生長に影響を及ぼしている（伊藤ら 1989）．

（2）サガラメ

サガラメ（図 9.12）は，分布域が限られていることもあって，今までの報告では，アラメとして記述されていることが多い．サガラメは紀伊長島沖合の島の外側では，波浪の影響が大きく，水深 13 m まで小型の藻体が分布する（喜田・前川 1983）．浅所で優占するサガラメ幼体は，海面光強度の 1.0〜1.5％，深所で優占するカジメ幼体は海面光強度の 0.5〜1.0％に場所に

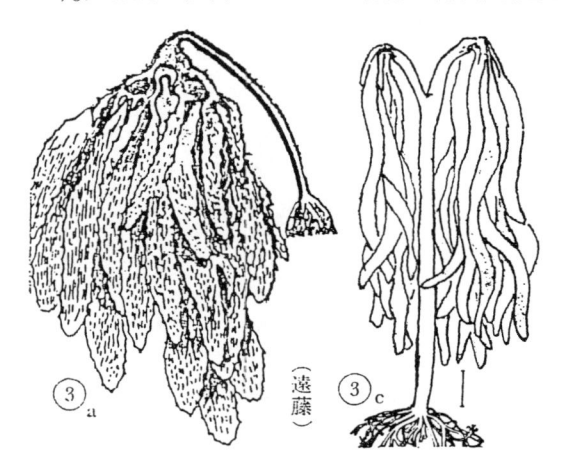

図 9.12 サガラメ（喜田 1997）．

生育する（Maegawa et al. 1988 b）．サガラメ群落内においても，幼芽や若齢の小型群の消長は大型群の密度などに強く支配され，光環境をめぐる種内競争が顕著である（喜田 1997）．サガラメは季節的には，藻体が9～11月に成熟し，2～3月に幼葉体が出現し，3～6月によく生長し，群落の現存量が6～7月に最大となり，発達したところでは4.5 kg(d.w.)/m² に達する（Maegawa 1990）．その後，12月頃まで，小型群を除いてほとんど生長せず，葉部もしだいに枯れ落ちて12月頃に現存量が最小となる（Maegawa 1990）．サガラメの生育密度は，一般に，幼芽から幼葉期にかけての初期減耗が著しく，また，台風期の8～10月にも大きく低下する（Maegawa 1990）．日本周辺においてサガラメの分布が拡大せず，アラメとの混生域が狭い理由は，今のところ不明である．サガラメは，アラメ属の分布域のなかで，水温の高い範囲の一部に含まれており，温度要求がより強い種類とも考えられる（喜田 1997）．今後，サガラメとアラメの生理的適域と生態的適域の相違などが解明されることを期待したい．

（3）カ ジ メ

カジメ（図9.13）は，房総半島，三浦半島，伊豆半島，紀伊半島，土佐湾などにおいて，日本産のアラメ・カジメ類の中で，最もよく調べられている種類である．太平洋沿岸のカジメは，海中林の代表的群落を形成し，日本産のアラメ・カジメ類の中で最も茎が長く，茎長が2 mに達する場合もあり，年齢が5年に達する（林田 1985）．そのため葉状部は波の抵抗を受けやすく，固着力の低下する冬季に海水流動が強い海域では生育できない．発芽後，24ヵ月までの幼体は種内競争の結果死亡し，その後42ヵ月までは波浪など物理的要因で死亡し，その後は寿命によって死亡する（Maegawa et al. 1988 a）．カジメは，多くのところで水深5～18 mの岩礁上に密生し，海岸の傾斜が緩やかで波浪・流動の影響が小さな環境を中心に，水深2～5 mまではアラメと混生する．安定した環境下で優占し，深所では，光補償点の低いカジメがホンダワラ

図9.13　太平洋沿岸に生育するカジメ（三浦半島地先産；秋季）．

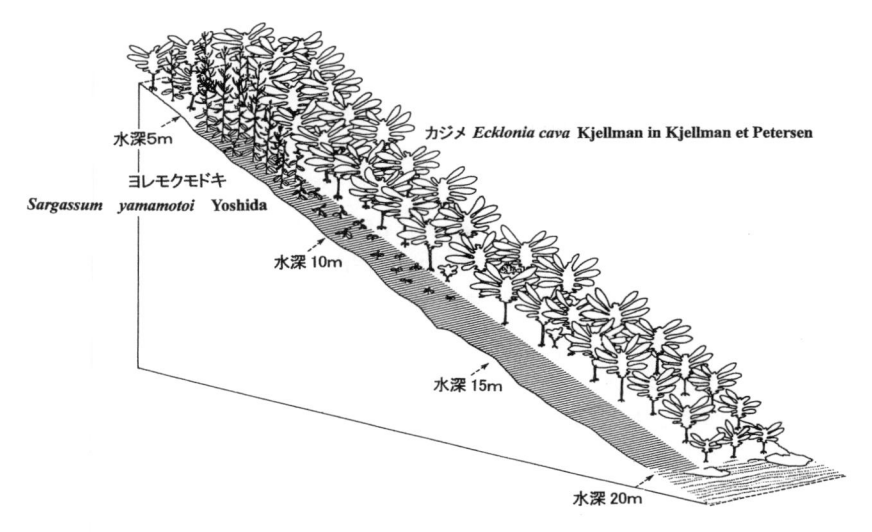

図9.14 神奈川県横須賀市秋谷沖・尾ヶ島地先の水深5〜20 mにおける自然区（カジメ場）と除去区の景観模式図（除去開始1年後）（寺脇・新井 2000 a）.

属の入植を阻んでいる．神奈川県横須賀市秋谷沖・尾ヶ島地先の水深6〜20 mのカジメ群落内で，実験的にカジメが刈り取られ，カジメ林冠の陰で暗かった海底面に到達する光量が10倍ほどに増大した結果，自然状態ではアラメよりさらに浅所に分布するホンダワラ類が水深12 mまでに繁茂した（図9.14）．カジメは，このように，幼体の光要求量などの差などによって，垂直分布範囲や下限水深が決定されている．個体密度が冬に最大で秋に最小となり，成体（2年以上）の全長が春に最大となり，子嚢斑を有する個体が年間通じて見られる．一方，成熟盛期が夏から秋である．新生幼体が冬から春にかけて急伸長する．新幼体が初年度に成熟する．側葉長が春に最大で秋に最小となり，新しく生長する根が秋に出現し春に伸長を停止する．一方，葉重量の最大時期が春である．側葉数の最大時期が冬である．年間を通じて，カジメは，アラメより茎が細く長く重いが，付着器が小さい．根部の固着力は藻体の生長に従って大きくなり，バネ秤で引っ張る水中計測では7 kgであり，アラメより小さい．根部の固着力は藻体サイズで異なるが，夏に最大で，秋に最小となる（電力中央研究所 1991）．秋の台風期を過ぎた後で成体から幼体まで多数流失し，株数が減少する（岩橋1971）．三浦半島では，夏に設けた実験的な裸面で，まず，種の判別が困難なアラメ・カジメ幼体が冬に入植する．1年以内の春からカジメが優占する．群落の生産量の大部分が側葉の更新によって占められ，年間生産量は，（生重量）10 kg (w.w.)/m² （電力中央研究所 1991）で，含水率85%として換算した値1.5 kg(d.w.)/m²は，伊豆半島でのカジメの年間生産量2.9 kg(d.w.)/m²（Yokohama et al. 1987）の1/2である．なお，伊豆半島のカジメの純生産量は1.5 kgC/m²/年（Yokohama et al. 1987）であった．アラメ・カジメ幼体は，主に，冬に群落から500 m以上離れた砂泥底域に実験的に設けられた基質にも出現し，群落から100 m以内の距離で出現密度が高い（電力中央研究所 1991）．安定した環境では海水流動の強い漸深帯上部よりアイゴなどの藻食魚の採食にさらされやすい．地形的条件などによって海水の滞留しやすい海域では，浮泥などによる海水の濁りが著しく，光量不足などによって衰弱した海藻体を固着動物が覆ってしまうことが，生育の制限要因になる．岩礁の裾野部では，カジメが砂泥をかぶり疎生である（喜田・前川 1982）．カジメ天然群落周辺での褐藻

類の摂餌量の多い魚種は，アイゴ，ウマヅラハギであり，過剰な採食に関する潜水観察も出てきている（中山・新井 1999）．

四国・太平洋岸の土佐湾において，カジメ群落のある海域は潮流はかなりあるが，周辺が砂地であるので風や雨など海況の変化によっては濁りやすい（大野・石川 1982）．カジメの生長は，春から夏に最大で，秋から冬に最小となり（大野・石川 1982），水深が異なると形態がやや異なる（富永ら 1999）．土佐湾でもカジメの3年齢個体が確認されたが，生長輪を含む形態的特徴は，年齢群間で重複し，はっきりとは分離できない（芹澤ら 2002）．伊豆下田よりも水温が通年2〜4℃高い土佐湾では，個体重および現存量とも低く，0〜1歳群が多い（芹澤ら 2001）．伊豆下田よりも水温が高い土佐湾では，藻体が小型である（図9.15）．土佐湾から伊豆下田に移植されたカジメ藻体は，小型である形態の特徴を残して生長した（Serisawa et al. 2002 b）．カジメ類の群落への魚類等の藻食性動物による食害が顕著であり，移植されたカジメ類藻体に対して，ブダイが夏から秋まで出現して食害を与え，アメフラシが春先から急に個体数が増えて，カジメを食べ尽くすことも報告されている（大野ら 1983）．

図9.15 土佐湾（高知県手結地先と伊豆下田のカジメの比較（Serisawa et al. 2002 a）．
A1, B1：新規加入個体，A2, B2：約1年齢の個体，A3, B3：2年齢以上の個体．

日本海南部沿岸では，カジメ（図9.16）とクロメが同じ海域に生育している場合が多く，中間的な形態の個体が存在することから，自然交雑している可能性がある．季節風による海水流動が激しい日本海では波の抵抗が大きく，クロメより大型になる典型的なカジメは，その生育域が限られている．

（4）クロメ

クロメは，地理的に不連続に分布し，生育地ごとに形態および生態に多様性が見られることが特徴である．それらの因果関係や遺伝的多様性などの観点から，クロメは興味深い種である．基

図 9.16　日本海南部沿岸のカジメ（山口県中部域地先産；松井ら 1984）．

図 9.17　東京湾湾口部の館山湾のクロメ（Tsutsui *et al.* 1996）．

本的には，カジメやアラメよりも茎が短いことが，競合種が存在する場合に，光を巡る競争において不利となる．

　東京湾湾口部の館山市坂田地先では，クロメは側葉の幅が広く，きわめて特徴的な形態である（図 9.17）．館山湾の岩盤上で，水深 1 m までヒジキ，水深 2～3 m ではオオバモク，水深 4～7 m ではアラメ，そして，水深 8～13 m ではクロメが優占し，房総半島の他の地先でのカジメの位置に置き換わっている（図 9.18）．ただし，岩盤ではクロメが優占する水深 9 m において，砂

148　有用海藻の生物学

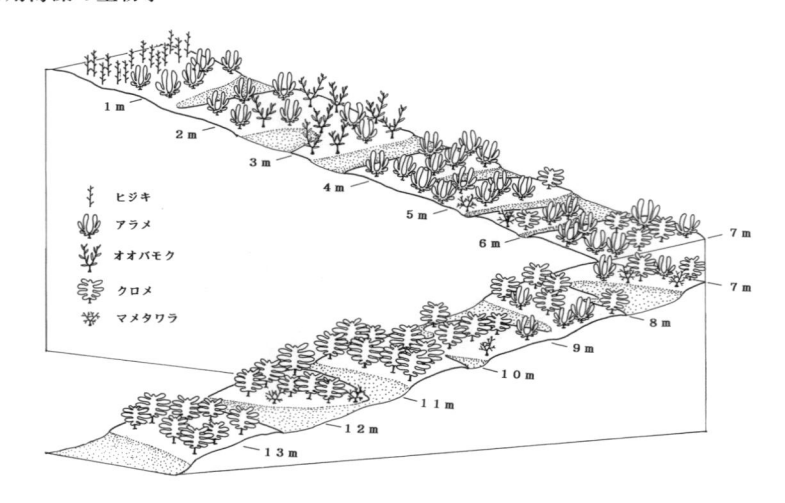

図 9.18　東京湾湾口部の館山湾・水深 0〜13 m における藻場の景観模式図（電力中央研究所 1990）．

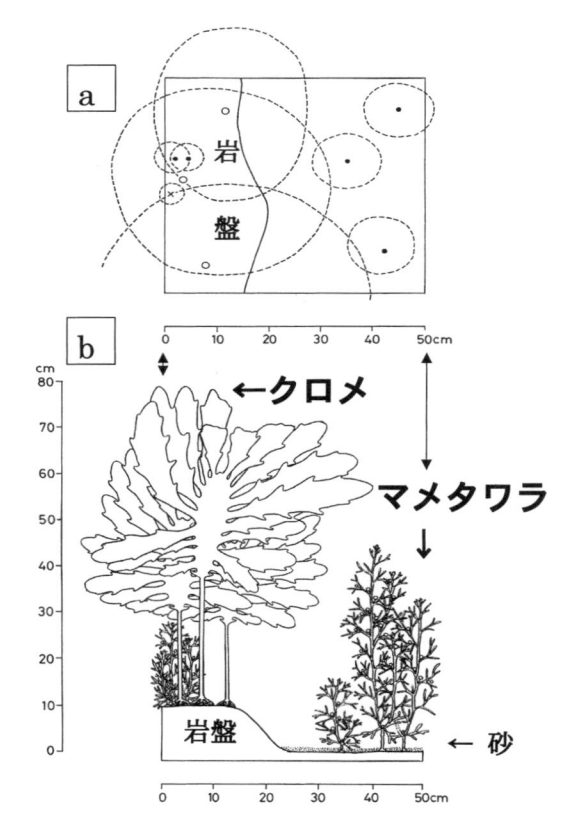

図 9.19　館山湾・水深 9 m の砂面境界域での藻場の景観模式図（寺脇・新井 2001 a）．
　a：藻冠投影模式図（○：クロメ，●：マメタワラ，×：ヤツマタモク），b：垂直断面模式図．

面からの比高が 10 cm 低い砂面との境界域ではマメタワラなどのホンダワラ類が優占する（図 9.19）．

三浦半島の油壺湾のクロメ（図 9.20），小網代湾および瀬戸内海の広島湾・大野瀬戸のクロメ（図 9.21）は，中央葉が長くコンブのように横たわって生育し（図 9.22），一定方向の流れが速い環境条件との関係が検討されている．また，広島湾・大野瀬戸では，水深 0〜3 m の浅所にクロメが優占し，1 年生のタマハハキモクとワカメが混生する（図 9.22）．周防灘では夏に重量が大きく，夏〜秋にかけて重量が小さくなりながら成熟が見られる（村瀬・大貝 1996）．備後灘の佐伯湾，臼杵湾では，多くはヒロハクロメである．流動環境によって形態の変異が著しい．紀伊水道の徳島県沿岸では，発芽から茎長 20〜25 cm までが生長過程で，25 cm 以上では老化過程

図 9.20 三浦半島油壺湾のクロメ（Tsutsui et al. 1996）．

図 9.21 瀬戸内海の広島湾奥部・大野瀬戸のクロメ（寺脇・新井 2001 b）．

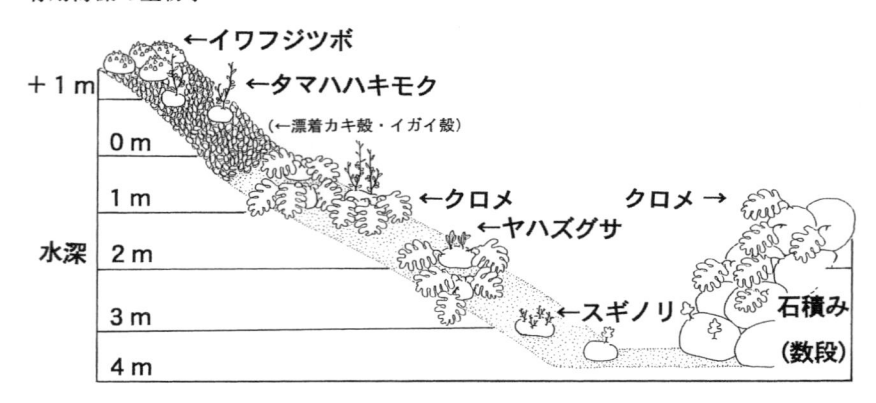

図 9.22　広島湾奥部・大野瀬戸における藻場の景観模式図（寺脇・新井 2001b）．

図 9.23　和歌山県田辺湾（選定基準標本の産地）のクロメ（Tsutsui *et al*. 1996）．

図 9.24　高知県室戸地先のクロメ（Tsutsui *et al*. 1996）．

図 9.25　宮崎県都農地先のクロメ（Tsutsui *et al.* 1996）．

に入る（小島・谷口 1994）．

　和歌山から宮崎の外海域（図9.23～9.25）では，藻場が衰退する過程で，カジメ群落がクロメ群落に入れ替わる．最近の研究ではこの海域では藻食魚の採食圧の変動によって，群落構造が変化する（清水ら 1999）．アイゴの食害によって大規模なクロメ群落の消失も発生している（寺脇・新井 2000 b）．タイプローカリティーの紀伊半島沿岸では，クロメ（図9.23）は，春季から初夏にかけて，最も形態的特徴を現している（筒井・大野 1992）．和歌山県沿岸の北部では，瀬戸内海系水の影響が大きく，水温，塩分および透明度とも低い加太地先でカジメの安定した群落が見られる．しかし，和歌山県沿岸を南下して潮岬に向かうにつれ，黒潮系水の影響が多きくなり，水温，塩分および透明度とも高くなるに従い，クロメ，続いてカジメ属と近縁なアントクメ属で1年生のアントクメ *Eckloniopsis radicosa* に置き換わる．このように，海況の変動によって，藻場の分布や主要な種類が大きく影響を受け変動する（山内 2003）．熊野灘では，クロメの分布域がカジメよりもやや高い水温環境であり，沿岸水域が周年にわたって20℃以上で推移する年には，クロメ群落が消失する（山内 2003）．土佐湾の室戸では，クロメは海水流動の激しい場所に生育し，中央葉が細長く，側葉の枚数が多い（図9.24）．宮崎県沿岸の北部で，カジメの分布が記録されていた門川湾（月舘ら 1991）では，カジメが衰退した後にクロメが生育するようになった（寺脇・新井 2002）．宮崎県川南地先では，外洋に面した波浪の激しい所では，付着基質となる岩の配置の変化，漂砂の堆積などにより幼体の加入する微小環境が刻々と変化している可能性があり，一定の周期をもった更新でもない（成原・大木 1990）．宮崎県川南地先では，濁りによる光量の不足および砂泥の基盤表面や藻体への堆積などが，クロメ（図9.25）の生育を制限している（成原・寺脇 1992）．

　日本海沿岸ではクロメ（図9.26）は，ツルアラメより海水流動の弱い海域に生育し，アラメと同様に冬の海水流動によって分布が制限される．地形的に冬季の季節風による浪のうねりが遮蔽される大きな瀬の南側や海水流動の弱い深所にクロメが生育している．島根県では，クロメの寿命が6年である（石田・由木 1996）．日本海に面する新潟県能生町百川地先において，北向きに沖出しする岩盤の頂上部および西斜面では，多年生ホンダワラ類のノコギリモクが優占したが，東斜面ではクロメが優占する（図9.27）．

図 9.26　日本海沿岸の新潟県能生地先のクロメ（寺脇・新井 2000 c）．

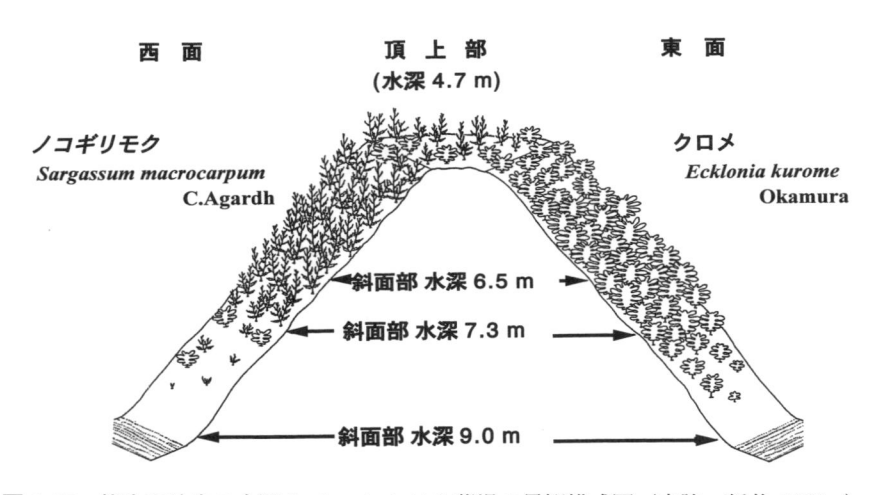

図 9.27　能生町地先の水深 5〜9 m における藻場の景観模式図（寺脇・新井 2000 c）．

（5）ツルアラメ

　ツルアラメは，日本海特産種である．ツルアラメの長い匍匐根は，波浪のうねりによる引き剝がしに対して，生残に有利である（新井ら 1997 b）．ツルアラメは娘株を含めると 1 株で周年根を伸長させている．このため，ほかのアラメ・カジメ類より，冬季の固着力の低下が少ない．生育地によって，葉部の形態がさまざまである（図 9.28 A〜D）．観察によると，藻長が短くて側葉の発達が悪いササバ型のツルアラメは，他種との光を巡る競争には不利であるが，波浪による引き剝がしにはそのような形態が有利である．内湾や深所に生育している場合には，中央葉が広くなり（川嶋 1989），クロメのように側葉が発達する（新井ら 1997 b）．青森沿岸では，周年にわたりストロン先端からの幼葉で安定的に栄養繁殖があり，葉状体の成熟は 11 月頃で，シュー

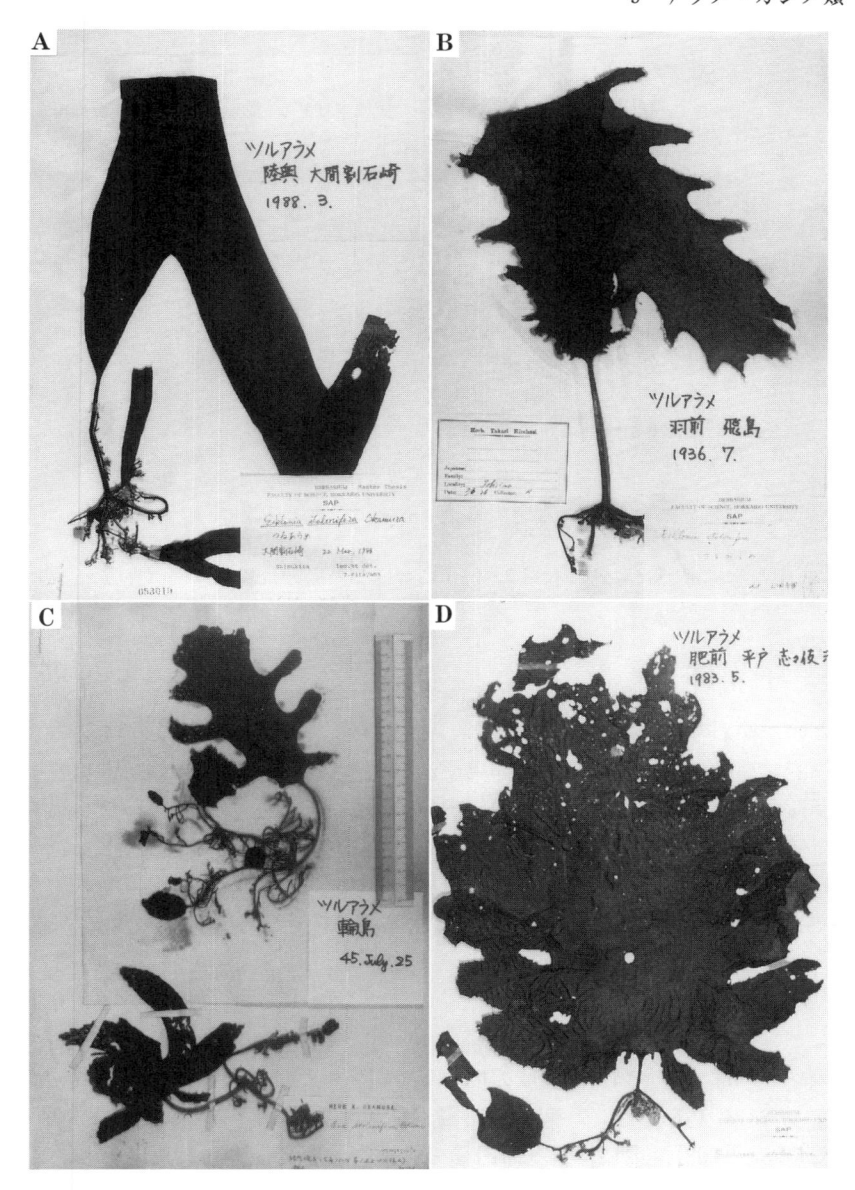

図9.28 日本海沿岸のツルアラメ（SAP）．
A：青森県大間崎地先産（SAP 053019），B：山形県飛島地先産（SAP 045367），C：石川県輪島地先（選定基準標本の産地）産（SAP, Herb. Okamura），D：長崎県平戸地先産（SAP 043765）．

トは深所ほど大きく，5～6年齢まで生育し，水深10～15 mで3～4年齢が主体である（能登谷 2003）．波と流れで生じる砂面変動による着生基質への物理的撹乱の強度が大きい砂面からの比高が低い条件でツルアラメが優占し，多年生ホンダワラ類のノコギリモクがより比高の高い物理的に安定な条件で優占する（図9.29）．コンクリートブロック表面では，溝の谷の部分に砂泥が堆積し，ツルアラメの入植が少ない（山本ら 1987）．

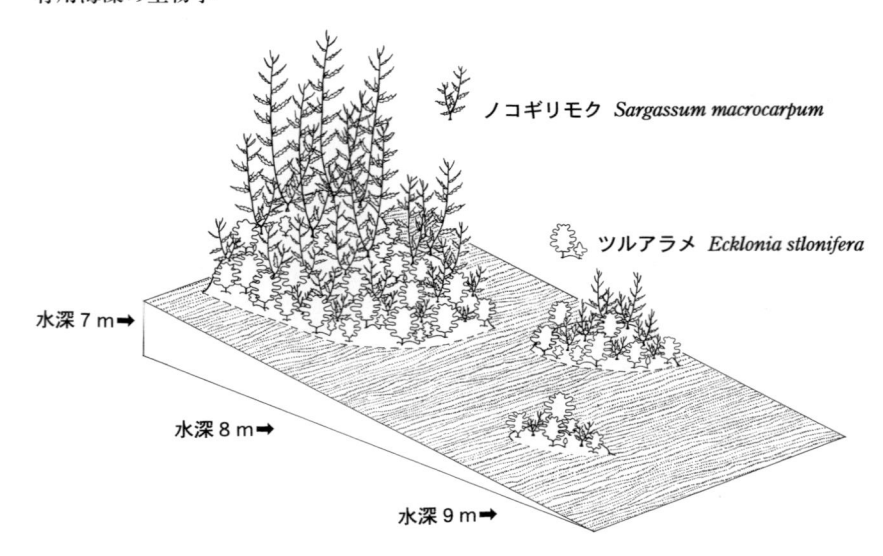

図 9.29　富山県氷見市宇波地先の水深 7〜9 m における藻場の景観模式図（寺脇・新井 1999）．

9.5　海中林

水産生物とのかかわり

　アラメ・カジメ海中林は，魚介類の産卵場や幼稚魚・ウニ類・貝類の餌料供給の場となっている．磯魚，回遊魚も生活史の一時期を海中林内ですごすものが多い．安定した水温環境，かくれ場，葉上の付着微細藻類が豊富であり，小動物も多いためである．アワビ・トコブシ・サザエなどは，直接に海藻を食べているので，これら有用魚介類の増産のために，アラメ・カジメ海中林造成とその維持が，海域環境の保全を通しての水産増殖の達成を果たすための課題となっている．

食用利用など

　アラメ・カジメ類は，魚介類資源育成の場として重要なだけでなく，食用もされている．とくに日本では，カジメ（商品名：アラメ）を湯通しして，醤油をかけ，健康食品としている（Critchley & Ohno 1998）．主に，日本海沿岸の各地において，刻まれたアラメ・カジメ類の藻体を乾燥させ，保存食として，販売されている．それらの調理の方法は，長時間（20 分以上）かけて水で戻してから，水洗いし，油で炒めて，砂糖，醤油などで調味し，水を入れて中火などで煮なまし，肉，油揚げ，ごまなどを加えて食するというものが多い．また，アラメ・カジメ類の幼体を食用にしても成体を食用にすることは少ない（新崎 1985）．しかし，サガラメについては，成体の食用利用が盛んで，とくに三重県鳥羽湾から五ヶ所湾に至る志摩半島沿岸では，漁獲量の記録（年間 500〜600 トン）があり，漁獲調整のもと，資源管理と増殖技術研究が進められている水産物である（喜田 1997）．ここでは，サガラメが，「刻みアラメ」に加工され，味噌汁や惣菜の具などに，一部は粉末にしてコンニャクの添加物に利用されている（喜田 1997）．韓国では，ツルアラメ（韓国名 Kompi）をサラダなどに用いている（Critchley & Ohno 1998）．南アフリカ（*Ecklonia maxima*，*Ecklonia radiata*）やニュージーランド（*Ecklonia radiata*）など

ではアルギン酸抽出の原藻として採取されている（Critchley & Ohno 1998）。アルギン酸は，褐藻類の細胞壁を構成する多糖類であり，希硫酸で前処理したあと，希アルカリ溶液で加温抽出すると得られる非常に粘りの強い溶液である。これを乾燥させるとアルギン酸のアルカリ塩（アルギン酸ソーダ）が得られる。アルギン酸は，粘度が高いため，アイスクリーム，セメントなどの混和剤，フィルム，医薬品などの被膜剤など用途は，きわめて広い。

海中林造成

何らかの理由で大規模に海中林が衰退した後，藻食動物の過剰な採食により，生産力の低い状態が継続する，いわゆる"磯焼けが発生している地先"での回復技術の開発が進められている。磯焼けが発生している地先では，アラメ・カジメ類の生育していない海底で，付着基質を設置し，種苗（母藻，幼体，成体）を移植し，藻食動物の採食圧を制御するための人為的な管理を施す技術が提案されている（谷口 1997）。ただし，そのような環境の場所では，人為的な管理を中止または緩めると，ブダイ（魚類），ウニ類，バテイラ（巻貝類），アメフラシ，ヨコエビ，ワレカラ等の藻食動物の採食圧を強く受け，造成されたアラメ・カジメ場の10年以上の持続を報告している例は，未だ知られていない。近年，磯焼けが発生していない地先において，主に砂地海底を用い，適地での基盤設置という地形的規模での，自然模倣の技術による生育基盤の改良で，メンテナンスフリーの藻場の造成方法が実証されている（川崎ら 1994, Terawaki *et al.* 2001）。磯焼けが発生している地先においても，アラメ・カジメ類の局所的な生育域の条件を模倣する考え方で，メンテナンスフリーの造成方法の検討が始められた。アラメ・カジメ類の地理的，または，特定の地先での水平・垂直的な分布域は，ある変動幅で条件に伴って変化する動的な平衡相として認識される。このことのより深い理解が，アラメ・カジメ類をよく知る上での第一歩である。

引用文献

秋元義正・天神 憭 1974．永崎禁猟区内のキタムラサキウニの生態について．福島水試研報 **2**：9-29．

新崎盛敏 1953．アラメに就いて．藻類 **1**：9-13．

新崎盛敏 1985．アラメ・カジメの分類．海洋科学 **17**：760-768．

新井章吾・寺脇利信・筒井 功・吉田忠生 1997 a．ツルアラメのタイプ標本およびツルアラメとクロメの根の形態形成の比較．藻類 **5**：15-19．

新井章吾・筒井 功・寺脇利信・大野正夫 1997 b．能登半島輪島のツルアラメ群落から採集されたツルアラメとクロメの形態．のと海洋ふれあいセンター研報 **3**：49-54．

Critchley, A. T and Ohno, M. 1998. Seaweed resources of the world. Kanagawa International Fisheries Training Center Japan International Cooperation Agency, 1-431.

電力中央研究所 1990．海中砂漠緑化技術の開発 第3報，クロメの成長と生育制限要因．電中研研報 U 900 **44**：1-25．

電力中央研究所 1991．海中砂漠緑化技術の実証 第2報，三浦半島西部でのアラメおよびカジメの生態と生育特性．電中研調報 U 91022：1-69．

林田文郎 1984．カジメの群落生態学的研究-II カジメの生長について．東海大紀要海洋学部 **18**：275-280．

林田文郎 1985．カジメ群落の生産動態．海洋科学 **17**：746-750．

林田文郎 1995. 現代生態学とその周辺. p. 65-76. 東海大学出版会.
伊藤輝昭・恵崎 摂・二島賢二 1989. 藻場造成技術に関する研究-Ⅰ,筑前海域における重要コンブ科の藻場造成について. 福岡水試研報 **15**: 47-56.
石田健次・由木雄一 1996. 島根県鹿島沿岸におけるクロメの季節変化. 水産増殖 **44**: 241-247.
岩橋義人 1971. 伊豆半島沿岸のアラメ・カジメの生態学的研究-Ⅲ,カジメ群落の年級群の交代について. 静岡水試研報 **4**: 37-39.
神田千代一 1936. 暖海産昆布科植物の遊走子培養に就いて. 服部報公会研究報告 **8**: 317-343.
川崎保夫・寺脇利信・長谷川寛 1994. 自然模倣の海中緑化技術. 土木学会誌 **79**: 14-17.
川嶋昭二 1989. 日本産コンブ類図鑑. p. 1-215. 北日本海洋センター.
喜田和四郎・前川行幸 1982. アラメ・カジメ群落に関する生態学的研究-1. 志摩半島御座岬周辺における群落の分布と構造. 三重大水実研報 **3**: 41-54.
喜田和四郎・前川行幸 1983. アラメ・カジメ群落に関する生態学的研究-2. 熊野灘沿岸各地域における群落の分布と構造. 三重大水産研報 **10**: 57-69.
喜田和四郎 1997. サガラメ. 平成8年度稀少水生生物の保存対策試験事業 日本の稀少な野生水生生物に関する基礎資料(Ⅳ). p. 479-483. 及び図版10(497-498).
小島 博・谷口和也 1994. 徳島県牟岐町沿岸における褐藻クロメの成長周期. 日水誌 **60**: 365-369.
今野敏徳 1985. ガラモ場・カジメ場の植生構造. 海洋科学 **17**: 57-65.
Maegawa, M., Kida, W. and Aruga, Y. 1988 a. A demographic study of the sublittoral brown alga *Ecklonia cava* Kjellman in coastal water of Shima Peninsula, Japan. Jpn. J. Phycol. (Sorui) **36**: 321-327.
Maegawa, M., Kida, W., Yokohama, Y. and Aruga, Y. 1988 b. Comparative studies on critical light conditions for young *Eisenia bicyclis* and *Ecklonia cava*. Jpn. J. Phycol. (Sorui) **36**: 166-174.
Maegawa, M. 1990. Ecological studies of *Eisenia bicyclis* (Kjellman) Setchell and *Ecklonia cava* Kjellman. Bull. Bioresources Mie Univ. **4**: 73-145.
松井敏夫・大貝政治・大内俊彦・角田信孝・中村達夫 1984. 山口県日本海沿岸中部域における海藻群落. 水大校研報 **32**: 91-113.
村瀬 昇・大貝政治 1996. 瀬戸内海の長島沿岸に生育するクロメの生長と成熟. 水産増殖 **44**: 59-65.
成原淳一・大木雅彦 1990. 宮崎県川南地先のクロメ群落について. 栽培技研 **19**: 1-8.
成原淳一・寺脇利信 1992. 宮崎県川南漁港の沖防波堤におけるクロメの生育. 水産増殖 **40**: 173-175.
中山恭彦・新井章吾 1999. 南伊豆・中木における藻食性魚類3種によるカジメの採食. 藻類 **47**: 105-112.
能登谷正浩 2003. ツルアラメ. 能登谷正浩編著,藻場の海藻と造成技術. p. 122-144. 成山堂書店.
Ohmori, T. 1967. Morphogenetical studies on Laminariales. Biol. J. Okayama Univ. **13**: 23-84.
大野正夫・石川美樹 1982. 土佐湾産カジメ類の生理生態学的研究-Ⅰ 群落の周年変化. 高知大海生研報 **4**: 59-73.
大野正夫・笠原 均・井本善次 1983. 土佐湾産カジメ類の生理生態学的研究-Ⅱ 成体からの移植実験. 高知大海生研報 **5**: 66-75.
大野正夫 1993. クロメ. 堀 輝三編,藻類の生活史集成,第2巻. p. 130-131. 内田老鶴圃.
芹澤如比古・秋野秀樹・松山和世・大野正夫・田中次郎・横浜康継 2001. 水温環境の異なる2つの生育地のカジメ群落における現存量,密度,年齢組成の比較. 水産増殖 **49**: 9-14.
芹澤如比古・上島寿之・松山和世・田井野清也・井本善次・大野正夫 2002. 高知県手結地先におけるカジメ(褐藻,コンブ目)の年齢と形態の関係. 水産増殖 **50**: 163-169.
Serisawa, Y., Akino, H., Matsuyama, K., Ohno, M., Tanaka, J. and Yokohama, Y. 2002 a. Morphometric study of *Ecklonia cava* (Laminariales, Phaeophyta) sporophytes in two localities with

different temperature conditions. Phycol. Res. **50**: 193-199.

Serisawa, Y., Yokohama, Y., Aruga, Y. and Tanaka, J. 2002 b. Growth of *Ecklonia cava* (Laminariales, Phaeophyta) sporophytes transplanted to a locality with different temperature conditions. Phycol. Res. **50**: 201-207.

清水　博・渡辺耕平・新井章吾・寺脇利信 1999. 日向灘沿岸におけるクロメ場の立地環境条件について. 宮崎水試研報 **7**: 29-41.

谷口和也・加藤史彦 1984. 褐藻アラメの年齢と生長. 東北水研研報 **46**: 15-19.

谷口和也 1985. 東北地方におけるアラメの生態. 海洋科学 **17**: 740-745.

谷口和也 1990. アラメ群落の構造と海中林造成. 沿岸海洋研究ノート **27**: 167-175.

谷口和也・磯上孝太郎・小島　博 1991. アラメの2～4歳個体の生長および成熟についての観察. 藻類 **39**: 43-47.

谷口和也 1997. アラメ・カジメ海中林の機能. 藻場の機能. 水産業関係試験研究推進会議資源増殖部会「テーマ別研究のレビュー」Ser. 4. 水産庁中央水産研究所, p. 23-55.

寺脇利信 1993. アラメおよびカジメ. 堀　輝三編, 藻類の生活史集成, 第2巻. p. 128-129 および p. 132-133. 内田老鶴圃.

寺脇利信・新井章吾・川崎保夫 1995. 藻場の分布の制限要因を考慮した造成方法. 水産工学 **32**: 145-154.

寺脇利信・新井章吾 1999. 藻場の景観模式図 1, 富山県氷見市宇波地先. 藻類 **47**: 147-149.

寺脇利信・新井章吾 2000 a. 藻場の景観模式図 3, 神奈川県横須賀市秋谷沖・尾ヶ島地先. 藻類 **48**: 33-36.

寺脇利信・新井章吾 2000 b. 藻場の景観模式図 4, 宮崎県川南地先. 藻類 **48**: 177-180.

寺脇利信・新井章吾 2000 c. 藻場の景観模式図 5, 新潟県能生町百川地先. 藻類 **48**: 237-239.

寺脇利信・新井章吾 2001 a. 藻場の景観模式図 7, 千葉県館山市坂田地先. 藻類 **49**: 131-135.

寺脇利信・新井章吾 2001 b. 藻場の景観模式図 8, 広島湾奥部の大野瀬戸・亀瀬. 藻類 **49**: 199-202.

寺脇利信・新井章吾 2002. 藻場の景観模式図 9, 宮崎県門川湾乙島地先. 藻類 **50**: 21-23.

Terawaki, T., Hasegawa, H., Arai, S. and Ohno, M. 2001. Management-free techniques for restoration of *Eisenia* and *Ecklonia* beds along the central Pacific coast of Japan. J. Appl. Phycol. **13**: 13-17.

寺脇利信・新井章吾 2003. アラメとカジメ. 能登谷正浩編著, 藻場の海藻と造成技術. p. 100-113. 成山堂書店.

富永春江・芹澤如比古・大野正夫 1999. 土佐湾手結地先の異なる水深に生育するカジメの形態, 密度および現存量. 高知大海生研報 **19**: 63-70.

月舘真理雄・新井章吾・成原淳一 1991. 宮崎県門川地先のカジメ群落の観察. 藻類 **39**: 389-391.

筒井　功・大野正夫 1992. 和歌山県白浜産クロメの成長・成熟と形態の季節的変化. 藻類 **40**: 39-46.

Tsutsui, I., Arai, S., Terawaki, T. and Ohno, M. 1996. A morphometric comparison of *Ecklonia kurome* (Laminariales, Phaeophyta) from Japan. Phycol. Res. **44**: 215-222.

山本秀一・綿貫　啓・新井章吾 1987. ツルアラメ幼体の入植に及ぼす基質表面形状の影響. 水産増殖 **35**: 69-75.

山内　信 2003. クロメ. 能登谷正浩編著, 藻場の海藻と造成技術. p. 113-122 成山堂書店.

Yokohama, Y., Tanaka, J. and Chihara, M. 1987. Productivity of the *Ecklonia cava* community in a bay of Izu peninsula on a Pacific coast of Japan. Bot. Mag. Tokyo **100**: 129-141.

吉田忠生 1970. アラメの物質生産に関する2, 3の知見. 東北水研研報 **30**: 107-112.

吉田忠生 1973. 宮城県松島湾の寒風沢島周辺における海藻群落について. えびの高原野外生物実験室研究業蹟 **1**: 19-24.

吉田忠生・寺脇利信 1990. 褐藻クロメのタイプ標本. 藻類 **38**: 187-188.
吉田忠生 1998. コンブ科. 新日本海藻誌. p. 337-357. 内田老鶴圃.

紅　藻

トサカノリ　*Meristotheca papulosa*（Montagne）J. Agardh

有用海藻の生物学

10　アマノリ類

能登谷　正浩

　ノリといえば，抄製乾海苔を指すほど一般的でよく知られる大型海藻だが，アマノリ類という学術的な名称となると急に大衆的ではなくなり，その落差は大きい．

　最近10年間のアマノリ類の生物学に関する研究は，形態分類学はもちろんのこと，生活史や繁殖様式の多様性の発見に加えて，分子生物学的な分野で新たな知見が数多く得られている．アマノリ類は形態的にはごく単純な体制を持つため，種を明確に判別する基準が少ないことや，形質の変異の程度が不明確であることなどによって，従来から知られるように種の分類には混乱が見られる．これとは反対に，従来から用いられてきた分類形質が分子情報とは整合性を持たないことも明らかにされている．さらに種によっては分布域や，生態や繁殖様式が明確に異なる個体群でも分子情報からはごく類似した結果が得られるなどがあり，種の異同の判定が困難となっている．したがって，今後種の判定基準の検討も課題となっている．生活史や繁殖様式については，現在，生活史をどのように考えるかが問われている．すなわち，生活史は世代と生殖細胞を繋ぐ流れまたは循環の様式という考え方から，生殖細胞や繁殖様式の多様性は生き残りや個体群拡大などの生存繁殖戦略や進化の方向性を考察することへと移行しつつある．したがって，今後生態学的な知見の集積と理解が重要となる．

　本章では，ごく基礎的なアマノリ類の分類形質や，生活史や繁殖様式とそれに関連する術語などの新たな見解，さらに生理，生態学的な知見の簡単な解説とともに，日本産アマノリ類について記載した．そのほか，海面養殖における漁獲物の中で，最大の生産量を誇る代表的な有用藻類であるノリの養殖について，生物学的な知見がどのように応用され，有効な技術として開発されたのかを解説した．

10.1　分類学上の位置

　ノリは紅色植物門 Rhodophyta，ウシケノリ亜綱 Bangiophycidae（原始紅藻亜綱 Protoflorideophycidae），ウシケノリ目 Bangiales，ウシケノリ科 Bangiaceae，アマノリ属 *Porphyra* に

表10.1　アマノリ属の位置．

紅色植物門 Rhodophyta
1．ふつう原形質連絡，ピットプラグを持たない，有性生殖は稀，受精後造胞糸をつくらずに直ちに分裂して果胞子をつくる ···ウシケノリ亜綱 Bangiophycidae
1．原形質連絡，ピットプラグを持つ，有性生殖がある，受精後造胞糸を出して果胞子をつくる ···ウミゾウメン亜綱 Nemaliophycidae
2．単細胞性，ふつう無性生殖，仮根糸を持たない ·················オオイシソウ目 Compsopogonales
···エリトロペルティス目 Erythropeltidales
··チノリモ目 Porphyridiales
2．多細胞性，有性生殖あり，仮根糸を持つ ···ウシケノリ目 Bangiales
3．ウシケノリ目 Bangiales：ウシケノリ科 Bangiaceae
4．体は糸状，1列から多列細胞からなる ···ウシケノリ属 *Bangia*
4．体が葉状，1層または2層細胞からなる ···アマノリ属 *Porphyra*

含められる藻類の一般名称で，学術的にはアマノリである（表10.1）．
　紅色植物門に含められる藻類は，体構造と受精卵の形成過程などの違いよって大きく二つの亜綱，すなわち，ウシケノリ亜綱とウミゾウメン亜綱 Nemaliophycidae（真性紅藻亜綱 Florideophycidae）に分けられる．ウシケノリ亜綱には4目（チノリモ目 Porphyridiales, エリトロペルティス目 Erythropeltidales, オオイシソウ目 Compsopogonales, ウシケノリ目）がある．この4目には体構造や細胞間連絡，繁殖様式，生活史などの違いが見られる．ウシケノリ目はウシケノリ科1科を持ち，ウシケノリ属 *Bangia* とアマノリ属の2属が含められている．いずれも配偶体は直立するが体構造に違いがあり，ウシケノリ属は糸状で1列から多列細胞で，アマノリ属では葉状で1層細胞または2層細胞からなる．細胞間の原形質連絡はない．体の基部付近および付着器を形成する細胞は仮根糸を持ち，それによって基質に付着する．葉緑体の細胞には1個または2個の星型 stellate の色素体を持ち中央に pyrenoid を1個持つ．胞子体（糸状体，コンコセリス期 *Conchocelis*-phase）は細胞が1列に繋がり，ところどころで分枝する．細胞間には原形質連絡を持ち，側壁状 parietal の葉緑体を1個以上持つ．ウシケノリ属とアマノリ属の区分は配偶体の体制（糸状または葉状）によるが，それ以外の基本的な形態的な特徴や分類形質，生活史には，ほとんど差異は認められていない．アマノリ属の種は配偶体の形態に基づいて同定される．

10.2　体構造と外形

　種の判別や同定に用いられる形態学的な形質には，葉状体の大きさや形，付着器付近の形，色彩などがある．葉状体の外形は図10.1に示すように線形，披針形から卵形，円形，漏斗形などと，その反転形に分類される．このほかに種特有の形，たとえばフイリタサ *Porphyra variegata* では巴形（図10.2）や，イチマツノリ *P. seriata* では漏斗型（図10.3），ツクシアマノリ *P. yamadae* に見られる牡丹の花または房状（図10.4），さらに成熟によって裂片となるヤブレアマノリ *P. lacerata*（図10.5）やタネガシマアマノリ *P. tanegashimensis*（図10.6）のように分枝する葉状体もある．付着基部付近の形もくさび形，円形，心臓形，臍形など種によって特徴的で

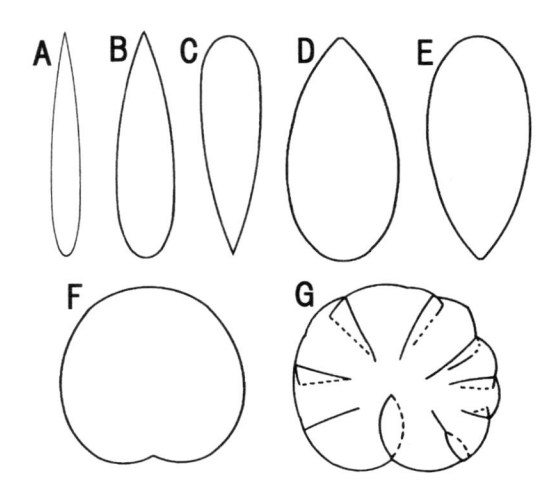

図10.1　アマノリ葉状体の類型．A：線形，B：披針形，C：倒披針形，D：卵形，E：倒卵形，F：円形，G：漏斗形（能登谷2002を改変）．

図10.2 フイリタサのさく葉標本.

図10.3 イチマツノリのさく葉標本.

図10.4 ツクシアマノリのさく葉標本.
(能登谷 2000 より改変).

図10.5 ヤブレアマノリのさく葉標本.

ある（図10.7）.

　葉状体の大きさは種によっては数 mm から 1 m 前後にまで生長するものまで多様である. 栽培品種であるナラワスサビノリ *P. yezoensis* form. *narawaensis* やオオバアサクサノリ *P. tenera* var. *tamatsuensis* などは野生種に比べ数十倍の 1 m 以上に生長する藻体もある（Miura 1984）. 色彩は多様で，生きている状態と乾燥標本では大きく異なる場合が多い. 暗褐色から紅色，緑色などがある. 生きた状態のアマノリ類の色彩は，干出する位置に生育する種は一般に黒色に近いが，潮下帯に生育する種は紅色である場合が多い. また，ごく稀に栽培種では色素変異体が発見されている. 緑色や黄色，紫色など多様な色彩が知られている.

図10.6　タネガシマアマノリのさく葉標本.

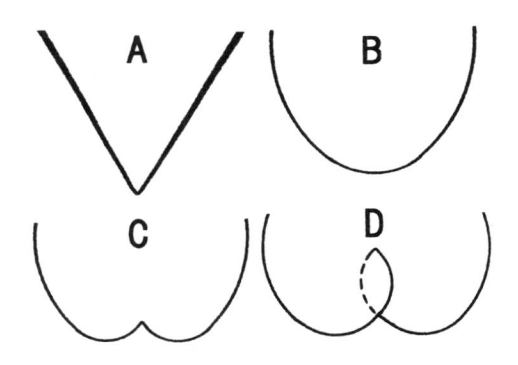

図10.7　アマノリ葉状体の付着器付近の類型. A：くさび形, B：円形, C：心臓形, D：臍形 (能登谷 2002 より改変).

　顕微鏡的に判別される葉状体の微細な形態も分類形質として用いられている. 葉状体を構成する細胞は一般に四角柱または数角柱であるが, その細胞層の数と色素体の数は, 種によって異なり細胞が1層からなり, 色素体を1個持つグループをヒトエアマノリ亜属 *Porphyra*, 細胞が2層で各細胞に色素体を1個持つグループをフタエアマノリ亜属 *Diplastidia*, 細胞が1層で各細胞に色素体を2個持つグループをフタツボシアマノリ亜属 *Diploderma* とし, 3亜属に分類されている (図10.8). 多くの種の葉状体の縁辺はなめらかな全縁 entire であるが, 少数の種には数細胞からなる小鋸歯状 denticulate の細胞配列を持つ (図10.9). 葉状体基部の根様糸細胞以外は胞子または雌雄の生殖細胞に分化する能力を持ち, 生長, 成熟に伴って通常は上部縁辺の細胞から雌雄の生殖細胞や胞子が分化する. 多くの種は雌雄同株であるが異株の種も知られる. ま

164　有用海藻の生物学

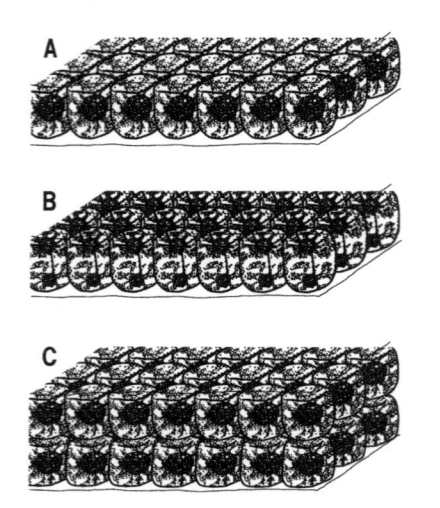

図10.8 アマノリ3亜属の葉状体の細胞配列と色素体の数．A：ヒトエアマノリ亜属（*Porphyra*）；B：フタエアマノリ亜属（*Diplastidia*）；C：フタツボシアマノリ亜属（*Diploderma*）（能登谷 2000 より）．

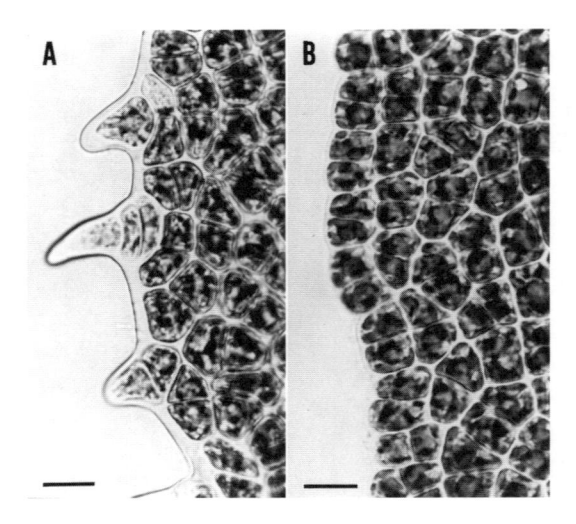

図10.9 アマノリ葉状体の縁辺の細胞配列．A：鋸歯，B：全縁（能登谷 2000 より）．

　た，その中間的な型として雌雄生殖斑が葉状体の左右に区分されて配置する雌雄同株の種もある．雌性生殖細胞の造果器の受精突起は種によって特徴的なことも知られる．大きく葉状体の表面から突出する種やほとんど突出することなく平坦なものもある．雌雄の生殖細胞が集合して生殖斑を形成するが，種によってその形に特徴が見られ，スサビノリでは精子嚢斑はくさび形や筋状で縞模様をなすが，イチマツノリでは矩形で市松模様状に配置される．さらに，精子嚢は栄養細胞が精子母細胞に変性して縦，横，高さ方向にそれぞれ4個，2個または4個，4個または8個に分割されて，精子母細胞から32個から128個まで形成される．また，雌性生殖細胞は栄養細胞が変性して造果器を形成し，精子と接合（受精）後には，精子母細胞と同様にそれぞれの方向に2個または4個に分割され，8個から32個の接合胞子を形成する（図10.10）．このときの細胞分割によって形成された精子または接合胞子の数や分割方法は種によっておおむね一定である．その様式を Hus（1902）は 32（a/4, b/2, c/4），8（a/2, b/2, c/2）のように表す方法を考案し，分割表式 division formula と称して種の判別に用いている（図10.11）．日本産のアマノリ類の主な分類学的形質については表10.2に示した．

10.3　生活史の研究史

　リンネ（Linnaeus）の時代には薄い葉状の藻類がいずれも同一グループにまとめられ，アマノリ類もその中に含めていた．アガード（C. Agardh）は1824年に紅色の色彩を持つこれらの藻類をアマノリ属とした．当時は葉状体のみを認識していた．しかし，Drew（1949）は *Porphyra umbilicalis* の接合子の培養と観察結果から，発芽体は糸状となり，貝殻に穿孔して生長し，それに形成された胞子嚢は Batters（1892）が報告した *Conchocelis rosea* と一致しすることを報告した．これによって，*P. umbilicalis* の生活史は葉状体の接合胞子（果胞子）が発芽し

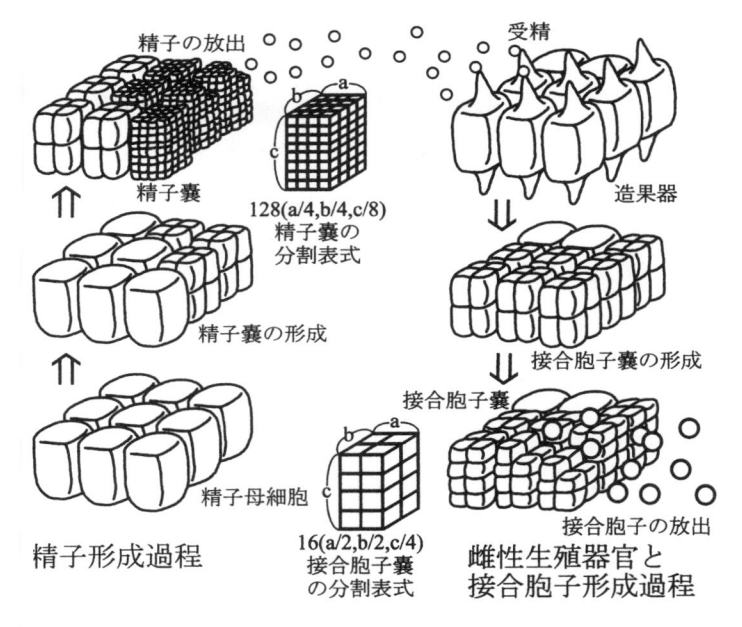

図 10.10 雌雄生殖細胞の分化と分割表式と受精，精子および接合胞子の放出（能登谷 2000 より）．

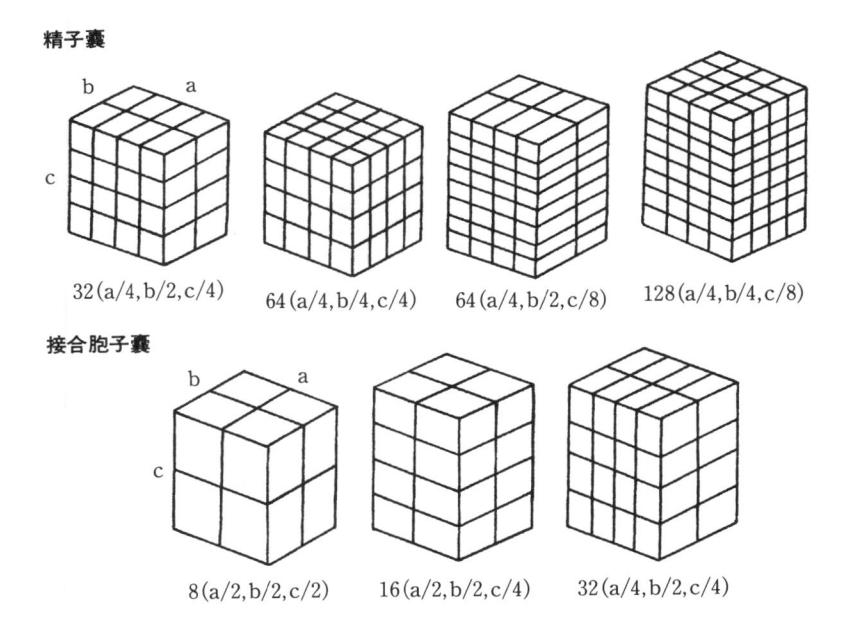

図 10.11 アマノリ精子嚢および接合胞子嚢の分割表式の類型（能登谷 2002 より）．

表10.2 日本産アマノリの特徴.

亜属	葉体縁辺	雌雄性と生殖斑の型		生殖細胞の分割数(a,b,c)		種 名(学 名)	他の特徴
				精子	接合胞子		
ヒトエアマノリ亜属	全縁	同株	混在型	128(4,4,8)	16(2,2,4)	カイガラアマノリ (*P. tenuipedalis* Miura)	葉状体下端の細胞はカイガラ中のコンコセリスと連続している．岩上および海藻着生型がある
	全縁	同株 小斑型 筋状		32(4,2,4), 64(4,4,4)	4(1,2,2), 8(2,2,2)	ヤブレアマノリ (*P. lacerata* Miura)	
	全縁	同株 小斑型 筋状		128(4,4,8)	16(2,2,4)	ベンテンアマノリ (*P. ishigecola* Miura)	円形，腎臓形，基部心臓形，厚さ約40μm，イシゲ，ツノマタに着生．
	全縁	同株 小斑型 筋状		128(4,4,8)	16(2,2,4)	ウタスツノリ(*P. kinositae* Yamada et Tanaka Fukuhara)	披針形，長楕円形，厚さ32～48μm，生育水深が深い．紅色
	全縁	同株 小斑型 筋状		32(4,2,4)	4(1,2,2)	マルバアサクサノリ (*P. kuniedae* Kurogi)	円形，卵形，腎臓形，厚さ28～35μm
	全縁	同株 小斑型 筋状		128(4,4,8)	16(2,2,4)	カヤベノリ (*P. moriensis* Ohmi)	ツルモにのみ着生
	全縁	同株 小斑型 矩形		128(4,4,8)	16(2,2,4)	イチマツノリ (*P. seriata* Kjellman)	精子嚢斑は市松模様
	全縁	同株 小斑型 筋状		32(2,4,4), 64(4,4,4), 128(4,4,8)	8(2,2,2)	アサクサノリ (*P. tenera* Kjellman)	
	全縁	同株 小斑型 筋状		64(4,4,4), 128(4,4,8)	16(2,2,4)	スサビノリ (*P. yezoensis* Ueda)	
	全縁	同株 縦二分型		64(4,4,4)	16(2,2,4)	ソメワケアマノリ (*P. katadae* Miura)	卵形，勾玉状，基部心臓形，厚さ20～30μm，河口域のウツロムカデなどに着生
	全縁	同株 縦二分型		16-128(2-4, 2-4,4-8)	16-32 (2,2-4,4)	チシマクロノリ (*P. kurogii* Lindstrom)	夏から秋に生育
	鋸歯	同株 小斑型 筋状		128(4,4,8)	16(2,2,4)	クロノリ(*P. okamurae* Ueda)	
	鋸歯	同株 小斑型 筋状		64(4,4,4)	32(2,4,4)	マルバアマノリ (*P. subobiculata* Kjellman)	
	鋸歯	同株 小斑型 筋状		64(4,4,4)	8(2,2,2)	タネガシマアマノリ (*P. tanegashimensis* Shinmura)	分枝することがある
	鋸歯	同株 小斑型 筋状		128(4,4,8)	16(2,2,4), 32(2,4,4)	ツクシアマノリ (*P. yamadae* Yoshida)	
	全縁	異株		128(4,4,8)	8(2,2,2), 16(2,2,4)	ムロネアマノリ (*P. akasakae* Miura)	
	全縁	異株		128(4,4,8)	8(2,2,2)	コスジノリ(*P. angusta* Okamura et Ueda)	幅の狭い披針形，基部くさび形，厚さ25～36μm
	全縁	異株		128(4,4,8)	16(2,2,4), 32(2,4,4)	アツバアマノリ (*P. crassa* Ueda)	円形から腎臓形，厚さ42～78μm
	全縁	異株		128(4,4,8)	32(2,4,4)	エリモアマノリ (*P. irregularis* Fukuhara)	線形，披針形，長楕円形，基部円形，厚さ50～60μm，接合胞子嚢斑は刀創状
		異株		128(4,4,8)	32(2,4,4)	アナアマノリ (*P. ochotensis* Nagai)	
	全縁	異株		128(4,4,8)	32(2,4,4)	ウップルイノリ (*P. pseudolinearis* Ueda)	接合胞子嚢斑は筋状
	鋸歯	異株		128(4,4,8)	16(2,2,4)	オニアマノリ (*P. dentata* Kjellman)	線状披針形，基部心臓形，厚さ30～58μm
フタツボシアマノリ亜属	全縁	同株 小斑型		64(4,4,4)	8(2,2,2)	オオノノリ(*P. onoi* Ueda)	クロバギンナンソウに着生
	全縁	同株 縦二分型		128(4,4,8)	16(2,2,4)	マクレアマノリ(*P. pseudocrassa* Yamada et Mikami)	
	全縁	異株		128(4,4,8)	64(4,4,4)	スナゴアマノリ(*P. punctata* Yamada et Mikami)	
フタエアマノリ亜属	全縁	同株 混在型		16(2,2,4), 64(4,4,4)	8(2,2,2)	ベニタサ(*P. amplissima* (Kjellman) Setchell et Hus)	卵形から広針形，厚さ60～152μm
	全縁	同株 縦二分型		64(4,4,4)	16(2,2,4)	フイリタサ(*P. variegata* (Kjellman) Kjellman)	
		異株		64(4,4,4)		キイロタサ(*P. occidentalis* Setchell et Hus)	

て貝殻に穿孔して糸状の胞子体となり，糸状体に形成される殻胞子嚢から放出された殻胞子が発芽して葉状体に生長するものと推察され，生活史が明らかになった．

海藻の生活史は母親の体から放出された胞子は再び親と同様の体に生長するものと考えられていた当時に，全く異なる形態の二つの世代を巡ることが明らかになったことは，画期的発見であったと推測される．しかし，アマノリ類の生活史を完結するところまでを完全に観察したのは，アサクサノリ *P. tenera* を用いた黒木（1953）や曽・張（1954）の報告であった．その後，黒木（1961）は天然に生育する藻体と一部培養によってマルバアサクサノリ *P. kuniedae*，スサビノリ *P. yezoensis*，コスジノリ *P. angusta* などの生活史も報告している．これらの結果から，アマノリ類は大型で肉眼的に判別できる葉状の配偶体世代と微細で顕微鏡的な糸状の胞子体の形態が異なる二つの世代を持つことに加えて，葉状体から原胞子を放出する種があることも明らかになった．

Drew（1949）の *Conchocelis*-phase の発見には，いくつかの幸運が作用していることも現在のアマノリ類の生活史に関する知見から窺い知ることができる．それは *P. umbilicalis* は葉状体からの原胞子や，糸状体からの単胞子を放出しない種であったことである．当時，日本の研究者はアサクサノリなどを材料としたため，多量に放出される原胞子と接合胞子それぞれの発芽体を分離して，確実に追跡することに困難さがあったと考えられる．Kunieda（1939）はよく観察をしてはいたが，独断的な解釈に陥ることなく，さらに追求して確実な証明を得る必要があったと考えられる．

Drew（1949）の報告以降，1970年代前半までに数種の生活史が明らかにされ，いずれも葉状体と糸状体を世代交代するという認識が一応確立された．しかし，Conway *et al.*（1975）は糸状体期を持たない種を含めて3型の生活史型を報告した．その後 Notoya *et al.*（1993 b）は日本産の種数種の生活史を明らかにし，それまでに報告されていた種の生活史を含めて生活史に認められる独立する藻体の数に注目して3型に分類できることを報告し，さらにその後，Notoya（1997）は，それまでに室内培養によって生活史を観察した報告をレビューし，37種について独立藻体の数に加えて，雌雄生殖細胞の配置から推察される自家受精の可能性の多少，減数分裂の位置，進化や生き残り戦略などを考慮して生活史を評価して，四つの基本的な生活史型を提案するとともに，多様な生殖細胞や繁殖様式は種個体群の適応と繁殖戦略にあるものと推察した．この間に Kornmann（1994）は北海，ヘルゴランドの種を中心に，5型生活史型を報告している．

10.4 多様な繁殖様式と生殖細胞に関する術語

アマノリ類の生活史や繁殖に関する知見は，研究の歴史が進むとともにしだいに蓄積され，多様な生殖細胞や繁殖様式が発見されてきた．現在知られるアマノリ類の繁殖様式や生活史は図10.12のようにまとめられる．この中に記された術語，たとえば，原胞子 archeospore は，それまで「不動胞子」や「中性胞子」，「単胞子」などとして用いられていたものであるが，Magne（1991）によって提案されたものである．また，Guiry（1990）によって提案された接合胞子 zygotospore はそれまで「α胞子」や「果胞子」などとされてきたものである．術語については，そのときどきの研究者によって検討が加えられ，たびたび改訂と提案がされてきている．

Notoya（1997）は，それまでの術語を整理し，それぞれの和訳についても Notoya（1997）や能登谷（2000, 2002）に記している．また，Nelson *et al.*（1999）も同様に，新たな術語の提

168 有用海藻の生物学

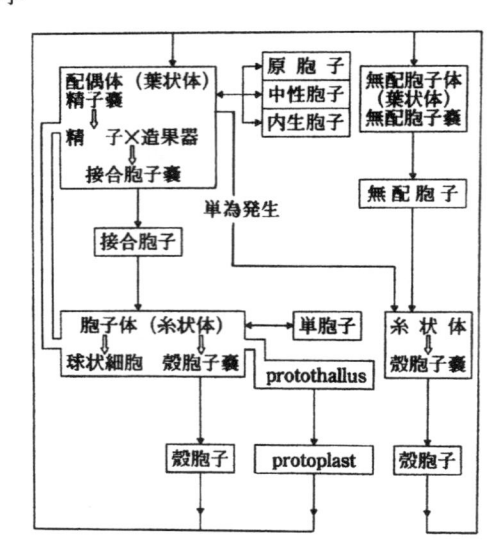

```
┌─────────────────────────────────────────────────┐
│   ┌──────────┐  ┌──────┐  ┌──────────┐          │
│   │配偶体(葉状体)│→│原胞子 │  │無配胞子体 │          │
│   │ 精子嚢   │  │中性胞子│  │(葉状体)  │          │
│   │ 精 子×造果器│  │内生胞子│  │無配胞子嚢│          │
│   │ 接合胞子嚢│  └──────┘  └──────────┘          │
│   └──────────┘              ↓                  │
│         ↓      単為発生      ┌──────┐            │
│      ┌──────┐              │無配胞子│           │
│      │接合胞子│              └──────┘            │
│      └──────┘                  ↓               │
│         ↓                                      │
│   ┌──────────┐   ┌────┐   ┌──────┐              │
│   │胞子体(糸状体)│←→│単胞子│   │糸状体│             │
│   │球状細胞 殻胞子嚢│  └────┘   │殻胞子嚢│           │
│   └──────────┘            └──────┘              │
│                  protothallus                   │
│      ┌────┐   ┌──────────┐   ┌────┐             │
│      │殻胞子│   │protoplast│   │殻胞子│            │
│      └────┘   └──────────┘   └────┘             │
└─────────────────────────────────────────────────┘
```

図 10.12　アマノリ類の多様な繁殖様式と生殖細胞（能登谷 2002 より）．

案を含めて整理している．

　日本ではアマノリ類はとくに大きい水産養殖種であるため，これまで使われてきた馴染みの深い術語がつぎつぎに変更，提案されることには若干の抵抗を感ずるが，的確な術語への改訂と使用は研究者の認識のレベルと，正確な記述と伝達に加えて，研究の発展にとっても重要である．以下にごく簡単に研究の流れを踏まえて整理しておく．

　配偶体世代（葉状体）に形成される生殖細胞には，有性生殖に関与するものと無性的に形成されるものとがある．有性生殖に関与するものには，精子 spermatium と造果器 carpogonia，接合胞子 zygotospore がある．精子は葉状体の栄養細胞が変性し，種によって一定の 3 次元的な分割によって形成される．最終的に色素体のない小型の細胞にとなり，精子嚢から放出される．雌性の生殖細胞は栄養細胞から受精突起を持つ造果器が分化し，やや大きな細胞となる．精子は造果器の受精突起に達し，精核を挿入して雌性核に達して受精する．受精後，造果器は精子形成の際と同様に種特有の 3 次元的な分割によって接合胞子を形成する．放出された接合胞子は，適当な基質に達すると発芽して糸状の胞子体 conchocelis へと発達する．

　アマノリ類の精子については，古くは antherozoid（Joffe 1896）や β-spore（Conway 1964, Conway & Wylie 1972, Conway et al. 1975）の術語が使用されてきたが，antherozoid は運動性を持つ精子に使われる術語であるため，紅藻類の精子には不適である．また，β-spore については，確実な受精現象が確認されない以前には精子や果胞子などの術語を使うべきではないとの理由から用いていたものである．しかし，Hawkes（1978）が電子顕微鏡を用いて Porphyra gardneri の受精の過程を明らかにしたことから，現在では精子 spermatium の術語が使用されている．

　精子はスライドグラス上で培養すると，種によっては発芽管を伸ばして伸長することがある．通常，精子の直径の約 2, 3 倍にまで伸長した後には枯死するが，受精現象が確認される以前には，葉状体から放出される 2 種類の胞子のようにも見ることができ，現在の精子を小型の β-spore とし，接合胞子を大型の α-spore と見なしたこともうなずける．

Guiry (1990) は，アマノリ類の造果器は，受精後，胞子が形成される過程で，外側に造胞糸を発達させることがないこと，受精した細胞そのものが分割されることなどから，真正紅藻類のそれとは基本的に異なるとして zygotospore（接合胞子）の術語を提唱した．「接合胞子」は Notoya (1997) が和訳したものである．

　配偶体世代（葉状体）から無性的に形成される胞子には，これまで原胞子 archeospore，中性胞子 neutral spore，内生胞子 endospore が知られている．これらの胞子はいずれも発芽すると配偶体（葉状体）へと発達する．原胞子は，これまで単胞子 monospore や中性胞子として使われていた用語であるが，葉状体の栄養細胞の原形質，いわゆるプロトプラストがそのまま放出されるものである．通常，単胞子は細胞の不等分割によってつくられた 1 細胞が胞子として放出される場合の術語であることから，Magne (1991) はアマノリ類のこの胞子の形成方法には，単胞子の術語は不適で，より原始的な形成様式であるとして archeospore を与えた．Notoya (1997) はその意訳として「原胞子」としたものである．しかし，Nelson et al. (1999) は胞子体（糸状体）からも同様に体細胞が放出される胞子があることから，葉状体から放出されるこの胞子については blade archeospore（葉原胞子）とし，胞子体からのそれを conchocelis archeospore（糸原胞子）とすることを提案している．

　中性胞子 neutral spore は受精せずに接合胞子と同様に栄養細胞が分裂して放出される胞子を呼んでいる．これまでは不動胞子 aplanospore (Wille 1893, Cole & Conway 1980) の語を充てていたことがある．しかし，この術語は本来緑藻類の鞭毛を持たない胞子に使われるもので，紅藻類ではいずれの胞子も鞭毛を持たず不動であることから，不動胞子を使用することは不適当で，中性胞子の方が妥当である．また，形態的に類似の形成様式を持つ無配胞子 agamospore (Kornmann & Sahling 1991) が報告されているが，無配胞子の場合は放出後，発芽して胞子体（糸状体）世代へと発達することから，中性胞子とは異なる．日本産のアマノリ類には中性胞子や無配胞子を形成する種はまだ報告されていない．

　内生胞子は葉状体上に特別な袋状の胞子嚢が形成され，中に不規則に配列される胞子がつくられるもので，Nelson & Knight (1995) が初めて報告した．1998 年にはその種を新種 *Porphyra lilliputiana* とした．内生胞子の形成はこれまでこの 1 種のみで知られている．その後この種は DNA 情報からマルバアマノリ *P. suborbiculata* と同種された．したがって，日本産マルバアマノリとは異なる生活史を持つことになり，同種でも生育地によって異なる繁殖様式を持つ個体群を含むこととなった．

　このほかに葉状体からの無性的な繁殖様式には，葉状体の細胞が分割されることなく直接糸状体に発達する無配発生 apogamy がクロノリで発見された (Notoya 1997)．この糸状体は殻胞子嚢を形成し，放出された殻胞子は葉状体へと発達する．したがって，この糸状体は半数体と見なされている．最近，これと同様の繁殖様式はウシケノリでも確認されている (Notoya & Iijima 2003)．

　胞子体世代（糸状体）に形成される基本的な胞子は，殻胞子嚢から放出される殻胞子 conchospore があり，発芽すると配偶体へと発達する．そのほかに糸状体の先端に形成される 1 細胞から放出される胞子がある．これは単胞子 monospore と呼ばれていた (Chen et al. 1970)．しかし，Nelson et al. (1999) は上記のように原胞子と同様の理由で conchocelis archeospore（糸原胞子）とした．さらに，胞子体の栄養細胞が放出または直接発芽して糸状体を形成する繁殖様式を新たに報告し，neutral conchospore（中性殻胞子）の術語を充てた．このほかの胞子

体からの繁殖様式としてはCole & Conway（1980）が報告したprotothallus（原葉体）がある．この繁殖様式はこれまで4種で確かめられている（Notoya 1997）．原葉体は胞子体に小型の葉状の細胞塊を形成するもので，その葉状体の細胞のprotoplastが胞子として放出され，発芽体は配偶体へと発達することが知られている．

カイガラアマノリ P. tenuipedalis では殻胞子嚢や殻胞子が形成されずに，胞子体の先端に球形の細胞が分化して，この球形細胞 spherical cell が配偶体（葉状体）へと発達する様式をとり，他のアマノリ類とは大きく異なることが報告されている（Notoya et al. 1993）．

10.5 生活史の基本型

アマノリ類の基軸となる生活史は配偶体世代（大型で葉状）と胞子体世代（貝殻中に生育し微小な糸状体，conchocelis）の異型世代交代である（図10.13）．この二つの世代の交代と循環は，いずれの種も基本的に同じだが，それに付随する副次的な繁殖様式は種によって，また，同一種でも地域個体群によって異なることが知られている（例：P. suborbiculata）．したがって，これら副次的な繁殖様式は適応的に比較的短期間に分化したものと考えられるが，世代の数や生殖細

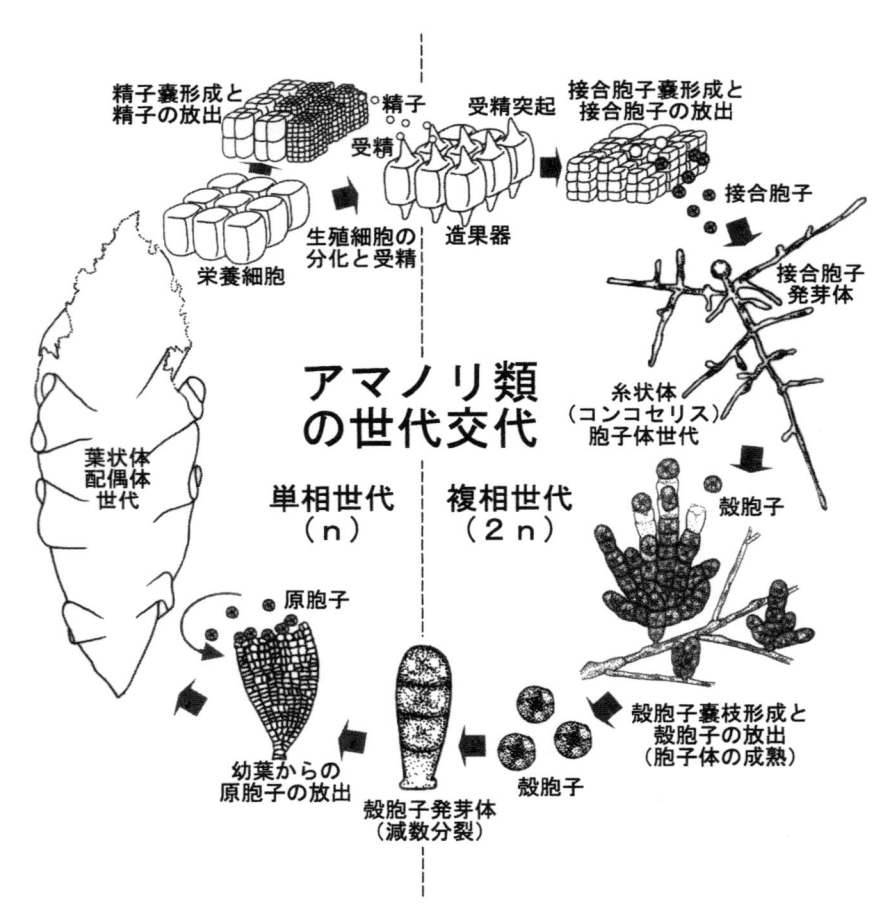

図10.13 アマノリ類の世代交代（能登谷 2000 より改変）．

胞の配置，減数分裂や性決定の時期はより基本的で保守的な形質と考えられ，それらを基礎に生活史を分類するとアマノリ類は四つの基本的生活史型に分けることができる（図10.14）．

アマノリ類の生活史は上記のように，いずれの種も二つの世代からなるが，生活環を一循する間に独立して生育する藻体（相）の数について注目すると，三つの型に分けられる．

I．カイガラアマノリ型（*Porphyra tenuipedalis* type）

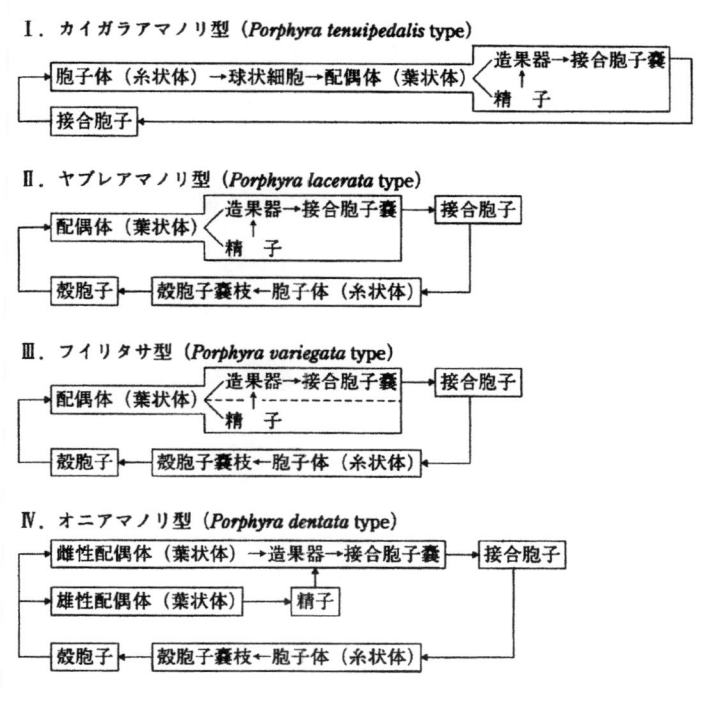

胞子体（糸状体）→球状細胞→配偶体（葉状体）→造果器→接合胞子嚢
                                              ↑
                                             精　子
接合胞子

II．ヤブレアマノリ型（*Porphyra lacerata* type）

配偶体（葉状体）→造果器→接合胞子嚢→接合胞子
                  ↑
                 精　子
殻胞子←殻胞子嚢枝←胞子体（糸状体）

III．フイリタサ型（*Porphyra variegata* type）

配偶体（葉状体）→造果器→接合胞子嚢→接合胞子
                  ↑
                 精　子
殻胞子←殻胞子嚢枝←胞子体（糸状体）

IV．オニアマノリ型（*Porphyra dentata* type）

雌性配偶体（葉状体）→造果器→接合胞子嚢→接合胞子
雄性配偶体（葉状体）→精　子
殻胞子←殻胞子嚢枝←胞子体（糸状体）

図10.14　アマノリ類の生活史の基本四型（能登谷 2000 より）．

　カイガラアマノリの場合は，コンコセリスは殻胞子嚢を形成せずに，糸状体の先端細胞が球形の細胞となり，殻胞子などの生殖細胞を分離，放出することはない．糸状体の先端の球形細胞が直接分化して葉状体へと発達するため，胞子体（糸状体）と配偶体（葉状体）の二つの世代はそれぞれ独立することなく，それぞれが連続した藻体として振舞う．したがって，一つの生活環は一藻体（相）となる．これに対して，多くの雌雄同株のアマノリ類では，糸状体に形成された殻胞子嚢から放出，分離された殻胞子発芽体は発達して葉状体が形成され，葉状体から分離，放出される接合胞子は胞子体（コンコセリス）に発達するため，一生活環の中には二つの独立した藻体を持つことになる．雌雄異株のアマノリ類の場合は，葉状体が雄性個体と雌性個体とにそれぞれ独立，分離していることに加えて胞子体（コンコセリス）を独立して持つことから，三つの独立した藻体を持つ．このことは，藻体が生育する環境から受ける多様な影響とそれへの適応を考えるとき，一生活環当たりの藻体の数が少ないほど相対的には適応しやすく，多いものほど保守的で適応や分化は遅れると考えられ，これらの3型の間には適応や分化に違いができると考えられる．

　つぎにアマノリ類の雌雄の生殖細胞は葉状体上に形成されるが，雌性生殖細胞と雄性生殖細胞の配置や位置関係に違いが見られ，それらについても四つの型に分けることができる（図

図 10.15 アマノリ類の雌雄生殖斑の位置関係．A：カイガラアマノリ型（混合型），B：ヤブレアマノリ型（小斑型），C：フイリタサ型（縦二分型），D：オニアマノリ型（異株型），スケール：2 cm（能登谷 2000 より）．

10.15)．

　雌雄同株のアマノリの中には，雌雄それぞれの細胞が極近く，隣り合って位置する種（混合型）がある．また，雌雄それぞれの生殖細胞がある程度集合して斑状に配置される種（小斑型）（図 10.16），さらに葉状体の左右にそれぞれの生殖細胞が区分され，縦に二分するように形成される種（縦二分型）などがある．これらのほかに，雌雄異株のアマノリ類では，別個体にそれぞれが形成される（異株型）．これら生殖細胞の位置関係は自家受精の頻度，さらに種の分化に大きく影響を与えるものと考えられる．

　減数分裂の時期について，混合型のカイガラアマノリと雌雄異株型のアマノリ類に関してはこれまで明確な報告はない．しかし，小斑型のスサビノリや縦二分型の *P. purpurea* などの雌雄同株の種については，殻胞子発芽体の2細胞から4細胞期に起こることが報告されている（Ohme & Miura 1988, Mitman & van der Meer 1994）．

　葉状体細胞の性またはその決定時期についても四つの基本的な生活史型に違いが認められる．生殖細胞が混合型と小斑型の種では，その形成状況から，減数分裂の時期とは同調していないことは容易に推測される．また，縦二分型の種はすでに減数分裂と同調していることが報告されている（Mitman & van der Meer 1994）．また，雌雄異株体では，その証拠は示されていないが，減数分裂と同調している可能性が強いものと推測される．

　以上のアマノリ類の生活史や生殖にかかわる四つの視点，すなわち独立した藻体（相）の数，生殖細胞の位置関係（自家受精の頻度），減数分裂の位置，生決定の時期などから，四つの基本

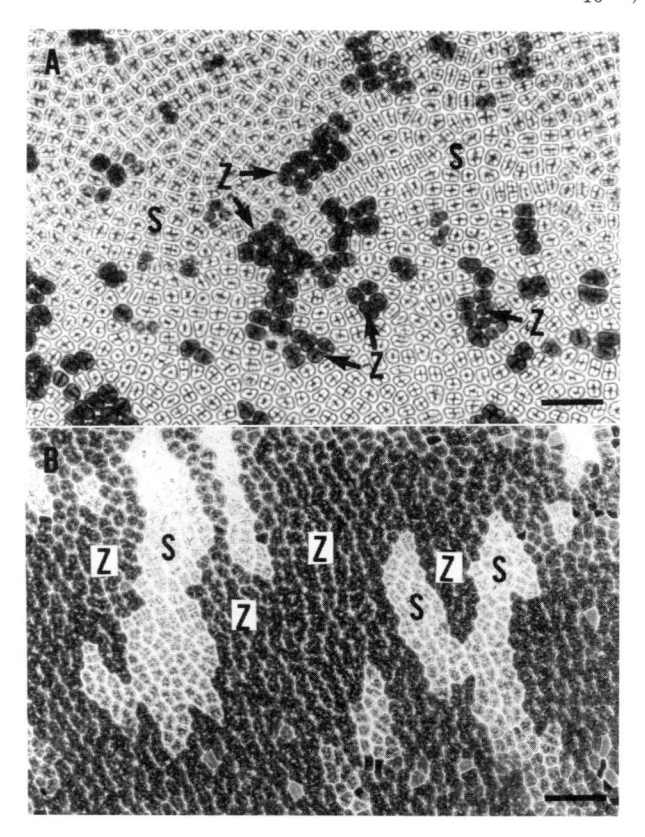

図10.16　雌雄生殖斑．A：混合型，B：小斑型，S：精子囊，Z：接合胞子囊，スケール：80 μm（能登谷 2000より）．

表10.3　アマノリ類の生活史基本四型と種の分化と関連する四つの特徴．

生活史の基本型	カイガラアマノリ型	ヤブレアマノリ型
独立藻体の数	1（配偶体と胞子体が連結）	2（配偶体，胞子体）
生殖斑の型	混合型	小斑型
減数分裂の時期	不完全？	殻胞子発芽体2, 4細胞期
性の分化または決定時期	減数分裂と同調しない	減数分裂と同調しない

生活史の基本型	フイリタサ型	オニアマノリ型
独立藻体の数	2（配偶体，胞子体）	3（雌雄体，雄性体，胞子体）
生殖斑の型	縦二分型	異株型
減数分裂の時期	殻胞子発芽体2, 4細胞期	殻胞子形成期？
性の分化または決定時期	減数分裂と同調する	減数分裂と同調する？

的な生活史型は明確に分類することができる（表10.3）．四生活史型の中では，雌雄同株の小斑型に含まれるアマノリ類は最も種数が多く，副次的な繁殖様式にも多様性が見られることから（Notoya 1997），このグループが基礎となってカイガラアマノリと縦二分型や異株型の両方向へ分化したものかとも推察される．

10.6 分布と生態

　世界に分布するアマノリ類はこれまでに約133種，日本の沿岸に生育する種は28種がそれぞれ知られ，北半球の温帯域から寒帯域にかけて多くの種が記載されている（Yoshida *et al.* 1997）。また，日本のような温帯域に生育する種の大部分が冬期間に生育することなどから，一般には高温期や熱帯域には生育しないものと推測されがちである。しかし，これまで報告された種の基準産地の分布をみると，日本に23地点，ヨーロッパ沿岸には約30地点，北米とアラスカには約31地点が知られ，これら3地域には記載種の大部分が分布することになり，海域によって分布する種数の偏りが見られる。しかし，最近はブラジルから *P. drewiana*（Coll & Oliveira 2001），ニュージーランドから *P. cinnamomea*, *P. coleana*, *P. rakiura*, *P. virididentata*（Nelson *et al.* 2001）の4種，カナダのノバスコチアから *P. birdiae*（Neefus *et al.* 2002）が報告され，これまで報告の少なかった地域からも新種が記載されつつある。したがって，研究者の地域的な偏りが影響しているのではないかと考えられる。さらに，中国沿岸南部（*P. guangdongensis*）やフィリピン（*P. marcosii*），ベトナム（*P. vietnamensis*），インド（*P. ceylanica*, *P. chauhanii*, *P. indica*, *P. kanyakumariensis*, *P. okhaensis*），オーストラリア（*P. denticulate*），カメルーン（*P. ledermannii*），ブラジル（*P. acanthophora*, *P. roseana*, *P. spiralis*）などの熱帯域からも約13種が記載されていることを考慮すると，これまでに報告がないかまたは種数の少ない熱帯域にも多数の未記載種が存在し，全地球のいずれの海域にも，それそれの水温や気候に適応して生育しているものと考えられる。

　個々の種の分布域は，かなり広範なものからごく限られた地域，または点在的に認められる種まで多様である。アマノリ属の場合は北半球と南半球または太平洋沿岸と大西洋沿岸などいずれの海域にもまたがって分布する種はほとんど知られていないとする見解もあったが，最近の分子解析から，これまで別種とされていた *P. lilliputiana* や *P. carolinensis* がマルバアマノリに統一する見解も示され，この種の分布は太平洋から大西洋，北半球から南半球いずれの海域にもまたがることになる。したがって，今後の研究では，いくつかの種では種が統一され，分布海域が大きく広がる可能性もある。

　日本の沿岸に生育するノリの種類数は研究者によってやや異なり，これまで28種から33種が報告されているが，おおむね30種前後と考えられる。そのうち，北海道沿岸に生育する種は19種で日本産の種全体の約3分の2を占め，他の本州，四国，九州，沖縄などの沿岸からは9種である。北海道と本州にまたがって分布する種は10種がある（表10.4）。なかでも暖海域から熱帯域まで広い分布域を持つ種として注目されるのは上記のマルバアマノリである。日本沿岸では北海道南部から鹿児島県に至り，さらに上述のようにフィリピンのルソン島北部，東は韓国および中国南部（図10.17），アメリカ東海岸とメキシコ沿岸，ニュージーランドとオーストラリアまでに分布する。

　寒冷域に広く分布する種には，マクレアマノリ *P. pseudocrassa*（図10.18）やベニタサ *P. amplissima*（図10.19），フイリタサ *P. variegata*，キイロタサ *P. occidentalis* などがあげられるが，これらの種は北海道から千島列島，北極海を経て大西洋北部またはアメリカ西岸にまでの分布が知られている。反対に点在的に認められる種としてはカイガラアマノリ *P. tenuipedalis*（図10.20）があるが，石川県の七尾湾と東京湾，伊勢湾さらに瀬戸内海など数地点から採取するこ

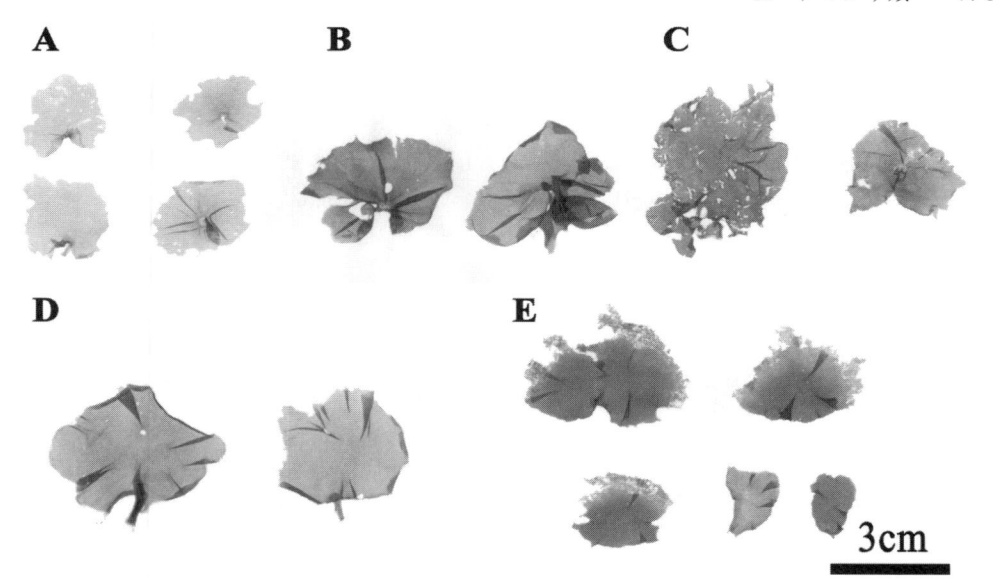

図10.17 各産地のマルバアマノリのさく葉標本．A：フィリピン産，B：中国汕尾産，C：鹿児島県産，D：神奈川県江ノ島産，E：韓国統営産．

図10.18 マクレアマノリのさく葉標本（能登谷 2000 より）．

図10.19 ベニタサのさく葉標本（能登谷 2000 より）．

表10.4 日本産アマノリ属の生育場所，時期，基準産地と分布．

種名	生育場所と時期，( )内成熟期	基準産地	分布
ヒトエアマノリ亜属			
ムロネアマノリ P. akasakae Miura	三陸沿岸では湾口部付近，潮間帯，12〜2月，冬〜(冬)〜春	宮城県気仙沼	三陸沿岸
コスジノリ P. angusta Okamura et Ueda	潮間帯，外洋に面した高塩分域，岩，木竹	東京湾，千葉県	本州太平洋岸
アツバアマノリ P. crassa Ueda	潮間帯，岩	朝鮮半島西岸	北海道，本州日本海，朝鮮半島
オニアマノリ P. dentata Kjellman	外洋に面する干満線間，岩，秋〜(冬)〜春	熊本県天草	松前，青森深浦，関東太平洋岸，四国，九州，朝鮮半島
エリモアマノリ P. irregularis Fukuhara	潮間帯，岩，7月下旬幼葉発出，9月成熟，夏〜(秋)〜冬	北海道日高，広尾	北海道太平洋岸
ベンテンアマノリ P. ishigecola Miura	潮間帯，イシゲ，ツノマタ類，晩秋〜(冬)〜春	神奈川県江ノ島	本州太平洋岸中部
ソメワケアマノリ P. katadae Miura	河口域低潮線，ウツロムカデ，アオサ，11月〜4月，晩秋〜(冬)〜春	三重県伊勢市大湊	北海道本州太平洋岸，九州，朝鮮半島
ウタスツノリ P. kinositae (Yamada et Tanaka) Fukuhara	水深5〜12m，漸深帯，岩，貝殻，12〜4月，冬〜(冬)〜春	北海道歌棄	北海道西岸，青森北部西岸
マルバアサクサノリ P. kuniedae Kurogi	潮間帯，10〜8月，晩秋〜(冬)〜夏	宮城県松島湾	本州北部沿岸，朝鮮半島
チシマクロノリ P. kurogii Lindstrom	潮間帯，岩，夏〜(晩夏)〜秋	Bridge Cove, Alaska	北海道稚内から千島列島，アラスカまで
ヤブレアマノリ P. lacerata Miura	潮間帯下部，岩，イワヒゲ，イシゲ，晩秋〜(冬)〜春	神奈川県江ノ島	本州太平洋岸，九州西岸
カヤベノリ P. moriensis Ohmi	漸深帯，ツルモ，11〜3月，初冬〜(冬)〜初春	北海道茅部郡森	北海道噴火湾沿岸および渡島半島東岸
クロノリ P. okamurae Ueda	干満線間，満潮線下25〜30cm，潮間帯上部，岩，秋〜(初冬)〜冬	越前	日本海沿岸，日本海特産
アナアマノリ P. ochotensis Nagai		千島列島ケイト島	北海道東部から千島列島
ウップルイノリ P. pseudolinearis Ueda	外洋に面する潮間帯，岩，11〜2月，初冬〜(冬)〜初春	北海道小樽	北海道，本州日本海岸，本州北部太平洋岸，朝鮮半島
イチマツノリ P. seriata Kjellman	干満線間，潮間帯，岩，晩秋〜(冬)〜春	九州	北海道太平洋岸広尾，本州北部，九州西岸，朝鮮半島
マルバアマノリ P. suborbiculata Kjellman	外洋に面する干満線間，岩上，秋〜(冬)〜春	長崎県五島	北海道南部からアジア熱帯域
タネガシマアマノリ P. tanegashimensis Shinmura	潮間帯上部，岩，周年 (11〜4月)	鹿児島県種子島	南西諸島
アサクサノリ P. tenera Kjellman	内湾，低い塩分域，木竹，海藻，秋〜(冬)〜初春	不明	北海道南部から九州までの内湾，朝鮮半島
カイガラアマノリ P. tenuipedalis Miura	漸深帯，貝殻，12〜3月，冬〜(冬)〜春	東京羽田	東京湾，伊勢湾，瀬戸内海，石川県七尾湾
ツクシアマノリ P. yamadae Yoshida	干満線間，岩	長崎県五島	本州太平洋岸から九州南西諸島
スサビノリ P. yezoensis Ueda	外洋に面する干満線間，潮間帯中部，岩，海藻，秋〜(冬)〜春，北海道北部10〜8月，秋〜(冬〜春)〜夏	北海道小樽	北海道沿岸から九州，朝鮮半島

フタツボシアマノリ亜属			
オオノノリ 　*P. onoi* Ueda	外洋に面する干潮線，クロバギンナンソウ，海藻，冬〜(春)〜初夏	北海道小樽	北海道，本州北部，朝鮮半島
マクレアマノリ 　*P. pseudocrassa* Yamada et Mikami	潮間帯上部，岩，5〜12月，春〜(夏)〜初冬	北海道日高襟裳岬	北海道東，太平洋沿岸，千島列島，樺太
スナゴアマノリ 　*P. punctata* Yamada et Mikami	潮間帯，岩	北海道日高	北海道太平洋沿岸
フタエアマノリ亜属			
ベニタサ 　*P. amplissima* (Kjellman) Setchell et Hus	漸深帯，5〜10月，春〜(夏)〜秋	Maasoe, Norway	北海道東から千島列島，北極海，大西洋北部
キイロタサ 　*P. occidentalis* Setchell et Hus	漸深帯上部	Monterey California	北海道東部，千島列島，アメリカ西岸
フイリタサ 　*P. variegata* (Kjellman) Kjellman	干潮線下のスガモ，他の海藻	Bering Islands	北海道，千島列島，アメリカ西岸

図 10.20　カイガラアマノリ生育状態（能登谷 2002 より）．

図 10.21　アサクサノリのさく葉標本（能登谷 2000 より）．

とができる．その生育は比較的波静かな内湾域に限定され，また海外から採集された報告はない．今後，アマノリ類については広い沿岸域で，遺伝子解析も含めて，詳細に検討することによって多様な種が統一される可能性や未記載域からの新種の発見が多数期待される．

　アマノリ類の養殖は昔から河口や湾奥部の干潟で，栄養塩の豊富な環境で行われていたが，有名なアサクサノリ（図 10.21）などは汽水域のヨシの茎に着生する．そのため，一般的にアマノリ類の垂直的な分布は干潮時に長時間露出する潮間帯の高い位置にのみ生育するものと考えられがちである．しかし，全く干出しない潮下帯や，やや深所に生育する種もある．

　神奈川県や千葉県などの岩礁海岸におけるアマノリ類とその近縁の種の分布をみると，ウシケ

ノリ *Bangia atropurpurea* が最も高い位置に生育し，それより数十センチ下部にマルバアマノリやオニアマノリ *P. dentata* などが生育する．これよりさらに数十センチ下部の砂で洗われる転石地帯の低潮線付近で極短時間干出する位置にはヤブレアマノリ *P. lacerata* が認められる．また，全く干出しない潮下帯に生育するアマノリ類には東京湾の千葉県側の水深3〜5m付近に生育するカイガラアマノリがある．

図10.22　ウップルイノリのさく葉標本．　　図10.23　スサビノリのさく葉標本（能登谷 2002 より）．

北海道南部の函館付近でも同様に最上部にウシケノリ，ついでウップルイノリ *P. pusedolinearis*（図10.22），スサビノリ *P. yezoensis*（図10.23）が生育し，さらに下方にはエゾツノマタやアカバギンナンソウの藻体上にオオノノリ *P. onoi*（図10.24）が着生し，常に干出することのない海産顕花植物のスガモの葉上にはフイリタサ *P. variegata* が見られる．とくに深い水深に生育する種としては北海道日本海沿岸の歌棄から報告されているウタスツノリ *P. kinositae* があり，水深6〜12mに生育するとされる．しかし，マルバアマノリ，オニアマノリ，ウップルイノリなどの多くのアマノリ類はやや露出時間の長い岩礁に見られる（能登谷 2002）．

養殖品種は，河川の流入する内湾で栄養塩の豊富な遠浅の沿岸域を中心に，潮汐を利用して藻体を数時間空中に露出させることによって付着藻類やケイソウ類などの競合生物の付着を制御して育成する．また，韓国麗水の河口域で，川水の流れの中にマルバアサクサノリ *P. kuniedae* やソメワケアマノリ *P. katadae*（図10.25）が生育する様子を見たことがあるが，このように全く塩分のない淡水に数時間曝されるような場所でも生育できる種もある．

高緯度域に生育するアマノリ類の葉状体は，周年または夏期に生育する種がある．またタネガシマアマノリ *P. tanegashimensis* のように周年生育する種も知られるが（高口ら 2003），それ以外の亜寒帯から熱帯域に生育する種の多く種はおおむね晩秋から春にかけて生育する．殻胞子

図 10.24 オオノノリのさく葉標本（能登谷 2002 より）． 図 10.25 ソメワケアマノリのさく葉標本．

は晩秋に放出され，岩礁に付着して葉状体へと生長し始める．多くの種では幼葉状体の生長過程で多数の原胞子を放出してクローン個体群を増大させながら生長する．水温の低下とともに原胞子の放出量は低下し，葉状体は急速に生長する．冬期には成熟して葉状体の縁辺または中央部の細胞が雌雄の生殖細胞に分化して，精子または造果器となる．造果器は受精後，接合胞子を形成して，冬から春にかけて海中に放出される．接合胞子は貝殻など適当な基質で発芽し，次世代の糸状体（胞子体，コンコセリス）へと発達する．春から夏までに充分に生長した糸状体は夏以降に成熟して殻胞子嚢をつくる．

　葉状体期や糸状体期の生長や成熟におよぼす温度や日長の影響については，日本産の種ではこれまで室内培養下で数十種について確かめられている．日本の中部沿岸に生育する種は，水温5℃から25℃の間で生長できるが，これより低温や高温ではほとんど生長できない．しかし，一般に潮間帯に生育する種は，0℃以下でも枯死することはなく，また，ある程度乾燥した状態では長期間の凍結に強く，生存し得る．しかし，常に海水中に浸漬した状態で生育し，乾燥耐性を持たない種では，ほとんど耐凍性を持っていない．また，熱帯域に生育する種は凍結や10℃以下の低温下では生存できない．高温の生育限界はいずれの種も30℃から35℃であることが考えられる．

　一般に葉状体の生長は低温より高温で，短日下より長日下で速く．高温ほど原胞子放出に至る時間は短く，またその放出量が多くなる傾向がある．雌雄生殖細胞の成熟は生育温度範囲の中位で早期に認められる．原胞子や生殖細胞はおおむね葉状体先端部分から放出されるため，早期に多量に放出される条件下ほど葉状体の伸長は抑制される．したがって，低温下ほど大型の藻体となるが，生長に要する時間は長期間となる．また，高温下では多量に原胞子が放出されることよって雌雄生殖細胞は形成されないこともある．

　糸状体（胞子体）の生育温度範囲は葉状体のそれよりやや広く，好適な生育温度も葉状体のそ

図 10.26　カヤベノリのさく葉標本．

れよりやや高温にある．しかし，多くの種では，殻胞子嚢形成に必要な温度は生長好適温度か，それよりやや高めで，成熟好適温度の幅は比較的狭い．胞子体は長日下でよく生長し，短日下で成熟が誘導される傾向がある．しかし，殻胞子放出にはやや低い温度の刺激が必要な場合が多い．

　殻胞子嚢の形成条件は種によって特異性が見られ，カヤベノリ P. moriensis（図 10.26）のようにほかの海藻を着生基質とする種では，長日および短日のいずれの環境下でも，また 5〜20℃のかなりの広い温度の範囲でも殻胞子嚢が形成や放出が認められる（Notoya & Miyashita 1999）．また，原胞子を放出しないオニアマノリ，ソメワケアマノリ，イチマツノリなども同様に，広い傾向がある．しかし，原胞子を放出するマルバアマノリやヤブレアマノリなどの場合は殻胞子嚢を形成する温度の範囲は狭い（Matsuo et al. 1994, Notoya & Nagaura 1999）．さらに P. nereocystis では，殻胞子嚢の形成に低温で短日の期間と，その後に長日の期間がそれぞれ最低 3〜4 週間ずつあることが必須条件であることなども知られている（Dickson & Waaland 1985）．このほか，生育緯度によっては明暗周期の割合が殻胞子嚢形成に大きく影響することも知られている（能登谷・菅原 1999）．

10.7　養殖技術の変遷

　アマノリ類を食品として利用することは数千年の昔からといわれるが，人為的な管理によって栽培が行われるようになったのは江戸時代とされる．今日まで 400 年近くの歴史を持っている．その間にアマノリ養殖は多様な栽培技術を革新させ，水産養殖最大の生産量と経営体数を長年に渡って引き継いできた．年間約 110 億枚，約 40 万トンの生産を培ってきた．初期には養殖技術

の改良は遅々としていたが，戦後から今日までの約50年間には，目覚ましい技術の開発と発展によって，生産量を約30数倍にまで増大させ，結果として経営体当たりの生産性は当時の約250倍に到達するものとなった．この高い生産性向上の背景には，アマノリ生物学の基礎的な研究やその応用技術の開発がある．

（1） 野生アマノリの採取と利用から人工採苗まで

　アマノリ類の葉状体は，かなり古くから知られていたが，その生物学的な認識はC. Agardh (1824) に始まる（能登谷 2000）．日本に生育する種を分類学的に記載，報告したのはKjellman (1897) で，Agardhの報告から70年ほど遅れる．Kjellmanが研究した材料の中に乾海苔製品があり，アサクサノリはそこから記載された．

　日本におけるアマノリ類の利用に関する記述は大宝律令（701年）に始まる．「浅草海苔」や海苔の商品としての記載はある程度経済が発展した江戸時代前の1500年代終わり頃に認められ，この頃までは野生に生育するノリを採取していたのである．野生ノリの採取では計画的な生産や利用はできない．需要の増大に伴って計画生産を目指して栽培が行われるようになるが，栽培するためにはまず「種」が問題になる．しかし，アマノリの生活史など生物学的な認識は当時ほとんどなかったと考えられ，野生のノリの生育状況から，年間の季節的な消長を知り，「たね」が何時，どこで，何に着生するかが検討され，天然採苗の方法や技術が試行錯誤されたものと思われる．その結果，江戸時代の後半1670〜1680年には「ヒビ建て」（図10.27）による栽培が行えるようになったとされる．この時期になって初めて人為的な管理による栽培が始まることになる．

図10.27　「ヒビ建て」の様子．

　「ヒビ建て」による栽培は東京から千葉，その他の地域へと広がり，1860年代には宮城県や福島県でも養殖が始まったとされる．さらに，「種場」で採苗した種苗の移植や粗朶ヒビから水平ヒビへ，棕櫚縄からノリ網がつくられ，第二次世界大戦前までに基本的な天然採苗によるアマノリ栽培の方法の基礎が完成された模様である．しかし，この時点でも未だ依然として「たね」の問題は未解決であった．戦後になってDrew (1949) は，葉状体とは形態や生育環境が全く異なる糸状の胞子体世代を発見してほぼ生活史が明らかになった．このことは同時に人工採苗技術の

図 10.28 2003 年 4 月 14 日の「ドリュー祭」の様子.

基礎を築く発見となった．その功績を称えて熊本県宇土市住吉町住吉神社境内には彼女の記念碑が建てられ，毎年 4 月 14 日に「ドリュー祭」が行われている（図 10.28）．

ドリューの糸状体世代の発見以降，葉状体の発生までの繋がりをアサクサノリで詳細に観察したのは黒木（1953）や曽・張（1954）で，ノリ葉状体はいずれの種も糸状体に形成される胞子からつくられことが分かった．したがって，貝殻中に培養した糸状体を人工的に成熟させ，殻胞子を採苗する人工採苗の基礎と，さらに人為的に「たね」を管理し，系統や品種（図 10.29），育種の概念の基礎ができたのである．

図 10.29 養殖品種の系統保存株（千葉県水産振興公社富津事業所）．

（2） 移植による品種の分化と適応

天然採苗によるアマノリ類の栽培は，多くは地先の「地種」を利用して生産をあげたものとみられる．しかし，天候の年変動や「種場（たね）」によって，生産される種苗の良し悪しが異なり，また，それはその後の養成藻体の品質や収穫の豊凶に大きく影響する．そのため，優良な「種場」で採苗した種苗の移植が始まり，さらに季節的な商業上の有利さとも相俟って，天然で早期にノリ芽が出る寒冷な北方海域での種苗の利用と早期収穫のために，大規模な海苔養殖産地である東

京湾，さらにより南の養殖地へまで種苗移植が行われた．

アサクサノリは1960年以前には代表的な栽培種であったが，その後は有名なアサクサノリ漁場の東京湾，三河湾，伊勢湾，瀬戸内海，有明海ではほとんど栽培されなくなった．さらに現在では，その生育量や沿岸域は少なく，絶滅危惧種とされるまでに到っている．これに対してスサビノリは全国の沿岸で栽培され，その栽培品種のナラワスサビノリは現在99％以上の生産量に達したが，アサクサノリの栽培品種のオオバアサクサノリは数パーセント程度で，ごく限られた地域のみで栽培されているにすぎない．この理由は移植種苗として，北方域に生育するスサビノリが導入育種されたことによるものと考えられている．また，品質の側面でも，スサビノリはアサクサノリに比べ製品の「色彩」，「仕上がり」，「光沢」，「うまみ」，「香り」が優れていることに加えて，栽培技術上も「多量に原胞子が放出され，二次芽が容易に発生する」ことや「海苔網の干出時間が短くてもよく生育する」，「比較的栄養塩が少ない海域でも色落ちが少ない」などの優れた特性を持っていたことも理由とされている．現在では，鹿児島県でもスサビノリ系統の品種が栽培されていると聞くが，人為的な種苗の移植のみならず，品種や系統を管理してスサビノリ系統の品種を，繰り返し栽培するうちに，それぞれの海域に適応した系統が分化したのもと考えられている．

図 10.30　*P. haitanensis* のさく葉標本．

高温域に生育する *P. haitanensis*（図10.30）は晩夏または初夏にも充分に生育できる高温耐性を持つことから，現在は試験的な栽培がいくつかの地域でなされている．しかし，上記のスサビノリのように繰り返し栽培されることによって当該沿岸に適応した品種が *P. haitanensis* でも分化して当該海域に定着する可能性もある．本来日本に生育しない種が導入され，もし定着するなら，沿岸環境の保全や種の多様性の側面からも問題となる．

(3) 養殖品種と系統

　人工採苗技術の確立は，優良品種または系統を移植導入や交雑などの多様な育種技術の開発への基礎ともなっているが，人工採苗技術は1960年頃までには一般海苔漁家にも普及したとされる．

　人工採苗は，まずノリ葉状体から接合胞子を得て培養する必要がある．充分に成熟して接合胞子が大量に放出されるノリ葉状体をカキの貝殻上に浮かべて，落下する接合胞子を貝殻上に受けて発芽させ，貝殻中に穿孔した糸状体を培養する（図10.31）．成熟した貝殻糸状体から殻胞子を得て採苗に使い，葉状体を養成して収穫する．この糸状体の培養過程から，母藻となる葉状体の性質が種苗の品質や収穫物に反映されることが分かってくる．

図10.31　貝殻に培養した糸状体（能登谷 2002 より）．

　葉状体の形や生長の速さ，色彩や柔らかさなどは収穫量や加工されたときの製品の質に大きく影響する．長くよく伸びるノリは円い形のノリに比べてノリ網当たりの生産量が多くなる．色彩が濃く黒い，柔らかいノリは品質のよい乾海苔となる．これらのことから接合胞子を採る母藻はよく吟味され，系統や品種，さらに育種への考え方へと結びつき発展してきた．

　1960年代の初めに愛媛県西条市玉津や千葉県富津市奈良輪では，アサクサノリやスサビノリを母藻として代を重ねて種苗生産することによって，それぞれ大型に生育するオオバアサクサノリとナラワスサビノリが分離された（図10.32）．これらの系統はいずれも成熟しにくい性質を持っている．ノリは成熟すると葉状体先端から栄養細胞が生殖細胞の精子または接合胞子に分化して流出するため長さが短くなる．しかし，不稔性のノリであれば流出がないためその分大きく伸長することになる．しかし，そのようなノリは成熟しないことから接合胞子を得ることができない．したがって，次期の種苗生産にその葉状体を用いることはできない．

　ノリ養殖漁場で得られる優良な形質を持つノリ葉状体を次期種苗の母藻とする場合，しだいにその特性が失われることがある．それはノリの養殖漁場の中に多様な系統や種が栽培されている場合に起こり，優良形質を持つ個体以外の種との交雑によるものである．スサビノリやアサクサノリは雌雄同株の種だが，自家受精と他家受精の機会を均等に持っている．したがって，このような養殖漁場内では雑種形成は充分に可能である．これを回避するためには，常に特定の優良形質を持つクローン糸状体または原胞子から種苗生産する必要がある．ただし，この場合糸状体は純系となっていなければならない．純系の糸状体をつくるには，母藻が放出する原胞子発芽体を

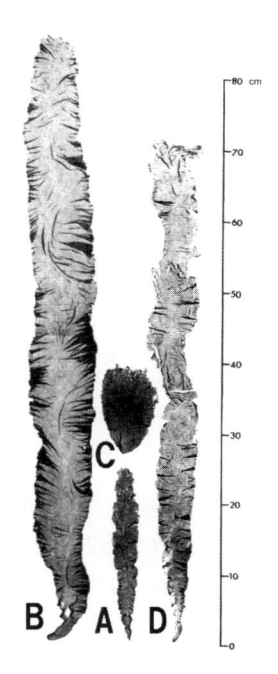

図10.32 アサクサノリ(A)とスサビノリ(C)とから選抜育種されたオオバアサクサノリ(B)とナラワスサビノリ(D)（Miura 1984より）．

使うと容易に得ることができる．1個の原胞子を単離培養して，自家受精によって得られた接合胞子発芽体を保存するか，葉状体そのものを凍結保存して，採苗には葉状体からの原胞子のみを使うとよい．理由はスサビノリの減数分裂は殻胞子の発芽時に起こり，原胞子は単相であることによる．

(4) 採苗から養成

現在の海苔養殖における種苗は，いずれも人工種苗で，天然種苗は使われていない．したがって野生種を栽培することはない．養殖品種の糸状体を貝殻中で十分に成熟させ，殻胞子の放出を誘導し，ノリ網に採苗を行うため，糸状体の成熟や殻胞子の放出誘導は天候や気象条件の影響はほとんど受けることがない．

採苗の方法には，干潟域に設置した支柱に種網を水平に張り，それに成熟した貝殻糸状体を入れた袋をぶら下げ，潮汐の刺激に伴って放出された殻胞子が種網に付着するのを待つ方法（図10.33）と陸上に水槽を設けて成熟した貝殻糸状体を入れ，放出された殻胞子を種網に付着させる方法（図10.34）の二通りがある．陸上水槽における採苗では，採苗時に用いた品種のみを確実に採苗することができることや，種網に付着する胞子の数を任意に決めることができ，養成されるノリの生長を良好に制御することができる．さらに，陸上水槽は養殖漁場の水温より比較的早期に低下することから，早期の採苗または人為的に採苗時の水温を制御できることなども利点となっている．

殻胞子の付着した種網は数時間の養成の後，数日から数週間の短期間の冷凍保存が行われる．短期冷凍の後，種網は漁場へ張り込まれ，幼芽が数センチメートルに達するまで養成した後は本

図10.33　野外採苗（能登谷 2002 より）． 　　　図10.34　陸上採苗（能登谷 2002 より）．

格的に養成が開始されるまで長期間の冷凍保存がなされる（図10.35）．種網の凍結保存は，秋ノリの幼葉を養成する時期には台風シーズンが重なることことから，不適な天候や環境を避けて養成する種網の補償や，高品質のノリを安定的に多数回収穫するために重要な技術である．近年，バイオテクノロジーの一つの技術として研究されてきた凍結保存技術は，海苔養殖現場ではすでに1960年代から試験が始まり，数年後には一般ノリ漁家に普及し，先進的で実用的な技術として確立していたものである．

　1枚の海苔網からは4～5回海苔の生長に合わせて先端から刈り取られる．収穫を終えた網は取り除かれ，新たに冷凍保管されていた種網を展開する．

　健全で高品質のノリを大量に収穫するために，ノリの栽培漁場では養成期間中に種々の対策がとられる．養殖ノリの品種は潮間帯に生育する種であり，アオノリや付着珪藻類なども同様の生育環境に生育する．そのため，しばしばノリ網にはこれら藻類が着生して競合する．そこで，ノリとの生理的な耐性の差を利用してノリのみを健全に生育させる方策がとられている．

　ノリはある程度の乾燥には耐性を持っているため，支柱方式の栽培では，天然に生育するノリと同様の干出具合を考慮して海苔網をある高さに固定することによって，自動的に干出と浸漬が繰り返され，その競合を避けることができる．しかし，東京湾など大都市近郊では，沿岸の渚や干潟域は護岸がつくられたり工場や道路が建設されているため，自然の条件と同様に干出する場

図10.35　冷凍保存される種網（能登谷 2002 より）． 　　　図10.36　人工干出（能登谷 2002 より）．

をつくることができない．そこで考案されたのが浮き流し養殖でも天然と同様に容易に人工的に干出を与える装置の発明である（図10.36）．

ノリの幼芽期にある程度の干出を与えることは，葉状体の生理的な耐性を付加させて健全な藻体を育成し，病気や生理障害に耐え得るノリをつくるためにも重要である．さらに，原胞子放出による二次芽を増加させるための効果もある．さらに競合生物の着生基質を原胞子によって占有することにも繋がる．

一方，アオノリやヒトエグサとの競合に関しては，ノリ葉状体がこれら藻類に比べて酸性に強い性質があることを利用して，近年はクエン酸を主体とした処理液に生育中のノリ網を浸漬することによって生理的に活性を持たせる方法がとられている．そのため，昔は乾海苔製品にアオノリが混じるものがあったが，近年はそのような製品はほとんど認められない．しかし，古きよき時代を懐かしむ人々は，アオノリの香りが負荷された製品を望むこともあるため，それに合わせて人為的に加工段階でアオノリを添加した製品が出回ることもある．

（5）収穫と乾燥の機械化

ノリの収穫は古くは手で摘んでいたが，その収穫量には限界があった．また，大量に収穫することができても，その後にノリを抄いて乾燥する工程が続くため，製品化には作業時間と天候に大きく影響を受ける．1960年代前半には掃除機のようにノリを吸い込み刈り取る機械,「ノリペット」なる器具が考案された．これによって手摘みとは比較にならないほど飛躍的に収穫量は伸びた．また，1975～1980年には全自動式海苔製造装置が開発され，製品への加工工程も大きく

図10.37　高速摘採船．

改善され大量の収穫物を処理できるようになった．さらに，1975～1980年代には高速摘採船がつくられ，その結果，1時間当たりに乾海苔が約1200枚加工できる量のノリを収穫できるほどに達した．しかし，このように大量の収穫と処理ができる背景には，収穫，加工機器に見合った生長が速く，より長く生長するノリ品種の開発があったからである．

このような近年の生産性の増大が，一方には養殖資材とともに機械化による栽培経費の増大を引き起こし，経営への圧迫として撥ね返っていることも見逃せない．高速摘採船（図10.37），作業船，全自動式海苔製造装置（図10.38），冷凍庫，採苗装置など，いずれも高額の機器ですべてを1セットとして揃えなければ海苔養殖業は成り立たないのである．しかし，海苔の販売単価はこの数十年ほとんど上昇していない．むしろ最近は低下傾向にさえある．また，これほどの設備投資を行うことによってのみ成り立つ一次産業はほかにないと考えられる．今後は経費節減のための研究や技術開発が重要な課題となっている．

図10.38　全自動式海苔製造装置．

（6）　バイオテクノロジーによる養殖技術の開発

アマノリ養殖にはこれまで長年にわたる多くの技術開発が行われてきたことをみてきたが，その多くは生物個体の特性を応用したものであった．近年バイオテクノロジーの言葉が使われるようになって久しいが，アマノリ養殖技術にもバイオテクノロジーの応用が期待される．

アマノリ類のDNAや分子解析に関しては世界的には，依然として分類や系統解析が主流である．分子解析の結果からこれまでアマノリ類の分類基準や分類形質についての検討や評価がなされ，いくつかの問題点が指摘されている．また，日本ではノリの栽培品種は1000種を超えるといわれているが，その品種の判別は大きな問題であったが，分子解析を駆使して，各品種の比較的が容易になされるようになってきた．最近はスサビノリを対象としたゲノム解析が始められている．しかし，養殖技術の開発や遺伝子導入による育種に繋がる成果は未だほとんどない．

プロトプラストや細胞培養を用いた育種など養殖技術への応用分野では，種苗生産の省力化の考え方からプロトプラストを用いた種苗生産に関する研究がなされた．しかし，操作性や経済性の点を考慮すると，原胞子を利用するほうが適切であった．

プロトプラストを種々の環境下で培養し，優良形質を持つ変異体を育種する研究や，プロトプラストの発芽体を選抜して育種することも試みられた．一部ではこの方法によって育種され，既に実用化に移された系統もあると聞く．しかし，細胞壁を取り除いただけのクローン細胞がなぜその形質を変化させていくのかの生物学的な根拠については明らかにはなっていない．今後の興

味ある課題である．

　融合細胞とその再生体に関する研究では，体細胞の単離から融合技術の確立，融合細胞の再生藻体とその性状の検討，形質導入などがなされている．アマノリ類は大型海藻類の中では材料として最も多く利用されており，多様な雑種藻体が作られている．しかし，現在のところ目標とする種々の形質を的確に導入することは非常に困難である．また，養殖現場ですぐに利用でき，産業的な品種の作出は未だ困難で多くの研究課題が残されている．

　凍結保存技術は，アマノリ類は大きな養殖産業種であるため系統株の保存や遺伝資源の観点から重要である．アマノリ類は二つの性質の異なる世代を持つが，配偶体（葉状体）世代については，すでに1960年代に養殖種に関してこの技術は確立し，種網の長期保存の充分な実用技術として活用されている．胞子体（糸状体）世代の凍結保存について充分な完成はみられていなかった．しかし，1980年代の生物各種のジーンバンク構想に伴って研究が進められ，ある程度の成果が得られている．

　自然条件下で凍結と海水中への浸漬が繰り返される北方域の潮間帯に生育するノリ葉状体は，当然のことながら本来的に耐凍性を持っている．しかし，潮下帯に生育するノリではその耐性を持たないため，その技術的な確立は未だなされていない．

　糸状体世代は，貝殻中で潮下帯または海水中に浸漬した状体で生育しているため，耐乾性や耐凍性はほとんど持たないものと見なされる．現在の技術水準では，糸状体世代は凍害防御液とプログラムフリーザーを用いた方法や簡易凍結法，ガラス化法のいずれでも，凍結保存数日間後の解凍藻体の細胞生残率は50〜60％である．これら以外に葉状体のプロトプラストや殻胞子などについても試みられており，約70％数の生存率が確認されている．

　現在アマノリ類の凍結保存に関する研究では，栽培ノリの品種株保存の考え方をそのまま踏襲し，糸状体の継代培養による株保存の考え方を引きずっている．そのため，複相体であるにもかかわらず糸状体世代の保存技術開発に傾斜している．遺伝子や株の保存は，半数体世代を保存するのが妥当である．したがって，アマノリ類では葉状体世代出の保存が妥当なのである．開発技術の意味と目的を充分に考慮すべきである．また，漸深帯に生育するアマノリ類に関する凍結保存技術は，糸状体世代もさることながら，葉状体世代についても必ずしも良好で信頼できる報告はない．今後ジーンバンクとしての実際的な利用を考える場合は，多様な生態的特性を持つ野生のアマノリ類についての検討が必須である．さらに，この分野の研究では生物の細胞が持つ耐凍性，耐乾性にかかわる生物学的な意味についてはほとんど明らかにされていない．今後の大きな課題である．

　組織培養技術については，これまで組織片の分化に関する基礎的な研究結果から，原胞子を放出する性質を持つ種と雌雄異株の種について，それぞれクローン種苗を容易に作成しうる養殖技術の開発に繋がるいくつかの実用的な成果が生まれている（Notoya 1999，能登谷 2000）．

　養殖品種であるスサビノリおよびアサクサノリはともに原胞子を放出するノリだが，いずれの組織片もある条件下で培養することによって，任意の時期に容易に多量の原胞子を誘導，放出させ得ることが可能となった．原胞子はプロトプラストと同様に育種の材料として，また採苗用の胞子としても利用可能である．一方，雌雄異株のアマノリ類は一般に原胞子を放出しないが，ウップルイノリなどでは裁断された極微細な組織片は直接種苗として利用も可能であることが明らかになっている．原胞子または組織片はクローンであるため，遺伝的には同一で均一なノリ藻体を養成できる利点があり，収穫物の品質の管理の側面からも有効である．

さらに，組織培養の技術と現在の海苔網冷凍保存技術を組み合わせることによって，貝殻糸状体の培養や管理を全て省略して種苗生産を行うことが可能である．このことによって，従来の種苗生産では夏期の約6ヵ月間は貝殻糸状体の培養や管理に費やされていたが，その間の時間と労力，費用および施設などすべてが省略することが可能となる．さらに，任意に原胞子の採苗がなされることから，これまで種網保存用として大型冷凍施設が必要であったが，これは家庭用の冷凍庫程度の機器があれば充分可能となる．したがって，この組織培養技術の開発によって大きな経済効果を生むことになった．

組織片から放出された原胞子発芽体を選抜育種することで，実験的には生育藻体が大型化するという明瞭な結果が示された（能登谷 2000）．この培養では糸状体世代を経由しないため，省スペースで短期間に多数回の選抜操作が行われた．しかし，原胞子による選抜育種ではプロトプラストの場合と同様に遺伝的に同一であるクローン集団を種々の条件下で培養し，出現する変異個体を選抜したものである．そこで現れる変異は陸上植物などに見られるソマクローナル変異と同様なものか，またどのようにその変異が出現し固定されるのかについては，今後クローン集団の形質変異に関する詳細な研究が必要である．

10.8　日本産アマノリ類

ムロネアマノリ *Porphyra akasakae* Miura

葉形は線状または披針形であるが，老成すると卵形から円形の体までの多様な形態が認められる．基部は心臓形で，葉の長さは9～24 cm，幅1.5～9 cm，厚さは25～30 μm，1層細胞で細胞には色素体を1個持つ．葉状体の縁辺はよく波うち，鋸歯は見られない．雌雄異株であるが，稀に同株があり，その場合には雌雄は上下にできる．精子嚢の分割表式は128（a/4, b/4, c/8），接合胞子嚢のそれは8（a/2, b/2, c/2）と16（a/2, b/2, c/4）の2型が報告されている．

気仙沼湾，山田湾，志津川湾などの湾口に生育する．この種によって乾海苔をつくると，硬く，色彩，艶，食味の点からよくないとされる．コスジノリ，ニセコスジノリとして黒木（1961, 1963）がそれぞれ報告したが，生殖細胞の分裂様式や葉状体の形態，造果器の受精と突起などに違いが認められることから新種とされた（Miura 1977）．

ベニタサ *Porphyra amplissima* (Kjellman) Setchell et Hus

葉形は長楕円形から卵形で，基部は心臓形，葉状体は長さ15～58 cm，幅10～20 cmで，厚く70～120 μm，2層細胞で細胞には色素体を1個持つ．雌雄同株で，雌雄生殖細胞は混在する．精子嚢の分裂表式は16（a/2, b/2, c/4）と64（a/4, b/4, c/4），接合胞子嚢のそれは8（a/2, b/2, c/2）と報告されている（Tanaka 1952）．

根室ノサップ岬，北海道東部，千島，樺太などから報告され，潮下帯の他の海藻に着生する幼体は5, 6月に出現し7, 8月には成熟して浮遊個体となり，10月頃まで認められるという（福原 1968）．

コスジノリ *Porphyra angusta* Okamura et Ueda

葉形は線形から長楕円形まであり，基部はくさび形または円形．葉状体は長さ8～30 cm，幅0.5～2.5 cm，褐色で，厚さ30～33 μm，1層細胞で細胞には色素体を1個持つ．葉状体の縁辺

には皺は少なく，鋸歯状の細胞配列も見られない．雌雄異株である．精子嚢の分裂表式は128（a/4, b/4, c/8），接合胞子嚢のそれは8（a/2, b/2, c/2）と報告されている（殖田 1932, 福原 1968, Tanaka 1952）．

東京湾が基準産地だが，現在は採集報告がなく絶滅種または絶滅危惧種として取り扱われている．

アツバアマノリ *Porphyra crassa* Ueda

葉形は円形，基部は心臓形で，葉状体は長さ8〜16 cm，幅8〜12 cm．褐色で，厚く42〜78 μm，1層細胞で細胞には色素体を1個持つ．葉状体の縁辺には皺はなく，鋸歯も見られない．雌雄異株で，縁辺に沿って生殖細胞が形成される．精子嚢の分裂表式は128（a/4, b/4, c/8），接合胞子嚢のそれは16（a/2, b/2, c/4）と32（a/2, b/4, c/4）が報告されている（Tanaka 1952）．

朝鮮半島西岸が基準産地で，本州の日本海北部から北海道から報告されているが，基準産地からの最近の採集報告はない（能登谷 2000）．

オニアマノリ *Porphyra dentata* Kjellman

葉形は線形から細い披針形，基部は心臓形で，葉状体の縁辺は波うち，鋸歯状突起を持つ．葉状体は長さ10〜15 cm，幅2〜4 cm，褐色で，厚さ50〜80 μm，1層細胞で細胞には色素体を1個持つ．普通は雌雄異株だが，稀に上下に雌雄生殖細胞を持つ同株個体もある（能登谷 2000）．精子嚢の分裂表式は128（a/4, b/4, c/8），接合胞子嚢のそれは16（a/2, b/2, c/4）である．

本州太平洋および日本海沿岸，韓国南沿岸の分布する．韓国では天然藻体および栽培藻体は食用として利用され，最近では本種とウップルイノリの交雑種がつくられ栽培が始められている．

エリモアマノリ *Porphyra irregularis* Fukuhara

葉形は線形，披針形，長楕円形などで基部は円形．葉状体は長さ5〜35 cm，幅0.5〜10 cm，厚さ50〜60 μm，1層細胞で細胞には色素体を1個持つ．雌雄異株で精子嚢の分割表式は128（a/4, b/4, c/8），接合胞子嚢のそれは32（a/2, b/4, c/4）と報告されている（福原 1968）．原胞子を放出しない．日高襟裳周辺で秋に生育することが報告されている．

図10.39　ベンテンアマノリのさく葉標本．

ベンテンアマノリ *Porphyra ishigecola* Miura（図10.39）

葉形は円形または心臓形，基部は心臓形．葉状体は長さ，幅ともに4～6 cm，厚さ約50 μm，1層細胞で細胞には色素体を1個持つ．雌雄同株で精子嚢斑は斑点状に形成され，精子嚢の分割表式は128（a/4, b/4, c/8），接合胞子嚢のそれは16（a/2, b/2, c/4）である．イシゲやツノマタ類に着生する．

神奈川県江ノ島から記載されたが，現在はほとんど採集できない．千葉県太平洋沿岸からごく少数個体が採集されるにすぎない．また，スサビノリと酷似するが，藻体の大きさに違いがある．

ソメワケアマノリ *Porphyra katadae* Miura

葉形は卵形または広い披針形．基部は心臓形．葉状体は長さ5～30 cm，幅2～16 cm，厚さ20～30 μm，1層細胞で細胞には色素体を1個持つ．雌雄同株で葉状体の左右に雌雄が分離する．精子嚢の分割表式は64（a/4, b/4, c/4），接合胞子嚢のそれは16（a/2, b/2, c/4）である．

北海道，太平洋中部，韓国南沿岸など分布は点在的である．河口域のウツロムカデ，アオサ類に着生する．原胞子の放出はない．

ウタスツノリ *Porphyra kinositae*（Yamada et Tanaka）Fukuhara（図10.40）

葉形は披針形または長楕円形．基部はくさび形．葉状体は長さ20～70 cm，幅5～15 cm，厚さ30～48 μm，1層細胞で細胞には色素体を1個持つ．乾燥標本は紅桃色となる．雌雄同株でスサビノリと同様のくさび形，縞状に精子嚢斑を形成する．精子嚢の分割表式は128（a/4, b/4, c/

図10.40 ウタスツノリのさく葉標本．

8），接合胞子囊のそれは 16（a/2, b/2, c/4）である．

　北海道および本州の日本海沿岸に分布し，生育水深が深く潮間帯には生育しない．スサビノリとは生育水深および色彩の点から明瞭に異なる．

マルバアサクサノリ *Porphyra kuniedae* Kurogi

　葉形は卵形，円形，腎臓形．基部は心臓形および漏斗形．葉状体縁辺は大きい襞を持つ．葉状体の高さ幅ともに 5～20 cm，厚さは 28～35 μm，1 層細胞で細胞には色素体を 1 個持つ．雌雄同株で精子囊の分割表式は 32（a/4, b/2, c/4），接合胞子囊のそれは 4（a/1, b/2, c/2）である．原胞子を放出する．

　宮城県松島湾では養殖藻体に混在し，アサクサノリの円形型とされたが，黒木（1957）によって別種とされている．

チシマクロノリ *Porphyra kurogii* Lindstrom

　葉形は披針形または円形．基部はくさび形から心臓形になる．葉状体の縁辺は波皺する．長さ 30 cm，幅 15 cm に達する．厚さ 30～60 μm，1 層細胞で細胞には色素体を 1 個持つ．雌雄同株で雌雄は左右に区分される．ときには雌雄異株の体も知られる．分割表式は黒木（1972）は，精子囊は（a/2-4, b/2-4, c/4-8），接合胞子囊は（a/2, b/2-4, c/4）と報告している．原胞子の放出はない．

　北海道東岸から千島列島，アラスカをとおりカナダ太平洋沿岸に達する寒流域に広く分布が知られ，夏に葉状体が生育し，冬には胞子体ですごすとされている．

ヤブレアマノリ *Porphyra lacerata* Miura

　葉形は初め円形から心臓形，成熟すると精子囊斑部分に沿って裂けるため扇状になる．基部はくさび形または心臓形．葉状体の長さ 4 cm，幅 6 cm に達する．体は薄く約 20～23 μm，1 層細胞で細胞には色素体を 1 個持つ．雌雄同株で放射状の精子囊斑によって裂ける性質がある．分割表式は天然藻体では，精子囊は 64（a/4, b/4, c/4），接合胞子囊は 8（a/2, b/2, c/2）であるが，

図 10.41　イワヒゲに着生する小型のヤブレアマノリのさく葉標本（Notoya & Nagaura 1998）．

培養藻体では精子嚢が 32 (a/4, b/2, c/4), 接合胞子嚢が 4 (a/1, b/2, c/2) の場合も同時に認められる．

神奈川県江ノ島，九州長崎から報告されていたが，岩礁上に着生する大型の体とイシゲやイワヒゲに着生する小型の体（図 10.41）の 2 型が知られ，千葉県沿岸では両者の分布が認められている (Notoya & Nagaura 1998, 1999)．

カヤベノリ Porphyra moriensis Ohmi

葉形は楕円形から長楕円形で，基部は心臓形．葉状体は長さ 40 cm，幅 20 cm に達する．生きた藻体は深紅色だが，乾燥標本では明るい紅色となる．厚さ約 30～45 μm，1 層細胞で細胞には色素体を 1 個持つ．雌雄同株で精子嚢斑は縞状に形成される．精子嚢の分割表式は 128 (a/4, b/4, c/8)，接合胞子嚢のそれは 16 (a/2, b/2, c/4) である．

北海道渡島半島東側沿岸にのみの分布が知られている．殻胞子はツルモやコンブ類の体上でのみ発芽し，ガラスや石などの基質には着生または発生しない (Notoya & Miyashita 1999)．

キイロタサ Porphyra occidentalis Setchell et Hus

葉形は披針形で基部はくさび形．葉状体は長さ 30 cm，幅 7 cm に達する．縁辺は波うつ．厚さ約 48～62 μm，2 層細胞で細胞には色素体を 1 個持つ．雌雄異株で精子嚢斑は縞状に形成される．精子嚢の分割表式は 64 (a/4, b/4, c/4) と報告されている．

分布は北海道東部から千島列島，アメリカ西岸に至る．

アナアマノリ Porphyra ochotensis Nagai

葉形は線形から披針形，広披針形で孔があくことがある．基部は円形から心臓形，漏斗形となる．葉状体の長さ 20～70 cm，幅 10～40 cm に達する．縁辺は波うつ．厚さ約 60～100 μm とかなり厚い．1 層細胞で細胞には色素体を 1 個持つ．雌雄異株で，精子嚢の分割表式は 128 (a/4, b/4, c/8)，接合胞子嚢のそれは 32 (a/2, b/4, c/4)．分布は北海道と千島列島 (Nagai 1941, Tanaka 1952) から報告されている．

クロノリ Porphyra okamurae Ueda（図 10.42）

葉形は線形から長楕円形で，基部はくさび形，円形，心臓形．長さ 5～15 cm，幅 1.5～5 cm．厚さ約 30～45 μm で，葉状体の縁辺に鋸歯状の細胞配列がある．1 層細胞で細胞には色素体を 1 個持つ．雌雄同株で精子嚢の分割表式は 128 (a/4, b/4, c/8)，接合胞子嚢のそれは 16 (a/2, b/2, c/4) である．

分布は本州日本海沿岸，北海道西岸，韓国東海岸に認められる．

オオノノリ Porphyra onoi Ueda

葉形は卵形から楕円形で基部は心臓形．葉状体の縁辺は大きく波うつ．長さ 5～15 cm，幅 3～10 cm．厚さ約 30～45 μm で，縁辺に鋸歯状の細胞配列はない．色素体を 2 個持つ細胞 1 層からなる．ときに色素体を 1 個持つ細胞 2 層となる部分もある．クロバギンナンソウに着生し，生育状体では赤茶褐色であるが，乾燥標本では赤紫色となる．雌雄同株で精子嚢の分割表式は 64 (a/4, b/4, c/4)，接合胞子嚢のそれは 8 (a/2, b/2, c/2) である．

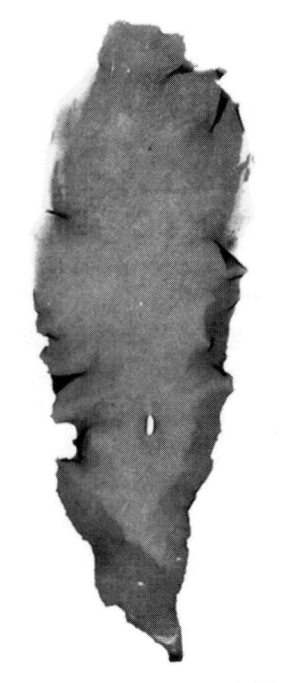

図10.42　クロノリのさく葉標本.

分布は本州北部と北海道である.

マクレアマノリ　*Porphyra pseudocrassa* Yamada et Mikami

葉形は卵形から腎臓形で基部は心臓形から漏斗形.葉状体の縁辺には皺がなく,片方の側に巻き込むことが多い.長さ3～15 cm,幅3～15 cm.厚さ約55～85 μmで,縁辺に鋸歯状の細胞配列はない.色素体を2個持つ細胞1層からなる.雌雄異株だが,ときに雌雄が左右となる同株体もある.精子嚢の分割表式は128 (a/4, b/4, c/8),接合胞子嚢のそれは16 (a/2, b/2, c/4) である.

分布は北海道利尻,礼文,根室,襟裳,室蘭,千島列島,春から夏に潮間帯上部に生育するとされる(福原 1968).

ウップルイノリ　*Porphyra pseudolinearis* Ueda

葉形は線形から長披針形で基部は円形から心臓形.葉状体の縁辺には皺はほとんどない.長さ3～30 cm,幅0.5～5 cm.厚さ約35～68 μmで,縁辺に鋸歯状の細胞配列を持たない.色素体を1個持つ細胞1層からなる.雌雄異株だが,稀に雌雄が上下に形成される同株体もある(船野 1961).精子嚢の分割表式は128 (a/4, b/4, c/8),接合胞子嚢斑は刀創状のすじをつくり32 (a/2, b/4, c/4) である.

分布は北海道西岸,本州千葉県以北太平洋沿岸と津軽海峡を通り本州日本海沿岸九州北岸に至る.韓国東海岸.潮間帯上部の波しぶきの当たる岩礁域で,他のアマノリ類に比較して早期に生育が終了する.日本海沿岸の岩海苔として利用される.山口県,十六島が有名である.

スナゴアマノリ *Porphyra punctata* Yamada et Mikami

葉形は卵形から線状，披針形で基部は円形から心臓形．葉状体の縁辺は波うつ．長さ 8.5〜18 cm，幅 3.5〜7 cm．厚さ約 50〜70 μm で，縁辺に鋸歯状の細胞配列はない．色素体はオオノノリと同様に 2 個を持ち細胞 1 層からなる．ときに色素体を 1 個持つ細胞 2 層となる部分を持つ．雌雄異株で精子嚢の分割表式は 128（a/4, b/4, c/8），接合胞子嚢のそれは 64（a/4, b/4, c/4）で，分布は北海道日高とされる（Mikami 1956）．

イチマツノリ *Porphyra seriata* Kjellman

葉形は卵形から腎臓形で，基部は心臓形から漏斗形．葉状体の縁辺はやや波うつ．長さ幅ともに 3〜15 cm．厚さ約 30〜75 μm で，縁辺に鋸歯状の細胞配列はない．色素体を 1 個持つ細胞 1 層からなる．雌雄同株で矩形の精子嚢斑を交互に配置して市松模様となるところからこの名称となった．精子嚢の分割表式は 128（a/4, b/4, c/8），接合胞子嚢のそれは 16（a/2, b/2, c/4）である．

分布は北海道南部，本州北部，九州から報告され，韓国南岸・西岸，中国沿岸からも報告されている．本種は韓国では養殖され食用とされる．

マルバアマノリ *Porphyra suborbiculata* Kjellman

葉形は円形から腎臓形で基部は心臓形から漏斗形．葉状体の縁辺はやや波うつ．長さ幅ともに 3〜8 cm．厚さ約 30〜50 μm で，縁辺に鋸歯状の細胞配列がある．細胞には色素体を 1 個を持ち，1 層細胞からなる．雌雄同株で精子嚢の分割表式は 64（a/4, b/4, c/4），接合胞子嚢のそれは 32（a/2, b/4, c/4）である．

分布は北海道南部，本州太平洋沿岸，九州，南西諸島，韓国南岸からも報告され，岩海苔として利用される．本種は DNA 分析から日本および中国産の *P. suborbiculata*，ニュージーランドとオーストラリア産の *P. lilliputiana*，アメリカ東海岸やメキシコ産の *P. carolinensis* は同種と見なされることが報告された．

タネガシマアマノリ *Porphyra tanegashimensis* Shinmura

葉形は線状から披針形で基部は円形から心臓形，漏斗形．葉状体の縁辺は波うつ．ときにはいくつかの分枝または裂片を持つ．長さ 0.5〜15 cm，幅 0.5〜5 cm．厚さ約 25〜35 μm で，縁辺に鋸歯状の細胞配列がある．色素体は細胞に 1 個持ち，1 層細胞からなる．雌雄同株で精子嚢の分割表式は 64（a/4, b/4, c/4），接合胞子嚢のそれは 8（a/2, b/2, c/2）である．

分布は南西諸島，種子島．周年にわたって生育する（高口ら 2003）．

アサクサノリ *Porphyra tenera* Kjellman

葉形は長楕円形から披針形で基部はくさび形から円形．葉状体の縁辺は波うつ．長さ 5〜20 cm，幅 1〜5 cm．厚さ約 25〜35 μm で，縁辺に鋸歯状の細胞配列はない．色素体は細胞に 1 個持ち，1 層細胞からなる．雌雄同株で精子嚢の分割表式は 64（a/4, b/4, c/4），接合胞子嚢のそれは 8（a/2, b/2, c/2）である．

分布は北海道南部，本州，四国，九州，韓国沿岸から報告されている．本種は養殖種として有名だが，最近はほとんど栽培されていない．養殖品種として長さ約 1 m，幅約 20 cm に達する

オオバアサクサノリ *P. tenera* var. *tamatsuensis* Miura が有名である（Miura 1984）．

カイガラアマノリ *Porphyra tenuipedalis* Miura

葉形は長楕円形から披針形で，基部はくさび形．葉状部の下端は1列細胞となり，コンコセリスに連続する．縁辺は波うつ．生育藻体は赤褐色だが，乾燥標本では鮮やかな紅色となる．長さ5〜30 cm，幅1〜10 cm．厚さ約15〜40 μm で，縁辺に鋸歯状の細胞配列はない．色素体を細胞に1個持ち，1層細胞からなる．雌雄同株で，造果器は精子嚢群の中に数個ずつ集合して形成される．精子嚢の分割表式は 128（a/4, b/4, c/8），接合胞子嚢のそれは 16（a/2, b/2, c/4）である．

分布は東京湾，伊勢湾，瀬戸内海，石川県七尾湾から知られる．殻胞子嚢の形成および殻胞子の放出はない．コンコセリスの枝先端に形成される球状細胞が発達して葉状体になる．このような特別な生活史は本種のみで知られる（Notoya *et al.* 1993）．

フイリタサ *Porphyra variegata*（Kjellman）Kjellman

葉形は初め長楕円形から披針形だが，雄性部が成熟し，脱落後は雄性部が存在した方向に湾曲し，発達すると渦巻状になる．基部は円形から心臓形．縁辺は少し波うつ．生育藻体は赤褐色で，乾燥標本ではやや明るい紅色となる．長さ 40 cm，幅 20 cm に達する．厚さ約 80〜180 μm で，縁辺に鋸歯状の細胞配列はない．色素体を1個持ち，2層細胞からなる．雌雄同株で左右に雌雄が分かれ，雄性部の成熟が早く起こり，脱落後に接合胞子嚢が形成される．雌性部の栄養細胞に比べ濃い色彩の接合胞子嚢が数個ずつ集合して散在するため，斑入り状となる．この様子から本種の和名となった．精子嚢の分割表式は 64（a/4, b/4, c/4），接合胞子嚢のそれは 16（a/2, b/2, c/4）である．

分布は北海道，千島列島，ベーリング海，アリューシャン列島を通りアメリカ西海岸にいたる．葉状体は他の海藻やスガモの葉上に着生する．

ツクシアマノリ *Porphyra yamadae* Yoshida

葉形は円形から腎臓形または縁辺が著しく波皺してボタンの花状となる．葉状体の長さ幅ともに 2〜4 cm，稀に 8 cm となる．厚さ約 45〜50 μm で，縁辺に鋸歯状の細胞配列がある．色素体を細胞に1個持ち，1層細胞からなる．雌雄同株で精子嚢の分割表式は 128（a/4, b/4, c/8），接合胞子嚢は 16（a/2, b/2, c/4）または 32（a/2, b/4, c/4）である．

分布は本州太平洋沿岸中部，九州，南西諸島から報告されている．黒木・山田（1986）により *Porphyra crispata* Kjellman のタイプ標本はアマノリではないことが判明し，殖田の *Porphyra crispata* の記載に用いた標本に基づいて，種名変更が行われた（Yoshida 1997）．

スサビノリ *Porphyra yezoensis* Ueda

葉形は卵形，楕円形，長楕円形，長披針形などで，基部はくさび形，円形，心臓形など．葉状体は縁辺が波皺する．長さ 3〜50 cm，幅 2〜20 cm になる．厚さ約 35〜55 μm で，縁辺に鋸歯状の細胞配列はない．色素体を細胞に1個持ち，1層細胞からなる．雌雄同株で精子嚢斑は縦に筋状に形成される．精子嚢の分割表式は 64（a/4, b/4, c/4）または 128（a/4, b/4, c/8），接合胞子嚢のそれは 16（a/2, b/2, c/4）である．

本州太平洋沿岸北部，本州日本海沿岸北部に分布する．養殖種として最も多量に栽培されてきた品種はナラワスサビノリ Porphyra yezoensis form. narawaensis Miura が有名で1 m 以上に生長する（Miura 1984）．

引用文献

Agardh, C. 1824. Systema algarum. 312 pp. Lund.

Batters, E. A. L. 1892. On conchocelis, a new genus of perforating algae. In Murry, Georg's Phycol. Mem.

Chen, L. C.-M., Edelstein, T., Ogata, E. and McLachlan, J. 1970. The life history of Porphyra miniata. Can. J. Bot. 48 : 385-389.

Cole, K. M. and Conway, E. 1980. Studies in the Bangiaceae : reproductive modes. Bot. Mar. 23 : 545-553.

Coll, J. and Oliveira, E. C. 2001. Porphyra drewiana, a new species of read algae（Bangiales, Rhodophyta）from Brazil. Phycological Research 49 : 67-72.

Conway, E. 1964. Autecological studies on the genus Porphyra : I. The species found in Britain. Br. phycol. Bull. 2 : 349-363.

Conway, E., Munford, T. F. Jr. and Scagel, R. F. 1975. The genus Porphyra in British Columbia and Washington. Syesis 8 : 185-224.

Conway, E. and Wylie, A. P. 1972. Spore organization and reproductive modes in two species of Porphyra in New Zealand. Proc. VIIth Int. Seweed Symp. p. 105-108.

Dickson, L. D. and Waaland, J. R. 1985. Porphyra nereocystis : A dual-daylength seaweed. Planta 165 : 548-553.

Drew, K. M. 1949. Conchocelis-phase in the life history of Porphyra umbilicalis (L.) Kütz. Nature 164 : 748-751.

Drew, K. M. 1954. Studies in the Bangioideae. III. The life-history of Porphyra umbilicalis (L.) Kütz. var. laciniata (Lightf.) J. Ag. Ann. Bot. 18 : 183-211.

Freshwater, D. W. and Kapraun, D. F. 1986. Field and culture, cytological studies of Porphyra carolinensis Coll et Cox（Bangiales, Rhodophyta）from North Carolina. Jap. J. Phycol. 34 : 251-262.

福原英司 1968. 北海道近海産アマノリ属の分類学的並びに生態学的研究. 北海道区水産研究報告 34 : 40-99.

船野 隆 1961. ウップルイノリの雌雄同株個体. 北水試月報 18(1) : 23-27.

Guiry, M. D. 1990. Sporangia and spores. In K. M. Cole and R. G. Sheath (eds.) Biology of the Red Algae, p. 347-376. Cambridge University Press, New York.

Hawkes, M. W. 1978. A field, culture and cytological study of Porphyra gardneri（Smith & Hollenberg）comb. nov. (=Porphyra gardneri Smith & Hollenberg),（Bangiales, Rhodophyta）. Phycologia 17 : 329-353.

Hus, H. T. A. 1902. An account of the species of Porphyra found on the Pacific coast of North America. Proc. Calif. Acad. Sci. ser. 3 (Bot.) 2 : 173-240.

Joffe, R. 1896. Observation sur la fecondation des Bangiacees. Bull. Soc. Bot. France 43 : 143-146.

Kornmann, P. 1994. Life histories of monostromatic Porphyra species as a basis for taxonomy and classification. Eur. J. Phycol. 29 : 69-71.

Kornmann, P. and Sahling, P. H. 1991. The *Porphyra* species of Helgoland (Bangiales, Rhodophyta). Helgolander Meeresunters **45**: 1-38.

Kunieda, H. 1939. On the life-history of *Porphyra tenera* Kjellman. J. Coll. Arric., Tokyo Imp. Univ, **14**(5): 377-405.

黒木宗尚 1953. アマノリ類の生活史の研究第Ⅰ報 果胞子の発芽と生長. 東北水研研究報告 **2**: 67-103.

黒木宗尚 1957. 養殖海苔の種類. 水産増殖 **4**: 21-28.

黒木宗尚 1961. アマノリ類の生活史の研究第Ⅱ報 養殖アマノリの種類とその生活史. 東北水研研究報告 **18**: 1-115.

黒木宗尚 1963. 山田湾・船越湾の養殖アマノリの数類とコスジノリの一新品種について. 東北水研研究報告 **23**: 117-140.

黒木宗尚・山田家正 1986. F. R. Kjellman (1897)の"Japanska arter af slagtet *Porphyra*（アマノリ属の日本産種)"の原標本の観察と新知見. 藻類 **34**: 62.

Kurogi, M. 1972. Systematics of *Porphyra* in Japan, *In* Abbott and Kurogi (ed.) Contributions to the systematics of benthic marine algae of the North Pacific. pp. 167-192.

Magne, F. 1991. Classification and phylogeny in the lower Rhodophyta: a new proposal. J. Phycol. **27** (Suppl.): 46.

Matsuo, M., Notoya, M. and Aruga, Y. 1994. Life history of *Porphyra suborbiculata* Kjellman (Bangiales, Rhodophyta) in culture. La mer **32**: 57-63.

Mikami, H. 1956. Two new species of *Porphyra* and their subgeneric relationship. Bot. Mag. Tokyo **69**: 340-345.

Mitman, G. G. and Meer, J. P. van der 1994. Meiosis, blade development, and sex determination in *Porphyra purpurea* (Rhodophyta). J. Phycol. **30**: 147-159.

Miura, A. 1977. *Porphyra akasakai*, a new species from Japanese coast. J. Tokyo Univ. Fish **54**: 55-59.

Miura, A. 1979. Studies on genetic improvement of cultivated *Porphyra* (laver). Proc. 7th Japan-Soviet Joint Symp. Aquaculture **161**-168.

Miura, A. 1984. A new variety and a new form of *Porphyra* (Bnagiales, Rhodophyta) from Japan: *Porphyra tenera* Kjellman var. *tamatsuensis* Miura, var. nov. and *P. yezoensis* Ueda form. *narawaensis* Miura, form. nov. J. Tokyo Univ. Fish **71**: 1-37.

Miyata, M. and Notoya, M. 1997. Present and Future on Biology of *Porphyra*. 134 pp. National History Museum and Institute, Chiba.

Nagai, M. 1941. Marine algae of the Kurile Islands. II. J. Fac. Agr. Hokkaido Univ. **46**: 139-310.

Neefus, C. D., Mathieson, A. C., Klein, A. S., Teasdale, B., Bray, T. and Yarish, C. 2002. *Porphyra birdiae* sp. nov. (Bangiales, Rhodophyta): A new species from northwest Atlantic. Algae **17**(4): 203-216.

Nelson, W. A., Broom, J. E. and Farr, T. J. 2001. Four new species of *Porphyra* (Bangiales, Rhodophyta) from the New Zealand region described using traditional characters and 18 S rDNA sequence data. Cryptogamie Algol. **22**(3): 263-284.

Nelson, W. A. and Knight, G. A. 1995. Endosporangia-a new form of reproduction in the genus *Porphyra* (Bangiales, Rhodophyta). Bot. Mar. **38**: 17-20.

Nelson, W. A., Brodie, J. and Guiry, M. D. 1999. Terninology used to describe reproduction and life history stages in the genus *Porphyra* (Bangiales, Rhodophyta). J. Appli. Phycol. **11**: 407-410.

Notoya, M. 1997. Diversity of life history in the genus *Porphyra*. Nat. Hist. Res., Special Issue No. **3**: 47-56.

Notoya, M. 1999. "Seed" production of *Porphyra* spp. by tissue culture. J. Appli. Phycol. **11** : 105-110.

Notoya, M. and Iijima, N. 2003. Life history and sexuality of archeospore and apogamy of *Bangia atropurpurea* (Roth) Lyngbye (Bangiales, Rhodophyta) from Fukaura and Enoshima, Japan. Fisheries Science **69** : 799-805.

Notoya, M., Kikuchi, N., Aruga, Y. and Miura, A. 1993 a. Life history of *Porphyra tenuipedalis* Miura (Bangiales, Rhodophyta) in culture. La mer **31** : 125-130.

Notoya, M., Kikuchi, N., Mastuo, M., Aruga, Y. and Miura, A. 1993 b. Culture studies of four species of *Porphyra* (Rhodophyta) from Japan. Nippon Suisan Gakkaishi **59** : 431-436.

Notoya, M. and Miyashita, A. 1999. Life history of *Porphyra moriensis* Ohmi (Bangiales, Rhodophyta) in culture. Hydrobilogia **398/399** : 121-125.

Notoya, M. and Nagaura, K. 1998. Life history and growth of the epiphytic thallus of *Porphyra lacerata* (Bangiales, Rhodophyta) in culture. Algae **13**(2) : 207-211.

Notoya, M. and Nagaura, K. 1999. Studies on the growth in culture of two forms of *Porphyra lacerata* (Bangiales, Rhodophyta) from Japan. Hydrobilogia **398/399** : 299-303.

能登谷正浩 2000. 繁殖様式の多様性と進化. 能登谷正浩編著, 海苔の生物学. p. 15-33. 成山堂書店.

能登谷正浩 2002. 海苔という生物. 178 pp. 成山堂書店.

能登谷正浩・菅原守雄 1999. 紅藻フイリタサの生活史におよぼす温度と光周期の影響. 日本水産学会誌 **65**(1) : 55-59.

Ohme, M. and Miura, A. 1988. Tetrad analysis in conchospore germlings of *Porphyra yezoensis* (Rhodophyta, Bangiales). Plant Science **57** : 135-140.

Oliveira, M. C., Kurniawan, J., Bird, C. J., Rice, E. L., Murphy, C. A., Singh, R. K., Gutell, R. R. and Ragan, M. A. 1995. A preliminary investigation of the order Bangiales (Bangiophycidae, Rhodophyta) based on sequence of nuclear small-subunit ribosomal RNA gene. Phycological Research **43** : 71-79.

曽呈系奎・張徳端 1954. 紫菜的研究 I. 甘紫菜的生活史. 植物学報 **3**(1) : 287-302.

高口由紀子・寺田竜太・能登谷正浩 2003. 周年生育するタネガシマアマノリの季節的消長と形態. 藻類 **51** : 93.

Tanaka, T. 1952. The systematic study of the Japanese Protoflorideae. Mem. Fac. Fish. Kagoshima Univ. **2**(2) : 1-92.

殖田三郎 1932. 日本産あまのり属の分類学的研究. 水産講習所研究報告 **28**(1) : 1-45.

Yoshida, T., Notoya, M., Kikuchi, N. and Miyata, M. 1997. Catalogue of species of *Porphyra* in the world, with special reference to the type locality and bibliography. National History Research Special Issue **3** : 5-18.

Yoshida, T. 1997. Japanese marine algae : New combinations, new names and new species. Phycological Reaearch **45** : 163-157.

Wille, N. 1893. Uber Akineten und Aplanosporen bei den Algen. Bot. Centrablatt **16** : 215-219.

有用海藻の生物学

11 テングサ類

藤田 大介

　テングサは，古来，心太(ところてん)の原藻として知られており，奈良時代には凝藻藻(こるもは)や大凝菜(おおこるもは)と呼ばれ，税（租庸調の調）として朝廷に納められていた．平安時代（永保年間：1081～84）には伊豆七島の神津島から伊豆半島東岸の白浜村にテングサを移植したとの記録も残っており，当時から重要な資源として認識され，増産の試みも行われていたことがうかがわれる．心太そのものは中国から伝来したといわれるが，その凍結乾燥品，つまり寒天が最初に作られたのは日本で，17世紀（江戸時代）のことである．

　原藻の乾燥保存に加えて寒天による製品保存が可能になったことにより，テングサの熱水抽出物の利用は急速に拡大し，羊羹(ようかん)やゼリーなどの和菓子，後に微生物培地の材料として広く用いられ，世界各国に輸出されるようになった．第二次世界大戦前，日本のテングサ寒天は世界市場の9割以上のシェアを占める独占状態であった．大戦後，オゴノリ類を原料とする工業寒天やカラギナンの利用拡大に伴い，国産テングサ寒天に往時の勢いはなくなったが，近年，健康食ブームの中で食物繊維として寒天が見直され，また，バイオテクノロジーの発展に伴い，電気泳動の支持体や分離用カラムの素材としての用途が拡大するなど，寒天原藻の中でも優れたゲル強度を持つテングサには根強い需要がある．

　図11.1に主な国産のテングサを示した．テングサには紅藻では比較的珍しい真多年生の種類が多く，とくにマクサを初めとするいくつかの種類はテングサ場と呼ばれる大規模な純群落を形成し，沿岸生態系において，アマモ場，ガラモ場，あるいはコンブ目海藻の海中林と並ぶ重要な海藻群落の一つとなっている．水産資源とも関わりが深く，古くからイセエビの稚エビ保育場として知られていたほか，近年はサザエの稚貝保育場となっていることが明らかにされ，その人工種苗（稚貝）の放流スポットとしても注目されている．

　日本におけるテングサの生物学的研究の歴史は長く，日本の海藻学の創始者岡村金太郎（1867～1935）による生態学的研究（1909～1918）および分類学的研究（岡村 1934）に始まり，1950～60年代には，片田（1955），山崎（1964），山田（1967）など，寒天原藻としての増産や資源管理を目指した多くの研究がなされ，須藤（1954），赤塚（1982），Akatsuka（1986），伊豆の天草漁業編纂会（1998），藤田（2003）などの総説がある．しかし，テングサは形態変異が非常に大きく，分類が混乱しているうえに，栄養繁殖が盛んで個体識別が困難なため，生態学的研究は遅れている．また，寒天原藻の輸入量の増加に伴って国産テングサの需要が低下し，海藻生態学者の関心が，個体識別などの点で扱いやすく生産力の大きい海中林形成種（大型褐藻類）へ推移したこともあり，21世紀を迎えた現時点では，遺伝子情報に基づく分類学的な再検討が行われているほか，一部の海域で作柄調査や群落のモニタリングが続けられているにすぎない．ここでは国産のテングサ，とくにマクサを中心としてテングサ科の海藻の分類，生態，漁業などについて述べることにする．

　なお，本文の中でマクサと表記した場合にはマクサ1種のみを，テングサと表記した場合には，混生することが多いオバクサなどの種も含めたものとして扱う．また，テングサ科以外の海藻や動物のうち和名のあるものについては学名を略し，標準和名で示した．

11.1 テングサ科の分類

テングサと呼ばれるのは，テングサ科（紅色植物門，テングサ目）の海藻で，アイルランド国立大学の M. Guiry 教授の主宰するホームページ Algae Base（http://www.algaebase.org/）によれば，世界で南北両半球の温帯～亜熱帯域を中心として 9 属約 150 種が認められている．ただし，科内の分類は依然として混乱しており，過去に記載された多くの種が別の種類のシノニム（同物異名）として整理され続けている一方で，近年においても形態学的な精査（Santalices & Hommersand 1997）や遺伝情報に基づく分子生物学的手法（Freshwater *et al.* 1995, Shimada *et al.* 1999）による分類学的再検討が行われ，新種の発見（Shimada *et al.* 2000, Thomas & Freshwater 2001）も相ついでいる．表 11.1 に，世界のテングサ科の属とタイプ種を掲げた．

表 11.1 世界のテングサ科の属とタイプ種．

属　名	タイプ種	種数
ユイキリ属 *Acanthopeltis*	ユイキリ　*A. joponica* Okamura	3
カプレオリア属 *Capreolia*	*C. implexa* Guiry and Womersley	1
シマテングサ属 *Gelidiella*	シマテングサ　*G. acerosa* (Forsskål) Feldmann & G. Hamel	約 25
テングサ属 *Gelidium*	*G. cornerum* (Hudson) J. V. Lamouroux	約 90
ヒラクサ属 *Ptilophora*	*P. spissa* (Suhr) Kützing	約 15
ポルフィログロスム属 *Porphyroglossum*	*P. zollingeri* Kützing	1
オバクサ属 *Pterocladiella*	カタオバクサ　*P. capillacea* (Gmelin) Santalices & Hommersand	約 10
プテロクラディア属 *Pterocladia*	*P. lucida* (R. Brown ex Turner) J. Agardh	約 10
スリア属 *Suhria*	*S. vittata* (Linnaeus) Endlicher	1

テングサ科の種類数のうち約 6 割はテングサ属である．テングサ属では過去に 200 種以上が記載され，大型の紅藻の中でもとくに分類の困難な群として知られていたが，現時点では 90 余種にまで絞られている．これにつぐのは，シマテングサ属の 24 種，ヒラクサ属の 12 種で，他の 7 属はいずれも 10 種に満たず，うち 2 属は単型属（1 種のみで構成される属）となっている．今後も，多数の種を抱えたテングサ属を中心に，種レベルの分類学的な再検討が行われると予想される．ちなみに，「日本産海藻目録 2000」（吉田ら 2000）とその後の追加情報（Shimada & Masuda 1999, 2000, Shimada *et al.* 1999, 2000 a, b）によれば，現時点で日本産種として扱われているのは表 11.2 に掲げた 5 属 28 種であるが，これについてもまだ検討の余地がある．ここで，テングサ属の海藻（主にマクサ）を基本として形態と生活史を概説し，どのような形質が属や種を分ける分類基準となっているのかを紹介する．

11.2 テングサ属の体構造

テングサ属の海藻は，主軸や枝が円柱状または扁平で，軟骨質の直立体を形成し，生長したものは多少とも枝分かれするのがふつうである（図 11.1）．基部には細かいひげのような匍匐枝があり，これによって海底基質に着生したり，盛んに栄養繁殖を行ったりする．種類によっては匍匐糸に杭状の二次的仮根が生じ，これにより着生する．生長は主軸や枝の先端にある頂端細胞を中心に起こり，藻体の主軸や枝は単軸構造となる．枝を輪切りにして顕微鏡で観察すると，皮層（濃紅色の小型細胞からなる外側の層）と髄層（無色に近い大型細胞からなる内部の層）を認め

表 11.2 日本産のテングサ科藻類.

種　　名	基準産地	国内分布・採集地	最近の主要文献
ユイキリ属 *Acanthopeltis*			
ヤタベグサ　*A. hirsuta* (Okamura) Shimada	宮崎県折生迫	宮崎県	Shimada *et al.* (1999)
ユイキリ　*A. japonica* Okamura	神奈川県三崎	本州中部以南(太)	Shimada *et al.* (1999)
シマテングサ属 *Gelidiella*			
シマテングサ　*G. acerosa* (Forsskål) Feldmann et Hamel	イエメン	本州南部以南(太)	吉田 (1998)
ササバシマテングサ　*Gelidiella ligulata* Dawson	バハカリフォルニア	三宅島	Shimada & Masuda (1999)
イトシマテングサ　*G. tenuissima* Feldmann et Hamel	フランス	石垣島・与那国島	Santalices & Rico (2002)
キッコウシマテングサ　*G. ramellosa* (Kützing) Feldmann et Hamel	西オーストラリア	福岡県	吉田 (1998)
テングサ属 *Gelidium*			
シンカイヒメテングサ　*G. amamiense* Tanaka et K. Nozawa	鹿児島県奄美大島	奄美大島	吉田 (1998)
ヒメテングサ　*G. divaricatum* Martens	香港	本州中部以南(太)	吉田 (1998)
マクサ　*G. elegans* Kützing	神奈川県横須賀	ほぼ全国各地	吉田 (1998)
ヒメヒラ　*G. inagakii* Yoshida	愛知県伊良湖岬	愛知県	吉田 (1998)
ヘラヒメテ　*G. isabelae* Taylor	ガラパゴス	奄美大島	吉田 (1998)
オニクサ　*G. japonicum* (Harvey) Okamura	静岡県下田	本州中部以南	吉田 (1998)
キヌクサ　*G. linoides* Kützing	ハワイ	本州中・南部(太)	吉田 (1998)
サツマシマテングサ　*G. koshikianum* Shimada, Horiguchi et Masuda	鹿児島県下甑島	九州南西岸	Shimada *et al.* (2000 b)
オオブサ　*G. pacificum* Okamura	千葉県根本	本州中・南部(太)	吉田 (1998)
ハイテングサ　*G. pusillum* (Stackhouse) Le Jolis	イギリス	ほぼ全国各地	吉田 (1998)
ナンブグサ　*G. subfastigiatum* Okamura	北海道小樽市忍路	北海道西岸・本州北(太)	吉田 (1998)
コヒラ　*G. tenue* Okamura	神奈川県江ノ島	本州中・南部(太)	吉田 (1998)
ウスバテングサ　*G. tenuifolium* Shimada, Horiguchi et Masuda	静岡県台浜	静岡県台浜	Shimada *et al.* (2000 b)
ヨレクサ　*G. vagum* Okamura	福島県小名浜	ほぼ全国各地	吉田 (1998)
コブサ　*G. yamadae* Fan	台湾淡水	本州中部(太)・九州	吉田 (1998)
オバクサ属 *Pterocladiella*			
アオオバクサ　*P. caerulescens* (Kützing) Santalices et Hommersand	ニューカレドニア	石垣島・与那国島	Shimada & Masuda (2000)
ヒメオバクサ　*P. caloglossoides* (Howe) Santalices	ペルー	石垣島	Shimada & Masuda (2000)
カタオバクサ　*P. capillacea* (Gmelin) Bornet	地中海	本州中部以南(太)	Shimada *et al.* (2000 a)
チャボオバクサ　*P. nana* (Okamura) Shimada, Horiguchi et Masuda	鹿児島県下甑島	本州中部以南	Shimada *et al.* (2000 a)
オバクサ　*P. tenuis* (Okamura) Shimada, Horiguchi et Masuda	神奈川県江ノ島	ほぼ全国各地	Shimada *et al.* (2000 a)
ヒラクサ属 *Ptilophora*			
ナガヒラクサ　*P. irregularis* (Akatsuka et Masaki) Norris	東京都神津島	神津島	Akatsuka & Masaki (1983)
ヒラクサ　*P. subcostatum* (Okamura) Norris	神奈川県江ノ島	本州中部以南(太)	Akatsuka & Masaki (1983)

(太)は太平洋側. 明記されていないものは日本海海側からも知られる.

(2003 年 1 月現在)

図 11.1　国産のテングサ.
　A：マクサ, B：オオブサ, C：オニクサ, D：キヌクサ,
　E：ヒメテングサ（ヒザラガイの上, 矢印）, F：ユイキリ, G：ヒラクサ, H：オバクサ
　（A, B, D〜H は野田三千代氏提供）.

ることができる（図 11.2 A）.
　皮層の細胞は不規則な多角形または楕円形であるのに対し，髄層の細胞は軸方向に細長い円柱状である．皮層細胞については主軸や枝の表面観または輪切りの切片，また，髄層細胞は藻体を

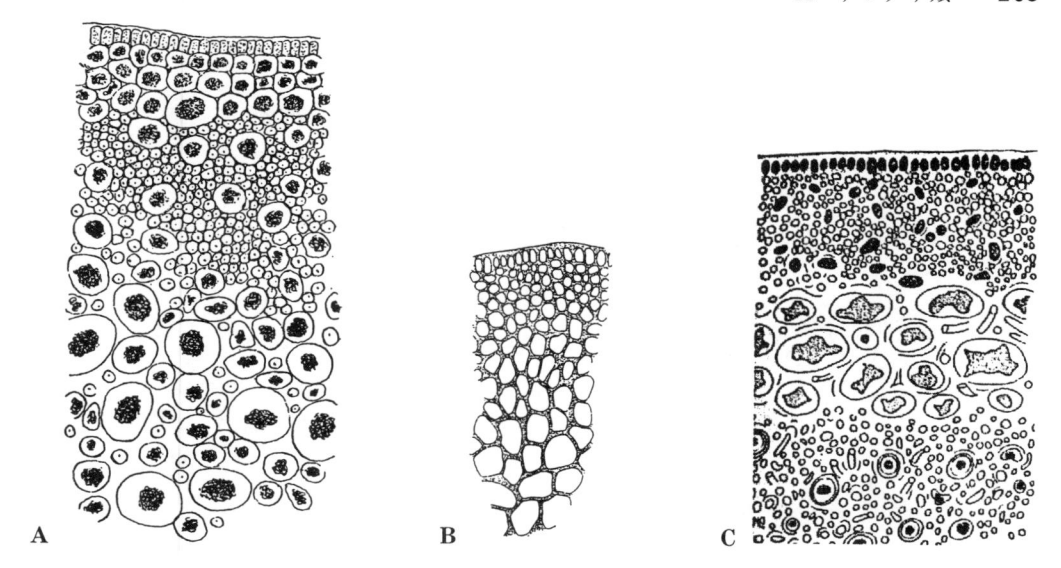

図11.2 テングサの横断面（岡村 1936）．A：マクサ，B：シマテングサ，C：ヒラクサ．

縦切りにした切片を顕微鏡で観察すれば形を確かめることができる．髄層（および皮層の内側）には仮根様細胞糸と呼ばれる細胞壁の厚い細胞群が混在するが，この細胞群の微細構造や役割についての詳細な研究は行われていない．

11.3 テングサ属の生活史

　マクサの生活史はいわゆるイトグサ型（図11.3）で，雌雄の配偶体と四分胞子体が同形同大であるが，匍匐枝や枝による栄養繁殖も盛んに行われる（殖田ら 1963）．国産種ではないが，カナリア諸島の G. canariensis について，四分胞子体と雌配偶体（果胞子を形成した藻体）との間で，カロリー含量，タンパク質・色素組成，酵素（NADH-Diaphorase，アルカリフォスファターゼおよびグルコース6リン酸デヒドロゲナーゼ）活性，諸条件における光合成および呼吸に関する生理学的な比較が行われているが，有意な差は認められていない（Sosa et al. 1993）．
　テングサ属海藻の成熟体において胞子が形成されるのは枝に多数形成される末端小枝で，四分胞子体ではへら状の小枝（生殖器托）の表面全体に散らばるように四分胞子嚢が生じ，この中で四分胞子（分割様式は十字形）が形成される．雌性配偶体では，受精後，紅藻特有の果胞子体が母体に寄生した形で形成され，その中に果胞子が生じる．これらの胞子は肉眼でも区別が可能であるが，雄性配偶体は外見上，四分胞子体と酷似する．
　雌性配偶体では，果胞子体が形成された小枝は球状に膨らみ，団子1個が平串に刺さったような形となる．球状に膨らんだ部分（団子の部分）を嚢果というが，この嚢果の中は中仕切りによって2室となっており，各々に胞子の放出孔（果孔と呼ばれる）が1～数個あいている．
　嚢果が形成される過程は非常に複雑である（図11.4）．まず，雌性配偶体の小枝の表面から突出する無色透明の受精毛に，海水中を漂ってきた精細胞が付着することに始まる．精細胞は，雄性配偶体の皮層細胞において切り出され，海中に放出されたものである．一方の受精毛は雌性配偶体の皮層細胞において切り出された卵細胞の一部が長く体外に突き出たものである．受精毛に

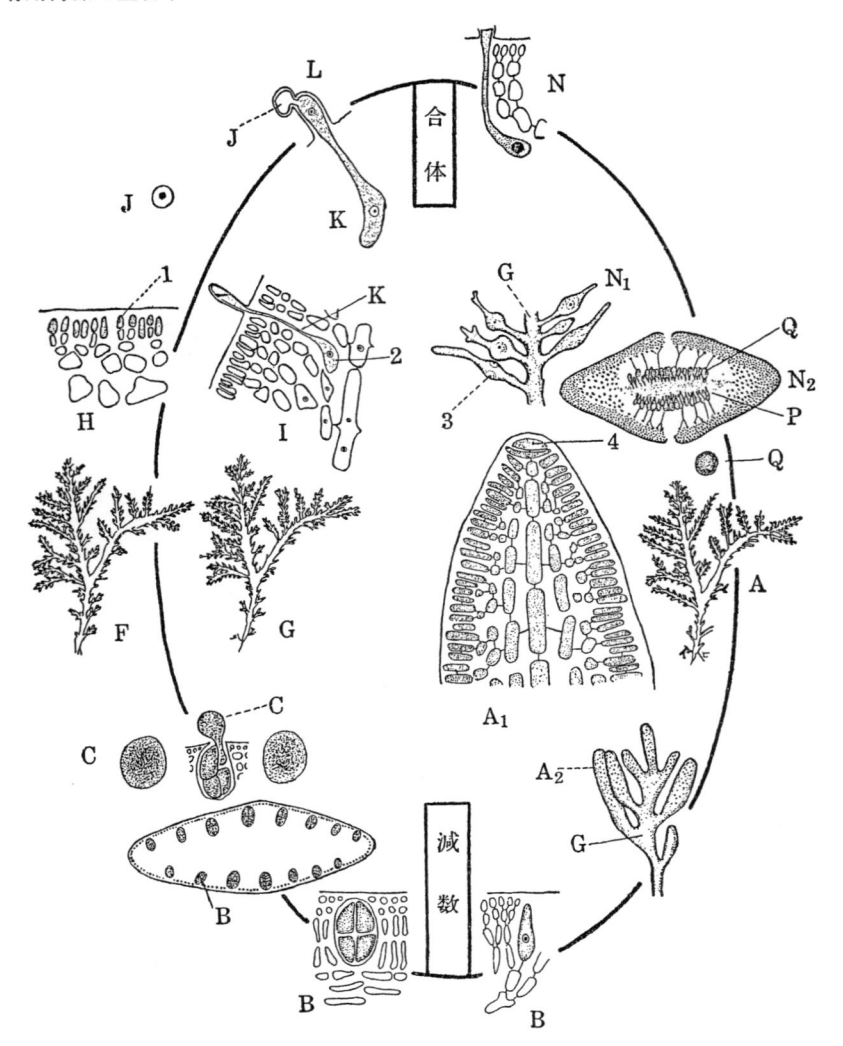

図 11.3 テングサ（マクサ）の生活史（廣瀬 1959）.
　A：胞子体, A_1：枝の頂端の縦断面（成長点を示す）, A_2：胞子体の枝の一部分がネマテシアを形成. B：四分胞子嚢, C：四分胞子, F：雄性配偶体, G：雌性配偶体, H：造精器, I：造果器, J：精細胞, K：受精毛が伸びた造果器, L：受精, N：核が複相となった造果器, N_1：囊果のできた枝, N_2：囊果の横断面, P：造胞糸, Q：果胞子.

は付着した精細胞の精核だけが取り込まれ，これが卵細胞の本体部にある卵核と合体すると受精が完了し，これをきっかけとして受精卵とその周辺組織に変化が起こり始める．まず，受精卵から連絡糸と呼ばれる細胞糸が伸び，ところどころで母体の体細胞と連絡する．この連絡糸から造胞糸と呼ばれる細胞糸がいくつか派生し，それぞれの末端に果胞子が形成される．細胞糸と連絡した母体側の体細胞は栄養細胞と呼ばれ，受精によって生じる組織（連絡糸，造胞糸および果胞子，これらを合わせて果胞子体という）に対して栄養を補給する役割があると考えられている．この一連の過程と平行して，小枝の該当部分が膨らみを増し，球状の囊果が完成する．

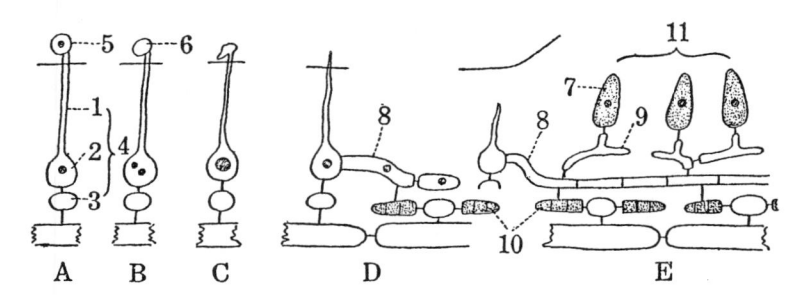

図 11.4 テングサの嚢果形成の過程（廣瀬 1959）．
A：受精毛に精細胞が付着．B：合体直前の雌雄の核．C：合体して複相になった受精核．D：造果器から連絡糸（8）を伸ばし，栄養組織（10）と連絡．E：連絡糸から造胞子が伸び，所々に果胞子（7）を形成．
1．受精毛，2．造果器，3．器下細胞，4．胎原列，5．精細胞，6．核の抜け出た精細胞，7．果胞子，8．連絡糸，9．造胞子，10．栄養素式，11．嚢果．

11.4 そのほかのテングサ科各属の体構造と生活史

以下に，テングサ科のテングサ属以外の諸属（表11.1）について，先の項で説明したテングサ属と比較しながら述べる．ここでは，Fan（1961），Santalices（1988），吉田（1998）などを参考にしながら，最近の知見も加えた．

構造の面で最も大きく異なるのはシマテングサ属 Gelidiella で，髄層に仮根様細胞糸が存在せず（図11.2 B），単細胞性の単独仮根を有し，有性生殖がごくわずかな例しか知られていない．シマテングサ属については Ganzon-Fortes（1994）の総説がある．

ヒラクサ属 Ptilophora は，皮層内部に柔組織様の大きな細胞があり，皮層にも一群の仮根様細胞糸が存在する（図11.2 C）ことでテングサ科内の他の属と区別される．同じような構造を有し，藻体表面の突起を持たないグループがベッケレラ属としてまとめられたことがあるが，この形質は不安定であるため，現在は認められていない．興味深いことに，ベッケレラ属とされていたグループでは藻体がカイメンに覆われていると表面に多数の大きな突起が生じ，逆にヒラクサ属とされていたグループでもカイメンに覆われていなければ突起を生じないとの報告もある（Norris 1987）．じつに不安定な形質に基づき，約半世紀の間，学者が振り回されてきたことになる．

形態とともに生態の面で特徴的なのが，南アフリカなどから報告されたスリア属 Suhria で，その唯一の種 Suhria vittata は，大型褐藻のカジメ属 Ecklonia maxima の上に着生する．着生性であるため，匍匐糸を持たず，盤状の基部で着生することが大きな特徴となっている．なお，本属に関しては Anderson（1994）による総説がある．

ユイキリ属 Acanthopeltis は日本近海固有の属で，テングサ科内では唯一，仮軸分枝 sympodial branching となり，二叉分枝の一方の枝が主軸のように伸びる．本属は設立以来，ユイキリ1種で構成される単型属として扱われてきたが，近年，分子生物学的手法による再検討の結果，長らく日本固有属の海藻と考えられてきたヤタベグサ（ヤタベグサ属）が本種と近縁であることが判明し，ユイキリ属に含まれることになった（Shimada et al. 1999）．

同様に，分布が限られるものとして，インドネシアのジャワ島のみから報告があるポルフィロ

グロスム属 *Porphyroglossum* を挙げることができる．この属の唯一の種である *Porphyroglossum zollingeri* はテングサ属に内部構造が酷似しているが，枝や小枝が枝の縁からではなく中央部から縦に並んで生じる点で異なる（Fan 1961）．

　生活史の面で区別されるのは，近年，南太平洋（オーストラリア，ニュージーランドおよびチャタム諸島）から報告されたカプレオリア属 *Capreolia* で，その唯一の種 *Capreolia imprexia* については果胞子体が生じないことが培養実験によって確かめられている（Guiry & Womersley 1993）．このような生活史上の特徴は，紅藻の中でもダルス（ダルス目）などで知られているが，珍しいケースといえる．

　オバクサ属およびプティロクラディア属の2属はごく最近になってSantalices & Hommersand（1997）により，雌性配偶体の嚢果の形態で区別された．先に述べたように，テングサ属の場合，嚢果の中が二つの個室に仕切られ，それぞれに1〜数個の果孔（胞子の放出孔）が開いているのに対して，オバクサ属ではこれが不等の2室になること，プティロクラディア属では嚢果の内部が1室で果孔も一つしかないことで区別される．非常に細かい形質で分けられているが，この3属の間では分子生物学的な手法によっても有意な差が認められている．ちなみに，日本産のオバクサは，現在のオバクサ属 *Pterocladiella* が設立されるまでプティロクラディア属として扱われていたので，それ以前の文献を読むときには注意を要する．なお，オバクサ属が独立する以前のプティロクラディア属については Felicini & Perrone（1994）の総説がある．

11.5　日本産のテングサ科の種類

　テングサ科に属する9属のうち，日本に分布しているのは，テングサ属，シマテングサ属，ユイキリ属，ヒラクサ属，およびオバクサ属の5属である．表11.2 には各属の日本産種について，学名，基準産地，分布域（国内産地）とともに掲げ，本文では各種の形態や生態の特徴について簡潔に述べる．また，表11.3 には国産の5属30種の検索表を掲げた．なお，ここに掲げた種類の文献多くは吉田（1998）に収録されているので，本文ではそれ以外の種類についてのみ，文献を示した．

（1）　テングサ属

　現在，国内では15種が報告されている．このうち，寒天原藻として利用されるのは，マクサ，オオブサ，オニクサ，キヌクサ，ナンブグサの5種で，これにコヒラとウスバテングサを加えた7種はいずれも高さ20〜30 cm に達する．ほかの8種のうち，ヨレクサ，コブサおよびサツマテングサの3種は5〜10 cm，シンカイヒメブト，ヘラヒメブト，ヒメヒラ，ハイテングサ，ヒメテングサの5種は高さ2 cm 以下の小型種である．以上，15種のうち，マクサ，ヨレクサおよびハイテングサはほぼ国内全域に分布する．それ以外では，オニクサが南日本（日本海側も含む），ナンブグサが北海道西岸や本州北部太平洋沿岸，シンカイヒメブトとヘラヒメブトが南西諸島のみに分布が限られ，ほかの8種は本州中・南部の太平洋沿岸に分布している．

　マクサ（図11.1 A）は日本を代表するテングサで，羽状に分枝し，高さ30 cm に達する．産業上最も重要な種類であり，国内におけるテングサの生態学的な知見はほとんどこの種類に限られているのが現状であるので，これについては項をあらためて詳しく述べる．

　上記のマクサなど大型7種のうち，外形が際立って特徴的なのは，オオブサとオニクサの2種

表 11.3 日本産のテングサ科の検索表（属レベルの検索表＋各属の検索表．詳しくは本文を参照）．

```
┌髄層に仮根様細胞糸あり ┌主軸は連基的成長…ユイキリ属 (B)
│                      │                ┌枝表面から小枝を副出・ヒラクサ属…テングサ (C)
│                      └主軸は単基的成長│              ┌囊果は2室・両面に果孔…テングサ属 (D)
│                                       └体縁のみで分枝└囊果は1室・片面に果孔…オバクサ属 (E)
└髄層に仮根様細胞糸なし……シマテングサ (A)
```

A：シマテングサ属
```
┌体は5cm以上……シマテングサ
│            ┌枝は円柱状……イトシマテングサ
└体は2cm以下│       ┌分枝は稀………キッコウシマテングサ
             └枝は扁圧└直立体は笹の葉状…ササバシマテングサ
```

B：ユイキリ属
```
┌半円形の小枝が体を覆い，全体として円柱状……ユイキリ
└有棘の短い小枝が体を覆う……………………ヤタベグサ
```

C：ヒラクサ属
```
┌体下部に中肋状の肥厚があり，枝の縁辺から三角形の小枝が発出……ヒラクサ
└体に中肋はなく，枝の縁辺は平滑……………………………………ナガヒラクサ
```

D：テングサ属
```
┌高さ2cm以下 ┌体は円柱状……ヒメテングサ
│            │       ┌直立枝は幅1～2mm…シンカイヒメブト
│            └体は扁平│              ┌分枝は羽状…ハイテングサ
│                     └直立枝は幅1mm以下│         ┌掌状……………ヘラヒメブト
│                                        └分枝は少ない└分枝は羽状が小枝を不規則に発出…ヒメヒラ
│
│            ┌枝中央部が中肋様に肥厚……オニクサ
│            │       ┌小枝は分枝せず短い……サツマテングサ
│高さ2cm以上 │       │            ┌小枝は密に接近……コブサ
             └枝は扁平│            │            ┌体は扁平……コヒラ
                      │小枝は羽状分枝│            │体は扁圧し両縁は ┌成熟小枝*は接近し房状
                      │            │小枝は多少とも│薄いか扁円      │      ……オオブサ
                      │            │隔たる        │                └成熟小枝*は散開(※)
                      │
                      │※ ┌枝の間隔は広く不規則……キヌクサ
                      │   │            ┌成熟小枝*の柄は短い……ヨレクサ
                      └   │            │            ┌体は薄く，枝の先端に顕微鏡的凹みあり……ウスバテングサ
                          │枝は多少とも羽状│            │                              ┌主枝は先端付近がやや太い．体は
                          │            │成熟小枝*の柄は長い│                          │厚い………………カンブグサ
                                        │            └体は厚く，上記の凹みはない      │主枝先端付近は太くならず，小
                                                                                       └枝の頂端は尖る ………マクサ
```

（＊：ここでは四分胞子嚢や囊果をつける小枝をこのように表した）

E：オバクサ属
```
┌藻体は10～15cm ┌枝は細く密生………カタオバクサ
│               └上記のようにならず……オバクサ
│               ┌藻体は1cm未満……ヒメオバクサ
└藻体は3cm未満  │            ┌雌雄同株……アオオバクサ
                └藻体は2cm以上└雌雄異株……カタオバクサ
```

である．オオブサ（図 11.1 B）は末端の小枝が房状になる種類で，国内では最も品質の上等な寒天製品ができる原藻とされている．オニクサ（図 11.1 C）は主軸の幅が他の種類の倍程度（約 5 mm）と広く，しかもその中央部が中肋のように厚くなる．この 2 種はいずれも外海に面

した岩礁域の漸深帯に生育するが，オニクサは浅所に限られる．

キヌクサ，ナンブグサ，コヒラおよびウスバテングサの4種はマクサによく似ている．キヌクサ（図11.1 D）は深所産（水深15 m以深）の種類で，枝が疎らにしか出ない．ナンブグサは，分布域が北日本に偏るものの，主枝の先端付近が少し幅広くなることや小枝が主枝の頂端に集まって櫛歯状になりやすいことなど，マクサとの相違点はごくわずかである（Shimada & Masuda 2003）．浅所産で，北海道の寒天原藻の主要種である．コヒラは，その名の通り，マクサをやや小さく，薄くした感じで，典型的なものでは単条の小枝が主枝の両側に生じ，美しい羽状になるという．深所産ともされるが，生態学的な知見はほとんどない．ウスバテングサはほかの種類と比べて枝が極端に薄く，小枝の先端を顕微鏡でみると先端がへこみ，その中央にドーム型の頂端細胞が認められるという．潮間帯下部から漸深帯上部で群落を形成する（Shimada et al. 2000）．

高さ5〜10 cmに達する3種のうち，ヨレクサは幅広い主軸が上部で急激に細くなり，コヒラと同様，単条の小枝が枝の両側に並ぶ．大きな群落をつくらず，株として点在することが多い．本種は大西洋からも報告があるが，その異同については詳細な研究が待たれる．コブサは分枝する小枝を密に出して体全体が小さな房となる．サツマテングサは，主軸が幅広く，分枝しない小枝が短い間隔で生じる．潮間帯の中部から下部にかけて群落を形成するという（Shimada et al. 2000 b）．

高さ2 cm未満の5種のうち，最も特徴的なのはヒメテングサ（図11.1 E）で，直立する枝が円柱状となり，浅所に生育し，カメノテやヒザラガイなどの上に着生することも多い．他の4種は枝が扁平で，このうち比較的報告例の多いハイテングサは幅が1 mm以下と細く，分枝がほとんどない．潮間帯上部の岩やフジツボや貝の上に生育し，パッチ状の群落を形成することもある．ハイテングサは分布が広く，世界中の温暖な海域に分布することが知られている．同様に枝の幅が細く，規則的に羽状分枝するのがシンカイヒメブト，枝の幅1 mmを越え，サンゴなどの表面を這うのがヘラヒメブト，枝，小枝ともに羽状分枝し，小枝の基部がくびれるのがヒメヒラとされている．このうち，シンカイヒメブトはサンゴ礁域の水深60 mからドレッジで採集されたものである．なお，シンカイヒメブトとヘラヒメブトは原記載以降の採集記録がない．

（2） シマテングサ属

国内には4種が知られている．このうち，最も古くから知られているのはシマテングサ（図11.5）で，高さは5〜10 cmになる．この種類は西太平洋やインド洋の亜熱帯・熱帯域に広く分布し，低潮線付近の岩に生育する．東南アジアなどでは寒天原藻として利用されるが，国内では用いられていない．キッコウシマテングサは，元来，南太平洋の種類で，高さ2 cmに満たない．国内では九州北岸でウミガメの甲に生育していた例が知られており，和名もこれにちなむが，これ以外の知見はない．ササバシマテングサは文字通り，笹の葉状の直立体を持つ種類として太平洋東岸で知られていたが，最近になって伊豆諸島からもみつかった（Shimada & Masuda 1999）．イトシマテングサは円柱状で，高さは1 cm未満と小さく，潮間帯上部の岩の上に群生する（Shimada & Masuda 2000）．

（3） ユイキリ属

国内にユイキリとヤタベグサの2種が知られ，いずれも日本近海特産で雌雄同株である（Shimada et al. 1999）．ユイキリ（図11.1 F）は半円形の小枝によって密に覆われ，離れて見

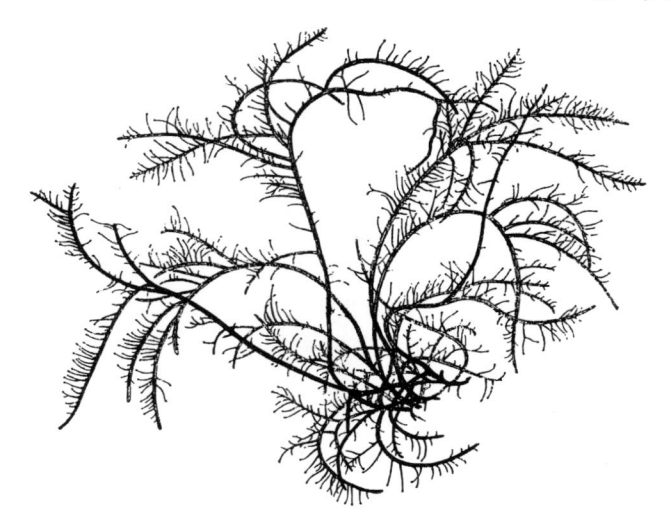

図11.5 シマテングサ（岡村 1936）．

ると円柱状に見え，その外見からトリノアシとも呼ばれる．水深10m前後の暗礁に多く，寒天原藻の一つとして南日本の太平洋沿岸で広く利用されてきたが，寒天の品質は劣る．

ヤタベグサは，宮崎市折生迫の水深7〜8mのみで採集されている分布範囲のきわめて狭い海藻で，高さ15〜20cmになり，体中が棘のある短い小枝に覆われるのが特徴とされている．ヤタベグサの和名は日本の植物分類学の基礎を築いた矢田部良吉（1851〜1899）にちなむもので，岡村金太郎によって献名された．矢田部の名は本種が新属新種として発表された際の属名（*Yatabella*）にも用いられていたが，最近の分子生物学的な研究はこの属の独立性を認めず，ユイキリ属に含まれることを示した．奇しくも，ユイキリ属は矢田部良吉が編纂した「日本植物図解」の中で岡村によって初記載されたものであった．近年，Lee & Kim（2003）によって，韓国の済州島から本属の3種目の種 *Acanthopeltis longiramulosa* が新種記載された．

（4） オバクサ属

国内では5種が知られ，最も代表的な種類であるオバクサ（図11.1 H）はマクサとともに重要な寒天原藻である．マクサとほぼ同水深に生育し，混生することも多いが，オバクサの方が丸みを帯びた形で，枝が幅広く，枝の根元が窄まってくびれているので区別できる．なお，オバクサに対して一時期 *P. capillacea* の学名が当てられたことがあるが，これは，現在，カタオバクサの学名となっている（Shimada *et al.* 2000 a）ので，注意を要する．また，神奈川県江ノ島産の希産種として知られていたタオレグサ *P. decumbensum* は，近年の分類学的研究でオバクサに含まれることになった．

5種のうち，オバクサとカタオバクサは体が10〜15cm，チャボオバクサは小型で高さ2cm程度にしかならない．カタオバクサは，オバクサと比べて南日本に分布が偏り，枝が細く密生する．最近になって新種として発表された2種のうち，アオオバクサは雌雄同株で，高さ3cm前後にまでなり，ヒメオバクサは高さ3mmに満たない小型種である（Shimada & Masuda 2000）．

(5) ヒラクサ属

ヒラクサとナガヒラクサの 2 種が知られる．この 2 種は国産のテングサ類の中では最も大きくなり，主枝は厚く幅が広くて高さ 50 cm またはそれ以上に及ぶことがある．ヒラクサ（図 11.1 G）は古くから知られている種類で，本州から九州の太平洋沿岸に分布し，寒天原藻としても用いられるが，深所に生育することもあり，産額も少なく，生態学的な知見も限られている．ナガヒラクサは，伊豆諸島の神津島から報告されているにすぎない．深所（水深 12〜23 m）の岩盤に発達するヒラクサ群落の中でパッチ状に生育し，ヒラクサより大型となり（高さ 20〜64 cm），枝が疎らにしかも不規則に生じるというが，ヒラクサの老成体である可能性も含め，再調査が望まれる．

11.6 世界の有用テングサ類

ここでは Guiry *et al.*（1991），Santalices（1991）および Critchley & Ohno（1998）を参考にして，日本以外の有用テングサ類について述べる．

西太平洋では，東アジアからインドにかけて古くから海藻抽出物の利用がなされていた．寒天の agar は agar-agar というマレー語に由来する．このうち，中国や韓国で日本と同じように，マクサが使われている．フィリピンではシマテングサ，インドネシアで *G. latifolium* が少量採取される．インド洋では，バングラディッシュでイトシマテングサ，インドでシマテングサ，マダガスカルで *G. madagascariense*，南アフリカで *G. pristoides* のほか，*G. abbotiorum*，*G. capense* および *G. pteridifolium* の 3 種が採取されている．

東太平洋では，メキシコ（バハカリフォルニア北部）で *G. robsutum*，南米のペルーで *G. hawei*，チリで *G. chilense*，*G. lingulatum* および *G. rex* の 3 種が盛んに採取されている．西大西洋ではベネズエラで *G. serrulatum* が採取されているにすぎない．東大西洋では，モロッコ，ポルトガル，スペイン北岸およびフランスのビスケー湾は寒天原藻となるテングサの世界的な産地で，ここでは *G. corneum*（= *G. sesquipedale*），カナリア諸島で *G. canariense* と *G. arbsucula* の 2 種が採取されている．1990 年頃から採取量が減っている．

11.7 マクサの分類と学名

日本産のテングサ属の分類を最初にまとめた岡村金太郎（1934）はマクサを *G. amansii* として扱い，4 品種 f. *typica*，f. *elatum*，f. *elegans* および f. *teretiusucula* を掲げ，翌年，台湾産の 1 変種 var. *latioris* を加えた．1950 年代には瀬木が同様の形態変異をいくつかの外国産種に当てて独立種として認めた．しかし，現在ではこれらはすべてマクサの同物異名として扱われている．最近，Kim *et al.*（2000）は，岡村の区別した 4 品種のうち f. *elatum* を除く 3 品種を韓国沿岸で採集し，核 rDNA の ITS 領域に注目した分子生物学的研究によりその分類学的独立性を検討しているが，いずれの品種もその可能性は否定されている．また，前述のように，現在別種とされている種についても，北日本に分布するナンブグサなどはマクサと同種の可能性もある．

なお，マクサの学名については，今も問題が残っている．マクサに対しては，1834 年の岡村の報告以来，*G. amansii*（Lamouroux）Lamouroux の学名が長らく用いられてきた．この学

名は1805年にフランスの学者V. J. Lamouroux が *Fucus amansii* として記載したマダガスカル産のテングサに対して与えたもので，1813年，彼自身が設立したテングサ属に移した際に属名が変更になった．彼が *G. amansii* とした標本は日本産のマクサの形態変異に含まれると考えられている（Santalices 1994）が，いずれも基部を欠く不完全なものであり，現在に至るまで模式産地の周辺で該当種の生育が確認されていない．米国の海藻学者R. E. Norris (1990) は，日本産のマクサ標本と Lamouroux の標本とは別種であると判断し，日本産のマクサを *G. elegans* Kützing と呼ぶことを提案している．この学名は，ベルギーの学者G. von Martens が日本各地で採集したマクサに対してドイツの学者Kützing が1888年に与えたものである．*G. elegans* は *G. amansii* と比べて新しく先取権はないが，今後，マダガスカル周辺（インド洋）の *G. amansii* と日本産マクサの異同が確定するまではこれを用いることになる．

ところで，マクサをはじめ，寒天原藻として注目されてきたテングサには各地で独特の呼び名があるので，表11.4にまとめておいた．興味深いのは，マクサとオニクサ（島根県）あるいはマクサとオバクサ（富山県）というように，現在は別種として認められているものが雌雄関係にあると考えられていることである．

表11.4 日本産のテングサ類の地方名．

標準和名	地方名
マクサ	ココロブト，トコロテングサ，テングサ，メクサ，キヌクサ，ホシクサ，ブトクサ，ヒメクサ，タヌキ，テン，ホングサ，マグサ，メテン，ワカネ
オオブサ	神津草，アラツチ，オトコグサ
オニクサ	カボチャ，オトコグサ
キヌクサ	ヒゲクサ
ヨレクサ	ズンダ
オバクサ	ガニクサ，ドラクサ，ヨタクサ，ガニ，コヒラ，マツクサ，トキワ(ハ)，オットテン，テングサ，トッサカ，ワカネ
ヒラクサ	ヒラテン，テングサノオバ，コヒラ
ユイキリ	トリアシ，トリノアシ，カボチャ，ダイナンカボチャ，スズクサ，セクサ

11.8 マクサとその漁場の分布

マクサは，日本，北朝鮮，韓国，中国および台湾の沿岸域に広く分布し，ロシアでもサハリン南東沖のモネロン島（海馬島）で生育が知られている．日本国内では，北海道の北東海域と南西諸島の一部を除き，ほぼ全国各地の沿岸に生育する．このように，マクサは，種としては広い分布範囲を示すが，漁場となるような大規模な群落は，栄養塩が安定供給される湧昇域や内湾域に形成されることが多い（藤田 2003a）．

湧昇域に大群落が形成される例としては伊豆諸島があげられる．三宅島の北東海域（湧昇域）と反対側の南西海域（非湧昇域）について水温変化やテングサ収穫量を解析した例では，後者と比べて前者の水温が低く収穫量が多いこと，湧昇流の影響（両地区間の水温差を指標としている）が大きい年ほど収穫量が多くなることが示されている．一方，内湾域の例としては，神通川をはじめ多くの河川が流入する富山湾をあげることができる．湾奥に近い岩盤・転石域（東側：滑川市〜魚津市，西側：高岡市〜氷見市）の浅所にはいずれも純群落に近いテングサ場が点在している．

1989～1991年の3ヵ年に全国沿岸の都道府県で実施された海域生物環境調査報告書（環境庁自然保護局 1994）が藻場の総面積を315,876 haと算出し，いわゆるテングサ場の面積を19,024 ha（藻場の総面積に対する6%）としている．このデータは，①聴き取り調査が含まれる，②深所（水深20 m以深）と一部の島嶼海域が非調査域となっている，③混生域（ガラモ場やアラメ場などにテングサが混生する区域）では重複して面積をカウントしたり，テングサ（混生状態では下草となる）を無視したりしているなどの理由で，あくまでも目安程度に考えるべきであるが，1978年（11～13年前）との比較において，藻場全体で10,416 ha，テングサ場で1,338 haが衰退したとし，その消滅比率（消滅面積/(現存＋消滅面積)）は藻場全体で3.1%，テングサ場で6.8%となっている．テングサ場の消滅比率はアオサ・アオノリ場（5.1%）やアマモ場（4.0%）を凌いで最も高い値を示している．

垂直分布について見ると，マクサが生育するのは主に漸深帯で，低潮線付近から水深15 m以深まで幅広い範囲に及ぶ．分布の下限は海域の透明度，海底基質の分布状況，海水流動の強弱，湧昇流の有無などによって異なるが，伊豆半島西岸ではドレッジにより水深40 mからマクサを採集した記録（殖田・岡田 1940）があり，同じテングサ属のシンカイヒメブトは奄美大島沖の水深60 m（Tanaka 1965），ヒラクサとコヒラ G. tenue Okamura は銭州沖の水深128 m地点からも採集されている（殖田・岡田 1938）．これらの採集は，測深方法が不明で，岩盤における直接の生育確認ではないために再確認が必要であるが，テングサ類が幅広い水深帯に生育することを示す資料として注目に値する．川名（1956）によれば，太平洋沿岸域では水深15 m以深に分布するのは三浦半島長井から宮崎県美々津までの範囲に限られるという．

11.9 マクサの一生

マクサの生活史は，11.3節でも述べた通りで，同型同大の配偶体（雄または雌）と四分胞子体の間で世代交代が行われるが，このほかに，匍匐枝や枝による栄養繁殖も盛んに行われる．

胞子は，果胞子，四分胞子とも紅色，球形で，1核を有し，直径約30 μmである．いずれの胞子もテングサ型（猪野 1947）と呼ばれる特徴的な発生型を示し，発芽管を出して細胞の内容物をその先端に移した後，体細胞分裂を繰り返して直立体や匍匐枝を生じる．マクサの場合，長期室内培養が難しいので厳密な試験は行われていないが，光条件がよいときには直立体，悪いときには匍匐枝が発達すると考えられている．実際に，テングサ場の垂直分布を調べると，直立体が生育していない水深帯（富山湾東部では水深10～20 m）においても，匍匐枝だけは認められることが多く，光条件は直立体の形成に大きな影響を及ぼしていると考えられる．

マクサは真多年性の海藻で，主に春から夏にかけて成長し，3年くらい生きると考えられている．成長や寿命は，海域や水深によっても異なると思われるが，伊豆半島白浜では，1年で10 cm，2年で15.6 cm，3年で20 cmとされている（Yamada 1976）．しかし，ごくふつうに見られる30 cm程度の大型藻体が何歳に当たるかは不明で，逆に，小型藻体（匍匐枝だけの場合も含む）のまま何年か生育している可能性もある．岡村（1918）は，マクサの枝には毎年の藻体上部の流失を示す痕が残るとして，これに基づく年齢査定を試み，3年目までの藻体を確認したが，地域差も含め，調査例が少ない．最もよく分かるのは，新たに投石した場所で，目印などをつけながら，観察を続ける場合で，この方法である程度確かめることができる．著者の観察例では，体長15～20 cmに達した藻体は1年間残るものもあるが，流失個体も多い．

マクサの成熟期は夏季であるが，だらだらと長期間に及ぶことが多く，北海道から宮崎県までの情報をとりまとめた赤塚（1982）によると，3〜12月には国内のどこかで成熟個体を得ることができる．多くの地域では5月から10月にかけての半年間が主要成熟期で，そのうち1〜2ヵ月間が盛期となっている．成熟した末端の小枝は秋から冬にかけて流失する．

　マクサは，匍匐根あるいは枝による栄養繁殖も盛んである．直立体の基部から側生芽が伸びて匍匐枝となり，所々で下方に仮根を伸ばしながら水平に伸び，基質を這いながら，栄養繁殖により直立体をつぎつぎと形成し，いわゆる座（着生部位）を成す．また，マクサは荒天時に岩から離れると海底を漂う寄り藻となり，大量に岸に打ち上げられることも多いが，寄り藻となったマクサが石の間にはさまったりした場合には，基質と接触した枝の先端に根を生じて固着し，新たな直立体を形成することがある．ただし，これはマクサに固有の性質というわけではなく，同様の現象は，有節サンゴモやソゾ類など，ほかの紅藻でも広く認められる．

　テングサ類の培養は意外と困難で，生活史を単種培養で完結させたものとしては，メキシコ（バハカリフォルニア北部）産の小型種 *G. coulteri* に関する報告（Macler & West 1987）しかない．この場合，培養藻体を貧栄養下に置くことで成熟藻体を得ている．国内では，胞子から培養して発芽様式や匍匐枝の形成過程を観察した例（片田 1955，山崎 1964），あるいは枝片を用いて種々の環境条件を変えて実験した短期培養の例（山田 1967）しかないが，近年，著者は，北海道南西岸で採集したテングサ属1種の発芽体（無節サンゴモ上に形成された匍匐糸とわずかに伸びた直立体）を小型巻貝とともに水槽に入れ，加温した海洋深層水（栄養塩に富み，低温，清浄）をかけ流して11℃で屋外培養した結果，直立体を5cmまで生長させることができた（藤田 2003）．

11.10　マクサ群落の構造と生物相

　マクサは，匍匐枝で繋がっている座から生じた直立体のひとまとまりが株となって生育する．マクサの群落には，単独の株が点在してほかの海藻と混生群落を形成する場合と大規模な純群落を形成する場合がある．純群落では現存量は1〜2kg/m²（湿重量）でほぼ周年安定している．

　マクサが混生する群落は，無節サンゴモ群落の漸深帯上部（水深1〜2m）で点在する場合，オバクサ，コザネモなど同程度の背丈の小型海藻のみで構成される場合，これにワカメやアカモクなど1年生の大型海藻が混成する場合，多年生のホンダワラ類，アラメ，カジメ，アントクメなどの大型海藻と混生し下草となる場合など，さまざまな場合がある．上位階層（林冠）の構成種が及ぼす影響も含め，混成種との関係についてはよく分かっていないが，コンブやカジメなどとは好適水温が異なり（木下・清水 1935，長谷川 2000），ホンダワラ類とは光を巡る競合関係が指摘されている（藤田 1994）．混生，純生を問わず，マクサの下層では，紅藻の無節サンゴモ，イワノカワ類，ベニマダラ，褐藻のイソイワタケなどが被覆層を形成して基質面を全面的に覆うことが多い．このうち，無節サンゴモはマクサの重要な着生基盤で，マクサの匍匐枝が無節サンゴモ類の表面を這う場合，仮根はあたかも杭のように体表面下に侵入する．したがって，着生基質が無節サンゴモの場合には着生が強固なものとなる．

　テングサ場は，巨大な立体的構造（高さ1〜10m）を有するガラモ場（ホンダワラ類の海中林）ほどではないが，微小動物の豊富な群落であることが知られている．瀬戸内海に面した愛媛県地先での調査（吉川 1979）によると，テングサ繁茂期（5月）における個体数が最も多いの

がヨコエビ（10,904個体/m²）で，全個体数の8割を占め，ワレカラ，その他の甲殻類，腹足類，多毛類および棘皮動物がこれについでいる．湿重量では，ヨコエビ（29.6 g/m²），ついで，腹足類，ワレカラが多く，この3生物群で全重量の約8割を占めていた．なお，同じ群落で8月に行われた刺網調査では，ホンベラ，オハグロベラ，トゴットメバル，メバル，スズメダイ，クジメ，ウマズラハギ，ハコフグ，アカエイ，アオリイカおよびショウジンガニが漁獲され，このうち数種の魚類の胃内容物中にヨコエビや小型腹足類が見つかっている．テングサ場の微小動物がこれらの魚類の餌料として利用されていることはほぼ間違いない．

　テングサ場に生息する小動物のうち，種組成が詳しく調べられたことがあるのは，カニ類（横田 1922），貝類（金丸 1932，倉持 2001）およびワレカラ類（Takeuchi et al. 1990）で，とくに貝は種類が多く，金丸（1932）は伊豆半島白浜のテングサ干し場から147種を挙げている．倉持（2001）は三浦半島（小田和湾）のマクサに出現する貝類群集の季節変化を調べ，腹足類17種，二枚貝5種を確認し，12月（3月）に出現種数が最大（最低）で，チャツボ，シマハマツボ，ボサツガイの3種が優占種であったと報告している．なお，Takeuchi et al.（1990）は房総半島の天津小湊のテングサ場でワレカラの種組成を調べ，6種の生息を確認し，中でもオカダワレカラ1種が優占していること，春から夏にかけて密度が高くなること，成熟個体が周年認められたことなどを報告している．なお，南米のチリでは，葉上動物サメハダコケムシの着生がテングサ1種 G. rex の藻体に到達する光の量を約半分まで減少させ，光合成を低下させるが，生長には影響を及ぼさなかったという報告がある（Cancino et al. 1987）．

　藤田（2003a）は，富山県滑川市沿岸のテングサ場（礫地帯）で生物相の調査を実施している．主な動物として，スズメダイ，ホンベラ，メジナ，メバル，カサゴ，ウスヒザラガイ，ケムシヒザラガイ，クロアワビ，コシダカガンガラ，サザエ，ウラウズガイ，ヒメヨウラクガイ，オオヘビガイ，サラサエビ，ヤツデヒトデ，イトマキヒトデ，ニホンクモヒトデ，バフンウニなどを見いだしている．このうち，ヤツデヒトデやイトマキヒトデは4～5月に濃密なマクサ群落の上を渡り歩く．この理由はよく分かっていないが，混み合った枝の中に潜む小動物を食べている可能性が高い．イトマキヒトデの場合，マクサに着生するヒメソゾやアヤニシキ，あるいはマクサ群落周辺で石を覆うイワノカワ類を変色させるが，マクサには害を及ぼさない．

11.11　マクサと他の藻類との関係

　マクサは，多年生で，往々にして大規模で密度の高い純群落を形成するため，着生藻類が多い．付着生物にとってみれば着生基質として predictability が高いといえる．また，群落上に到達するほかの海藻の胞子・遊走子を海底まで到達させず，濃密に生い茂った枝でトラップしてしまうため，種特異性の高い着生種や寄生種が存在するほか，偶発的に着生する種も多い．

　微細藻類で産業上問題となるのは付着珪藻と藍藻で，中でも付着珪藻は種類が多く，Takano（1961）は全国各地のテングサから34種をあげている．とくに悪評が高いのは *Arachnoidiscus ornatus* と *Licomophora juergensii* である．このうち，*A. ornatus* に被われたマクサは，乾燥すると緑色になるため，アオクサなどと呼ばれて商品にならなくなる．一方，*Licomophora juergensii* は粘液質の柄によって多数の扇を連結した群体を形成するが，この珪藻に被われたマクサは乾燥後に白くなり，「ベト」と呼ばれ，商品価値が劣る（岩橋 1998）．富山湾のような内湾域では，ユレモ属の藍藻が羽毛のごとく密生し，商品価値を損ねる（藤田 2003a）．これらの珪藻

や藍藻は，濁りや浮泥の卓越，静穏条件の持続（護岸整備とも関連），夏の高水温などが原因で大繁殖すると考えられるが，繁殖条件に関する詳しい調査例はない．

寄生性の海藻としては，紅藻テングサヤドリ（模式産地はハワイ）が本州太平洋中部と瀬戸内海から知られている．寄生性ではない着生種は多くあるが，無節サンゴモ（紅藻サンゴモ目）ではノリマキとクサノカキの2種がマクサ体上からよく見つかる（Masaki 1968）．ノリマキは主軸や枝を包み巻き，クサノカキは枝の上に着生して傘状の藻体を広げるが，これらの海藻は岩にも着生する．これ以外でマクサに着生する海藻を富山湾の例でみると，カギウスバノリ，ホソユカリ，アヤニシキ，ホソナガベニハノリ，フクロノリなどが比較的多いが，ワカメやミルなどの大型海藻が偶発的に着生することもある．

海藻では若い個体（または生長部位）よりも老成個体（または老成部位）に生物の付着が多く認められる．これは，マクサについても例外ではなく，小型個体よりも大型個体で，また，生長点を含む藻体の最先端よりも基部に近い部分で着生が著しい．このことは，テングサ群落の漁場管理とも関係し，採藻が行われなくなり放置された漁場では老成個体が増えるために着生生物が多くなると推察される．

なお，海藻の着生基質としてのテングサの重要性は，大規模な群落が形成された場合だけでなく，痕跡的な微小藻体が点在する場合においても認められている．すなわち，キタムラサキウニが多産し，無節サンゴモが優占する磯焼け地帯において，テングサは転石の裏側，無節サンゴモ間あるいはその突起間のへこみ，小型巻貝の殻の上などに残存していることが多い．大多数は匍匐枝とわずかな直立体からなる直径1 cm程度の微小藻体ではあるが，海洋深層水を用いた培養実験により，これらがコンブ微小藻体の避難領域となることが明らかになっている（藤田 2003b）．

11.12 マクサと植食動物，特にサザエとの関係

マクサを摂餌する動物には，ウミガメ類，腹足類，後鰓類，ウニ類，魚類などがあるが，このうち重要なのは，腹足類，とくにサザエで，大発生時，あるいは稚貝を過剰放流したときには磯焼け（後述）のような様相を示すときがあるという．

マクサは，ほかの多くの海藻と同じように，腹足類に対する摂餌刺激物質ジガラクトシルジアシルグリセロール（DGDG），6-スルホキノボシルジアシルグリセロール（SQDG），ホスファチジルコリン（PC）などの複合脂質を含有しているが，摂餌に対する忌避物質は知られていない（Fujita *et al.* 1990）．また，主軸はもとより枝の先端が細く，しかも一定の強度があって摂餌する際にあまりしならず，腹足類にとっては摂餌しやすい．サザエの場合，殻高3 mm前後で微細藻類（主に付着珪藻）から大型海藻へ餌料の転換が起こり，マクサのような紅藻を食べた場合には殻が深紅色となる．サザエは，先端が2葉に分かれた足で餌を挟み，歯舌（扇舌）でなめ削り，枝から呑み込むようにしてマクサを食べる．富山湾の水温条件では，摂餌は夏に盛んとなり，日間摂餌量は殻高80 mm貝で約1 g（湿重量）に達するが，冬は極端に摂餌量が落ちる．また，生長に伴って口器が発達し，呑み込まれるサザエの枝のサイズも大型化することが判明している（藤田・鴨野 1998）．

サザエは，外海域では水深1 m以浅の有節サンゴモ群落など，富山湾のような内湾域（海面付近が低塩分水に覆われる）では水深6 mのマクサ群落が浮遊幼生の着底場所（稚貝の発生場

所）となっており，潜水調査では殻高5 mmの稚貝から成貝までがほぼ同じ範囲に見つかる．深紅色をした天然稚貝は，マクサの濃密な枝や根元に隠れていると発見が困難で，テングサ干場などで初めて見つかることも多い．食われやすさだけに注目すると，イバラノリのような脆い海藻の方が好まれるが，富山湾では，イバラノリ（1年生）は夏季しか繁茂しないのに対して，マクサは大規模かつ濃密な群落を周年形成し，微小藻類も含め餌料となるような付着生物が豊富なことから，餌料，生活空間の両面で優れている．なお，北海道南西岸の磯焼け地帯では，キタムラサキウニやヘソアキクボガイがマクサの匍匐枝や幼芽を摂餌することが分かっている．

11.13 テングサの漁業と漁獲量

テングサ漁業では，浅所（汀線付近）から深所（水深20 m）に幅広く形成されるテングサ群落のほか，打ち上げや寄り藻も対象となる．採取は素手または漁具を用いて行われ，深所は潜水器も使用される．伊豆半島では多種多様なテングサ漁業が行われており（大須賀・佐々木 1998），ここではこれを参考にしてテングサ漁法を表11.5にまとめた．漁具のうち最も普及しているのはマンガで，日本海側の富山湾（滑川市沿岸）でも2段の櫛歯を備えたものが使用されている（藤田 1994）．

図11.6には海区別の20世紀後半（50年間）のテングサ漁獲量の推移，表11.6には県別の50年間平均漁獲量，最高漁獲量および主産地を示した．50年間の全国平均は約11,000トンで，

表11.5 テングサの漁法．

水深	対　象	素手による採取	漁具による採取
浅 ↑↓ 深	打ち上げ藻	落ち草拾い	—
	寄り藻	—	傘，タモ網，サデ網，溜曳き
	浅所の群落（＜水深2 m）	腰海女	手マンガ
	漸深帯の群落（水深2〜20 m）	ギリ海女，樽海女，ヘルメット式潜水器，簡易潜水器	マンガ（馬鍬，万鍬，萬芽）

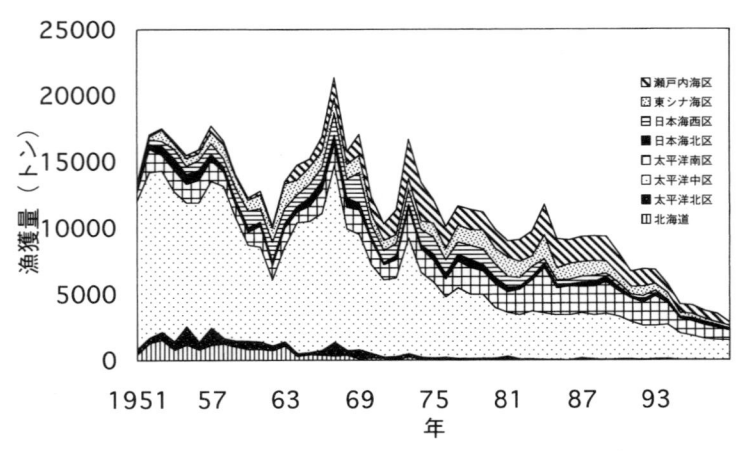

図11.6 日本のテングサ漁獲量の推移（1950〜2000年）．

1967年には21,321トンを記録したが，図から明らかなように，それ以降，減少の一途を辿っており，2000年には3,000トンを下回っている．海区別50年間の平均漁獲量を見ると，太平洋中区（千葉県～三重県）が最も多く，全国漁獲量の約3分の2を占めてきた．以下，太平洋南区（和歌山県～宮崎県），瀬戸内海区（和歌山県～大分県），東シナ海区（福岡県～鹿児島県），日本海西区（福井県～山口県），日本海北区（青森県～石川県），北海道区と続き，太平洋北区（青森県～茨城県）が最も少なく，現在，太平洋北区や北海道ではごくわずかな漁獲しかない．各海区別に，主として各都道府県の50年間平均量に基づき，漁獲の多寡と推移について概略を述べる．

北 海 道 区：日本海に面する宗谷，留萌，石狩，後志，檜山の各支庁および津軽海峡～噴火湾南部に面する渡島および胆振の各支庁で水揚げされ，宗谷，渡島，留萌，胆振，後志の順に多かったが，日本海側では南側から漁業が衰退し，昨今は渡島管内でごくわずかに漁獲されているにすぎない．

太平洋北区：青森，宮城，岩手の順で漁獲量が多いが，福島県と茨城県ではほとんど漁獲実績がない．青森県では津軽海峡に面した下北半島沿岸が主漁場である．

太平洋中区：静岡県と東京都が抜群に漁獲量が多い．他の4県も漁獲は盛んで，三重県，千葉県，神奈川県，愛知県の順に多いが，神奈川県と愛知県で漁業の衰退が著しい．静岡県では伊豆半島東岸，東京都では伊豆諸島が主産地となっていることはいうまでもない．

太平洋南区：徳島県（太平洋南区），和歌山県（太平洋南区），高知県，愛媛県（太平洋南区），大分県（太平洋南区）の順で多く，宮崎県がやや少ない．

日本海北区：富山県，石川県，秋田県，山形県の順で漁獲量が多く，青森県（日本海北区）と山形県ではほとんど漁獲実績がない．現在，富山県と石川県以外では漁獲量が数字に表れてこない．

日本海西区：山口県，島根県，鳥取県，京都府，福井県の順に漁獲量が多く，兵庫県（日本海西区）ではあまり漁獲実績がない．

東シナ海区：この海区では長崎県が最も多く，以下，熊本県，鹿児島県，福岡県，佐賀県の順となっている．長崎県の主漁場は五島南部である．沖縄県での漁獲はない．

瀬戸内海区：この海区では，愛媛県，和歌山県（瀬戸内海区），兵庫県（瀬戸内海区），徳島県（瀬戸内海区），大分県（瀬戸内海区）の順で多く，大阪府，岡山県，広島県，山口県（瀬戸内海区），香川県および福岡県（瀬戸内海区）ではほとんど漁獲実績がない．

以上，各海区別の統計では，青森県，和歌山県，兵庫県，愛媛県，徳島県，福岡県，大分県の7県が2海区にまたがっているが，表11.6では県別にテングサの漁獲量をまとめてある．県別の平均漁獲量では，静岡県と東京都が2,000トンを上回り，愛媛県，和歌山県，長崎県，徳島県が500トンを超え，上位を占めている．

11.14 テングサの増殖・資源管理

冒頭でも述べた通り，テングサ資源の維持・増大への取り組みは古くから行われている．その事始めは移植とされ，かつては雑藻駆除（主にホンダワラ類の除去），施肥なども試みられたが，現在実施されているのは投石と漁業管理である．

テングサの投石には約100年の歴史があるが，昭和12（1937）年以降，農林水産省の増殖奨励規則の対象種となってからは国庫補助事業として行われるようになった．とくに，昭和27（1952）年に水産庁の浅海漁場開発事業が始まってからは，全国各地で漁場改良造成として盛

表11.6 都道府県別のテングサ漁獲量（1951〜2000年，トン）.

都道府県		平均値	過去最大値	標準偏差	変動係数
北海道		321.3	1541	463.2	1.4
	宗谷	118.6	728	212.9	1.8
	網走	0.0	0	0.0	0.0
	根室	0.1	6	1.2	9.7
	釧路	0.0	0	0.0	0.0
	十勝	1.3	67	13.0	9.7
	日高	0.0	0	0.0	0.0
	胆振	28.3	368	73.8	2.6
	渡島	110.3	454	138.4	1.3
	留萌	39.6	251	69.8	1.8
	石狩	2.5	64	13.0	5.3
	後志	17.4	110	35.0	2.0
	檜山	2.2	49	10.5	4.7
青森		120.9	834	186.2	3.6
岩手		64.0	728	144.3	2.3
宮城		86.2	491	123.4	1.4
秋田		43.9	297	74.9	1.7
山形		10.8	443	86.6	8.0
福島		0.0	1	0.2	9.7
新潟		74.5	503	114.4	1.5
富山		181.8	536	126.6	0.7
石川		38.9	150	39.2	1.0
福井		56.0	157	51.5	0.9
茨城		0.1	2	0.4	4.4
千葉		386.3	743	174.4	0.5
東京		2385.4	6458	1667.8	0.7
神奈川		289.0	685	198.2	0.7
静岡		2453.3	6138	1657.0	0.7
愛知		130.6	1455	286.8	2.2
三重		433.7	1745	344.7	0.8
和歌山		573.0	1937	484.8	1.8
京都		120.0	328	78.1	0.7
大阪		5.8	12	4.7	0.8
兵庫		235.3	727	211.8	2.1
岡山		16.4	59	25.6	1.6
広島		6.9	16	5.4	0.8
鳥取		105.3	493	138.1	1.3
島根		149.6	649	144.6	1.0
山口		280.9	1751	374.2	2.9
香川		1.8	25	5.9	3.3
徳島		493.3	1896	435.6	2.0
高知		309.8	1053	235.1	0.8
愛媛		661.7	1829	499.5	1.5
福岡		62.0	492	106.7	1.7
佐賀		24.7	301	57.0	2.3
大分		337.7	1708	420.4	2.9
宮崎		60.2	286	61.5	1.0
長崎		519.8	1578	318.2	0.6
熊本		113.2	440	116.6	1.0
鹿児島		133.2	413	99.3	0.7
沖縄 S.49 より		0.0	0	0.0	0.0

んに実施されるようになり，昭和30年代には増殖事業の中でも花形的存在となっていた．投石には，山から切り崩してきた100 kg前後の角張った石（いわゆる山石）が用いられることが多いが，丸石，あるいはこれを鉄線やFRPの枠で一定の形状にまとめた蛇かご（ふとんかご），さらにはさまざまな形状のコンクリートブロックも用いられている．投石が行われる場所は，漁場となっている岩盤・転石域の周辺あるいは岩盤（転石域）間の砂地で，隣接域への漁場の拡大を目的として行われる．

ただし，近年は，テングサそのものの増産ではなく，アワビ，サザエ，イセエビなどの増産，埋め立てなどの沿岸開発を補償するためのミチゲーションなどの一環として行われる場合も増えている．投石やブロック投入は，着生面の増大と嵩上げの効果があり，実際にテングサが増える事例も多いが，砂地への埋没を防ぐ目的で山石を2～3段に積み重ねるために周囲の海底（相対的に低い位置となる）の流向・流速を変えてしまったり，漂砂（適度の漂砂には磯掃除＝基質面更新効果を持つ）の動きを阻止したり，岩盤とは異なる生物相を形成したりして弊害を引き起こすこともある．とくに，防波堤や埋立地など沖出し構造物の構築によって沿岸の海水流動が低下し，静穏化が進行している場所では，投石・ブロック投入を行っても期待する効果が得られず，かえって状況を悪化させる場合もあるので注意を要する．

漁業管理は，テングサの繁殖を維持しながら漁場を永続的に，共同で，しかも安全に利用・操業するために行われるもので，解禁日や漁期・休漁期，採取区域・水深帯，漁獲量の上限，潜水器・漁法・漁具数あるいは動力の制限などを，漁業協同組合あるいはその下部組織（部会など）の自主規則として定めている．「伊豆の天草漁業」には伊豆半島の主産地における取り組みの変遷が詳細に採録されている．

11.15　テングサ場の磯焼け

有用海藻の群落が衰退したまま，回復せずに持続する現象を磯焼けと呼んでいる．磯焼けの語を初めて学界に紹介した遠藤（1903）によると，この語はもともと伊豆半島東岸の方言で，当地の有用海藻であるテングサやアラメ・カジメの衰退，それに伴って顕在化した無節サンゴモ群落の持続やその変色・枯死，磯魚やアワビの減少など，一連の事象を包括した表現と考えられる．テングサの群落衰退に関する情報を振り返ってみる．

テングサの磯焼けに関する最も古い研究報告は松原（1892）で，相模湾や志摩海での凋落を記したものである．先に挙げた遠藤（1903）は，志摩海や伊豆地方における磯焼けの発生について，通常は塩分が高い海域で山林伐採などが原因で河川が氾濫し，低塩分水が被るために海藻が枯れたと考えた．遠藤説はその後も辞典や教科書で取り上げられ，現在でも代表的な国語辞典「広辞苑」などにその名残を留めているが，彼は塩分を実測したわけではなく，塩分勾配と海藻植生の関係を論じたドイツの一論文（陸水と海水を結ぶ運河の植生の観察結果）を根拠に想定したにすぎない．岡村（1908）は，上述の遠藤説，あるいは無節サンゴモの繁茂を原因と考える漁民の説に対して慎重で，苦潮（にがしお）の来襲や暖流の接岸による可能性を指摘し，無節サンゴモの繁茂はテングサを選択的に漁獲し雑藻を取り残すことに起因すると考えた．

この後，1950年代にも全国各地で磯焼けが問題となり，テングサの減少については川名（1956）が報告している．彼は深所（15 m前後）におけるテングサの消失を磯焼けとし，海況，つまり暖流や湧昇流の盛衰によって植生域が変動すると考えた．1956年，新潟県の下越地方

(三面川の影響域)でテングサの不作が問題となり，浮泥の堆積や乱獲が原因として考えられている(三面川河水影響調査委員会 1961)．このほか，下北半島北岸で 1929 年に噴火した駒ヶ岳(南北海道)の火山灰が漂着・堆積してコンブが著しく減産し，テングサも減少したことがこの頃の調査で明らかになっている(近江・竹花 1951)．

　1980 年代に入って，各地で磯焼け研究が盛んになり，主にアラメ・カジメ類やコンブ類などの大型褐藻の衰退が問題視されるようになった．柳瀬(1981)は，アンケート調査により，東京都，神奈川県，福井県，静岡県，三重県，和歌山県，徳島県，愛媛県，高知県，長崎県，宮崎県，鹿児島県の 12 都県で過去にテングサの磯焼けを経験していることを明らかにした．しかし，近年，テングサ漁業が社会的な事情(オゴノリとの競合，価格の低迷など)により衰え始めていたこともあり，テングサ群落の衰退にはあまり関心が払われなくなった．ただし，ホソメコンブやワカメなどの大型褐藻の減産で知られる北海道南西岸の磯焼け地帯でも「盆に寒天にして売るほどあった」テングサが著しく減少していることが浮き彫りにされ(藤田 1987)，京都府沿岸でサザエ種苗が過剰放流された場合にマクサなどの海藻が激減し，磯焼け状態となることが観察されている(岡部ら 1989)．また，富山湾東部の礫地帯で，記録的な長雨が続いた 1998 年夏，マクサ群落の下限が岸側に向かって後退し，海水の濁りや浮泥の堆積が原因と考えられた(藤田 2003)．最近，噴火による災害が生じた三宅島では，一部で火山灰の堆積によるテングサ群落の崩壊が報じられた(杉野ら 2002)．

　以上，マクサ群落の衰退をひき起こす要因としては，①天候の異変(暴風や気候の変化)，②海況の変化(暖流や湧昇流の消長)，③河川氾濫の影響，④過剰採取，⑤火山灰の漂着・堆積，⑥摂餌圧の増大(主にサザエ)，を挙げることができる．③のうち，淡水流入による塩分低下という側面には否定的な見解が多いが，河川の氾濫は通常，濁り(浮泥の堆積も含む)を伴い，これが照度不足や胞子の着底阻害を起こしうる．⑤についても，火山噴火という特殊な事件だけでなく，近年，全国各地の沿岸で深刻化している懸濁物質や浮泥の堆積(③)と合わせて考えると，その意義を見直すことができる．

11.16 おわりに

　テングサは，小型多年生の海藻で，栄養繁殖を盛んに行って大規模な群落を形成し，温帯〜亜熱帯域に広く分布するため，沿岸生態系の中でも重要な存在である．ただし，漁業関係者のテングサ群落に対する認識は，「寒天原藻の漁場」(生活の場)から「磯根資源の保育場」(漁場環境)へと変化している．また，テングサには磯焼けに代表されるような経年的な豊凶変動が知られており，産額が多かった時代には全国的なモニタリング網が形成されていたが，寒天原藻としての需要の低下とともに崩壊してしまった．テングサのうち，マクサについては生態学的な知見も多いが，個体群動態，他の動植物との関係など，不明な点も多く，マクサ以外の種の生態はほとんど分かっていない．かつてテングサで栄えた海藻利用の先進国として生態研究を進め，人為的な群落の破壊が進まないように，また，衰退した群落を回復できるように努めて行く必要がある．

引用文献

赤塚　武 1982．藻類の教材化に関する研究(I)―マクサを中心としたテングサ類研究の現状―．日本私

学教育研究所.

Akatsuka, I. 1986. Japanese Gelidiales (Rhodophyta), especially *Gelidium*. Oceanogr. Mar. Biol. Ann. Rev. **24**: 171-263.

Akatsuka, I. and Masaki, T. 1983. *Beckerella irregularis* sp. nov. (Gelidiales, Gelidaceae) from Japan. Bull. Fac. Fish. Hokkaido Univ. **34**: 11-19.

Anderson, R. J. 1994. *Suhria* (Gelidiaceae, Rhodophyta). p. 345-352. *In* Akatsuka, I. (ed.). Biology of economic algae. SPB Academic Publishing bv, Netherland.

Cancino, J. M., Muñoz, J., Muñoz, M. and Orellana, M. C. 1987. Effects of the bryozoan *Membranipora tuberculata* (Bosc.) on the photosynthesis and growth of *Gelidium rex* Santalices et Abbott. Exp. Mar. Biol. Ecol. **113**: 105-112.

Critchley, T. and Ohno, M. 1998. Seaweed resources of the world. JICA.

Fan, K. 1961. Morphological studies of the Gelidiales. University of California Publications in Botany **32**: 313-368. pls 33-46.

Felicini, G. P. and Perrone, C. 1994. *Pterocladia*. p. 283-344. *In* Akatsuka, I. (ed.). Biology of economic algae. SPB Academic Publishing bv, Netherland.

Freshwater, D. W., Frederricq, S. and Hommersand, M. H. 1995. A molecular phylogeny of the Gelidiales (Rhodophyta) based on analysis of plastid rbcL nucleotide sequences. J. Phycol. **31**: 616-632.

藤田大介 1987. 北海道大成町の磯焼けに関する聴き取り調査. 水産増殖 **35**: 135-138.

藤田大介 1994. 富山の藻類. 藤田大介・濱田 仁・渡辺信編, 62 pp. 富山県水産試験場.

藤田大介 2003 a. テングサ. 能登谷正浩編, 藻場の海藻と造成技術. p. 145-160. 成山堂書店.

藤田大介 2003 b. 海洋深層水をかけ流した磯焼け地帯転石の植生回復 II 海洋深層水研究 **4**: 1-9.

藤田大介・鴨野裕紀 1998. 富山のサザエ. p. 16-19. 富山県水産試験場.

Fujita, D., Okada, H. and Sakata, K. 1990. The importance of some marine algae inhabiting fishing-port breakwater vertical surface as natural food for juvenile horned turban *Turbo* (*Batillus*) *cornutus*. Bull. Toyama Pref. Fish. Exp. Stn. **2**: 41-51.

Ganzon-Fortes, E. T. 1994. *Gelidiella*. p. 149-184. In: Akatsuka, I. (ed.). Biology of economic algae. SPB Academic Publishing bv, Netherland.

Guiry, M. D. and Blunden, G. 1991. Seaweed Resources in Europe: Uses and Potential. 432 pp. John Wiley & Sons Ltd. Cichester.

Guiry, M. D. and Womersley, H. B. S. 1993. *Capreolia implexa* gen. et sp. nov. (Gelidiales, Rhodophyta) in Australia and New Zealand; an intertidal mat-forming alga with an unusual life history. Phycologia **32**: 266-277.

長谷川雅俊 2000. 静岡県における磯焼けの実態. 伊豆分場だより **281**: 20-27.

廣瀬弘幸 1959. 藻類学総説. 506 pp. 内田老鶴圃.

猪野俊平 1947. 海藻の発生. p. 118-121, 218-219. 北隆館.

岩橋義人 1998. 伊豆の天草漁業. 伊豆の天草漁業編纂会編, p. 11-29. 成山堂書店.

Kim, J., Lee, J. W. and Lee, H. 2000. ITS 2 sequences of *Gelidium amansii* populations from Korea. Algae **15**: 125-132.

金丸但馬 1932. 石花菜に附いて揚る貝類. ビーナス **3**: 271-281.

片田 実 1955. テングサ類の増殖に関する基礎的研究. 水産講習所研究報告 **5**: 1-87. 図版 7.

川名 武 1956. 近年に於ける天草の磯焼について. 水産増殖 **3**: 1-11.

河尻正博・佐々木正・影山佳之 1981. 下田市田牛地先における磯焼け現象とアワビ資源の変動. 静岡水試研報 **15**: 19-30.

環境庁自然保護局 1994. 第4回自然環境保全基礎調査. 海域生物環境調査報告書（干潟・藻場・サンゴ礁調査）. 第2巻 藻場.

木下虎一郎・清水二郎 1935. 福山地方に於けるテングサの豊凶と同地方のケカヂグサなる呼称の所以に就いて. 北水試旬報 298, 971.

小林 敦・田中次郎・南雲 保 1988. 本邦産クモノスケイソウの1種 *Arachnoidiscus ornatus* Ehrenb. Diatom **14** : 25-33.

倉持卓司 2001. 相模湾のマクサ葉上にみられる貝類群集の季節変化と優占種の成長. 横須賀市博研報（自然）**48** : 23-34.

Lee, Y. and Kim, B. 2003. New red alga, *Acanthopeltis longiramulosa* sp. nov. (Gelidiales, Rhodophyta) from Jeju Island, Korea. Phycological Research **51** : 259-265.

Macler, B. A. and West, J. A. 1987. Life history and physiology of the red alga, *Gelidium coulteri*, in unialgal culture. Aquaculture **61** : 281-293.

Masaki, T 1968. Studies on the Melobesioideae of Japan. Mem. Fac. Fish. Hokkaido Univ. **16** : 1-80, pls 1-79.

松原新之助 1892. 志摩海. 相模海. 水産調査予察報告 **3** : 73-79, 234-240.

三面川河水影響調査委員会 1961. 三面川河水影響調査―とくに上海府沿岸水域のテングサ不漁原因とその対策. 旭光社.

中島敏光 2000. 潜在的生物生産力と資源性. 養殖 **37**(3) : 82-88.

Norris, R. E. 1987. A re-evaluation of *Ptilophora* Kützing and *Beckerella* Kylin (Gelidiales, Rhodophyceae) with a review of South African species. Botanica Marina **30** : 243-258.

Norris, R. E. 1990. A critique on the taxonomy of an important agarophyte, *Gelidium amansii*. Jpn. J. Phycol. **38** : 35-42.

岡部三雄・桑原昭彦・西村元延・莨矢 護 1989. サザエの増殖, 日本水産資源保護協会.

岡村金太郎 1908. 伊豆沿岸テングサの減少する要因を論じて磯焼に及ぶ. 水産研究誌 **3** : 131-136.

岡村金太郎 1909. 静岡県下てんぐさ繁殖試験. 水産講習所研究報告 **5** : 221-230.

岡村金太郎 1911. てんぐさ繁殖試験第二報. 水産講習所研究報告 **7** : 72-73.

岡村金太郎 1911. てんぐさ繁殖試験第三報. 水産講習所研究報告 **7** : 230-236.

岡村金太郎 1918. てんぐさ繁殖試験第四報. 水産講習所研究報告 **7** : 236-238.

岡村金太郎 1918. てんぐさ繁殖試験第五報. 水産講習所研究報告, **7** : 238-246.

岡村金太郎 1918. てんぐさ成長試験. 水産講習所研究報告 **13**(3) : 1-10.

岡村金太郎 1934. 本邦産てんぐさ属及オバクサ属ニ就テ. 水産講習所研究報告 **29** : 35-53.

岡村金太郎 1936. 日本海藻誌. 1000 pp. 内田老鶴圃.

近江彦栄・竹花 毅 1951. 青森県沿岸の磯焼に就て. 青森県水産資源調査報告書 **2** : 76-83.

Rico, J. M., Freshwater, D. W., Norwood, K. G. and Guiry, M. D. 2002. Morphology and systematics of *Gelidiella tenuissima* (Gelidiales, Rhodophyta) from Gran Canaria (Canary Islands, Spain). Phycologia **41** : 463-469.

Santalices, B. 1988. Synopsis of biological data on the seaweed genera *Gelidium* and *Pterocladia* (Rhodophyta). FAO Fisheries Synopsis No. 145 55 p.

Santalices, B. 1994. Taxonomy of economic seaweeds. (I. A. Abbott ed.), 4 p. 37-53.

Santalices, B. and Hommersand, M. 1997. *Pterocladiella*, a new genus in the Gelidiaceae (Gelidiales, Rhodophyta). Phycologia **36** : 114-119.

Santalices, B. and Rico, J. M. 2002. Nomenclature and typification of *Gelidiella tenuissima*, (Gelidiales, Rhodophyta). Phycologia **41** : 436-440.

Shimada, S. and Masuda, M. 1999. First report of *Gelidiella ligulata* (Gelidiales, Rhodophyta) in

Japan. Phycological Ressearch **47**: 97-100.

Shimada, S. Masuda, M. 2000. New records of *Gelidiella pannosa*, *Pterocladiella caerulescens* and *Pterocladiella caloglossoides* (Rhodophyta, Gelidiales) from Japan. Phycological Ressearch **48**: 95-102.

Shimada, S., Horiguchi, T. and Masuda, M. 1999. Phylogenetic affinities of genera *Acanthopeltis* and *Yatabella* (Gelidiales, Rhodophyta) inferred from molecular analyses. Phycologia **38**: 528-540.

Shimada, S., Horiguchi, T. and Masuda, M. 2000 a. Confirmation of the status of three *Pterocladia* species (Gelidiales, Rhodophyta) described by Okamura. Phycologia **39**: 10-18.

Shimada, S., Horiguchi, T. and Masuda, M. 2000 b. Two new species of *Gelidium* (Rhodophyta, Gelidiales). Phycological Ressearch **48**: 37-46.

Shimada, S. and Masuda, M. 2003. Reassessment of the taxonomic status of *Gelidium subfastigiatum* (Gelidiales, Rhodophyta). Phycological Research **51**: 271-278.

Sosa, P. A., Jiménez del Rio, M. and Garcia-Reina, G. 1993. Physiological comparison between gametophytes and tetrasporophytes of *Gelidium canariensis* (Gelidiaceae: Rhodophyta). Hydrobiologia **260/261**: 445-449.

須藤俊造 1954. 水産増殖叢書 NO.8, テングサの増殖, 東京大学農学部水産学科.

杉野　隆・米山純夫・駒澤一朗・滝尾健二・工藤真弘・斉藤修二・小泉正行 2002. 噴火後の三宅島磯根漁場と水産資源の現状. 三宅島漁業復興シンポジュウム講演要旨集, 27-30.

Tanaka, T. 1965. Studies on some marine algae from southern Japan-VI. Mem. Fac. Fish., Kagoshima Univ. **14**: 52-71.

Takano, H. 1961. Epiphytic diatoms upon Japanese agar seaweeds. Bull. Tokai Reg. Fish. Res. Lab. **31**: 269-274. Pls. 1-2.

Takeuchi, I., Yamakawa, H. and Fujiwara, M. 1990. Density fluctuation of caprellid amphipods (Crustaceae) inhabiting the red alga *Gelidium amansii* (Lamouroux) Lamouroux, with emphasis on *Caprella okadai* Arimoto. La mer **28**: 30-36.

Thomas, D. T. and Freshwater, D. W. 2001. Studies of Costa Rican Gelidiales (Rhodophyta): four Caribbean taxa including *Pterocladiella beachii* sp. nov., Phycologia **40**: 340-350.

殖田三郎・岡田喜一 1938. 海藻の生育深度に関する研究. 水産学会誌 **7**: 229-234.

殖田三郎・岡田喜一 1940. 海藻の生育深度に関する研究(II). 水産学会誌 **8**: 244-246.

殖田三郎・岩本康三・三浦昭雄 1963. 水産学全集 10 水産植物学. 恒星社厚生閣.

Yamada, N. 1976. Current status and future prospects for harvesting and resource management of the agarophyte in Japan. J. Fish. Res. Board Can. **33**: 1024-1030.

山崎　浩 1962. テングサ類増殖に関する基礎研究. 静岡県水産試験場伊豆分場研究報告 **19**: 1-92.

山田信夫 1967. 寒天原藻テングサ類の施肥に関する研究. 静岡水試伊豆分場研報 **32**: 1-96.

柳瀬良介 1981. 周辺の水産生物の資源生態に関する事前報告書 (海藻関係), 7-39, 水産庁研究部研究課.

柳瀬良介・佐々木正・野中　忠 1982. テングサ作柄予察の評価. 静岡水試研報 **16**: 43-50.

遠藤吉三郎 1902. 海藻磯焼け調査報告. 水産調査報告 **12**: 1-33.

横田瀧雄 1939. 石花菜に附着せる動物に就いて. 水産研究誌 **34**: 133-134.

吉川浩二 1979. テングサ場. 藻場環境生態調査報告書(2), 南西海区水産研究所.

吉田忠生 1977. 日本新産紅藻類 2 種. 藻類 **25** suppl.: 413-418.

吉田忠生 1998. 新日本海藻誌 日本産海藻類総覧. 内田老鶴圃.

吉田忠生・吉永一男・中嶋　泰 2000. 日本産海産目録 (2000年改訂版). 藻類 **48**: 113-166.

有用海藻の生物学

12 オゴノリ類

山本 弘敏・寺田 竜太

　紅藻オゴノリ属 *Gracilaria* の海藻は一般には寒天の原藻として知られている．海藻の成分として重要な物質は寒天，カラゲナン，アルギン酸であるが，このうち，寒天は世間に最もよく知られている製品である．寒天原藻としてはテングサ類が有名である．オゴノリ類も同じ成分を持っているが，ゲル化能が低いためテングサ類の補助原藻（混ぜ草）として使われるにすぎなかった．しかし，1940年頃，アルカリ処理でゲル化能を高める技術が開発され，現在ではテングサ類と並み主要な原藻として世界的な規模で取引されている．実際，日本には世界各地から輸入されている．

　世界に産するオゴノリ属は100から150種といわれている．種の数が定かでないのは研究者により種の分類基準に対する観点が異なることや，種の新設や統合が頻繁に行われていることに起因している．このような状況は他の分類群でもみうけられるが，オゴノリ属の場合は外部形態に特徴が乏しく，種の区別が明確でないこともこの事態に拍車をかけている．

　日本には現在，19種と1変種が知られている．日本全海域に生育するのはオゴノリ *G. vermiculophylla* のみで，ほとんどの種は本州中部から九州海域，あるいは九州から沖縄海域に限定されており，比較的高水温海域に多い．これは世界的に共通した傾向で，熱帯から温帯が主な分布域である．

12.1　オゴノリ属の分類

　海藻を分類する場合，外部形態で区別することができれば最も簡便である．幸い，オゴノリ属では藻体が扁平か円柱状かで二つのグループに分けることができる．扁平状とは両面が平行している場合で，カバノリ *G. textorii* はその代表的な種である．扁平状以外を円柱状と見なしている．世界のオゴノリ属にもこの基準を使うことができるが，慣れないうちは多少とまどうことがあるかもしれない．たとえば日本にも生育するリュウキュウオゴノリ *G. eucheumatoides*（= *G. eucheumioides*, *G. eucheumoides*）では主枝と枝は通常扁圧している．これが顕著な場合は扁平と誤解されやすいが，扁平のように両面が平行することはない．オゴノリ属の形態は生育環境により著しく変化することもあるが，扁平状が円柱状に変わったり，この逆になることはない．

　このようにオゴノリ属の種をグループ分けすることは容易であるが，さらに分けることはなかなか難しい．採集した標本を専門家に見せるのが最もよいと思うが，その機会もない場合にはつぎの主要点が参考になる．

　円柱状の藻体では1）主枝，および枝にくびれがあるか否か．これは蓮根のところどころにあるくびれの形状を想像するとよい．2）枝の基部が極端にくびれ，あるいは細くなっているか否か．これまでの論文に"枝の基部は多少くびれ…"という記載をよく見るが，これは多くの種に見られる形態で，種を同定する際にはほとんど役に立たない．極端なくびれとは基部が糸のように細くなり，今にもちぎれそうな感じを与える状態をいう（図12.1）．3）体色が褐色か，赤色―赤紫―緑色（同じ種でも個体で異なることがある）を帯びているか．体色は生育環境により濃

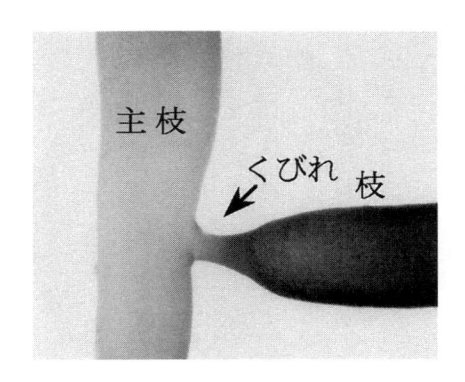

図 12.1 枝の基部が著しくくびれ，あるいは細くなっている状態．

淡はあるが，基本的な色調は変わらない．これら以外の指標では体の大きさ（長さ，太さ）をあげることができるが，かなり曖昧な点もあるのでこれに頼りすぎるのは危険である．

　扁平状の藻体では感触が革質か肉質，あるいは膜質などが主な要点であるが，円柱状種に比べて種の特徴がはっきりしており，同定は容易である．

　オゴノリ属の種は扁平状，円柱状を問わず，外観からオゴノリ属と同定することが難しい場合がある．扁平状ではツノマタ属 *Chondrus* やアツバノリ属 *Sarcodia*，円柱状ではイバラノリ属 *Hypnea* などと間違いやすい．オゴノリ属の手触りは一般に硬く，滑り気が少ない．これは新鮮な標本を手にしたときの同定の目安ではあるが，慣れないうちは難しい．このような場合は組織を観察しなければならない．

　オゴノリ属の体組織は球形の細胞からなっているため，体の横断面でも縦断面でも円形の細胞がみられる．縦断面では生長方向に多少細長くなり卵形を呈することもあるが，これ以上に伸長して円柱状，あるいは糸状になることはない（図 12.2）．皮層の細胞は小さいが，体の中心部（髄層）へ向けて大きくなる．ただし，細胞が徐々に大きくなるか，最外層から数えて 3〜4 層目以降から急に大きくなるかで種の目安がたつこともある．日本産種で徐々に大きくなるのはリュウキュウオゴノリとフシクレノリ *G. salicornia* のみで，世界的にも少なく，円柱状種のほとんどと扁平状種のすべてが後者のグループに入る．ともあれ組織の基本的構造が変わることはない．

　リュウキュウオゴノリとキリンサイ属 *Eucheuma* は混同されやすいが，後者の中心部は小さな細胞群からなるため一目瞭然で違いが分かる．カバノリはツノマタ属やアツバノリ属と区別しにくい場合もあるが，ツノマタ属の中心部には円柱状の細胞が，アツバノリ属の中心部には糸状の細胞が存在する．ただし，マサゴシバリ属 *Rhodymenia* などのようにオゴノリ属と同じ組織からなる海藻では，外部形態で判断し得るある程度の知識が必要である．それでも曖昧な場合は雌雄生殖器官を調べることになる．

　オゴノリ属はごく若い体や枝の先端などの若い部分に，早落性の無色の毛 hair を持っている．毛は皮層中の基部細胞から発出し，壁孔連絡 pit connection で繋がっている．基部細胞は往々上下 2 細胞に分裂し，個々に，あるいは集合して斑をつくり体全面に散在する．この形態から短い毛は受精毛 trichogyne と，基部細胞は造果枝 carpogonial branch，あるいは四分胞子嚢と紛らわしい．しかし，受精毛は造果器 carpogonium の先端が伸長した部分であるが，毛は基部細胞とは別の細胞であること，造果器は単核であるが基部細胞は常に多核であることから区別できる．

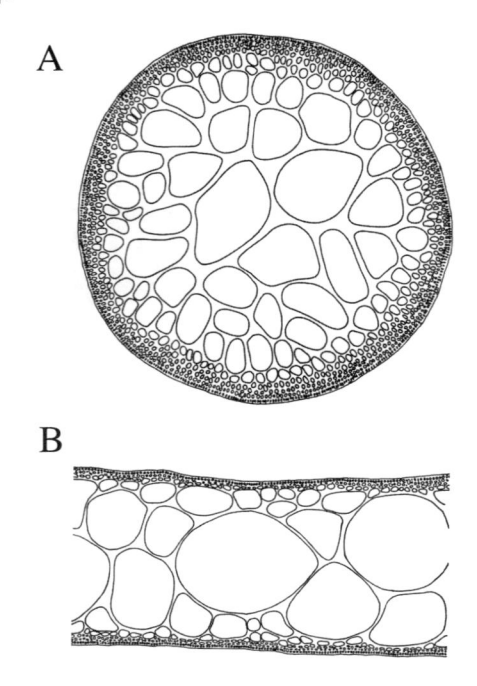

図 12.2 体の横断面．A：円柱状体，B：扁平状体．いずれの組織も球形の細胞で構成されている．

　オゴノリ属の繁殖は他の紅藻と同じく生殖細胞（四分胞子，果胞子）によるが，とくに円柱状の種では再生力が強く，栄養生殖もみられる．たとえばツルシラモ *G. chorda* の変種 var. *exilis* では枝の一部から再生したとみられる個体が多い．このような種では室内培養で容易に再生・生長させることができる．現在，世界各地で実施されているオゴノリ類の増養殖はこの再生力を利用している．切断片からの再生は常に切り口の周辺部（皮層）から起こり，新芽は 1〜3 個発出する．切断面の組織の修復と再生については Muraoka *et al.* (1998) が電子顕微鏡で詳細に観察している．

12.2　オゴノリ属の生殖器官

　生殖器官は四分胞子体上の四分胞子嚢（四分胞子），雄性配偶体上の雄性生殖器官（精子），雌性配偶体上の雌性生殖器官（嚢果・果胞子）である．いずれの生殖器官も体の基部と先端部を除き，全面に形成される．

　四分胞子嚢：四分胞子嚢の大きさは 45〜65 μm×25〜45 μm で，十字状に分裂する．ただし，稀にではあるが十字状が多少変則的に分裂して三角錐状（四面体状）に見えるため，これを"三角錐状に分裂する"と断定している論文もある．しかし，これは非常に疑問で，基本的には十字状である．もし三角錐状であればオゴノリ属からはもちろん，オゴノリ科，あるいはオゴノリ目から分離しなければならない．四分胞子嚢の形成過程と形態はすべての種でほとんど同じなので，種の指標にはならない．多少不規則に分裂しても，大きさが多少違ってもこれは個体変異の範囲内と考えられ，種の特徴とするのは早計である．

雄性生殖器官：生殖器官は分類指標として最も重要であるが，雄性生殖器官は雌性生殖器官に比べ副次的にみられてきた．これは紅藻に共通しており，現在でもなおこの基本は変わっていない．そのため，オゴノリ属の分類が盛んになり始めた頃は雄性生殖器官に対する関心は低く，記載も少なかった．また，雄性生殖器官の形態を記載しても，この相違に基づき種をグループ分けすることはなかった．世界的にみても標本のほとんどは雌性配偶体か四分胞子体で，雄性生殖器官がいかに注目されていなかったかを如実に示している．しかし，種，あるいはグループ分けの指標が乏しいオゴノリ属では，雄性生殖器官の形態の違いは分類指標として有効であることが分かってきた．分類指標の価値は個体差がなく，さらに種による相違が明確なことであるが，幸いオゴノリ属では現在知られている4種類の型の完成した形態は明らかに違い，さらにその形成過程を系統発生順に並べることができる利点がある（Yamamoto 1975, 1984）．この雄性生殖器官の形態から類推される系統関係は，遺伝子による分子系統樹ともおおむね一致する．

　雄性生殖器官の形態が分類の指標として有効であることが認識されるようになるとともに，世界的に雄性配偶体を得ようとする機運が高まり，現在ではほとんどの種で明らかにされるまでになった．このような状況に対応するため，現在，新種を発表する場合は雄性配偶体を極力採集し，その形態を記載することが期待されている．雄性配偶体は雌性配偶体や四分胞子体より通常早く枯死・流失するので，個体群の最盛期には極端に少なくなっている場合が多い（生態と分布の項を参照）．雄性配偶体がどうしても見つからない場合は，四分胞子，あるいは果胞子からの室内培養により雄性生殖器官を確認することも必要である．

　現在では室内培養で生活史を完結することは技術的に確立されており，容易である．たとえばリュウキュウオゴノリでは度重なる採集にもかかわらず雄性配偶体が全く見つからず，オゴノリ属なのかどうか疑問視されていた．しかし，フィリピンで唯一個体採集された雌性配偶体から果胞子を得て培養し，雄性生殖器官の形態を明らかにした経緯がある（Yamamoto & Noro 1993）．

　雄性生殖器官（巣）の形態に基づく4型：世界で知られている雄性生殖器官（巣）の形態（型）は皮層型 Chorda type，皿型 Textorii type，壺型 Verrucosa type，多穴型 Polycavernosa type の4型である（図12.3）．カッコ内の名称はそれぞれの代表種，あるいは属名からつけられた用語である．日本産の種では4型とも確認されており，皮層型2種，皿型8種，壺型7種，多穴型2種である．扁平状種，円柱状種でみると，前者には皿型，後者には壺型が多い．これは世界的な傾向で，皮層の厚さ（扁平状種では薄く，円柱状種では厚い）と何らかの関係を示しているようで興味深い．

　皮層型：体の基部と先端付近以外のすべての最外層細胞が精子母細胞に分化し，これが横に1回分裂して上部の細胞が精子嚢（精子）になる．精子嚢は色素体が少なく栄養細胞よりかなり薄い色を呈するため，成熟した雄性配偶体の色調は淡い感じになる．この型では1）最外層のすべての細胞がそれぞれ1個の精子嚢（精子）を形成し，2）特別な形態の生殖器巣をつくらない，という特徴を持っている．これは最外層の細胞間に機能の違いがなく，かつ精子生産の効率が悪いため，最も原始的な型とみなすことができる．

　皿型：最外層の特定の細胞のみが精子母細胞に分化する．精子母細胞を取り囲む栄養細胞（母細胞に分化しない細胞）は母細胞を柵で取り囲むように伸長するため体表面から隆起する．精子母細胞は数回分裂し，枝分かれした単列の精子母細胞糸を形成する．この母細胞糸のそれぞれの細胞は横に一度分裂し，上部の細胞が精子嚢（精子）になる．すなわち，最外層の1個の細胞から形成された複数の精子嚢群と，これを取り囲む柵状の栄養細胞で一つの雄性生殖器巣（浅いく

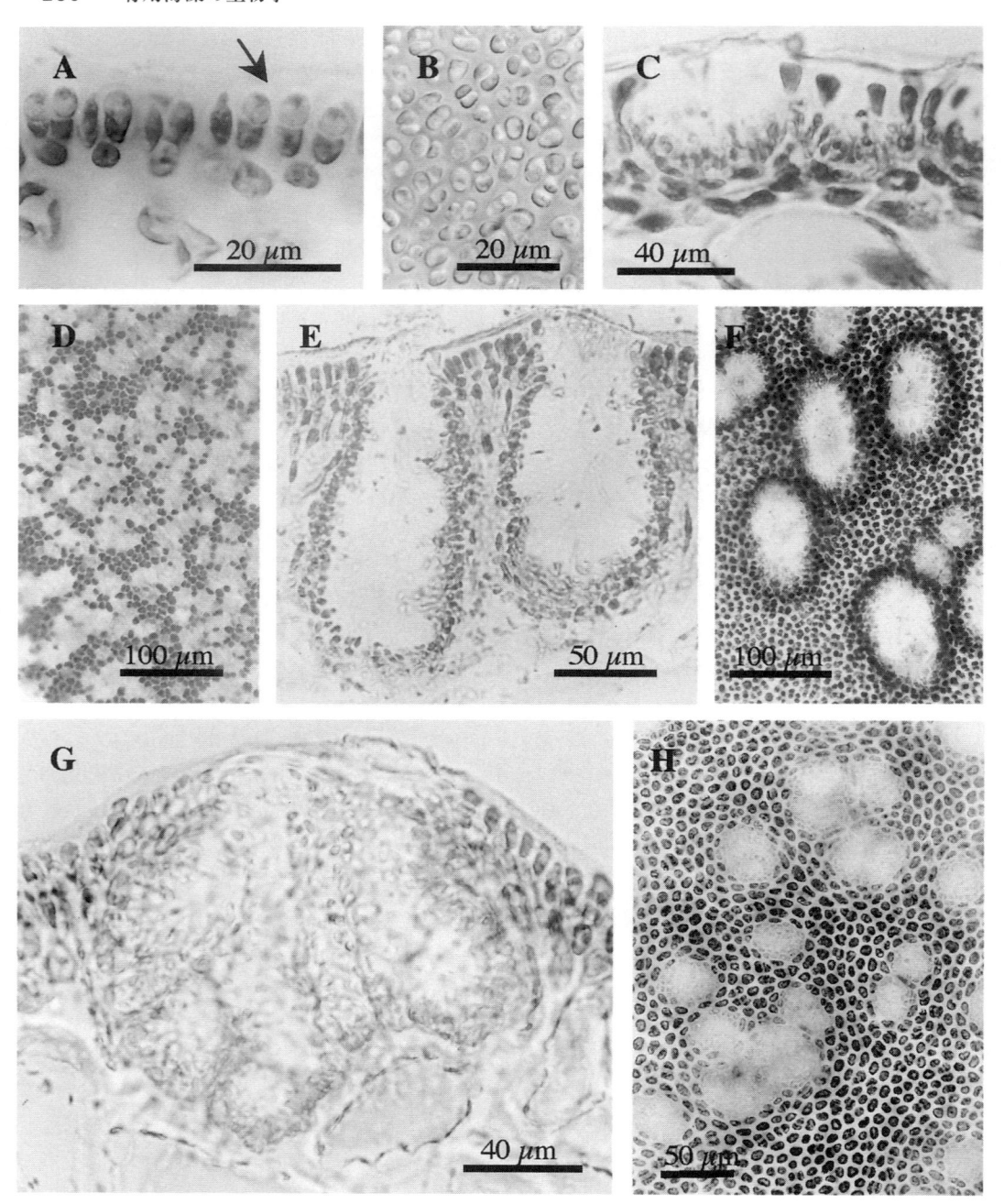

図12.3 雄性生殖器官（巣）4型の形態．A-B：皮層型．断面観（A，矢印は精子嚢），表面観（B）；C-D：皿型．断面観（C），表面観（D）；E-F：壺型．断面観（E），表面観（F）；G-H：多穴型．断面観（G），表面観（H）．

ぼみ）を形成する．隣接する生殖器巣とは通常融合する．

　この型では，精子母細胞糸は伸長した栄養細胞に囲まれ浅い皿型を呈するが，精子母細胞糸の伸展は生殖器巣の底部にのみ限られる．このように 1) 最外層の細胞間に機能の分化が起こっていること，2) 1個の細胞が最終的に複数の精子嚢（精子）を形成すること，3) 器官として一応の形態を呈することから，皮層型より進んだ型とみなすことができる．

　壺型：精子嚢の形成過程は皿型と同じであるが，これより一層進展した形態である．精子母細胞糸の発達は著しく，くぼみの内壁全面を覆うように伸展する．くぼみは精子母細胞糸の分裂・伸展とともに体組織の内部へ向けて拡大し，最終的には卵を立てたようなくぼみを形成する．そのため，体表面からわずかに突出する程度で，皿型のように隆起した斑をつくることはない．この型では 1) 精子母細胞糸がくぼみの全面に伸展し，精子形成の効率がよいこと，2) 精子母細胞へ分化する最外層の細胞は一段と特定されるため互いに離れており，生殖器巣が融合することはほとんどない．

　多穴型：壺型で形成されるくぼみ（第一次）の側面の細胞が精子母細胞に分化し，同じような複数のくぼみ（第二次）を形成する．このくぼみの発達過程は第一次のくぼみと同じである．最終的にはくぼみの集合体を形成するが，体表面での開口部（精子の放出口）は第一次くぼみの上端のみである．壺型でも近接するくぼみが融合し，多穴型と紛らわしい形状を示すこともあるが，このような場合でもそれぞれのくぼみが開口部を持っているので見分けはつく．多穴型で第二次くぼみを形成していない初期発達段階では壺型と誤解されやすいため，完熟した生殖器巣を観察することが肝要である．多穴型は一個の最外層細胞から複数のくぼみの集合体を形成することが特徴である．

　この4型は上述のように非常に明確な特徴を持っているため，分類（グループ分け）の指標として有効である．しかし，紅藻では一般に雌性生殖器官の特徴が同じものを集めて科や属を構成しているため，4型を基に属を設立することは無理で，亜属の指標に留めるのが妥当であろう．これは多くの研究者に共通の認識であるが，今後の研究で4型それぞれに結びつくほかの特徴（たとえば，雌性生殖器官や塩基配列に）が見いだされた場合は，属の設立につき改めて検討することになろう．

　4型に基づいた亜属名はつぎのとおりである．

雄性生殖器官（巣）の形態		亜属名
皮層型	Chorda type	*Gracilariella**
皿型	Textorii type	*Textoriella**
壺型	Verrucosa type	*Gracilaria**
多穴型	Polycavernosa type	*Hydropuntia***

　*　Yamamoto 1975,　**　Tseng & Xia 1999

　雌性生殖器官と嚢果：紅藻の目 Order は果胞子体 carposporophyte の形成過程，すなわち助細胞 auxiliary cell の存否と，これを形成する時期を主な根拠にしている．オゴノリ属はかってはスギノリ目 Gigartinales に属していたが，現在は新設されたオゴノリ目 Gracilariales に移されている（図12.4）．これは助細胞が存在せず，受精核を留めた造果器 carpogonium が造胞糸 gonimoblast を形成することに基づいている．しかし，助細胞が存在するか否かについては未だ結論は出ていない．それは造果器が萎縮しているにもかかわらず，支持細胞 supporting cell か

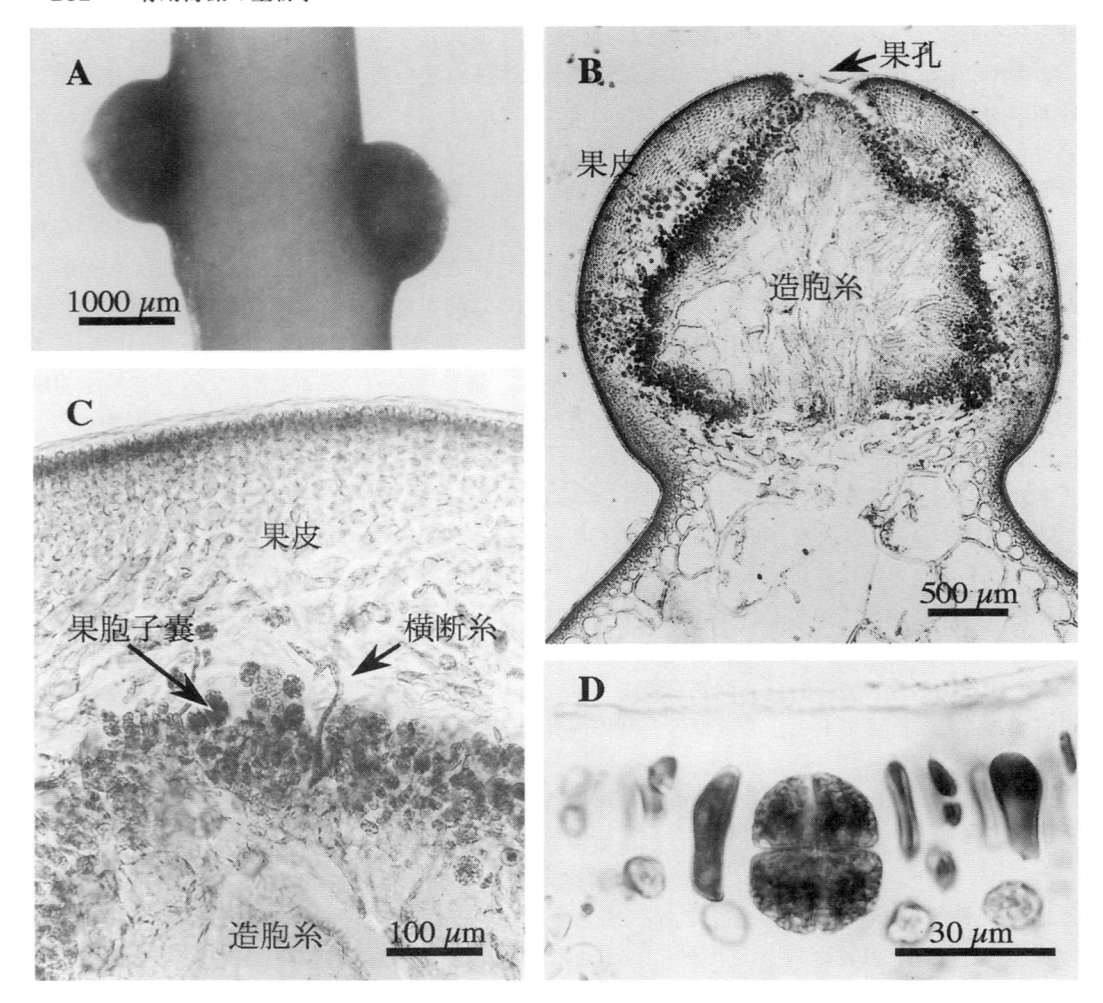

図12.4 囊果，および四分胞子囊．A-C：囊果．球状を呈する外観(A)，縦断面観(B)，囊果中にみられる横断糸(C)；D：十字状に分裂した四分胞子囊．

ら出る組織細胞の一つが大きくなり，周りの細胞と融合して造胞糸を形成している像が観察されるからである．これは大きくなる細胞（助細胞）へ受精核が移動していることを示している．このような理由から，助細胞の存否を今一度確認し，本属の分類上の位置を検討しなければならない．

造果枝 carpogonial branch の原基は最外層から2〜3番目の細胞につくられる細胞である．これが上下に分裂した後，上部の細胞はさらに上下に分かれて上が造果器に，下が器下細胞 hypogenal cell になり，2細胞からなる造果枝を形成する．造果器の上端は伸長して受精毛 trichogyne に発達する．受精毛は通常体表面からわずかに突出する程度である．受精核の移動はすでに述べたように明確ではないが，いずれの場合も受精核を持つ細胞は隣接する細胞と融合し，大きな細胞塊を形成する．その後この細胞塊は造胞糸を発出する．造胞糸の先端から4, 5番目の細胞まで果胞子囊 carposporangium になる．この細胞塊と造胞糸の発達は果皮 pericarp に囲まれた状態で進み，囊果 cystocarp を形成する．囊果は一般に高さ1mm前後，幅0.7〜

1.5 mm の球形の突起で，先端に1個の果孔（果胞子の放出口 ostiole）を持つ．未成熟時には三角錐状を呈するが，成熟するにつれて基部が多少くびれる．いずれの種でも囊果の大きさと形態にさしたる相違はなく，分類の指標にはならない．しかし，内部構造には2種類あり，グループ分けの指標にされることもある．一つは囊果の中心部にある栄養細胞組織の周辺から果皮へ向かう，単細胞からなる糸状細胞が存在する場合と，ほかはこれが存在しない場合である．この糸状細胞は果皮組織に入り込み，その細胞と結合する．このため果皮から栄養を吸収して栄養組織へ運んでいるのではないかと推察し，栄養糸 nutritive filament と名づけたこともあった．しかし，その機能が未だ証明されていないため，現在は単に横断糸 traversing filament を用いている．

この横断糸の存否を基に，存在しないグループをオゴモドキ属 *Gracilariopsis*，存在するグループをオゴノリ属 *Gracilaria* に分けたこともあった（Dawson 1949, Ohmi 1956）．しかし，横断糸の数は種，あるいは個体により極端に少ない場合があるため，分類指標としては曖昧で信頼性に乏しいとの意見もあり，現在では参考程度にみなされている．ただ，横断糸が存在しないとされている種は皮層型の雄性生殖器官を持ち，一方これを持つ種は皿型，壺型，多穴型との関連が深い．このような事実は，両者間には系統的にある程度の距離があることを示唆している．そのため，属として分離するのが妥当と考える研究者もおり，今後に残されている課題である．

横断糸を顕微鏡で見ることは容易である．しかし，数が少ない場合は見落しもあるので，複数の囊果を観察することが肝要である．

12.3　日本産オゴノリ属

日本で生育が確認されているオゴノリ属19種の検索表はつぎのとおりである．

オゴノリ属の種の検索表

```
1. 体は円柱状かやや扁圧する ·················································································· 2
1. 体は扁平である ····································································································· 12
  2. 体は全体が匍匐し，扁圧する．雄性生殖器官は多穴型
       ··················································· リュウキュウオゴノリ G. eucheumatoides
  2. 体は全体が直立するか，部分的（下部）に匍匐する ······································· 3
3. 体は直立あるいは部分的（下部）に匍匐し，円柱状でくびれがある．匍匐する個体で
   はたがいに接着して塊状になる．雄性生殖器官は壺型 ········ フシクレノリ G. salicornia
3. 体は直立し，円柱状で枝の基部以外にくびれがない ··········································· 4
  4. 枝の基部はくびれる ······························································································ 5
  4. 枝の基部はくびれない ··························································································· 9
5. 枝の基部は著しくくびれ，体長は 30 cm 以下で，淡赤褐色から茶褐色である．雄性生
   殖器官は皿型 ····································································· クビレオゴノリ G. blodgettii
5. 枝の基部はくびれ，体長は 20 cm 以下で，緑褐色から黄褐色である．雄性生殖器官は
   壺型 ···················································································· ナンカイオゴノリ G. firma
5. 枝の基部は著しくくびれ，体長は 30 cm に達し，濃赤褐色から紫褐色である．雄性生
   殖器官は壺型 ································································· シモダオゴノリ G. shimodensis
5. 枝の基部はややくびれる ······························································································· 6
```

6. 体長は50 cm以下で，細長く，枝は不規則に出る．淡褐色から暗褐色である．雄性生殖器官は壺型··オゴノリ G. vermiculophylla
6. 体長は50 cm以上になる ··7
7. 枝は通常少なく長く伸びるが，多数の枝と小枝が不規則に出る個体もある．赤褐色である．雄性生殖器官は皮層型···ツルシラモ G. chorda
7. 多数の枝と小枝が不規則に出る ···8
8. 緑褐色である．雄性生殖器官は皮層型 ················セイヨウオゴノリ G. lemaneiformis
8. 赤褐色である．雄性生殖器官は壺型···························ベニオゴノリ G. rhodocaudata
9. 体の直径は3 mm以下で硬い軟骨質，小枝は叉状あるいは刺状である．雄性生殖器官は多穴型···カタオゴノリ G. edulis
9. 体の直径は3 mm以上になる ··10
10. 体は円柱状で，枝，小枝ともに弓状に曲がる．雄性生殖器官は壺型··ユミガタオゴノリ G. arcuata
10. 体は部分的にやや扁圧する ···11
11. 枝は叉状で偏生し，淡褐色から赤褐色である．雄性生殖器官は皿型··シラモ G. bursa-pastoris
11. 枝は対生あるいは互生し，緑色を帯びる個体が多い．雄性生殖器官は皿型··オオオゴノリ G. gigas
12. 体は膜質で，縁辺に小鋸歯を持つ．雄性生殖器官は皿型 ···トゲカバノリ G. vieillardii
12. 体は軟骨質，多肉質，革質で，縁辺は全縁である ··13
13. 体長は5 cm以下で，軟骨質である．雄性生殖器官は皿型 ········イツツギヌ G. punctata
13. 体長は5 cm以上になる ··14
14. 体は溝状にそり，ねじれ，多肉質である．雄性生殖器官は皿型··ミゾオゴノリ G. incurvata
14. 体は溝状にそらず，多肉質あるいは革質である ··15
15. 体は薄い肉質である．雄性生殖器官は皿型 ············キヌカバノリ G. cuneifolia
15. 体は革質である ··16
16. 髄層細胞の直径は最大600 μm以上である．雄性生殖器官は壺型··シンカイカバノリ G. sublittoralis
16. 髄層細胞の直径は最大600 μm以下である．雄性生殖器官は皿型··カバノリ G. textorii

* この検索表でとりあげたほかに，従来ムラサキカバノリ G. srilankia が知られている（Yamamoto 1978，吉田 1998参照）．しかし，本種は標本が少なくあいまいな点が多いため除外した．

* モサオゴノリ G. coronopifolia については，カタオゴノリ G. edulis を参照．

ユミガタオゴノリ Gracilaria arcuata Zanardini（図12.5 A）

Zanardini 1858

体は円柱状，ときに多少扁圧し，高さ6〜10 cm，直径3〜4 mm，付着器から直立する．枝は互生，叉状，ときに偏生し，基部はくびれない．主枝，枝ともに上方へ弓なりに曲がることが多い．和名はこの形状に由来している．小枝は短く，不規則に出る．体色は緑がかった淡い赤紫色で，質は多少硬い軟骨質である．毛は斑状に集まって生じ，基部細胞の集団は肉眼で識別できる白い斑点状を呈する．このような現象はイツツギヌ G. punctata など少数の種にみられる特徴で

ある．組織細胞は皮層から髄層へ向けて急激に大きくなる．
　四分胞子嚢は全面に散在する．精子嚢は全面につくられる深さ80〜100 μmの壺型の生殖器巣内に形成される．嚢果は全面に形成され，横断糸を持つ．
　基準標本産地：Akaba（Jordan）．
　分布：南西諸島．
　潮間帯下部以深の岩盤，玉石に生育する．アジア海域での分布の中心地はフィリピン周辺で，沖縄海域は分布の北限である．

クビレオゴノリ *Gracilaria blodgettii* Harvey（図 12.5 B）
　　Harvey 1853
　体は円柱状，高さ30 cmまで，直径2〜3 mm，付着器から直立する．枝と小枝は不規則に互生し，ときに偏生する．基部は著しく細く，糸のようになる．この形状が本種の特徴で，和名の由来になっている．体色は多少淡い赤褐色から茶褐色で，質は軟骨質である．毛の基部細胞は全面に散在する．組織細胞は皮層から髄層へ向けて急激に大きくなる．
　四分胞子嚢は全面に散在する．精子嚢は全面につくられる深さ56 μmまでの皿型の生殖器巣内に形成される．本種の生殖器巣は通常の皿型より深く，壺型への移行型とみなすこともできる．しかし，精子嚢が生殖器巣の底部にのみ存在すること，隣接する生殖器巣が融合するなど基本的に皿型の特徴を示す．嚢果は全面に形成され，横断糸を持つ．
　基準標本産地：Key West（U.S.A）．
　分布：南西諸島．
　潮間帯以深の岩盤，玉石に生育する．時化などで岸辺に打上げられる個体も多い．

シラモ *Gracilaria bursa-pastoris*（Gmelin）Silva（図 12.5 C）
　　Gmelin 1768, Silva 1952
　体は円柱状，ときに多少扁圧する．高さ20〜30 cm，直径2〜3.5 mm，付着器から直立する．枝は通常叉状に出るが，互生，偏生することもある．枝が多い体では主枝と枝は往々区別しにくい．枝と小枝の基部はくびれず，先端へ向かって徐々に細くなる．このように叉状に分枝し，基部がくびれないのが本種の特徴である．体色は淡い赤紫から暗赤色で，質は軟骨質である．毛の基部細胞は全面に散在する．組織細胞は皮層から髄層へ向けて急激に大きくなる．
　四分胞子嚢は全面に散在する．精子嚢は全面につくられる深さ18〜30 μmの皿型の生殖器巣内に形成される．嚢果は全面に形成され，横断糸を持つ．
　基準標本産地：地中海．
　分布：本州日本海岸中部・南部，九州，瀬戸内海．
　潮間帯下部から水深2〜3 mの岩盤，玉石などに生育する．
　本種は叉状に分枝することでオオオゴノリ *G. gigas* と区別されているが，見分けにくい場合がある．オオオゴノリの分布域は主に本州太平洋岸，四国と九州の太平洋岸で，両者の生育する海域は異なるが，相互交配が可能な地域個体群もあり，同種である可能性を残している．また，日本産シラモと，かってシラモに同定されていたハワイ産の *G. parvispora*（Abbott 1985），および中国産の *G. chouae*（Zhang & Xia 1992）は形態的に非常に似ており，今後交配などで分類学的に再検討する必要がある．

ツルシラモ *Gracilaria chorda* Holmes（図 12.5 D, E）
　　Holmes 1896

　体は円柱状，高さ 100～150（～200）cm，直径 1.6～5 mm で，付着器から直立する．主枝は基部細く，先端へ向けて徐々に細くなる．枝は不規則な間隔で各方面に出る．2～3 本の枝が同じ所から出る（faciated branching）ことも往々にあり，セイヨウオゴノリ *G. lemaneiformis* とともに本種の特徴になっている．枝は少ない体と多い体がある．枝が少ない体では生長とともに枝が流失して主枝のみが残り，一本の紐のような状態になることもある．これが和名の由来である．体色は赤褐色から赤紫色で常に赤みを帯びており，質は軟骨質である．毛の基部細胞は全面に散在する．組織細胞は皮層から髄層へ向けて急激に大きくなる．老成して太くなった体の髄層は往々崩壊し，中空になる．

　四分胞子嚢は全面に散在する．精子嚢は最外層のすべての細胞から直接形成される（皮層型）．日本産で皮層型を持つのは本種とセイヨウオゴノリのみである．嚢果は全面に形成され，横断糸を持たない．横断糸を持たない嚢果の中心部に存在する栄養組織の細胞は，横断糸を持つものより小型である．本種でもその細胞は小さく，内容物に富んでいる．

　基準標本産地：江の浦（静岡県）．
　分布：本州中部・南部，四国，九州，瀬戸内海．
　潮間帯下部から水深 2～3 m の多少砂に覆われた玉石，貝殻などに生育する．

　本種には変種として var. *exilis* Yamamoto（Yamamoto 1995）がある．体は細く（直径 1.6～2 mm），枝が多いため，うっそうとした外観を呈するのが特徴である．分布の北限である北海道厚岸湖では雌雄生殖器官が知られていない．しかし，この地より高水温海域の函館産には少数ながらみられ，本州東北海域ではごくふつうに形成されるようである（12.4 生活史を参照）．
　基準標本産地：函館湾（北海道）．
　分布：北海道東部・南部，本州北部．瀬戸内海産と有明海産についてはセイヨウオゴノリとの関係を検討する必要がある．
　潮間帯下部から水深 2～3 m の砂泥地に生育する．体が大きく枝も多いため，基質から，あるいは着生している小石，貝殻とともに海底から離れて浮遊し，時化で岸辺に打上げられる個体も多い．

キヌカバノリ *Gracilaria cuneifolia* (Okamura) Lee et Kurogi（図 12.5 F）
　　Okamura 1934, 李・黒木 1977

　体は扁平，高さ 10～15 cm，幅 1 cm まで，厚さ 350～450 μm で，付着器から直立する．枝は 3～6 回叉状に出る．縁辺部は全縁，ときに小枝を出す．体色は明るい赤褐色で，質は薄い肉質である．毛については不明．組織細胞は皮層から髄層へ向けて急激に大きくなる．

　四分胞子嚢は全面に散在する．精子嚢は全面につくられる皿型の生殖器巣内に形成される．成熟した嚢果は知られていない．

　本種はカバノリ *G. textorii* に似ているが，体が薄く肉質であること，円柱状の茎状部を持たないことで区別される．

　基準標本産地：千葉県．
　分布：千葉県．

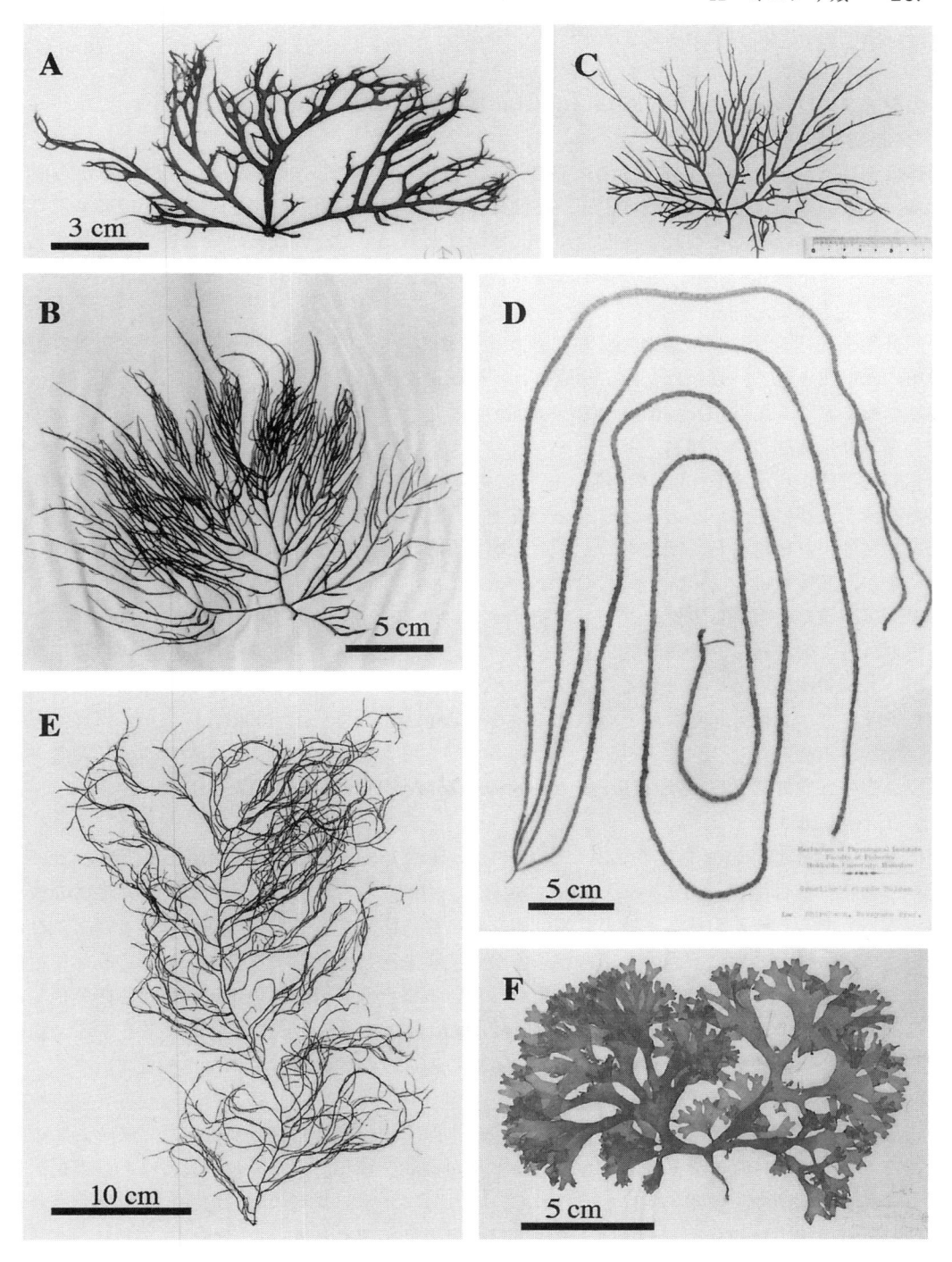

図12.5　A：ユミガタオゴノリ *Gracilaria arcuata*，B：クビレオゴノリ *Gracilaria blodgettii*，C：シラモ *Gracilaria bursa-pastoris*，D：ツルシラモ *Gracilaria chorda*，E：ツルシラモの一変種 var. *exilis*，F：キヌカバノリ *Gracilaria cuneifolia*.

深い所 (30 m) の貝殻などに生育するようである.

カタオゴノリ *Gracilaria edulis* (Gmelin) Silva (図 12.6 A)
　　Gmelin 1768, Silva 1952

　体は円柱状，ときに多少扁圧する．高さ 5～15 cm, 直径 1 mm までになり，付着器から直立する．主枝の基部は細く，先端は尖る．枝は叉状，あるいは不規則に出る．枝，小枝の基部は細くならず，ときに軽くくびれる程度である．体色は淡い褐色で，質は硬い軟骨質である．和名は硬い手触りに由来している．毛の基部細胞は全面に散在する．組織細胞は皮層から髄層へ向けて急激に大きくなる．

　四分胞子嚢は全面に形成される．精子嚢は全面につくられる深さ 50～70 μm の多穴型の生殖器巣内に形成される．嚢果は全面に形成され，横断糸を持つ．

　基準標本産地：India Orientalis (Indonesia).

　分布：九州南部，南西諸島．

　潮間帯下部から水深 2～3 m の岩盤，玉石に生育する．本種が大量に生育するフィリピンでは岩盤を覆うように密生し，大きな群落を形成する．このような群落では体のところどころから突起を出して相互に付着し，団塊をつくる．日本でも単独に生育する体と団塊をつくる体が知られているが，個体数は少ない．

　アジア海域に生育するカタオゴノリはモサオゴノリ *G. coronopifolia* (基準産地はハワイ) と同定されることが多く，分類学的に混乱していた．しかし，ハワイ産の雄性生殖器巣は壺型であるが，アジア産のいわゆるモサオゴノリでは多穴型であることが明らかにされたため，アジア海域にモサオゴノリは分布しないといわれている (Yamamoto *et al.* 1999).

リュウキュウオゴノリ *Gracilaria eucheumatoides* Harvey (図 12.6 B)
　　Harvey 1859

　体は通常扁圧し，岩盤を這うように生育する．高さ 15 cm まで，幅 7～10 mm, 厚さ 2～3.5 mm である．枝は羽状，あるいは不規則に両縁から出るが，ときに上面から短い突起状の枝を出すこともある．枝と小枝は主枝より幾分円柱状になる傾向を示す．枝の基部はほとんどくびれない．体は生長とともに下面のところどころから突起を出して隣接する枝や，ほかの藻体に付着する．このため，群落内では体が多層に重なっている場合も多い．体色は暗緑色から暗紫色で，質は硬い軟骨質である．毛の基部細胞は 10～20 個集合して斑を形成し，全面に散在する．組織細胞は皮層から髄層へ向けて徐々に大きくなる．このような変化を示すのは本種とフシクレノリ *G. salicornia* のみである.

　四分胞子嚢は枝の基部付近に形成されるが，日本産では分裂した胞子嚢は未だに知られていない．このため，四分胞子嚢と呼ぶのが妥当かどうか疑問を残している．精子嚢は枝の基部付近につくられる多穴型の生殖器巣内に形成される．これはフィリピン産の室内培養により確認されたもので，野生体では知られていない．嚢果は日本産では確認されていないが，フィリピン産，中国産，ベトナム産では全面に散在し，横断糸を持つ．中国産では四分胞子嚢も報告されている．フィリピンには大量に生育するにもかかわらず，配偶体で記録されているのは雌性配偶体 1 個体のみである．

　基準標本産地：沖縄県．

分布：南西諸島．

潮間帯下部から水深3mほどの岩盤に生育する．群落を形成し，多層になっていることが多い．分布の中心地はフィリピン海域で，奄美大島は分布の北限である．

学名の綴りは原綴り（*G. eucheumioides*）から変更されている（Silva *et al.* 1996）．和名は生育地の琉球（沖縄）にちなんでつけられた．

ナンカイオゴノリ *Gracilaria firma* Chang et Xia（図12.6 C）
Chang & Xia 1976.

体は円柱状，高さ12 cm，直径2 mmまでになり，付着器から直立する．枝は互生，あるいは不規則に出る．枝と小枝は基部と先端へ向けて徐々に細くなる．体色は緑褐色から黄褐色で，質は軟骨質である．毛の基部細胞は全面に散在する．組織細胞は皮層から髄層へ向けて急激に大きくなる．

四分胞子嚢は全面に散在する．精子嚢は全面につくられる深さ80 μmまでの壺型の生殖器巣内に形成される．嚢果は全面に形成され，横断糸を持つ．

本種は中国南部，東南アジア海域に繁茂し，ここでは高さ20 cmに達する．また，クビレオゴノリ *G. blodgettii* と似ているが，枝の基部は後者ほど著しく細くはならないこと，体色は通常緑色の色調を持つことで区別される．生殖器官では雄性生殖器巣の型が異なる．

基準標本産地：Guangdong（中国広東省）．
分布：南西諸島．本種の生育は最近確認された（Terada *et al.* 2000）．

潮間帯下部の小石，貝殻などに生育する．東南アジア海域では養殖ロープや養殖籠などにも着生する．

和名は本種が熱帯（東南アジア）に繁茂することに由来する．

オオオゴノリ *Gracilaria gigas* Harvey（図12.6 D）
Harvey 1859.

体は円柱状，ときに軽く扁圧する．高さ40 cmまで，直径4〜7 mmで，付着器から直立する．枝は多少不規則に互生，あるいは偏生し，基部は通常軽くくびれるが，全くくびれない体もある．日本産では最も太くなる種である．和名はこの形状に由来すると思われる．体色は淡い緑色から緑色がかった紫褐色で，質は幾分硬い軟骨質である．毛の基部細胞は全面に散在する．組織細胞は皮層から髄層へ向けて急激に大きくなる．

四分胞子嚢は全面に散在する．精子嚢は全面につくられる深さ35（〜40）μmの皿型の生殖器巣内に形成される．嚢果は全面に形成され，横断糸を持つ．

基準標本産地：下田（静岡県）．
分布：本州太平洋岸中部・南部，四国太平洋岸，九州太平洋岸．

潮間帯下部から水深2〜3 mの多少砂に覆われた岩盤，玉石に生育する．

本種はシラモと似ており，同種の可能性もある（シラモ *G. bursa-pastoris* を参照）．

ミゾオゴノリ *Gracilaria incurvata* Okamura（図12.6 E）
Okamura 1931.

体は扁平，高さ15〜20 cm，幅8〜14 mm，厚さ1〜1.8 mmで，付着器から直立する．通常

短い円柱状の茎状部を持ち，3〜5回叉状，ときに不規則に分枝する．枝は溝状にそり，さらにねじれる．和名はこの形状に由来する．枝は全縁であるが，突起状の小枝を出すこともある．体色は淡い赤褐色，ときに黄褐色で，質は幾分硬い肉質である．毛の基部細胞は全面に散在する．組織細胞は皮層から髄層へ向けて急激に大きくなる．

四分胞子嚢は全面に散在する．精子嚢は全面につくられる深さ40〜50 μmの皿型の生殖器巣内に形成される．嚢果は全面に散在し，横断糸を持つ．

基準標本産地：三崎（神奈川県）．

分布：本州中部・南部，四国，九州，瀬戸内海．

潮間帯下部の岩盤，玉石に生育する．

本種はカバノリ G. textorii と混同されやすいが，肉厚で溝状にそることが区別の要点である．

セイヨウオゴノリ Gracilaria lemaneiformis (Bory) Greville （図12.6 F）

Bory 1828, Greville 1830.

体は円柱状，高さ200 cm，あるいはそれ以上になり，直径1〜2 mmで，付着器から直立する．枝は不規則な間隔で互生，偏生し，各方面へ出る．ときに2(〜3)本の枝が同じ所から出る (faciated branching) こともある．枝は比較的多い．枝と小枝の基部は幾分細くなる．複数の枝が同じ所から出るのはオゴノリ属では特異的な形質であるが，ツルシラモ G. chorda でもみられ，両種の近縁性を示している．体色は緑褐色であるが，主枝と枝の先端部，および小枝は赤褐色を呈し，質は軟骨質である．毛の基部細胞は全面に散在する．組織細胞は皮層から髄層へ向けて急激に大きくなる．

四分胞子嚢は全面に散在する．雌雄生殖器官は日本産では知られていない．しかし，外国産では精子嚢は皮層に形成され（皮層型），嚢果は横断糸を持たない．

基準標本産地：Payta (Peru)．

分布：四国．

内湾の砂泥地で水深1〜3 m，所により2〜10 mに繁茂している．

基質から離れ海底に浮遊している体もみられる．有明海などにも生育するといわれているが，これは赤褐色を呈するため，むしろツルシラモの変種 var. exilis に近いようで，分類学的に検討の余地を残している．和名は本種の主産地がアメリカ両大陸の太平洋岸であることに由来する．

イツツギヌ Gracilaria punctata (Okamura) Yamada （図12.7 A）

岡村 1929, Yamada 1941.

体は扁平，高さ3〜5 cm，幅1〜1.5 cm，厚さ300〜400 μmで，付着器から直立する．ごく短い円柱状の茎状部を持ち，1〜3回叉状に分かれる．枝はうちわ状で，全縁，ときに小さなうちわ状の突起を出す．縁辺部は通常波状になる．体色は明るい赤褐色から暗赤褐色で，質は硬い膜質である．毛の基部細胞は集まって斑を形成し，これを肉眼で表面から見ると褐色の斑点として識別できる．このような基部細胞の集まりは他種ではユミガタオゴノリ G. arcuata，リュウキュウオゴノリ G. eucheumatoides のみで知られている特徴である．組織細胞は皮層から髄層へ向けて急激に大きくなる．

四分胞子嚢は全面に散在する．精子嚢は全面につくられる皿型の生殖器巣内に形成される．嚢果は全面に散在し，横断糸を持つ．

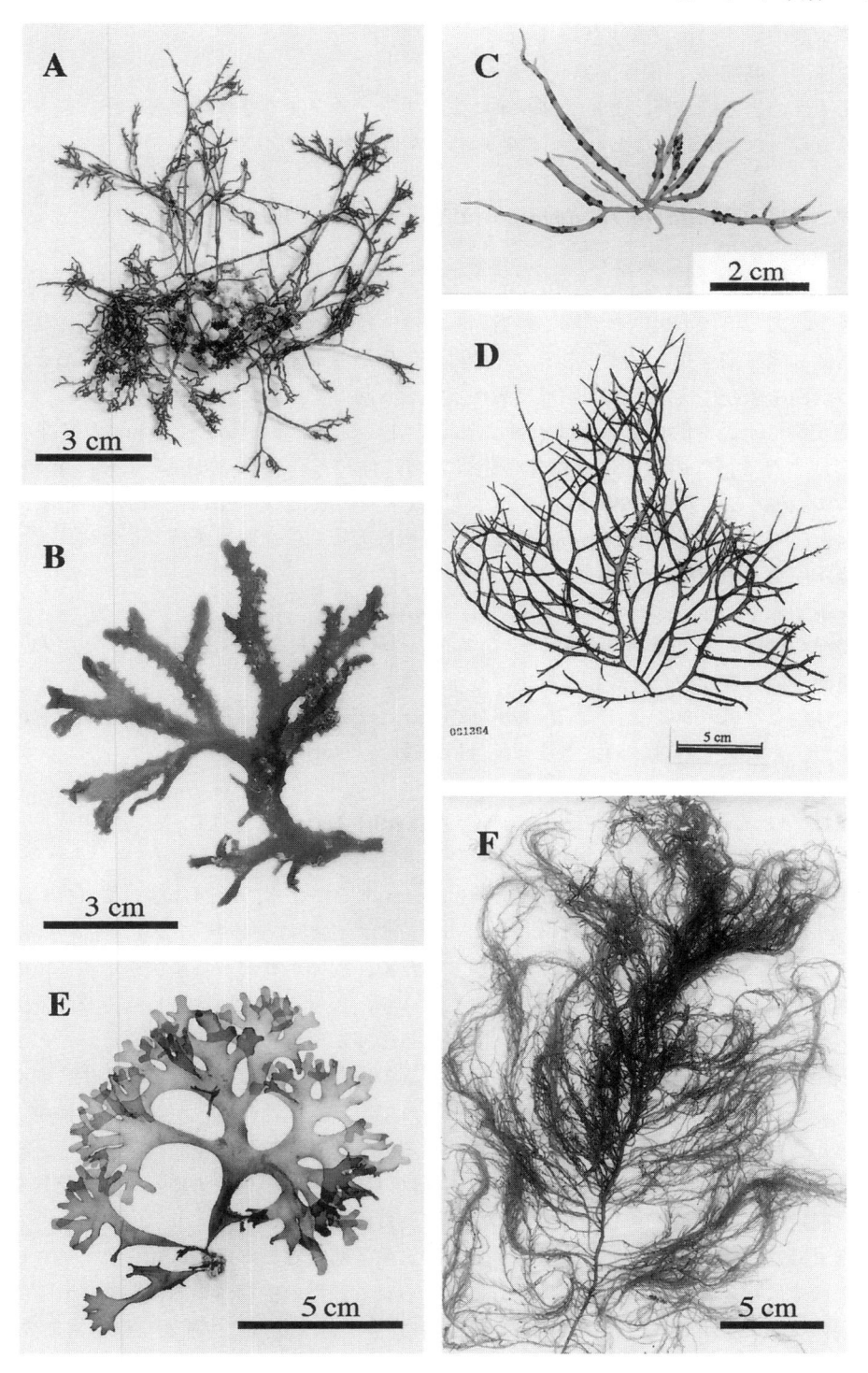

図12.6　A：カタオゴノリ *Gracilaria edulis*，B：リュウキュウオゴノリ *Gracilaria eucheumatoides*，C：ナンカイオゴノリ *Gracilaria firma*，D：オオオゴノリ *Gracilaria gigas*，E：ミゾオゴノリ *Gracilaria incurvata*，F：セイヨウオゴノリ *Gracilaria lemaneiformis*．

基準標本産地：沖の島（高知県）．

分布：四国（高知県），南西諸島．

潮間帯下部の岩の割れ目，タイドプールに生育する．多少砂で覆われる所を好むようで，トゲカバノリ（*G. vieillardii*）などとともにみられるが個体数は少ない．

ベニオゴノリ *Gracilaria rhodocaudata* Yamamoto et Kudo（図 12.7 B）

　　Yamamoto 1995

体は円柱状，高さ100〜150(〜200) cm，直径1.4〜2 mmで，付着器から直立する．枝は不規則な互生，あるいは不規則な間隔で各方面へ出る．枝が多い体では主枝は不明瞭になる．枝，小枝の基部は幾分細くなる程度である．体色は赤褐色から茶褐色で，質は軟骨質である．毛の基部細胞は全面に散在する．組織細胞は皮層から髄層へ向けて急激に大きくなる．

四分胞子嚢は全面に散在する．精子嚢は全面につくられる深さ160〜200 μmの壺型の生殖器巣内に形成される．この生殖器巣は体の生長方向に伸長し，表面から見ると縦240 μm，幅80 μmまでの棍棒状を呈するのが特徴である．嚢果は全面に散在し，横断糸を持つ．和名は体色が赤いことと，オゴノリ *G. vermiculophylla* と同じ壺形の雄性生殖器巣を持つことに由来する．

基準標本産地：木更津（千葉県）．

分布：本州太平洋岸中部（千葉県，東京都，神奈川県）．

内湾砂泥地の潮間帯下部から水深1〜2 mの岩，小石，貝殻などに生育する．体が大型であるため基質から離れて浮遊し，岸辺に打上げられる体が多い．

本種の体色と形態はツルシラモ *G. chorda* の var. *exilis* に似ているが，雄性生殖器巣の型が異なる．また，オゴノリとは体の大きさと色合いが違い，区別は容易である．

フシクレノリ *Gracilaria salicornia*（C. Agardh）Dawson（図 12.7 C）

　　C. Agardh 1820, Dawson 1954

体は円柱状，高さ5〜10(〜15) cm，直径3.5 mmまでになる．形態には2型（*G. salicornia* 型と *G. crassa* 型）があり，前者は付着器から直立した主枝は棍棒状になり，その先端に2〜3本の枝を輪生する．枝もまた同じように分枝するため，棍棒が繋がった形状を示す．この形態の個体は通常単独に生育する．後者は棍棒状にはならず，多少，あるいは著しくくびれ，叉状に分枝する．枝はところどころで突起を出し，隣接する藻体に付着して団塊をつくる．この2型はかっては上記のように別種にされていたが，形態変異の境界が不明瞭であることや生育環境で形態が変わることもあるため，現在では一種に統一されている．体色は緑色がかった赤褐色，あるいは紫褐色から黄褐色で，質は幾分硬い軟骨質である．毛の基部細胞は全面に散在する．組織細胞は皮層から髄層へ向けて徐々に大きくなる．本種はいずれの形態を示すにしても，特異な外観から容易に同定することができる．和名は体のくびれに由来している．

四分胞子嚢は棍棒状部の上半分に散在する．雌雄生殖器官は日本産では知られていないが，東南アジア産では精子嚢は棍棒状部の上半分につくられる壺型の生殖器巣内に形成される．また，嚢果は棍棒状部の上半分に形成され，横断糸を持つ．*G. crassa* 型に生殖器官は非常に少ない．

基準標本産地：Manila Bay（Philippines）．

分布：南西諸島．

潮間帯中部から水深2〜3 mの岩盤，玉石に生育する．東南アジア海域では大量に生育する

が，分布の北限は九州南部である．

本種で団塊を形成する型（*G. crassa* 型）の体上には高さ 3 mm ほどの球形の突起が往々みられる．これは寄生藻のフシクレタケ *Congracilaria babae*（Yamamoto 1986）である．

シモダオゴノリ *Gracilaria shimodensis* Terada et Yamamoto（図 12.7 D）
Terada & Yamamoto 2000

体は円柱状，高さ 30（～40）cm まで，直径 1.5～3 mm で，付着器から直立する．枝は互生，あるいは偏生し，枝と小枝の基部は著しく細くなる．体色は赤褐色から赤紫色で，質は軟骨質である．毛の基部細胞は全面に散在する．組織細胞は皮層から髄層へ向けて急激に大きくなる．

四分胞子嚢は全面に散在する．精子嚢は全面につくられる深さ 150 μm までの壺型の生殖器巣内に形成される．囊果は全面に形成され，横断糸を持つ．

基準標本産地：下田（静岡県）．

分布：本州太平洋岸中部（千葉県，神奈川県，静岡県）．

潮間帯下部から水深 2～3 m の岩盤，玉石に生育する．

本種は枝の基部が著しく細くなり，赤みを帯びていることからクビレオゴノリ *G. blodgettii* と見分けにくい場合がある．しかし，雄性生殖器巣が壺型であることで区別される．和名は基準標本産地の下田に由来する．

シンカイカバノリ *Gracilaria sublittoralis* Yamada et Segawa（Yamamoto 1994）
高嶺・山田 1950 （図 12.7 E）

体は扁平，高さ 15～25 cm，幅 3～6 cm，厚さ 1 mm まで，付着器から直立する．長さ 5 mm までの円柱状の茎状部を持ち，2～3 回叉状，ときに不規則に分枝する．枝は全縁である．体色は淡い赤褐色で，質は弾力に富んだ革質である．毛の基部細胞は全面に散在する．組織細胞は皮層から髄層へ向けて急激に大きくなる．

四分胞子嚢は全面に散在する．精子嚢は全面につくられる深さ 32～50 μm の壺型の生殖器巣内に形成される．生殖器巣は円柱状体に形成されるもののように深くはならず，球形を呈する．扁平状体で壺型を持つのは世界でも本種のみである．囊果は全面に散在し，横断糸を持つ．

本種の形態はカバノリ *G. textorii* と似ているが，幅が広く弾力性に富むこと，さらに髄層細胞が直径 1 mm を越えるほど大きいため，肉眼で透かして見ると粟粒のように見えることも指標になる．しかし，雄性生殖器官を比較しなければ識別困難な場合が多い．

基準標本産地：神津島（伊豆諸島）．

分布：本州太平洋岸中部・南部，本州日本海岸中部．

水深 10 m ほどの岩盤に生育するようであるが，40～50 m（神津島）の記録もある．

和名は生育場所が深く，カバノリに似ていることに由来している．

カバノリ *Gracilaria textorii*（Suringar）Hariot（図 12.8 A）
Suringar 1867, Hariot 1891

体は扁平，高さ 5～20 cm，幅 1～2 cm，厚さ 500～800 μm で，付着器から直立する．長さ 5 mm までの円柱状の茎状部を持ち，通常 3～4 回叉状に，ときに不規則に分枝し，扇状に広がる．縁辺部は全縁であるが，老成した体では短い枝を出すこともある．毛の基部細胞は全面に散

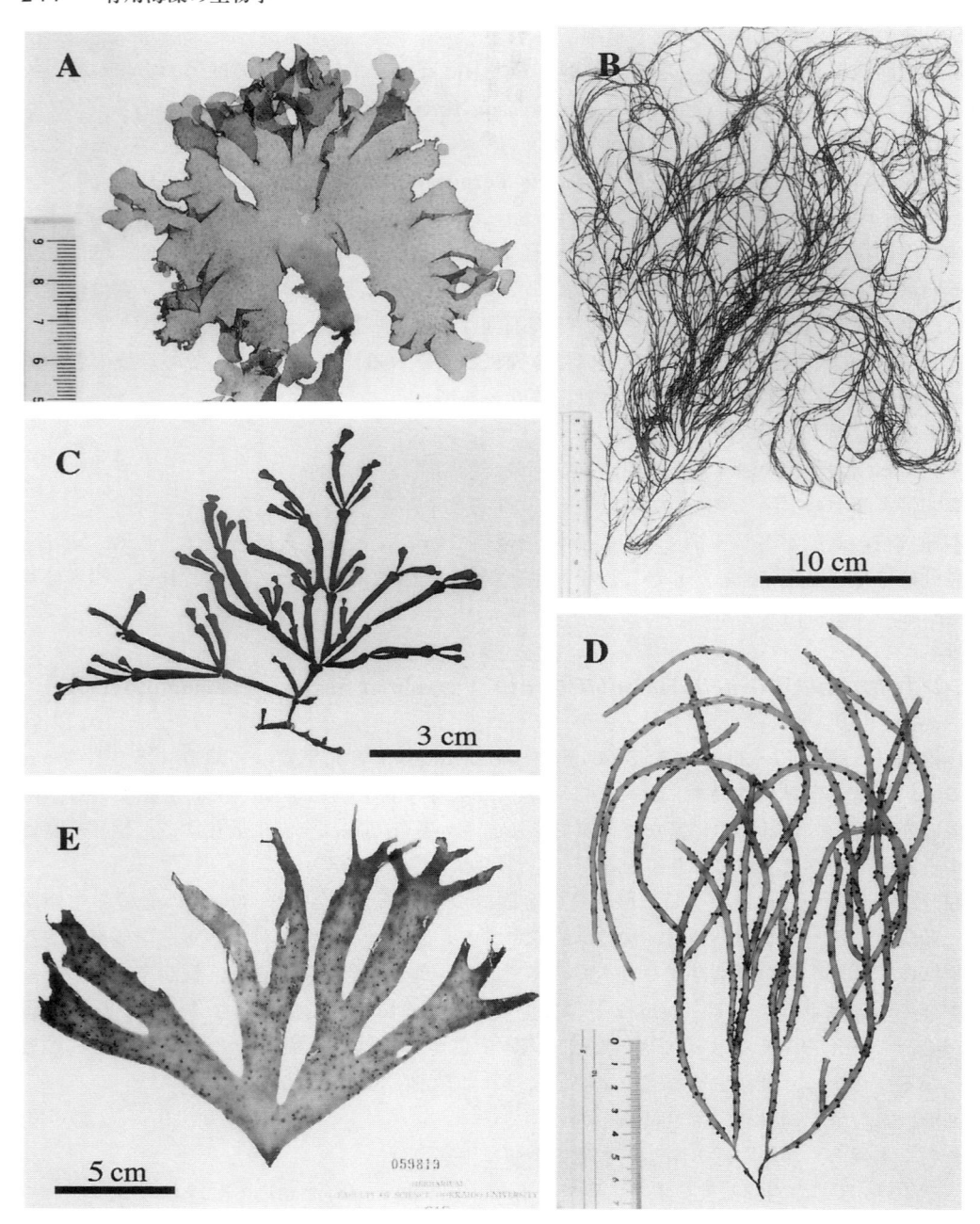

図12.7　A：イツツギヌ *Gracilaria punctata*，B：ベニオゴノリ *Gracilaria rhodocaudata*，C：フシクレノリ *Gracilaria salicornia*，D：シモダオゴノリ *Gracilaria shimodensis*，E：シンカイカバノリ *Gracilaria sublittoralis*.

在する．体色は赤褐色，あるいは黄褐色であるが，明るい所に生育する体では黄色の色調が強くなる．質は革質，あるいは硬い膜質である．本種の形態と大きさは地域による変異が非常に大きい．一般に北方海域の体は小型である．白浜（和歌山県）や野母（長崎県）にはほとんど枝分かれしない体がみられる．これまでは本種の地域個体群として扱っているが，形態の変異が種の幅を越えているようにも思われ，分類上の課題を残している．

四分胞子嚢は全面に散在する．精子嚢は全面につくられる深さ 20〜30 μm の皿型の生殖器巣内に形成される．嚢果は全面に形成され，横断糸を持つ．

基準標本産地：本州日本海岸．

分布：北海道日本海岸，本州，四国，九州，瀬戸内海．

潮間帯中部から水深 2〜3 m の岩盤，玉石に着生するが，水深 10 m にも生育するといわれている．本種の分布範囲はオゴノリ *G. vermiculophylla* についで広く，生育量も多い．

オゴノリ *Gracilaria vermiculophylla* (Ohmi) Papenfuss （図 12.8 B）

Ohmi 1956, Papenfuss 1967

体は円柱状，高さ 20〜50 cm，直径 1〜2 mm で，付着器から直立する．枝と小枝は不規則な互生，偏生，叉状に出る．いずれの基部も軽くくびれる程度である．体色は褐色から暗褐色で，質は軟骨質である．毛の基部細胞は全面に散在する．組織細胞は皮層から髄層へ向けて急激に大きくなる．

四分胞子嚢は全面に散在する．不規則に分裂することもあり，三角錐状（四面体状）に見える場合もある．精子嚢は全面につくられる深さ 100〜150 μm の壺型の生殖器巣内に形成される．嚢果は全面に形成され，横断糸を持つ．横断糸は一般に多いが，非常に少ない体もあるので注意を要する．

基準標本産地：厚岸湖（北海道）．

分布：北海道，本州，四国，九州，瀬戸内海，南西諸島．

潮間帯上部から水深 1〜2 m の多少砂泥に覆われた岩盤，玉石，小石，貝殻に生育する．干潮時には乾燥した藻体もみられる一方，河口部の淡水が混じる所にも繁茂する．日本産では分布範囲が最も広く，生育量も多い．地域による形態変異が大きいため同一種かどうか疑問もあったが，各地の個体を相互交配したところ完全な生殖和合性を示したことから，一種とみて間違いないであろう．

本種の学名は *Gracilaria verrucosa* を充ててきた．しかし，アジア産のオゴノリは基準地のイギリス産と異なることが明らかになり（Zhang & Xia 1985），さらに，別種とされていた日本産の *G. verrucosa* と *G. vermiculophylla* は交配可能で同種とみなされることから，後者の学名に統一した（Yamamoto & Sasaki 1988，吉田 1998）．和名は従来一般に使われていた"オゴノリ"を用いている（12.6 室内培養を参照）．

トゲカバノリ *Gracilaria vieillardii* Silva （図 12.8 C）

Silva *et al.* 1987

体は扁平，高さ 5〜8 cm，幅 3〜7 mm で，付着器から直立する．茎状部は円柱状で長さ 3 cm までになるが，茎状部の両縁から出る葉状部が流失すると一層顕著になる．枝は叉状，あるいは不規則に出て多少ねじれることがある．縁辺には長さ 1.5 mm に達する突起を持つ．これが和

図12.8 A：カバノリ *Gracilaria textorii*，B：オゴノリ *Gracilaria vermiculophylla*，C：トゲカバノリ *Gracilaria vieillardii*．

名の由来になっている．体色は淡い赤茶色から赤紫色で，質は膜質である．毛の基部細胞は全面に散在する．組織細胞は皮層から髄層へ向けて急激に大きくなる．

四分胞子嚢は全面に散在する．精子嚢は全面につくられる深さ23〜33 μmの皿型の生殖器巣内に形成される．嚢果は全面に形成され，横断糸を持つ．

基準標本産地：New Caledonia．
分布：南西諸島．

潮間帯下部付近のタイドプールの岩盤に生育する．本種は熱帯産で，沖縄海域は分布の北限である．

12.4 生活史

生殖器官の項で述べたように，オゴノリ属には扁平状種，円柱状種にかかわりなく四分胞子体と雌雄の配偶体がある．四分胞子体と配偶体は同じ形態を示すことから生活史の型は典型的な同型世代交代型で，2年間で生活史を完結する（図12.9）．しかし，種によっては配偶体が極端に少なく，ほとんどが四分胞子体か栄養体である地域個体群も知られている．このような個体群では胞子体→胞子体の生活史を送っているようである．たとえば北海道江差に生育するツルシラモの変種var. *exilis*は胞子体のみであるが，胞子嚢が分裂する際，通常の減数分裂を起こさず，1回の分裂のみで2nの胞子（二分胞子）を形成し，この胞子が再び胞子体（二分胞子体）に生長

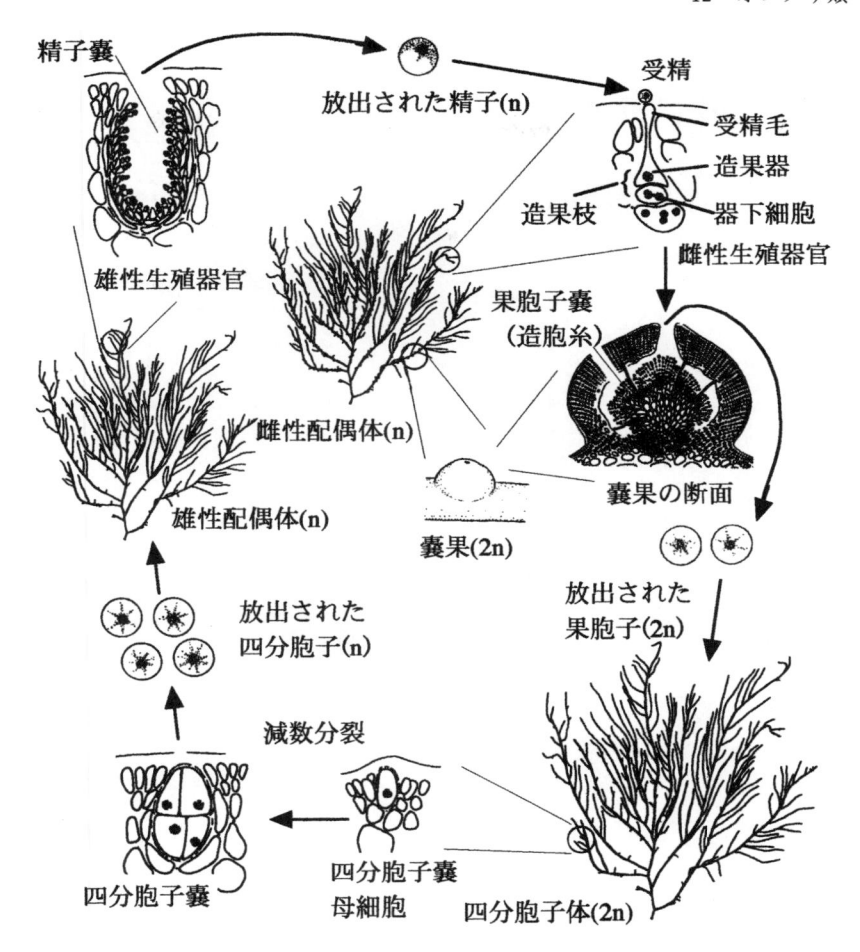

図12.9 オゴノリの生活史（山本 1993から引用，一部改変）．

することが知られている（Yamamoto & Yamauchi 1997）．また，四国に生育するセイヨウオゴノリ G. lemaneiformis では，度重なる調査にもかかわらず雌雄配偶体は未だに発見されていない（Chirapart et al. 1994, 1995）．この個体群の生活史も四分胞子体を繰り返しているものと推察するが，興味のある現象である．

　四分胞子と果胞子はともに不規則に分裂し，直接盤状型の発生様式で小さな盤状体を形成する．盤状体の中央部から一本の直立体を発出する．この盤状体は盤状付着器に発達し，直立体は枝分かれして藻体に生長する．四分胞子（n）と果胞子（2n）の発生様式は全く同じであるが，四分胞子からは理論上1：1の割合で雌雄配偶体（n，ただし受精後に形成される果胞子体は2n）に，果胞子からはすべてが四分胞子体（2n）になる．

　雌雄生殖器官の発達については"12.2 オゴノリ属の生殖器官"を参照されたい．

12.5　生態と分布

　オゴノリ属は通常潮間帯の上部から水深2〜3mの多少砂泥に覆われた岩盤，玉石，小石，貝

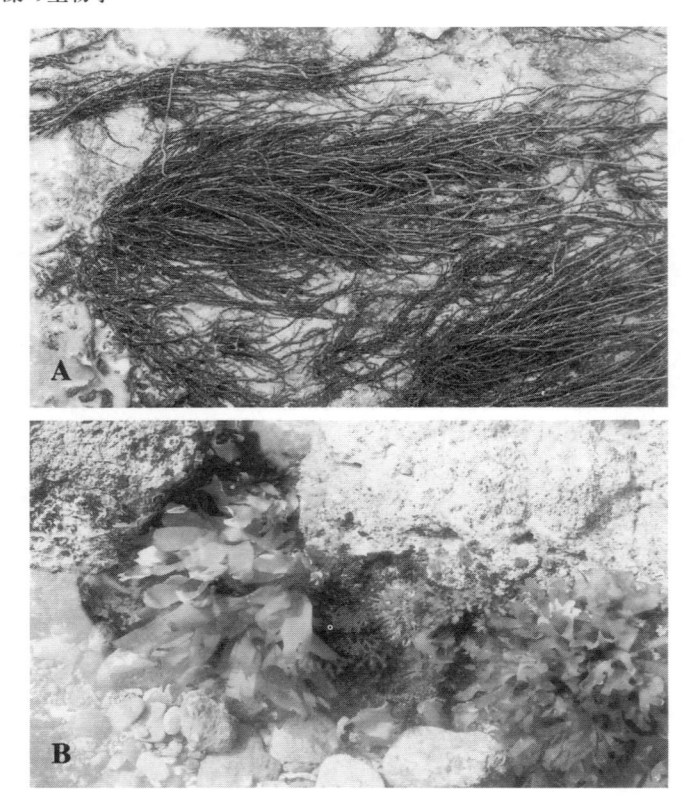

図 12.10　A：干潮時，露出した岩盤上に横たわるオゴノリ，B：干潮時，水面直下に生育するカバノリ．

殻に着生するが（図 12.10），種によっては水深 10 m，あるいは 30 m，50 m という記録もある．多くの種は多少淡水が混入する所を好み，河口付近や排水が混じる富栄養化した所に多い．分布範囲が最も広いオゴノリは低塩分ばかりではなく乾燥にも耐え，干潮時には干からびても枯死することはない．また，この種は体の下半分を泥に埋めた状態で生育している個体をみかけるが，これを掘出してみると生き生きした黒褐色を呈しており，環境に対する順応性は驚異的である．

内湾では大型の体が基質から離れて浮遊し，時化で大量に打上げられることもある．

成熟時期は高水温海域ほど早く，沖縄海域で 1 月頃，九州で 2〜3 月，本州中部で 4 月頃，北海道では 6〜7 月である．雄性配偶体，雌性配偶体（嚢果），四分胞子体の成熟時期には一般に時間的なずれがみられる．たとえば北海道函館のオゴノリ群落では，雄性配偶体は 6 月上旬に成熟し始め，7 月上旬に最盛期を迎えて以後衰退する．しかし，嚢果（雌性配偶体）が肉眼で認められるのは 7 月上旬で約 1 月遅れるが，10 月中旬まで残存する．また，四分胞子体の成熟は嚢果の形成時期とほぼ一致するが，流失時期は比較的早く，群落内のそれぞれの構成比は時期により変わることが知られている（寺田ら 2000）．本州南部，九州，沖縄では 8 月頃までに流失するが，初春から晩春にかけて生長する状況は全国的に共通している（図 12.11）．

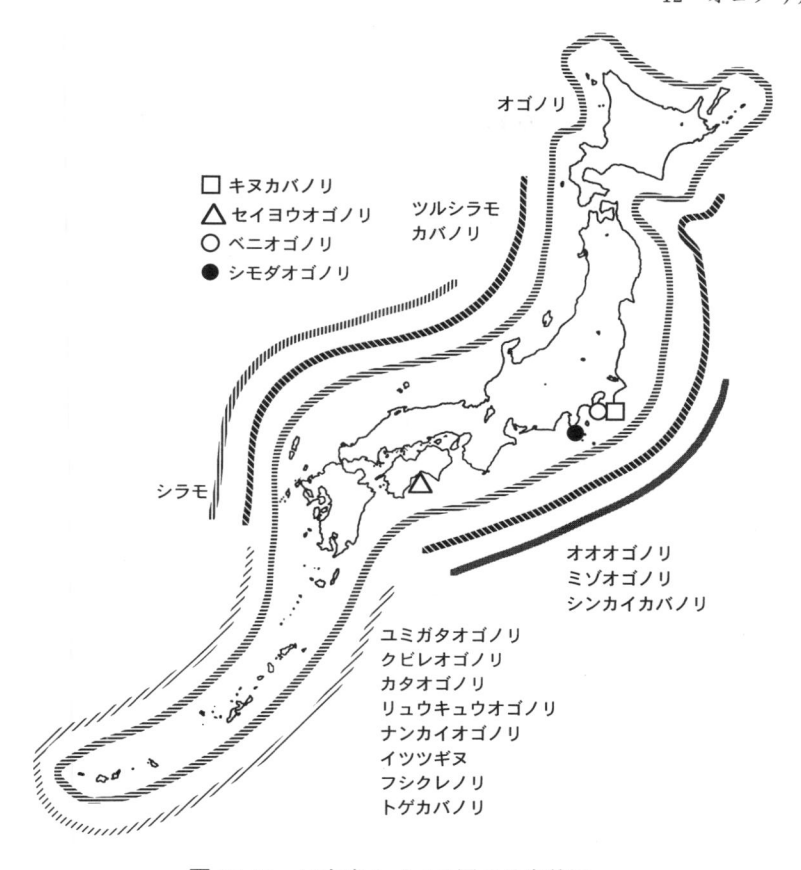

図 12.11 日本産オゴノリ属の分布状況.

12.6 室内培養

　世界で最初にオゴノリ G. verrucosa（現在は G. vermiculophylla）の生活史を室内培養で完結させたのは日本の研究者である（Ogata et al. 1972）．その後，われわれは多数の種で生活史を完結させているが，この培養技術は分類学に大いに貢献している．われわれが培養を始めたのは，野外での採集・調査のみでは生活史の一部，特に雄性生殖器官の形態（型）が分からない種があること，類似する種がはたして別種なのか，あるいは同種とすべきなのかを確定するためであった．前者の場合は野生体ではみつからない生殖器官を明らかにし，この種がどの亜属に属するかを確定することができる．この例として，すでにリュウキュウオゴノリに触れた（12.2 オゴノリ属の生殖器官を参照）．後者では二つの分類群（種）を人工的に交配させ，生殖和合性 sexual compatibility により同種とすべきか，異種とすべきかの判断に資した．これは種の判定を海藻自身に委ねたことになるが，われわれが判定するよりはるかに確実であろう．たとえば，北海道厚岸湖から新種として発表されたオゴモドキ G. vermiculophylla と日本産のいわゆるオゴノリ G. verrucosa の違いが明確ではなかった．形態学的には判断が難しかったため両者を相互交配したところ完全な生殖和合性を示したことから，二者をオゴノリ G. vermiculophylla に統一

した経緯がある（Yamamoto & Sasaki 1988, 吉田 1998）.

このように室内培養は分類の方便として始めたのであるが，技術的にはほとんど完成しているので人工種苗の大量生産に役だてることもできると考えている．以下に代表種のオゴノリを例に培養法の概略を述べる．

生活史を完結する場合では培養のスタートは四分胞子でも果胞子でもよいが，採集した藻体を実験室へ持ち帰るまでに長時間を要する場合は，四分胞子体（四分胞子）より嚢果（果胞子）の方が胞子の活力を保つことができる．これは四分胞子が皮層中に散在するのに対し，果胞子は嚢果内で保護されているためであろう．採集した藻体の表面には珪藻，シアノバクテリア，原生動物など雑多な生物が着生している．これらが培養に紛れ込むと大変手間がかかり，ときには培養を継続することが難しくなる．これを避けるため，胞子を放出させる前に何らかの除去処理を施す必要がある．この後ピペットで胞子を分離すれば，ほぼ完全に単藻培養 unialgal culture を確立することができる．著者は 1 cm ほどに切断した藻体片を滅菌した海水，砂とともに小ビンに入れてシェークしている．このように処理しても藻体片の切り口に付着した生物を完全に除去することができないこともあるので，ここをメスで切り取る．ピペットは直径 3 mm ほどの肉薄のガラス管を加熱し，胞子の直径より多少大きい内径 30〜35 μm に引き伸ばしたものが便利である．

海水はオートクレーブなどで 80°C ぐらいに加熱・滅菌して自然冷却し，全培養過程に用いている．培養には恒温培養器を用い，照度，水温を調節すると生長から成熟までの日数を予定することができるが，培養器がない場合は直射日光が当たらない所に放置しても，培養日数は増えるがそれほど支障はない．

培養過程のモデルを列記するとつぎのようになる．

1) 藻体片を浅いガラス容器（浅い方が顕微鏡下での胞子の分離に便利である）に静置し，2000 lux（約 30 μE/m²/s）程度の光を当てる．
2) 胞子は数時間，遅くとも 24 時間以内に放出される．浮遊している胞子をピペットで吸いあげ，30〜50 mL の容器に 10 個ほどの胞子を分離する．
3) 水温 18〜22°C，照度 3000〜5000 lux（50〜80 μE/m²/s），明期 14 時間，暗期 10 時間に調節する．初期発生の段階では幾分低水温，低照度に抑えると発生率がよい．培養液にはプロバゾリーの栄養強化海水（PES）を使用する．
4) 培養約 40 日間で長さ 5 mm ほどに生長した直立体を培養容器から剝がし，容量の大きなフラスコなどに移す．この時点から通気を開始．収容個体数は 500 mL 容器で 10 個体ほど，生長に応じて調整する．1 週間ごとに培養液を交換する．
5) 分離培養 30 日間ほどで精子を形成，1 週間ほど遅れて嚢果の突起が現れる．四分胞子もほぼ同じ日数で形成される．放出された胞子は培養容器に自然に着生し，発生・発芽する．これはつぎの世代である．
6) 人工交配では，雌性配偶体を識別し得るまでに生長させた藻体（嚢果を形成し始めた藻体）の先端部を切り取り，1 週間培養する．もし，この藻体片がすでに受精していれば，この 1 週間で嚢果が認められるようになる．この場合は嚢果を形成した部分から下部を切り捨て，上部のみを交配に供する．雄性配偶体についてはこのような操作は不要で，成熟した部分を無作為に用いればよい．オゴノリには稀に雌雄同体があり，交配に用いる未受精片に精子が形成されていることもある．オゴノリは自家受精も可能なので，交配（嚢果

形成）後，顕微鏡で精査することが必要である．

　以上の操作で生活史を完結し，さらに交配実験を行うことができるが，世代を重ね培養が長期間に渡ると受精能が低下することもある．このような事態を避けるため，可能な限り野生体からの培養体を用いることを薦める．

12.7　採取と利用の現状

　オゴノリ属のうち，オゴノリ，ツルシラモ，シラモ G. bursa-pastoris は，わが国では寒天の原藻や刺身のつまとして古くから採取されてきた．現在では，寒天原藻のほとんどはチリ，東南アジア，南アフリカから輸入されているが，食用（刺身のつま）にはすべて国内産が利用されている．年間の収穫量は多くて3000トン（生重量）前後で推移しており，主に愛知県知多半島，伊勢湾，千葉県木更津，徳島県，有明海，大分県で4月から6月にかけて採取されている（伊藤 2001）．採取された藻体はアルカリ処理後数ヵ月間保存され，出荷されている．採取される種は地域で異なり，東京湾近郊ではツルシラモ，ベニオゴノリ G. rhodocaudata など，徳島県や大分県，有明海では主にツルシラモである．また長崎県対馬ではシラモ，奄美大島ではクビレオゴノリ G. blodgettii やユミガタオゴノリ G. arcuata であるが，ほとんどが地元で消費されている．

　ツルシラモは地域によって一時的に大繁殖し，数年後には著しく減少する現象が知られている．1950年代には，北海道厚岸湖で年間の収穫量が12,200トン（推定生重量）に達するほど繁茂したが，その後激減し（Ohmi 1958），現在ではほとんどみることができない状態である．また千葉県や愛知県でも，1956年からの10年間に多い年で2,000〜3,000トン（生重量）の収穫があったが，少ない年で17〜400トンに減少している（伊藤 2001）．さらに最近では，熊本県で1990〜1992年にかけて繁茂し，年間10,000トン（生重量）以上の収穫があったが，1998年には28トンに減少している（右田ら 1993，伊藤 2001）．大分県では約10年周期の増減がみられ，1994〜1996年に年間2000トン（生重量）前後の収穫を記録したが，1999年には782トンに減少した．

　オゴノリ類には一定の需要があり，このような著しい増減は採藻業者と利用者にとって深刻な問題であるが，この原因についてはよく分かっていない．一時的に大繁殖する地域のツルシラモには成熟体がほとんどないことから，主に栄養繁殖で増えているものと推察している．胞子による新規加入個体が少ない状況で乱獲されたため，資源量が著しく減少した可能性もある．

　海外での本属の育成状況をみると，代表的な生産国であるチリや南アフリカでは，天然藻体よりもロープによる養殖や海底（砂泥地）への種苗の植え込みなどで増産を図っている．また，ベトナムなどの東南アジア諸国では，海水を引き込んだ池でエビとの混合養殖が盛んに行われている．日本でも過去に増養殖の試験が実施されたが，実用化には至らず現在でも天然藻体の採取に留まっている．

引用文献

Abbott, I. A. 1985. New species of *Gracilaria* Grev. (Gracilariaceae, Rhodophyta) from California and Hawaii. Tax. Econ. Seaweeds 1: 115-121.

Agardh, C. A. 1820. Icones algarum ineditae. Fascicle 1. Lund.

Bory de Saint-Vincent, J. B. G. M. 1828. Cryptogamie: *In* L. I. Duperrey, Voyage autour du monde …La Conquille,…: 97-200. Paris.

Chang, C. F. and Xia, B. M. 1976. Studies on Chinese species of *Gracilaria*. Stud. Mar. Sin. **11**: 91-163.

Chirapart, A., Ohno, M. and Yamamoto, H. 1994. Occurrence of a different *Gracilaria* in Japan. Tax. Econ. Seaweeds **4**: 119-124.

Chirapart, A., Ohno, M., Sawamura, M. and Kusunose, H. 1995. Phenology and morphology on a new member of Japanese *Gracilaria* in Tosa Bay, southern Japan. Fisheries Science **6**: 411-414.

Dawson, E. Y. 1949. Studies of northeast Pacific Gracilariaceae. Allan Hancock Fdn. Publs. Occ. Pap. **7**: 1-54.

Dawson, E. Y. 1954. Note on tropical Pacific marine algae. Bull. South Calif. Acad. Sci. **53**: 1-7.

Gmelin, S. G. 1768. Historia fucorum. Academica Scientiarum. Petropolis.

Greville, R. K. 1830. Algae Britannicae. MacLachlan and Stewart. Edinburgh.

Hariot, 1891. Liste des algues marines rapportées de Yokoska (Japon) par M. le Dr. Savatier. Mém. Soc. Nat. Sci. Natur. Mathem. Cherbourg **27**: 211-230.

Harvey, W. H. 1853. Nereis Boreali-Americana, part 2, Rhodospermeae. Smithsonian Contrib. Knowledge **5**: 1-218.

Harvey, W. H. 1859. Characters of new algae, chiefly from Japan and adjacent regions, collected by Charles Wright in the north Pacific exploring expedition under Captain John Rodgers. Proc. Amer. Acad. Arts and Sci. **4**: 327-335.

Holmes, E. M. 1896. New marine algae from Japan. Linn. Soc. Jour. Bot. **31**: 248-260.

伊藤龍星 2001. 日本の採取・増養殖の現状. 寺田竜太・能登谷正浩・大野正夫編, オゴノリの利用と展望. p. 58-74. 恒星社厚生閣.

李 仁圭・黒木宗尚 1977. 紅藻キヌダルス (*Rhodymenia cuneifolia* Okamura の分類学的位置について. 藻類 **25** (増補): 113-118.

右田清治・中島信次・林 江崑・玉置昭夫 1993. 紅藻ツルシラモの有明海熊本沿岸での大繁殖. 水産増殖 **41**: 149-154.

Muraoka, D., Yamamoto, H. and Yasui, H. 1998. Formation of wound tissue of *Gracilaria chorda* Holmes (Gracilariaceae) in culture. Bull. Fac. Fish. Hokkaido Univ. **49**: 31-39.

Ogata, E., Matsui, T. and Nakamura, H. 1972. The life history of *Gracilaria verrucosa* (Rhodophyceae, Gigartinales) in vitro. Phycologia **11**: 75-80.

Ohmi, H. 1956. Contributions to the knowledge of Gracilariaceae from Japan. II. On a new species of the genus *Gracilariopsis*, with some considerations on its ecology. Bull. Fac. Fish. Hokkaido Univ. **6**: 271-279.

Ohmi, H. 1958. The species of *Gracilaria* and *Gracilariopsis* from Japan and adjacent waters. Men. Fac. Fish. Hokkaido Univ. **6**: 1-66.

岡村金太郎 1929-1932. 日本藻類図譜. 第6巻. 丸善.

Okamura, K. 1931. On the marine algae from Kotosho (Botel Tobago). Bull. Biogeogr. Soc. Jap. **2**: 95-122.

Okamura, K. 1934. Notes on algae dredged from the Pacific coast of Tiba Prefecture. Rec. of Oceanogr. works in Japan **6**: 13-18.

Papenfuss, G. F. 1967. Note on algal nomenclature-V. Various Chlorophyceae and Rhodophyceae. Phykos **5**: 95-105.

Silva, P. C. 1952. A review of nomenclatural conservation in the algae from the point of view of the type method. Univ Calif. Publ. Bot. **25**: 241-324.

Silva, P. C., Basson, P. W. and Moe, R. L. 1996. Catalogue of the benthic marine algae of the Indian Ocean. Univ. of Calif. Press, Berkeley.

Silva, P. C., Meñez, E. G. and Moe, R. L. 1987. Catalog of the benthic marine algae of the Philippines. Smithsonian Contr. Marine Science **27**: 1-179.

Suringar, W. F. R. 1867. Algarum Japonicarum Musei Botanici L. B. index praecursorius. *Annales Bot*. Musei Bot. Lugd. Bat.: 53-56.

高嶺 昇・山田幸男 1950. 伊勢湾菅島沿岸に於ける海藻. 植物学雑誌 **63**：265-269.

Terada, R., Baba, M. and Yamamoto, H. 2000. New record of *Gracilaria firma* Chang et Xia (Rhodophyta) from Okinawa, Japan. Phycol. Res. **48**: 291-294.

寺田竜太・木村 充・山本弘敏 2000. 北海道函館産オゴノリ（*Gracilaria vermiculophylla* (Ohmi) Papenfuss（紅藻オゴノリ目）の生長と成熟. 藻類 **48**：203-209.

Terada, R. and Yamamoto, H. 2000. A taxonomic study on two Japanese species of *Gracilaria*: *Gracilaria shimodensis* sp. nov. and *Gracilaria blodgettii* (Gracilariales, Rhodophyta). Phycol. Res. **48**: 189-198.

Tseng, C. K. and Xia, B. M. 1999. On the *Gracilaria* in the western Pacific and the southeastern Asian region. Bot. Mar. **42**: 209-217.

Yamada, Y. 1941. Notes on some Japanese algae IX. Sci. Pap. Inst. Algol. Res. Hokkaido Univ. **3**: 11-25.

Yamamoto, H. 1975. The relationship between *Gracilariopsis* and *Gracilaria* from Japan. Bull. Fac. Fish. Hokkaido Univ. **26**: 217-222.

Yamamoto, H. 1978. Systematic and anatomical study of the genus *Gracilaria* in Japan. Mem. Fac. Fish. Hokkaido Univ. **25**: 97-152.

Yamamoto, H. 1984. An evaluation of some vegetative features and some interesting problems in Japanese populations of *Gracilaria*. Hydrobiologia **116/117**: 51-54.

Yamamoto, H. 1986. *Congracilaria babae* gen. et sp. nov. (Gracilariaceae), an adelphoparasite growing on *Gracilaria salicornia* of Japan. Bull. Fac. Fish. Hokkaido Univ. **37**: 281-290.

山本弘敏 1993. *Gracilaria verrucosa* (Huds.) Papenfuss（オゴノリ）. 堀 輝三（編）, 藻類の生活史集成 第2巻. p. 282-283. 内田老鶴圃.

Yamamoto, H. 1994. Review on *Gracilaria sublittoralis* Yamada et Segawa (nom. nud.), Gracilariaceae, Rhodophyta. Jpn. J. Phycol. **42**: 421-424.

Yamamoto, H. 1995. New species and variety of *Gracilaria* from Japan: *G. rhodocaudata* sp. nov. and *G. chorda* var. *exilis* var. nov. Tax. Econ. Seaweeds **5**: 207-212.

Yamamoto, H. and Noro, T. 1993. *In vitro* life history and spermatangial type of *Gracilaria eucheumoides* (Gracilariaceae, Rhodophyta). Jpn. J. Phycol. **41**: 131-135.

Yamamoto, H. and Sasaki, J. 1988. Interfertility between so-called *Gracilaria verrucosa* (Huds.) Papenfuss and *G. vermiculophylla* (Ohmi) Papenfuss in Japan. Bull. Fac. Fish. Hokkaido Univ. **39**: 1-3.

Yamamoto, H., Terada, R. and Muraoka, D. 1999. On so-called *Gracilaria coronopifolia* from the Philippines and Japan. Tax. Econ. Seaweeds **7**: 89-97.

Yamamoto, H. and Yamauchi, H. 1997. A bisporangial sporophyte in the life history of *Gracilaria chorda* var. *exilis* (Gracilariaceae). Tax. Econ. Seaweeds **6**: 97-102.

吉田忠生 1998. 新日本海藻誌 日本産海藻類総覧. 1222 pp. 内田老鶴圃.

Zanardini, G. 1858. Plantarum in mari Rubro hucusque collectarum enumeratio. Men. R. Ist. Veneto

7 : 209-309.

Zhang, J. and Xia, B. 1985. On *Gracilaria asiatica* sp. nov. and *G. verrucosa* (Huds.) Papenfuss. Oceanol. Limnol. Scinica **16** : 175-180.

Zhang, J. and Xia, B. 1992. Studies on two new *Gracilaria* from south China and a summary of *Gracilaria* species in China. Tax. Econ. Seaweeds **3** : 195-206.

有用海藻の生物学

13 ツノマタ類

宮田 昌彦

　ツノマタ類は，スギノリ科ツノマタ属 *Chondrus* Stackhouse（1797）とアカバギンナンソウ属 *Mazzaella* De Toni f.（1936）に含まれる種の総称である．ツノマタ属，アカバギンナンソウ属は歴史的に日本壁をつくるための糊料として，また食材として使われてきた．漆喰壁は，すさや粘土に海藻糊料を加え消石灰の乾燥と空気中の炭酸ガスの吸収による石灰化（炭酸カルシウム）によって硬化する．その糊料として，主に紅藻ツノマタ類が使われる．また，"ギンナンソウ"，"フノリ"が用いられている．漆喰は城郭や土蔵など伝統的な日本建築の壁に使われ，室内湿度の調節に効果がある．また，アカハダ，タンバノリなどムカデノリ科も糊料原藻として採取されている．これらの海藻は，煮つめられた後に漂白しながら乾燥させ，粉末にして漆喰用糊料として使用される．本章ではツノマタ属とアカバギンナンソウ属の分類，生態，分布，利用について述べる．

13.1　ツノマタ属の分類と生活史

　ツノマタ属は盤状の付着器から数株以上かたまって叢生し，一部を除き基部は円柱状，上部は扁圧（厚い膜状）で規則的に叉状分岐し，縁辺や体表面から副枝を出す．四分胞子体と雌雄配偶体は同形である．受精後の嚢果形成過程に特徴があり，嚢果の形と形成位置などが種の同定の基準になる．助細胞から形成される造胞糸は被覆により取り巻かれず，四分胞子嚢が髄細胞から発達した2次的細胞糸に短い鎖状となり，ほかの髄細胞とつながるという形態的特徴により，スギノリ属，アカバギンナンソウ属から区別する．現在まで，7種が報告されている（Holmes 1896, Yendo 1920, Okamura 1930, 稲垣 1933, Nagai 1941, Tokida 1954, Mikami 1965）．ツノマタ属の多くは，日本列島沿岸にふつうに見られる身近な海藻であり，潮間帯から漸深帯に広く分布する．しかし，形態変異が大きく，種の同定の難しい紅藻である．検索表を示した．

ツノマタ属の種の検索表

1. 藻体は幅が狭く線状 ··· 2
1. 藻体は幅が広く扁平 ··· 3
　2. 規則的に叉状分岐し，副出枝は少ない ······················· コトジツノマタ *Chondrus elatus*
　2. 不規則に叉状分岐し，副出枝が多い ···························· ヒラコトジ *Ch. pinnulatus*
3. 嚢果は藻体縁辺部の節や副出枝にできる ····················· マルバツノマタ *Ch. nipponicus*
3. 嚢果は藻体上部の葉面に散在する ··· 4
　4. 嚢果は瘤状で藻体上部に散在する ······························ イボツノマタ *Ch. verrcosus*
　4. 嚢果は眼球状で藻体の全面に散在する ·· 5
5. 四分胞子嚢は髄細胞全体から発達する ························· オホバツノマタ *Ch. giganteus*
5. 四分胞子嚢は皮層に近い髄部から発達する ··· 6
　6. 嚢果は円形で眼球状 ··· クロバギンナンソウ *Ch. yendoi*
　6. 嚢果が楕円形で，しばしば変形する ······························· ツノマタ *Ch. ocellatus*

（＊トゲツノマタは，ヒラコトジの品種 *Ch. pinnulatus* f. *armatus* とした）

ツノマタ属の藻体は，同形の四分胞子体と雌雄異株の配偶体が規則的に世代交代するイトグサ型の生活史を持つ．マルバツノマタの生活史を図13.1に示す（Brodie *et al.* 1991，増田 1993）．ツノマタ属の藻体は，胡麻粒状の子嚢斑が葉面に散在し十字状に分裂した球形の四分胞子（19〜25 μm）を形成する．放出された四分胞子から盤状の付着器を形成し，のちに付着器から直立葉状体を生じる．これらの発芽体は雌雄異株の配偶体に成長し，雄性配偶体には不動精子嚢，雌性配偶体には造果器が形成される．不動精子が造果器の先端の受精毛に接着して受精が起こる．果胞子嚢の前駆組織であるプロカルプに造胞糸が形成されて分散し大半は果胞子嚢となる．果胞子嚢の内部の細胞は，分岐した鎖状あるいは塊の造胞糸からなり果胞子が形成される．

果胞子嚢は半球形に葉面に隆起する．放出された果胞子は，四分胞子と類似した発芽形式で成

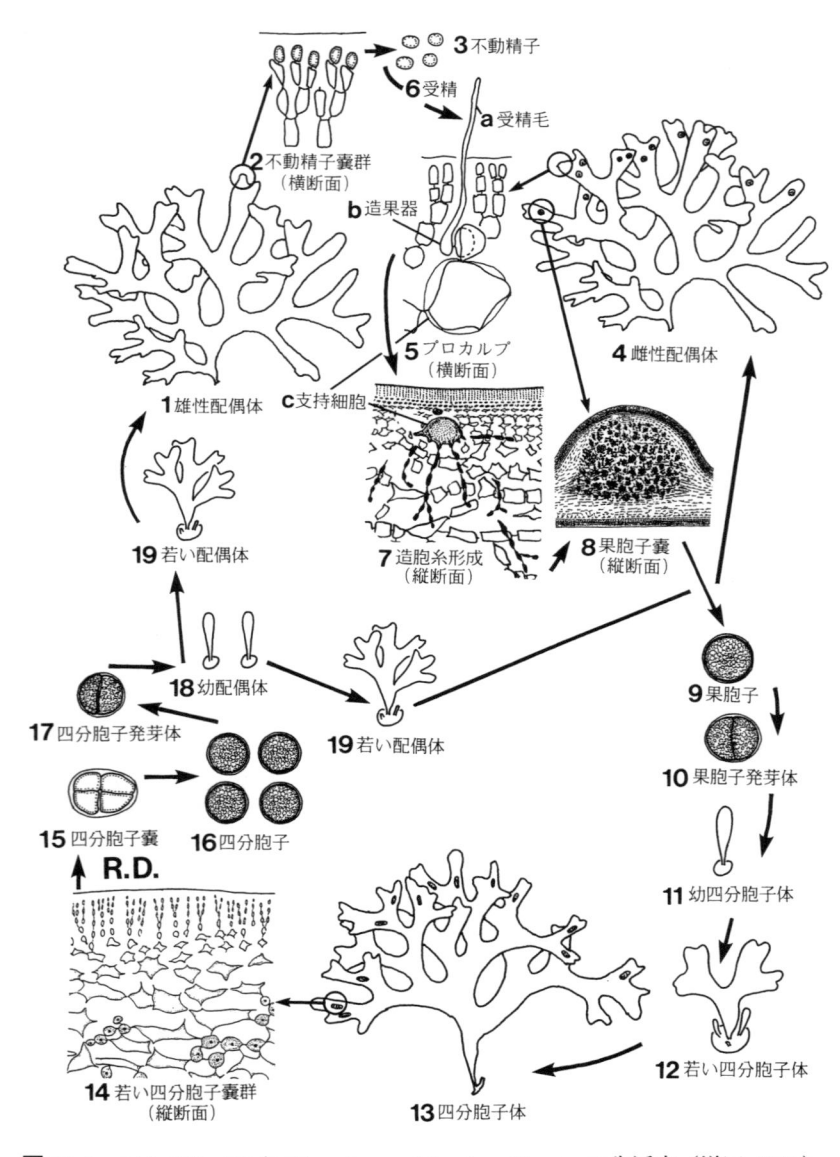

図13.1　マルバツノマタ *Chondrus nipponicus* Yendo の生活史（増田 1993）．

長し，四分胞子体となる．ツノマタ属の藻体は発芽後，冬期から初夏にかけて栄養成長を行う．生殖器官形成は，種や地域により差異があるが，6月中旬から起こる．とくにマルバツノマタの雄性配偶体は12月まで精子嚢を形成し続け，四分胞子体の成熟器官は翌年の1月まである．果胞子体を持つ雌性配偶体は7月から翌年の2月あるいは3月までみられる．盤状付着器と葉状体は多年生であるが，葉状体は多くの場合1回成熟する（増田 1993）．

13.2 主要な種について

ツノマタ *Chondrus ocellatus* Holmes （図13.2）

盤状の付着器から直立する葉状体は紫赤色から黄緑色で，数回叉状に分岐し扇状になる．ときに副出枝を不規則に出す．成体は高さが10〜20 cmで30 cmに達する．幅は3〜35 mmである．形態は多様に変異し，3品種が区別されている．果胞子嚢は球形か楕円形で体の片側で隆起し反対側でくぼむ．基準産地は静岡県下田．この種は北海道から九州にいたる日本列島沿岸に分布し，干潮線より高いところに繁茂し干潮時に刈り取られる．漆喰糊料の主原料となる（殖田ら 1963）．ツノマタの品種として，葉体の幅が一様であるヤセツノマタ f. *aequalis*（図13.3），葉体の基部がくさび状になるトチャカダマシ f. *crispoides*（図13.4），藻体が2〜3 cmの小型であるヒメツノマタ f. *parvus*（図13.5）に分けられている．

ツノマタの品種の検索表

1. 藻体は上部で叉状分岐する ……………………………………………………2
1. 藻体は基部より上部に向かい規則的に叉状分岐する …………………………3
   2. 藻体はくさび形で17 cmに達する ………ツノマタ *Chondrus ocellatus* f. *ocellatus*
   2. 藻体はやや線形で最大5 cm程度 ……………ヒメツノマタ *Ch. ocellatus* f. *parvus*
3. 藻体の幅がほぼ一様で叉状に分岐する ………ヤセツノマタ *Ch. ocellatus* f. *aequalis*
3. 藻体の基部がくさび形で扁平となり繰り返し叉状に分岐し，マルバツノマタに似る
   ………………………………………………トチャカダマシ *Ch. ocellatus* f. *crispoides*

オホバツノマタ *Ch. giganteus* Yendo （図13.6）

盤状の付着器から直立する葉状部は，赤褐色で扁平で叉状に分岐し，縁辺や体表から副枝を出す．ツノマタほど多く分岐せず大型になるのが特徴で，成体は幅が8 cmほど，体長は30〜40 cmになる．基準産地は千葉県犬吠埼．この種は本州太平洋沿岸の中部から北部に分布し，干潮線近くの岩上に繁茂する．品種として大型で分岐の少ない f. *giganteus* と藻体が扇状となるウチワツノマタ f. *flabellatus*（図13.7）がある．

オホバツノマタの品種の検索表

1. 藻体は扁平で掌状に分岐して最大45 cmに達し，葉片は線状披針形となる
   ……………………………………………オホバツノマタ *Chondrus giganteus* f. *giganteus*
1. 藻体は扁平なくさび形で20 cm程度，規則的に叉状分岐して扇形となる
   ………………………………………………ウチワツノマタ *Ch. giganteus* f. *flabellatus*

258　有用海藻の生物学

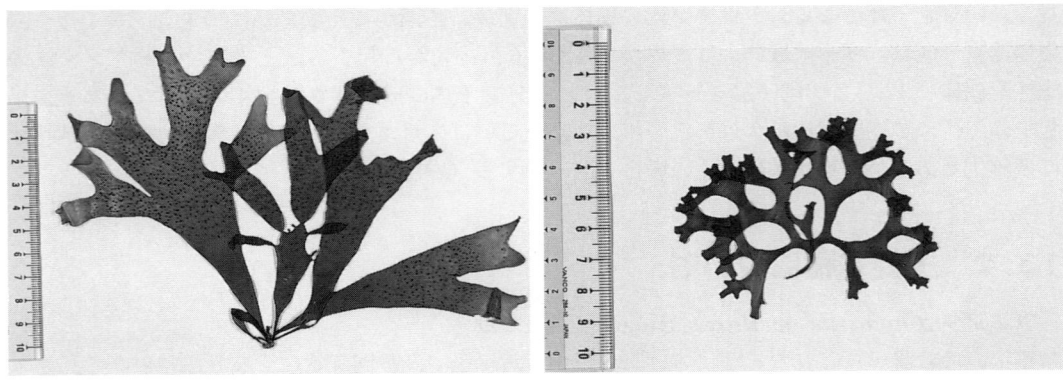

図 13.2　ツノマタ．

図 13.3　ヤセツノマタ．

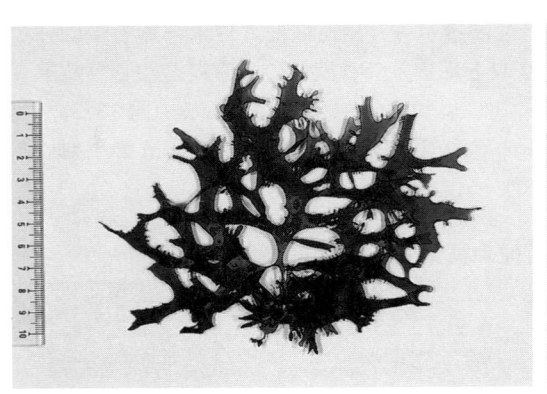

図 13.4　トチャカダマシ．

図 13.5　ヒメツノマタ．

図 13.6　オホバツノマタ．

図 13.7　ウチワツノマタ．

コトジツノマタ *Ch. elatus* Holmes（図 13.8）

体は扁圧し細く線形である．盤状の付着器から多数叢生する．体長は 15～20 cm で 30 cm に達する．体の上部で 2,3 回叉状に分岐する．藻体は硬く軟骨質で紫紅色であるが乾くと暗赤色になる．基準産地は神奈川県江ノ島．太平洋沿岸の青森以南より静岡にかけて分布し，干潮線付近に繁茂する．

ヒラコトジ *Ch. pinnulatus*（Harvey）Okamura（図 13.9）

盤状の付着器から叢生し，体は扁圧で幅 2～8 mm で広い線形である．高さは 15～30 cm ほどで大型になるものがある．茎部は短く，葉状部は広く分岐するが，上部で分岐が密になるのが特徴である．基準産地は北海道函館市．宮城県北部からカラフトまでの寒海域に広く分布し，干潮線より深いところに繁茂する．漆喰糊料として良質である．形態の変異は極めて多様であり，品種としてトゲツノマタ f. *armatus*（図 13.10），チシマヒラコトジ f. *conglobatus*，トサカヒラコトジ f. *cervicornis*（図 13.11），ホソバクシヒラコトジ f. *ciliatus* subf. *angusta*（図 13.12），ウチワヒラコトジ f. *flabellatus*（図 13.13），ハサミヒラコトジ f. *longicornis*，クシヒラコトジ f. *ciliatus* subf. *latus* がある．なお，トゲツノマタを別種とする説がある（Brodie *et al.* 1997）．

図 13.8　コトジツノマタ．

図 13.9　ヒラコトジ．

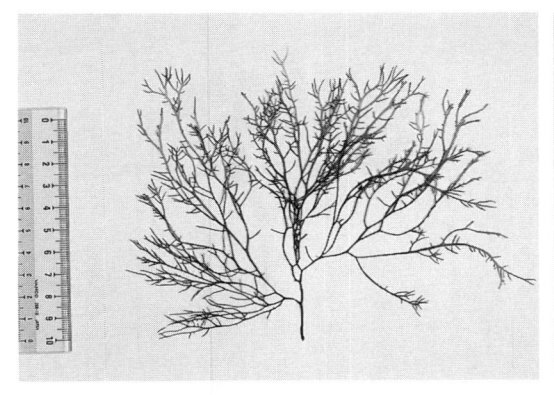

図 13.10　トゲツノマタ．

図 13.11　トサカヒラコトジ．

ヒラコトジの品種の検索表

1. 副出枝は柱状 ………………………………… トゲツノマタ Chondrus pinnulatus f. armatus
1. 副出枝は扁平 ……………………………………………………………………………… 2
   2. 小枝の先端は広がる ………………………………………………………………… 3
   2. 小枝の先端は狭くなる ……………………………………………………………… 4
3. 藻体は球状となる ……………………………… チシマヒラコトジ Ch. pinnulatus f. conglobatus
3. 藻体は球状とならず先端はとさか状 …… トサカヒラコトジ Ch. pinnulatus f. cervicornis
   4. 藻体の幅は狭い …………………………………………………………………… 5
   4. 藻体の幅は部分的に広がる ……………………………………………………… 6
5. 藻体は縁辺部で羽状分岐する ………………… ヒラコトジ Ch. pinnulatus f. pinnulatus
5. 藻体は叉状分岐し扇状となる ………………… ウチワヒラコトジ Ch. pinnulatus f. flabellatus
   6. 最終枝は長く伸びる ……………………… ハサミヒラコトジ Ch. pinnulatus f. longicornis
   6. 最終枝は短い ……………………………………………………………………… 7
7. 縁辺部羽枝は微細な歯状
   ………………………… ホソバクシヒラコトジ Ch. pinnulatus f. ciliatus subf. angusta
7. 縁辺部羽枝は微細な歯状とならない
   ………………………… クシヒラコトジ Ch. pinnulatus f. ciliatus subf. latus

図13.12　ホソバクシヒラコトジ．

図13.13　ウチワヒラコトジ．

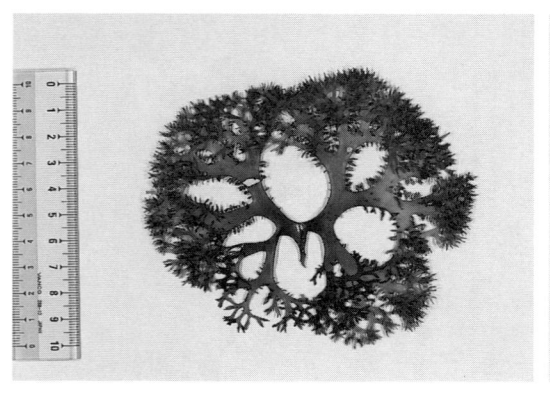

図13.14　マルバツノマタ．

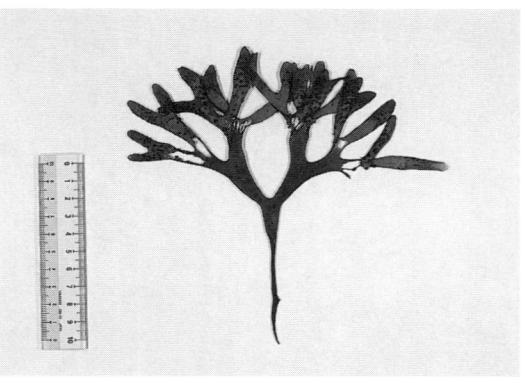

図13.15　イボツノマタ．

マルバツノマタ *Ch. nipponicus* Yendo（図 13.14）

盤状の付着器から叢生した体は基部がくさび状で扁平な葉状部をもち，体長は 5～8 cm で小型である．叉状に分岐するが，縁辺から副出枝が多く出るのが特徴である．色は暗赤褐色で緑色になることもある．基準産地は北海道焼尻島．本州太平洋沿岸北部から日本海に広く分布し瀬戸内海にも見られる．

イボツノマタ *Ch. verrcosus* Mikami（図 13.15）

盤状の付着器から叢生し，基部は細いくさび状で，少なからず湾曲する．上部は規則的に叉状分岐する．縁辺からの副枝はない．暗紫色で軟骨質である．基準産地は千葉県犬吠埼．本州太平洋沿岸中部に分布する．

クロバギンナンソウ（アツバギンナンソウ）*Ch. yendoi* Yamada et Mikami（図 13.16）

この種はアカバギンナンソウとともに，以前はギンナンソウ（銀杏草）と呼ばれ，*Iridaea* 属に所属したが，三上（1958）により *Chondrus* 属に移された．

図 13.16　クロバギンナンソウ．　　　　図 13.17　エダツノマタ．

殻状の付着器から叢生し，基部はくさび状で溝状になり，上部は広がった葉状体になる．葉状部は卵形になるのが特徴であり裂けることもある．体長は 5～30 cm．縁辺はなめらかであるがやや波うち，革質で暗紫色である．海中では青い蛍光色を示す．基準産地は北海道小樽市忍路．本州北部から北海道，千島列島，樺太に分布する．潮間帯下部の岩礁に密生する．配偶体と胞子体は周年みられる．クロバギンナンソウは漆喰糊料として多く採取されてきた．クロバギンナンソウの主要な産地は北海道の太平洋岸であり，"ぎんなんそう"として採取される藻体の 80％を占めている（木下 1949）．形態の変異が著しく，葉状部の分岐が少ない f. *yendoi*，叉状に分岐するエダツノマタ f. *subdichotomus*（図 13.17），縁辺から多数の裂片を出すフサツノマタ f. *fimbiatus* Mikami がある．

クロバギンナンソウの品種の検索表

1. 葉状部の縁辺に多数の列片をだす ………… フサツノマタ Chondrus yendoi f. fimbriatus
1. 葉状部の縁辺部は全縁 ……………………………………………………………… 2
    2. 葉状部が叉状様に分岐する ……………… エダツノマタ Ch. yendoi f. subdichotomus
    2. 葉状部は分岐しない ………………………………… エゾツノマタ Ch. yendoi f. yendoi

13.3 アカバギンナンソウ属

アカバギンナンソウ属は *Iridaea* 属に所属したが，時田（1938）により *Rhodoglossum* 属へ移され，その後，Hommersand ら（1993）の研究により北半球に産するものは *Mazzaella* 属とされた．形態的な分類形質として，造胞糸が密集して短い細胞からなり，髄や2次的な細胞糸をおしやり，それらと頂端の管状細胞によって連絡し，造胞糸の内部の細胞は広がり幅広くなること，四分胞子嚢は第1次皮層細胞から変成するか内皮層細胞または，髄細胞または髄細胞から生ずる2次的細胞糸に生ずることから，スギノリ属およびツノマタ属から区別される．アカバギンナンソウ属の種，品種の検索表を以下に示す．

アカバギンナンソウ属の種の検索表

1. 藻体は基部が細いくさび形で葉状部は卵形または長卵形に広がり，縁辺部は波うつ
    嚢果は球形で葉状部の両面に隆起する ………… アカバギンナンソウ *Mazzaella japonica*
1. 藻体は基部が細いくさび形で叉状，掌上に分岐し，葉状部は扁平である
    嚢果は半球形で葉状部の片面に隆起する ……………… イボギンナン *Ma. hemisphaerica*

アカバギンナンソウ（ウスバギンナンソウ） *Mazzaella japonica* (Mikami) Hommersand
（図 13.18）

盤状の付着器から叢生し，基部は細いくさび状で上部は急に広がり，卵形から長卵形の大きな葉状部になり縁辺は波うつ．嚢果は球形で葉状部の両面に隆起する．基準産地は北海道小樽市忍路．北海道および本州太平洋沿岸北部に分布する．藻体の分岐の程度により，1～2回分岐するf. *japonica* と 3～5 回分岐するエダウチギンナン *Rhodoglossum japonicum* f. *divergens* を区別する．後者は，植物命名規約上の組み合わせが行われていない．

アカバギンナンソウの品種の検索表

1. 藻体は1～2回程度分岐する ………… アカバギンナンソウ *Mazzaella japonica* f. *japonica*
1. 藻体は3～5回程度分岐する … エダウチギンナン *Rhodoglossum japonicum* f. *divergens*

イボギンナン *Ma. hemisphaerica* (Mikami) Yoshida （図 13.19）

盤状の付着器から1本～数本生じ，基部は細いくさび状で叉状，掌に分岐し，扁平な葉状部は縁部に小鋸歯をもつことがある．嚢果は半球形で葉状部の片面に隆起する．基準産地は北海道広尾町音調別．北海道十勝地方に局所分布する．藻体がよく分岐し，副出枝をもつf. *hemisphaericum* と分岐は少なく全縁なトカチギンナン *Rhodoglossum hemisphaericum* f. *oblongo-*

図 13.18　アカバギンナンソウ．　　　　　図 13.19　イボギンナン．

ovatum を区別する．後者は，植物命名規約上の組み合わせが行われていない．

イボギンナンの品種の検索表

1. 藻体は叉状または掌状に分岐し，縁辺部は多少波うち小歯状突起をもつことがある
    ································イボギンナン *Mazzaella hemisphaerica* f. *hemisphaericum*
1. 藻体は 1〜2 回程度分岐し，縁辺部は全縁
    ································トカチギンナン *Rhodoglossum hemisphaericum* f. *oblongo-ovatum*

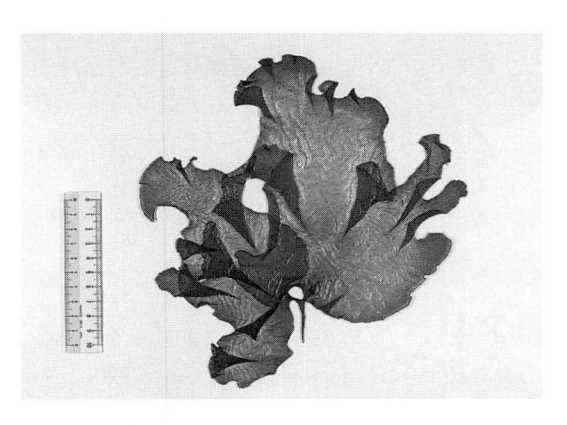

13.4　ツノマタ類の利用

　ツノマタ属は，アカバギンナンソウ属とともに，地域により第一種共同漁業の対象種として採取の規制があり，歴史的に食材や糊料として使われてきた．奈良時代の延喜式主形式上輸調条 (701) には，税の対象として，「つのまた」と訓む鹿角菜，角俣菜の記述があり，鹿角菜 33 斤 5 両と角俣菜 40 斤が等価であったとある．また平城宮跡出土の木簡にも鹿角菜，角俣菜の文字が確認でき，鹿角菜は「新撰字鏡」(898〜901) の中で「角万太」，「本草和名」(918) で「都乃末多」と訓ませている．すなわち，「つのまた」として，少なくとも二つ以上のタイプが区別されていた．また，鹿角菜は紫色であったとあり，コトジツノマタとする説がある（関根 1969）．しかし，延喜式主形式には，鹿角菜が，伊勢，志摩，参河，播磨，阿波より，角俣菜が志摩よりそれぞれ貢納とあり，現在の植物地理学的な分布から，鹿角菜，角俣菜の種を同定することは難しい．

　なかでも有用海藻としてあげられるのは，日本列島沿岸に分布するツノマタ *Ch. ocellatus* とコトジツノマタ *Ch. elatus* である．ツノマタには，あしぼそ（常陸），かいそ（下総），たんぽ，かばのり（志摩），ねこのみみのり（紀伊），コトジツノマタには，つのまた（陸中），ながまた，ながつのまた（常陸），かいさう，黒海藻（下総）などの地方名がある．

ツノマタ属からの抽出物をトコロテン状に固めたものを「海草こんにゃく」,「飯沼こんにゃく」と称して,千葉県銚子地方などでは,ハレの日に食べる習慣がある.ツノマタ類は食品添加物となるカラギナン生成藻として知られる.また,左官工事で塗り付けに用いる一般的な材料としてツノマタ属の種が用いられる(日本建築学会 1998).とくに,木舞壁用糊のうち,土物壁の糊料として,ツノマタ,クロバギンナンソウなどを使う.また,砂壁用の糊材としては,こんにゃく,にかわ,センメント混和用ポリマーなどとともに,ツノマタ,フノリを用いる.それらは,春あるいは秋に採取し1年程度乾燥したもので根や茎などが混入しないように煮たのち,粘性のある液状となり,不溶解部分が質量で25%以下のものを用いる.

ツノマタ類は,日本人が1300年以上にわたって利用する有用海藻である.

引用文献

Brodie, J., Guiry, M. D. and Masuda, M. 1991. Life history and morphology of *Chondrus nipponicus* (Gigartinales, Rhodophyta) from Japan. Br. phycol. J. **26**: 33-50.

Brodie, J., Masuda, M. and Guiry, M. D. 1997. Two morphologically similar biological species: *Chondrus pinnulatus* and *C. armatus* (Gigartinaceae, Rhodophyta), J. Phycol. **33**: 682-698.

Holmes, E. M. 1896. New marine algae from Japan. Linn. Jour. Bot. **31**: 248-260.

稲垣貫一 1933. 忍路湾及び其れに近接せる沿岸の海産藻類.北海道帝国大学理学部海藻研究所報告 **2**: 1-77.

日本建築学会(編) 1998. 建築工事標準仕様書・同解説 15 左官工事.第4版第1刷.p. 142-156. 社団法人日本建築学会.

木下虎一郎 1949. ノリ・テングサ・フノリ及びギンナンサウの増殖に関する研究. 109 pp. 北方出版社.

増田道夫 1993. *Chondrus nipponicus*(マルバツノマタ).堀 輝三編,藻類の生活史集成 第2巻. p. 274-275. 内田老鶴圃.

Okamura, K. 1930. 日本藻類図譜 第6巻. p. 19. pl. 261, 263, f. 1-6. 風間書房.

三上日出夫 1958. 北海道に多産する所謂クロバギンナンソウは,*Iridaea*に非ず.藻類 **6**(2): 36-39.

Mikami, H. 1965. A systematic study of the Phyllophoraceae and Gigartinaceae from Japan and its vicinity. Sci. Pap. Inst. Alg. Res., Fac. Sci., Hokk. Univ. **5**(2): 181-285, Pls. XI.

Nagai, M. 1941. Marine algae of the Kurile Island II. J. Fac. Agr. Hokkaido Imp. Univ. **46**: 188-189.

関根真隆 1969. 奈良朝食生活の研究. 542 pp. 吉川弘文館.

Tokida, J. 1954. The marine algae of Southern Saghalien. Mem. Fac. Fish., Hokk. Univ. **2**(1): 1-264.

殖田三郎・岩本康三・三浦昭雄 1963. 水産植物学. p. 388-403. 恒星社厚生閣.

Yendo, K. 1920. Novae Algae Japoniae. Decas I-III. Bot. Mag. Tokyo **34**: 1-12.

吉田忠生 1998. 新日本海藻誌 日本産海藻類総覧. p. 691-698. 内田老鶴圃.

有用海藻の生物学

14 サンゴモ類

馬 場 将 輔

　サンゴモ類は紅藻綱サンゴモ目 Corallinales に属する海藻の総称であり，細胞壁および細胞間隙に炭酸カルシウムを沈着することによって，石灰化した硬い体をつくり，とても植物とは思えないような形をしている（図 14.1, 図 14.2）．この仲間は，熱帯から寒帯の岩礁域に広く分布し，サンゴ礁の造礁作用に深く関与しているほか，テーブルサンゴのミドリイシ類やアワビ，ウニなどの浮遊幼生の着底・変態を誘導促進する効果がある物質を生産するなど，海域で重要な役割を果たしている（Johansen 1981，正置 1985，藤田 1999）．サンゴモ類は，磯焼けを構成する仲間であり，とくに，無節サンゴモが岩を被うと磯が焼けたように，ピンク色になりほかの海藻が見られなくなる．水産資源の枯渇が問題になる．しかし，フランス，イギリスでは，厚く堆積した無節サンゴモを機械で粉砕採取してミールと呼び土壌改良材に使われている．ミールには，カルシウム 30％，マグネシウム 3％が含まれており，ミネラルの含有量が多いので，家畜の配合飼料の素材としても利用されている．
　サンゴモ目は世界で 2 科 8 亜科 42 属が知られ，日本から 2 科 6 亜科 26 属が「新日本海藻誌」に報告されている（吉田・馬場 1998）．藻体の一部に石灰化しない膝節を持つ種を有節サンゴモ，この膝節を持たない種を無節サンゴモと呼ぶことが多い．現在までに 400 種以上の有節サンゴモと 1600 種以上の無節サンゴモが記載され（Johansen 1981, Woelkerling 1988），日本では 106 種が知られている（吉田ら 2000）．
　このうち，有節サンゴモは，成熟体であれば外部形態の特徴の違いにより種の同定が容易である．しかし，無節サンゴモは外部形態の特徴が乏しく，しかも生育環境により形が著しく変化することから，種の同定には内部構造を詳しく観察する必要がある．

14.1　体　構　造

　有節サンゴモは，岩，小石，ホンダワラ類などに着生する殻状部とそこから叢生して羽状や叉状に分岐する枝をつくる直立部からなる（図 14.3 A）．直立部には石灰化する節間部と石灰化しない膝節が交互につくられ，単孔の生殖器巣はカニノテ属の一部の種を除き，節間部あるいは小羽片に形成される（図 14.3 B）．
　無節サンゴモは，岩，貝殻，海藻や海草の葉上に着生するほか，サンゴモ類の体に寄生，あるいは半寄生，自由生活のサンゴモ球，などの方法で生育している．外部形態の変化に富むため，非統合状，殻皮状，いぼ状，こぶ状，低木状，盤状，層状，葉状，リボン状，樹木状の成長様式に区別する方法が提案されている（Woelkerling et al. 1993）．単孔あるいは多孔の生殖器巣は体表面に形成される（図 14.3 C, D）．
　サンゴモ類には，皮層糸あるいは直立糸の細胞間の横方向の連絡方法として 2 次的原形質連絡あるいは細胞の融合（図 14.4 A〜C）があり，サンゴモ科の亜科の階級における重要な分類形質になっている．表層細胞を縦断面でみると，エンジイシモ属およびイシモ属は外壁が角張り張り出しているが，そのほかの属の表層はこのような外壁の張り出しがない（図 14.4 A〜C）．

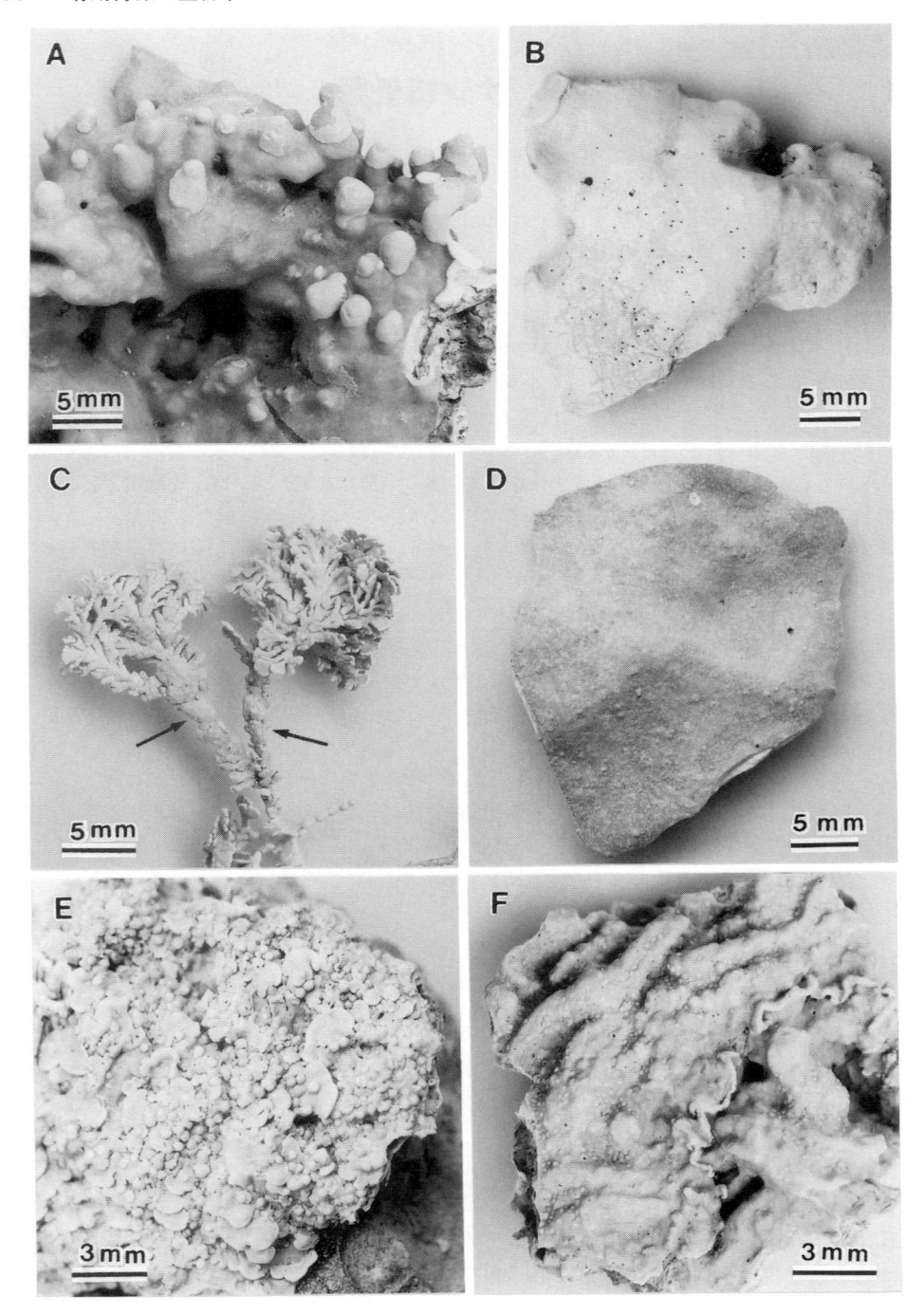

図14.1 無節サンゴモの外部形態.
　A：コブエンジイシモ，B：エゾイシゴロモ，C：ピリヒバに着生するヒメゴロモ（矢印）
　D：アナアキイシモ，E：カサネイシモ，F：ウミサビ.

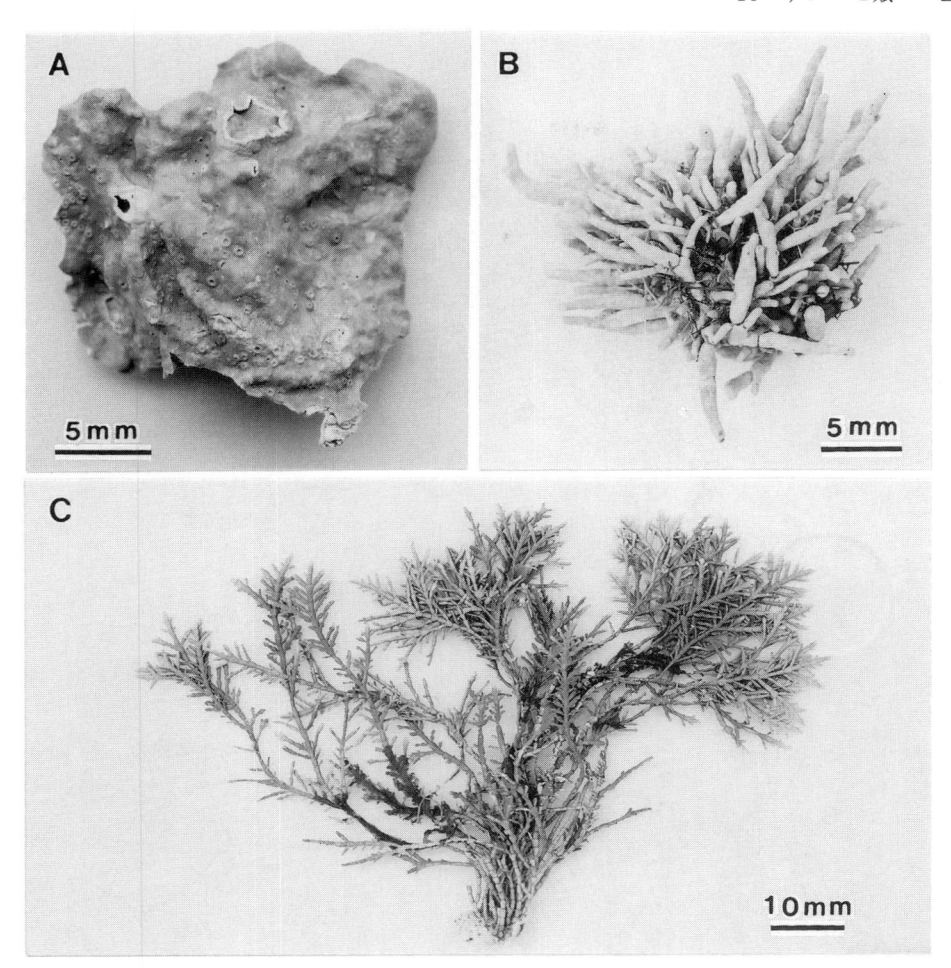

図 14.2 無節サンゴモ (A) と有節サンゴモ (B, C) の外部形態.
A：カガヤキイシモ，B：イソハリ，C：サンゴモ.

　無節サンゴモの体を伸長方向に対して平行な縦断面で観察すると，二つの組織構造に区別できる（図 14.4 C〜E）．二組織性構造 dimerous structure は，一層の基層糸とそこから直立して体表面に向かう直立糸，先端の表層からなる（図 14.4 C）．この基層糸の細胞はノリマキ属やイシノハナ属では柵状である（図 14.4 D）．一組織性構造 monomerous structure は多層になる髄層，そこから体表面に伸びる皮層，先端の表層からなる（図 14.4 E）．髄層の細胞糸の配列は，単一方向状，羽毛状，共軸状に区別することができ，属あるいは種の階級の分類基準になっている．

14.2　生殖器官

　サンゴモ科の生殖器官は，すべて壺状の生殖器巣内に集合して形成される．一方，エンジイシモ科では，四分胞子嚢は体表面に薄く広がる斑状になり生殖器巣を形成しないが，雌雄生殖器官

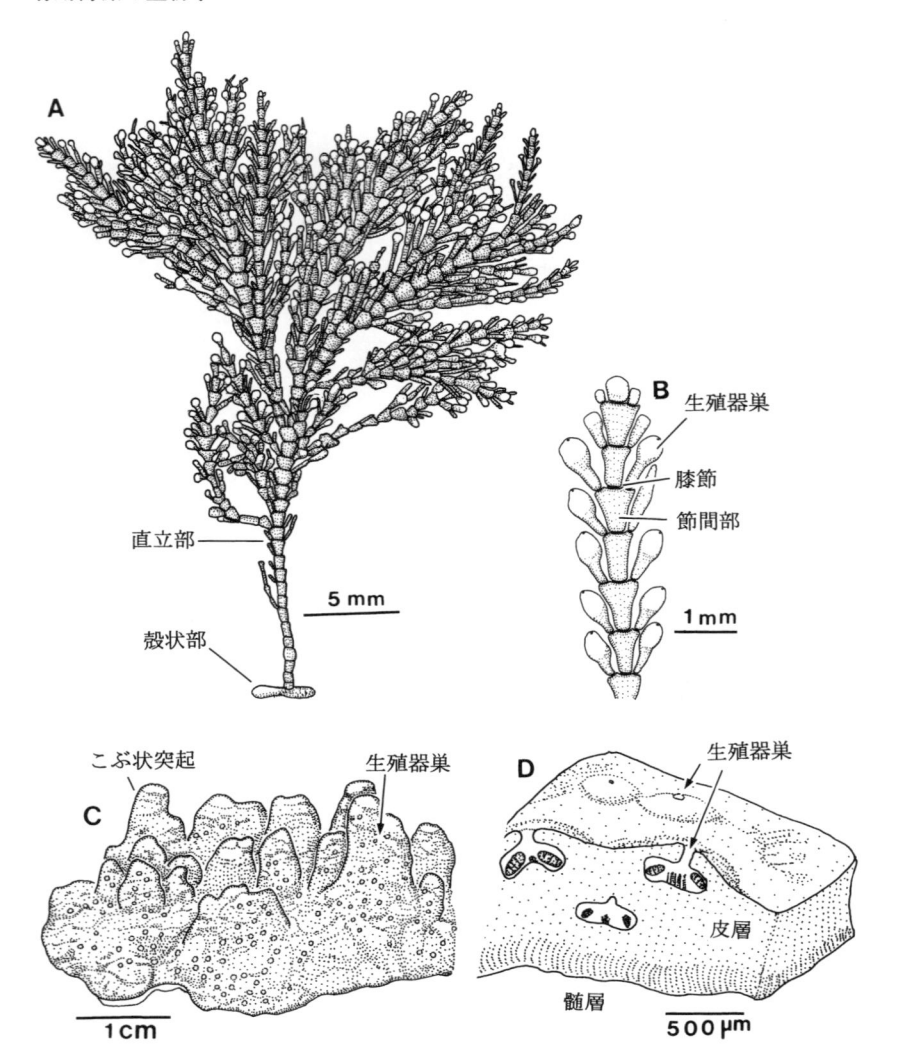

図 14.3 サンゴモ類の形態と構造．
　A〜B：ミヤヒバ；A. 四分胞子体；B. 生殖器巣を生ずる枝の一部．C〜D：オニガワライシモ；C. こぶ状突起を持つ四分胞子体；D. 生殖器巣を生ずる体の表面と縦断面．

はサンゴモ科と同じように生殖器巣内につくられる．

四分（二分）胞子嚢

　四分（二分）胞子嚢が形成される胞子嚢斑あるいは生殖器巣の形態的特徴は，サンゴモ目の重要な分類形質である．エンジイシモ科では各胞子嚢に一つの巣孔があり，頂端栓を持つ（図 14.7 D）．サビ亜科では生殖器巣に多数の巣孔があり，頂端栓を持つ（図 14.5 A）．イシノハナ亜科などでは生殖器巣の巣孔は一つであり，頂端栓がない（図 14.5 B）．

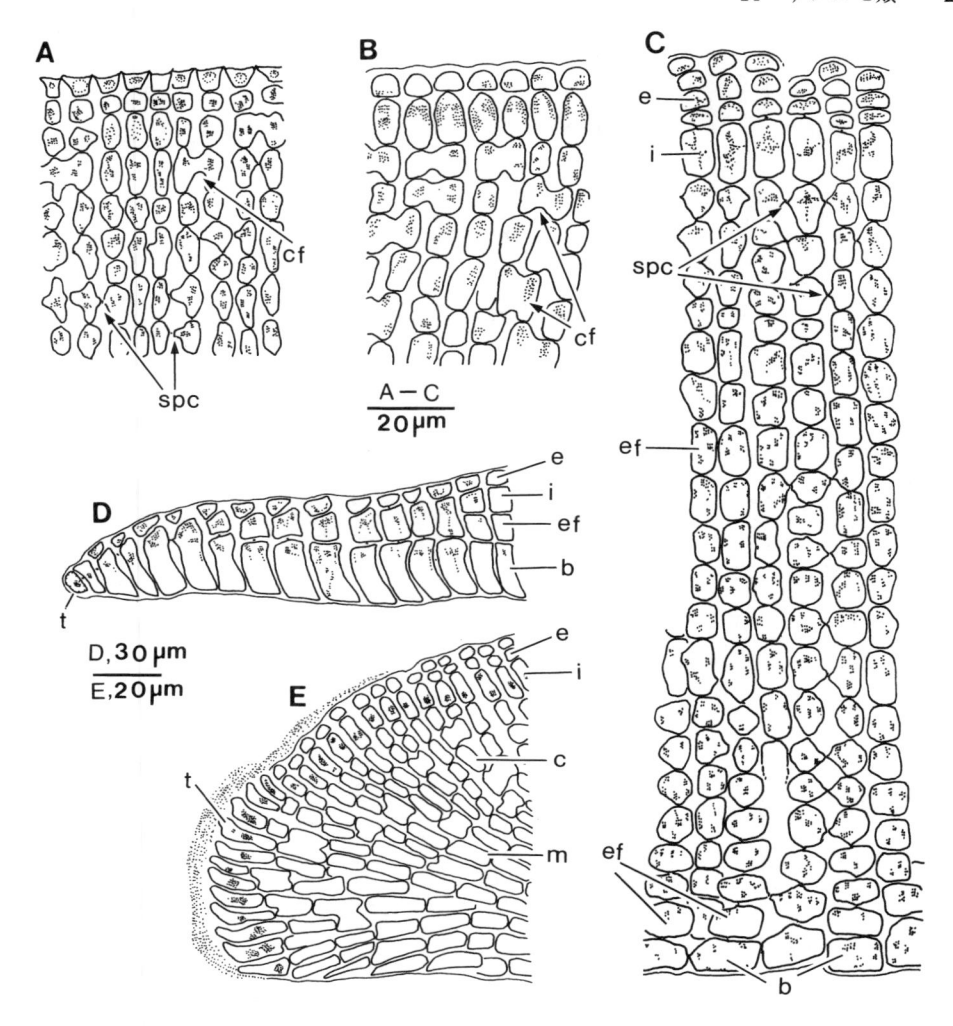

図 14.4 サンゴモ類の構造と名称(縦断面).
A:エンジイシモ属の一種.皮層の細胞糸に細胞の融合と2次的原形質連絡がある,B:オニガワライシモ.皮層の細胞糸に細胞の融合がある,C:二組織性構造を示すエゾイシゴロモ.直立糸細胞に2次的原形質連絡がある,D:二組織性構造を示すノリマキ.基層糸細胞は柵状に配列する,E:一組織性構造を示すウミサビ基層糸細胞.
(b);皮層 (c);細胞の融合 (cf);表層細胞 (e);直立糸細胞 (ef);表層下始原細胞 (i);髄層 (m);2次的原形質連絡 (spc);頂端始原細胞 (t).

雄性生殖器官

精子嚢は巣内での形成位置とその形態が属により異なる.サビ亜科では,イシモ属の精子嚢は底面が樹枝状で屋根部分が単純な型であり,エダウチイシモ属の精子嚢は巣内全面に形成され単純な型である.そのほかのサンゴモ科の亜科では,精子嚢はすべて単純な型であり生殖器巣の底面あるいは巣内全面に形成される(図14.5C).

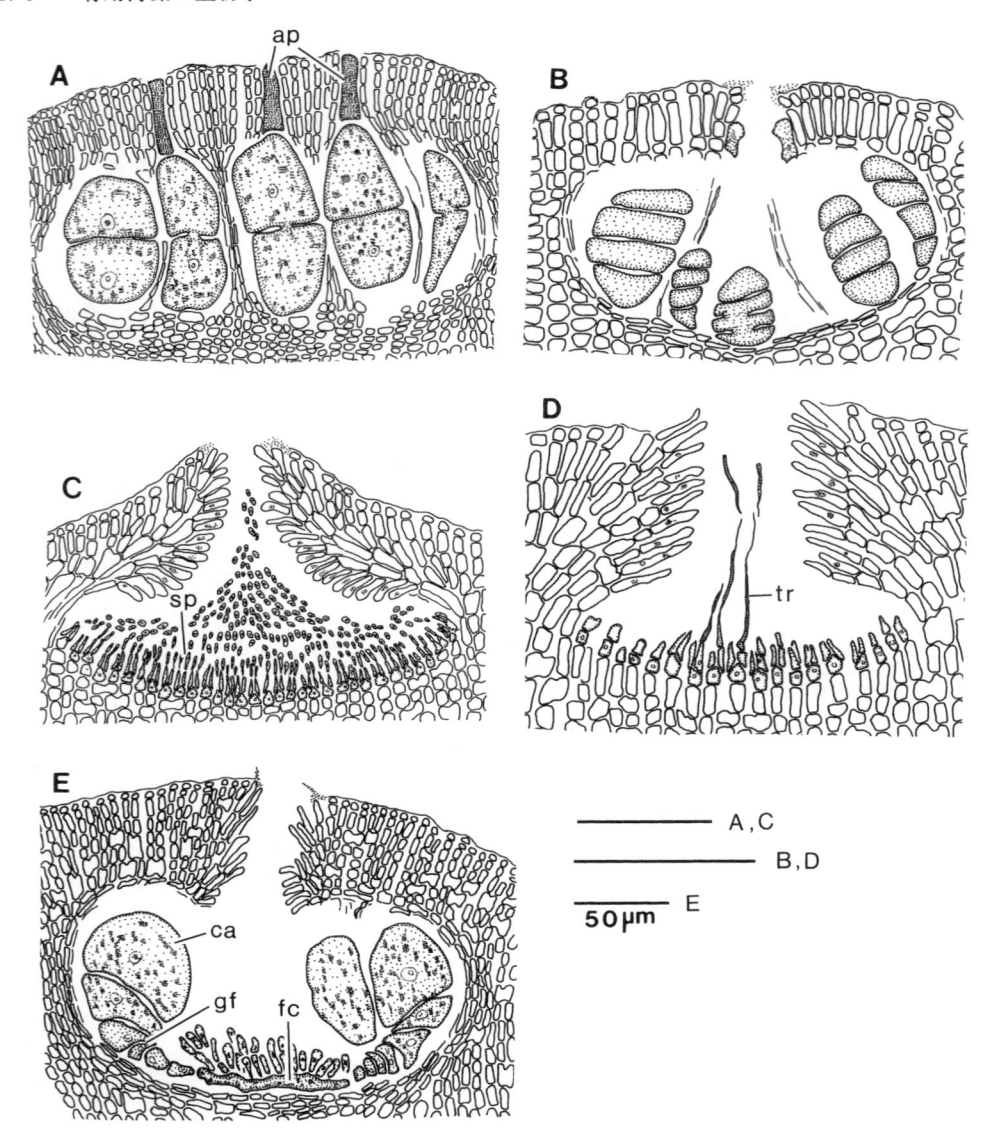

図14.5 サンゴモ類の生殖器巣の縦断面.
A：アッケシイシモの二分胞子囊生殖器巣, B：サモアイシゴロモの四分胞子囊生殖器巣, C：ウミサビの雄性生殖器巣, D：ウミサビの雌性生殖器巣, E：ウミサビの果胞子囊生殖器巣. 融合細胞 (fc) が巣底に広がり, その縁辺部から造胞糸 (gf) が切り出され末端の細胞が果胞子囊 (ca) となる (ap, 頂端栓; sp, 精子囊; tr, 受精毛).

雌性生殖器官および果胞子囊

造果器は雌性生殖器巣の巣内底面に集合してつくられる（図14.5 D）. 受精後に支持細胞が助細胞の役割を果たし, 支持細胞同士が融合して盤上の融合細胞をつくり, その縁辺部から造胞糸を形成して先端が果胞子囊になる（図14.5 E）. 融合細胞の形状は属によって異なり, イシモ属, アッケシイシモ属などでは融合細胞が形成されない.

14.3 サンゴモ類の分類と形態

(1) 科および亜科の分類

サンゴモ目は四分胞子嚢の分割様式の違いにより，環状に分割するエンジイシモ科 Sporolithaceae，および十字状に分割するサンゴモ科 Corallinaceae の 2 科に分かれる．このうちサンゴモ科は，(1) 四分胞子嚢生殖器巣につくられる巣孔が一つか多数か，(2) 異なる細胞糸間の横方向の連絡様式（細胞の融合，2 次的原形質連絡）の有無，(3) 膝節の有無，などの分類形質により 8 亜科に区別され，そのうち 6 亜科が日本から報告されている．これら 8 亜科のうち，カニノテ亜科，サンゴモ亜科およびメタゴニオリトン亜科が膝節を生じる有節サンゴモであり，その他の 5 亜科が膝節を生じない無節サンゴモである．

オーストロリトン亜科 Austrolithoideae

四分胞子嚢生殖器巣は多孔で，頂端栓を持つ．細胞の融合および 2 次的原形質連絡はない．膝節を生じない．世界から 2 属知られ，日本は未産．

イシイボ亜科 Choreonematoideae

四分胞子嚢生殖器巣は単孔で，頂端栓を持つ．細胞の融合および 2 次的原形質連絡はない．膝節を生じない．イシイボ属 *Choreonema* の 1 属が知られ，日本にも生育する．

イシゴロモ亜科 Lithophylloideae

四分胞子嚢生殖器巣は単孔で，頂端栓を持たない．2 次的原形質連絡があり，細胞の融合はない．膝節を生じない．世界から 4 属が知られ，日本にはシズクイシゴロモ属 *Ezo*，イシゴロモ属 *Lithophyllum*，ノリマキ属 *Titanoderma* の 3 属が生育する．

イシノハナ亜科 Mastophoroideae

四分胞子嚢生殖器巣は単孔で，頂端栓を持たない．細胞の融合があり，2 次的原形質連絡はない．膝節を生じない．世界から 8 属が知られ，日本にはコブイシモ属 *Hydrolithon*，イシノハナ属 *Mastophora*，イシノミモドキ属 *Neogoniolithon*，モカサ属 *Pneophyllum*，オニガワライシモ属 *Spongites* の 5 属が生育する．

サビ亜科 Melobesioideae

四分胞子嚢生殖器巣は多孔で，頂端栓を持つ．細胞の融合があり，2 次的原形質連絡はない．膝節を生じない．世界から 10 属が知られ，日本にはキタイシモ属 *Clathromorphum*，レプトフィツム属 *Leptophytum*，イシモ属 *Lithothamnion*，サビ属 *Melobesia*，エダウチイシモ属 *Mesophyllum*，アッケシイシモ属 *Phymatolithon* の 6 属が生育する．

カニノテ亜科 Amphiroideae

四分胞子嚢生殖器巣は単孔で，頂端栓を持たない．2 次的原形質連絡があり，細胞の融合はな

い．膝節は1～数層の細胞からなる．世界から2属が知られ，日本にはカニノテ属 *Amphiroa* の1属が生育する．

サンゴモ亜科 Corallinoideae

四分胞子嚢生殖器巣は単孔で，頂端栓を持たない．細胞の融合があり，2次的原形質連絡はない．膝節は1層の細胞からなる．世界から12属が知られ，日本にはヤハズシコロ属 *Alatocladia*，イソキリ属 *Bossiella*，エゾシコロ属 *Calliarthron*，ヒメシコロ属 *Cheilosporum*，サンゴモ属 *Corallina*，モサズキ属 *Jania*，ヘリトリカニノテ属 *Marginisporum*，オオシコロ属 *Serraticardia*，サビモドキ属 *Yamadaea* の9属が生育する．

メタゴニオリトン亜科 Metagoniolithoideae

四分胞子嚢生殖器巣は単孔で，頂端栓を持たない．細胞の融合があり，2次的原形質連絡はない．膝節は多層の細胞からなり，膝節から枝を生じる．オーストラリア特産でメタゴニオリトン属 *Metagoniolithon* の1属が知られている．

（2） 属の分類形質

属の分類形質は，有節サンゴモと無節サンゴモではそれぞれ異なる．有節サンゴモの主要な分類形質は生殖器巣の起源と形成位置，枝の分岐方法である．無節サンゴモの主要な分類形質は各亜科でやや異なるが，四分胞子嚢生殖器巣の発達過程，精子嚢の形態と雄性生殖器巣内での形成位置，基層糸細胞の形態，表層細胞の形態などである．このほか，生毛細胞の有無とその配列が属を分ける形質として1980年代まで採用されていたが，現在は種の階級の分類形質とされている（図14.8 F，図14.9 C, G）．

14.4 生 活 史

サンゴモ類の基本的な生活史は配偶体と胞子体が同じ大きさと形であるイトグサ型であり，造果器と精子嚢を形成する単相の配偶体，受精した造果器から果胞子嚢を形成する複相の果胞子体，四分胞子嚢を形成する複相の胞子体の3世代からなる（図14.6）．このほか，二分胞子嚢を形成する二分胞子体による繁殖が知られている．天然の個体群では，雌雄配偶体は四分胞子体よりも著しく少ないことが報告されている（Chihara 1973）．

14.5 日本産主要種の形態と生育分布

サンゴモ類の分類では，四分胞子嚢生殖器巣の特徴が重要視されている．そのため，種の同定には四分胞子体を観察することが不可欠である．そして，標本は硝酸やトリクロロ酢酸などを用いて脱灰し，体を柔らくして内部構造を観察する．その際に，体の伸長方向に対して平行な縦断面の切片を作製しなければ，一組織性構造や二組織性構造を観察することができない．四分胞子嚢生殖器巣の観察では，巣孔と屋根の構造が観察できるような縦断面の切片をつくる．ここでは，各亜科の代表的な種について同定に必要な形態を説明する．なお，詳細な種の記載（吉田・馬場 1998）および生態写真（馬場 2000）が同定の手助けになる．ここでは，主に詳しく記載さ

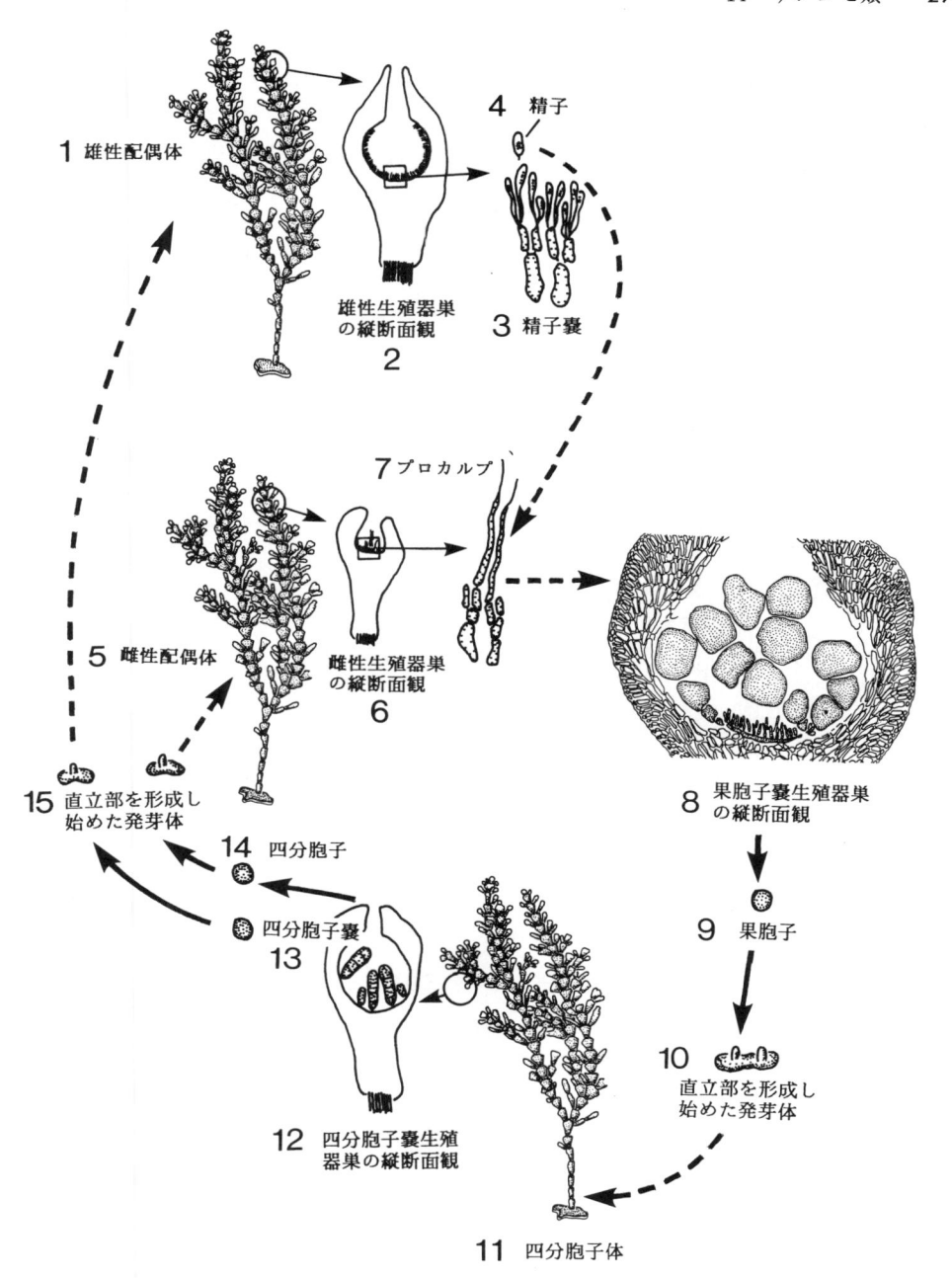

図 14.6 ピリヒバの生活史（馬場 1993 より引用）.

れていない無節サンゴモのなかで，日本の代表的な種について述べる．

コブエンジイシモ *Sporolithon durum* (Foslie) Townsend et Woelkerling（図 14.1 A，図 14.7 A～D）

エンジイシモ科のエンジイシモ属に所属する．体は殻皮状，いぼ状から低木状になり，外部形

274　有用海藻の生物学

態が生育環境により変化する（図14.1 A）．幅は10 cmを越えることがあり，体表面に高さ20 mm，直径3〜8 mmの突起をつくる．四分胞子嚢斑はこの突起部に形成されることが多い．

体構造は一組織性であり，髄層は5〜16層の羽毛状に配列する細胞糸からなり，皮層は厚くなる（図14.7 A, B）．肥厚した体では髄層が不明瞭な場合がある．表層細胞は一層で，その外壁

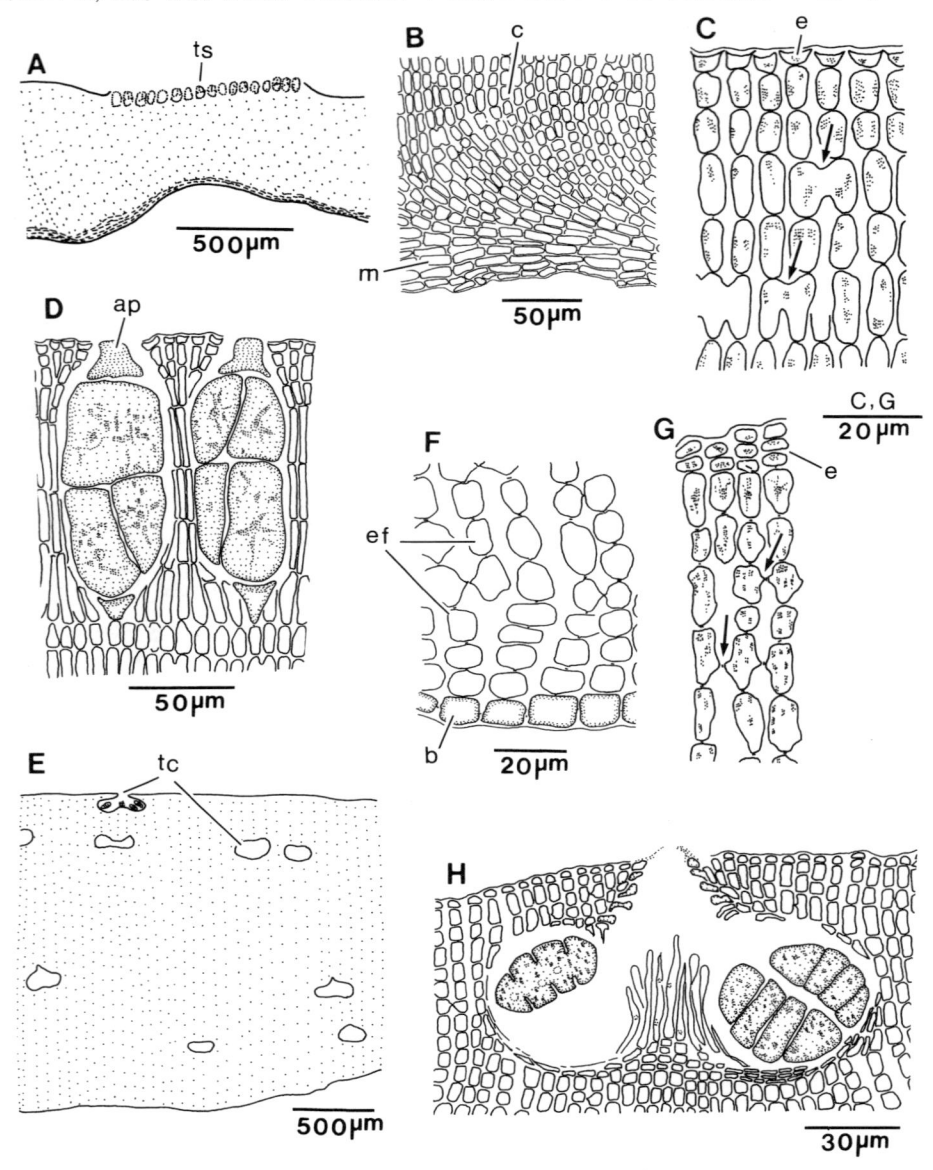

図14.7　コブエンジイシモおよびエゾイシゴロモ．
A〜D：コブエンジイシモの体縦断面；A. 四分胞子体の模式図で表面の四分胞子嚢斑（ts）を示す；B. 体の下部で髄層（m）と皮層（c）を示す；C. 外壁が張り出す表層細胞（e）および皮層の細胞の融合（矢印）を示す；D. 頂端栓（ap）を持ち，十字状に分割する四分胞子嚢．
E〜H：エゾイシゴロモの体縦断面；E. 四分胞子体の模式図．表面および体内に埋在する四分胞子嚢生殖器巣（tc）；F. 体の下部で基層糸細胞（b）と直立糸細胞（ef）を示す；G. 体の上部で表層細胞（e）と2次的原形質連絡（矢印）を示す；H. 単孔の四分胞子嚢生殖器巣．

は平たく張り出している（図14.7C）．皮層糸の細胞間に細胞の融合がふつうに見られ，2次的原形質連絡は稀である．なお，エンジイシモ属では細胞の融合と2次的原形質連絡が同一の体に形成される種が多く（図14.4A），本種のように細胞の融合だけを生じる種は少ない．

四分胞子嚢斑は体表面に不規則に広がり，幅16mmになる．この四分胞子嚢斑は胞子放出後に剝離するため，皮層に残らない．頂端栓を持つ四分胞子嚢は，不規則な十字状に分裂し，長さ72～120μm，直径22～56μm（図14.7D）．四分胞子嚢間の側糸は6～8細胞からなる．このように四分胞子嚢斑が体表面に広がる特徴は，サンゴモ目のなかでエンジイシモ科の属に特徴的な形質であり，海岸でエンジイシモ属を見分ける場合に有用である．

北海道南西部以南から本州，四国，九州に分布し，漸深帯上部の岩上に生育する．日本産エンジイシモ属は本種のほか，南西諸島から2種（ヒメエンジイシモ *S. schmidtii* (Foslie) Gordon, Masaki et Akioka, ヒナエンジイシモ *S. episporum* (Howe) Dawson の生育が報告されているが，四分胞子嚢斑の剝離の有無，四分胞子嚢の大きさ，側糸を構成する細胞数などの違いにより区別できる．

エゾイシゴロモ *Lithophyllum yessoense* Foslie（図14.1B，図14.7E～H）

イシゴロモ亜科のイシゴロモ属に所属する．体は殻皮状で厚さ1～10mmになり，表面は平らである（図14.1B）．体構造は二組織性であり，基層糸は基質に対して平行な1列の細胞が配列し，細胞は長さと直径が同じ程度で5～10μmになる（図14.7F）．岩からの剝がし方が不充分だと，この基層糸は観察できないことが多い．基層糸から上方に伸びる直立糸はよく発達して厚くなる．表層はふつう2～5層の細胞からなる（図14.7G）．隣接する直立糸の細胞間に2次的原形質連絡が見られ，細胞の融合はない．

四分胞子嚢生殖器巣は単孔で，生殖器巣の屋根が体表面とほぼ同じ高さにあるため，肉眼では確認しにくい．巣内の内径は200～320μm，巣底面の中央部によく発達した小柱がある（図14.7H）．胞子を放出した生殖器巣は体内に埋もれて残る（図14.7E）．

北海道，本州の房総半島以北の太平洋沿岸，日本海沿岸に分布し，漸深帯上部の岩上に生育する．北海道南西部の日本海沿岸では，本種が優占種になり漸深帯の岩面を広く覆う磯焼けが続き，秋から冬にかけて成熟することが知られている（Noro *et al.* 1983）．

ヒメゴロモ *Titanoderma corallinae* (Crouan frat.) Woelkerling, Chamberlain et Silva（図14.1C，図14.8A～C）

イシゴロモ亜科のノリマキ属に所属する．体は有節サンゴモのピリヒバのほか，ホンダワラ類，テングサ類などの海藻に着生する（図14.1C，図14.8A）．殻皮状で，直径2～5mm，厚さ700μmになる．体構造は二組織性であり，基層糸は基質に対して平行な1列の柵状で細長い細胞からなり，直径30～80μmになる（図14.8B）．直立糸は基層糸よりもやや小さく，数層からなる．表層細胞は三角形あるいは四角形である．隣接する直立糸の細胞間に2次的原形質連絡がある．

四分胞子嚢生殖器巣は単孔で，生殖器巣の屋根は体表面と同じ高さにあり目立たない．巣内の内径は190～250μm，巣底面の中央部に小柱がある（図14.8C）．

北海道，本州に分布し，潮間帯のタイドプールや漸深帯上部に生育する海藻類の葉上に着生する．本種のように海藻を着生基質にする無節サンゴモは，ノリマキ属のほかにサビ属，コブイシ

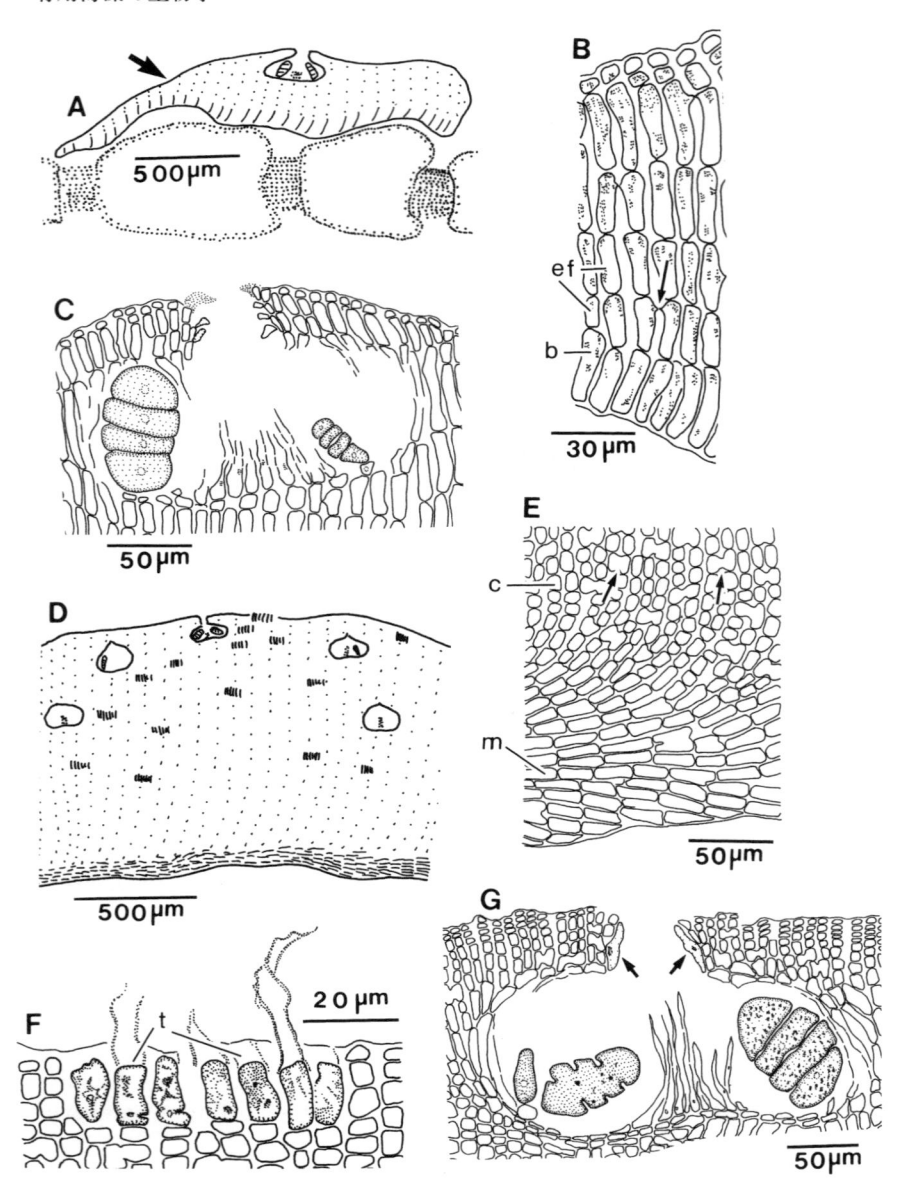

図14.8 ヒメゴロモおよびアナアキイシモ．
　A～C：ヒメゴロモの体縦断面；A．ピリヒバの枝に着生するヒメゴロモ（矢印）の四分胞子体縦断面の模式図；B．柵状の基層糸細胞（b），直立糸細胞（ef）および2次的原形質連絡（矢印）；C．単孔の四分胞子嚢生殖器巣．
　D～G：アナアキイシモの体縦断面；D．四分胞子体の模式図；E．体の下部で髄層（m），皮層（c），細胞の融合（矢印）を示す；F．体表面に生じる生毛細胞（t）；G．単孔の四分胞子嚢生殖器巣．巣孔を取り囲むように大きな巣孔細胞（矢印）が形成される．

モ属，モカサ属の種があり，外部形態がたがいに類似しているため，正確な同定には内部形態の観察が不可欠である．

アナアキイシモ *Hydrolithon onkodes*（Heydrich）Penrose et Woelkerling（図 14.1 D，図 14.8 D〜G）

イシノハナ亜科のコブイシモ属に所属する．体は殻皮状で厚さ 2 cm までになる（図 14.1 D）．体構造は一組織性であり，髄層は 9〜16 層の羽毛状に配列する細胞糸からなり，皮層は厚くなる（図 14.8 D, E）．皮層糸の隣接する細胞間に細胞の融合がある．表層は 1〜4 層の四角い細胞からなる．体表面に対して水平方向に集まる生毛細胞群があり，体表面や皮層に見られる（図 14.8 F）．このような生毛細胞群はセトイボイシモ *H. boergesenii*（Foslie）Foslie，ハイイロイシモ *Pneophyllum conicum*（Dawson）Keats, Chamberlain et Baba などにも形成され，種レベルの分類形質として有用である．

四分胞子嚢生殖器巣は単孔で，屋根の部分は体表面とほぼ同じ高さにあり，巣の内径 166〜209 μm，四分胞子嚢は巣底面の縁辺部に形成され，小柱が中央部にある（図 14.8 G）．古い生殖器巣は体内に残る．巣孔を取り巻くように生じる大きな巣孔細胞は，コブイシモ属の種に共通する分類形質であり，この特徴により近縁なモカサ属と区別することができる．

本州の伊豆半島以南の太平洋沿岸，南西諸島，小笠原諸島に分布し，低潮線付近から漸深帯上部に生育する．南西諸島のサンゴ礁では礁原から礁斜面に多数生育し，造礁作用に重要な役割を果たしている．

カサネイシモ *Neogoniolithon misakiense*（Foslie）Setchell et Mason（図 14.1 E，図 14.9 A〜D）

イシノハナ亜科のイシノミモドキ属に所属する．体は殻皮状から層状であり，厚さ 100〜200 μm の薄片状の体が重なり合い，厚さ 5 mm までになる（図 14.1 E）．縁辺部は裂片状になる．体構造は一組織性であり，藻体の大部分は 8〜16 層の羽毛状に配列する髄層細胞からなり，表面近くに薄い皮層がある（図 14.9 A, B）．皮層糸の隣接する細胞間に細胞の融合がある（図 14.9 C）．表層は 1 層の四角形の細胞からなる．大きな生毛細胞が皮層に散在する．

四分胞子嚢生殖器巣は単孔で，屋根の部分は体表面から半球形に突出して目立ち，外径 250〜500 μm，内径 200〜450 μm になる（図 14.9 D）．四分胞子嚢は巣底面の全体に生じる．

本州の太平洋岸中・南部および日本海岸中部，四国，九州に分布し，潮間帯下部の岩上に冬から春にかけて密生する．房総半島や伊豆半島では有節サンゴモのサビモドキ *Yamadaea melobesioides* Segawa と混生していることがあり，間違えやすい．

ウミサビ *Spongites yendoi*（Foslie）Chamberlain（図 14.1 F，図 14.9 E〜H）

イシノハナ亜科のオニガワライシモ属に所属する．体は殻皮状，隣接する個体が融合することにより岩一面に広がる（図 14.1 F）．岩に固着し厚さ 90〜1200 μm，厚くなると剝がれやすくなる．表面は平らでなめらかであるが，タイドプールに生育する場合は高さ数 mm の小さな突起をつくることが多い．体構造は一組織性であり，髄層は目立たず，着生基質に対して平行に 3〜6 層の細胞糸が配列する単一方向状であり，皮層は厚くなる（図 14.9 E, F）．表層は 1〜2 層の細胞からなり，隣接する皮層糸の細胞間に細胞の融合がある（図 14.9 G）．単独で生じる生毛

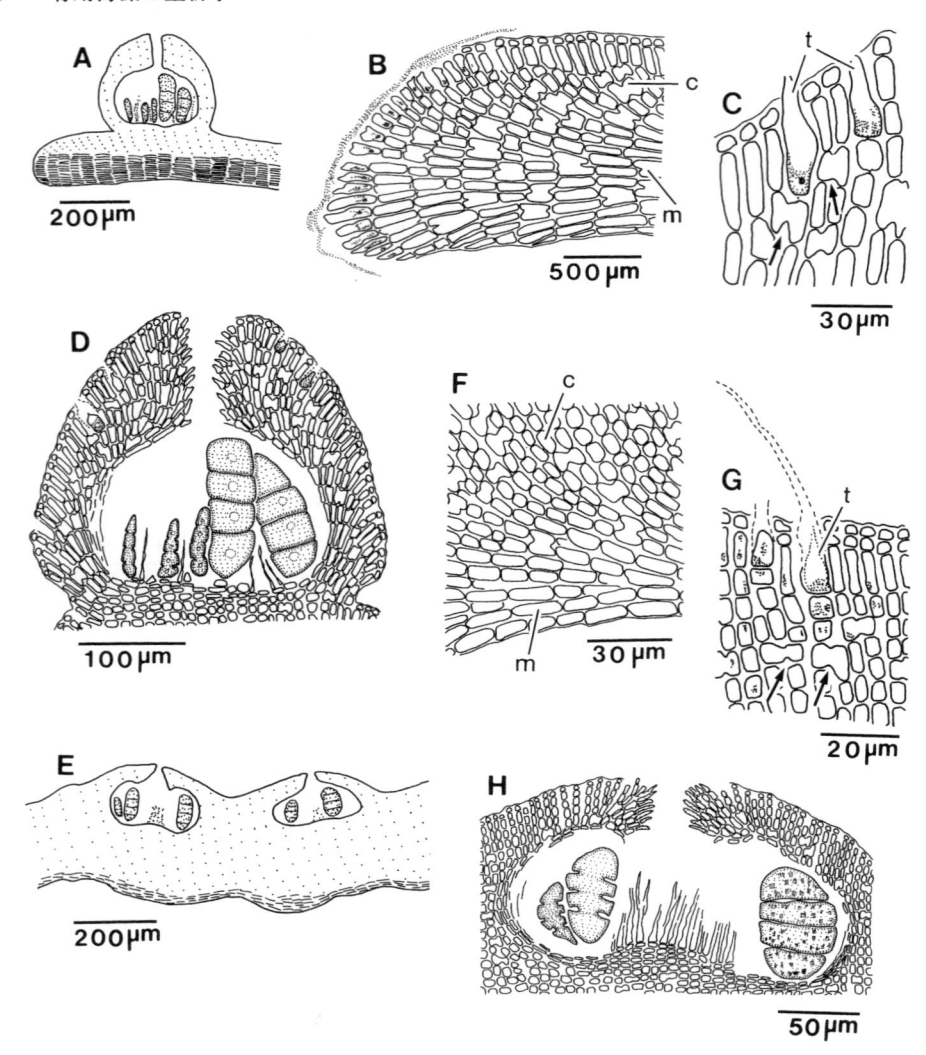

図 14.9 カサネイシモおよびウミサビ.
A〜D：カサネイシモの体縦断面；A. 四分胞子体の模式図；B. 体の縁辺部で髄層（m）と皮層（c）を示す；C. 体の上部で生毛細胞（t）と細胞の融合（矢印）を示す；D. 単孔の四分胞子嚢生殖器巣.
E〜H：ウミサビの体縦断面；E. 四分胞子体の模式図；F. 体の下部で髄層（m）と皮層（c）を示す；G. 体の上部で生毛細胞（t）と細胞の融合（矢印）を示す；H. 四分胞子嚢生殖器巣.

細胞がところどころに見られる．

　四分胞子嚢生殖器巣は単孔で，藻体表面と同じ高さかドーム状に盛り上がり，その屋根は白く目立ち，外径 200〜300 μm，内径 125〜175 μm になる（図 14.9 H）．四分胞子嚢は巣底面の周辺部に生じる．胞子を放出した後の古い生殖器巣は剥離するため，その部分がくぼむ．

　北海道西岸，本州，四国，九州に分布し，潮間帯下部の岩上を覆うように密生して顕著な群落をつくる．

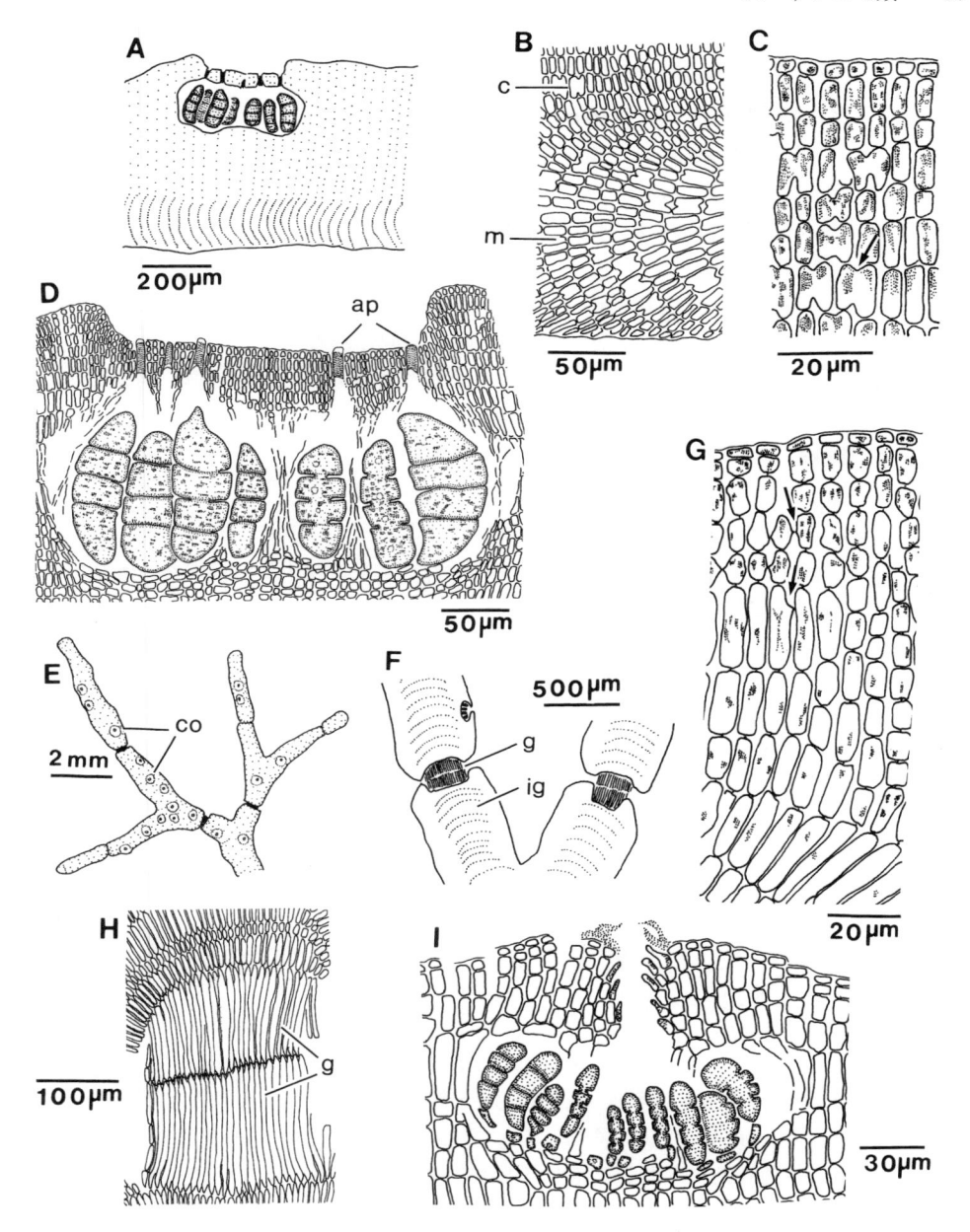

図 14.10 カガヤキイシモとイソハリ.

A〜D：カガヤキイシモの体縦断面；A. 四分胞子体の模式図；B. 体の下部で髄層 (m) と皮層 (c) を示す；C. 体の上部で細胞の融合（矢印）を示す；D. 頂端栓 (ap) を持つ多孔の四分胞子囊生殖器巣.

E〜I：イソハリ；E. 生殖器巣 (co) を形成した枝の一部；F〜I：体縦断面；F. 膝節 (g) と節間部 (ig) の模式図；G. 節間部の一部で 2 次的原形質連絡（矢印）を示す；H. 2 層の細胞からなる膝節 (g)；I. 単孔の四分胞子囊生殖器巣.

カガヤキイシモ *Mesophyllum nitidum* (Foslie) Adey（図 14.2 A, 図 14.10 A〜D）

サビ亜科のエダウチイシモ属に所属する．体は不規則な殻皮状で基質にゆるく着生し，剥がれやすい（図 14.2 A）．厚さ 280〜1300 μm になり，ところどころに小さな突起を生ずる．体構造は一組織性であり，髄層の細胞は 30 層までになる共軸構造で扇状か，非共軸構造で羽毛状に配列する（図 14.10 A, B）．皮層は厚くなり，隣接する皮層糸の細胞間に細胞の融合がある（図 14.10 C）．表層は 1 層の長方形の細胞からなり，生毛細胞はない．

四分胞子嚢生殖器巣は多孔で，巣孔ができる屋根の中央部がくぼみ，巣内の直径は 360〜510 μm である（図 14.10 D）．雌雄の生殖器巣の巣孔は単孔である．雄性生殖器巣は精子嚢の形成初期に保護細胞層が見られ，単純な精子嚢が巣内全面に形成される．

津軽海峡以南から九州に分布し，漸深帯上部の岩上に生育する．大型海藻の林床になる場所によく生える．藻体表面に光沢があること，四分胞子嚢生殖器巣が火山のカルデラ状になることにより，ほかの無節サンゴモから肉眼で区別することができる．

イソハリ *Amphiroa rigida* Lamouroux（図 14.2 B, 図 14.10 E〜I）

カニノテ亜科のカニノテ属に所属する．体は無節サンゴモの殻状部に着生する殻状部，叢生して不規則に叉状，三叉状に分岐する直立部からなり，高さ 3 cm になる（図 14.2 B, 図 14.10 E）．節間部は円柱状で長さ 1〜5 mm，直径 0.4〜1 mm，髄層は長い細胞と短い細胞が交互に並ぶ．皮層はよく発達し，隣接する細胞間に 2 次的原形質連絡がある（図 14.10 G）．膝節は 2 層の細胞列からなり，ほかのカニノテ属の種に見られるように枝の分岐点に膝節が形成されることはない（図 14.10 F, H）．

四分胞子嚢生殖器巣は単孔で，節間部の表面に形成される側生型であり，その屋根はわずかに盛り上がる．生殖器巣の内径は 155〜250 μm になり，四分胞子嚢は巣底面の全体に生じる（図 14.10 I）．

本州の太平洋岸南部および日本海中部，九州，南西諸島，小笠原諸島に分布し，漸深帯上部に生育する無節サンゴモのイシノミ *Neogoniolithon setchellii* (Foslie) Adey，アナアキイシモなどの殻状部に着生する．

サンゴモ *Corallina officinalis* Linnaeus（図 14.2 C, 図 14.11 A〜E）

サンゴモ亜科のサンゴモ属に所属する．体は岩を匍匐する殻状部，叢生して羽状に分枝する直立部からなり，高さ 8 cm になる（図 14.2 C）．藻体中・上部の主軸の節間部は扁圧し，長さ 1〜2 mm，幅 0.5〜1.6 mm，節間部表面に中肋様隆起はない（図 14.11 A）．節間部を構成する髄層糸は 17〜22 層からなり，膝節は 1 層の細長い細胞からなる（図 14.11 B, C）．隣接する皮層の細胞糸に細胞の融合がある（図 14.11 D）．

四分胞子嚢生殖器巣は単孔で，小羽片の先端部に丸い膨らみとなってつくられる軸生型の生殖器巣である．生殖器巣の外径は 340〜570 μm になり，四分胞子嚢は巣底面の全体に形成される（図 14.11 E）．サンゴモ属では生殖器巣が節間部の表面に半球状に突出して形成されることがあり，イソキリ属やカニノテ属などにつくられる側生生殖器巣と区別するために擬側生生殖器巣と呼ばれている（図 14.11 A）．

北海道南部から九州に分布し，潮間帯のタイドプールおよび漸深帯上部の岩上に生育する．日本産のサンゴモ属のなかで最も大きくなり，ピリヒバ *C. pilulifera* Postels et Ruprecht および

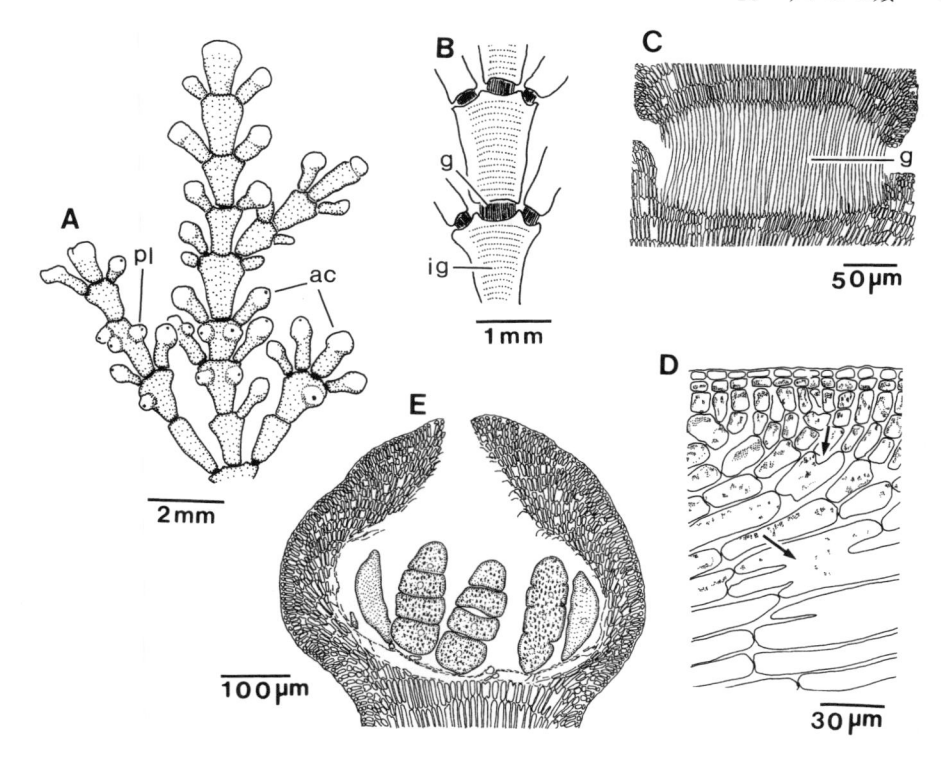

図14.11 サンゴモ.
A：生殖器巣を形成した枝の一部で軸生生殖器巣 (ac) および擬側生生殖器巣 (pl) を示す. B〜D：体の縦断面；B. 膝節 (g) と節間部 (ig) の模式図；C. 1層の細胞からなる膝節 (g)；D. 節間部の一部で細胞の融合 (矢印) を示す；E. 単孔の四分胞子嚢生殖器巣.

ミヤヒバ *C. confusa* Yendo とは，節間部の形と大きさ，節間部の髄層糸の数により区別することができる．

引用文献

馬場将輔 1993. *Corallina pilulifera* Postels & Ruprecht（ピリヒバ）. 堀 輝三（編），藻類の生活史集成 第2巻. p. 252-253. 内田老鶴圃

馬場将輔 2000. 日本産サンゴモ類の種類と形態. 海生研研報 **1**: 1-68.

Chihara, M. 1973. The significance of reproductive and spore germination characteristics in the systematics of the Corallinaceae: articulated coralline algae. Jap. Journ. Bot. **20**: 369-379.

藤田大介 1999. サンゴモ類の生態. SESSILE ORGANISMS **16**: 17-25.

Johansen, H. W. 1981. Coralline Algae, A First Synthesis. CRC Press, Boca Raton, Florida.

正置富太郎 1985. 無節サンゴモ. 藻類 **32**: 71-85.

Noro, T., Masaki, T. and Akioka, H. 1983. Sublittoral distribution and reproductive periodicity of crustose coralline algae (Rhodophyta, Cryptonemiales) in southern Hokkaido, Japan. Bull. Fac. Fish., Hokkaido Univ. **34**: 1-10.

Woelkerling, W. J. 1988. The Coralline Red Algae: An Analysis of the Genera and Subfamilies of

Nongeniculate Corallinaceae. 268 pp., 259 fig. British Museum (Natural History), London and Oxford University Press, Oxford.

Woelkerling, W. J., Irvine, L. M. and Harvey, A. 1993. Growth-forms in non-geniculate coralline red algae (Corallinales, Rhodophyta). Aust. Syst. Bot. **6**: 277-293.

吉田忠生・馬場将輔 1998. サンゴモ目. 吉田忠生(著), 新日本海藻誌. p. 525-627. 内田老鶴圃.

吉田忠生・吉永一男・中嶋　泰 2000. 日本産海藻目録 (2000年改訂版). 藻類 **48**: 113-166.

有用海藻の生物学

15 地方特産の食用海藻

大野 正夫

　日本では，古来から海苔，昆布，ワカメ，ヒジキ，アオノリなどが日常的に食べられてきた．さらに，多くの海藻が限られた地域で，伝統的な特産として食されてきた．地方の名産となっているものには，次のようなものがある．
　ハバノリ，セイヨウハバノリ，ハバモドキ，カヤモノリなどの褐藻は，駿河湾沿岸では"はんば"と呼んで，海苔のように干して保存し，火で焙り，もんで，ご飯にかけて食べる．徳島でもこのような食べ方がある．マツモは三陸海岸を旅行すると，そばやうどんの上に置かれてワカメのようにして出される．
　アオワカメは，対馬北部ではワニウラコンブの地方名で食されている．クロモは御前崎などでは，新鮮なものを水洗いして二杯酢で食べる．モズク，ウミゾウメン，ミル，シラモ，ヤナギノリ，サクラノリも二杯酢で食べる．山陰や瀬戸内海沿岸では，イギスを用いていぎす豆腐を，新潟，佐渡，能登ではエゴノリからエゴテンあるいはエゴモチをつくっている．福岡の「おきうと」もエゴノリを材料にしたものである．
　ツルツル，ヒヂリメン，フダラク，タンバノリなどの種は，静岡県内では赤ばんばと呼んで，熱湯に通した後，二杯酢などにして食べられている．
　アマクサキリンサイは九州西岸の潮間帯下部に生育して採取しやすいので，天草，鹿児島で採取されている．カタメンキリンサイは，鹿児島以南から沖縄に多く生育している．西表島でも採取され，商品名として"つのまた"あるいは"ちぬまた"といって塩漬けになって販売されている．
　フノリ類は，全国的に分布するフクロフノリと南部に多いマフノリがある．これらの種は織物の糊としてその粘質を用いていた．フノリは，古来，石灰を加えて漆喰の原料となった．最近では食用として，広く利用されるようになっている．
　これまでの章で，主要な有用海藻類が記述され，緑藻ではイワズタやミルなどの食用利用にもふれている．ここでは，ほかの章で述べられていない食用海藻のなかで，褐藻と紅藻について形態，生態や用途などについて述べる．

15.1 褐藻類の仲間

1. ムチモ *Cutleria cylindrica* Okamura

　黄褐色から暗褐色で，硬い軟骨質であり，体はやや不規則に叉状に分岐したひも状（むち型）で枝分かれの部分以外は円柱状である．盤状の付着器から直立し高さは30〜50 cmくらいになり，太さは1〜3 mmである．若い体は先端に毛の束が見られる．成体になると毛の束が見られなくなり，枝にこぶができるが，それは胞子嚢である．
　外海に面した波静かな低潮線から潮下帯の砂礫帯に繁茂する．春から初夏に著しく繁茂する．分布は温暖海域で，主に太平洋中南部から九州西北岸と瀬戸内海に見られるが，津軽海峡にも分布していることが確認されている．湯通しをしたものが三杯酢などで食されている．

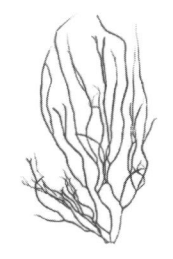

ムチモ

2. マツモ *Analipus japonicus* (Harvey) Wynne

暗褐色の体は，不規則に分岐し錯綜した多年生である．塊状の根から直立して単葉であるが，ときには分岐して叢生する．体は円柱状であるが，わずかに扁平である．長さは10〜40cmで，2〜4cmの短い小枝が，各方面に密に生ずる．外海に面した潮間帯の中部の岩上に，顕著に帯状に繁茂するのが特徴である．分布は，比較的狭く北海道から太平洋沿岸では犬吠埼以北，日本海側では能登半島以北の海岸に生育している．主な生育地は，太平洋に面した宮城県牡鹿半島から北海道に至る海岸に冬から春にかけて繁茂している．マツモの利用は生のままか，塩蔵したものがワカメと同じように食用に利用される．板状に広げて乾燥したものも販売されている．

3. ハバノリ *Petalonia binghamiae* (J. Agardh) Vinogradova

黄褐色で，薄い膜状で手触りはざらざらした細長い笹の葉状で，体の高さは10〜15cm，幅は2〜3cmで，根の部分は細く，上部は広い．セイヨウハバノリとの区別は，藻体の髄部の仮根糸が多量にあることである．波の荒い外海の岩上で潮間帯の中部から下部に叢生する．冬から春に繁茂する．分布は温暖海域で，太平洋中南部，瀬戸内海，南西諸島に分布する．板状に干したハバノリを水にもどして煮物やみそ汁，浸し物として食されている．イシダイなどの釣り餌にも使われる．

4. セイヨウハバノリ *Petalonia fascia* (O. F. Müller) Kuntze

淡い褐色で，ハバノリに似ているが細長く縁辺が少し皺がよる．薄くて手触りが柔らかくヌルヌルする感覚で区別がつく．体組織がハバノリと異なる．体の長さは15〜30cm，幅4〜6cmである．波静かな内湾の岩上，礫上，杭上に着生する．低潮線付近に生育し，冬から春に繁茂する．分布は，暖海域の本州中南部から南西諸島に見られる．ハバノリと似た利用がされている．

5. ハバモドキ *Punctaria latifolia* Greville

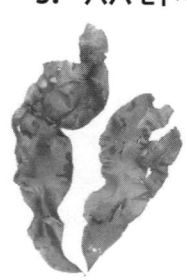

淡い褐色の藻体は笹状から楕円形の膜状で薄く，ハバノリやセイヨウハバノリに似ているが，幅が広く体内の構造が異なることで区別がつく．体の全面には，暗褐色の小さい斑点に見える毛叢が散在する．藻体の高さは10〜20cm，幅3〜7cmである．波静かな低潮線から潮下帯にかけて岩礁上，または他の海藻の上に生育する．冬から春にかけて繁茂する1年生である．分布は広く日本全域で見られる．ハバノリと似た利用がされている．

6. カヤモノリ *Scytosiphon lomentaria* (Lyngbye) Link

カヤモノリは黄褐色あるいは暗褐色で，生長すると規則的にくびれを持つ中空の管状で分岐しない藻体である．体長は20〜50 cm，太さ3〜8 mm，盤状の基部から叢生する．少し塩分の低い海域の潮間帯の中部から下方の岩上や他の海藻上に繁茂する．冬から春に繁茂する．成熟すると藻体表面に生殖器官ができて黒ずむ．分布は広く日本各地に見られる．乾燥した藻体が麦藁に似ているので，"むぎわら" と呼んでいるところもある．抄いて板状にし，焙って飯にふりかけて食べる．静岡や徳島で，好んで食用にされている．

ウスカヤモ *Scytosiphon gracilis* Kogame は，黄褐色でカヤモノリに似ているが，体は柔らかくて扁平であり，大きくなってもくびれがないので，カヤモノリと区別がつく．大きくなるとねじれるものがある．長さ10〜25 cmで幅は0.5〜8 mmと細い．分布は北海道から太平洋岸の九州沿岸，瀬戸内海に見られる．カヤモノリと似た利用である．

7. クロモ *Papenfussiella kuromo* (Yendo) Inagaki

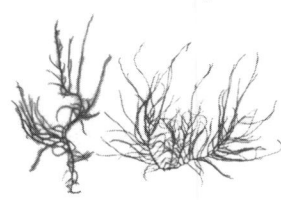

オリーブ色の藻体で，盤状の付着器から数本の円柱状の主枝が直立し，体長は10〜20 cmで，太さは1〜2 mmになる．主枝から多数の枝を出す．若いときには，体表面に密毛を出し緑色がかるが，成体になると毛がなくなる．穏やかな海域の低潮線付近に繁茂する．春から初夏に繁茂する．分布は広く日本各地で見られる．湯通しをして酢の物などにして食される．

8. ヒロメ *Undaria undarioides* (Yendo) Okamura

ヒロメは，黄褐色でワカメと同じ属である．付着器は繊維状で分岐して円錐状になる．葉状部は長楕円形，卵形，心臓形と変化に富むが，縁辺の切れ込みがないのがワカメと異なる．しかし，ワカメと容易に交雑して中間型の形態のものが多く見られる．子嚢斑は濃褐色になり，葉の両面の中帯部の下部から，順次，上方に向かって形成される．体長は75〜100 cm，幅は30 cmほどになる．質は柔らかい膜質で食用にされ，和歌山県では特産種として養殖が行われている．交雑種をヒロワカメと呼び養殖も行われている．穏やかな海域の水深3〜6 m付近の岩礁域に生育する．分布は暖海域であるが繁茂地域は狭く，和歌山，高知と徳島の沿岸で繁茂が見られる．とくに和歌山では，珍重されてワカメより高価であり，ワカメと同じ利用がされている．

アオワカメ *Undaria peterseniana* (Kjellman) Okamura は，ヒロメに似ている．笹の葉状で，ときには心臓形から耳たぶ状まで変化する．ヒロメとは葉状部に中肋がないのが区別点である，茎はヒロメより長くなる．質は柔らかい膜質で食用にされる．外海域の潮下帯の岩礁域に繁茂する．分布は広く，北海道南部，太平洋岸中部，九州，日本海に見られるが，点在した分布を示して生育区域は狭くて，地方の特産品として食されている．

9. ツルモ *Chorda filum* (Linnaeus) Stackhouse

盤状の付着器から円柱状の体が直立して，体長は1～5mにもなる．体径の太いところは，2～5mmになる．表面は平坦で，若いときは無色または淡黄の毛が密生している．やや波の穏やかな場所の潮下帯に石や貝殻に生育する．分布は広く北海道から九州まで見られる．生の藻体は，酢の物などにして食べるが，乾燥したものは「干しツルモ」と呼ばれ，水にもどして鍋物に使われている．

ツルモ

10. アントクメ *Eckloniopsis radicosa* (Kjellman) Okamura

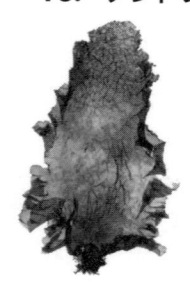

暗褐色で乾燥すると黒くなる．葉状部は笹の葉状，長楕円形，卵形，心臓形と変化に富む．厚く葉面の皺は膨らみのあるのが特徴的である．縁片は不規則な裂片になる．体長は30～100cm，幅は20～30cmである．茎は扁平で短く1～3cm，幅は1cmほどである．胞子嚢斑は，葉状部に丸くあちこちにできるが，発達して不規則は斑点になる．外海に面した水深10mより浅い岩礁地に見られる．分布は暖海域であるが，生育地域は狭く，太平洋岸の中南部，九州，本州日本海南部の限られた沿岸に見られる．昔から地方の特産品として乾燥させて保存して食用にしていた．土佐湾沿岸から徳島県では，昔から，この種を"あんどく"と呼んで食用にしてきたが，この地方名からアントクメの種名がつけられたのかもしれない．ワカメより少し硬いが，少量の酢を入れて柔らかくし，ワカメの代用品として，ワカメが自生していない土佐湾や紀伊半島で，煮物，吸い物，酢の物に使われていた．現在は食用に利用するところが少なくなってきている．

アントクメ

11. アラメ・カジメとクロメの仲間

アラメ 　　　　　　カジメ 　　　　　　クロメ

各地で"あらめ"の名で食用にされているものは，和名のアラメ，カジメ，クロメのどれかに当てはまる．岩手県から関東地方までの地方で，"あらめ"と呼ばれているのはアラメであろう．関東地方から四国までの太平洋沿岸の地方ではカジメを"あらめ"と呼んでいる．瀬戸内海から日本海沿岸では，クロメを"あらめ"と呼んで食用にしている場合が多い．壱岐・対馬では"かじめ"と呼ぶアラメを生のまま棒状に巻きしめ，小口から輪切りにしてみそ汁の具にする．乾燥したものも市販されている（図15.1，図13.2）．能登で"かじめ"と呼ばれているのは，ツルア

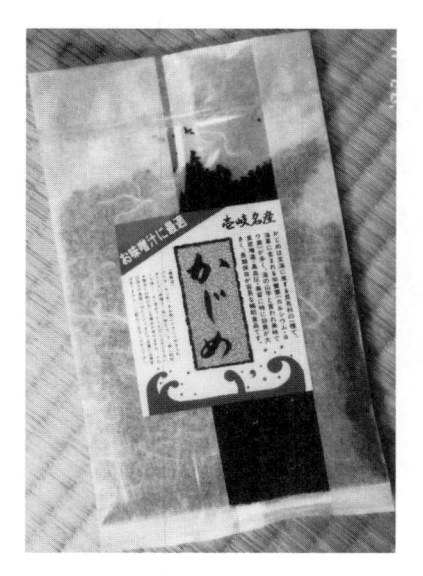

図 15.1 かじめ（アラメ）．乾燥して裁断したもの．みそ汁に入れるとトロリとなる（吉田忠生氏提供）．

図 15.2 対馬産アラメ．アラメの葉を煮出した後に巻いたもの（吉田忠生氏提供）．

ラメである．これらの種の形態や生態は，別の章に詳しく説明されている．一般に販売されている"あらめ"は，ワカメより硬いので，よく煮て，乾燥したものを"刻みあらめ"として売っている場合が多い．多くは煮物に使われている．昆布よりうま味成分が少ないのがかえって好まれて，健康食品素材として安定した需要がある．

12. ホンダワラ類

アカモク *Sargassum horneri* (Turner) C. Agardh

穏やかな海域に広く分布するホンダワラ類の代表的な1年生の種である．付着器から1本の茎を生じ，体長は数mにもなる．幼体の茎付近は毛棘を有している．葉状部は笹の葉状で鋸歯状に切れ込みを持つ．体の上部と下部では，葉形が著しく異なるのが特徴である．気泡は細い円柱状で冠葉をつける．水深10mより浅い岩礁に密生して体長は3〜5mにもなる．ホンダワラ類では最も大型になり，林立して典型的な藻場を形成する．分布は北海道から九州まで広く見られる．この種の食用への利用は限られた地域であるが，幼い藻体を採取して湯通しをして，海藻サラダ風にして食される．幼葉は美味であり，広く食されてもよい．生殖器床もぬめりがあり美味である．

新潟県で"ながも"という若い生殖器床をつけた個体を細かくきざみ，ねばり気の出たものを醤油味で，御飯にのせて食用にする（図 15.3）．冷凍保存することもでき，乾燥品も販売されている．ホンダワラ *S. fulvellum* C. Agardh（ぎんば草）も同様にして利用されている．

このほかに，Arasaki & Arasaki (1978) は，食用海藻のリストは，イシゲ *Ishige okamurae*,

288　有用海藻の生物学

図 15.3　ホンダワラ＝ぎんば草．佐渡島などで乾燥品を販売している．
　　　　アカモク＝ながも．生殖器床の塩漬けであるが，生で利用することもある（吉田忠生氏提供）．

イロロ Ishige sinicola があり，また，薬草としてホンダワラ類の数種があげられている．

15.2　紅藻類の仲間

13.　ウミゾウメン Nemalion vermiculare Suringar

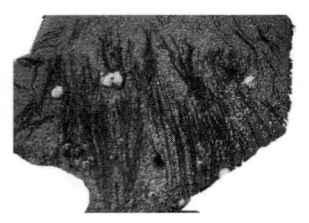

　黒紫色で，体は円柱でひも状でほとんど枝を出さないが，先端で分岐する場合もある．質は軟骨質で柔らかくぬるぬるしている．長さは 10〜30 cm で，太さは 2 mm ほどである．波の荒い外海の潮間帯の中部に冬から春にかけて繁茂し，夏に成熟し 1 年生である．分布は広く北海道から太平洋沿岸九州南岸までと瀬戸内海に分布する．湯通しした後に酢に和えて食用にする地方がある．限られた地域の特産品として珍重されている．

ウミゾウメン

14.　フクロフノリ Gloiopeltis furcata (Postels et Ruprecht) J. Agardh

　暗紅色，または褐紅色，粘質で，やや柔らかい軟骨質であり，体は円柱状あるいは扁圧し，大部分は中空，ときには中実になる．不規則に叉状に分岐を繰り返し，最末枝の頂端が分枝する場合が多い．分岐点でしばしばくびれて長さは 5〜10 cm ほどになる．形態の変異が多い．分岐点の基部がくびれるのが，マフノリとの区別点となる．外海に面した波の荒い岩上の潮間帯の最上部に単一種で密生して繁茂する特徴を持つ．分布は広く北海道から沖縄まで見られる．成熟期は春から初夏であるが，食用としては春先に採取される．昔から糊料として多く採取されたが，湯に通すとぬめりが出て美味であり，近年は，酢の物やみそ汁の具，海藻サラダとして使われている．

フクロフノリ

15. マフノリ *Gloiopeltis tenax* (Turner) Decaisne

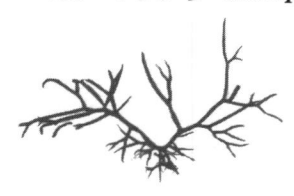

紅色または飴色，粘質で，やや柔らかい軟骨質であり，円柱状，ときには扁圧で中実の体は叉状分岐を繰り返す．最末枝の頂端は細く尖ることでフクロフノリと区別をする．波の荒い外海に面した岩上に，春から初夏にかけて潮間帯の上部に濃い密度で繁茂する．分布は，フクロフノリより暖海性であり，太平洋岸中南部，伊豆七島から九州西岸から沖縄に見られる．高品質なマフノリの生産地は五島列島である．古来から布地の糊料に使われていたが，近年，海藻サラダの素材として食用の需要が多く，水産物としてかなり採取されている．

マフノリ

16. ハナフノリ *Gloiopeltis complanata* (Harvey) Yamada

暗紅色あるいは褐紅色，軟骨質で細かく叉状や羽状に分岐するのが特徴で，小さい藻体である．体長は2〜3cm太さは1mm内外である．密に分岐して叢生する．波の荒い外海に面した岩上の潮間帯最上部から飛沫帯に多く繁茂している．分布は日本沿岸中南部から南西諸島に分布する．限られた地方で，酢の物や吸い物の具に使われている．

ハナフノリ

17. ムカデノリ *Grateloupia asiatica* Kawaguchi et Wang (= *G. filicina*)

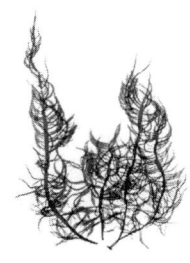

紅色，紺青色，黄紅色と体色の変化が著しい．藻体の両側から羽状に分枝した枝が出て，あたかもムカデのように生長するので，この名がつけられたが，側枝の出方が変化に富み形態や藻体の大きさの変化が著しい．藻体は比較的外海に面した静かなところの低潮線から水深1mくらいの浅いところの砂礫，岩礁に生育している．ムカデノリは，1年生で冬から春にかけて藻体は生長し，体長は30〜50mくらいになる．4〜5月にかけて成熟が始まる．分布は広く日本各地で見られる．近年，海藻サラダの主要な素材として需要が多い．河口の砂礫域に密生したものを，マンガ（熊手）で引いて多量に採取されるようになった．養殖試験も行われるようになった．

ムカデノリ

18. カタノリ *Grateloupia divaricata* Okamura

暗褐色で，乾燥すると黒色になる藻体である．藻体は軟骨質で，成体になると少し硬くなる．扁圧した線状，叉状互生的に多数の分枝を出すが，体の下部は少ない．体高は7〜30cm，厚さは1〜3mmである．外海に面した岩上の低潮線付近に多く生育している．分布は日本海特産種であり，北海道の日本海側から本州日本海沿岸に見られる．酢の物などで食される．

カタノリ

19. キョウノヒモ *Grateloupia okamurae* Yamada

紫紅色，円柱状の茎からくさび状から笹の葉状，卵形で扁平な葉状部まで変化に富む．体長は30 cm，幅が4 cmほどである．縁辺から多くの小枝を出しムカデノリに似ているが，葉状部は厚く，両体表面からも突起や小枝が出るのが区別点である．ニクムカデは両体表面がなめらかで突起がないので区別がつく．波静かな海域の低潮線付近に生育する．分布は広く日本各地に見られる．吸い物に使われる．

キョウノヒモ

20. タンバノリ *Grateloupia elliptica* Holmes

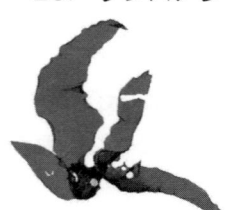

濃紫紅色，または褐紅色，やや硬い革質で扁平な葉体である．茎を持たず，葉片の一部で岩上に固着しているのが，フダラクとの区別点となっている．幼い体は，幅広い丸みを帯び，縁辺は平坦で単葉である．成体になると裂けるようになり，多数の葉片になる．個体変異は大きい．体長は20〜50 cm，幅は5〜20 cmとなる．外海の波静かな岩上の低潮線付近に繁茂する．分布は広く日本各地で見られる．青森県八戸では，"あかはだ"と呼び，煮て融かし固めて"あかはだもち"という名前で食用にする．

タンバノリ

21. サクラノリ *Grateloupia imbricata* Holmes

桃紅色あるいは紫紅色，円柱状の短い茎からやや粘りけがあり柔らかく革膜質の扁平な葉状体となり，叉状に数回分岐する．扇状に上方に広がり，きれいな形態をしている．上部は鶏冠状あるいはボタンの花のようになる．体長は6〜10 cmで，幅は0.7〜1.5 cm．ツノマタやマツノリとは形態が似ているが体内構造が異なる．外海に面した潮間帯の下部に密生する．分布は温暖海域で，本州中南部から南西諸島に見られる．刺身のつまなどの利用がされている．
λ-カラギナンを含み，韓国ではカラギナン原藻としても採取されている．

サクラノリ

22. フダラク *Grateloupia lanceolata* (Okamura) Kawaguchi

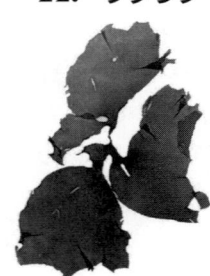

濃紅色から褐紅色，体は若いときは柔らかいが，大きくなると革質のような手触りとなる．小さな盤上の付着器の上に短い茎を持ち，その上に笹状から不規則な形に分岐する膜状の葉片となる．葉状部の基部で裂けることが多い．体長は50 cm以上になる．波の静かなところの潮間帯下部か潮下帯の岩上に見られる．分布は暖海域で，太平洋岸中南部に広く見られるが，限られたところで食用にされている．

フダラク

23. ツノマタ類

ツノマタ

ツノマタ類は，古来，漆喰壁の材料として日本各地で採取されてきた．この仲間は，近年，分類学的検討が加えられており，13章で生物学的に詳しく記述されている．そのなかで外海に面した潮間帯の低潮線付近に繁茂するツノマタ *Chondrus occellatus* Holmes は，緑紺色から黄褐色まで変化に富む藻体で，扁平で少し厚い革膜質で細長いくさび形の基部から上方に，扇状に数回二叉に分岐する．体は 4～5 cm である．小型の藻体を湯に通してグリーン色にしたものを，魚料理の添え物に使用するところがある．

24. ツルツル *Grateloupia turuturu* Yamada

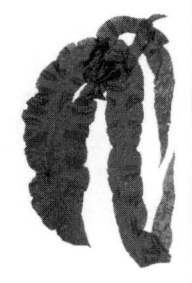

ツルツル

紫紅色で，粘質柔軟な藻体で，幅広い葉状の扁平葉体である．体は盤状付着器から短い茎部持ちくさび状の基部から葉状部は大きくなる．体は粘りがありなめらかであることから，この和名がつけられた．葉片は単葉でしばしば裂ける．変型が非常に多い．体長は 30～40 cm，幅は 5～10 cm．波静かな海域の低潮線付近や海中のロープに，春先によく生育している．分布域は広く各地に見られる．湯に通して，酢の物や和え物などの具として，各地で利用されている．

25. ヒヂリメン *Grateloupia sparsa* (Okamura) Chiang (= *Cyrtymenia sparsa*)

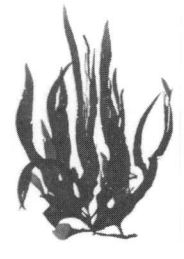

ヒヂリメン

濃紫紅色または濃紅色，薄い柔らかい粘革質の笹の葉状で膜状の藻体である．下部は短い茎を持つ．葉片は幼いときは笹の葉状で単葉であるが，成体では葉片の上部が裂けて茎近くまで及ぶ．体長は 20～40 cm，裂葉片の幅は 3～7 cm である．乾燥すると葉面はチリメン状に皺ができるので，この和名がつけられた．波の荒い外海に面した岩上の低潮線付近に生育する．分布は本州の太平洋岸の北部から中部域で分布域は狭い．限られたところで食用にされている．

26. コメノリ *Carpopeltis prolifera* (Hariot) Kawaguchi et Masuda

コメノリ

紫紅色，または紺青色で，体は小型での扁平であり分枝し軟骨質で弾力があり乾燥すると紙につかない．下部は扁圧した茎となる．上部は 4～7 回叉状分枝を繰り返し，しばしば球状に叢生する．また，しばしば，まばらに下部の枝の側面に小枝を副出する．体は盤状基盤から円柱状の茎から叢生し，体長は 3～7 cm，幅は 3～7 mm である．外海に面した岩上の潮間帯上部に繁茂する．分布は暖海域で太平洋中南部から南西諸島に見られる．初夏の頃，多く採取される．湯に通すと濃緑色になり，多くは刺身のつまとして使われる．歯触りがよく，食しても美味であり，海藻サラダとしても使われている．

27. マツノリ *Carpopeltis affinis* (Harvey) Okamura

基部は円柱状で，上部は扁平に繰り返して，叉状に分岐して半円形の塊状になる．体長は 10 cm ほどになる．質は軟骨質で弾力がある．外海に面した岩の上で低潮線付近に生育する．分布は広く北海道から九州まで見られる．刺身のつまとして利用される．

マツノリ

28. スギノリ *Chondracanthus tenellus* (Harvey) Hommersand

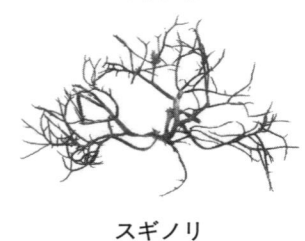

体は暗紫色で叢生し，水中では青白く蛍光を発する特徴がある．体は軟骨質で線状で扁圧しており，両縁から羽状に分枝し互生と対生の枝を大きい角度で生じ先端は細るのが特徴である．高さは 5～8 cm，幅は 1～2 mm になる．波の荒い外海の岩上の潮間帯中下層やタイドプールに繁茂する．分布域は広く北海道から南西諸島まで見られる．*Gigartina tenella* Harvey と呼ばれていた．以前は寒天や糊料として利用されていたが，現在は，海藻サラダの素材として，多量に利用されるようになった．

スギノリ

29. シキンノリ *Chondracanthus teedii* (Roth) Kützing

暗紅色または紺青色，柔らかい軟骨質で，扁圧する帯状の体で，羽状分岐を繰り返して主枝は太いが，分岐が進む部位は細くなるのが特徴である．体長は 10～20 cm，枝の幅は 1～5 mm である．外海に面した岩上の低潮線付近に繁茂している．分布は，日本沿岸の中部に分布している．この種は，属名 *Gigartina* から替えられた．海藻サラダとして広く利用されている．

シキンノリ

30. オゴノリ・シラモ類

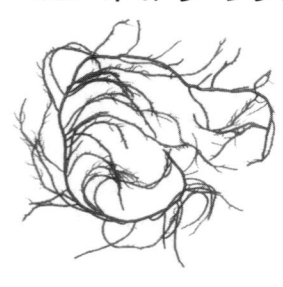

オゴノリ属のなかで，糸状のものは，消石灰で晒したものを，"おご"や"しらも"と呼んで，刺身のつまとして広く使われている．オゴノリ属の形態や生態に関しては，12 章で詳しく述べている．

オゴノリ

31. ミリン *Solieria pacifica* (Yamada) Yoshida

紫紅色または，黄紅色，盤状の基部の茎部から，すぐに太くて柔軟な多肉粘質の円柱状または扁圧した葉状部に伸長する．葉状部は互生的に副葉を出すが基部がくびれる．体長は 20～30 cm，幅は 3～15 mm となる．外海に面した岩上の低潮線付近に繁茂する．分布は暖海域の太平洋中南部から南西海域である．類似したホソバミリン *Solieria tenuis* Zhang et Xia は，藻体の幅が 3 mm ほどで細く，内湾の波静かなところに繁茂する．生でも歯触りがよく美味であるが，酢の物に入れてもよい．

ミリン

32. トサカノリ *Meristotheca papulosa* (Montagne) J. Agardh

鮮やかな紅色，または桃紅色で，体は柔らかいが，ときにはやや硬い多肉質の厚い膜質で，不規則に叉状に分岐する．縁辺は小枝を副出する．藻体は伸びて，体長は 10～20 m で，幅は 1～5 cm である．トサカノリの藻体には，雌性体，雄性体と無性体があるが同型である．成熟藻体には果胞子ができて体表面が瘤状の斑点となる．生育は潮下帯から水深 20 m に繁茂している．分布は暖海域で千葉県以南より九州まで見られる．塩漬けで保存されて，刺身のつまや海藻サラダの素材として需要が高く，高価な海藻資源となっている．多く採取されているところは鹿児島県枕崎，高知県宿毛，伊豆七島であり，資源の維持が課題となっている．

トサカノリ

33. アマクサキリンサイ *Eucheuma amakusaense* Okamura

紫紅色を帯びた肉色の体は，多肉，軟骨質のいくぶん扁圧した円柱状の主枝から，ほぼ対生に分岐する．枝には円錐状の棘の突起が見られる．体は軟骨質であり，体長は 30 cm ほどの団塊状に生長する．外海で水深数 m までの岩礁や死んだサンゴ礁上に生育する．分布は暖海域から熱帯域で，高知県，天草，鹿児島，沖縄などに見られる．美味であるがあまり流通されず，地元で昔から塩漬けで保存されて，装飾的な刺身のつまや三杯酢，梅しそ漬けなどで食用にする．生育量は少なく，鹿児島県の甑島で 2～7 トンの収穫があると記録されており，養殖試験も行われた．

アマクサキリンサイ

34. カタメンキリンサイ *Betaphycus gelatinum* (Esper) Doty ex Silva in Silva et al

濃紅色で，体は扁圧し多肉な軟骨質で，体長は 5～15 cm で縁辺から不規則に羽状の副枝が多数出す．匍匐し横に広がり塊状になって生長する．背面は無分岐または分岐した刺状の突起を持つ，髄部の中央に多くの仮根糸を出して基物に固着する．サンゴ礁湖の岩上や死んだサンゴ塊に生育している．分布は熱帯海域で，沖縄や南西諸島に見られる．沖縄では"つのまた"と呼び，珍味な食材となっ

カタメンキリンサイ

ている．学名は β-カラギナンを含むことから *Eucheuma gelatinum* から変更された．アマクサ

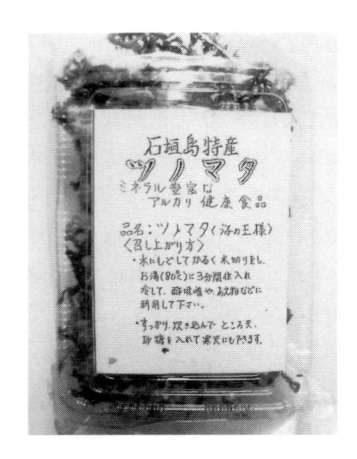

図15.4 カタメンキリンサイ＝つのまた．乾燥品であり，水にもどして利用する（吉田忠生氏提供）．

キリンサイと似た利用がされている．フィリピンやベトナムでもサラダ風に食べたり，湯に溶かして飴湯のようにして飲む．

35. トゲキリンサイ *Eucheuma serra* (J. Agardh) J. Agardh

濃紅色で，体は匍匐しながら生長する．葉状部は扁圧で厚さは1～4 mmであり，葉縁から羽状に刺状に枝を出す．体の下面から瘤状の突起が1列に出て，基質に固着する．外海に面した水深5～10 mの岩上に生育している．分布は暖海性で，伊豆七島，太平洋中南部から南西諸島に見られる．湯を通してサラダ風に食べることもあるが，宮崎や鹿児島では，乾燥したものを水にもどし煮た後，練り固めて酢の物などに添える食べ方がある．

36. イバラノリ *Hypnea charoides* Lamouroux
カズノイバラ *Hypnea flexicaulis* Yamagishi et Masuda

淡い紅色で，体は細い円柱状で多く分岐し柔らかい軟骨質で折れやすい．藻体基部では絡み合い，互生に分岐し団塊状になるが，50 cmほどの長さになる．波静かな海域の岩上の低潮線付近に生育する．分布は暖海域で，太平洋中南部から南西諸島に見られる．古来から糊料として採取されてきた．煮汁を固めて豆腐のようにして食される．長崎県島原では，いろいろな具を入れて味付けしながら煮固めたものを"いぎりす"と呼んでいる．粘性が低いが寒天の原料としても使われている．

37. イギス類
イギス *Ceramium kondoi* Yendo

紅色から暗紅色の藻体である．体は糸状・円柱状で2～5回分岐して房状，静かな海域の潮下帯で，塊状になり体の下部から仮根糸が出て岩やほかの海藻に付着して生長する．体長は5～50

cm である．節間部がやや膨らんで樽状になり，枝の頂端は内部に曲がってフック状になるのが，この種の特徴である．分布は温暖海域に広く生育する．

イギス属は種数が多いが，利用の面では大型になるイギスとアミクサ *C. baydenii* Gepp が使われている．あまり種の区別をしていない．イギスの仲間は煮ると粘性が出て，冷えると寒天状の粘性のある固形物になるので，瀬戸内海，日本海沿岸の各地で古来から"いぎす豆腐"，"いぎす餅"や"いぎす汁"として利用されてきた．

イギス

38. エゴノリ *Campylaephora hypnaeoides* J. Agardh

暗紅色，または黄紅色の細い円柱状で軟骨質の藻体である．盤状の付着器で褐藻ホンダワラ類，とくに，ヤツマタモクによく着生する．幼い体は規則正しく叉状に分かれる．老成するにつれて分岐は不規則になる．主枝の頂端は，かぎ状に曲がり絡みあって団塊となる．体長は10〜20 cm なる．体は若いときは柔らかであるが，老成すると硬くなる．分布は広く日本各地で見られる．ところてんや寒天の原料になるが，福岡市では，エゴノリを主体としてつくられるところてんを「おきうと」として，昔から食べられており，現在では，博多の特産品になっている．

エゴノリ

39. マクリ（別名カイニンソウ） *Digenea simplex* (Wulfen) C. Agardh

暗紅紫色で，ときには緑色になる藻体である．体は円柱状で分岐し，不規則，叉状に分岐する．質は硬い軟骨質で，各部に剛毛のような小枝が密に被う．体長は5〜25 cm ほどになる．外海に面した低潮線付近の岩に繁茂する．分布は暖海から熱帯域で，日本南岸域から南西諸島に見られる．煮汁を駆虫剤として利用してきた．最近，日本沿岸ではこの種の生育が稀になり採取が難しい．

マクリ

40. ヤナギノリ *Chondria dasyphylla* (Woodward) C. Agardh

紫褐色または黄褐色で，円柱状で複羽状分岐をして小枝の長さは2〜5 cm ある．上方にゆくにつれて，小枝は細くなり，藻体はピラミッド形になるのが特徴である．体長は10〜20 cm で外海に面した潮間帯下部に叢生する．分布は温海域であり北海道から九州まで見られる．限られた地方で食用にする．

ヤナギノリ

41. ユナ *Chondria crassicaulis* Harvey

淡い紅色で体長は10〜20 cm，円柱状で太さは2〜5 mmになり，枝は各方向に互生し，ときには不規則に出る．柔かくぬめりがある軟骨質である．外海に面した海域の低潮線付近の岩上に生育する．分布は広く北海道から九州に見られる．山口や島根など日本海側で，よく食用にされており，採りたてのものを生で使うのがふつうである．湯に通して緑色になったものを酢の物や和え物にも使う．

ユナ

42. ソゾ類 *Laurencia*

多くの種があり，これらの仲間は臭いがきつい．しかし，軟骨質のものや，きれいな形態をしているものは，湯通しして海藻サラダとして食用にするものもある．ハネソゾ *L. pinnata* Yamada，パピラソゾ *L. papillosa* (C. Agardh) Greville などが食用にされている．

ハネソゾ

引用文献

Arasaki, S. and Arasaki, T. 1978. Vegetable from the sea. 196 pp. Japan Publication, Tokyo.
新崎盛敏著, 徳田　廣編 2002. 原色新海藻検索図鑑. 205 pp. 北隆館.
東　禎三 1983. 三浦半島の海藻. 90 pp. 教育放送出版部.
千原光雄監修 1983. 学研生物図鑑. 292 pp. 学習研究社.
今田節子 2003. 海藻の食文化. 188 pp. 成山堂書店.
瀬川宗吉 1976. 原色日本海藻図鑑（増補版）. 195 pp. 保育社.
徳田　廣・大野正夫・小河久朗 1987. 海藻資源養殖学. 354 pp. 緑書房.
徳田　廣・川嶋昭二・大野正夫・小河久朗編著 1991. 図鑑海藻の生態と藻礁. 198 pp. 緑書房.
吉田忠生 1998. 新日本海藻誌 日本産海産藻類総覧. 1222 pp. 内田老鶴圃.

有用海藻の生物学

16　世界の海藻資源の概観

大野　正夫

　日本，韓国，中国の藻食の慣習はよく知られているが，サンゴ礁地域では，緑藻のイワズタやミルを好んで食べている．南米のインディオは，春になると岩海苔を採取して保存して，1年中食べる食文化を持っている．北欧でも沿岸の人びとは，ツノマタの煮汁に果汁を入れて固めたゼリーをよく食してきた．現在，寒天，カラギナン，アルギン酸の原料である海藻は，大規模に生産されている．世界で採取したり，養殖されている海藻の量は莫大であるが，海藻の生産量を知ることは容易なことではない．国連食料農業機関（FAO）が，1975年に世界の海藻資源についてまとめているが，それ以後の報告はない．

　世界各国の権威ある海藻研究者によって書かれた「世界の海藻資源」（Critchley & Ohno 1998）は，有用海藻を生産するほとんどの国の海藻資源について，天然産・養殖産に分けて詳しく記述されている．これは20世紀末の有用海藻の正確なデータである．これらの報告を中心に整理して，Zemke-White & Ohno（1999）は，世界の有用海藻の資源量と生産国をまとめている．海藻生産量に用いられているデータは，主に1994年から1995年のデータであった．これらの資料をもとに，世界の海藻資源について概観する．

16.1　世界で利用されている海藻

　「世界の海藻資源」に記載されている世界で有用海藻とされている種は，ロシアの資料が欠けているが，表16.1に示すように221種であった．32種は緑藻，125種は紅藻，64種は褐藻である．利用分野別に見ると145種（66%）は食用（79種の紅藻，28種の緑藻，38種の褐藻）であった．つぎに海藻多糖類の抽出原藻が多い．紅藻と褐藻グループのほぼ50%は，海藻多糖類の寒天，カラギナンやアルギン酸の原料して採取や養殖が行われている．アルギン酸原料として27種，寒天原料として36種，カラギナン原料として28種があげられているが，そのほとんどは，ローカルな小規模の採取・利用であり，産業的に大量に利用されている種は限られている．興味深いことは，薬用海藻として19種があげられていることである．ほとんどの著者が薬用海藻として産出リストに載せてないので，実際に薬用に使われている種はもっと多いかもしれない．25種が家畜の餌料や肥料などに使われていた．イタリアでは2種（*Ulva laetevirens* と *Gracilaria verrucosa*）が，紙の生産に使われていると報告されているのも興味深い．数種の褐藻類 *Macrocystis*，*Laminaria*，*Fucus* などは，カナダやアラスカ，アメリカ北西部では，子持ち昆布の産業で利用されている．とくにニシンの卵が海藻に産みつけられて，グルメの食べ物として収穫されている．

16.2　海藻の生産量

　表16.2には，1994年から1995年の間，1年間の全世界の海藻の生産量は乾重量で約200万トン以上（生重量で760万トン）生産されていることを示している．各国の海藻生産量を集計するに当たり，生重量で書かれている資料は，乾重量に換算して表示した．この換算には，多くの文

表 16.1 世界で生産される有用海藻種・利用形態と産出国.

種　名	利用形態	産　出　国
緑　藻		
Acetabularia major	薬用	Indonesia, Philippines
Capspsiphon fulvescens	食用	Korea
Caulerpa spp.	食用	Malaysia, Thailand
Caulerpa lentillifera	食用, 薬用	Philippines
Caulerpa peltata	食用, 薬用	Philippines
Caulerpa racemosa	食用	Bangladesh, Japan, Philippines, South Pacific Islands, Vietnam
	薬用	Philippines
Caulerpa sertularioides	食用, 薬用	Philippines
Caulerpa taxifolia	食用, 薬用	Philippines
Codium spp.	食用	Argentina
Codium bartletti	食用	Philippines
Codium edule	食用	Philippines
Codium fragile	食用	Korea, Philippines
Codium muelleri	食用	Hawaii
Codium taylori	食用	Israel
Codium tenue	食用	Indonesia
Codium tomentosum	食用	Indonesia
Colpomenia sinuosa	食用	Philippines
Dictyosphaeria cavernosa	肥料	Kenya
	薬用	Philippines
Enteromorpha spp.	肥料	Portugal
	食用	Bangladesh, France, Hawaii, Myanmar
Enteromorpha compressa	食用	Korea, Indonesia
	薬用	Indonesia, Philippines
Enteromorpha clathrata	食用	Korea
Enteromorpha grevillei	食用	Korea
Enteromorpha intestinalis	食用	Indonesia, Japan, Korea
	薬用	Indonesia
Enteromorpha linza	食用	Korea
Enteromorpha nitidum	食用	Korea
Enteromorpha prolifera	食用	Indonesia, Japan, Korea, Philippines
	薬用	Indonesia
Monostroma nitidum	食用	Japan
Scytosiphon lomentaria	食用	Korea, France
Ulva spp.	肥料	Italy, Portugal
	食用	Argentina, Canada, Chile, Hawaii, Japan, Malaysia
	紙	Italy
Ulva lactuca	食用	Vietnam, Indonesia
Ulva pertusa	薬用	Philippines
Ulva reticulata	食用	Vietnam
紅　藻		
Acanthophora spicifera	カラギナン	Vietnam
	食用	Philippines, Vietnam
Ahnfeltia plicata	肥料	Chile (Ag)
Asparagopsis taxiformis	食用	Hawaii, Indonesia
	薬用	Philippines

Betaphycus gelatinum	食用，カラギナン	Vietnam
Calaglossa adnata	食用	Indonesia
Calaglossa leprieurii	薬用	Indonesia, Vietnam
Catenella spp.	食用	Myanmar
Chondria crassicaulis	食用	Korea
Chondrus crispus	カラギナン	France, Spain, US
	食用	Ireland, France
Chondrus ocellatus	食用	Japan
Eucheuma alvarezii	カラギナン	Malaysia, Kiribati
Eucheuma cartilagineum	食用	Japan
Eucheuma denticulatum	カラギナン	Philippines, Madagascar
Eucheuma gelatinae	カラギナン	China, Indonesia, Philippines
	食用	Indonesia, Japan, Philippines
Eucheuma isiforme	食用	Caribbean
Eucheuma muricatum	食用，薬用	Indonesia
Eucheuma striatum	カラギナン	Madagascar
Gelidiella acerosa	寒天	India, Malaysia, Vietnam
	食用	Philippines
Gelidiella tenuissima	食用	Bangladesh
Gelidium spp.	寒天	China, Japan
	食用	Hawaii
Gelidium abbottiorum	寒天	South Africa
Gelidium anansii	食用，薬用	Korea, Indonesia
Gelidium capense	寒天	South Africa
Gelidium chilense	寒天	Chile
Gelidium latifolium	寒天	Spain
	食用	Indonesia
Gelidium lingulatum	寒天	Chile
Gelidium madagascariense	寒天	Madagascar
Gelidium pristoides	寒天	South Africa
Gelidium pteridifolium	寒天	South Africa
Gelidium pusillum	食用	Bangladesh
Gelidium robustum	寒天	Mexico
Gelidium rex	寒天	Chile
Gelidium sesquipedale	寒天	Morocco, Portugal, Spain
Gelidium vagum	寒天	Canada
Gigartina canaliculata	カラギナン	Mexico
Gigartina chamissoi	カラギナン	Peru
	カラギナン	Chile
Gigartina intermedia	カラギナン	Vietnam
Gigartina skottsbergii	カラギナン	Argentina, Chile
Gloiopeltis spp.	食用	Vietnam
Gloiopeltis furcata	食用	Korea
	カラギナン	Japan
Gloiopeltis tenax	カラギナン	Japan
	食用	Korea
Gloiopeltis complanata	カラギナン	Japan
Gracilaria spp.	肥料	Portugal
	カラギナン	Malaysia
	食用	Myanmar, Thailand
	紙	Italy
	薬用	Vietnam

Gracilaria asiatica	寒天	China, Vietnam
	食用	Vietnam
Gracilaria bursa-pastoris	食用	Japan
Gracilaria caudata	寒天	Brazil
Gracilaria changii	食用	Thailand
Gracilaria chilensis	寒天	Chile
	肥料	New Zealand
Gracilaria cornea	寒天	Brazil
	食用	Caribbean
Gracilaria cronopifera	食用	Hawaii, Vietnam
Gracilaria crassissima	食用	Caribbean
Gracilaria domingensis	食用	Brazil, Caribbean, Chile
Gracilaria edulis	寒天	India
Gracilaria eucheumoides	食用	Indonesia, Vietnam
	薬用	Indonesia
Gracilaria firma	寒天	Philippines, Vietnam
	カラギナン	Philippines
	食用	Vietnam
Gracilaria fisheri	寒天, 食用	Thailand
Gracilaria folifera	寒天	India
Gracilaria gracilis	寒天	Namibia, South Africa
Gracilaria heteroclada	寒天	Philippines, Vietnam
	食用	Vietnam
Gracilaria howei	寒天	Peru
Gracilaria lemaneiformis	寒天	Mexico, Peru
	食用	Japan
Gracilaria longa	寒天	Italy
Gracilaria pacifica	寒天	Canada
Gracilaria parvispora	食用	Hawaii
Gracilaria salicornia	寒天	Thailand
	食用	Thailand, Vietnam
Gracilaria tenuistipitata var. *liui*	寒天	China, Philippnes, Thailand, Vietnam
	食用	Thailand, Vietnam
Gracilaria verrucosa	寒天	Argentina, Egypt, Italy
	食用	France, Indonesia, Japan, Korea
	薬用	Indonesia
Gracilariopsis lemaneiformis	寒天	Canada
Gracilariopsis tenuifrons	寒天	Brazil
Grateloupia filicina	食用	Indonesia, Japan
Gymnogongrus furcellatus	カラギナン	Chile
Halymenia spp.	食用	Myanmar
Halymenia discoidea	食用	Bangladesh
Halymenia durvillaei	食用	Philippines
Halymenia venusta	肥料	Kenya
Hypnea spp.	食用	Myanmar
Hypnea musciformis	カラギナン	Brazil
Hypnea muscoides	カラギナン, 食用	Vietnam
Hypnea nidifica	食用	Hawaii
Hypnea pannosa	食用	Bangladesh, Philippines
Hypnea valentiae	カラギナン, 食用	Vietnam
Iridaea ciliata	カラギナン	Chile
Iridaea edulis	食用	Iceland

16　世界の海藻資源の概観

Iridaea laminarioides	カラギナン	Chile
Iridaea membranacea	カラギナン	Chile
Kappaphycus alvarezii	カラギナン	Philippines, Tanzania
	食用	Philippines
Kappaphycus cottonii	カラギナン，食用，薬用	Vietnam
Laurencia obtusa	食用，薬用	Indonesia
Laurencia papillosa	肥料	Kenya, Philippines
Laurencia pinnitifida	食用	Portugal
Lithothamnion corallioides	肥料	France, Ireland, UK
Mastocarpus papillatus	カラギナン	Chile
Mastocarpus stellatus	カラギナン	Portugal, Spain
	食用	Ireland
Mazzaella splendens	寒天，食用	Canada
Meristotheca papulosa	食用	Japan
Meristotheca proeumbens	食用	South Pacific Islands
Nemalion vermiculare	食用	Korea
Palmaria hecatensis	食用	Canada
Palmaria mollis	食用	Canada
Palmaria palmata	食用	Canada, France, Iceland, Ireland, UK, US
Phymatolithon calcareum	肥料	France, Ireland, UK
Porphyra spp.	食用	Israel, New Zealand, UK
Porphyra abbottae	食用	Alaska, Canada
Porphyra acanthophora	食用	Brazil
Porphyra atropurpurae	食用，薬用	Indonesia
Porphyra columbina	食用	Argentina, Chile, Peru
Porphyra crispata	食用	Thailand, Vietnam
Porphyra fallax	食用	Canada
Porphyra haitanensis	食用	China
Porphyra kuniedae	食用	Korea
Porphyra leucosticta	食用	Portugal
Porphyra perforata	食用	Canada
Porphyra psuedolanceolata	食用	Canada
Porphyra seriata	食用	Korea
Porphyra spiralis	食用	Brazil
Porphyra suborbiculata	食用	Korea, Vietnam
Porphyra tenera	食用	Japan, Korea
Porphyra torta	食用	Alaska, Canada
Porphyra umbilicalis	食用	France, US
Porphyra vietnamensis	食用	Thailand
Porphyra yezoensis	食用	China, Japan, Korea
Pterocladia capillacea	寒天	Portugal
	食用	Korea
Scinaia moniliformis	食用	Philippines
Solieria spp.	食用	Myanmar
Pterocladia lucida	寒天	New Zealand

褐藻

Alaria crassifolia	食用	Japan
Alaria fistulosa	肥料，食用	Alaska
Alaria marginata	食用	Canada
Alaria esculenta	食用	Iceland, Ireland, US
Ascophyllum nodosum	肥料	France, Canada, China, Iceland, US
	アルギン酸	Ireland, Norway, UK

Cladosiphon okamuranus	食用	Japan
Cystoseira barbata	アルギン酸	Egypt
Desmarestia spp.	土壌改良	Alaska
Durvillaea antarctica	食用	Chile
Durvillaea potatorum	アルギン酸	Australia
Ecklonia cava	食用	Japan
Ecklonia maxima	肥料	South Africa
Ecklonia stolonifera	食用	Korea
Egregia menziesii	食用	Canada
Fucus spp.	肥料	France
Fucus gardneri	肥料	Canada
	食用, 土壌改良	Alaska
Fucus serratus	アルギン酸	Ireland
	食用	France
Fucus vesiculosus	アルギン酸	Ireland
	カラギナン	Ireland
	食用	France, Portugal
Hizikia fusiformis	食用	Japan, Korea
Hydroclathrus clathratus	肥料	Philippines
	食用	Bangladesh, Philippines
Laminaria angustata	食用	Japan
Laminaria bongardiana	食用, 土壌改良	Alaska
Laminaria diabolica	食用	Japan
Laminaria digitata	アルギン酸	France, Ireland
	食用	Ireland
Laminaria groenlandica	食用	Canada
Laminaria hyperborea	アルギン酸	Ireland, Norway, Spain, UK
Laminaria japonica	アルギン酸	China
	食用	China, Japan, Korea
Laminaria longicruris	食用	US
Laminaria longissima	食用	Japan
Laminaria ochroleuca	アルギン酸	Spain
Laminaria ochotenisis	食用	Japan
Laminaria religiosa	食用	Japan, Korea
Laminaria saccharina	食用	Alasaka, Canada, Ireland
	土壌改良	Alaska
Laminaria setchelli	食用	Canada
Laminaria schinzii	肥料	South Africa
Lessonia nigrescens	アルギン酸	Chile, Peru
Lessonia trabeculata	アルギン酸	Chile
Macrocystis integrifolia	アルギン酸	Peru
	土壌改良	Alaska, Canada
Macrocystis pyrifera	肥料	Australia
	アルギン酸	Chile, Mexico, Peru, US
	食用	Argentina
	土壌改良	Alaska, US
Nemacystus decipiens	食用	Japan
Nereocystis luetkaena	肥料	Alaska, Canada
	食用	US
Pelvetia siliquosa	食用	Korea
Postelsia spp.	食用	US
Sargassum aquifolium	食用	Indonesia

Sargassum crassifolium	アルギン酸	Vietnam
	食用	Thailand
Sargassum spp.	肥料	Brazil, Vietnam
	アルギン酸	Vietnam
	食用	Bangladesh, Hawaii, Malaysia, Myanmar Philippines, Thailand, Vietnam
	薬用	Brazil, Vietnam
Sargassum filipendula	食用	Egypt
Sargassum gramminifolium	アルギン酸	Vietnam
Sargassum henslowianum	アルギン酸	Vietnam
Sargassum horneri	食用	Korea
Sargassum ilicifolium	アルギン酸	India
Sargassum mcclurei	アルギン酸	Vietnam
Sargassum myriocystum	アルギン酸	India
Sargassum oligosystum	食用	Thailand
Sargassum polycystum	食用	Indonesia, Thailand
	アルギン酸, 薬用	Vietnam
Sargassum siliquosum	アルギン酸	Vietnam
	食用, 薬用	Indonesia
Sargassum wightii	アルギン酸	India
Sargassum vachelliannum	アルギン酸	Vietnam
Turbinaria spp.	肥料	Vietnam
	薬用	Philippines
Turbinaria conoides	アルギン酸	India (Al)
Turbinaria decurrens	アルギン酸	India
Turbinaria ornata	アルギン酸	India
Undaria pinnitifida	食用	Australia, China, France, Korea
Undaria peterseniana	食用	Korea

(Zemke-White & Ohno 1999 より改変)

献からの生重量・乾重量の比率をもとに行った．

その90％は，中国，韓国，日本，フランス，イギリス，チリの6ヵ国で生産され，主要な海藻は，*Laminaria*（コンブ属），*Macrocystis*，*Lithothamnion*，ノリ，ワカメ，オゴノリ属である．ヨーロッパでは，フランス，アイルランド，イギリスなどで伝統的に"Maërl"と呼ばれている紅藻の*Lithothamnion*が多く採取されて，土壌改良材や家畜の餌に使われているのが特徴的である．ツノマタは，カナダからヨーロッパ各国で，量は少ないが，長年採取されている．

海藻生産量の52％は養殖によって生産され，緑藻の74％，紅藻の22％，褐藻の82％を占めている．養殖されている海藻の90％は中国，韓国，日本で生産されている．養殖されているグループで，コンブが最大の生産量を示し682,581トンである．つぎにノリが130,614トン，ワカメが101,708トン，オゴノリが50,156トンである．

16.3　海藻資源の経済的価値

海藻の生産量は，かなり正確に記録されているが，これらの海藻の価格や生産額のデータは，あまり報告されていなく，また，その数値は，低く見積もられていることが多い．アジア諸国のノリ，コンブ，ワカメなどの組織化された海藻産業が成り立っているところは例外で，多くの諸

表 16.2 世界の有用海藻の生産量（1994〜1995 年，乾燥重量トン）．

種　名	産　出　国	総生産量（トン）	内養殖生産量（トン）
緑　藻			
Codium	Korea	0.15	0.15
Caulerpa	Philippines	810	810
Enteromorpha	Japan	1,400	1,400
	Korea	1,038	1,038
Monostroma	Japan	1,250	1,250
Ulva	Japan	1,500	
紅　藻			
Chondrus	Canada	10,000	
	France	1,260	
	Ireland	3	
	Japan	500	
	Portugal	30	
	Spain	300	
	US	120	
Euchuema	China	300	300
	Indonesia	13,447	13,447
	Kiribati	396	396
	Madagascar	500	
	Malaysia	800	800
	Philippines	10,102	10,102
Gelidiella	India	232	
Gelidium	Chile	1,144	
	China	300	
	France	1,800	
	Japan	5,714	
	Madagascar	300	
	Mexico	1,200	
	Morocco	6,950	
	Portugal	900	
	South Africa	139	
	Spain	326	
Gigartina	Argentina	22	
	Chile	6,389	
	Mexico	200	
Gloiopeltis	Japan	900	900
Gracilaria	Argentina	2,276	
	Chile	68,436	34,218
	China	300	300
	India	215	
	Indonesia	13,447	13,447
	Mexico	205	
	Namibia	835	
	Peru	194	
	South Africa	439	
	Thailand	200	200
	US	2	
	Vietnam	2,000	2,000
Iridaea	Chile	5,606	

Kappaphycus	Philippines	30,306	30,306
Mastocarpus	Spain	600	
	Ireland	5	
	Portugal	70	
Palmaria	Canada	100	
	Ireland	3	
Porphyra	Argentina	3	
	Chile	5	
	China	30,165	30,165
	Japan	60,000	60,000
	Korea	40,449	40,449
Pterocladia	New Zealand	50	
	Portugal	300	
Maërl	France	600,000	
	Ireland	1,000	
	UK	200,000	
褐　藻			
Ascophyllum	Canada	2,500	
	China	3,000	
	France	1,700	
	Iceland	4,400	
	Ireland	8,999	
	Norway	6,632	
	UK	3,500	
	US	280	
Cladosiphon	Japan	1,500	1,500
Durvillaea	Australia	4,000	
	Chile	464	
Ecklonia	South Africa	350	
Fucus	France	2	
	Ireland	80	
	Portugal	0.04	
Hizikia	Korea	7,497	6,297
Laminaria	Canada	0.48	
	China	644,464	644,464
	France	12,000	
	Ireland	523	
	Japan	32,000	24,000
	Korea	6,117	4,588
	Norway	34,000	
	Scotland	1,000	
	South Africa	350	
	Spain	40	
	UK	1,000	
Lessonia	Chile	24,754	
Macrocystis	Argentina	20	
	Australia	14	
	Chile	2,510	
	Mexico	8,800	
	US	14,721	
Nereocystis	Alaska	20	
	Canada	2	

Sargassum	India	2,249	
	Philippines	5,000	
	Vietnam	400	
Turbinaria	India	307	
Undaria	Australia	6	
	China	20,000	
	Japan	18,310	18,310
	Korea	83,398	83,398
Roe on Kelp	Alaska	175	
	Canada	35	
	US	11	
Chlorophytes		5,998	4,498
Rhodophytes		1,042,507	237,029
Phaeaophytes		956,954	792,122
総生産量		2,005,459	1,033,649

注：1. インドネシアは，キリンサイ類の生産量を *Euchuema* に表示している．
　　2. タンザニアは，約1000トンのキリンサイの生産がある．
(Zemke-White & Ohno 1999 より改変)

国では，収穫された海藻は仲買人という小さい会社スタッフが，地方をまわって集めたり，家庭で消費されてしまうので，ほとんど生産額が記録もされていない．したがって，最終産物として市場に出回る寒天，アルギン酸，カラギナンなどの生産量から海藻の価格や生産額を推量した．

　重量からの値段によると，食物への利用が一番価値が高く，とくに日本の海藻の生産額が大きい．アオノリは日本では高い価格であり，10年間の平均価格，kg当たり3000〜5000円の価値がある（Critchley & Ohno 1998）．ノリは日本で年15億ドル（1800億円）産業であり（Ohno & Largo 1998），kg当たり25ドル（3000円）である．日本の海藻による総生産額は，約35億ドル（4200億円）にも達する．

　海藻多糖類の場合，1994年から1995年の1年間の総生産量は，寒天原藻が乾重量108,229トン，カラギナン原藻が乾重量81,858トン，アルギン酸原藻が乾重量826,178トン生産されている．これらの原藻からの各生産量の見積もりは，寒天は原藻から25%製造され，カラギナンは原藻から35%，アルギン酸は原藻から20%製造されるとされている．これらから算出すると世界で27,057トンの寒天，28,650トンのカラギナン，165,235トンのアルギン酸が生産されているであろう．推定を押し進めると，これらの海藻多糖類の大体の生産額が推定できる．寒天とアルギン酸はkg当たり10ドル，カラギナンはkg当たり25ドルを当てはめると，海藻多糖類の生産額は，年間，大体26億ドル（2900億円）になる（Critchley & Ohno 1998, Zemke-White & Ohno 1999, Morrissey *et al.* 2001）．

16.4　海藻の生産量の増大

　1984年から10年間に海藻生産が大きく増大している．Zemke-WhiteとOhno（1999）は1984年の生産量は，生重量で緑藻が8,402トン，紅藻が1,035,760トン，褐藻が2,392,958トン，合計3,437,120トンと報告している．これに対応して，今回のデータを生重量で換算すると，1994年から1995年の1年間では緑藻が39,986トン，紅藻が2,770,249トン，褐藻が4,736,519ト

ン，合計して 7,546,754 トン（乾燥重量では 2,000,316 トン）である．緑藻が 4.7 倍，紅藻が 2.6 倍，褐藻が 1.9 倍に増大した．これは熱帯域のキリンサイ海藻養殖，南米のオゴノリ養殖の発展と中国のコンブ養殖の増大によるところが大きく，海藻多糖類の用途が拡大し，海藻の利用が急激に増大している証拠である．

16.5 主要な外国産の有用海藻

多様な海藻の採取は世界各地で行われているが，大量生産されているものや広く採取されているものは，それほど多数の種類ではない．伝統に採取されてきた海藻由来の粘質多糖類を含む海藻が，大規模に採取されたり，増養殖が行われている．このような事情をここで述べる．

(1) アオサ属

アオサ属の仲間は世界各地に繁茂しているが，食用として採取しているのは日本以外には見当たらない．ヨーロッパ沿岸では，酸性土壌であるために，土壌改良材として波打ち際に打ち上がったアオサ類を家畜の餌や畑の土に埋め込むことが行われていた．最近は，中国や台湾でアオサ類は家畜や養殖魚の配合肥料にアオサが使われ始めている．各国のアオサの種名として *Ulva lactuca* Linnaeus が記述されている．

この種名は，1753 年に，Linnaeus によって北フランス沿岸で採取されたアオサ藻体につけられた．アオサ属の仲間は 2 層細胞の膜状の藻体であり単純な形態のために，世界に産するアオサの藻体の多くにこの種名がつけられてきた．しかし，DNA の塩基配列などの新しい同定基準で査定すると疑問になってくるアオサ藻体が出てきている．暖海域や亜熱帯海域のアジアや南半球で記載されている *U. lactuca* については検討を要する．

(2) アオノリ属

アオノリ属の多く種は，世界各地の湾口や湾内に広く繁茂している．アオサに比べると柔らかく苦みなどもないので，アジア，ヨーロッパなど各地の沿岸の漁民達は，採取してスープに入れたり肉炒めに野菜代わりに使用してきた．韓国では，キムチ料理に棒状のアオノリ類が使われている．

(3) イワズタ属 *Caulerpha* とミル類 *Codium*

東南アジア，ハワイや南太平洋のサンゴ礁海域では，伝統的にイワズタ類の *C. racemosa* (Forsskål) J. Agardh（図 16.1）を海藻サラダ風に食べる習慣がある．この種は，沖縄に産するクビレズタ *C. lentillifera* J. Agardh と形態は全く同じである．体は比較的直立枝が長く数 cm 以上になり，直径が 2 mm ほどの小球状が密に直立枝を被う．多くはサンゴ礁リーフ内に自生するものを採取しているが，フィリピンでは池養殖をしている（図 16.2）．ミル属 *Codium* の仲間はイワズタほど一般的には食されていないが，フィリピンでは食感のよい *C. edule* P.C. Silva，ハワイでは *C. muelleri* Kützing が食されている．

(4) アマノリ属（海苔） *Porphyra*

日本，韓国，中国では，アマノリ属の仲間の養殖の養殖が盛んであるが，東南アジアの国々や

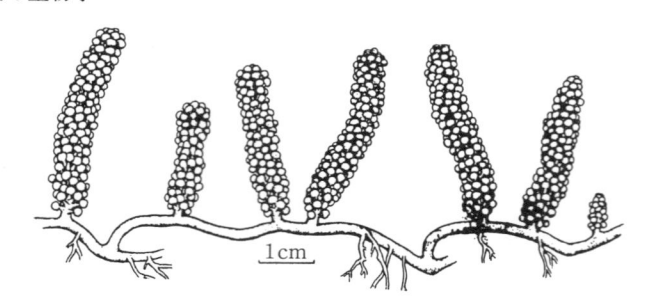

図 16.1　*C. racemosa*（Forsskål）J. Agardh.

図 16.2　イワズタの養殖と利用（Torono & Toma 1993）.

図 16.3　チリの岩海苔を圧縮加工した商品 "Luche" の売場（Hoffmann & Santelices 1997）.

南米，北欧では自生するアマノリ属の種を採取して食べる習慣があった．食べ方は干して保存してスープに入れたり，肉と一緒にして炒めたりして食用にしていた．興味深いのは，南米のペルーからチリ，アルゼンチンの沿岸で，インディオからの藻食文化が残り，*P. columbina* Montagne を春季に採取して，半乾燥の状態で石鹸のように硬く固めて保存して一年中食べることである（図 16.3）．この種は革質といえるほど硬いが，圧縮して少し発酵させると酸味が出て

柔らかくなる．このような海藻発酵という興味深い加工は，ほかでは見られない．アイルランド地方は，種々の海藻をよく食べる慣習があり，自生している P. umbilicalis (L.) Kützing を採取して，海の野菜として利用している．

（5） オゴノリ類 *Gracilaria*

オゴノリ類は，寒天の原料として世界各地で採取されているが，主産地はチリであり，世界のオゴノリ生産量の60％以上を算出しているといわれている（表16.3）．チリ産のオゴノリは *G. chilensis* Bird, McLachlan y Oliveira である．チリでは天然産のオゴノリを採取していたが，1990年代より，養殖されたオゴノリが寒天の原料に使われるようになった．アジア地域でもオ

表16.3 世界で採取されているオゴノリ類．

種 名	利用分野	採取されている国名
Gracilaria asaintica	寒天	China, Vietnam
	食用	Vietnam
G. bursa-pastoris	食用	Japan
G. caudata	寒天	Brazil
G. changii	食用	Thailand
G. chilensis	寒天	Chile
	肥料	Chile
G. cornea	寒天	Brazil
	食用	Brazil
G. coronopifera	食用	Hawaii, Vietnam
G. crassisisma	食用	Caribbean
G. domingensis	食用	Brazil, Caribbean, Chile
G. edulis	寒天	India
G. eucheumoides	食用	Indonesia, Vietnam
	薬用	Indonesia
G. firma	寒天	Philippines, Vietnam
	食用	Vietnam
G. fisheri	寒天	Thailand
G. folifera	寒天	India
G. gracilis	寒天	Namibia, South Africa
G. heteroclada	寒天	Philippines, Vietnam
	食用	Vietnam
G. howei	寒天	Peru
G. lemaneiformis	寒天	Mexico, Peru, Canada
	食用	Japan
G. longa	寒天	Italy
G. pacifica	寒天	Canada
G. parvispora	食用	Hawaii
G. salicornia	寒天	Thailand
	食用	Thailand, Vietnam
G. tenuistipitata var. *liui*	寒天	China, Philippines, Thailand, Vietnam
	食用	Thailand, Vietnam
G. verrucosa	寒天	Argentina, Egypt, Italy
	食用	France, Indonesia, Japan, Korea
	薬用	Indonesia

（Zemke-White & Ohno 1999 より改変）

ゴノリの採取が行われているが，採取する種は地域によって異なっている．寒天原料としてテングサからオゴノリ類が世界各地で採取され始めたのは1950年代からであり，オゴノリ類が有用海藻として増養殖が行われ始めたのは1970年代からである．

商業的に採取されているオゴノリの種は，表16.3に示すように20数種あるが，良質なものは，チリの G. chilensis，カルフォルニア沿岸からアジア各地まで広く分布する G. lemaneiformis（Bory de Saint-Vincent）Dawson, Aclet & Foldivik, 東南アジアに多い G. edulis（S. Gmelin）P. Silva, 南アフリカ，ナミビアの G. gracilis（Stackhouse）Steentoft, L. Irvine & Farnham などで，これらの種が，産業上重要な種とされている．アジア地域では，G. tenuisipitata Chang et Xia や G. tenuisipitata var. liui Zhnag Junfu and Xia Bangmei が養殖種として使われていた．広く世界各地で寒天製造に採取されてきたオゴノリ（以後総称）の種は，いままで，ほとんど G. verrucosa（Hudson）Papenfuss と称されてされてきたが，DNA解析などの新しい分類学的研究が進むにつれていくつかの種に分かれてきた（Abbott 1995）．チリ産の G. chilensis が寒天製造には最良とされているが，外国では育ちにくく，G. lemaneiformis, G. edulis と G. gracilis が広い環境に適応しやすく，各国のオゴノリ養殖種として使われている．寒天の歩留まりがよく，ゲル強度が高い良品種のオゴノリ選抜と育成が，今後オゴノリ養殖には重要になってくるだろう．

オゴノリは，穏やかな入り江，内湾，河口域の潮間帯下部から水深1～2 mの砂地の小石や貝に固着して繁茂する．葉長は数10 cmから1 mになり，多くのところでは船上や岸から熊手のような器具で引いて採取する．オゴノリは年変動が著しく，天然産は雑物が多く混じるので，増養殖が普及しつつある．

オゴノリの増養殖研究と事業化が世界各地で始まったのは，1980年初頭，チリ沿岸に水温の上昇した"エル・ニーニョ"現象が発生して，天然産オゴノリが激減した頃からである．これを契機に，寒天業界はチリ，1国での原藻の確保の危険性を感じ，各国でオゴノリの採取・養殖の開発が行われて，チリとともにアジアやアフリカの各地のオゴノリの増養殖試験が始まった．

オゴノリの養殖法

チリでのオゴノリの採取法は，熊手を大きくしたものを船上から引いて，自生するオゴノリ藻体を採取する方法が最も一般的であり，浅いところでは，錨(いかり)のようなものを投げて採取している．最近，増養殖オゴノリの生産が増えているのは，これらのオゴノリの方が雑草が少なく価格が高いので，漁業者がオゴノリの増養殖生産に熱心になっているからである．現在，浅い河口域など（水深が1 m程度のところ）では，種苗のオゴノリを熊手で，砂地に突き刺す方法で行われている．広く普及したのは，チューブのような砂袋をつくり，それにオゴノリの葉体を巻きつけて，オゴノリ繁茂区の砂地に置く簡単な方法である．設置する場所を畑のようにフロートで区域を仕切り順番に砂袋を設置して，1ヵ月後に採取するなどの養殖期間を決めて，計画的に潜水作業で採取をしてゆく．しかし，この砂袋方式は，海底に不燃物が固まり，最近は環境保全から懸念され，ロープに胞子を固着させる養殖試験が熱心に行われている．

東南アジアでのオゴノリ養殖法は，大きくなった葉体をちぎり散布する方法で，散布後，2ヵ月くらいで収穫する．台湾は，1970年代から，池を利用した小片散布方式の養殖，さらにエビや魚との混合養殖で急激に，生産を上げて1978年には10,000トンに達したが，1980年後半から生産が落ち込み，利用も寒天への利用から，熱帯アワビの餌料になっていった．台湾はアジア地域のオゴノリ養殖方法の開発の先達として大きな役割を果たしたが，国際流通商品になったオゴ

ノリが価格の低下を招き，台湾のオゴノリ養殖は衰退した．

　南アフリカとナミビアでは，10年ほど前から浮動式の本格的なオゴノリ養殖が行われている（図16.4）．ナミビアのリューダリッツの広大なラグーンでもオゴノリ養殖を行っている．オゴノリがつり下げられているのは，ロープではなく細い網をよじったものであり，オゴノリ藻体を挿入して葉体が抜けないようになっている．よりを戻すと容易に採取できる．機械で20 cmくらいに裁断したものをパラパラと投げるように入れてよじるのは，機械で行うので作業は速い．養殖筏は，30 m×5 mであり，5 mの網ロープを1 m間隔で張っており，日本の鳴門ワカメ養殖方式と非常に似ている．養殖藻体は，差違込み後，2ヵ月くらいで葉長は1 mほどになり採取する．水温の高い夏によく伸びるが，周年養殖が行われている．

図16.4　アフリカ，ナミビアのオゴノリ養殖．

（6）　テングサ類 *Gelidium* と *Gelidiella*

　理化学の寒天の原料は，主原料がテングサ類でありオゴノリは粘性の調整に使われている．テングサの産地は地中海沿岸のスペイン，ポルトガル，モロッコである．日本のテングサ生産量は6000トンであり，日本を除く世界のテングサ総生産量は約1万トンほどで，モロッコの生産量は約7000トンと大半を占めている．良質な天草として広く採取されている種は，*Gelidium sesquipedale*（Clemente y Rubio）Thuretである．この種の形態はマクサに似るが，藻長が30 cm以上の大型になり，外海に面した潮間帯下部から潮下帯に密生したものを採取する．多くは，嵐の後に打ち上がったものを採取しているが，近年，潜水作業による採取や底引き網，ポンプでの吸入潜水作業などの方法が行われている．南アフリカの *Gel. capense*（S. Gmelin）P. Silvaやチリの *Gel. chilense*（Montagne）Santelices y Montalvaもまた，良質な種として知られている．

　東南アジア地域やインドでは，古来から海藻の煮汁に米粉や果汁を入れて固めて，ちょうど，日本の羊羹のようなものをデザートとして食べている．このようなものに使われているのは，*Gelidiella* 属の仲間である．商業的に採取されているのは，潮間帯の上部に繁茂するシマテングサ *Gelidiella acerosa*（Forsskål）Feldmann & G. Hamelであるが，量的には少ない．

（7）　キリンサイ類

　寒天に似た粘質多糖類のカラギナンは，昔はツノマタ類からの抽出物として知られており，北ヨーロッパの伝統的食品である果汁を固めたプリンの素材であった．需要の増大からハワイ大学

の Doty 博士は，1970 年初頭に熱帯産のキリンサイ *Eucheuma cottonii*（χ-カラギナンを含む）と *E. spinosum*（ι-カラギナンを含む）をフィリピンで養殖試験を行い養殖に成功した．その後，*E. cottonii* は，χ-カラギナンを含むことから *Kappaphycus alvarezii*（Doty）Doty の学名になったが，商品取引では，"コットニー" として扱われており，*E. spinousum* は，*E. denticulatum*（Bruman）Collins et Harvey という学名になったが，商品名 "スピノースム" となっている（Trono 1993）．この 30 年間に，寒天やアルギン酸の用途はアイスクリームの粘性素材，ミルクコーヒーの安定剤から化粧品，ペットフード，歯磨き粉などに拡大していった．熱帯キリンサイを養殖している国は，東南アジアのフィリピン，インドネシア，ベトナムから，南太平洋諸国，アフリカのタンザニアなどの熱帯海域に広がり，漁民の生活向上に大いに役立っている．

キリンサイ養殖で興味深いことはでフィリピンで養殖していた下記の 2 品種株が各地に移植されていったことである．

Kappaphycus alvarezii（Doty）Doty（図 16.5）

フィリピンで養殖されていた藻体の中から，生長がよく大型になるものが選抜されたものである．藻体は柱状であり，不規則に分枝して塊状になってゆく．養殖藻体は，数 10 cm 以上になる．この品種は含有色素により褐色気味の株と青緑色の株があり，Brown 株と Green 株として分けられている．Green 株は，生長が遅いが環境に強いようであり，広く養殖種として使われている．

図 16.5 *Kappaphycus alvarezii*（Doty）Doty．

図 16.6 *Eucheuma denticulatum*（Burman）Collins et Harvey．

Eucheuma denticulatum (Burman) Collins et Harvey（図 16.6）

　藻体は柱状に伸長して，不規則に分岐してゆき塊状になるが，*K. alvarezii* より細く藻体に棘突起があるので区別ができる．この品種も含有色素により褐色気味の株と青緑色の株があり，Brown 株と Green 株として分けられている．この品種は，脱色し乾燥したものが海藻サラダ用として日本に輸入されている．

　キリンサイの養殖方法は，サンゴ礁海域の礁内の浅い海底に 1 m ほどの杭を 2 本立てて，海底より 30 cm あまりの高さにプラスチックの糸を張り，そこに，10 cm ほどに裁断した藻体を細い糸で結びつけるというきわめて簡単な方法である（図 16.7）．インドネシアでは，湾内で 10 m×10 m の竹や木材による浮き筏に太いプラスチック糸を張り，藻体を結びつける方法で，養殖が行われている（図 16.8）．

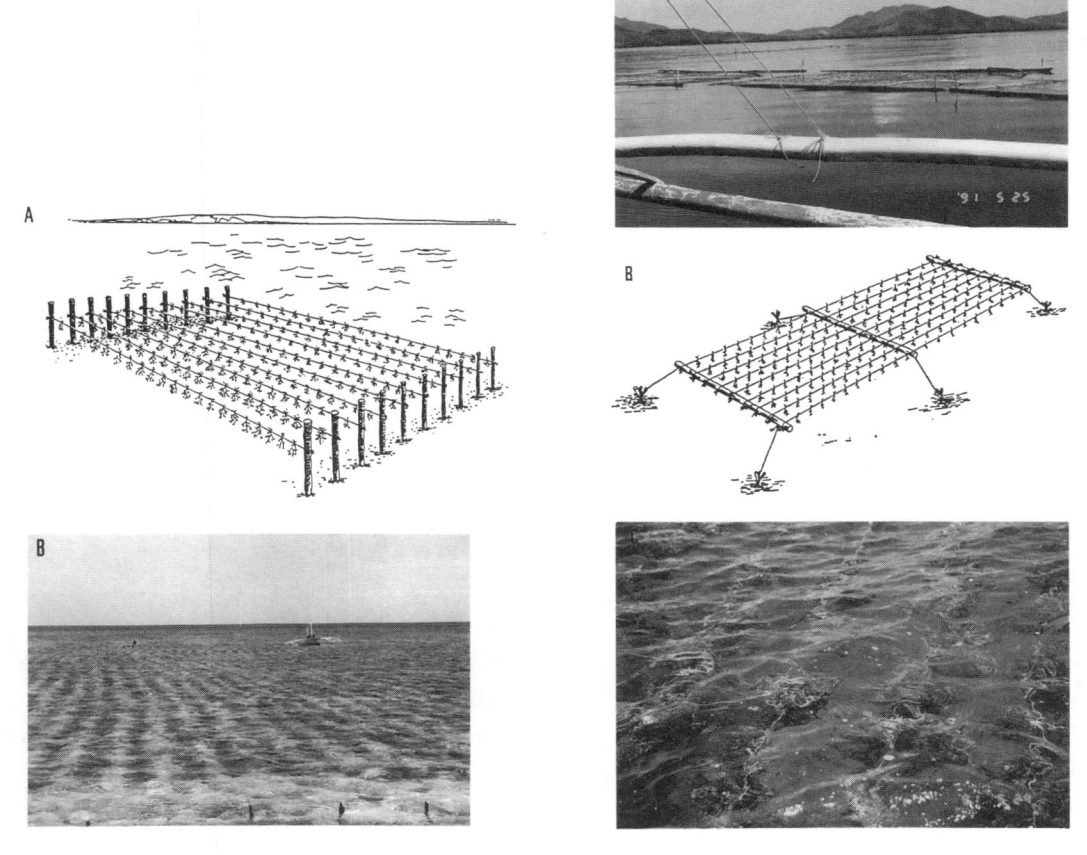

図 16.7　フィリピンのサンゴ礁リーフ内でのモノラインキリンサイ養殖．
（Ohno & Critchley 1993）

図 16.8　フィリピンの入り江での浮動式キリンサイ養殖．
（Ohno & Critchley 1993）

(8) ツノマタ類

ヨーロッパで，寒天に似たカラギナンを含む紅藻を Carrageen moss と呼ぶが，この場合は *Chondrus crispus* を意味する．この種は北米大西洋岸，スペイン，ポルトガルから北欧にかけて，潮間帯下部やタイドプールに広く生育している．

Chondrus crispus Stackhouse（図 16.9）

体は，二叉に分かれる美しい緑紅色から濃紅色に変化する膜状の藻体で，外海に面した岩礁に繁茂して数 cm から 15 cm くらいの塊状に生長する．採取は，春季から秋季までの長い期間，干潮時に採取される．北欧では，似た種として，*Mastocarpus stellatus*（Stackhouse）Guiry がある．この種は，潮間帯下部に密に繁茂する特性があり，アイルランドでは採取されて食用になっている．*C. crispus* は，カナダで陸上タンク養殖されており，海藻サラダとして日本にかなりの量が輸入されている．

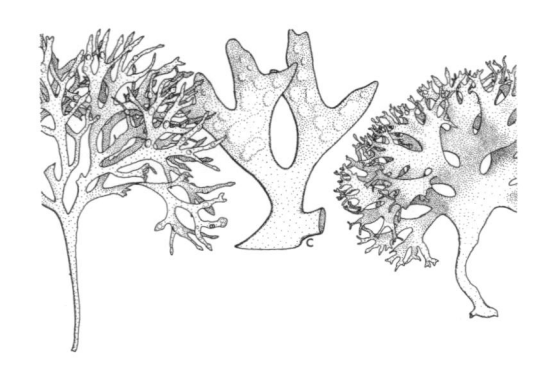

図 16.9 *Chondrus crispus* Stackhouse (Dixon & Irvine 1977).

図 16.10 カナダにおける天然産ツノマタ採取.

この種の煮汁に果汁を加えたゼリーをつくることが，古来から北欧の地方で行われており，Irish moss と呼ばれていた．北欧では薬理効果があることが，昔から知られており，健康茶のような利用をしていた．今でも，アイルランドなどの北欧からヨーロッパ各地で採取されて，家庭でゼリーをつくる慣習は残っている．この種は ι-カラギナンを含むので，その原料としてヨーロッパ各地，カナダ，米国で，商業的に採取されている（図 16.10）.

Chondracanthus chamissoi（C. Agardh）Kützing（図 16.11）

カラギナン原料になるスギノリ目の仲間である．体は盤状の仮根から叢生して扁平体状で高さ 50 cm になり，幅広いところは 2〜3 cm になる．体は，両縁から羽状に分岐して相互や対生する．体は少しねじれるように伸長する．よく生長した体には縁辺からだけでなく表面からも小さい鋸歯状の副枝を出す．色は淡暗紅色で，質はやや硬く軟骨質である．日本産のシキンノリ *C. teedii* に似ているが副枝があまり伸びない．

生育帯は，潮下帯から水深 15 m まで見られる．藻体はいつでも繁茂しているが，最盛期は晩春から夏季である．この種は，ペルーからチリにかけて分布しているが，カラギナンの原料として採取され中部チリが主産地で，年間 6000 トン（乾燥重量）を採取している．

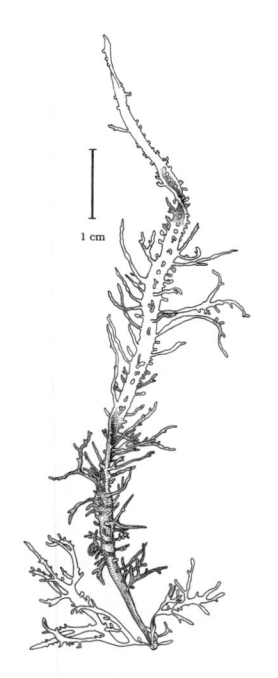

図 16.11　*Chondracanthus chamissoi* (C. Agardh) Kützing (Dixon & Irvine 1977).

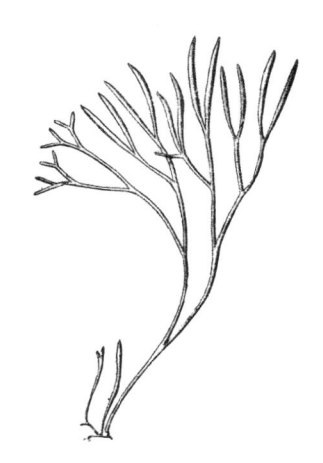

図 16.12　*Furcellaria fastigiata* (Huds.) Lamour (Fritsch 1959).

Furcellaria fastigiata (Huds.) Lamour（図 16.12）

スギノリ目の仲間で，デンマーク寒天 Danish agar の原料となる．体は盤状の仮根から円柱状に伸長し叉状に分岐して体長は 25 cm になる．生育帯は，潮下帯から水深 20 m までの砂地のなかの小石の基盤に繁茂している．分布は北海やバルチック海のデンマークからドイツ沿岸に繁茂している．化学組成はカラギナンであり，商業的に採取されている．

Palmaria palmata (Linnaeus) Kuntze

日本産の和名，ダルスに似ている．盤状の仮根から叢生し，短い茎状部からくさび状に広がって，扁平膜状の葉状部になり先端部から，叉状あるいは掌状に伸長する．体長は 10〜50 cm になる．葉の厚さは 0.3〜0.5 mm である．葉縁部から側葉を出す．体色は赤褐色である．生育帯は潮間帯下部やタイドプールによく繁茂する．寒流域に繁茂する海藻で，北米の太平洋岸や大西洋沿岸に広く分布している．フランスやアイルランドでは，英名で Dulse と呼び，古来からツノマタと同様に採取してスープに入れたり，サラダの中に入れたりして食用に利用されている．アイルランドでは，通年採取していて，年間 100 トンあまりの生産が報告されている．

Callophyllis pinnata Setchel & Swezy（図 16.13）

日本産のトサカノリの形態から食感が似ている．体は盤状の仮根であり，柔らかい膜状で，体長は 25 cm ほどになる．厚さは 0.18 mm である．叉状あるいは掌状に分岐を繰り返して大きな羽状に広がる．縁辺より側葉が出る．色は濃い紅色をしている．生育帯は，外海に面した岩礁の潮間帯下部から水深 10 m のところである．この種は，北米の太平洋岸や大西洋岸に見られる

が，チリに広く分布しており，海藻サラダのトサカノリの代用品として採取されて日本に輸出されている．

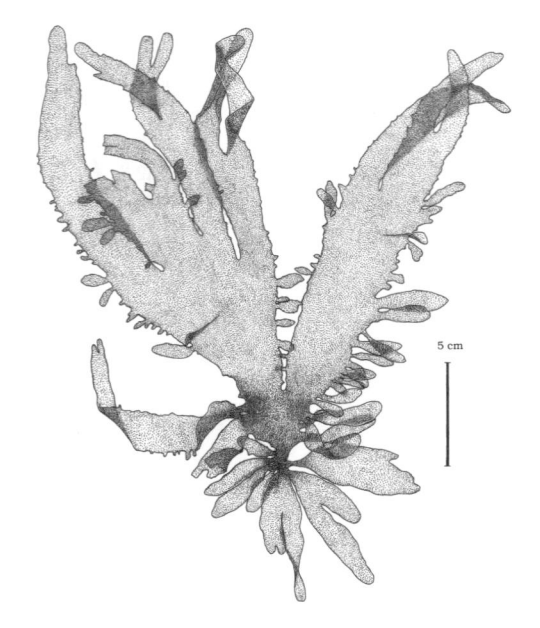

図 16.13 *Callophyllis pinnata* Setchel & Swezy (Hoffmann & Santelices 1997).

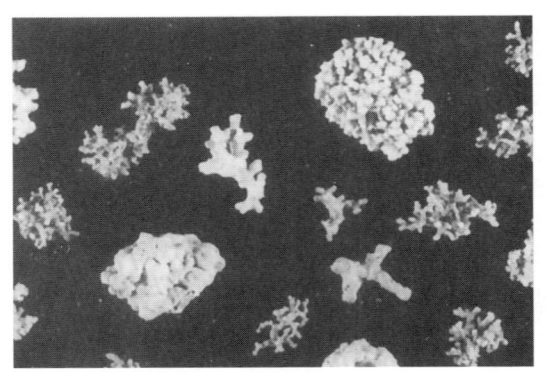

図 16.14 ヨーロッパ諸国で採取される土壌改良材 Maërl（ミール）．

（9）石　灰　藻

Lithothamnion corallioides Grouan & Grouan, ***Phymatolithon calcareum*** (Pallas) Adey & Mckibbin

　ヨーロッパ諸国では，土壌改良材 Maërl（ミール）（図 16.14）として酸性土壌の改善に石灰藻が，18世紀頃より使われるようになり，アイスランド，デンマーク，イングランド，スコットランド，ウェールズ，アイルランド，フランス，ポルトガル，モロッコ，アルジェリアなどの地域で広く用いられている．

　現在は，コマーシャル規模で採取されているのは，主に *P. calcareum*（アッケシイシモ属）や *L. corallioides*（イシモ属）である．これらの石灰藻は，無節サンゴ藻で，こぶ状に生長するが，生長は層状に上方へ細胞が伸長するので，厚い層状の石灰質が岩盤の上にできてくる．フランスなどで採取される Maërl bed といわれるところは 15 cm の厚さになっており，また海底に小石のようになっている．そこで，ポンプで吸引したり，波浪で砕けて打ち上がったものを採取している．フランス，イギリスとアイスランドでは機械を用いて採取されており，1994年の年間採取量は3ヵ国で，約8万トンにも達している（Zemke-White & Ohno 1999）．ミールには，カルシウム30％，マグネシウム3％が含まれており，ミネラルの含有量が多いので，土壌改良材とともに家畜の配合飼料の素材としても利用されている．

(10) コンブ科海藻

Alaria esculenta (L.) Greville

葉体は，ホソメコンブと似ており黄褐色であるが，主軸があり波うつような葉体もある．葉体は細く薄くて長く通常2mほどであり仮根は繊維状である．ときには4mにも大きくなる．日本産ではアイヌワカメ科であり，英名は，Atlantic wakame, Tangle, Dabberlocks, Wing kelp などと呼ばれている．

ヨーロッパや北アメリカ沿岸の外海に面した低潮線下の比較的浅いところに繁茂している．*Laminaria digitata* などと一緒に生育している場合が多い．この種の味は，ワカメと似ており，採取された藻体は乾燥させて梱包されて，販売されて食用にされている．北米では養殖も試みられている．

Undaria pinnatifida (Harvey) Suringar（ワカメ）

ワカメは，日本，韓国，中国の沿岸に固有的に繁茂する種であった．しかし1980年代初頭，オーストラリアのタスマニアの東海岸で報告された．その最初の記録は，木材を日本へと積み込む港の近くであり，ワカメの芽胞体（幼芽）は船から出されたバラスト水によってもたらされたと考えられている（Sanderson 1990, 1994）．その後，ニュージーランドやオーストラリア本島のヴィクトリア，ポートフィリップベイで本種が記録された．この海藻の地理的拡散を制御するため，タスマニア州政府は，この種の採取を認可した．タスマニアワカメ会社は，年間約30トン（湿重量）の収穫をダイバーによる手作業で得ている．自然に乾かされた製品は50gと3kgに袋詰され健康食品やレストラン，ホテル用として販売されている．市場は主にオーストラリアで，香港，ニュージーランド，フィリピンなどにも，少量輸出されている．フランスでも，その頃にワカメの自生が認められて，その後，養殖試験が行われた．ワカメの繁茂域はイタリアから地中海沿岸に及んでいる．1990年代には，アルゼンチン沿岸でも港にワカメが自生していることが，確認されている．

Laminaria hyperborea (Gunnerus) Foslie

ヨーロッパ沿岸で最も広く分布しており，アルギン酸の原料として，商業的に採取されているコンブの仲間である．茎は円柱状で堅く，直径は3～5cm長さは1m以上になる．葉体は楕円形であるが熊手（ホーク）のように同じ幅に裂ける特徴がある．全形は1～3mにも達する．英名は，Forest kelp, Cuvie などと呼ばれる．分布は，ノルウェーから大西洋沿岸のポルトガルの沿岸まで分布している．この海藻は，塩分のかなり低いところから外海域まで，生育水深は30mと環境への適応範囲も広い．春に古い葉が抜けて新葉に代わり多年生で，3～5年の寿命とされている．イギリスでは，この種はアルギン酸の原料として，長年，採取されてきた．

Laminaria digitata (L.) Lamour

この種は，アイルランドなどの北ヨーロッパから北東アメリカ沿岸の潮下帯に非常に広く分布するコンブ類である．葉長は2.5mで，葉幅は60cmであった．仮根は，繊維状である．葉状部は，平坦でゴム状であり，指状に分かれている．形態は，*L. hyperborea* に似ている．フランスのアルギン酸原料としてコンブの仲間が年間6万トン（生重量）が採取されているが，その8

図 16.15 フランス，ブルターニュ沿岸でのコンブ採取．

割がこの種であり，採取は機械化されている（図 16.15）．

ジャイアントケルプ
Macrocystis pyrifera **(L.) C. Agardh**（図 16.16）
分布域は，カナダからチリの南極圏までの太平洋岸に広く分布する．ニュージーランド沿岸にも生育が見られる．北米カルフォルニア産のジャイアントケルプが育つ温度は 10〜22°C の間が最適であるが，メキシコ産のジャイアントケルプは，25°C 以上の比較的高温でも育つ．Giant kelp はアルギン酸原料として，米国のカリフォルニア沿岸では，大型船による大規模な採取が行われている（図 16.17）．この種は多年生で採取漁場で，年 3 回は収穫できる．葉の付け根に浮き袋を持っており，海面に浮上するので，海面近くで切除する．

図 16.16 *Macrocystis pyrifera* (L.) C. Agardh (Fritsch 1959)．

図 16.17 米国，サンタバーバラ沿岸の大型ケルプ採取船．

生育帯は，水深20 m までの岩礁に着床して繁茂する．仮根部分に小石を包み込み，アンカーのようになっている．蔓状の主枝は絡みあって上向きに伸び，1枚の葉体は数10 cm で笹の葉状でカジメに似た大きさであるが，浮袋を持って相互に分岐している．生長分裂組織は根元からすぐ上の部分にある．葉体は海面に到達し浮いた状態で生長する．ケルプの主枝の長さは，60 m ほどになり寿命は6～7年である．古い部位は流出し新しい部位がそれに代わって，下部から伸長してくる．

Macrocystis integrifolia Bory（図16.18）

形態は *M. pyrifera* と酷似しているが体長は6 m であり，盤状の仮根で茎部があり，そこから主枝が1～4本出て伸長する．葉状部の基部に気泡があり，葉状部は40 cm ほどで幅は4 cm であり，葉縁部はわずかに突起を持つ．生育帯は潮下帯から10 m ほどの浅い岩礁域に繁茂する．分布は太平洋岸のカナダから南アメリカまで見られる．アルギン酸原料として，アラスカ，カナダ，米国，ペルーで採取されている．カナダのブリティッシュコロンビア沿岸では，*M. integrifolia* はニシンの卵がついており，食用海藻として採取されている．オーストラリア産は，葉が細長く鋸歯突起が著しく全長が10 m ほどになる．

図 16.18　*Macrocystis integrifolia* Bory (Stegenga, Bolton & Anderson 1997).

図 16.19　*Macrocystis angustifolia* Bory (Stegenga, Bolton & Anderson 1997).

Macrocystis angustifolia Bory（図16.19）

形態は，*M. pyrifera* と酷似しているが，体長は10 m で短い．仮根部は樹枝状であるがあまり密にならない．葉状部が長く1 m にもなり，幅は細く5 cm であるのが区別点である．生育帯は岩礁域で10 m 以浅である．分布はオーストラリアと南アフリカに見られる．主にタスマニアの南東海岸の穏やかな内湾に生育する．付着器は海底の固い基質につき，茎部と葉部は垂直に生長し気胞につるされる形で，海表面に沿ってなびいている．現在，アワビ種苗生産の餌料として，少量が収穫されている．この海藻の収穫は重労働で小さな船から手で刈り取るため，価格は高価

Nereocystis luetkaena (Mert.) Post. & Rupr.（図 16.20）

体は黄褐色で，枝状の仮根部は直径が 40 cm ほどで半球状をしており，茎部は円柱状（径は 1 cm ほど）で，長さは 20〜30 m にもなる．茎から長楕円径の大きな気泡（幅 15〜17 cm，長さ 30〜40 cm，厚さが 2 cm）を出し，この気泡は上縁に 20 枚ないし，40 枚の革質のコンブ状の葉をつけており，その長さは 4 m で幅が 15 cm である．成熟は 5 月から 12 月まで見られる．bull kelp とも呼ばれる．この種は 1 年生であり，潮下帯から水深 10〜17 m の深さまで見られる．分布は，太平洋岸のアラスカからチリのサンディエゴまで見られる．生長速度は，平均，1 日に 10 cm 伸びるという．流れ藻になって長い期間潮流に乗って漂い，北海道沿岸に辿りついた記録がある．とくにカナダのブリティッシュコロンビアの沿岸に多く繁茂しており，この沿岸の海藻生産量の 90% を占めている．カナダやアラスカではアルギン酸原料として採取されており，米国ではコンブに似た組成であるので，一部食用になっている．

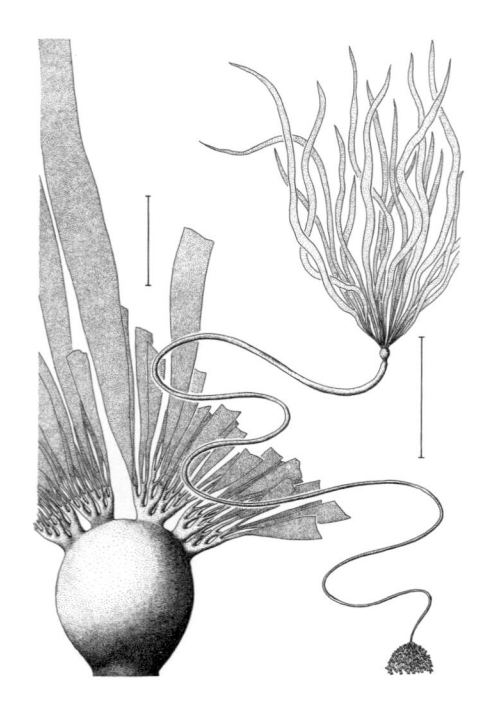

図 16.20 *Nereocystis luetkaena* (Mert.) Post. & Rupr.（Abbott & Hollenberg 1976）.

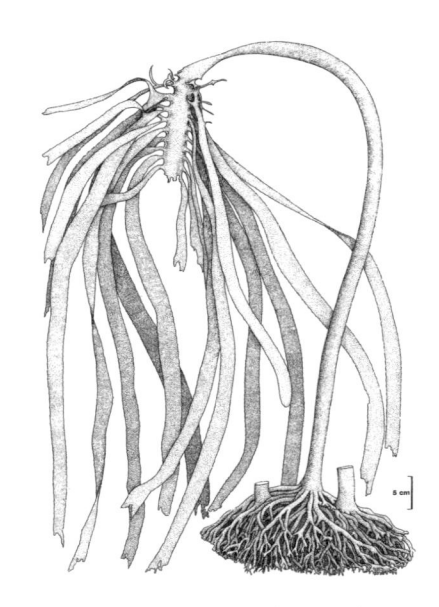

図 16.21 *Ecklonia maxima* (Osbeck) Papenfuss（Stegenga, Bolton & Anderson 1997）.

Ecklonia maxima (Osbeck) Papenfuss（図 16.21）

体は，樹枝状の仮根部から円柱状で中空の長い茎部を伸長する．茎の長さは，数 m 以上になる．全長は，15 m にも達する．茎の上部は平坦になり中央葉に連なる．中央葉は長さが 1 m ほどで両縁より長い側葉を羽状に出す．両縁から第 2 側葉を出す．生育帯は，外海域で潮下帯から水深 10 m に繁茂するが，海表面に中央葉が浮くようになる．分布は南アフリカ沿岸から隣国ナ

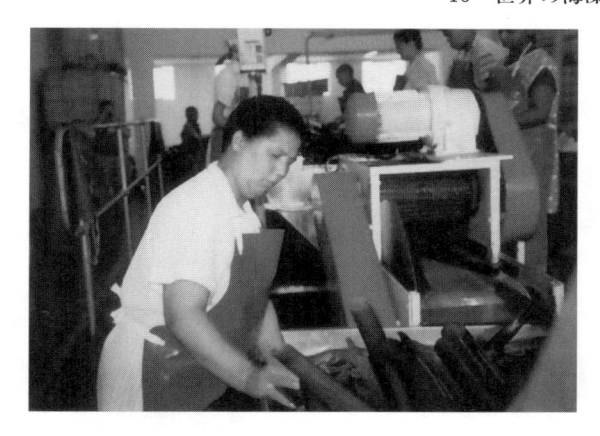

図 16.22 南アフリカ，ケープタウンの *M. maxima* の茎を絞る，海藻液肥の製造工場．

ミビア沿岸，亜南極圏の諸島である．この種は，アルギン酸の原料のほかに，海藻肥料としての利用が行われている（図 16.22）．

Ecklonia radiata (C. Agardh) J. Agardh

体は，数 10 cm の茎を持ちカジメに似ているが，ワカメのように中軸があり，左右羽状裂片の側葉を持つ．側葉は数 10 cm で縦皺があり，鋸歯状突起を持っており，全長は 1〜2 m ほどになる．生育帯は潮下帯より深い岩礁域に繁茂している．分布はオーストラリア，ニュージーランド，南アフリカ沿岸である．この種は温海域のカジメと形態が酷似している．

レッソニア *Lessonia*
Lessonia nigrescens Bory（図 16.23）

カジメに似た大型褐藻である．体は，樹枝状の仮根（径 50 cm）から円柱状の茎（径 5 cm）がたくさん立ち上がり 1〜2 m となり，ホーク状に 2〜3 回二叉に分かれてゆく．その先は細長い革質の葉状部となり，全長は 4 m ほどになる．葉状部の先端部は流出してゆくが，葉状部の下方から押し上げるように肥大してゆく．一つの仮根に 10 数枚の葉がついている．外海に面した岩礁の低潮線から潮下帯に生い茂る（図 16.24）．この海藻は多年生で数年の寿命といわれている．生長期は 2〜9 月の期間で成熟期は 10〜1 月であり，6 月頃に葉状部が消える．この種の分布域は，ペルーから南極圏のフェゴ島までの沿岸であるが，採取されている沿岸はチリの中南部海岸である．この種はアルギン酸の原料として，海岸に打ち上げられたものだけを採取しているが，60000 トン（湿重量）がチリの沿岸から採取されている．チリのレッソニアからのアルギン酸生産方法を開発したのは，日本のキミカ(株)であり 1975 年であった．レッソニア（*Lessonia nigrescens*）の枯れた茎は枯れ木のように堅い．このような堅い藻体を柔らかくしてアルギン酸を抽出する技術を開発し，今まで海岸に打ち上げられて朽ちていたものが，年間 3 万数千トン（乾燥重量）のアルギン酸の原料になった．レッソニアは，ほかの褐藻類と比較してもアルギン酸抽出には良質な原藻であり，アメリカ，イギリス，日本，中国にも輸出が行われるようになった．チリ政府はレッソニアの刈り取りを禁じているので，現在，海岸に打ち上げられた藻体だけを採取し，現場で乾燥させチップにしたものが工場に運ばれる．

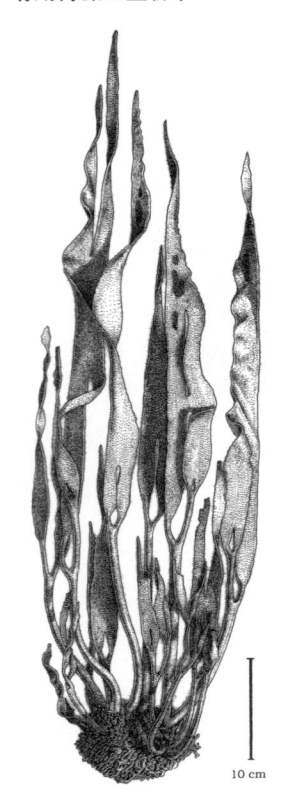

図 16.23 *Lessonia nigrescens* Bory (Hoffmann & Santelices 1997).

図 16.24 チリ沿岸の潮間帯下部に繁茂する *Lessonia nigrescens*.

Lessonia trabeculata Villouta y Santelices（図 16.25）

この種は，*L. nigrescens* と形態はほぼ同じであるが，仮根部の形態が太い根になっており，茎が堅く枯れ木のようになり長く 2.5 m にもなる．葉状部の下部は円形であるのが異なる．生育帯は，波の荒い外海に面した岩礁帯で，潮下帯から水深 20 m くらいの深いところに繁茂しており，*L. nigrescens* は浅い岩礁域に繁茂するが，この種はそれより下方に繁茂する特徴がある．分布は，南部ペルーから中部チリであり，*L. nigrescens* より狭い．この種もアルギン酸原料として採取されているが，採取量は少ない．

Durvillaea の仲間

南半球では，*Durvillaea antarctica* と *D. potatorum* が商業的に採取されている．この仲間は典型的な寒流系の大型海藻であり，コンブ類に類似する体組成である．*Durvillaea* の資源量は莫大であるが，多くは亜南極海の沿岸に繁茂しており未開拓な海藻資源である．

Durvillaea antarctica (Chamisso) Hariot（図 16.26）

体は盤状の仮根で短い茎を持ち，そこからコンブ類に類似した葉状部となるが，不規則に側葉が出る．側葉（幅 3〜10 cm あまり）は伸長して，全長は数 m から 15 m にも達する．色は濃黄

図 16.25 *Lessonia trabeculata* Villouta y Santelices（Hoffmann & Santelices 1997）.

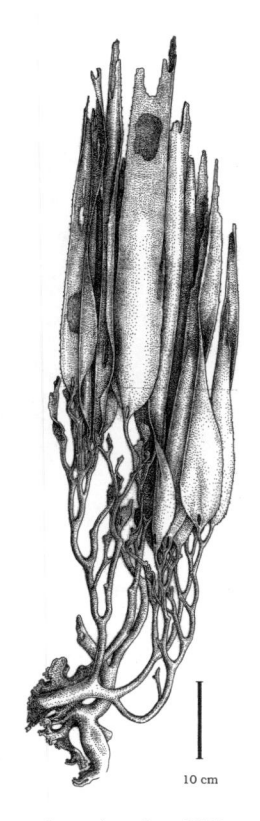

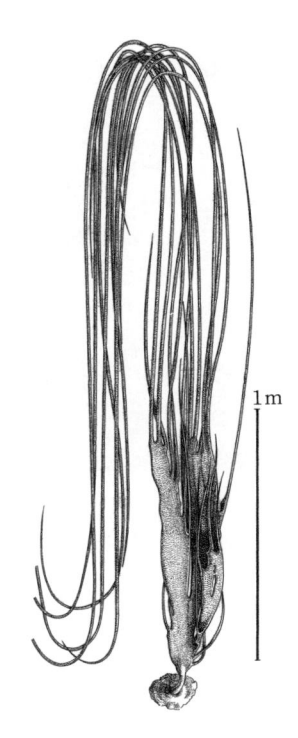

図 16.26 *Durvillaea antarctica* (Chamisso) Hariot（Hoffmann & Santelices 1997）.

　褐色から濃緑褐色になる．生殖器官は，*Durvillaea* 特有の形態である．分布は，チリ，アルゼンチン，ニュージーランドの沿岸に見られるが，亜南極圏に分布するのが特徴である．生育帯は，波浪が著しい外海に面した岩礁域の低潮線から水深 15 m まで生育する．チリでは藻体は周年繁茂しており，晩春から初夏が生長が速い．成熟は周年見られるが 6〜7 月と 1〜2 月が最盛期である．チリでは，茎から葉状部の移行基部を切り取り，湯に通して売られている．Ulte または Huite と呼ばれて健康食品として，サラダ風に食べている．葉状部は乾燥して売られており（図 16.27），これは Cochayuyo と呼ばれ，水に戻し肉などと一緒に炒めると粘質が出て美味であり，チリでは伝統的な料理となっている．チリでは年間 430 トンほど採取されている．アルギン酸含量は夏から冬に多くなる．しかしアルギン酸原料として，あまり採取されていない．*D. antarctica* は North Island の最北から Stewart Island とニュージーランド周辺の亜南極諸島の海岸において潮間帯に優占して生育する．それらの生態は詳しく研究され，その研究は波当たりの強い磯の群落構造におけるこの種の重要性を強調するものとなった．

　1960 年代初期以来，打ち上げ海藻が牛の飼料，土壌改良剤や肥料として使用される程度の量が採取された．アルギン酸生産のため，生えている海藻を採集するという考えが重要視されたのは 1970 年代になってからである．*Durvillaea* はアルギン酸のよい原料であり，最近の研究では *D. antarctica* の葉部が Fm 値 0.7 を持ったアルギン酸が 50% 以上含んでいることが示された．

図16.27 チリで売られている乾燥させ梱包した Durvillaea "Cochayuyo".

図16.28 ニュージーランド沿岸で採取したアルギン酸原料 Durvillaea は，乾燥場に運ばれ吊して干される．

Durvillaea potatorum (Labillardire) Areshoung

　この種は，盤状の仮根に1mほどの太く平坦な茎に団扇状の革質葉状部を持ち，上方で，不規則に裂片になり長く伸びて8mにもなる．質はコンブに似ており代用に考えられたこともある．外海に面した岩礁の低潮線から10mの水深に繁茂するが，大潮時には干出して壮大な景観となる．アルギン酸の原料として，多く採取されている．

　この種は，南オーストラリアの固有種であり，南オーストラリアのキングストンから南ニューサウスウェールズのタスラまでとタスマニアの海岸線のほとんどに生育する．タスマニアでは，浜に打ち上げられたものが収穫されている．主として，波浪の激しい，潮間帯や浅瀬の潮下帯に生育する．このため，天然で直接この種を採取することは困難である．キング島のバス岬からヴィクトリア，タスマニアまでの間では，Durvillaea は，この島の西岸に沿いの沖のリーフ上に生育している．これらは，嵐や強いうねりによって引き剥がされ，後に，おそらく，この10％ほどのものが海底の傾斜が緩やかな海岸線に打ち上げられる．打ち上げられた藻体は採集され，高さ5mの竿につるして，内陸の乾燥場まで運ばれる（図16.28）．天候にもよるが，空気乾燥された材料は，およそ10日後に，細分化され水分が10％になるまでオーブンで乾かし，さらに顧客の要望により微粒子に加工される．原藻の採取者は，空気乾燥までを行う．Durvillaea は液体の受精媒介剤を生産するため，少量がオーストラリアの会社に売られており，主に，生花に使用され，高価な果物や野菜をつくり出している．この市場は，近年，着実に成長し，年間の生産量は乾燥重量で約150トンにもなっている．この種の年間の総生産は，乾重量で約4,000トン，湿重量で約25,000トンにもなる．

　Durvillaea は，タスアニアの西海岸でも，大量に打ち上げられ，近年，いくつかの生産者が，タスマニア州政府の採集認可を得ることに関心を示している．*Durvillaea potatorum* の収穫は，オーストラリアでの唯一の大規模な海藻産業である．

(11) ホンダワラ類

Sargassum natans (L.) Gaillon. と ***S. fluitans*** (Borgesen) Borgesen

　大海原に漂う流れ藻は，外海域のオアシスともいわれ，一つの流れ藻の群に100種以上の魚類を確認することもめずらしくない．流れ藻を構成する海藻のほとんどはホンダワラ類である．ホンダワラ類には気泡があり，これが「うき」の役目を果たし，岩から離れた藻体が海面を浮遊し，お互いに絡まり合いながら一つのかたまりになり，潮目に集まったものが流れ藻である．

　カリブ海からフロリダ州の沖合の北大西洋岸に，北米大陸の半分ほどの面積の流れ藻が浮かぶ藻海 Sargasso-sea はいろいろと話題が多いが，フランスウナギの産卵場としても知られている．藻海を最初に世に知らせたのは，コロンブスの航海であったという．藻海の流れ藻群は，海流が藻海を囲むように環流しているために，流れ藻は外に出れずに浮きながら繁殖し，幾世代も生活環がまわっている．この Sargasso-sea を形成しているのは，ホンダワラ属の *Sargassum natans* と *S. fluitans* である．藻海に浮かぶ流れ藻は，浮きながら世代交代をしているといわれるが，*S. natans* は，北米の太平洋岸からカリブ海の島々や西インド諸島にも自生している主要な種である．

Sargassum muticum (Yendo) Fensholt　タマハハキモク

　この種は瀬戸内海に広く分布する種で日本固有種であった（図16.29）．しかし，カナダのブリティッシュコロンビア沿岸で1944年に，米国のオレゴン州の沿岸では1947年にこの種が確認された．その後，米国沿岸では，時折この種が確認されていたが，1973年にイギリス沿岸でこの種が見られるようになって，爆発的に北ヨーロッパに繁殖が拡がり，数年でノルウェー，フラ

図 16.29　*Sargassum muticum* (Yendo) Fensholt (Galway (home page)).

図 16.30　*Ascophyllum nodosum* (L.) Le Jolis (Fritsch 1959).

ンス，スペインまで広がっていった．それまで，ヨーロッパ沿岸にはホンダワラ属の仲間が繁茂していなかったので，侵入海藻として話題になった．この海藻は，穏やかな海岸に密生する特徴があるので，"unwanted seaweed" といわれて除去作業も行われたが，繁殖が弱まることもなく安定した藻場を形成している．

フランスのロスコフ臨海実験所前の広大な海藻群落のなかで，大潮の干出時に，タイドプールに S. muticum 藻場を見ることができる．

Ascophyllum nodosum (L.) Le Jolis（図16.30）

この種はヒバマタ類の仲間であり，体は盤状の仮根から扁平で丈夫な革質，細長い主枝が不規則に分岐して伸長する．英名は Sea whistle（海の内笛）というように，肉厚の細い帯状の葉の先端部に卵形の気泡があり，その先が細く尖って，ちょうど荻の葉のようになり，主枝は，2mくらいの大きさになっている．分布はノルウェーからヨーロッパ中部まで，北米の大西洋岸にも見られる．フランスから北欧によく生育しており，特にアイルランド，スコットランドやノルウェーの北部西海岸の潮間帯に濃密に生育しており商業的に採取されている．生育帯は幾分閉鎖した湾などの岩礁域で，やや波当たりの弱いところの潮間帯の中部から下部に密生する．その生育密度は，約 10 kg/m² ほどである．この海藻は，毎年，気泡を形成するので，その気泡の数から，藻体のおよその年齢を見積もることができる．年齢の高い海藻は，一般に6〜12年生の藻体である．

図16.31 ノルウェー沿岸で，摘み取り機械により採取される *Ascophyllum nodosum*（Critchley & Ohno 1998）．

A. nodosum の収穫は，伝統的に鎌や短い柄のついた大鎌で行われていたが，最近は，機械で収穫されている（図16.31）．藻体は乾燥されて，家畜の餌や肥料で使われていたが，アルギン酸原料，受精媒介剤，美容素材，海藻エキス肥料として年間16万トンも収穫されている．収穫物をミール状にし，24時間ほど，回転式ドライヤーで乾かすための工場に運ばれる．そのミールはパッキングされて出荷される．*A. nodosum* は，高濃度のタンパク，脂質とともに，ビタミン，微量元素を多く含んでいる．それらの値はコンブに類似しており，とくにビタミン類やベータカロチンが多いので，健康食品の素材としても利用されている．アイルランドでは，*Ascophyllum* 群落の生育に適さない泥質のような場所には，よく石が設置されて人工的な *Ascophyllum* 群落をつくっていたが，今ではほとんど行われなくなってきている．しかし，いまだに，

このような石が海岸線に対して等間隔に並べられたところに繁茂する *Ascophyllum* 群落が，収穫のためのよい魚礁になっている．

(12) ヒバマタ類 Fucoids

寒流の影響下にある沿岸の潮間帯に最も広くまた優占的に繁茂しているのが，ヒバマタの仲間である．そのなかでも，*Fucus vesiculosus*，*Fucus serratus* と *Pelvetia canaliculata* Linnaeus は代表的な種である．

Fucus vesiculosus Linnaeus（図 16.32）

英名で Bladderwrack あるいは Seawrack（打ち上げ海藻）と呼ばれるように，ヨーロッパの沿岸では波うち際で，最もよく見かける海藻なのであろう．*Fucus* 属のなかでも最も広く見られる種で，盤状の仮根から細い茎が出て体は扁平葉状で叉状に分岐して扇状になる．色は黄緑色から褐色である．葉長は 60～80 cm になる．葉状部に気泡を持つ．波の荒い潮間帯の中部に密生して繁茂する．この種は，古来，沿岸の農民が採取して畑の肥料として使われていた．最近は粉末をシャンプーや石鹸に入れるような用途も拡がっている．

図 16.32　*Fucus vesiculosus* Linnaeus（Morrissey, Kraan & Guiry 2001）．

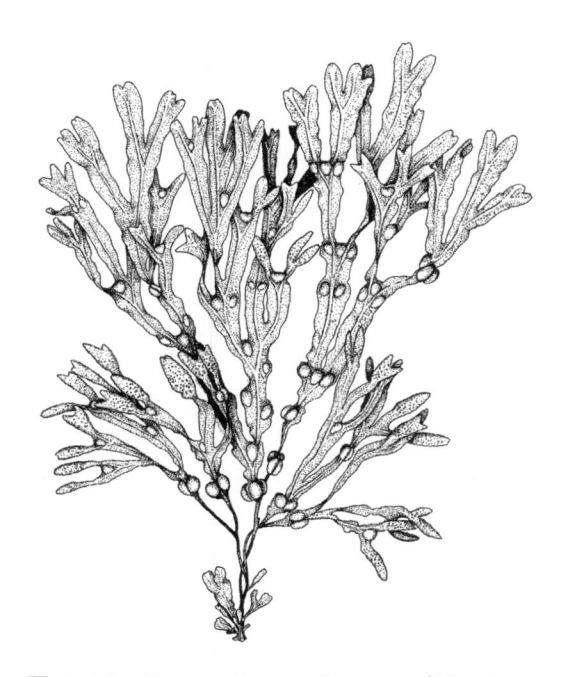

図 16.33　*Fucus serratus* Linnaeus（Morrissey, Kraan & Guiry 2001）．

Fucus serratus Linnaeus（図 16.33）

Fucus vesiculosus と似た形態であるが，茎は太くて短く葉状部は中肋があり扁平で不規則に分岐している．葉長が 60 cm ほどになるが葉縁部が，鋸葉状になるのが，*F. vesiculosus* と異なる．この仲間は，ノルウェーからスペインまでのヨーロッパ沿岸に分布しており，ふつう，*F. vesiculosus* の生育層の下方の潮間帯下部に繁茂している．この種は多年生で周年繁茂しており，

肥料として採取されてきたが，最近は商業的に採取されている．とくにフランスでは，粉末や抽出物をシャンプーや美容用の素材として利用が盛んになった．

Pelvetia canaliculata Linnaeus（図 16.34）

この種は，円錐状の仮根から基部は円柱状，上方にゆくにつれて扁平になる藻体から叉状に分岐して先端は肉厚葉状部になる．色はオリーブ褐色であり，葉長は 15 cm ほどである．この種は，干出に強く潮間帯の上部の優占種になることが多い．分布域は，アイスランドからポルトガルまで，広く分布する．打ち上げられた藻体は，家畜の餌などに使われるが商業的な採取は行われていない．最近は，シーフードの添え物としての利用も増えている．

図 16.34 *Pelvetia canaliculata* Linnaeus（Morrissey, Kraan & Guiry 2001）．

Himanthalia elongata (L.) S. F. Gray（図 16.35）

この種は，英名を Sea spaghetti と呼ばれており，藻体は黄褐色で革質バンドのように幅 2〜3 cm で 1〜2 m ほどになるが，長いものは 3 m にもなる（図 16.36）．1 年生であり，生長期は冬

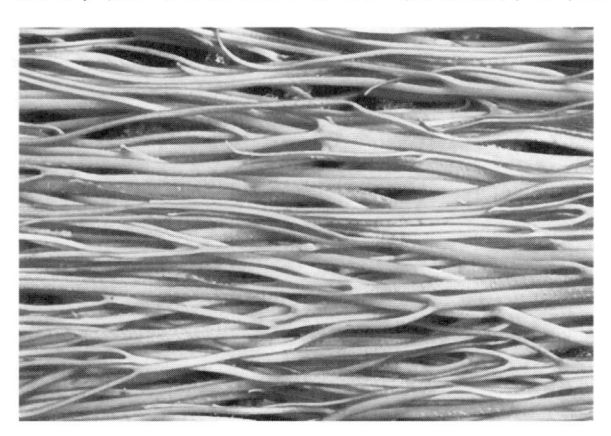

図 16.35 *Himanthalia elongata* (L.) S. F. Gray（Galway (home page)）．

図16.36 フランス沿岸に繁茂する *Himanthalia elongata*.

季で夏から成熟する．採取時期は春から秋まで長い．葉体は中央がくぼんだボタンのような形態で，生長すると裂けて伸長するという変わった生長過程を示す．生育帯は低潮線下の浅い岩礁域であり，浮いたマットのように水面下に漂うように繁茂する．分布はノルウェーからイギリス，アイルランド，フランスに見られる．利用法は湯に通してちょうどスパゲッティーのようにして食べる．フランスなどは，湯通しして瓶に入れたものが売られている．

引用文献

Abbott, I. A. and Hollenberg, G. 1976. Marine Algae of California. 827 pp. Stanford University.

Abbott, I. A. 1995. A decade of species of Gracilaria (SENSU LATU). Taxonomy of Economic Seaweeds V. 185-195, California Sea Grant College System.

Critchley, A. T. and Ohno, M. 1998. Seaweed resources of the world. 431 pp. JICA.

Dixon, P. S. and Irvine, L. M. 1977. Seaweeds of the British Isles. Vo. 1 Phodophyta. 252 pp. Veitish Museum.

Fritsch, F. E. 1959. The structure and reproduction of the algae Vol. II, p. 939. Cambridge University Press, UK.

Hoffmann, A. and Santelices, B. 1997. Flora Marina de Chile Central. 434 pp. Universidad Catolica de Chile.

Morrissey, J., Kraan, S. and Guiry, M. D. 2001. A guide to commercially inportant seaweeds on the Irish Coast. 66 pp. Board Iascaigh Mhara.

Stegenga, H., Bolton, J. J. and Anderson, R. J. 1997. Seaweeds of the South Africa West Coast. Contributions from the Bolus herbarium. 655 pp. Bolus herbarium, University of Cape Town.

Trono, G and Toma, T. 1993. Cutivation of the green alga *Caulerpa letillifera*. In Ohno, M. and Critchley, A, T. eds. : Seaweed cultivation and marine ranching p. 17-23. JICA

Zemke-White, W. L. and Ohno, M. 1999. World seaweed utilisation : An end-of-century summary. J. Applied Phycology **11** : 369-376.

海藻の利用

海藻の利用

17　海苔産業の歴史とその推移

河村　敏弘

　万葉集のなかに，神に捧げられる海藻を称した玉藻という言葉を見ることができる．この玉藻の波間に漂うさまは，女性の長い髪にたとえられ，素直にわが身になびいてほしいと，男たちの切なる思いを海藻に託している．このように当時から身近な存在として知られている海苔を含めた海藻であるが，海苔の記述は，記録上は大宝律令の調（貢物）の記載が最も古いものとされている．

　現在では，海苔は，醤油をつけて温かいご飯とともに食べるとか，コンビニで定番のおにぎり，巻き寿司など私たちの食文化の一つとして，日常生活に完全に定着している．

　この海苔について，生海苔・バラ海苔（生海苔をほぐして天日で乾燥したもの）で流通していた江戸時代以前と，板海苔（細断された海苔が紙状に抄かれたもの）が開発され，製造・流通の基本が確立した江戸時代と，技術革新による大量生産に道を拓いた明治以降と三段階に分けた海苔産業の歴史的な流れと現状を紹介したい．

17.1　江戸時代以前の海苔事情

（1）　海苔はいつ頃から食べられるようになったか

　『魏志倭人伝』や『日本書紀』『古事記』には，藻食の記述が明確でないところから，この時代，中央の支配者の層では食事に海藻をとる習慣は，一般には広まっていなかったと考えられる．反面，風土紀などに記載があることでも分かるように，海岸近くの住民にとってはふつうに見られる食習慣であったようである．

　それ以前には，貝塚や泥炭遺跡から海苔と同じような所に生息する貝や海藻の一部が発見されており，海苔の採取も充分考えられるが，推測の域を出ていない（図17.1）．

図 17.1　歌碑に書かれている海苔の詞（宮下　1970）．

時代が進み，大和朝廷により全国統一が進むと同時に，藻食も中央まで普及していったようである．大宝律令（701年）には，租・庸・調の税制が決められている．その中で海苔は調（貢物）に含まれ，重要な食べ物として地位を確立している．また，伊勢神宮の神饌の中にも海苔が選ばれており，海苔を含みいろいろな海藻が，一般に食べられていたことを物語っている．

奈良時代から平安時代にかけての律令化社会のもと，年中行事の儀式が事細かに決められている．その細則が『延喜式』に規定され，後々まで大きな影響を与えている．平安時代の海苔の貢納地としては，この『延喜式』の中に，志摩，出雲，石見，隠岐，土佐が記されているが，鎌倉時代の書物には前記のほかに佐渡，伊豆，安房，常陸，伊勢の名前が見られる．奈良時代から平安時代にかけては公家の社会であり，海藻類が貢物として数多く見られた．その後，武士の世の中になると，食べ物が豊富になってきた関係もあるのか，海藻の貢物としての価値が小さくなり種類も減り，鎌倉時代には海苔の字も見られなくなった．そうかといって，海藻が食べられなくなったかというとそうでもなく，仏教が盛んになるにつれ，精進料理が普及しそのなかで用いられたり，また菓子にも使われている．室町時代になると，茶の湯の流行とともに海藻料理は，茶事の献立にも用いられるようになった．産地が増えているのもこのような関係からだろうと思われる．

飢饉のときは，古くから海苔を初めとした海藻類が大いに役に立ち，戦国時代になると有事のときや飢饉に備えて，備蓄がより重要視された．陣中においては乾燥品が携帯に楽であり，汁物の具として不可欠なものになっていた．これらのことが，海藻の消費を大きく伸ばす要因になった．ちなみに，出陣のときにおいては，あわび，昆布，勝栗，海苔と並べ，門出を祝ったこともあったようである．

このころの海苔は，外洋性の岩海苔といわれる種類がほとんどで，秋から冬にかけて海岸の潮間帯の岩などに生えてくる海苔を手で摘んでいた．摘んだ海苔は生のままか，海水で洗うか真水で洗って天日に干したものを，そのまま食べるか，料理に使用するなどしていたものと思われる．現在でも，地方の特産品として売られている岩海苔は，当時の種類とほとんど変わっていないものと考えられる．その中でも島根県の十六島海苔(ウップルイ)は，古くから記録があり，現在も有名な岩海苔である．

（2） 海苔という名前

私たちが一般に使っている海苔という名は，江戸時代後期頃に現在の形になったもので，それ以前は特定の海藻を指すのでなく，ある程度の大きさの海藻につけられた名であったようである．アマノリ，フノリ，トサカノリ，ムカデノリ，オゴノリ，ツノマタノリなど多くの海藻のなかにノリ（現在の海苔と異なる意味でカタカナで表示）の名が見られる．一方，メとつく海藻は幅広の大型のものに使われ，ワカメ，アラメ，ヒロメ，カジメなどを指した．

では，昔はどういう名で海苔が呼ばれていたかというと，表17.1に示すように，紫菜，甘海苔，神仙菜，無良佐木乃里，塩苔，苔，甘苔，乾苔などの文字が見られ，時代とともに少しずつ変化してきている．

紫菜という字は中国からきた文字であるが，紫という色は，海苔にとって品質が劣化した色で好ましくない．海岸で採られた海苔が，中国は国が大きいため都市に運ばれるまで時間がかかり変色したものと考えられる．日本でも紫菜という名称は長く使われ，そのなごりなのか紫という字は上品さも兼ね備え，商品の名として多く使われている．

表17.1 海苔の文字と呼称の時代別変遷表（宮下 1970）．

	文字以前	応神朝〜飛鳥奈良 5世紀〜793	平安 794〜1191	鎌倉室町〜桃山 1192〜1607	江戸 1603〜1867	明治〜大正昭和 1868〜1988	現代
呼称（通称）	あまのり？ むらさきのり？	むらさきのり あまのり？	むらさきのり あまのり （むらさきのり） （の　り）	あまのり しおのり 地名・特徴 ｛うつぷるいのり いずのり いずものり さどのり すのり等｝ むらさきのり （むらさいのり）	地名・特徴 **あさくさのり** うつぷるいのり ひろしまのり いもぜのり いせのり ゆきのり くろのり等 の　り あまのり ほしのり （いわのり） （むらさきのり）	の　り あまのり あさくさのり いわのり すきのり しばのり ほしのり しさい （むらさきのり）	の　り あさくさのり いわのり あまのり ほしのり
文字		紫　菜	紫　菜 甘　海　苔 神　仙　菜 （紫　苔） 無　良　佐　乃　里 （乃　利）	甘　海　苔 紫　菜 塩　苔 地名・特徴 ｛十六島海苔 伊豆海苔 出雲海苔 佐渡海苔 雪　海　苔 等｝	地名・特徴 浅　草　海　苔 品　川　海　苔 十　六　島　苔 広　島　苔 妹　背　苔 伊　勢　苔 雪　苔 等 黒　海　苔 甘　海　苔 甘　海　苔 紫　菜 （紫　苔） （紫　莫） 乾　苔 （木　苔） （岩　苔） （尼　海　苔）	海　苔 甘　海　苔 浅　草　海　苔 岩　海　苔 漉　海　苔 乾　海　苔 （紫　海　苔） （紫　菜）	海　苔 浅　草　海　苔 岩　海　苔 甘　海　苔 乾　海　苔

注 （1） 地名・特徴とは地名・特徴を読み込んだ呼称名称のことである．
　（2） カッコ内はごく稀に使われたもの．
　（3） 太字はその時代に最もよく使われた文字，呼称．

17.2　江戸時代の海苔の養殖と産業

（1）"浅草海苔"の名の由来

　"浅草海苔"の名がいつ頃生まれたものか，いろいろな説が論じられてきたが，生まれた場所が浅草で，時代は江戸時代初期前後ということでほぼ一致している．

　浅草海苔の名の由来として，主なものにつぎのような説がある．

1) 海苔が浅草で採れた．
2) 浅草で海苔が製造・販売された．
3) 天海大僧正が命名した．

1)については，浅草がかつて海に面していたとき，海苔を採ることができたのではないかという説である．この説については，海に面していた時期と浅草海苔の記述が見られる時期が，現在のところややずれていると考えられている．

2)については，江戸湾に面した葛西で摘採された海苔が，船で浅草に運ばれて製造され，かつ販売されるようになった．当時，浅草観音で賑わいをみせていた浅草界隈でそれが評判になり，浅草海苔の名前が人々に広まっていった．

3)については，天海大僧正が，海苔を取り寄せて贈り物として使用していたため，それが後に浅草海苔の名を広めるのに利用されたのではないかと思われる．

いずれにしても，推測の域を出ておらず確定していないのが現状である．

（2） 海苔の養殖

江戸時代初期に浅草海苔が出現してくるが，前記のとおり産地が限定されていない．それが寛永（1624～43年）あたりになると，産地として葛西，品川の名を見ることができるが，この当時，葛西の海苔は上質で，品川は河川から流れてくる栄養塩の影響も少なく，質の悪いものとされていた．しかし，埋め立てが進むと，川の流れとともに生育条件が変化し，享保（1715～35年）のあたりになると，品川のほうが良質の海苔を産出するように変わっていった．したがって，葛西で摘み採られた海苔が，浅草に運ばれ製造されていたのが，のちには品川のものが浅草に運ばれるようにと変わっていった．

また，品川は人々の往来の増加に伴い，客をもてなすための魚の生け簀がつくられた．秋になるとそこに海苔が付着し，生育することが分かるようになってきた．このことから，秋になると，海の適当な深さのところに木を立てることにより，海苔が木に着生し，生育したところを収穫することができるようになった．この技術が開発されたのは，1700年ごろで元禄と享保の間にあたる．

江戸の後期になると養殖の主力は，品川から大森へと移っていった（図17.2）．

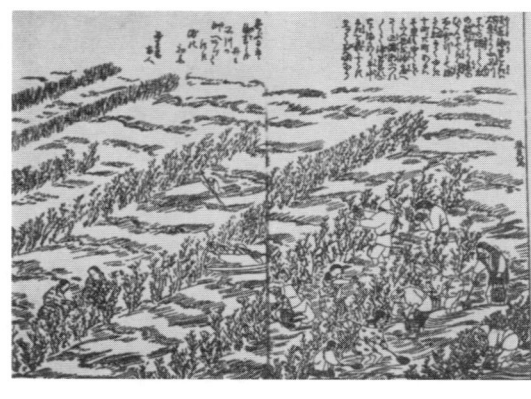

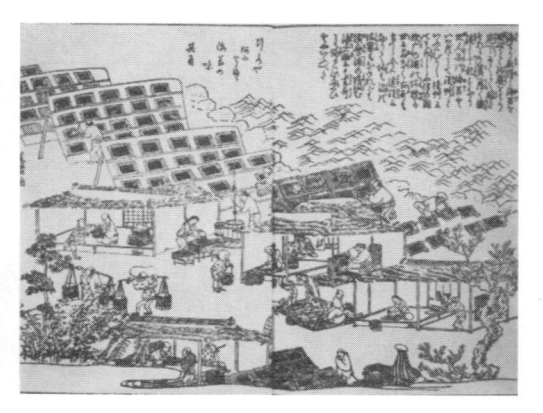

図17.2 浮世絵に描かれた東京，品川の海苔養殖と浅草海苔の製造．
左：品川にてノリをとる，右：浅草ノリを製する図．東海道名所図会（寛政9年）より．

(3) 抄き海苔

　海苔は，抄く技術が開発されるまでは，海から海苔を摘み採った後，海水あるいは真水で洗浄し，ほぐしたり押し伸ばして乾燥していたものと考えられている．江戸前の海苔は内湾性であり，外洋性の海苔に比べ葉体が薄いため，葉体が重なりやすく，乾燥に時間がかかった．そのため，温度の低い冬場では充分な乾燥ができなかったことも多かったと思われる．海苔抄き技術も養殖と同じか，それよりやや早い時期に開発され，当時は浅草でつくられていた．このころ浅草では，上質ではないが紙抄きが行われており，海苔の乾燥について試行錯誤を繰り返しているうちに，この技術を利用することを思いたったと考えられる．これにより，均一な厚さの海苔を抄くことができ，乾燥がスムーズに行えるようになった．このことは，海苔の持っている色・味を蒸れたりして劣化させることなく，充分に引き出すことを可能にした．

　板海苔の製造は，消費者に切望されていたかというと，板海苔の利用方法が後に開発されていることから，つくる側の乾燥の容易さ，あるいは作業の効率のよさから紙抄きの技術が導入された，と考えたほうが自然と思われる．

　天明（1772～88年）のころになると，浅草では，海苔の製造は行われなくなり，海苔の採れる品川で直ちに抄かれて板海苔にされた．そして，板海苔になったものが浅草に運ばれるように変わっていった．

(4) 海苔漁場

　江戸初期の書物によると，葛西苔（下総，浅草のりともいう），小湊苔（安房），品川苔（武蔵），甘海苔（伊勢），向津奥苔（長門），藤戸（備前），十六島苔（出雲）の名が見られ，そのなかに内湾性の海苔の生産地が広がっている．このころになると，大河の治水工事も進み，河口付近に大きな集落が出現してくる．これに伴い，外洋の岩場に生育していた海苔の採取が，内湾で採れる海苔の種類へと変わってきている．江戸前の海苔の産地も都市が大きくなるに従い，海苔の需要が増え，新たな技術も開発され，葛西から品川，品川から大森，羽田方面へ産地も広がっていった．上総の方面も海苔問屋の援助により海苔産地の開発が進められた．西の方は，大阪の市場をにらんで，広島で海苔の製造が盛んになった．

(5) 流通（海苔屋の出現）

　江戸時代になると各大名が，国を富ませるために産業に力を入れた．海苔生産も例外ではなく，前期のように各地で海苔が盛んに採られるようになった．また，参勤交代により，江戸のものが地方へ，地方のものが江戸へと，ものの行き来が頻繁に行われるようになった．

　海苔の採苗方法が分かってくると，採苗に必要な木材が必要になり，ある程度の資金が必要になってくる．また，海苔を抄くのも同様で，いろいろな資材が必要になってくる．この資金が両替商などから調達され，海苔をお金の替わりとして納める流れができてきた．そしてこの海苔を両替商が販売することにより，海苔の小売商が生まれることになった．江戸時代初期に浅草に本格的な海苔の販売店が現れた背景は，前記のような理由からである．幕府の隆盛とともに浅草の海苔屋は繁盛をきわめたが，江戸時代後期になってくると，江戸の町の大発展により日本橋に商業の中心が移り，日本橋に大きな海苔屋が出現した．各産地で海苔が採れ，その場で抄製という技術が確立されてくると，現地で海苔を買い付け他に売り込む仲買商という新たな仕事を生む

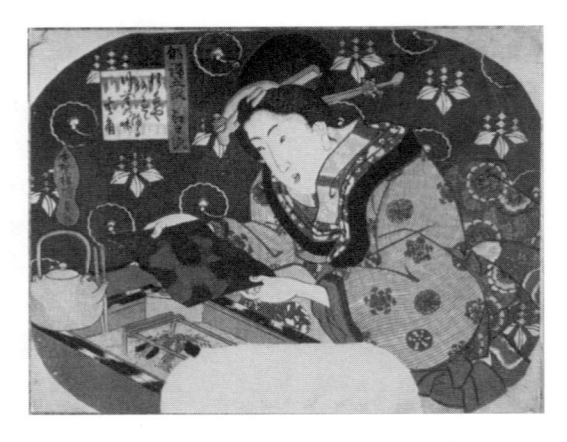

図17.3 浮世絵に描かれた海苔の食べ方と海苔問屋.
左：ノリを焼く.国貞画(窪田甚之助氏提供)，右：中島屋平佐衛門の店頭.東鑑(窪田甚之助氏提供)

ことになった．日本橋の問屋に多の海苔が動くようになったのも彼らの存在が大きく寄与している（図17.3）．

現在老舗と呼ばれている海苔屋の一部は，このころからの歴史を有している．

江戸時代中期から後期にかけては，産地も品川から大森，羽田へと広がり，海苔の生産量が増えるにつれ一般庶民が海苔を口にできるようになってきた．江戸時代後期の海苔の需要増大は，海苔商の宣伝や料理の本，料理店によるところの普及が大きいが，海苔の味が庶民の口に合い，家庭料理に取り入れようとして，江戸を中心に静かな海苔の消費ブームが起こったことを見逃してはいけないだろう．

化政（1800年初期）のころになると，正月の吸い物から始まり，節句の海苔巻寿司，年越しのそばに至るまで習慣として確立されていた．また，年末年始などの贈答品の習慣が支配層では以前から行われていたが，海苔の生産時期がこの時期に当たり，旬のものとして好適な一品として使用され，この習慣が一般にも広がりをみせていた．

また，海苔は寒い時期に採れ，冬場しか流通できなかったのが，焼き海苔の開発や海苔の販売

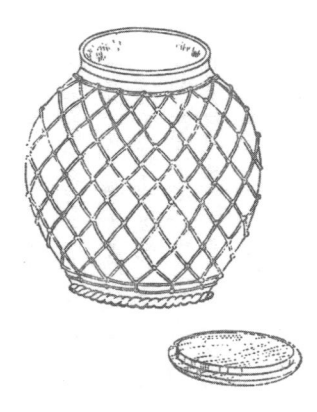

図17.4 海苔貯蔵用のかめ（宮下 1985）.
店出しかめ．貯蔵運搬用のかめと違って肥後縄で網型に結ぶ体裁を整えてある．

期間を伸ばすために大茶壺と乾燥用に焼き米を使用した保存により，夏場を越す方法も考えられている（図17.4）．

(6) 海苔の料理方法

海苔が抄かれる前は，古くは，佃煮のように使われたという記述があり，室町時代には汁物・煮物・酢の物として生海苔や乾燥品が使われたり，乾燥品を火にあぶってお菓子として食べたという記録が見られる．その後もいろいろと料理の工夫は見られたが，基本的な海苔の使い方は変わっていない．

海苔を抄く技術が1700年ごろ開発されたが，しばらくは以前と同じような使われ方がされていたのだろう．ただし，薄く均一な板状になっていたので，海苔を容易に焼くことができ，風味がよくかつ色のよいものが使えるようになったものと考えられる．

おにぎりに海苔は欠かせないものだが，おにぎり自体は2000年の歴史を有しており，海苔が使われるようになったのは，板海苔が開発されてからそれほど時間は経っていなかったと思われる．海苔が寿司に使われ出したのは，おにぎりよりやや遅く，記録から見て江戸時代中期頃と思われる．江戸時代の終わりには，現在の海苔の使用方法とほとんど同じものが開発され，それが現在まで続いてきていると考えられる．

17.3　明治以降から現在の海苔産業

(1) 流通について

板海苔の食べ方としては，江戸時代に確立されたが，生産量が少なく高価で庶民が食べるのは，年二，三回程度であった．また，海苔が売れるのは，冬から春にかけてで，夏場はほとんど消費されなかった．そのため大消費地を持った日本橋の問屋以外は，海苔専業の販売店は現れていない．それでも，明治の初めに味付海苔の開発があり，続いて海苔佃煮が創案された．海苔を保存する技術も瓶詰め商品や炒り米乾燥剤，缶入り商品の発売など年間を通した商品へのいろいろな工夫が，江戸時代後期から続いている．明治15年には東京乾海苔問屋が設立され，海苔製品が万国博覧会などに出展されるなど，日本を代表する食品として海苔の地位を確立するとともに，明治の20年代以降海苔の消費をまかなうために日本各地に産地が広がっていった．日本橋を中心にした海苔の取引は，明治をピークとして大正，昭和と受け継がれていった（図17.5）．

デパートで初めて海苔が売られたのが明治45年で，ここに参入したのが販売先を探していた大森の海苔問屋で，これを機会に新しい販売先として拡販していくことが可能になった．このころはまだ乾海苔としての流通が大きなウェートを占めているが，デパートでは加工海苔の販売が人気を博すようになってきた（表17.2）．

関東では海苔の産地が近い関係で，製造された乾海苔をすぐ食べることができ，海苔のうまさを堪能できたと考えられる．それに比べ，大阪は産地から離れているため鮮度のいいものが入りにくく，焼海苔に対しては関心がそれほど高いものではなかった．また，昆布を使っただしが発達しており，これを基本とした味付海苔のほうに関心がいったように思われる．そのため焼海苔の関東，味付海苔の関西という区分けは，1940年代以前には明確な傾向が見られるようになった．

太平洋戦争後の配給制により，海苔は一般の家庭に広がるようになった．それと同時に生産地

340　海藻の利用

図 17.5　明治時代の海苔製造図，東京捕魚採藻図録（明治15年）より．

17 海苔産業の歴史とその推移　　341

表17.2 昭和初期における東京（日本橋）・大森を中心とする流通経路（宮下 1970）．

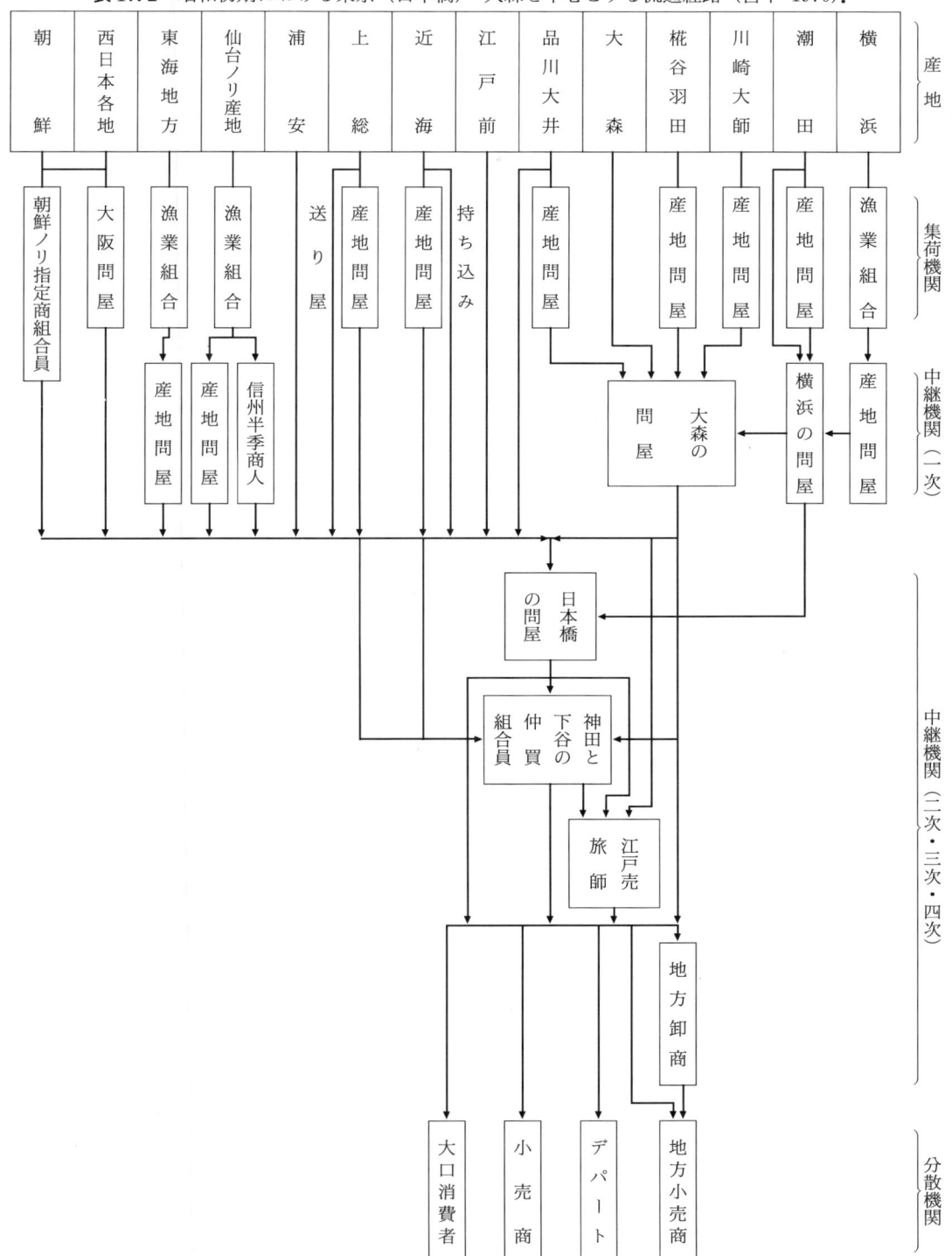

産地	集荷機関	中継機関（一次）	中継機関（二次・三次・四次）	分散機関
朝鮮	朝鮮ノリ指定商組合員			
西日本各地	大阪問屋			
東海地方	漁業組合	産地問屋		
仙台ノリ産地	漁業組合	産地問屋／信州半季商人		
浦安	送り屋			
上総	産地問屋			
近海	産地問屋			
江戸前	持ち込み			
品川大井	産地問屋			
大森		大森の問屋		
椛谷羽田	産地問屋			
川崎大師	産地問屋			
潮田	産地問屋	横浜の問屋		
横浜	漁業組合	産地問屋		

流通先：日本橋の問屋 → 神田と下谷の仲買組合員 → 江戸売／旅師 → 地方卸商

分散機関：大口消費者／小売商／デパート／地方小売商

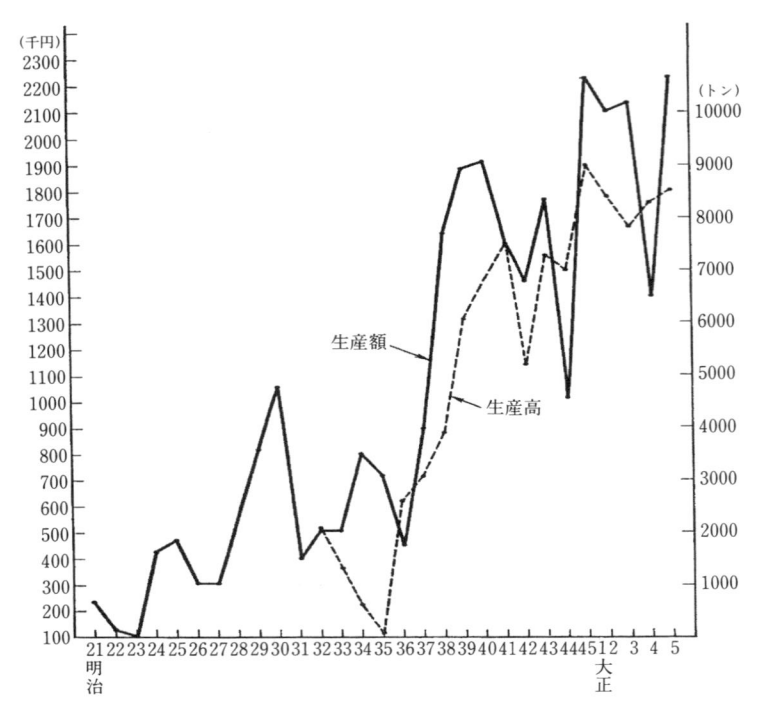

図 17.6　全国海苔生産額の変遷（明治21年～大正5年）（農林省統計）．

に近い加工メーカーの増産も奨励された．海苔の生産技術の発達とともに海苔の販売も専門店，百貨店，スーパーと多岐に渡るようになり，手軽に手に入れることができるようになった．とくに，スーパーの発達は，地方の海苔の加工メーカーを大きく発展させることになった．これを可能にしたのは，包装資材の発達により，海苔の品質を保持したまま店頭に並べることが可能になった商品の開発によるところが，大きく貢献している．

1975年，昭和50年代までは，海苔はギフトとして，缶入りで体裁よく，軽く，好き嫌いがなく，生産量も少なくて高価であるということから，贈答品としてトップクラスの人気を維持していた．しかし，宅配便の発達は，百貨店のギフトへの影響も大きく，商品の内容も大きく変化した．たとえば，肉製品など日持ちのしないものや飲料などの重いものまで商品の扱いが広がり，大きくて軽いなど海苔の特徴も大きな意味を持たなくなり，海苔ギフトに大きな影響を与えた．また，最近の傾向は，ギフト自体の儀礼的な習慣も薄れてきており，これも大きな影響を与えている．

またギフト，家庭用が減少する中で，コンビニなどで使われる業務用の海苔の需要が，1985年（昭和60）ごろから増加しており，消費構造が大きく変わってきている．

フリーズドライの焼き海苔が，昭和の終りから平成10年ごろまでふりかけ・茶漬けに使用されて好評を得たのも，海苔の形としては新しいものであった（大房 2001）．

（2）　生産技術の発達

秋になると海苔が生育することにより，江戸時代の後期から河口付近で木ひびが使われていたが，それ以降大正から昭和にかけて竹ひび，より進んで水平ひびの網ひびへと研究が進み，現在

の養殖網に近い形のものが確立された．養殖場も東京湾が大きなウエートを占めていたが，伊勢湾，有明海，瀬戸内海と内湾性の海苔が広く養殖されるようになっていった．

生産量も明治近くで江戸への入荷高が，年3000万枚弱という記録が見られるが，明治29年には東京7225万枚，大阪3000万枚と1億枚を越える量に増加している．図17.6は明治21年から大正5年までの海苔の生産高と生産量の変遷を表しており，生産量については，生海苔の重量を測定したものである．昭和に入ると10年には6億枚，25年には10億枚の生産量になっているが，当時はすべてが手作業であった（図17.7）．

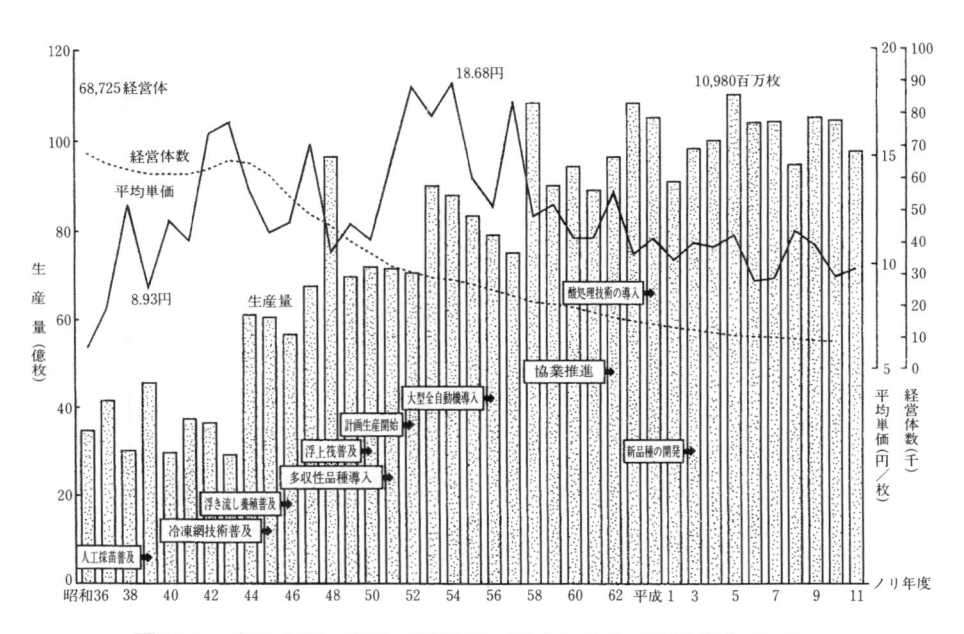

図17.7 海苔生産の変遷（昭和36～平成11年）（海苔手帳 2001）．

昭和24年にはイギリスの学者ドリュー女史の研究により，海苔の夏季の生活形態が解明され，海苔の養殖に多大なる影響を与えることになった．海苔の生活史が分かったことで，人間の手で海苔を管理する道が開けた．今まで，秋になり網につく海苔が多いか少ないか，運を天にまかすしか方法がなかったのが，科学的に安定した採苗ができるようになった．

海苔の生活史が解明され，板海苔の製造の工程も確立されたことで，これ以降は量産・品質の安定化に向けての技術の開発がつぎつぎに行われてきた．海苔の種類については，アサクサノリから養殖がしやすく量も期待できるスサビノリへの移行があり，現在の養殖のほとんどを占めるまでになっている．また，生育するのに適した条件の研究が進み，種付けの技術や養殖時の網の管理技術を会得してきた．養殖方法についても遠浅の海に支柱を立てそこに網を張る支柱式のほかに，深いところでもアンカーとブイを使い網を張る，浮き流し式が開発され漁場が大幅に増えた．冷凍網は，生育途中の海苔がついた網ごと冷凍する技術で，生育環境のいいときに張り出すことができたり，他の海藻を防いだり，ある種の病気を抑えたりして，質のいい海苔の生産や安定した量の確保で大きく貢献している．摘採も手摘みで行っていたのが，船ごと海苔網に潜り込んで摘み取る技術まで開発され，時間も大幅に短縮されている．

これらの養殖技術と平行して，板海苔加工においても手作業で行われていた工程が，徐々に機械化が進み，最近では，摘採した海苔を攪拌水槽に入れるだけで板海苔ができ上がるまで自動化されている．これらの新しい技術の導入などにより海苔の生産量は，飛躍的に増加した．

各産地で機械化が進んだことで海苔の大きさが統一され，温風を利用した乾燥方法で板海苔の形状のしっかりしたものをつくることが可能となった．天日で干すときは，あまり厚く抄くと乾燥を充分にできない恐れがあり，一般に薄く抄かれていた．そのため，できあがりが薄く破損しやすいものであった．

最近は，一経営体当たりの規模が大きくなって生産量が増えているが，生産者の高齢化が進み生産者が減少している．近い将来，大きな問題になってくるだろうと思われる．

17.4 今後の海苔産業について

ギフト用・家庭用の海苔の需要は減少してきており，業務用の割合が，ますます大きくなってきている．しかし，全体としての消費量は頭打ちで，新しい切り口を考えていかないところにきている．これまでは，食習慣としてご飯の友として海苔を食べてきた．はからずも，これにより知らず知らずのうちに，海苔に含まれている豊富なビタミン類，ミネラル類，食物繊維を摂っていた．このすばらしい食品が食生活の変化とともに減少していくのは残念なことであり，今後は現在の食生活に合った海苔の形を考えていく必要がある．そこでつぎに，これからの海苔の消費ということでいろいろなことがいわれているが，以下のことを提示したいと思う．

表 17.3 海苔の生産量と推定消費量（海苔年報 1988，1995）．

海苔年度	昭和 50 年	55 年	60 年	平成 2 年	6 年
生産量（億枚）	71.5	83	94	91	104
消費量（億枚）	77(100%)	73(100%)	90(100%)	103(100%)	101(100%)
家庭用		31 (42%)	40 (44%)	41 (40%)	33 (33%)
業務用		20 (27%)	28 (31%)	40 (39%)	52 (51%)
贈答用		22 (31%)	22 (25%)	22 (21%)	16 (16%)

最近韓国海苔が，人気を博してきている．味付けは，植物油脂に食塩というシンプルなものだが，海苔の味をひきたてている．この商品は，ご飯の席にも出るが，お菓子感覚で食べられたり，お酒の友として食される機会を多く持っている．スナック菓子が若い年代に広く好まれており，この世代に海苔をアピールする形としても，この商品はおもしろいと思われる．この消費の仕方は，日本の海苔では今までほとんど見られないもので，消費を増やすという意味で，一つのヒントを示唆しているものと思われる．

また，板海苔を巻くというだけでなく，海苔の種類や産地や収穫時期により，味・色・硬さなど性状が異なるので，この性状を生かした使い方を考えてみる．現在でも，寿司やおにぎりに向くもの（巻いたときに破れないもの），あられに向くもの（裏面のざらつきが多く剝がれにくいもの），ラーメンに向くもの（解けにくいもの）などあるが，硬い海苔の場合，水で戻してドレッシングなどを掛けるなど新しい使い方もおもしろいと思われる．

海苔が板状に抄かれる江戸時代以前は，生とかバラ乾燥品で消費されていた．当時と比べ現在使われている料理の種類や方法・材料も大きく異なっており，生とかバラ乾燥品で利用できる範

囲も広くなっている．ワカメがいろいろな料理に使われているが，海苔も同様な使い方ができるものがあり，大きな可能性があるように思われる．海外に対しても板海苔よりスープの具として紹介しやすいのではと思う．

　国内では，前述のように海苔の消費拡大には新しい消費の形態が必要であり，それには安定した供給が欠かせない．そこで供給面に目を移すと，生産者の減少や有明海で騒がれている環境の悪化による生産量への影響，規制緩和の流れによる海苔の自由化など，これからの海苔の流通が大きく変化する要因があり，消費・流通両面で適切な対応が望まれる．

　一方，海外においては，寿司を通じて海苔が知られているが，栄養面のすばらしさが認知されれば，発展性を秘めた伝統食品であるともいえる．

　いずれにしても長い歴史を有してきた海苔が，その時代その時代で人々の生活に根づきこれからも愛され続くことを切望してやまない．

引 用 文 献

新崎盛敏・新崎輝子 1978．海藻のはなし. 228 pp. 東海大学出版会.
大房　剛 2001．図説海苔産業の現状と将来. 223 pp. 成山堂書店.
毎日新聞社編 1975．のり健康法. 254 pp. 毎日新聞社.
宮下　章 1970．海苔の歴史. 1399 pp. 全国海苔問屋協同組合連合会.
宮下　章 1985．海苔. 242 pp. 法政大学出版局.
海苔年報 1988, 1995 年度版. 193 pp. 食品新聞社.
海苔手帳 2001．全国海苔貝類漁業協同組合連合会.

海藻の利用

18 昆布産業の歴史・現況と展望

旭堂小南陵・喜多條清光

　昆布は，北海道の夏に採取されて，乾燥した製品になったものが日本海を渡って，北前船で若狭湾に運ばれた．大阪には昆布を仕分けする問屋が栄えた．昆布は，さらに沖縄に運ばれて，中国貿易の重要な品目となった．ここでは，昆布に関する歴史を旭堂小南陵，昆布産業に関しては喜多條清光が述べる．

18.1 昆布の名称

　昆布は縁起物として昔も今も珍重されている．今はよろこんぶ，よろこぶというゲンのかつぎ方をしているが，昔はそうではなく昆布の古語，ヒロメから，お披露目，広めるというゲンのかつぎ方をしていた．延暦16年（797）完成の続日本紀には，霊亀元年（715）に昆布が採取されていたことが記されている．この昆布という言葉が入ってくる前は，大和言葉で広布と書いて，ヒロメと読ませていた．海藻を意味する言葉である．その中で広い葉体を持つので，ヒロメ，広布となったとされている．ヒロメだから前述のようなゲンかつぎとなった訳である．ちなみに広布は，コウブ，それがなまってコンブとなったという説があるがおもしろい説である．

　昆布は中国の言葉であろう．本草和名集や倭名類聚抄には，昆布比呂米という名称が登場している．私は，このコンブヒロメという言い方に注目したい．これは文選読みと理解したい．文選読みというのは，中国から入ってきた言葉を音読みし，その下に大和言葉で訓読みをして，意味を分からせる方法である．今でも「化粧けはいも美しく」とか「二度とふたたび繰り返さない」という使い方が残っている．唐書「勃海伝」に「俗に貴ぶ所は南海の昆布」とあるように，勃海国では昆布という言葉を使っている．勃海と日本は，日本海を通じて交流があり，勃海の南方は日本であるから，勃海へ輸出されていたのであろう．私はアイヌ語説よりも，勃海国周辺の言葉としたい．なぜなら，中国の中央部では，コンブを海帯と書いており，今でも中国ではコンブは海帯と書く．同じ唐書に「俗に貴ぶ所は，東海の海帯」という一文がある．いずれにしても，中国では，日本のコンブが貴重品であったことは間違いのない事実である．

18.2 昆布の利用の歴史

（1）昆布と大阪

　大阪が大坂といっていた頃である．昆布には，こんなエピソードが残っている．豊臣秀吉が大坂城を築くときのことであった．多くの巨石が瀬戸内の島々や六甲山系から運ばれてきた．途中で海中に沈んだり道で立往生したりして，ずいぶん苦労したようである．秀吉は大坂城近くで，立往生して苦労している様子をみて

　「堺の商人に昆布を集めさせい」「昆布でございますか」
いぶかる家来に

「昆布を水で濡らしヌルヌルにさせい．その上に大岩を乗せるのである．ひっぱりやすくなるわい」
といったそうである．そこで家来は，堺の商人に沢山の昆布を持ってこさせたそうだ．

事実かどうか分からないが，大坂と昆布のかかわりを示すおもしろいエピソードである．こうした大量の昆布が，堺の商人によって持ち込まれたとしたら，この時代に中国へ大量の昆布が堺の港から輸出されていたことを暗示しているように思える．

大坂・天満の市場は，大坂城築城の前の石山本願寺へお参りをする人を相手に，自然発生したといわれている（図18.1）．

石山本願寺へ食材もおさめたことであろう．そこで考えるべきは，この時代の宗教家の布教の手段である．一つには，蓮如，教如といった石山本願寺ゆかりの僧侶は，話芸の名人であったといわれている．教義をおもしろおかしく，また，興味深く平明に説く話芸，すなわち講談や落語の祖とされる説教であるが，もう一つ布教活動の一つの柱は，精進料理である．浄土宗，浄土真宗，禅宗といった宗派を問わず，各寺院には独自の精進料理があり，寺に集めて民衆を接待していた．この精進料理には，必ず昆布が用いられていた．宋や明へ留学した僧侶は，昆布が中国で珍重され，また，その効用やだし汁のとり方などまで知っていたことであろう．

浄土真宗王国といわれる福井県の報恩講の食事を一例にとると，その大煮しめと呼ばれる煮物

図18.1 大坂の昆布問屋の図．含粋亭芳豊「菱垣新綿番船川口出帆之図」の一部（遠藤 1991）．

には，結び昆布や昆布巻の煮たのが必ず入っている．蓮如の布教の地は，琵琶湖周辺から北陸，そして京坂から紀州に及んだといわれている．石山本願寺の存在は，大坂人に昆布食の習慣を持ち込んだと思われる．それも，文化先進国であった中国では，まことに貴ぶべき食べ物とされていると，解釈がついたことであろう．昆布食は北前船の寄港地と呼応しているという説があるが，それでは寄港地同じく消費地とするならば，すべての寄港地で昆布食が発達していなければならないはずである．また，なぜ，沖縄は葉体の広い昆布ではなく，だし汁の出ない長昆布を食用に使うのかといったことの説明ができない．浄土真宗の布教の地と昆布の消費地が一致することを考えなければならないと思う．

　もう一点，大坂人や京都人に昆布食を持ち込んだものの存在に，茶道がある．千利休は堺の人であるが，茶の湯の菓子として，その当時出されていた，煎り昆布，結び昆布，炙昆布などが喜ばれていた．将軍足利義輝の好物は「結び昆布」といわれている．

　この「結び昆布」は，上質の元揃昆布を二～五年かけて保存し，質が軟らかく美しくこげ茶色に変わったのを酢で処理し，小さく切って結んでほいろ（焙烙）にかけてあぶったもので，現在大阪では唯一，一軒が扱っている．

　昆布の消費地を輸送ルートだけで考えるのではなく，精進料理や茶の湯などの影響まで考えないとだめだと思う．

（2） 近江商人と北前船

　作家の水上勉は，「日本の食生活全集」の「福井の食事の巻」の月報（1980）で，つぎのようなことを述べている．

　「産物を持たない京都が，殿上人や武家，文化人の住む文化都市として栄え，食物の技術を発達させたことは有名だ．いまでは，京料理の技術は日本中へ進出し上品だとされる．しかし気をつけてみると，その京料理なるもののほとんどが材料を近在地方に求めている．若狭は海の幸を受けもったことは確かだろう」．

　水上勉氏のいうように，若狭は日本海の幸だけでなく，遠く北海道の海の幸も都へと運んだ．ニシン，タラ，サケ，アワビ，そして昆布などである．この北海道と若狭，そして京坂へと交易ルートが広がるにつれて，重要性も増し，その船の数も増加したのが北前船であった．寛永以前は，松前から出た船は日本海を通って，小浜，敦賀で終点であった．それから琵琶湖まで，山道を通って都や大坂へと出荷されたが，この山道が不便なために後に関門を経て大坂へと，出荷，集荷されるようになったのである（サンライズ出版編 2001）．

　この北前船の担い手が，近江商人でなかったなら，昆布は清国向けの輸出商品程度でしかなかったと思う．昆布の価値を知り，庶民のあこがれの食として充分浸透すると知っていた近江商人の存在は大きい．近江商人は熱心な浄土真宗の信者であったという事実も押さえておかなければならないであろう．このことは，北海道に現存する寺院の寄進者が，近江商人や北前船の船主であったことからも分かる．北海道へ渡った近江商人の先人を顕彰する碑が建つ専念寺も浄土真宗の寺院である．僧侶達が布教の手段に使った精進料理は，庶民のあこがれとなり，近江商人にとっても昆布はあこがれであったに違いない．堺の商人は昆布を若狭から集めた．輸出先は明や清といった中国であった．薬材や塩分補給材として珍重されていたからである．

（3） 軍用としての昆布

　昆布は軍用食でもあった．加藤清正が築いたとされる熊本城では，解体されたときに，壁の内部に昆布やアラメが隙間なく詰め込まれていたという報告がなされている．これはほんの一例であるが，戦国の武将は，籠城食として米や味噌のほか，アラメ，ヒジキ，昆布を貯えており，松永弾正久秀は，城中にアラメ，ワカメ，ヒジキ，コンブを各三年分貯えていた．

　戦国時代，堺の商人が若狭で近江商人から昆布を買い，西国，四国，中国の大名に瀬戸内沿いに売りつけていたことは容易に推察できる．昆布の消費について，播州瀬戸内沿いが多いのも，こうしたことも影響していることであろう．昆布の消費を，北海道，大阪，沖縄，中国といった「昆布の道」論（大石 1987）だけで片付けてはいけない理由の一つとして，軍用であったという点にもある．また，戦国の「武則要秘録」には，昆布を細かく刻み，醤油で煮しめて持参せよと書いてある．これは握り飯に塩昆布という，現代人のコンビニおにぎりと大差がない．

　軍用として昆布が重要であった証拠に，京都の御昆布司「松前屋」の歴史も見逃せないであろう．松前屋の言い伝えによると，吉野朝の頃，後醍醐天皇の第三皇子護良親王が，吉野に籠られての元弘三年正月の大合戦のとき，手勢わずか五十騎を率いて，軍糧輸送としたのが「松前屋」の祖であり，そして後亀山天皇の頃，軍糧諸品の御用をし，後亀山天皇より「松前屋」の家号を賜わったそうである．昆布は，かなり以前，太平記の時代から軍用であったといえる．関東や東北に郷土料理として昆布食がないのは，家康はじめ武家集団が江戸に住みついた頃には，軍用としての昆布に意味がなくなったこと，宗教が昆布食を精進料理に使った浄土真宗系が少ないこと，運ぶについて運賃が高かったことなどが考えられる．

（4） 昆布の中国への輸出

　徳川幕府は鎖国時代にも貿易をしていた．その相手は，清国とオランダであるが，輸入品の決済には，昆布が使われたことが宮下章著「海藻」（宮下 1974）に記録されているのでまとめてみよう．

　「このとき絶好の名案を献策したのは，長崎町年寄，高木彦左衛門である．元禄10年（1697），彼は運上金二万両を幕府に納め，歳額六千貫のほかに二千貫を増額して八千貫の交易を許されたが，この増額にかぎり銅にかわる物産で支払うことを願い出た．これがすなわち俵物諸色といわれたもので，その例をあげると，俵物，煎海鼠，乾鮑，ふかひれ，諸色，昆布，刻昆布，（以下略）であった．

　諸色に加えられてからは，函館昆布，南部昆布が，長崎俵物役所を通じて輸出記録が明らかにされているのは江戸中期のことである．明和年間の輸出額は，1300石，函館昆布の仕入値は，100石につき金39両とあるから，507両余となる．天明5年（1785）以降，長崎役所はエゾ地から直接買付けして輸出を始め，年間輸出高は約3000石となった．この20余年後の文化年間からは，刻昆布の輸出も始まっている．

　なお幕府の公式輸出のほか，民間の抜荷（密貿易）もかなりあった．清国船が長崎港外へ出たところへ民間船が近づき禁制品を売りつけるのであった．幕府はこの取締りに手を焼いたが，昆布については，高田屋嘉兵衛に千島，根室方面まで東蝦夷地の請負人を命じ，密貿易の根源である生産地を取締まったことにより大いに効果をあげた．」

　幕府が高田屋嘉兵衛に昆布の密貿易を取締りをさせたことと，沖縄の長昆布食とのかかわりがあるように思えてならない．薩摩藩と富山の薬売りが，昆布を介し琉球を中継地にして密貿易を

していたことは周知の事実である．清国側は昆布を得た見かえりに，唐渡り，南蛮渡りの薬材を渡すのである．これが琉球を中継地にし，薩摩藩も仲介手数料をボロもうけし，富山の薬売りも独占的に効き目の高い売薬を製造していたのである．

さて，大石圭一氏の「昆布の道」に，昆布食史年表があり，それによれば，沖縄に昆布が大量に運ばれたのは，1792年に，高田屋嘉兵衛がエトロフ航路を開いた前後と思われる．この頃より「長昆布時代」が始まる，とある．沖縄に運び込まれた昆布は長昆布であると，大石圭一氏は同書で述べられている．

しかし，それより30年ほど下った天保9年の栄久丸という船の薩摩藩向けの荷をみると「三つ石昆布二四八七八片，下昆布一一九三七片，浦川昆布六九四七片，一つ昆布一八七五片計一三九両一分一朱の入金」とある．長昆布と推定されるのは，下昆布ぐらいなものである．

清国との貿易にあたって思い出されるのが「俗に貴ぶ所は，東海の海帯」という言葉である．三ツ石昆布や浦川昆布は，取引の対象となったが，長昆布はあまり相手にされず，琉球でかなりの量が残ったのではあるまいか．商売物は売って金にするのが交易の大原則である．琉球で長昆布が食習慣として定着したのは，余った長昆布の利用法を琉球の人々が工夫したにほかならないと思われる．高田屋嘉兵衛を使った取締りは，かなり有効だったと思われ，薩州の荷に上物の昆布が見当たらなかった．幕府の公式の俵物役所がある以上，薩摩藩が幕末の革命を起こすほどの資金を，昆布で集めたとは考えられない．

18.3 昆布産業の現況

日本で生産される昆布の95％は北海道産で，残り5％は青森・岩手・宮城の3県で生産されている．1945年以後の日本の昆布生産量は，年間乾燥したもので約30,000トンといわれていた．太平洋戦争以前は旧樺太（現在のサハリン）が日本の領土であったので，それを加えると，多いときには85,000トン近くの生産があった．しかし，近年は磯焼け，水温の上昇などで1998年頃から凶作続きで，年間20,000トンを割り込むようになってきた（表18.1）．

表18.1 昆布国内供給量の推移（過去10年）（数量：トン，金額：円）．

	道内天然	道内養殖	道内計	（平均単価）	東北	輸入	合計	輸出	国内供給
平成4年	25,634	6,498	32,132	(1,101)	3,059	2,254	37,445	2,551	34,894
平成5年	23,590	5,634	29,224	(1,231)	1,818	1,944	32,986	1,177	31,809
平成6年	18,521	5,618	24,139	(1,026)	1,816	1,852	27,807	678	27,129
平成7年	21,340	5,216	26,556	(1,074)	1,754	1,573	29,883	771	29,112
平成8年	20,642	5,566	26,208	(1,067)	2,847	1,900	30,955	666	30,289
平成9年	21,514	5,439	26,953	(1,026)	2,404	2,006	31,363	585	30,778
平成10年	15,358	4,477	19,835	(1,051)	1,751	1,230	22,816	463	22,353
平成11年	15,806	4,556	20,362	(1,626)	1,827	2,323	24,512	531	23,981
平成12年	16,828	5,183	22,011	(1,179)	969	2,789	25,769	388	25,381
平成13年	17,350	5,599	22,949	(1,317)	2,064	2,848	27,861	463	27,398
10年平均	19,658	5,379	25,037		2,031	2,072	29,140	827	28,312

日本乾物食品（新聞）2002.8.8掲載，北海道昆布事業協同組合による．

コンブ養殖事業も増産にはつながらず，生産量の回復の目途も立っていないのが現状である．コンブ価格は不況でデフレ時代に入っても安くなるどころか品物によっては2倍近く上がったものもある．その半面，消費は停滞し業界全体にとっても危機的な状況にある．そこで，平成の年代に入って昆布業界の現状を生産者，販売者，消費者に分けて考えてみたいと思う．

（1）生　産　者

　昭和37年の頃の昆布の生産風景を映した記録映像に写っている採取方法は，ほとんど今と変わらないもので，大きく変わっているのは，当時は舟を櫓でかいていたのが，今はエンジンになっていること，完全天日乾燥が機械乾燥の設備が取り入れられていることぐらいである（図18.2，18.3）．印象的であったのがナレーションで，「この昆布採りの作業は大変過酷な原始的な方法で行われている」といっているところである．昭和37年当時でも，すでに第三者から見れば過酷で原始的な作業に思えることが，今も，ほぼ同じようなことが行われている．その結果，後継者がいなくなり，当然生産者の高齢化が進んできている．このことは北海道全土にわたっていわれている．もう一つの問題は，収入の不安定なことである．コンブは，海産物であるから生産量の変動があるのは仕方がないが，1kg当たりの価格が年によって大きく違うことである．このことは後で述べる流通システムに関わってくるが，今のところ生産者も，流通業者も望む安定生産，安定価格の実現にはほど遠いものがある．

（2）流通業者

　流通業者といえば，生産者⇒問屋⇒卸屋⇒加工業者⇒小売店⇒消費者というルートになるが，昆布の場合，問屋といわれるのが，産地問屋と内地（消費地）問屋とに分かれている．産地問屋の仕事は，生産地での正確な情報の収集，入札代行，漁協との交渉，集荷，出荷などであるが，大半の場合，内地問屋との売買裏づけの基に行うので，ある程度安定した収入が確保されてい

図18.2　掛けカギ棹で日高昆布を採取するところ（遠藤　1991）．

図 18.3　浜辺で昆布を乾燥させるところ（遠藤 1991）.

る．ただ，手数料収入だけでは不安なので，近年は昆布の加工・直販を手がけたり，自分の思惑で商品を買い，在庫し販売する所も増えてきた．一方，内地問屋の場合は近年ほとんどの年が，昆布の価格は産地高の内地安が続き，夏から秋にかけて買った昆布を翌年まで持ち越すと，ほとんどの商品で損失を出すことになる．その損失も少ないものではなく，ときには金利・倉庫代を入れると半分以下でしか売れないときがあり，今では純粋に問屋業だけで生計を立てるのは非常に難しく，何らかの形で加工・小売をしたり，昆布以外の商材（たとえば若布・ひじき）を扱うようになっている（大阪の歴史力 2000）.

近年，内地問屋の力が急速に落ちてきているのは間違いない．町の小売店が減り，大型店が増えたことで一部を除き，ほとんどが下降気味で，とくに中央卸市場は来場客が著しく減り，ポツポツと昆布の卸業者も減少してきている．反面，加工業者は，東証一部に上場する企業もあり，大手企業がいくつもできてきている．今では加工業者は産地でも直接仕入れ・産地加工を手がけるところも多くなってきた．価格の形成も，今はかろうじて内地問屋と産地で行っているが，近い将来加工業者がその役目を担うのは間違いないと思う．小売業者は少し前まで大阪だけでも200軒近くの専業者があったが，廃業する店も多く，今では130軒足らずに減少してきている．

（3）消　費　者

"食の洋風化"といわれるようになって若い世代の昆布離れがいわれているが，少し前よりおもしろい現象が起きつつある．昆布の利用法を大きく分けると，そのまま食べる昆布と"だし"をとる昆布に分けられる．食べるほうはいわゆる「おふくろの味」的な感覚で，家庭でお母さんがつくってくれる料理であったが，これは確実に少なくなっている．しかし，昆布の持つミネラルが見直され，とくにヘルシー・低カロリーということで一時は女子高生の必須アイテムにおやつ昆布というのがあり，若年層（とくに女性）の間ではこれまでにない「昆布食」が芽生えつつある．

"だし"をとる昆布といえば，京阪神が中心であったが，グルメブームとともに「昆布だし」が大きく見直され，全国的に「昆布だし」をとる料飲店が増えてきている．その中でも昆布の産地にまでこだわり「当店では天然の羅臼昆布を使用」と表に出したりするところもあって，旨味の原点である昆布の使用が料飲店では着実に根づいてきている．東京の「立ち食いそば」の店でも，"だし"を「関西風」「関東風」と2種類使い分ける店が何軒か出てきている．また，テレビのコマーシャルでも醤油，味噌，だしの素，ポテトチップスまで「昆布味」をアピールする商品が増えてきている．

18.4　昆布業界の流通機構

現在は，生産者・流通業者ともに非常に苦しい状態に置かれていることに間違いない．その原因の一つは，複雑な昆布の流通機構にあるといえる．最近は流通機構の簡略化がいろいろ検討されてきているが，日本国内の流通の複雑なことは世界でも類をみないものである．そのなかでも，昆布の流通機構ほど複雑なものはないであろう（地方史研究協議会編 2000）．最初，生産者が採取した昆布は各地区の漁協（漁業協同組合）が集荷をし，それを北海道漁連（北海道漁業協同組合連合会）に委託し販売される．通常の農産物であれば，ここで入札やセリで販売されるのであるが，昆布は生産量の半分くらいが「協議値決め」という制度で問屋に販売される．昆布の価格は，もともと入札によって決められていたのだが，海産物ゆえの豊凶作による価格の大暴騰・大暴落の波に見舞われ，生産者をはじめ，昆布関係者は大きな打撃を受けていた．そこで，考え出されたのが共販制度（共販協会をつくり，そこで生産者・消費地問屋・北海道漁連の三者による協議値決め）だった．昭和29年のことであった．当初は価格の安定にかなりの効果をあげていたのだが，昭和40年以降は逆に個々の権利を主張し合い，お互いの信頼関係がくずれだして正確な生産量の把握が難しくなり，価格の高騰に繋がっていった．そして生産地で価格が決められた昆布は問屋にわたり，加工業者，小売店を経て一般消費者の手に渡ることになった．協議値決めされた昆布の流通過程はつぎのようになる．

　　　　　生産者(漁家)→各地区の漁業協同組合→北海道漁連→共販協会(現協同組合)
　　　　　→一次問屋(共販会員)→二次問屋(卸)→加工業者→小売業者→消費者

一般には理解しにくいと思うが，昆布においては必要な人が必要なときに適正な価格で自由に仕入れをすることができないのである．現在でも北海道で生産された昆布を生産者が自由に販売したり，移動することが禁止されている．一度は北海道漁連の手を通らなければ，今でも正規ルートの商品とは見なされない．

18.5　昆布産業の展望

（1）　日本産昆布

昆布総生産（国内の漁家と外国の漁家）＝国内産昆布＋外国産昆布，と分けて考えてみる．国内産昆布も天然産と養殖産があるが，近年の海水温の上昇による昆布の根腐れ現象により，減産はあっても自然増というのは考えにくい．最初に述べたが，過酷な重労働の昆布採りを改善しなければならない．なぜ今も原始的な方法で採取しているのかといえば，生産者個人個人の能力が即収入の差につながるからである．

どの地域で聞いても隣の人よりは多く昆布を採りたい．そして少しでも多い収入を得たいと生産者はいう．たとえばダイバーを使っての採取とかの共同作業が行われずに採取から製品の完成まですべて各漁家に任せられているのであるから，いくら品質規格をつくっても統一されず，同じ銘柄・同じ等級でありながら製品時での格差が出てくる．これは，高級昆布（羅臼・利尻・真昆布）になればなるほど目立つようになる．一部のよくない生産者のために大半の良心的な生産者が足を引っ張られるようになる．これは共同作業の体制をつくらない限り改善されないと思うし，後継者難はいつまでたっても解消されないだろう．各組合上層部はいずれも念仏のように「安定供給・安定価格」と唱えているが，もう一つ「安定品質」を加えてほしい．真に昆布の生産の向上を考えるならば「共同作業」の確立をしなければ将来展望は難しい．

（2） 韓国中国産昆布

一方養殖昆布であるが，日本の生産者の人たちは自分たちの生産方法がベストと考えているようだが，中国・韓国の実態をよく研究する必要がある．両国とも生産はほぼ100％養殖昆布だが，養殖を始めた頃は日本の養殖技術の真似をしていた．今は，どちらの国も自分のところに合った方法を確立して成果をあげている．とくに韓国においては干場の確保が地形的に難しいので，山中の畠を昆布の時期にのみ干場として利用したり，養殖水面も漁船の航路のみを残して海域全体を使い年々多くの生産量をあげるようになってきている．韓国では，平成13年に，約7000トン近く生産されている．この生産高は日本の全生産量の約1/3に当たるものであり，価格も年々上がってきている．また養殖を始めた頃は，日本への輸出を中心に考えてきたが，韓国での国内需要が急激に増えて，価格が合わなければ輸出する必要もないと明言する人もいる．事実，韓国自体今の生産量では足りず，中国からの昆布輸入量も増えてきている．

中国産についても，独自の生産方法を生み出し（たとえば網干しなど）増産されるようになってきた．人件費などが低いため現地での価格が大変安く品質の低さを割り引いても現地での価格で考えれば充分に採算が合うものであるが，正規ルートではいろいろなコストがかかり高いものになっているのが現状である．中国現地の商社のなかでは，正規に輸出される量と同量もしくはそれ以上の量が日本に輸入されているのではないかと推察されている．

18.6　昆布製品の展望

昆布全体の需要を延ばすためには，将来，高品質品と一般大衆品との住み分けが必要になってくるのではないだろうか．オレンジや米でも分かるように，輸入が自由化されても本当にいいものはより高い評価が得られ，消費も伸びてくる．昆布の輸入自由化を一日も早く実現しなければならない．

さて，戦後の昆布業界には三つの大ヒット商品がある．
1. 塩吹昆布………山崎豊子氏の「暖簾」で一躍有名になりました．
2. おやつ昆布………口の中でとろけるおしゃぶり昆布です．
3. 太巻き昆布巻き………鮎巻きなどに代表されるギフト商品です．

3番目の昆布巻きに関しては，純粋な意味で昆布業界が開発した商品でなく，佃煮惣菜業界が生み出したものに昆布業界が追従しているのが実態である．

「塩吹昆布」と「おやつ昆布」を比較してみると非常におもしろいことが分かる．「塩吹昆布」

は現在，店によっては店頭から消えてしまい，ほとんどが進物用として利用されている程度である．売り上げも最盛期（30年前）の十分の一ぐらいに落ち込んでいるのではないだろうか．元来「塩吹昆布」は昆布製品の中でも最高級のもので，当然使用される原料も道南地区の天然昆布を一枚一枚ていねいに加工して，本当に素材もすばらしくおいしいものだった．ところが塩吹ブームになり，それまでは一部の老舗で大切に売られていたものが，大衆向けに大量に生産されるようになり，原料もだんだん安いものも使うようになって，気がつけば最初とはずいぶん違ったものになってしまっていた．

最初は減塩ブームの影響を大きく受けた自然減だと思われていたが，本当は原料の選択ミス，本来の味を忘れ利潤の追求に走ってしまったのが原因である．

ちょうど「塩吹昆布」が衰退していく頃に神風のごとく現れたのが「おやつ昆布」であった．それまではおやつの昆布といえば，だし昆布をそのまま食べるか酢昆布くらいのものであった．消費地でも促成昆布の使い道をいろいろと考えていたが，"だし昆布"としては，形はよくてもまだまだ天然昆布に及ばず，塩昆布に煮ると柔らかすぎたり，とろろ昆布には薄すぎたりと大変中途半端な材料だった．煮ると柔らかくなるという点を生かして，調味液で一度煮たものを乾燥させて適当な大きさに切り，「口にいれるととろけるおいしさ」というキャッチフレーズで「おやつ昆布」が売り出されたのである．発売と同時に爆発的な売り上げを示し，「おやつ昆布」の大ブームを呼んだ．現在まで安定した売れ行きを持続し，立派に昆布製品として昆布店以外にも珍味・菓子店でも店頭に並べられている．同じ原料を使いながら，一方ではそのせいで売れ行きが落ち，他方では爆発的な伸びを示すという現実を目の前にすると，われわれ食品加工業者にとって材料選びは本当に大切なことだと改めて考えさせられる．ほかには不向きなものでも発想の転換をすることによって欠点を逆に長所として生かせることが新製品の開発に繋がっていく．

引用文献

地方史研究協議会編 2000．情報と物流の日本史．雄山閣．
遠藤章弘 1991．こんぶうりでござる．349 pp．こんぶぶんこ．
宮下 章 1974．海藻．314 pp．法政大学出版局．
日本乾物食品（新聞）2002.8.8号．
農山漁村文化協会編 1980．福井の食事．農山漁村文化協会．
農山漁村文化協会編 2000．大阪の歴史力．農山漁村文化協会．
大名圭一 1987．昆布の道．290 pp．第一書房．
サンライズ出版編 2001．近江商人と北前船．サンライズ出版．

海藻の利用

19 ワカメ産業の現状と展望

佐藤 純一

　わが国のワカメの食用の歴史は非常に古く，その起源は縄文時代にまでさかのぼるといわれており，青森県亀ヶ岡の泥炭遺跡では，縄文式土器（縄文時代；紀元前300～6000年）とともにワカメに似た海藻が発見されている．万葉集にも登場し，「稚海藻（ワカメ）」「和海藻（ニギメ）」と呼ばれるなど，ワカメは古来よりわれわれ日本人に身近な海藻として食されてきた．

　現在，わが国で消費されるワカメは国産と韓国と中国からの輸入であり，国産では天然ワカメの収穫はごくわずかで，全体の生産量の約97%が養殖産である．主産地は三陸地区（岩手県，宮城県）と鳴門地区（徳島県，兵庫県）であり，この2地区で日本の生産量の約2/3が生産されている．韓国，中国からの輸入物はほぼ100%が養殖であり，韓国では南西部の全羅南道（莞島郡，珍島郡，長興郡，高興郡）と南東部の釜山付近，慶尚南道南部（機張）などである．中国では遼寧省の大連市付近が主産地であり，一部，山東省でも養殖が行われている．

19.1 ワカメ産業発展の歴史とワカメ加工品

（1） 天然ワカメの時代

　ワカメはわが国の沿岸に広く分布・生育していたことからワカメは昔から身近な海藻として親しまれ，天然ワカメが採取・利用されてきた．

　ワカメの採取時期である春から初夏にはワカメ産地の周辺では水揚げされた原藻がそのまま売られた．しかし，原藻を海から採取したままでは長期保存ができなかったので，昔から年間を通して食べるための工夫がなされて，地方独特の干しワカメ加工法が発展した．その主なものは，北海道・東北地方で主としてつくられた素干しワカメ（原藻を海水または真水で洗浄し乾燥したもの（ふつうは乾燥途中で中芯を二つに裂く），徳島県鳴門地方の灰干しワカメ（原藻に草木灰をまぶし天日乾燥後，灰を洗い流し再度乾燥したもの，ただし，環境問題で灰の確保が難しくなったことから灰の使用が禁止され，活性炭が代用されている），三重県，徳島県の糸ワカメ（干しワカメの中肋を除去し，葉を細かく裂いて乾燥したもの），山陰地方の板ワカメ（中肋が細い若い原藻を水洗いし，すのこ上に並べて板状に乾燥したもの，さっとあぶってご飯にふりかけて食べる），長崎県のもみワカメ（素干しワカメの一種であるが，葉をもみながら乾燥したもの）などがあるが，これらはほとんどが「干しワカメ」の範疇に入るものであった．

　漁業・養殖業生産統計年報（農水省）によるとわが国の天然ワカメ生産量の統計データは大正11年（1922）の18,653トンから記録されている．大正14年（1925）には11,304トンに落ち込むが，その後生産量は順調に右肩上がりで伸び続け，昭和30年代後半には6万トン～6万5千トンまでに至った．

（2） 養殖ワカメの登場

　天然ワカメの時代は天然産のため生産量も安定せず，ワカメ加工品は地方の特産品の域を越え

ないもので全国規模で販売される商品はなく，ワカメ産業も大きな発展はなかった．しかし，養殖ワカメの出現により，ワカメ産業は大きな転換期を迎えた．ワカメの養殖の研究は，昭和20～30年代になって各地で養殖試験が行われるようになり，昭和30年代の後半になると宮城県や岩手県の三陸沿岸を中心に養殖ワカメの生産が開始された．ワカメ養殖業が三陸沿岸を中心に全国に急激に広まった背景には，養殖技術の普及とともにワカメ養殖業に対する国および県の大掛かりな助成があった．とくに岩手県，宮城県では積極的にワカメ養殖施設の拡充を図り，同地

表19.1 日本のワカメの生産量の推移（生産量　トン）．

年　度	天然ワカメ	養殖ワカメ	合　計	養殖ワカメの割合
昭和38年（1963）	65,284	—	65,284	—
昭和39年（1964）	48,406	—	48,406	—
昭和40年（1965）	61,883	12,537	74,420	17%
昭和41年（1966）	41,984	37,809	79,793	47%
昭和42年（1967）	63,533	58,080	121,613	48%
昭和43年（1968）	48,263	76,698	124,961	61%
昭和44年（1969）	38,048	59,821	97,869	61%
昭和45年（1970）	45,574	76,358	121,932	63%
昭和46年（1971）	38,480	95,155	133,635	71%
昭和47年（1972）	21,364	105,795	127,159	83%
昭和48年（1973）	26,340	113,211	139,551	81%
昭和49年（1974）	20,098	153,762	173,860	88%
昭和50年（1975）	19,200	101,937	121,137	84%
昭和51年（1976）	19,337	126,701	146,038	87%
昭和52年（1977）	20,180	125,798	145,978	86%
昭和53年（1978）	12,213	102,665	114,878	89%
昭和54年（1979）	12,131	103,788	115,919	90%
昭和55年（1980）	15,759	113,532	129,291	88%
昭和56年（1981）	13,991	91,273	105,264	87%
昭和57年（1982）	12,155	118,338	130,493	91%
昭和58年（1983）	9,565	112,837	122,402	92%
昭和59年（1984）	9,423	114,588	124,011	92%
昭和60年（1985）	7,238	112,376	119,614	94%
昭和61年（1986）	8,805	135,621	144,426	94%
昭和62年（1987）	5,869	115,917	121,786	95%
昭和63年（1988）	6,973	110,535	117,508	94%
平成元年（1989）	5,230	108,453	113,683	95%
平成2年（1990）	3,823	112,984	116,807	97%
平成3年（1991）	4,582	99,095	103,677	96%
平成4年（1992）	3,685	112,301	115,986	97%
平成5年（1993）	3,034	89,583	92,617	97%
平成6年（1994）	3,265	88,235	91,500	96%
平成7年（1995）	3,148	99,573	102,721	97%
平成8年（1996）	4,044	78,369	82,413	95%
平成9年（1997）	2,936	70,054	72,990	96%
平成10年（1998）	2,839	70,670	73,509	96%
平成11年（1999）	3,431	77,065	80,496	96%
平成12年（2000）	3,000	66,200	69,200	96%
平成13年（2001）	2,000	65,800	67,800	97%

漁業・養殖業生産統計年報（統計年度は1～12月）．
平成12，13年のデータは食料タイムス社による集計．

区のワカメ養殖業は驚くべき速度で発展し、全国へのワカメ養殖業普及を促す原動力となった。

養殖ワカメの生産は昭和30年代の終わりごろから全国で数1000トンの生産があったと推定されるが、統計上のデータでは昭和40年（1965）の12,537トン（漁業・養殖業生産統計年報1～12月集計）という数字が始めて登場する。昭和40年には天然ワカメの生産量が61,883トンあり、ワカメ全体の総生産量は74,420トンとなり、このうち養殖ワカメの割合は22%を占めた。その後、養殖ワカメの生産量は昭和41年（1966）には37,809トン、42年（1967）には58,080トンと増加し、さらに43年（1968）には一挙に76,698トンと同年の天然ワカメの生産量48,263トンを上回る全生産量の61%まで増加し、わずか数年で飛躍的な伸びを示した。これらの推移を表19.1に示す。

（3） 生塩蔵ワカメから湯通し塩蔵ワカメへ

ワカメ養殖業が急激に普及した背景には養殖技術の普及、国、県などからの公的助成などに合わせて、ワカメの新たな加工技術の出現が大きく寄与した。養殖生産によりワカメが大量に生産可能になったが、それまでの干しワカメでは販路に限界があり、供給過剰の心配が出てきた。しかし、同時期に従来の干しワカメに代わる新しい加工方法として、生塩蔵ワカメの製造方法が開発されたことがこの問題を解決してくれた。生塩蔵ワカメは「ワカメ原藻→水揚げ後直ちに大量の塩を混合→脱水→中肋の除去、選別」という生産工程で製造され、「採りたての原藻の風味、栄養成分がそのまま残っており、保存性もよく、短時間塩を洗い落せばそのまま使用できる」という特徴があり、それまでのワカメ加工品のほとんどが干しワカメであったなかで当時画期的な新商品として注目された。養殖ワカメの産業化と時を同じくして昭和40年（1965）に新発売されると瞬く間にヒット商品となり、ワカメの加工品としては初めて全国規模で販売されるようになった。品質の安定した養殖ワカメの増産は全国規模での販売される生塩蔵ワカメの原料供給基盤となり、需要と供給のバランスがとれた養殖ワカメの時代が到来したといえる。

養殖ワカメの生産量は昭和47年（1972）には10万トンを突破し、昭和49年（1974）には15万トン以上と史上最高の生産量を記録した（表19.1）。

この間にワカメ業界にさらに大きな変化が起こった。それは湯通し塩蔵ワカメの出現である。湯通し塩蔵ワカメは岩手県で開発されたワカメの加工方法であり、海から採取したワカメ原藻を直ちにさっと湯通し（通常は90℃以上で30～40秒）後、冷たい海水で冷却してから塩蔵加工処理し、中肋の除去、選別を行ったものである。褐色のワカメ原藻は湯通しすると鮮やかな緑色に変わるが、このメカニズムは最近の研究で明らかになっている。ワカメは光合成色素として青緑色のクロロフィルのみでなく赤褐色のフコキサンチンも持っており、クロロフィルとフコキサンチンは生体内ではタンパク質と結合したタンパク複合体（キサントゾーム）として存在している。タンパク質と結合したフコキサンチンは長波長側に吸収極大があり、赤色を呈するため青緑色のクロロフィルがあるにもかかわらずワカメの原藻は褐色に見える。ところが湯通しすることでタンパク質が変成しフコキサンチンは吸収極大が短波長側に移るために黄色を呈するようになり、クロロフィルの緑色が現れるためワカメは鮮やかな緑色となる。

また、生塩蔵ワカメは加熱加工をしていないので残存する酵素活性が原因の自己消化によるものと推測される製品の軟化問題が見られたが、湯通し塩蔵ワカメでは軟化も遅い傾向であった。湯通しすることで生原藻の風味は生塩蔵ワカメよりも弱くなるが、逆に消費者の食生活の洋風化により嗜好の変化が起こり、生塩蔵ワカメよりも磯の香りが弱い湯通し塩蔵ワカメが好まれるよ

うになってきた．当時，湯通し塩蔵ワカメの製造設備はそれほど投資負担の大きいものではなく，また，連続式の加工装置も開発され，量産化も可能となり，消費者の強い需要を背景に湯通し塩蔵ワカメは急速に全国に普及した．

　湯通し塩蔵ワカメは，その後もワカメの一次加工品として定着し，今日まで継続して生産されており，韓国，中国からの輸入ワカメも湯通し塩蔵ワカメに一次加工されている．カットワカメなどの二次加工品も湯通し塩蔵ワカメを原料としてつくられている．

（4） カットワカメの誕生

　干しワカメが中心であった天然ワカメ時代の加工品に対して，生塩蔵ワカメ，湯通し塩蔵ワカメはワカメの加工方法としては当時画期的なものであった．しかし，塩蔵加工は常温での長期保存には向かず，養殖ワカメといっても採取時期は2～3月頃と限られるので一年を通しての保存には冷蔵庫が必要であった．また，製品の出荷後の保存性も悪く，流通過程での問題も少なくなかった．

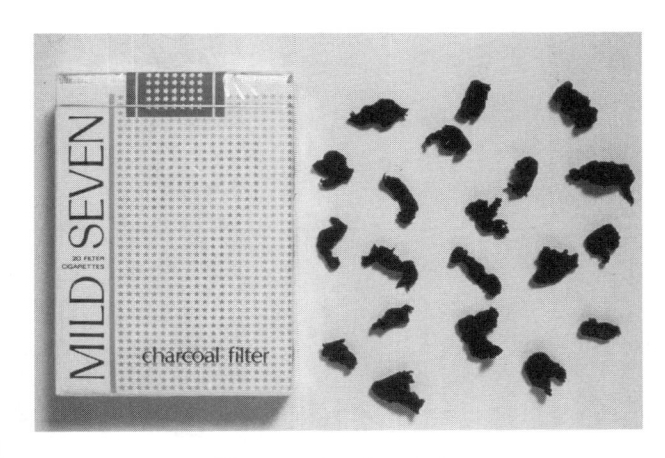

図19.1　カットワカメ．

　ちょうど昭和30年代の後半に即席みそ汁が大々的に販売されるようになった．ワカメはみそ汁の具の代表的なものであり，昭和40年代初めに即席みそ汁の具材として，ワカメを使いたいという需要が出てきた．即席みそ汁の具は乾燥品であることが条件であり，当初は生原藻や生塩蔵ワカメを洗浄，裁断，乾燥したものがつくられたが，湯通し塩蔵ワカメの出現により湯通し塩蔵ワカメを原料としたカットワカメが主流となっていった．カットワカメは湯通し塩蔵ワカメをきれいに洗浄し，食べやすい大きさにカットして乾燥し，異物をきれいに取り除いたものであり，それまでの塩ワカメ製品（湯通し塩蔵ワカメに加塩して包装したもの）と比べると「塩を洗う手間が省ける．みそ汁などの料理にそのまま使える．無駄がない．常温で長期保存が可能．コンパクトに収納できる」などの長所があり，業務用（みそ汁，酢の物，ワカメそば，ワカメラーメンなど）や一般家庭用にも販売がされた．また，従来の「塩ワカメ（生ワカメ）」ではできなかったインスタント食品への使用という新しい用途も生まれ，ワカメスープ，ワカメラーメン，海藻サラダなど，カットワカメを使った三次加工品も数多く生まれた．カットワカメの簡便性，保存性のよさが消費者に受け入れられ，カットワカメのワカメ市場への供給量（国内生産量およ

360　海藻の利用

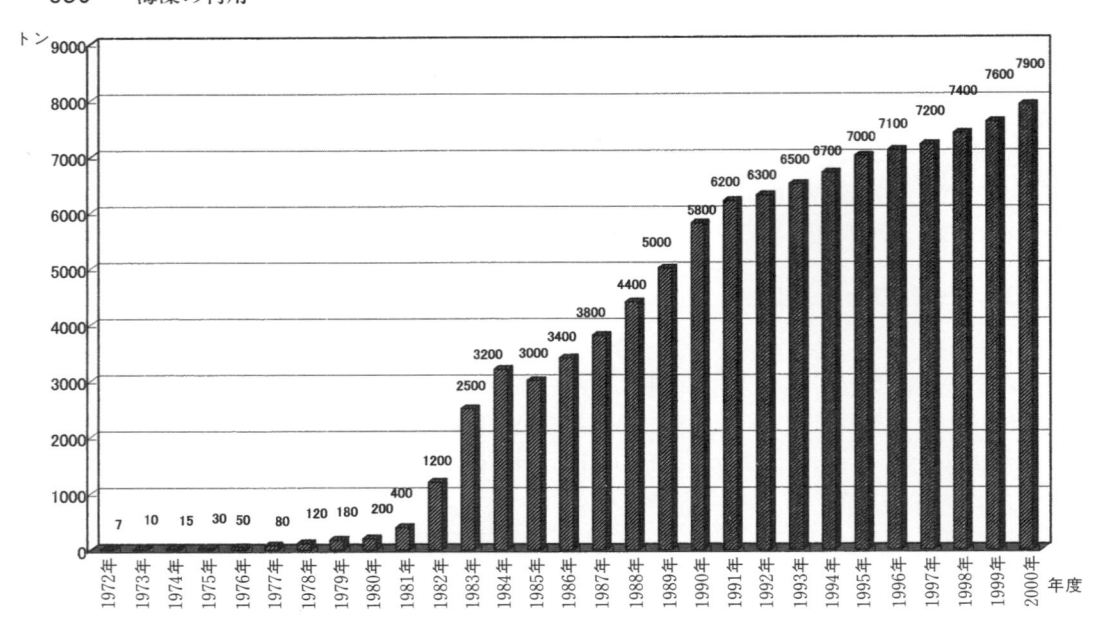

図 19.2　カットワカメの供給量の推移（食料タイムス社集計）．

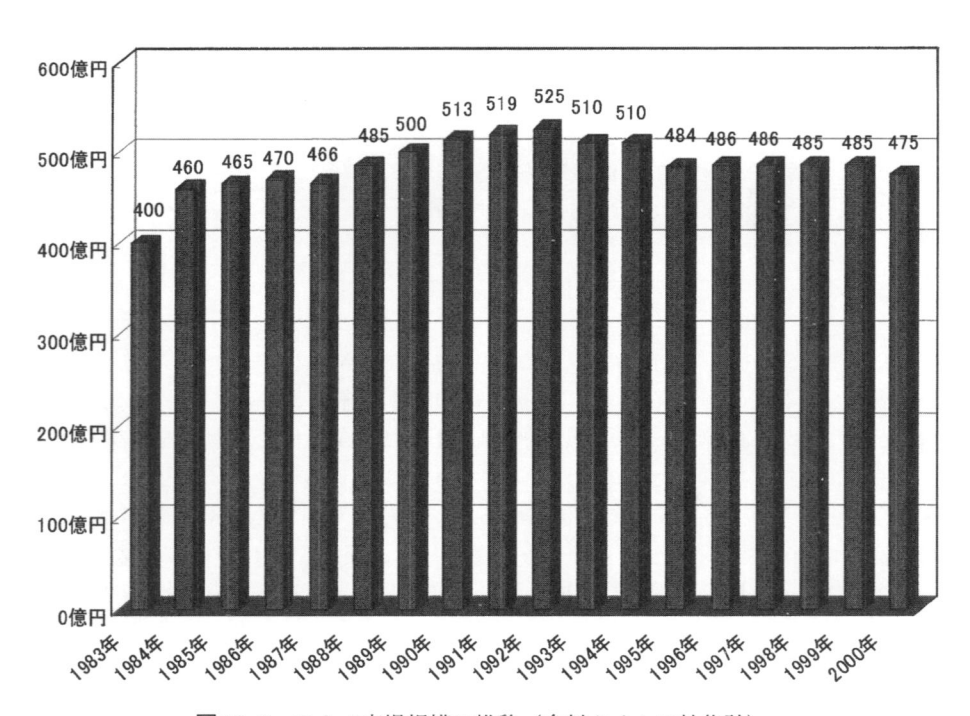

図 19.3　ワカメ市場規模の推移（食料タイムス社集計）．

び輸入量）は着実に増加し，ワカメ市場全体の伸びにも大きく貢献したといえる．図19.3は（株）食料タイムス社がまとめたカットワカメの供給量であるが，1980年代からカットワカメの供給量は伸び続け，今日ではワカメ加工製品の主流となっている．

(5) その他のワカメ加工品

現在ではワカメの葉の部分以外も利用されワカメ加工品は多様化している．代表的なワカメの加工品としてつぎのものがある．

- 調味わかめ；素干しワカメや湯通し塩蔵ワカメに食塩，糖類，アミノ酸，天然エキスなどで調味し乾燥したもの．混ぜ込みご飯，炊き込みご飯，ふりかけ，湯を注げばそのままスープになる調味ワカメスープの素，つまみのようにそのまま食べる焼ワカメなど．
- 粉末ワカメ；湯通し塩蔵ワカメをカットワカメと同様に洗浄，乾燥，選別後，粉砕して粉末にしたもの．主として小麦粉やそば粉に少量混合してワカメうどん，ワカメそばがつくられる．その他，パン，豆腐などにも使われている．
- 茎ワカメ加工品；一般にワカメの茎は葉の部分の中肋（または中芯）と葉の下部の茎（下方茎）に分けられ，漬物，佃煮などに加工される．また，中肋は細切り，乾燥され，海藻サラダの具材の一つとして使用されている．
- メカブ加工品；メカブは成実葉，胞子葉とも呼ばれるワカメの生殖器官でアルギン酸，フコイダンなどの多糖類がとくに豊富で独特のねばりがあり，最近では抗がん作用も研究されるなど注目を集めている．メカブの伝統的な加工品である三重県・伊勢地方特産のめひびは素干ししたメカブを細切りにしたもので，水または湯で戻してよく洗ってから食べる．また，最近では乾燥前に充分に洗浄し，前述のカットワカメと同様にそのまま料理に使える製品も出ている．また，生のメカブを急速凍結・冷凍保存し，これを解凍，裁断，湯通しし，カップ包装したものや，塩蔵あるいは冷凍したメカブを原料とし，魚卵などと合わせて調味し，カップ包装したものが人気を集めている．

19.2 輸入ワカメ

(1) 国内生産量の減衰と輸入の増加

養殖ワカメの生産量は昭和49年（1974）には史上最高の153,762トンを記録し，天然ワカメと合わせて173,860トンとなったが，その後，若干の増減があるものの昭和61年（1986）頃まではほぼ安定した生産が行われた．ところが平成時代に入るとワカメの生産量は漸次減少傾向となり，平成7年（1995）の総生産量102,721トンを最後に10万トンを下回りはじめ，とくにここ数年は7万トンから8万トンに落ち込んでしまった．

ところが国内生産の減少を補う形で輸入は逆に増加している．表19.2は海外からのワカメの輸入数量の推移をまとめたものである．湯通し塩蔵ワカメとカットワカメの数量は単純に比較できないので「湯通し塩蔵ワカメ：生原藻＝1：5，カットワカメ：生原藻＝1：25」として生原藻換算量を加えた．

輸入ワカメとして最初に韓国産ワカメが輸入されたのは昭和45年（1970）とされている．ただし，最初の何年間かは天然産の原藻が素干し加工されたものが輸入されたようである．養殖技術の導入と発展，日本からの湯通し塩蔵ワカメの加工技術の指導などで急速に輸入量は伸び，昭

表19.2 ワカメ輸入量の推移.

(単位:トン,湯通し塩蔵:生原藻=1:5,カットワカメ:生原藻=1:25)

年度	韓国湯通し塩蔵	韓国湯通し生換算	韓国カットワカメ	韓国カット生換算	韓国生換算合計	中国湯通し塩蔵	中国湯通し生換算	中国カットワカメ	中国カット生換算	中国生換算合計
昭和48年(1973)	1,781	8,905	0	0	8,905	0	0	0	0	0
昭和49年(1974)	3,568	17,840	0	0	17,840	0	0	0	0	0
昭和50年(1975)	8,243	41,215	0	0	41,215	0	0	0	0	0
昭和51年(1976)	21,564	107,820	0	0	107,820	186	930	0	0	930
昭和52年(1977)	24,361	121,805	0	0	121,805	220	1,100	0	0	1,100
昭和53年(1978)	14,126	70,630	0	0	70,630	23	115	0	0	115
昭和54年(1979)	21,497	107,485	0	0	107,485	146	730	0	0	730
昭和55年(1980)	24,206	121,030	0	0	121,030	0	0	0	0	0
昭和56年(1981)	26,962	134,810	0	0	134,810	16	80	0	0	80
昭和57年(1982)	23,357	116,785	0	0	116,785	513	2,565	0	0	2,565
昭和58年(1983)	24,032	120,160	0	0	120,160	912	4,560	0	0	4,560
昭和59年(1984)	26,035	130,175	1,300	32,500	162,675	1,411	7,055	0	0	7,055
昭和60年(1985)	26,915	134,575	1,041	26,025	160,600	2,515	12,575	0	0	12,575
昭和61年(1986)	25,864	129,320	1,066	26,650	155,970	2,894	14,470	0	0	14,470
昭和62年(1987)	25,702	128,510	1,172	29,300	157,810	5,537	27,685	0	0	27,685
昭和63年(1988)	22,675	113,375	1,472	36,800	150,175	4,254	21,270	0	0	21,270
平成元年(1989)	27,947	139,735	1,876	46,900	186,635	6,538	32,690	0	0	32,690
平成2年(1990)	27,228	136,140	2,109	52,725	188,865	8,008	40,040	0	0	40,040
平成3年(1991)	21,155	105,775	2,556	63,900	169,675	11,699	58,495	0	0	58,495
平成4年(1992)	17,638	88,190	2,441	61,025	149,215	11,774	58,870	0	0	58,870
平成5年(1993)	18,749	93,745	2,744	68,600	162,345	13,006	65,030	0	0	65,030
平成6年(1994)	18,329	91,645	3,257	81,425	173,070	17,694	88,470	0	0	88,470
平成7年(1995)	11,771	58,855	3,216	80,400	139,255	17,888	89,440	1,364	34,100	123,540
平成8年(1996)	9,729	48,645	2,596	64,900	113,545	20,252	101,260	2,042	51,050	152,310
平成9年(1997)	9,321	46,605	2,163	54,075	100,680	19,914	99,570	3,180	79,500	179,070
平成10年(1998)	9,655	48,275	2,092	52,300	100,575	17,007	85,035	3,728	93,200	178,235
平成11年(1999)	9,794	48,970	1,864	46,600	95,570	20,098	100,490	4,649	116,225	216,715
平成12年(2000)	6,859	34,295	1,725	43,125	77,420	17,437	87,185	5,198	129,950	217,135

(財務省通関統計より)

　和48年(1973)から本格的に輸入が開始され,同年韓国ワカメは湯通し塩蔵ワカメで1,781トン輸入された.翌年の昭和49年(1974)は約倍の3,568トン,翌々年の昭和50年(1975)には8,243トンとこれまた前年比で倍以上に増え,昭和51年(1976)には一挙に2万トンを越えて21,564トンとなった.

　韓国産ワカメの日本への輸入による日本市場の混乱,日本産ワカメへの圧迫が問題となったため,この解決策として,日本側は全漁連,韓国側は社団法人 韓国水産物輸出組合が両国の窓口となり,毎年輸入数量に関する交渉を行い秩序ある輸入を行うこととなり,昭和53年(1978)から輸入自主協定数量19,000トン(湯通し塩蔵ワカメ)でスタートした.また,翌昭和54年(1979)からは協定価格制度が導入された.その後も韓国産ワカメは協定量を多少オーバーして輸出され,平成元年(1989)には輸入協定数量24,500トンに対して史上最高の27,947トン輸入された.この年には乾燥ワカメが約1,800トンも輸入されており,合わせて湯通し塩蔵品換算で3万トンを突破する勢いであった.

　しかし,順調であった韓国産湯通し塩蔵ワカメの輸入はその後,湯通し塩蔵ワカメよりも乾燥

ワカメでの輸入が増えてきたこと，安価な中国産ワカメの輸入増などの影響で徐々に数量は減少し，自主協定数量は有名無実となり，平成7年（1995）には自主協定数量が撤廃され，協定価格も平成10年（1998）に撤廃された．平成12年（2000）には湯通し塩蔵ワカメでわずか6,859トンと平成元年（1989）に記録した史上最高輸入量の約四分の一まで減ってしまった．

（2） 中国産ワカメ輸入の急増

中国産ワカメは昭和50年代初めから輸入のデータはあるが中国での養殖生産が開始され本格的に輸入されたのは昭和57年（1982）の湯通し塩蔵ワカメ513トンからであるとされている．その後，中国産湯通し塩蔵ワカメの輸入量は伸び続け昭和62年（1987）には一気に5,000トンを越え，4年後の平成3年（1991）には1万トンを越えるなど勢いは衰えず，平成8年（1996）には2万トンを突破した．

当初，中国産ワカメは「どろ臭い」「溶けやすい」といった問題があり，なかなか日本のワカメ市場に普及しなかったが，水産局，加工業者，大学等の研究機関の「官・民・学」3者が一体となった中国独特のやり方で行われた安定生産と品質改善への努力と日本の業者の積極的な技術指導，日本からの種苗の移入などにより，品質の底上げが進んだことがこの中国産ワカメの大躍進に大きく貢献したと思われる．また，中国産ワカメが国産や韓国産ワカメよりも遥かに安価であることも大きな要因である．日本，韓国では原藻を養殖生産する生産者と加工業者が別個であるのに対して，中国では加工工場が自社の養殖場を持ち原藻を養殖生産するという独自のシステムを持っている．日本や韓国では加工業者が生産者から原藻を買って湯通し塩蔵ワカメを生産しなければならないが，中国では自社の養殖場で養殖したワカメを収穫して加工するわけであり，原藻コストでは遥かに有利である．さらに安価な人件費により加工費も比較にならないほど安いわけであるからコスト面で太刀打ちできないことは明白である．昨今の日本経済のデフレ基調にも中国ワカメがうまくマッチしたといえる．躍進著しい中国産ワカメであるが湯通し塩蔵での輸入は現在，頭打ちとなり，17,000～20,000トンで推移している．ところが中国産カットワカメの輸入は平成7年（1995）に1,364トンが最初に輸入されたのを契機に爆発的に増え続け，わずか5年後の平成12年（2000）には5,000トンを突破した．中国産カットワカメの輸入の伸びは過去の韓国産カットワカメ輸入の伸びと比較すると倍以上のスピードであった．カットワカメの輸入の急増により，日本市場への中国産ワカメの供給量も一気に増加し，生原藻換算で20万トンを越えてしまった．

輸入カットワカメの急増により，国内で輸入原料を使ってカットワカメを製造するメーカーはなくなってきている．ほとんどの業者が輸入カットワカメの選別と包装加工のみを日本で行っており，ワカメ加工業界も空洞化が進んできている．また，ワカメ加工メーカーでない業者でも輸入カットワカメの選別，包装は簡単な仕事なので異業種企業の参入も目立っている．

（3） 輸入ワカメの品質の問題

ワカメの品質は「葉の厚さ，コシ，弾力，なめらかさ，色調（鮮やかな緑色），中肋の残存状況，末枯れ部の選別除去状況，葉体の孔あき，病斑」などさまざまな要素があり，これらは原藻の品質がそのまま反映される．生の原藻でみた場合には中肋（中茎）がすっきりとまっすぐ伸びて，葉の表面がヌルッとなめらかで弾力があり，かつ肉厚のワカメが高品質のワカメであるが，ワカメは生長・老化により，葉体の劣化（粘性，弾力の消失），末枯れ，横枯れの進行，病虫害

の進行などによる品質の劣化現象が見られる．また，養殖の密度も品質低下の進行に大きな影響を及ぼす．韓国産や中国産の場合，養殖密度が高い「密殖状態」で養殖されるために，ひ弱な原藻となり，また，採取・加工時期も適採時期を逃して，老化・劣化の進んだ原藻を採取・加工する場合が多く，低品質の原藻が生産されている．そのために輸入されるワカメの品質もなかなか向上しない．

ただし，輸入ワカメと一口にいっても韓国と中国からの輸入には大きな違いがある．韓国では従来国民1人当たりの消費量が日本の2〜3倍といわれるほどワカメをたくさん食べる．韓国では古来より出産後の女性が産後の体力回復のためにワカメを食べる習慣がある．お産の後には毎食，ワカメをたっぷり入れたワカメスープを食べる．また，誕生日にも「晴れの日」のメニューとしてワカメスープを食べる．韓国のワカメスープにはときには箸が立つほどたくさんのワカメが入るという．日本への輸出が始まったころから，韓国産ワカメの品質のよい部類のものは日本へ輸出し，残りを韓国内で消費するという構造がすでにでき上がっている．また，近年では中国ワカメよりも高価であることから，日本側も韓国ワカメに対する品質要求が厳しくなり，あまり品質の悪いものは日本へは輸出されないようになった．

ところが中国ではワカメをほとんど食べないため，中国で養殖生産されたワカメのほとんどすべてが何らかの形に加工され日本に輸出される．とくにここ数年はカットワカメを生産できる工場が急激に増えて，カットワカメでの輸出が急増した．カットワカメにすると枯れ葉や病虫害で孔があいたり，斑点があるワカメでも外観上は目立たないため，品質の非常に劣るワカメもカットワカメに加工されて日本に入ってきている．場合によっては湯通し塩蔵ワカメの選別雑をカットワカメに仕立てた（≒化けさせた）ものも見られる．菌，異物など衛生面で問題のあるものも見られる．前節で中国ワカメの輸入量の増加は品質の底上げによるところが大きいと述べたが，全体のレベルはまだまだである．

わが国のワカメを使った代表的メニューであるみそ汁に入れるワカメの量は韓国のワカメスープと比較すると遥かに少ない．外食産業のみそ汁ではときにはみそ汁1杯にワカメが数枚ということもある．また，韓国のワカメスープはワカメの量も多いのでワカメをしっかり食べるスープであるが，みそ汁のワカメは箸でつまんで食べるというよりは汁と一緒にすするという感じであり，このような食べ方ではワカメの歯触りや食感を充分に感じることは難しく，また，みそ汁の中にワカメを入れるとみそ汁のpH（弱酸性）の影響でワカメの色調は緑色から褐色に変化し，加えてみそつ濁りのために枯れ葉や孔あきのワカメも分かりにくい．つまりみそ汁では低品質の輸入ワカメの品質を見きわめることが難しいといえる．この点も外国産ワカメの輸入急増の一因であるかもしれない．

品質の劣る輸入ワカメの増加はワカメ市場の品質レベルの低下につながる大きな問題であり，品質の改善が急務である．

19.3 ワカメの市場と消費の動向

（1） ワカメ市場の推移

養殖ワカメが生産されてからの今日までの日本のワカメ市場の推移を的確に捉えたデータがないため，ワカメの供給量（国内生産量と輸入量の合計）の推移でワカメ市場の推移を考察してみたい．供給量はそのままその年に消費されるわけではなく，翌年への持ち越し在庫があるが，供

表19.3 ワカメ供給量の推移（生原藻換算）（供給量：トン，（ ）内は全体に占める割合％）．

年度	国内生産量	韓国輸入量	中国輸入量	合計
昭和40年（1965）	74,420 (100.00)	― (0.00)	― (0.00)	74,420
昭和41年（1966）	79,793 (100.00)	― (0.00)	― (0.00)	79,793
昭和42年（1967）	121,613 (100.00)	― (0.00)	― (0.00)	121,613
昭和43年（1968）	124,961 (100.00)	― (0.00)	― (0.00)	124,961
昭和44年（1969）	97,869 (100.00)	― (0.00)	― (0.00)	97,869
昭和45年（1970）	121,932 (100.00)	― (0.00)	― (0.00)	121,932
昭和46年（1971）	133,635 (100.00)	― (0.00)	― (0.00)	133,635
昭和47年（1972）	127,159 (100.00)	― (0.00)	― (0.00)	127,159
昭和48年（1973）	139,551 (94.00)	8,905 (6.00)	― (0.00)	148,456
昭和49年（1974）	173,860 (90.69)	17,840 (9.31)	― (0.00)	191,700
昭和50年（1975）	121,137 (74.61)	41,215 (25.39)	― (0.00)	162,352
昭和51年（1976）	146,038 (57.32)	107,820 (42.32)	930 (0.37)	254,788
昭和52年（1977）	145,978 (54.29)	121,805 (45.30)	1,100 (0.41)	268,883
昭和53年（1978）	114,878 (61.89)	70,630 (38.05)	115 (0.06)	185,623
昭和54年（1979）	115,919 (51.72)	107,485 (47.96)	730 (0.33)	224,134
昭和55年（1980）	129,291 (51.65)	121,030 (48.35)	― (0.00)	250,321
昭和56年（1981）	105,264 (43.83)	134,810 (56.13)	80 (0.03)	240,154
昭和57年（1982）	130,493 (52.23)	116,785 (46.74)	2,565 (1.03)	249,843
昭和58年（1983）	122,402 (49.53)	120,160 (48.62)	4,560 (1.85)	247,122
昭和59年（1984）	124,011 (42.22)	162,675 (55.38)	7,055 (2.40)	293,741
昭和60年（1985）	119,614 (40.85)	160,600 (54.85)	12,575 (4.29)	292,789
昭和61年（1986）	144,426 (45.87)	155,970 (49.54)	14,470 (4.60)	314,866
昭和62年（1987）	121,786 (39.63)	157,810 (51.36)	27,685 (9.01)	307,281
昭和63年（1988）	117,508 (40.67)	150,175 (51.97)	21,270 (7.36)	288,953
平成元年（1989）	113,683 (34.14)	186,635 (56.05)	32,690 (9.82)	333,008
平成2年（1990）	116,807 (33.79)	188,865 (54.63)	40,040 (11.58)	345,712
平成3年（1991）	103,677 (31.24)	169,675 (51.13)	58,495 (17.63)	331,847
平成4年（1992）	115,986 (35.79)	149,215 (46.04)	58,870 (18.17)	324,071
平成5年（1993）	92,617 (28.94)	162,345 (50.73)	65,030 (20.32)	319,992
平成6年（1994）	91,500 (25.92)	173,070 (49.02)	88,470 (25.06)	353,040
平成7年（1995）	102,721 (28.10)	139,255 (38.10)	123,540 (33.80)	365,516
平成8年（1996）	82,413 (23.66)	113,545 (32.60)	152,310 (43.73)	348,268
平成9年（1997）	72,990 (20.69)	100,680 (28.54)	179,070 (50.77)	352,740
平成10年（1998）	73,509 (20.86)	100,575 (28.55)	178,235 (50.59)	352,319
平成11年（1999）	80,496 (20.49)	95,570 (24.33)	216,715 (55.17)	392,781
平成12年（2000）	69,200 (19.02)	77,420 (21.28)	217,135 (59.69)	363,755

給量の推移からワカメ市場のおおよその動きは推定できる．表19.3は国内生産量と韓国，中国からの輸入量の推移を生原藻換算量でまとめたものである．昭和40年（1965）の数量74,420トンを100として10年毎の増加を見ていくと，昭和50年（1975）の162,352トンは210％，昭和60年（1985）の292,789トンは393％，平成7年（1995）の365,516トンは491％と，ほぼ5倍近くに供給量は増えている．供給量の伸び＝市場の伸びと考えるとワカメの市場は約5倍の規模に増大したといってよい．何回も重複するがこのワカメの市場伸長の背景には生塩蔵ワカメ，湯通し塩蔵ワカメといった新規の加工法の開発に加えてカットワカメが市場に導入されたことが大きく貢献している．

しかしながら，ワカメの供給量は平成7年（1995）以降35万トン前後で推移し，供給量の伸

びは止まっている．市場が伸びていれば供給量も増加するはずであるが，供給量が横ばいであることから市場の伸びも鈍化していることが推測される．

近年のワカメ市場の金額ベースでのデータは食料タイムス社が独自でまとめている．図19.3は食料タイムス社のまとめによるワカメの市場規模のグラフである．市場規模は順調に伸び続け500億円を越し，1993年にはピークの525億円となった．ところがその後，後退が見られ，現在，日本のワカメ市場は500億円をやや下回る低迷状態が続いている．前述のワカメの供給量から見ると量的には横ばい状況であり，物量的な低迷ではなく，安価な中国産ワカメの大量輸入で平均市場単価が下がってきたことの影響が大きいと推測される．

このことは日本経済新聞社の販売時点情報管理システムデータにもよく表れている．「乾燥ワカメ」に関してPOSデータの全店集計209店舗での月ごとの顧客1000人当たりの平均販売金額を見てみると，1999年4月には1,023円であったが，2000年4月が905円，2001年4月では855円とここ2年は明らかに減少しており，2年間で約16％落ち込んだことになり，一般市販用の乾燥ワカメの市場が狭まっていることが推測される．事実，昨今の日本経済のデフレ基調の影響も強く受け，スーパーの売り場では安売りの競争が起こっている．

業務用に関しては残念ながら具体的なデータはないが，ここ数年，業務用ワカメの主体であった韓国産カットワカメよりもコストの安い中国産が好まれ，さらに中国産の中でもより安価なものが求められている．

ワカメは一般に品質と価格が連動するため，わが国のワカメ市場では品質よりもコスト重視の傾向がますます強まっている．

（2） ワカメの消費の動向

日本市場へのワカメの供給量は横ばい状態であるが，それではワカメの消費の状況はどうなのか？　総務省統計局の「家計調査年報」より1世帯当たりのワカメの年間平均購入量推移を図19.4のグラフにまとめた．昭和53年（1978）からのデータであるが昭和58年（1983）にはピークの2,178gであったが，その後，減少が続き，平成12年（2000）には1,247gと昭和58年の57％まで落ちてしまった．ただし，このデータは塩ワカメ（生ワカメ），乾燥ワカメも含めての数字であるので塩ワカメ（生ワカメ）から乾燥ワカメ，とくにカットワカメへの移行が起こっていることも考慮しなければならないが，ここ数年はこの移行も安定してきていると思われ，購入数量は減っていると推測される．

また，理研ビタミンではワカメの消費者調査を昭和60年（1985）と平成10年（1998）に全国規模で行っており，この調査からも一般家庭でのワカメ消費の実態を知ることができる．ワカメの食用頻度調査の結果を図19.5に示す．昭和60年（1985）の調査では「週に3～4回以上ワカメを食べる人」の割合は20代で全体の38.0％，30代で52.7％，40代で58.8％，50代で60.2％であったが，平成10年（1998）の調査ではそれぞれ20代が28.9％，30代が32.3％，40代が41.2％，50代が42.8％と大きく減少しており，家庭での消費量は確実に減っているといえる．

また，平成10年（1998）の調査でワカメを使ったメニューの出現頻度を調べたが，図19.6のように週に1回以上出る割合は「みそ汁」が80.6％と圧倒的に高く，つぎに「和え物，酢の物」24.1％，「スープ，すまし汁」20.6％，「サラダ」18.1％，「ラーメンの具」7.1％と続く．このデータから日本の家庭でのワカメのメニューはほとんどがみそ汁であり，そのほかも和え物，酢の

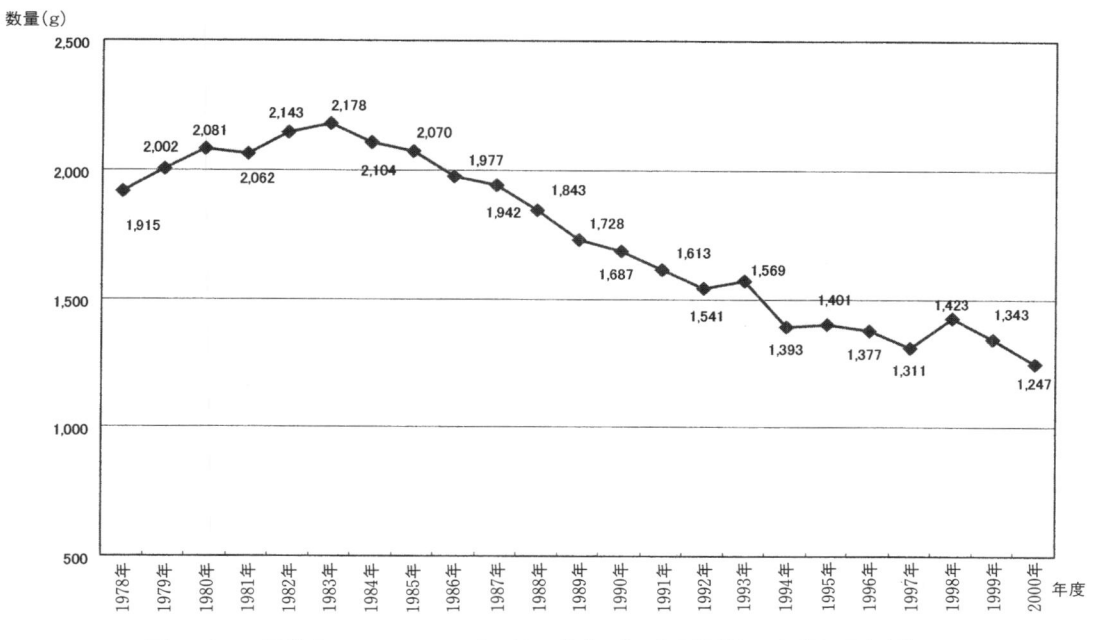

図 19.4 1世帯当たりのワカメ購入量の推移（総務省統計局 家計調査年報）．

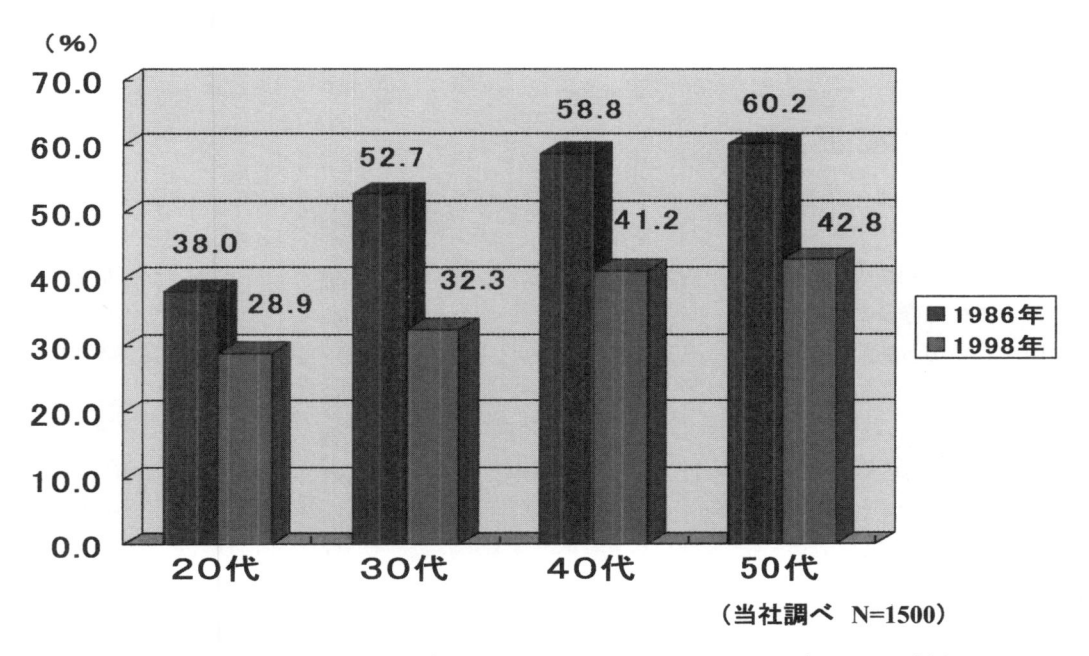

図 19.5 一般家庭でのワカメの食用頻度（週に3～4回以上ワカメを食べる人の割合）．

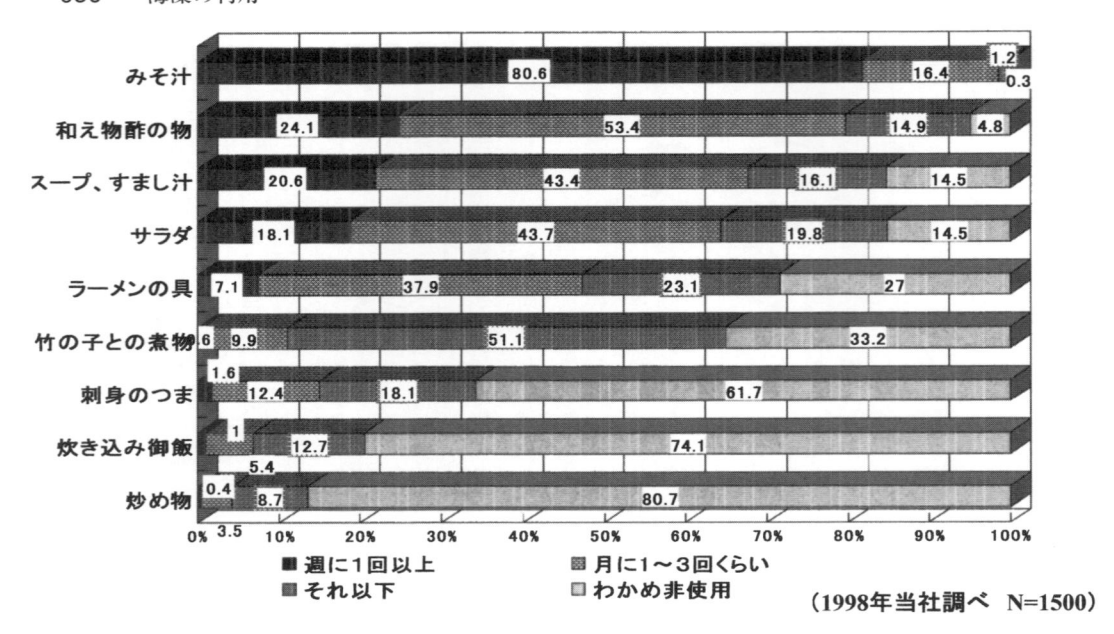

図 19.6 ワカメメニューの出現頻度．

物など和食中心のメニューが中心となっていることが分かる．お隣の韓国ではワカメを使った最もポピュラーなメニューは「ワカメスープ」であるが日本ではやはり「みそ汁」である．食卓の洋風化の影響がここにも出てきているようである．

19.4 今後の展望

　前出の消費者調査のように日本人は本当にワカメを食べなくなっていくのだろうか？　現在，わが国の家庭では伝統的なご飯とみそ汁を中心とした和食の献立が徐々に減り，パン食の洋食献立が増えていく傾向にあり，食生活の洋風化が家庭でのワカメの出現頻度を減少させている一因であることは容易に想像できる．ワカメ市場を活性化させるためにはもっと家庭での消費の拡大を図る必要があり，そのためにはみそ汁や酢の物といった和食中心のメニューから洋食メニューへの対応も含めて新たな食シーンを創造していかなければならない．

　現在，ワカメの一次加工品はほとんどが湯通し塩蔵ワカメであり，カットワカメも湯通し塩蔵塩蔵ワカメを原料としている．過去のワカメ業界の発展経緯には「干しワカメ→生塩蔵ワカメ→湯通し塩蔵ワカメ」とワカメの新しい一次加工品の開発が大きく貢献してきた．湯通し塩蔵ワカメが普及した後も新しい一次加工品に関するトライアルは行われているが，残念ながら，未だ世の中が認めてくれるものは出ていない．ワカメの消費拡大，市場拡大は新たな切り口の新製品の開発なくしてはありえないと思われる．

　また，昔からいわれていることであるが，ワカメの供給がグローバル化する中で，消費も日本の市場だけを考えるのではなくもっとグローバルな食品としていく必要があるだろう．ワカメはわが国と韓国でしか本格的に消費されていない．しかし，フランス，ニュージーランド，オーストラリア，アルゼンチンなどではワカメの生育が確認されており，最近ではイタリアでもワカメ

の生育が確認されている．フランスでは小規模ながら養殖も行われている．われわれも海外，特に欧米諸国でワカメが食べられるようにワカメ製品を紹介してきたがなかなかよい結果には至っていない．これからは日本で売られているワカメ製品そのままではなく，ワカメの優れた機能性も含めて現地にあった商品，メニューの開発が必要となるだろう．

引用文献

宮下　章　1974．海藻―ものと人間の文化史―．315 pp．法政大学出版局．
農林水産省　2001．漁業・養殖業生産統計年報．
食料タイムス　2001.9.18．日本の若布・世界の若布（統計資料特集）．食料タイムス社．
総務省　2001．家計調査年報．
殖田三郎・岩本康三・三浦昭雄　1963．水産植物学．640 pp．恒星社厚生閣．
財務省（旧大蔵省）2001．貿易統計．

海藻の利用

20 ひじきと海藻サラダ産業の現状の展望

山城 繁樹・戸高 義敦・南 元洋

　古くからわが国土が四方を海に囲まれている関係上，ワカメ，アラメなどのほかの海藻類とともに，ヒジキは日本人の食生活に重宝がられてきた．高齢者社会になると自然食ブームや健康志向が高まり，ダイエット食ブームでニーズが拡大の傾向にある．このような時代に，ひじきは食物繊維や鉄分，カルシウムなど現代人が普段不足しがちな栄養成分を多く含んでおり，しかも低カロリーであるので，再認識される食品素材である．海藻サラダは，1980年代に入って急に，一般家庭で食べられるようになった．どちらも健康志向の時代の海藻産業であるので，現状と展望を述べる．

20.1　ひじきの利用と国内生産について

　ヒジキ *Sargassum fusiformis* は，古くから日本各地で食用として利用されており，近年，健康志向に伴い需要を伸ばしている（伊藤 2000）．一般的に，ひじき（製品の場合ひらがな表記）製品は「芽ひじき」と「長ひじき」とに分かれる．「芽ひじき」とは紡錘形の葉の部分で，気胞部分にあたる．「小芽ひじき」，「米ひじき」などとも呼ばれている（図20.1左）．一方「長ひじき」は茎の部分のことで「茎ひじき」などと呼ばれることもある（図20.1右）．1本のヒジキから採れる「長ひじき」と「芽ひじき」の割合は8：2である．かつて「長ひじき」は「芽ひじき」に比べ生産量が少なく，高価で貴重であった．しかし，ここ数年スーパー等の惣菜人気と健康志向の高まりに伴い，水倍率（復元率）があり安価な「芽ひじき」が，現在，主に需要を伸ばしている．

図20.1　芽ひじき(左)と長ひじき(右)．

　国内産ヒジキの生産状況は，表20.1に示すように総重量10,000トン前後（湿重量，水揚げ高，農林水産統計報告）である．主な産地は長崎県，千葉県，三重県，愛媛県，大分県，熊本県，鹿児島県，和歌山県であり，北は北海道から南は沖縄県までの太平洋岸，そして瀬戸内海，九州，山口県の東シナ海沿岸の潮間帯下部に多く生育する．春先の大潮にヒジキ刈りの光景が各地で見られる．

表20.1 国内ヒジキ漁獲量（湿重量トン）．

年次	1位	2位	3位	4位	5位	全国計
1996年（平成8）	長崎県 1,745	千葉県 1,745	愛媛県 852	三重県 684	大分県 434	8,936
1997年（平成9）	長崎県 4,644	千葉県 1,661	三重県 1,104	愛媛県 702	和歌山県 439	10,834
1998年（平成10）	長崎県 2,443	千葉県 1,484	三重県 1,092	愛媛県 642	和歌山県 387	7,933
1999年（平成11）	長崎県 2,152	千葉 1,233	三重県 1,040	愛媛県 644	大分県 638	7,553
2000年（平成12）	長崎県 2,588	千葉県 1,690	三重県 1,166	大分県 635	愛媛県 477	8,327
2001年（平成13）	長崎県 1,913	千葉県 1,546	三重県 1,057	愛媛県 476	和歌山県 461	7,247

（農林水産統計報告より）

20.2 ひじきの利用拡大と輸入の現状

　伝統的な食材であったひじきは，長年，それほど多く消費される海藻ではなかった．それが，1970代に入り日本国内で自然食品や健康食品として注目されると同時に，弁当，惣菜関連市場の拡大とともに，ひじきの需要が増大した．また，学校給食の食材にひじきが利用されるようになり需要拡大に道を拓いた．このようなひじきの需要の伸びで，これまで国内産だけで足りていたひじきは，国内の原料だけでは不足気味になってきた．このような背景から，1970年代後半に入り韓国からの原料の輸入が開始された．1990年代に入り中国からも輸入が始まっており，現在ではヒジキは日本，韓国，中国の3ヵ国で生産されるようになった．韓国産ヒジキの産地は，南部の全羅南道の甫吉島を中心とした莞島海域が主産地で，ワカメの産地でもある．そのほか，鳥島，珍島，済州島などがあげられる（図20.2）．中国では，台湾の対岸の逝江省の洞頭海域を主産地として，その他福建省の東山海域などがあげられる（図20.3）．現在では韓国産が日本の総需要量の約7割を占めるまでになっている．

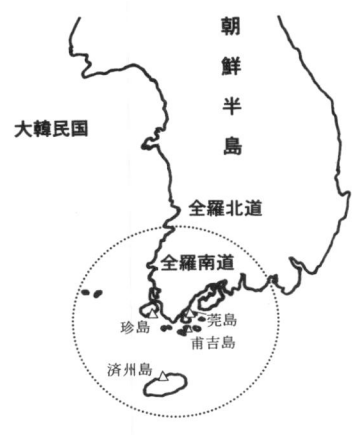

図20.2　韓国のヒジキ漁場．

図20.3　中国のヒジキ漁場．

表 20.2 ヒジキ輸入実績（製品重量トン）．

年　度		韓国輸入量	中国輸入量
1983 年	（昭和 58）	2,408	83
1984 年	（昭和 59）	2,603	63
1985 年	（昭和 60）	2,783	44
1986 年	（昭和 61）	2,775	44
1987 年	（昭和 62）	3,489	74
1988 年	（昭和 63）	4,357	59
1989 年	（平成元）	4,695	24
1990 年	（平成 2）	5,030	17
1991 年	（平成 3）	3,750	57
1992 年	（平成 4）	4,309	145
1993 年	（平成 5）	5,430	212
1994 年	（平成 6）	5,200	444
1995 年	（平成 7）	4,545	550
1996 年	（平成 8）	4,423	545
1997 年	（平成 9）	3,440	1,480
1998 年	（平成 10）	5,749	1,486
1999 年	（平成 11）	6,002	1,458
2000 年	（平成 12）	5,294	745
2001 年	（平成 13）	5,701	1,129
2002 年	（平成 14）	4,016	1,443
（1 月～11 月輸入実績）			

（©食料タイムス社推計）

　韓国ではヒジキを食べる習慣がほとんどない．それにもかかわらず，ここまで生産量が増加したのは養殖技術の確立が大きな要因である．日本のヒジキ輸入統計量（表20.2，図20.3）を見ると，20年前の1983年（昭和58）の韓国からの輸入量は2,400トン（製品重量）であったのに対し，養殖技術が軌道に乗った1990年（平成2年）には5,000トン（製品重量）以上に達している．現在ではその生産方法は養殖が主体となり，生産量は4,000～6,000トン（製品重量）ほどで，韓国産ヒジキは昨今の「ひじきブーム」を支える上でなくてはならないものとなっている．また，近年では中国でのヒジキ養殖技術も進み輸入量を着実に伸ばしている．

20.3　ヒジキの加工方法

（1）ヒジキ原草

　ヒジキが収穫されるのは一般的に3～5月にかけてである．150cm程に生長したヒジキを干潮時に鎌刈によって収穫し，その後天日乾燥したものを「ヒジキ原草」という（図20.4）．

　そのほかに12月から翌年の3月にかけて収穫される「寒ひじき」，または「早採れひじき」がある（収穫が一般のものよりも早い）．藻体が小さく柔らかいという特徴から，この時期のヒジキが一番おいしく，風味があるとされていた．しかし現在では加工技術が発達したため，春先に収穫したものも「寒ひじき」同様に柔らかく，風味を残すことが可能となっている．現在では，充分生長した春先の収穫が主体となっている．

図20.4 ヒジキ原草.

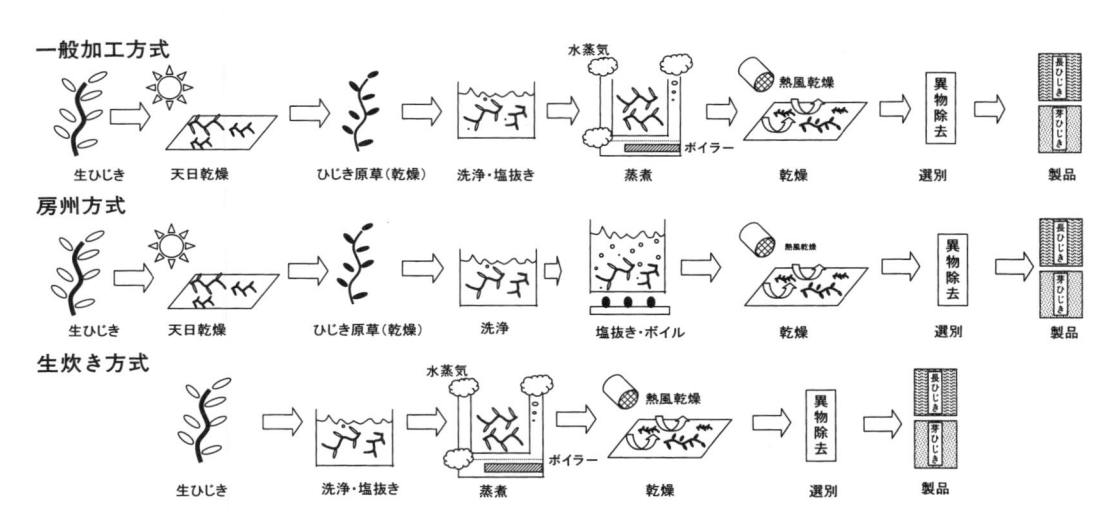

図20.5 ヒジキの原草加工工程.

（2） ヒジキ原草の一次加工

　ヒジキには大きく分けて3通りの加工方法がある（図20.5）．一つは一般的な加工方法で，ヒジキ原草を水戻し，水洗いして汚れを落とし，釜の中で長時間蒸煮する．その後，乾燥，異物除去を行い製品となる．韓国，中国でも主にこの製造法が用いられている．

　二つ目の製法は，ヒジキを釜の中でボイルする方式である．ヒジキ原草をそのまま釜に入れて，水（もしくは塩水）でボイルする．その後，乾燥，異物除去を行い製品となる．製品は独特の食感があり，一般のものより塩分やミネラル成分が高いことが明らかとなっている．しかし，水分が多く乾燥効率が悪いため，生産量は限られる（滝口 1986）．

　三つ目の製法は，海から収穫してすぐに生のままのヒジキ（天日乾燥を行っていないヒジキ）をそのまま蒸煮する「生炊き方式」である．生のヒジキをまず真水で洗浄，塩抜きし，蒸煮する．その後，乾燥，異物除去を行い製品となる．これら三つが，ヒジキの主な加工方法である．

(3) ノンドリップ蒸煮製法

(株)山忠では，独自の加工方法ノンドリップ蒸煮製法を用いている．その加工方法は基本的に一般加工方法と同様で，蒸煮によるものである．従来，バッチ式を連続スパイラル式に変更し，ライン化した．このことにより独自の食感を持つ，特徴ある商品の製造が可能となった．

20.4 ヒジキの二次加工

ヒジキが，ボイルされた状態で，加工工場に運ばれてきて，つぎのような二次加工が行われる．

(1) 異物の選別技術

現在，食品業界では異物混入が問題となっている．ひじき業界も例外ではない．とくに潮間帯などに生育しているヒジキには，魚網や貝殻，甲殻類などさまざまな異物が多数混入しており，それらを除去するために現在ではさまざまな選別機械を利用している．

シフター選別機：ヒジキを振るいにかけ，「長ひじき」と「芽ひじき」のサイズ分けをし，小さな砂，貝などを振るい落とす機械．シフターには「ローリングシフター」と「ドラムシフター」とがある．選別段階では最初にこの機械に通す．

比重選別機：風の力と比重を利用して，異物を除去する機械．ヒジキと比重の違う異物を選別し，除去する．ヒジキより比重の軽い異物，重い異物を分級する．

電気吸引選別機：静電気を用いて，髪の毛やナイロン，糸くずなどの除去を行う．高電圧により静電気を発生させ，帯電ローラーに電着した異物を吸引ファンにて異物除去を行う．

色彩選別機：色の明暗により，波長の違う異物をエアーガンではじき除去する機械．現在のひじき業界ではごく当たり前に使用している機械だが，ひじき業界では㈱山忠が，約20年前に開発導入した．当時はお米やお茶の葉などの異物除去，もしくは色の選定に用いられていた機械であった．これを改良しヒジキに用いたところ，異物だけでなく，色彩の悪い（色が薄い）ヒジキの除去が可能となった．

現在ではさまざまな色彩選別機や形状選別機などが登場し，異物除去において最も重要な機械となっている．そのほかに，選別工程では高磁力選別機や金属検出機などを用いて金属の混入を防いでいる．また，最終検査は人による目視選別で行っている．

(2) ヒジキの着色加工

ヒジキには古くから着色加工が行われてきた．その方法はカジメ *Ecklonia cava* やアラメ *Eisenia bicyclis*，ヒジキの煮汁を用いて，マフノリ *Gloiopeltis tenax* やフクロフノリ *Gloiopeltis furcata* のノリ成分で，ヒジキの表面に着色を行う方法である．この方法は現在でも用いられている．

このようにして，ヒジキは昔から黒く着色され，黒いものが最も美しいとされ，消費者も黒色のものが一般的であると認識している．色調も重要な品質要素である．しかし，近年，無着色のヒジキの需要が高まっている．

（3） ヒジキの乾燥と殺菌技術

昔は屋外で天日干しを行っていたが，砂埃をはじめとした異物混入があり，衛生的ではない．そのため現在では，クリーンな熱源のガスやボイラーを利用した乾燥機により，乾燥を行っている．

殺菌技術は食品業界にはいろいろあり，それぞれの食品に合わせた殺菌工程を行っている．ヒジキも殺菌のニーズが高まってきており，殺菌工程を導入するメーカーも増えてきた．

ヒジキは加工段階で細菌が発生することがある．とくに蒸煮工程後は，細菌にとって好条件となるため，乾燥工程までに時間がかかるほど細菌の発生率が高くなる，そのため殺菌工程が必要とされた．

ヒジキの殺菌は，「マイクロ波殺菌」，「遠赤外線殺菌」，「オゾン殺菌」，「加熱蒸気殺菌」，「真空蒸気殺菌」があるが，「真空蒸気殺菌」が一番適していると判断されている．しかし，蒸煮，乾燥を連続工程としているためもともとの細菌の発生率は少なくなっている．現在では殺菌を行わなくても細菌数を衛生的に管理することが可能となった．細菌を死滅させるだけでなく，発生を予防することも殺菌技術と考えている．

20.5　国内産ヒジキ生産の拡大構想

現在ひじき業界において問題となっていることは，国内産原料の不足である．生産量は韓国，中国，日本で7：1.5：1.5の比率となっており，韓国産に頼っているのが現状である．健康志向ブームや食品の産地表示問題等で国内産原料は不足し高騰傾向にある（表20.2）．

そこで，つぎのような目的で，大分県海洋水産研究センターと(株)山忠の共同研究として，ヒジキの増殖事業「ヒジキ畑構想」が進められている．このことにより，国内での生産力を高め安定した供給量，安定した相場を維持する．安全，安心な商品を提供しトレーサビリティを明確にする．生産者の漁業所得の向上と漁村への若者の定着化を図る．養殖技術を確立し，海の浄化サイクルを形成する（伊藤 2000）．

図20.6　ヒジキ養殖．

図20.7　ヒジキの乾燥．

養殖方法

ロープによる挟み込みにより，養殖を行う．太い親ロープで枠をつくり，その枠内にヒジキの挟み込みを終えたロープを取り付ける．ヒジキ種苗は養殖場湾内に自生している天然幼体を使用している．10月頃から養殖を開始する．水深が6m以上の潮の流れがよい場所にアンカーを打ち固定する．浮きをできるだけ多くつけ，ヒジキの乾出部を多くする（図20.6）．

月に1，2回ロープの手入れを行う．内容はヒジキの状態確認，浮きの調整，ゴミの除去である．ヒジキの状態は雑藻の着生がないか，生長具合，食害を受けていないかの確認である．浮きの調整はヒジキの状態により行う．ヒジキに珪藻類が着生した場合，浮きを多く取り付け乾出を行う．

収穫は生殖器床が発達する前の最も生長した時期，もしくは雑藻が着生する前に行う．およそ5月中旬から6月中旬にかけて行う．韓国では7月，中国では6月が養殖ヒジキ収穫の最盛期である（図20.7）．

ヒジキ養殖は，瀬戸内海一帯や九州沿岸が適している．そのため，中国，四国地方，九州沿岸一帯の「ヒジキ畑構想」が計画できる．

現在，大分県県内でヒジキ養殖が行われているが，山口県，愛媛県，徳島県などにおいてもヒジキ養殖が始まろうとしている．現在，「ヒジキ人工種苗」についても研究を行っているが，養殖株の人工種苗化に成功すれば，さらなる飛躍が期待できる．

養殖株の人工種苗化により，現在行われているヒジキの幼体を収穫し挟み込む方法から，人工的に採卵，着生，育成となることが考えられる．このことにより，労力が軽減でき，作業性が向上する．さらに天然のヒジキを収穫する必要がないため，人件費が削減でき，また漁業権による収穫の問題もなくなる．環境面を考えても藻場環境を破壊することがなく，さらに増殖や海の浄化も期待できる．研究面では，ヒジキは幼胚（卵）の着生力が弱く培養も他の藻類と比べると雑藻がつきやすく難しい．現在では幼胚からの育成が最も大きな課題となっている．

「ヒジキ畑構想」の実現化には，まだいくつかの問題点がある．しかし，この計画が実現し，瀬戸内海一帯や九州沿岸がヒジキの一大産地となり，環境を整えながら安定供給を行えるとともに，生産者の安定収入，産業基盤の拡大に繋がることを期待したい．

20.6 ひじき産業の展開

ヒジキの原草価格は，ここ1～2年，高騰している．その要因として，韓国産ヒジキの輸入量の減少と高騰が挙げられる．ここ数年来，5000～6000トン（製品重量）輸入してきた韓国産ヒジキが，昨年の2002年には約4000トン（製品重量）と前年の2割以上の減少となり，輸入価格は3割以上の高値を付けている（図20.8）．韓国産ヒジキは国内総供給量の約7割をも占めているため，原料不足となりその影響から国内産ヒジキ価格も高騰している．三重県漁業協同組合連合会のひじき入札会では2002年に過去最高の入札値をつけている．

韓国産ヒジキは，全生産量の約8割が養殖なので供給面の不安はないとされてきたが，近年に入り，生産者の高齢化，養殖ヒジキの供給過剰による相場の下落から生産者の生産意欲の薄れ，天候要因などの問題が浮上している．

このようにして，ヒジキは国内供給が少ないため海外（韓国，中国）の豊作，不作によりヒジキ原草価格が大きく変動する．ひじき市場の今後の課題として安定供給，相場安定が挙げられ

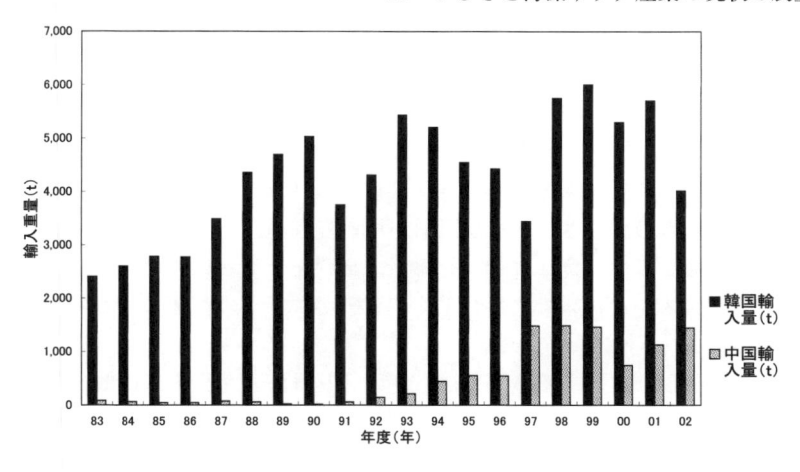

図20.8 ヒジキ輸入量の変遷.

る．

　国内での供給量が増加すれば，食品の産地表示問題による国内産原料の高騰も避けられ，安全で，安心できる商品を製造できると考えられる（食品新聞 2002，食料タイムズ 2003）．

　ここ数年の間に，ひじきの調理方法が多様化し，煮物中心であった料理方法からサラダやふりかけ，スープなどさまざまな料理に使用されるようになった．これは，いままでに紹介したヒジキの選別技術と殺菌技術の発達が大きな要因として挙げられる．

　選別技術の発達により，異物の混入率が低下し惣菜や冷凍食品やレトルト食品，ふりかけ食品等大手食品メーカーでの採用が増加した．現在ではスープやスナック菓子等にも使用されるようになった．

　つぎに殺菌技術の発達により，以前よりもはるかに衛生的な製品を製造することが可能となった．そのため，殺菌ひじきは水戻し後，加熱不要で安全に食べられ，サラダなどの生食やベビーフードなどにも使用されるようになった．

　健康志向ブームもあり，あらゆる形で食物繊維やミネラルの豊富なひじきが使用されるようになってきた．さらに加工技術を高めることは絶対不可欠であるが，商品の提案力が大きく市場を左右すると考えられる．今後も使用されていない新分野への応用が期待される．

20.7　海藻サラダの利用の歴史

　海藻を食用にする国のなかでも，生に近い状態で食べる国はそう多くはない．日本の食生活と海藻との歴史は長く，日常食として切っても切れない関係にあるが，海藻をサラダ感覚で食べる習慣が，日本に定着したのは1980年代である．

　海藻サラダが日本において最初に発売されたのは，1983年といわれている．その後，健康食として注目され，多くのメーカーから多様な海藻サラダ商品が発売された．1990年代初頭の海藻サラダブームは過ぎ去ったが，いまや食卓の定番となった海藻サラダは海藻産業にとって依然，重要な柱の一つである．

20.8　海藻サラダに利用されている海藻の仲間

　現在，数多くの海藻がサラダの原料として利用されている．一般的な海藻サラダ製品には，わかめや茎わかめ，とさかのり，ふのりのようなよく知られたものから，外国より輸入されている日本ではなじみの薄いものまでさまざまな原料が用いられる．とくに，紅藻のトサカノリに代表される紅色が鮮やかなものは，食卓に彩りを添え，食欲をそそる意味でも大変重要である．海藻サラダの原料はミックスした状態で色彩がよく，食感がよいものが好まれるので，その配合バランスは大変重要である．

　その鮮やかな色と歯ごたえのある食感で，トサカノリは海藻サラダには最適な海藻であるが，近年，乱獲が続いたため生産量は減って値段が高騰していたが，2003年には需要が低迷し暴落している．

　最近の海藻サラダには，よく「とさかもどき」，「シキンノリ」，「杉のり」「柳のり」と呼ばれる海藻が使われるが，これらは $Gigartina$ という海藻で，南米から輸入されている．しかし，色合いや食感という点ではトサカノリには及ばない．そこで，今注目されているのは「つのまた」，「かえでのり」と呼ばれている $Chondrus\ crispus$ という紅藻の一種である．この海藻はカナダで一定した環境のもと人工的に栽培されているため，安定した供給が可能とされている．この海藻は水に戻すと鮮やかな赤色や青色，黄色を呈し，色合いも大変よい．

　大きさはトサカノリに比べると小さめだが，かえでの葉のような形をしていることが，「かえでのり」と呼ばれるゆえんである．食感はトサカノリとはまた違った感じである．

　今日，各メーカーはこれまでには知られていなかった海藻サラダに使える目新しい原料がないか，常に世界中にアンテナを張り巡らせている状態といえる．つぎに，海藻サラダに使われている海藻について述べる．

コンブ：マコンブ $Laminaria\ japonica$ は，養殖された1年齢のものを湯通ししたコンブが，海藻サラダに使われており，需要が年々伸びている．

ワカメ：ワカメ $Undaria\ pinnatifida$ は湯通しをした乾燥ワカメ（カットワカメ）が海藻サラダの主要な素材となっている．最近はワカメの生殖器官である成実葉（めかぶ）を刻み乾燥させたものが，海藻サラダの素材として需要が伸びている．

トサカノリ：トサカノリ $Meristotheca\ papulosa$ は，美しい形態と紅色の特性を持ち，海藻サラダメニューとして重要な素材である．この海藻は，暖海性の海藻であり国内の産地も限られており，海藻の単価としては最も高価である．

フノリ：マフノリ $Gloiopeltis\ tentax$，フクロフノリ $G.\ furcatatoga$ とがあり，絹織物の糊の原料として，古来から採取されてきたが，近年はその需要が減少した．色彩がよく，形態も美しく，歯触りもよいので，海藻サラダの素材として，多く採取されるようになった．

ツノマタ：日本産のツノマタ $Chondrus\ ocellatus$ は，海藻サラダに使われることはないが，カナダやフランスに産する $Chondrus\ crispus$ は，茶褐色で扇状に二叉分岐するきれいな藻体であり，乾燥した状態で輸入されて，"かえでのり"として，赤，緑，黄色に色彩調整し乾燥海藻サラダの素材として使われている．

シキンノリ：シキンノリ $Chondracanthus\ teedii$ は"やなぎのり"，"すぎのり"，"とさかもどき"と呼ばれる紅藻類である．ラムダ-カラギナンを含むので，主にチリ沿岸で抽出用に採取さ

れているが，藻体はムカデノリに似ているが肉質である．赤，緑色に色彩調整し海藻サラダに使われている．

　キリンサイ：フィリピン産のキリンサイ *Eucheuma denticulatum* は，軟骨質の柱状で分岐し，表面に突起を出し，きれいな形態で，歯ごたえもよいので，白く脱色して乾燥したものが，海藻サラダの素材に使われている．

20.9　海藻サラダ産業の展望

　1980年代より海藻サラダのマーケットを築き上げてきた海藻業界であるが，ここにきて変化の兆しが見えてきている．これまでのように，とにかくつくれば売れる時期はすぎ，これからは海藻サラダ市場にも多様性の時代が来ているといえる．たとえば，これまで海藻サラダにはドレッシング付きが定番であったが，自分の好みのドレッシングが簡単に手に入るようになった現在，付属のドレッシングは必ずしも必要ではないという声も聞こえ始めている．

　そのほか，スープやみそ汁の具として使用するなどこれまでにあまりなかった利用法も広がり始めている．日本国内での海藻サラダとしての市場は成熟期を迎えたといってもよいが，需要が頭打ちになったいま，ほかの海藻と同じように海藻サラダの持つ機能面やサラダだけの枠にとどまらない多面的なアピールが必要になってくるのではないだろうか．

　いまやスーパーやコンビニで簡単に手に入る海藻サラダであるが，それだけに目新しさがなくなってしまったことは否めない．そこで，これからはサラダという形態にとらわれず，その彩りや食感を活かし，これまでの枠にとらわれない自由な発想での商品提案が求められていくのではないだろうか．

引用文献

伊藤龍星　2000．大分県のヒジキ漁業と挟み込み養殖の試み．瀬戸内海ブロック藻類研究会誌　2：13-19．
食料タイムス　2002．6881号10月29日号．
食料タイムス　2003．6892号1月21日号．
食品新聞　2002．10月1日号．
滝口明秀　1986．表面に白粉を生じる乾燥ヒジキについて．千葉県水産試験場研究報告　44：79-81．

> 海藻の利用

21　沖縄のモズク類養殖の発展史―生態解明と養殖技術―

当真　武

　現在，沖縄産モズク類生産量は，全国生産量の95％以上を占めているが，沖縄のオキナワモズクの養殖研究は沖縄が本土復帰した1972年（昭和47）に，古い顕微鏡とわずかな実験器具類，「日本海藻誌」があるのみの貧弱な研究環境下で水産庁指定研究に参加したことに始まる．沖縄沿岸でのオキナワモズクの生態は全く明らかにされていなかった．そこで，養殖するための基本的な情報となる生活史の解明を重視しながら進めた．養殖技術を開発するためによい指針となったのは，奄美大島産オキナワモズクが1957年（昭和32）から調査が開始され，一時中断後，基本的な生活環と「浮き流し式」による養殖方法が提案されたこと（新村 1977）と，モズクでは長崎県産で同様なことが報告されていたことであった（四井・右田 1972，四井 1980）．その後，沖縄県試験研究機関と漁業生産者の創意工夫で，モズク類2種の生態的知見の蓄積と養殖技術が開発され，生産量が短期間に飛躍的に増大した．礁池moatをまるで水を張った畑のようにして利用して発展したモズク類養殖は，サンゴ礁域の生物特性である「多種少産」という概念を少し変えた．ここでは，オキナワモズクとモズクのそれぞれの生態と養殖技術を，長崎県や鹿児島県で行われていた方法とは違う視点で究明し，サンゴ礁域の地形的・地理的特性を活用しながら養殖技術が確立された経緯を述べる．

21.1　オキナワモズク

（1）　生産量の推移

　オキナワモズク *Cladosiphon okamuranus* Tokida は，ナガマツモ目 Chordariales，ナガマツモ科 Chordariaceae，オキナワモズク属 *Cladosiphon* に属し，沖縄県の与那国島・尖閣諸島を除く八重山諸島を南限（北緯24度）に，奄美大島を北限（北緯29度）とする琉球列島（南西諸島）特産の食用海藻である（Tokida 1942，岡村 1936，瀬川 1956，瀬川・香村 1964，大城 1964，新崎 1964，新村 1974，1975，吉田 1998，当真 1986，1988，1996，図21.1，21.2，21.3）．全体を概観するために生産量がどうなっているかを見てみよう．1972年（昭和47）から2001年（平成13）までのオキナワモズクの天然と養殖の生産量を図21.4，21.5に示した．これによると，オキナワモズク養殖生産量は販路を伴わない生産増と価格の急落を4～5回繰り返しながら全体的に増加傾向にある．1998年（平成10）の20,485トンは過去最高生産を示し，それ以後15,000トン以上を維持している．天然生産量は，1972年から1987年（昭和62）の間に最大2,292トン（1977年）を生産したが，養殖が盛んになるに従って減少し約300トン以下へと推移している．最大生産量，約2,300トンは沖縄県の天然産オキナワモズクの潜在的生産力を示唆している．天然産が減少した主な理由は，収穫しなかったために生産量下がったことにあるが，生長に必要な栄養塩類が養殖漁場で消費され天然産の繁茂域にゆき届かなくなったという見方もできる．潮流の関係から見れば，養殖場の中央部に張られた網の藻体生長は鈍化する傾向があり，潮通しは生産性を左右する．海藻の栄養状態は，栄養吸収の場である藻体の境界面の海水を更新する水流で高められると考えられる（Darley 1982）．沖縄島周辺5地域の養殖開始前の9～

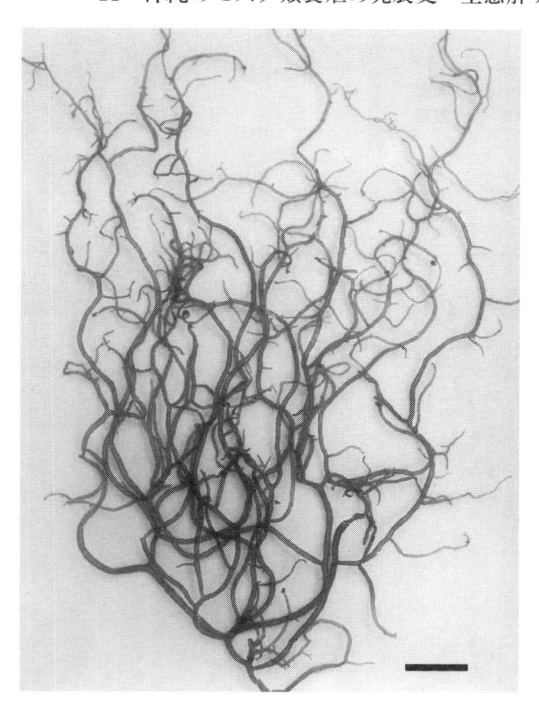

図 21.1 オキナワモズク Cladosiphon okamuranus Tokida（沖縄島産）．スケール：3 cm．

図 21.2 水を張った畑のようなオキナワモズク養殖場（竹富島周辺）．

図 21.3 オキナワモズクの収穫風景．吸水ポンプで刈り取る．水深 2 m．

10月と終了時の5〜6月の栄養塩濃度を三態窒素濃度で比較した勝俣・瀬底（1989）によると，ほとんどの地点で終了時は，値がかなり低くなっているが，それをモズク類養殖によるとしている．しかし，その期間は多くの海藻類の繁茂期と重なることを留意する必要があり，潮流が養殖場へ流入する場所と流出する場所の対比で，さらに，モズク類の栄養吸収が明瞭になるであろう．なお，天然産オキナワモズクは1972年以前から，すでに，本土へ送られていて，当時からパイン缶詰とならび有望な輸出農水産物だった歴史がある．

オキナワモズク養殖は，1979年（昭和54）頃から盛んになり，1981年に約4,800トンを生産

382　海藻の利用

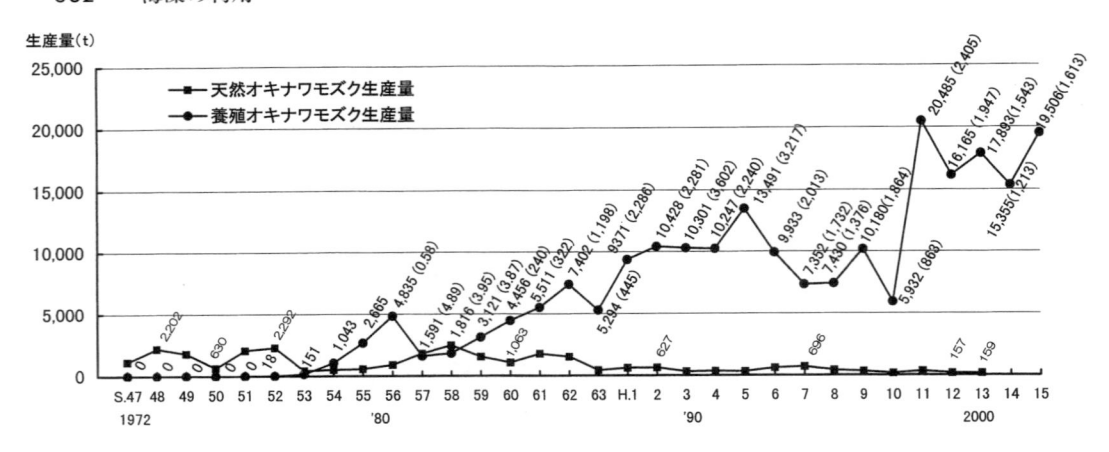

図 21.4 オキナワモズク養殖生産量（かっこ内の数字はモズク）と天然オキナワモズク生産量（沖縄農林水産統計年報と沖縄県もずく養殖振興協議会資料より作成）．

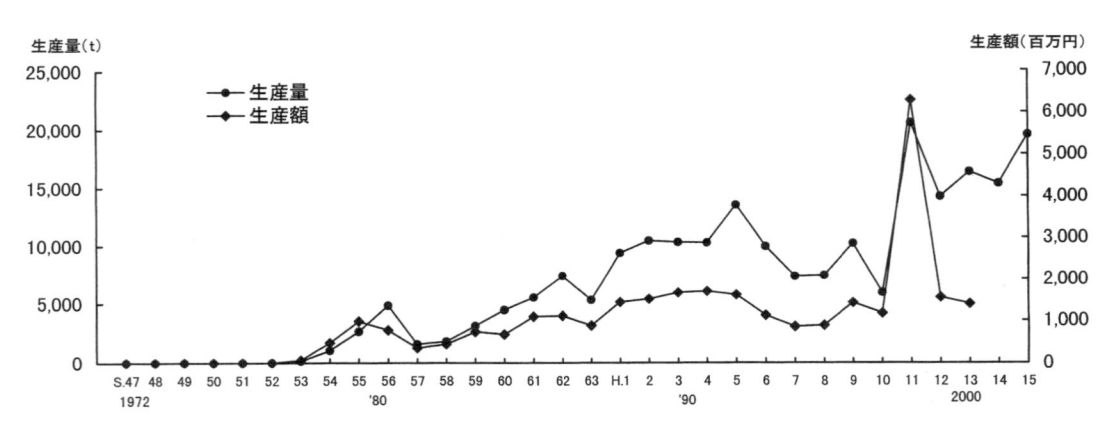

図 21.5 オキナワモズク養殖生産量と生産額（沖縄農林水産統計年報より作成）．

するに至るが，販路を伴わない急激な生産増は価格の急落をきたした．1997年は約10,000トンを生産したが，1998年は不作年に当たり前年比4割減の約6,000トンの生産にとどまり多量の加工用原藻の供給不足を生じた．この1998年の大不作は，記録的な降雨（1～3月約680 mm，1～6月の積算降雨量：1,570 mm）に伴う照度不足に起因する．1999年（平成11）は20,485トンが生産されたにもかかわらず，加工業者の原料不足の思惑から価格が急騰して生産額が60億円に達し，全県養殖生産額の中でクルマエビを抜いて第一位に躍り出た．2000年の生産額は15,555トンと前年の反動からやや低い生産となったが，前年の供給過剰から価格が急落し，需要と供給の関係で価格が下落した状態にある．沖縄県や県漁連では，モズクの販路拡大策を香港，台湾に求め，1995年からキャンペーンを開始しているが急激な輸出増は期待できない．今後，安定した価格（100～120円/kg）を維持する仕組みを早急につくらなければ，20,000トン台の生産量の維持は困難であろう．なお，天候不順による生産落ち込みを緩和するには，地先漁場の継続的な水温データ等の蓄積が必要である．不作年の1998年，久米島において蓄積された水温データから網入れ時期を後にずらす工夫を実施し，前年以上の生産を挙げた生産者がいる．なお，オキナワモズクの一種 *Cladosiphon novae-caledoniae* Kylin が南太平洋のトンガ王国に産するこ

とが分かり（Ajisaka 1991），1995年頃本土加工業者がそこへ安い原料を求めて参入したが，生産物に雑物が多いことやわが国までの遠距離輸送などの課題をかかえ現在中断している．沖縄産モズク類の価格変動が外国産に波及した例である．なお，鹿児島県奄美大島産の生産量は，1973年1トンを端緒に1978年まで10トン以下だったが，1979年174トン，1980年201トン，1981年310トンと増加したが，その後，1982年205トンと減少に転じ，1985年以降は100トン以下の状況である（新村 2000）．分布の北限という生育環境に加えて養殖適地が少ないようで「浮き流し式養殖」で小規模に実施されているにすぎない．

（2）　オキナワモズク養殖研究の推移

　当真は，1972年前半，那覇市泊にあった沖縄県水産試験場で，オキナワモズクの発生は直接盤状型であり，藻体から直接採苗が容易であることを確かめ，1972年の10月水産庁指定研究に参加（1972〜1974年）し，沖縄島西沿岸域の恩納村屋嘉田潟原を生態調査と養殖試験の拠点とした．同時に，同種が着生基質を選ばない特性と遠浅な礁地形を利用し，藻体から直接"ノリ網"へ採苗して，その後支柱（鉄筋）に海底から約40 cm離して張る，いわゆる「支柱式養殖」試験を始めた．その方法での発芽率は低いものの発芽した部分はよく生長した．地先漁場特性を比較するため，養殖試験を沖縄島東沿岸域の宜野座村大久保ほか数ヵ所で実施した．その後も継続してオキナワモズクの生態調査が実施され，研究開始から5年間の研究成果として，オキナワモズクの発芽は一般的に水温が低下する10月下旬〜12月に海草藻場の縁辺で，常時，適当な流れのある2ヵ所から始まり，そこを中心にしだいに周辺へ生育範囲を広げ，水温が上昇する6月下旬に藻体は消失する．生育する最大範囲は基本的には岸からサンゴ礁縁間の内側半分の距離に形成される．良好な生育場所は，流速が30〜40 cm/秒生じる場所で淀む場所や生きたサンゴ帯には生育しないことなどを明らかにした．また，海草藻場（以後単にモバと称する）が形成される要因に海底砂の安定度があげられるが，久米島の北東に面した広大な礁池奥部に海洋深層水研究施設を設立するにあたり，環境調査の一環として波高が測定されている．礁原に電磁流速波高計が設置できないために礁斜面で測定されているが，それから波高とモバの関係を読み取ると，礁斜面での最高波（1.5 m）はそこから約600 mの距離にあるモバ前縁でそれが約0.2 m，すなわち，1/7以下に減衰し，底質の物理的環境の安定性が示された（沖縄県 1998）．モバ前縁の位置は礁縁から岸間の距離の約半分にあたる．

　沖縄のオキナワモズク養殖技術が，奄美大島から導入されたといわれる所以を記述しておこう．沖縄水産試験場において，1972年以降，オキナワモズク生態解明を基本目標にしながら養殖試験を実施し，採苗がかなり容易であるが養殖網での発芽率が不安定であることなどを明らかにした．それをもとに，1977年に恩納村漁業協同組合が採苗試験を実施したところ採苗は全く不調に終わった．その最大の理由は，提供された母藻が漁船甲板に長時間放置されたものに起因する単純なミスであったが，恩納村漁協他2漁協と沖縄県水産改良普及所[*1]は，奄美大島のオキナワモズク浮き流し網養殖現場を視察したことにより養殖に対する気運が高まり，普及活動の

[*1] 沖縄が日本復帰に伴い1972年に導入された新組織．同年以降「投石」によるオキナワモズク増殖事業として，建築用ブロックの投入が開始された．しかし，当真らの干潟生態調査に基づき，熱帯水域での投石は付着面を付与することで，一時的な増殖効果はあるが，間もなく微小藻類に覆われることから，着生基質として不適当であると指摘されていた．そのような状況から網への転換が必要であった．

一環としてオキナワモズク「支柱式養殖」試験が同恩納村屋嘉田潟原の海草藻場で開始されている．同年には，すでに18.2トン（恩納・知念・今帰仁の合計）が生産され，これを端緒に各地域で養殖が始められ，1979年に1,043トンが生産されるようになり，生産量が短期間に増加した．それ以来，同普及所ではモズク類の技術改良・指導が現在まで継続されている．

(3) 生態的特性

1) 基本的な生活環の概略

生活環は，高水温期にみられる顕微鏡的大きさの配偶体世代 gametophyte と秋口から初夏にかけて肉眼視できる胞子体世代 sporophyte の異形世代交代を基本としている．前者は，単子嚢 unilocular sporangium から配偶子を放出し約30日（栄養条件で増減する）で直接盤状型になる単為発生を繰り返す．天然ではそれを2～3回繰り返して越夏するとみられる．後者は，秋口の水温下降（19～22℃）に伴い雌性配偶子（n）と雄性配偶子（n）が接合（2n）し，盤状体から肉眼視できる幼体へ生長する．中性複子嚢（plurilocular zoosprangium，図21.6）は，幼体，成藻を問わず，その同化糸の先端部細胞が膨らみ形成される．それから放出される中性遊走子は接合することなく直接的に盤状体を形成し胞子体になる．

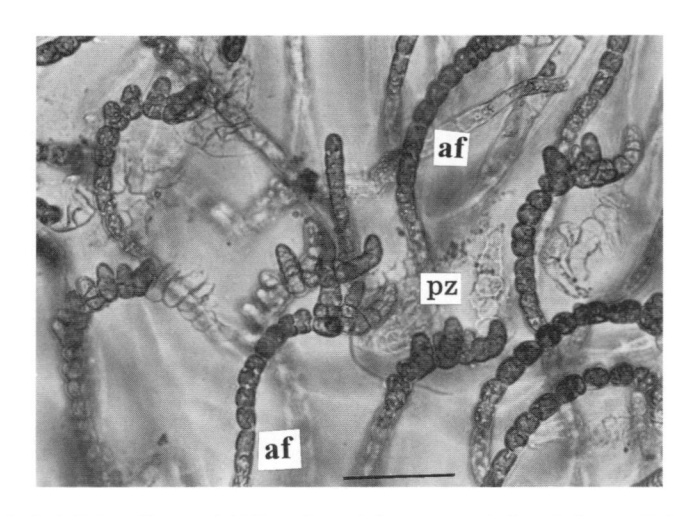

図21.6 同化糸先端部が膨らみ中性複子嚢が形成される．中空は遊走子が放出されたもの．
af：同化糸，pz：中性複子嚢．

2) 基本的な生活環以外の生残戦略から見た生活史

Corner（1964）は，生活史は非常に複雑なものになっていて，単純にモデル化できるようなものなどは存在しないかのようであるとした．伊藤（1977）は，生活史とはその種が自然での生存競争を勝ち抜く戦略であるという立場から捉える必要があるとしている．また，中原（1986）は，藻類の生活史の生態学的研究にとって，系統分類学的な実験による研究に加えて自然での個体群レベルの生活史の研究が重要であるとし，その種の持つ世代交代のサイクルからはみ出した部分，たとえば，栄養繁殖の重要性を見逃してはならないとDixon（1965）を引用し紹介している．さらに，千原（1997）は，個体の形態学的および細胞学的に種々な変化を経て成熟し，次代の生殖細胞をつくって死ぬ一連の過程を，通常，生活環とし，いわゆる生活史と区別してい

る．さらに，最近の研究成果から褐藻類の生活環は配偶体世代と胞子体世代の単純な繰り返しではないという見方に変わってきていることを紹介している．しかしながら，わが国で藻類の生活史を「生残する戦略」という視点から究明した報告はほとんどない．ここでは，単子嚢や中性複子嚢の生殖器官を中心とする基本的な生活環以外に，細胞は水温，塩分，栄養塩，照度などの生育環境に対応して多様な生残戦略を持って生活していることをモズク類養殖技術開発に応用した経緯を紹介する（当真 1986, 1988, 1996, Toma 1991, 1993）．

3) 単子嚢由来の発芽体

オキナワモズクの単子嚢は，単相の遊走子を製造する生殖器官であるが，何らかの原因で不適環境に遭遇すると単子嚢は内容物をそのまま放出し，1個体の発芽状の新個体になる．これは，室内で高水温時（不適生育環境下）の室温で約30日間静置培養した同化糸間で見つかり，自然界では夏季（水温 31℃）に恩納村屋嘉田潟原から採集した藻体で確認した．モズクでも同様な発芽体が採集されていることから，単子嚢内容物を放出して直接的に新個体になる事実は，個体群が不適環境時に生き残るための耐ストレス戦略の一つであると考える．

4) 自然界における不動胞子の形成

不適環境時（高水温）の6月〜7月に単子嚢を多く形成する傾向があるが，同時に無性生殖の不動胞子[*2]を形成することが室内培養で分かった．同化糸 assimilatory filament の1細胞から1個の不動胞子が形成される場合（図 21.7 A, B-1）と小型の多数個の不動胞子（図 21.7 B-2, C）が形成される場合がある．放出された胞子は細胞分裂を繰り返して糸状体を形成する．自然界において消失期（不適環境時）の1981年7月27日に沖縄島名護市羽地において，干潮時に潮流がサンゴ礁外へ流出する水路 surge canal に設置された稚魚採集ネットの採集物からプランク

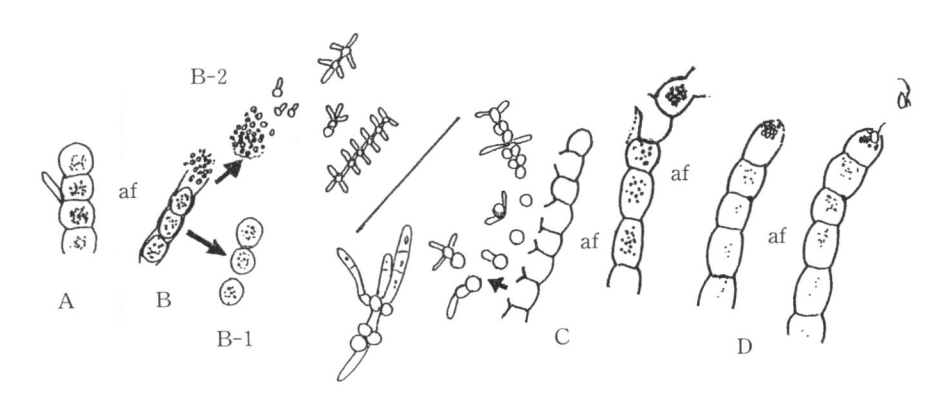

図 21.7 オキナワモズクの無性生殖の数例（当真 1996）．
  A：同化糸から直接糸状体を出す（石垣島伊野田産，1994年1月24日）．
  B：同化糸に近い細胞から2形態の細胞を放出，B-1 同化糸細胞から1細胞を分離放出，B-2 同化糸細胞から1〜10数個の細胞を放出．
  C：B-1 に近い形態（宮古島狩俣産，1994年1月25日）．
  D：寒天培地で静置培養，同化糸が先端を除いて白化する．その先端から遊走子1個放出．

[*2] 遊走子に分化する潜在力を持ちながら，鞭毛を発生させないで親の細胞壁のなかで発生を開始するとき不動胞子 aplanospore と呼ばれる（千原 1997）．

トンや稚魚に混じって赤褐色した同化糸からなる藻体を多数採集した．この事実は，自然界において消失期に，同化糸細胞が多様に分化して無性生殖の機能をふつうにつくり出している証拠になり，生殖細胞へ分化する機能が多様であることを示唆している．なお，この赤褐色化した状態を簡単に再現するには，海水と藻体をビン詰めにして冷蔵庫（約10℃）で約2週間保管すると生じる．このことは不動胞子が，水温上昇，寒冷化を問わず不適環境下で形成されることを意味する．それらは外部環境の不適条件と結びついて越夏，あるいは，越冬する形態であるが，有性生殖と無性生殖の機能を同時的に持つことは特徴的である．後者は，有性生殖機能を獲得する以前の増殖形態かもしれないが，複雑な生態系の中で長期的に安定した状態を維持する働きがあると思われる．いずれにしても，これまで同化糸細胞全体が直接一斉に生殖細胞化，すなわちタネ化する報告は見当たらない．

5) 赤褐色化した同化糸先端部からの遊走子放出

寒天培地上に藻体が浸る程度の海水を深さ約1mm注入し，そのなかに4〜5cmに切断した藻体を数本置いて水温18℃，12時間暗期，12時間明期の不適生育環境下で約25日間培養すると，色素が同化糸の下部細胞から先端部2〜3個の細胞へ移動して赤褐色化する．それに伴い，それより下部細胞は褪色し半透明化する．観察事例は少ないが，その先端部の1細胞の中で遊走子が動き回るようになり，その後それが勢いよく細胞外へ飛び出した（図21.7 D）．これも，オキナワモズクで初めて明らかになった生殖細胞の分化機能の一つであろう．

6) 休眠状態

本種には，モズクにみられる休眠期はみられないとされている（新村 1977）が，培養する海水を徐々に高塩分化にすると休眠状態になる．フラスコ壁面に付着した胞子群が厚膜化に至る過程は，つぎのとおりである．藻体採苗して2ヵ月間，窓際で静置培養をすると，容器内の塩分（34 psu）は徐々に濃くなり，実験終了時には約50 psu以上になる．壁面に付着した細胞群は密生し厚さ約50〜100 μmの粘質膜に覆われて休眠状態になる．その状態の塩分を，徐々に希釈して普通海水濃度へ戻すと，厚膜細胞から採苗可能になる．これは実験室において高塩分化という条件下で生じる休眠状態と見なされるが，自然生育環境では潮間帯の岩場の凹部や高い地盤高の干潟で，それと類似した現象が起こりうる．また，養殖場より収穫された藻は，洗浄後，重量比20％の塩蔵をしてコンクリートタンクで約1週間脱水し，冷蔵保管される工程があるが，急速な高塩分に対応して粘液質と加塩後の攪拌で生じる泡状のなかで生存し，その後，冷蔵される数ヵ月間以上生き続ける．その後，藻体の一部を普通海水に戻すとわずかに遊走子を放出する．そのことから，粘液質には，環境変化の影響を緩衝する作用があると考えられる．

ところで，基本的な生活環で示す配偶体世代や中性遊走子は，1年のうち，長い夏季は姿を消す（藻体が肉眼視できないことから消失期と呼ばれている）．その間どのような機構で生存しているかよく分かっていないが，モバ周辺に沈下したビニールシートにかなりの密度で着生し越夏することから，それらは環境が好転するまで単為生殖を繰り返していると見なされる．一方，無性的に生じる不動胞子は本種の生態を解明する上でユニークな存在であり，これらの胞子は高水温期あるいは寒冷期になると砂礫や岩の窪みに入り込み休眠し，あるいは長期間砂泥に埋もれた暗黒状態ですごし，環境が好転すると，これらの細胞が"タネ"となり個体群増加が起こるであろう．これまで既述した本種の多様性は異常な高水温化，寒冷化，暗黒のいずれの環境条件に遭

21 沖縄のモズク類養殖の発展史—生態解明と養殖技術— 387

遇しても適応して生存する戦略と説明できる．オキナワモズクの生活史の概略を模式的に示すと図 21.8 のようになる．

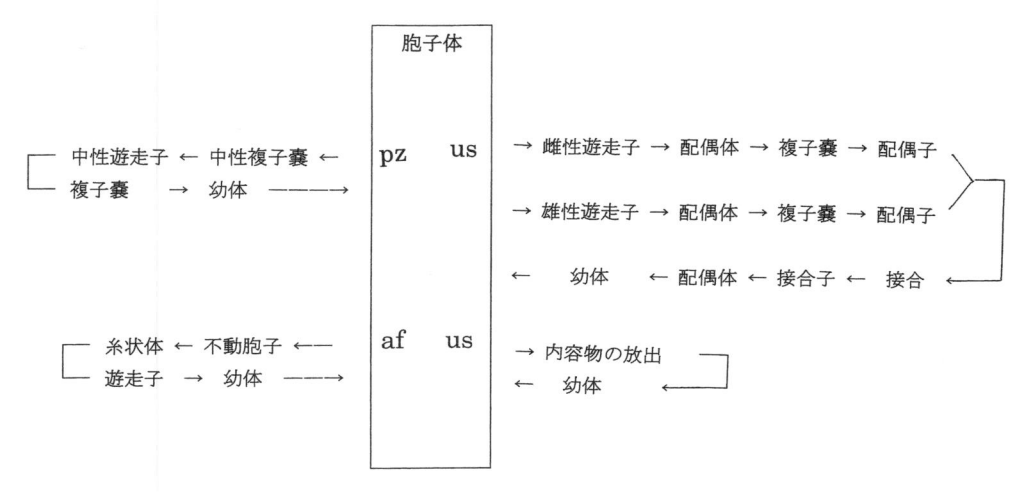

図 21.8 オキナワモズクの生活史の概略図．
us：単子嚢，pz：中性複子嚢，af：同化糸．

（4） 季節的消長

1） 生育環境から見た地理的分布と季節的消長

オキナワモズクが分布している奄美大島（名瀬）から石垣島間の沿岸水温は 19〜30℃の範囲にあり（図 21.9），生育期の 10 月から翌年の 7 月までの水温は 19〜28℃にある．自生する石垣島から名瀬の冬季の平均水温は 19.2〜20.2℃の範囲にあり，自生しない与那国島の冬季の最低

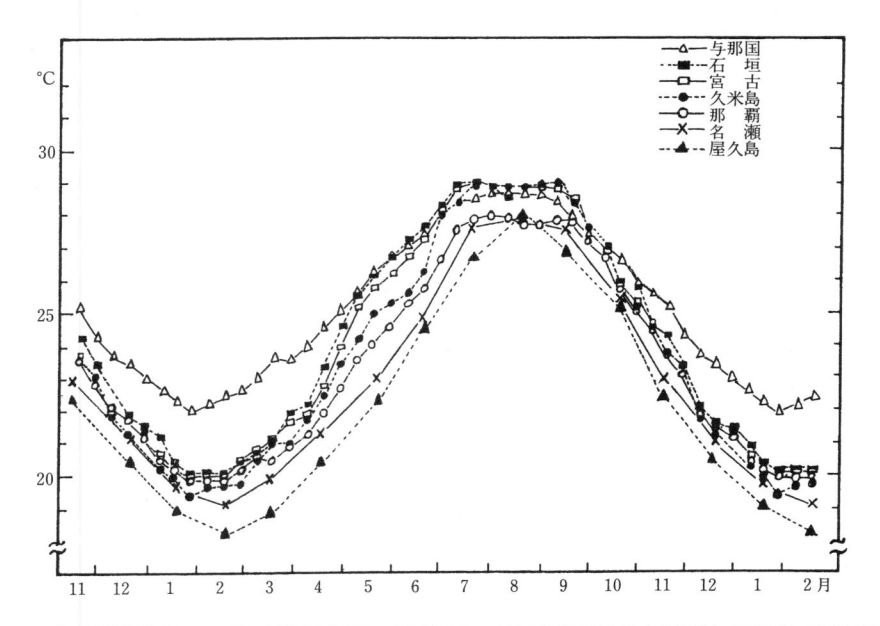

図 21.9 琉球列島各地における沿岸水温の月別変化（長崎海洋気象台資料から西島 1986 作成）．

388　海藻の利用

表 21.1　琉球列島各地におけるオキナワモズクの季節的消長 (1993～1994) (当真 1996).

地域名(漁場水深)	9	10	11	12	1	2	3	4	5	6	7	8	9月
奄美　嘉鉄(1～7m)				◇◇w?	—			●w		○w	◇	—	
加計呂麻島					—						○w—		
伊平屋島(1～3m)	c◎			○c○w						○c	○w		
沖　本部(3～6m)		c◎	○w○c				○c			c○○w			
縄　水納島													
島　与那城(4～6m)平安座島		c◎w◎		○w		●c			●c		●w—		
恩納(2～3m)屋嘉田		w◎	○w		●c				○	●w			
宮古島 狩俣(2～3m)		w●	○w	○c		●c				○	●c		
石垣島底地(1.5m)			○w			●c		D		●w			
竹富島(1.5～2m)			●c										
小浜島(1.5～4m)		w◎				○w		○c	○w	○c			
				A		B		C		D			

●○：オキナワモズクの1993年発芽期～1994年消失期，●：藻体の生育確認，○：聞き取り調査，w：wild, 天然産，c：culture, 養殖，◎：1994年度発芽期を追加，—：調査時に発見できない，A：発芽時期，B：収穫可能初期，C：収穫終了期，D：消失期．奄美大島産の時期◇は，既存資料および聞き取り調査から推定．

平均水温は22.5℃，屋久島で18.5℃を示している．本種は秋口に下降水温19～22℃が到来すると遊走子の活動が盛んになり，配偶体由来の遊走子は接合し盤状体を形成する．中性遊走子はもっとゆるやかな水温条件で盤状体を形成し，水温上昇とともにその中央部から同化糸が立ち上がり，胞子体へ生長するパターンがある．そこで1993年から1994年にかけて発芽から消失する時期（季節的消長）を八重山諸島から奄美諸島間の約1000 kmの中から10地域を選び調査した（表21.1）．それによると発芽は，沖縄島で10月中旬に始まり，八重山諸島と奄美諸島では11月下旬から12月上旬に始まる．また，消失期は，奄美大島から沖縄島でほぼ7月中旬，宮古島で7月中旬，そして石垣島で5月下旬である．発芽期を曲線A，消失期を曲線Dで示すと，発芽から消失するまでの期間の長い地域は沖縄諸島であることから，分布の中心はその付近にあると見なすことができる．その理由を琉球列島と黒潮のかかわり合いで見てみよう．図21.10に黒潮流路の概略と黒潮反流を示した．台湾と西表島の間を通り東シナ海に入った黒潮は大陸傾斜に沿って流れていき，北緯30度辺りで東に向きを変えて，屋久島と奄美大島の間のトカラ海峡を通って北太平洋に出る．オキナワモズクの分布域はその黒潮の右半分で取り囲まれている．沖縄諸島の東シナ海側の水温分布は黒潮の影響を強く受けて南から北へ順次低くなる傾向を示し，他方，北太平洋側で遅くなる傾向を示唆している．水温水平分布図（海上保安庁水路部）で発芽期に当たる1999年10月13日～11月2日を見ると，石垣島周辺の水温は28℃で明らかに高温であるが，沖縄島と奄美大島では約26℃である．黒潮が北緯30度付近のトカラ海峡を通過することに着目すると，1999年7月14日～8月4日の29℃等水温線がトカラ海峡に舌状に入り込み，さらに28℃等水温線が奄美大島の間近を通り抜けている．これから黒潮と黒潮反流の影響で奄美大島と沖縄諸島の消失期がほぼ同じ状況になると読み取れる（図21.11）．発芽期から消失期までの期間の相違は，それぞれの場所で植物が感受する積算水温に対する反応と見ることができ，

21 沖縄のモズク類養殖の発展史―生態解明と養殖技術―　389

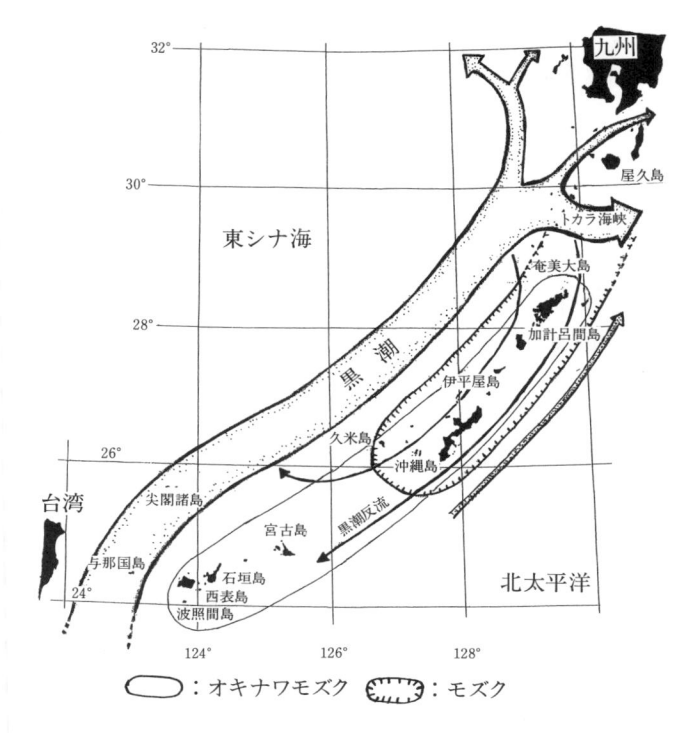

◯：オキナワモズク　▭：モズク

図 21.10　沖縄近海の海流（Stommel & Yoshida 1972）とモズク類 2 種の水平分布.

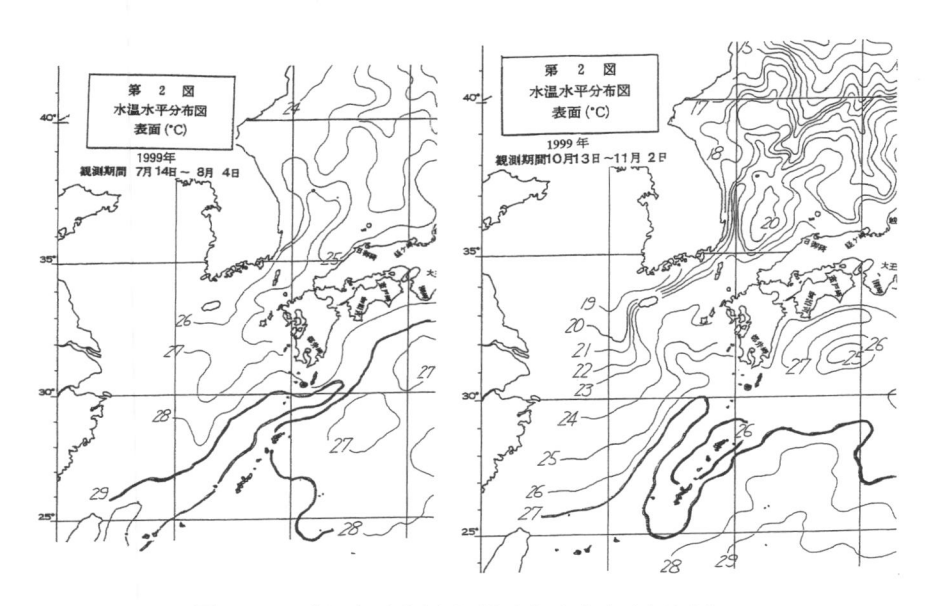

図 21.11　水温水平分布図（海上保安庁水路部資料）.

生育適正水温の滞留時間が沖縄諸島において長いという傍証になる．なお，海上保安庁水路部の測温は沖合であり，沿岸水温はそれより 1～2°C 低めに推移する傾向にある．その根拠は水平水温分布から熱帯性海草のウミショウブ Enhalus acoroides の分布北限を論じた Miki (1934) と当真ら (1983) の西表島沿岸水温の比較による．海藻の水平分布に関して，横浜 (1986) はその分布を限定する要因として水温の重要性を指摘している．

2) 干潟～浅海域における季節的消長

オキナワモズクの季節的消長の範囲を限定して詳しく追ってみる（図 21.12）．1975 年に発芽は 12 月上旬に恩納村屋嘉田潟原において水深 0 m に生育する海草藻場の舌状を呈する 2 個所で認められている．最初に肉眼視される発芽体が配偶子，中性遊走子のいずれに由来するか，あるいは不動胞子が絡んでいるかまだ不明である．海草は微少な流れの条件下でも常に揺れる状態にあり，この時期の海草先端部の約 1 cm は枯れているので良好な着生基質になっている．この幼藻体は 2 月の水温低下期を経て，水温上昇に向かう 3～4 月になると藻体長は 30 cm 以上に達し，生育範囲を拡大する．その後，生育範囲はしだいに砂礫帯へ広がり 5 月頃最大になる．その後，水温が上昇する 6 月下旬から 7 月上旬になると消失期に向かう．生育帯はこのように浅い場所からしだいに深みへ移動し，7 月下旬になると胞子体は肉眼視できなくなる．水深 7～10 m に海草モバが形成されている場所があるが，種々の胞子がその付近で越夏している可能性が高い．生態観察によると，10 月から 2 月頃に発芽する幼藻体はちぎれやすい特徴を持つ（海草の先端部に付着したまま流出する個体も多い）が，それらは浮遊しながら盛んに遊走子を放出することから適応分散の一つと見なされる．

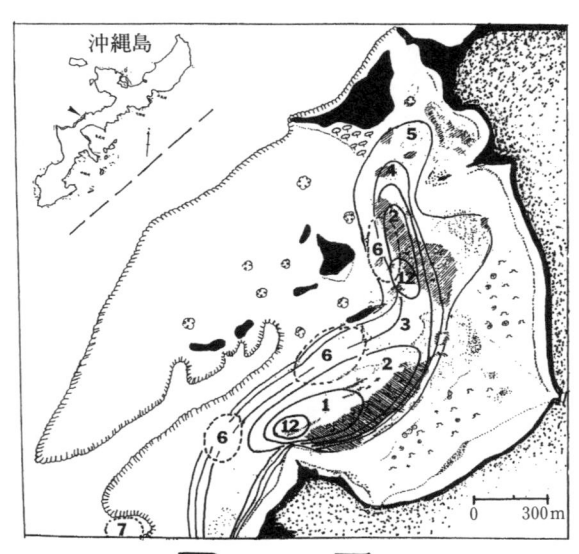

図 21.12 恩納村屋嘉田潟原におけるオキナワモズクの月別消長 (1975)．図 21.16 と同じ場所．

(5) 垂直分布

生育する水深は大潮干潮時 0～13 m であるが，0～8 m に多い．生育水深の最下限が 13 m は

沖縄島東部に位置する平安座島で観察されているが、そこの底質は、砂質、砂礫帯で海草のマツバウミジグサ Halodule pinifolia、ウミジグサ H. uninervis、ベニアマモ Cymodoceae rotundata がパッチ状に生育している。オキナワモズクの主な生育帯は既述したように海草藻場とその周辺部にある。両者の密接な関係は干潟域から漸深帯にまで及んでいて、マツバウミジグサは干潟から比較的深い水深 13 m に生育し、ウミジグサの生育する底質は還元層を形成する砂泥地に多い。ベニアマモは、リュウキュウスガモ Thalassia hemprichii とともに、熱帯性海草藻場を構成する普通種である（当真 1999 a）。

（6） 着生基質

造礁サンゴ礫片、礫、海草の先端部と茎部、塩化ビニール片、木の杭、鉄筋、クレモナ製網などに着生し、着生基質を選ばない。しかし、ホンダワラ類やほかの海藻には着生しない。稀な着生例としては、藻食性魚類の食痕のある生貝のマガキガイ Strombus luhunanus の殻背部にオキナワモズクが数本着生している数個体を水路近くで採集した。本種の着生基質を選ばない特性は、初期発生の直接盤状型に関係し、いったん着生した遊走子は基質から脱落しにくいとみてよい。着生基質と冬季に卓越する北東季節風の関係は重要である。熱帯性で多年生の微小藻類は、干潟の大礫・岩面を覆い海藻胞子の着生を制限する。北東季節風で駆動される漂砂は、海底の礫や岩面をこすり、ひっくり返し、あるいは覆うことで微小藻類を除去し、遊走子に着生面を付与するが、しばらくすると元の状態に戻ることが観察されている。自然界では周年このような繰り返しが行われている。モバは厳しい漂砂の影響を軽減し海藻胞子やその他の微小生物に生活の場を提供する重要な側面を持つ。なお、アジア大陸で発生した高気圧で派生する卓越する冬期季節風は、地理的な位置で九州では西風、沖縄諸島で北東風になり、さらに、八重山諸島ではそれより東寄りに変わる。そのことは季節風に起因する吹送流の強弱が琉球列島の海産植物のニッチ niche を考えるうえで主要因になることを示している。

（7） 形態と粘質物質の利用

藻体は、粘質に富み、太さ 1.5〜3.5 mm、平均 2.5 mm の枝が不規則に分岐し、長さ 25〜35 cm、生育条件のよい場所では 1 m 以上に達する。藻体は薄い褐色から暗褐色を呈するが、曇天が約 1 週間続くと、しだいに藻体色は暗褐色になり、網からちぎれやすくなる。他方、天候が回復し光合成活動が盛んになると藻体はしだいに茶褐色に変化し、同時に、粘液物質が増加する。それは海藻がお互いの体や岩とこすれ合う際の摩擦を減らし、またそれは、絶えず生産され洗い落とされるため、藻体を覆う珪藻やよごれを流す機能になる。その粘質物質は生理活性多糖フコイダンを多く含有するが、田幸（1996）はオキナワモズクフコイダンを分離し、さらに、Tako et al.（1999）はモズクフコイダンを分離した。伊波（2003）はそのモズク類 2 種からのフコイダンの工業的な製造技術を確立した。オキナワモズクのフコイダンには、ピロリ菌の接着阻害作用、抗潰瘍効果が認められ、さらに、O-157 型大腸細菌に対する殺菌作用があると報告されている（海産物のきむらや 1977）。それらの健康食品や医薬品の分野への利用が進みつつある。

（8） 種苗保存法

1） 海中における天然種苗保存法

ビニール袋（70×40 cm）の 1/3 に砂を詰めて紐で縛り、残る 2/3 の部分を揺れやすい状態で

6〜8月に，海底へ沈下させ，その袋の外側壁面に天然胞子を付着させる方法である．投入場所は，海藻藻場に連続する水深2〜4mの砂礫帯である．胞子着生量の有無は，ビニール袋表面が透明から薄い褐色に変化することで判別でき，早ければ4〜5日で肉眼視できる．胞子着生量は，当初ビニール袋の上先端から約半分の部位に多く，固定された部位の着生量は少ない．しかし，最盛期3〜4月になると藻の着生が全体的に広がる．海中で基質を問わず揺れの大きい部位に発芽率が高いことは，先述した海草の上端部でまず発芽が始まることと共通する．このように胞子発生・発芽に基質の"揺れ"が関係していることは確かであり，これが養殖網をゆるく結着する根拠となった．実際，着生基質の揺れる効果が未確認であった1978年に，宮古諸島の伊良部島佐和田浜において網50枚をきつく張った養殖試験では全く発芽しなかった（当真・斉藤 1978）．このように着生基質が揺れることは発芽促進の大きな要因になると見なされるが，藻の適応形態から見ると藻自体が揺れることは光を全体的に感受できると同時に強すぎる波浪の影響を緩和する機能となる．

2) 他感作用（アレロパシー）

これまで海藻類で知られていなかった他感作用（アレロパシー allelopathy：ある藻類が環境中に放出する化学物質が他藻類に有害な作用をする）が，海藻類で初めてオキナワモズクの培養で認められた．種苗保存中のオキナワモズクが溶出した浸出液（次節参照）にシオミドロ類 *Ectcarpas* sp. などがタンク内へ約3ヵ月間侵入できない状態を認めた（当真 1979 a，1986，1996）．後に，この抗藻性物質はオクタデカテトラエン酸（6Z，9Z，12Z，15Z）-octadecatetraenoic acid（ODTA）不飽和脂肪酸であることが明らかになった．この不飽和脂肪酸は海藻胞子に作用するだけでなく，赤潮のもとになる植物プランクトンをごく微量で死滅させる作用がある（柿澤ら 1986，Kakisawa *et al.* 1988）．なお，モズクはこのような他感作用を持っていない．

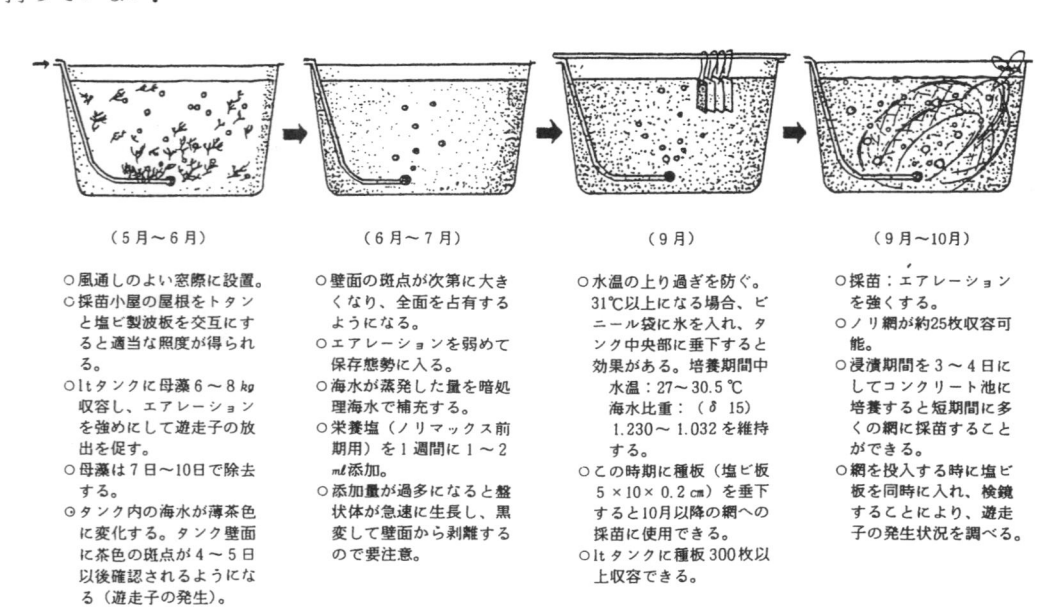

図 21.13 オキナワモズク種苗の大量越夏保存法（当真 1979，1986）．

3) 他感作用を応用した種苗保存法

室内の窓際に 0.5 トンポリカーボネイトタンクを置き，それに藻湿重量約 3 kg を収容して通気する．種苗開始約 1 週間の通気は強めにして胞子の放出を促し，その後，弱めて保存態勢に入る（図 21.13）．開始当初，透明であったタンク内の壁面は，しだいに薄い褐色を呈するようになり，さらに進むと壁面内部が見通せなくなる．タンク内部の透明な海水は藻体から溶出した物質で薄い褐色に変化する．これをオキナワモズク浸出液と称する．その海水にはタンク内の微細藻の繁茂を抑制する効果，すなわち，他感作用が顕著に認められた．浸出液の他感作用の効果は約 3 ヵ月間持続する．タンク壁面に付着した遊走子は約 25 日で直接盤状体に生長するが，その盤状体から，ふたたび遊走子を放出する．越夏培養中のタンク内で同様な繰り返しが 2〜3 回行われている．それは着生基質となる塩化ビニール板（25×10×0.1 cm）を定期的にタンクに垂下すると容易に確認できる．タンク内の水温が 25〜31℃に上昇しても種苗保存に影響がない．なお，採苗には胞子体世代（2 n）のサイクルを利用し，単子嚢が形成されていない藻体を選択することを基本とする．その方法で夏越させた種苗は接合する必要がないことから，約 25℃の水槽内に投入した網に微小な直立幼体の立ち上がりを認めることができる．

4) オキナワモズク盤状体の培養

洗浄した母藻からスライドグラスに採苗し，そこで生長した盤状体の中から良好なものを 2〜3 個かき出し，これを滅菌海水で洗浄して 1 L 容器で通気培養する．その中からさらに状態のよい盤状体を選抜し，5 L 容器に大量通気培養する．フリー培養すると盤状体の発達は制限され，同化糸部分が増殖するが，その形態は直立した同化糸と全く異なる（図 21.14）．ナガマツモ目ミリオネマ科の盤状型は，環境に左右されることが知られているが，これはよい環境条件で盤状型を形成し，悪い条件下で糸状体を形成することと似ている．この方法は，モズク糸状体培養法（当真 1992, 1996）を参考に本部町の漁業者の我部政祐氏により 1996 年に開発され，実際に養殖用種苗に利用されている．糸状体培養は，諸見里（2001）が培養液（KW-21，第一製網社製）

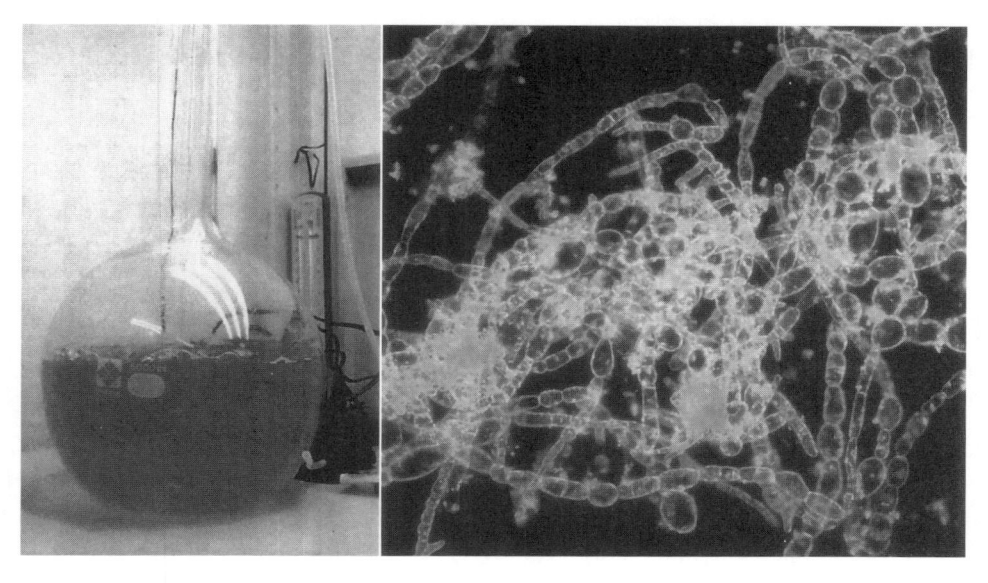

図 21.14 オキナワモズク盤状体のフリー培養（伊波 2003）．

を使用し，施肥と無施肥に区分して生長試験を実施した．

(9) 養殖技術

基本的な方法で概説する．養殖は海草藻場と隣接する遠浅（大潮干潮時の水深 0～2 m）で潮流のある場所で開始され，現在では水深約 8 m まで及んでいる．支柱として長さ 1～1.4 m の 6 分鉄筋を海底に打ち込み，それに養殖網（1.5×18 m）を結ぶ，いわゆる「支柱式養殖」である（図 21.15）．網 1 枚に対しふつう 8 本の支柱が必要である．採苗は越夏させた種苗タンクに，あらかじめ 5 枚重ねた養殖網を収容し約 3～7 日間強い通気をする方法とタンクに同時に網と母藻となる藻体をちぎって入れる，いわゆる「藻体採苗法」がある．いずれの方法でも採苗が容易であるが，天候不順年に天然産の発芽が遅れる場合の越夏種苗は必要性を増す．オキナワモズク養殖の工程表を表 21.2 に示す．

表 21.2 オキナワモズク養殖の年間作業工程（（財）亜熱帯総合研究所 2002）．

オキナワモズク作業内容	7月	8月	9月	10月	11月	12月	1月	2月	3月	4月	5月	6月
網洗浄・結束	━	━	━									
母藻育成（シート採苗）					━	━						
母藻による網漬					━	━	━					
苗床育苗						━	━	━	━			
本張り									━	━		
収穫										━	━	━
網撤去		━	━									

1) 養殖場を制限する地形的要因と北東季節風の関係

養殖場と北東季節風の影響を鳥瞰すると，養殖場は沖縄島東沿岸域に多い．これは，沖縄島の島軸が約 45 度の角度で位置する地形的構造に関係し，島自体が風浪を遮蔽する効果をもたらすことによると推定できる．沖縄島周辺の海草藻場面積 1,204 ha の 90% が東海岸に存在する（当真 1991）ことは，その証拠である．また，紅藻アマノリ類 *Porphyra* sp. が沖縄島の西海岸のみに偏在する事実は，地形的特徴から飛沫帯が，そこに生起しやすいことによると説明できる（当真 1983, 1999）．

2) 中間育成技術の開発と海草藻場の効率的利用

採苗した網を直接「沖出し」すると発芽率が低下する．これを補完する画期的技術となる「中間育苗技術」が 1977 年に恩納村の漁業者の仲松弥徳氏によって偶然発見された．彼は養殖場で 1 枚ずつ張った網の一部がはずれ海底に接地した部分の網に発芽率が著しく高いことを見いだした．そこで，ほかのすべての支柱を打ち込むことで網を着地させ発芽率を飛躍的に高めた．海草藻場の上に被せるように張る網は潮流のわずかの揺れに反応するようにゆるく結ぶ（図 21.15, 21.16）．これがオキナワモズク養殖を大規模に発展させた「着地網張りによる育苗技術」である．これまで網を着地することで発芽率が高まる理由は不明であったが，最近，以下の知見からモバや周辺海底から栄養塩類が溶出していることと関係していると説明できるようになった．当真らは，恩納村屋嘉田の海草藻場の葉部付近と根茎間隙水の栄養塩類の差を見るため水質分析を試みたが，もともとそれぞれに含まれる量が少ないこともあって顕著な差を認めることができなかった．後に知ったが，Patriquin（1972）はリュウキュウスガモの一種 *Thalassia* sp. 群落で，リン酸は植物が必要とする 300～1000 日分が主として堆積中物中に存在しているのに対し，窒素

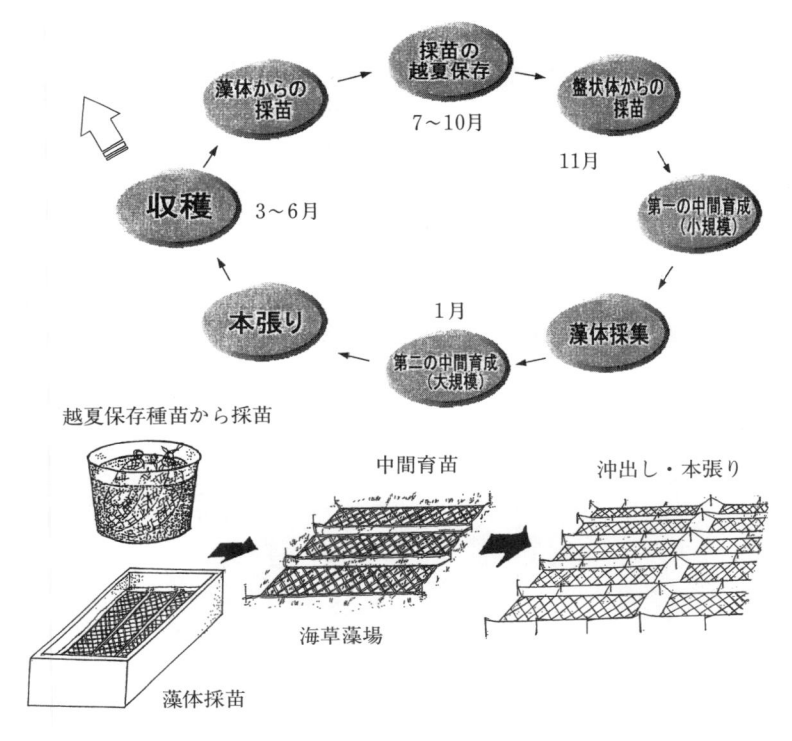

図 21.15　オキナワモズク養殖の展開と方法（当真 1986, 1996）．

図 21.16　恩納村屋嘉田潟原におけるモズク類養殖の展開．図 21.12 と同じ場所．
　　　　　沿岸より右端の矩形はヒトエグサ養殖（(財)亜熱帯総合研究所 2002）．

は 5〜15 日分しかなく不足していることを見いだしている．しかし，沖縄島のモバの基盤を形成している地質構造を見ると，干潟の砂層の下は，陸域から礁池へゆるやかに傾斜して連続的に広がっている不透水性の赤土粘土層であることから，陸域からその境界面を通って地下湧水として礁池へ流入する可能性を示唆した（沖縄県 1993）．さらに沖縄県下の海草藻場を調査した当真ら（1981，1991）は，モバや周辺で地下湧水が湧出する現象（海中で海水と淡水が急激に混ざると

生じる"揺らぎ")を観察していたが，それが生育環境に与える影響を過小評価してきた．なお，網を着地しないで発芽する場所があるが，それは地下湧水源の有無や周辺から供給される栄養塩の実態が把握できれば説明がつく（地下湧水源については後述する）．中間育成技術の発明とほぼ同時期に海草藻場を中間育苗床として効率的に利用する技術として，採苗した網を5〜10枚重ねて藻場に張る技術が考案され，中間育成場の効率的利用が促進されている（瀬底 1977）．その後，越夏種苗の大量保存法（当真 1979）が開発されて種苗の安定的確保が容易になった．現在では，養殖の成功は中間育苗期のできに大きく左右されるといわれるようになった．海草藻場にあらかじめ敷設された養殖網にビニール片（0.1×1 m）を結ぶ方法（つまり着生基質が2重に揺れる構造）が，久米島の漁業者の渡名喜盛二氏が考案され良好な成果を挙げたことから，それが主流になり沖縄県下に広まりつつある（図21.17）．

図21.17 海草モバを利用した中間育苗法の変遷．A：中間育苗，海草藻場の上に4枚重ねて張られた網．37日経過した発芽，久米島．B：藻体採苗用の苗床．海草藻場に1枚の網を張り，それにビニール片（1×0.1 m）を多数結び，胞子を付着させ母藻用藻体に生長させる（写真；渡名喜盛二氏提供）．C：新しい中間育苗法．砂礫帯にスレ防止網を下に敷設し，その上に採苗した網を張る．水深1 m．D：本張りの様子．水深2.5 m．2002年3月撮影．

3) 養殖場面積の飛躍的拡大―大規模養殖を可能にした技術

養殖開始後1978年まで，代表的なオキナワモズク生産地である沖縄島知念村養殖場は岸から約200 mの天然産が生育する範囲に限定されていた．養殖場の環境は陸域（地質；島尻粘土層）から灰白色の細かい粒子が流入して生産活動に難渋していた．その対応策を要請された当真ら

は，海草生態調査を実施し，岸から約 1 km の範囲まで海草マツバウミジグサが低密度で生育していることを見いだした．その低密度の生育帯は，カラー航空写真（縮尺；1/10,000）では判別できないほど薄いが，そこをモバ前縁とすると，そこから沿岸までの距離は，リーフ幅の内側半分に相当する．この海草が低密度で生育できる状態から底砂移動の安定性を読み取ることができ，その付近まで養殖網を張り出し可能という目安を得た．実際にその場所で養殖したととろ，支柱の倒壊がなく藻体も波の機械的な作用に耐えられることが分かり，養殖面積が岸から 800 m 以上までしだいに拡張されるようになった（図 21.18，21.19）．1980 年の 100 トン漁場は 1984 年 200 トンへと進展し，2000 年には 4,000 トン漁場へと変貌している．潮流の速い場所では，網の張り方を潮流方向に向けて前端と後端を低くし，残る中間部を高く張ると，潮通しがよく，さらに波浪の影響を緩和する効果があり生長が早まることを名護市辺野古の漁業者の登川真徳氏が考案した（図 21.20）．

礁池の中央付近でわずかに生育した海草を見た瞬間に，それをどのように解釈できるかということを支えた知識は，サンゴ礁地形，北東季節風の影響，潮流などを視野に入れて海産植物の生態調査を継続的に実施してきた野外調査研究の成果である（沖縄県 1979，当真 1974，1979 b，1980）．さらに増産を図るには水深 5～10 m の未利用漁場を活用することになるが，それにはワカメ養殖ですでに開発されている中層に網を張る方法（秋山・松岡 1986）が参考になる．これは，2 トンアンカーブロックを 10 数ヵ所に置き，それに幹縄を結び，方形枠の中に網を流れ方向に沿って 50～100 枚単位で中層に張り，ブイで浮力をつけ枠全体を平行に維持する形態である．高照度が続く天候条件下では中層網面を海底へ近づけ，逆に曇天のつづく天候では網面を海面へ約 1 m 浮上させて光合成活動を促進させる作業をするとモズク類の安定生産につながるで

図 21.18　知念漁場：各々の矩形はモズク養殖網の設置跡を示す（(財)亜熱帯総合研究所 2002）．

図 21.19　同漁場における拡大，収穫中，収穫後の様子．写真中央下部に漁船が見える．

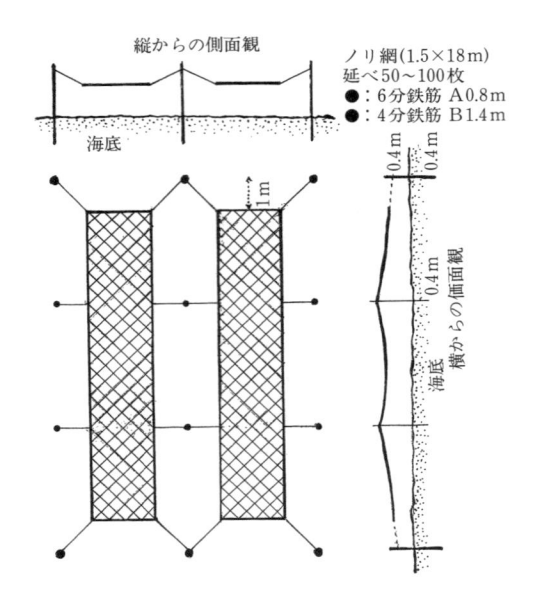

図 21.20　潮流の速い場所におけるモズク類養殖網の張り方.

あろう．すでに，沖縄島本部町水納島でそれと似た方法で中層張り養殖が小規模に実施され実績を挙げた例はあるが，網面を上下に移動させるまでに至っていない．なお，網を海面に浮かべて養殖する方法は本種が降雨による鹹水化に比較的弱いことや藍藻シオミドロ類，緑藻のアオサ，アオノリ，カサノリ，フデノホ，褐藻のウスユキウチワ，イトアミジ，紅藻のシマソゾ，ミナミソゾ，パピラソゾなどのソゾ属，イバラノリ，トゲノリなどと競合するので期待できない．モズク類養殖をさらに効率的に行うには，それらの胞子放出条件を明らかにし，競合を抑制する必要がある．

4）養殖漁場の栄養塩の起源と施肥管理

沖縄県でモズク類養殖が始まって約 30 年間に数回，不作年を経験してきた．それを引き起こす生長阻害要因として，降雨・曇天の続く照度不足や異常高水温が上げられる．ところが好適な気象条件下にもかかわらず，中間育成で生長阻害を生じる年がある．実際，2001 年久米島に養殖網で，数 cm に伸びた藻体が黄色化してしだいに消失する現象が続き生産者は困惑した．そのような網は陸揚げし，新しく採苗した網と交換する煩雑な作業が必要になり労力が増大する．貧栄養の黒潮流域におけるモズク類養殖の成功は，これまで生長に必要な栄養塩を適当な流れが藻体面を繰り返し通過することで，微量な栄養分を補充しているという漠然とした認識であった．しかし，上記の現象はそれでは説明できないことから，ようやく，当真は，中間育苗期に当たる 1～3 月の積算降雨量と藻体色の褪色化に着目するに至り，その年は極端な小降雨（那覇の平均降雨量約 390 mm の 57％）であったことから，久米島におけるモズク類の生育阻害は，少降雨量に起因して陸域から礁池へ栄養塩の供給が不足し，窒素欠乏条件下に置かれて生じる現象と推定した．実際，渡名喜盛二氏は，2000 年に栄養塩に富み清浄性の特性を持つ海洋深層水[*3]を採

[*3] 久米島在の沖縄県海洋深層水研究施設では水深 612 m から日量 13,000 トン取水されている．栄養塩は硝酸体窒素濃度で普通海水（1 μgat/L）と比較する約 10 数倍高い（当真 2000, 2002）．

苗に使用すると発芽率がかなり高くなり，収穫までの期間を約10日短縮できることを養殖して確かめている．発芽率の向上と生長促進の理由は，単離培養された種苗，深層水特性である他海藻胞子の混入のない清浄性と富栄養塩性が効果的に作用したことが挙げられる．

盤状体フリー培養の種苗を施肥濃度別の試験した諸見里（前出）は，無施肥区と比較して，施肥区では顕著に生長促進がみられ，実際に網を使用した生長試験でタネ付け時に，施肥区と無施肥区の間に顕著な差を認めている．自然界では，沖縄島本部の西約31 kmに位置する水納島（0.47 km²）の周辺は，広大なサンゴ礁が発達し好適な養殖場になっているが，そこで生産されるモズク類は恒常的に黄褐色を呈するため，品質の統一を図る必要から，ほかの地域産の種苗を使用した養殖試験が行われたが，収穫物は同様の黄褐色の藻体にとどまった．その色調の相違は遺伝的特徴によるものではないと予想していたが，原因は不明のままであった．サンゴ礁域の栄養塩の多くが陸起源に依存しているとすると合理的に解釈できることから既存資料を整理してみた．瀬底島（水納島の近くに位置する）の礁原水中の溶存栄養塩濃度を測定したCrossland (1982) によると，海洋性の湧昇や人為的影響を受けていないサンゴ礁に比べて高く，海岸からリーフ斜面に向けて硝酸イオン，リン酸イオン，ケイ酸イオン，溶存態有機性窒素，溶存態有機性リンの水中濃度はしだいに減少したが，これは陸域起源の栄養塩供給によるものであった．沖縄島中城湾で栄養塩を中心に水質分析した大出・比嘉 (1983) は，塩素濃度から海水への河川水の混合割合を推定し，湾内海水中のアンモニアイオン，リン酸イオン濃度は河川水によって供給されるものより大きく，有機物の分解による湾内海水への栄養塩の回帰現象を想定している．西銘ら (2003) は，沖縄県糸満市名城沿岸に湧出する地下湧水と河川水の三態窒素，リン濃度の海水分析し，湧出水は海水の10数倍から数十倍の高い値を示した．また，地下湧水の湧出する汀潮域のアオサ帯が鮮緑色を呈することから，アオサの色調は湧出個所の存在を容易に見分ける指標になるとした．なお，窒素源の豊富な海水中では藻類は緑藻，褐藻，紅藻を問わずそれぞれ特有の藻体色を呈することが知られている．実際，当真 (1996) は，カリブ海産オゴノリ陸上養殖試験で窒素分が少ないと藻体色が淡黄化し，過多になると濃紅色になることを確かめている．また，当真（未発表）は，同漁場において定期的に塩分と水温測定から干潮時に富栄養塩の海水が水路方向へ流れ出て拡散することを認めている．そのことは礁池内の栄養塩類の拡散に離岸流 rip current は大きな影響の及ぼしていることを示唆した．国外の報告ではJohannes (1980) はオーストラリアのパースにおいて，海底地下水の湧出が河川流出に比べて数倍の硝酸イオンを沿岸海水に供給していることを示し，McLanchlan & Illenberger (1986) は大規模な砂丘地域を通って高エネルギー磯波帯へ浸出する地下湧水による窒素供給の重要性を定量的に算出し，第一次生産者である磯波帯植物プランクトンの窒素要求量の6%を供給することができるとし，さらにこの砂浜・磯波地帯の生態系での窒素収支における意義について考察した．このように砂浜を通過して礁池へ流入する地下湧水は栄養塩に富み，植物に多大な影響を及ぼしていることは明らかである．これまで不明であった礁池の栄養塩収支を明らかにするには，地下湧水が礁池へ流入する機構との関係を詳しく究明する必要がある．これらのことから陸起源の栄養塩の動向は，モズク類養殖場の生産性を左右することは確実であり，今後，極端な小降雨年は施肥の検討が必要になるであろう．

5) オキナワモズクが産業規模で発展した理由

モズク類の基本的な生活環が解明されて，養殖生産が飛躍的に伸びたとは必ずしもいえない．オキナワモズクは，以下の特徴と条件が揃ったために，ほかのモズク類に先駆けて大規模養殖が

可能になった．そのことは1)を除くとモズクとも共通する．

1) 着生する基質をとくに選ばない．2) 採苗が容易で，開発された養殖技術に生産者が自ら大量越夏種苗保存技術などを改良している．3) 不適生育環境に対し幾重にも生残戦略を保持している．4) 継続的な野外観察により生態的知見の蓄積が進み，それを養殖技術に応用している．

(10) 流通加工

沖縄県のモズク類生産量は，1999年に初めて20,000トンを越え，全国生産量の95％以上を占めている．モズク類生産量のうち，和名モズクが占める割合は約12％であり，オキナワモズクが大半である．陸揚げされた生産物は洗浄，雑物除去，重量比20～25％加塩と攪拌後，7～15日間の脱水過程を経て冷蔵貯蔵される．一部冷凍して出荷する形態があるが，ふつうは沖縄県漁連と9漁業協同組合および民間4加工業者が塩蔵出荷している．県漁連・各漁協の集荷率は約50％で一元集荷する体制になっていない．ここに価格が安定できない要因がある．出荷時に酸素バリヤー性ビニール袋に詰めた状態で計量し，20 kg缶詰容器に入れ梱包されて冷蔵する．加工業者直送では1 m³のプラスチック袋詰も行われている．雑物除去作業以外は，ほとんど機械化・自動化されている．生産量のうち，約90％以上が県外へ出荷されている．沖縄県内における2次加工製品開発は遅れているが，それは大きな消費地まで遠いという地理的条件が隘路になっている．この不利性の打開は容易でない．

21.2　モズク（地方名：イトモズク）

モズク *Nemacystus decipiens* (Suringar) Kuckuck（図21.21）は，ナガマツモ目 Chordar-

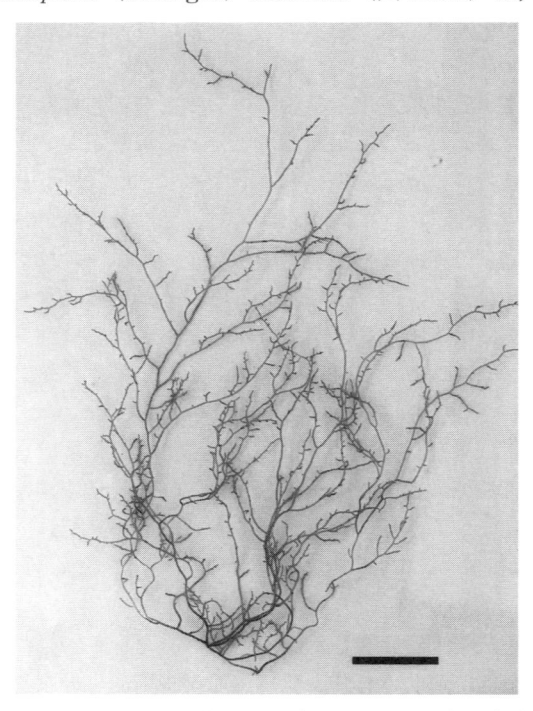

図21.21　モズク *Nemacystus decipiens* (Suringar) Kuckuck（久米島産）．スケール：3 cm．

iales，モズク科 Spermatochnaceae，モズク属 Nemacystus に属する食用海藻で，本州から九州，奄美諸島，沖縄諸島に分布している（岡村 1956，遠藤 1913，瀬川 1956，新崎 1964，四井・右田 1972，吉田 1998）．分布南限は，沖縄島・久米島（北緯26度）であり，宮古諸島以南には分布していない（当真 1991，1996）．いわゆる，九州以北産モズクがホンダワラ類に着生するのに対し，奄美大島以南に産するものは，それに着生しないという生態的特徴を持つが，両者は分類学上では同種とされている．沖縄産モズクは，1972年以前から沖縄島の知念村など数ヵ所で生育が確認されていたが，それを積極的に食用にした形跡はない．ただし，聞き取り調査によると，同種はオキナワモズクと比較して叢生し，粘液質が多く，藻長が長く，収穫しやすいと識別されていた．同種が，地方名イトモズク（あるいはホソモズク）として流通するようになったが，それがいわゆるモズクと同定されたのは，1990年頃で，当真が京都大学の鰺坂哲郎博士と長崎大学の右田清治教授に依頼したことによる．なお，沖縄諸島以南に分布するモズク類はオキナワモズクとモズクの2種であり，フトモズクは分布していない（当真 1993，1996）．フトモズクが奄美諸島から沖縄諸島，八重山諸島まで分布しているという田中（1956，1960）の記述は疑問であり，今後琉球列島における本種の分布を精査すべきである（当真 1996）．

（1） 養殖の取り組みと生産量

モズク養殖への取り組みは本土側の需要により実施されるようになり，1980年に知念村で0.6トン生産され，1982年に恩納村で0.4トン生産されるようになった．養殖方法は基本的にオキナワモズクと同じであることから，需要に応じてしだいに伊是名島，伊江島，宮古島など各地で生産されるようになり，1987年に約1,200トンが生産されている．1992年には藻体が直接的種化して種苗にする技術開発や単藻培養技術が確立され（当真 1992），2,240トン，1998年に2,405トン生産されるようになった．それ以降，ほぼ1,500〜2,000トン台の生産を維持している．このように，モズク養殖技術は研究者と漁業生産者らにより創意工夫が加えられほぼ確立された状況にある．

（2） 生態的特性と季節的消長

1） 形　態

モズク藻体は，太さ約1mmの糸状で不規則に分岐し，長さ25〜50cmに達し，生育条件がよいと1m以上になる．また，藻体はかなり粘液質に富む（オキナワモズクより粘液物質が多い）．粘液質は光合成が盛んな晴天時に多くなり，曇天が続くとかなり少なくなり，さらに曇天が続くと藻体は基部から分離しやすくなる．分離した藻体は他の網や鉄筋など基質に絡まり，その位置で生長する．半透明の長い毛（hair）は絡まるために重要な役割をする．

2） 生育場所

生育する場所は，沖縄本島では知念村，沖縄市，与那城町，糸満市（消滅），名護市の辺野古と羽地そして久米島である．生育する最大水深は2〜13mであるが，2〜8mに多い．地形的に見るとサンゴ礁がよく発達し，海草藻場に連続した深さが数m以上ある場所に限定されている．養殖が大規模に実施されている浅い養殖漁場を持つ恩納村屋嘉田潟原と宮古島狩俣でモズクが翌年自然発芽した観察例はない．久米島ハテノハマでは，半分砂に埋まったサンゴ礫側面部から発芽した数cmの藻体を採集した．3,000 luxで室内培養した糸状体を8,000〜10,000 luxの自然光

に当てると急速に弱まり，その後，基質から落下することから，モズク胞子が干潟や浅い場所で生残する可能性はきわめて低い．本種の3～10 m の漸深帯における発芽・消失の動向は不明であるが，その付近で胞子が周年生存しているとみてよい．

3) 着生基質

天然基質ではサンゴ礫片，礫，海草の露出した地下根，茎部など，人工基質ではノリ網，釣り糸のテグス，鉄筋などにつく．しかし，ビニール袋のような表面が平滑な基質にはつかない．分岐糸状型の初期発生は凹凸のある基質の隙間に潜り込むには都合がよいが，平滑なものには着生しにくいようである．

4) 季節的消長

生育期間が分布南限の沖縄諸島で長い特徴を有することは，モズクの分布の中心がオキナワモズク同様，沖縄諸島付近にあることを意味する（表21.3）．本種の生態的特性を分布の中心，着生基質の相違などを見ると，今後，九州以北産と比較することは興味ある課題である．

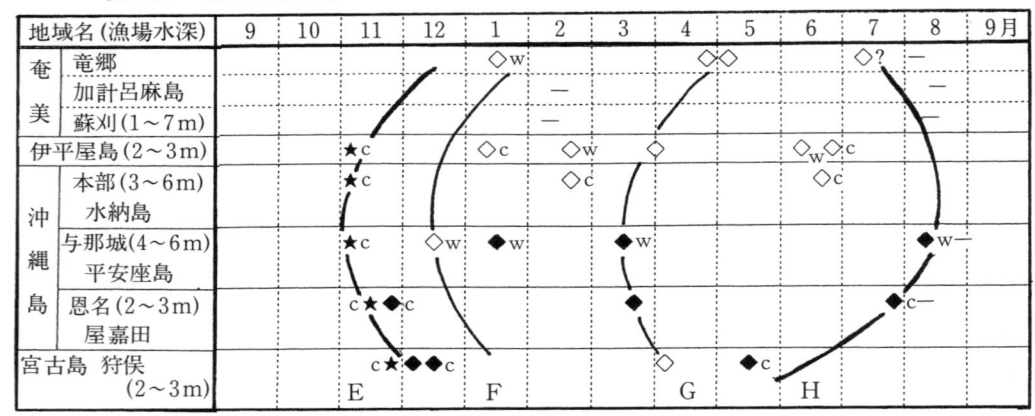

表21.3 琉球列島各地におけるモズクの季節的消長（1993～1994）（当真 1996）．

◆◇：モズクの1993年発芽期～1994年消失期，◆：藻体の生育確認，◇：聞き取り調査，★：1994年度発芽期を追加，—：調査時に発見できない，（ ）：天然産が生育しない地域，w：wild, 天然産，c：culture, 養殖，E：人工採苗による発芽期，F：収穫可能初期，G：収穫終了期，H：消失期, 奄美大島産の時期◇は，調査，既存資料および聞き取り調査から推定．

5) 沖縄島の東西沿岸域（漸深帯）における季節的消長

1995年には，恩納村屋嘉田潟原（西沿岸域）の浅い漁場において，養殖モズクは7月下旬に消失した．しかし，東沿岸域に位置する与那城町平安座島の水深13 m の場所では，8月上旬まで採集され8月下旬に消失した．沖縄島東西沿岸域の発芽期と消失期対比すると，西沿岸域で，それぞれ，約2週間から1ヵ月早い．これは西沿岸域の漁場が地形的に浅いために，冬季に早く冷え夏季に早めに暖まることに起因していると推定できる．このようなことから発芽と消失期は，藻体が感受する水温変動と日照度に影響されていることが分かる．

6) モズク生活環以外の多様性

基本的な生活環は配偶体世代（n）と胞子体世代（2n）の異形世代交代を基本とする．前者は高水温期にみられ，単胞子嚢（図21.22右）から配偶子（n）を放出し直接盤状型になる発生を繰り返す世代で水温が下降すると接合し盤状体から胞子体へ進む顕微鏡的な大きさで肉眼視できない．後者は秋口から春先にかけてみられる世代でいわゆるモズクといわれる胞子体世代である．中性複子嚢を（図21.22左）に示した．基本的な生活環以外の多様なサイクルをみるとかなり複雑であるが，環境変化に対応した生存戦略からみると合目的性がある．ここでそれらの体系について紹介するがまだ解明されていない部分があるであろう．

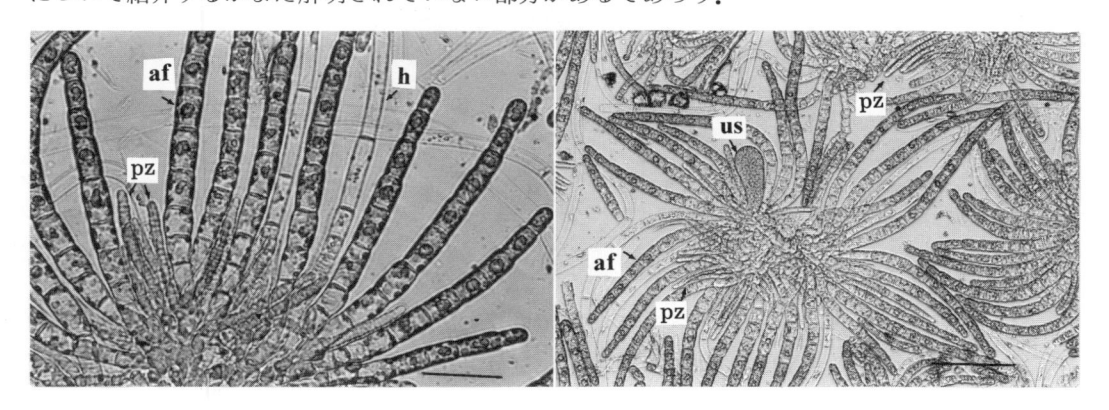

図21.22 ㊧：越夏種苗を使用し，海洋深層水で採苗（2001年9月29日）後，育苗床で発芽した藻（10月10日）．af：同化糸，pz：中性複子嚢，h：毛・スケール：40 µm．
㊨：㊧と同様な藻，この時期に水温ですでに単子嚢と中性複子嚢が見える．us：単子嚢．スケール：80 µm（写真；㊧㊨ともに渡名喜盛二氏提供）．

（3） モズクの生態的多様性から見た生活史

1) 同化糸全体の生殖細胞化と藻体断片化による栄養生殖

天然産，養殖ものに限らず秋口から初冬にかけて肉眼視できるような藻体は細くちぎれやすい特徴を持つ．その時期の藻体は，中性複子嚢がわずかに形成されているか，全く形成されていない状態にある．長さ1～3 cmの藻体を2枚のプレパラートに挟み押しつぶし法で観察すると10数個に断片化 fragmentation し，各々が新個体に発達する．その断片は長い毛（hair）を有するが，それはほかの基質（海草・海藻，網，鉄筋など）に絡まりやすい特徴を持つ．また，曇天・降雨が続くと藻体の黒褐色化が生じ根本からちぎれやすくなり，強い波にあうと藻体の網から一斉流失が起きるが，それは不適環境要因に対する個体群の生き残るための適応分散による増殖方法であろう．

2) 単子嚢が新個体になる形態

単子嚢の内容物を放出して1個の新発芽体になる．特徴として始めに長い毛（hair）を伸ばしてくる点があげられる（図21.23）．

3) 生活史の捉え方

基本的な生活環に多様な栄養生殖を加えた生活史の概略を示すと図21.24のようになる．これ

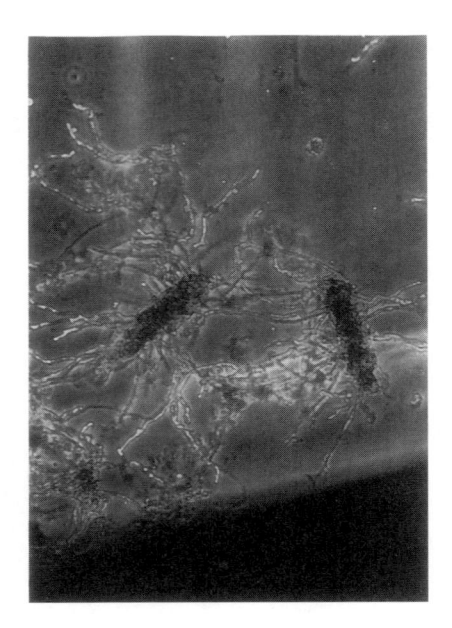

図21.23　単子嚢内容物から1新個体を形成．毛（hair）が伸びる．

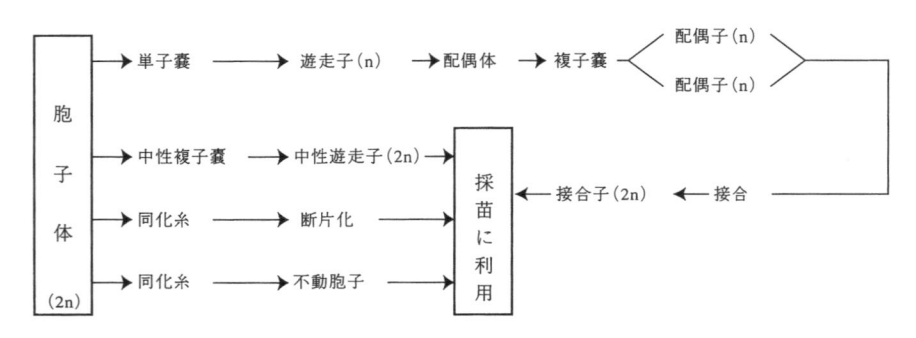

図21.24　モズクの生活史の概略（当真 1996）．

で生活史の全体像かというとまだ疑問は残る．これまでモズク類の環境変化へ対応した細胞分化の多様性は論じられてこなかった．ここでは，生殖細胞の厳密な分化が起きていないということを基本にして複雑な生活の様子を合理的に説明できることを明らかにした．中村（2001）は，植物の個体発生には運命の決定というような厳密な分化は起きていないし，植物細胞は終生完全な全能性を持っていて，この自在な植物のオーガナイゼーションの可変性こそ，植物が激変する自然界に適応し今日まで生存してきた基本的な理由であると紹介している．そのことが藻類でも顕著に認められたことになる．ところで，培養研究によって解明された「生活環」と海中における生態を総合的に解明した生活の実態でなければ「生活史」とはいえないことは明白である．また，たとえば多様な栄養生殖を行う不動胞子の存在は，自然界において，どれが主要なサイクルで，どれがサブサイクルかとする論議を必要としている．また，当真（1996）は，生活史の中で栄養繁殖の重要性をイバラノリ，クビレヅタ，カリブ産オゴノリ（当真 1984，1992，1996）の培養・養殖試験や海草リュウキュウスガモの移植試験（当真 1976）から指摘している．

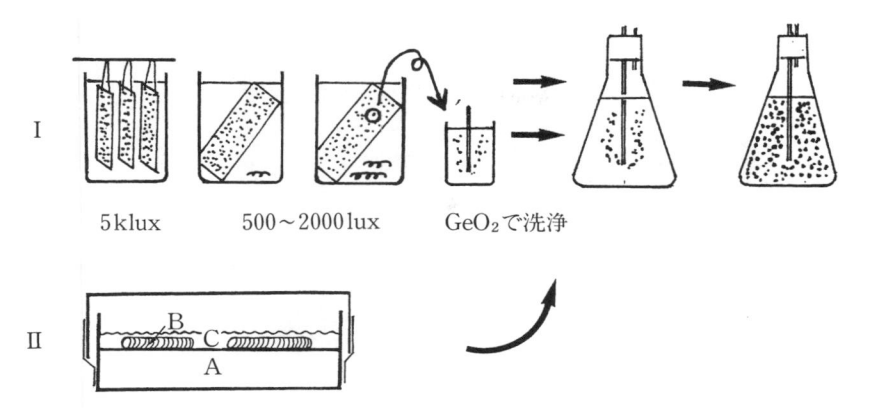

図 21.25 モズク種苗のフリー培養法（当真 1996）．
 I：間接的な方法．II：直接種苗化を促進する方法．
 A. 寒天培地，B. 藻体，C. 滅菌海水．

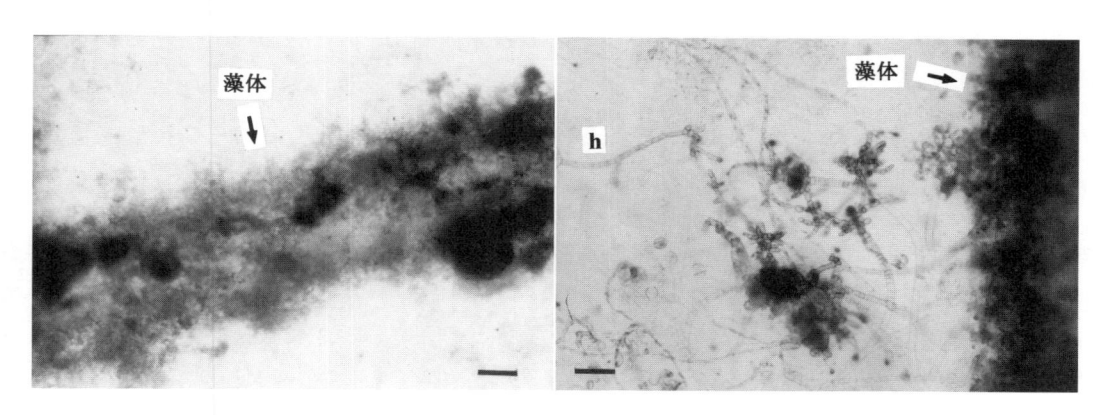

図 21.26 モズク藻体（同化系）から無数の糸状体がいっせいに分散する状況．
 ㊧：寒天培地上で藻体がすべて糸状体に変化した状態．スケール：80 μm．㊨：㊧の拡大，半透明な毛（hair）を有する．矢印は胞子体の一部を示す．スケール：25 μm．

（4） 種苗保存法

1） 糸状体のフリー培養による不動胞子の大量種苗保存法

同化糸の全体から，直接的に糸状体を発現させる方法がある．直径 10 cm の蓋つきシャーレに，培地として 3％寒天にノリマックス後期用（同仁化学社製）を 0.5 mL/L 混入する．その培地の上に約 5 cm に細断した藻体片を数個置き，さらに，滅菌海水を藻体が浸る程度（図 21.25）注入する．培養条件としては，日長を 12 時間明，12 時間暗，室内温度 20℃，照度 500 lux，その状態を 30〜45 日継続培養すると同化糸細胞の全体が無数に透明な長い毛（hair）をつけた状態でタネ化する（図 21.26）．これは同化糸が一斉に不動胞子化する細胞分化とみられる．そのなかから，1〜数個体をピンセットで選別し，丸底フラスコへ移し通気培養（フリー培養法）すると約 5 mm の粒状になる（図 21.27）．培養液の組成は，微小藻類培養用に使用されているもので，海水 1 L 当たりに添加する種類と量は，つぎのとおりである．KNO_3；（300 mg），K_2

図 21.27 モズク糸状体のフリー培養.
　上:黒褐色の球状になる糸状体.中:容器から取り出した小球状体.下:その一部拡大.h:毛.

図 21.28 不動胞子から採苗した網(上辺部と A)と中性複子嚢由来の採苗網(下辺部と C)の発芽の相違を示す.

HPO;(230 mg),クレワット 32;(30 mg),$Na_2SiO_3 \cdot 9H_2O$;(0.1 mg),L-シスチン・$9H_2O$;(0.1 mg),ビタミン B 12;(0.2 mg).現在ではそれを漁業生産者で単離培養し,それから株分けして通気培養すると数 100〜数 1000 個単位で短期間に増殖させ,いわゆる"バイオ種苗"として利用している.これは藻体に強いストレスを加えることによって,栄養生殖を促す方法であるが,将来,優良株から選抜育種する際広く応用できるクローン化技術になると考える.同じ培養条件で,中性複子嚢由来の糸状体を選抜してフリー大量培養する方法がある.

2) 同化糸細胞で形成される不動胞子

6月の消失期（不適生育環境時）に採集した藻体に，同化糸先端部の細胞1～2個の褐色化した状態が容易にみつかる．室内培養すると色素細胞が先端部へ移動することで，先端部が赤褐色化し不動胞子を形成する．その1個体は発生を繰り返し生長するが，それを通気培養すると数mmの小球状になる．静置培養するとそれは容器壁面に付着する．その1球体をピンセットで取り出し，洗浄後，フリー培養で増殖させ種苗生産に使用する．1991年は，暖冬で水温が不安定で推移し養殖の労力が増加したが，生産量はやや低下した．その年，不動胞子を由来の種苗と中性複子嚢由来の種苗を区分し，恩納村屋嘉田潟原と平安座島の2地区の養殖試験から特徴的なことが判明した．不安定な水温条件では，中性複子嚢由来の種苗と比較して不動胞子由来の種苗は顕著に生長し，自然界における不動胞子の役割を示唆した（当真 1992，図21.28）．同化糸が不適環境下で示す耐ストレス戦略として，全体的な断片化（細片化）と生殖細胞化は自然界において個体群維持に重要な役割を果たしていると見なされる．また，同化糸がその1～数細胞ごとに分離して分岐糸状体を形成後に増殖する方法もその一環である．

（5）養殖方法

基本的には，オキナワモズクと同様，支柱式養殖で行われているので，概略を述べるにとどめる．モズク養殖はオキナワモズクと比較してやや困難で収穫する期間も短い．モズク養殖の工程表を表21.4に示す．

表21.4 モズク養殖の年間作業工程（(財)亜熱帯総合研究所 2002）．

モズク作業内容	7月	8月	9月	10月	11月	12月	1月	2月	3月	4月	5月	6月
網洗浄・結束	―	―	―									
糸状体越夏保存	―	―	―	―					―	―	―	―
糸状体拡大培養			―	―	―							
糸状体による網漬					―	―	―					
苗床育苗						―	―	―				
本張り								―	―	―		
収穫									―	―	―	
網撤去											―	―

種付けされた網は，海底に敷設すると30日で2～3cmに伸びる．その後，水深50～60cm以上ある沖合へ出す（本張り）と，55日後には収穫できる．そのほかの方法として，モズクが"ちぎれやすい"という特徴を利用して，網に数cm以上に生長したモズク網の上に新しい網をかぶせるように設置して，数日後に上部網を引き離して別の場所へ本張りする．その操作を数回行うことで，採苗から中間育成まで過程を省略することができるが，この方法で収穫すると藻体下部にスジが残りやすいため，本格的に実施している地域は少ない．最近，渡名喜盛二氏（前出）は，中間育苗で数枚の網を着地させる前に，スレによる減耗を防ぐため細かい目合の網を，あらかじめ下部に敷設する方法を考案し効果をあげている．このように，沖縄におけるモズク類養殖の技術は，基本的技術に地域特性に応じた改良を漁業者自ら加えてより安定した養殖技術へと進歩し続けている．

（6）収穫

網20枚から1.5～2.0トン収穫できる．収穫には吸引式水中ポンプを用い，網1枚分を収穫す

るのに約10分を要する．モズクは適正条件下で急速に生長するので，同一網から2回刈り取る生産者で130 kg（1回目の刈り取りで50 kg，2回目で80 kg），平均100～130 kg/網を収穫することができる．1網当たりの収穫量が，オキナワモズクの1回130～150 kg/網と比較して少ないのは，1個体当たりの湿重量がオキナワモズクと比較して軽いからである．これらモズク類の養殖は，餌を与えないで収穫物を得る非常に合理的な無給餌養殖で，サンゴ礁に負荷を与えないで生産をあげる代表的な産物である．モズク類の生産額は，沖縄県養殖業生産額（2000年）の32.4%を占めている（沖縄農林水産統計 1999-2000，当真 2002）．

引用文献

秋山和夫・松岡正義 1986. ワカメ，「浅海養殖」. p. 541-566. 大成出版社.

Ajisaka, T. 1991. *Cladosiphon novae-caledoniae* Kylin (Phaeophyceae, Chordariales) from New Caledonia. South Pacific Study **12**(1): 1-6.

亜熱帯総合研究所(財) 2002. 平成13年度航空写真解析によるモズク漁場調査（沖縄県農林水産部委託）. 49 pp.

新崎盛敏 1964. 原色海藻検索図鑑. p. 205. 北隆館.

千原光雄 1997. 藻類多様性の生物学. p. 386. 内田老鶴圃.

Corner, E. J. H. 1964. The life of Plants. p. 314, The University Press, Chicago（大場秀章・能城修一共訳 1989. 植物の起源と進化. 340 pp. 八坂書房）.

Crossland, C. J. 1982. Dissolved nutrients in reef waters of Sesoko Island Okinawa: a preliminary study. Gulaxea **1**: 47-54.

Darley, W. M. 1982. Algal Biology: A Physiological Approach, Basic Microbiology, Vol. 9, Blackwell Scientific Publication（手塚泰彦・渡辺泰徳・渡辺真理代 共訳 1987. 藻類の生理生態学. 199 pp. 培風館）.

Dixon, P. S. 1965. Perenation, vegetative propagation and algal life histories, with special reference to Asparagopsis and other Rhodophyta, Botanica Gothoburg **3**: 67-74.

遠藤吉三郎 1913. 海産植物学. p. 148-150, p. 273-283. 博文館.

伊波匡彦 2003. オキナワモズクの生理活性成分に関する研究. 52 pp. 九州大学学位論文.

伊野波盛仁・田場典秀・当真 武・新里喜信・上原孝喜 1974. 珊瑚礁内海域における増養殖漁場の開発の研究，水産庁指定研究総合助成事業（昭和47年～49年度），沖縄水試, 43 pp.

伊藤嘉昭 1977. 生活史の起源（I）—新しい生活史のための覚え書き. 生物科学 **29**(2): 57-61, 岩波書店.

Johannes, R. E. 1980. The ecological significance of the submarine discharge of groundwater. Marine Ecology Progress Series **3**: 365-373.

海産物のきむらや(株) 1997. 大腸菌O-157に対する天然海藻多糖類食品の抗菌性に関する研究報告書. 7 pp. 鳥取.

柿澤 寛・楠見武徳・浅利文香・当真 武 1986. 褐藻オキナワモズクの示すアレロパシー様作用について. 日本藻類学会第10回春季大会講演要旨 46.

Kakisawa, H., Asari, F., Kusumi, T., Toma, T., Sakurai, T., Ofusa, T., Hara Y. and Chihara, M. 1988. An allelopathic Fatty acid from the brown alga *Cladosiphon okamuranus*. Phytochemistry **27**: 73-735.

勝俣亜生・瀬底正武 1989. オキナワモズク養殖漁場環境. 昭和62年度沖縄水試事業報. 187-190.

McLanchlan, A. and Illenberger, W. 1986. Significance of groundwater nitrogen input to a beach/

surf zone ecosystem. Stygdogia **2**: 291-296.
Miki, S. 1933. On the sea-grass in Japan(II). Bot. Mag. **48**: 131-142.
諸見里聡 2001. オキナワモズク盤状体のフリー化及び施肥効果試験. 平成13年度沖縄水試事業版 128-140.
中原紘之 1986. 藻類の生活史と生態. 秋山　優・有賀祐勝・坂本　充・横浜康継編, 藻類の生態. p. 533-592. 内田老鶴圃.
中村　運 2001. 形からみた生物学（形態と機能のかかわり）. p. 214. 培風館.
西島信昇 1986. 漁場としてのサンゴ礁. 沖縄のサンゴ礁, 琉球大学放送講座 **4**: 149-163.
西銘史則・山城　篤・田代　豊・砂川智英・岩永洋志登・湧川直樹・仲宗根直司・馬場　章・当真　武 2003. イノー（礁池）における基礎生産力と地下湧水に関する研究（予報）. 糸満市名城地先の礁池における地下湧水の水質と海藻類について（1）, 沖縄生物学会40回大会講演要旨.
岡村金太郎 1936. 日本海藻誌. 964 pp. 内田老鶴圃.
沖縄県 1979. 赤土流出による漁場の環境汚染状況調査報告書 40-49.
沖縄県 1993. 平成4年度赤土堆積漁場機能回復事業調査報告書 7-12.
沖縄県企画開発部 1998. 海洋深層水研究開発事業深層水取水施設環境調査業務報告書（夏季）.
沖縄農林統計情報協会 1999-2000. 第29次沖縄農林水産統計年報. 内閣府沖縄総合事務局農林水産部編集 266 pp.
沖縄県漁業振興基金(財) 2000. モズク等特産化総合対策調査報告（沖縄県農林水産部委託）. 164 pp.
大出　茂・比嘉辰雄 1983. 中城湾の水質. 沖縄水産振興に関する海洋基礎調査報告書, 沖縄協会 33-46.
大城　肇 1964. 沖縄諸島の海藻. 国際大学 **2**(2): 1-53. 沖縄.
Patriquin, D. G. 1972. The origin of nitrogen and phosphrous for growth of the marine angiosperm *Thalassia testudium*. Mar. Biol. **15**: 35-46.
瀬川宗吉 1956. 原色日本海藻図鑑. 175 pp. 保育社.
瀬川宗吉・香村真徳 1960. 琉球列島海藻目録. 琉球大学普及叢書. 172 pp.
瀬底正武 1977. オキナワモズク増養殖についての技術指導, 昭和51年沖縄県水産業改良普及所. 21 pp.
Stommel, H. and Yoshida, K. (ed.) 1972. "Kuroshio"-Its Physical Aspects. University of Tokyo press.
新村　巌 1974. オキナワモズク養殖に関する研究―III, 中性複子嚢の遊走子の発生. 日水雑誌 **40**(12): 1213-1222.
新村　巌 1975. オキナワモズク養殖に関する研究―IV, 単子嚢の遊走子の発生. 日水雑誌 **41**(12): 1223-12325
新村　巌 1977. オキナワモズク養殖に関する基礎的研究. 鹿児島水試研報 **11**: 1-61.
新村　巌 2000. 鹿児島県水産技術のあゆみ, 別刷. 海藻類増養殖関係. 鹿児島県.
Tako, M., Nakada, T. and Hongo, F. 1999. Chemical characterization of fucoidan from commercially cultured *Nemacystus dicipiens* (Itomozuku). Biosci. Biotechnol. Biochem., **63**(10): 1813-1815.
田中　剛 1956. 奄美大島の海藻と資源. 南方産業科学研究所報告 **1**(3): 13-22.
田中　剛 1960. 八重山群島の有用藻類と海産顕花植物. 鹿児島大学・琉球大学合同学術調査団 **3**: 24-25.
田幸正邦・上原めぐみ・川島由次・知念　功・本郷富士弥 1996. オキナワモズクからフコイダンの分離・固定. 応用糖質科学 **43**(2): 143-148.
Tokida, J. 1942. Phycological observations v. Trans. Sapporo Nat. Hist. Soc. **17**(2): 82-95, figs. 1-8.
当真　武・上原孝喜・伊野波盛仁 1976. 珊瑚礁内海域における藻場造成研究報告（アジモ・ホンダワラ類）, 昭和50～51年度水産庁指定研究 1-52.

当真 武 1974. オキナワモズクの増殖と技術指導. 昭和47・48年度沖縄水試事業報 114-118.
当真 武・斉藤裕之助 1978. オキナワモズク養殖試験.「礁湖における増養殖漁場開発の調査研究報告書（昭和52年度，伊良部村佐和田地先海域及び水道域）」, 沖縄県水試事報 26-30.
当真 武 1979a. オキナワモズク種苗の大量保存法について. 昭和54年度日本水産学会春季大会講演要旨 314.
当真 武 1979b. 赤土の懸濁がオキナワモズクに及ぼす漁場環境への影響について.「赤土流出による漁場の環境汚染状況調査報告書」, 沖縄県, 40-49.
当真 武 1980. ベントス調査. 珊瑚礁海域漁場開発調査. 昭和57年度沖縄総合事務局農林水産部 6-27.
当真 武 1981. 琉球列島における海藻藻場の分布, 生態および海産植物の制限要因について. 日本藻類学会第5回大会講演要旨 23.
当真 武・本村浩司・大城 譲 1983. 西表島船浦および周辺海域の海産植物の分布と生態. 昭和57年度沖縄総合事務局西表島水域漁場開発計画調査報告 37-55.
当真 武・玉木俊也・具志堅 剛 1991. 沖縄島および周辺離島の海草.・ホンダワラ藻場. 平成元年度沖縄水試事業報, 131-142.
当真 武 1983. オキナワモズク生産量と漁場形成の一考察. 昭和56年度沖縄水試事業報 209-215.
当真 武 1984. イバラノリ（*Hypnea Charoides* Lamouroux）の四分胞子発生と栄養生殖. 沖縄生物学会誌（22）: 95-101.
当真 武 1986. オキナワモズク.「浅海養殖」. p. 612-625. 大成出版社.
当真 武 1988. オキナワモズク. 諸喜田茂充ら編著, サンゴ礁域の増養殖. p. 56-67. 緑書房.
Toma, T. 1991. *Cladosiphon okamuranus* (Okinawa-mozuku). *In* "Aquaculture in tropical areas (ed. by Shokita *et al*.: Engl. ed. by Yamaguchi *et al*.)" p. 56-69. Midori Shobou.
当真 武 1992a. 褐藻モズク（仮称イトモズク）の生態と種苗保存および採苗法の検討. 平成3年度沖縄水試事業報 119-120.
当真 武 1992b. クビレヅタ. 三浦昭雄編著, 食用藻類の栽培. p. 69-80. 恒星社厚生閣.
Toma, T. 1993. Cultivation of the brown alga, *Cladosiphon okamuranus* "Okinawa-mozuku". *In* "Seaweed Cultivation and Marine Ranching" (eds. by Ohno, M. and Critchley, A. T.), Kanagawa Internatinal Fisheries Training Centre (JICA). p. 51-56.
当真 武 1993. 琉球列島における褐藻フトモズクの地理的分布. 水産増殖 **41**(3): 239-297.
当真 武 1996. 亜熱帯域における有用藻類の生態と養殖に関する研究. p. 154. 九州大学学位論文（同書は2001年に沖縄県海洋深層水研究所, 特別報告第1号として刊行）.
当真 武 1999a. 紅藻イワノリ類の沖縄諸島における季節的消長と地理・地形的分布. 水産増殖 **47**(4): 467-479.
当真 武 1999b.（総説）琉球列島の海草-I, 種類と分布. 沖縄生物学会会誌（37）: 57-91.
当真 武 2000. 沖縄県久米島における海洋深層水の利用. 月刊海洋「海洋深層水」, 号外 **22**: 192-199.
当真 武 2002. 沖縄県における海洋深層水の取り組み.「水産振興」,（財）東京水産振興会編 411: 48-63.
横浜康継 1986. 海藻の分布と環境要因. 秋山 優・有賀祐勝・坂本 充・横浜康継, 藻類の生態. p. 251-308. 内田老鶴圃.
吉田忠生 1998. 新日本海藻誌 日本産海藻類総覧. 1222 pp. 内田老鶴圃.
四井俊雄・右田清治 1972. モズク増殖に関する基礎的研究―I. 長崎大学水産学部研報 **34**: 51-61
四井俊雄 1980. モズクの生活環と増殖に関する研究. 長崎水試論文集 **7**: 1-48.

海藻の利用

22 青海苔産業の歴史と現状

大野 正夫

　東京湾では，江戸時代に「べっ甲青」「銀青」と呼ばれる海藻があった．これは抄くと玉虫模様にべっ甲の輝きがあると表現されているが，これはヒトエグサである（岡村1924）．高知，鹿児島や沖縄では，古くから"あおさ"と呼ばれて，吸い物に入れられてきたが，これもヒトエグサ属の仲間である場合が多い．"あおさ"と呼ばれ食されているものは，多くの場合はヒトエグサである．沖縄では，「アーサー」と呼び，店頭で"あおさ"として売られているのもヒトエグサである．アオバサ，阪東アオサ，阪東青と呼ばれるのは，アオサ属の仲間である（岡村1924）．

　海藻食品業界で青海苔として扱われるのは，掛青海苔，もみ青海苔，粉末青海苔と呼ばれているアオノリ属，いわゆる海苔の佃煮の素材になるヒトエグサ属，阪東アオサといわれるアオサ属である．最近，アオサ類が，日本各地に異常に繁殖して公害問題にまでになっているところもあるが，この大量発生しているアオサ類を肥料，飼料などに使う研究や窒素やリンの除去の使う研究も行われるようになった（大野2002）．本章では，食されているヒトエグサ属の仲間をヒトエグサ，アオサ属の仲間をアオサ，アオノリ属の仲間をアオノリと記述して，これらの食されてきた歴史，利用される特性，生産，加工と用途などについて述べる．

22.1 青海苔利用の歴史的推移

　イングランド，スコットランドには，青海苔と魚や肉を煮て，どろどろになるまで煮込む料理がある．アラスカでも原住民はアオサを干して保存し，細かく刻んで，魚肉とともに煮て食用にしていた（新崎1946）．ベトナムでは，広いラグーンに繁茂するアオノリを摘んでいる光景をよく見かける．これらのアオノリは鶏肉などと炒めたり，スープに入れている．アオノリはアジア諸国の多くの漁村で，海の野菜として種々の料理に入れられてきた報告が見られる（Critchley & Ohno 1997）．韓国では，古来，キムチにはアオノリは欠かせない素材であり，最近は中国から素干しのアオノリを輸入している．

　日本では，アオノリを奈良朝時代に「青乃里」と万葉仮名で書かれていたという記録がある．青海苔が，献上品として海藻文化史に記述されたのは，平安朝時代，927年に編纂された「延喜式23巻民部下交易雑物」の項に，「伊勢，三河，播磨，紀伊，阿波など諸国より青海苔を献上」という記録が初めてである．この頃に食されていた青海苔は，多分，アオノリを指すと思うが，興味深いのは，いまでもヒトエグサ，アオノリ，アオサの主産地は，伊勢，三河，阿波であることである．

　棒状のアオノリは，鮮やかな緑色であり香りもよく，粉末にしてアオノリの炒り豆や，多くの茶菓子に使われてきた．ヒトエグサは，沖縄，鹿児島，高知，愛媛，三河など暖海域では，長年，かき餅，ふりかけなどにも使われてきたが，生で汁物，煮物，和え物，酢の物，天ぷらなど野菜に近い使われ方で食されてきた（今田2003）．ヒトエグサは板状に干して保存し，正月の雑煮に入れる習慣が三河から江戸までの各地であった．江戸時代では，ヒトエグサの乾燥品は，贈

答品としても重宝されていた（今田 2003）．ヒトエグサの佃煮は，東京の下町，佃島の名物であったことが，明治時代の著書に書かれているので，すでに江戸時代からヒトエグサは佃煮に使われていたのかもしれない（岡村 1924）．

アオサ属の利用については，明治44年（1911）発行の遠藤吉三郎の著書「海産植物学」に，「アオサはその組織が比較的硬いので，食用にすることは少ない．ただ，漁民が食用にする諸国もある．伊勢にては，その新葉をとりてすいて"ぎんなんのり"と称して，販売する」と書かれている．また岡村金太郎の著では「海苔屋は，"阪東青"とか"阪東"とか言うて，てんで，相手にせぬ」と書かれている．殖田三郎らによって書かれた「水産植物学」には，「アナアオサは，苦みがあるので，食品には不向きである」と書かれている．1987年に出版された徳田らの「海藻資源養殖学」には，アオサに関して，つぎのように書かれている．「最近，大阪周辺から全国に広まった焼きそばやお好み焼きのふりかけとして，アオノリの品不足からアオサが出荷され始めた．以前は，アオノリの代用品として，愛知県あたりで少量生産されていたが，わずか10年で，現在のアオノリの生産を上回るようになった」．

これらの資料から，アオサが食材として，大量に生産され始めたのは，1970年代初めであり，アオサの大量発生が各地で話題になったころである．アオサが食材としての利用が増大したのは，採取されるアオサの種類とも関連しているのではないかと思われる．従来のアオサは，少し硬く苦くて食べられないという評価が，明治時代から1960年代に書かれた本でなされている．これらのアオサは，日本のアオサの仲間の代表種とされているアナアオサである．1970年代以降に，食用に採取されたアオサは，アナアオサではなく，異常繁殖しているアオサであることが分かった（大野 2002）．食用にされているアオサは，薄くて柔らかい特性があり分類学的な検討は別項でなされている．

22.2 青海苔の食材としての特性

青海苔の栄養学からの効能については，アオノリの成分が多くの文献で見られる（新崎・新崎 1985）．褐藻はカルシウム，カリウム，ヨードが多く，緑藻は，マグネシウム，鉄，銅，アルミニウムを多量に含み，紅藻は全般的にこれらの成分の含有量は少ない．アオノリの成分で健康に効能が期待されるのはミネラル成分であり，カルシウムは 500〜1000 mg/100 g（乾燥重量），鉄は 10 mg/100 g（乾燥重量）などである．これらは多くの褐藻や紅藻より高い値であるが，マグネシウム成分は 1.3 g/100 g（乾燥重量）であり，海藻の中では一番多い値を示している．マグネシウムは，現代人にとって摂取量が不足気味であり，健康へのかかわりに影響を与えており，アオノリからの摂取が期待される（山田 2000）．海藻のなかで，各種ビタミンを多く含むのはアサクサノリであるが，アオノリは，カロチン，ビタミン B_{12}，ビタミンC，D，Eが多い（辻 1996）．さらに，アオノリで栄養学的な大きな効果は，食物繊維の健康への効用であろう．江戸時代初期の「本草書」に，

「アオノリは胃の気を強くするものぞ，腹の下るを止むものなり」

とある（岡村 1924）．胃病の薬と見なされていた．これは食物繊維の効用である．海藻由来の食物繊維は，高分子の多糖類で，ひとの消化酵素では分解されない糖質とされてきた．しかし，現在，食物繊維は，胃腸の粘膜を被膜し，潰瘍を起こす菌を封じ込め，また，潰瘍自身も治す効用が明らかになった．このほか，成人病とされる多くの症状に，食物繊維は，これらの症状を和ら

げる効果が認められるようになった．アオノリをグリーンパウダーとして食卓におき，日常的に使うことにより健康への効用が期待される．

22.3　ヒトエグサの利用

　ヒトエグサは，薄い葉体で板状に抄くことができて，各地でノリのように板状（紙状）にして乾燥させて保存し，汁物または酢の物として食されてきた．現在でもわずかであるが，このように抄いたヒトエグサが食されている．養殖によって生産されるヒトエグサの多くは，ヒトエグサ原藻に醤油，砂糖などを入れて煮込んだ佃煮の原料となっている．ヒトエグサの藻体は一層の細胞からできているので，透きとおる薄さでありなめらかで柔らかい．この特性が佃煮の素材としてあっていた．日本海側の岩海苔採りの盛んな各地では，岩海苔の佃煮が売られているが，これらは，ウップルイノリやオニアマノリと呼ばれる自生するアマノリ属の藻体をヒトエグサと同じように煮込んだものである．岩海苔の佃煮も岩海苔だけでは硬くなめらかでないので，ヒトエグサが混ぜられている．

　暖海性ヒトエグサの養殖生産量は，温暖な冬で雨量の多い年は多く，寒い冬は生産が落ちるといわれているが，環境要因と生産量に関する研究はノリほど進んでいない．ヒトエグサの生産量統計は，アオノリと一緒にまとめられているところが多く，正確な生産量がつかめていないが，全国の生産量は年間3000〜5000トン（乾重量）であろう（徳田ら 1987）．ヒトエグサの主産地は，愛知県と三重県で，この両県で，全国の8割の生産量を占めている．このほか，徳島，愛媛，高知，鹿児島，静岡なども養殖が行われている．平均価格は上昇の傾向があり，大体1 kg当たり3000〜5000円であるが，ヒトエグサの生産は，2000年頃から生産過剰気味で価格が低迷している．しかし，海藻食品が見直され始め，需要が高まる傾向がある．ヒトエグサ養殖は，ほとんど高価な機械を使わずに行われているので，純利益が高く，生産者としては，さらに需要が伸びることを期待している．

ヒトエグサの加工

　ヒトエグサの需要がほとんど佃煮であるので，バラ干しでも板海苔でもどちらでもよいようになり，多くは，バラ干しで袋詰めにして出荷するようになった（図22.1）．また健康食品として

図22.1　高知県，四万十川ヒトエグサ養殖場において，ヒトエグサのバラ干し．

小型のパックに詰められたバラ干しの商品も売られるようになった．ヒトエグサの品質は色の濃いものほど価格が高いが，醤油で煮込む商品であるので，ほかの食用海藻ほどの品質による価格の差が少ない．

　ヒトエグサの佃煮の製法は，基本的には，醤油と砂糖であり，それにみりん，アミノ酸，蜂蜜などが加えられており，さらに，鰹節や山椒などを加えてあるものなど多種多様になっている．佃煮は，大手業者から，地方の特産まであり，その実体はあまりはっきりしていない．ヒトエグサは佃煮の原料から，乾燥したものまで販売されていて，みそ汁や酢の物，天ぷらなどの素材に使われるようになり，用途が多様化しつつある．

22.4　アオノリの利用

アオノリ製品に使われる種

　アオノリ属の仲間で，食用に利用されている主要な種はスジアオノリ *Enteromorpha prolifera* (Müller) J. Agardh であり，ボウアオノリ *E. intestinalis* (Lin.) Nees，ヒラアオノリ *E. compressa* (Lin.) J. Agardh も採取されている（図 22.2）．スジアオノリは，2〜4 mm の幅で細長い主枝は数 10 cm から 1 m にも達する．それらの主枝から分枝が不規則に出るのが特徴である．スジアオノリは日本各地の河口域や内湾の塩分の低い汽水域で，干潮時に長期間干出しない潮間帯中部に繁茂しているが，食用に採取されるものは，濃緑色で柔らかく香りの強い藻体である．塩分の少し高いところに繁茂するボウアオノリは，濃緑色で細長く，30 cm ほどに伸びたものが利用されている．ボウアオノリは，根元付近で枝分かれするが，上部では分枝が見られないのでスジアオノリと区別がつく．インスタント食品への用途が拡大し，ポテトチップやスナックなどにつける青粉として，緑色で幅の広いアオノリが利用されるようになり，養殖されたヒラアオノリが大量に使われるようになった．愛媛県西条付近で養殖されているものはウスバアオノリである．ヒラアオノリは上部が 1 cm ほどの幅になるのが特徴である．日本でのアオノリの利用は，姿干しの土産物以外は，乾燥させた粉末状態の青粉として使われる．アオノリの品質は，濃緑色，柔らかい，香りの強いものが評価が高く，価格は品質によって大きな差があり高品質の藻体しか利用価値がない．

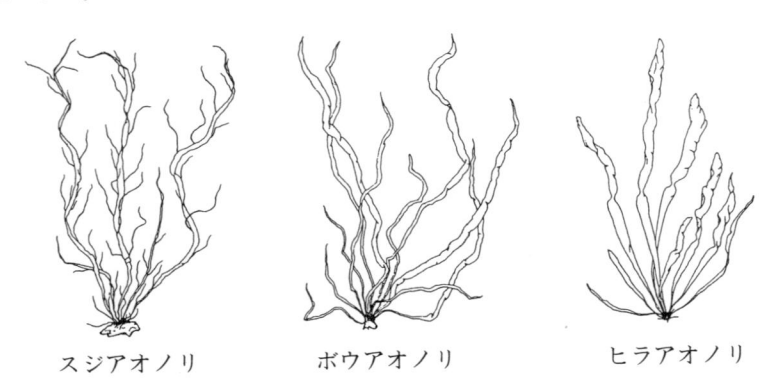

スジアオノリ　　ボウアオノリ　　ヒラアオノリ

図 22.2　養殖アオノリに使われるアオノリ属の 3 種．

天然アオノリ

　水産物としてのアオノリは，1970年代以前は主に天然産アオノリであった．アオノリの需要が急に増加したことにより，現在は，アオノリ供給の9割以上が養殖アオノリになった．なお，天然アオノリを好む用途があるので，天然アオノリの採取も行われている．水産物として市場で取引が行われるアオノリが採取されてきたところは，中四国の限られた河川の河口であった．とくに高知県の四万十川や徳島県の吉野川が主産地であった．四万十川の青海苔の採取は，それほど昔からではなく，明治の頃は付近の人達が冬の季節に採取し近隣の町に売りに行く程度であった（大野 1990）．明治の中頃に和歌山県からの業者が四万十川の青海苔をまとめて県外に売るようになり，四万十川の青海苔産業が興った．地元にも青海苔専門の卸業者ができて，四万十川だけでなく県下の河川からも採取され，高知県は天然アオノリの主産地となった．天然アオノリは，12月から1月に水温が下がると急に伸びてきて，芽生えから1ヵ月ほどで採取できるようになる．この季節のアオノリは冬ノリと呼ばれている．採取されたアオノリは，川辺に張られたロープに掛けられて，寒風で乾燥させ製品になる．川上からの強い風が，良質のアオノリ製品づくりには必要であった（図22.3）．1960年代まで，四万十川では年間30～40トン生産され，全国のアオノリ生産の半分ほどで，四万十川青海苔のブランドが定着していった．しかし，四万十川と吉野川の天然アオノリの生産量は，1970年代から激減していった．良質のスジアオノリは，水量の多い河川で清涼な水質であることが大きな生育条件であり，流量の減少や濁りがスジアオノリの生育に影響を与えたようである．現在でも，四万十川の天然アオノリは風味がよく，採取されているが，生産量は，以前よく採れた年の10％程度といわれている．

図22.3　四万十川河口の天然アオノリの天日乾燥．

養殖アオノリ

　天然に産するスジアオノリの生産が激減し，徳島県では1970年代より吉野川河口などでスジアオノリの養殖が行われるようになり，年間80トンほどの生産をあげている．養殖スジアオノリの採取は，11～1月の初冬と，4～5月初夏の2回であるが，主な生産は冬の採取である（図22.4）．現在養殖アオノリの主要な産地は，徳島，愛媛，千葉，岡山などであるが，品質の査定が厳しいために，各地にアオノリ養殖が広がる傾向は見られない．

　養殖アオノリは，機械摘みであり，採取された藻体は，淡水で洗い，脱水機で水分を取り除い

図 22.4 徳島県，吉野川河口のアオノリ養殖場で，アオノリの採取．

てセイロに並べて冷風乾燥して，プラスチックバッグに入れて梱包される．愛媛県の瀬戸内海の西条周辺の海苔養殖場は，春先に海苔養殖が終わってからアオノリ（西条周辺で養殖されているものはウスバアオノリ）の養殖が行われている．ここで生産されるアオノリは，ほとんどポテトチップなどのスナックに使われており，価格はスジアオノリよりも安いが，100トンを越す生産量を示している．

アオノリ粉末（青粉）の製造工程

アオノリは，天然アオノリの姿干し以外は，各漁業協同組合から10 kgほどに梱包されて出荷される．アオノリは，品質の査定が厳しく産地別の等級によって，大きく価格が変わる．これらの原料は変質が著しいので，ほとんど1年以内に消費される．加工工場で，入荷原料は冷風乾燥して低温状態（暗室）で貯蔵して，需要に応じて青粉に粉砕する．粉砕と夾雑物の除去は自動化

図 22.5 アオノリの粉砕と青粉製造工程（メッシュ別と夾雑物除去，(有)加用物産提供）．

されている（図22.5）．粉砕された青粉はサイズ別に選別された後に，夾雑物の除去が行われるが，ヨコエビやワレカラなどの小動物の除去は，ひとの手で行わざるを得ない．

アオノリの需要

アオノリ類は昔から青粉として，和菓子や餅に使われてきた．近年，焼そば，お好み焼き，ポテトチップ，煎餅，食卓での"ふりかけ"などに多く使われるようになり，需要が以前の10倍程度に増大した．アオノリ類の価格が高いので，アオサ類が混ぜられて使われるようになった．現在，アオノリの需要は約1000トン（乾燥重量）ほどであるが，なお用途は拡大しつつある．現在，アオノリの供給は不足しており，不足分はアオサ類で補っている．2003年のアオノリの価格は，良質なものは，8,000～10,000円であり，海藻の中では海苔に似た高価格であるが，供給が増して価格が下がることを養殖生産者は懸念し，生産調整が行われている．

22.5　アオサの利用

大阪周辺から全国に広まった焼きそばやお好み焼きのふりかけとしてアオノリが使われた．そのアオノリの代用品としてアオサが使われ始めたが，現在はアオノリの生産量を上回っている．アオサが食材として，大量に生産され始めたのは，1970年代初めであり，アオサの大量発生が各地で話題になった頃である．アオサの主な産地は愛知県の三河地方であり，ほかに岡山，徳島，大分，鹿児島からも出荷される．

三河湾の食用アオサの製造

食用に使われているアオサの大部分は，三河湾の愛知県渥美郡渥美町の三つのアオサ工場で生産されている．その一つの工場を紹介しよう．

渥美町周辺の遠浅な砂泥地海岸は，1960年代は海苔養殖場であった．砂泥地にはアマモ類が多く繁茂していたが，1955年頃より大型のアオサが繁茂するようになり，海苔養殖のかたわら，これらのアオサを堤防に干して乾燥させて，少量であるが売るようになった．1965年から1970年には，このアオサが砂泥地を覆うほどに繁茂した．そこで，海苔加工をしていた業者が，機械を用いてこれらのアオサを洗い乾燥させて生産するようになり，1976年に本格的な工場生産に入った．この地区では，1987年に1社，さらに1992年に1社の操業が始まり，ほぼ同規模のアオサ生産工場が3社ある．アオサの生産は，1月から3月の期間は休み，4月より12月まで行われ，最盛期は7月から9月である．冬の期間は，5℃の大型倉庫にアオサをストックして，問屋の注文に応じている．アオサは，常温では変色しやすいので貯蔵には神経を使う．アオサの生育量は，日照に左右されて年により変動する．緑色の濃い葉体ほど良質なアオサであるが，緑色は塩分に影響され比重が20～25の範囲がよく，高くても低くても黄緑色になる．1社のアオサの1日当たり生産量は，平均20トンの生アオサから，乾燥された粉末アオサで，1.8～2.0トンである．これら3社で生産される年間生産量の推定は，およそ700トンあまりである．三河湾のアオサは，沖合いの砂泥地の方が良質であり，場所により繁茂の密度に差があるが，この20年間，極端に減少したり，消えたりした場所はなかった．この海域で，最もアオサの繁茂が著しかったのは1970年代であった．1980年代からは，アオサの大量採取が行われてもアオサの繁茂には大きな影響がなくほぼ安定している．

図 22.6 三河湾でのアオサの採取器具.

図 22.7 アオサの加工場.

アオサの生産方法

アオサの生産は，繁茂したアオサを，"とんぼ"と漁業者が呼ぶ，横 1.4 m，縦 0.7 m の T 字形のものを舟から引いて採取する（図 22.6）．砂が付かないように，水深と流れをうまく利用して採取することが必要である．採取されたものは，その日のうちに加工される．潮の関係で，午後の潮になると加工が夜通しの操業になる（図 22.7）．このようなことから，アオサの生産地と加工場が近いことが，大きな条件になる．

加工場に運ばれてきたアオサは，淡水で洗浄されて，脱水・乾燥させる．乾燥されたものは，粉砕され貝殻などの不純物が取り除かれて袋詰めにされる．これらの作業は，ほとんど自動化されており，最後の不純物の除去に人手がいる．不純物，主に貝殻とアオサが 1% くらい選別されるが，これらは鶏の餌として買い取られている．燃料は灯油を使っているが，臭いがつかないように，機械にオイルをできるだけ使わないようにしている．そのために機械の磨耗が早く，ランニング・コストが意外に多くかかる．アオサ加工の操業には，毎日 20 トンあまりの生アオサが入手できる立地条件が必要である．さらに品質の査定が厳しく，アオサ加工場が各地のアオサ場にできない理由となっている．現在，多くの海岸で，アオサが大発生しており，アオサの利用が検討されているが，需要拡大の努力も必要であろう．

22.6　青海苔産業の展望

ヒトエグサの用途は，佃煮以外に新しい商品が長年でないので，ヒトエグサ養殖は低迷していたが，佃煮にほかの素材を加えたものが開発されて，ヒトエグサの需要が伸びており，健康食品としてのヒトエグサのバラ干しの売れ行きも増大している．アオノリは，多くのインスタント食品やスナックへの用途が，拡大しており，高品質のアオノリは，1 kg 当たり 10,000 円以上となり，海藻の値段としては最も高い価格となっている．アオノリの粉末である青粉の用途は，鮮やかなグリーン色のイメージがよく，さらに食品の素材としての需要が伸びることが期待される．

アオノリは，健康にかかわる機能性成分が多く含まれており，近い将来は，機能性成分を抽出する原料としての需要もおこるだろう．

　アオサは，アオノリの代用品として利用が拡大したが，食用産業への供給は低迷している．今後，採取される天然アオサには，飼料や肥料としての用途が期待される．

引用文献

新崎盛敏 1946．青海苔. p. 77. 霞ヶ関書房.
新崎盛敏・新崎輝子 1985．海藻のはなし. 228 pp. 東海大学出版会.
Critchley, A. T. and Ohno, M. 1997．Seaweed resources of the world. 431 pp. JICA.
遠藤吉三郎 1911．海産植物学. 748 pp. 博文館.
今田節子 2003．海藻の食文化. 188 pp. 成山堂書店.
大野正夫 1990．河口域に生育する海藻・海藻. 伊藤猛夫編, 四万十川. p. 131-148. 高知市民図書館.
大野正夫 2002．新しい食材 アオサ. 能登谷正浩編著, アオサの利用と環境修復（改訂版）. p. 137-142. 成山堂書店.
岡村金太郎 1924．趣味からみた海藻と人生. 290 pp. 内田老鶴圃.
徳田　広・大野正夫・小河久朗 1987．海藻増養殖学. 354 pp. 緑書房.
辻　啓介 1996．海藻と健康・栄養. 大野正夫編, 21世紀の海藻資源. p. 100-111. 緑書房.
殖田三郎・岩本康三・三浦昭雄 1963．水産植物学. 640 pp. 恒星社厚生閣.
山田信夫 2000．海藻の無機成分とビタミン, 海藻利用の科学. p. 152-185. 成山堂書店.

海藻の利用

23 伝統的な寒天産業

宮下 博紀

　今から350年ほど前，山城国伏見（現京都市伏見）で天草を煮て冷やし固めたトコロテンから「寒天」が偶然に発明されたといわれている．以来，寒天は伝統文化である和菓子用原料として発展し，近年は食品のほかに医薬品，化粧品，DNA鑑定の電気泳動，組織培養などでさまざまな利用がされている．

　発明の初期，京都の伏見地区だけの秘法であった寒天製造は，時代が変遷する中で長野や岐阜などの山間地農家へ普及して，糸寒天または角寒天を冬季の副業として生産した．第二次世界大戦の前には世界生産量の9割を占めるまでに成長し，自国消費とは別に1600トン強の寒天が諸外国へも輸出された．しかし，現在は市場の構成も大きく変わって昔ながらの製法でつくる糸寒天と角寒天は減少し，これらと代わるようにして工場内で通年生産する粉末寒天が台頭している．そして今後も，生産農家の減少や温暖化などの環境，物性および利用目的の多様化などの状況を考えると，粉末寒天の寡占化はさらに高まるだろうと推測する．

　ここでは日本の伝統食品である寒天について，産業的現状と将来の展望などを踏まえながら記述する．最近の研究では，従来の寒天と異なるユニークな寒天も開発されており，寒天という素材がさまざまな用途に応用できることを確認している．ただ固めるだけの寒天利用でなく，寒天の保水力や生理的機能なども有効に利用して，差別化を図った商品開発が求められている．それら用途に応じた寒天開発が，今後の寒天需要の拡大と業界の活性化などに欠かせない重要な因子である．

23.1 寒天の歴史

　天草を煮溶かして冷やし固めたトコロテンを，日本人が初めて食したのは1000～1200年前のことである．このトコロテンは平安時代の頃に遣唐使によって伝えられ，当時は高貴な人々だけが食すことのできる贅沢品であったようである．天平5年（733）の出雲国風土記にも，トコロテンがお菓子として珍しがられたとの記述が残されている．江戸時代に入って最初の大飢饉が起きた翌年（寛永20年（1643））の料理物語には「…鮒ノこごりニ夏ハところてんノ草ヲ加ヘヨシ…」と記され，この頃にはトコロテンが庶民にも定着していた様子が伺える．そして，自然の力を巧みに利用した寒天の製造が始まったのも同じ頃といわれている．

　寒天の発明にはさまざまな説や時代があるが，もっとも有力とされるのが「凍瓊脂の説」である．四代家綱の時代に，参勤交代の薩摩藩主島津公をもてなすためにトコロテン料理を出し，その食べ残しを屋外に捨てたのが端緒という．厳寒の冬季において夜間は凍結し，温かい日中には融解して水分が抜け，これが繰り返されてトコロテンの干物になった．宿主の美濃屋太郎左衛門は，この偶然の産物がもとのトコロテンより白色で海藻臭がないことに気づき，寒天生産に取り組むようになる．その後幾多の試行錯誤のすえに寒天の製法を確立したと記している．発明の当初は「トコロテンの干物」の名称であった寒天も，日本黄檗宗の開祖である隠元禅師によって「仏家の食用として清浄之に勝るものなし」と賞賛され，寒中に生産されることにちなんで「寒

天」に改称した．

　寒天は，わが国で偶然的発見をきっかけに発明された素材であり，凍結法の知識が全くない時代において多量の水分を除去する製法が確立できたことは偉大な功績に思える．図23.1には，当時とほぼ同じ製法を現在も継承する糸寒天の製造風景を示す．冬の限られた期間で1年分の製品を確保するため，このような操業を行う農家は徐々に稀少な生産者になりつつある．

図23.1　糸寒天の製造風景．

23.2　寒天製造

(1)　寒天の原料海藻

　寒天の原料海藻は，表23.1にある真正紅藻綱Rhodophyceaeのテングサ目テングサ科Gelideaceaeとスギノリ目オゴノリ科Gracilariaceaeが使われる．ともに日本近海に生育する海藻で，その分布や成長の様子は海水の温度や透明度，品種などによって異なる．

　1950～1960年にかけて日本の原藻漁業は繁栄をむかえ，近海で採取される海藻の量は5000～9000トンを誇っていた．しかし，1970年以降は採取量が徐々に減少し，最近の5年間では1000トン前後までに低迷する．おもに採取者人口の減少と高齢化，採算が合わない，生育環境の悪化などが原因とされ，現在では国内調達に代わって韓国・メキシコ・チリ・ブラジル・モロッコ・スペイン・南アフリカ・インドネシアなどから原料海藻が輸入されている．古くから産地の方言や取引上の銘柄などで独特の文化を築いた日本の原藻漁業も，この状況がつづくようならば近い将来に「わたくさ・しまたくさ・天赤・荒目」などの言葉が聞けなくなるのかもしれない．

　寒天の製造には，過去の記録で13属85種にのぼる海藻が使われたと記述される（林・岡崎1970）．しかし，その中には採算が合わないものや未だ同定されない品種なども多く，それらを考慮すれば正確な有用種は不明である．現在は世界的に採取される量が多いテングサ属*Gelidium*・オバクサ属*Pterocladiella*・オゴノリ属*Gracilaria*などが原料海藻に利用されている．寒天の生産者はこれらの海藻産地や採取時期，生育の度合いなどの諸条件でどのように寒天の品質や収率などが変化するのかを研究し，実際の生産に役立てている．

表 23.1　海藻原料とその多糖類.

綱	目	科	属	海藻多糖類
Rhodophyceae (真正紅藻綱)	Gigartinales (スギノリ目)	Furcellariaceae (ススカケベニ科)	*Furcellaria* (ファーセラリア属)	ファーセレラン
		Hypneaceae (イバラノリ科)	*Hypnea* (イバラノリ属)	カラギナン
		Solieriaceae (ミリン科)	*Eucheuma* (キリンサイ属)	
			Solieria (ミリン属)	
			Meristotheca (トサカノリ属)	
		Gigartinaceae (スギノリ科)	*Chondrus* (ツノマタ属)	
			Gigartina (スギノリ属)	
			Iridaea (ギンナンソウ属)	
		Gracilariaceae (オゴノリ科)	*Gracilaria* (オゴノリ属)	寒　天
			Gracilariopsis (ツルシラモ属)	
		Phyllophoraceae (オキツノリ科)	*Ahnfeltia* (サイミ属)	
			Ahnfeltiopsis (オキツノリ属)	
	Gelidiales (テングサ目)	Gelideaceae (テングサ科)	*Gelidium* (テングサ属)	
			Ptilophora (ヒラクサ属)	
			Pterocladiella (オバクサ属)	
			Acanthopeltis (ユイキリ属)	

(2) 寒天の製造方法

　海藻の細胞間にある成分を熱水で抽出し，精製，脱水，乾燥を行って寒天を製造する（図 23.2）．古くから一定の収率と品質を確保するために生産者はさまざまな工夫をこらし，草割りや工程管理などにノウハウを持つ．草割りは原料海藻の配合を表して，多いときには 10 数種のいろいろな海藻を組み合わせる．また，工程管理ではポイントになる抽出（温度や時間），脱水（圧搾や冷凍），乾燥（温度や時間）などで多岐にわたる製造条件を設定する．

　冬の寒気を利用する昔ながらの寒天製造は，味噌や醬油などの場合と同じように多くの職人によって品質が維持される．しかし，気象のコントロールまでは行えないために，生産量や品質レベルの大きな変動をまねいて価格が 5 倍以上も高騰した事例もある．温度や降雨量，昼夜の温度差や日照時間などを考慮すれば，寒天という素材が証券相場のように変動した過去も理解できる．

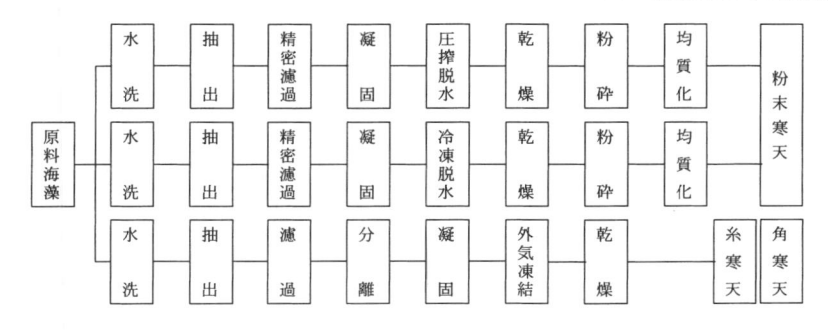

図 23.2 寒天の製造方法.

現在は，衛生的な環境のもとで安定かつ大量に生産される粉末寒天が相場の考え方を払拭し，生産者の努力もあって安心して消費できる体制を確保している．これを裏付けるように，1960年頃の市場で70%強を占めていた糸寒天や角寒天は年ごとに減少をつづけ，近年は粉末寒天が市場の75%前後の高い比率を構成する．

（3） 寒天生産量の変遷

日本は世界最大の寒天消費国であり，昔も今も大きな変動がなく2000〜2500トンの消費量を示す．第二次大戦前には生産量も世界最大となって，わが国は原料海藻の採取から寒天の生産と消費にいたるまでを自給自足でまかなった．1937年には1600トン強の寒天が輸出され，原藻漁業や生産者などを含めた寒天業界のすべてがもっとも活気に満ちていた．その後，第二次大戦や円高などの影響で海外への輸出量は徐々に減少し，近年は諸外国から寒天を輸入する反対の状況を迎えている．諸外国の製造レベルは，日本の技術指導や教育などの援助によって改善をみているが，まだ生産能力や品質面などで不安を残す．世界の中でも厳しい管理レベルにある日本市場では細菌数や物性などの品質管理はもちろんのこと，メーカーの受注システム（納期や在庫管理など）でも高い要求がされるため，350余年にわたって寒天を生産しつづける日本の強さがそこにある（図23.3）．

日本の寒天市場の内訳を図23.4に示す．寒天の生産量が変遷する中で，前述の影響を強く受

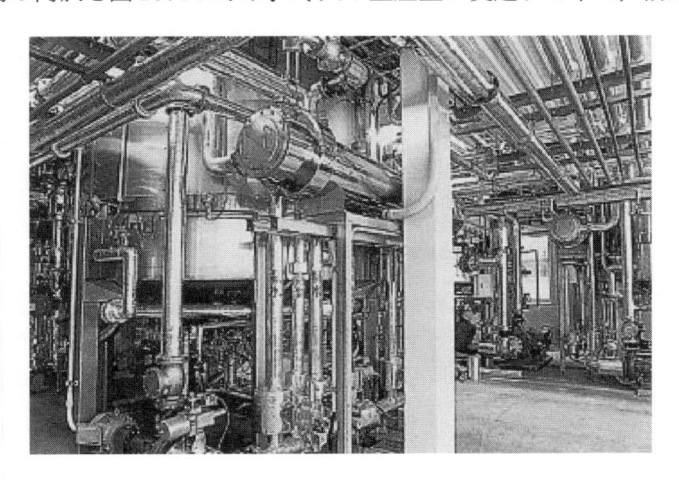

図 23.3 日本の寒天製造．

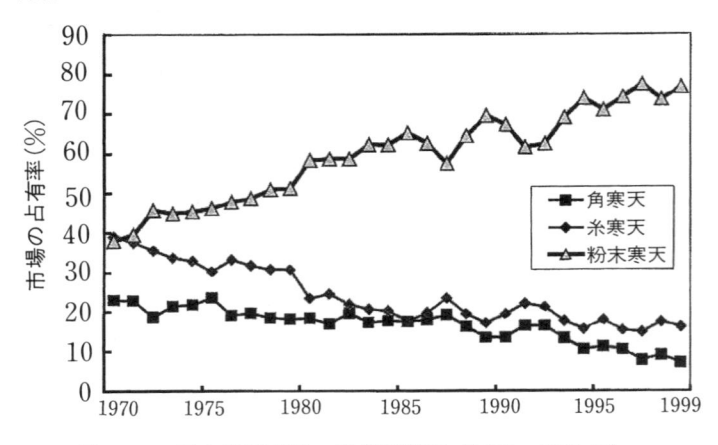

図23.4　日本寒天市場の形態別推移（1970〜1999年）．

けたのは糸寒天と角寒天である．1960〜1970年にかけて市場の50〜70%を占めていた糸寒天と角寒天は，粉末寒天や輸入寒天の増加によって1998年には11.3%（糸寒天），9.0%（角寒天）まで落ち込み，その生産者数も1970年の約200軒から1998年には30軒弱まで減少した．同様に，粉末寒天も生産者数を35工場（1970年）から6工場（1998年）に減らし，この30年という年月が日本の寒天業界に大きな転換を及ぼしたといえる．食品業界が求める優れた品質の寒天を安定して供給することができる生産者だけが残り，30年前の家内工業から脱却して世界を視野に入れた企業体へ進化している．

23.3　寒天の物性

（1）　寒天の組成

寒天はガラクトースを基本骨格とする海藻由来の多糖類であると荒木らは報告している（Araki 1956）．また，荒木らは寒天の主成分が1,3位結合のβ-D-ガラクトースと1,4位結合の3,6-アンヒドロ-L-ガラクトースを繰り返し単位とする中性多糖であることを見いだし，この中性多糖を「アガロース」と命名した．さらに，アガロース以外のイオン性多糖を「アガロペクチン」として，寒天の成分を二つに区分した（図23.5）．アガロペクチンは，基本的にはアガロースと同じ結合様式を持ち，構成糖につく官能基の一部が硫酸エステル，メトキシル基，ピルビン酸基，カルボキシル基になっている．この中性やイオン性の多糖は各々に寒天の物性に関与して，おもにアガロースはゲル形成，アガロペクチンは粘弾性に影響することが分かっている．

寒天は，天然物である海藻を原料に抽出される素材である．そのため，上述の多糖類のほかにミネラルなどの無機物や熱水不溶物なども含まれて，日本薬局方などでは純度試験として灰分や熱水不溶物を規格化している（表23.2）．この中で糸寒天と角寒天は灰分2.5〜3.5%，熱水不溶物0.1〜0.4%として粉末寒天のもの（灰分2.0%以下，熱水不溶物0.1%以下）と異なる規格値を定めるが，これは当時と現在の製造技術のレベルをうまく反映するものになっている．

（2）　寒天の分子量とゲル化特性

寒天は直鎖状の高分子多糖であり，一般的には20万〜40万程度の平均分子量を持つ．古くか

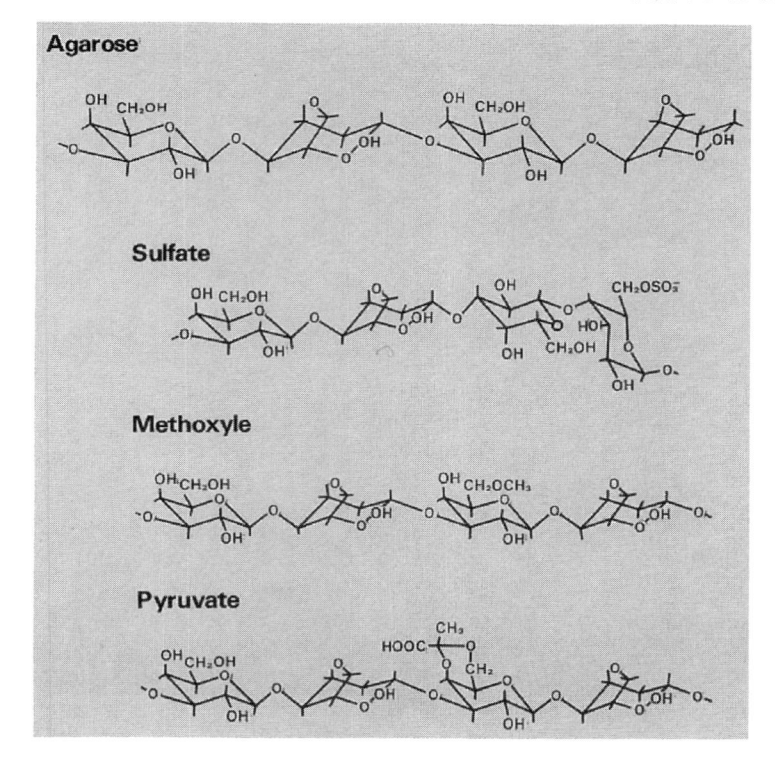

図 23.5 アガロースとアガロペクチンの構造.

表 23.2 寒天の灰分と熱水不溶物.

	灰分	熱水不溶物
JAICS* (寒天工業組合自主規格)	4.0%以下	0.5%以下
日本工業規格	4.0%以下	0.5%以下
日本薬局方	4.5%以下	0.5%以下
FCC (Food Chemicals Codex)	6.5%以下	0.5%以下

* 日本農林規格が平成9年に廃止され，自主規格へと更新された．

らトコロテン・羊羹・ヨーグルト・ゼリーなどの食品で，水を保持しながらゲルを形成させる素材として寒天を利用する．自重の100〜200倍の水を保持して硬いゲルを形成する性質は，その大きな平均分子量と70%以上を占めるアガロース成分に密接な関係があるとさまざまな研究で明らかにしている．

寒天でつくったゲルを電子顕微鏡で観察した写真を図23.6に示す．白く繊維状に見える部分が寒天分子の集合体で，この繊維質が緻密に絡みあって強固な網目構造を形成する．長さ1 μmの物質を10 mmの大きさに拡大観察できる1万倍の高倍率で，ようやく寒天の三次元構造を確認することができる．寒天は，溶かして冷却される過程において液体（ゾル）から固体（ゲル）へ状態が変化して，逆に加熱されると固体から液体へと変化する．この熱の存在よって状態が変

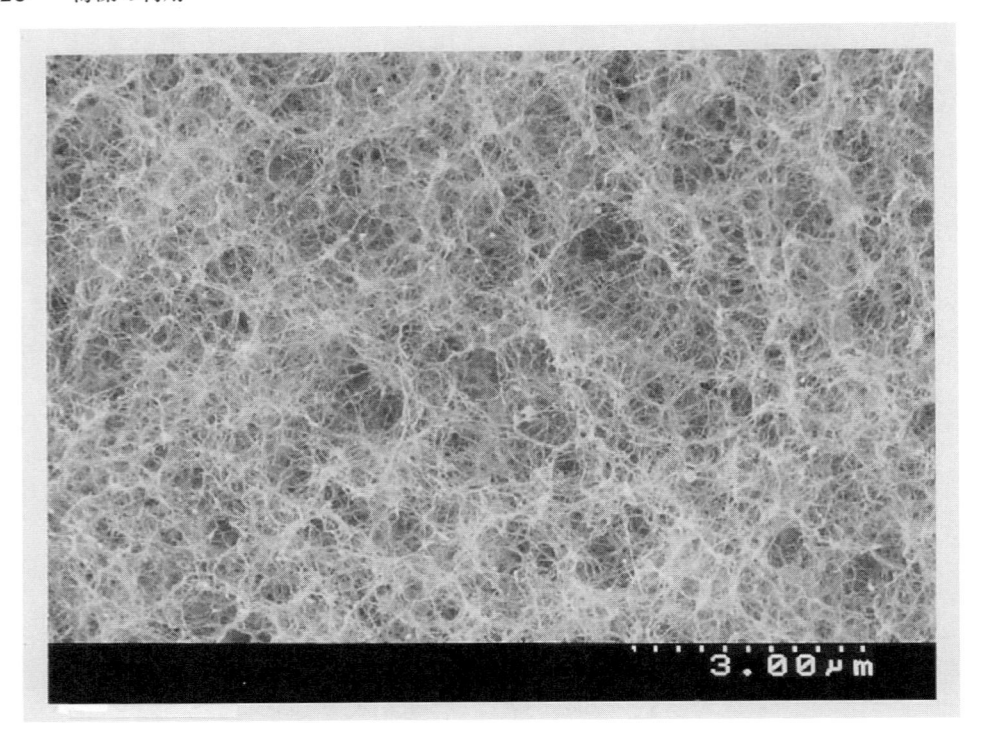

図 23.6　寒天ゲルの電子顕微鏡写真（寒天 1.0％ゲル，1万倍観察）．

わることから，寒天という素材が熱可逆性のゲル化特性を持つと説明されている．ゾル⇔ゲル転移のメカニズムは図 23.7 で解説され（川端 1989，渡瀬 2001，埋橋 1997），寒天分子内や分子間で結ばれる水素結合によって転移すると考えられている．まず，ゾル状態ではランダムコイルになっている寒天分子が，冷却される過程で徐々にダブルヘリックス構造を形成し，さらに分子同士の間で会合が起きて三次元のネットワークを結ぶ．これが寒天のゲル形成であり，加熱されることで起こるゾル転移では反対の現象になる．

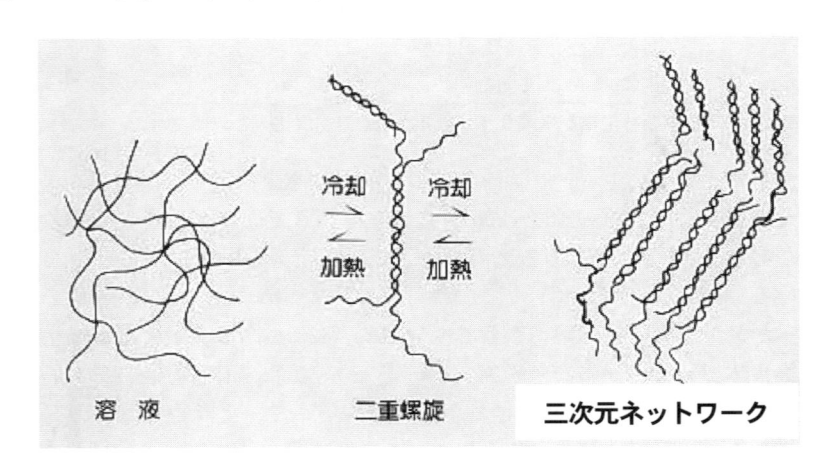

図 23.7　ゾル⇔ゲル転移による構造変化．

寒天のゲル形成能は，海藻の種類や抽出条件などによって調節することが可能である．一般にゲル形成能を表す指標としてゼリー強度があり，日寒水式と呼ばれる独自の測定方法が用いられる．それによると，通常の粉末寒天では 400〜900 g/cm² のゼリー強度を示し，糸寒天や角寒天の 300〜550 g/cm² とほぼ同程度であることが分かる．先に述べた平均分子量の比較でも 20 数万〜40 万程度とほぼ同じ大きさであり，糸状や粉末状などの見た目に違いはあったとしてもほぼ同等の特性を持つと考えて差し支えない．しかし，近年の研究では寒天の平均分子量に着目して，分子量を小さくしたり大きくすることでユニークな特性を生み出し，いままでにない個性的な寒天を上市する．この新規の寒天については次項で説明する．

（3） 寒天の凝固点と融点

寒天のゾル⇔ゲル転移において，液体が冷却されてゲルに変わる温度を「凝固点」，固体が加熱されて再びゾルに変わる温度を「融点」で表す．一般的に寒天のゲル化する温度（凝固点）は 33〜42°C，ゲルの溶ける温度（融点）は 85〜93°C となって，ここに大きな温度差（ヒステレシス）が生じる．同じゲル化の特性を持つゼラチンの場合が 5〜10°C，カラギナンの場合が 10〜30°C になるのと比べてもこの温度差は特異的である．ヒステレシスは，分子のダブルヘリックス構造がゲル化に関与するために起こる現象と考えられ，西成らはジッパーモデルにあてはめた熱力学的説明を提唱する（西成・矢野 1990）．ゾル⇔ゲル転移の構造変化でその自由度に着目して，ゾルへ転移する方がゲルへ転移するよりも束縛を受けやすく，結果としてヒステレシスを引き起こすと説いている．近年，より高い融点（98°C 以上）の寒天も開発されて，ゲルの耐熱性を要求する場面などで利用の範囲を広げている．

23.4 寒天の生理的特性

（1） 寒天の食物繊維

寒天は，自然界の微生物によってほとんど分解されない安定な物質のために細菌検査用の培地などに使われる．ヒトの腸内細菌や消化酵素などでもほとんど分解されず，食物繊維素材の中でも安定なものといえる．1988 年に厚生省（地方衛生研究所 1988），1992 年に科学技術庁（科学技術庁 1992）から主要食品中の食物繊維含量が発表され，ともに寒天が 81.29%，80.9% となって第 1 位に上げられている．近年，食物繊維が大腸がん・糖尿病・高コレステロールなどの予防に効果があると明らかにされ，普段の食生活に第 6 の栄養素として取り入れる工夫がされている．1950 年代，1 日に食物繊維を 20 g 以上も摂取できていた日本人の食生活は，畜肉中心の洋風メニューに変わって 1990 年代には 16 g を下回るまでに減少している（池上 1997）．健康的な生活をおくるには 1 日に 20〜25 g の摂取が推奨され，不足する食物繊維量 4〜9 g を強化した商品も開発されている．なかには血糖値の上昇抑制・整腸作用・コレステロールの吸収低下などの効果を明らかにした特定保健用食品もあり，寒天を使った 3 商品も上市される．

寒天の食物繊維としての効果は古くより経験的に知られ，医薬品規格を定めた日本薬局方の解説書には第 4 局（大正 9 年 12 月改正）から収載される．第 13 局の解説書には「粘滑薬又は包摂薬として慢性便秘に水に溶かす粉末として服用するかあるいは配合剤として用いる…」とあり，寒天の便通改善の効能を記している．また，食品でも特定保健用食品の申請に関係したさまざまなヒト試験データが報告されている（佐々木・国本・桧垣・佐々木・笹谷 1998，原・滝・今

留・埋橋・笹谷・佐々木 2000 a，原・滝・今留・埋橋・笹谷・佐々木 2000 b，明尾・宮下・滝・小島・江田 2001）．便秘がちの人が寒天をゼリーや麺の形態で摂取して排便や便性状の様子を調べた試験では，排便の回数や量の増加と便性状（便色・臭い・形など）の改善が見られたと報告している．寒天は，加熱すると水に溶ける性質から水溶性食物繊維に区分されると思われてきた．しかし，最近のデータや便通改善の様子，エネルギーの換算係数などの知見をまとめると寒天が不溶性食物繊維であると考えられ，今後のさらなる研究報告が待たれるところである．

寒天の安全性は，日本における長い食経験でも証明されるようにきわめて安全な素材である．アメリカの GRAS リスト収載や FAO/WHO 食品規格部会食品添加物専門委員会の「ADI 値に制限なし」，さらに変異原性や急性毒性試験などでも高い評価を得ており，3ヵ月におよぶヒトの長期摂取試験も確認されている（明尾・宮下・小島・埋橋・佐々木 2001）．高い安全性を持ち，安心して食べることができる寒天は固めるためだけの利用でなく，食物繊維の効能を訴求した利用も期待されている．

（2） アガロオリゴ糖

近年，多糖類の寒天からつくるアガロオリゴ糖にさまざまな特性があることが分かっている．おもに酵素や酸による分解で生成するアガロオリゴ糖は，その製法によって切断部位に特異性を持つ．構造では，寒天を α-1,3 位で分解すると還元末端がアンヒドロガラクトースのアガロオリゴ糖，また β-1,4 位で分解するとガラクトースを還元末端に持つネオアガロオリゴ糖がそれぞれ生成される．いずれの分解方法も商品コストがとても高くなるため，澱粉の老化防止や抗菌効果の報告（Kenneth 1970）はあっても上市にいたらなかった経緯がある．

最近，あらたにアガロオリゴ糖の抗酸化作用と抗がん作用が発見されて（加藤 1998，榎・加藤・佐川 2000，榎・猪飼・加藤・奥田・佐川 1998）業界内で期待と注目を集めている．報告では，アガロオリゴ糖の持つ抗酸化作用が一酸化窒素の過剰生産を抑制し，慢性腎不全・腫瘍性大腸炎・関節炎などの疾患を予防すると述べている．さらに，多くのがん細胞に対してアポトーシス（自殺）を誘導して細胞の増殖抑制を促すとしている．しかし，ガラクトースを末端に持つネオアガロオリゴ糖にはこの効果が見られないことも報告し，今後の継続的な研究報告が期待されている．現代医学では，副作用のない抗がん剤開発が求められており，すでにアガロオリゴ糖はさまざまな研究機関で評価検討がされている．

23.5　新種の寒天と今後の展望

伊那食品工業(株)では，粉末寒天の製造に携わりながら積極的な製品開発と用途開発を行ってきた．寒天という素材の可能性を模索して，原料海藻の性質から製造方法にいたる諸条件を探求した結果，通常のものとは異なる「新規の寒天」を開発することに成功した．すでに日本やアメリカなどでは特許の取得も終えて，以下この新規の寒天が持つ独自性について述べる．近年，寒天の持つ特性を利用して食品や医薬品，化粧品やバイオテクノロジーなどの業界で画期的かつ高いレベルの商品開発がされている．さまざまな製造技術が日進月歩で改善される時代に，昔では行えなかった研究開発も時間の経過とともに可能性が広がる．柔軟かつ豊かな発想と時代のニーズをとらえた迅速な開発こそが，寒天のトップメーカーの責務である．今後も，寒天の用途開発と新規の製品開発が行えるように取り組む．

（1） ウルトラ寒天®

図23.8において，寒天の平均分子量が数万〜10万程度の小さな寒天を，「ウルトラ寒天」と名づけた．この寒天はゲル形成能がとても低く，寒天業界で用いてきた独自の「日寒水式」ではゼリーの硬さを測定することができない，いわゆる固まらない寒天である．

食感を楽しむ日本人にとって，寒天の高いゲル形成能はトコロテンや羊羹などの食品をおいしく仕上げる重要な因子であった．寒天を使って固めるからこそ，こりこり・ぷりぷり・つるつるなどの食感もつくれて，味だけでなく視覚や触覚も刺激する食のおいしさを可能にする．ところが，ゲル形成能の低いウルトラ寒天の場合にはこの食感をつくることが難しく，特有な歯ごたえや舌触りを楽しむことができない．

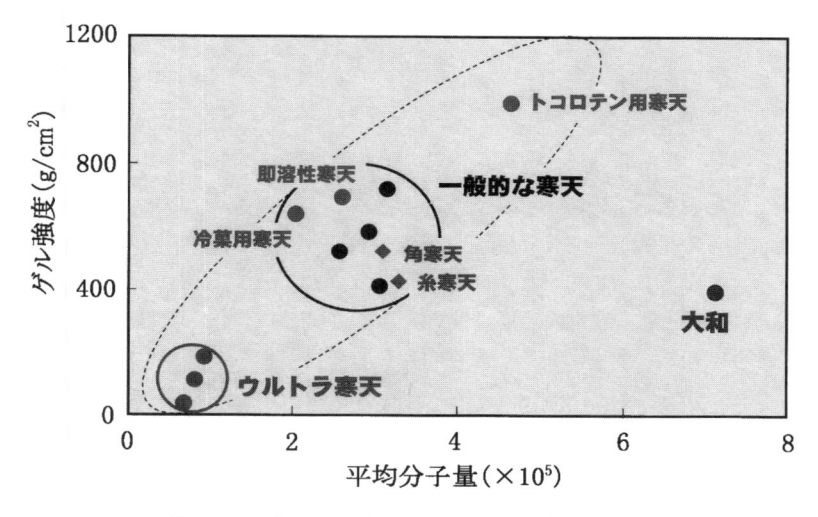

図23.8 寒天の平均分子量とゲル強度の関係．

近年，食の多様化で固定観念にとらわれない食感の検討がなされ，さまざまな場面で柔らかくクリーミーな食感を好んだり，または用途によって寒天のゲル形成能を敬遠する場面もあることから，固まらないウルトラ寒天を上市した．

寒天の保水力だけを有効に利用してなめらかな口溶けのゼリーやプリン，みずみずしくて味立ちのよいタレ，糸曳きのないスプレッドなどが開発されている．また，化粧品でもファンデーションやローションなどの新企画で水のうるおいを感じさせる画期的な商品が開発されている．固めるのでなくペースト状の商品に寒天の保水力を応用し，差別化を図る「隠しアイテム」として新たな可能性を見いだしている（図23.9）．

さらに，最近は高齢者を対象にした介護食の分野でもウルトラ寒天の柔らかくクリーミーな食感が高く評価されている．世界の長寿国である日本では，1998年に65歳以上の人口が2000万人を突破して，高齢化に伴う摂食・嚥下障害者人口が確実に増えている．おもにヒトの咽頭部にある喉頭蓋が正しく機能せず，食べたものが食道でなく気道に入ってしまう症状をひき起こす．この誤嚥と呼ばれる症状にウルトラ寒天の食感が役立って，障害者の食事をサポートする介護食に利用されている．

図 23.9　ウルトラ寒天の 1.5%ペースト．

(2) 大　　　和®

ウルトラ寒天と相反し，通常のものより平均分子量が大きな寒天も開発されている（図23.8）．一般的に寒天の平均分子量とゲル形成能には高い相関があり，分子量が大きくなるほどゼリー強度も高くなる．そのため，トコロテンのように歯ごたえと喉ごしを楽しむ食品の場合には，先の技術を用いて硬くて粘弾性の強い寒天を製造する．

一方，先の技術に合致しない新規の寒天も開発されて，それを「大和」と名づけた．大和は平均分子量 70〜80 万と大きく，通常ならばゼリー強度も比例してとても硬いゼリーを形成するはずである．ところが大和の場合には，一般的な寒天と同程度のゼリー強度 $400\,\mathrm{g/cm^2}$ になるよう工夫されており，粘弾性を強調したゼリーに仕上げることができる．そのため，寒天のゼリーが硬くて脆いという従来の概念を払拭する．この技術的な背景は，寒天の中に含まれる二つの成分をバランスよく配合することにあり，図 23.10 示す高い粘弾性を寒天という素材だけで表現でき

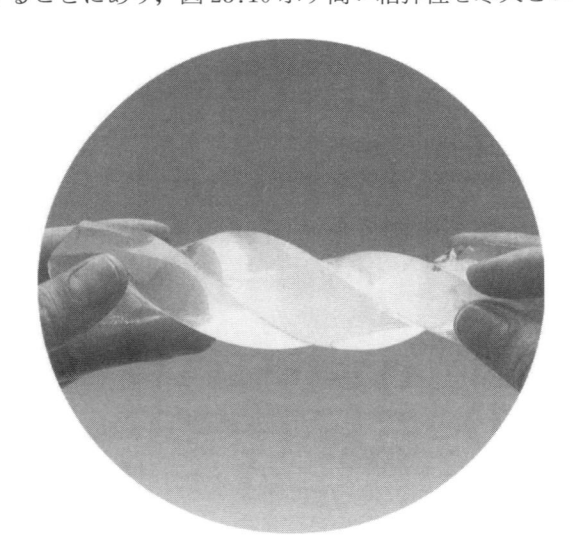

図 23.10　大和の 1.0%ゲル．

たことは大きな進歩である．

　近年，食品添加物をめぐっては健康に対する消費者の高い関心もあって，一部の業界でその種類や使用量に制限を設ける．寒天は食品素材であるために添加物の制限に左右されず，安定した物性をつくることが可能であり，とくに大和の強い粘弾性に注目が集まっている．

(3) 即溶性寒天®

　糸寒天や角寒天を水に溶かす場合には，あらかじめ2時間以上の水漬け（水もどし）工程，沸騰までの加熱工程，そして溶解後の裏ごし工程の三つが必要になる．このうち，粉末寒天では水漬けと裏ごしの工程を省くことができ，作業性の改善に役立っている．さらに時期を問わない通年の安定供給やバラツキのない品質が評価され，粉末寒天の利用頻度が増している．

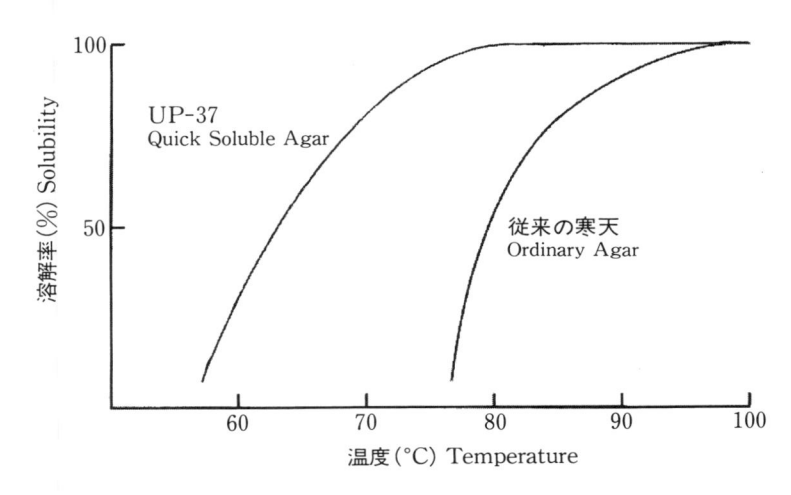

図23.11　即溶性寒天の溶解率．

　近年，寒天を水に溶かす作業において消費熱量や時間などの削減が要望され，沸騰させずに溶かすための検討がなされた．そして，図23.11に示すように80℃でほぼ100％の溶解率を持つ「即溶性寒天」が開発され，製造時における加熱溶解の条件を改善している．これにより，沸騰という限られた条件でなくても寒天を使用することができ，デザートやクリームの原材料として実績を持つ．また，寒天の溶解性が向上したことで煮詰めの限界濃度も改善されて，製造時の仕込み水が少ない場面でも寒天が使われている．寒天を水に溶かせる限界は3％程度で，即溶性寒天の場合には10〜15％の高い濃度まで煮詰めることが可能になる．そのため，コンフェクショナリーやスプレッドなどの製造を簡便にして熱量や時間のコストダウンに有効である．そのほか，最近の消費者嗜好に合わせてインスタント食品にも使われて，ポットの熱湯で簡単に溶かせるデザートなどが開発されている．

(4) そ の 他

　日本の伝統食品である寒天は糸状や棒状のものから粉末状に，さらに形態だけでなく物性もさまざまな性質へと変遷する．上述のウルトラ寒天，大和，即溶性寒天のほかにも錠剤用の崩壊精製寒天や冷菓用寒天などが開発され，どれも粉末状の外観でありながら特異的な性質を持つ．具

体的には，崩壊精製寒天は錠剤硬度を維持したうえで水への崩壊を向上させ，冷菓用寒天は氷晶の発達やメルトダウンを抑えてスプーン通りを改善する．さらに高融点寒天は沸騰してもゼリーが溶け出さないなど，ひと言で粉末寒天とは表現できないほどの新規の寒天がある．

　最近の30年は海藻業者や生産者にそれぞれ大きな変革をもたらし，淘汰の時代を迎えている．現在の状況に慢心することなく，つねに創意と工夫を心掛ける者だけが350余年の歴史を受け継ぐことができる．より付加価値の高い商品を開発し，かつ固定概念にとらわれない新たな視点を見つけることが重要であり，弊社はこれからも斬新な性質を持った寒天をさまざまな業界でお役立ていただけるよう開発に邁進する所存である．伝統食品の寒天を時代のニーズに合わせて改善し，業界の活性化や需要の拡大につとめていきたい．

引用文献

明尾一美・江田節子・小島正昭・宮下博紀・滝ちづる 2001. 寒天摂取による女子学生の排便状況の改善効果. 健康・栄養食品研究 4: 1-10.

明尾一美・小島正昭・宮下博紀・佐々木一晃・埋橋祐二 2001. 即席麺状寒天（寒天麺）の長期摂取における安全性. 臨床と研究 78: 204-209.

Araki, C. 1956. Structure of the Agar Constituent of Agar-agar. Bull. Chem. Soc. Japan 29: 543.

榎　竜嗣・加藤郁之進・佐川裕章 2000. アガロオリゴ糖の抗炎症作用と関連遺伝子の誘導. 食品と開発 36: 65-68.

榎　竜嗣・猪飼勝重・加藤郁之進・奥田真治・佐川裕章 1998. 寒天由来アガロオリゴ糖によるアポトーシス誘発とNO産生抑制. 第20回糖質シンポジウム要旨. p. 31.

原　博文・今留美子・佐々木一晃・笹谷美恵子・滝ちづる・埋橋祐二 2000a. 一般健常成人および女子大学生における寒天ゼリー摂取による排便ならびに便性状への影響. 日本食物繊維研究会誌 4: 17-27.

原　博文・今留美子・佐々木一晃・笹谷美恵子・滝ちづる・埋橋祐二 2000b. 寒天の摂取が健常成人の排便及び便性に及ぼす影響, 栄養学雑誌 58: 239-248.

林　金雄・岡崎彰夫 1970. 寒天ハンドブック. p. 236-257. 光琳書院.

平田公一・桧垣長斗・国本正雄・佐々木一晃・佐々木寿誉・笹谷美恵子 1998. 便秘を自覚する若年女性に対する食物繊維の効果. 臨床と研究 75: 98-102.

池上幸江 1997. 日本人の食物繊維摂取量の変遷. 日本食物繊維研究会誌 1: 3-12.

科学技術庁資源調査会編 1992. 日本食品食物繊維成分表. 大蔵省印刷局.

加藤郁之進 1998. 寒天とアガロオリゴ糖の機能性. 食品と開発 33: 44-46.

川端晶子 1989. 食品物性学. p. 24-30. 建帛社.

Kenneth B. Guiseley 1970. Carcohyd. Res. 13: 247.

西成勝好・矢野俊正編 1990. 食品ハイドロコロイドの科学. p. 46-49. 朝倉書店.

地方衛生研究所全国協議会報告 1988. 表示栄養成分の分析法と摂取量に関する研究.

埋橋祐二 1997. ゲルテクノロジー. p. 332-338. サイエンスフォーラム.

渡瀬峰男 2001. ゲル形成能をもつ食品ハイドロコロイドのレオロジーおよび熱分析. 食品工業 44: 56-69.

海藻の利用

24 カラギナン―その産業と利用―

岩元　勝昭

　カラギナンとなる海藻は，寒天原料と同じく紅藻の仲間である．北欧では古来から寒天と同じように，果汁などに入れてプリンをつくる海藻抽出物がカラギナンであった．カラギナンを含む仲間は，スギノリ科 Gigartinaceae のスギノリ属（旧属名：*Gigartina*，新属名：*Chondracanthus*）とツノマタ属，ミリン科 Solieriaceae の *Eucheuma* 属と *Kappaphycus* 属などの仲間の多くの種が利用されている．しかしながら，食用カラギナンについてはヨーロッパ（E 407）・米国（CFR）・日本（食品添加物公定書第 7 版）そして世界共通の食品規格である JECFA（FAO・WHO 合同食品添加物専門家会議）などの規格において，原料にされる海藻の種について使用制限がある（表 24.1）．いずれにしても将来的には JECFA に統一されると思われる．

表 24.1　各規格で定められたカラギナン原藻の定義．

JECFA（国際食品規格）	*Furcellaria, Chondrus, Gigartina, Iridaea, Hypnea, Phyllophora, Gynmogongrus, Ahnfeltia, Eucheuma, Anatheca, Meristotheca*
日本 （食品添加物公定書第 7 版）	イバラノリ，キリンサイ，ギンナンソウ，スギノリ，ツノマタ
米国（FDA）	*G. pistllata, G. radula, G. stellata, C. crispus, C. ocellatus, E. cottonii, E. spinosum*
欧州（EU）	Gigartinaceae, Solieriaceae, Hypneaceae, Furcellariaceae

※各規格中では旧属名を使用している．

24.1　カラギナンの原藻

（1）　主要な種類と産地

　カラギナンの原藻として収穫される海藻の種類は海域により異なる．比較的寒冷地のヨーロッパのノルウェー，英国，アイルランドでは，いわゆる Irish moss（図 24.1）と呼ばれて，長い間採取されてきたツノマタ属の一種 *Chondrus crispus* が現在でも多く採取されている．大西洋に面したスペイン，ポルトガルもこの種の主要な産地となっている．さらに，北米大陸ではカナダ・米国の，西大西洋に面するニューファンドランド島でも *C. crispus* が多く採取されている．
　チリ，アルゼンチン，ペルーでは，スギノリ属の *Chondracanthus skottsbergii* が採取されている．アフリカ地域では，南アフリカ・モロッコで *C. pistillata* や *C. acicularis* が採取されている．フランスから *C. stellata*，チリからは *Iridaea* 属や *Hypnea* 属の仲間が採取されており，多くは欧州のメーカーに輸出されている．熱帯地区のフィリピン，インドネシア，マレーシアではキリンサイ類の *Eucheuma* 属と *Kappaphycus* 属の養殖が盛んである．
　アジアでは韓国がツノマタ属のサクラソウ *Chondrus ocellatus* を産出するだけで，以前のようにカラギナン原藻として利用されるほど収穫されていない．

図 24.1 *Chondrus crispus* Stackhouse (Taylor & Chen 1973).

(2) キリンサイ類海藻の養殖

養殖によるキリンサイ類(*Eucheuma* 属と *Kappaphycus* 属を含む)の生産が,フィリピン,インドネシアで開発され,世界的なカラギナン原藻の主要産出国となっている.最近ではマレーシアが後述する新しい養殖方法によって台頭しており,将来的には東南アジアでの三大生産国になると思われる.キリンサイ養殖は,ハワイ大学の故 Maxwell S. Doty 教授の指導で,1960年代の後半よりフィリピン水産養殖資源局の V. B. Alvarez 氏らの協力によってフィリピン海域で始められた.1970年代には,フィリピンの多くのサンゴ礁海域で大規模な養殖が行われるようになった.代表的な養殖種は,Doty 博士により V. B. Alvarez 氏の名をとり,*Kappaphycus alvarezii* と名づけられた.

フィリピン海域から始まったキリンサイ養殖は,*Kappaphycus alvarezii*(商品名:Cottonii)と *E. denticulatum*(商品名:Spinosum)の2種の養殖種により世界各地において行われ,アフリカのタンザニア,モザンピーク,マダガスカル,南太平洋のフィジー,キリバスなどの島々,中南米のカリブ海域,ブラジルへと拡大している.その養殖方法も年々変化している.キリンサイ養殖が開始されたサンゴ礁海域では,海藻を裁断して網に入れる方法から始まり,近年は海藻の藻体の先端部を10 cmくらい裁断して,紐に結わえ杭に結び,海底に張る方法であるモノライン養殖法へと代わっていった(図24.2,24.3).この方法はフィリピンの養殖方法として確立され,多くの国々において本法で養殖が行われている.この方法は養殖ロープを海底に張るため

図 24.2 フィリピン，ボホールサンゴ礁海域のキリンサイ養殖場（作業ステーション）．

図 24.3 フィリピンの広大なサンゴ礁海域のモノライン方式のキリンサイ養殖．

図 24.4 マレーシアの浮遊式キリンサイ養殖．

図 24.5 岸辺に採取したキリンサイを運搬．

に，サンゴ礁内の清浄な海水域を必要とする．このため居住区域から離れた海域に水上施設（居住・作業場）を建設し，海上生活を余儀なくされている．最近はこれとは異なる養殖方法が開発された．すなわち長い幹糸に海藻を結び付け，竹やペットボトルを「浮き」とした floating system（図 24.4, 24.5）が，インドネシアやマレーシアを中心に行われている．この方法だと海水の表層で養殖するため，必ずしも清浄な海水でなくても太陽光が届く．このことは河川水の流れ込むような比較的汚れた栄養分の多い海域でも可能であり，良好な養殖場となる．また，居住地域に近い海域でも養殖が可能となる．欠点としては藻体が早く大きくなり，カラギナン含有の少ない時期に刈り取られることと，雑藻が付着しやすいことがあげられる．しかしながら作業が楽であり，養殖場を選ばないために将来的には養殖法の主流になるであろう．カラギナン用原料としては，従来の自生する海藻原料では供給量拡大が見込めず，自生海藻の減少に伴い生産も減少ならざるを得なくなる．カラギナンの生産を安定させるためには，養殖による原藻の供給が必要となっている．キリンサイ養殖は比較的低所得者の多い熱帯地域における重要な産業となっている．ある面，海藻養殖は海での農業として考えられる．今後は，養殖が行われていないスギノリ属，ツノマタ属などのカラギナン原藻の養殖試験の成果が期待されている．

24.2 カラギナンの性質と用途

(1) 構造と性質

　カラギナンは，紅藻のキリンサイ類，ツノマタ類，スギノリ類の乾燥藻体から 20～25％の歩留まりで抽出される粘性の高い酸性多糖類である．均一な分子でなく化学構造は α-1,3 結合および β-1,4 結合 D-ガラクトピラノースのユニットの連鎖を骨格としているが，この 2 糖ユニット内において，エステル結合をしている硫酸基の結合位置や結合量の相違により，また，ガラクトースの 3,6 アンヒドロ化の形成の程度などにより，κ（カッパー），ι（イオタ），λ（ラムダ），ξ（クサイ），π（パイ）などのカラギナンとなる（図 24.6）．カラギナン原藻をアルカリ処理すると 20％の硫酸基が取り除かれ，この性質を利用して原藻中の κ-カラギナンの含有量を高めることができる．カラギナンは，5 種類の型によって物性が違うが，κ-カラギナンは，カリウムイオンによりゲル化し，ι-カラギナンはカルシウムイオンによってゲル化する．κ-カラギナンはゲル化温度は低いが一度ゲルとなったものは，より高い温度にしないと再びゾルにならず堅い粘質物となる．一方，ι-カラギナンは，κ-カラギナンよりゲル化点，融点とも高いが，ヒステリシス（hysteresis）の幅が狭くてゲル強度も低く，柔らかい粘質物となる．この物性のために κ-カラギナンは室温でも溶けないカップゼリーに利用され，ι-カラギナンは冷凍ゼリーなどに利用される．

　現在，κ-カラギナンを抽出する原藻の多くは，養殖されている *Kappaphycus alvarezii* である．

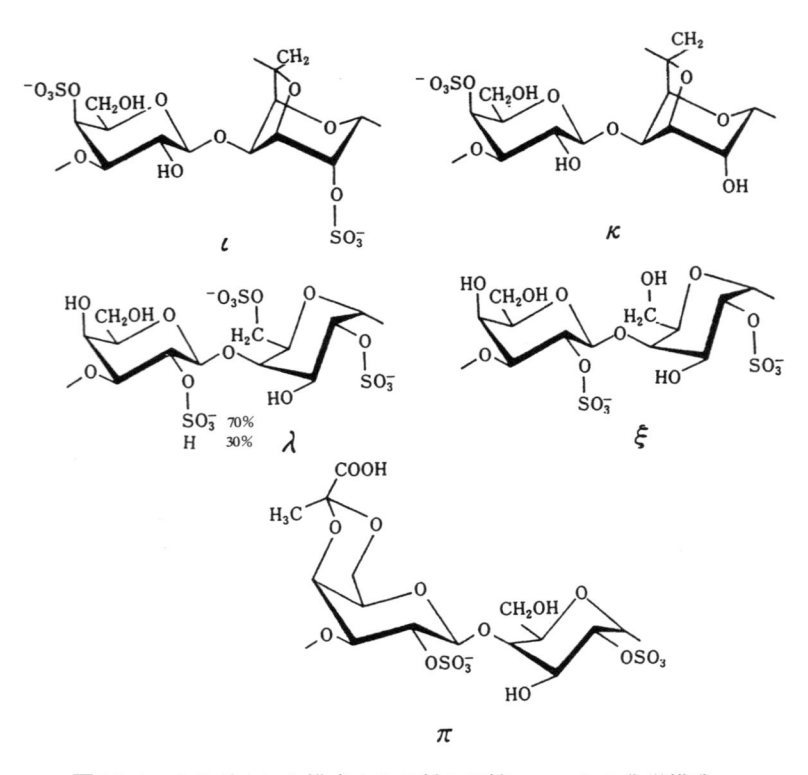

図 24.6　カラギナンを構成する 5 種の 2 糖ユニットの化学構造．

24 カラギナン―その産業と利用―　437

ι-カラギナンを抽出する原藻は，やはり養殖されている *Eucheuma denticulatum* が多いが，ツノマタ類からの ι-カラギナンは，少し物性が異なり *E. denticulatum* とは別の用途がある．λ-カラギナンは天然産のスギノリ類から生産されているが生産量は少ない．

（2） カラギナンの用途

カラギナンは κ（カッパー型），ι（イオタ型）から λ（ラムダ型）までの物性の相違とゲル強度の特性により，カップゼリー，アイスクリーム，チョコレートミルク，ヨーグルト，ハム，ソーセージ，チーズなどのゲル化剤，安定剤，接合剤，分離防止剤としての食品分野から化粧品，歯磨き製品，医薬品のカプセルなど幅広く利用されている．日本のカラギナン輸入量を表24.2に示す．

24.3　カラギナンの利用分野と製造業界の変遷

カラギナンの工業的製造は，1937年にツノマタ類を使って始まり，第二次世界大戦のときに，日本から世界各地への寒天の輸出が途絶えていたために，寒天の代用にカラギナンが使われるようになり利用分野を広げた．カラギナン利用の増大が始まったのは，1950年代からである．ここでは，製造や利用分野については概略にとどめて，カラギナン製造業界の歴史的推移について述べる．

カラギナンの原料産出と製造業界の変遷は，1950年より3段階に分けられ，会社の設立と操業から三つのグループ群に分けることができる．1950年代よりカラギナンの大量生産に入ったのは，現在の北米のFMCマリンコロイド社と欧州のGENUペクチン社，SKWバイオ社のカラギナンメーカーである．これらの会社は第1グループである．この時代の原料はカナダやヨーロッパ沿岸の大西洋岸に繁茂する *Chondrus crispus* を主原料とし，アルコール沈殿による精製カラギナンを製造していた．主用途としては，タンパク反応性と粘性を利用したプリン，アイスクリーム，チョコレートミルク飲料，歯磨きペーストなどであった．

1980年代よりフィリピン，インドネシアなどの熱帯海域に養殖されているキリンサイ類を主原料とし，アルカリ処理後の海藻を粉砕した加工ユーケマ藻類｛日本での食品添加物としての名称で，その他にクルード型，Semi-refined，PNG（Philippine Natural Grade）カラギナンとも呼ばれる｝とプレス脱水型の精製カラギナンの製造が始まり，第2グループのフィリピン民族系資本によるShemberg社，Marcel社，MCPI社の操業が始まった．原料は商品名：CottoniiとSpinosumであった．現在，この2種の学名は *Kappaphycus alvarezii* と *Eucheuma denticulatum* になったが，カラギナン業界では，旧学名からコトニー，スピノサムとそれぞれ呼んでいる．主用途として加工ユーケマ藻類は，ペットフード，畜肉製品に主に使用され，プレス脱水タイプは，透明デザートゼリー（カップ，ポーションタイプ）などに使われている．

1995年代より南米のチリ，アルゼンチン産のスギノリ属 *Chondracanthus* を原料とし，寒天会社のプレス脱水方式による精製カラギナンの製造がAlgas Marinas社，Cobra社，Gelymar社での操業が始まった．このグループは第3グループといえる．

Chondracanthus を原料にしたカラギナンはλ型カラギナンを多く含んでおり，プリン，アイスクリーム，チョコレートなどへの用途拡大を進めたと思われる．

熱帯域からの原料を用いてカラギナン生産を拡大した1980年代の第2グループ会社の10年間

表 24.2 日本のカラギナンの輸入実績推移表 (kg).

輸入相手国	1999 年度	2000 年度	2001 年度
韓国	340,726	294,018	233,705
フィリピン	159,960	190,610	158,380
デンマーク	470,655	423,146	408,731
フランス	225,025	231,775	218,460
米国	322,903	308,858	334,173
インドネシア	74,990	93,407	30,800
チリ	500	700	500
スペイン	30,000	29,690	15,000
総輸入量	1,624,759 kg	1,572,204 kg	1,399,749 kg

は，第1グループ（ツノマタ原料 C. crispus）のカラギナンの用途への侵食と新規需要への拡販の時代であった．この争いは，FDA/WHO/EEC のキリンサイ原料とした加工ユーケマ藻類の使用認証により，決定的に第2グループが有利となった．確かに多くのユーザーは第2グループ会社の製品を優先的に採用する時代となり，世界的にペットフード（缶詰），畜肉製品（ハム・ソーセージ）への利用が採用され新規カラギナン需要を拡大させた．

1997年9月以降のタイのバーツの暴落が発端となった東南アジアでの自国通貨の暴落により，とくにフィリピンの民族系海藻工業会社で資金繰りが困難になり，経営不振が深刻となったため銀行管理となった企業もある．

東南アジアの経済不振は，南米の海藻工業界，特にチリの寒天メーカーにも多大な影響を与えることになった．チリからの東南アジアへの寒天輸出量は年間600〜800トンであった．しかし，東南アジア諸国の寒天輸入禁止は，チリの寒天会社への大打撃となり，カラギナンの平行生産をさせることになった．このことも南米が第3グループとしてのカラギナン生産地となる起因となった．従来はこれらの国々は，カラギナン用の原料を第1グループへの輸出国に甘んじていた．現在，チリ，アルゼンチン，ブラジル，ペルーには8社のカラギナン会社があり，生産能力は6000トンとなっている．南米の主要原料は *Chondracanthus* 属（*C. skottsbergii*，*C. stellata*，*C. canaliculata*，*C. pistilata*）と *Iridaea* 属である．そのためにこれらのカラギナンはλ型が多く，タンパク反応性に優れている．これは第1グループ会社の製品に対抗しうる Semi-refined カラギナンの状態で安く販売の拡大を図ることが可能である．将来南米各国のカラギナンの生産拡大は第1グループメーカーの動向を左右することになると推測される．

24.4 将来への展望

アジアの経済混乱のなかにあった韓国では，MSC CO., LTD.（旧 明新化成工業(株)）が，唯一好調な生産を維持している．現在150トン/月のカラギナン生産を続けている．最近の韓国の経済混乱は，同社にとって「追い風」となっている．同社はさらに糸(細)寒天の製造も行っており，70,000坪の敷地と生産能力300トン/年をする世界最大の糸寒天メーカーになった．

フィリピンの民族系カラギナンメーカーの不振がある一方，最近，原藻産出地域に新たなカラギナン，寒天のメーカーが出現しつつある．これは第1グループの米国，ヨーロッパ系の大手メーカーが原料産出国に生産工場の移設を進めているためである．フィリピンのセブ島には米国の

大手メーカー FMC が原料確保ならびに一時処理としてのアルカリ処理工場を持ち，また，デンマークの GENU 社が 2000 トン/年のプレス脱水タイプの精製カラギナン工場を建設し，すでに操業している．

　近い将来，第 4 グループとして新しいカラギナン，寒天生産地が発生してくる可能性がある．それは東南アジアの汽水域での水産物（エビ・魚類）養殖池でオゴノリ *Gracilaria* とキリンサイ *Kappaphycus* などの混合養殖（共生養殖）として生産される海藻が増大してくることが予想される．すでにタイやインドネシアでは，大量に輸入されてきた寒天による外貨の損失をくい止める政策がとられつつある．エビ養殖池ではエビの種苗とカットされたオゴノリとを同時に入れている．そうすることにより海藻がエビなどの隠れ家（鳥害防止），排泄物と過剰摂餌分吸収分解が行われている．すでにオゴノリについての実績が台湾，タイ，インドネシアにあるが，最近ベトナムで，キリンサイをエビ養殖池で養殖可能にする試験を成功させている．かつ，従来のラグーン域での養殖よりも生長がよいことを報告している．このことは，国の政策もあり，今後，エビ，魚類の養殖池を持つ国々において，寒天，カラギナン産業が勃興する可能性を示唆している．

　以上のことから，まさに現在，カラギナン，寒天などの海藻業界は，未曾有の大転換期の時代にあるといえる．将来，発展途上国，とくにアジア地域でのカラギナンの新規需要増大が大いに期待できる．このことから，さらに新たな地域に，新たなカラギナンメーカーが創業すると考えられる．

引用文献

Degussa 2002. Hydrocolloids. 47 pp. degussa texturant system, France.
平瀬　進・大野正夫 1996. 伝統的食品の寒天と新しい素材のカラギナン．大野正夫編，21 世紀の海藻資源．p. 113-123. 緑書房．
小河久朗 1992. キリンサイ，水産学シリーズ．吉田陽一編，東南アジアの水産養殖．p. 61-71. 恒星社厚生閣．
Taylor, A. R. A and Chen, L. C. M. 1973. The biology of *Chondrus crispus* Stackhouse system, morphology and life history. *In* M. J. Harvey and McLachulan J. (eds.), *Chondrus crispus*. p. 1-21, Nova Scotia Institute of Science press.
Trono, G. C. 1993. *Eucheuma* and *Kappaphycus*: Taxonomy and cultivation. *In* Ohno, M. and Critchley, A. T. (eds.), Seaweed cultivation and Marine Ranching. p. 75-88. JICA, Tokyo.

海藻の利用

25 アルギン酸―その特性と産業への展開―

笠原 文善・宮島 千尋

　アルギン酸は，コンブ，ワカメに代表される褐藻類に特有な天然多糖類である．含有量は乾燥藻体の 30～60％ を占め，いわばコンブやワカメの主成分ともいえる天然の食物繊維である．

　藻体中でのアルギン酸は，海水に含まれるさまざまなミネラルと塩を形成し，ゆるやかなゼリー状態で細胞間隙を満たしている．波に揉まれ，海中を揺らめきながら生長する海藻のしなやかさは，このアルギン酸が持つ独特な物性によるものといわれている．

　アルギン酸は 1883 年スコットランドの科学者 C. C. Stanford により初めて単離され，藻類の総称である "Algae" から "Alginic Acid" と命名された．わが国でも初期の文献には海藻酸，昆布酸などと訳されており，中国では今日でも正式名称「海藻酸」である．

　単離，命名されてから 120 年を経て，多くの研究が重ねられ，現在ではハイドロコロイドとして多種多様なアルギン酸およびその誘導体が食品・医薬品・化粧品・繊維加工そのほか幅広い用途に活用されている．

25.1 アルギン酸の原料海藻

　アルギン酸の原料となる褐藻類のなかには，全長 60 m にも達する巨大海藻や海底への付着根が直径 2 m におよび，1 日に 60 cm も伸びるという生長力旺盛なものなど，大型で繁殖力に優れた種類が多く見られ，工業原料としてきわめて有用な資源である．

　アルギン酸製造用原料としては，以下の条件を満たしていることが必要である．

①アルギン酸含有量が多いこと
②単一種で大量に繁茂していること
③採集が容易なこと
④乾燥に適した気候条件であること
⑤輸送手段が整っていること

　また，資源保護の観点からは再生可能な範囲での大量採取に限定される．こうした諸条件を満たしながら，さらに工業的な採算性を満足できる天然原料としては

◎南米チリの *Lessonia nigrescens*，*Lessonia flavicans*
◎米国西海岸の *Macrocystis pyrifera*（通称ジャイアントケルプ）
◎南アフリカの *Ecklonia maxima*
◎豪タスマニアの *Durvillaea potatorum*
◎北欧の *Ascophyllum nodosum*，*Laminaria hyperborea*，*Laminaria digitata*

などがあげられる．

　中でも，南米チリの *Lessonia* は，日本国内のみならず世界中のアルギンメーカーが利用している有用な原料海藻である．チリは南米大陸西岸に位置し，南太平洋に面した長大な海岸線を有する．その沖に流れる冷たいフンボルト海流の影響で，海岸線には *Lessonia*，*Macrocystis*，*Durvillaea* などの大型海藻が群生しており，海藻資源の面からは非常に恵まれた自然条件といえ

る．海藻の刈り取りは禁じられているため，採取は漂着物の収集に限られているが，それだけで年間3万5千トン（乾物）を超える出荷量を維持できることからも，資源の豊かさがうかがえる．引き上げた海藻は，雨の少ない乾燥した気候を利用し，短時間で天日乾燥される．また，海藻の分別，加工，流通のルートも確立しており，アルギン酸の原料ソースとしては申し分ない条件を備えている．

欧米のアルギンメーカーでは，チリの海藻だけでなく自国に産する *Ascophyllum*, *Laminaria*, *Macrocystis* などを採取して原料に利用している．繁殖力旺盛な巨大海藻は，ときに船舶航行の妨げになる場合があり，資源枯渇の心配がない限り，そうした海藻の採取はむしろ歓迎されるものだという．

一方，中国山東省，遼寧省沿岸では，コンブの養殖が盛んに行われている．年間に約30万トンのコンブが生産され，そのうち10～12万トンがアルギン酸の原料として使用されている．養殖された海藻がアルギン酸の原料として使われるのは他に例のないケースであるが，コスト的には決して有利とはいえず，近年チリ産海藻への依存度を急速に高めている．

25.2 アルギン酸の製法

アルギン酸およびその塩類を海藻の中から抽出精製するためのプロセスは，すべてアルギン酸の持つカルボキシル基に対するイオン交換反応によって行われる．これは反応する陽イオンの種類によって性質が劇的に変化するというアルギン酸のユニークな性質をうまく利用した方法である．

藻体中でのアルギン酸は，海水に含まれるさまざまな金属イオンと塩を形成し，水に不溶性のゼリー状態となっている．これは，Ca^{2+} イオンに代表される2価以上の陽イオンによってアルギン酸分子が部分的にイオン架橋され，不溶化しているためである．

実際の生産プロセスでは，まず乾燥原料を解砕し，水洗した後，希酸で膨潤させる．これは，酸性下で金属イオンによる架橋を解き，藻体を軟化させて抽出を容易にするためである．家庭でも昆布の煮物をつくるときに，少量の酢を加えることで実に柔らかく煮ることができるが，これも同じ原理である．

つぎにナトリウム塩を加えてアルカリ性下で加熱すると，アルギン酸はイオン交換により水可溶性のナトリウム塩となって藻体外に抽出される．この状態で藻体と分離，濾過すれば，透明なアルギン酸ナトリウム水溶液を得ることができる．

こうして得られた水溶液からアルギン酸を取り出すためには，アルギン酸を再び水に不溶性のかたちに戻してやればよい．アルギン酸ナトリウムの水溶液に酸を加えると，水不溶性の遊離アルギン酸として凝固析出させることができる．あるいは，カルシウム塩を加えて凝固析出させることも可能である．この析出物は，機械的な脱水・乾燥が容易であり，目的に応じて各種の塩あるいはエステルへと変換，加工することができる．工業的なプロセスでの収率は原料にもよるが，乾燥原料に対し大体20～30％程度である．

25.3 アルギン酸の化学構造

アルギン酸は，D-マンヌロン酸(M)と，L-グルロン酸(G)の2種のウロン酸から構成される直

鎖状多糖で，図 25.1 に示した 3 種のブロックが共存するブロックコポリマーである．

M ブロックのグリコシッド結合は，equatrial-equatrial で平坦なリボン状，G ブロックでは axial-axial でバックル型のリボン構造をとる．

M および G の生合成と，ポリマーとしてのアルギン酸の生成については，図 25.2 のように推定されている（西澤 1992）．主経路は，マンノース→マンヌロン酸→ポリマンヌロン酸→アルギン酸であり，この経路の中では C 5-エピメラーゼがポリマーレベルで M → G 変換を行うことが明らかにされている（Larsen 1971）．すなわち，マンノースを起源として M がつくられ，その後 M が酵素転移されて G を生ずるという順序であり，このことから，藻体のうち組織の若い部分に M が多く分布し，組織が古くなるほど G が増えてくることが予想される．

図 25.3 と図 25.4 は，養殖コンブにおける葉の生長と，M/G 比の季節変動を測定したものであるが，6，7，8 月の生長期には M が増大し，葉が枯れ始める 9 月から M が減少に転じている（Honya 1993）．明らかに生合成の活発な季節には M の比率が多くなっていることが分かる．

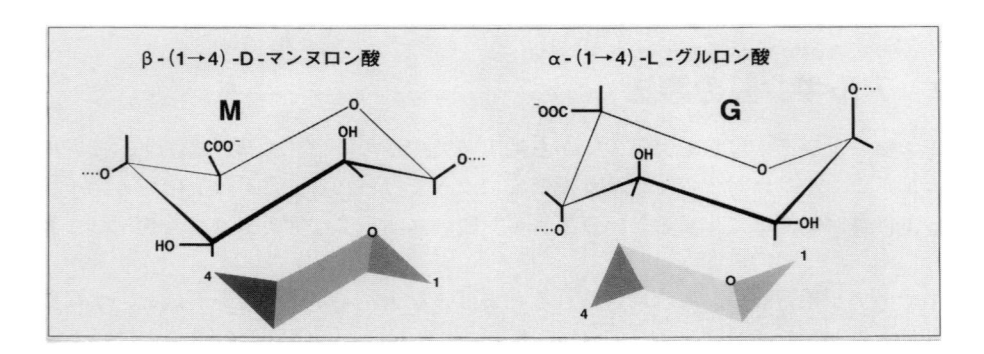

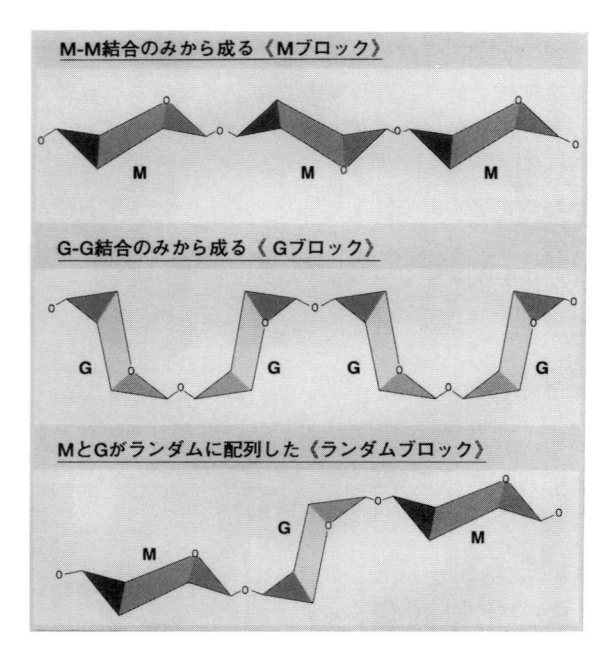

図 25.1　アルギン酸の化学構造とブロック構造．

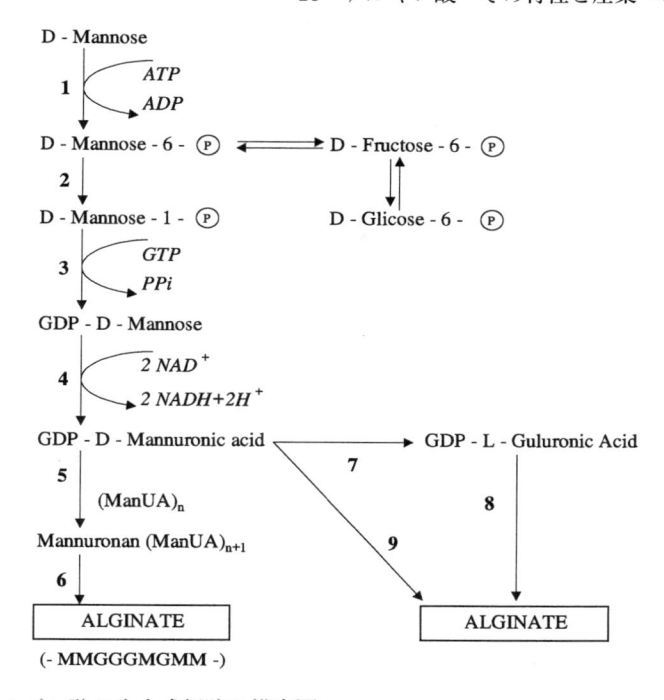

図 25.2 アルギン酸の生合成経路の推定図.
　1：グルコキナーゼ　　　　　　　　　　2：ホスフォマンノムターゼ
　3：GDP-マンノシルトランスフェラーゼ　4：GDP-マンノースデヒドロゲナーゼ
　5：ポリマンヌロネートシンターゼ　　　6：ポリマンヌロネート C 5-エピメラーゼ
　7：GDP-マンヌロネート 5-イソメラーゼ 8：ポリグルロネートシンターゼ
　9：未知酵素

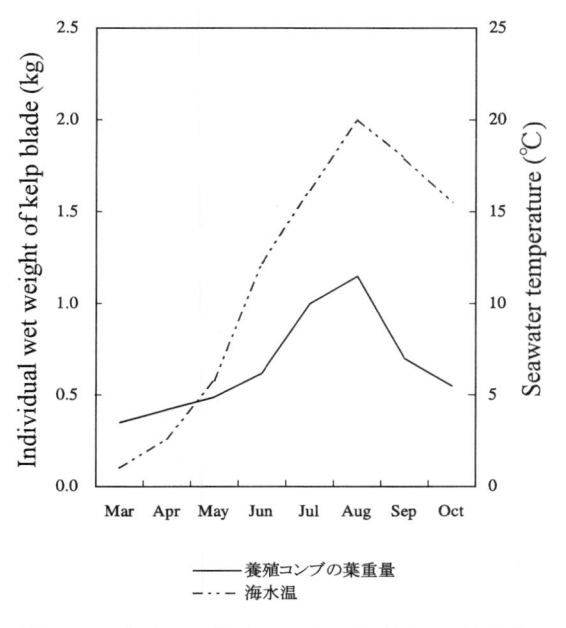

図 25.3 海水温と養殖コンブの葉重量の季節変動.

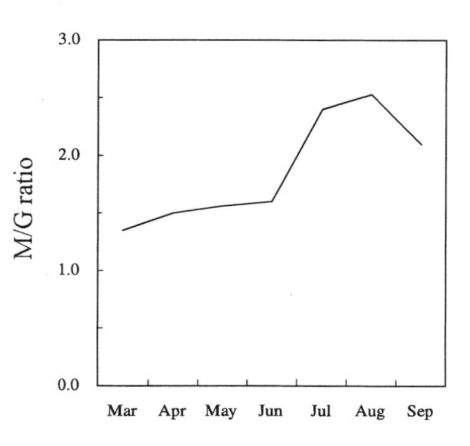

図 25.4 養殖コンブから抽出したアルギン酸の M/G 比の季節変動.

444　海藻の利用

　アルギン酸に含まれるMとGの量的比率と配列のしかたは，アルギン酸の性質，とくにゲル化能力とゲル強度に大きな影響を及ぼす．また，このM/G比は海藻の種類や部位によって異なり，生育場所や季節の影響を受けることが知られている．

　表25.1は各種原藻のM/G比を測定したものであるが，海藻の選択によってさまざまなM/G比のアルギン酸が得られることが分かる．また，同一種であっても藻体の部位によって大きくM/G比が異なるものもある．

　このように，製造上M/G比をコントロールするにあたっては，使用する原料海藻の種類，採取時期，使用部位などに細心の注意を払うことが求められる．

表 25.1　各種原料海藻のM/G比．

海　藻	M%	G%	M/G比
Lessonia nigrescens	57	43	1.3
Lessonia flavicans	34	66	0.5
Macrocystis pyrifera	64	36	1.8
Ecklonia maxima	63	37	1.7
Laminaria japonica	69	31	2.2
Laminaria hyperborea（茎）	38	62	0.6
（葉）	55	45	1.2
Laminaria digitata	54	46	1.2
Durvillaea antarctica	69	31	2.2
Durvillaea potatorum	70	30	2.3
Ascophyllum nodosum	66	34	1.9

25.4　アルギン酸塩の性質

　アルギン酸塩水溶液の最大の特徴は，カルボキシル基と対をなす陽イオンの種類によって物性が著しく変化することである．なめらかで高い粘性を示す水溶液から，しっかりとしたゲル構造まで，アルギン酸塩の物性はイオン交換により速やかに変化する．

　アルギン酸ナトリウム水溶液の流動性は，多糖類（CMCなど化学修飾された物も含めて）のなかで最もニュートン流動に近く，繊維業界では浸透性と脱糊性（糊落ち）が抜群によい糊剤として綿，レーヨン，ウール，シルクなど天然繊維のプリントには欠かせないものとなっている．

　また，少量のCa^{2+}イオンが存在するとチクソトロピックな挙動を示し，その流動性はCa^{2+}イオンの量の調整によりコントロール可能で，増粘，分散安定，保形，ゼリー形成，フィルム形成，凝集剤などとして優れた効果を発揮する．

　アルギン酸塩水溶液のこのようなダイナミックな性状変化は，ほかの増粘剤では得られない特徴である．それは下記のファクターに起因すると思われる．

①主鎖は完全な直鎖で分岐がない．
②各ウロン酸ユニットに1個ずつカルボキシル基があり，マイナス電荷が均一．
　（化学修飾で導入した多糖類では未反応部分が残り，均一性に欠ける）
③カルボキシル基がC-5位に直結しており，解離しやすくイオン交換能が高い．

つまり，リニアーな高分子鎖が均一にマイナス電荷を帯び，静電相互反発しているわけである．そして，二価以上の陽イオンの仲立ちがあればきわめて鋭敏に反応し，即座にネットワークを形成する．そして，このネットワークによるゲルは，イオン架橋のため加熱や凍結融解といった熱履歴にほとんど影響を受けないという特徴をそなえている．

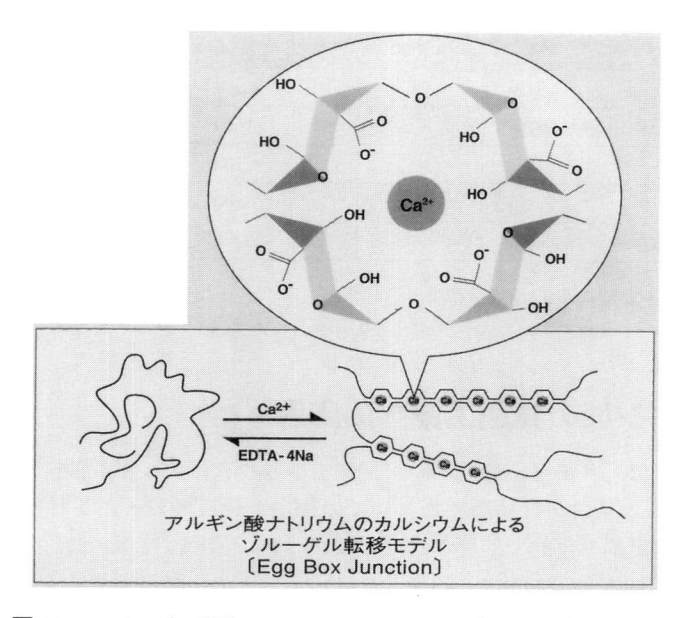

図 25.5 アルギン酸塩の Ca^{2+} イオンによるゾル-ゲル転移機構．

アルギン酸塩の Ca^{2+} イオンによるゾル-ゲル転移機構は，バックル型のリボン状をしたGブロック鎖同士が Ca^{2+} イオンを抱き込んで卵のケースに似た "Egg box Junction" を形成することによる（図 25.5）．したがって，Mの比率の高い High-M タイプのアルギン酸塩からは柔軟なゲルが，Gの比率の高い High-G タイプのアルギン酸塩からはゲル強度の高い剛直なゲルが得られる．両者をブレンドしてゲル強度を調節することもできる．

25.5 アルギン酸の安全性

天然海藻から抽出されたアルギン酸とその塩類，および誘導体は，世界の公的機関で安全な添加物として認められており，使用実績も数多く，歴史も古い．アメリカFDAでは，GRAS物質（一般に安全であると認められている物質）にリストアップされ，またFAO/WHOによる安全性評価も終了している．ADI（一日許容摂取量）はアルギン酸とその塩類が $0\sim50\,mg/kg$（体重）[*1]，PGA が $0\sim25\,mg/kg$（体重）となっていて，この数字は添加物のなかでもきわめて安全性が高いことを意味している．表 25.2 に急性毒性のデータを示す（食品添加物公定書解説書

[*1] アルギン酸とその塩類は，安全性の高さから一括評価されており，Group ADI という表現で「アルギン酸として」の数値が示されている．
微生物による分解も速いため，環境に対する影響も少ない．

表 25.2　アルギン酸類の急性毒性．

動物種	経路	LD$_{50}$ (mg/kg bw)		
		アルギン酸	アルギン酸ナトリウム	PGA
マウス	経口			7800
ハムスター	経口			7000
ラット	経口	>5000	>5000	7200
ラット	腹腔	>1600		
ラット	静脈内		1000	
ウサギ	経口		100	7600
ウサギ	静脈内		100	
ネコ	腹腔		250	

1987，新村 1979）．

25.6　アルギン酸の食品工業への応用

　日本国内においては，アルギン酸，アルギン酸ナトリウム，アルギン酸プロピレングリコールエステル（PGA）の3品目が食品添加物としての指定を受けている．これらアルギン酸類は増粘剤，ゲル化剤，安定剤の目的で使用されており，パン，麺類，冷菓，酸性乳飲料，ドレッシングをはじめ，さまざまな食品に幅広く利用されている．その中で最も興味深く，また頻繁に研究され，用いられているのはアルギンのゲル化機能を応用したゲル化剤としての利用であろう．

　前述の通り，アルギン酸塩類はCa^{2+}との単純なイオン交換反応によって熱不可逆性のゲルを形成するというほかの多糖類には見られない性質を持っている．そしてゲル化工程に加熱を必要としないため，混合する食品素材の物性にダメージを与えることなく加工することができ，また，つくられた固形物を加熱調理しても，その構造が崩れないという特徴もある．さらにこのイオン交換反応は，リン酸塩などのキレート剤やクエン酸のような有機酸を反応の遅延剤あるいは促進剤として用いることで，反応時間を自由にコントロールすることが可能である．食品加工におけるアルギンのゲル化システムは，以下の二つの方法に大別される．

（1）　直接溶液法

　アルギン酸ナトリウムの水溶液と水溶性カルシウム塩の水溶液を直接接触させて，アルギン酸カルシウムのゲルをつくる方法である．アルギン酸ナトリウムとカルシウムイオンの反応はきわめて俊敏に行われるため，接触とほぼ同時にイオン交換し，ゲル化が起こる．そして多くの場合接触面に皮膜を形成する．たとえば，塩化カルシウムの水溶液中にアルギン酸ナトリウムの水溶液を滴下すると，水滴の表面に皮膜ができ，球状の固形物となる．人工イクラはこの原理を応用してつくられたものである．

　このシステムでは，アルギン酸もカルシウムもイオン化したもの同士を反応させるため，ゲル化に要する時間は非常に短い．したがって表面だけに皮膜をつくって食品成分をとじ込め，その溶出を防ぐというような使い方ができる．

　しかし，この方法だけで中心部まで均一に反応を進めようとすると時間がかかる上，その時間

をコントロールしたり，任意の形状に固化させたりすることは困難である．

（2） イオン化コントロール法

カルシウムのイオン化をコントロールすることにより，アルギンとの反応速度を調整しながら，自由な形状でゲル化させる方法である．

イオン化していないカルシウムとアルギン酸ナトリウムは，ゲル化せずに混合することができる．これを目的の形状に整えた後，徐々にCa^{2+}を放出させれば系全体で均一に反応が進行し，形状を保ったままでゲル化させることができる．

カルシウムをイオン化させないためには，溶解度の低いカルシウム塩を用いたり，リン酸塩やEDTAなどでキレートしてしまう方法がある．食品で用いられるキレート剤としては，ピロリン酸ナトリウムが最も一般的なものである．

逆に，カルシウムのイオン化を促進するためには，酸を加えてカルシウム塩の溶解度を上げてやればよい．クエン酸を使うとすばやいゲル化が可能であり，GDL（グルコノデルタラクトン）を用いると緩やかに反応が進行する．

このように，反応の遅延剤と促進剤を組み合わせたり，その種類や添加量を変えることによって，反応時間を数分から十数時間までコントロールすることができる．また（1）と（2）の組み合わせで，まず表面をゲル化させ，その後内部を均一に反応させるというような使い方も可能である．

これらのゲル化システムは，つぎのような食品で実用化されている．

オニオンリング（直接溶液法）

細断したタマネギに必要な材料を加え，アルギン酸ナトリウムを添加する．これをリング状に成形し，カルシウム溶液を噴霧するかあるいはカルシウム溶液中に浸漬すると表面にアルギン酸カルシウムの皮膜が形成される．これに衣をつけて冷凍で流通し，油で揚げて提供するものが，いわゆるファーストフードなどで販売されるオニオンリングである．

通常のバインダーでは結着が弱く，また加熱によって結着効果が減少するため取扱中に破損したり，油で揚げる際にばらけたりして商品価値を失ってしまうが，アルギンを使用することで適度な強度のある耐熱性の保護膜が形成され，高い保形性を得ることができる．

国内ではそれほどなじみのない食品であるが，海外ではこの用途だけで年間数百トンのアルギン酸ナトリウムが利用されている．

人工イクラ（直接溶液法）

コピー食品の代名詞として今やすっかり有名になった人工イクラには，アルギン酸カルシウムの皮膜が応用されている．

特殊な3重管を用い，調味した淡いオレンジ色の水性ゾルと，目玉の部分になる濃いオレンジ色の油滴，そしてアルギン酸ナトリウム水溶液を同時に滴下すると，表面張力によって空中で球状になる．この液滴をカルシウム溶液中に落とせば，表面のアルギン酸ナトリウムが瞬時に皮膜をつくり，イクラに酷似した球状ゲルができる．アルギン酸カルシウムの皮膜は食感も天然のイクラと似ており，本物とほとんど見分けがつかない．

人工フカヒレ（直接溶液法）

中国，台湾において，アルギンは中華料理の定番であるフカヒレのイミテーションを成形する

材料として用いられる．これもコピー食品であり，イクラと同様アルギン酸カルシウムの皮膜を利用している．ゼラチンを主体にした原料液にアルギン酸ナトリウムを混合した溶液をつくり，フカヒレのかたちに似せてカルシウム溶液中に注入して表面を固め成形する．これを乾燥したものが人工フカヒレとして流通されている．

成形肉（イオン化コントロール法）

商品価値の低い形状，部位の肉をアルギン酸で結着して形を整え，流通するものである．肉成分とアルギン酸ナトリウム，カルシウム塩およびリン酸塩を適当な比率で配合し，型に入れて静置することで，任意の形状に固化することができる．この技術は，主に海外でソーセージやハンバーグなどに応用されている．またペットフードの分野でも盛んに利用されていて，アルギン酸ナトリウムの消費量は年間数百トンにのぼる．

この系では反応速度を調整できるため，製造工程の設計が自由にできるという利点がある．さらに使用するアルギンのM/G比を変えると製品の固さや食感を調整することも可能である．

みつ豆寒天（イオン化コントロール法）

みつ豆に使われるのは寒天のゼリーであるが寒天ゲルは熱に弱いため，缶詰に加工する際の加熱殺菌で一部溶解して型くずれすることがある．このとき，アルギン酸カルシウムのゲルを併用することでゼリーに耐熱性を付与し，加熱による型くずれを防ぐことができる．

寒天とアルギン酸ナトリウム，カルシウム塩およびリン酸塩を溶解し，型に流して冷却する．寒天がゲル化する頃，アルギンもイオン化コントロール法の原理によってゲル化し，寒天とアルギンの複合ゼリーができあがる．アルギンのゼリーは寒天と食感が異なるため，食感に影響しない程度の添加量でなくてはならない．できあがったゼリーは寒天の食感を保ちながらも加熱工程で型くずれせず，美しい直方体を維持することができる．

このほかにも，人工クラゲや球状ゼリーデザート，オリーブに詰める赤ピーマンの小片など，アルギン酸のゲル化機能はさまざまな食品に応用されている．また，小麦粉の物性改良（小麦粉タンパクとの結合による物性変化）も，広い意味ではアルギンのゲル化機能によるものと呼べるかもしれない．

25.7 アルギン酸の工業用途への利用

アルギン酸は，他の天然高分子多糖類に比べて工業用途への応用範囲が広いという特徴がある．実際に，世界のアルギン酸市場のおよそ半分は繊維加工用の糊剤として利用されるものであり，そのほかの用途も含めると，市場全体の約7割が工業用途と見積もられる．主な応用例は以下の通りである．

捺染用糊料

繊維加工の分野では生地に柄を染める際，捺染（プリント）という技法が使われる．これは生地の上に型を置き，その上から染料を含んだカラーペーストを刷り込んで型染めするものであるが，このカラーペーストの基材となるデンプンやガム質などを捺染糊という．

捺染糊に使用されるガム質には，天然，合成おりまぜ多々あるが，アルギン酸塩の糊はその流動性のなめらかさに加えて，染料との相性や染着後の糊落ちのよさなどから，綿，レーヨン，ウ

ール，シルクなどの捺染には欠かせないものとして世界中で広く利用されている．

製　　紙
表面処理（サイジング）用の糊料として利用される．また，ノンカーボン式の複写紙を加工する際，コーティング剤としても使われている．

溶 接 棒
アーク溶接に使用する溶接棒は，表面にフラックスが塗布されている．このフラックスは水ガラスを加えてスラリー状にしたものを芯の周りに塗って加熱・固化させるが，このときアルギン酸塩を加えることで塗布が容易になり，ひび割れや剥落などを防ぐ効果がある．

飼　　料
水産養殖では，養魚用飼料をペレット化する際のバインダーとして利用される．とくに海水面の養殖では，投餌時に海水中のカルシウムによってアルギン酸がゲル化するため，高い結着効果を得ることができる．その結果，飼料成分の散逸が抑えられ，歩留まり向上，あるいは漁場の汚染防止や疫病防止にも役立つものとして注目されている．

また，食品工業の項でも述べたように，ペットフードに対してもゲル化剤として大規模に利用されている．

水 処 理
アルギン酸はそれ自体がアニオン性高分子としての凝集効果を有するが，さらにカルシウム塩を凝固剤として使用することでSSを取り込みながらゲル化し，強固なフロックをつくって沈殿させる優れた凝集剤となる．さまざまな工場廃水や建築・浚渫排水の処理に応用されている．

このように，アルギン酸はきわめて幅広い分野にわたって応用されているが，とくに近年，あらゆる分野で素材の安全性を求められる機会が増えたことから，天然系高分子を見直す動きが出始めており，そのなかでアルギン酸の機能に着目し，利用を検討する動きも活発化してきている．

25.8　M/G比

アルギン酸のゲル化システムにおいて，M/G比の影響は大きい．現在，工業的なアルギン酸の製造においては，適切な原料海藻を厳密に選択することでM/G比の異なるものをつくり分けている．

カルシウムとの架橋反応には主にGの部分が関与するため，Gの比率が多いHigh-Gタイプのアルギンでは非常に反応が速く，剛直なゲルをつくることができる．したがってこれを添加してつくった加工食品にも強い構造の組織が与えられる．

一方，架橋点が多いことはゲルの構造の強化に効果があると同時に，ゲルが保持できる水が少なく，いわゆる離水が多いという欠点も持っている．これを補うには，High-Mタイプの超低ゲル強度アルギン酸ナトリウムが有効である．High-Mタイプのゲルは架橋点が少ないのでゲル強度はきわめて低くなるが，水分の保持能力が高いため離水が非常に少ないという特徴がある．食感の部分でもHigh-Gとは異なり，ゼラチンに似た柔軟で弾力性のある感触が得られる．High-G，High-Mともにそれぞれの特徴があり，粘度との組み合わせで限りないバリエーションが考えられるため，用途に応じて最適なグレードを選択されることが必要である．

25.9 PGA

これまで述べてきたように，アルギン酸ナトリウムでは反応性の高いカルボキシル基の存在が特徴であるが，逆に反応が鋭敏すぎるため，多価カチオンの存在する系や酸性の条件下では非常に不安定となり，利用しにくいという欠点がある．これを補うため，カルボキシル基に非イオン性のプロピレングリコール基を導入したのがアルギン酸プロピレングリコールエステル（PGA）である．

PGA は酸性で安定な溶液となり，またカルシウムイオンがあってもゲル化しにくいという性質を持っている．PGA はさらにプロピレングリコール基の存在により，水/油系の乳化安定に高い効果を示す．この性質を利用して，サラダドレッシングや果汁飲料，乳酸菌飲料の乳化安定，沈殿防止のために用いられている（図 25.6）．

図 25.6 PGA の応用．

また，PGA 自身が高い起泡性を持つと同時に，起泡タンパクに働きかけて泡を壊れにくくする働きをするため，海外ではビールの泡保ちをよくする泡沫安定剤として利用されており，ヨーロッパを中心に大きな需要がある．また，アイスクリーム製造時に添加すると非常にきめ細かい泡をつくるので，できあがったアイスクリームの外観は輝くような白さを帯びる．

さらに，PGA には小麦粉の物性を改良する働きもある．製麺では麺にコシを与えたり，ゆでのびを防止するなどの効果があり，製菓，製パンなどの分野では生地の伸びを改善したり，食感を改良する目的で利用されている．

25.10 アルギン酸工業の歴史

（1） 海外における変遷

アルギン酸の歴史は，1883 年スコットランドの化学者 C. C. Stanford（図 25.7）が褐藻類を希薄なアルカリ溶液で処理して得た粘性のある水溶液を濾過し，濾液に酸を加えたときに生じる析出物に Algin または Alginic Acid と命名したことに始まる．

図 25.7 C. C. Stanford.

　Stanford は，スコットランド産海藻から海藻灰をつくり，ヨードおよび塩化カリを採取する事業に従事するかたわらでアルギン酸の単離に成功し，彼の方法により Scotch Iodine 社が初めてアルギン酸の製造に着手したと伝えられている．1885 年には，ロンドン万国博覧会に多数のアルギン酸塩類や加工製品として象牙の模造品などが出展され大いに注目を喚起したとの記録がある．こうしてアルギン酸の製造は英国に起こり，フランス，アメリカ，ソビエトからヨーロッパ諸国に波及したといわれるが，いずれも継続せず廃業に至っている（高橋 1941）．

　1900 年代初頭には，アメリカ，フランス，イギリスにおいて耐水性ヴァニッシュ，人造の繊維，角質，皮革，ゴムなど多数の応用特許が出願されたが，実用に至ることはなかった．

　1927 年には，Kelco 社の前身である Thornley & Co. が米国サンディエゴにおいてジャイアントケルプを用い製缶工場向けにシーリング剤の粘度調整用粗製アルギン酸塩の製造を開始しており，1930 年代に入り同社がアイスクリーム用安定剤としての用途を開発したことにより，初めて安定需要が確立され，精製アルギン酸塩の企業規模での生産が軌道に乗った（ISP Alginates Inc. 1999）．

　イギリスでは，第二次世界大戦中の 1942 年 Alginate Industries Limited (A. I. L) の前身である Cefoil Limited が英国政府との契約に基づきスコットランドに二ヵ所の工場を建設，赤外線迷彩物質としてのアルギン酸クロムを生産した．同社は戦後，アルギン酸ナトリウムを綿織物の染色に用いる反応性染料用の糊剤として普及を図り，全世界への供給体制を確立した．米国 Kelco 社と英国 A. I. L. 社の両社は，1972 年 Merck & Co., Inc. の傘下で合併し，世界最大のアルギン酸メーカー Kelco（現 ISP Alginate）となった．

　第二次大戦後には，ノルウェー，フランスにおいてもアルギン酸工場が設立され，現在では天然ガム質の世界的な大手サプライヤーの傘下で食品用グレードを中心に操業している．FMC（ノルウェー），Danisco（フランス），Degussa（フランス）などである．

　また，カナダのノバスコシア，韓国の済州島などの海藻産地にも工場が建設され，現地の海藻を用い商業規模での生産が行われたが，原料事情の変化など種々の要因により，いずれも競争力

を失い廃業に追い込まれている．

　中国においては，1960年代末から養殖昆布を利用してアルギン酸が生産されている．当初は食料確保策の一環として，澱粉糊の節約を目的に粗製アルギン酸ナトリウムが国内繊維業界で用いられるにとどまっていたが，1980年代以降の解放経済は繊維産業に大幅なコスト削減を求め，安価な澱粉糊への切り替えが進みアルギン酸塩は大幅な需要減に見舞われた．以降，国際的な品質要求を満たすべく努力が払われ，1990年代には大量の輸出国となり工業用グレードにおける世界最大の供給国となった．

　また，1989年には南米チリにIndustrias Quimicas Kimitsu Chile Ltda（現Kimica Chile Ltda）が設立され操業を開始している．世界最大の原料供給国であるチリにおける唯一のアルギン酸生産拠点であり，日本の君津化学工業株式会社（現（株）キミカ）の100％子会社で，日本から導入した生産技術と設備により日本人技術者の管理のもとに食品医薬品グレードのアルギン酸塩ならびにアルギン酸プロピレングリコールエステルを生産し，日本および欧米各国に出荷体制を敷いている．

（2） 日本におけるアルギン酸工業の変遷

　わが国においては，1923年（大正12）日本精錬(株)のタンクから流出した硫化ソーダが，偶然棄ててあった昆布に作用してフィルム状物質に変化したことからヒントを得て，同社が粗製アルギン酸を主成分とする可塑剤を製造した．また，織物糊としての利用を試みたが「製造技術の未熟なりしため，数年ならずして之を中止した」と記録されている．その後，1937年（昭和12）には，日本アルギンサン化学工業(株)が設立され，アルギン酸が含水ゲルの状態で市販されたが，腐敗などの品質問題とともにコスト高で経営は困難を極めたとされる（高橋 1941）．

　一方，このころ商工省東京工業試験所においては，アルギン酸，ヨード，マンニトールの製造に関する研究が行われており，同試験所技師の高橋武雄博士（後に東京大学名誉教授）は，昭和16年刊行の著書「海藻工業」の中で大略以下のように提唱している．

　「現下非常時局に於いて医薬原料としてのヨード，火薬や工業薬品，肥料原料としての塩化カリ，グリセリン代用としてのマンニットは必須の物資であり，これらは織物工業において糊剤として卓越せる性能を有するアルギン酸の量産と共に併産すべきである．織物工業において使用される年間10万トンの澱粉糊の一割にあたる1万トンをアルギン酸ナトリウムに置き換えることにより，ヨード100トン，塩化カリ1万トン，マンニトール0.3万トンが弊産される．ゆえにアルギン酸の年産1万トン体制を実現すべく官民一致協力し，織物工業界にはその使用を強制せしむる」といった主旨である．

　こうした背景の下，昭和十年代には数社が着業したが，戦況悪化に伴い軍需物資の集中生産を余儀なくされたため，平和産業であるアルギン酸の製造は緒につく間もなくすべて中断され，海藻灰化法によるヨード，カリの製造に集中されることとなった．また当時の製造技術に関する記録には，効率的な濾過技術や工程での粘度コントロールについてはほとんど記述がなく，生産技術が実用水準に達していなかったことも中断の要因と思われる．

　地下資源の乏しいわが国において，対日経済封鎖により輸入の途絶したカリ鉱石に代わる海藻灰は，重要戦略物資となり，行政機関はじめ中央水産業会（全漁連）からも漁民に対し，全力を傾注して海藻灰の供出に専念するよう要請文書が出され（1941年（昭和16）），学徒の動員までなされたという（朝日新聞 2000）．

君津化学工業所（現（株）キミカ）も，1941年にアルギン酸の製造を目的に創業したが，アルギン酸では操業許可が得られず，海藻灰からのヨード，カリ製造に計画を変更して操業許可を得ている．当時の海藻灰とは，漁民の手により乾海藻を浜辺の露天で完全に燃焼させ灰化したものであり，これからアルギン酸は製造できない．そのため，君津化学工業所では，乾海藻入手のための苦肉の策として「炭化法」によるヨード，カリ抽出法を考案した．工場内に築いた炭化炉で低温燃焼させることにより，海藻を灰ではなく炭にし，この炭からヨード，カリを抽出させる方法で，抽出後の炭は成形して燃料（タドン）としての利用が可能となる．これが燃料不足に直面していた当局の注目するところとなり，同社には灰でなく乾海藻で納品するよう漁民に指示が出された．また，灯火管制が始まり海岸での夜間燃焼が禁止されたことも乾海藻の調達を容易にした．同社では，入手した乾海藻を用いアルギン酸の製法確立とともに軍需としての用途開発に取り組み，不足をきたしていた切削油に代わる水性切削剤としての利用や，塗料の増粘剤としての用途などが認められ，終戦まで「皇国第3314工場」と改名され，軍需工場としてアルギン酸の製造を行うこととなった（笠原 1983）．

終戦後の1946年（昭和21）連合国軍総司令部（G. H. Q.）は，豊富な海藻資源を利用したアルギン酸工業は日本の産業復興に重要であるとの見解を日本政府に示し，君津化学工業所には終戦により一時中断していた生産の再開と生産技術の公開を命じた．このとき，G. H. Q. の推奨する事業とあって工場見学者は150社を越え，88社で製造を計画し，45社で実験段階まで検討を進め，18社が操業を開始した．これらの参入企業の中には，昭和電工，花王石鹸，麒麟麦酒，鶴見曹達，磐城セメント，鴨川化工など7社の大資本も含まれている．また，小規模な粗製アルギン酸工場まで含めると，1949年（昭和24）には55工場にまで増加したとの記録がある．

表25.3 主要アルギン酸メーカー6社の経過．

社名	工場所在地	経過	
共成(株)	北海道小樽市	昭和30年	中止
志摩産業(株)	徳島県板野	昭和35年	中止
磐城セメント(株)	静岡県下田市	昭和38年	中止
東北化学工業(株)	岩手県大槌町	昭和41年	富士化学工業(株)に譲渡
		平成7年	本社工場（和歌山市）に統合
鴨川化工(株)	千葉県鴨川市	昭和34年	鴨川化成(株)と改称
		昭和54年	(株)紀文フードケミファと改称
君津化学工業所(株)	千葉県富津市	昭和22年	君津化学工業(株)と改称
		平成13年	(株)キミカと改称

こうして戦後，製造量は急激に増加したが用途は開けず，需給バランスを欠き，生産技術の未熟，配給統制下での資材入手難などから，1953年（昭和28）には6社にまで減少した．その後の変遷は表25.3に示す通りである．

25.11 おわりに

以上のようにさまざまに研究され，利用されているアルギン酸類であるが，海外での大規模な需要に比べ，わが国の消費量は少なく，特に食品用途における使用量は全体で年間400トン程度

ときわめて低くなっている．これはわが国の食品衛生法上，アルギン酸塩類が海藻からの抽出物であるにもかかわらず化学的合成品に分類され，長い間「合成糊料」という表示の義務を負わされてきたことに起因する．アルギン酸の安全性について正しい知識を得ぬままに，消費者は合成の文字を拒否し，食品メーカーからは敬遠される存在となってしまった．

　それでも，平成7年の食品衛生法一部改正により，現在は諸外国と同様に天然，合成の区別はなくなり，最近では改めてアルギン酸が新鮮な素材として取り上げられることも多くなってきている．近年新たに食物繊維としての見地から，アルギン酸を特定保健用食品などへ応用する動きも始まっており，アルギンの利用が再び活発化していることが感じられる．

　また，環境問題への関心が高まる中，さまざまな場面で安全な素材を求められることが多くなってきた．産業廃棄物の海洋投棄や埋め立てが規制されると同時に，こうした廃棄物をいかに安全に処理するかということが緊急かつ大きな課題になっている．従来，安価で高機能な合成素材が使われていた処理法でも，処理後の再利用などを念頭に天然素材利用への見直しが進められており，環境汚染物質や環境ホルモンとは全く無縁なアルギン酸に対して，いま多くの関心が寄せられている．

　これまで述べてきたように，アルギン酸は天然の海藻からイオン交換反応のみによって抽出されたきわめて安全な物質である．加工食品，機能性食品，環境問題対策など，新しい開発の場で改めてその実力が試され，利用の輪が広がっていくことを願っている．

引用文献

朝日新聞 2000．房総版，3月12日．
Honya, M. 1993． Nippon Suisan Gakkaishi **59**(2): 295-299.
ISP Alginates Inc. 1999． Celebrating 70 years of algin success.
石館守三・谷村顕雄 1987．第五版食品添加物公定書解説書．廣川書店．
笠原文雄 1983． New Food Industry **25**(8)．
Larsen, B. and Haug, A. 1971． Carbohyd. Res. **17**: 287.
新村壽夫 1979．食品添加物の生化学と安全性．地人書館．
西澤一俊 1992．富士経済付属阿部研究所編研究報告．No. 55: 1-13.
高橋武雄 1941．海藻工業．417 pp. 工業図書．

海藻の利用

26 藻の文化

宮田 昌彦・富塚 朋子

　北太平洋の北西部に位置する日本列島は，主として北赤道海流に由来する暖流系水（黒潮系）と寒流系水（親潮系）に影響された海洋環境と変化に富んだ海岸地形に恵まれて約1400種以上の多様な大型海産藻類が生育する（吉田 1998）．そして，その恵まれた海藻資源の下で日本列島に営みを持った人々と海藻とのかかわりは，農耕技術の発達していなかった採集経済の時代において現在よりも密接であっただろう．紀元前10世紀頃に始まる縄文時代とそれに続く弥生時代の遺跡調査において，海藻と海草（海産種子植物）に付着する葉上性微小貝類の化石が発掘され，縄文人や弥生人が海藻や海草を利用したことが間接的に示唆されている（黒住 1999，加納 2001）．そして，8世紀に書かれた当時の官報にあたる「風土記」の研究から奈良時代の人々と藻との関係が推定でき（秋本 1998），現存する文献情報，木簡などの発掘品，伝承などから日本人は，1300年以上にわたり，海藻，淡水藻，藍藻（バクテリア），海草といった多様な藻類と海草を食材として，また生活資材として，神と精神の共有を図るための宗教的な道具として使うことにより「藻の文化」を創造してきたといえる．

　そこで藻を喰い，多様に用いるという営みを文化として捉え，その成り立ちについて考察しようとする実験的な試みは，古代から現代に至る歴史の中で日本人がどのように藻の文化を育み，中国を源流とする東アジアの文化交流の中で「藻の文化圏」をどのように形成したのか知る手がかりを与えるだろう．

26.1　中国の文献にみる人と藻のかかわり

　藻と聞いて，多くの人達はどのようなものを考えるであろうか．辞典（赤塚・阿部 1987）を引いてみると，藻雅（詩文にすぐれて風流なこと），藻絵（美しい模様），藻鑑（すぐれた鑑識の力）といった文字があり，藻は「美しい，優れた」といった意味を含んでいる．

　その藻にかかわる言葉の原点を古代中国に求めることができる．中国の春秋時代（B.C. 770～B.C. 400）における国家の法令として重要な「三礼」の一つ，家族・個人の作法について述べた「礼記」（B.C. 500頃）（市原ら 1977）に藻とは「五色に染めた紐で天子の儀礼用の冠の飾りのこと」とあり，「天子の冠には藻が12本，諸侯には9本，上大夫には7本，下大夫には5本，士には3本」とある．すなわち，藻は身分を表す象徴であった．そして，「春秋左氏伝」（B.C. 710～516）（竹内 1968）の中で藻の模様をかざした佩巾が尊卑を示し，天子の礼服の衣裳につける九つの模様である「九文（山・竜・華・虫・藻・火・粉米・黼（斧の形）・黻（弓を背中合わせにした形））」の一つに藻があった．ただし，この時代の藻とは陸上の植物に対して水中に生育する植物を指したとみられ，現在のように淡水藻，海藻，藍藻，水生植物の区別はなかったと考えられる．

　海の藻と確認できる記述としては，現存する中国最古の食文化に関する文献，「斉民要術」（220～520）（廣文編譯所，中華民国 54）がある．その中に「三都賦」の一つで左思が著した「呉都賦」（281頃）（長澤 1974）（図 26.1）を引用し，官吏の官職を表す帯紐にちなんで，当時，海藻

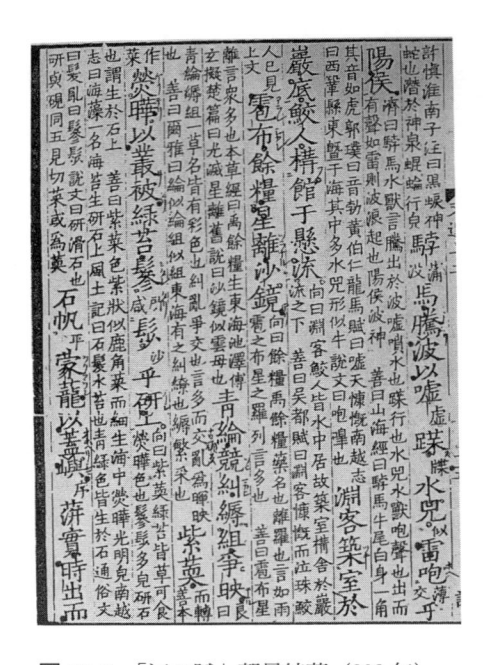

図26.1 「呉都賦」左思著（281年頃）．　　　　図26.2 「江の賦」郭景純著（302年）．

の総称である「海苔」の項に，美しい海藻を「綸組（りんそ）」と呼んでいたという記述がある．その一つに「紫菜」があった．紫菜は西晋（265〜316）の郭景純（かくけいじゅん）の詩「江の賦（こうのふ）」（320）（足利学校遺蹟図書館後援会 1974）の海の編（図26.2）に登場する．そこでは揚子江の川面の美しさを詠み，「紫菜熒曄以叢被」（紫菜はきらきらと群がり生えている）のくだりがあり，情景描写に紫菜の文字を発見できる．紫菜は当時すでに特定の人だけではなく詩文を手に入れることのできる多くの人々に知られていた．

また，古代中国の文献に登場する藻に関する表現を「文選」（502）（花房 1974，小尾 1974, 1974a）から拾ってみると，1）前漢時代の「上林賦」の中の「青藻」のように写実的に藻を観察した記述（司馬長卿，B.C.202〜A.D.8），2）後漢時代の「東京賦」の中の「藻縛」（水草模様の革製のきれ）のように装飾や模様として二次的に利用した記述（張平子，25〜220），3）晋時代の「為賈謐作贈陸機」の中の「曜藻」のように文学的な比喩を示す記述（安仁，265〜420）などがある．すなわち，古代中国において藻は美意識の対象であり，さらに転化して階級の象徴であり，社会生活の規範を表すものの一つであった．

そして，生活資材としての海藻の記述を初めて確認できる文献は，中国の辞書「爾雅（じが）（前漢 B.C.202〜A.D.8と後漢25〜220）」（長澤 1973）である．同書の一文に「綸似綸組似組東海有之」（「綸」は青色のひもに似て，「組」はくみひもに似て東海に有る）とある．「綸」は紅藻アマノリ類の海苔と考えられている．また，中国最古の薬物書「神農本草経（しんのうほんぞうきょう）」（25〜220）（浜田ら 1976）（図26.3）には，褐藻ホンダワラ類と推定される「海藻」が腫瘍を治すなど藻についての薬効性の記述がある．

さらに食物としての藻に関する文献として，周代（B.C.1122〜B.C.221）に書かれた最古の詩集「詩経」（B.C.500）（松本雅明著作集編集委員会 1986）がある．その中に「采藻」（藻を採る）や「薄采其藻」といった表現があり，藻が採取され食糧とされていたことが推測できる．し

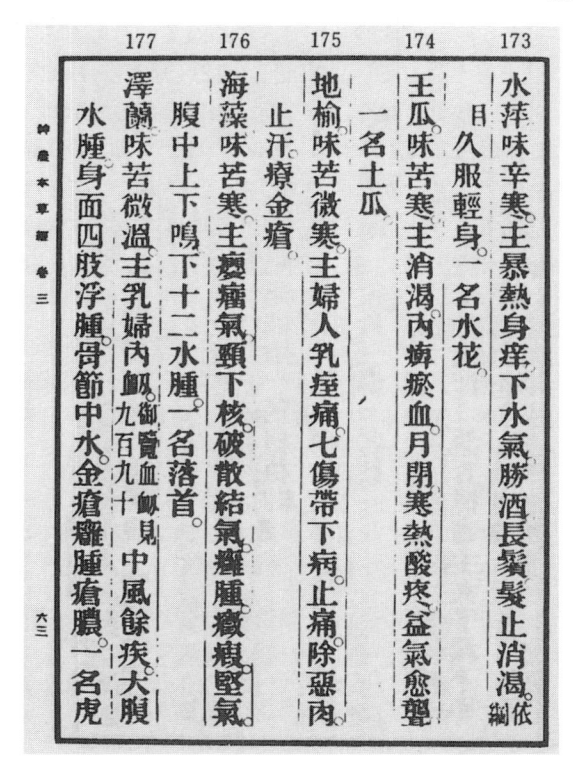

図 26.3 「神農本草経」(25〜220 年). 陶弘景編 (452〜536 年).

かし，藻の種類を特定するには至らない．現存する最古の料理書でもある「斉民要術」(220〜520)（田中ら 1997）には，食材を扱う技術について，貯蔵法・加工法・調理法・種植法・和え物などに分類して体系的に述べたもので，海苔（アマノリ類）について「菹(なます)」(斉民要術第 79 章)，「紫菜菹法（海苔漬のつくり方），苦筍紫菜菹（第 88 章)」など調理法についての詳細な記述がある．また，明代（1368〜1644）の薬物・料理・食物の書である「本草綱目」(1596 頃)（鈴木 1931）には文化的な記述は少ないものの，海藻 5 種，「紫菜，海蘊，海帯，昆布，水松」の名をあげてその効能が述べられている．清代（1616〜1911）になると「本草綱目拾遺」(趙 1765）に「麒麟菜，鹿角菜，石花菜，龍鬚菜」の記述がある．

26.2 日本の文献にみる人と藻のかかわり

(1) 古代（飛鳥・奈良・平安期）

一方日本の古代を代表する文献にも海藻の名称が数多く見られ，その多くが食材としての記述である（「古事類苑」（神宮司庁 1985））．飛鳥・奈良時代（7 世紀〜8 世紀)，律令国家の基本法典となった「大宝令賦役令」(701)・「養老律令」(720)（井上 1976）には「紫菜，雑海菜，海藻，滑海藻，海松，凝海菜，海藻根，未滑藻」の文字があり，「延喜式」(927)（黒板 1986, 1986 a, 1987）には「紫菜，角俣菜，鹿角菜，於期，凝海菜，鳥坂菜，伊祇須，海藻，滑海藻，昆布，那乃利曾，海藻根，海松」が，税の一つである調の雑物の対象として記載されている．すなわち日

本人は遅くとも8世紀以前より海藻を食用として，税の対象としてきたことは明らかである．

また，現存する最古の歴史書とされる「古事記」(712)(青木ら 1982)には「海布之柄を鎌りて，燧臼につくり，海蓴之柄以ちて，燧杵に作り而，火攢り出して云はく」とあり，海藻で火を鑽ったことが記されている．燧臼につくられた「海布」は，ワカメ，ミルであり，燧杵につくられた「海蓴」はホンダワラ，アラメ，カジメであると伝えられているが定かではない．これは身近な海藻を使った火鑽の記述であり，宗教的な行為を示唆するものである．この点において，インドネシアやメラネシアなど東南アジア圏の海洋民族に伝わる，海中より最初の火を取り出した神話との類似性を認める．

また，同時代の「日本書紀」(720)(黒板 1971, 1973)に「奈能利曾」があり，平安時代(8世紀末〜12世紀)の「続日本紀」(797)(黒板 1972)には「昆布」が先祖代々の貢物であったとある．隋(589〜618)・唐(618〜907)時代の医学書を引用類集した「医心方」(984)(槇 1993)には，「紫苔（紫菜の別名）が消渇（糖尿病）を止める，緑藻石蓴（アオサ類）は口の爛れや消渇を治し食欲を増進させる．褐藻昆布（コンブ類）が水腫，癭瘤，気瘻を治す」とあり，歴史的には海藻が薬草として使われていたことが分かる．とくに古代中国では，薬食同源思想に代表されるように食物の医学的効果が重視され（「黄帝内経太素」(618頃)(小曽戸 1987)），この考え方とともに海藻についての情報が遣隋使(607)や遣唐使(630〜894)などにより伝播した可能性が高い．

さらに文学の世界でも，古代歌謡の集大成である「万葉集」(8世紀後半)(小島ら 1971, 1972, 1973, 1975)の4500首のうち，海藻（海草を含む）に関する歌が90余首にのぼり，海藻の総称およびホンダワラ類を意味する「玉藻」のほか，いくつかの種名が確認できる．また，日本最古の長編小説といわれる「宇津保物語」(平安中期成立)(河野 1963)には「細海布，さとめ，紫海苔，甘海苔，海松，青海苔」があり，平安文学を代表する「源氏物語」(11世紀初)(山岸 1958, 1959, 1963, 1963 a, 1966)に「もしほ草，みるめ」，「枕草子」(10世紀末〜11世紀初頭)(池田ら 1966)に「布」が登場するなど，社会の上層部を占める貴族階級においては海藻類が身近なものになっていたと考えられる．

このように海藻は，現在と比較して，食糧，税，代替え貨幣として社会の必需品としてあった．とくに紫菜はその代表的存在であったことが奈良時代の物価の変動に関する研究から分かっている（関根 1969）．

(2) 中世（鎌倉・室町・安土桃山期）

中世の鎌倉・室町時代(13世紀〜16世紀中)は武士の社会となり，手本となる実用書が多くなる．「庭訓往来」(14世紀後半)(石川 1973)は広く流布した生活文化の総合的な教科書といえるもので，庶民生活の中で用いられた数種類の海藻とその加工品を紹介している．また，海藻はこの時代に成立した茶道の食材として用いられることになった．浄土宗の僧侶，聖岡聖人(1341〜1420)の著した茶に関する書物「禅林小歌」(14世紀)(続群書類従完成会 1912)に「海雲汁，苔汁，海藻」とある．そして，室町時代の辞書「下学集」(1444)(山田 1968)は，動植物の名称をあげて解説した名彙であり，「海松，水雲，昆布，青海苔，海羅，紫菜」の海藻名がある．また，一条兼良の「尺素往来」(1480)(塙 1933復刻)には，数種類の海藻が紹介され，海苔を「茶子」，菓子として用いたとある．「七十一番職人歌合わせ」(16世紀初頭)からは，人々が行きかう路上で「石花菜」を原料とする「心太売」という職業があったことが分かる（千葉県立中

央博物館 1997).

とくに鎌倉期以来，戦乱の世を迎えて海藻は，貯蔵携帯に便利なものとして，出陣や凱旋などの祝儀事や軍兵糧として用いられ，長期の籠城戦に備えて城内にはコンブ，アラメ，ヒジキなどの海藻が備蓄されていた．室町時代，京都所司代を務めた多賀高忠や軍備儀礼を司る大草家が伝授した「中原高忠軍陣聞書」(1511)(塙 1930 復刻)・「大草殿より相伝之聞書」(室町末期)(塙 1932 復刻) などには，出陣に際して醤油で煮た昆布を持参したなどの記述がある．その方法が今日まで伝わり，竹筒に入った塩昆布を進物用に用いる地域がある．

(3) 近世(江戸期)，近代

古代から中世において，人と海藻のかかわりを知る手がかりは上流階層や武士など限られた一部の人々を対象にした文字情報のみであったが (「菜譜」(1714) (香川 1933) など)，近世，江戸時代になると俳諧などが成立し，特に民衆の実生活を反映した生活文化を記述した書や版画など印刷技術の発達により，絵入りの詳細な解説が多くなってくる．中でも諸国を広く行脚して名物を見聞し，俳諧の立場から地方別に季節，風物，産物を記述した松江重頼の貞門俳諧の書「毛吹草」(1638)(竹内 1943) には，身近な産物として「正月　あをのり，櫻苔，於期苔，ひじき，二月　海雲，六月　ところてん」(巻第二俳諧四季之詞) など海藻 15 種類を記述している．また，日常生活の中の海藻を紹介したものに，「本朝食鑑」(1697)(正宗 1979)，「享保元文諸国産物帳」(1736～1738)(盛永ら 1985～2003)，「日本山海名産図会」(1799)(名著普及会 1975) などがある．

学術的な記述では，日本においても中国の「本草綱目」をもとに，小野蘭山が日本産の動物，植物，鉱物を解釈講義した「本草綱目啓蒙」(1803) を著した (小野 1991 復刻)．その中に，「紫菜」をはじめ，「石蓴，石花菜，鹿角菜，竜鬚菜」の生態を中心とした詳細な記述がある．その後，江戸時代末期の本草学 (薬物や食物となる動植鉱物についての学問) の文献として，岩崎潅園の「本草図譜巻五十一菜部水菜類，巻五十四菜部水菜類」(1828)(北村ら 1988) がある．それには「馬尾藻，大葉藻，海蘊，海帯，あらめ (黒菜)，わか免 (裙帯菜)，昆布，水松，紫菜，むかでのり，いろいろのり，よかまたのり，石蓴，石花菜，とさかのり (鶏冠菜)，ほとけのみみ，ふくろのり，ひれのり，鹿角菜，龍鬚菜，麒麟菜」など多くの海藻について，その形態的な特徴，生育状況，産地などとともに藻体の挿絵を描いて記述してあり，現在の図鑑の原型ともいえる画期的なものであった．ここで注目すべきは，「のり」の名称の多いことである．淡水産の「菊地のり」(緑藻)，「水前寺のり」(藍藻)，「九州のり」(紅藻チスジノリ属)，「多摩川のり」(緑藻)，海産の「興津のり」(紅藻オキツノリ属)，「むかでのり」(紅藻ムカデノリ属)，「いろいろのり」(紅藻スギノリ属)，「ふのり」(紅藻フノリ属)，「とさかのり」(紅藻トサカノリ属)，「ふくろのり」(褐藻)，など淡水産と海産を含む，分類学的には多様な藻類がのりとして当時の食材になっていたことが分かる．そして，今日の海苔 (紅藻アマノリ属) にあたる名称として，「紫菜」，「むらさきのり」，「のり」，「あまのり」，「葛西苔」，「あさくさのり」，「品川のり」，「うっぷるいのり」，「下たけのり」，「山鹿のあまのり」，「甲佐のり」，「越後のり」，「みさきのり」がある．とくに海苔は，江戸時代延宝天和期 (1673～1683) より品川沖でヒビ立てが行われ，アサクサノリを養殖する海苔の人工菜苗が普及し，養殖による安定供給が計られたため，自生の海苔を採取する漁師や一部の特権階級の人々だけではなく一般庶民にも身近な食材となった．それゆえ，売り物となる干し板海苔の名称は海苔の個々の種の違いを表記するのではなく，生産地の地名を用いるようになったと考えられる．今日でも海苔の代名詞として「浅草のり」というブラン

ド名を目にするのはこの名残である．

ところで，すでに記したように，古来中国では海藻が薬材の一種とされ，医学書の中に登場する．日本最古の医薬書とされる「大同類聚方」(808)（伊田 2000）には「伊奴羽薬」がある．「伊奴羽薬」は「阿之南閉病」（足痿え病のこと）（三九の巻）に効くとされる．そのつくり方は「加无自乃根　三分，都武乃里　二分，以良奈乃美　三分，可波太亭　三分，右四味袞啞咲濃煎汁二天日毎仁三五度刞位天与新（カムジ〈柑子〉の根　三分，ツブノリ〈スムノリ，つまり海苔〉二分，イラナ〈羊桃〉の実　三分，カハタテ〈川の蓼　三分，右四味，ヲカツミ〈丘の柘〉の煎汁にて，毎日三・五度用いてよき方）」とあり，海苔が使用されていた．また，中国の薬食同源思想に傾倒して海藻についての記述を「日用食性」(1631〜1712)（吉井 1980）に見ることができる．そして現在でも「中薬大辞典」（上海科学技術出版社ほか 1985）にあるように，海苔は水腫，淋病，脚気，甲状腺腫，慢性気管支炎，咳嗽などに煎服するとある．

このように日本でも歴史的に中国から伝えられたとものとして本草関係の書物に海藻の薬効などについての記載が見られたが，江戸時代になると料理本の普及とともに，主に食材として登場する例が多くなる．「料理物語　磯草之部」(1643)（吉井 1978）や「当流節用料理大全　万青物意一まき　磯草使様之事」(1714)（吉井 1979）には，磯草として海藻の項目を設けて種々の海藻ごとに最適な調理方法を記載したものも見られる．料理本の中の「海苔」については，主に汁物，吸い物，和え物（酢和え，酢みそ和え），指身であるが，とくに精進料理には欠かせない食材となっていたことが分かる．明治維新後の近代（明治期，大正期）においても江戸期と同様に多様な海藻が用いられた（高 1883, 陶山 1890, 農商務省水産局 1913）．

古代から現代に至る約2千年に及ぶ歴史の中で人と藻のかかわりを文献から抽出して記述した．そこには，大陸から，主として中国から伝わった税の対象として，また，薬食同源思想に基づく薬として，食材としての藻の認識があった．すなわち，輸入されたものとしての藻の文化の萌芽を発見することができる．

26.3　現代における日本人と藻のかかわり

(1)　地域性の考察

日本人は21世紀の現在，日常生活の中で藻とどのように向き合っているのだろうか．実際，人々と藻のかかわりは民衆の日常性として，堆積する生活様式の中で繰り返し反復されながら構造化されている習慣や習俗の中に位置づけられ，地域性に深くかかわっている．そこで，日本列島のほぼ中央部にあり，太平洋に突き出した房総半島に注目した．この地域は下総，上総，安房と呼ばれ，古代から中世（7〜16世紀）においては近畿地域から遠く離れた辺境の地であったが，古代の律令に，税として海藻を納めた産地として記述されている．その後，江戸期（17世紀）以降は，政治経済の中枢として機能する江戸，東京に隣接する位置を得た地域である．

房総半島は島嶼的な地形であり，半島沖を北上する黒潮（暖流）と南下する親潮（寒流）が混じり合い，加えて岩浜，砂浜，東京湾内湾，干潟など，総延長559 kmに及ぶ多様な海岸線を有し，459種（緑藻61種，褐藻101種，紅藻297種）の大型海産藻類が生育する（千葉県史料研究財団 1998，宮田ら 2003）．すなわち，温帯性の海藻群落に亜熱帯性種と亜寒帯性種が混じるきわめて種の多様性が高い海藻相を示す地域である．

そこで，人と海藻・海草のかかわりを調べることを目的に，アンケート形式の調査を千葉県漁

業協同組合連合会の協力を得て1995年に行った．房総半島沿岸に管轄海域を持つ52の漁業協同組合から推薦された104人を対象とした．対象となったのは，生まれてから，海辺で生活してきた人々である．質問の対象とした海藻と海草は，1)歴史的に日本人が利用してきたことが「大宝律令」(701)以降の文献に明らかな種であり，2)房総半島に生育する種である．そして，3)「第一種共同漁業」の対象種であることを条件に選択した海藻18種と海草2種である．そして栽培種と増養殖種は除外した．

すなわち，緑藻4種：ボウアオノリ（アオノリ属）*Enteromorpha intestinalis*，ヒトエグサ *Monostroma nitidum*，アナアオサ *Ulva pertusa*，ミル *Codium fragile*，褐藻7種：ワカメ *Undaria pinnatifida*，ヒロメ *Undaria undarioides*，カジメ *Ecklonia cava*，アラメ *Eisenia bicyclis*，ハバノリ *Petalonia binghamiae*，ホンダワラ *Sargassum fulvellum*，ヒジキ *Hizikia fusiformis*，紅藻7種：トサカノリ *Meristotheca papulosa*，マクサ *Gelidium elegans*（テングサ類を含む），スサビノリ（アマノリ属）*Porphyra yezoensis*，オゴノリ *Gracilaria asiatica*，コトジツノマタ *Chondrus elatus*，フクロフノリ *Gloiopeltis furcata*，ハナフノリ *Gloiopeltis complanata*，海草2種：アマモ *Zostera marina*，スガモ *Phyllospadix iwatensis* である．

アンケートは，海藻・海草の全形と生育状況をカラー写真で示すとともに，文章で生育環境を概説し，各種について13項目の質問に対して回答を求めた．質問項目は，「1)知っているか，2)標準和名以外の呼び名とその由来を知っているか，3)自分で採集するか，4)食べるか，5)食べる時期に季節性はあるか，6)食べる時期は特別の行事にかかわりがあるか，7)調理の方法，8)食用以外に利用するか，9)神事や仏事など宗教的な行事，あるいは祝事に使うか，10)この海藻にまつわる民話や言い伝えがあるか，11)海藻の形と色が模様や柄として使われていることを知っているか，12)海藻を使って染色するか，またはそれを知っているか，13)上記のほかに海藻について知っていることを自由に書く」であった．

その結果，有効回答率は72%であった．「知っている」と答えた割合の高かった種を上位から示すと，ノリ(97%)，ワカメ(96%)，アオノリ(95%)，ヒジキ(94%)，カジメ(83%)，ハバノリ(80%)，ホンダワラ(72%)，トサカノリ(68%)，アラメ(64%)，コトジツノマタ(57%)，アナアオサ(51%)，マクサ(49%)，ミル(44%)，オゴノリ(35%)，ヒトエグサ(28%)，ヒロメ(26%)，フクロフノリ(24%)，ハナフノリ(20%)であり，海草については，アマモ(61%)，スガモ(37%)であった．知名度の高い海藻は，歴史的に副食材として多用されてきた海藻であり，家庭の食卓や店舗の商品棚で私たちが目にしているものである．とくに房総半島の人々の生活と歴史的に深く結びついていると考えられる海藻は，褐藻ハバノリと紅藻コトジツノマタであった．

褐藻ハバノリを「知っている」と答えた人は全回答者の80%を占め，主に安房地方・上総北部と安房郡天津小湊地方に集中した．前者は正月料理の雑煮の中に火で焙ったハバノリをふりかけて食べる風習がある消費地であり，後者はその風習はないが前者へ供給するハバノリの生産地という関係にある．そして室町時代から江戸時代初期にかけて，各地の特産を記述した「毛吹草」(1638)（松江1978復刻）の中に安房地方の特産品として「ハバ苔」の記述がある．つぎに紅藻コトジツノマタは，57%であり全回答者は銚子地方と近隣の地域に集中した．正月や人寄せ（人が集まる）のときにつくられる郷土料理「かいそう」（海藻こんにゃく）の原藻として，銚子地方を中心とした地域が主たる生産地であり消費地でもある．地元では原藻のコトジツノマタをナガマタともいう．「かいそう」は，コトジツノマタを羊羹状に煮固めた料理で，「海藻蒟蒻，か

いそう，けーそー（銚子地方），かいそう（成東地方），黒豆腐（茂原地方）」などと呼ばれている．近年，入手しやすい紅藻イボツノマタを原藻として野菜も煮込んだ「新カイソウ」がつくられている．かいそうは「利根川図志」（1836～1838）（柳田 1938）に「海藻蒟蒻（世人飯沼こんやくといふ），味噌汁に煮て産婦あとはらの薬と云ふ」とあり，銚子の特産品として紹介され，江戸時代にはこの料理方法がすでにあったことが分かる．

そして，紅藻マクサ（テングサ類）は，トコロテンの原藻でありよく知られていると考えたが，その知名度は49%に留まった．しかし，回答者は各地域に分散した．マクサは生育時に紅紫色，洗浄と乾燥を繰り返して白色，寒天となって無色になり，最終的には色も形も生育時の様相を留めない状態で食材となる．同様に紅藻オゴノリも35%にすぎない．生育時は暗紅色であるが，刺身のつまのように熱処理されて食材となると色が鮮緑色に変わる．これらの海藻は，最も身近な食材として流通していながら採集時と加工後の形態と色彩が異なっているために知名度が低いと考えられる．

また，緑藻ミルは44%であり，回答者は各地域に分散した．アンケート結果では知名度が低かったが，奈良・平安時代に食用とされ，海苔とともに税の対象とされた（関根 1969）．また，服飾のためにデザイン化された，「海松文様」と「海松貝文様」は，現在も使われる歴史的に知名度の高い文様である．「延喜式 主計上」（国家の財政を扱う主計寮についての条文）（927）では，安房国（房総半島南端部）の調・庸（税）として鰒や細布とともに海藻類では唯一，海松の文字が並ぶ．

この調査において，房総半島という限られた地域の海藻・海草の使い方として，食べる以外の使い方に肥料や糊料の原材料として藻体を直接使用する場合と，洗髪剤のように海藻の成分を使う場合があること，神饌のように祭事，神事，仏事，祝事などのハレの日に使う海藻・海草が伝承されていることが明らかになった．海藻・海草の使い方から分類すると，1) 主に食材となるもの（緑藻アオノリ，ヒトエグサ，褐藻ヒロメ，ハバノリ，紅藻スサビノリ，トサカノリ，マクサ（テングサ類），オゴノリ，コトジツノマタ），2) 食材と生活資材となるもの（アラメ，フクロフノリ，ハナフノリ，アナアオサ），3) 食材と神事の神饌など宗教的な道具となるもの（ヒジキ，ワカメ），4) 生活資材となるもの（ツノマタ類：糊料/タンバノリ，ヒヂリメン，フダラク，ツルツルなど：糊料と肥料/カジメなど：成分を抽出して化学的に使うもの），5) 生活資材と祝事の道具となるもの（ホンダワラ類：肥料と正月の飾り），6) 千年以上続く宗教行事で必須の道具となっているもの（ヒジキ，スガモ：お祭りの重要な飾り道具）である．

この調査結果は，人と海藻・海草のかかわり方に三つの基本型があることを示している．すなわち，1) 食材型（食べる），2) 生活資材型（食べずに生活の道具として使う），3) 宗教的資材型（宗教的行事および祝事に使う）である．

（2） 日本人と藻のかかわり

房総半島における調査結果に，文献（遠藤 1902，岡村 1936 など），民族学的なフィールド調査，生物学的な海藻と海草の分類と分布調査を加えて考察すると，気候，風土による地域差があるものの日本人と海藻・海草のかかわり方は，三つの基本型を含めて七つのタイプに分類できる．

1) 食 材 型

このタイプの海藻は食べるだけの対象である．紅藻アマノリ類，マクサ（テングサ類），トサ

カノリ，緑藻アオノリ，ヒトエグサ，褐藻ヒロメなどがある．

　紅藻アマノリ類は藻が柔らかく小型であることから，主に食用とする．この海藻の特徴として，日本列島の岩浜に広く分布し，しかも最も浅い潮間帯の上部に生育するために海の中に入る危険を冒すことなく，とくに引き潮のときには誰でも採集できる．現在，太平洋沿岸の内湾性の海域においては，主としてナラワスサビノリなどスサビノリ系のアマノリ類の養殖が広く行われ，私たちが普段食べる海苔の多くが養殖され，加工されたものである．近世において，養殖技術の発達による大量生産，干し海苔作製技術の発達による保存，流通システムの向上等が図られ，さらに米飯の食生活と調和した結果，ノリは食材となる海藻の一つという存在から，日本の代表的な副食材となった．

　褐藻ホンダワラ類は一般に食用としない．しかし，ホンダワラの別名「莫鳴草（なのりそ）」の解説の中で「ほんだはらしほ気を出し湯煮して唐からしみそあへ　ほんだはら青きがよし　黒きはこはし」とあり（「料理珍味集　巻之三」(1764)（吉井 1979）），江戸時代には食用であったことが分かる．現在でも新潟県や福島県，島根県の一部地域等で食用とする．

　また，海藻を採集の後，ところてん状に加工して食べるという伝統が日本列島に複数ある．とくに，紅藻テングサ類は列島のほぼ全域において食べ方に共通性がある．テングサとは，分類学的に紅藻マクサやオオブサなどテングサ属の総称である．藻体を煮溶かして冷やし，棍棒状に固めた「ところてん」やその乾物の「寒天」として食材となる．ところてんの製法は中国から伝来したものと考えられ，中華料理の代表的なデザートである「杏仁豆腐」にも使われている．寒天は，江戸時代（17世紀）に京都伏見で偶然，その製法が発見され改良されたもので，黄檗宗の僧侶隠元によって命名されたとある．日本では，平安時代の法典である「延喜式」(927)や日本最初の分類大百科辞典の「和名類聚抄」(931～938)（正宗 1977，名古屋市博物館 1992），いろは別の最初の国語辞典である「伊呂波字類抄」(1144)（正宗 1988）に古名として「心太，大凝菜」が記され，さらに室町時代の職人の生業の様子や風俗・習慣を描いた「七十一番職人歌合絵巻」(16世紀初頭)に「心太売」が記述され，ところてんは，すでに古代から中世において民衆に浸透した食べ物であった．そして，ところてんの乾物である寒天の料理については，江戸時代の料理本「料理物語」(1643)の中に紹介されている．また，紅藻トサカノリを原藻として煮固めた「ところてん」のような「寄鶏冠」（「料理珍味集」(1764)）の記述がある．このような，海藻の抽出成分を使った食品の開発は，すでに記したように日本列島中部，房総半島の銚子地方に紅藻コトジツノマタやイボツノマタを原藻として煮固めた「かいそう（海藻こんにゃく）」がある．列島南部では，北九州博多地方で紅藻エゴノリ，イギス，アミクサを原藻とする「おきゅうと」，沖縄県北部，北東部で紅藻イバラノリやカズノイバラを煮固める「モーイ，モーイ豆腐」がある．また，列島日本海中部，石川県や新潟県，福島県ではエゴノリを原藻とする「えごねり，いごねり」，列島北部の青森県で紅藻アカハダを原藻とする「アカハダモチ」があり（農山漁村文化協会 1990年代），いずれも各地域に生育する海藻を使っている．また，列島中部内陸部，長野県長野市の北西に位置する上水内郡鬼無里村には，遠隔の海岸地方から運ばれた紅藻エゴノリの乾物を原藻として煮固める「エゴ」が伝承料理としてあり（伊藤 1992），乾燥して保存できる寒天原藻は現在のように食品が手軽に入手できない時代においては便利かつ貴重な食材であった．そして，秋田県の寒天料理，「鏡てん」がお盆の墓前料理の中心となっている．

　すなわち，先人は海藻の成分に凝固する糊分が含まれるという情報を得ていたのである．生の海藻を直接，あるいは抽出物を乾燥することは長期の保存を可能にし，いつでも使えることから

付加価値の高い流通物資となる．藻体と乾物を煮溶かして固める製法が，飛鳥，奈良，平安期に遣隋使や遣唐使を介して隋，唐から伝播したと仮定すれば，日本列島の異なる地域に類似の海藻食品が生まれたであろう．時系列的な検証が必要であるが，多元的に同質の食品が開発されたとは考えにくい．律令制度を導入する際に，「心太」や「大凝菜」といった海藻が税の対象となるだけの価値を持っていることを，税の体系とともに中国から輸入したと考えられる．いわば，中国から藻の食文化の萌芽を輸入したのである．

2) 生活資材型

このタイプの海藻は，生活資材に利用される．主として畑作用の肥料である．一般に海藻はカルシウム，カリウムなどの塩分を含み，土壌を中性化する．また，日本壁の漆喰の糊料として使われる．日本列島全域に分布する，褐藻ホンダワラ類，紅藻のタンバノリなど帯状の形の仲間，ツノマタ類，緑藻ミルの仲間である．

静岡県相良町や御前崎町の農家では，海藻を肥料として利用した記録があり，夏にオオバモクなどの褐藻ホンダワラ類を採取して，さつまいも畑に敷き肥料にしたとある．このホンダワラ類の量は，明治24年頃の相良以南の海藻類の生産高として記録があり，「百姓伝記（上）」（明治時代）（古島 1977）に「潮のさし引有之入江に生る海草のるいは，よく地をうくやかすものなり（土の重粘のものを柔らかく空気を含んだ状態にする）．草のういに色々あれども，はゞひろくながく生へそだつ．（略）六月以後七月に実のなる草（実とは気胞のことで，ホンダワラ類のこと）あり．（略）麦畑の根こやし，（略）いも畠のこやしによくきくものなり」とある．また，島根県で書かれた「地方棉作要書」（1891）（岡 1984）には，「海藻類割合にカリに富むがゆえに砂地に好適なり．また綿実粕は割合に分解速きものなるがゆえに，海草類とともに播種肥料として施す．はなはだ良法なり．（略）中海産生藻三百貫目あるいは外海産干藻七十貫を施し，（略）（中海は島根半島にある潟湖で，生藻はここに繁茂する海藻で，主としてホンダワラ．外海産干藻は島根県の海岸の海藻で，主としてホンダワラ」とあり，海藻と海草の乾物は，綿実粕，鰊搾粕，干鰯，菜種粕などの肥料に比べカリウムの含量が高く，しかも値段が安く有効とある．すでに17世紀末において，魚肥の価格が高騰した際に海藻肥料が綿作に施用され，現金収入を海岸住民にもたらしていた．

房総半島夷隅郡大原町では，紅藻タンバノリ，ヒヂリメン，フダラク，ツルツルなどの帯状の海藻を「オオハ」，「オオッパ」と呼び，打ち上げを採集して海岸沿いに天日干しをし，漁業協同組合を経由して，あるいは直接仲買人に引き取られて漆喰の糊料として販売されている．紅藻のツノマタ類，フクロフノリ，タンバノリなどは日本壁の糊料として流通している．日本壁とは，塗壁の中でその材料と工法が日本独特で明治維新以前の伝統を継承するものをいい，土物壁，漆喰壁，大津壁の大きく三つに分類する．このうち土物壁と漆喰壁に海藻が利用される．とくに漆喰壁では海藻は石灰や麻布とともに古代から現在に至るまで日本壁の重要な要素となっている（中村 1954）．現在，「日本建築学会建築工事標準仕様書JASS 15 左官工事」の中で，「漆喰壁」の「ノリ」については，「麩のり，つのまた，銀杏草，さくら草等を用う．春あるいは秋に採取し1年以上乾燥したもので，根や茎等が混入せず，煮た後に粘性のある液状となり，不溶解分が重量で25%以下のものとし特記により指定する」とあり，「調合」では「ノリおよびスサは消石灰20 kg（1袋）に対する重量で示す」とある（日本建築学会 1998）．

ところで，歴史的に壁に海藻が用いられたことが確認できるのは，京都の平等院阿弥陀堂

(1050年建立，1712年（永承7）宇治関白頼通の別荘を改築して寺とする）である．明治36～40年（1903～07）に堂の修復をした際，修復前の壁の状態を調査した記述に「壁画の下地は，（略）其上に石灰，苧，海苔を混じたる漆喰を塗り，」（武田 1908）とある．この「海苔」は一般に食べる海苔ではなく，糊分をもった海藻と考えられる．また，文献としては江戸時代の百科事典といえる「倭漢三才圖繪」(わかんさいずえ)(1713) に，壁に「海蘿」(ふのり)を用いるとある（寺島 1906 復刻）．とくに漆喰壁は，海藻を用いることのなかった中国の様式から離れて城郭の白壁を実現し，日本独自の建造物を可能にした．現在でも重要文化財の建造物の修復には海藻の糊料の種類と量が文化庁によって指定されている．熊本城（熊本県）の修復の際には，「銀杏草（北海道産黒葉）」（紅藻クロバギンナンソウ）を使用するとあり，中塗，上塗にどのくらいの量を調合するか詳細に規定している（「重要文化財 熊本城源之進 櫓修理工事（屋根葺替，部分修理）報告書」（文化財保存計画協会 1980），「重要文化財熊本城監物櫓・長塀修理工事（屋根葺替，部分修理）報告書」（保存科学研究会 1979））．

　褐藻カジメは養殖アワビの餌料として使われている．稚貝アワビを茹でたカジメで飼育することで放流までの生育期間を短縮する試みが水産試験場などで行われている．

　昭和初期には，カジメやアラメから火薬の原料となるアルギン酸を抽出して爆薬を製造した．そして，現在，アラメやカジメを含むコンブ科から抽出したアルギン酸が，染色の防染剤，食品添加物として，ジャム，マヨネーズ，アイスクリーム練製品の増粘・分散・乳化剤・安定剤，また化粧品工業クリーム，ローション，シャンプーでの分散剤・結合剤・濃厚剤・増粘剤に使われている（殖田ら 1963）．コンブ科は，私たちの生活用品には欠かせない一次的な工業原料としてある．

　緑藻ミルは歴史的に人とのかかわりがきわめて多様な海藻である．古代において海藻は，食糧や塩分の補給のほかに調味料的役割として重要であったが（松岡 1926，荒井 1993），とくにミルは小腸に寄生する回虫を駆除する薬でもあった（「廣川薬用植物大事典」（木島ら 1967））．また，さらに当時の人々の服飾にかかわる色とデザインにおいて文化的感性を刺激した数少ない海藻で，海賦文様の構成要素となっていた．奈良時代は中国の影響を受けて衣服の色は原色が主流であったが，平安時代になると貴族の女装の十二単に代表される重ね装束が身分とセンスを表現し，色の取り合わせが主体となって，重色目(かさねいろめ)という日本独自の表現形式を生み，自然の中にその色彩を求めた．ミルの色を表現した深緑色やオリーブグリーンに近い，「海松色」(みるいろ)は，「布衣記」(ほいき)（1925）（塙 1983 復刻）に「海松色黒萌黄裏薄萌黄ヲバ海松色ト申」と記述され，「西三篠装束抄」(そうぞくしょう)(にしさんじょう)（1455～1537）（塙 1983 復刻），「胡曹抄」(こそうしょう)（室町後期）（近藤 1960）など，服飾関係の文献に記述がある（前田 1960）．平安末期の「満佐須計装束抄」(まさすけしょうぞくしょう)（1100年代）（塙 1983 復刻）に「みるいろのしろうらはわかき人はきず」とあるように，年配者向きの色目であったことが分かる（松本 1993）．主模様として発展した，「海松丸文様」(みるまる)は，大和絵の最高峰とされる国宝「伴大納言絵巻」(ばんだいなごんえまき)（12世紀）や「手向山神社和鞍螺鈿」（小田切 1883, 1976 復刻）をはじめ広く日用品の京唐紙の模様にも用いられた．貝と組み合わせた，海松貝錦文様は着物や調度品に好んで描かれた．また，実用的に用いる例として昭和初期にヒラミルを乾かして細長く切り，海に潜るときに潜水服の手首の部分に巻いて防水性を高めたという（房総半島，根本地方）．また，江戸時代の料理本に「海雲房洗様」(みるふさあらひやう)（「料理早指南 秘伝物の部」（1822）（吉井 1980）という調理法があることから，江戸時代までは食用にしていたことが分かる．しかし，現在では長崎県度島など一部の地域を除いて食用とされず，新たなデザイン化の報告もない．

3) 宗教的資材型

海草，すなわち海産種子植物アマモ科のスガモがこのタイプに属す．アマモ科は，日本の岩礁性海岸にスガモとエビアマモ，砂地にタチアマモ，アマモ，コアマモ，スゲアマモ，オオアマモの5種が分布する．房総半島の銚子地方では，スガモを使う「神幸祭」がある．荒海を鎮めるため康和4年（1102）に始まり毎年行われていたが，天永元年（1110）より20年ごとに催される（「東大社史」（1930）（篠崎 1981））．東大社，雷神社，豊玉姫神社の三社が各々の鎮座地から出御し，銚子の神逢塚で合流して外川町の浜まで神幸する（「東大社御鎮座略記」（1855）（銚子市史編纂委員会 1956））．この神輿御浜下りの様子は「利根川圖志」（1836〜38）にも記述がある．その通過地である小畑地区では，地元の海岸で採集したスガモを巻き付けた鳥居「モクノトリイ」を建立して御輿を迎える．地元ではスガモを「ガンズナ」と呼び，祭りが終わると各自持ち帰って神棚に供える．東大社に伝わる古文書にも「磯草之大鳥居」の記録が残っている（「神幸祭高神村嘉永三年」（1851））．実際，ガンズナとしては，スガモのほか，この地方の沿岸域にスガモと同所的に生育するエビアマモや砂地に群落をつくる少量のアマモが含まれている．

ところで「藻を神に供える」という行為を文献に遡ってみると，紀元前700年頃の中国で「蘋繁蘊藻」を祭事に神前に供えるとあり（「春秋左氏伝の隠公三年」（B.C. 719）），藻が宗教行事に神饌のように使われたことを示唆する．ただし，ここでの藻は海藻ではなく淡水の藻類と考えられる．

現在，日本列島でスガモを含む海草を食べるという報告はない．しかし，古代に海辺であったか，あるいは隣接したと考えられる縄文時代後期の相子島貝塚（福島県）から，食用としたことが推定されるクボガイ類，レイシ類，ムラサキインコ類の貝化石とともに，紅藻イボツノマタに付着する微小葉上性貝類のチャツボとエビアマモに付着するヘソカドタマキビの2種の貝化石が発掘されている（黒住 1999）．このことは，縄文人が，紅藻ツノマタ類や海草アマモ科の葉を食材とした可能性を間接的に示唆している（Turner 1978, 1979, Green & Short 2003）．

4) 食材・生活資材型

このタイプの海藻は食材のほかに生活資材として利用される．代表的なものに褐藻アラメ，紅藻フクロフノリがある．アラメは，主に本州太平洋沿岸北部，中部から九州沿岸に分布する暖海性のコンブ科である．

褐藻アラメの調理法としては，「とろろアラメ」と称して食べる．刻むとねばねばした食感が得られ，納豆と同じように食される（房総半島富津地方）．また，「アラメ煮」は，アラメの茎の二叉の部分を夏みかんとともにゆでて柔らかくしてから，人参や油揚げとともに甘辛に煮たものである（房総半島館山地方）．「アラメ煮」は伝統的な日常の料理である．江戸時代初頭の料理本に「荒和布　平あらめ宗旦あらめともいふ（中略）あぶらあげなど取合せにしめて用などしかるべし　ひじき　あらめは近年茶席のはやりものなり　あらめのるいは梅ずすこしいれてゆでるよし　はやくやはらかになるなり　江戸にては惣菜にも用ゆ」（「年中番菜録」（1625）（吉井 1981）），油揚げと煮ることや，果実の酸味を利用して柔らかくするなど，現在とほぼ同じ料理方法が記述されている．

一方，食用以外には「カジメ風呂」の伝統がある．採集したアラメを天日で干して保存し，乾物を湯に入れる．茶色に変色し沃素を含むアラメの成分が溶出した湯に浸かる（房総半島銚子地方）．房総半島では古来アラメのことをカジメといい，カジメのことをアラメと呼んでいた．アラメを使ったカジメ風呂の呼称は全国で標準和名を統一した後も従来の呼び名を一部の人々が受

け継いだ結果である．また，その成分の効用が指摘されており，アラメを粉末加工した温浴剤を開発販売している（房総半島安房郡白浜町）．

　紅藻フクロフノリは2月から6月に採集して，生でサラダやみそ汁の具，刺身のつまなどの食材とする．また干物は「ノゲノリ」（房総半島）と称して流通している．フクロフノリは昭和初期まで糊料として着物の洗い張りに使われ，海女がフクロフノリを使って髪を洗ったという．現在，フクロフノリから抽出した成分を含む洗髪剤が製品化されている．

5) 食材・宗教的資材型

　このタイプの海藻は，食材として，また宗教的行事や祝事，神饌や飾りとして使う．日本列島沿岸に分布する，褐藻ワカメ，ヒジキなどである．

　とくにワカメは，潮間帯下部から漸深帯に生育するために採集しやすく確実に収穫できる対象であり，食材として多用され，日本全国で神饌の一つになったと考えられる（渋沢 1922）．福岡県北九州市門司区の和布刈神社（早鞆明神）では，陰暦大晦日の深夜から元日の払暁に，干潮を迎えると松明を持った神官を先頭に，一人は桶を，もう一人は鎌を持って海に入り，ワカメを刈り採り潮の垂たるものを神饌として供える．神功皇后の三韓征伐のとき，御出産の猶予を祈ってワカメを神前に献じたのが始まりとある．同じ由緒を持つ，対岸の山口県下関市の住吉神社でも時をほぼ同じくして行われ，松明の火影が海峡を彩る．ワカメは春先から初夏にかけて最盛期を迎えるが，これは旧暦では新年を迎える時期であり，新ワカメを採って元朝の神前に供える神事である．和布刈神事がワカメ漁の始まりを告げる．また，島根県出雲地方でも「成務天皇の6年，旧の正月5日，1羽のウミネコが神社の欄干に青々とした海藻をかけて飛び去ること3度．不思議に思った神主が，試しに火で焙って食べたら大変うまい．そこで神前に供えたのがワカメ」の故事から，島根県簸川郡大社町の日御碕神社で陽・陰暦正月五日に，和布刈神事が行われる（速水 1980）．また，ワカメと房総半島のかかわりは古く，奈良県二条大路出土木簡から，上総地方のワカメが貢進物の御贄となっていたことが分かる（渡辺 1991）．洲崎神社（館山市）でも年に数回ワカメが供応される．

　紅藻アマノリ類は主として食材である．しかし，アマノリ属の1種ウップルイノリの特産地である島根県出雲地方の十六島では「海苔備祭」の神饌として用いた（蘆田 1930）．一方，「延喜式」（927）に記述のある香取神宮（千葉県香取郡）では，「明治十八年制定香取神宮年中祭典式大饗祭」が毎年行われ，その神饌調進用途品目の中に海菜として海苔二状と昆布十牧がある（官幣大社香取神宮社務所 1980）．これらの神饌品目は「延喜式」の祭祀関係の品目と同様の構成となっていることから，「海苔」と「昆布」は，千年以上の歴史のある神饌ということになる．現在は，海菜に「棒寒天」が加わっている．

　褐藻ヒジキを神饌として使う「七十五座の神事」が房総半島夷隅郡大原町岩船地区にある．漂着した七十五座の神々にヒジキやワカメを供応して歓待したという伝説がある（「布施大寺三上家系図」弘安二年（1279））．この伝承から七十五座の神事が行われ，神饌として大原岩船海岸で採集した生のヒジキを使う．神饌の品を記した「浅野与四郎家文書」の中に「八幡宮御供米控帳（写）建治元年」（1275）があり，「ひじき」の文字が確認できる．この神事は現在も続けられ，岩船八幡神社の祭礼で毎年行われる（富塚 2000）．また，安房郡鋸南町の海上神社でも「大ごもり」（1月4日と9月4日）にヒジキが神饌として供えられる．この地域では年に2回，4日間だけヒジキを採集することができる．その働きごもりとして，採集したヒジキをゆでて酢の物にし

て供え，白装束を身にまとった参列者が食べる儀式を行う．八坂神社（館山市伊戸）でも7月12日の祭事にテングサ類，荒磯魚見根神社（安房郡千倉町）では大祭の湯立てに「磯根のもの」（テングサ，ワカメ，ヒジキ等）を供える行事がある．

　紅藻コトジツノマタは，宗教的な食材として銚子地方を中心として正月の郷土料理の「かいそう」となる．房総各地では，正月を中心とした特殊神事として「おびしゃ」がある．おびしゃとは年頭にあたり，その年の豊作豊漁を祈願する行事である．山武郡成東町津辺地区で行われたおびしゃ（2001年1月21日）では，神饌として干したコトジツノマタとごまめ（カタクチイワシの干物）コンブ，ダイコンなどの野菜が祭壇にのぼる．そして，集まった人々の膳にはコトジツノマタを調理したかいそうが並ぶ．式の最後に，神饌としてコトジツノマタとごまめだけが掛け軸などの神具とともに木箱に納められて次回へと引き継がれる．コトジツノマタが神格化されている例である．明治時代，神道国教化の一環として官国幣社の制定や「神社祭式行事作法」（1907）によって祭式方法が規定され，神饌の内容についても画一化された．そのため神饌はダイコン・スルメ・コンブなどが山海の幸の代表とされ，神に捧げるものであるから清浄なものという理由から生饌が主流をしめるようになった（岩井 1998）．その結果，たとえ生育地ではない地域でも海藻の代表として日本の宗教的な行事の神饌等としてコンブが使われようになった．しかし，先史以来，日本列島の各地域で大量に採取できるもの，その地でしか採取できない固有のものが，宗教的行事で使われたに違いない．「宗教的資材型」に分類される海藻，海草は，人とのかかわりが歴史的に密接なものということができる．

　房総半島において海藻を神饌に使ったという記録は，上総夷隅郡臼井郷長者里出身で，貴重な郷土史料を残した中村国香（1709～69）の「房総志料」（18世紀初頭）や，嶺田楓江（1817～83）の「房総雑記」（1914）（房総叢書刊行会 1959）の「海藻薦神」の項に「国俗秋神社には，往々海藻をとり来つて，之を神籬にかけ，或は盤に盛り，神前に供す」とある．安房郡白浜町根本の例では「長尾村大字根本，根本海岸一帯の地は，殊に，鮑と海藻とを産出するので聞こえている．従って，海藻を神籬にかくるの例，この地を以て最とするといふことである」（藤澤 1919復刻）がある．

6）生活資材・宗教的資材型

　このタイプの海藻は，日本列島に広く分布する褐藻ホンダワラ類である．生活資材や宗教資材に使われる．主として肥料として，ハレの日の飾り道具として使用する．

　房総半島館山市沖ノ島で半農半漁の農家の人々が打ち上げ海藻を拾う姿を確認している．適度な塩分を含んだホンダワラ類は，化学肥料よりも土壌を柔らかく肥沃にするという．また，房総半島鴨川市浜行川地方では，お正月飾り用にホンダワラ類を採集する．正月には一年中の農村の田畑の豊作を祈って門飾りをする風習がある．それらを「ものづくり」といい，まゆだま，餅，紙切れ，短冊など，地方にゆかりのものを飾る．まゆだまを「ほだれ」という地方もある．正月飾りにホンダワラを使うのは，「くひつみ」（正月の飾りものの一つの蓬莱のこと）に飾るもので，ほだれと関係がある．近世では，「穂が垂れ」という祝福の語ほだれという語を連想させるホンダワラを用いたとある（折口博士記念古代研究所 1971）．また，ホンダワラ類はその気胞の形が米俵に似ていることから「穂俵」と漢字表記され，穂も俵もめでたい字であるゆえに正月の祝いに用いられるとも考えられている（水原ら 1984）．房総半島夷隅郡大原町では，七五三のお参りの際，一升枡に砂を入れて「ギバサ」と呼ばれるホンダワラを添えて奉納する慣習がある．

塩つくりについては縄文，弥生，古墳の各時代の遺跡や貝塚発掘調査の結果，製塩土器とともに発掘された海藻や海草に付着する微小貝類の調査から（加納 2001），褐藻ホンダワラ類やスガモやアマモなどの紐状の海藻や海草が，「万葉集」(8世紀後半)等の文献に記述されている「藻塩草(もしおぐさ)」に相当するものとされ，海水から塩を得るための藻塩焼きに利用されたことが推定されている．

「藻塩焼き」の神事は伊勢神宮など日本全国で行われるが，代表的なものに，宮城県塩釜市の鹽竈(しおがま)神社がある．鹽竈神社は，朝廷の儀式を記録した「弘仁式主税帳」（平安時代初期）（「日本書紀」(720)）にも神社の祭祀料に関する記事が見られる神社である．

海藻は，塩つくりに海水を濃縮するために使用されたとされている．まず，海水に浸すのと天日干しを繰り返して塩分を高めてから，1) その海藻を焼いて塩灰を得る方法と 2) その海藻浸した海水（かん水）を煮て塩を得る方法と，さらに 3) かん水に塩灰を混ぜてから煮るという方法が推定されている（古代の塩作りシンポジウム実行委員会 1996）．ホンダワラ類やスガモやアマモなどの紐状の海草が使用されたが，それぞれのフローラ（植物相）に大きく関係し，その地域で多量に入手できるものを用いたと考えられる．

7）食材・生活資材・宗教的資材型

このタイプは，主として褐藻コンブ類（昆布）である．食材や一次原材料として生活資材として使われる以上に宗教的な道具として多用されている．

結納の一品や正月料理の昆布巻きなど祝い事に使う．平安時代初期に宮廷の儀式として行われるようになった有職料理の技法・作法である「式包丁(しきぼうちょう)」を伝える「生間流(いかまりゅう)」では，「婚礼の饗膳の手掛の熨斗(のし)に用いる」とある（生間流式法秘書 巻三）．賀客を饗応するための重詰料理の喰積(くいつみ)，結昆布（正月の睦月，すなわち睦び月を，むすびと言い寄せた），京阪地方の正月料理の阿茶羅漬(ちゃらづけ)，元日の早朝に一年の悪気を払うためのたっぷりのお茶で結昆布などを入れて飲む大服(おおぶく)など伝統的な正月の習わしの中で使われる．

コンブ類は，現代では一般に，よろこぶの語呂合わせによるという通説から祝い事に用いられるとされるが，元々はその形に関係していると思われる．「和名類聚抄」(931～938) には「昆布」はヒロメ，エビスメと読み，新井白石の「東雅」(1719)（復刻 1983）では「ヒロメといふは其濶(ひろ)きをいふ也　エビスメとは　蝦夷地方より出るをいふ也　俗に昆布を祝ひの物也などいふはヒロメの名に取りし也　ヨロコブの義也などいふは　近俗に出し所也」とあって，ヒロメの名から祝儀にもちいるとしている．江戸時代の料理本にも「祝言引渡之次第」に「こんふ」の記述があり（「料理献立集」(1672)（吉井 1978）），「昆布かちぐりの因縁」には「昆布は万の海草の中にはばひろく長（たけ）なかき事をもって祝義とす」（「当流節用料理大全」(1714)）と，コンブ類が海藻の中で最も長く大きいからであると述べている．

また，コンブ類は沃素を抽出するための一次原材料として，19世紀末期から始まった海藻灰工業使われた．その後，昭和初期にはアルギン酸を抽出するための原材料として採集された．そのほかコンブ類は遊離のグルタミン酸含有量が高いために料理のだしとして商品化されている．現在，海藻の持つ食品としての成分について注目されている（科学技術資源調査会 2002）．

26.4　藻の文化

縄文時代から現代に至る約1万年に及ぶ歴史の中で，日本列島に営みをもった人々と藻，とり

わけ海藻とのかかわりは，古代中国から 1) 律令の税の対象として，2) 薬食同源思想に基づく薬として，3) 食材としての「藻の文化」の萌芽が伝播し，日本列島の全域で自然発生的に行われていたであろう藻を喰い，生活資材として用いるという行為が融合する中で，海洋民族としての日本人の創造性と美意識を背景にした藻の文化を築き上げたと考えられる．その過程において，千年以上にわたる食事行動の中で海藻を食材とするために，原始的な採集から栽培，増養殖の生産技術と保存可能な乾物などの食品加工技術を発展させてきた．そして，多様な食品開発によって海藻を流通させ，食べやすくする料理の方法を発明して食するための作法と美意識を持って食べるという一連の営みの統合されたものとして「藻の食文化」を定義することができる (Miyata & Orihara 1998)．

とくに紅藻アマノリ類は，海苔として米の食文化と共鳴し日本人の食生活の中に最も身近な副食材としての地位を得た (宮下 1970, 1974, 2003)．また，日本人は，古来，四季折々の日常の営みの中に祝いの気持ちや畏敬のこころを行事や祭りの形にしつらえてきた．それはまた，一つ一つの植物や素材にこめられた祝いの意味と，(海)藻や野菜や果物の生命力を楽しむことであった．フィールド調査と文献等の情報から現在，日本人と海藻・海草のかかわりを七つのタイプに分類できる．すなわち，1) 食材型，2) 生活資材型，3) 宗教的資材型，4) 食材・生活資材型，5) 食材・宗教的資材型，6) 生活資材・宗教的資材型，7) 食材・生活資材・宗教的資材型である．それらは，日本人の生活文化の一翼を担う，固有の「藻の文化」の内容を示している．そして，海藻を喰らうという海藻の食文化は，「藻の文化」の中核をなし，日本人の日常の生活文化の一要素としてある．

人類に普遍的な共通要素としての食事行動に注目するとき，藻を喰らい，利用するという行為は，民族や地域，さらには，環境や風土や習慣によって差異があると同時に共通性があるという特徴を持っている (Chapman 1950, Critchley & Ohno 1998)．すなわち，藻を食べる様式や用いる様式にも個別的なものと普遍的なものがあり，地球的レベルの広がりを持った「藻の文化圏」の存在を示唆している．

引用文献

赤塚　忠・阿部吉雄(編) 1987．漢和辞典. p. 960. 旺文社.
秋本吉郎 1998．風土記の研究. 1085 pp. ミネルヴァ書房.
青木和夫・石母田正・小林芳規・佐伯有清(校注) 1982．古事記(太安万侶(選録) 712). In 日本思想大系 1. p. 93-94. 岩波書店.
荒井秀規 1993．古代相模・武蔵の特産物たる豉「くき」に関するノート. 大磯町史研究 2 号. p. 1-22.
新井白石 1983．東雅 (1719)(復刻). 巻之十三. 穀蔬大十三. p. 255. 名著普及会.
足利学校遺蹟図書館後援会 1974．江の賦 (郭景純 (302) (別名を郭璞 276-324). In 文選. 第二巻. p. 753, 781-786. 汲古書院.
蘆田伊人(編) 1930．雲陽誌(黒沢長尚 1717). In 大日本地誌体系第 27 巻. 380 pp. 雄山閣.
房総叢書刊行会(編) 1959．房総史料(中村国香 1709-1769). 房総叢書. 第三輯. 史伝(三)地誌(一). p. 91-93. 房総叢書刊行会.
房総叢書刊行会(編) 1959．房総雑記(嶺田楓江 1914). 房総叢書. p. 920. 房総叢書刊行会.
文化財保存計画協会 1980．重要文化財熊本城源之進櫓修理工事(屋根葺替, 部分修理) 報告書. 第 3 章. 調査事項, 第 4 節. 施工実験. p. 28. 熊本市.

Chapman, V. J. 1950. Seaweeds and their uses. 287 pp. Methuen Co. Ltd. London.
千葉県立中央博物館(編) 1997. 七十一番職人歌合絵巻（16世紀初頭）職の風景-職人尽絵とその周辺-. p. 69. 千葉県立中央博物館.
千葉県史料研究財団(編) 1998. 千葉県の自然誌, 本編 4. 千葉県の植物 1, 第 3 節海の海藻. 県史シリーズ 43. p. 261-270. 千葉県.
Critchley, A. C. and Ohno, M (編) 1998. Seaweed resources of the world. p. 443. Japan International Cooperation Agency, Japan.
銚子市史編纂委員会(編) 1956. 東大社御鎮座略記（藤原胤隆 1855）. In 銚子市史. 1511 pp. 国書刊行会.
遠藤吉三郎 1902. 海産植物学. p. 832. 博文館.
Green, E. P. and Short, F. T. 2003. World atlas of seagrass. p. 97. Univ. California Press, Berkeley.
八幡宮御供米控帳(写) 1275 年作成.（書き付け）. 千葉県夷隅郡大原町浅野家所蔵.
浜田善利・小曽戸丈夫 1976. 意釈神農本草経（「神農本草経」（25-220）. 中国）. p. 240. 築地書館.
花房英樹(編) 1974. 文選（502. 中国）. 詩経編三. In 全釈漢文大系 第 28 巻. p. 549, 556, 562, 574-575. 集英社.
塙保己一(編) 1930（復刻）. 中原高忠軍陣聞書（多賀高忠 1511）. In 群書類従. 第 23 輯. p. 278. 平凡社.
塙保己一(編) 1932（復刻）. 大草殿より相伝之聞書（室町末期）. In 群書類従. 第 19 輯. p. 811. 平凡社.
塙保己一(編) 1933（復刻）. 尺素往来（一条兼良 1480）. In 続群書類従. 第 9 輯. p. 670. 続群書類従完成会.
塙保己一(編) 1983（復刻）. 布衣記（斎藤助成 1295）. In 群書類従. 第 8 輯. p. 279-280. 続群書類従完成会.
塙保己一(編) 1983（復刻）. 装束抄（西三篠実貴 1455-1537）. In 群書類従. 第 8 輯. p. 246. 続群書類従完成会.
塙保己一(編) 1983（復刻）. 満佐須計装束抄（源雅亮 1100 年代）. In 群書類従. 第 8 輯. p. 1-89. 続群書類従完成会.
速水保孝 1980. 出雲祭事記. p. 31-33. 講談社.
保存科学研究会(編) 1979. 重要文化財熊本城監物櫓・長塀修理工事（屋根葺替, 部分修理）報告書. 第二章, 修理の概要. 第四節, 実施仕様. 表 13 壁塗調合表. p. 12. 熊本市.
藤澤衛彦 1919. 日本伝説安房の巻（1977 復刻）. p. 149. 日本伝説叢書刊行会.
古島敏雄（校注）1977. 百姓伝記（「百姓伝記(上)」明治時代. 巻六不浄集）. p. 170. 岩波書店.
布施大寺三上家系図 1279 年作（巻物）千葉県夷隅郡大原町三上家所蔵.
市原亨吉・今井 清・鈴木隆一 1977. 礼記. 中（B. C. 500-B. C. 400. 中国）. In 全釈漢文大系第十三巻玉藻. p. 70-71, 202-203. 集英社.
伊田喜光（監修）2000. 勅撰真本大同類聚方（佐藤方定 1856）. In 古代出雲の薬草文化. p. 157-197. 出帆新社.
池田亀鑑・井上慎二・秋山 虔（校注）1966. 枕草子（清少納言 10 世紀末-11 世紀初頭）. In 日本古典文学大系 19. p. 43-402. 岩波書店.
井上光貞（校注）1976. 律令.「大宝令賦役令（701），養老律令（920）」. In 日本思想大系 3. p. 249-259. 岩波書店.
石川松太郎（校注）1973. 庭訓往来（玄恵 南北朝後期～室町初期）. In 東洋文庫 242. p. 112, 266, 362. 平凡社.
伊藤 徳 1992. 長野県の伝承料理「えご」について. 伝統食品の研究 **11**: 6-11.
岩井宏實 1998. 神饌にみる日本化した外来食. In 熊倉功夫・石毛直道(編), 食の文化フォーラム. 外来の食の文化. ドメス出版.
神宮司庁(編) 1985. 古事類苑（普及版）. 植物部二十八藻. p. 877-930. 吉川弘文館.

科学技術資源調査会(編) 2002. 五訂 日本食品標準成分表. p. 152-159, 313-314, 421-427. 大蔵省印刷局.
香川益彦(編) 1933. 菜譜(貝原益軒 1714). 下巻海菜. p. 55-57. 京都園芸倶楽部.
官幣大社香取神宮社務所(編) 1980. 香取群書集成. 第三巻. In 大饗祭絵巻(下巻). p. 12-223. 官幣大社香取神宮社務所.
加納哲哉 2001. 微小動物遺存体の研究. In 國學院大学大学院研究叢書. 文学研究科 7. p. 121-180. 國學院大学.
北村四郎・塚本洋太郎・木島正夫 1998. 本草図譜総合解説二巻 巻五十一菜部水菜類, 巻五十四菜部水菜類. p. 738-749, 1207-1226. 同朋舎.
高 鋭一(編) 1883. 日本製品図説—雑海藻. 18 pp. 内務省蔵版.
河野多麻(校注) 1963. 宇津保物語(源順 平安中期). 二. In 日本古典文学大系 11. p. 36-37. 岩波書店.
廣文編譯所(編撰) 中華民国 54. 諸子薈要斉民要術. (後魏賈思勰(撰) 斉民要術 220-520.). 十巻. p. 362. 廣文書局, 台湾.
木島正夫・柴田承二・下村 孟・東丈夫(編) 1967. 廣川薬用植物大事典. p. 349. 廣川書店.
古代の塩作りシンポジウム実行委員会(編) 1996. 古代の塩作りシンポジウム実行委員会—蒲刈をめぐる瀬戸内海の古代土器製塩を考える—. p. 25. 電子印刷.
小島憲之ら (校注・訳) 1971. 萬葉集①(大伴家持 8 世紀後半). In 日本古典文学全集 2. p. 218. 小学館.
小島憲之ら (校注・訳) 1972. 萬葉集②(大伴家持 8 世紀後半). In 日本古典文学全集 3. p. 133-134, 239. 小学館.
小島憲之ら (校注・訳) 1973. 萬葉集③(大伴家持 8 世紀後半). In 日本古典文学全集 4. p. 337. 小学館.
小島憲之ら (校注・訳) 1975. 萬葉集④(大伴家持 8 世紀後半). In 日本古典文学全集 5. p. 146. 小学館.
小尾郊一(編) 1974. 文選(502. 中国), 詩経編一. In 全釈漢文大系. 第 26 巻. p. 124-125, 128-129, 184-185, 219, 321-327, 413-414. 集英社.
小尾郊一(編) 1974 a. 文選(502. 中国), 詩経編二. In 全釈漢文大系. 第 27 巻. p. 217, 274, 284-285, 337, 352-353. 集英社.
近藤瓶城(編) 1960. 胡曹抄(高倉永行 室町後期). In 史籍集覧第二七冊雑類. p. 281-301. 近藤活版所.
小曽戸丈夫 1987. 意釈黄帝内経太素(揚上善 618 頃黄帝内経) 3 冊. 築地書館.
黒板勝美(編) 1971. 日本書紀(720). 前篇. In 國史大系 p. 419. 吉川弘文館.
黒板勝美(編) 1972. 続日本紀(797. 巻二, 七) 前篇. In 國史大系. p. 47, 64. 吉川弘文館.
黒板勝美(編) 1973. 日本書紀(720). 後篇. In 國史大系. p. 437. 吉川弘文館.
黒板勝美(編) 1986. 交替式・弘仁式. 延喜式. 前篇. In 國史大系. p. 70, 104-106, 109-119, 150, 236-286. 吉川弘文館.
黒板勝美(編) 1986 a. 延喜式(905-927). 後篇. In 國史大系. p. 759, 761-762, 764-765, 767, 769-770, 775-776, 795, 865-866, 868, 870, 929, 942. 吉川弘文館.
黒板勝美(編) 1987. 延喜式(905-927). 中篇. p. 491-595, 599-600, 606, 613-622, 658. 吉川弘文館.
黒住耐二 1999. 遺跡出土の貝類よりみた日本人の自然環境利用. In 尾本恵市(編), 平成 10 年度文部科学省研究費補助金特定領域研究「日本人および日本文化の起源に関する学際的研究」. p. 43-44. 国際日本文化研究センター特定領域研究「日本人・日本文化」事務局.
前田千寸 1960. 日本色彩文化史. p. 129-270. 岩波書店.
槇佐知子 1993. 医心方(丹波康頼 984). 巻 20. 食養篇. p. 495, 502-503. 筑摩書房.
正宗敦夫(編) 1977. 和名類聚鈔(源順編 931-938. 倭名類聚鈔, 那波国道円刊古活字版本), 和名巻十七. 風間書房.
正宗敦夫(編・校訂) 1979. 本朝食鑑(人見必大 1695)(復刻). In 覆刻日本古典全集. p. 518. 現代思潮社.
正宗敦夫(編) 1988. 伊呂波字類抄(橘忠兼 1144. いろは字類抄・伊呂波字類抄). 七九, 五三ウ, 十, 九ウ,

三三ウ, 十三ウ, 三十三ウ, 四十ウ, 六ウ, 八, 廿一ウ, 四十四ウ, 五十, 二ウ, 三五. 風間書房.
松江重頼 1978. 毛吹草（1638）（復刻）. 初印木. 影印篇. 巻4（第3冊下）22オウ. ゆまに書房.
松本雅明著作集編集委員会 1986. 詩経諸篇の成立に関する研究（上）（松本雅明 年代不明）. 松本雅明著作集（5）. p. 244-249. 弘生書林.
松本宗久 1993. 日本色彩大鑑三. 平安時代の色（二）. p. 80. 河出書房新社.
松岡静雄 1926. 日本古俗誌. p. 71-72, 101-102. 刀江書院.
名著普及会（編）1975. 日本山海名産図会（蔀関月 1800）（復刻）. In 日本名所図絵全集. p. 188. 名著普及会.
宮下 章 1970. 海苔の歴史. 1403 pp. 全国海苔問屋共同組合連合会.
宮下 章 1974. ものと人間の文化史 11・海藻. 315 pp. 法政大学出版局.
宮下 章 2003. ものと人間の文化史 11・海苔（のり）. 358 pp. 法政大学出版局.
Miyata, M. and Orihara, S. 1998. A preliminary report of Nori eating culture, with special reference to the change of cooking recipes. Journal of Tokyo Bay Science 1(2): 47-54.
宮田昌彦・菊地則雄・千原光雄 2003. 千葉県産大型海産類目録. p. 9-57. 千葉県立中央博物館自然誌研究報告特別号 5.
水原秋櫻子・加藤楸邨・山本健吉 1984. 日本大歳時記. 新年. p. 190-193. 講談社.
盛永俊太郎・安田 健（編）1985〜2003. 享保元文諸国産物集成 1〜21巻（享保元文諸国産物帳 1736〜1738）. 科学書院.
長澤規矩也（解題）1973. 爾雅（郭璞（注）前漢 B.C. 202-A.D. 8, 後漢 25-220）. 神宮文庫蔵. In 古典研究会叢書. 別刊第一. p. 116. 汲古書院.
長澤規矩也（解題）1974. 文選 第1巻.（左思 281頃. 呉都賦, 中国）. p. 348-349. 汲古書院.
名古屋市博物館（編）1992. 和名類聚抄「那波国道円刊古活字版本」（源順編 931-938）. In 名古屋市博物館資料叢書 二. p. 98. 名古屋市博物館.
中村 伸 1954. 日本壁の研究. p. 6-13, 305-330. 相模書房.
日本建築学会（編）1998. 日本建築学会建築工事標準仕様書・同解説 JASS 15 左官工事. 344 pp. 日本建築学会.
農山漁村文化協会（編）1990年代. 日本の食生活全集. 第 1-47巻. 農山漁村文化協会.
農商務省水産局（編）1913. 日本水産製品誌（1983）（復刻）. 第二章植物第一節乾品類. p. 474-548. 岩崎美術社.
小田切春江 1976. 鳴海賀太（1883）（復刻）. p. 54, 71. アディアン書房.
岡村金太郎 1936. 日本海藻誌. 964 pp. 内田老鶴圃.
岡 光夫（編）1984. 地方棉作要書（遠藤慶三郎 1891）. 明治農書全集. 第五巻特用作物第六項 播種肥料. p. 18-24, 440-442. 農山漁村文化協会.
小野蘭山 1991. 本草綱目啓蒙（1803）（復刻）. In 重訂本草綱目啓蒙, 本草綱目啓蒙 2. 巻之十五, 巻之二十四. p. 113-116, 219-223. 東洋文庫 536.
折口博士記念古代研究所（編）1971. 周期伝承. 十四. 正月の山入り 昭和 13年 6月 23日. In 折口信夫全集ノート.（折口信夫 1938）. 第7巻. p. 387-389. 中央公論社.
関根真隆 1969. 奈良朝食生活の研究. 542 pp. 吉川弘文館.
上海科学技術出版社・小学館（編）1985. 中薬大辞典. 第2巻. 1047 pp. 小学館.
渋沢敬三 1943.「延喜式」内水産神饌に関する考察若干（渋沢敬三 1922）. In 渋沢敬三著作集第1巻. p. 491-536. 平凡社.
神幸祭高神村嘉永三年・高見大神幸記録帳 1851.（書き付け）. 千葉県銚子市東大社所蔵.
篠崎四郎（編）1981. 東大社史（1930）. In 銚子市史. p. 952. 国書刊行会.
鈴木真海（訳）1931. 国訳本草綱目 第六冊.（李時珍 1596頃. 本草綱目. 本草綱目草部. 第十九巻）. pp.

511-522. 春陽堂書店.
続群書類従完成会 1912. 禅林小歌（聖冏聖人）（室町時代初期）. In 続群書類従. 巻第 561. p. 261. 続群書類従完成会.
武田五一 1908. 平等院の装飾模様に就きて. In 史学研究会講演集第一冊. 一. 壁画. p. 12-13. 冨山房.
竹内照夫(訳) 1968. 春秋左氏伝（左丘明 B. C. 770-B. C. 400. 春秋左氏伝. 隠公三年（B. C. 719）, 桓公二年（B. C. 710）・昭公二十五年（B. C. 516）, 中国）. In 中国古典文学大系 2. p. 3-20, 21-36. 平凡社.
竹内　若(校訂) 1943. 毛吹草（松江重頼 1638. 毛吹草）. p. 56-187. 岩波書店.
田中静一・小島麗逸・太田泰弘 1997. 現存する最後の料理書「斉民要術」. p. 340. 雄山閣.
寺島良安(復刻) 1906. 倭漢三才図圖絵（1713）. p. 604, p. 1390. 吉川弘文館.
富塚朋子 2000. 房総半島における海藻と神事. 千葉県史料研究財団だより 11：10.
陶山清献 1890. 有用藻譜. 第一編. 71 pp. 集成堂.
Turner, N. J. 1978. Plants in British Columbia Indian Technology. p. 207. British Columbia Provincial Museum, British Columbia.
Turner, N. J. 1979. Foods Plants in British Columbia Indians part II Interior peoples. p. 152-154. British Columbia Provincial Museum, British Columbia.
趙学敏(撰) 1765. 本草綱目拾遺（復刻）巻八, 三十九. 上海錦章局石印, 中国.
殖田三郎・岩本康三・三浦昭雄 1963. 水産植物学. 水産学全集 10. 643 pp. 恒星社厚生閣.
渡辺晃宏 1991. 「二条大路木簡」にみえる諸国貢進物, 二条大路木簡の内容. In 奈良国立文化財研究所（編）, 長屋王邸宅と木簡. p. 131-137. 吉川弘文館.
山田忠雄（監修）1968. 下学集（1617）. In 古辞書叢刊第三. p. 12. 新光社.
山岸徳平（校注）1958. 源氏物語（紫式部 11 世紀初）. 一. In 日本古典文学大系 14. 498 pp. 岩波書店.
山岸徳平（校注）1959. 源氏物語（紫式部 11 世紀初）. 二. In 日本古典文学大系 15. 509 pp. 岩波書店.
山岸徳平（校注）1963. 源氏物語（紫式部 11 世紀初）. 三. In 日本古典文学大系 16. 489 pp. 岩波書店.
山岸徳平（校注）1963 a. 源氏物語（紫式部 11 世紀初）. 五. In 日本古典文学大系 18. 516 pp. 岩波書店.
山岸徳平（校注）1966. 源氏物語（紫式部 11 世紀初）. 四. In 日本古典文学大系 17. 538 pp. 岩波書店.
柳田国男（校訂）1938. 利根川図志（赤松宋旦 1836-38. 利根川圖志）. p. 370, 381. 岩波書店.
吉田忠生 1998. 新日本海藻誌 日本産海藻類総覧. 1222 pp. 内田老鶴圃.
吉井始子（翻刻）1978. 料理物語（1643）. In 翻刻江戸時代料理本集成. 第 1 巻. 291 pp. 臨川書店.
吉井始子（翻刻）1978. 料理献立集（1672）. In 翻刻江戸時代料理本集成. 第 1 巻. 291 pp. 臨川書店.
吉井始子（翻刻）1979. 料理珍味集（華文軒主人 1764）. In 翻刻江戸時代料理本集成. 第 4 巻. 289 pp. 臨川書店.
吉井始子（翻刻）1979. 当流節用料理大全（四条家高嶋氏(撰)1714）. In 翻刻江戸時代料理本集成. 第 3 巻. 319 pp. 臨川書店.
吉井始子(編) 1980. 日用食性（曲直瀬玄朔 1634）. In 植物本草本大成. 第 1 巻. 594 pp. 臨川書店.
吉井始子（翻刻）1980. 料理早指南（醍醐山人 1801-1822）. In 翻刻江戸時代料理本集成. 第 6 巻. 324 pp. 臨川書店.
吉井始子（翻刻）1981. 年中番菜録（豊兆楼主人 1625）. In 翻刻江戸時代料理本集成. 第 10 巻. 298 pp. 臨川書店.

海藻の機能性成分

海藻の機能性成分

27　海藻の抗がん作用

加藤 郁之進・酒井　武・佐川 裕章

　"がん"による死亡者数は世界中で年々増加しており，日本でも3人に1人が，がんで死亡するという統計が出ている．この事実は，現代医療が，がんをまだまだ克服できていないことを示している．このような状況を背景として，この難病を予防する可能性のある食品，つまり医食品の探求が世界的に活発化し始めている．WHO（世界保健機構）などが発表した調査によると，何らかの意味での抗がん作用が示唆される医食品リストには，ハーブやニンニク，タマネギなど多くの野菜類が挙げられている．しかし，そのリストに，東洋人が大量に消費する海藻類が含まれていない．しかも食用海藻の褐藻類などは，古くから中国や日本において民間伝承薬として漢方薬の文献にも記載されており，その抗がん作用が注目されていたのである．これらのことが動機となって，筆者らは海藻の抗がん作用についての研究を1990年頃から開始した．他にも多くの日本の研究者達によって褐藻類，とくにコンブ類の抗がん作用物質の検出と同定が試みられてきた（山本・丸山 1996）．

　われわれは1996年に，ガゴメコンブのフコイダン画分にウロン酸を含有するフコイダン（U-Fd）を見つけ，その化学構造を決定し（Sakai et al. 2003），このフコイダンが，がん細胞を特異的に自殺（アポトーシス）させる作用を持つことを見つけ，従来からいわれていたコンブ類が持つ抗がん活性の一部を裏付けることができた（Yu et al. 1996）．すでに，われわれはU-Fd以外に，フコイダン分子群の主成分である硫酸化フコースのみからなるF-フコイダン（F-Fd），さらに硫酸化ガラクトースを主成分とするG-フコイダン（G-Fd）と合計3種類のフコイダンを単離し，それぞれの化学構造も決定した（Sakai et al. 1999）（図27.1）．さらに1999年には，F-Fdが肝細胞増殖因子（HGF）の産生を誘

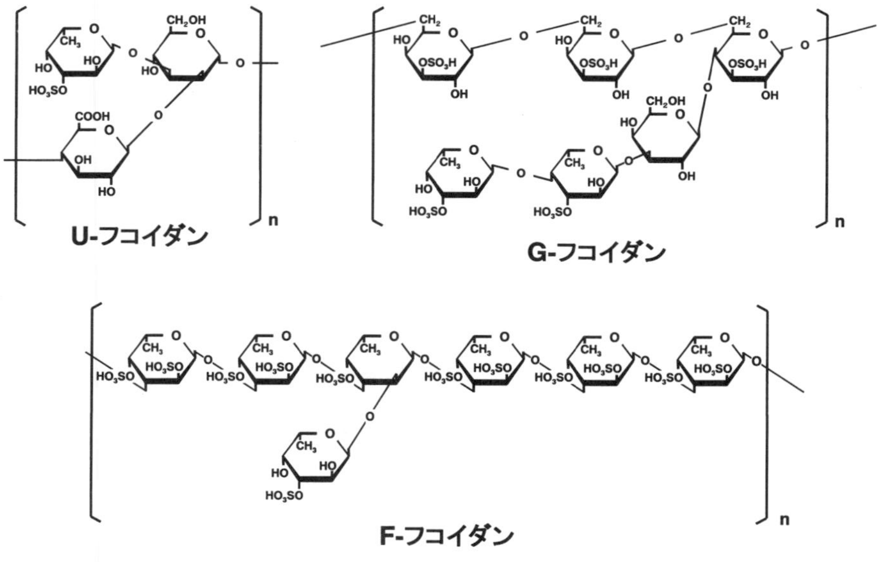

図27.1　ガゴメコンブフコイダンの構成単位，U-フコイダン，F-フコイダン，G-フコイダンの基本構造．

導することを発見し，F-FdにはU-Fdとは異なった間接的に働く抗がん活性があることも分かった（佐川ら 1999）．

　古くから日本人が好んで摂食してきた海藻のもう一つに紅藻類がある．テングサ属の海藻は寒天の原料として，アサクサノリは「すし海苔」や「おむすび」などとして大量に消費されている．われわれはこの紅藻類からもユニークな抗がん作用を持つ物質を発見することができた．ある新聞の記事に，がんの民間療法の一つとして，煮たフノリを食べるという記事が出ていた．フノリに含まれる主要な多糖類フノランは，寒天の主要な多糖アガロースと化学構造が類似していることから，寒天にも抗がん活性があるのではと直観した．直ちに，その原因物質の探求とそのメカニズムの解明を開始し，「寒天」の弱酸性処理によって生成されるアガロオリゴ糖群が抗がん作用を持つことを明らかにした（加藤 1998）．

27.1　抗がん作用と細胞性免疫の活性化

　がんは，遺伝子の病気といわれるように，異常な生活環境や偏った食生活，過度の飲酒や喫煙などの異常な生活習慣が原因で正常細胞の遺伝子に変異が引き起こされ変異細胞になり，つづいて細胞増殖の抑制がきかないがん細胞へと多くの段階を経て長時間かかって変化していった結果と考えられている．健康体では，このような細胞の異常な変化を常時監視抑制する機構，つまり免疫機構が活発に働いている．つまり，突然変異を起こした細胞は常に排除されることによって健康な体が維持されているのである．

　この重要な免疫機能をつかさどっているのが白血球系の細胞群である．白血球系細胞には各種のT細胞，B細胞，NK細胞，NKT細胞，マクロファージ，好中球などがある．白血球群は絶えず体内を監視しており，体内に侵入した微生物や変質した細胞などを攻撃して殺してしまうのである．つまり，白血球系細胞群が正常に働いているかぎりがんに侵されにくいといえる．これらの細胞群が生体の防御に働くとき，決定的な役割を果たすのが，いろいろな白血球細胞群によって産生されるサイトカインと呼ばれるタンパク質群である．サイトカイン類は多数存在し，相互にいろいろな細胞の増殖の促進や抑制をコントロールしている．たとえば，生体にウイルスのような病原体が侵入してきたとき，抗ウイルス活性を持った糖タンパク質であるインターフェロン（IFN）が産生される．インターフェロンγ（IFN-γ）は腫瘍壊死因子（TNF）の産生とその活性を高めること，インターフェロンαはウイルスを駆除し，肝細胞の炎症と繊維化を抑制し，肝発がんを抑制することで知られている．また，B細胞やマクロファージなどから産生される糖タンパク質であるインターロイキン12（IL-12）は細胞傷害性T細胞（CTL），ナチュラルキラー細胞（NK），などの抗腫瘍性細胞を増殖させる作用を持っている．

　つまり抗がん性を持った医食品とは，白血球の量や質をコントロールするサイトカイン群の産生を促して，白血球群の免疫力を活性化する作用を持った食品ということができる．いまやサイトカインを医療に役立たせるための，臨床応用も始められている．

27.2 褐藻類の抗がん活性

(1) フコイダンは IL-12 と IFN-γ の産生を誘導する

インターロイキン 12（IL-12）は抗原提示細胞（APC）から産生されヘルパーT 細胞 I 型（Th 1）に作用して IFN-γ の産生を誘導する．この IFN-γ は，抗がん作用や抗ウイルス作用で知られ，CTL，NK，マクロファージなどの細胞性免疫を活性化し細胞傷害活性を増強するサイトカインである．マウスにマウス肉腫細胞（Meth-A）を接種して免疫した後，抗原の刺激下で脾臓のリンパ球にガゴメコンブフコイダンを与えると，IL-12 と IFN-γ の産生が誘導される（図 27.2）．つまり，フコイダンは IL-12 や IFN-γ などのサイトカインの産生を誘導することに

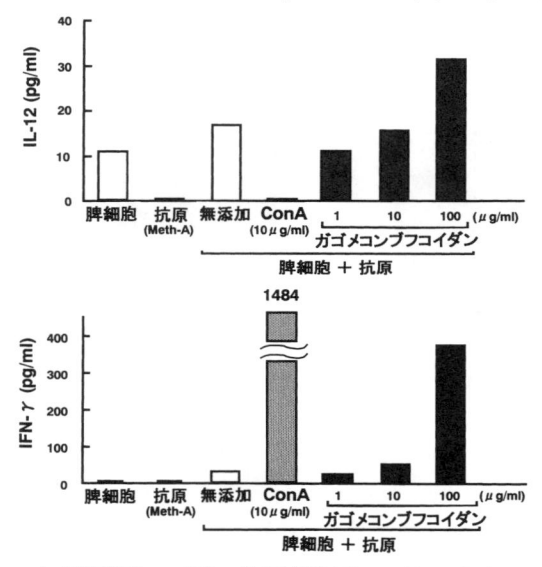

図 27.2 抗原感作マウス由来脾臓リンパ球の抗原刺激下におけるガゴメコンブフコイダンによる IL-12 と IFN-γ 産生誘導作用．

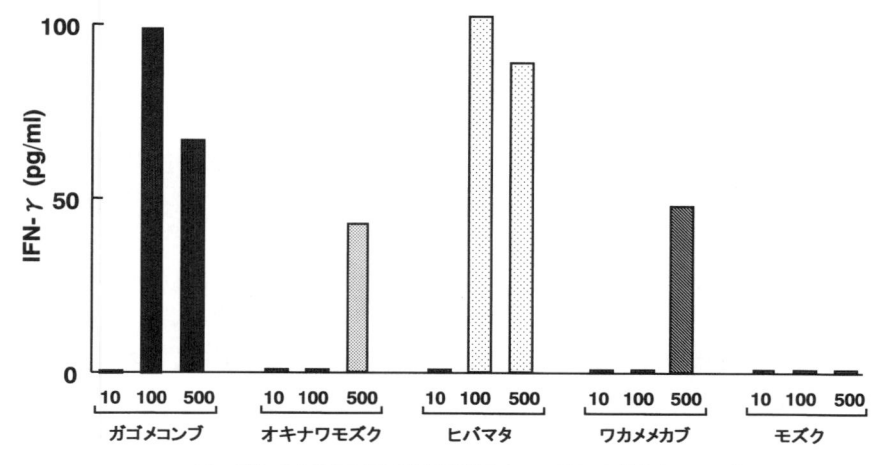

図 27.3 種々の海藻由来フコイダンの IFN-γ 産生誘導作用の比較．

よって細胞性免疫を増強するのである（加藤ら 2000）．しかし，IFN-γ の産生誘導作用を種々の褐藻類のフコイダンで調べると，ヒバマタやガゴメコンブ由来のものでは非常に強い産生誘導が認められたが，モズクフコイダンでは弱い作用しかなく（図27.3），フコイダンの構造により誘導作用の強さが異なると考えられる．

現在，がんやウイルス性疾患の治療に CTL 療法が行われている．この治療法では，目的の抗原に特異的な細胞傷害活性を持った CTL の活性を保持したまま拡大培養し，がん患者に投与する必要がある．2 週間の CTL 誘導期間とその後 2 週間の拡大培養期間にガゴメコンブフコイダンを添加しておくと抗原特異的な細胞傷害活性を維持することができた（図27.4，出野ら 2001）．

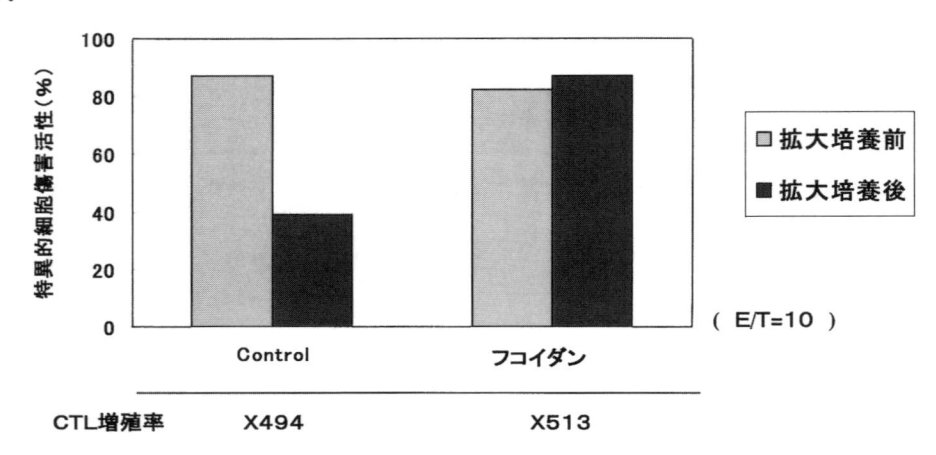

図 27.4　ガゴメコンブフコイダンによる細胞傷害性 T 細胞（CTL）の抗原特異的細胞傷害活性維持効果．
　　　　CTL はインフルエンザ核タンパクペプチド A 2.1 で誘導した．CTL 誘導時および拡大培養時に常時 10 μg/mL のガゴメコンブフコイダンを添加しておくことによって，拡大培養後の CTL の抗原特異的細胞傷害活性を高く維持することができた．さらに，非特異的活性の上昇はまったくなかった．

（2）　フコイダンは肝細胞増殖因子（HGF）の産生を誘導する

U-Fd はすでに述べたようにがん細胞を特異的にアポトーシスさせる．しかし主成分の F-Fd にはそのような作用は見られず，抗がん作用には関与していないのかと一時思われたが，肝細胞増殖因子（HGF）を強く産生誘導することによって間接的に抗がん作用を発揮する．また，F-Fd を酵素的に分解して得られた F-Fd 7 糖にも F-Fd と同等の HGF 産生誘導作用がある（図27.5）．

肝臓は再生能力が強く，その能力がどのような肝再生因子によって担われているのかという問いに対して発見された因子が HGF と命名されたサイトカインである（Nakamura et al. 1984）．HGF は急性並びに慢性疾患による組織の傷害を防いだり治したりする作用を持ち，組織の機能改善に働く，本来の生体修復因子であると考えられている．HGF による発毛促進作用も報告されており（Jindo et al. 1998），結果的に民間で伝承されている海藻の養毛作用をも裏付けている．すでに報告されている HGF の生理作用は非常に広く，抗がん作用（Tsunoda et al. 1998），アルコール性肝炎や肝硬変の治療への応用例（Tahara et al. 1999, Ueki et al. 1999）なども報

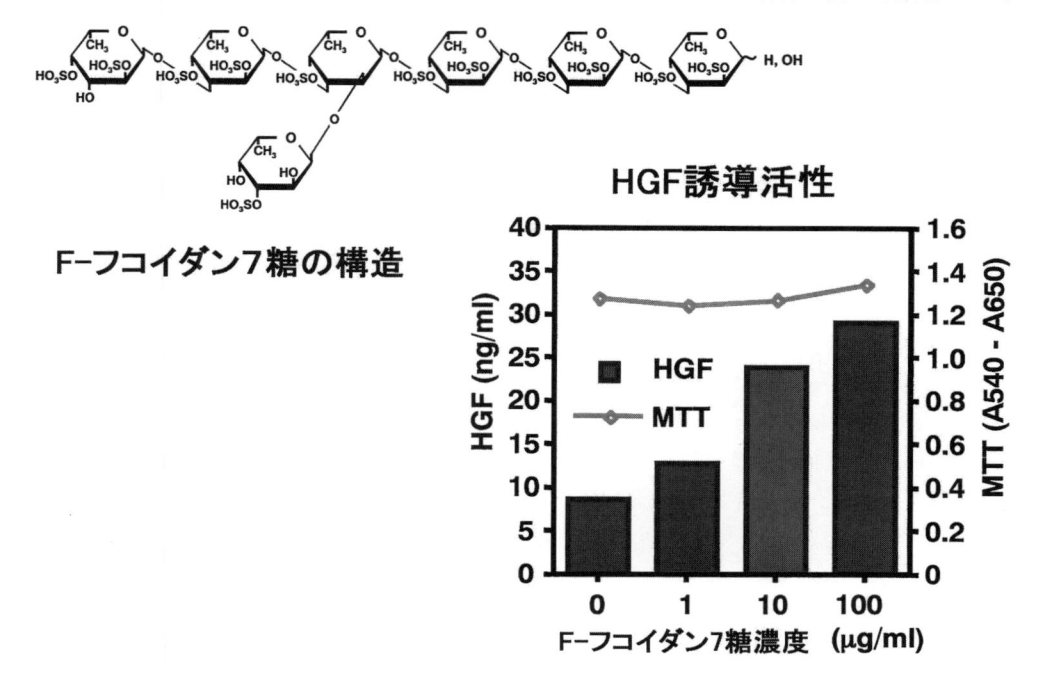

図 27.5　F-フコイダン 7 糖の HGF 誘導活性.

告されている．この有用なサイトカインは F-Fd を経口的に摂取することによっても産生が促進される．そのため F-Fd は将来，種々の疾患の治療薬として利用される可能性も充分にある．

F-Fd の HGF 産生誘導活性は，すでに知られていたヘパリンのそれとほぼ同程度であったが，U-Fd を同じ濃度で用いても HGF 誘導活性がほとんど認められなかった．ほかの褐藻類のフコイダン画分でも調べてみると，ワカメ，日本海産のモズク，南米産のレッソニア由来のものには HGF 誘導活性が認められたが，オキナワモズクフコイダンには，その活性がほとんど認められなかった．これらの結果は，HGF の産生を誘導するためにはフコイダンのなんらかの特殊な化学構造が必要なことを示唆している．

（3）　F-Fd による腫瘍細胞の血管新生抑制作用

ヌードマウスにヒト大腸がん細胞を移植した状態で，F-Fd と U-Fd の混合物水溶液を水の代わりに飲ませ続けると，5 匹中 2 匹のマウスで，腫瘍が傷のかさぶたのように崩落するのが認められた．このような現象は硫酸化オリゴ糖によって HGF の産生が誘導された結果引き起こされる腫瘍細胞の血管新生抑制作用によるものと考えられる．たとえば，マルトテトラオース（グルコース 4 糖）やマルトヘキサオース（グルコース 6 糖）の硫酸化物が強力に血管新生を抑制すると同時に，がん細胞の転移を抑制すると Parish らによって報告されている（Parish et al. 1999）．ただ彼らはこれらの硫酸化オリゴ糖が，ヘパラナーゼを阻害する結果血管新生を抑制すると考えており，HGF の産生誘導に起因するものとは考えていないようである．

（4）　褐藻に含まれるアルギン酸を加熱すると抗がん性物質，DHCP が産生される

野菜類や海藻類など食物繊維の多い食物は調理の際に加熱を受けることが多い．ある種のスー

プ類や，煮込み料理ではとくにそうである．食物繊維は繊維としての機能性研究は行われてきたものの，調理過程（加熱など）でどのように変化するのかといった問題は見すごされ，充分科学的な吟味を受けてきたとは思えない．すでに，前田らは，いろいろな野菜は，いったんゆでた方が，ある種の抗がん活性が顕著に増大することを報告している（前田 1995）．

われわれは，こうした観点に立って食物繊維の加熱変化の研究を1995年頃から始めた．工業的に最初に利用された褐藻の多糖類アルギン酸はD-マンヌロン酸とL-グルロン酸からなる高分子多糖であり，代表的な食物繊維である．マンヌロン酸やグルロン酸など6位がカルボキシル基となっている糖はウロン酸と一般的に呼ばれている．ほかによく知られたウロン酸のポリマー（重合体）には，果物や野菜に多く含まれる植物性食物繊維であるペクチン（D-ガラクツロン酸の重合体）がある．その他のウロン酸を含む多糖には，動物性食物繊維であるヘパリン，ヘパラン硫酸，デルマタン硫酸，ヒアルロン酸，コンドロイチン硫酸などがある．これらのウロン酸含有多糖類を弱酸性で加熱処理する（果物や野菜を煮ると自然に弱酸性になる）とがん細胞に対して強力なアポトーシス誘発作用や増殖阻害作用を示す物質が生じることを発見した．その活性を担う物質を精製したところ，DHCP（4,5-ダイハイドロキシ-2-シクロペンテン-1-オン）という物質であることが分かった（図27.6）．最も一般的な食物繊維が加熱調理の結果，新しい生理的機能を発現するという従来予想もされなかったことが世界で初めて証明された（小山ら 1997）．

DHCPによるアポトーシス誘発作用のメカニズムを調べたところ，DHCPは細胞が分裂するときに不可欠な働きをする酵素，トポイソメラーゼII（Topo II）を強く阻害することが明らかになった（大野木ら 1998）．したがって，DHCPを大腸菌に与えると，大腸菌はうまく分裂できず，数珠玉のようにつながった細胞群になってしまう．株化したがん細胞の場合はほとんどの細胞がアポトーシスを引き起こして死んでしまうが，生き残った細胞も分裂できずに巨大化する

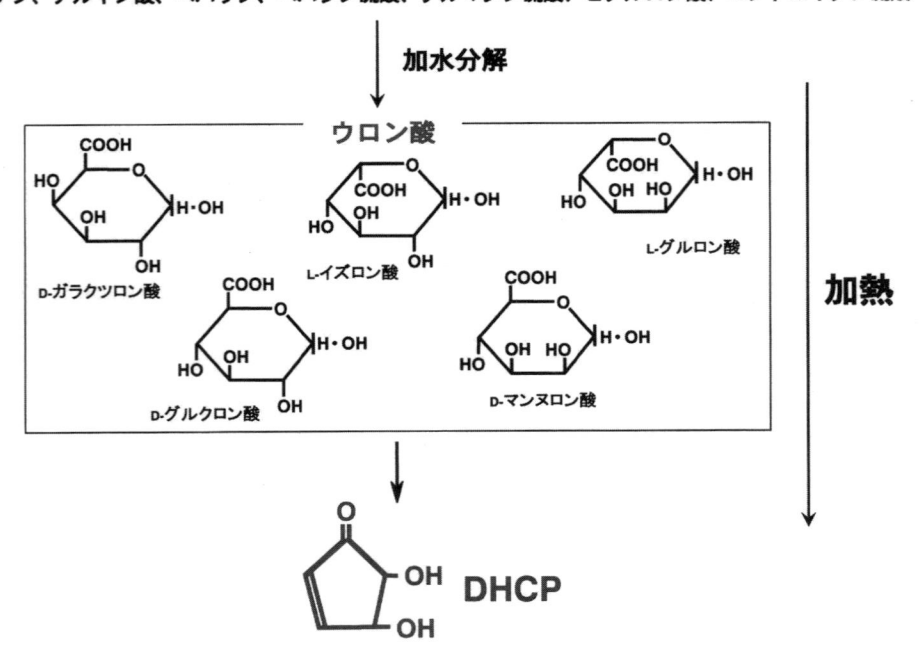

図27.6 ウロン酸含有多糖を加熱するとウロン酸，続いてDHCPが生成される．

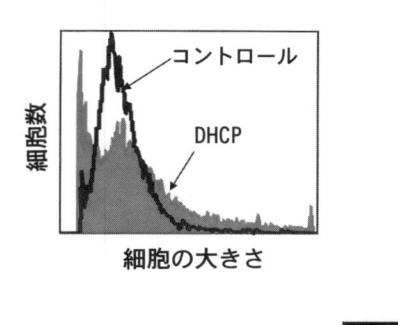

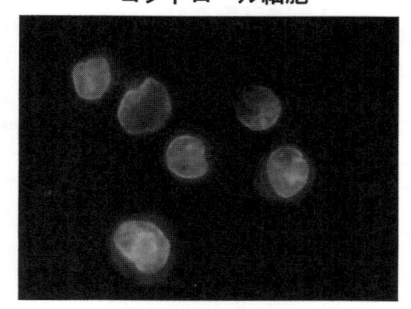

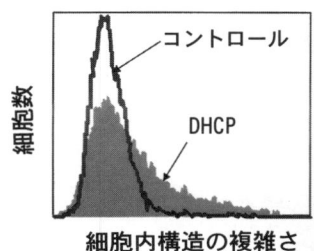

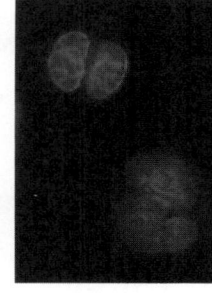

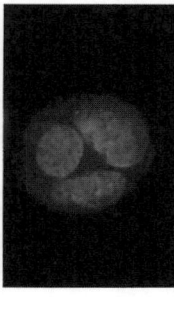

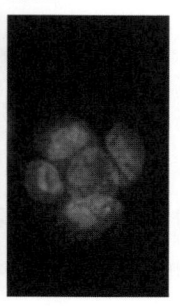

図 27.7　DHCP による細胞の G 2 期でのアレストと多核化.

と同時に多核化してしまう（図 27.7）．DHCP と同様に Topo II 阻害作用を持ったエトポシドは抗がん剤として日本化薬より販売されている．

27.3　紅藻類の抗がん活性

（1）寒天からのアガロオリゴ糖の生成

　寒天の主成分（約 70%）はアガロースで，その化学構造は，$\beta 1 \rightarrow 4$ 結合の D-ガラクトース残基と $\alpha 1 \rightarrow 3$ 結合の 3,6-アンヒドロ-L-ガラクトース残基が交互に繋がったアガロビオースの繰り返し構造である（図 27.8）．

　アガロースをクエン酸のような弱酸で分解すると，3,6-アンヒドロ-L-ガラクトース残基と D-ガラクトース残基との間の $\alpha 1 \rightarrow 3$ 結合が加水分解を受けてアガロビオース，アガロテトラオース，アガロヘキサオース等を主成分とする，いわゆるアガロオリゴ糖が生成する（図 27.8）．穏和な反応条件で，アガロースの $\alpha 1 \rightarrow 3$ 結合が選択的に分解を受ける理由は，3,6-アンヒドロガラクトースのアルデヒド基が非常に反応性に富んでいるからである．そのため胃液と同じ条件である常温で 0.1 規定の塩酸中でも，アガロースの分解反応が起こる．このことは，蜜豆やところてんのような寒天そのものを摂食してもアガロオリゴ糖が体内で生成されることを意味している．この特異的な反応性が，後に述べるような，生体内で抗がん作用を発揮する理由と考えられる．さらに，アガロオリゴ糖群は非還元末端にガラクトース残基を持つために，肝臓細胞のレセプターに非常に取り込まれやすい性質があり，より効果的な抗がん作用を発揮するものと考えられる．

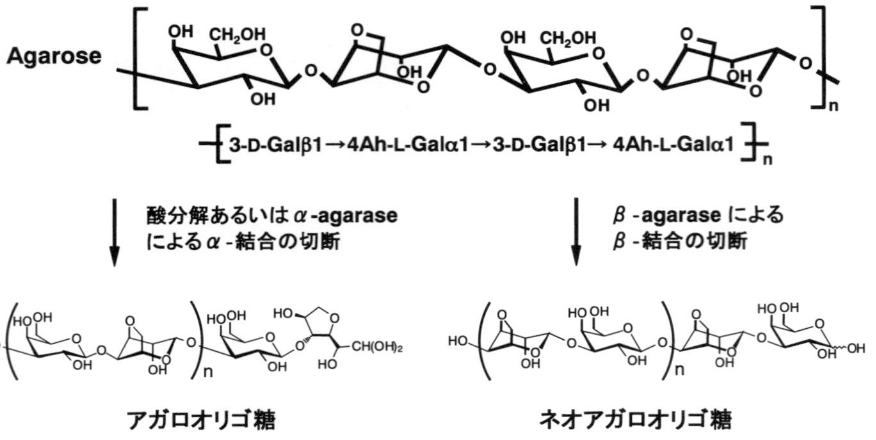

図 27.8 アガロース，アガロオリゴ糖，ネオアガロオリゴ糖の構造．

（2） 腫瘍細胞は増殖するために一酸化窒素（NO）を必要としている

　一酸化窒素（NO）は一酸化窒素合成酵素（NOS）によって合成される．血管系や中枢神経系はカルシウム依存型の構造型一酸化窒素合成酵素（cNOS）を持ち，シグナル伝達のためのNOを産生している．一方，血管内皮細胞などは，サイトカインやエンドトキシンによって誘導されるカルシウム非依存型の誘導型一酸化窒素合成酵素（iNOS）を持ち，NOの産生を通じて免疫系細胞の増殖や抑制などをコントロールしている（江角ら 1995）．

　腫瘍細胞が両タイプのNOSを持ち，NOをうまく利用することによって自細胞の生存をはかっているらしいことが，最近明らかにされた．たとえば，NOは腫瘍の血流に乗った移動や血管内皮の透過性を上昇させる．また，固形がんやリンパ腺に転移したがん細胞は非常に高いNOS活性を持っており，NOSによってつくり出されるNOが血管を拡張することによってがん細胞自身の栄養補給を助け，腫瘍の増殖，進行，転移などを助長するのである（Chin et al. 1997）．

　これらの現象は，さらにつぎのような実験でも確かめられた．がん細胞をウサギの角膜に移植すると，著しい血管新生が認められるが，NOSの阻害剤（L-NAME）を添加すると血管新生はみごとに抑制されたのである（Tsurumi et al. 1997）．このように，NOSによって合成されるNOが，がん細胞の増殖にとって欠かせないものであることは明らかで，NOSの作用を抑えることががんの抑制には不可欠の条件といえる．

（3） アガロオリゴ糖は NO の産生を抑制することによってがん細胞の増殖を抑制する

　マウスの腹腔マクロファージをNOの誘導剤であるリポポリサッカライド（LPS）とIFN-γで処理すると，NOが誘導される．この状態でアガロビオースを添加すると，添加量に比例して誘導されるNO量が低下した（図 27.9）．一方，マウスのマクロファージ細胞株 RAW 264.7 をNOの誘導剤で処理するとやはりNOが誘導されるが，NOの誘導剤の添加前にアガロビオースを反応させておくと，同時添加よりもさらに約40％のNO産生を抑制していた（加藤 2000）．

　このようにアガロビオースは誘導型NOの産生を抑制することが分かったが，つぎに，iNOS

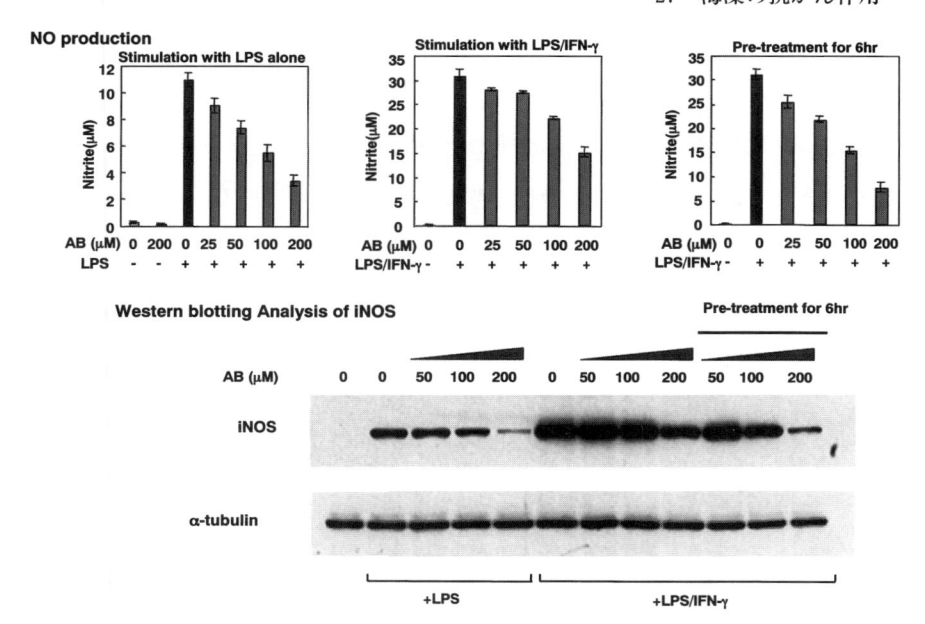

図 27.9　RAW 264.7 細胞におけるアガロオリゴ糖による NO 産生抑制と iNOS 発現阻害．AB, アガロビオース．

の産生が実際に抑制されているのかどうかを確かめた．NO を誘導後 0〜200 μM のアガロビオースを加え，12 時間後に抗 iNOS モノクローナル抗体を用いたウエスタンブロッティングによって iNOS の産生量を調べると，明らかにアガロビオースの濃度に依存して iNOS の産生が抑制されていた（図 27.9）．一方，100 μM のアガロビオースを iNOS を誘導する 1 時間前または 5 時間前に添加し，iNOS 誘導後 6 時間目に mRNA を抽出し，RT-PCR を用いて定量する

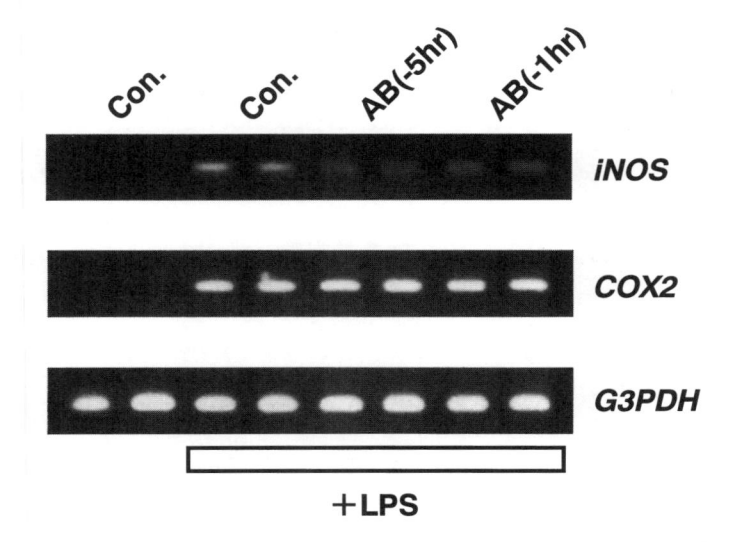

図 27.10　アガロオリゴ糖による iNOS 発現阻害．AB：アガロビオース．細胞内における iNOS の mRNA 量を RT-PCR を用いて定量した．

と，アガロビオースの添加時間が早いほど iNOS の mRNA 量が少なく（図27.10），アガロビオースは iNOS 遺伝子の発現を抑制していることが示された．

（4） アガロオリゴ糖は抗酸化作用を持った一酸化炭素（CO）の産生を誘導する

一酸化炭素（CO）は強力な還元作用を持つことでよく知られているが，生体内においても炎症部位で（つまり NO などが産生されている部位），炎症を抑制するために CO がつくり出されることが，近年明らかとなってきた（Otterbein *et al.* 2000）．この CO はヘムオキシゲナーゼ（HO）によるヘムの分解によってつくりだされるが，この HO は好中球様の細胞から，アガロオリゴ糖によって産生が強力に誘導されることを，タカラバイオグループが世界で初めて発見した．誘導型のヘムオキシゲナーゼ（HO-1）は強力な抗炎症作用を示すだけでなく，酸化的なストレスから生体を保護するように働く（加藤 2000）．たとえば，酸化的なストレスを引き起こす過酸化水素，紫外線，高酸素血症などによって HO-1 が強く誘導される．つまり，細胞や組織のみならずひいては遺伝子をも傷つけるオキシダントを無害にしてしまう役目を果たしているのである．

マクロファージ株細胞 RAW 264.7 は通常の培養条件下では，HO-1 を発現しない．その培地中に LPS と IFN-γ を添加しても微量の HO-1 の発現が見られるだけであるが，アガロビオースを添加すると濃度依存的に HO-1 が発現することが明らかとなった（図27.11）．また，LPS とアガロビオースの両方を添加すると HO-1 の発現量はさらに増加する．これは LPS によって誘導された NO による酸化的ストレスとアガロビオースによる共同効果と考えられる．

アガロオリゴ糖は，このように炎症を引き起こす NO の産生を抑制するだけでなく，炎症を抑制する一酸化炭素の産生を増強する，このことはビーズ DNA や DNA チップを用いた遺伝子発現解析からも明らかになった．アガロオリゴ糖は細胞にとってマイナス効果のある NO を抑制し，プラス効果のある CO を増加させるという非常に効果的な抗がん性を示すのである．

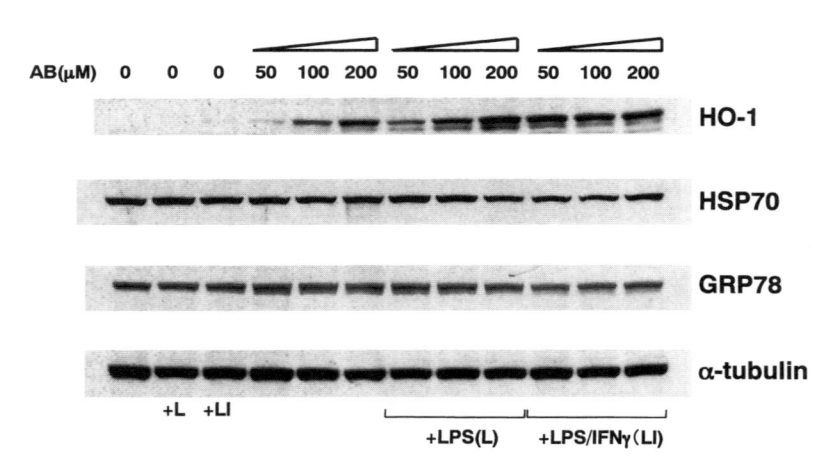

図 27.11　RAW 264.7 細胞におけるアガロオリゴ糖による濃度依存的な HO-1 の誘導．AB：アガロビオース．アガロビオースは濃度依存的に HO-1 を誘導するが，HSP 70 や GRP 78 などのストレスタンパクは誘導しない．

（5） アガロオリゴ糖は発がんプロモーターで誘発される浮腫を抑制する

発がんプロモーターとしてよく知られている TPA は細胞りん脂質代謝を活発にさせ，発がんを促進させる作用を持っている．この TPA 塗布によって誘発されるマウスの耳浮腫を，TPA 塗布開始の 14 日前から 10%寒天加熱水溶液を経口摂取させるか，または耳に塗布することによって抑制できることが示された．同時に，耳の炎症を引き起こす PGE_2 量の増加も抑制されており，アガロオリゴ糖が生体内において明らかに炎症抑制作用を示すことが確認された．

一方，マウスに発癌剤 DMBA を投与した 1 週間後から背部の皮膚に 1 μg の TPA を毎週 2 回 20 週間にわたって塗布し続けて乳頭腫を発生させる動物モデルを用いて，アガロオリゴ糖の効果を調べた．3%のアガロオリゴ糖を飲料水の代わりに飲み続けた群の乳頭腫の数は，水道水群の乳頭腫数の約 10%であり，アガロオリゴ糖の強い発がん抑制作用が証明された（図 27.12）．

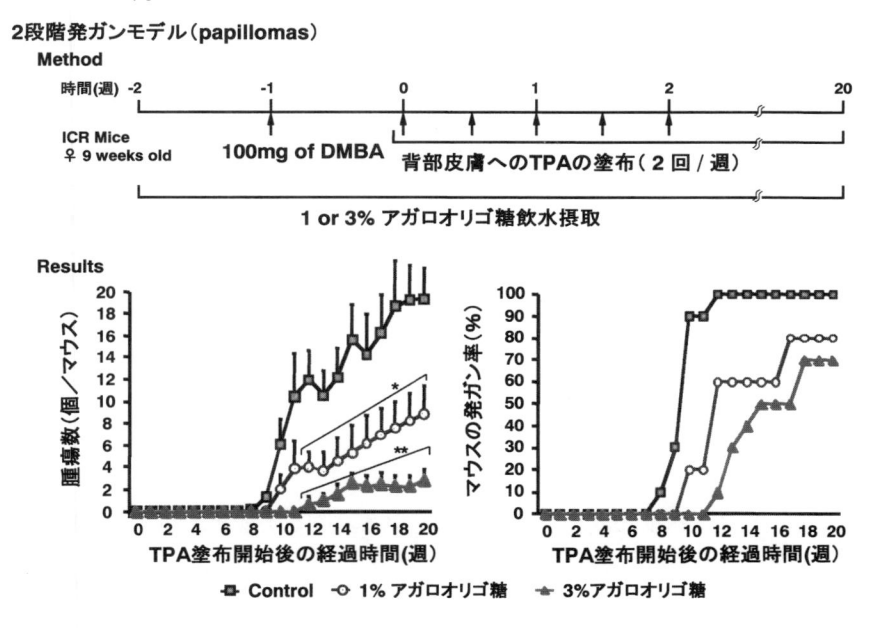

図 27.12 2 段階発がん動物モデルでのアガロオリゴ糖飲水摂取による発がん抑制．

（6） アガロオリゴ糖の作用メカニズム

寒天はその精製過程においてアルカリ処理される工程があるが，アガロース部分の化学構造は変化することなく比較的安定である．しかし，アガロオリゴ糖を，アルカリ性（pH 11）で 5 分間保持すると，還元性末端に変化が生じ，pH 5 に戻しても回復されなかった．この現象は強いアルカリ性条件下だけではなく，中性付近の pH でも引き起こされ，たとえば，さまざまなアッセイに用いられている培養細胞の培地中（pH 7.5）でも起こる．この反応のメカニズムを調べたところ，アガロオリゴ糖の還元性末端の 3,6-アンヒドロ-L-ガラクトース残基内で構造の変化が起こり，4 位のガラクトシド結合が脱離的に開裂して，DGE（3,4-ジデオキシ-グルコゾン-3-エン）が生成することが明らかとなった（図 27.13）．

一般に，α-カルボニル基と β 不飽和結合を持った化合物は抗がん活性があるとされており，DGE はこれに当てはまる．一見，不活性のように見えるアガロオリゴ糖であるが，pH が中性

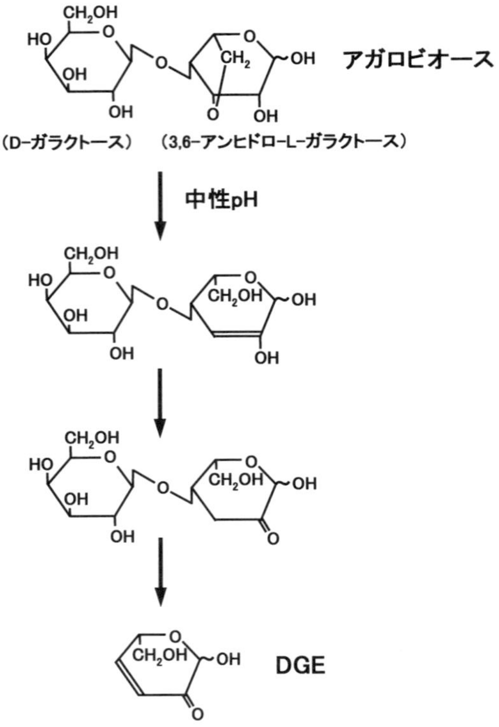

(L- *glycero*−1,5−epoxy−1 α β, 6−dihydroxy−*cis* −hex−3−en−2−one)
(3,4-dideoxy-glucoson-3-ene)

図 27.13　アガロビオースから DGE が生成する反応機構.

状態にある細胞内に取り込まれると，DGE を遊離する．そうすると，HO-1 が DGE により誘導され，その HO-1 によってヘムが分解されるときに出る CO と鉄が iNOS の発現と活性を阻害して抗がん活性を示すというメカニズムも考えられる．

27.4　ま　と　め

機能性食品として，ガゴメコンブ由来のフコイダンやそのオリゴ糖ならびに寒天由来のアガロオリゴ糖の抗がん性について述べてきた．フコイダンは IFN-γ や IL-12 などのサイトカインを誘導産生することによって細胞性免疫を活性化し，抗がん作用を示す有用な医食品であることについては疑問の余地がない．一方，アガロオリゴ糖は抗酸化作用を持つ一酸化炭素をつくり出すヘムオキシゲナーゼ遺伝子の発現を誘導し，酸化的に遺伝子に傷害を与えてがんを誘発し，増殖を助ける NO の生成を抑制することが分かった．このような作用を持つアガロオリゴ糖やフコイダンあるいはそれらのオリゴ糖は，将来医薬品として利用されていくものと予想される．今後，われわれの研究所において，海藻食品のさらなる機能性探求の努力を続けていくつもりである．

引 用 文 献

Chin, K., Kurashima, Y., Ogura, T., Tajiri, H., Yoshida, S. and Esumi, H. 1997. Induction of vascular endothelial growth facter by nitric oxide in human glioblastoma and hepatocellular carcinoma cells. Oncogene **15**: 437-442

江角浩安・渋木克栄・谷口直之 1995. NO研究の最前線, 実験医学 増刊 **13**(8).

出野美津子・佐川裕章・加藤郁之進 2001. 抗CD3抗体を用いた細胞傷害性T細胞（CTL）の拡大培養における酸性多糖の抗原特異的細胞傷害活性維持効果. 第31回日本免疫学会総会学術集会記録 **31**: 305.

Jindo, T., Tsuboi, R., Takamori, K. and Ogawa, H. 1998. Local injection of hepatocyte growth factor/scatter factor (HGF/SF) alters cyclic growth of murine hair follicles. J. Invest. Derm. **110**: 338-342.

加藤郁之進 1998. 寒天とアガロオリゴ糖の機能性. 食品と開発 **33**: 44-46.

加藤郁之進・酒井 武・佐川裕章 2000. フコイダンの機能性とその効果. ジャパンフードサイエンス **39**: 43-47.

加藤郁之進 2000. アガロオリゴ糖の抗酸化活性と腫瘍抑制作用. Bio Industry **17**(8): 13-19.

小山信人・佐川裕章・小林英二・榎 竜嗣・務 華康・萩屋道雄・猪飼勝重・加藤郁之進 1997. ウロン酸及びウロン酸含有多糖の加熱により生ずる生理活性物質. 第19回糖質シンポジウム要旨集, p. 63.

前田 浩 1995. 野菜はガン予防に有効か（酸素ラジカルを巡る諸問題）―体に有害な酸素ラジカルを除きガン予防・老化防止をめざして―. p. 23-32. 菜根出版.

Nakamura, T., Nawa, K. and Ichihara, A. 1984. Partial purification and characterization of hepatocyte growth factor from serum of hepatectomized rats. Biochem. Biophys. Res. Commun **122**(3): 1450-1459.

大野木宏・小林英二・榎 竜嗣・粟津和子・加藤郁之進 1998. DHCPのトポイソメラーゼII阻害活性と癌細胞のG2/M期停止. 生化学 **70**(8): 753.

Otterbein, L. E., Bach, F. H., Alam, J., Soares, M., Lu, H. T., Wysk, M., Davis, R. J., Flavell, R. A. and Choi, A. M. K. 2000. Carbon monoxide has anti-inflammatory effects involving the mitogen-activated protein kinase pathway. Nature Medicine **6**(4): 422-428.

Parish, C. R., Freeman, C., Brown, K. J., Francis, D. J. and Cowden, W. D. 1999. Identification of sulfated oligosaccharide-based inhibitor of tumor growth and metastasis using novel in vitro assays for angiogenesis and heparanase activity. Cancer Research **59**: 3433-3441.

佐川裕章・明山香織・大野木宏・酒井 武・加藤郁之進 1999. 褐藻類フコイダンのHepatocyte Growth Factor誘導作用. 生化学 **71**(8): 703.

Sakai, T., Kimura, H., Kojima, K., Shimanaka, K., Ikai, K. and Kato, I. 2003. Marine bacterial sulfated fucoglucuronomannan (SFGM) lyase digests brown algal SFGM into trisaccharides. Marine Biotechnology **5**: 70-78.

Sakai, T., Kimura, H., Katayama, K., Shimanaka, K., Ikai, K. and Kato, I. 1999. Three kinds of enzymes that degrade sulfated fucose-containing polysaccharide from brown seaweeds, fucoidanase, sulfated fucoglucurnomannan-lyase, and sulfated fucogalactanase. Glycoconjugate Journal **16** No. 4/5 S 122.

Tsunoda, Y., Shibusawa, M., Tsunoda, A., Gomi, A., Yatsuzuka, M. and Okamatsu, T. 1998. Antitumor effect of hepatocyte growth factor on hepatoblastoma. Anticancer Res. **18**: 4339-4342.

Tahara, M., Matsumoto, K., Nukiwa, T. and Nakamura, T. 1999. Hepatocyte growth factor leads to recovery from alcohol-induced fatty liver in rats. J. Clinical Investigation **103**: 313-320.

Tsurumi, Y., Murohara, T., Krasinski, K., Chen, D., Witzenbichler, B., Kearney, M., Couffinhal T. and Isner, J. M. 1997. Reciprocal relation between VEGF and NO in the regulation of endothelial integrity. Nature Medicine **3**(8): 879-886.

Ueki, T., Kaneda, Y., Tsutsui, H., Nakanishi, K., Sawa, W., Morishita, R., Matsumoto, K., Nakamura, T., Takahashi, H., Okamoto, E. and Fujimoto, J. 1999. Hepatocyte growth factor gene therapy of liver cirrhosis in rats. Nature Medicine **5**: 226-230.

山本一郎・丸山弘子 1996. 海藻からの抗癌物質. 大野正夫編, 21世紀の海藻資源. p. 233-248. 緑書房.

Yu, F., Kitano, H., Sakai, T., Katayama, K., Nakanishi, Y., Ikai, K. and Kato, I. 1996. Apoptosis of human carcinoma cell lines induced by fucoidan (sulfated fucose-containing polysaccharide) and its degraded fragments by fucoidanase and endo-fucoidan-lyase. Abstracts of XVIIIth Jap. Carbohydr. Symp. p. 93-94.

海藻の機能性成分

28　海藻と健康―老化防止効果―

天野 秀臣

　日本人の平均寿命は年々延び，世界でも有数の長寿国としてすでに本格的な老齢化社会を迎えている．わが国の平均寿命は平成13年には男性78.07歳，女性84.93歳となった（厚生労働省，平成13年簡易生命表）．表28.1に世界の主な長寿国の平均寿命を示した．男性ではアイスランド，スウェーデン，香港が，女性ではスイス，香港，フランスが日本に続く長寿国である．われわれの身体は加齢により，若年期の生理機能，生殖機能あるいは精神活動などが不可逆的に，かつ，徐々に衰えるいわゆる老化が起き，やがて寿命がつきて死を迎える．長寿社会の到来とともに老化の問題も日常的な話題となった．老化は遺伝要因と環境要因の双方で決まるといわれ，遺伝要因により寿命が決まり，その寿命は環境要因によって短くなるといわれる．すなわち，加齢に伴い神経細胞や網膜，水晶体，インスリン代謝，血管，免疫，後天的遺伝調節などの身体の機能が衰え，その結果，痴呆，失明，糖尿病（2型），高血圧や動脈硬化などの循環器障害，自己免疫疾患，がんなどの病的な変化が起きる．寿命を縮める環境要因としては，食習慣，運動，喫煙などの生活習慣やストレスなどが知られている．この環境要因に関係する病気を生活習慣病と呼ぶ．生活習慣病を引き起こす要因としては，日本人にとっては急速に欧米化した食習慣の影響は無視できない．筆者らは以前から海藻を食べたときに海藻が発揮する生理機能を研究し，血圧低下作用（Ren *et al*. 1994 a），抗高脂血症作用（Ren *et al*. 1994 a），抗腫瘍作用（Noda *et al*. 1989 a, Noda *et al*. 1989 b, Noda *et al*. 1990, Itoh *et al*. 1993）について報告してきた．ここでは高齢者に多い生活習慣病について，予防という視点から海藻の効果について述べる．

表28.1　平均寿命の国際比較（厚生労働省，平成13年簡易生命表および平成12年人口動態統計より引用）．

国	作成期間	男	女
日本	2001	78.07	84.93
アイスランド	1998-1999	77.5	81.4
スウェーデン	2000	77.38	82.03
香港	1999	77.2	82.4
スイス	1998	76.5	82.5
イスラエル	1998	76.1	80.3
カナダ	1998	76.1	81.5
オーストラリア	1998	75.9	81.5
イタリア	1999	75.8	82.0
ノルウェー	1999	75.62	81.13
シンガポール	1998	75.2	79.3
イギリス	1997-1999	74.84	79.77
フランス	1998	74.6	82.2
オランダ	1995-1996	74.5	80.2
ドイツ	1997-1999	74.44	80.57
アメリカ合衆国	1998	73.8	79.5

28.1 海藻粉末による動脈硬化防止効果

　老化と血管の変化は関係が深く，ヒトは血管とともに老いるといわれるほどである．加齢に伴って起きる血管の変化は，柔軟性が失われ動脈硬化が起きることである．その原因は，血管壁を形成しているタンパク質のコラーゲンの増加と，コラーゲン分子間の架橋の増加により血管壁が肥厚して弾力性を失うことである．この血管の一番内側にあり血液と接している内皮細胞に，食習慣による過剰のコレステロールが沈着するとさらに柔軟性が失われて動脈硬化が進み，その結果高血圧もより起きやすくなる．加齢による動脈硬化は防ぎにくいとしても，その動脈硬化をさらに促進する食習慣による過剰なコレステロールの沈着を防ぐことは可能であり，これに関係している部分の高血圧の予防も可能となる．

（1）　海藻粉末による動脈硬化指数低下効果

　海藻が血漿コレステロールを低下させる効果を持つことは1960年代から研究され，Abe & Kaneda（1973）はアサクサノリの β-ホモベタインがマウスの血漿コレステロールを低下させることを報告している．また，Ito & Tsuchiya（1972, 1976）はマツモ，フノリの粘質多糖類フノランが，辻ら（1979, 1982, 1983）はアカバ，スサビノリのタウリンがマウスの血漿コレステロールを低下させることを認めている．その他の多くの海藻の粉末についてラットを用いて血清コレステロールの低下効果が調べられた結果を表28.2に示した（Ren *et al.* 1994 a）．
　緑藻ヒトエグサのコレステロール低下作用はAbe & Kaneda（1975）により報告されているが，その効果をより精密に調べたところ，総コレステロール，遊離コレステロール，低比重リポタンパク質はそれぞれ対照の70％，58％，69％と有意に低下し，動脈硬化指数（ヒトでは4以下が正常値）も低下した．しかし，中性脂肪はほとんど変化がなく，高比重リポタンパク質は対照の81％とかなり低下したが，統計的には有意差はなかった．低比重リポタンパク質はコレステロールを組織に運搬して蓄積させ，高比重リポタンパク質は組織中に蓄積したコレステロールを運び出して減少させる働きがあるので，前者が低下し，後者が増加することが望ましい．したがって，総コレステロール，遊離コレステロール，低比重リポタンパク質を低下させ，動脈硬化指数を低下させたヒトエグサは有望な海藻といえる．
　褐藻について多くの種類を試験した結果，有効な海藻と無効な海藻があることが分かった．とくに，マツモ，トゲモク，ヤツマタモク，ジョロモクが有効であった．なかでも，マツモにはラットの血漿コレステロールを低下させる成分が存在することが報告されている（Ito & Tsuchiya 1972, 1976）が，さらに総コレステロール，遊離コレステロール，中性脂肪，低比重リポタンパク質はそれぞれ対照の50％，46％，89％，45％に低下し，著しい抑制効果が認められた．高比重リポタンパク質は対照の133％となり有意に上昇した．動脈硬化指数も対照の33.8％に減少するなど理想的な効果であった．トゲモク粉末は，総コレステロール，遊離コレステロール，中性脂肪，低比重リポタンパク質をそれぞれ対照の66％，49％，84％，68％に低下させた．高比重リポタンパク質は81％に低下したが，統計的な有意差は認められなかった．ヤツマタモク粉末は総コレステロール，遊離コレステロール，低比重リポタンパク質をそれぞれ対照の52％，37％，51％に低下させ，有意の効果が認められた．高比重リポタンパク質は85％に低下したが，統計的には有意差がなかった．動脈硬化指数は対照の59.9％に低下し良好な結果を示した．ジ

表28.2 海藻粉末による高コレステロール食摂取ラットの動脈硬化指数低下効果（Ren et al. 1994aより引用）．

海藻	体重増加量	総コレステロール	遊離コレステロール	高比重リポタンパク質	中性脂肪	低比重リポタンパク質	動脈硬化指数
対照	89.1±2.5	552.5±87.8	97.0±17.5	33.0±1.6	61.0± 3.3	519.6±89.8	15.7±4.1
緑藻							
ヒトエグサ	94.4±2.9	**386.7±45.3**	55.8±14.7	26.7±1.8	64.7±10.8	**358.5±40.2**	13.4±3.3
褐藻							
イシゲ	61.5±3.5	692.2±34.6	129.0±21.3	33.0±2.8	**51.9± 5.8**	662.1±39.1	20.1±2.6
アラメ	83.8±2.4	790.1±34.6	137.7±26.4	41.6±5.6	59.2± 6.3	748.2±75.0	18.4±4.5
オニコンブ	98.0±2.4	607.8±52.3	100.9±15.5	54.5±4.8	62.8± 3.7	561.1±49.8	10.3±2.3
リシリコンブ	93.6±2.9	812.2±73.5	183.3±33.3	**41.6±5.4**	58.0± 6.9	768.2±80.6	19.6±5.1
マコンブ	87.3±2.1	464.1±51.6	82.5±16.7	26.4±3.7	48.8± 4.6	436.5±57.8	16.5±5.4
ナガコンブ	88.2±1.9	486.2±40.1	72.8±13.3	**49.5±4.0**	60.4± 3.6	446.9±36.8	9.0±2.0
ミツイシコンブ	**90.8±2.5**	685.1±60.1	149.4±18.5	30.4±4.7	63.4± 4.3	654.7±65.5	22.3±5.3
ワカメ	**97.1±1.7**	442.6±56.4	**73.7±12.5**	40.3±6.3	**45.1± 5.5**	**401.5±63.3**	**10.0±3.5**
カジメ	90.0±2.3	944.8±71.0	295.9±45.9	43.9±5.6	82.4± 6.4	898.9±78.7	21.4±4.4
アカモク	86.4±1.8	657.5±58.1	114.5±34.7	31.0±4.9	59.8± 3.6	628.7±60.7	19.8±6.5
イソモク	82.9±2.6	652.0±34.7	128.0±40.1	29.0±5.1	51.9± 4.5	623.5±40.6	22.4±6.1
ウミトラノオ	78.4±2.0	762.5±63.4	147.4±21.8	34.3±6.7	65.3± 7.4	725.1±74.1	23.7±4.3
オオバモク	**97.1±2.2**	613.3±43.2	98.9±18.0	**56.1±7.5**	**48.8± 5.7**	550.8±52.1	**9.8±2.6**
トゲモク	**131.9±4.6**	**364.7±19.5**	**47.5± 3.8**	26.7±1.7	**51.2± 1.8**	**342.9±18.2**	12.8±1.7
フシスジモク	93.6±2.8	629.9±25.3	116.4±10.5	31.7±4.7	70.8± 3.9	586.8±35.2	19.7±3.3
ヤツマタモク	**122.1±3.9**	**287.3±24.8**	**35.9± 4.2**	28.1±2.1	56.7± 4.4	**265.0±23.2**	**9.4±1.6**
ウガノモク	72.2±2.7	475.2±55.5	73.7±11.7	30.4±5.2	50.0± 8.9	425.6±82.9	16.8±4.4
ジョロモク	95.3±2.6	**254.2±24.3**	**31.0± 4.0**	26.1±1.6	56.1± 5.1	**223.4±30.3**	**8.6±1.8**
ヒジキ	84.6±2.2	795.6±36.8	108.6±12.4	26.7±2.6	109.8±14.7	769.0±55.8	28.8±5.5
マツモ	93.6±2.8	**276.0±14.4**	44.6± 2.5	**44.0±1.7**	54.0± 4.2	**233.0±15.2**	**5.3±0.7**
ウミウチワ	85.5±3.0	585.7±46.5	116.4± 8.6	45.5±6.9	54.9± 5.8	540.4±45.0	11.3±3.6
紅藻							
スサビノリ	97.7±2.4	**447.5±35.6**	**75.6± 4.8**	**54.1±3.2**	**44.5± 1.2**	**405.3± 9.6**	**7.5±0.6**
マフノリ	94.4±2.5	**442.0±19.7**	**54.3± 6.2**	33.0±1.9	**53.1± 1.8**	**405.6±25.7**	12.3±1.6
オゴノリ	80.2±2.9	**403.3±28.2**	126.1±18.2	31.7±4.3	68.3± 3.9	**374.1±30.1**	11.8±3.2
マクサ	91.8±1.9	668.5±56.3	131.0±14.9	**52.5±6.1**	63.4± 3.6	613.1±65.2	11.7±2.5

数字は平均値±S.D. 太字は統計的に有意差が認められるもの．

ョロモクも総コレステロール，遊離コレステロール，低比重リポタンパク質をそれぞれ対照の46％，32％，43％にと有意に低下させた．高比重リポタンパク質は対照の79％であったが，統計的な有意差は認められなかった．動脈硬化指数を対照の55％と有意に低下させた．その他ワカメは遊離コレステロール，中性脂肪，低比重リポタンパク質をそれぞれ対照の76％，73.9％，77.3％に低下させ，オオバモクも中性脂肪を対照の80％に低下させ，高比重リポタンパク質を同170％に増加させるなどよい効果が見られ，動脈硬化指数もワカメでは対照の63.7％に，オオバモクでは同62.4％に減少させた．他の褐藻類には血清コレステロール低下効果はあまりなかった．

紅藻類では，スサビノリの焼海苔が総コレステロール，遊離コレステロール，中性脂肪，低比重リポタンパク質をそれぞれ対照の81％，77.9％，73％，78％に低下させ，高比重リポタンパク質を164％に有意に増加させた．動脈硬化指数も対照の47.7％に低下させ著しい効果であっ

た．しかし，乾海苔の効果はわずかであった．焼海苔の有効性は焼海苔製造時の加熱により，細胞壁が脆弱になり，有効成分がより吸収しやすくなったものと思われる．マフノリは以前は友禅染めなど高級な着物の糊として使用されていたが，最近は食用としても用いられるようになった．本研究では総コレステロール，遊離コレステロール，中性脂肪，低比重リポタンパク質をそれぞれ対照の80%，56%，87%，78.1%に有意に低下させた．高比重リポタンパク質は対照と変化がなかったが，動脈硬化指数は対照の80.9%に有意に低下し，改善効果は明らかであった．

このように，調査した海藻はすべてではないものの，動脈硬化を助長する血清脂質の改善効果の高いものが数多くあり，とくに馴染みの深い食用海藻のマツモ，スサビノリ，ヒトエグサ，ワカメが有望なものであったことは，日常の海藻食が知らず知らずのうちに動脈硬化の防止に役立っていることを示している．

（2） 海藻多糖類による動脈硬化指数低下効果

上に述べた海藻粉末の血清コレステロール低下効果をさらに詳しく調べるために，海藻多糖類の血清コレステロール低下効果が調べられている（Ren et al. 1994 a）．海藻には陸上植物にはない多糖類が多い．海藻の多糖類は海藻中の存在場所によってつぎの三つに分けられる．1．細胞壁をつくる細胞壁骨格多糖，2．細胞間の充填物質として存在する細胞間粘質多糖，3．細胞内貯蔵多糖である．このうち，細胞間粘質多糖が最も特徴的な海藻の多糖類である．ヒトエグサの細胞間粘質多糖の含硫酸グルクロノキシロラムナン（別称ラムナン硫酸），褐藻類の細胞間粘質多糖類フコイダンとアルギン酸，スサビノリの細胞間粘質多糖類ポルフィラン，マフノリの細胞間粘質多糖類フノランについて表28.3に血清コレステロール低下効果を示す（Ren et al. 1994 a）．

表28.3 海藻多糖類による高コレステロール食摂取ラットの動脈硬化指数低下効果（Ren et al. 1994 a より引用）．

多糖類	体重増加量	総コレステロール	遊離コレステロール	高比重リポタンパク質	中性脂肪	低比重リポタンパク質	動脈硬化指数
対照	75.5±3.1	569.3±32.4	114.3±10.4	19.7±1.5	84.0±2.7	576.6±37.3	29.3±5.1
含硫酸グルクロノキシロラムナン	**92.1±2.3**	**385.6±38.4**	**73.0±13.3**	**26.0±5.2**	**53.3±9.2**	**359.4±42.5**	**13.8±5.3**
フコイダン	80.0±2.9	524.7±28.5	**92.6±15.1**	**29.0±6.7**	67.2±9.5	**490.3±41.6**	16.9±6.1
アルギン酸ナトリウム	**92.9±2.5**	**405.6±28.2**	**79.1± 5.7**	25.4±2.3	**60.1±6.1**	**380.3±29.2**	**15.0±2.8**
ポルフィラン	81.5±3.9	**456.7±33.2**	**90.6± 8.3**	20.4±1.0	**60.7±2.9**	**436.3±33.7**	**21.4±2.7**
フノラン	77.8±2.0	**381.6±43.3**	**60.8± 2.0**	21.5±1.1	**38.6±3.2**	**366.3±38.8**	**16.7±3.5**

数字は平均値±S.D.　太字は統計的に有意差が認められるもの．

ヒトエグサの含硫酸グルクロノキシロラムナンは総コレステロール，遊離コレステロール，中性脂肪，低比重リポタンパク質をそれぞれ対照の67.7%，63.9%，63.5%，62.3%とし，有意の抑制効果を示した．高比重リポタンパク質は132%に有意に上昇した．動脈硬化指数は対照の47.1%と有意に低下した．

褐藻のフコイダンは遊離コレステロール，中性脂肪，低比重リポタンパク質をそれぞれ対照の81%，80%，85%と有意に低下させた．高比重リポタンパク質は147%に有意に上昇させた．したがって，動脈硬化指数は対照の57.7%と改善されたもののラットによる個体差が大きく，統

計的有意差は認められなかった．アルギン酸ナトリウムは総コレステロール，遊離コレステロール，中性脂肪，低比重リポタンパク質をそれぞれ対照の80%，69.2%，71.5%，66%に有意に低下させた．動脈硬化指数も対照の51.2%と有意に低下させた．

紅藻スサビノリのポルフィランは総コレステロール，中性脂肪，低比重リポタンパク質をそれぞれ対照の80.2%，72.2%，75.7%に有意に低下させた．動脈硬化指数は対照の73%に有意に低下させた結果，動脈硬化指数も対照の73%に有意に低下させた．マフノリのフノランは総コレステロール，遊離コレステロール，中性脂肪，低比重リポタンパク質をそれぞれ対照の67%，53.2%，46%，63.5%と有意に低下させた．動脈硬化指数も対照の57%に低下させたが，ラットによる個体差が大きく統計的有意差は認められなかった．以上のように，海藻粉末の摂食時に見られた血清コレステロール低下効果にはかなりの部分で細胞間粘質多糖類が関与していることが分かる．

加齢に伴い，人の肝臓は脂肪合成が盛んになり，脂肪代謝速度は逆に遅くなる．筋肉の脂肪代謝機能も低下する結果，血清中の総コレステロール，中性脂肪，低比重リポタンパク質が増加する．低比重リポタンパク質中のコレステロールは血管壁に付着して動脈硬化を促進する．高比重リポタンパク質は動脈壁に付着したコレステロールを吸着して肝臓へと運び出し，肝臓中で代謝する．したがって，血清低比重リポタンパク質が減少して高比重リポタンパク質が増加することが動脈硬化指数を低下させることになる．一般的には血清コレステロール値を低下させる理由として，(1)消化管におけるコレステロールあるいは胆汁酸の吸収阻害，(2)血中から体組織への移行促進，(3)体内におけるコレステロール合成の阻害，(4)コレステロール異化排泄の促進などがあげられている（加地ら 1983）．海藻あるいは海藻の多糖類を食べることで総コレステロール，中性脂肪，低比重リポタンパク質が低下する理由については，これまでのところアサクサノリでは腸管におけるコレステロールの吸収を阻害し，血清コレステロール値を低下させるといわれている（阿部ら 1967）．また，アルギン酸ナトリウムをラットに投与すると，血清コレステロール，肝臓中コレステロールの上昇抑制が見られることが報告されている（辻ら 1968）．Ren et al. (1994b)はマフノリのフノランを用いて血中コレステロール値の低下理由を詳細に調べた結果，表28.4に示すようにフノランを投与されたラットでは総コレステロール，遊離コレステロール，中性脂肪，低比重リポタンパク質がそれぞれ対照の69%，52%，53%，66%に有意に低下し，高比重リポタンパク質がやや増加した結果，動脈硬化指数は対照の61%に有意に低下した．また，フノランによる抗高脂血症作用は末端の組織から肝臓へのコレステロールの移動ではなく，むしろ糞中への排泄によることが分かった．今回調べた他の海藻でも同様な作用であると考えられる．

表28.4　フノラン投与による血清脂質の変化（Ren et al. 1994bより引用）．

	総コレステロール	遊離コレステロール	高比重リポタンパク質	中性脂肪	低比重リポタンパク質	動脈硬化指数	肝臓中総コレステロール	糞中総コレステロール
対照	387.5±70.1	99.4±13.2	20.9±3.7	80.2±5.1	366.6±70.0	18.5±4.8	688.9±52.2	18.4±1.2
フノラン	**265.3±46.6**	**51.4± 7.8**	22.4±4.1	**42.5±5.5**	**242.9±47.7**	**11.3±3.4**	686.7±86.4	**26.9±2.7**

数字は平均値±S.D.　太字は統計的に有意差が認められるもの．

28.2　海藻の血圧低下作用

（1）　高血圧の発症

　日本には 2000 万人以上の高血圧罹病者がいるといわれる．高血圧は血管を損傷し，老化を早めるといわれている．したがって高血圧の予防や治療は健康な生活を送るうえできわめて重要である．高血圧には原因をはっきり特定できない本態性高血圧と腎臓や内分泌に異常があるなど原因のはっきりしている二次性高血圧の二種類がある．高血圧の 90％以上が本態性高血圧である．本態性高血圧の原因には遺伝要因と環境要因がある．環境要因には，食塩，肥満，運動不足，ストレスなどがある．本態性高血圧の 30〜40％が食塩の摂取で血圧が上昇する食塩感受性，60〜70％が食塩を摂取しても血圧の上昇が少ない食塩非感受性である．食塩感受性の遺伝子を持っている人は 20％程度いるともいわれているが，発症は遺伝要因と環境要因の両方が関係するといわれるので，生活習慣を改善することで，発症を遅らせたり，発症しても軽症に抑えることができる．食塩感受性の人では，食塩摂取量が増えすぎると，血管平滑筋の Na ポンプが停止し細胞内の Na 濃度が上昇するために水分が増え，細胞膨潤，血管壁の膨隆，血管内経の狭窄，血液中の水分の増加などによる血流量の増加などが起きて血圧が上昇する．ここでは，海藻食による血圧低下効果について述べる．

（2）　海藻粉末による血圧低下作用

　ある種の海藻を食べると血圧が低下することは古くから知られていた．その一例は根コンブで，その血圧低下物質がラミニンであること，褐藻のアルギン酸カリウム塩とフコース含有多糖でも血圧低下効果があることなどである．しかし，ほかの海藻の血圧低下作用についてはほとんど知られていなかった．そこで Ren et al. (1994 a) はラットに海藻を 5％混ぜた餌を 28 日間与えたところ，表 28.5 に示すような結果を得た．

　緑藻ヒトエグサを投与したラットの収縮期血圧は対照の 88.7％に有意に低下した．褐藻ではオニコンブ，リシリコンブ，マコンブ，カジメ，オオバモク，ヤツマタモク，ヒジキ，マツモ，ウミウチワが対照に対して 87.5〜93.3％と有意に血圧を低下させた．ミツイシコンブ，ナガコンブは同じコンブ類であり血圧低下の傾向を示したが，統計的有意差は見られなかった．そのほかの褐藻には血圧低下効果は見られなかった．紅藻類では，スサビノリの焼海苔で対照の

表 28.5　各種海藻の血圧低下効果（Ren et al. 1994 a より引用）．

	海藻	収縮期血圧		海藻	収縮期血圧		海藻	収縮期血圧
	対照	167.6±3.1	褐藻	ワカメ	165.5±4.2	褐藻	ウガノモク	161.5±3.5
緑藻	ヒトエグサ	**148.6±3.4**		カジメ	**150.1±2.9**		ジョロモク	160.8±4.7
褐藻	イシゲ	152.7±2.5		アカモク	159.8±3.3		ヒジキ	**151.3±2.7**
	アラメ	161.5±1.9		イソモク	158.3±5.4		マツモ	**148.6±3.5**
	オニコンブ	**154.4±1.8**		ウミトラノオ	166.6±3.6		ウミウチワ	**151.1±4.0**
	リシリコンブ	**146.6±2.7**		オオバモク	**152.5±2.1**	紅藻	スサビノリ	**151.5±2.7**
	マコンブ	**156.3±2.5**		トゲモク	160.2±3.3		マフノリ	148.5±2.5
	ミツイシコンブ	161.8±3.5		フシスジモク	163.5±2.5		オゴノリ	160.7±3.7
	ナガコンブ	150.5±5.1		ヤツマタモク	162.3±3.8		マクサ	**145.3±3.8**

数字は平均値±S.D.　太字は統計的に有意の血圧低下効果が認められたもの．

90.4%と有意の血圧低下効果を示した．しかし，乾海苔には血圧低下効果がなかった．その他，マフノリ，マクサは対照に対して88.6〜88.7%の有意の血圧低下効果を示した．

（3） 海藻多糖類による血圧低下効果

海藻の多糖類には，血圧低下作用を有するものがあることが報告されている（辻 1983，西出 1989）．そこで，前項の試験で海藻粉末の投与で血圧低下作用の見られた海藻から多糖類あるいは多糖類を含む熱水抽出物をつくり，ラットに投与してその血圧低下作用が調べられた（Ren et al. 1994 a）．すなわち，ラットの餌に0.5〜2.5%の多糖類を添加して，20〜28日間投与した．その結果，表28.6に示すようにいずれの多糖類も対照に対して79.2〜93.8%と有意に血圧を低下させた．ノリの主要な遊離アミノ酸であるタウリンには血圧低下効果があるが，ポルフィランにも血圧低下効果があることが初めて分かった．海藻多糖類の血圧低下機構について，アルギン酸カリウムを用いたラットの研究から，消化管内ではpHの変化によってカリウムがナトリウムと置換され，アルギン酸とともにナトリウムが体外に排泄され，血圧低下が起きるとされている（辻 1985）．その後，フノランを用いてさらに検討された結果，フノランはラットの尿量を増加させ，尿中のナトリウムの増加とカリウムの減少，血中ナトリウムの減少とカリウムの増加が血圧の低下に重要であることが分かった（Ren et al. 1994 b）．

表28.6 海藻多糖類の血圧低下効果（Ren et al. 1994 a より引用）．

多糖類	収縮期血圧
対照	167.1±2.5
緑藻	
含硫酸グルクロノキシロラムナン	**156.8±3.3**
褐藻	
フコイダン	**140.1±3.1**
アルギン酸ナトリウム	**141.6±2.4**
紅藻	
ポルフィラン	**153.1±3.6**
フノラン	**132.4±2.8**
寒天	**148.6±4.6**

数値は平均値±S.D. 太字は統計的に有意の血圧低下効果が認められたもの．

28.3 糖尿病合併症予防効果

（1） わが国における糖尿病の現状

日本には糖尿病患者が690万人いるので，40歳以上の成人の10人に1人が糖尿病患者といわれる．さらに糖尿病の疑いのある人が680万人いるとされるので，糖尿病に関連している人は合計1370万人となる．この数は40歳以上の成人の5人に1人が糖尿病患者またはその予備軍となる．糖尿病には1型糖尿病（インスリン依存型糖尿病）と2型糖尿病（インスリン非依存型糖尿病）がある．1型はインスリンが分泌される膵臓のランゲルハンス島のβ細胞がウイルスや免疫異常によって細胞障害性Tリンパ球やナチュラルキラー細胞などによって破壊され，インスリンが分泌されなくなって起きる．2型は加齢に伴ってインスリンの量が減ったり，インスリンの

量が充分だとしても組織や筋肉がインスリンに対して感受性が落ちるいわゆるインスリン抵抗性の増大が起き，その結果糖尿病が発症する．1型は糖尿病患者全体の5％程度，2型が95％程度である．1型は若いときに発症し，2型は加齢とともに発症してくる．2型糖尿病は病状が進むと生体内の各組織に広く分布しているアルドースレダクターゼ（以下ARと略す）が発症起因酵素となり，細小血管（毛細血管）の病変により網膜症，腎症，神経障害などの糖尿病合併症が引き起こされると考えられている．図28.1に糖尿病合併症の発症におけるARの作用を示した．糖尿病状態において，インスリン非依存性でグルコールの取り込みを行う水晶体，網膜，末梢神経などの組織では，高い血糖値に依存して，細胞内グルコース濃度が上昇し，グルコース代謝の主経路である解糖系で代謝しきれない過剰のグルコースはポリオール経路上で，細胞質中のARによりソルビトールに変換される．ソルビトールは細胞膜の電荷のために細胞外に出にくく，さらにポリオール経路上でフルクトースへの変換を促すソルビトールデヒドロゲナーゼの反応速度が遅いことなどから，ソルビトールが細胞内に蓄積されて細胞内浸透圧が上昇し，細胞の膨化と細胞膜の変性が起こり，その進展が細胞障害を誘起し糖尿病合併症を発症させると考えられている．したがって，ARの働きを阻害することで，グルコースのソルビトールへの移行を防ぐことができ，糖尿病合併症の発症，悪化の阻止に効果を示すと考えられる．

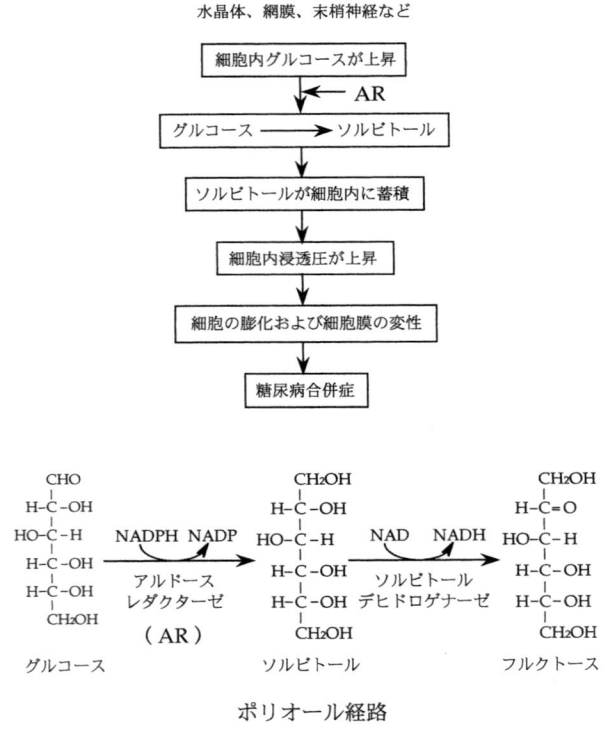

図 28.1　糖尿病合併症の発症における AR の作用．

（2）　海藻の AR 阻害効果

表28.7に緑藻3種，褐藻16種，紅藻10種の合計29種のAR阻害活性を調べた結果を示した（三浦ら 1998）．褐藻を中心として17種に阻害活性が見られ，褐藻アラメに最も強い阻害活

表 28.7 アルドースレダクターゼ阻害活性を持つ海藻.

海藻の種類	阻害活性
緑藻	
ヒトエグサ	−
ホソジュズモ	＋
ミル	−
褐藻	
シワヤハズ	＋
ヘラヤハズ	＋
ウミウチワ	＋
イシゲ	＋
フクロノリ	＋
カゴメノリ	＋
アラメ	＋
ワカメ	＋
ジョロモク	−
ヒジキ	＋
マメタワラ	＋
ヤツマタモク	＋
ヨレモク	＋
オオバモク	＋
ウミトラノオ	＋
トゲモク	＋
紅藻	
スサビノリ	−
ニセフサノリ	−
オニクサ	−
マクサ	−
ヘリトリカニノテ	−
ツルツル	−
トサカマツ	−
オゴノリ	−
クロソゾ	＋
ソゾの一種	−

性が見られた．緑藻と紅藻は阻害活性のあるものはそれぞれ 1 種類と少なかった．アラメ（コンブ科アラメ属）は関西地方を中心として利用される食用海藻である．市販品は蒸煮後細切し，乾燥したもので食物繊維とカルシウムに富み，その AR 阻害活性は生鮮アラメとほとんど変わらない．AR 阻害活性物質をアラメから抽出し，ゲル濾過カラムクロマトグラフィー，シリカゲルカラムクロマトグラフィー，逆相 HPLC で分離し，^{1}HNMR スペクトル，^{13}CNMR スペクトル，SIMS スペクトル，FAB-MS スペクトルなどの測定結果から，阻害活性物質は分子量 742 のジエコール（図 28.2）であることを確定した．褐藻カジメのエコール（図 28.2）に AR 阻害活性があることも報告されており（中村ら 1997），また，褐藻エゾイシゲには，二糖類からグルコースを生成をする酵素 α-グルコシダーゼを阻害する成分が存在すること（綾木ら 1999），カジメ粉末が糖分の吸収を抑制する耐糖性を持つこと（望月ら 1995）などが知られているので，褐藻は糖尿病やその合併症の予防に有用な海藻となることが期待される．

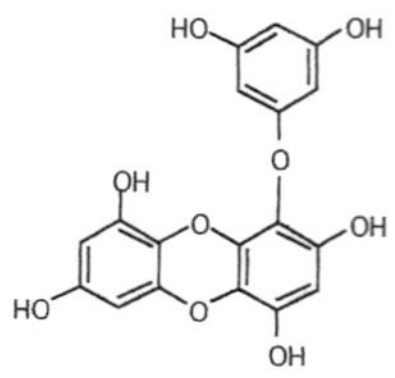

エコール

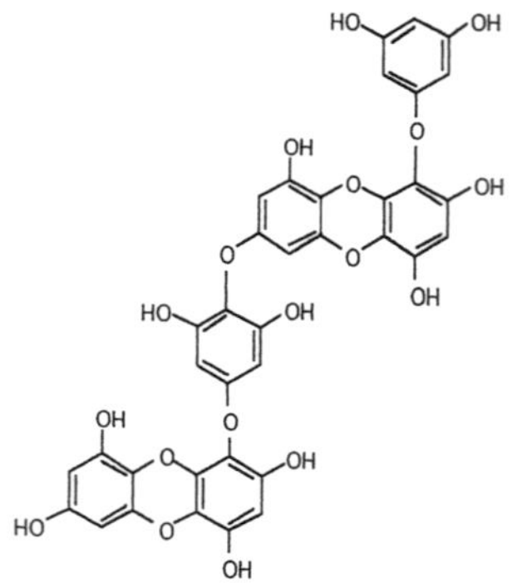

ジエコール

図28.2　アラメのアルドースレダクターゼ阻害活性物質ジエコールの構造.

28.4　血液凝固抑制効果

（1）海藻の血栓防止効果

　人は血管とともに老いるといわれることは先に述べた．加齢により動脈硬化が起きることはよく知られているが，動脈硬化によって心筋梗塞，脳血管障害などの病気も起きやすくなる．これらの病気の発生は，まず酸化などによって血管の内皮細胞が損傷されると，その部分に血小板が凝集して，血小板血栓を形成する．ついで，血小板にフィブリンが付着して白色血栓と呼ばれる血栓を形成する．その結果，血流が阻害され，白色血栓のうえに赤血球が凝固して赤色血栓が形成され強固な血栓となる．この血栓が何かの理由で剥がれ，脳の血管に詰まれば脳梗塞となり，心臓の血管に詰まれば心筋梗塞が起きる．このように血小板凝集は血栓形成の始まりに重要な役割を果たしている．

　血小板凝集抑制作用が確認されている海藻由来の成分としては硫酸多糖がある．とくに，褐藻のフコイダンはその効果が強い．すなわち，褐藻ヒバマタ類 *Fucus vesiculosus* のフコイダンはヒト血液に対してヘパリンの15〜18%の凝固阻止作用を示す．また，ワカメ成実葉のフコイダンも抗トロンビン活性を持ち，カラムクロマトグラフィーで3分画に分画すると最も活性の強い画分はヘパリンの2倍の活性があるといわれている（Mori *et al.* 1982）．そのほか，ホンダワラ類のサルガッサン，オオバモクおよびアラメのフコイダンについても血小板凝集抑制作用が知られている．一方，低分子量のものとしては最近，緑藻アオサ類にはラットの血小板凝集抑制作用を有する遊離アミノ酸であるD-システノール酸が存在することが分かった．このアミノ酸は天然物としては比較的強い血小板凝集抑止作用（佐竹ら 1987）のほかに，抗酸化作用，コレステロール低下作用，中性脂肪低下作用（平山ら 2002）がある．図28.3にD-システノール酸の構造式を示す．本アミノ酸は緑藻アナアオサに著量含まれ，ついでウスバアオノリにも比較的多く含まれる．D-システノール酸の生産のためにはアナアオサの養殖が適しているが，アナアオサは成熟しやすく，すぐに胞子を放出して藻体は分解してしまう．そこで，最近日本各地に繁殖しいわゆるグリーンタイドを形成し，その除去が大きな問題となっている不稔性アオサのプロトプラストに変異を起こさせて，D-システノール酸高蓄積株の作出を行った（天野 1999）．

$$\begin{array}{c}CH_2SO_3^-\\|\\H_3N^+-CH\\|\\CH_2OH\end{array}$$

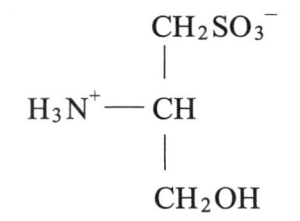

図 28.3　D-システノール酸の構造.

（2） D-システノール酸高蓄積株の作出

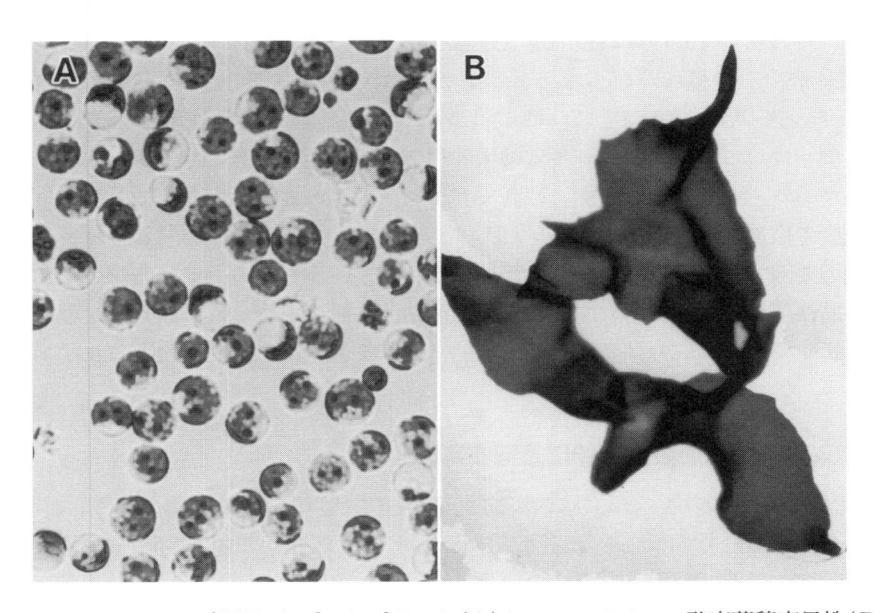

プロトプラストの作製には，D-システノール酸を 150 mg/乾燥藻体 100 g 含有している不稔性アオサ 0.08 g（生重量）をセルラーゼオノズカ R 10，マセロザイム R 10，プロテアーゼ P アマノを用いて処理した．得られたプロトプラスト（$2.3×10^5$ 個）に変異原物質としてエチルメタンスルホン酸（EMS）を用いて変異誘発処理をしたところ，14 株が再生して葉体になった．そのうちの 1 株が乾燥重量 100 g 当たり 941 mg の D-システノール酸を含んでいた．この変異株を細切し，各種条件で継体培養と選抜を続けたところ，乾燥藻体 100 g 当たり 4042 mg，1530 mg，1350 mg の高蓄積変異株が 3 株得られた．図 28.4 に 0.5% EMS で処理したプロトプラストと再生初期の D-システノール酸高蓄積変異株を示した．高蓄積変異株は再生初期には写真のように葉体のねじれなどが見られたが，生長するにつれて正常な形態となった．生長率は未処理の親株よりやや劣った．この変異株の遊離アミノ酸組成，光合成色素含量，糖質含量，粗タンパク質含量について調べた結果，表 28.8 に示すように遊離アミノ酸含量は D-システノール酸含量の増加に比例して γ-アミノ酪酸とアラニンの増加が観察された．光合成色素含量は D-システノール酸含量の高いものほどクロロフィル a の含量が高い傾向があった．糖質含量と粗タンパク

図 28.4　0.5% EMS で処理したプロトプラスト（A）と D-システノール酸高蓄積変異株（B）．

表 28.8 D-システノール酸高蓄積変異株の遊離アミノ酸組成（mg/100 g 乾燥藻体）.

アミノ酸	親株	D-システノール酸高蓄積変異株		
		A	B	C
D-システノール酸	630	1350	1530	4042
アスパラギン酸	38	42	38	77
γ-アミノ酪酸	0	274	313	914
アラニン	18	64	78	186
アルギニン	0	18	11	10
イソロイシン	0	4	5	12
グリシン	5	20	21	28
グルタミン酸	43	16	27	181
セリン	9	12	19	22
チロシン	5	5	6	18
トレオニン	8	10	12	22
バリン	4	6	12	25
プロリン	10	4	0	0
フェニルアラニン	3	6	9	23
リシン	3	3	5	10
ロイシン	3	6	8	20
タウリン	1	0	0	0
合計	780	1840	2094	5590

質含量については大きな差が見られなかった．D-システノール酸は食用海藻から得られる天然物であり，長期摂取によっても副作用を示しにくい新規な血栓症の予防剤となる可能性がある．

28.5　海藻による血液流動性の向上効果

　血液成分は有形成分［赤血球，白血球（好塩基球，好中球，好酸球），リンパ球，血小板など］が45％，液体成分（血漿）が55％ある．ヒトの場合，心臓は1日10万回収縮し，血液を7000〜8000リットル送り出している．しかし，加齢に伴って血液の循環は滞りがちになり，しだいに悪化するようになる．原因の第一番は動脈硬化による血管の狭窄であるが，それ以外に血液の粘度の増加がある．血液粘度の増加にはさまざまな原因があるが，赤血球数の増加，血漿中のタンパク質濃度の増加，血液中の水分不足がよく知られていて，これらに関しては多くの研究がある．その他の要因として赤血球の柔軟性の減少がある．血液粘度の上昇は血栓をできやすくし，脳梗塞や心筋梗塞の危険性が増大するので，血液粘度を減少させることは健康を維持する上で重要である．ここでは海藻成分が赤血球の変形能に及ぼす影響，血液凝固因子に及ぼす影響を述べる．

（1）　海藻成分の赤血液変形能に及ぼす影響

　ヒトの赤血球は直径が約8 μm，厚さが約2.4 μmの円盤状の無核細胞であり，非常に柔軟性に富んでいる．このため，赤血球は直径が5 μmほどの毛細血管の中を変形しながら通過する．これを赤血球の変形能と呼ぶ．変形能の悪化はいくつかの病気の場合に見られるが，とくに脳梗塞患者では赤血球変形能が低下するとさらに全身の微小循環器障害を引き起こし，意識障害など

が高い確率で起こることが報告されている（高橋ら 1998）．また，糖尿病患者では赤血球膜の脂質の過酸化が促進され，赤血球変形能が低下していることも知られている（丹家ら 1980）．そこで，各種食用海藻の各種成分として，遊離アミノ酸，遊離糖，エキス成分，ミネラルを抽出して赤血球変形能に対する影響を試験管内で調べたところ，表28.9に示すように緑藻ヒトエグサのミネラルに有意の赤血球変形能低下抑制効果が認められた（Yasuno et al. 2001）．この効果が起きる理由については今のところつぎのように推定される．ヒトエグサミネラルにはMgが多く，Mgは変形能の低下が極端に起きる鎌状赤血球の膜を保護する（Brugnara & Tosteson 1987）．変形能が著しく悪化した状態の赤血球は鎌状赤血球に似た状態であるので，赤血球変形能低下の抑制にはMgが関係している可能性がある．

表28.9 ヒトエグサミネラルによる赤血球変形能悪化抑制効果（Yasuno et al. 2001より引用）．

	通過時間(秒)						
	開始時	1時間後	2時間後	3時間後	4時間後	5時間後	6時間後
対照	30.0±1.7	34.5±5.6	42.9±9.1	47.4±11.6	59.1±14.1	63.9±18.1	84.7±19.9
ヒトエグサ	31.2±1.5	34.2±4.7	42.6±9.1	44.7± 8.8	**44.8±10.4**	**53.7±12.6**	**59.9±15.4**

数値は平均値±S.D. 太字は統計的に有意の血圧低下効果が認められたもの．

（2） 海藻摂取による血液流動性への影響

試験管内でヒトエグサミネラルには赤血球変形能低下抑制効果が認められたが，実際に摂取した場合にもこの効果が認められるかは，海藻の血液流動性向上を調査するうえできわめて重要である．Yasuno et al.（2001）はヒトエグサミネラルを摂取したマウスの血液凝固因子に対する影響を調べるために，活性部分トロンボプラスチン（APTT）時間とプロトロンビン時間（PT）の変化を調べた．APTTは内因性凝固機序に関係するⅧ，Ⅸ，Ⅺ，Ⅻ因子の凝固活性を総合的に調べるもので，血液凝固時間とほぼ同様の意味を持つ．PTは外因性凝固因子に関係するⅡ，Ⅴ，Ⅶ，Ⅹ因子の凝固活性を総合的に調べるものである．また，実験動物に高脂肪飼料を投与すると，血液凝固が起きやすくなり，血液流動性が低下することが知られている．そこで，高脂肪飼料を投与したラットにヒトエグサミネラルもしくはヒトエグサ粉末を投与し，赤血球変

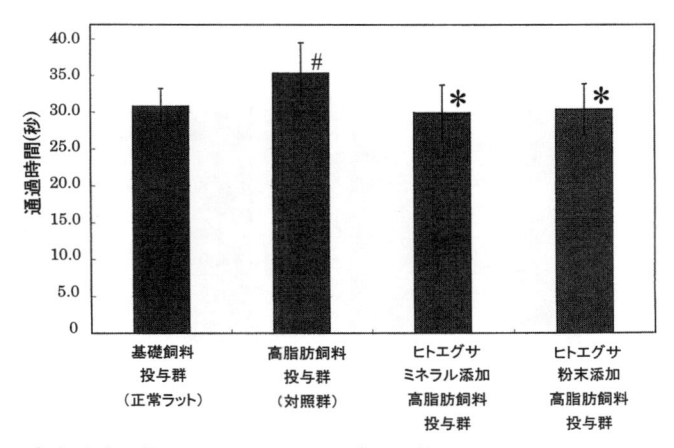

図28.5 ラット赤血球変形態におよぼすヒトエグサの効果．
　＃：正常ラットに対して $p<0.05$ で有意差あり，＊：対照群に対して $p<0.05$ で有意差あり．

形能，APTT，PT，血小板凝集能を調べた．その結果，図 28.5 に示すように高脂肪飼料投与群（対照群）は基礎飼料投与群（正常ラット）に対して赤血球変形能が大きく低下したが，ヒトエグサミネラルもしくはヒトエグサ粉末添加高脂肪飼料投与群では，その悪化が有意に抑制された．血小板凝集能は ADP もしくはコラーゲンを凝集惹起物質として加えた場合に，高脂肪飼料投与群（対照群）では基礎飼料投与群（正常ラット）に対して有意に増加した．これに対して，ヒトエグサミネラルもしくはヒトエグサ粉末添加高脂肪飼料投与群では対照に対して有意に減少した．図 28.6 にコラーゲンを凝集惹起物質とした場合の例を示した．APTT と PT については，APTT で高脂肪飼料投与群（対照群）と比較して有意の延長が認められた（図 28.7）．

以上のように，ヒトエグサミネラルもしくはヒトエグサ粉末は高脂肪食による血液流動性の悪化を抑制することが分かった．また，ミネラル中の K，Ca，Mg の摂取量と循環器障害疾患に

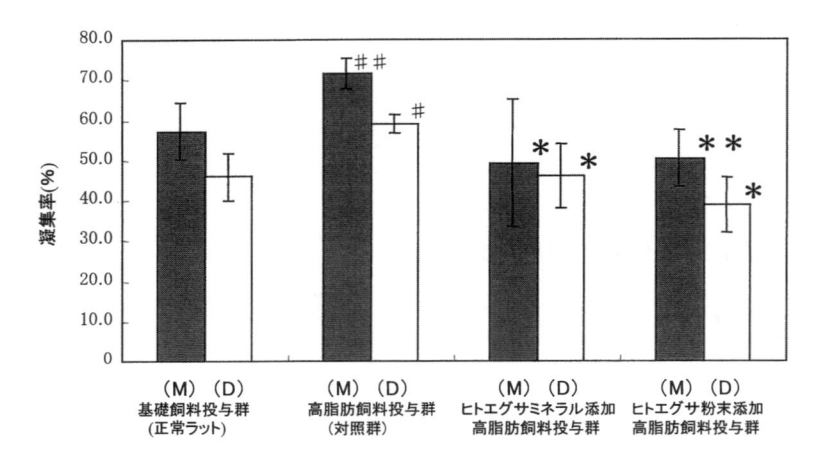

図 28.6 ラット血小板凝集におよぼすヒトエグサの効果．
#：正常ラットに対して $p<0.05$ で有意差あり，##：正常ラットに対して $p<0.01$ で有意差あり，*：対照群に対して $p<0.05$ で有意差あり，**：対照群に対して $p<0.01$ で有意差あり，M：最大凝集率，D：最大凝集時間の 2 倍後の凝集率．

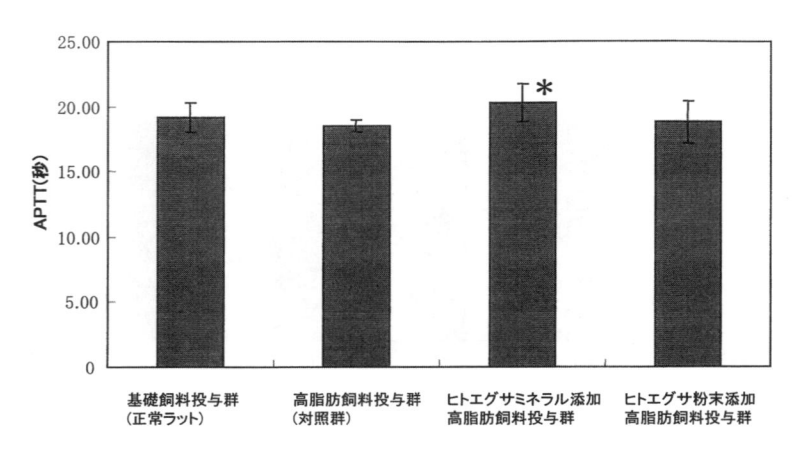

図 28.7 ラット血液の APTT におよぼすヒトエグサの効果．
*：$p<0.05$．

は深い関係があることが知られている．とくに，Mg欠乏ラットでは血管内皮細胞が繊維化して血管の狭窄が起き，心筋梗塞，脳梗塞の危険因子の増大を引き起こす．すなわち，Ca/Mg比が低いほど，虚血性循環器疾患による死亡の確立が低くなることを示している（糸川 2001）．ヒトエグサのミネラルバランスはCaに比べてMgが多いことが特徴的であり，循環器疾患の予防に有効な海藻となることが期待される．

28.6 ま と め

わが国の食生活は近年急激に欧米化がすすみ，従来の糖質中心の食事から脂肪，畜肉の増加による高脂肪，高タンパク質の食事へと変わった．その結果，食物繊維と高度不飽和脂肪酸の摂取量の減少が引き起こす高コレステロール，動脈硬化に代表される循環器の障害が多発するようになった．海藻は古くは神饌や税としても使われていた日本人の好む食品である．しかし，欧米化した現代の食生活の中でしだいに消費量が減少しつつある．海藻で量的に最も多い第一の成分は糖質である．海藻の糖質はその大部分が多糖類で，食物繊維である．また，海藻には特徴的なエキス成分も多い．これら海藻に特徴的な成分の第三次機能の研究成果が少しずつ増えてきたために，海藻を食べると健康によいとされ，海藻食の見直しが始まっている．高齢化社会の到来で，われわれの関心もいかに老化を予防するかになっている．海藻の生理機能がさらに明らかになり，日常生活に活用されることが望まれる．

引 用 文 献

Abe, S. and Kaneda, T. 1973. Studies on the effect of marine products on cholesterol metabolism in rats-IX. Effect of betaines on plasma and liver cholesterol levels. Bull. Japan. Soc. Sci. Fish. **39**: 391-393.

Abe, S. and Kaneda, T. 1975. Studies on the effect of marine products on cholesterol metabolism in rats-XI. Isolation of a new betain, ulvaline from a green laver *Monostroma nitidum* and its depressing effect on plasma cholesterol levels. Bull. Japan. Soc. Sci. Fish. **41**: 567-571.

阿部重信・武田芙美・金田尚志 1967．水産物のシロネズミコレステロール代謝におよぼす影響に関する研究-Ⅶ．コレステロールの体分布とその排泄量におよぼすアサクサノリの影響．日本水産学会誌 **33**: 1052-1063.

天野秀臣 1999．プロトプラストを用いたD-システノール酸高蓄積変異株の作製．能登谷正浩（編著），アオサの利用と環境修復．p. 148-151．成山堂書店．

綾木 毅・栗原秀幸・太田智樹・加藤 剛・石井善晴・高橋是太郎 1999．褐藻エゾイシゲ由来のα-グルコシダーゼ阻害成分．平成11年度日本水産学会春季大会講演要旨集．p. 189.

Brugnara, C. and Tosteson, D. C. 1987. Inhibition of K transport by divalent cations in sickle erythrocytes. Blood **70**: 1810-1815.

平山 伸・宮坂政司・天野秀臣・熊谷嘉人・下条信弘・柳田晃良・亀井勇統・岡見吉郎 2002．不稔性アオサ属植物（緑色植物）を利用した沿岸海域浄化機能を有する有用物質生産システムの提案．日本海水学会誌 **56**: 158-165.

Itho, H., Noda, H., Amano, H., Zhuaug, C., Mizuno, T. and Ito, H. 1993. Antitumor activity and immunological properties of marine algal polysaccharides, especially fucoidan, prepared from

Sargassum thunbergii of Phaeophyceae. Anticancer Reaearch **13**: 2045-2052.

Ito, K. and Tsuchiya, Y. 1972. The effect of algal polysaccharides on the depressing of plasma cholesterol levels in rats. p. 558-561. *In* Nishizawa, K. (ed.) Proceedings of The Seventh International Seaweed Symposium. University of Tokyo Press, Tokyo.

Ito, K. and Tsuchiya, Y. 1976. Studies on the depressive fractions in *Heterochordaria abietina* affecting the blood cholesterol level in rats II. Fractionation of effective substances from *Heterochordaria abietina*. Tohoku J. Agric. Res. **27**: 46-52.

糸川嘉則 2001. ミネラルと健康. ネスレ科学振興会監修, 和田昭充・池原森男・矢野俊正(編), 食とミネラル. p. 28-30. 学会センター関西.

加地喜代子・瀬山義幸・山下三郎・間宮栄二・石川 正 1983. ヨード卵の抗高脂血症作用. 臨床と研究 **60**: 140-142.

三浦亜希・柿沼 誠・天野秀臣 1998. 海藻のアルドースレダクターゼ阻害活性について. 平成10年度日本水産学会秋季大会講演要旨集. p. 133.

望月 聡・高橋美香・山元亜弥子 1995. カジメの耐糖性改善効果. 日本水産学会誌 **61**: 81-84.

Mori, H., Kamei, H., Nishide, E. and Nishizawa, K. 1982. Sugar constituents of some sulfated polysaccharides from the sporophylls of Wakame (*Undaria pinnatifida*) and their biological activities. p. 109-121. *In* Hoppe, H. A. and Levring, T. (eds.) Marine Algae in Pharmaceutical Science. Walter de Gruyter & Co., Belrin.

中村 弘・山口紫野・林 武史・馬場正樹・岡田嘉仁・田中次郎・徳田春邦・西野輔翼・奥山 徹 1997. 海藻の生物活性に関する研究(III)発がんプロモーター抑制活性及びアルドース・レダクターゼ阻害活性. Natural Medicines **51**: 162-169.

西出英一 1989. 海藻多糖の生理作用. 生化学 **61**: 605-609.

Noda, H., Amano, H., Arashima, H., Hashimoto, H. and Nishizawa, K. 1989 a. Studies on the antitumour activity of marine algae. Nippon Suisan Gakkaishi **55**: 1259-1264.

Noda, H., Amano, H., Arashima, H., Hashimoto, H. and Nishizawa, K. 1989 b. Antitumour activity of ploysaccharides and lipids from marine algae. Nippon Suisan Gakkaishi **55**: 1265-1271.

Noda, H., Amano, H., Arashima, H. and Nishizawa, K. 1990. Antitumor activity of marine algae. Hydrobiologia **204/205**: 577-584.

Ren, D., Noda, H., Amano, H., Nishino, T. and Nishizawa, K. 1994 a. Study on antihypertensive and antihyperlipidemic effects of marine algae. Fisheries Science **60**: 83-88.

Ren, D., Noda, H., Amano, H. and Nishizawa, K. 1994 b. Antihypertensive and antihyperlipidemic effect of funoran. Fisheries Science **60**: 423-427.

佐竹幹雄・千葉義行・幕田昌弘・藤田孝夫・小浜靖弘・三村 務 1987. D-Cysteinolic acid の生理活性, 薬学雑誌 **107**: 917-919.

高橋洋一・加藤順一・野口克彦・八城美穂・斎藤宣彦 1998. 脳血管障害患者における赤血球変形能. ヘモレオロジー研究会誌 **1**: 13-32.

丹家元陽・川崎富泰・久保田伸三・高木 潔・吉村幸男・老籾宗忠・馬場茂明 1980. 糖尿病患者における赤血球変形能. 日本老年医学会雑誌 **17**: 542-546.

辻 圭介・市川冨夫・中川靖枝・松浦裕子・河村雅子 1983. Taurocyamine がネズミ cholesterol 代謝に及ぼす影響. 含硫アミノ酸 **6**: 239-248.

辻 圭介・河村雅子・中川靖枝 1982. 高 cholesterol 血シロネズミの cholesterol 代謝におよぼす taurocyamine の影響. 含硫アミノ酸 **5**: 147-153.

辻 圭介・大島寿美子・松崎悦子・中村敦子・印南 敏・手塚朋通・鈴木慎二郎 1968. 多糖類とコレステロール代謝(第一報). 栄養学雑誌 **26**: 113-122.

辻　圭介・関　登美子・岩尾裕之 1979. タウリンの血清および肝臓コレステロール低下作用. 含硫アミノ酸 **2**: 143-154.

辻　啓介 1985. 食物繊維の生理学. 食の科学 No. 94, p. 14-22. 光琳.

Yasuno, M., Takaoka, S., Kakinuma, M. and Amano, H. 2001. Effect of seaweed on the improvement of blood rheology. p. 298. *In* The Abstracts of 70th Anniversary of The Japanese Society of Fisheries Science International Commemorative Symposium. The Japanese Society of Fisheries Science. Tokyo.

海藻の機能性成分

29 海藻の化学成分と医薬品応用への可能性

楠見 武徳

　医薬は古来，生物が生産する物質に依拠してきた．医学・薬学が目覚ましく発展した現代においてもその状況は変わらず，半数以上の医薬が微生物や植物が生産する天然物質をモデルにした化合物である．われわれになじみの深い生薬・漢方薬は，ほとんどが陸上植物を素材としている．海藻を初め海洋生物が医薬資源として興味を持たれ始めたのは，スキューバダイビングなどの潜水技術が普遍化され，機器分析が飛躍的に向上した1970年代からであり，2000年以上の歴史を持つ医薬資源としての陸上植物の歴史と比較すると，まだまだ新しい研究分野といえる．

　海洋生物のうち海藻は沿岸で容易に採取が可能であるため，化学成分に関する研究が，最も早くから開始された．1980年代にそのピークを迎え世界中の研究機関から海藻の化学成分についての論文が多数発表され，それらの薬理活性について多くの知見が得られている．一方，これらの研究は海藻成分のうち，主として成分分離が容易である脂質（水に不溶で酢酸エチルやクロロホルムなどの有機溶媒に可溶な物質）が対象であった．最近，糖類やペプチド類などの水溶性成分の分離技術が発達し，多糖や糖タンパクなど，重要な薬理活性を持つ海藻成分の報告が徐々に増大しつつある．

　近年，薬理活性の検定（バイオアッセイ）法が大きく進歩し，これまで主として興味が持たれてきた抗腫瘍性，抗菌性以外の活性も迅速かつ効果的に検定できるようになってきた．海藻の脂質成分についてもこれらの新しいバイオアッセイ法と結合させることにより，薬理活性の見直しをする時代に入りつつある．

　著者は筑波大学化学系に所属していた時代を含め，海藻を研究対象とする多くの生物学者と共同で，延べ20数年に渡り日本沿岸に生育する海藻の脂質成分を単離し，化学構造を決定する研究を行ってきた．

　本章では，まず国内外で報告された海藻の脂質成分のうち，医薬品に結びつく可能性があるものについて概略する（楠見 1991）．また，後半でわれわれの海藻成分研究の一部について紹介する．

29.1　海藻の脂質成分概要

　いうまでもなく海藻は植物であるので，海藻をたとえばメタノールで抽出し脂質成分を分析すると，クロロフィルやカロテノイドなどの色素以外に，脂肪酸それらのモノ，ジ，トリグリセライド，トコフェロール類，ステロイド類が大量に検出される．脂肪酸はステアリン酸，パルミチン酸，オレイン酸などを主とする陸上生物と異なり，オレフィン結合を3個以上含む高不飽和脂肪酸が主である．ステロイド類は陸上植物と大きく変わらないが，褐藻からは側鎖にエチリデン基を持つフコステロールが主として得られる．

　これらの通常の化合物以外に，海藻の種類により，つぎのような特徴を持つ化学成分が得られる．

　緑藻の化学成分の特徴：
　　・ハロゲン化物はほとんど含まれない

- 直鎖状テルペンのアルデヒド体，またはエノールアセテート体
- アルカロイド

褐藻の化学成分の特徴：
- ハロゲン化物はほとんど含まれない
- 陸上植物の成分と極めて類似したセスキテルペン
- 直鎖のジテルペンまたはそれらのノル体
- フロログルシノールの多縮合フェノール体
- 特殊な炭素骨格を有する単，二，三環性ジテルペン
- ジテルペン側鎖を有するベンゾキノン，ヒドロキノン，またはクロメノール

紅藻の化学成分の特徴：
- ハロゲン化物がきわめて多い
- ポリハロゲン化モノテルペン
- C 15 を中心とするハロゲン化高不飽和直鎖炭化水素の環状エーテル
- ハロゲン化セスキテルペン
- ハロゲン化ジテルペン
- ハロゲン化フェノール
- ポリエーテル性トリテルペン

さらに大胆に一般化すると，緑藻は陸上植物の化学成分とあまり変わらず，褐藻は陸上植物と類似はするが生合成的に異なる物質を生産し，紅藻は陸上植物に全く見られない多くのハロゲン化化合物を含有する．この事実は植物の進化に関連していると思われる．

興味あることに，紅藻に見られるハロゲン化物質においては，海水中の塩類の主元素である塩素（Cl）よりは臭素（Br）の方が多く含まれている（海水1 kg 中にCl イオンは 19 g，Br イオンは 0.06 g 含まれる）．また，ヨウ素（I）を含む有機化合物はほとんど見いだされていないが，周知のように海藻を蒸し焼きして得られる灰はヨウ素（I_2）の原料となる．海藻はヨウ化カリウムのような無機塩としてヨウ素を濃縮する機構を持つものと考えられる．

29.2 海藻の生理活性化学成分

この項では海藻から得られた生理活性物質の概要を化学構造とともに示す．

魚毒性物質：

（緑藻）*Rhipocephalus phoenix* より得られた **1** は数 mg/mL の濃度で殺魚作用を示す．またはイワズタの一種 *Caulerpa ashmeadii* の成分 **2**（Paul *et al.* 1987）も強い魚毒性を示す．また，成分 **3** は，サボテングサ属の緑藻から得られ，魚毒性を示すと同時に，魚に対する摂食阻害性，抗菌性，ウニ精子の泳動阻害等の活性を示す．

（褐藻）熱帯産の褐藻ジガミグサ *Stypopodium zonale* は他の海藻と比較して魚に食べられることが少ないが，この海藻をよく見ると赤い色素を海水中に放出している．この色素は成分 **4**（Gerwick & Fenical 1981, Finer *et al.* 1979）で強い魚毒性を示す．アミジグサ科のシワヤハズ *Dictyopteris undulata* から得られる成分 **5**（Dave *et al.* 1984）は 20 ppm でヒメダカに毒性を示す．アミジグサ科のフクリンアミジ *Dilophus okamurae* はアワビなどにより摂食されないが，

510　海藻の機能性成分

エゾアワビ浮遊幼生に対する着底,変態阻害活性物質として成分 6（蔵田ら 1988）などが,またコンブ属のツルアラメ *Ecklonia stolonifera* からは成分 7（Paul *et al.* 1980 b）が得られた.
（紅藻）　*Ochtodes crockeri* から得られた成分 8（Paul & Fenical 1980 a）は強い魚毒性を示す.コナハダ属の *Liagora farinosa* からは成分 9（Paul & Fenical 1980 a）が活性物質として単離された.

抗菌性物質：

（緑藻）　上述の成分 3 および同じ海藻から得られる成分 10（Paul & Fenical 1984）も,海洋性バクテリア,カビに顕著な活性を示す抗菌性を有する.ハゴロモ属の一種 *Udotea argentea* の成分 11（Paul *et al.* 1982 b）,*Tydemania expeditionis* の成分 12（Paul *et al.* 1982 a）,*Chlorodesmis fastigiata*（マユハキモ）の成分 13（Wells & Barrow 1979）およびイワズタの *Caulerpa brownii* の成分 14（Paul & Fenical 1985）は,細菌の *Staphylococcus aureus* および *Bacillus subtilis* に活性を示す.
（褐藻）　アミジグサ科の *Dictyota crenulata* から得られる成分 15（Finer *et al.* 1979）は抗菌活性を示す.同じくアミジグサ科のシワヤハズ *Dictyopteris undulata* には成分 16（Ochi *et al.* 1979）が抗菌性物質として単離されている.またホンダワラ科のハハキモク *Sargassum kjellmanianum* から得られる抗菌性物質 17（Nakayama *et al.* 1980）はいくつかのホンダワラ科海藻に広く分布する.
（紅藻）　アヤニシキ属海藻 *Martensia fragilis* からは成分 18（Kurata & Amiya 1980）,コザネモ属のイソムラサキ *Symphyocladia latiuscula* からは成分 19（Kurata & Amiya 1980）が得られた.これらの物質は抗カビ性も示した.
　ソゾ属海藻に含まれる *Laurencia thyrsifera* から得られた成分 20（Sakemi *et al.* 1986）,また *Laurencia venusta* から単離される成分 21（Sakemi *et al.* 1986）は顕著な抗ウイルス作用を示す.

細胞毒性物質：

(緑藻) いくつかのサボテングサ属の海藻は細胞毒性成分を産する．フデノホ *Neomeris an-nulata* より得られる成分 **22**（Barnekow *et al.* 1989）は緑藻には珍しい含ハロゲンセスキテルペンであり細胞毒性を有する．

(褐藻) コモングサ属の *Spatoglossum schmittii* 等に含まれる成分 **23**（Gerwick *et al.* 1980）は強力な細胞毒性を示す．ニセアミジ属の *Dilophus fasciola* からは細胞毒性化合物の成分 **24**（Tringali *et al.* 1984）が得られた．

(紅藻) 上述の成分 **20** は白血病がん細胞に対して 0.3 ng/mL という低濃度で毒性を示す．これらの物質の生理活性はきわめて強く，海藻の成分の中でもひときわ注目を浴びている．やはりソゾ属の *Laurencia venusta* から細胞毒性を有する化合物 **25**（Suzuki *et al.* 1987）などが単離された．またマギレソゾ *Laurencia obtusa* からは，白血病がん細胞（1.1 mg/mL）および肺がん細胞（0.3 mg/mL）に対して活性を有する成分 **26**（鈴木ら 1987）が得られた．また，アメフ

ラシ *Aplisia kurodai* の中腸腺から単離された細胞毒性ハロゲン化モノテルペン **27** (Kusumi *et al.* 1987) は分子構造から考えて恐らくアメフラシが食する紅藻起源のものと思われる．

その他の活性物質：

(緑藻) *Caulerpa* 属海藻に多量に含まれる成分 **28** (Faulkner & Fenical 1977) はレタスの根の生長を促進する作用を示す．

(褐藻) *Caulocystis cephalornithos* から得られる抗炎症作用物質はサリチル酸誘導体 **29** (Kazlauskas *et al.* 1980) である．非常な悪臭を放つため，海イグアナも敬遠する *Bifurcaria galapagensis* からは **30** (Sun *et al.* 1980) が単離され，この物質はウニの卵細胞分割阻害作用を有することがわかった．クロメ *Ecklonia kurome* からはフロログルシノール縮合体である **31** (Fukuyama *et al.* 1985) が plasmininhibitor 阻害活性物質として単離されている．

(紅藻) ハネソゾ *Laurencia pinnata* から **32** (Kusumi *et al.* 1987) が得られたが，これらはエ

クダイソン（昆虫の脱皮ホルモン）の活性を示した．イバラノリ属の海藻 *Hypnea valendiae* から 33 (Kazlauskas *et al.* 1983) が単離されている．

この物質は，マウスの筋弛緩，および体温低下などの生理作用を示す．ヤナギノリ属のハナヤナギ *Chondria armata* からは殺虫活性を有する 34 (Maeda *et al.* 1986) が単離された．

29.3 アミジグサ科海藻―生理活性物質の宝庫―

われわれはアミジグサ科（Dictyotaceae）の海藻が多種多様のテルペン類を生産していることを見いだした．それらは陸上植物の成分と炭素骨格が異なる新物質であった．海藻が持つテルペンの生合成酵素が陸上生物のものと異なるためと思われる．

(1) サナダグサの抗腫瘍性化学成分

日本全国の海岸で容易に手に入れることができるサナダグサ *Pachydictyon coriaceum* はわれわれにとって宝の山ともいえる存在で，化学的に非常に興味のあるテルペン類 35 (Ishitsuka *et al.* 1985 a), 36 (Ishitsuka *et al.* 1984), 37 (Ishitsuka *et al.* 1984), 38 (Ishitsuka *et al.* 1988), 39 (Ishitsuka *et al.* 1988), 40 (Ishitsuka *et al.* 1986), 41 (Ishitsuka *et al.* 1982 a), 42 (Ishitsuka *et al.* 1982 b), 43 (Ishitsuka *et al.* 1983 c), 44 (Ishitsuka *et al.* 1983 c) を初めとする新化合物が続々と得られた．一つの植物がこれほど多様な炭素骨格を有するテルペン類

35 IC$_{50}$ (μg/ml) 4.4

36 IC$_{50}$ (μg/ml) 4.1

37 IC$_{50}$ (μg/ml) 1.2

38 IC$_{50}$ (μg/ml) 1.6

39 IC$_{50}$ (μg/ml) 0.6

40 IC$_{50}$ (μg/ml) 8.1

41 IC$_{50}$ (μg/ml) 4.4

42 IC$_{50}$ (μg/ml) 5.3

43 IC$_{50}$ (μg/ml) 1.0

514　海藻の機能性成分

44

45

46　**47**　**48**

を生産する例は非常に珍しい．また興味あることにこれらの化合物のいくつかは，同じ科であるアミジグサ *Dictyota dichotoma*，ハリアミジグサ *Dictyota spinulosa*，イトアミジ *Dictyota linearis* にも共通に見られた．これらの海藻は外見的にも明らかに異なっているが化学成分的には見分けがつかないことになる．これらのジテルペン類について黒色がん細胞を用いて検定をしたところ図に示したような細胞毒性を示すことが分かった．また，北海道大学の鈴木稔博士の研究によると，これらと類似した化合物が，貝やウニに対して摂食阻害活性を示すことが分かっている．したがって，これらのジテルペン類は，海藻が海洋動物から自らの身を守るために体内に蓄積しているものと考えられる．

（2）　動脈硬化予防薬 EPA の資源となるシマオウギ（Munakata *et al.* 1997）

東京都八丈島および高知室戸岬で大発生していたシマオウギ *Zonaria diesingiana* を採集し成分研究を行ったところ，化合物 **44** が得られた．この化合物はすでに米国の化学者が報告している既知の物質であったが，偶然の発見から，これを水酸化ナトリウム水溶液で熱するときわめて効率的に EPA（**45**）が生産されることを見いだした．EPA はイワシなどの青魚に多く含まれる脂肪酸で，血液中の中性脂肪とコレステロールの濃度を下げ血液の流動性を高める働きを持つため，動脈硬化や脳血栓，心筋梗塞などの病気予防に効果がある．難点は EPA が分子内に 5 個のオレフィン結合を持つため空気に触れると分解し，長期保存が難しいことである．しかし，**44** はきわめて安定な化合物で，室温で 2 年間放置しても全く分解されない．しかも，シマオウギの脂質成分の 30％程度の重量を占めるほど大量に含まれており，EPA 生産のためのよい原材料となり得る．**44** の加水分解で得られた EPA は同時に生産されるヒドロキノン（抗酸化剤）を微量に含むためか，市販のものと比較して安定性に優れている．

これまで EPA は主として魚油から生産されてきたが，魚油中には類似化合物が多数存在するため EPA を純粋に得ることが困難であった．しかし，**44** の側鎖は純粋に 1 種類のものであるため，非常に純粋な EPA を大量生産することが可能である．

（3）　真珠貝害虫ゴカイを殺すアミジグサの成分

真珠貝（アコヤガイ）養殖は日本の養殖産業において重要な役割を果たしている．アコヤガイ養殖現場ではポリドラと呼ばれる小さなゴカイ類が大きな驚異となっている．ポリドラによるア

コヤガイ養殖産業の被害は年間数十億円に及ぶといわれている．卵から孵化したポリドラの幼生は遊泳器官を持ち海水中を盛んに泳ぎ回る．アコヤガイの殻に到達すると遊泳器官を放棄し，カイガラの表面に吸着した後，成虫化するとともに殻に小さな穴を開けそこを住処とする．殻に開けた穴は多くの場合アコヤガイの身にまで達し，アコヤガイはバクテリアなどに感染し死んだり成長不良に陥る．筆者らは，田崎真珠海洋生物研究所と共同研究を行い，ポリドラを殺す化学物質を海洋生物から探す試みを行った．

まず，ポリドラの幼生を用いたバイオアッセイシステムを構築し，徳島沿岸に生育する数十種の海洋生物（海藻，スポンジ，アメフラシなど）を検索した．すなわち，アコヤ貝の殻に寄生している成体ポリドラから孵化した幼生を含む海水中に，採集した海洋生物のメタノール抽出物を一定量加え顕微鏡下で観測したところ，いくつかの抽出物が 300 ppm 程度の濃度で幼生を殺す作用を持つことを見いだした．これらについて，濃度を順次低下させ活性を比較したところ，アミジグサ *Dictyota dichotoma* の抽出物が 30 ppm の濃度で殺ポリドラ活性を有することが分かった（Takikawa *et al.* 1998）．

ついで殺ポリドラ活性を指標にアミジグサ成分の分離を行ったところ活性物質としてクレヌルアセタール-C（**46**）を得ることができた．この化合物の殺ポリドラ作用を詳細に検討したところ，1 ppm という低濃度で幼生を全滅させることが分かった．

成分 **46** はアミジグサにわずかな量しか含まれておらず，アミジグサを原料とすることは実用的でない．そこで，成分 **46** をモデルとしてより簡単な化合物を実験室で合成した結果，1 ppm の濃度で殺ポリドラ活性を持つ **47** を開発することができた．

29.4 オキナワモズクからの殺赤潮プランクトン物質

沖縄県水産試験所（当時）の当真武博士は，オキナワモズク *Cladosiphon* の成体を培養タンクに漬けておくとその海水中にはアオサなどの他の海藻が全く生えてこないことを見いだした．この発見が沖縄県におけるオキナワモズク養殖の成功につながった．

筆者らは，これはオキナワモズクから，他の海藻の胞子を殺すか，または胞子の付着を妨げる何らかの物質（アレロパシー物質）が放出されているのではないかと考え，この物質の化学的解明に取り組んだ．

山本海苔研究所との共同研究で，アサクサノリの胞子付着阻害活性を見る生理検定を組み立て実験を行ったところ，確かに，オキナワモズクのメタノール抽出物がアサクサノリ胞子の付着数を激減させ，また付着した胞子の発芽率を著しく低下させることが分かった．さらに，筑波大学生物学系（当時）の原　慶明博士の提言に従い，赤潮プランクトン *Heteroshigma akashiwo* を検定手段として使用することにした．試しにオキナワモズクのメタノール抽出物 1 滴を *H. akashiwo* を含む培地に加え顕微鏡下で観察したところ，細胞がみるみるうちに膨れ上がり，ついには破裂しわずか 30 分後にはすべての *H. akashiwo* が死滅することが分かった．

この非常に便利な生理検定法を用い，オキナワモズクの抽出物から，化合物 **48**（Kakisawa *et al.* 1988）を活性物質として単離することができた．

この物質（ODTA と省略）はわずか数 ppm の濃度で *H. akashiwo* を死滅させることが分かった．また，この物質をアサクサノリの検定系にかけたところ，やはり数 ppm の濃度で胞子の付着，および付着した胞子の発芽を阻害することが分かった．ほかの大型海藻についてテストした

ところODTAは、ワカメの胞子に対しては5 ppmの濃度で活性を示すが、ホンダワラ科のアカモクの胞子に対しては50 ppmの濃度でも不活性であった。これは、アサクサノリ、ワカメの胞子の胞子は細胞膜が裸の状態なのに対して、アカモクの胞子は細胞壁に囲まれているためODTAが細胞膜に到達できないことが理由であると考えられる。同様の理由により、微細藻である珪藻についてもODTAは不活性である。

赤潮プランクトン *Chattonella antiqua* および *Chattonella marina* は、日本沿岸で行われているハマチ、タイなどの養殖に毎年甚大な被害を与える有毒プランクトンであるが、ODTAはわずか1 ppmという低濃度でこれらのプランクトンを死滅させることが分かった。ODTAはイワシの魚油に大量に含まれており、赤潮プランクトン除去のための"海の農薬"になり得る。

引用文献

Barnekow, D. E., Cardellina, J. H. II, Zektzer, A. S. and Martin, G. E. 1989. Novel cytotoxic and phytotoxic halogenated sesquiterpenes from the green alga Neomeris annulata. J. Am. Chem. Soc. **111** : 3511-3517.

Dave, M.-N., Kusumi, T., Ishitsuka, M., Iwashita, T. and Kakisawa, H. 1984. A Piscicidal Chromanol and a Chromenol from the Brown Alga Dictyopteris undulata, Heterocycles **22** : 2301-2307.

Faulkner, D. J. and Fenical, W. H. 1977. 'Marine Natural Products Chemistry', Plenum Press, New York-London.

Finer, J., Clardy, J., Fenical, W., Minale, L., Riccio, R., Battaile, J., Kirkup, M. and Moore, R. E. 1979. Structures of dictyodial and dictyolactone, unusual marine diterpenoids. J. Org. Chem. **44** : 2044-2047.

Fukuyama, Y., Miura, I., Kinzyo, Z., Mori, H., Kido, M., Nakayama, Y., Takahashi, M. and Ochi, M. 1985. Eckols, novel phlorotannins with a dibenzo-p-dioxin skeleton possessing inhibitory effects on $a2$-macroglobulin from the brown alga Ecklonia kurome Okamura. Chem. Lett. 739-742.

Gerwick, W. H. and Fenical, W. 1981. Ichthyotoxic and cytotoxic metabolites of the tropical brown alga Stypopodium zonale (Lamouroux) Papenfuss. J. Org. Chem. **46** : 22-27.

Gerwick, W. H., Fenical, W., Fritsch, N. and Clardy, J. 1979. Stypotriol and stypoldione; ichthyotoxins of mixed biogenesis from the marine alga Stypopodium zonale. Tetrahedron Lett. 145-148.

Gerwick, W. H., Fenical, W., van Engen, D. and Clardy, J. 1980. Isolation and structure of spatol, a potent inhibitor of cell replication from the brown seaweed Spatoglossum schmittii. J. Am. Chem. Soc. **102** : 7991-7993.

Ishitsuka, M. O., Kusumi, T. and Kakisawa, H. 1986. Structural Elucidation and Conformational Analysis of Germacrane-type Diterpenoids from the Brown Alga *Pachydictyon coriaceum*. Tetrahedron Lett. **27** : 2639-2642.

Ishitsuka, M., Kusumi, T. and Kakisawa, H. 1982 a. Acetylsanadaol, a Diterpene Having a Novel Skeleton, from the Brown Alga, *Pachydictyon coriaceum*. Tetrahedron Lett. **23** : 3179-3180.

Ishitsuka, M., Kusumi, T., Tanaka, J. and Kakisawa, H. 1982 b. New Diterpenoids from *Pachydictyon coriaceum*. Chem. Lett. 1517-1518.

Ishitsuka, M., Kusumi, T., Kakisawa, H., Kawakami, Y., Nagai, Y. and Sato, T. 1983 a. Structure and Conformation of Pachylactone, a New Diterpene Isolated from the Brown Alga, *Pachydictyon coriaceum*. Tetrahedron Lett. **24** : 5117-5120.

Ishitsuka, M., Kusumi, T., Kakisawa, H., Kawakami, Y., Nagai, Y. and Sato, T. 1983 b. Novel Diterpenes with a Cyclobutenone Moiety from the Brown Alga *Pachydictyon coriaceum*. J. Org. Chem. **48** : 1937-1938.

Ishitsuka, M., Kusumi, T., Kakisawa, H., Kawakami, Y., Nagai, Y. and Sato, T. 1983 c. Structure and Conformation of Pachylactone, a New Diterpene Isolated from the Brown Alga, *Pachydictyon coriaceum*. Tetrahedron Lett. **24** : 5117-1520.

Ishitsuka, M. O., Kusumi, T., Tanaka, J., Chihara, M. and Kakisawa, H. 1984. New Diterpenes from the Brown Alga *Pachydictyon coriaceum*. Chem. Lett. 151-154.

Ishitsuka, M. O., Kusumi, T. and Kakisawa, H. 1988. Antitumor Xenicane and Norxenicane Lactones from the Brown Alga *Dictyota dichotoma*. J. Org. Chem. **53** : 5010-5013.

Kakisawa, H., Asari, F., Kusumi, T., Toma, T., Sakurai, T., Ohfusa, T., Hara, Y. and Chihara, M. 1988. An Allelopathic Fatty Acid from the Brown Alga *Cladosiphon okamuranus*. Phytochemistry **27** : 731-735.

Kazlauskas, R., Mulder, J., Murphy, P. T. and Wells, R. J. 1980. New metabolites from the brown alga Caulocystis cephalornithos. Aust. J. Chem. **33** : 2097-2101.

Kazlauskas, R., Murphy, P. T., Wells, R. J., Baird-Lambert, J. A. and Jamieson, D. D. 1983. Halogenated pyrrolo[2,3-d]pyrimidine nucleosides from marine organisms. Aust. J. Chem. **36** : 165-170.

Kurata, K. and Amiya, T. 1980. Chemical studies on constituents of marine algae. Part 5. Bis (2,3,6-tribromo-4,5-dihydroxybenzyl) ether from the red alga, Symphyocladia latiuscula. Phytochemistry **19** : 141-142.

蔵田一哉・白石一成・高任 哲・谷口和也・鈴木 稔 1998. 第30回天然有機化合物討論会講演要旨集 p. 196. 福岡.

Kusumi, T., Uchida, H., Inouye, Y., Ishitsuka, M., Yamamoto, H. and Kakisawa, H. 1987. Novel Cytotoxic Monoterpenes Having a Halogenated Tetrahydropyran from *Aplysia kurodai*. J. Org. Chem. **52** : 4597-4600.

楠見武徳 1991.（分担）続・医薬品の開発 10 海洋資源と医薬品 I. p. 14-30. 廣川書店.

Maeda, M., Kodama, T., Tanaka, T., Yoshizumi, H., Takemoto, T., Nomoto, K. and Fujita, T. 1986. Structures of isodomoic acids A, B and C, novel insecticidal amino acids from the red alga Chondria armata. Chem. Pharm. Bull. **34** : 4892-4895.

Munakata, T., Ooi, T. and Kusumi, T. 1997. A Simple Preparation of 17(R)-Hydroxyeicosatetraenoic and Eicosatpentaenoic Acids from the Eicosanoylphloroglucinols, Components of the Brown Alga. Zonaria diesingiana Tetrahedron Lett. **38** : 249-250.

Nakayama, M., Fukuoka, Y., Nozaki, H., Matsuo, A. and Hayashi, S. 1980. Structure of (+)-kjellmanianone, a highly oxygenated cyclopentenone from the marine alga Sargassum kjellmanianum. Chem. Lett. 1243-1246.

Ochi, M., Kotsuki, H., Inoue, S., Taniguchi, M. and Tokoroyama, T. 1979. Isolation of 2-(3,7,11-trimethyl-2,6,0-dodecatrienyl)hydroquinone from the brown seaweed Dictyopteris undulata. Chem. Lett. 831-832.

Paul, V. J. and Fenical, W. 1980 a. Toxic acetylene-containing lipids from the red marine alga Liagora farinosa lamouroux. Tetrahedron Lett. **21** : 3327-3330.

Paul, V. J., McConnell, O. J. and Fenical, W. 1980 b. Cyclic monoterpenoid feeding deterrents from the red marine alga Ochtodes crockeri. J. Org. Chem. **45**: 3401-3407.

Paul, V. J., Fenical, W., Raffii, S. and Clardy, J. 1982 a. The isolation of new norcycloartene triterpenoids from the tropical marine alga Tydemania expeditionitis (Chlorophyta). Tetrahedron Lett. **23**: 3459-3462.

Paul, V. J., Sun, H. H. and Fenical, W. 1982 b. Udoteal, a linear diterpenoid feeding-deterrent from the tropical green alga Udotea flabellum. Phytochemistry **21**: 468-469.

Paul, V. J. and Fenical, W. 1983. Isolation of halimedatrial: chemical defense adaptation in the calcareous reef-building alga Halimeda. Science **221**: 747-749.

Paul, V. J. and Fenical, W. 1984. Novel bioactive diterpenoid metabolites from tropical marine algae of the genus Halimeda (Chlorophyta). Tetrahedron **40**: 3053-3062.

Paul, V. J. and Fenical, W. 1985. Diterpenoid metabolites from Pacific marine algae of the order Caulerpales (Chlorophyta). Phytochemistry **24**: 2239-2243.

Paul, V. J. and Fenical, W. 1986. Chemical defense in tropical green algae, order Caulerpales. Mar. Ecol. Prog. Ser. **34**: 157-169.

Paul, V. J., Littler, M. M., Littler, D. S. and Fenical, W. 1987. Evidence for chemical defense in tropical green alga Caulerpa ashmeadii (Caulerpaceae: Chlorophyta): isolation of new bioactive sesquiterpenoids. J. Chem. Ecol. **13**: 1171-1185.

Sakemi, S., Higa, T., W. Jefford, C. and Bernardinelli, G. 1986. A new antiviral triterpene tetracyclic ether from Laurencia venusta. Tetrahedron Lett. **27**: 4287-4290.

Sun, H. H., Ferrara, N. M., McConnell, O. J. and Fenical, W. 1980. An inhibitor of mitotic cell division from the brown alga Bifurcaria galapagensis. Tetrahedron Lett. **21**: 3123-3126.

Suzuki, T., Takeda, S., Suzuki, M., Kurosawa, E., Kato, A. and Imanaka, Y. 1987. Constituents of marine plants. Part 67. Cytotoxic squalene-derived polyethers from the marine red alga Laurencia obtusa (Hudson) Lamouroux. Chem. Lett. 361-364.

鈴木輝明・竹田 聡・鈴木 稔・黒沢悦朗 1987. 第30回天然有機化合物討論会講演要旨集. p.576. 札幌.

Takikawa, M., Uno, K., Ooi, T., Kusumi, T., Akera, S., Muramatsu, M., Mega, H. and Horita, C. 1998. Crenulacetal C, a Marine Diterpene, and Its Synthetic Mimics Inhibiting *Polydora websterii*, a Harmful Lugworm Damaging Pearl Cultivation Chem. Pharm. Bull. **46**: 462-466.

Tringali, C., Piattelli, M. and Nicolosi, G. 1984. Structure and conformation of new diterpenes based on the dolabellane skeleton from a Dictyota species. Tetrahedron **40**: 799-803.

Wells, R. J. and Barrow, K. D. 1979. Acyclic diterpenes containing 3 enol acetate groups from the green alga Chlorodesmis fastigiata. Experientia **35**: 1544-1545.

海藻の機能性成分

30　海藻と肥料

山田 信夫

　寒天原藻として品質的にも優れていることで知られている伊豆のテングサ類は，かつては農業用の肥料として使われていた．しかし，文政5年（1822）に，当時の伊豆を治めていた代官が江川太郎左衛門から水野出羽守に代わったことにより，肥料としてのテングサの採取が禁止され，寒天原藻として岐阜や長野県の寒天生産地に送られるようになった（伊豆の天草漁業編纂会 1998）．

　世界的に見ても，各国の沿岸では海藻を肥料として使っていたことが，2世紀に書かれたローマ時代の書物から知ることができる（Newton, L. 1951）．中国や日本での肥料としての利用は古いが，イギリス，アイルランド，フランス，スペインなどの国々では，12世紀頃から盛んに使用されるようになった．フランスの西海岸では，肥料用の海藻の養殖が行われたこともある（宮下 1974）．その養殖の方法は，テングサ類などの増産のため日本でも行われてきた天然石を沿岸に投入する，いわゆる投石によったものであろう．

　このような歴史的経緯については徳田ら（1987）がまとめているが，その骨子はつぎのようである．ジャガイモ，トマト，トウモロコシ，シュガービート，かんきつ類などの収穫を増加させたことについてはStephenson（1974, 1981），Blunden et al.（1981），Povolny（1981）らが，霜に対する耐性，果実の貯蔵寿命を長くする種子の発芽の改善，病害や食害に対する抵抗性の向上については，Senn & Skeleton（1969），Stephenson（1966, 1981），Brian et al.（1973）などの報告が見られる．さらに，肥料として用いられる海藻については，Newton 1951やBlunden et al.（1975）の報告がある．新崎・新崎（1978）は，主として外国での肥料として海藻の利用状況や肥料効能などについてふれている．高橋（1941）は，1941年に著した「海藻工業」の中で，肥料として用いた海藻灰工業についても詳述している．

　日本では，江戸時代までは海藻は大切な肥料として使われていたが，明治時代になって化学肥料の普及とともにその使用量は減少してきた．しかし，太平洋戦争になって化学肥料の生産がなくなるとともに，海藻の肥料としての価値が見直されてきた．

　現在では，海藻自体を肥料として使うことは少なくなってきたが，後述するような海藻を原料とした肥料が流通し始め，輸入品も多く見られるようになった．少なくとも，国内では数社の販売会社がある．

　海藻と海草を主原料とした肥料は，法律でいう「肥料」ではない．チッ素，リン酸，カリウムの量が一定値でないためである．農林水産省の定めるところでは「海草（藻）およびその粉末」は「特殊肥料」に分類されている．

30.1　肥料として利用される海藻

　世界の海藻資源については，FAO報告としてMichanek（1975）が，ついでChapman & Chapman（1980）によって報告されている．これらについては，徳田ら（1985）の「海藻資源養殖学」に記載されている．さらに比較的最近になってCritchley & Ohno（1998）がまとめているが，世界の40ヵ国の海藻研究者による"Seaweed Resources of the World"が刊行され，

世界の有用海藻資源についての詳細な報告がなされている．この中には，肥料として利用される海藻とその製造方法なども書かれており，それらの概要については山田（2000）が引用しているが，肥料としての利用についてさらに知りたい方は，原著を参考にされたい．

地中海沿岸やヨーロッパ，さらにアフリカの各国では，打ち上げられた海藻を田畑に埋め込んで使っている．しかし，アジアの国々では，直接，打ち上げ海藻を田畑に埋め込むことはそれほど行われてはいない．直接埋め込むのは，酸性土壌の改善が主目的であるので，肥沃な土壌のアジアでは，その必要性がなかったためである．

表30.1 肥料に使われている世界の海藻資源（Zemke-White & Ohno 1999 より改変）．

種名	利用国名
緑藻	
Dictyosphaeria cavernosa	Kenya
Enteromorpha spp.	Portugal
Ulva spp.	Portugal
紅藻	
Ahnfeltia plicata	Chile
Gracilaria spp.	Portugal
Gracilaria chilensis	Chile, New zealand
Halymenia venusta	Kenya
Laurencia papillosa	Kenya, Philippines
Lithothamnion corallioides	France, Ireland, UK
Phymtolithon calcareum	France, Ireland, UK
褐藻	
Alaria fistulosa	Alaska
Ascophyllum nodosum	France, Canada, Iceland, Norway, UK
Ecklonia maxima	South Africa
Fucus gardneri	Canada
Hydroclathrus clathratus	Philippines
Laminaria schinzii	South Africa
Macrocystis pyrifera	Australia
Nereocystis luetkaena	Alaska, Canada
Durvillaea potatorum	Australia
Sargassum spp.	Brazil, Vietnam
Turbinaria spp.	Vietnam

海藻を肥料用として産業的に採取している主な種類と国を表30.1に示した．種類は21種に及ぶが，いずれも商業ベースで採取されているものである．大野・貫見（2003）によると，主要な海藻は土壌改良の素材の塊状になる石灰藻 *Phymatolithon calcareum*（Pallas）Adey & McKibbin や *Lithothamnion corallioides*（Grouan）Grouan（イシモ属）と生育増長の素材である大型褐藻類 *Ascophyllum*, *Macrocystis*, *Laminaria*, *Ecklonia*, *Durvillaea*, *Capophyphyllum*, *Himanthalia* や *Sargassum* の仲間である．これらの原料となる海藻については，Zemke-White & Ohno（1999）が詳述している．

新崎・新崎（1978）は，使用される海藻は，アラメ，カジメ，ホンダワラ類が主で，アオサなども用いられてきた．そのホンダワラの一種にタツクリ *Sargassum tosaense* というものがあるが，これは，田の肥料の意「田作り」の方言からきたものであるという．このように，一部の沿

岸では海藻の肥料効果については認識されていたが，ヨーロッパのように広く利用されてはいなかったようである．

30.2　海藻肥料の分類

西出（1993）は，海藻肥料を製法によって2種類に分けている．
1) 生海藻を乾燥して粉末化したもの．
2) 褐藻類からの抽出物の水溶液．製法によって3種類に分けられる
    （1） 前記の海藻粉末を適量の熱水で抽出した濾液．
    （2） 生海藻を冷凍粉砕し，遠心分離か濾過によって抽出液を得て，透析膜を用いて限外濾過して濃縮したもの．
    （3） 褐藻を数パーセントの炭酸ナトリウム溶液中で加圧分解して，不溶性部分を除いた液を乾燥したもの．

製品の形態によっては，乾燥品である粉末状のものと液状のものにも分けられる．また，使用する目的によっても，土壌改良剤や葉面散布用などにも分けられる．

30.3　海藻肥料の製造方法

イギリスでは，Maërl（ミール）といわれる石灰藻が18世紀から採取され，土壌改良剤として使われている．現在でも，この石灰藻の生産量は年間約20万トンもあるが，1社で扱っているようである．過去10年間安定した操業を行っているが，大きなサクションポンプを使って浚渫船で採取した後乾燥してから粉末化し商品化している．この製品のほとんどは，農業や園芸用の肥料として利用されている．

イギリスやノルウェーでの液肥の製造方法は，藻体を凍結してから6〜10 μmにまで微粉末状に粉砕してクリーム状にしたり乾燥粉末状にしたりする．これらの製品を使用時に500倍から1000倍程度に希釈して使用する（Blunden 1991）．

ノルウェーでは，ヒバマタの仲間である *Ascophyllum nodosum* を海藻粉末肥料の原料として多く採取し，アルギン肥料，ケルプ肥料などと呼ばれているものが製造されているが，この肥料の製法は，アイスランド，ノルウェー，イギリス，フランスでは，*A. nodosum* を主原料に，*Fucus* 属，*Laminaria* 属を加えてつくられている．

海藻の液肥の製法は，ケープタウン周辺の岩礁域に生育する2〜5 mの茎を有する *Ecklonia maxima* を潜水採取し，まず，葉を取ってから茎を洗浄するとともに，痛んだ部分や付着動物の付いた部分を除いてから，ローラーで茎を押しつぶして溶液状のものを搾り出す．搾り出した溶液は，添加物を一切加えずに瓶詰めにして保管するが，室温で保管しても長期間変質することはないという．

これらの肥料は，たとえばケルプ粉末は，家畜の配合飼料にも使われており，比較的最近までは原料海藻を天日乾燥によって処理していたが，現在では人工的な方法によって行っている．生海藻は，ハンマーミルによって細切りされ，ロータリードラムによって乾燥される．乾燥はわずかな時間によって行われるが，ビタミン類や，生長因子などのロスを避けるため，乾燥温度は70〜75℃以下で行っている．乾燥されたものは，適当なサイズにしてから梱包される．

30.4 海藻肥料の化学成分

　輸入品も含め多くの海藻肥料が市販されているが，いくつかのものについてみるとつぎのようである．白石（1996）は，ケルパック66というカンキツ用の液体肥料について表30.2のように示している．このようにミネラル，アミノ酸，ビタミン，多糖類，ホルモンなどが明示されている．ほかの肥料もそうであるが，海藻から抽出した多くの成分が複雑に絡み合い，それらの相乗作用によって生育促進，品質向上，収量増加などの効果を発揮するものと考えている．

表30.2　ケルパック66原液1L当たりの成分（白石 1996）．

タンパク質	23.75 g	アラニン	0.28 g	ビタミン B_1	0.08 mg
炭水化物	16.9 g	バリン	1.48 g	B_2	0.08 mg
チッ素	3.8 g	グリシン	1.36 g	C	20 mg
リン酸	17.1 g	イソロイシン	0.92 g	E	0.08 mg
カリウム	9.0 g	ロイシン	1.8 g		
バリウム	1.9 mg	プロリン	1.8 g	オーキシン	—
ホウ素	0.24 mg	スレオニン	1.52 g	サイトカイニン	0.031 mg
カルシウム	0.8 g	セリン	2.08 g	ジベレリン	—
コバルト	0.3 mg	メチオニン	0.72 g	ACC	9.290 nmol
銅	0.2 mg	ハイドロオキシプリン	36 mg		
フッ素	0.4 mg	フェニルアラニン	8 mg		
ヨウ素	34 ppm	アスパラギン酸	3.16 g		
鉄	13.6 mg	グルタミン酸	20 mg		
マグネシウム	2.12 g	チロシン	3.32 g		
マンガン	8.4 mg	オルニシン	20 mg		
モリブデン	0.39 mg	リジン	2.72 g		
ニッケル	0.35 mg	アルギニン	16 mg		
ナトリウム	0.8 g				
硫黄	0.64 g				
亜鉛	4.2 mg				

注）ロイヤルインダストリーズ(株)パンフレットより．

　A貿易会社が輸入しているアスコフィルム粉末は，ノルウェー海岸に生育しているヒバマタ類の *Ascophyllum nodosum* を原料にしているが，藻体粉末と藻体から抽出した濃縮エキスを粉末化したもので，その化学成分は表30.3のとおりである．
　それぞれは，粉末状と液体状のものであり，単純に肥料成分について比較することは難しい．

30.5 海藻肥料の効果

（1） 土壌改良剤

　主として用いられる海藻は，紅藻類に属する石灰藻で，ヨーロッパの各国では18世紀頃から酸性土壌の改善に使われるようになった．アイスランド，デンマーク，イングランド，スコットランド，ウェールズ，アイルランド，フランス，ポルトガル，モロッコ，アルジェニアなどの国で広く利用されている（Blunden *et al.* 1975）．
　フランスやイギリス，アイスランドでは，機械を使って採取しており，これらの国での1994年の年間生産量は3ヵ国で約8万トンにも及ぶという（Zemke-White & Ohno 1999）．

表 30.3 アルギンゴールド（北欧産，原藻：アスコフィルム）の成分.

成分（単位 %）					
チッ素	0.8〜1.3	リン酸	0.1〜0.2	カリウム	2〜3
タンパク質	5〜10	炭水化物	45〜60	灰分	17〜20
繊維	8	脂肪	2〜4	水分	10〜12
炭水化物（単位 %）					
アルギン酸	22〜30	ラミナリン	2〜5	その他糖分	45〜60
フコイダン	10	マンニット	5〜8		
ミネラル（mg/kg）					
ヨウ素	700〜1,200	コバルト	1〜10	マグネシウム	5,000
鉄	150〜1,000	ホウ素	40〜100	カルシウム	200,000
マンガン	50〜200	バリウム	1.5〜3	硫黄	30,000
亜鉛	50〜200	ゲルマニウム	0.4〜1.5	カリウム	20,000
モリブデン	0.3〜1	ニッケル	2〜5	カリウム	200,000
銅	1〜10	ナトリウム	15,000	塩素	15,000
ビタミン（mg/kg）					
プロビタミンA	30〜60	ビタミン B_{12}	0.004〜0.06	ビタミンE	150〜300
ビタミン B_1	1〜5	ビタミンC	500〜2,000	ビタミンK	10
ビタミン B_2	5〜10	ビタミンD	3〜5	ナイアシン	10〜30
アミノ酸（g/kg）					
アルギン	11.8	リジン	4.1	メチオニン	0.4
植物ホルモン					
サイトカイニン・オーキシン・ジベレリン					

（輸入販売元，アンデス貿易株式会社）

このような土壌改良剤には，ミネラルの含有量が多く，カルシウム 30%，マグネシウム 3% が含まれており，土壌改良剤としての効果が大きい．しかし，その効果についての報告はほとんど見られない．

（2） 各種作物に対する肥料効果

比較的最近になって，肥料効果の高い無機化学肥料や毒性の高い農薬類が広く利用されるようになったが，食物の安全性などの面から有機肥料が見直され，利用され始めてきた．

海藻肥料の効果については，1960年以降報告がみられるようになった．1972年には，Blunden（1972）によってトマト，バナナ，ポテト，オレンジなどに対する肥料効果が報告されている．さらに，1977年には，Blunden & Wildgoose（1977）による海藻成分を主体にした葉面散布用の液肥がジャガイモの成育促進，品質向上，収穫量の増加につながるという報告もみられる．

トマト：Featonby-Smith & Van Staden（1983）は，トマトへの海藻濃縮液の茎と葉への葉面散布の効果を図 30.1 のように報告し，茎と葉や根がきわめて多くなったために収穫量も多くなり，有機化合物としての海藻濃縮液が葉面から植物の体内へ吸収され，肥料効果のあることを認めている．このことから，それまでは，葉面から植物体に吸収される物質としては，水溶性の無機養分とばかり誰もが信じていたが，有機化合物としての海藻濃縮液が葉面から植物の体内へ吸収され，生育の促進や，収穫量の増加につながることが分かった．

ミカン：白石（1996）は，かんきつ類の生産と水産資源の利用について考え，海藻肥料の効果

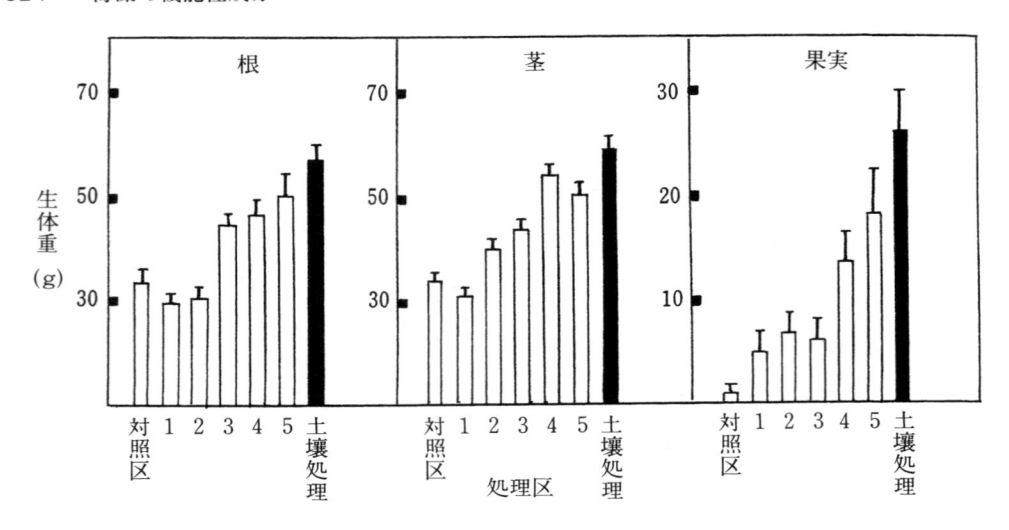

図30.1 海藻液肥処理がトマトの根，茎および果実の生体重に及ぼす影響（Featonby-Smith & Van Staden 1983）．
1〜5：葉面散布回数（葉面散布回数が多いほど果実が多くなる）．

について研究している．全国で150万トンもの生産量のあるかんきつ類の産業界では，有機質肥料をミカンの樹に施用すると，果皮の紅色が早く，しかも強く着き，果肉は柔らかで，ジュースが甘くなるという．

表30.4は，白石（1996）が，かなり衰弱したミカンの樹体に，天然海藻エキスを主成分とした液剤（ケルパック66）を葉面散布し，その後発生した新梢がどのように充実するかについて調べた結果である．

表30.4 液肥の葉面散布が春枝の充実に及ぼす影響（白石 1996）．

処 理 区	新しい枝		葉の数
	長さ（cm）	数	
ケルパック66	11.98^{ab}	14	8.1^{ab}
ポン液肥2号	10.91^{c}	12	7.0^{bc}
尿　　　　素	12.36^{a}	13	8.2^{a}
対　照　区	9.71^{d}	11	6.9^{c}

*　アルファベットのちがいは有意差（5％水準）あり
**　調査日：7月1日（萌芽後90日目）

500倍に希釈した溶液を3回葉面散布すると，散布後発生した新梢は，対照区に比べて約1.6倍にも長くなった．葉面積も大きくなり，葉の厚さも増加し，葉の表面の光沢もよくなったという．とくに，葉面散布を行うと，主脈部が大きくなり，しっかりした葉形になったという．

このような液肥の効果は葉内のさく状組織や海綿状組織内に現れ，それらの細胞内に多量の同化デンプン粒が顕微鏡で認められた．Borras *et al.*（1984）は，スイートオレンジを用いての実験の中で，葉や枝のデンプン含量は光合成が最高のときに最も多くなることを認めている．

30.6 海藻肥料の効果のメカニズム

海藻抽出物による肥料効果は，海藻の分解が速い，雑草の種子や病原菌，害虫卵が混入していない，などのほか，食塩やヨウ素はその作物にもよるが作物の生育を促進する効果のあることが知られていた（Blunden 1977）．しかし，その後の研究によって，植物に必要なミネラルの効果や生長に欠かせないオーキシン，サイトカイニン，ジベレリンなどの植物ホルモンによる効果のあることが知られるようになった．

Blunden（1977）は，海藻抽出液の肥料効果はそれまではミネラルによるものであるとされていたが，植物が必要とするミネラルの量とあまりにも少なすぎるとして，2品種のジャガイモに対して海藻抽出液の活性とほぼ同量の合成サイトカニンであるカイネチンを葉面散布し，海藻肥料と比較した．その結果，この両者に同じ程度の効果が認められたので，海藻肥料の効果は海藻中のサイトカニンによるものであるとしている．

Cook & Boynton（1962）は，液体肥料の肥料効果のメカニズムについて，リンゴ樹に尿素を葉面散布して調べたところ，肥料は葉の裏側から速やかに吸収され始め，8時間後には散布量の半分以上の尿素が吸収されたと報告している．

菅原（1951）は，ヒマワリやナシの若葉と成葉の吸収能力は，若葉の方が尿素をよく吸収することを明らかにしている．

Koo（1989）は，海藻抽出液を，マグネシウム，マンガン，亜鉛，ホウ素などの欠乏症のみられるタンジェリンやマンダリンに葉面散布したところ，数週間で症状が回復し，果実が大きくなり収穫量も増加したと報告している．これは単なる肥料効果ではなく，治療剤としての効果であるとみている．

30.7 海藻肥料の使用量

植物やその肥料によって異なるが，大野・貫見（2003）は海藻粉末の具体的な使用量を示している．それらの使用量を表30.5に，そ菜と花木，果樹，芝生に分けて示している．これらの海藻粉末は，完全に水溶性のもので，有効微生物の増殖によって団粒構造化，発根促進，養分吸収

表 30.5 海藻粉末の使用量．

作物		施用量	方法
そ菜・花木	育苗	床土・鉢土　10 kg/m³ 平床　　　　50〜100 g/m²	播種または移植の7〜10日前までに施す．
	本圃 露地	75 kg/10 a	元肥と混合使用． 定植の10日以上前に施用． 追肥としても効果あり．
	本圃 施設	100 kg/10 a	
果樹	新植園	300〜500 g/本	植穴または定植後，周囲に施す．
	成木園	75〜125 kg/10 a	元肥，追肥時に混合し，全面施用．
芝生	ゴルフ場	50〜100 g/m³	目砂に混合施用． または全面に散布．
	グリーン	25 kg/1 グリーン （1 グリーン 500 m² の場合）	目砂投下後に散布．

促進，などにより病害やその他の抵抗力が増大し，品質向上とともに増収が期待されるという．果物などに対する用法や使用量なども記載されているが，それを簡潔にまとめると表30.6のようである．

表30.6 各種作物に対する海藻エキス肥料の使用量（大野・貫見（2003）の記述から作成）．

対象作物	使用法	回数	1回の使用量
テーブルブドウ	葉面散布	5	560 g/ha
ネーブルオレンジ	葉面散布	5	1000 g/ha
ローマリンゴ	葉面散布	5	560 g/ha
レッドデリシャスリンゴ	葉面散布		560 g/ha
スイカ	潅水	1	600 g/ha
	葉面散布	3	500 g/ha

海藻を原料とした肥料は，肥料の見直しとともにこれからしだいに広がっていくものと考えられる．しかし，日本のような海藻資源に恵まれた国でも，日本で生産された海藻肥料を使うことは難しいであろう．それは，今後，沿岸漁業に依存しなければならない日本では，海藻資源を採取することは，とくに植食動物であるアワビなどの餌に影響するばかりか，魚類などの産卵場や幼稚仔の保育場を奪うことになる．現在，磯焼け現象とからんで藻場造成が全国的に行われていることからも明らかである

今後は，海藻資源と海藻肥料を他国に求めるか，あるいは，他国での肥料の生産を考えねばならないであろう．

引 用 文 献

新崎盛敏・新崎輝子 1978. 海藻のはなし．228 pp. 東海大学出版会．

Blunden, G., Binns, W. and Perks, F. 1975. Commercial collection and utilization of maërl, Ecol. Bot. **29**: 104-145.

Blunden, G. and Wildgoose, P. B. 1977. The effects of aqueous seaweed extract and kinetin on potato yield. J. Sci. Food Agric. **28**: 121-135.

Blunden, G. 1981. Agricultural uses of seaweeds and seaweed extracts (eds. Guiry, M. D. and Blunden, G.) Seaweeds Resources in Europe, p. 65-82. John Wiley & Sons Ltd., England.

Blunden, G. 1991. Agricultural uses of seaweeds and seaweed extracts (eds. Guiry, M. D. and Blunden, G.) Seaweed Resources in Europe, p. 65-81. John Wiley & Sons Ltd., England.

Borras, R. J., Tadeo, L. and Primo Millo, E. 1984. Seasonal carbohydrate changes in the sweet orange varieties of the navelgroup. Scientia Hortic. 24.

Brian, K. P., Chalopin, M., Turner, T., Blunden, G. and Wildgoose, P. 1973. Cytokinin activity of commercial aqueous seaweed extract. Plant Sci. Lett. **1**: 241-245.

Chapman, V. J. and Chapman, D. 1980. Seaweeds and their uses. 334 pp. Chapman and Hall.

Cook, J. and Boynton 1962. Some factors affecting the absorption of urea by McIntosh apple leaves. Proc. Am. Soc. Hort. Sci. 59.

Critchley, A. T. and Ohno, M. (eds.) 1998. Seaweed resources of the world. 431 pp. JICA.

Featonby-Smith, B. C. and Van Staden, J. 1983. The effect of seaweed concentrate and fertilizer on the growth of Beta vulgaris. Z. Pflanzen physiol. **112**: 155-162.

伊豆の天草漁業編纂会 1998. 伊豆の天草漁業. 211 pp. 成山堂書店.

Koo, R. C. J. 1989. Response of citrus to seaweed-based nutrient sprays. The Citrus Industry **70**: 9.

Michanek, G. 1975. Seaweed resources of the oecan. FAO Fisheries Technical Report. No. 138. 127 pp. FAO.

宮下 章 1974. ものと人間の文化史：海藻. 315 pp. 法政大学出版局.

Newton, L. 1951. Seaweed Utilization. 188 pp. Sampson Low.

西出英一 1993. 肥料としての利用. 大石圭一 編, 海藻の科学. p. 184-185. 朝倉書店.

大野正夫・貫見大輔 2003. 海藻肥料による土壌改善と農産物の増産と品質向上. 藻類 **51**(1): 50-54.

Povolny, M. 1981. The effect of the steeping of peat-cellulose flowerpots (Jiffypots) in extract of seaweeds on the quality of tomato seeding. *In* Proc. Intnl. Seaweed Symp. (eds. Fogg, G. E. and Jones, W. E.), 8, 730-783. Marine Sci. Lab., Menai Bridge.

Senn, T. L. and Skeleton, J. 1969. The effect of Norwegian seaweeds on metabolic activity of certain plants. Proc. Intnl seaweed Symp. (R. Margalef ed.). 6: 731-735. Subsecretaria de la marine mercante.

白石雅也 1996. カンキツ類の生産と海藻資源. 大野正夫（編）, 21世紀の海藻資源. p. 140-153. 緑書房.

Stephenson, W. A. 1966. The effect of hydrolysed seaweed on certain plant pests and diseases. In Proc. Intnl. Seaweed Sump. (eds. Young, E. G. and McLachlan, J. L.), 5, 405-415. Pergamon Press.

Stephenson, W. A. 1974. Seaweed in agriculture and polyculture. 3rd ed. 241 pp. Rateaver Publ.

Stephenson, W. A. 1981. The effects of a seaweed extract on the yield of a variety of field and glasshouse crops. *In* Proc. Intnl. Seaweed Symp (eds. Fogg, G. E. and Jones, W. E.), 8: 740-744. Marine Sci. Lab., Menai Bridge.

菅原友大 1951. 肥料養分の葉面散布. 農業および園芸 **26**(9): 935-940.

高橋武雄 1941. 海藻工業. 417 pp. 産業図書.

徳田 廣・大野正夫・小河久朗 1987. 肥料用. 海藻資源養殖学. p. 46-47. 緑書房.

山田信夫 2000. 海藻の肥料・飼料への利用. 海藻利用の科学. p. 223-231. 成山堂書店.

Zemke-White, L. W. and Ohno, M. 1999. World seaweed utilization: An-of-century summary. J. Appl. Phycology **11**: 369-376.

海藻の機能性成分

31 海藻と化粧品

山田 信夫

　美容を目的として海藻が使われてきたことは，食用，飼料，肥料，医薬品などとしての利用と比べて，それほど多くの記録はないようである．民間伝承としていくつかみられるが，フノリが髪の艶出しとして使われていたことなどはよく知られている．
　比較的最近になって，海藻成分が明らかになるのに伴い，美容面への利用のための研究が行われるようになった．
　海藻成分の特性と香粧品への利用についての総説や報告にはつぎのようなものがある．
　西沢（1985）は，「海そう成分の特性と香粧品への応用」の中で，アルギン酸の構造，粘性および種々の金属塩，カラギナンの基本構造，原藻，粘性およびその生理活性，フコイダンと水溶性アルギン酸混合物，海藻ステロール，海藻脂質中の EPA，種々の紅藻から単離された紫外線吸収物質などについて述べ，化粧品分野における利用とその可能性について触れている．
　Morvan et al. (1999) は，「海藻成分の開発動向と化粧品への応用」と題する報告の中で，いくつかの実験結果とともに，化粧品における海藻の将来像についても言及している．
　海藻成分中の抗酸化作用についても，食品ばかりでなく他の分野でも必要なことから，楠見・松家（1999）は，研究成果についても述べている．
　2000年3月に開催された日本薬学会第120回大会で，海藻の美白効果についての報告がなされているが，亀井（2001）は，「海藻のもつ多彩な生理機能成分」の中で美白作用についても興味ある研究成果について触れている．
　山田（2000）は，「海藻利用の科学」の著書の中で，主としてフランスと日本で研究された化粧品に関する研究成果を紹介している．
　務ら（2001, 2002）は，1996年以降，がん細胞を自殺に追い込むアポトーシス apoptosis 効果が見られるようになって脚光を浴びている，褐藻類に含まれるフコイダンの化粧品への利用についての研究成果を報告している．
　Fujimura et al. (2002) はヒバマタ科からの抽出物のヒトの皮膚に対する影響について報告している．
　安達・Vallee（2002）は，コンブ目（*Laminaria digitata*）由来の細胞壁を，海中に生息するバクテリア由来の酵素により解重合して得られた2種類のウロン酸，すなわちマンヌロン酸，とくに高重合ならびに低重合アルギン酸の皮膚への効能について述べている．
　最近の報告としては，石橋・箕浦（2003）よる「海藻の化粧品利用への可能性」と題した報告もある．以上のような報告などを参考にして，海藻と化粧品について眺めてみたい．

31.1 化粧品とは

　化粧品は，薬事法によって法的に規制されている．薬事法の中では，「化粧品とは，人の身体を清潔にし，美化し，魅力を増し，容貌を変え，または，皮膚もしくは毛髪を健やかに保つために，身体に塗擦，散布その他これらの類似する方法で使用されることが目的とされているもの

で，人体に対する作用が緩和なものをいう」と規定されている．

31.2 海藻成分が含まれた化粧品

海藻成分が含まれた化粧品が市販されているが，どのような海藻成分が，どのように利用されているかを，「香粧品事典」(井上哲夫 監 1992)から見ると以下のようである．

(1) 海藻エキス

ヒバマタ属，コンブ属，ツノマタ属，スギノリ属などの海藻から，精製水，グリコール類，エチレングリコールモノブチルエーテル，エタノール，またはこれらの混液から抽出したエキスで，これらにグリセリンを加えたもの，成分はアルギン酸塩，マンニット，ヨード，カリウムなどで，皮膚の柔軟化，皮膚のひきしめ，活性化，保湿作用などがあり，乳液，クリーム，パック，浴剤，整髪剤などの面で使用される．

以上の海藻エキスは，粧配規（化粧品種別配合成分規格）（厚生省薬事局 監 1997）によると，その原藻や抽出方法によって次の四つに分類されている．
1) 海藻エキス1：褐藻類の全藻またはワカメのメカブから水，エタノール，プロピレングリコール，1,3-ブチレングリコール，グリセリン，またはこれらの混液により抽出して得られるエキス．保湿性，細胞賦活作用を有する．
2) 海藻エキス2：褐藻類の全藻から塩化ナトリウム溶液で抽出して得られるエキス．主としてアルギン酸．乳化安定性，懸濁性，吸収性，保湿性，増粘性を有する．
3) 海藻エキス3：褐藻類のコンブ属，紅藻類のイギス属の全藻から水で抽出して得られるエキス．保湿性，造膜性，皮膚の柔軟化に富み，スリミング作用を有する．
4) 海藻エキス4：緑藻類，褐藻類，紅藻類の全藻から1,3-ブチレングリコール溶液で抽出して得られるエキス．保湿性，造膜性，皮膚の柔軟化に富み，スリミング作用を有する．

(2) 海 藻 末

ヒバマタ属，ツノマタ属，スギノリ属などの乾燥末で，わずかに海藻独特の臭いのある黄色〜黒緑色の粉末かフレーク．成分はアルギン酸塩，マンニット，ヨード，カリウム，アミノ酸，ビタミンなどで，皮膚の柔軟性，皮膚のひきしめ，増粘栄養補給，乳化補助作用などを有する．乳液，クリーム，パック，浴剤，整髪料などに用いられる．

これらの海藻末は，さらに二つに分けられる．
1) 海藻末1：褐藻類の全藻の粉末．保湿性を有し，化粧品全般，健康補助食品などに利用される．
2) 海藻末2：紅藻類の全藻の粉末．保湿性を有し，化粧品全般，健康補助食品などに利用される．

つぎのような単体も化粧品の成分の一つとして利用されている．
1) アルギン酸カリウム：日焼け止めクリームやひげそり用クリーム以外のクリームや乳液類に属する化粧品に使われる．
2) アルギン酸ナトリウム：粘性，乳化安定剤，懸濁性，吸水性などを有するのでローショ

表 31.1 アルギン酸ナトリウムの化粧品への利用例.

化粧品	使用目的	アルギン酸ナトリウム濃度(%)
クリーム	濃厚剤，分散剤	0.5〜2.0
ローション	濃厚剤	0.5〜2.0
液体シャンプー	濃厚剤	0.5〜1.5
液体合成洗剤	濃厚剤	0.5〜2.0

ン，乳液，各種クリーム，ファンデーション，液状のメーキャップなどの製品に用いる．また，粘結剤として練り歯みがき，コンパクトケーキ，被膜形成を利用してのパック類にも用いる．泡の安定用，粘度調節用として液体シャンプー，石鹸などにも用いる．このときに用いる濃度などは表 31.1 のようである．

3) アルギン酸プロピレングリコール：pH 2〜7 で水に溶け，粘性，乳化安定性，懸濁性があり，酸性域で安定であるので，乳液，クリーム，ローション，ファンデーションなどの酸性域での使用に適している．

4) カラギナン：タンパク質反応性，水ゲル化性，高粘化増強分散性を有するので，歯みがき，ローション，シャンプー，クリームなどに利用される．

31.3 身近な海藻成分入り化粧品

箕浦（2002）は，海藻を配合した身近な化粧品として「歯みがき」と「ボディソープ」を挙げている．これらの製品は，日常生活によく使われているものであり，市場で多くの数量を占めているものである．

歯みがき：練り歯みがきの多くには，粘度を与えるために海藻中の多糖類を配合している．一部の多糖類は増粘の目的以外にも，抗腐蝕の目的で配合することもある．

ボディソープ：液状のボディソープには，粘度を上げて液が垂れにくくするためと，泡質の改善のために海藻の多糖類をよく使用する．多糖類は泡を保持する性質があり，きめ細かな泡をつくる．

石橋・箕浦（2003）は，シャンプーとゲル化パックついて触れている．

シャンプー：洗髪用のもので，マフノリやフクロフノリに含まれる多糖類成分を洗浄の骨格として配合し，必要最小量の洗浄剤を加えてある．過剰な洗浄剤を配合したシャンプーに比べ，ダメージを与えることが少なく，髪や頭皮にもよい．

ゲル化パック：海藻の多糖類がゲル化し，ゼリー状に固まる性質を応用したものである．二つのタイプがあり，一つは温湯を混合するタイプで，温感により肌の代謝を促進させ，シミやシワなどに有効な美容成分を積極的に浸透させる．もう一つは，冷水を混合するタイプで，基材を溶解するときに吸熱する作用を利用して，混合時の水温より低くなるようにし，冷感とパックに配合している抗炎症成分により，日焼けやオーバートリートメントで火照った肌を沈静化させる．

31.4 研究開発された海藻の美容効果

（1） 皮膚老化予防効果

皮膚の老化は，皮膚に悪影響を与える洗剤などとの接触や太陽光線への曝露などによって起こ

るといわれている．それは，原因物質との接触によって，エラスターゼが分泌され，エラスチンの分解が促進されるためと考えられている．

1) 抗エラスターゼ活性

アオサの中にエラスターゼ活性阻害物質の存在することが，フランスのBIOGIR研究所によって明らかにされている（藤本 1996）．この研究は，in vitroによるブタ肝臓エラスターゼを用いて行われたもので，抽出物濃度を0.5～100 mg/mLと100～500 mg/mLとの二つに分けて行っているが，後者の結果を見ると表31.2のようで，アオサ抽出物濃度が50 mg/mL以上になる

表31.2 エラスチン分解抑制効果（S.A.N.A法）（2回目）（藤本 1996）．

測定時間 (分)	AOSA抽出物濃度 (mg/mL)			
	C 0	C 1	C 2	C 3
	0.0	100.0	300.0	500.0
1	0.139	0.148	0.173	0.213
2	0.182	0.186	0.203	0.238
3	0.227	0.224	0.233	0.264
4	0.270	0.264	0.265	0.289
5	0.315	0.305	0.295	0.316
6	0.359	0.345	0.327	0.342
7	0.403	0.386	0.360	0.368
8	0.447	0.429	0.391	0.394
9	0.492	0.469	0.423	0.422
10	0.535	0.511	0.456	0.449
DA/DT	0.04410	0.04048	0.03148	0.02621
触媒活性力価 単位/L (b)	bC 0＝ 129.71	bC 1＝ 119.05	bC 2＝ 92.58	bC 3＝ 77.09
抑制率 ％	—	8.2%	28.6%	40.6%

試料：AOSA抽出物（AOSAINE）LOT 2.15.11.3
ブタ肝臓エラスターゼ：2.5 U/mg．

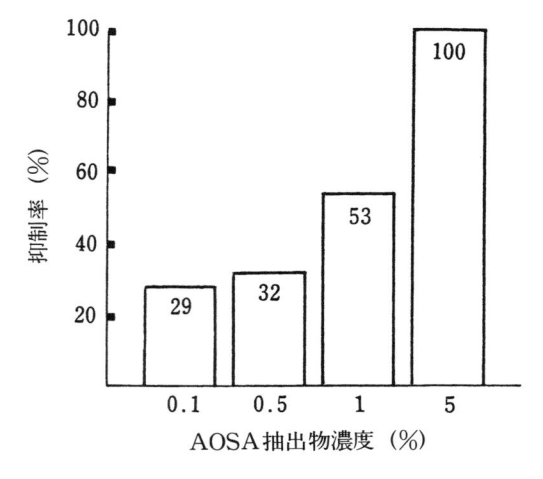

図31.1 拡散法によるエラスターゼ抑制率（藤本 1996）．

とエラスターゼ抑制効果が高まることを認めている．また，拡散法（エラスチンアガロース法）によっても，図 31.1 のようにアオサ抽出物のエラスターゼ抑制率をみている．

この抗エラスターゼ作用のメカニズムについては，1) エラスチンへの抑制物質の結合，2) ある種のアミノ酸残基のカルボキシル基をブロックすることによる酵素の構造の変化，3) エラスターゼのエラスチンへの静電気性吸着力の変化などによるものと考えられているが，不明な点も多いとしている．

2) 紫外線による皮膚老化予防効果

ガゴメコンブから抽出した「天然の形態を保持したフコイダン」を化粧水とした製品が，海藻エキス化粧品 T である．独自の方法で常温抽出した，分子量が約 1 千万以上もある非常に高分子の F-フコイダンを主成分とした海藻エキスで，香料，色素，界面活性剤，合成防腐剤などは一切含まれていない．

このエキスを用い，動物実験を行った務ら（2001）の報告を見ると，皮膚老化を判定する方法として「ヘアレスマウス光老化モデル」を用いている．このモデルとは，5 週齢の雌のヘアレスマウスを用い，280〜320 nm の紫外線を低用量で長期間照射することにより，肌を老化させたものである．

実験は，シワ形成レベル，皮膚弾力性，皮膚の厚さ，皮膚のコラーゲン量などについて，海藻エキス化粧品の塗布による効果を調べている．

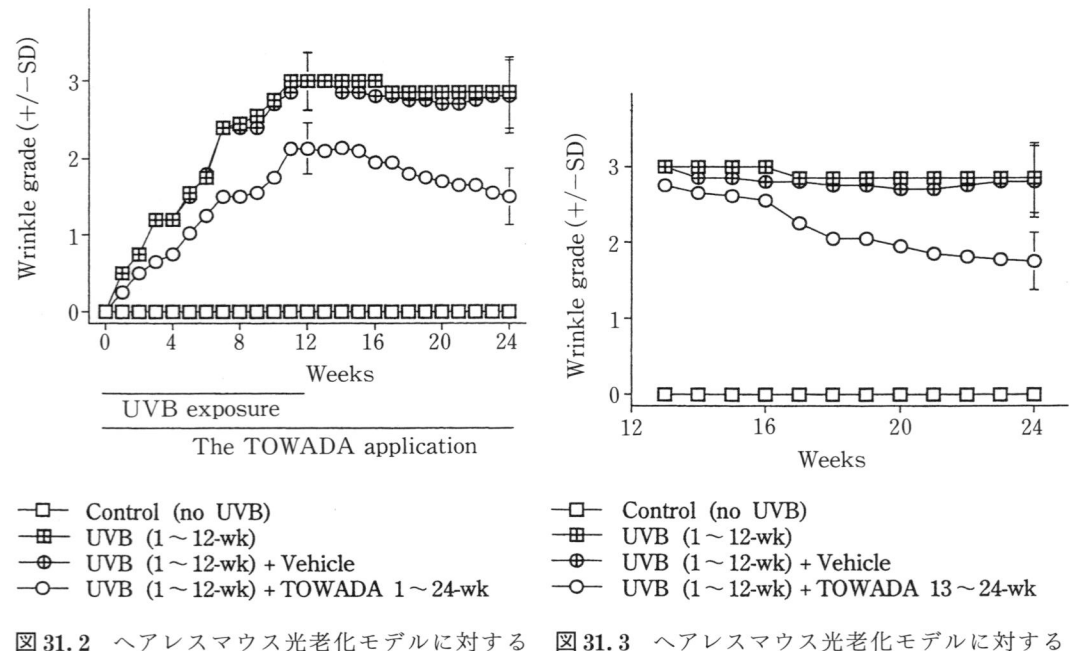

図 31.2 ヘアレスマウス光老化モデルに対する "シワ" 形成抑制作用と予防の効果（$n=5$）．

図 31.3 ヘアレスマウス光老化モデルに対する "シワ" 形成抑制効果（$n=5$）．

紫外線照射によるシワ形成誘導期（1〜12 週）の第 1 日目から連日海藻エキスを皮膚に塗布し，皮膚老化予防効果をみた結果は図 31.2 のようで，明らかにその効果は認められた．

13〜24 週目にかけて連日海藻エキスを塗布した結果を図 31.3 に示した．この図から，形成さ

れたシワが改善されていることが分かる．

紫外線照射による皮膚の炎症については，Grewe et al.（1993）や Bastian et al.（1996）などの報告がみられる．これらによると，サイトカイニンやメディエーターおよび酵素の関与が考えられるとしている．すなわち，皮膚に紫外線が照射されると，ケラチノサイトから炎症性サイトカイニンといわれる TNF-α や IL-1α が産生され，これらは phospholipase A 2（PLA 2）を活性化させ，膜リン脂質からアラキドン酸（AA）を遊離させるという．

（2） フリーラジカル制御物質

活性酸素などのフリーラジカルは，美容面でも紫外線などの有害光線や喫煙などによって体内に発生させて皮膚を老化させる．

1) 藤本（1996）は，フランスの SECMA 社は，ある種の海藻が光合成過程におけるダメージに対して効率的な保護物質をつくり出していることに注目し，この物質を化粧品に応用していることを紹介している．この物質は，1000 ダルトン以下の低分子量のフリーラジカル捕捉剤である．この捕捉剤としての効果は図 31.4 に示すように，デオキシリボース試験によって証明されているが，ラジカルの捕捉スピードが非常に速い特異的なトラップ剤で，産生されたラジカルがその標的に到達する前に直ちに捕捉するという．

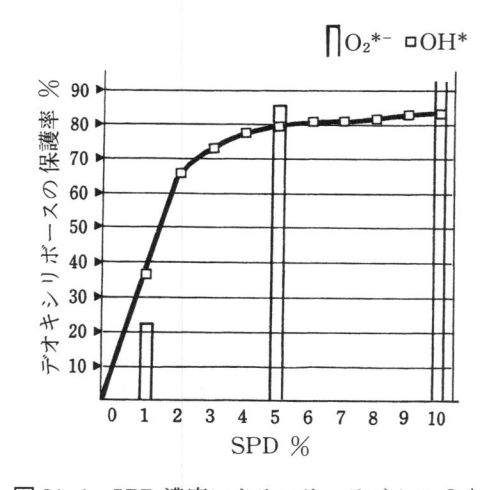

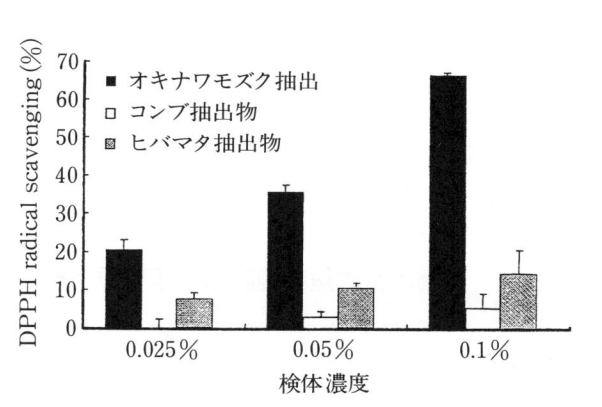

図 31.4 SPD 濃度によるフリーラジカル O_2^{*-} および OH^* に対するデオキシリボースの保護率（藤本 1997）．

図 31.5 DPPH ラジカル捕捉作用に及ぼすオキナワモズク抽出物の影響．

2) 曽根ら（2001）は，オキナワモズクから抽出したフコイダンを固形物として約 60% を含むものによって，ラジカル捕捉作用をコンブとヒバマタ抽出物と比較してみている．

この報告は，マイクロプレートリーダーにて 515 nm の波長で吸光度を測定し，DPPH（Diphenyl-1-picrylhydrazyl）ラジカル捕捉能を算出している．その結果を図 31.5 に示したが，オキナワモズク抽出物は明らかな捕捉作用を示した．

オキナワモズクから抽出された多糖類の大部分はフコイダンであり，他の二つの抽出物に比べてフコイダンを多量に含有していることから，活性物の本体はフコイダンと考えたが，オキナワモズク抽出物の代わりにフコイダンを用いて調べてみても，モズク抽出物と同じような活性はみ

られなかった．したがって，モズク抽出物は，各種ミネラルや褐藻類に含まれるビタミン類，アミノ酸，ペプチドが多く含まれた状態で調整されたため，これらの成分の抗酸化性が活性として捉えられた可能性があるとしている．

3) タバコの煙からの皮膚保護効果

表皮は，タバコの煙によって生じるフリーラジカルによって攻撃を受ける．

安達・Vallee（2002）は，フランスのCODIF社が開発したPHYCO ANTI-POLLU（PA）のタバコの煙からの皮膚保護効果を，再構築したヒト表皮組織を用いて確認している．

ヒトケラチノサイトを21日間培養して，表皮組織を再構築し，この表面に1％のPAを添加して，何も添加しない表皮組織を対照区とした．その結果，対照区では，ケラチノサイトの残存量は高く，死亡した細胞はみられなかった．タバコの煙に暴露された表皮組織では，ケラチノサイトは対照区と比較して40％減少し，顆粒層中に死亡した細胞が観察された．PA 1％存在下では，ケラチノサイトは対照区に比べて10％減少しただけであった．この結果を図31.6に示したが，PAは，タバコの煙から皮膚を保護する効果のあることが分かる．

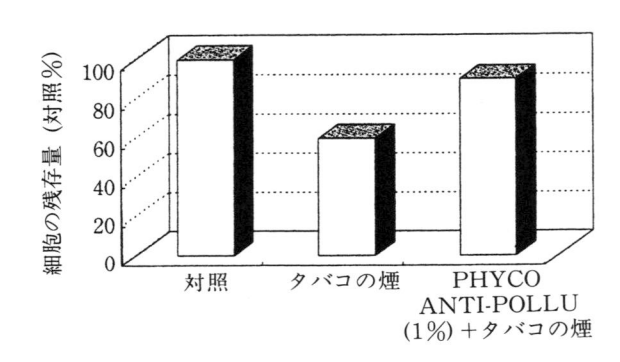

図31.6 ケラチノサイトの残存量（タバコの煙による影響）．

（3） 皮膚由来繊維芽細胞の増殖促進効果とコラーゲン産生促進効果

コラーゲンは，エラスチンとともに皮膚機能を保ち，老化によるシワができた組織の再構成を促進する効果を有する．

1) 長嶋・安達（1997）は，CODIF社がクロレラから抽出した物質Dermoch（商品名）は，図31.7のようにコラーゲンの合成を促進することがヒトの真皮繊維芽細胞培養物で観察され，

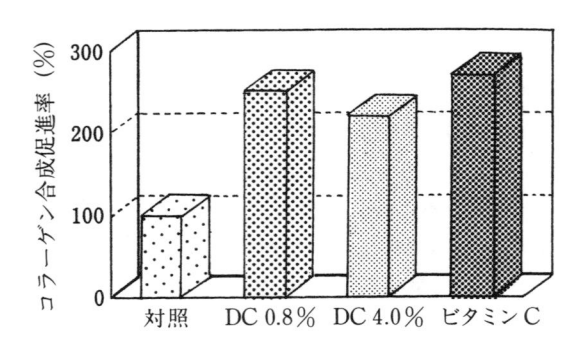

図31.7 Dermoch（DC）のコラーゲン合成促進効果（長嶋・安達 1997）．

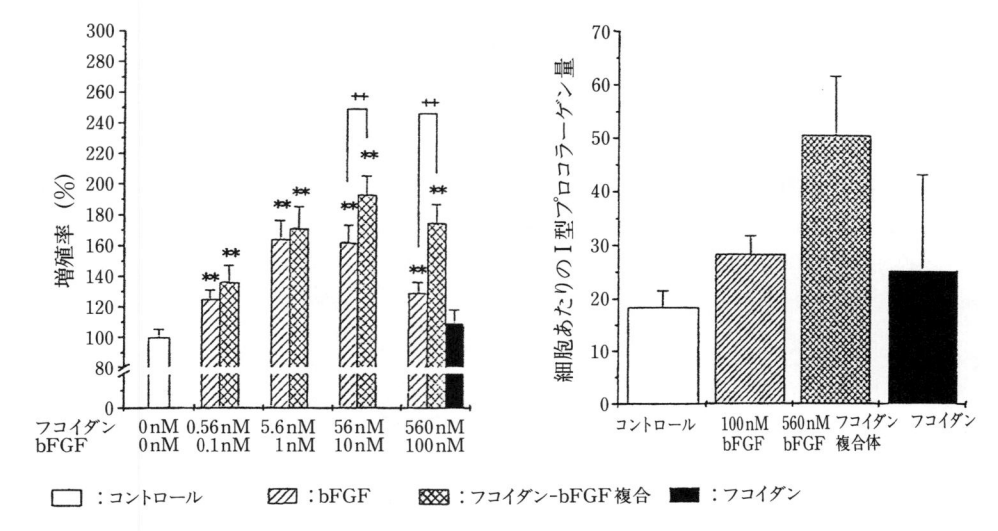

図 31.8 フコイダンによる bFGF の細胞増殖および I 型コラーゲン産生量に及ぼす影響．
**：コントロールに対し有意　$p<0.01$．
++：同濃度の bFGF に対して有意　$p<0.01$（$n=6$）．

再現された皮膚モデルで確認されたとしている．0.8％の Dermoch はコントロールに比べて 2.5 倍もコラーゲンの合成を促進した．

2) 曽根ら（2001）も，オキナワモズクからのフコイダンは，ヒトの皮膚の繊維芽細胞でもその賦活作用が図 31.8 のように確認されたことから，コラーゲンの産生促進効果に結びつく可能性のあることを報告している．

（4） スリミング剤としての効果

マコンブから抽出した C. Phyco（商品名）は細胞賦活剤として，Phyco R 75（商品名）は脂肪分解作用によるスリミング剤としての効果が確かめられている（長嶋・安達 1997）．図 31.9 に示したように，C. Phyco の存在下での培地のタンパク質の濃度から細胞の数を予測したもので，きわめて低濃度でも細胞の増殖効果を示すが，0.01％以上になるとその効果は減少してい

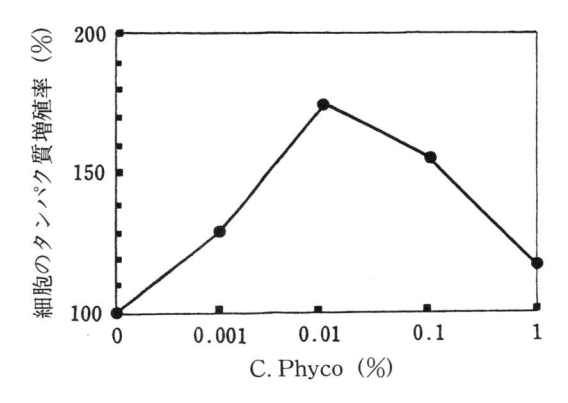

図 31.9 C. Phyco の細胞増殖効果（対照：培地のみ）（長嶋・安達 1997）．

536　海藻の機能性成分

る．
　海藻を食べるとスリミングになるということは，かなり以前から知られていたが，具体的なメカニズムについては明らかにされていなかった．このことについて，ヒト脂肪細胞を着色してから，Phyco R 75 を 1％加えて観察し，脂肪細胞の色が薄くなることで脂肪分解効果を確認している．その効果は，脂肪分解物質でもあるアドレナリン 10^{-5} M とほぼ同じであった．
　このような褐藻類からの抽出物の，ヒトの脂肪細胞での脂肪の分解作用については，Ars & Vallee (1997) の報告から知ることができるが，Morvan et al. (1999) は，図 31.10 のように，ホスホジエステラーゼの抑制と細胞膜に存在するレセプターの認識によって作用するとしている．

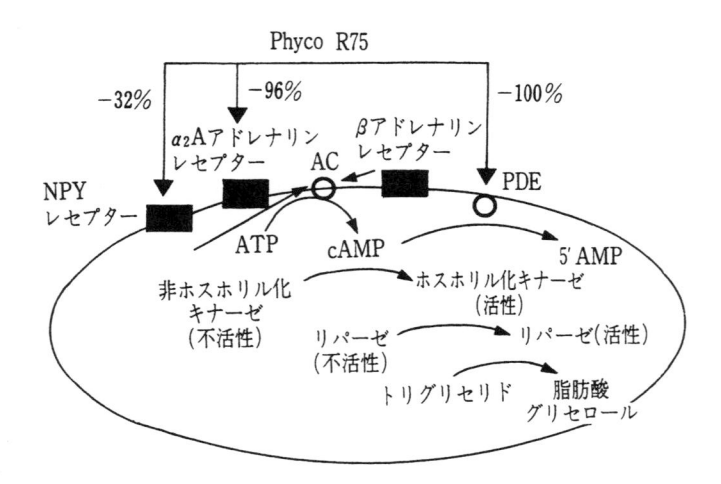

図 31.10　褐藻抽出物（Phyco R 75，CODIF 社）による脂肪分解活性効果（Ars & Vallee 1997）．ホスホジエステラーゼの抑制と NPY レセプターおよびアドレナリンレセプターに対する親和作用によるトリグリセリドの加水分解の促進（ヒト脂肪細胞での in vitro テスト）．
AC：アデニレートシクラーゼ，ATP：アデノシン 3 リン酸，
c-AMP：c-アデノシンモノリン酸，5′AMP：5′-アデノシンモノリン酸，
NPY：ニューロペプチド，PDE：ホスホジエステラーゼ．

（5）　血管拡張ならびに収縮効果

1)　血管拡張効果

　紅藻類ダルスから抽出した物質は，治療効果のあるアミノ酸を含み，無機物によって皮膚のバランスを整える効果を有し，保湿効果のある粘液質を含むという（長嶋・安達 1997）．この物質は，血管の拡張効果によって血流を促進するが，紅斑や発赤などは起こさないという特性から，脚のむくみに対するトリートメントやスリミング・ダイエット時に末梢血管の微少循環を促進して，体内の余計な水分を除去し，うっ血を改善する．それらの効果を図 31.11 に示した．

2)　血管収縮効果

　紅藻類に属するサンゴモは，赤色斑や刺激の原因となる皮膚表面の血管の拡張を抑制する血管収縮作用を有し，うっ血した皮膚を落ち着かせて快適にし，赤色斑を減少させるという．図 31.12 は，この抽出物の 10％水溶液を女性被験者の腰部に塗布し，1 時間後に無塗布の部位の皮膚の微少循環を測定比較したもので，血管収縮効果によって微少循環を 5％減少させることがで

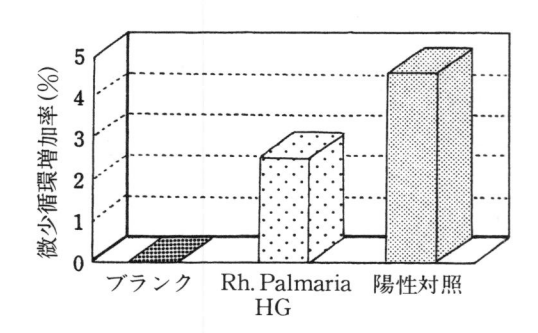

図 31.11 Rh. Palmaria HG の微少循環促進効果（長嶋・安達 1997）．

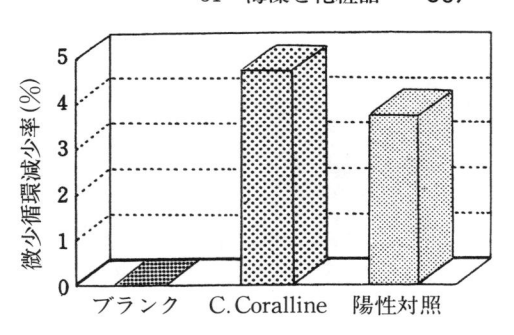

図 31.12 C. Coralline の血管収縮効果（長嶋・安達 1997）．

きた．

（6） 赤ら顔抑制効果

石灰藻には，岩盤に平面的に着生している無節石灰藻と，直立しているような有節石灰藻とがあるが，後者である Corallina officinalis には，うっ血した皮膚を落ち着かせて，赤色斑を減少させる作用のあることが確かめられ（Morvan et al. 1999），フランスの CODIF 社から市販されている．その効果は，図 31.12 の血管収縮効果から説明することができる．

（7） 美白効果

日本薬学会の 120 回年会で報告されたが，その研究の発端は，秋田県の女性の美しさに，海藻が一役買っているのではないかということであったらしい．そこで，秋田県の特産品としての食品の中でホンダワラ類の美白効果を調べたところ，シミ，ソバカスなどの原因であるメラニン色素が，ホンダワラ類のエキスによって生成されないことが分かった．その効果は，市販の化粧品に配合されているアルブチンと同程度の効果を示したという．ホンダワラ類のどの成分がこのような結果につながったかについては明らかではないが，飲めば肌が白くなることにもつながる可能性はあると考えられている．

亀井（2001）は，色素沈着は外部からの紫外線や炎症によって誘引され，表皮基底層に存在するメラノサイトを反応場としてメラニンが合成されることによって起こるとしている．このとき，メラノサイト内のメラノソームで，律速酵素としてのチロシナーゼおよび関連タンパク質によってメラニンは合成されるとして，次のような成果を得ている．

ヒト正常メラノサイトおよびマウス B16 メラノーマ細胞を用いて，海藻由来のメラニン合成阻害物質を検索し，日本沿岸から採取した 289 種の海藻類から PBS 抽出液ならびに MeOH 抽出液を調整して，メラニン合成阻害活性のスクリーニングを試み，6 種の海藻の PBS 抽出液および 14 種の海藻の MeOH 抽出液に 30％以上ものメラニン合成阻害活性を見いだした．とくに，スサビノリの MeOH 中に強い阻害能を有する物質を見いだし，メラニン合成阻害物質 MC-16 を精製している．この物質は，美白化粧品として応用するときに，重要な細胞に対する毒性も低いことが分かり，今後に大きな期待がもたれる．

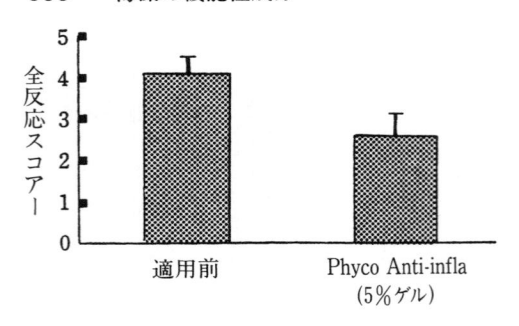

図 31.13 褐藻類から抽出したオリゴ糖の痛み抑制効果（Phyco Anti-infla, CODIF 社）．
（28 日適用後 8 人のボランティアでスティンギングテストによって測定した皮膚の反応性の低下）

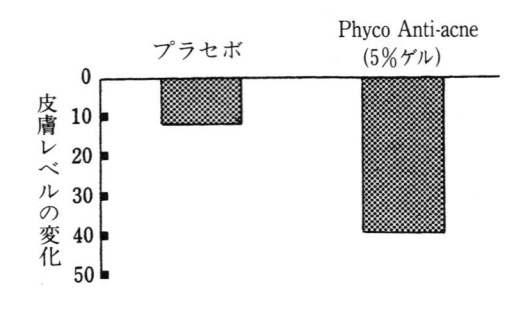

図 31.14 海藻から抽出したオリゴ糖と微量元素の複合体の皮脂抑制作用（Phyco Anti-acne, CODIF 社）．
（67%のボランティアで皮脂の減少がみられた）

（8） 痛み抑制効果

褐藻類のコンブなどにはアルギン酸のようなポリマーが多く含まれているが，これらを酵素分解して得られるオリゴ糖は，鎮静作用や抗炎症作用を示すことから，化粧品業界では関心が寄せられている．図 31.13 は，痛み抑制効果を示したものである（Morvan et al. 1999）．

（9） 皮脂の抑制効果

すでに述べたオリゴ糖は，キレートをつくることによって，活性の強化や新しい活性をつくり出すことができる．マグネシウムやマンガンのキレート化合物は，抗フリーラジカル作用を，亜鉛のキレート化合物は抗菌作用も有する．とくに，亜鉛のキレート化合物は，皮脂中のアクネ菌とフケの菌の増殖作用を抑制し，黄色ブドウ状菌を減少させるとともに 5α-リダクターゼ抑制効果によって皮脂の合成を抑制する．これらの効果については図 31.14 に示した（Morvan et al. 1999）．

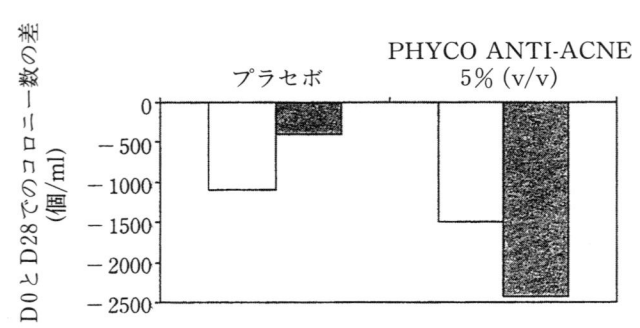

図 31.15 PHYCO ANTI-ACNE のブドウ球菌抑制効果．

(10) 皮脂中の細菌の抑制効果

安達・Vallee（2002）は，CODIF 社が開発した PHYCO ANTI-ACNE の皮脂中の細菌量減少効果を，被検物質適用部位とプラセボ適用部位での細菌サンプリングによる臨床試験によって評価していることを紹介している．12 名の皮膚に炎症性の障害のある被検者によって行い，被験者の 58% に当たる 7 名で，図 31.15 のように，試料 1 mL 当たり 20〜5650 コロニーのブドウ球菌量の減少が認められた．黄色ブドウ球菌と思われるコロニーは，7 名の被検者の皮脂中に存在しており，この 7 名のうち 5 名については細菌数の減少が見られた．また，この物質は，刺激を緩和させる効果も有し，さらにオリゴ糖と亜鉛が相乗的に働いてそれぞれの特性を高め合っているという．この特性により，ニキビの治療に優れた有効成分になり得るという．

このような結果から，ここで用いた物質は，5α-リダクダーゼを抑制し，皮脂量を調節し，皮膚上のブドウ球菌を減少させる効果のあることを明らかにしている．

31.5　アルゴテラピー

「アルゴ」とは海藻を，「テラピー」はフランス語で「療法」を意味するので，「海藻療法」あるいは「海藻美容法」ともいわれている．これに用いる海藻は，ヒバマタ属やコンブ属で，可能な限り深いところから採取して 50°C で乾燥，冷凍粉砕し，美容に有効な成分がなくならないように留意している．

具体的には，ミネラルの量を多くするために，バスタブに 50〜60 g 程度入れて入浴剤として用いる．手などで肌に塗布し，海藻パックした部分を赤外線で照射して温め，両手に薄く延ばし，熱を保つため熱バンドを巻くこともある．海藻マッサージとして用いるときには，海藻のなめらかさによって効果的なマッサージができる．顔面のパック剤として用いるときには，海藻を厚く塗布し，10〜20 分間，眼の部分を保護して赤外線か紫外線にさらす．エステテックでは，脱毛の二次的痛みを緩和するためにも用いる．

日本でもカジメの採れる太平洋沿岸の三陸沿岸や茨城県の漁村では，漁業から帰り，冷えた体を温めるために，入浴時にカジメを入れる習慣がある．

このように，海藻を使っての美容が行われているが，その科学的な根拠については図 31.10 のようなメカニズムが考えられるが，定かでない面もある．しかし考えられるのは，用いる海藻が粘質多糖類であるアルギン酸を多量に含む褐藻類であるので，アルギン酸のイオン交換反応が考えられる．肌の毛穴などに入っている汚れをアルギン酸が包み込み，体外へ出してしまうのであろう．さらに，アルギン酸は，べとついた感じではなく，なめらかな感触を与える．また，海藻中のミネラルを皮膚細胞に吸収させて栄養補給を行うと，代謝を高め緊張した筋肉をほぐすことになる．このことについては，放射性ミネラルを使った実験では，約 2 時間で表皮細胞にかなりの量が取り込まれるという．

最近，海洋深層水が話題になっている．この深層水を使って生育させた海藻や，深層水とともに海藻を混ぜて使うことが多くなる傾向にある．このようなものは，市販されている．

アルゴテラピーについては，「海洋療法」といわれているタラソテラピーについても知っておくことが望ましい．タラソテラピーは，紀元前 484 年も前にヘロドトスによって「太陽による療法および海による療法は，大概の病気治療に不可欠であり，とくに女性特有の疾患の治療には有

効である」といわれている．最近，ヨーロッパでは，フランスを中心に120ヵ所のタラソテラピーセンターがあり，300万人もの人々が利用しているようである．このことやタラソテラピーについてはジャック＝ペルナール・ルノディ（1997）や拙著（山田 2000）などに詳述されているので参照されたい．

引用文献

安達美香・Vallee, R. 2002. 海藻由来の多糖類とその新機能. Fragr. J. **2002**(5): 73-83.

Ars, H. and Vallee, R. 1997. Les algues source d'actifs bio-naturels. Parfum Cosmetiques Actualites **134**: 55-58.

Bastian, B. C., Schacht, R. J., Kampgen, E. and Brocker, E. B. 1996. Phosholipase A 2 is secreted by murine keratinocytes after stimulation with IL-1 alpha and TNF-alpha. Arch Dermatol. Res. **288**: 147-152.

藤本真一 1996. 海藻由来の抗エラスターゼ活性原料. Fragr J. **1996**(12): 95-98.

藤本真一 1997. 海藻由来のフリーラジカル制御物質. Fragr J. **1997**(10): 81-86.

Fujimura, T., Tsukahara, K., Moriwaki, S., Kitahara, T., Sano, T. and Takema, Y. 2002. Treatment of human skin with an extract of Fucus vesiculosus changes its thickness and mechanical properties. 2002. J. Cosmet Sci. Jan-Feb. **53**(1): 1-9.

Grewe, M., Trejzer, U., Ballhorn, A., Gyufko, K., Henninger, H. and Krutmann, J. 1993. Analysis of the mechanism of ultraviolet (UV) B radiation induced prostaglandin E 2 synthesis by human epidermoid carcinoma cells. J. Invest. Dermatol. **101**: 528-531.

井上哲夫 監 1992. 香粧品事典. 589 pp. 廣川書店.

石橋清英・箕浦一彰 2003. 海藻配合化粧品—海藻の化粧品利用への可能性—. 藻類 **51**: 46-49.

ジャック＝ペルナール・ルノディ 1997. タラソテラピー（日下部喜代子 訳）. 139 pp. 白水社.

亀井勇統 2001. 海藻のもつ多彩な生理機能成分. 化学と生物 **39**(2): 92-96.

厚生省薬務局 監 1997. 化粧品種別配合成分規格. 1340 p. 薬事日報社.

楠見武徳・松家伸吾 1999. 海藻成分の抗酸化作用. Fragr. J. **1999**(4): 36-41.

箕浦一彰 2002. 海藻配合化粧品—海藻の化粧品利用への可能性—2002 藻類シンポジウム 講演集. p. 35-38.

Morvan, P. Y.・Ars, H.・Vallee, R.・蔵田淑子 1999. 海藻成分の開発動向と化粧品への応用. Fragr J. **1999**(4): 69-75.

長嶋正人・安達美香 1997. 海藻抽出成分の化粧品への応用. Fragr. J. **1997**(10): 49-55.

西沢一俊 1985. 海そう成分の特性と香粧品への応用. Fragr. J. **73**: 100-105.

曽根俊郎・飯塚量子・花水智子・千葉勝由 2001. オキナワモズクの抗炎症作用. Fragr. J. **2001**(12): 87-92.

務 華康・松下秀之・酒井 武・加藤郁之進 2001. 海藻エキス化粧品「とわだ」の紫外線による皮膚老化の予防と治療. Fragr. J. **2001**(3): 56-61.

務 華康・松下秀之・酒井 武・加藤郁之進 2002. 海藻エキス化粧品「とわだ」の紫外線による皮膚老化の予防と治療（第2報）—有効成分と作用メカニズムの解析—. Fragr. J. **2002**(6): 106-112.

山田信夫 2000. 海藻の美容面への利用. 海藻利用の科学. p. 232-245. 成山堂書店.

和名索引
(太字は主な記載ページ)

ア

アイヌワカメ科 Alariaceae　59, 317
アイヌワカメ Alaria praelonga　317
アオオバクサ Pterocladiella caerulescens
　203, **209**, 211
アオサ属(類) Ulva　**14**, 17, 307, 411
アオサ Ulva fasciata　14, 399, 520
アオノリ属(類) Enteromorpha
　24, 298, 304, 307, 414, 462
アオワカメ Undaria peterseniana　**42**-**44**, 303
アカバギンナンソウ属(類) Mazzaella
　255, **262**, 301
アカバギンナンソウ Mazzaella japonicum
　262
アカハダ Pachymenia carnosa　**255**, 492
アカモク Sargassum horneri
　118, **125**, **287**, 303, 496, 516
アキヨレモク Sargassum autumnale　122
アサクサノリ Porphyra tenera
　162, 167, **176**, 196, 343, 516
アズマネジモク Sargassum yamadae　122
アツカワヒトエ Monostroma crasiderum　5
アッケシイシモ属 Clathromorphum
　270, 271, 276
アッケシイシモ Phymatolithon calcareum
　271, 301, 316, 520
アツバアマノリ Porphyra crassa
　166, 176, 191
アツバスジコンブ Cymathaere japonica
　59, 66, **67**
アツバノリ属 Sarcodia　227
アツバノリ Sarcodia ceylanica　227
アツバヒトエ Monostroma crassissimum　5
アツバモク Sargassum crassifolium　122, 303
アナアオサ Ulva pertusa　14, **19**, 298, **461**, 500
アナアキイシモ Clathromorphum compactum
　266, 276, **277**, 280
アナアマノリ Porphyra ochotensis
　166, 176, **194**, 301
アマクサキリンサイ Eucheuma amakusaense
　283, **293**

アマノリ属(類) Porphyra
　160, 162, 301, 307, 334, 413, 416
アミアオサ Ulva reticulata　**14**, 17, 19, 298
アミクサ Ceramium boydenii　**295**, 463
アミジグサ科 Dictyotaceae　**509**, 513
アミジグサ Dictyota dichotoma　**514**
アヤニシキ Martensia fragilis　217, 510
アラメ属(類) Eisenia　133
アラメ Eisenia bicyclis
　133, **135**, 140, 286, 349, 370, 374, 461
アントクメ Eckloniopsis radicosa　151, **286**

イ

イギス属(類) Ceramium　**294**
イギス Ceramium kondoi　283, **294**, 463
イシイボ属 Choreonema　271
イシゲ Ishige okamurae　**287**, 496, 499
イシゴロモ属 Lithophyllum　**271**, 275
イシノハナ亜科 Mastophoroideae
　268, 271, 277
イシノハナ属 Mastophora　267
イシノミ Neogoniolithon setchellii　280
イシノミモドキ属 Neogoniolithon　**271**, 277
イシモズク Sphaerotrichia divaricata
　86, 87, **90**, 96, **102**
イシモ属 Lithothamnion　265, 269, 271, 303
イソイワタケ Ralfsia verrucosa　215
イソガワラ目 Ralfsiales　86
イソキリ属 Bossiella　**272**, 280
イソハリ Amphiroa rigida　267, 279, **280**
イソムラサキ Symphyocladia latiuscula　510
イソモク Sargassum hemiphyllum
　118, 121, **125**, 496
イチイズタ Caulerpa taxifolia　34, 298
イチマツノリ Porphyra seriata
　161, 162, 166, 176, **196**, 301
イツツギヌ Gracilaria punctata　234, **240**, 244
イトアミジ Dictyota linearis　**398**, 514
イトグサ属 Polysiphonia　105
イトシマテングサ Gelidiella tenuissima
　203, 209

イバラノリ科 *Hypneaceae* 422
イバラノリ属 *Hypnea* **227**,300,422,513
イバラノリ *Hypnea charoides* **294**,398,433
イボイシモ *Hydrolithon boergesenii* 277
イボギンナン *Mazzaella hemisphaerica* **262**,263
イボツノマタ *Chondrus verrcosus* 255,260,**261**,466,462,464
イロロ *Ishige sinicola* 288
イワズタ科 *Caulerpaceae* **31**,33,34,89
イワズタ目 *Caulerpales* **31**,34
イワズタ属 *Caulerpa* **31**,297,304,307,512

ウ

ウガノモク属 *Cystoseira* 111
ウガノモク *Cystoseira hakodatensis* 79,116,496
ウシケノリ目 *Bangiales* 160
ウシケノリ科 *Bangiaceae* 160
ウシケノリ属 *Bangia* 160,**161**
ウシケノリ亜綱 *Bangiophycidae* **160**,161
ウシケノリ *Bangia atropurpurea* 178
ウシュクアオサ *Ulva amamiensis* 14,**16**,17,20
ウスイロモク *Sargassum pallidum* **121**,123
ウスカヤモ *Scytosiphon gracilis* 285
ウスバアオノリ *Enteromorpha linza* **24**,298,500
ウスバテングサ *Gelidium tenuifolium* 203,**208**,209
ウスバノコギリモク *Sargassum serratifolium* 122
ウスバモク *Sargassum tenuifolium* 122
ウスヒトエグサ *Monostroma grevillei* 5,6
ウスユキウチワ *Padina minor* 398
ウタスツノリ *Porphyra kinositae* 166,176,**178**,**192**
ウチワツノマタ *Chondrus giganteus* f. *flabellatus* 257,258
ウチワヒラコトジ *Chondrus pinnulatus* f. *flabellatus* **256**,260
ウップルイノリ *Porphyra pseudolinearis* 176,178,**195**,467
ウミウチワ *Padina arborescens* 496,499
ウミサビ *Spongites yendoi* 266,**270**,277,278
ウミショウブ *Enhalus acoroides* 390
ウミゾウメン亜綱 *Nemaliophycidae* 160
ウミゾウメン *Nemalion vermiculare* 102,107,283,**288**,301
ウミトラノオ *Sargassum thunbergii* 123,**132**,496,499

エ

エゴノリ *Campylaephora hypnaeoides* 283,**295**
エゾイシゲ属 *Silvetia* 111
エゾイシゲ *Silvetia babingtonii* 112,499
エゾイシゴロモ *Lithophyllum yessoense* 266,269,274,**275**
エゾシコロ属 *Calliarthron* 272
エゾネジモク *Sargassum yezoense* **122**,123
エゾヒトエグサ *Monostroma angicava* 5,6
エダウチイシモ属 *Mesophyllum* **269**,271,280
エダウチギンナン *Rhodoglossum japonicum* f. *divergens* 262
エダツノマタ *Chondrus yendoi* f. *subdichotomus* 261
エナガコンブ *Laminaria longipedalis* 59,62,**63**
エリスロペルティス目 *Erythropeltidales* **160**,161
エリモアマノリ *Porphyra irregularis* 166,176,**191**
エンジイシモ科 *Sporolithaceae* 267,**268**,271,273
エンドウコンブ *Laminaria yendoana* **63**,65
エンドウモク *Sargassum yendoi* **86**,98,105

オ

オオアオサ *Ulva sublittoralis* **14**,15
オオイシソウ目 *Compsopogonales* 160
オオオゴノリ *Gracilaria gigas* 235,**239**,241
オオシコロ属 *Serraticardia* 272
オオノノリ *Porphyra onoi* 166,178,179,194
オオバアオサ *Ulva lactuca* **15**,298,307
オオバアサクサノリ *Porphyra tenera* var. *tamatsuensis* **162**,184
オオバノコギリモク *Sargassum giganteifolium* 122,303
オオバモク *Sargassum ringgoldianum* 118,123,**130**,464,493,496
オオブサ *Gelidium pacificum* 204,208

オキツノリ属 *Ahnfeltiopsis*　**422**, 459
オキナワモズク属 *Cladosiphon*
　305, **380**, 389, 515
オキナワモズク *Cladosiphon okamuranus*
　86, **87**, **101**, 103, **380**, 381
オゴノリ目 *Gracilariales*　231
オゴノリ属(類) *Gracilaria*
　226, **228**, 233, **292**, 303, 309, 421, 520
オゴノリ *Gracilaria vermiculophylla*
　226, 234, **245**, 303, 309, 496
オゴモドキ属 *Gracilariopsis*　233, 422
オゴモドキ *Gracilariopsis vermiculophylla*
　249
オニアマノリ *Porphyra dentata*
　166, **178**, **191**, 413
オニガワライシモ属 *Spongites*　271
オニガワライシモ *Spongites fruticulosum*
　268, 269
オニクサ *Gelidium japonicum*
　203, 204, **208**, 209, 499
オニコンブ *Laminaria diabolica*
　59-**61**, 72, 73, 83, 302, 496
オバクサ属 *Pterocladiella*
　202, 208, 209, **211**, 421, 422
オバクサ *Pterocladiella tenuis*
　203, 204, 213, 301
オホバツノマタ *Chondrus giganteus*
　255, **257**, 259

カ

カイガラアマノリ *Porphyra tenuipedalis*
　170, **171**, 174, 176, **197**
カガヤキイシモ *Mesophyllum nitidum*
　267, 279, **280**
カギウスバノリ *Acrosorium venulosum*　**217**
ガゴメ *Kjellmaniella crassifolia*
　59, 60, 65, **66**, 70-73, 489, 488
カゴメノリ *Hydroclathrus clathratus*
　499, 520
カサネイシモ *Neogoniolithon misakiense*
　266, **277**, 278
カサノリ目 *Dasycladales*　35
カサノリ科 *Acetabulariaceae*　35
カサノリ属 *Acetabularia*　35
カサノリ *Acetabularia ryukyuensis*
　35, 36, 89, 398

カジメ属(類) *Ecklonia*　133, 305, 520
カジメ *Ecklonia cava*
　133, **137**, 144, 154, 286, 334, 374, 458, 461, 496
カズノイバラ *Hypnea flexicaulis*　**294**, 463
カタオゴノリ *Gracilaria edulis*
　234, **238**, 241, 251, 300, 309, 310
カタオバクサ *Pterocladia capillacea*
　203, 209, 211
カタノリ *Grateloupia divaricata*　**289**
カタメンキリンサイ *Eucheuma gelatinum*
　283, 293
ガッガラコンブ *Laminaria coriacea*
　59, 60, 63, **65**, 70, 73
カニノテ属 *Amphiroa*　272
カニノテ *Amphiroa dilatata*　271
カバノリ *Gracilaria textorii*
　226, 227, 240, **243**, 246
カプレオリア属 *Capreolia*　208
カヤベノリ *Porphyra moriensis*
　166, **176**, 180, 194
カヤモノリ *Scytosiphon lomentaria*
　283, **285**, 298
カラクサモク *Sargassum pinnatifidum*
　122, 129
カラフトトロロコンブ *Laminaria sachalinensis*
　59, 63-**65**

キ

キイロタサ *Porphyra occidentalis*
　166, **174**, 177, **194**
キシュウモズク *Cladosiphon umezakii*
　86, **89**, **102**
キタイシモ属 *Clathromorphum*　271
キタニセモズク *Acrothrix gracilis*　86
キタヒトエグサ *Monostroma arcticum*　5
キッコウシマテングサ *Gelidiella ramellosa*
　203, 209, 210
キヌカバノリ *Gracilaria cuneifolia*
　234, **236**, 237
キヌクサ *Gelidium linoides*　**203**, 208, 209
キョウノヒモ *Grateloupia okamurae*　**290**
キリンサイ属 *Eucheuma*　227, **311**, 433, 435
キリンサイ *Eucheuma denticulatum*
　299, 312, 313, 379, 433
キレバモク *Sargassum alternato-pinnatum*
　122

和名索引

ギンナンソウ属 Rhodoglossum 261, 298, 422

ク

クサノカキ Lethotamnion cystocarpideum 217
クシヒラコトジ Chondrus pinnulatus f. ciliatus subf. latus 256, 260
クビレオゴノリ Gracilaria blodgettii 235, 237, 239, 243
クビレズタ Caulerpa lentillifera 33, 298, 307
クロキズタ Caulerpa scalpelliformis var. scalpeliforms 31-33
クロソゾ Laurencia intermedia 499
クロノリ Porphyra okamurae 166, 176, **194**
クロバギンナンソウ Chondrus yendoi **194**, 255, **261**, 262, 465
クロメ Ecklonia kurome 133, 134, **512**
クロモ Papenfussiella kuromo **285**

コ

コゴメネバリモ Leathesia japonica 86
コザネモ Symphyocladia marchantioides 215
コスジノリ Porphyra angusta **167**, 176, 190
コツブアオサ Ulva spinulosa **15**, 16, 17, 20
コトジツノマタ Chondrus elatus 255, **259**, **462**, 464, 468
コナハダ属 Liagora 510
コナフキモク Sargassum glaucescens 122
コハギズタ Caulerpa racemosa var. uvifera 33
コバモク Sargassum polycystum **122**, 123, 303
コヒラ Gelidium tenue 203, 208, 214
コブイシモ属 Hydrolithon **271**, 277
コブエンジイシモ Sporolithon durum 266, **273**, 274
コブクロモク Sargassum crispifolium 122
コブサ Gelidium yamadae 203, **208**, 209
コメノリ Carpopeltis prolifera 291
コンブ科 Laminariaceae 45, 59, **440**, 528
コンブ属(類) Laminaria 59, 346, 351, 378, 441, 520, 521

サ

サイミ属 Ahnfeltia **422**
サガラメ Eisenia alborea 133, **137**, 143
サクラノリ Grateloupia imbricata 283, **290**

サナダグサ Pachydictyon coriaceum 513
サビモドキ属 Yamadaea 272
サビモドキ Yamadaea melobesioides 277
サビ亜科 Melobesioideae **268**, 269, 271, 280
サビ属 Melobesia 271
サボテングサ属 Halimeda **34**, 509
サボテングサ Halimeda opuntia **34**, 35, 89
サモアイシゴロモ Hydrolithon samoense 270
サンゴモ目 Corallinales **265**, **268**, 271, 275
サンゴモ科 Corallinaceae **267**, **268**, 269, 271
サンゴモ属(類) Corallina **265**-272, 280
サンゴモ Corallina officinalis 265, 269, 270, 272, 280

シ

シオミドロ属 Ectocarpus **398**
シオミドロ Ectocarpus siliculosus **99**, 106
ジガミグサ Stypopodium zonale **509**
シキンノリ Chondracanthus teedii **292**, 314, 378
シコタントロロコンブ Laminaria sikotanensis 63
シダモク Sargassum filicinum 117, **123**, 127, 325
シマウラモク Sargassum incanum 122
シマオウギ Zonaria diesingiana 514
シマソゾ Laurencia yamadana 398
シマテングサ Gelidiella acerosa 202, 203, 209, 299, **311**
シマテングサ属 Gelidiella 202, 203, 207-**210**, 304, 311
シモダオゴノリ Gracilaria shimodensis 233, **243**, 244
ジョロモク属 Myagropsis 115
ジョロモク Myagropsis kushimotense 116, 492, 496, 499
シラモ Gracilaria bursa-pastoris **235**, 237, 239, 251, 283, 300, 309
シロコモク Sargassum kushimotense 122, 129
シワヤハズ Dictyopteris undulata 499, **509**, 510
シンカイカバノリ Gracilaria sublittoralis **243**
シンカイヒトエグサ Monostroma alittoralis 5

シンカイヒメブト *Gelidium amamiense*
  203, 208, 209

ス

スギノリ目 Gigartinales   231, **315**, 422
スギノリ科 Gigartinaceae   422, **433**
スギノリ属 *Chondracanthus*（旧属名 *Gigartina*）
  255, **422**, 436
スギノリ *Chondracanthus tenellus*   **292**, 433
スギモク属 *Coccophora*   111
スギモク *Coccophora langsdorfii*   114
スサビノリ *Porphyra yezoensis*
  167, 176, **178**, **197**, 343, 493, 496
スジアオノリ *Enteromorpha prolifera*
  24-27, 298, 414
ススカケベニ科 Furcellariaceae   422
スナゴアマノリ *Porphyra punctata*
  166, 177, **196**
スナビキモク *Sargassum ammophilum*   121
スリア属 *Suhria*   202, 207
スリコギズタ *Caulerpa racemosa* var. *laetevirens*   31-33

セ

セイヨウオゴノリ *Gracilaria lemaneiformis*
  234, **240**, 241, 247, 300, 309
セイヨウハバノリ *Petalonia fascia*
  105, 283, **284**
セイロコックス科 Seirococcaceae   **111**, 117
セトイボイシモ *Hydrolithon boergesenii*   277
センナリズタ *Caulerpa racemosa* var. *clavifera* f. *macrophysa*   31

ソ

ソゾ属（類）*Laurencia*   215, **296**, 510
ソメワケアマノリ *Porphyra katadae*
  166, 178, 192

タ

タオレグサ *Gelidium decumbensum*   211
タカツキズタ *Caulerpa racemosa* var. *peltata*
  31
タツクリ *Sargassum tosaense*   122, 129, **520**
タネガシマアマノリ *Porphyra tanegashimensis*
  161, 166, 176, **196**
タマエダモク *Sargassum bulbiferum*   122

和名索引   545

タマキレバモク *Sargassum polyporum*   122
タマナシモク *Sargassum nipponicum*
  121, 123, 325
タマハハキモク *Sargassum muticum*
  121, **128**, **325**
タマミル *Codium minus*   37
ダルス属 *Palmaria*   305
タレツアオノリ *Enteromorpha clathrata*
  24, 298
タンバノリ *Grateloupia elliptica*
  255, 283, **290**, 464

チ

チシマアナアオサ *Ulva fenestrata*   **14**-16
チシマクロノリ *Porphyra kurogii*
  166, **176**, 193
チシマヒラコトジ *Chondrus pinnulatus* f. *conglobatus*   260
チヂミコンブ *Laminaria cichorioides*
  59, 63, **65**
チノリモ目 Porphyridiales   **160**, 161
チャボオバクサ *Pterocladia nana*   **203**, 211

ツ

ツクシアマノリ *Porphyra yamadae*
  161, 162, 176, 197
ツクシモク *Sargassum assimile*   122
ツノマタ属（類）*Chondrus*
  277, **255**, 263, **291**, 304, 422, 435, 436
ツノマタ *Chondrus ocellatus*
  257, 260, 263, 378
ツルアラメ *Ecklonia stolonifera*
  133, **140**, 152, 302, **510**
ツルシラモ *Gracilaria chorda*
  228, **236**, 240, 242
ツルツル *Grateloupia turuturu*
  283, **291**, 433, 462, 464
ツルモ科 Chordaceae   59
ツルモ *Chorda filum*   **286**

テ

テングサ科 Gelidiaceae   **201**, 207, 422
テングサ属 *Gelidium*
  202, 203, **208**, 218-221, 299, 304, 311, 422

ト

トカチギンナン *Rhodoglossum hemisphaericum* f. *oblongo-ovatum* 262
トゲカバノリ *Gracilaria vieillardii* 234, 242, **245**, 246
トゲキリンサイ *Eucheuma serra* **294**
トゲツノマタ *Chondrus pinnulatus* f. *armatus* **255**, 260, 260
トゲノリ *Acanthophora specifera* 398
トゲモク *Sargassum micracanthum* 122, **128**, 493
トサカノリ属 *Meristotheca* 422
トサカノリ *Meristotheca papulosa* **293**, 301, 378, **461**, 462
トサカヒラコトジ *Chondrus pinnulatus* f. *cervicornis* **255**, 260
トサカマツ *Prionitis crispata* 499
トサカモク *Sargassum cristaefolium* 122
トサモク *Sargassum kashiwajimanum* **122**, 129
トチャカダマシ *Chondrus ocellatus* f. *crispoides* **256**, 258
トロロコンブ属 *Kjellmaniella* **59**, 60, 65
トロロコンブ *Kjellmaniella gyrata* 59, 65, 66

ナ

ナガアオサ *Ulva arasakii* **14**, 16, 17
ナガコンブ *Laminaria longissima* 63, 64, 79, 302, 496
ナガシマモク *Sargassum segii* 122
ナガマツモ科 Chordariaceae 86, **380**
ナガマツモ目 Chordariales 86, **380**, 393, 400
ナガミモク *Sargassum longifructum* 122
ナラサモ *Sargassum nigrifolium* **118**, 122
ナラワスサビノリ *Porphyra yezoensis* f. *narawaensis* 463
ナルトワカメ *Undaria pinnatifida* f. *narutensis* 42, 43
ナンカイオゴノリ *Gracilaria firma* **239**, 241, 300, 309
ナンブワカメ *Undaria pinnatifida* f. *distans* 43, 44

ニ

ニクムカデ *Grateloupia carnosa* 290
ニセツルモ科 Pseudochordaceae 59
ニセフサノリ *Scinaia okamurae* 499

ネ

ネコアシコンブ属 *Arthrothamnus* **59**, 67
ネコアシコンブ *Arthrothamnus bifidus* **59**, 66, **67**
ネジモク *Sargassum sagamianum* 122

ノ

ノコギリモク *Sargassum macrocarpum* 122, 123, **128**
ノリマキ属 *Titanoderma* 267, **271**, 275
ノリマキ *Titanoderma tumidulum* **217**, 269

ハ

ハイイロイシモ *Pneophyllum conicum* 277
ハイテングサ *Gelidium pusillum* **203**, 208, 209, 299
ハゴロモ属 *Udotea* 510
ハサミヒラコトジ *Chondrus pinnulatus* f. *longicornis* **256**, 260
ハナフノリ *Gloiopeltis complanata* **289**, **461**, 463
ハナヤナギ *Chondria armata* **513**
ハネソゾ *Laurencia pinnata* **512**
ハネモ目 Bryosidales 31
ハハキモク *Sargassum kjellmanianum* **510**
ハバノリ *Petalonia binghamiae* **284**, **461**
ハバモドキ *Punctaria latifolia* 283, 284
パピラソゾ *Laurencia papillosa* 301, 398, 520
ハリアミジグサ *Dictyota spinulosa* **514**

ヒ

ヒジキ *Sargassum fusiformis*（旧属名 *Hizikia*） **124**, **370**, 372, **461**, 496
ヒヂリメン *Grateloupia sparsa* 283, **291**, 465
ヒトエグサ属 *Monostroma* 4, 8, 304, 411, 461
ヒトエグサ *Monostroma nitidum* 5, 7, 298, **413**, 461, 493, 496
ヒバマタ目 Fucales 111
ヒバマタ属（類） *Fucus* 111, 327, **500**
ヒバマタ *Fucus distichus* 112, 302, 327
ヒマンタリア属 *Himanthalia* 111, 520
ヒメアオノリ属 *Blidingia* 24
ヒメエンジイシモ *Sporolithon schmidtii* 275
ヒメオバクサ *Pterocladiella caloglossoides*

和名索引　547

ヒメゴロモ　*Titanoderma corallinae*
　　266, **275**, 276
ヒメシコロ属　*Cheilosporum*　　272
ヒメツノマタ　*Chondrus ocellatus* f. *parvus*
　　258
ヒメテングサ　*Gelidium divaricatum*
　　203, 204, **209**, 210
ヒメハモク　*Sargassum myriocystum*　　122, 303
ヒメヒラ　*Gelidium inagakii*　　**203**, 208, 209
ヒラアオノリ　*Enteromorpha compressa*
　　24, 298, 414
ヒラクサ属　*Ptilophora*
　　202, 207, 208, 209, 212, 422
ヒラクサ　*Ptilophora subcostata*
　　204, 205, **209**, 212, 213
ヒラコトジ　*Chondrus pinnulatus*
　　255, **259**, 260
ヒラネジモク　*Sargassum okamurae*　　**122**, 123
ヒラミル　*Codium latum*　　37, **465**
ピリヒバ　*Corallina pilulifera*　　**273**, 276, 280
ヒロハノヒトエグサ　*Monostroma latissimum*
　　5-7
ヒロメ　*Undaria undarioides*
　　42, 43, **285**, 461, 469

フ
フイリタサ　*Porphyra variegata*　　174, 178, **197**
フクリンアミジ　*Dilophus okamurae*　　**509**
フクレミモク　*Sargassum salicifolioides*　　122
フクロフノリ　*Gloiopeltis furcata*
　　283, **288**, 374, 462
フサイワヅタ　*Caulerpa okamurae*　　**31**, 32
フサツノマタ　*Chondrus yendoi* f. *fimbriatus*
　　261
フシイトモク　*Sargassum microceratium*
　　121, 123
フシクレタケ　*Congracilaria babae*　　243
フシクレノリ　*Gracilaria salicornia*
　　227, 238, **242**, 244, 300, 309
フシスジモク　*Sargassum confusum*
　　121, 123, 130, 496
フタエアマノリ亜属　*Diplastidia*　　163, 166, 167
フタエヒイラギモク　*Sargassum ilicifolium*
　　122, 303
フタエモク　*Sargassum duplicatum*　　122

フタツボシアマノリ亜属　*Diploderma*
　　163, 166, 177
フダラク　*Grateloupia lanceolata*
　　283, **290**, 462, 464
フデノホ　*Neomeris annulata*　　511
プテロクラディア属　*Ptilocladia*
　　202, 208, 305, 421, 422
フトモヅク　*Tinocladia crassa*
　　86, 90, **92**, **103**, 401
フノリ属　*Gloiopeltis*　　**283**, 299, 304

ヘ
ベニオゴノリ　*Gracilaria rhodocaudata*
　　234, **242**, 244, 251
ベニタサ　*Porphyra amplissima*　　**174**, 177, **190**
ベニマダラ　*Hildenbrandia rubra*　　215
ヘライワヅタ　*Caulerpa barchypus*　　31, 32
ヘラナラサモ　*Sargassum spathulophyllum*
　　122
ヘラヒメブト　*Gelidium isabelae*　　203, **208**, 209
ヘラヤハズ　*Dictyopteris prolifera*　　499
ヘリトリカニノテ属　*Marginisporum*　　272
ヘリトリカニノテ　*Marginisporum crassissimum*
　　499
ベンテンアマノリ　*Porphyra ishigecola*
　　166, 176, **192**

ホ
ボウアオノリ　*Enteromorpha intestinalis*
　　24, 298, 414
ホソエガサ　*Acetabularia caliculus*　　35-37
ホソエダアオノリ　*Enteromorpha crinita*
　　24, 26
ホソジュズモ　*Chaetomorpha crassa*　　499
ホソナガベニハノリ　*Hypoglossum nipponicum*
　　217
ホソバクシヒラコトジ　*Chondrus pinnulatus* f.
　　ciliatus subf. *angusta*　　**256**
ホソバミリン　*Solieria tenuis*　　293
ホソメコンブ　*Laminaria religiosa*
　　59-**61**, 68, 70, 72, 302
ホソユカリ　*Plocamium cartilagineum*　　217
ボタンアオサ　*Ulva conglobata*　　**15**, 16
ホッカイモク　*Sargassum boreale*
　　121, 123, 124, 493
ホルモシラ科　Hormosiraceae　　**111**, 115

和名索引

ホンダワラ属(類) Sargassum
121, 122, 287, 303, 306, 458, 464, 520
ホンダワラ Sargassum fulvellum
121, 124, 458, 461

マ

マキヒトエ Monostroma oxyspermum　5, 6
マギレソゾ Laurencia obtusa　301, 511
マクサ属 Gelidium →テングサ属
マクサ Gelidium elegans
202, 203, 212–217, 461, 496
マクリ Digenea simplex（別名カイニンソウ）
295
マクレアマノリ Porphyra pseudocrassa
174, 175, 177, 195
マコンブ Laminaria japonica
59–61, 378, 444, 496
マジリモク Sargassum carpophyllun　122
マツノリ Carpopeltis affinis　292
マツバウミジグサ Halodule pinifolia
391, 397
マツモ Analipus japonicus
86, 98, 100, 106, 284, 493, 496
マフノリ Gloiopeltis tenax
283, 289, 374, 378, 437, 493, 496
マメタワラ Sargassum piluliferum
86, 105, 118, 121, 129, 499
マルバアサクサノリ Porphyra kuniedae
167, 178, 193, 301
マルバアマノリ Porphyra suborbiculata
166, 176, 196, 301
マルバツノマタ Chondrus nipponicus
255, 256, 261

ミ

ミスジコンブ属 Cymathaere　59
ミゾオゴノリ Gracilaria incurvata
234, 239, 241
ミツイシコンブ Laminaria angustata
59, 60, 63, 302, 493
ミドリゲ目 Siphonocladales　30
ミナミアオサ Ulva ohnoi　15–17
ミナミソゾ Laurencia nidifica　398
ミヤヒバ Corallina confusa　268, 281
ミヤベモク Sargassum miyabei　121, 123
ミリン科 Solieriaceae　422, 433

ミリン Solieria pacifica　293
ミル目 Codiales　31, 37
ミル科 Codiaceae　37
ミル属 Codium　37, 298, 304, 307
ミル Codium fragile　37, 102, 283, 298, 461

ム

ムカデノリ Grateloupia asiatica
289, 290, 300, 379
ムチモ Cutleria cylindrica　283
ムロネアマノリ Porphyea akasakae
166, 176, 190

メ

メタゴニオリトン属 Metagoniolithon　272

モ

モカサ属 Pneophyllum　271, 277
モサオゴノリ Gracilaria coronopifolia　238
モサズキ属 Jania　272
モズク科 Spermatochnaceae　400
モズク属 Nemacystus（類 Cladosiphon）
86, 401
モズク Nemacystus decipiens
86, 95, 105, 302, 400, 402

ヤ

ヤセツノマタ Chondrus ocellatus f. aequalis
256, 258
ヤタベグサ属 Yatabella　207
ヤタベグサ Yatabella hirsuta
203, 207, 210, 211
ヤツマタモク Sargassum patens
98, 105, 128, 496
ヤナギノリ Chondria dasyphylla　283, 295
ヤナギモク Sargassum ringgoldianum subsp. coreanum　131
ヤハズシコロ属 Alatocladia　272
ヤバネモク属 Hormophysa　111
ヤブレアマノリ Porphyra lacerata
161, 166, 176, 178, 193
ヤブレグサ Ulva japonica　14, 16, 20

ユ

ユイキリ属 Acanthopeltis　202, 207, 210, 422
ユイキリ Acanthopeltis japonica

203,204,209,213
ユナ *Chondria crassicaulis* **296**,299
ユミガタオゴノリ *Gracilaria arcuata*
　234,237,240,251

ヨ
ヨレクサ *Gelidium vagum* **203**,209,210
ヨレモク *Sargassum siliquastrum*
　105,122,123,**131**,499

ラ
ラッパヒトエ *Monostroma tubiforme*　5
ラッパモク属 *Turbinaria*　115
ラッパモク *Turbinaria ornata*　116

リ
リシリコンブ *Laminaria ochotensis*
　59,**61**,62,83,302,493,496
リボンアオサ *Ulva fasciata*　14,**16**,17,20
リュウキュウオゴノリ *Gracilaria eucheumatoides*　226,**238**,240,300,309
リュウキュウスガモ *Thalassia hemprichii*
　391

レ
レッソニア *Lessonia nigrescens*
　302,**321**,440,444
レプトフィツム属 *Leptophytum*　271

ワ
ワカメ *Undaria pinnatifida*
　42,303,**317**,378,461,462

学名索引

A

Acanthopeltis 202, 207, **210**, 422
　A. japonica **203**, 204, 209, 213
Acanthophora 298
　A. hirsutu 203
　A. japonica 202, 203
　A. ryukyuensis 35
　A. spicifera 398
Acetabularia 35
　A. acetabulum 35, 36
　A. caliculus 35, 37
　A. major 298
　A. ryukyuensis **34**, 36, 89, 398
Acrosorium venulosum **217**
Acrothrix gracilis 86
Ahnfeltia **422**
　A. plicata 298, 515
Ahnfeltiopsis **422**, 459
Alariaceae 59, 317
Alaria crassifolia 301
　A. esculenta 301, 317
　A. fistulosa 301, 520
　A. marginata 301
　A. praelonga 317
Alatocladia 272
Amphiroideae 271
Amphiroa 272
　A. dilatata 271
　A. rigida 267, 279, **280**
Analipus japonicus 86, **98**, 100, **106**, 284, 493, 496
Aplisia kurodai 512
Arachnoidiscus ornatus 216
Arthrothamnus **59**, 67
　A. bifidus 59, 66, **67**
Ascophyllum 305, 325, 326, 520, 521
　A. nodosum 301, 325, 440, 520
Asparagopsis taxiformis 298
Austrolithoideae 271

B

Bacillus subtilis 510
Bangiaceae 160
Bangiales 160
Bangiophycidae **160**, 161
Bangia 160, **161**
　B. atropurpurea 178
Beckerella 422
Betaphycus gelatinum 299
Bifurcaria galapagensis 512
Blidingia 24
Bossiella **267**, 279, 280
Briopsidales 31

C

Calaglossa adnata 299
Calliarthron 272
Callophyllis pinnata 314–316
Campylaephora hypnaeoides 283, **295**
Capophyphyllum 520
Carpopeltis affinis **292**
　C. maillardii **203**, 211
　C. prolifera **291**
Capreolia 202, 208
　C. implexa 202
　C. imprexia 208
Capsopsiphon fulvescens 298
Catenella 299
Caulerpaceae **31**, 33, 34, 89
Caulerpales **31**, 34
Caulerpa **31**, 297, 304, 307, 512
　C. ashmeadii 509
　C. brachypus 31, 32
　C. brownie 510
　C. lentillifera 33, 298, 307
　C. okamurae **31**, 32
　C. peltata 298
　C. racemosa 298, 307
　C. racemosa var. *clavifera* f. *macrophysa* 31
　C. racemosa var. *laete-virens* 31–33
　C. racemosa var. *peltata* 31

C. racemosa var. *uvifera*　　33
C. scalpelliformis var. *scalpelliforms*　　**31**-33
C. sertularioides　　298
C. taxifolia　　34, 298
Caulocystis cephalornithos　　512
Ceramium　　**294**
　　C. boydenii　　**295**, 463
　　C. kondoi　　283, **294**, 463
Chaetomorpha crassa　　499
Cheilosporum　　272
Chlorodesmis fastigiata　　510
Chondracanthus　　255, 262, **422**, 436
　　C. tenellus　　255, 292, 433
Chondria armata　　**513**
　　C. crassicaulis　　**296**, 299
　　C. dasyphylla　　283, **295**
Chondrus　　227, **255**, 263, 291, 304, 422, 435, 436
　　C. crispus　　299, 314, 378
　　C. elatus　　255, **259**, **462**, 464, 468
　　C. giganteus　　255, **257**, 259
　　C. giganteus f. *flabellatus*　　257, 258
　　C. giganteus f. *giganteus*　　256
　　C. nipponicus　　255, 256, **261**
　　C. ocellatus　　257, 260, 263, 378
　　C. ocellatus f. *parvus*　　257
　　C. ocellatus f. *aequalis*　　**257**, 258
　　C. ocellatus f. *crispoides*　　**257**, 258
　　C. pinnulatus　　255, **259**, 260
　　C. pinnulatus f. *armatus*　　**256**, 260
　　C. pinnulatus f. *cervicornis*　　**259**, 260
　　C. pinnulatus f. *ciliatus* subf. *angusta*　　**259**
　　C. pinnulatus f. *ciliatus* subf. *latus*　　**259**, 260
　　C. pinnulatus f. *conglobatus*　　**260**
　　C. pinnulatus f. *flabellatus*　　**259**, 260
　　C. pinnulatus f. *longicornis*　　**259**, 260
　　C. pinnulatus f. *pinnulatus*　　259
　　C. verrcosus　　255, 260, **261**, 466, 462, 464
　　C. yendoi　　194, 255, **261**, 262, 465
　　C. yendoi f. *fimbriatus*　　261
　　C. yendoi f. *subdichotomus*　　261
　　C. yendoi f. *yendoi*　　261
Chondracanthus　　255, **422**, 436
　　C. chamissoi　　314, 315
　　C. teedii　　**292**, 314
　　C. tenellus　　**292**, 433
Chordaceae　　59

Chorda filum　　**286**
Chordariaceae　　86, **380**
Chordariales　　86, **380**, 393, 400
Chondria flagelliformis　　86
Choreonematoideae　　271
Choreonema　　271
Cladosiphon　　305, **380**, 389, 515
　　C. novae-caledoniae　　382
　　C. okamuranus　　86, **87**, **101**, 103, **380**, 381
　　C. umezakii　　86, **89**, **102**
Clathromorphum　　**270**, 271
　　C. compactum　　266, 276, **277**, 280
Coccophora　　111
　　C. langsdorfii　　114
Codiaceae　　37
Codiales　　**31**, 37
Codium　　37, **283**, 298, 304, 307, 461
　　C. bartlettii　　37, 298
　　C. edule　　298, 307
　　C. fragile　　**37**, 102, 283, 298, 461
　　C. latum　　37, **465**
　　C. minus　　37
　　C. muelleri　　298, 307
　　C. taylori　　298
　　C. tenue　　298
　　C. tomentosum　　298
Colpomenia sinuosa　　298
Compsopogonales　　160
Congracilaria babae　　**243**, 244
Corallinaceae　　**267**, 268, 269, 271
Corallina　　**265**-**272**, 280
　　C. confusa　　**268**, 281
　　C. officinalis　　265, 269, 270, 272, 280
　　C. pilulifera　　**273**, 276, 280
Corallinaceae　　271, 272
Corallinales　　**265**, 268, 269, 271
Corallinoideae　　272
Cutleria cylindrica　　**283**
Cymathaere　　59
　　C. japonica　　59, 66, **67**
Cystoseira　　111
　　C. barbata　　302
　　C. hakodatensis　　79, 116, 496

D

Dasycladaceae　　35

Dasycladales 35
Desmarestia 302
Dictyopteris prolifera 499
   D. undulata 499,**509**,510
Dictyosphaeria cavernosa 298,520
Dictyotaceae **509**,513
Dictyota **509**,513
   D. crenulata 510
   D. dichotoma **514**,516
Dictyota linearis **398**,514
   D. spinulosa **514**
Dictyotaceae 513
Digenea simplex **295**
Dilophus fasciola 509
   D. okamurae **509**,511
Diplastidia 163,166,177
Diploderma **163**,166,177
Durvillaea spp. 305,520
   D. antarctica 302,322,444
   D. potatorum 322,440,520

E
Ecklonia 133,305,520
   E. alborea **133**,144
   E. cava 133,**137**,144,154,286,334,374,458,461,496
   E. kurome 133,134,**139**,146,286,**512**
   E. maxima 154,302,440,520
   E. radiata 154,321
   E. stolonifera 133,**140**,152,302,**510**
Eckloniopsis radicosa **151**,286
Ectocarpus **398**
   E. siliculosus **99**,106
Egregia menziesii 302
Eisenia 133
   E. alborea 133,**137**,143
   E. arborea 133
   E. bicyclis 133,**135**,140,**286**,349,370,374,461
Elachista fucicola 86
   E. stellaris 86
Enhalus acoroides 390
Enteromorpha **24**,298,304,307,414,461
   E. clathrata 24,298
   E. compressa 24,298,414
   E. crinita 24,26

   E. flexuosa 24
   E. grevillei 298
   E. intestinalis 24,298,414
   E. linza **24**,298,500
   E. prolifera **24**,27,298,414
Erythropeltidales **160**,161
Eucheuma 227,**311**,433,435
   E. alvarezii 299
   E. amakusaense 283,**293**
   E. cartilagineum 299
   E. cottonii 312,433
   E. denticulatum 299,312,313,379,433
   E. gelatinum 283,**293**
   E. isiforme 299
   E. muricatum 299
   E. serra **294**
   E. spinosum 312
   E. striatum 299

F
Fucales 111
Fucus 111,297,302,305,327,**500**,521
   F. distichus 112,302,327
   F. gardneri 302,520
   F. serratus 302,327
   F. vesiculosus 302,327,500
Furcellariaceae 422
Furcellaria 422,433
   F. fastigiata 315

G
Gelidiaceae **202**,207,422
Gelidiella 202,203,207-**210**,304,311
   G. acerosa 202,203,209,299,**311**
   G. ligulata 203
   G. ramellosa **203**,209,210
   G. tenuissima **203**,209
Gelidium 202,203,**208**,218-221,299,304,311,422
   G. abbottiorum 212,299
   G. amamiense **203**,208,209
   G. amansii 212,213
   G. arbsucula 212
   G. canariensis 205,212
   G. capense 212,299,311
   G. chilense 212,299,311

G. corneum　202, 212
G. coulteri　215
G. decumbensum　211
G. divaricatum　203, 204, **209**, 210
G. elegans　202, 203, **212**–**217**, 461, 496
G. hawai　212
G. inagakii　**203**, 208, 209
G. isabelae　203, **208**, 209
G. japonicum　203, 204, **208**, 209, 499
G. koshikianum　203
G. latifolium　212, 299
G. linoides　**203**, 208, 209
G. lingulatum　212, 299
G. madagascariense　212, 299
G. pacificum　204, 208, **213**
G. pristoides　212, 299
G. pteridifolium　212, 299
G. pusillum　203, 208, 209, 299
G. robustum　212, 299
G. rex　212, 299
G. serrulatum　212
G. sesquipedale　299, 311
G. subfastigiatum　203
G. tenue　**203**, 208, 214
G. tenuifolium　203, **208**, 209
G. teretiusucula　212
G. typica　212
G. vagum　**203**, 209, 210
G. yamadae　203, **208**, 209
Gigartinaceae　422, **433**
Gigartinales　231, **315**, 422
Gigartina　304, 378, 422
　G. canaliculata　299
　G. chamissoi　299
　G. intermedia　299
　G. skottsbergii　299
　G. teedii　378
Gloiopeltis　**283**, 299, 304
　G. complanata　288, **461**, 463
　G. furcata　283, **288**, 374, 462
　G. tenax　283, **289**, 374, 378, 437, 493, 496
Gracilariaceae　421, 422
Gracilariales　231
Gracilaria　226, **228**, 233, **292**, 303, 309, 421, 520
　G. arcuata　**234**, 237, 240, 251

G. asiatica　300, 309, 461
G. blodgettii　**235**, 237, 239, 243
G. bursa-pastoris　**235**, 237, 239, 251, 283, 300, 309
G. caudata　300, 309
G. changii　300, 309
G. chilensis　300, 309, 310, 520
G. chorda　228, **236**, 240, 242
G. chorda var. *exilis*　228, 234, 242
G. chouae　235
G. cornea　300, 309
G. crassa　242
G. crassissima　300, 309
G. coronopifolia　238, 300, 309
G. cuneifolia　234, **236**, 237
G. domingensis　300, 309
G. edulis　234, **238**, 241, 251, 300, 309, 310
G. eucheumatoides　226, **238**, 240, 300, 309
G. firma　**239**, 241, 300, 309
G. fisheri　233, 300, 309
G. folifera　300, 309
G. gigas　235, **239**, 241
G. gracilis　300, 309, 310
G. heteroclada　3, 309
G. howei　300, 309
G. incurvata　234, **239**, 241
G. lanceolata　283, 290, 463, 465
G. lemaneiformis　234, **240**, 241, 247, 300, 309
G. longa　300, 309
G. pacifica　300, 309
G. parvispora　235, 300, 309
G. punctata　234, **240**, 244
G. rhodocaudata　234, **242**, 244, 251
G. salicornia　**227**, 238, **242**, 244, 300, 309
G. shimodensis　234, **243**, 244
G. sublittoralis　**243**
G. tenuistipitata var. *liui*　300, 309, 310
G. textorii　226, 227, 240, **243**, 246
G. vermiculophylla　226, 234, 245, 303, 309, 496
G. verrucosa　245, 300, 309, 310
G. vieillardii　234, 242, 245, 246, 248
Gracilariaceae　421
Gracilariopsis　233, 422
　G. lemaneiformis　300

G. tenuifrons 300
G. vermiculophylla 249
Grateloupia asiatica **289**, 290, 300, 379
G. carnosa 290
G. divaricata **289**
G. elliptica 255, 283, **290**, 464
G. filicina 300
G. imbricata 283, **290**
G. lanceolata 283, **290**, 462, 464
G. okamurae **290**
G. sparsa 283, **291**, 465
G. turuturu 283, **291**, 462, 464
Gymnogongrus 422
G. furcellatus 300

H

Halimeda **34**, 509
H. opuntia **34**, 35, 89
Halodule pinifolia **391**, 397
H. uninervis 391
Halymenia 300
H. discoidea 300
H. durvillaei 300
H. venusta 300, 520
Hildenbrandia rubra 215
Himanthalia 111, 520
H. elongate 113, 328, 329
Hizikia 305
H. fusiformis 124, 302, 461
Hommersand 261
Hormophysa 111
Hormosiraceae **111**, 115
Hydroclathrus clathratus 302, 520
Hydrolithon **271**, 277
H. boergesenii 277
H. clathratus 302
H. onkodes 277
H. samoense 270
Hydropuntia 231
Hypneaceae 422
Hypnea **227**, 300, 422, 513
H. charoides **294**, 398, 433
H. flexicaulis **294**, 463
H. musciformis 300
H. muscoides 300
H. nidifica 300

H. pannosa 300
H. valentiae 300, 513
Hypoglossum nipponicum 217

I

Iridaea 261, 304, 422
I. ciliate 300
I. edulis 300
I. laminarioides 301
I. membranacea 301
Ishige okamurae **287**, 496, 499
I. sinicola 288

J

Jania 272

K

Kappaphycus 305
K. alvarezii 301, 312, 313, 434, 436, 437
K. cottonii 301
Kjellmaniella **59**, 60, 65
K. crassifolia 59, 60, 65, **66**, 70, 73, 488
K. gyrata 59, 65, **66**

L

Laminariaceae 45, 59, **440**, 528
Laminaria **59**, 297, 346, 351, 378, 441, 520, 521
L. angustata 59, 60, **63**, 302, 493
L. bifidus 59
L. bongardiana 302
L. cichorioides 59, 63-**65**
L. coriacea 59, 60, 63, 64
L. crassifolia 59, 60, 63, **65**, 70, 73
L. diabolica 59-**61**, 72, 73, 83, 302, 496
L. digitata 302, 317, 440, 444, 528
L. groenlandica 302
L. gyrata 59
L. hyperborea 302, 317, 440, 444
L. japonica 59, 60, **61**, 302, 378, 444, 496
L. longipedalis 59, 62, **63**
L. longissima **63**, 64, 79, 302, 496
L. ochotensis 59, **61**, 62, 83, 302, 493, 496
L. ochroleuca 302
L. religiosa 59, 60, **61**, 68, 70, 72, 302
L. sachalinensis 59, 63-**65**
L. saccharina 302

556　学名索引

 L. schinzii　302, **520**
 L. setchelli　302
 L. sikotanensis　63
 L. yendoana　**63**, 65
Laurencia　215, **296**
 L. obtuse　301, 511
 L. intermedia　499
 L. nidifica　398
 L. papillosa　301, 398, 520
 L. pinnata　512
 L. pinnatifida　301, 512
 L. thyrsifera　510
 L. venusta　510
 L. yamadana　398
Leathesia japonica　86
Leptophytum　271
Lessonia　305
 L. flaviacans　440, 444
 L. nigrescens　302, **322**, 440, 444
 L. trabeculata　302, 322, 323
Lethotamnion cystocarpideum　217
Liagora　510
 L. farinosa　510
Licomophora juergensii　216
Lithophylloideae　271
Lithophyllum　**271**, 275
 L. yessoense　266, 269, 274, **275**
Lithothamnion　**265**, 269, 271, 303
 L. corallioides　271, 301, 316, 520

M

Macrocystis　297, 303, 305, 440, 441, 520
 M. angustifolia　319
 M. integrifolia　302, 319
 M. pyrifera　318, 302, 440, 444, 520
Marginisporum　272
 M. crassissimum　499
Martensia fragilis　217, 510
Mastocarpus　305
 M. papillatus　301
 M. stellatus　301, 304
Mastophoroideae　**268**, 271, 277
Mastophora　271
Mazzaella　255, **262**, 301
 M. hemisphaerica　262
 M. hemisphaerica f. *hemisphaericum*　262

 M. hemisphaerica f. *oblongo-ovatum*　262
 M. japonica f. *japonica*　262
 M. japonica f. *devergens*　262
 M. japonicum　**262**
Melobesia　271
Melobesioideae　**268**, 269, 271, 280
Meristotheca　422
 M. papulosa　**293**, 301, 378, **461**, 462
 M. proeumbens　301
Mesophyllum　**269**, 271, 280
 M. nitidum　267, **279**, **280**
Metagoniolithon　272
Metagoniolithoideae　272
Monostroma　4, 8, 304, 411, 461
 M. alittoralis　5
 M. angicava　5, 6
 M. arcticum　5
 M. crassidermum　5
 M. crassissimum　5
 M. grevillei　5, 6
 M. latissimum　5-7
 M. nitidum　5, 7, 298, **413**, 461, 493, 496
 M. oxyspermum　5, 6
 M. tubiforme　5
Myagropsis　115
 M. kushimotense　116, 492, 496, 499

N

Nemacystus　86, 401
 N. decipiens　86, **95**, **105**, 302, **400**, 402
Nemalion vermiculare　102, 107, 283, **288**, 301
Nemaliophycidae　160
Neogoniolithon　**271**, 277
 N. misakiense　266, **277**, 278
 N. setchellii　280
Neomeris annulata　511
Nereocystis luetkaena　302, 305, 320, 520

O

Ochtodes crockeri　510

P

Pachydictyon coriaceum　513
Pachymenia carnosa　**255**
Padina arborescens　496, 499
 P. minor　398

Palmaria   305
  P. hecatensis   301
  P. mollis   301
  P. palmata   301, 315
Papenfussiella kuromo   **285**
Pelvetia   111
  P. canaliculata   327, 328
  P. siliquosa   302
Petalonia binghamiae   **284**, 461
  P. fascia   105, 283, **284**
Phyllospadix iwatensis   461
Phymatolithon   271
  P. calcareum   271, 301, 316, 520
Plocamium cartilagineum   217
Pneophyllum   **271**, 277
  P. conicum   277
Polysiphonia   105
Porphyra   **160**, 162, 301, 307, 334, 413, 416
  P. abbottae   301
  P. acanthophora   174, 301
  P. akasakae   **166**, 176, **190**
  P. amplissima   **174**, 177, **190**
  P. angusta   166, **167**, 176, 190
  P. atropurpurae   301
  P. birdiae   174
  P. carolinensis   174
  P. ceylanica   174
  P. chauhanii   174
  P. cinnamomea   174
  P. coleana   174
  P. columbina   301, 308
  P. crassa   **166**, 176, **191**
  P. crispata   301
  P. dentata   166, **178**, **191**, 413
  P. denticulate   174
  P. drewiana   174
  P. fallax   301
  P. guangdongensis   174
  P. haitanensis   183, 301
  P. huniedae   176
  P. indica   174
  P. irregularis   **166**, 176, **191**
  P. ishigecola   **166**, 176, **192**
  P. kanyakumariensis   174
  P. katadae   166, **178**, **192**
  P. kinositae   166, 176, **178**, **192**
  P. kuniedae   167, 178, **193**, 301
  P. kurogii   166, **176**, **193**
  P. lacerata   161, 166, **176**, 178, **193**
  P. ledermannii   174
  P. leucosticta   301
  P. lilliputiana   174
  P. marcosii   174
  P. moriensis   166, **176**, 180, **194**
  P. occidentalis   166, **174**, 177, 194
  P. ochotensis   166, 176, **194**
  P. okhaensis   174
  P. okamurae   166, 176, **194**
  P. onoi   **166**, 178, 179, **194**
  P. perforata   176, 301
  P. psuedolanceolata   301
  P. pseudolinearis   **176**, 178, **195**, 467
  P. pseudocrassa   **174**, 175, 177, **195**
  P. punctata   **166**, 177, **196**
  P. purpurea   172
  P. rakiura   174
  P. roseana   174
  P. seriata   **161**, 162, 166, 176, **196**, 301
  P. spiralis   174, 301
  P. suborbiculata   166, 176, **196**, 301
  P. tanegashimensis   **161**, 166, 176, **196**
  P. tenera   167, **176**, **196**, 343, 516
  P. tenera var. *tamatsuensis*   **162**, 184
  P. tenuipedalis   170, **171**, 174, 176, **197**
  P. torta   301
  P. umbilicalis   164, 167, 301, 309
  P. variegata   **174**, 178, **197**
  P. vietnamensis   174, 301
  P. virididentata   174
  P. yamadae   **161**, 166, 176, **197**
  P. yezoensis   167, 176, **178**, **197**, 343, 493, 496
Porphyridiales   **160**, 161
  P. yezoensis f. *narawaensis*   463
Porphroglossum   202
  P. zollingeri   202, 207
Prionitis crispata   499
Pseudochordaceae   59
Pterocladia lucida   202, 301
  P. nana   **203**, 211
Pterocladiella   202, 208, 209, 211, 421, 422
  P. caerulescens   203, **208**, 211
  P. caloglossoides   203, 209

P. capillacea **203**, 209, 211
P. decumbens 211
P. densa **202**, 209, 211
P. nava 203
P. tenuis 203, 204, 213, 301
Ptilocladia **202**, 208, 305, 421, 422
Ptilophora 202, 207–**209**, 212, 422
　P. irregularis 203
　P. spissa 202
　P. subcostata 204, 205, **209**, 212, 213
Punctaria latifolia 283, **284**

R

Ralfsiales 86
Ralfsia verrucosa 215
Rhipocephalus phoenix 509
Rhodoglossum 261, 298
　R. hemisphaericum f. oblongo-ovatum 262
　R. japonicum f. divergens 262

S

Sarcodia 227
　S. ceylanica 227
Sargassum **121**, 122, 287, 303, 306, 458, 464, 520
　S. alternato-pinnatum 122
　S. ammophilum 121
　S. angustifolium 302
　S. assimile 122
　S. autumnale 122
　S. boreale **121**, 123, 124, 493
　S. bulbiferum 122
　S. carpophyllun 122
　S. confusum 121, **123**, 130, 496
　S. crassifolium 122, 303
　S. crispifolium 122
　S. cristaefolium 122
　S. duplicatum 122
　S. filicinum 117, **123**, 127, 325
　S. fulvellum 121, **124**, 458, **461**
　S. fusiforme **124**, **370**, 372, **461**, 496
　S. giganteifolium 122, 303
　S. glaucescens 122
　S. hemiphyllum **118**, 121, 125, 496
　S. henslowianum 125, 287, 303
　S. horneri 118, **287**, 303, 496, 516
　S. ilicifolium 122, 303
　S. incanum 122
　S. kashiwajimanum **122**, 129
　S. kjellmanianum **510**
　S. kushimotense 122, 129
　S. longifructum 122
　S. macrocarpum 122, 123, **128**
　S. micracanthum 122, 128, 493
　S. microceratium **121**, 128
　S. miyabei **121**, 128
　S. muticum 121, **128**, **325**
　S. myriocystum 122, 303
　S. natans 325
　S. nigrifolium **118**, 122
　S. nipponicum **121**, 123
　S. okamurae **122**, 123
　S. oligocystum 303
　S. pallidum **121**, 123
　S. patens 98, **105**, **128**, 496
　S. piluliferum 86, **105**, 118, 121, **129**, 499
　S. pinnatifidum **122**, 129
　S. polycystum **122**, 123, 303
　S. polyporum 122
　S. ringgoldianum subsp. coreanum 131
　S. ringgoldianum 118, 123, **130**, 464, 493, 496
　S. sagamianum 122
　S. salicifolioides 122
　S. serratifolium 122
　S. siliquastrum **105**, 122, 123, 131, 499
　S. siliquosum 303
　S. spathulophyllum 122
　S. tenuifolium 122
　S. thunbergii 123, **132**, 496, 499
　S. tosaense 122, 159, **520**
　S. vachelliannum 303
　S. wightii 303
　S. yamadae 122
　S. yendoi **86**, 98, 105
　S. yezoense **122**, 123
Scinaia moniliformis 301
　S. okamurae 499
Scytosiphon gracilis 285
　S. lomentaria 283, **285**, 298
Seirococcaceae **111**, 117
Serraticardia 272

Silvetia 111
　S. babingtonii 112, 499
Siphonocladales 31
Solieriaceae 422, **433**
Solieria 301, 422
　S. pacifica **293**
　S. tenuis 293
Spatoglossum schmittii 511
Spermatochnaceae 401
Sphaerotrichia divaricata 86, 87, **90**, 96, 102
Spongites 271
　S. fruticulosum **268**, 269
　S. yendoi 266, 270, **277**, 278
Sporolithaceae 267, **268**, 271, 273
Sporolithon durum **266**, 273, 274
　S. episporum 275
　S. schmidtii 275
Staphyococcus aureus 510
Stypopodium zonale **509**
Suhria 202, 207
　S. vittata 202, 207
Symphyocladia latiuscula 510
　S. marchantioides 215

T

Thalassia hemprichii 391
Tinocladia crassa 86, 90, **92**, **103**, 401
Titanoderma 267, **271**, 275
　T. corallinae 266, **275**, 276
　T. tumidulum **217**, 269
Turbinaria 115, 303, 306, 520
　T. conoides 303
　T. decurrens 303
　T. ornata 116, 303
Tydemania expeditionis 510

U

Udotea 510
　U. argentea 510
Ulva **14**, 17, 298, 304, 307, 411, 461, 520
　U. amamiensis 14, 16, 17, 20
　U. arasakii **14**, 16, 17
　U. conglobata 15, 16
　U. fasciata 14, 399, 520
　U. fenestrata **14**, 16
　U. japonica **14**, 16, 20
　U. lactuca **15**, 298, 307
　U. ohnoi **15**, 17
　U. pertusa 14, **19**, 298, 461, 500
　U. reticulata **14**, 17, 298
　U. rigida 18
　U. spinulosa **15**, 17, 20
　U. sublittoralis **14**, 15
Undaria 306
　U. peterseniana **42**–44, 303
　U. pinnatifida 42, 303, **317**, 378, 461, 462
　U. pinnatifida f. *distans* 43, 44
　U. pinnatifida f. *narutensis* 43, 44
　U. undarioides 42, 43, **285**, 461, 469

Y

Yamadaea 272
　Y. melobesioides 277
Yatabella 207
　Y. hirsuta **203**, 207, 210, 211

Z

Zonaria diesingiana 514
Zostera marina 461

事項索引

ア

アイゴ　145
青粉(アオノリ粉末)　411,414,416,417
青海苔
　　──成分　412
　　──粉末　411,414,416,417
　　掛──　4,411
　　天然──　415
　　阪東──　4
　　もみ──　24,411
赤ら顔抑制効果　537
アガロオリゴ糖　478,483,487
アガロース agarose　483,424
浅草海苔　181,335
アスコフィルム粉末 Ascophyllum powder　522
あなあき症　52
　　軟腐性──　52
　　灰色斑点性──　52
アポトーシス(自殺) apoptosis　428,477
　　──誘発作用　482
アマノリ葉状体
　　円形──　161
　　線形──　161
　　卵形──　161
　　倒披針形──　161
　　倒卵形──　161
　　披針形──　161
　　漏斗形──　161
網目状細胞質　32
アラキドン酸(AA) arachidonic acid　533
アラメ
　　──・カジメ藻場(海中林)　133
　　刻み──　154
アルギン酸 alginic acid　440,482
　　──カリウム　529
　　──原料　317,326
　　──ナトリウム　441
　　──プロピレングリコール　529
　　High-G タイプ──　445
　　High-M タイプ──　445

アルゴテラピー　539
アルドースレダクターゼ　498
アレロパシー allelopathy　392
　　──物質　515
暗処理　11
安定剤　446

イ

EPA eicosapentaenoic acid　514
イオン化コントロール法　447
異株(型)　163,172
いぎす豆腐　295
異型世代交代 heteromorphic alternation of generations　170
磯焼け barren of rockey shore　221
板海苔　413
痛み抑制効果　538
1型糖尿病　497
一組織性構造　267
1年生 annual　71
市松模様　164
一酸化窒素合成酵素(誘導型-iNOS)　484
医薬用海藻　508
煎り昆布　348
インターフェロン α(IFN-α)　478
インターフェロン γ(IFN-γ)　478,479
インターロイキン 12(IL-12)　478,479

ウ

浮き筏養殖法 floating (system) cultivation　187
浮流し網　29
海ぶどう　33
ウロン酸 uronic acid　441,482

エ

AR 阻害効果　498
Egg box Junction　445
ADI(1日許容摂取量)　445
　　──値　428
HGF　480

──産生誘導活性　481
M/G比　442, 449
栄養細胞　nutritive cell　164
栄養生長　34
栄養体細胞　vegetative cell　19
栄養繁殖　vegetative reproduction　215, 222
液肥　521
エコール　499
エゴテン（エゴモチ）　283
越夏種苗　403
エトポシド　483
エラスターゼ活性阻害物質　531
エラスターゼ抑制率　531
沿岸環境の保全　183

オ

大型海藻　133, 160
大型褐藻　520
ODTA　515
大煮しめ　347
おきうと　283
オーキシン　auxin　525
おやつ昆布　354

カ

貝殻糸状体　184
介護食　429
介在生長　intercalary growth　69
海藻　seaweed
　　医薬用──　508
　　──エキス　529
　　──エキス肥料　326
　　──コロイド　425
　　──サラダ　293, 370, 377
　　──酸　440
　　──多糖類　530
　　──濃縮液　523
　　──灰　451
　　──肥料　519
　　──粉末　529
　　巨大──　318, 440
海帯（コンブの中国名）　346, 457
海中林　seaweed forest　133, 154
　　　──造成　155
海面照度　143
夏季発芽群　71

核相　nuclear phase　136
殻胞子（嚢）　conchospore (conchosporangium)　168
掛青海苔　4, 411
囲い礁　75
加工ユーケマ藻類　processing eucheuma　437
仮根細胞　rhizoid cell　117
仮根様細胞　207
仮軸分枝　sympodial branching　207
活性部分トロンボプラスチン APTT　503
カットわかめ　359, 363
　　　──供給量　360
果嚢　utricle　232
果胞子　carpospore　164, 214
果胞子体　carposporophyte
果胞子嚢　carposporangium　232, 256, 270
　　　──前駆物質　256
芽胞体（初期の胞子体）　46
カラギナン　carrageenan　433, 436
　　ι（イオタ）──　436
　　χ（カッパー）──　436
　　ξ（クサイ）──　436
　　π（パイ）──　436
　　λ（ラムダ）──　436
カラギナン原藻　carrageenophyte　314, 433, 434
ガラクトース（D-）galactose　424, 483
ガラモ場（ホンダワラ藻類場）*Sargassum* bed　111
ガラモノネクイムシ *Biancolina* sp.　53
韓国・中国産昆布　354
肝細胞増殖因子（HGF）　480
岩礁爆破　76
管状構造　24
寒天　agar, agar-agar　226, 483
　　ウルトラ──　429
　　──ゲル　426
　　──原藻　226, 519, 421
　　──ゾル　426
　　──分子量　425
　　即溶性──　431

キ

刻みあらめ　154
汽水域　brackish waters　26
季節的消長　387, 401, 402

事項索引　563

北前船　348
キタムラサキウニ　140
気泡（ホンダワラ類）air bladder
　　球形円頂——　119
　　球形柄葉状——　119
　　楕円形——　119
　　楕円形冠葉つき——　119
　　楕円形翼つき——　119
　　葉嚢——　119
球形細胞 spherical cell　170
球状胞嚢　31
休眠状態　386
協議値決め　353
共生養殖 integrate cultivation　439
共販制度　353
凝固惹起物質　504
巨大海藻 giant kelp　318, 440
巨大細胞（体）giant cell　31, 34
漁場造成　75
魚毒性物質 toxic material to fish　509
キリンサイ類 *Eucheuma*　311
　　——養殖　434
ぎんば草　288

ク

茎 stem　69
茎ワカメ　361
草割り　422
グリーンタイド green tide　15, 21
グルロン酸 gluronic acid（L-）　441, 482
クローン clone　190
クローン培養 clonal cell culture　49

ケ

景観図　141, 145
形態
　　アオノリ属の——　25
　　アラメ・カジメ類の——　133
　　イシモズクの——　90
　　オキナワモズクの——　87
　　キシュウモズクの——　89
　　サンゴモ類の——　272
　　ヒトエグサの——　5
　　フトモズクの——　92
　　ホンダワラ科の——　117
　　マツモの——　98

　　ミナミアオサの——　15
　　モズクの——　95, 401
　　——変異　16
系統樹 phylogenetic tree　16, 17
系統保存株　182
化粧品 cosmetic　528
血圧 blood pressure
　　——凝固抑制効果　500
　　——低下機構　497
　　——低下作用　496
血液凝固時間　503
血管（壁）blood vessel　492
　　——拡張効果　536
　　——収縮効果　536
　　——新生抑制作用　536
欠刻　55
月齢周期 lunar period　8
血小板凝集抑制作用　500
血栓防止効果　500
ゲル gel　426
　　アルギン酸——　444
　　カラギナン——　436
　　寒天——　426
ゲル化剤　446
原形質流動 protoplasmic streaming　34
原形質連絡 plasmodesm　161
検索表
　　アオサ属の——　17
　　アカバギンナンソウ属の——　262
　　アマノリ属の——　160
　　アラメ・カジメ類の——　133
　　オゴノリ属の——　233
　　コンブ属の——　61
　　ツノマタ属の——　255
　　テングサ科の——　209
　　ホンダワラ属の——　120, 121, 122
減数分裂 reduction division　172
原胞子 archeospore　167, 169
原葉体 protothallus　170

コ

抗炎症作用物質　512
抗潰瘍性成分　481
抗がん作用　477, 478, 483
抗菌性物質 antibacterial substance　510
抗高脂血症作用　495

抗酸化作用(剤)　514,528
交配(種)　44
高速摘採船　187
高比重リポタンパク質　492,493
高不飽和脂肪酸　508
厚膜細胞　386
コットニー(カラギナン原藻 cottonii)　434
小芽ひじき　370
米ひじき　370
コラーゲン collagen　534
　　　──産生促進効果　534
コレステロール cholesterol
　　　──低下作用　492
　　総──　492,493
　　遊離──　492,493
コンコセリス conchocelis(糸状体)　170
混合型　172
混生養殖(混合養殖) polyculture　439
根部の固着力　142
昆布
　　煎り──　348
　　おやつ──　354
　　韓国・中国産──　354
　　──食　352
　　──養殖　79,83
　　塩吹──　354
　　酢──　355
　　促成──　75,355
　　だし──　355
　　天然──　74
　　長──　348
　　日本産──　353
　　結び──　348
　　輸出──　349
コンブ酸 alginic acid　440
根様糸細胞　163

サ

最挾系統樹　16
再生生長　70
サイトカイニン cytokinin　525,533
サイトカイン cytokine　478
採苗 seeding　28,47,186
　　　──器　47
細胞 cell
　　　──塊　232

　　　──間粘液多糖　494
　　　──間物質　111
　　　──間連絡　161
　　　──糸　206
　　　──性免疫　478
　　　──毒性物質　511
　　　──内貯蔵多糖　494
　　　──培養　188
　　　──壁骨格多糖　494
　　　──融合　265
先枯れ　46
先腐れ症　53
殺赤潮プランクトン物質　515
雑藻除去(→除藻)　77
皿形　229
サリチル酸誘導体　512
酸性多糖類　436
酸性土壌 acid soil　520
産地問屋　351
3年目葉体　70
3,6-アンヒドロ-L ガラクトース　483

シ

CTL療法　480
GRAS物質　445
GRASリスト　428
ジエコール　499
塩吹昆布　354
鹿角菜　458
色彩選別機　374
資源管理 resource management　219
糸原胞子 conchocelis archeospore　169
紫菜(ノリ中国名)　457
脂質(成分) lipid　508
支持細胞 supporting cell　232
糸状体 conchocelis　37,161,164
糸状胞嚢　31
システノール酸(D-)　501
雌性生殖器官 female reproductive organ　270
雌性配偶子 female gamete　8,18,32,384
雌性配偶体 female gametophyte　18,46,205,256
支柱張り養殖 pole system cultivation　29,186
枝長　141

漆喰　255
　　　——糊料　261
ジッパーモデル　427
ジテルペン類　diterpene　514
子嚢斑　sorus　70, 137, 256
シフォナキサンチン　20, 32
四分(二分)胞子嚢　tetrasporangium　228, 238, 268
四分胞子　tetraspore　205, 214, 256
四分胞子体(期)　tetraporophyte　205, 214, 256
ジベレリン　gibberellin　525
脂肪酸　fatty acid　508
ジャイアントケルプ　giant kelp　318, 340
雌雄異株　dioecism　34, 37, 140, 256
雌雄生殖細胞　167
雌雄生殖斑　172, 173
雌雄同株　monoecism　32, 164
周辺組織　206
主軸　35
種苗(培養)　392
　　　——保存法　391, 405
腫瘍細胞　tumor cell　481
受精　fertilization　205
　　　——突起　165
　　　——媒介剤　326
　　　——毛　206, 270
　　　——卵　206
シュート　shoot　152
種類
　　アオサ類の——　14
　　アオノリ類の——　24
　　アカバギンナンソウ属の——　262
　　アマノリ類の——　190
　　アラメ・カジメ類の——　133
　　オゴノリ属の——　233
　　コンブ属の——　60
　　外国産の主要な——　307
　　海藻サラダに使われる——　378
　　サンゴモ類の——　272
　　地方特産食用褐藻類の——　283
　　地方特産食用紅藻類の——　288
　　ツノマタ属の——　257
　　テングサ科の——　202, 208
　　ヒトエグサ属の——　5
　　ヒバマタ目の——　111
　　ホンダワラ属の——　123

　　モズク類の——　87
　　ワカメの——　42
小鋸歯状　denticulata　163
精進料理　347
抄製乾海苔　160
小斑型　172
娘株　152
植食動物　526
初期葉　117
食物繊維　dietary fiber　412, 427
助細胞　auxiliary cell　232
除藻　77, 79
飼料　21
人工イクラ(直接溶液法)　446
人工干出　186
人工採苗(法)
　　アオノリの——　28, 29
　　アマノリ類の——　181
　　イシモズクの——　103
　　オキナワモズクの——　101, 392
　　キシュウモズクの——　102
　　コンブの——　80
　　ヒトエグサの——　10
　　フトモズクの——　104
　　モズクの——　105, 404
　　ワカメの——　47
伸長生長　69
神農本草経　457
ジーンバンク　gene bank　189

ス

スイクダムシ　E. gigantia　53
垂直分布　vertical distribution　135, 390
髄層　medullary layer　202, 207, 278
末枯れ　69
杉のり(スギノリ)　378
酢昆布　355
ストロン　stolon　152
スピノースム(カラギナン原藻　spinosum)　434
素干しワカメ　356
スリミング剤　535

セ

生育域(分布域)
　　アマノリ類の——　174

事項索引

　　アラメ・カジメ類の―― 134
　　オゴノリ属の―― 247,249
　　コンブの―― 60
　　サンゴモ類の―― 272
　　マクサの―― 213
　　ワカメの―― 44,46
生育発芽群　71
生活史
　　アオノリ属の―― 25
　　アナアオサの―― 19
　　アマノリ属の―― 164,171
　　アラメの―― 136
　　イシモズクの―― 90,91
　　イワズタ類の―― 31
　　オキナワモズクの―― 87,88,387
　　オゴノリ属の―― 246
　　カサノリの―― 35
　　カジメの―― 138
　　キシュウモズクの―― 89
　　クロメの―― 139
　　コンブ類の―― 67,68
　　サガラメの―― 137
　　サボテングサの―― 34
　　サンゴモ類の―― 272
　　スジアオノリの―― 27
　　ツノマタ属の―― 255
　　ツルアラメの―― 140
　　テングサ属の―― 205,206,207
　　ヒトエグサの―― 7,8
　　ヒトエグサ属の―― 6
　　ピリヒバの―― 273
　　フトモズクの―― 93,94
　　マツモの―― 99,100
　　ミルの―― 37
　　モズクの―― 96,97
　　ワカメの―― 45
生活習慣病　491
精細胞　spermatid　206
生産額
　　オキナワモズクの―― 382
　　昆布の―― 350
　　海苔の―― 343
　　ワカメの―― 360
生産量(漁獲量)
　　オキナワモズクの―― 380,382
　　寒天の―― 423

　　昆布の―― 350
　　世界の―― 297,306
　　テングサの―― 218,220
　　年間―― 142,145
　　海苔の―― 343
　　ヒジキの―― 371
　　ヒトエグサの―― 12
　　モズクの―― 382
　　ワカメの―― 357
精子　spermatium
　　――嚢　164
　　――母細胞　164
成実葉(胞子葉)　sporophyll　45
生殖枝　35
生殖器床　receptacle
　　円柱状―― 119
　　気泡や葉が混生した―― 119
　　三稜形―― 119
　　扁平―― 119
　　分岐無刺―― 119
　　分岐有刺―― 119
生殖器托　receptacle　119
生殖器巣　conceptacle　111,279
生殖細胞(胞子)　reproductive cell　27,163
生殖斑　164
生殖和合性　sexual compatibility　249
生態
　　アオサの―― 20
　　アオノリ属の―― 26
　　アマノリ類の―― 174
　　イシモズクの―― 92
　　イワズタ類の―― 32
　　オキナワモズクの―― 89,384
　　オゴノリ属の―― 247
　　キシュウモズクの―― 90
　　ヒトエグサの―― 9
　　フトモズクの―― 95
　　ホンダワラ属の―― 123
　　マツモの―― 101
　　モズクの―― 98,401
生長期　vegetative period　70
生長休止　69
整腸作用　427
生長帯　growth-zone　69
生長帯組織　69
精虫(精子)　spermatium　46

生理活性多糖フコイダン　391
生卵器 oogonium　46, 115, 136
世代交代
　　アオサの――　18
　　アマノリ類の――　170
　　オキナワモズクの――　384
　　ワカメの――　45
　　コンブ類の――　67
石花菜　458
石灰化 calcification　35
石灰藻 calcareous algae　35, 520
赤血球変形能　502
接合(子) copulation
　　アオサの――　19
　　イシモズクの――　91
　　オキナワモズクの――　87
　　ヒトエグサの――　10
　　フトモズクの――　91
　　モズクの――　96
接合胞子(果胞子)　164, 167, 168, 169
　　――形成(嚢)　165
接合子板　10
絶滅危惧種 endangered species　183
施肥(法)　519
ゼリー jelly　425
全縁 entire　163
漸深帯 bathypelagic zone　140
全自動式海苔製造装置　188

ソ

藻海 Sargasso-sea　325
走光性 phototaxis　8
藻食魚　143
藻食動物 herbivore　77, 133, 143
造果器 carpogonia　168
増殖(法) propagation　74, 219
造精器 spermatangium, antheridium　46, 115
増粘(剤)　444
造胞糸 gonimoblast　262
側枝　117
促成コンブ(養殖)　75, 355
側壁状 parietal　161
側葉 foliage leaf　137
即溶性寒天　431
組織培養技術　189
ゾル sol　426
　　アルギン酸――　445
　　カラギナン――　436
　　寒天――　426
ゾル-ゲル転移機構 sol-gel transformation　445

タ

体構造　202
体細胞分裂 somatic cell division　214
大量越夏保存法　392
大量繁殖　15
第一次側葉　134
第二次側葉　135
多核細胞性 cenocyte　31
他感作用(アレロパシー) allelopathy　392
多穴型　231
だし昆布　355
縦二分型　172
多糖類 polysaccharide　424, 444
　　アガロース――　478
　　海藻の――　530
　　酸性――　436
　　直鎖状――　442
　　フノラン――　478
種糸　47
多年生 perennial　135, 153
ダブルヘリックス構造　426
玉藻　458
タレストリス属 *Thalestris* sp.　53
単為発生　8, 19
単子嚢 unilocular sporangium
　　イシモズクの――　90
　　オキナワモズクの――　385
　　フトモズクの――　93, 94
　　マツモの――　99
　　モズクの――　96, 403
短日(処理) short-day　179
短期冷凍　185
単相 haploid　136
単藻培養 unialgal culture　250
単独仮根　207
単胞子 monospore　167
単胞子(嚢)　167
単離培養　399

チ

チエーン振り　78
ちぬまた（→つのまた）　283
着生基盤　391
着生基盤（基質）　153
中央葉　134
中間育成技術　394
中間育苗　396
抽出原藻　297
中性脂肪　neutral fat　492, 493
中性殻胞子　neutral conchospore　170
中性複子嚢　neutral plurilocular sporangium
　　　　オキナワモズクの――　384
　　　　フトモズクの――　93, 94
　　　　モズクの――　96, 97, 403
中性胞子　neutral spore　167, 169
中性遊走子　neutral zoospore　88
中帯　46
Turtonia minuta（軟体動物）　55
潮間帯　littoral zone　9
長日（処理）　long-day　179
頂端細胞　210
頂端始原細胞　269
頂端栓　268, 270
直鎖状多糖類　442
直接種苗化　405
直接溶液法　446
直立糸　31
直立糸細胞　269
直立体　214

ツ

つのまた（ちぬまた）　283
壺型　231
ツリガネムシ　*Actineta collni*　53

テ

DHCP　481
低比重リポタンパク質　492, 493
電気吸引選別機　374
テングサ場　214, 221
天然
　　――アオノリ　415
　　――コンブ　74
　　――採苗　29, 181
　　――ワカメ　47, 356, 358

天満の市場　347

ト

冬季発芽　71
凍結保存技術　189
投石（法）　75, 76
糖尿病合併症　498
同化糸　386
　　――細胞　405
　　――生殖細胞化　403
同型世代交代（アオサ）　18
動脈硬化　arteriosclerosis
　　――指数　492, 495
　　――予防薬（EPA）　514
特殊肥料　519
トコロテン　201
とさかもどき　*Callophyllis*　378
土壌改良剤　fertilizer　303, 307, 521
トポイソメラーゼII（Topo II）　482
ドリュー祭　182

ナ

内生胞子　endospore　169
内地問屋　351
長昆布　348
長ひじき　370
流れ藻　drifting seaweed　111
捺染糊料（プリント剤）　448
生塩蔵ワカメ　358, 359, 365, 368
生炊き方式　373
軟腐性あなあき症　52

ニ

2型糖尿病　497
二次性高血圧　496
二次芽　187
二組織性構造　dimerous structure　267
日寒水式　427
日長効果　daily periodicity　179
二年生　biennial　70
2年目葉体　70
ニホンコツブムシ　*Cymodoce japonica*　50, 55
日本産昆布　353
乳頭腫　papilloma　487

ネ

根 root　69
ネオアガロオリゴ糖　428
ネクイム Ceinica japonica　53
粘液性物質 mucilage cell　32
粘液質　216
年間生産量　142, 145
年齢(年輪) age (annual ring)　70, 144

ノ

囊果 cystocarp　206, 250
囊状体 cystidium　31
囊状突起　37
ノリ　160
　　──ペット　187
海苔
　　浅草──　181, 335
　　板──　413
　　抄製乾──　160
　　杉──　69
　　──漁場　337
　　──抄き　337
　　──製造図　340
　　──貯蔵　338
　　──問屋　339
　　──の佃煮　4
　　──料理法　339
　　柳──　378
ノレン筏式　50

ハ

葉 leaf
　　糸状──　119
　　杯状──　119
　　深裂──　119
　　2重鋸歯縁──　119
　　半葉形──　119
　　披針形全縁──　119
　　分岐──　119
胚 embryo　117
灰色斑点性あなあき症　52
バイオテクノロジー biotechnologie　188
配偶子 gamete　26, 31
　　アオサの──　26
　　イワヅタの──　31, 32
　　サボテングサの──　34
　　──世代 gametic generation　67
　　──囊 gametangium　31, 35, 111
　　マツモの──　99
　　ミルの──　38
配偶体(期) gametophyte　9, 214
　　アオサの──　18
　　コンブの──　68
　　──世代(ノリ葉状体) gametophytic generation　168
灰乾しわかめ　51
延縄式筏　80
バラ乾し　413
ハリヤマスイクエダムシ Ephelota buetschiana　53
ハロゲン化化合物　509
繁殖様式　167
半ズボ式(採苗)　186
盤状(発芽)体　107, 257, 259
　　──培養　393
　　──付着器　257, 259
　　──フリー培養　399
斑点先腐れ症　52
阪東アオサ　411
阪東アオノリ(青海苔)　4
阪東粉　4, 21
はんば　283

ヒ

PGA pteroylglutamic acid　450
PGE_2　487
光環境　144
皮脂中の細菌の抑制効果　539
皮脂の抑制効果　538
比重選別機　374
ひじき Hizikia
　　小芽──　370
　　米──　370
　　長──　370
　　──加工　372
　　──原草　372
　　──2次加工　374
　　芽──　370
ヒステリシス　436, 427
皮層 cortical layer　205
　　──型　229
　　──細胞　205, 206

――内部　207
ヒドロキノン(抗酸化剤)　514
美白効果　537
ヒバマタ抽出物　533
ヒビ建て　181
皮膚の繊維芽細胞　535
皮膚保護効果　534
皮膚老化予防効果　530, 532
表層下始原細胞　269
美容素材　326
ピレノイド pyrenoid　19, 24

フ

複合体(キサントゾーム)　358
複子嚢 plurilocular　88, 89
複相(体, 世代) diplophase　26, 67, 135
フコイダン　533, 535
　　F-Fd　477, 481
　　F-Fd 7 糖　480
　　G-Fd　477
　　U-Fd　477
フコステロール　508
付着器 appressorium
　　円錐状――　119
　　仮盤状――　119
　　繊維状――　119
　　盤状――　119
　　匍匐状――　119
不動精子 spermatium　256
不動胞子 aplanospore　167, 385, 406
大量種苗保存法　405
太巻き昆布巻き　354
フリー培養法　405
フリーラジカル制御物質　533
フリーリビング配偶体(無基質配偶体) free-living gametophyte　49
プレス脱水型　437
フローティングシステム floating system　435
プロカルプ procarp　256
プロトプラスト protoplast　188
プロトロンビン prothrombin　503
プロピレングリコール・エステル(PGA)　336
分割様式 division formula　164, 165
分子解析 molecular analysis　188
粉末青海苔　411

ヘ

平均寿命　491
ペットフード　438
ペプチド peptide　534
ヘムオキシゲネーゼ(HO-1)　486
便通改善　427
鞭毛 flagellum　47

ホ

報恩講　347
胞子 spore
　　――液　48
　　――葉(成実葉)　42
　　――付着阻害活性　515
胞子体　18, 67, 135, 403
　　アオサの――　18
　　アラメの――　135
　　コンブ類の――　67, 69
　　――体世代　67, 135
胞子嚢
　　アオサの――　18
　　アマノリ属の――　164
　　ヒトエグサ属の――　8
　　――斑　9, 46, 268, 286
　　ムチモの――　283
捕魚採藻図録　340
匍匐茎　31
匍匐根 creeping stolon　140, 215
匍匐枝 stolon　205, 214
本態性高血圧　496
本養殖　51

マ

膜リン脂質　533
松前屋　349
マンヌロン酸(D-) mannuronic acid　441, 482

ミ

実入り促成　82
ミール maërl　265, 303, 521
海松(みる)　458

ム

結び昆布　348
無性生殖 asexual reproduction　386
　　――型生活史　19

事項索引　571

無節サンゴモ　215, 265
無配発生　apogamy　169
無配胞子　agamospore　169

メ

メカブ(胞子葉)　361
芽ひじき　370
メディエーター　533

モ

モノライン養殖　monoline cultivation　434
藻場　seaweed bed　111
藻場造成　155
もみ青海苔　24, 411

ヤ

野外(人工)採苗　186
薬材　350
薬食同源思想　460
薬効性(薬理活性)　508
やなぎのり(柳のり)　378

ユ

融合細胞　270
有性生殖　sexual reproduction　136, 168, 386
　　──型生活史　19
雄性生殖器官(巣)　male reproductive organ　229, 269
　　皿型──　229
　　壺型──　231
　　皮層型──　229
有性世代　sexual generation　45
雄性配偶子　male gamete　8, 384
雄性配偶体　male gametophyte　18, 45, 137, 205, 256
有節サンゴモ　265
遊走子細胞　26
遊走子(嚢)　zoospore (zoosporangium)　10, 19, 26, 46, 68, 137
湯通し塩蔵ワカメ　358, 362, 365, 368
輸出昆布　349

ヨ

葉原胞子　blade archeospore　169
葉重　69
葉上・葉間生物　phytal organism　53

養殖(増殖)
　アオノリの──　28
　アマノリ類の──　80
　オキナワモズク──　383, 394, 398
　クビレヅタの──　33
　コンブの──　74, 79
　テングサの──　219
　海苔の──　335, 336
　ヒジキの──　375
　ヒトエグサの──　9, 11
　本──　51
　モズク類の──　101, 107, 401
　ワカメの──　47, 50, 55
葉長　69
葉嚢　phyllocyst　120
葉幅　69
葉部の皺　134
葉柄　petiole　117

ラ

ラジカル補足作用　533
ランダムコイル　random coil　426
卵配偶　111

リ

陸上採苗　186
リポタンパク質
　　高比重──　492, 493
　　低比重──　492, 493
硫酸多糖　500
流通　337
利用
　アオサの──　21, 417
　青海苔の──　4, 411, 414
　アルギン酸の──　448
　イワヅタ科の──　32
　カラギナンの──　437
　寒天の──　428
　昆布の──　354
　サボテングサの──　35
　ひじきの──　370
　ヒトエグサの──　413
　ワカメの──　356
輪生枝　35

ル

ルテイン lutein　　20

レ

冷凍保存（冷蔵網）　　185, 186
レクチン lectin　　39
連絡糸 ooblast　　206

ロ

老化 senescence　　491

ワ

ワカメ
　カット――　　359, 363
　カット――供給量　　360
　天然――　　47, 356, 358
　生塩蔵――　　358, 359, 365, 368
　灰乾し――　　51
　湯通し塩蔵――　　358, 362, 365, 368
　――粉末　　361
ワカメヤドリミドロ *Streblonema aecidioides*　　53

欧文事項索引

A
acid soil　520
Actineta collni　53
ADI　445
Agamospore　169
agarophyte　226,519,421
agarose　483,424
agar(agar-agar)　226,483
age(annual ring)　70,144
alginic acid　440,482
alginophyte　318,326
allelopathy　392,515
Amenophia orientalis　53
antibacterial substance　510
aplanospore　167,385,406
apogamy　169
apoptosis　428,477
arachidonic acid　533
archeospore　167,169
Ascophyllm powder　522
asexual form　19
asexual generation　46
asexual reproduction　386
auxiliary cell　232

B
barren of rocky shore　221
bathypelagic zone　140
blade archeospore　169
blood vessel　492
brackish waters　26

C
calcareous algae　35,520
calcification　35
carpogonia　168
carposporangium　232,256,270
carpospore　164,214
carrageenan　433
carrageenophyte　433,436
cell culture　188

cell fusion　265
cell-mediated immunity　478
cenocyte　31
clonal cell culture　49
clone　190
conceptacle　111,279
conchocelis　37,161,164,170
conchocelis archeospore　169
conchospore　167
concho-sporangium　167
copulation　11,19,87,91,93,384
cortical layer　205
cosmetic　528
creeping stolon　140,215
cystidium　31
cystocarp　206,250
cytokine　478
cytokinin　525,533

D
daily periodicity　179
denticulata　163
dietary fiber　412,427
dimerous structure　267
diplophase　26,67,135
division formula　164,165
drifting seaweed　111

E
Egg box Junction　445
endangered species　183
endospore　169
EPA(eicosapentaenoic acid)　514
Ephelota buetschiana　53

F
fatty acid　508
female gamete　8,18,32,384
female gametophyte　18,46,205,256
female reproductive organ　270
fertilization cone　165

fertilization   205
fertilized egg   206
fertilizer   303, 307, 521
flagellum   47
floating (system) cultivation   187
floating system   435
foliage leaf   137
free-living gametophyte   49

G
galactose   424, 483
gametangium   31, 35, 111
gamete   26, 31
gametic generation   67
gametophytic generation   168
gene bank   189
giant cell   31, 34
giant kelp   318, 440
gibberellin   525
gluronic acid (L-)   441, 482
gonimoblast   261
GRAS   428
green tide   15, 21
growth-zone   69

H
haploid   136
herbivore   77, 133, 143

I
Integrate cultivation   439
intercalary growth   69
intercellular communication   161
intercellular substance   111
interferon α   478
interferon γ   478, 479
interleukin 12   478, 479

J
jelly   425

L
light compensation   144
lipid   508
littoral zone   9
long-day   179

lunar period   8
lutein   20

M
male gamete   8
male gametophyte   18, 45, 137, 205, 256
male reproductive organ   229, 269
mannuronic acid   441, 482
maërl   265, 303, 521
medullary layer   202, 207, 278
molecular analysis   188
monoecism   32, 164
monoline cultivation   434
monomerous structure   267
monosporangium   90, 93, 96, 99, 385, 403
monospore   167

N
neutral spore   167, 169
neutral zoospore   88
nuclear phase   135
nutritive cell   164

O
ODTA   514
ooblast   206
oogonium   46, 115, 136

P
papilloma   487
parietal   161
peptide   534
perennial   135, 153
petiole   117
photo taxis   8
phycocolloid   425,
phyllocyst   120
phylogenetic tree   16, 17
phytal organism   53
plasmodesm   161
plurilocular   88, 89
pole system cultivation   29, 186
polyculture   439
polysaccharide   424, 444
procarp   256
processing eucheuma   437

propagation   74, 219
prothrombin   503
protoplasmic streaming   34
protoplast   188
protothallus   170
pyrenoid   19, 24
PGA (pteroylglutamic acid)   336, 450
PGE   487

R
random coil   426
receptacle   119
reduction division   172
reproductive cell   27, 163
rhizoid cell   117

S
seaweed bed   111
seaweed forest   77, 133, 154
seaweed salad   293, 370, 377
senescence   491
sexual compatibility   249
sexual generation   45
sexual reproduction   136, 168, 386
shoot   152
sol-gel transformation   445
sol   426
somatic cell division   214
sorus   256
spermatangium   46, 115
spermatid   206
spermatium   46, 69, 168, 256
spherical cell   170
spinosum   434

sporophyll   42
sporophytic generation   67, 135
stem   69
stolon   205, 214
supporting cell   232
sympodial branching   207
sargasso-sea   325
Sargassum bed   111

T
Turtonia minuta   55
tetrasporophyte   205, 214, 256
tetrasporangium   228, 238, 268
tetraspore   205, 214, 256
trichogyne   206, 270
trichome   206
tumor cell   481

U
unialgal culture   250
unilocular sporangium   88, 91, 403, 404
uronic acid   441, 482
utricle   232

V
vegetative cell   19
vegetative period   70
vertical distribution   135, 390

Z
zoospore   10, 19, 26, 46, 68, 137
zoosporangium   10, 19, 26, 46, 68, 137
zygotospore   164, 167-169

編著者略歴

大 野 正 夫（おおの　まさお）

1940 年	満州（現在中国東北区）錦州市に生れる
1963 年	横浜市立大学文理学部生物学科卒業
1965 年	東京大学大学院生物系研究科修士課程修了
1968 年	東京大学大学院農学系研究科博士課程修了
	農学博士受理
1968 年	高知大学文理学部付属臨海実験所助手
1975 年	高知大学文理学部付属臨海実験所助教授
1985 年	高知大学海洋生物教育研究センター教授
	現在に至る

この間，1970-71 年，アレキサンダー・フォン・フンボルト奨学生（西ドイツ政府）としてドイツ，キール大学海洋研究所に留学，南極地域観測隊員(16, 26 次夏隊)，文部省，国際協力事業団派遣による熱帯海域の海藻資源調査や海藻養殖開発に関わる
国際海藻協会評議員，アジア・太平洋応用藻類学会評議員，日本海藻協会事務局長

主要な著書・編著

海藻資源養殖学（共著）(緑書房 1987)；図鑑, 海藻の生態と藻礁（共編著）(緑書房 1991)；Seaweed Cultivation and Marine Ranching（共編著）(国際協力事業団 1993)；Seaweeds of Japan. A photographic guide（共編著）(Midori Shobo 1994)；21 世紀の海藻資源（編著）(緑書房 1996)；Cultivation and Farming of Marine Plants CD-ROM（共編著）(Springer Verlag 1997)；Seaweed Resources of the World（共編著）(国際協力事業団 1998)；オゴノリの利用と展望（共編著）(恒星社厚生閣 2001)

Biology and Technology of Economic Seaweeds

2004 年 3 月 31 日　第 1 版発行

編著者の了解により検印を省略いたします

有 用 海 藻 誌
海藻の資源開発と利用に向けて

編 著 者 © 大　野　正　夫
発 行 者　内　田　　　悟
印 刷 者　山　岡　景　仁

発行所　株式会社　内田老鶴圃　〒112-0012 東京都文京区大塚 3 丁目 34-3
電話 (03) 3945-6781（代）・FAX (03) 3945-6782
印刷/三美印刷 K.K.・製本/榎本製本 K.K.

Published by UCHIDA ROKAKUHO PUBLISHING CO., LTD.
3-34-3 Otsuka, Bunkyo-ku, Tokyo 112-0012, Japan

U. R. No. 531-1

ISBN 4-7536-4048-5 C3045

「日本海藻誌」以来60余年ぶりの大著！

新日本海藻誌　日本産海藻類総覧

吉田　忠生 著　　　　B5判・総頁1248頁・本体価格46000円

本書は古典的になった岡村金太郎の歴史的大著「日本海藻誌」(1936)を全面的に書き直したものである．「日本海藻誌」刊行以後の約60年間の研究の進歩を要約し，1997年までの知見を盛り込んで，日本産として報告のある海藻（緑藻，褐藻，紅藻）約1400種について，形態的な特徴を現代の言葉で記載する．植物学・水産学の専門家のみならず，広く関係各方面に必携の書．

藻類多様性の生物学

千原　光雄 編著　　　　B5判・400頁・本体価格9000円

第1章　総論　第2章　藍色植物門　第3章　原核緑色植物門　第4章　灰色植物門　第5章　紅色植物門　第6章　クリプト植物門　第7章　渦鞭毛植物門　第8章　不等毛植物門　第9章　ハプト植物門　第10章　ユーグレナ植物門　第11章　クロララクニオン植物門　第12章　緑色植物門　第13章　緑色植物の新しい分類

淡水藻類入門　淡水藻類の形質・種類・観察と研究

山岸　高旺 編著　　　　B5判・700頁・本体価格25000円

「日本淡水藻図鑑」の編者である著者がまとめる，初心者・入門者のための書．多種多様な藻類群を，平易な言葉で誰にも分かるよう，丁寧に解説する．I編，II編で形質と分類の概説を行い，III編では各分野の専門家による具体的事例20編をあげ，実際にどのように観察・研究を進めたらよいかを理解できるように構成する．

日本淡水藻図鑑
廣瀬弘幸・山岸高旺 編集　B5・960p・38000円

図鑑としての特性を最高度に発揮さす為に図版は必ず左頁に，図版の説明は必ず右頁に組まれ，常に図と説明とが同時にみられるように工夫．また随所に総括的な解説や検索表を配し読者の便宜を図る．

藻類の生活史集成
堀　輝三 編

第1巻　緑色藻類　B5・448p(185種)　8000円
第2巻　褐藻・紅藻類　B5・424p(171種)　8000円
第3巻　単細胞性・鞭毛藻類　B5・400p(146種)　7000円

陸上植物の起源　―緑藻から緑色植物へ―
渡邊　信・堀　輝三 共訳　A5・376p・4800円

最初に海で生まれた現生植物の祖先は，どのような進化をたどって陸上に進出したのか―．分子生物学，生化学，発生学，形態学などの成果にもとづく探求の書．海藻のような海産藻類からでなく，淡水域に生息した緑藻，特にシャジクモ類から派生したという推論をたて，陸上植物の出現した約五億年前の地球環境，DNAの構造，シャジクモ類の形態・生態・生理などを総合的に考察する．

日本の赤潮生物　―写真と解説―
福代・高野・千原・松岡 共編　B5・430p・13000円

日本近海および日本の淡水域に出現する200種の赤潮生物を収録．赤潮生物の分類・同定に有効な一冊．

原生生物の世界　細菌，藻類，菌類と原生動物の分類
丸山　晃 著／丸山雪江 絵　B5・440p・28000円

原生生物，すなわち細菌，藻類，菌類と原生動物の分類という壮大な世界を緻密な点描画とともに一巻に収めた類例のない書．

淡水藻類写真集　全20巻
山岸高旺・秋山　優 編集　B5・各100種（100シート）

1,2巻 4000円　3,4,6-10巻 5000円　5巻 8000円　11-20巻 7000円

淡水藻類写真集ガイドブック
山岸高旺 著　B5・144p・3800円

藻類の生態
秋山・有賀・坂本・横浜 共編　A5・640p・12800円

日本海藻誌
岡村金太郎 著　B5・1000p・30000円

表示の価格は本体価格です．別途消費税が加算されます．

内田老鶴圃